Emil Greven

**Technologie**

Bearbeiter

Stud. Prof. a.D. **Emil Greven**

Dipl.-Ing. (FH) **Bernhard Stumpp,** Oberingenieur

Dipl.-Ing. (FH) **Rolf Triller,** Abteilungsleiter

Dipl.-Ing. (TH) **Franz Vogelmann,** Abteilungsleiter für gew.-techn. Ausbildung

Dipl.-Ing. (FH) **Heinz Walter,** Oberstudienrat

Dipl.-Ing. (TH) **Reimunt Wentz,** Abteilungsleiter für NC-Maschinen

Beratung

Dipl.-Ing. (FH) **J. Sauter,** Abteilungsleiter, Dipl.-Ing. (FH) **M. Schulz** und Dipl.-Ing. (FH) **H. Mallener** in der Werkstoff- und Bauteilfestigkeitsforschungsstelle der Fa. ZF Friedrichshafen

Cheflaborant **E. Stoll** im F+E Ressort der Fa. Fischer, Schaffhausen

Normeningenieur **H. Nußbaumer**

Emil Greven

# TECHNOLOGIE

**Lehr- und Arbeitsbuch für den Fachkundeunterricht in metallverarbeitenden Berufen**

mit 794 Bildern, 114 Tabellen,
494 Wiederholungsfragen
und zahlreichen Beispielen

Friedr. Vieweg & Sohn Braunschweig/Wiesbaden

1983


Softcover reprint of the hardcover 1st edition 1983



ISBN-13: 978-3-528-04188-5 e-ISBN-13: 978-3-322-83623-6
DOI: 10.1007/ 978-3-322-83623-6

# Inhaltsverzeichnis

# 1 Grundkenntnisse

## 1.1 Chemische Grundkenntnisse

### 1.1.1 Grundbegriffe der Chemie

Chemie ist die Lehre vom Stoff, seinem inneren Bau, seinem Auf-, Ab- und Umbau.

**Die allgemeine Chemie** befaßt sich mit den allgemeingültigen Gesetzen der Chemie.

**Die anorganische Chemie** befaßt sich mit allen Elementen und deren Verbindungen mit Ausnahme von Kohlenstoff.

**Die organische Chemie** befaßt sich mit den Verbindungen des Kohlenstoffs. Einige Kohlenstoffverbindungen werden wegen ihrer Verwandtschaft zu den anorganischen Verbindungen auch dort besprochen.

**Teilgebiete** sind die physikalische Chemie, die Biochemie, die theoretische Chemie u.a.

**Stoffarten**

Stoffarten erkennt man an ihren besonderen Eigenschaften, die von der Masse des betrachteten Stoffes unabhängig sind.

**Reinstoffe.** Beim Betrachten einer leicht abgeriebenen Betonfläche erkennt man von Zement umhüllte Gesteinsteilchen. Jeder der zwei Betonbestandteile hat für sich betrachtet einheitliches Aussehen und besteht aus nur einer Stoffart.

Aus nur einer Stoffart bestehende Stoffe nennt man Reinstoffe.

**Gemische oder Gemenge.** Beton und Eisenerz bestehen aus mehr als einer Stoffart; solche Stoffe nennt man Gemische oder Gemenge. Ein Gemisch aus einer Flüssigkeit und Körnchen von festen Stoffen, welche die Flüssigkeit trüben, nennt man eine **Suspension.**

▶ **Beispiele:**
Lehmiges Wasser, Zement- und Kalkbrühe.

**Emulsionen** sind Flüssigkeiten, in denen unlösliche Teilchen anderer Flüssigkeiten schweben.

▶ **Beispiele:**
Kühlschmiermittel, Milch und Lebertran.

Das Mischungsverhältnis der Gemische oder Gemenge ist beliebig.

**Trennen von Gemengen**

*Versuch:* Eisen- und Schwefelpulver werden miteinander in beliebigem Verhältnis vermischt.

*Trennungsmöglichkeiten:*

1. Ein über das Gemenge gehaltener Magnet zieht das Eisenfeilicht an, während der daran haftende Schwefel bei leichten Erschütterungen zu Boden fällt.

2. Schütteln des trockenen Gemenges im waagrecht gehaltenen Prüfglas. Es tritt eine (unvollkommene) Trennung ein: Das Eisen sammelt sich auf der Bodenseite, der Schwefel an der Oberfläche.
3. Die beiden Stoffe werden nach Zugabe von Wasser im Prüfglas geschüttelt. Das Eisen sinkt zu Boden, während der Schwefel ohne schwimmt und mit dem Wasser abgegossen werden kann.
4. Bei Zugabe von Schwefelkohlenstoff löst sich der Schwefel auf, die Eisenteilchen sinken zu Boden. Man filtriert das Eisen ab und läßt die Flüssigkeit in offener Schale verdunsten.

*Versuch:* Je ein Löffel Sand und Kochsalz werden in ein Glas mit Wasser geschüttet. Die Trennung von Sand, Salz und Wasser kann nach Bild 1-1 und Bild 1-2 erfolgen.

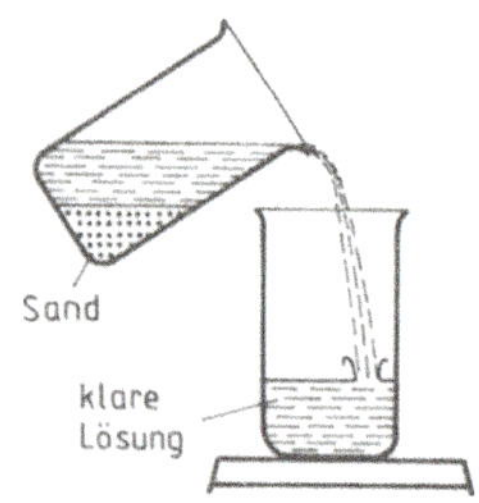


*Bild 1-1*
*Trennung von Sand und Kochsalz*
Das Salz löst sich auf, der Sand sinkt zu Boden und die Salzlösung wird abgegossen.

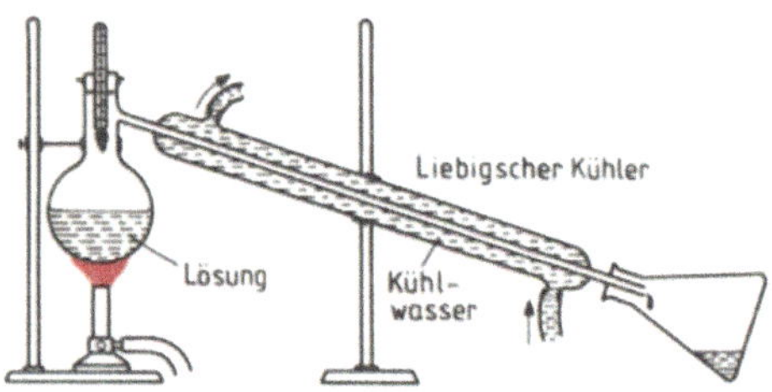


*Bild 1-2 Trennung von Salz und Wasser durch Destillation*

Das Wasser verdampft im Rundkolben, gelangt in den Kühler, kondensiert und tropft in die Vorlage. Das Kühlwasser fließt in entgegengesetzter Richtung zum Dampf (Gegenstrom-Verfahren!). Das Salz bleibt im Rundkolben als Bodensatz zurück.

Beim Trennen von Gemengen in ihre Stoffe macht man sich die verschiedenen physikalischen Eigenschaften der Stoffe zunutze. Die Stoffe bleiben dabei unverändert.

**Elemente** sind Reinstoffe, die sich weder mechanisch noch chemisch in andere Stoffe zerlegen lassen. Bisher sind 92 Elemente in der Natur gefunden worden, andere können künstlich dargestellt werden.

Einteilung der Elemente:
1. **Metalle,** die Basen bilden;
2. **Nichtmetalle,** die Säuren bilden;
3. **Amphotere Elemente,** die Basen und Säuren bilden;
4. **Edelgase,** die keine Verbindung eingehen.

Die Elemente werden außer mit ihrem Namen mit ein oder zwei Buchstaben, dem **Symbol** des Elementes, bezeichnet.

**Die wichtigsten Elemente**

| Element | Symbol | Element | Symbol |
|---|---|---|---|
| **Metalle** | | Vanadin | V |
| Aluminium | Al | Wolfram | W |
| Antimon | Sb | Zink | Zn |
| Beryllium | Be | Zinn | Sn |
| Chrom | Cr | **Nichtmetalle** | |
| Eisen | Fe | | |
| Germanium | Ge | Sauerstoff | O |
| Gold | Au | Wasserstoff | H |
| Cadmium | Cd | Kohlenstoff | C |
| Kobalt | Co | Schwefel | S |
| Kupfer | Cu | Phosphor | P |
| Magnesium | Mg | Stickstoff | N |
| Mangan | Mn | Silicium | Si |
| Molybdän | Mo | | |
| Nickel | Ni | **Edelgase** | |
| Platin | Pt | Helium | He |
| Silber | Ag | Neon | Ne |
| Tantal | Ta | Argon | Ar |
| Titan | Ti | Krypton | Kr |

**Verbindung**

Wir wissen aus Erfahrung, daß sich manche Stoffe beim Mischen ändern, z.B. Mischungen aus Zement, Kalk, Gips und Karbidstein mit Wasser.

*Versuch:* Eisen- und Schwefelgemisch in bestimmtem Mischungsverhältnis (7 : 4) entzünden. Es entsteht ein neuer Stoff, der weder dem Schwefel noch dem Eisen gleicht.

*Bild 1-3 Schwefel-Eisen*

a) Gemenge
b) Verbindung (die Quadrate sollen Eisenatome, die Dreiecke Schwefelatome darstellen)

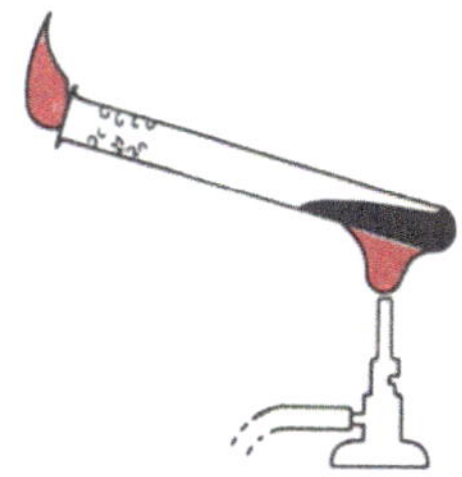

*Bild 1-4*
*Holz wird im Prüfglas erhitzt*

*Versuch:* Ein Stück Holz wird in einem Prüfglas mit einem Bunsenbrenner erhitzt.

Aus dem Holz entsteht Holzkohle. Es entweichen Gase und Dämpfe, die man entzünden kann. An den nicht erhitzten Teilen des Rohrs setzen sich Teer und eine wäßrige Flüssigkeit in Tröpfchen ab. Diese Umwandlung des Holzes ist ein chemischer Vorgang.

> Stoffänderungen sind chemische Veränderungen; der Vorgang heißt chemischer Vorgang oder chemische Reaktion.

Chemische Vorgänge vollziehen sich nur in ganz bestimmten Gewichts- oder Mengenverhältnissen; die Gesamtmasse der beteiligten Stoffe ändert sich dabei praktisch nicht.

Chemische Vorgänge können durch Gleichungen beschrieben werden:

**Eisen + Schwefel → Eisensulfid**
**Fe + S → FeS**

Die Herstellung von Verbindungen aus Elementen nennt man **Synthese,** das Zerlegen einer Verbindung in ihre sie bildenden Elemente **Analyse.**

**Stoffarten**

- **Gemenge**
  Mischung von zwei oder mehreren Reinstoffen, die ihre Eigenschaften durch Mischen nicht verändern
  - **einheitliches Gemenge**
    die Bestandteile sind nicht sichtbar, z.B. Zucker- und Salzwasser (Pseudoverbindungen)
  - **uneinheitliches Gemenge**
    die Bestandteile sind sichtbar, z.B. Beton und Eisenerz
- **Reinstoff**
  alle Teile aus ein und demselben Reinstoff haben gleiche Eigenschaften
  - **Element**
    Reinstoff, der mit den gewöhnlichen Mitteln der Chemie nicht in andere Stoffe zerlegt werden kann, z.B. Eisen und Schwefel
  - **Verbindung**
    Reinstoff, der chemisch in andere Stoffe zerlegt werden kann, z.B. Holz und Wasser

**Wiederholungsfragen**

1. Bilde sinnvolle Sätze aus den Wörtern Reinstoff, Gemenge/Gemisch, Suspension, Emulsion, Element!
2. Nenne einige Methoden zur Gewinnung reiner Stoffe durch Trennen von Gemengen!
3. Nach welchen grundlegenden chemischen Unterschieden werden die Elemente eingeteilt?
4. Welches sind die technisch wichtigsten Elemente und ihre Symbole?
5. Was versteht man unter a) chemischer Vorgang/chemische Reaktion, b) Synthese, c) Analyse?
6. Welches Mischungsverhältnis gilt a) für Gemenge, b) für Verbindungen?

**Moleküle und Atome**

Parfüm durchdringt die Luft, Wasser die Zimmerdecke: 50 $cm^3$ Alkohol und 50 $cm^3$ Wasser nehmen nach dem Zusammengießen nur einen Raum von 96 $cm^3$ ein; Licht durchdringt Wasser, Glas, Metallfolien und Holzspäne bis zu einer gewissen Dicke.

Die Körper sind nicht vollständig von Stoff erfüllt.

Zerlegt man eine Verbindung oder ein Element in seine kleinsten Teilchen, so gelangt man zu den Molekülen.

Moleküle sind die kleinsten Teilchen eines Stoffes, in die man den Stoff ohne Änderung seiner stofflichen Natur zerlegen kann, die also noch dieselben Eigenschaften wie der ganze Stoff haben.

Die Namen der Moleküle werden aus den zugehörigen Namen der Verbindungen gebildet, z.B. Wassermolekül, Zuckermolekül.

Reinstoffe sind aus gleichartigen Molekülen zusammengesetzt.

*Versuch:* Zerlegung des Wassers mit einem Hofmannschen Wasserzersetzungsapparat (Bild 1-5).

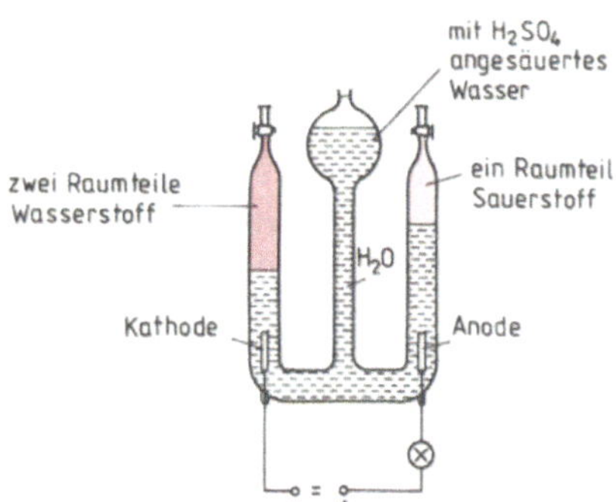


*Bild 1-5 Wasserzersetzungsapparat nach Hofmann*

*Beobachtung:* Im Hofmannschen Apparat wird angesäuertes Wasser in zwei Raumteile Wasserstoff und einen Raumteil Sauerstoff umgewandelt (Brennprobe).

| | | | | |
|---|---|---|---|---|
| Wasser | → | 2 Raumteile Wasserstoff | + | 1 Raumteil Sauerstoff |

*Erkenntnis:* Zwei Wasserstoffmoleküle und ein Sauerstoffmolekül bilden Wasser.

Beim Verkleinern des Molekül-Mengenverhältnisses 2 : 1 ergeben sich Bruchteile, z.B. ein Wasserstoffmolekül und 1/2 Sauerstoffmolekül.

Das halbe Sauerstoffmolekül ist ein Atom, Moleküle sind Atomvereinigungen.

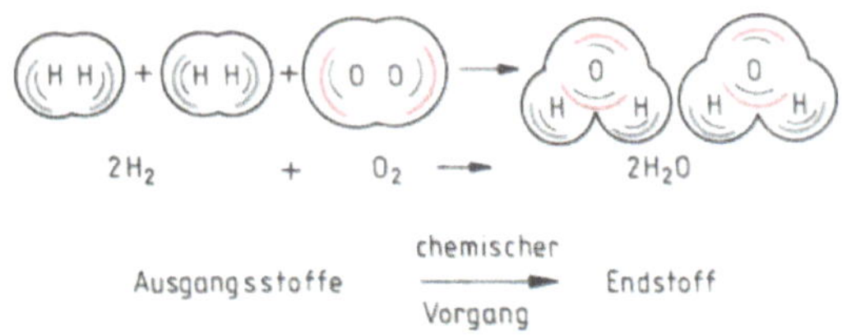


*Bild 1-6 Entstehung von Wassermolekülen*

H 1 Wasserstoffatom, $H_2$ 1 Wasserstoffmolekül,
O 1 Sauerstoffatom, $O_2$ 1 Sauerstoffmolekül,
$H_2O$ 1 Wassermolekül.

Moleküle der Elemente bestehen aus gleichartigen, Moleküle der Verbindungen aus ungleichartigen Atomen.

Die Einwirkung von Stoffen aufeinander unter Bildung von neuen Stoffen nennt man **chemische Reaktion**. Im Rahmen der möglichen Meßgenauigkeit gilt für alle chemischen Reaktionen das **Gesetz von der Erhaltung der Masse**. Es besagt:

Bei chemischen Reaktionen wird weder Masse gewonnen, noch geht Masse verloren.

Die Bildung von Molekülen aus Atomen ist immer mit der Abgabe von Wärmeenergie verbunden (exothermer Vorgang). Die Moleküle lassen sich deshalb nur durch Energiezufuhr in Atome aufspalten (endothermer Vorgang).

## 1.1.2 Atombau und chemische Bindung

Atom nennt man das kleinste Teilchen eines Elementes oder Grundstoffes, das auf chemischem Wege nicht weiter teilbar ist. Von den 105 bekannten Elementen oder Grundstoffen kommen einige nicht in der Natur vor, sie wurden künstlich erzeugt, z.B. **Technetium, Promethium** und **Transurane**. Die Elemente unterscheiden sich durch ihren Atomaufbau voneinander.

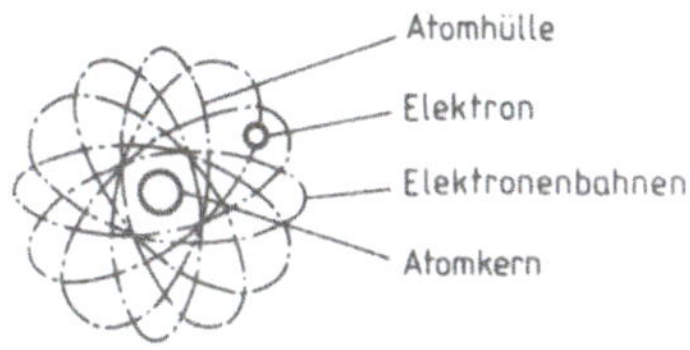


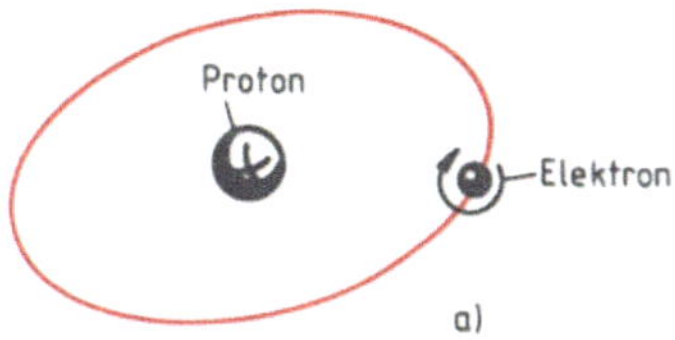


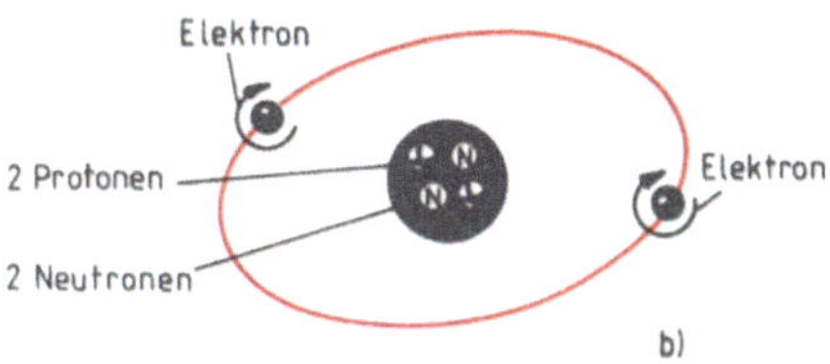


*Bild 1-7 Beispiele für den Aufbau der Atome*

a) Wasserstoffatom: 1 Elektron, 1 Proton

b) Heliumatom: 2 Elektronen, 2 Protonen, 2 Neutronen

Jedes Atom besteht aus dem positiv elektrisch geladenen Atomkern und der aus negativen Elektronen bestehenden elektrischen Ladungswolke, die den Kern in weitem Abstand umzieht. Der Durchmesser des Gesamtatoms beträgt etwa ein hundertmillionstel cm. Der Durchmesser des Kerns ist 10 000 mal kleiner als der des Gesamtatoms, er verhält sich zum Gesamtatom wie ein Stecknadelkopf zu einem zweistöckigen Wohnhaus. Da die Elektronen praktisch gewichtslos sind, enthält der Atomkern die Gesamtmasse des Atoms.

Diese Masse besteht beim Wasserstoffatom aus einem elektrisch positiv geladenem **Proton,** bei allen anderen Elementen aus zwei oder mehreren Protonen und ungeladenen, also elektrisch neutralen **Neutronen** gleicher Masse.

> Die unterschiedlichen physikalischen und chemischen Eigenschaften der Elemente ergeben sich aus der Anzahl Z ihrer Protonen, d.h. ihrer positiven Gesamtladung.

Die Neutronen spielen also für die chemischen Eigenschaften der Elemente keine Rolle. Die positive Gesamtladung, also die Anzahl der Protonen oder die Kernladungszahl Z bezeichnet man auch als **Ordnungszahl N.** Die gemeinsame Bezeichnung für Protonen und Neutronen ist **Nukleonen.**

Die Atomarten der Elemente werden durch ihre Nukleonenzahlen und ihre Kernladungszahlen gekennzeichnet.

▶ **Beispiel:**
$^{238}_{92}U$ bedeutet, daß diese Uranatomart aus 238 Nukleonen, 92 Protonen und 238 – 92 = 146 Neutronen besteht.

Ein und dasselbe Element kann aus Atomen mit unterschiedlicher Anzahl von Neutronen, aus **isotopen** Atomarten bestehen, die jedoch alle dieselben chemischen Eigenschaften besitzen.

▶ **Beispiele:**
$^{235}_{92}U$ enthält 235 Nukleonen, 92 Protonen und 235 – 92 = 143 Neutronen; $^{234}_{92}U$ enthält 234 Nukleonen, 92 Protonen und 234 – 92 = 142 Neutronen.

> Die meisten natürlichen Elemente sind Isotopenmischungen.

Jeder Atomkern ist bestrebt, seine positive Ladung durch Einfangen von negativen Elektronen auszugleichen und sich dadurch zu einem seiner Umgebung gegenüber neutralen Atom zu vervollständigen. Bei elektrischer Neutralität ist die Zahl der Protonen gleich der Zahl der Elektronen.

> Ordnungszahl N = Kernladungszahl Z = Elektronenzahl.

Jeder Atomkern ist als elektrisch geladener Massenpunkt von einem kugelförmigen elektrischen Kraftfeld umgeben, dessen Anziehungskraft auf die Elektronen mit dem Abstand vom Kern abnimmt. In diesem Kraftfeld bewegen sich die Elektronen wie die Planeten um die Sonne auf sogenannten **Elektronenschalen.** Je nach ihrem mit dem Abstand vom Kern zunehmendem Durchmesser kennzeichnet man die Elektronenschalen mit Buchstaben, z.B. K, L, M usw. Auf jeder Elektronenschale ist nur eine beschränkte Anzahl von Plätze vorhanden, z.B.

| | | | |
|---|---|---|---|
| Schale | K | L | M |
| Elektronenzahl | 2 | 8 | 18 |

Die dem Kern am nächsten befindlichen Plätze werden zuerst von Elektronen besetzt, dann

*Tabelle 1-1* Das Periodische System der Elemente

| Perioden | I | II | III | IV | V | VI | VII | VIII Gruppen | | | |
|---|---|---|---|---|---|---|---|---|---|---|---|
| 1 | **1 H** Wasserstoff | | | | | | | | | | **2 He** Helium |
| 2 | **3 Li** Lithium | **4 Be** Beryllium | **5 B** Bor | **6 C** Kohlenstoff | **7 N** Stickstoff | **8 O** Sauerstoff | **9 F** Fluor | | | | **10 Ne** Neon |
| 3 | **11 Na** Natrium | **12 Mg** Magnesium | **13 Al** Aluminium | **14 Si** Silicium | **15 P** Phosphor | **16 S** Schwefel | **17 Cl** Chlor | | | | **18 Ar** Argon |
| 4 | **19 K** Kalium | **20 Ca** Calcium | **21 Sc** Scandium | **22 Ti** Titan | **23 V** Vanadium | **24 Cr** Chrom | **25 Mn** Mangan | **26 Fe** Eisen | **27 Co** Cobalt | **28 Ni** Nickel | |
| 4 | **29 Cu** Kupfer | **30 Zn** Zink | **31 Ga** Gallium | **32 Ge** Germanium | **33 As** Arsen | **34 Se** Selen | **35 Br** Brom | | | | **36 Kr** Krypton |
| 5 | **37 Rb** Rubidium | **38 Sr** Strontium | **39 Y** Yttrium | **40 Zr** Zirkonium | **41 Nb** Niobium | **42 Mo** Molybdän | **43 Tc** Technetium | **44 Ru** Ruthenium | **45 Rh** Rhodium | **46 Pd** Palladium | |
| 5 | **47 Ag** Silber | **48 Cd** Cadmium | **49 In** Indium | **50 Sn** Zinn | **51 Sb** Antimon | **52 Te** Tellur | **53 I** Jod | | | | **54 Xe** Xenon |
| 6 | **55 Cs** Caesium | **56 Ba** Barium | **57 La** 58 Lanthan 71 | **72 Hf** Hafnium | **73 Ta** Tantal | **74 W** Wolfram | **75 Re** Rhenium | **76 Os** Osmium | **77 Ir** Iridium | **78 Pt** Platin | |
| 6 | **79 Au** Gold | **80 Hg** Quecksilber | **81 Ti** Thallium | **82 Pb** Blei | **83 Bi** Bismut | **84 Po** Polonium | **85 At** Astatin | | | | **86 Rn** Radon |
| 7 | **87 Fr** Francium | **88 Ra** Radium | **89 As** 90 Actinium 98 | | | | | | | | |

58 Cer, 59 Praseodyn, 60 Neodyn, 61 Promethium, 62 Samarium, 63 Europium, 64 Gadelinium, 65 Turbium, 66 Dysprosium, 67 Holmium, 68 Erbium, 69 Thulium, 70 Ytterbium, 71 Lutetium

90 Thorium, 91 Protaktinium, 92 Uran, 93 Neptumium, 94 Plutonium, 95 Amerikum, 96 Curium, 97 Berkelium, 98 Californium

Die Elemente sind nach steigender Ordnungszahl in Perioden nebeneinander und in Gruppen untereinander angeordnet. Sich chemisch ähnlich verhaltende Elemente stehen untereinander. Dabei stehen in der ersten Gruppe die einwertigen, in der zweiten die zweiwertigen Elemente usw. und schließlich in der letzten Gruppe die chemisch keine Verbindung bildenden (inaktiven) Edelgase. Die Elemente, deren Kurzzeichen in den Spalten links stehen, treten in Elektrolyten positiv, die anderen negativ geladen auf. Die dick eingerahmten Elemente sind Nichtmetalle, die fett eingerahmten künstlich hergestellte Elemente. Alle anderen sind Metalle.

die nächst folgenden. Der Abschluß einer Schale stabilisiert die Elektronenhülle, und die mit 8 Elektronen besetzte Schale hat eine besonders große Stabilität. Die gleiche Elektronenordnung auf der Außenschale wiederholt sich periodisch.

## Die chemische Bindung

Der Zusammenschluß von Atomen zu Molekülen beruht

1. auf Wechselwirkungen zwischen den schwach an den Kern gebundenen Elektronen der äußeren Schale, die man **Valenzelektronen** nennt;
2. auf dem Bestreben der Atome, die äußere Schale mit 8 Elektronen zu besetzen um edelgasähnlich zu werden. Im atomaren Bereich[1] unterscheidet man Ionen-, Atombindungen und metallische Bindungen.

**Ionenbindung.** Die zur Bindung führenden Valenzelektronen des einen Atoms treten in die Elektronenhülle eines anderen Atoms über. Dadurch entstehen entgegengesetzt elektrisch geladene Ionen, z.B. $Na^+$ und $Cl^-$, zwischen denen elektrische Anziehungskräfte wirken. Infolge der elektrischen Anziehung gruppieren sich die Ionen zu Molekülen, z.B. NaCl-Gas, oder Kristallen, z.B. Kochsalzkristallen.

> Ionenbindungen sind nur zwischen chemisch verschiedenen Elementen möglich.

Stoffe, die durch Ionenbindung zusammengehalten werden, schmelzen und sieden bei höheren Temperaturen.

1) Die Bindungen im atomaren Bereich, d.h. die Bindungen der Atome innerhalb der Moleküle nennt man Primärbindungen, die gegenseitigen Bindungen der Moleküle Sekundärbindungen. Die Primärbindungen sind wesentlich stärker als die Sekundärbindungen.

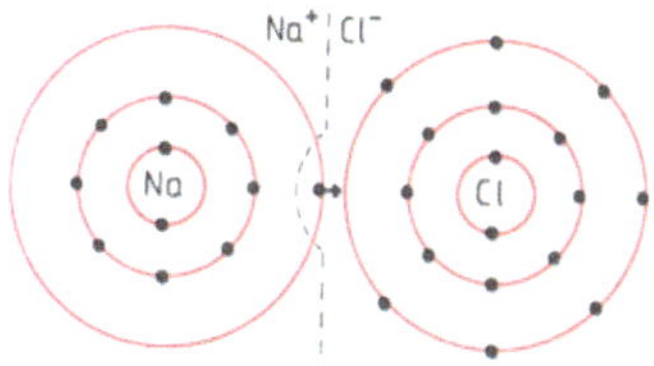


*Bild 1-8 Molekül des Kochsalzes NaCl*

Die beiden entgegengesetzt geladenen Ionen ziehen sich elektrisch an, so daß sie sich im gasförmigen Zustand zu einem Molekül NaCl vereinigen. Beim Abdampfen einer NaCl-Lösung dagegen ordnen sich rings um jedes positive Na-Ion mehrere negative Cl-Ionen und umgekehrt, so daß ein Kristall entsteht.

**Atombindung.** Die zur Bindung führenden Valenzelektronen sind gleichzeitig dem eigenen Atom und den Nachbaratomen zugeordnet, so daß sich hier keine Ionen bilden.

> Atombindung nennt man die Verbindung von Atomen durch Elektronenpaare, die den Atomhüllen von zwei oder mehreren Atomen gemeinsam angehören.

Bei Atomen mit vier Valenzelektronen wird jeweils ein Elektron mit einem von vier Nachbaratomen gemeinsam benützt, wodurch dreidimensionale Atomgruppierungen entstehen. Durch diese Bindungsart ergeben sich die hohen Festigkeiten und Härten von Diamant, Silicium, $Al_2O_3$ und $SiO_2$.

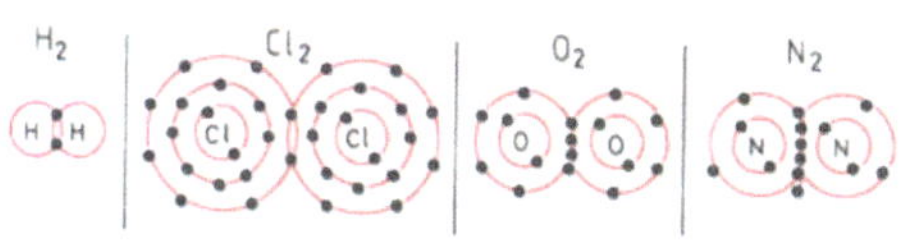


*Bild 1-9 Bindungsschemata der Atombindung*

**Metallische Bindung.** Die meisten Metallatome besitzen nur wenige Valenzelektronen und können daher weder durch Ionen- noch durch Atombindung Festkörper bilden. Sie bilden durch Freisetzung ihrer Valenzelektronen positive Ionen, die durch die frei beweglich gewordenen Valenzelektronen, durch eine negative Ladungswolke, zusammengehalten werden.

> Bei der metallischen Bindung sind die von den Metallatomen abgegebenen Valenzelektronen nicht an bestimmte Atome, sondern an den Kristall als Ganzen gebunden.

Aus der kugelsymmetrischen Verteilung der Valenzelektronen folgt, daß die metallische Bindung nicht richtungsabhängig, sondern allseitig ist, was zur regelmäßigen Anordnung der Atome, d.h. zur Kristallbildung führt.

> Metalle bestehen aus Kristallen.

Die wichtigsten Eigenschaften der Metalle, nämlich Leitfähigkeit für Wärme und elektrischen Strom, Verformbarkeit und Elastizität, sind eine Folge der metallischen Bindung, in der die Atome nicht unmittelbar miteinander verbunden und die Valenzelektronen relativ frei beweglich sind.

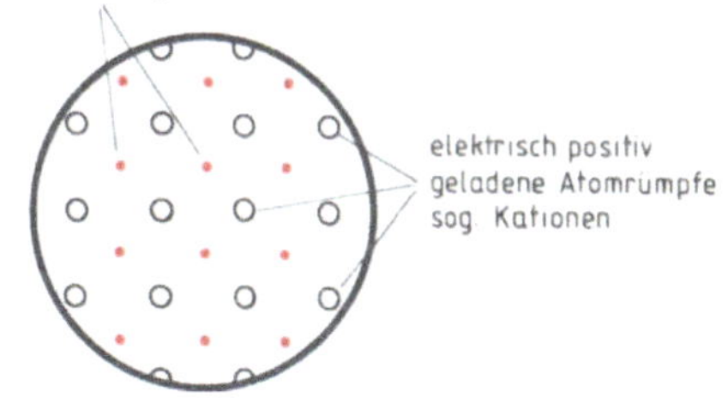


*Bild 1-10 Metallische Bindung,* schematisch

**Wiederholungsfragen**

1. Wie nennt man die kleinsten Teilchen eines Stoffes, in die man den Stoff ohne Änderung seiner stofflichen Natur zerlegen kann, die also noch dieselben Eigenschaften wie der ganze Stoff haben?
2. Worin unterscheiden sich Elementmoleküle von Verbindungsmolekülen?
3. Welches sind die Bestandteile der Kern-Hülle-Atommodelle?
4. Woraus ergeben sich die unterschiedlichen physikalischen und chemischen Eigenschaften der Elemente?

5. Was versteht man unter a) Kernladungs-/Ordnungszahl, b) Nukleonen, c) isotopen Atomarten?
6. Worauf beruht der Zusammenschluß von Atomen zu Molekülen?
7. Warum führt die metallische Bindung zur regelmäßigen Anordnung der Atome, d.h. zur Kristallbildung?
8. Welche Eigenschaften der Metalle sind eine Folge der metallischen Bindung?

**Wertigkeit oder Valenz.** Die Fähigkeit eines Elementes, chemische Verbindungen eingehen zu können, hängt von der Anzahl seiner Valenzelektronen ab, die in sogenannten **Strukturformeln** durch Valenzstriche gekennzeichnet werden.

▶ **Beispiel:**

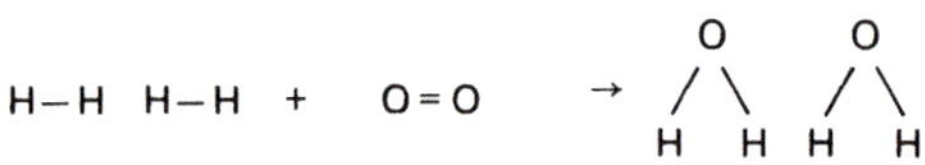

| 4 Atome (2 Moleküle) Wasserstoff | + | 2 Atome (1 Molekül) Sauerstoff | → | 2 Moleküle Wasser |
|---|---|---|---|---|
| $2H_2$ | + | $O_2$ | → | $2H_2O$ |

Manche Elemente sind zwei oder mehrwertig.

▶ **Beispiel:**

Eisenoxid, FeO → Fe = O — Eisen ist hier zweiwertig

Rost, $Fe_2O_3$ → 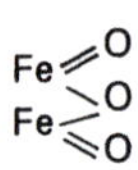 — Eisen ist hier dreiwertig.

Strukturformeln kennzeichnen nicht nur die Zusammensetzung der Verbindung, sie sind auch eine Darstellung dafür, wie die Atome aneinander gebunden sind.

**Elektronenschreibweise.** Bei der Elektronenschreibweise der Elemente werden die Elektronen der äußeren Schale durch Punkte, der Atomrumpf, das sind der Atomkern und vorhandene innere Elektronen, durch das Symbol dargestellt, s. Tabelle 1-2.

Aus Tabelle 1-2 ergibt sich, daß alle Elemente der gleichen Hauptgruppe die gleiche Außenschale haben. Daraus ergibt sich die chemische Verwandtschaft der Elemente einer Gruppe.

*Tabelle 1-2 Elektronenschreibweise, Ausschnitt aus Tabelle 1-1*

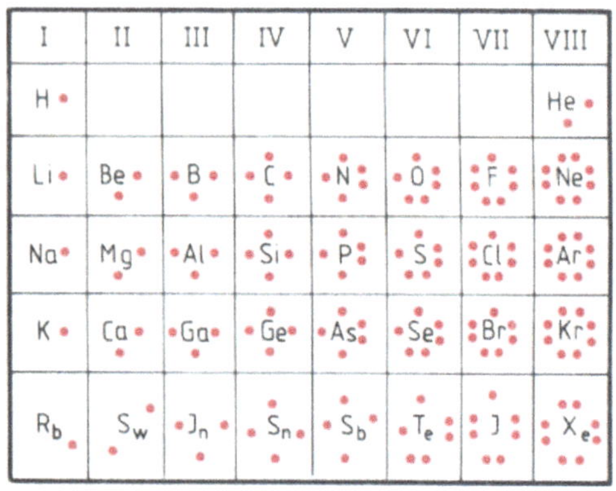


### 1.1.3 Lösungen

Eine begrenzte Menge Salz löst sich in Wasser vollständig auf, und nur der salzige Geschmack zeigt, daß das Salz noch vorhanden und die Lösung eine Mischung ist.

Die Flüssigkeit, in der aufgelöst wird, heißt **Lösungsmittel;** der aufgelöste Stoff **Lösungssubstanz.** Ein wichtiges Lösungsmittel ist Wasser. Es gibt Lösungen von festen, flüssigen und gasförmigen Lösungssubstanzen.

Lösungen sind die äußerst feine Verteilung von Lösungssubstanzen in einem Lösungsmittel.

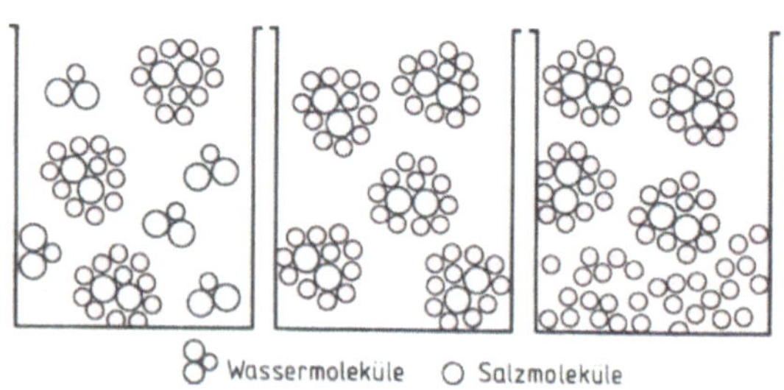


*Bild 1-13 Übersättigte Lösung* *Bild 1-12 Gesättigte Lösung* *Bild 1-11 Ungesättigte Lösung*

Die Auflösung fester und flüssiger Stoffe erfordert Wärme, sogenannte **Lösungswärme.** Heißer Kaffee wird durch Auflösen von Zucker kälter. Kältemischungen sind wäßrige (Eis) Salzlösungen.

Man unterscheidet ungesättigte, gesättigte und übersättigte Lösungen.

Verbindungen → festes Mengenverhältnis
Lösungen → unterhalb der Sättigungsgrenze beliebiges Mengenverhältnis

Mit steigender Temperatur nimmt die Löslichkeit für feste Stoffe meist zu (Fe-C), für Gase ab. Beim Abkühlen einer gesättigten Lösung scheidet sich der Überschuß an Lösungssubstanz bei Salzen als Kristalle aus. Bei schnellem Abkühlen wachsen viele Kristalle gleichzeitig gegeneinander, so daß unvollkommene kleine Kristalle entstehen, während sich bei langsamer Abkühlung große und vollkommene Kristalle bilden.

Das Auskristallisieren durch Abkühlen von gesättigten Lösungen wird zur Reindarstellung von Stoffen benützt.

**Wiederholungsfragen**

1. Woran erkennt man, daß Lösungen Mischunen sind?
2. Warum kann man durch Aufstreuen von Salz Eis in Wasser verwandeln?
3. Warum bildet sich in kaltem Kaffee manchmal ein Zuckersatz?
4. Warum spritzt die Flüssigkeit aus einer angewärmten Sprudelflasche und die aus einer kalten nicht?
5. Wie unterscheiden sich Lösungen und Verbindungen hinsichtlich ihrer Mengenverhältnisse?
6. Wann entstehen große, wann kleine Kristalle aus Lösungen?

## 1.1.4 Die Luft, Oxidation und Reduktion

### Die Luft

Daß die Luft ein Stoff ist, merken wir deutlich bei Wind und Sturm; auch daran, daß sie Flugzeuge und Luftballons trägt. Bei −190 °C wird Luft flüssig.

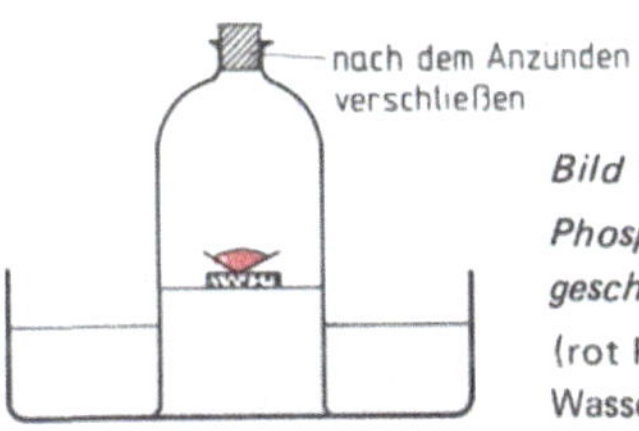


*Bild 1-14*

*Phosphor brennt im abgeschlossenen Luftraum*

(rot Phosphor, grau Wasser)

*Beobachtung beim Versuch nach Bild 1-14:* Der Wasserspiegel in der Glocke sinkt infolge der Wärmeausdehnung der Luft. Nach kurzer Zeit erlischt die Flamme, die Luft in der Glocke kühlt ab, das Wasser in der Glocke steigt. Der Luftraum in der Glocke hat sich um 1/5 seines Volumens verringert.

Etwa 21 % der Luft ist Sauerstoff. Die Luft ist ein Gemenge.

Der andere Bestandteil der Luft, der die Flamme erstickte, ist vorwiegend **Stickstoff.**

Zusammensetzung der trockenen Luft: 78 % Stickstoff, 21 % Sauerstoff, 0,03 % Kohlensäure, 0,9 % Argon. Spuren von Neon, Helium und Wasserstoff.

### Oxidation und Reduktion

*Beobachtung beim Versuch nach Bild 1-15:* Die Kerze wird kleiner, die Schale mit der Kerze trotzdem schwerer.

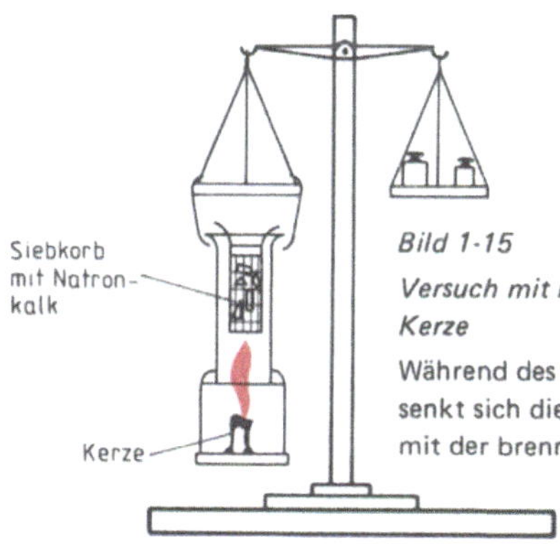


*Bild 1-15*

*Versuch mit brennender Kerze*

Während des Versuchs senkt sich die Waagschale mit der brennenden Kerze

*Erkenntnis:* Die Verbrennungsprodukte sind schwerer als der Ausgangs-Brennstoff: Sauerstoff muß aus der Luft aufgenommen werden.

> Der Vorgang, bei dem sich ein Stoff mit Sauerstoff verbindet, heißt Oxidation oder Verbrennung. Dabei wird chemische Bindungsenergie als Wärme frei. Der durch Oxidation entstehende Stoff heißt Oxid.

| **Oxidation** | | | **Oxid** |
|---|---|---|---|
| Schwefel | + Sauerstoff | → | Schwefeldioxid |
| Eisen | + Sauerstoff | → | Eisenoxid |
| Kupfer | + Sauerstoff | → | Kupferoxid |
| Blei | + Sauerstoff | → | Bleioxid |

## Die Flamme

*Beobachtung einer Kerzenflamme:* Die Flamme hat vier Zonen: blauer Saum, dunkler Kern, leuchtender Teil, weniger leuchtender oberer Saum. Ein in die Flamme gehaltener kalter Körper wird berußt, ein über die Flamme gehaltener kalter Körper beschlägt mit Wassertröpfchen.

*Bild 1-16 Beobachtung an einer Kerzenflamme*

Im Innern der Kerzenflamme sind unverbrannte Gase.

*Erkenntnis:* Der dunkle Kern besteht aus brennbarem Gas, der leuchtende Teil enthält glühenden Kohlenstoff, in der Flamme befindet sich Wasserdampf.

Im blauen Saum verbrennt der Kerzendampf mit genügend Sauerstoff vollständig:

$$CH_4 + 2O_2 \rightarrow CO_2 + 2H_2O$$

**Kohlenwasserstoff + Sauerstoff → Kohlendioxid + Wasser**

Hinter dem blauen Saum ist zu wenig Sauerstoff:

$$CH_4 + O_2 \rightarrow C + 2H_2O$$

**Kohlenwasserstoff + Sauerstoff → Kohlenstoff + Wasser**

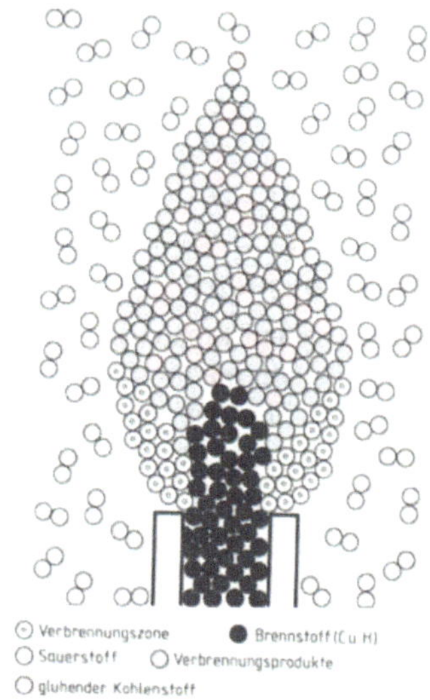


*Bild 1-17a Leuchtende Flamme*

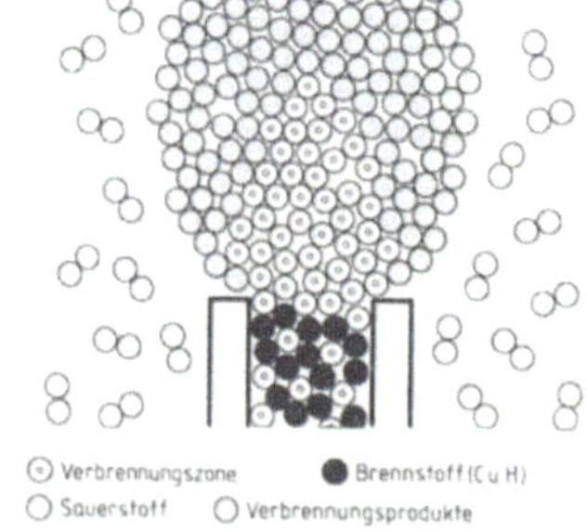


*Bild 1-17b Nichtleuchtende Flamme*

Unverbrannter Kohlenstoff ist in Schweißflammen schädlich, in Heizflammen unwirtschaftlich.

Heiz- und Schweißflammen sind nichtleuchtend einzustellen.

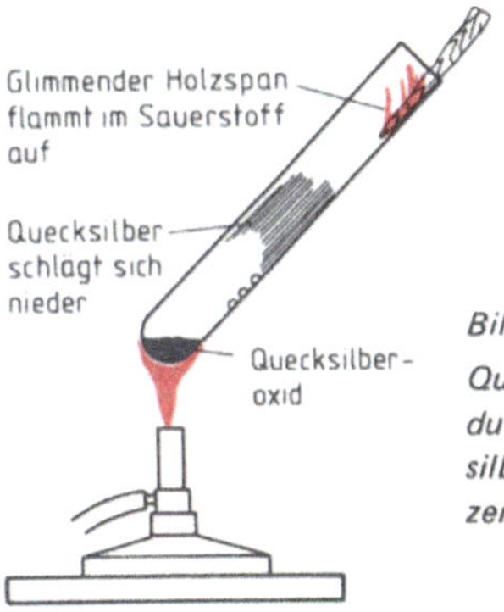


*Bild 1-18*
*Quecksilberoxid wird durch Wärme in Quecksilber und Sauerstoff zerlegt*

*Versuch nach Bild 1-18:* In einem Reagenzglas wird Quecksilberoxid erhitzt. In das obere Ende des Reagenzglases wird ein glimmender Holzspan gehalten.

*Beobachtung:* An der Reagenzglaswand schlägt sich Quecksilber nieder. Der Holzspan brennt hell auf.

Ein Vorgang, bei dem einem Stoff Sauerstoff entzogen wird, bezeichnet man als **Reduktion.** Reduktion und Oxidation sind entgegengesetzte und umkehrbare chemische Vorgänge.

| | | |
|---|---|---|
| Reduktion | → | Durch Wärmezufuhr wird Oxiden Sauerstoff entzogen. |
| Oxidation | → | Entstehung von Wärme durch Vereinigung eines Stoffes mit Sauerstoff. |

Edelmetalloxide werden durch einfaches Erhitzen, Oxide unedler Metalle durch Stoffe mit größerer Verwandtschaft zum Sauerstoff reduziert.

**Wiederholungsfragen**

1. Welches sind die Bestandteile trockener Luft?
2. Oxidation und Reduktion sind umkehrbare chemische Vorgänge. Wie verhält es sich mit den zugeführten/freigesetzten Wärmemengen bei diesen gegenläufigen Reaktionen bei gleichen Massen?
3. Welche vier Zonen können an einer Kerzenflamme beobachtet werden?
4. Warum müssen Heiz- und Schweißflammen nichtleuchtend eingestellt werden?

## 1.1.5 Erzeugung von Wärme

Wärme, auf die es technisch ankommt, wird aus fossilen (Kohle, Erdöl, Erdgas) und nuklearen (Uran) Brennstoffen gewonnen[1]. Wärmeliefernde Vorgänge sind chemische Reaktionen und Atomkernspaltungen.

### Wärmeerzeugung durch chemische Reaktionen

**Verbrennung.** Jeder fossile Brennstoff enthält eine bestimmte Wärmemenge. Die Wärmemenge, die bei der Oxidation/Verbrennung freigesetzt wird, nennt man Brenn-/Heizwert (s.S. 38). Für die Verbrennung wird in den meisten Fällen die Luft als Sauerstoffträger benutzt (Bild 1-19). Die übrigen Bestandteile der Luft reagieren chemisch nicht mit dem Brennstoff und kühlen die Brennstelle. Höhere Temperaturen werden daher bei der Verbrennung mit reinem Sauerstoff erzielt, z.B. bei Schweißflammen.

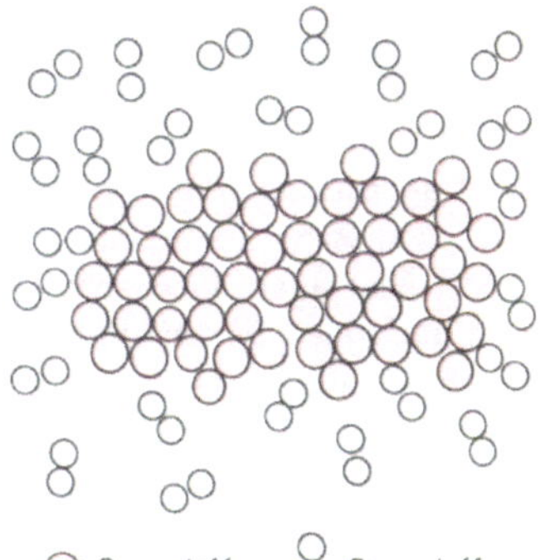


*Bild 1-19 Verbrennung von festen Brennstoffen*

[1] Für den Betrieb von Kraftwerken spielen Holz, Wärmepumpen, s.S. 39, direkte Verwendung der Sonnenstrahlung in Solarzellen u.ähnl. keine Rolle.

Feste Brennstoffe brennen nur an ihren von Luft/Sauerstoff berührten Oberflächen, so daß ihre vollständige Verbrennung von außen nach innen allmählich erfolgt.

**Explosion.** In Mischungen aus kleinen Brennstoffteilchen und Luft/Sauerstoff und in Sprengstoffen, die Sauerstoff chemisch gebunden mit sich führen, verbrennen alle Brennstoffteilchen gleichzeitig, und die gesamte Verbrennungswärme entsteht schneller als sie abgeleitet werden kann. Innerhalb eines geschlossenen Raumes entstehen dadurch hohe Temperaturen und hohe Gasdrücke, die sich ruckartig ausbreiten, also explodieren. Auf Vorgängen dieser Art beruht die Wirkungsweise der Verbrennungskraftmaschinen. Explosive Mischungen sind in der Luft eines Raumes fein verteilte Brennstoffe, z.B. Benzindampf, Stadtgas, Azetylen, Propan, Kohlenstaub und Magnesium.

### Wärmeerzeugung durch Atomkernspaltung

Während die seit Jahrtausenden bekannte Erzeugung von Wärmeenergie durch Verbrennung/Oxidation auf Wechselwirkungen innerhalb der der äußeren Elektronenhülle beruht, werden durch Atomkernspaltung Teile der im Innern der Atome schlummernden ungeheuren Energien für die Erzeugung von Wärmeenergie nutzbar gemacht. Die dabei mögliche Erzeugung von etwa 20 Milliarden kWh pro kg Uran ist im Vergleich zum Gesamtenergieinhalt der Atome sehr klein, jedoch sehr groß im Vergleich zu der bei Verbrennungen frei werdenden Wärmeenergie.

Die deutschen Forscher *Hahn* und *Straßmann* entdeckten 1939, daß beim Eindringen eines langsamen Neutrons in den Kern eines Uranisotops $^{235}_{92}U$ der Kern in zwei Bruchstücke zerfällt. Den Bruchstücken wird bei ihrer Entstehung eine hohe Bewegungsenergie mitgegeben, die durch Bremsung in dem umgebenden Stoff in Wärmeenergie umgewandelt wird.

Der französische Forscher *Joliot* entdeckte, daß bei diesem Spaltvorgang zusätzlich noch 2 bis 3 Neutonen abgegeben werden, die weitere Spaltungen hervorrufen können. Dadurch entsteht in einer genügend großen Masse von reinem $^{235}_{92}U$ eine Kette sich dauernd erneuernden Spaltungen, eine Kettenreaktion, die, wie eine Lawine aus einem Schneeball, in Bruchteilen von Sekunden ins Riesenhafte wächst. Dabei steigt die Temperatur örtlich auf viele Millionen °C an.

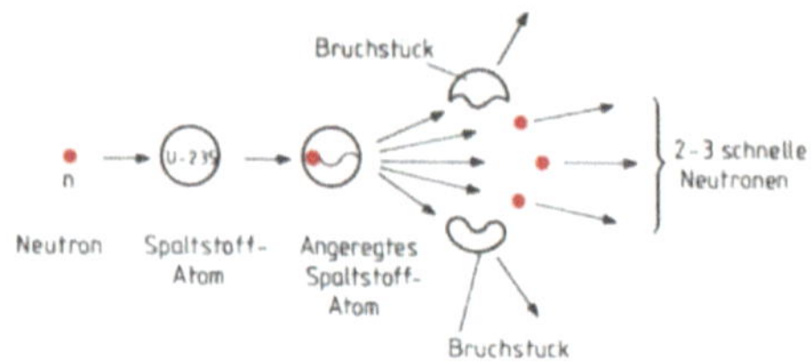


*Bild 1-20 Schema der Atomkernspaltung*

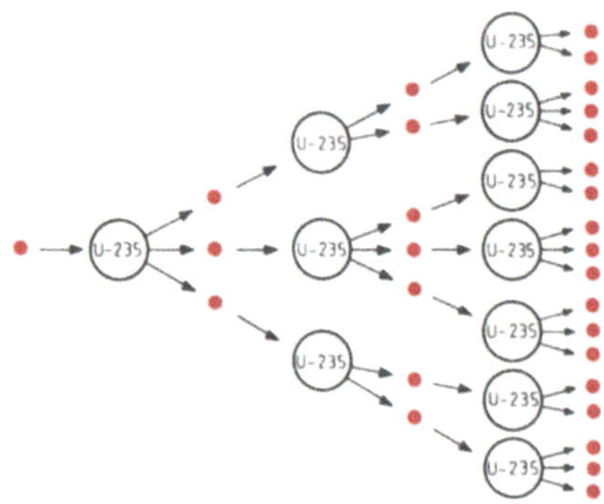


*Bild 1-21 Kettenreaktion. Die Pfeile sollen die Neutronen darstellen.*

> In einer Atombombe führt eine ungesteuerte Kettenreaktion innerhalb kleiner Bruchteile von Sekunden zur Explosion. In einem Kernreaktor wird eine Kettenreaktion eingeleitet und der Umfang der Spaltungen so gesteuert, daß die gewünschte Temperatur im Reaktor nicht überschritten wird.

Das in der Natur vorkommende Uran besteht zu 0,7 % aus dem nur mit **langsamen Neutronen** spaltbaren $^{235}_{92}U$, kurz: U-235, und zu 99,3 % aus dem nichtspaltbaren $^{238}_{92}U$, kurz: U-238, an das sich **schnelle Neutronen** anlagern, ohne eine Spaltung zu bewirken. Die bei der Spaltung von U-235 Kernen entstehenden **schnellen Neutronen** werden in einer größeren Natururanmasse vom U-238 aufgefangen, so daß eine Kettenreaktion in Natururan nur durch besondere Maßnahmen, z.B. in einem Kernreaktor zustande kommen kann.

Es gibt verschiedene Kernreaktortypen. Der freie Raum eines Leichtwasserkernreaktors ist mit normalem Wasser gefüllt. Im Wasser sind die wenige Zentimeter dicken Brennstoffstäbe aus natürlichem Uran mit Zwischenräumen so angeordnet, daß sie vollständig von Wasser umgeben sind. Das Wasser hat zwei Aufgaben:

1. bremst es die bei U-235-Spaltungen entstehenden schnellen Neutronen, so daß sie vom U-238 nicht weggefangen werden können und die Kettenreaktion nicht behindern;
2. transport es als Teil eines Wasserkreislaufes die entstehende Wärme zum Dampferzeuger.

In gewissen Abständen befinden sich zwischen den Brennstoffstäben sogenannte **Abschalt-/Regelplatten** aus Cadmium oder Bor, die alle auf sie auftreffenden Neutronen absorbieren (in sich aufnehmen und festhalten). Durch mehr oder weniger tiefes Eintauchen der Abschalt-/Regelplatten können der Umfang der Kettenreaktion und damit die Temperatur des Wassers geregelt oder der Kernreaktor abgestellt werden.

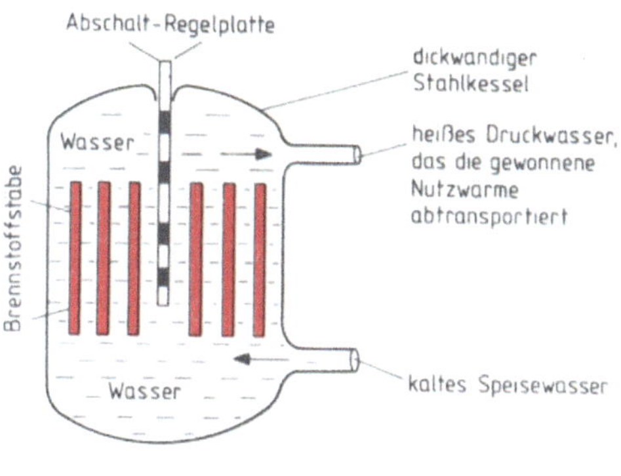


*Bild 1-22 Druckwasser-Reaktor*

Bei einem Druck von 150 bar und einer Temperatur von 340 °C wird Dampfbildung im Reaktor vermieden.

**Kernfusion.** Bisher wurden die verschiedenen Atomarten durch ihre unterschiedlichen Kernladungen unterschieden. Ein anderes Unterscheidungsmerkmal ist die unterschiedliche **Masse** der Atome, die nach besonderen Methoden festgestellt wird und in Masseneinheiten ME Tabellen entnommen werden kann.

> Aus den Massezahlen ergibt sich, daß die Masse von zusammengesetzten Atomen stets kleiner ist, als die Summe ihrer Neutronen- und Protonenmassen.

▶**Beispiel:**
Bildung eines Heliumatoms aus vier Wasserstoffatomen.

vier Wasserstoffatome = 4,03306 ME
ein Heliumatom = 4,00274 ME
Unterschied = 0,03032 ME ⇒ **Massendefekt**

Der Massendefekt verwandelt sich in Wärmeenergie nach der Gleichung von Einstein

$$E = mc^2$$

*E* Energie in Erg, *m* Masse in Gramm, *c* Lichtgeschwindigkeit $\approx 3 \cdot 10^8$ m/s.

Wegen der Größe von $c^2$ ergeben schon kleine Massendefekte außerordentlich große Wärmemengen und sehr hohe Temperaturen. Reaktionen dieser Art, die bei Temperaturen von $10^7$ °C ablaufen, sind der Ursprung der von der Sonne dauernd ausgestrahlten Wärme. Kernfusionen werden vorerst nur militärisch verwendet. Ihre friedliche Nutzung wird weltweit erforscht.

Das auf Seite 4 angegebene Gesetz von der Erhaltung der Masse erfährt durch $E = mc^2$ eine gewisse Einschränkung; denn bei jeder chemischen Reaktion wird Wärme = Masse abgegeben oder aufgenommen. Bei normalen chemischen Reaktionen sind diese Massenänderungen jedoch so gering, daß sie nicht nachweisbar sind.

**Wiederholungsfragen**

1. Wann spricht man bei der Wärmeerzeugung durch chemische Reaktionen a) von Verbrennung, b) von Explosion?
2. Welche Entdeckungen machten a) die deutschen Forscher Hahn und Straßmann 1939, b) der französische Forscher Joliot wenig später?
3. Was versteht man unter einer Kettenreaktion?
4. Wodurch wird in einem Druckwasser-Reaktor der Umfang der Kernspaltungen so gesteuert, daß die gewünschte Temperatur im Reaktor nicht überschritten wird?
5. Warum kann in den Natururanlagerstätten keine Kettenreaktion zustande kommen?

## 1.1.6 Säuren, Basen und Laugen, Salze

Säuren und Laugen wirken ätzend, sie greifen Metalle und organische Verbindungen an (Proben).

In Wassergläsern werden verdünnte Säuren und Laugen hergestellt; **Säure und Lauge in Wasser,** Wärmeentwicklung beobachten! Fließpapier wird nacheinander in Lackmuslösung, Säure und Lauge getaucht.

> Säuren färben Lackmus rot, Laugen blau.

**Säuren**

*Versuch nach Bild 1-23:* In einem Standzylinder mit etwas Wasser und eingeblasenem Sauerstoff wird ein Löffel mit schwach glühendem Schwefel gehalten.

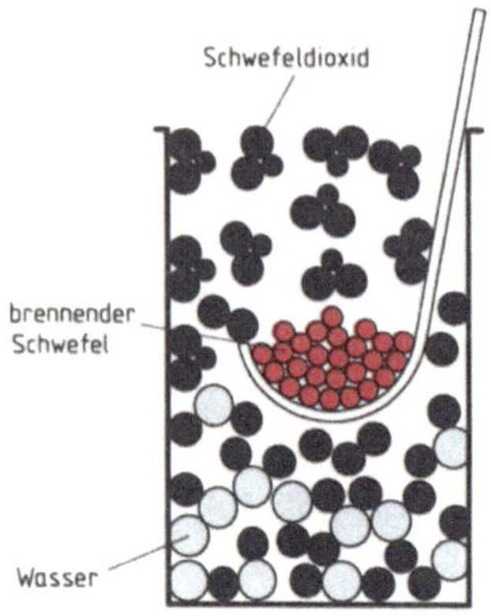


***Bild 1-23 Erzeugung von schwefliger Säure***

*Beobachtung:* Der Schwefel glüht im Sauerstoff hell auf (Sauerstoff ist schwerer als Luft). Das Verbrennungsprodukt, weißer Dampf, Schwefeldioxid, bleibt im Standzylinder.

Nach dem Verbrennen des Schwefels wird das Schwefeldioxid durch Schütteln des Zylinders in Wasser gelöst. Die Lösung schmeckt säuerlich und färbt Lackmus rot.

$$SO_2 + H_2O \rightarrow H_2SO_3$$

**Schwefeldioxid + Wasser → Schweflige Säure**

> Wäßrige Lösungen von Nichtmetalloxiden sind Säuren.

Es gibt Säuren mit und ohne Sauerstoff.

**1. Säuren ohne Sauerstoff**

| | |
|---|---|
| HF | Fluorwasserstoffsäure (Flußsäure) |
| HCl | Chlorwasserstoffsäure (Salzsäure) |
| HBr | Bromwasserstoffsäure |
| HJ | Jodwasserstoffsäure |

**2. Sauerstoffhaltige Säuren**

| | |
|---|---|
| $H_2SO_4$ | Schwefelsäure |
| $H_3PO_4$ | Phosphorsäure |
| $HNO_3$ | Salpetersäure |
| $H_2CO_3$ | Kohlensäure |
| $HClO_3$ | Chlorsäure |
| $HClO_4$ | Perchlorsäure |
| $H_2SiO_3$ | Kieselsäure |
| $H_2SO_3$ | Schweflige Säure |
| $H_3PO_3$ | Phosphorige Säure |
| $HNO_2$ | Salpetrige Säure |
| | CO reagiert nicht mit Wasser |
| $HClO_2$ | Chlorige Säure |
| HClO | Unterchlorige Säure |

**Basen und Laugen**

Das in eine Schale mit Wasser geworfene Stück Natrium (Na) oder Kalium (K) löst sich auf, die Lösung färbt Lackmus blau. Dabei haben sich zwei Vorgänge überlagert:

1. Oxidation:

$$2Na + H_2O \rightarrow Na_2O + H_2 \quad \text{oder}$$
$$2K + H_2O \rightarrow K_2O + H_2$$

2. Lösung des Oxids in Wasser:

$$Na_2O + H_2O \rightarrow 2NaOH \quad \text{oder}$$
$$K_2O + H_2O \rightarrow 2KOH$$

Durch die Lösung des Metalloxids sind die **Basen** (Hydroxide) **NaOH** oder **KOH** enstanden. **Basen** bzw. **Hydroxide** sind Verbindungen mit der (OH)-Gruppe.

> Die Hydroxide der Metalle sind Basen. Die wäßrige Lösung einer Base heißt Lauge.

| Metall | Metalloxid | Hydroxid oder Base | Lauge |
|---|---|---|---|
| Na | $Na_2O$ | NaOH = Ätznatron | Natronlauge |
| K | $K_2O$ | KOH = Ätzkali | Kalilauge |
| Ca | CaO | $Ca(OH)_2$ = Ätzkalk | Kalkwasser |

**Salze**

In verdünnte Natronlauge wird zuerst Lackmus, dann Salzsäure geträufelt, bis der Farbumschlag über violett nach rot erfolgt. Dann wird bis zur Blaufärbung Natronlauge hinzugegossen. Schließlich wird die Lösung durch Zugabe von Salzsäure rot-violett gefärbt. Im Glas ist jetzt weder Säure noch Lauge. Die Lösung schmeckt salzig, und nach dem Verdampfen des Wassers bleibt Salz zurück.

Säuren und Basen (Laugen) bilden zusammen in wäßrigen Lösungen Salze und Wasser. Dieser Vorgang heißt Neutralisation.

**Base + Säure → Salz + Wasser**

**Wiederholungsfragen**

1. Welche Eigenschaften haben Säuren und Laugen?
2. Welche Farbe zeigt Lackmus a) in Säure, b) in Lauge?
3. Was sind Säuren?
4. Was sind a) Basen, b) Laugen?
5. Wie entstehen Salze?

**Salze der wichtigsten Säuren**

| Säuren | | Salze | |
|---|---|---|---|
| **Name** | **Formel** | **Name** | **Formel** |
| Schwefelsäure | $H_2SO_4$ | Kupfersulfat | $CuSO_4$ |
| Schweflige Säure | $H_2SO_3$ | Kaliumsulfit | $KSO_3$ |
| Phosphorsäure | $H_3PO_4$ | Natriumphosphat | $Na_3PO_4$ |
| Phosphorige Säure | $H_3PO_3$ | Calciumphosphit | $CaHPO_3$ |
| Salpetersäure | $HNO_3$ | Silbernitrat | $AgNO_3$ |
| Salpetrige Säure | $HNO_2$ | Natriumnitrit | $NaNO_2$ |
| Kohlensäure | $H_2CO_3$ | Eisencarbonat | $FeCO_3$ |
| Kieselsäure | $H_2SiO_3$ | Magnesiumsilikat | $MgSiO_3$ |
| Chlorsäure | $HClO_3$ | Kaliumchlorat | $KClO_3$ |
| Chlorige Säure | $HClO_2$ | Natriumchlorit | $NaClO_2$ |
| Unterchlorige Säure | $HClO$ | Kaliumhypochlorit | $KClO$ |
| Perchlorsäure | $HClO_4$ | Natriumperchlorat | $NaClO_4$ |
| Salzsäure | $HCl$ | Kupferchlorid | $CuCl_2$ |
| Flußsäure | $HF$ | Natriumfluorid | $NaF$ |

## 1.1.7 Elektrochemische Vorgänge

### Elektrolyse

Beobachtungen bei Versuchen mit dem Hofmannschen Apparat: Destilliertes Wasser leitet den elektrischen Strom nicht. Salze, Säuren und Basen machen das Wasser stromleitend.

In wäßriger Lösung zerfallen die Moleküle von Säuren, Basen und Salzen von selbst in entgegengesetzt elektrisch geladene Teilchen, die keine chemische Verbindung eingehen und **Ionen** heißen.

Durch Anlegen einer elektrischen Spannung werden die Ionen von den entgegengesetzt geladenen Elektroden angezogen, an den Elektroden entladen und dadurch wieder chemisch wirksam. Die chemisch wirksam gewordenen Molekülbruchstücke suchen sofort eine neue Verbindung, z.B.:

$$SO_3 + H_2O \rightarrow H_2SO_4$$

die sofort wieder zerfällt:

$$H_2SO_4 \rightarrow 2H + SO_4$$

Die Zersetzung von Säuren, Basen und Salzen in wäßriger Lösung durch elektrischen Strom heißt Elektrolyse, der Molekülzerfall ohne elektrischen Strom elektrolytische Dissoziation.

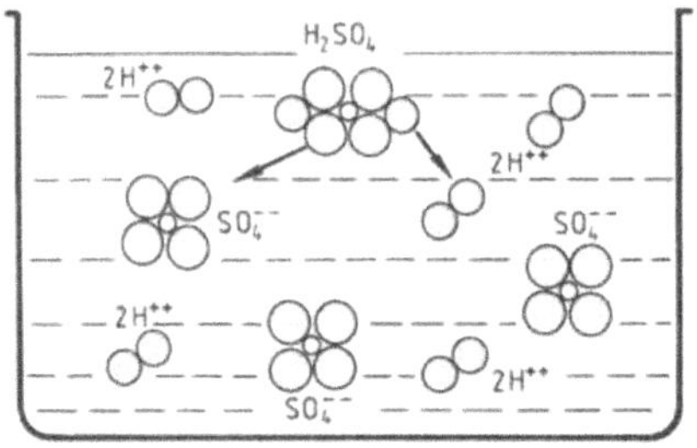


*Bild 1-24 Molekülzerfall in Wasser = elektrolytische Dissoziation*

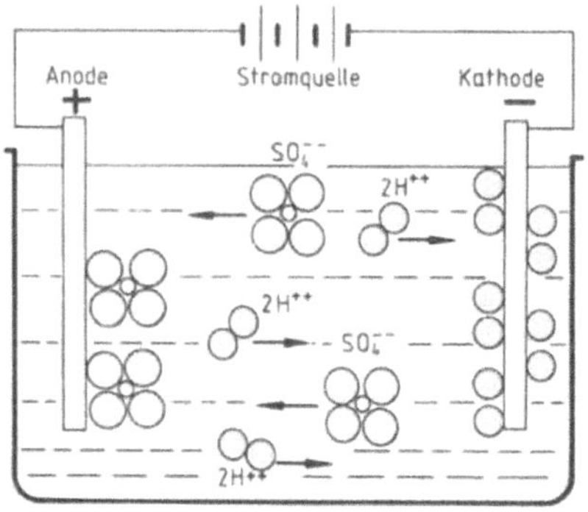


*Bild 1-25 Chemische Umwandlungen durch elektrischen Strom = Elektrolyse*

Die Säuren, Basen und Salze heißen **Elektrolyte,** weil sie in wäßriger Lösung den elektrischen Strom leiten und zugleich durch den elektrischen Strom zersetzt werden.

### Anwendung der Elektrolyse

#### Gewinnung von Hüttenaluminium

Die Gewinnung des Hüttenaluminiums aus Aluminiumoxid (Tonerde) erfolgt durch „Schmelzflußelektrolyse" in sogenannten Elektrolyseöfen oder -zellen. Bei dem Hall-Héroult-Verfahren wird die Tonerde in einer Schmelze gelöst, die hauptsächlich aus Kryolith ($Na_3AlF_6$) besteht. Auf diese Weise ist es möglich, den Elektrolyseprozeß bei etwa 950 °C, also weit unterhalb des Schmelzpunktes von Aluminiumoxid (etwa 2150 °C), durchzuführen.

#### Eloxieren von Aluminium

Aluminium überzieht sich an der Luft mit einer etwa 0,1 $\mu$m dicken keramischen Schicht, $Al_2O_3$. Diese sehr harte Oxidschicht ist nicht stromleitend, sie schützt das Aluminium gegen weitere Korrosion.

Beim sogenannten **Eloxieren** (elektrisch Oxidieren) wird das Werkstück als Anode in eine etwa 10 %ige Schwefelsäurelösung gehängt. Der dabei entstehende atomare Sauerstoff ist verbindungsfreudiger als der molekulare Sauerstoff der Luft und erzeugt eine bis zu 20 $\mu$m dicke poröse $Al_2O_3$-Schicht. Durch Tauchen in heiße Farbbäder können die Poren mit Farbstoff gefüllt, d.h. die Eloxalschichten eingefärbt werden.

#### Galvanisieren

Durch Galvanisieren werden Werkstücke mit festhaftenden dünnen Schichten fremder Metalle überzogen, z.B. Cu, Ni, Cr, Zn, Sn. Dabei werden die Werkstücke als Kathode[1] in eine

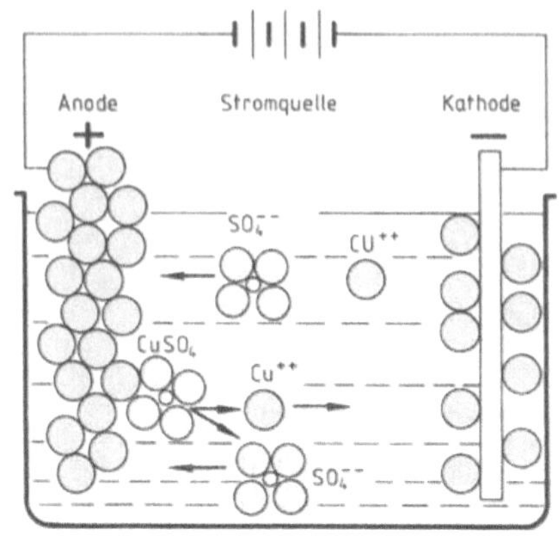


*Bild 1-26 Verkupfern eines Werkstückes in Kupfersulfatlösung ($CuCo_4$)*

Metallsalzlösung gehängt. Die Anoden[2] sind Platten aus den Metallen, deren Salze gelöst sind. Ausnahme: Chrombäder.

#### Elektrolytische Reinigung des Kupfers

In feuerflüssigen Schmelzen wird aus Kupfererz **Rohkupfer** (Schwarzkupfer) von 96–98 % Reinheit gewonnen. Durch elektrolytische Reinigung wird daraus **Elektrolytkupfer** mit 99,9 % Reinheit hergestellt. Der Vorgang verläuft nach Bild 1-26 mit Anoden aus Rohkupfer und Kathoden aus Reinkupferblechen; der Elektrolyt besteht aus Kupfersulfat. Nach Einschalten des Stromes wandern nur die Kupferatome des Rohkupfers zur Kathode, während die Verunreinigungen zu Boden sinken.

---

1) **Kathode,** negative Elektrode/Minuspol. Kathoden Strahl ist ein von der Kathode ausgehender Elektronenstrahl.

2) **Anode,** mit dem positiven Pol der Stromquelle verbundene Elektrode.
**Elektrode,** elektrisch leitender Teil, der den Übergang des elektrischen Stromes in einen anderen Leiter, z.B. Flüssigkeit, vermittelt.

**Wiederholungsfragen**

1. Warum machen Salze, Säuren und Basen destilliertes Wasser stromleitend?
2. Wie heißt die Zersetzung von Säuren, Basen und Salzen in wäßriger Lösung durch elektrischen Strom?
3. Was heißt Eloxieren von Aluminium?
4. Welches ist der Zweck des Galvanisierens?
5. Wie wird Kupfer mit 99,9 % Reinheit, sogenannter Elektrolytkupfer, gewonnen?

# 1.2 Physikalische Grundkenntnisse

## 1.2.1. Mechanik

### Allgemeines

Die Physik beschreibt Naturvorgänge, die nicht mit Stoffänderungen verbunden sind.

### Teilgebiete der Physik

| | | |
|---|---|---|
| Mechanik | → | Lehre von den Kräften und den Bewegungen |
| Kalorik | → | Wärmelehre |
| Akustik | → | Lehre vom Schall |
| Optik | → | Lehre vom Licht |
| Elektrik | → | Elektrizitätslehre |
| Atomphysik | → | Lehre von den Atomen |

Physikalische Gesetze beruhen auf Tatsachen, die durch Experimente gefunden werden.

▶ **Beispiel:**

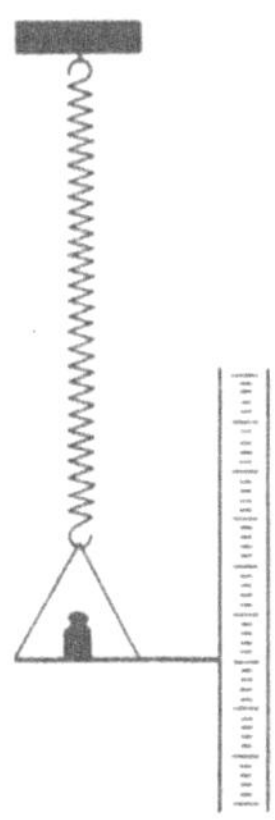

*Bild 1-27 Federwaage*

*Versuch:* Zustandsänderung, z.B. Federbelastung. Eine Feder wird nacheinander mit 1, 2, 3 ... N (Newton) belastet. N soll hier die später zu besprechende Gewichtskraft eines Gewichtsstückes sein. Die zugehörigen Zeigerstellungen werden abgelesen.

Zeigerstellungen und Belastungen werden in einer Tabelle gegenübergestellt. Der Zusammenhang zwischen Belastung und Verlängerung der Feder wird errechnet und bildlich dargestellt.

| Belastung $F$ N | abgelesener Zeigerstand mm | Verlängerung mm | Federkonstante (Federrate) $C = \frac{\Delta F}{\Delta l}$ N/mm |
|---|---|---|---|
| 0 | 200 | – | – |
| 1 | 220 | 20 | 0,05 |
| 2 | 240 | 40 | 0,05 |
| 3 | 260 | 60 | 0,05 |
| 4 | 280 | 80 | 0,05 |

Die gesetzmäßigen Zusammenhänge werden in einem Satz zusammengefaßt, der verallgemeinert werden kann:

Wie die Kraft, so die Streckung = Hookesches Gesetz.

### Dimension, Größe und Einheit

#### Größenarten

Physikalische Vorgänge werden durch mathematische Gleichungen kurz und exakt gekennzeichnet, z.B. $C = \frac{\Delta F}{\Delta l}$ .

In diesen Gleichungen erscheinen die betrachteten Dinge, z.B. die vorher untersuchte Feder, nicht selbst, sondern ihre meßbaren Eigenschaften/Merkmale, z.B. die Länge der Feder. Diese Bestimmungsstücke heißen **Größen.**

Länge, Durchmesser und Drahtdicke der Feder in Bild 1-27 gehören zur Größenart Länge oder sie haben die Dimension Länge. Die Temperatur der Feder ist eine Größenart der Wärmelehre (s. S. 34) und die Spannung der Feder eine Größenart der Festigkeitslehre.

Jede Größenart kennzeichnet ein und dasselbe Merkmal der verschiedenen Dinge. Die Größenart oder Dimension ist ein Ober- oder Sammelbegriff.

Größengleichungen verknüpfen verschiedene Größen miteinander und bestimmen häufig eine neue Größe durch bekannte Größen.

▶ **Beispiel:**
Die Größenart „Federrate" wird durch $C = \frac{\Delta F}{\Delta l}$ aus den Größenarten „Kraft" und „Länge" bestimmt.
Zwischen den drei Größenarten (Dimensionen) der Geometrie, nämlich Länge, Fläche und Volumen, existieren nur die beiden Gleichungen

Fläche = (Länge) · (Länge)
Volumen = (Fläche) · (Länge)

Für die Begriffsbestimmungen der in Tabelle 1-3 wiedergegebenen Basisgrößen gibt es keine Gleichung.

Durch Gleichungen nicht bestimmbare Größenarten sind Basisgrößen, die anderen abgeleitete Größenarten.

Die nur durch Worte erklärbaren Basisgrößen sind elementare Bausteine, die nicht auf andere Begriffe zurückgeführt werden können.

**Einheiten**

Zu jeder Größe gibt es eine Einheit, so daß der Wert jeder Größe als Vielfaches ihrer Einheit angegeben werden kann.

> Größe = Zahlenwert mal Einheit.

Der Zahlenwert ist stets dimensionslos, d.h. er ist eine reine Zahl wie z.B. 2 in der Längenangabe.

$$l = 2\ \mathrm{m}$$

Größe Zahlenwert Einheit

**Gesetzliche Einheiten**

Die Grundlage der gesetzlichen Einheiten bildet das **Internationale Einheitensystem, Kurzzeichen: SI** [1].

> SI-Einheiten sind 7 Basiseinheiten und die von ihnen abgeleiteten SI-Einheiten.

*Tabelle 1-3 SI-Basiseinheiten und SI-Basisgrößen*

| Basiseinheit | Kurzzeichen Einheiten-zeichen | Basisgröße |
|---|---|---|
| Meter | m | Länge |
| Kilogramm | kg | Masse |
| Sekunde | s | Zeit |
| Ampere | A | Elektrische Stromstärke |
| Kelvin | K | Kelvin-Temperatur |
| Candela | cd | Lichtstärke |
| Mol | mol | Stoffmenge |

**Abgeleitete SI-Einheiten** werden aus den Basiseinheiten durch Einheitengleichungen gebildet, die, abgesehen von wenigen Ausnahmen, den Zahlenfaktor 1 enthalten.

► **Beispiel:**

$$1\ \mathrm{N} = 1\ \mathrm{kg} \cdot 1\ \frac{\mathrm{m}}{\mathrm{s}^2}$$

Einheiten mit von 1 verschiedenem Zahlenfaktor sind: Zeit: 24 h und 1440 min = 86 400 s und Winkel.

Der veraltete Brauch, sehr kleine Einheiten mit griechischen Kleinbuchstaben allein zu bezeichnen und diese unter Umständen mit Vorsatzzeichen zu versehen, widerspricht dem System der Einheitenzeichen.

1) International verbindliches Kurzzeichen SI vom französischen Système international d'Unités.

So muß es heißen:

$10^{-6}$ m = 1 $\mu$m = 1 Mikrometer,
nicht: = 1 $\mu$ = 1 Mikron;
$10^{-6}$ g = 1 $\mu$g = 1 Mikrogramm,
nicht: = 1 $\gamma$ = 1 Gamma.

**Masse, Gewicht und Gewichtskraft**

**Die Masse** wird durch Vergleich mit Körpern bekannter Masse bestimmt. Dieser Vergleich wird mit Hilfe von in Masseneinheiten geeichten Gewichts-/Wägestücken auf einer Hebelwaage vorgenommen. Die Masse ist also die **einzige** Eigenschaft/physikalische Größe eines gewogenen Körpers, die durch Wägung bestimmt wird.

> Die Masseneinheit wird durch einen bei Paris aufbewahrten Platin-Iridium-Zylinder dargestellt und heißt Kilogramm.

1 t (Tonne) = 1000 kg
1 kg (Kilogramm) = 1000 g
1 g (Gramm) = 1000 mg (Milligramm)

**Gewicht** bedeutet im täglichen Leben, in Handel und Wirtschaft das Ergebnis der Wägung.

> Gewicht als Ergebnis der Wägung = Masse des gewogenen Körpers.
> Gewichtseinheit = Masseneinheit = Kilogramm.

Angabe von Mengen in g, kg, t, beispielsweise bei Gewichtsangaben von Werkstoffen und Halbzeugen, als Längen- und Flächengewichte, in Normen, Katalogen und Stücklisten! Last, Belastung, Belastbarkeit und Tragfähigkeit werden als Benennungen von Massengrößen in den Masseneinheiten g, kg, t angegeben. Gewicht gerechnet mit

$$\textbf{Dichte} = \frac{\textbf{Masse}}{\textbf{Volumen}}, \quad \textbf{z.B. 7,85 kg/dm}^3$$ [2].

**Stoffmenge**

Als Mengenmaß wird in der Physik die Anzahl der Moleküle verwendet, aus denen die Stoffmenge besteht.

2) Spezifisches Gewicht und Wichte sind nicht mehr zulässig.

SI-Basiseinheit Mol, Kurzzeichen: mol. 1 Mol ist diejenige Stoffmenge, die ebenso viele Moleküle enthält wie 32 g Sauerstoff [1]).

Im täglichen Leben und in der Technik ist die als Gewicht bezeichnete Masse das bevorzugte Maß für die Stoffmengen.

**Gewichtskraft** eines Körpers, **SI-Einheit N** (Newton), ist die auf seine Unterlage oder an seiner Aufhängung durch die Fallbeschleunigung $g$ (Erdanziehungskraft) wirkende, lotrecht gerichtete Kraft

$G = m \cdot g$ in N.

Mit dieser Kraft sucht ein an die Feder einer Federwaage gehängter Körper die Feder zu verlängern (Bild 1-27).

> Die Gewichtskraft ist eine spezielle, ortsveränderliche Kraft, die auf einen Körper mit der Masse $m$ wirkt. Die Masse $m$ eines Körpers ist eine ortsunabhängige Eigenschaft der Körper.

Eine auf den Mond mitgenommene Hebelwaage mit Wägestücken würde zeigen, daß die Masse eines Astronauten auf der Erde und dem Mond gleich ist. Beim Gehen auf dem Mond stellt der Astronaut jedoch fest, daß die auf ihn einwirkende Gewichtskraft kleiner ist als auf der Erde.

### Allgemeine physikalische Eigenschaften der Stoffe

Aus der unterschiedlichen Härte und Festigkeit der verschiedenen Körper schließen wir, daß die Kräfte, mit denen sich die Moleküle gegenseitig anziehen, bei den verschiedenen Körpern verschieden groß sind.

Im Innern eines einheitlichen Körpers wirken allseitig die gleichen Kräfte und heben sich auf.

Berühren sich Körper verschiedener Härte, z.B. Kreide und Tafel, so überwiegen die Kräfte der Oberflächenmoleküle des härteren Körpers und halten die Oberflächenmoleküle des weichen Körpers fest (Bild 1-28 und Bild 1-29).

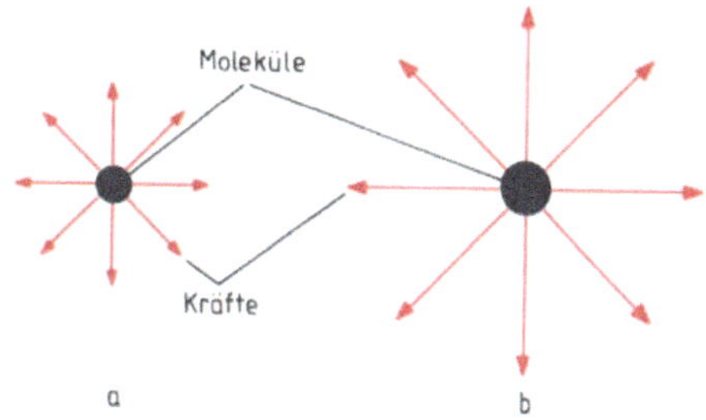


*Bild 1-28 Molekülkräfte*

a) weicher Stoff (kurze Pfeile = kleine Kraft),
b) harter Stoff (lange Pfeile = große Kraft).

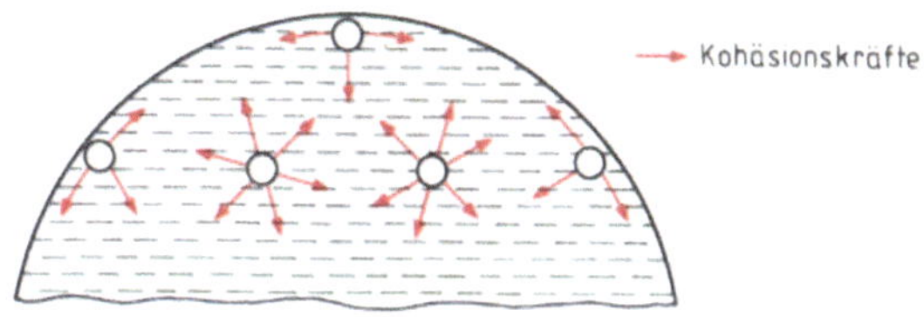


*Bild 1-29a Kohäsionskräfte, Oberflächenspannung eines Lottropfens*

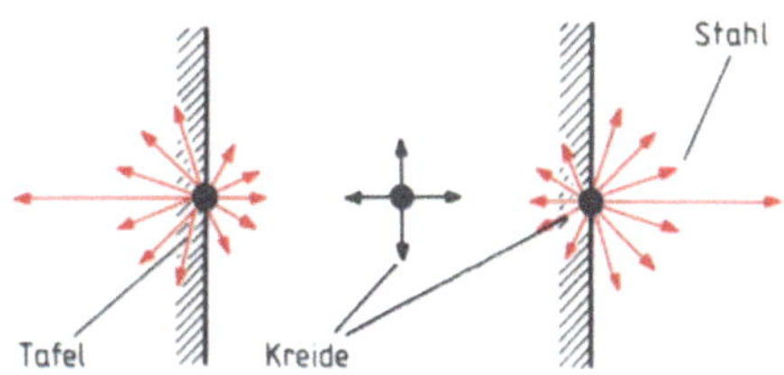


*Bild 1-29b Adhäsionskräfte*

Die gleich großen Kräfte zwischen gleichartigen Molekülen eines Körpers heißen Kohäsionskräfte. Die verschieden großen Kräfte zwischen den Molekülen verschiedener Körper heißen Adhäsionskräfte.

> Kohäsion → Zusammenhangkraft,
> Adhäsion → Anhangkraft.

Bei Gasen treten weder Kohäsion noch Adhäsion in Erscheinung. Ihre schnelle Ausbreitung → Expansion, die wir bei Parfüm besonders gut feststellen können, erklärt das Überwiegen der Bewegungskräfte der Gasmoleküle.

---

1) $\frac{12}{1000}$ kg des Nuklids $^{12}C$

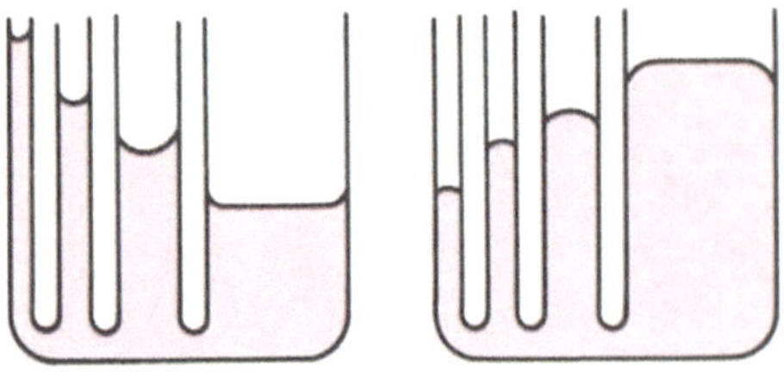


*Bild 1-30 Verhalten der Flüssigkeiten in Haar- oder Kapillarröhren*

a) Wasser, b) Quecksilber

An der Berührungsfläche Flüssigkeit – fester Körper können Kohäsion oder Adhäsion überwiegen. Bei Wasser und Glas z.B. überwiegt die Adhäsion. Wasser benetzt Glas. Quecksilber verhält sich bei Glas umgekehrt; es bildet Tropfen.

Benetzende Flüssigkeiten werden an den Wänden fester Körper hochgezogen, nicht benetzende dagegen heruntergedrückt. Benetzende Flüssigkeiten steigen in engen Röhren um so höher, je enger die Kapillarröhre ist (Fließblatt, Docht).

Bei Flüssigkeiten ist die Schwerkraft größer als die Kohäsion. Jeder Teil der freien Oberfläche einer ruhenden Flüssigkeit steht deshalb senkrecht auf der Richtung eines Senklotes, z.B. die Wasserwaage (Bild 1-31 und Bild 1-32).

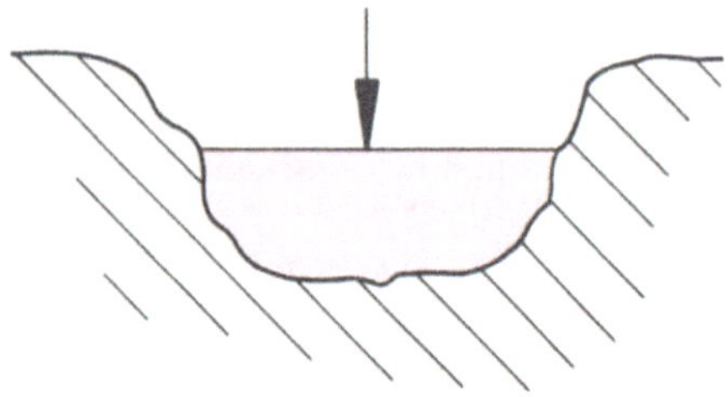

*Bild 1-31 Der Flüssigkeitsspiegel steht rechtwinklig zum Senklot*

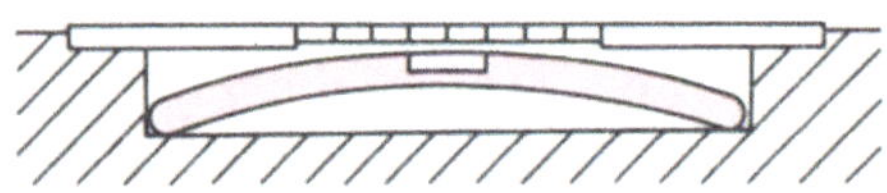

*Bild 1-32 Wasserwaage*

Das gebogene Glasrohr ist bis auf die Luftblase mit Wasser gefüllt.

**Wiederholungsfragen**

1. Welche Kräfte heißen a) Adhäsion, b) Kohäsion?
2. Wie verhalten sich a) benetzende, b) nicht benetzende Flüssigkeiten in Kapillarröhren?
3. Warum steht jeder ruhende Flüssigkeitsspiegel rechtwinklig zum Senklot?

## Bewegungslehre (Kinematik)

Bewegungen werden dadurch beschrieben, daß man angibt, wie ein Körper seinen Ort mit der Zeit ändert, z.B. geradlinig oder kreisförmig, mit gleichbleibender oder veränderlicher Geschwindigkeit. Zur Beschreibung aller Bewegungen gehören Messungen von Längen und Zeiten.

### Geradlinige Bewegung mit gleichbleibender Geschwindigkeit

Wenn ein PKW eine Strecke von $s = 200$ km in der Zeit von $t = 2$ h durchfährt, ist seine mittlere Geschwindigkeit $v = \frac{200\text{ km}}{2\text{ h}} = 100$ km/h.

$$\textbf{Geschwindigkeit} = \frac{\textbf{Weg}}{\textbf{Zeit}} \qquad v = \frac{s}{t}$$

Beim Wechsel der Einheiten ändern sich die Zahlenwerte.

▶ **Beispiel:**

Ein Motorradfarher durchfährt mit gleichbleibender Geschwindigkeit $v$ eine 6 km lange Strecke in $t = 5$ min. Dabei ist seine Geschwindigkeit

$$v = \frac{6000\text{ m}}{5\text{ min}} = 1200\,\frac{\text{m}}{\text{min}} \quad \text{oder}$$

$$\frac{1200\text{ m}}{60\text{ s}} = 20\,\frac{\text{m}}{\text{s}} \quad \text{oder} \quad \frac{6\text{ km}}{\frac{5}{60}\text{ h}} = 72\,\frac{\text{km}}{\text{h}} .$$

Für eine 144 km lange Strecke braucht er die Zeit

$$t = \frac{s}{v} = \frac{144\text{ km}}{72\,\frac{\text{km}}{\text{h}}} = 2\text{ h}.$$

Aus $\frac{km}{h}$ erhalten wir $\frac{m}{s}$, wenn wir durch 3,6 teilen, aus $\frac{m}{s}$ erhalten wir $\frac{km}{h}$, wenn wir mit 3,6 maßnehmen.

**Kreisförmige Bewegung mit gleichbleibender Geschwindigkeit**

Die Anzahl der Umdrehungen von Rädern, Schleifscheiben und Wellen (z.B. Kurbelwellen von Motoren) wird in min angegeben.

$$\textbf{Drehzahl} = \frac{\textbf{Anzahl der Umdrehungen}}{\textbf{Zeit}}$$

$$n = \frac{Z}{t} \text{ in } \frac{1}{s}$$

Bei einer Umdrehung legt das Rad in Bild 1-33 den Weg $\pi \cdot d$ zurück. Bei $n$ Umdrehungen ist der Weg $n$-mal so lang. Der in einer Zeiteinheit zurückgelegte Weg $\pi \cdot d \cdot n$ ist die Umfangsgeschwindigkeit.

**Umfangsgeschwindigkeit**
**= π · Durchmesser · Drehzahl**

$$v = \pi \cdot d \cdot n.$$

Die Umfangsgeschwindigkeit der Schleifscheiben wird in $\frac{m}{s}$, die Schnittgeschwindigkeit beim Drehen, Hobeln, Fräsen und Bohren in $\frac{m}{min}$ angegeben.

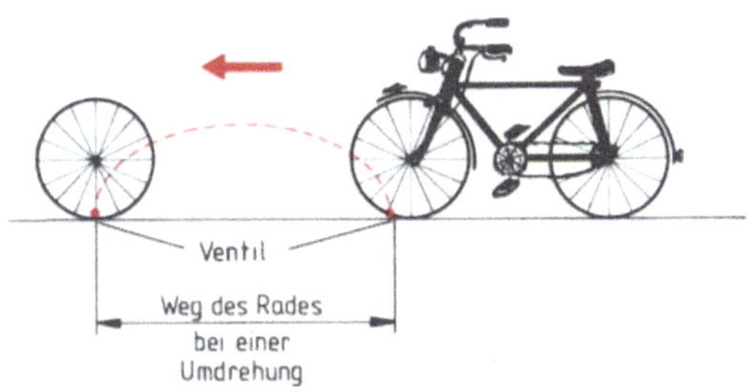


*Bild 1-33 Kreisförmige Bewegung*

**Bewegung mit veränderlicher Geschwindigkeit**

In gleichen Zeitabschnitten legt der Kolben (Bild 1-34) in der Nähe der Tot-/Umkehrpunkte kurze, in der Mitte lange Wegabschnitte zurück, in den Tot-/Umkehrpunkten steht er für einen Augenblick still. Er durchläuft in gleichen Zeitabschnitten ungleich lange Wege. Die Geschwindigkeitszunahme heißt **Beschleunigung,** die Geschwindigkeitsabnahme **Verzögerung.**

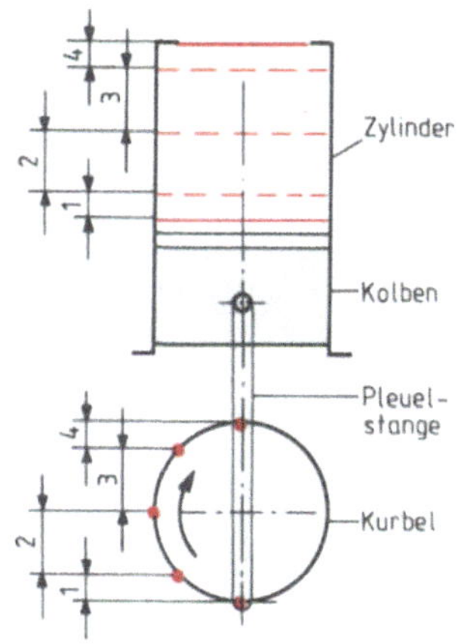


*Bild 1-34 Kolbenbewegung im Hubkolbenmotor bei unveränderlicher Drehzahl der Kurbelwelle*

$$\textbf{Beschleunigung} = \frac{\textbf{Geschwindigkeitszunahme}}{\textbf{Zeit}}$$

$$\textbf{Verzögerung} = \frac{\textbf{Geschwindigkeitsabnahme}}{\textbf{Zeit}}$$

$$a = \frac{v_2 - v_1}{t} = \frac{\Delta v}{t}$$

► **Beispiele:**
Wird ein PKW aus dem Stand in $t = 12$ s auf die Geschwindigkeit $v = 108 \frac{km}{h} = 30 \frac{m}{s}$ beschleunigt, so ist die Beschleunigung

$$a = \frac{\Delta v}{t} = \frac{30 \frac{m}{s}}{12 \text{ s}} = 2{,}5 \frac{m}{s^2}$$

**Freier Fall.** Die Beschleunigung beim freien Fall oder die Fallbeschleunigung im luftleeren Raum ist in Deutschland im Mittel $g = 9{,}81 \frac{m}{s^2}$.

Mit der Fallhöhe $h$ ist die Endgeschwindigkeit $v = \sqrt{2 \cdot g \cdot h}$. Beim freien Fall aus größerer Höhe stellt sich jedoch bald ein Gleichgewicht zwischen Fallgeschwindigkeit und Luftwiderstand ein, so daß der fallende Körper mit gleichbleibender Fallgeschwindigkeit sinkt.

**Wiederholungsfragen**

1. Ein Mopedfahrer durchfährt eine 15 km lange Strecke in 30 min. Wie groß ist seine mittlere Geschwindigkeit in $\frac{km}{h}$ $\left(\frac{m}{s}\right)$?
2. Mit einer Schleifscheibe mit 300 mm Durchmesser soll mit einer Schnittgeschwindigkeit von $60\ \frac{m}{s}$ entgratet werden. Welche Drehzahl ist einzustellen?
3. Warum hat die Beschleunigung eine andere Einheit als die Geschwindigkeit?
4. Ein Auto fährt mit der konstanten Beschleunigung $3\ \frac{m}{s^2}$ an. Welchen Weg hat es nach 4 s zurückgelegt? Wie groß ist dann seine Geschwindigkeit?
5. Ein PKW, $m$ = 1500 kg, fährt mit einer Geschwindigkeit von 20 (40) $\frac{km}{h}$ gegen eine starre Wand. Mit welcher Fallhöhe wird, abgesehen von geringem Luftwiderstand, beim freien Fall dieselbe zerstörende Wirkung erzielt?

## Lehre von den Kräften

### Begriffe und Krafteinheit

Im täglichen Leben bedeutet Kraft eine Muskelleistung. Physik und Technik sagen: **Kraft ist ein Einfluß, der festgehaltene feste Körper verformen und bewegliche Körper beschleunigen/verzögern kann.** Die Größe der Kraft zur Beschleunigung eines Körpers hängt von der Masse des Körpers und von der Größe der Beschleunigung ab, die dem Körper erteilt werden soll. Der englische Physiker *Isaak Newton* (1643–1727) hat diese drei Größen in einem **Bewegungsgesetz** zueinander in Beziehung gebracht. Dieses Bewegungsgesetz lautet:

**Kraft = Masse · Beschleunigung**

$$F = m \cdot a$$

$$\mathbf{1\ N = 1\ kg \cdot 1\ \frac{m}{s^2}}$$

Die Einheit der Kraft ist **Newton,** kurz: N.

**1 N ist die Kraft, die einem Körper mit der Masse 1 kg die Beschleunigung $1\ \frac{m}{s^2}$ erteilt $= 1\ \frac{kgm}{s^2}$.**

▶ **Beispiel:**
Um einen PKW mit der Masse $m$ = 2000 kg ohne Reibungsverluste mit $a = 2\ \frac{m}{s^2}$ zu beschleunigen, ist eine Kraft von $F = m \cdot a = 2000\ \text{kg} \cdot 2\ \frac{m}{s^2} = 4000\ \text{N}$ erforderlich.

### Wirkungen und zeichnerische Darstellung von Kräften

Kräfte treten nur paarweise auf. Beide Kräfte sind einander entgegengerichtet und greifen an zwei verschiedenen Körpern an. Für den Fall

**Kraft = Gegenkraft**

bleiben die Körper in Ruhe oder in gleichförmiger Bewegung.

▶ **Beispiel:**
Ein PKW fährt mit gleichbleibender Geschwindigkeit, wenn Fahrwiderstand (Reibungskräfte) und Antriebskraft gleich groß sind.

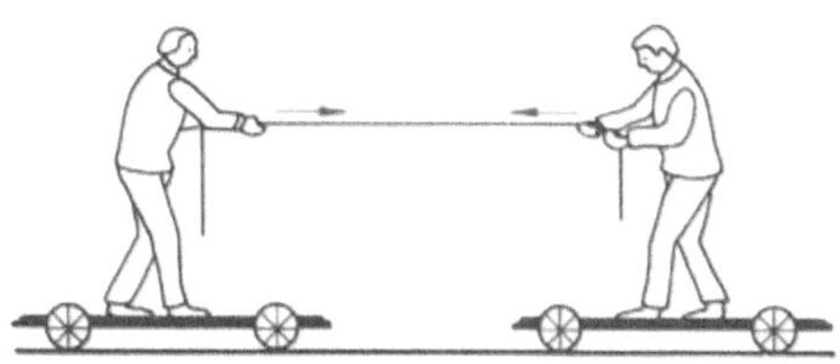

*Bild 1-35 Kraft = Gegenkraft*

Kräfte haben eine bestimmte Richtung und werden durch gepfeilte Strecken dargestellt. Die Pfeile geben die Richtungen der Kräfte an. Nach Festlegung von beliebigen Kräftemaßstäben, z.B. 5 mm ≙ 100 N, entsprechen die Längen der gepfeilten Strecken den Größen der Kräfte.

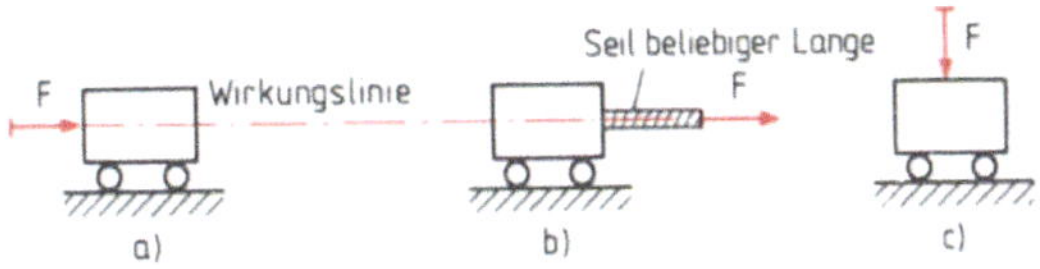


*Bild 1-36 Wirkungslinien von Kräften*

a) Der Wagen wird von links nach rechts durch die Kraft *F*, z.B. 200 N = 10 mm Länge der gepfeilten Strecke, beschleunigt.

b) Wenn die Kraft *F* an einem Seil angreift, wird die gleiche Wirkung wie in a) erzielt.

c) Die gleiche Wirkung wie in a) wird nicht erzielt, wenn die Kraft *F* an einem Punkt außerhalb der Wirkungslinie wie in a) angreift oder eine andere Richtung hat.

Kräfte sind durch ihre Größe, Richtung und Wirkungslinie bestimmt. Sie können auf ihrer Wirkungslinie beliebig verschoben werden.

**Kräfteparallelogramme und Kräftedreiecke**

Auf ein und derselben Wirkungslinie wirkende Kräfte kann man, wenn sie gleich gerichtet sind zusammenzählen, wenn sie entgegengesetzt gerichtet sind voneinander abziehen.

Zwei unter einem Winkel wirkende Kräfte können durch eine **Resultierende** oder Ersatzkraft ersetzt werden. Die Resultierende ist die Diagonale in einem Kräfteparallelogramm, das durch Parallelverschiebung der maßstäblich gezeichneten Teilkräfte gezeichnet wird, Bild 1-37. Umgekehrt kann eine bekannte Kraft mit Hilfe eines Kräfteparallelogramms in zwei Teilkräfte zerlegt werden, wenn ihre Richtungen bekannt sind, Bild 1-38.

Die Kräfteparallelogramme können durch die grau hervorgehobenen Kräftedreiecke ersetzt werden, Bilder 1-36 und 1-37.

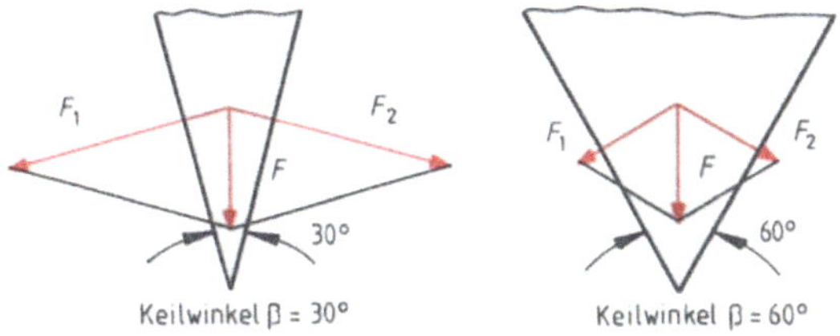


*Bild 1-39 Kräfte an Schneidkeilen*

*F* Eintreib-/Zerspankraft, $F_1 = F_2$ Trennkräfte

Die Trennkräfte eines Schneidkeiles werden um so größer, je schlanker der Keil ist.

Die Größen von drei nicht parallelen Kräften können bestimmt werden, wenn sich ihre Wirkungslinien in einem Punkt schneiden.

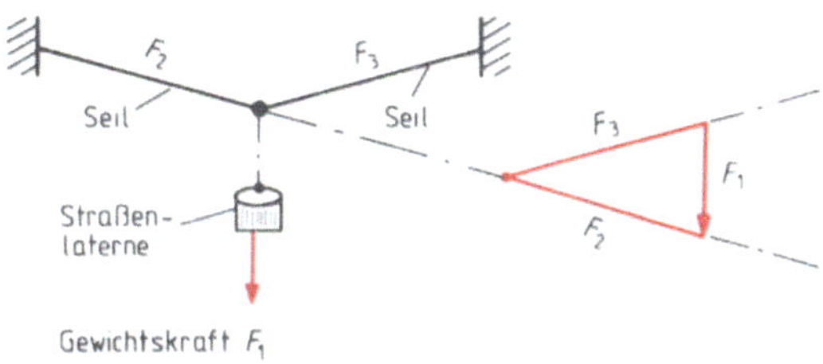


*Bild 1-40 Zeichnerische Ermittlung der Seilkräfte $F_2 = F_3$ eines quer belasteten Seiles*

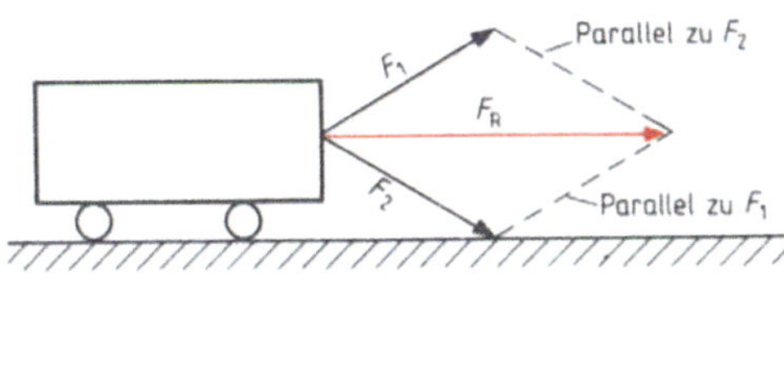


*Bild 1-37 Zusammensetzen von Kräften mit Hilfe eines Kräfteparalleogramms oder eines Kräftedreiecks*

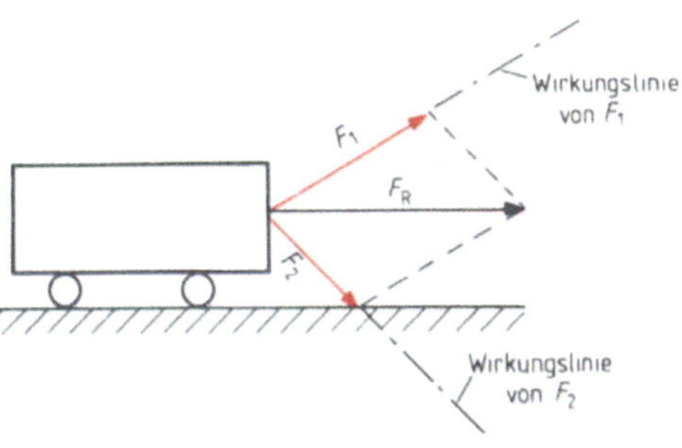


*Bild 1-38 Zerlegen einer Kraft in zwei Teilkräfte mit Hilfe eines Kräfteparallelogramms oder eines Kräftedreiecks*

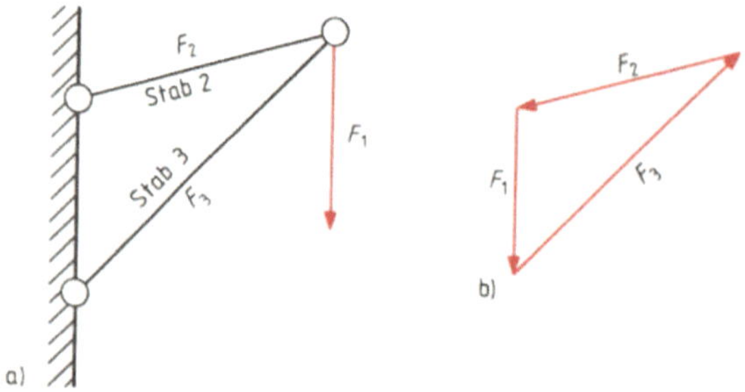


*Bild 1-41 Zeichnerische Ermittlung der Kräfte in Konstruktionsteilen*

a) Mit Kraft $F_1$ belastete Konstruktion.

b) Kräftedreieck zur Ermittlung der Stabkräfte. Bei gelenkiger Aufhängung der Stäbe ist Stabrichtung = Wirkungslinie der Kräfte in den Stäben.

**Wiederholungsfragen**

1. Was bedeutet die Einheit der Kraft 1 Newton?
2. Münchhausen gab an, daß er sich selbst an seinen Haaren aus einem Sumpf gezogen habe. Warum war das nicht möglich?
3. Eine Tafelschere hat ein Gewicht von 1000 kg, das aufgelegte Werkstück wiegt 31 kg. Das Zerteilen des Werkstückes erfordert eine Schnittkraft von 8000 N. Welche Gegenkraft des Scherenfundamentes entsteht, a) wenn die Tafelschere nicht benützt wird, b) während des Trennens des Werkstückes?
4. Welche Angaben sind zur eindeutigen Bestimmung von Kräften erforderlich?
5. Was versteht man unter Resultierende der äußeren Kräfte?
6. Warum können die beiden Seile in Bild 1-40 keine Gerade bilden? *Hinweis:* Parallele schneiden sich im Unendlichen.

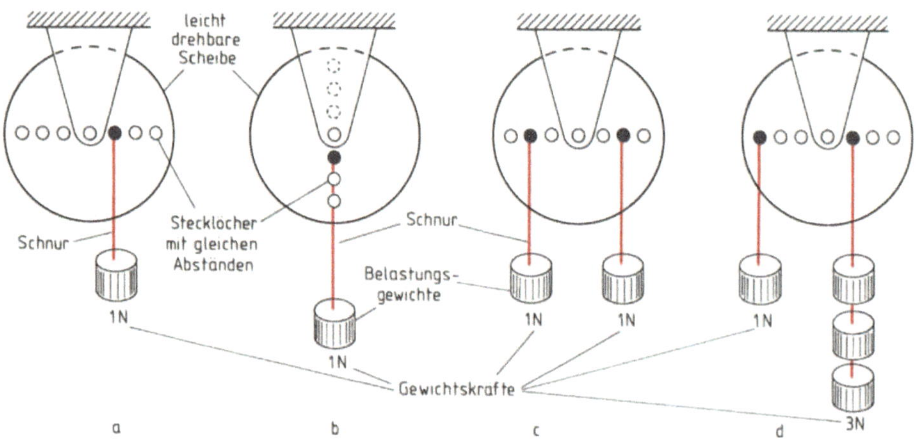


*Bild 1-42 Versuche zum Hebelgesetz*

Die dünne Scheibe, Bild 1-42, wird ohne Belastungsgewichte so in Ruhestellung gebracht, daß die Stecklochreihe waagerecht steht. Durch Anbringen der Gewichtskraft 1 N nach Bild 1-42a) dreht sich die Scheibe so lange, bis die Stecklochreihe senkrecht steht, Bild 1-42b).

In dieser Stellung ist der Abstand der Wirkungslinie der drehenden Kraft 1 N vom Drehpunkt der Scheibe, d.h. Hebelarm der Kraft 1 N Null. Die Drehwirkungen von Kraft und Hebelarm wird nach DIN **Drehmoment,** nach ISO *Kraftmoment* genannt.

| | |
|---|---|
| Drehmoment $M$ | = Kraft mal Hebelarm. |
| Hebelarm | = senkrechter Abstand der Wirkungslinie der Kraft vom Drehpunkt. |

Durch Versuche mit unterschiedlichen Gewichtskräften und Hebelarmen nach den Bildern 1-42c) und 1-42d) findet man für die Ruhelage der Scheibe die Bedingung

linksdrehendes Moment $\overset{\frown}{M}$ = rechtsdrehendes Moment $\overset{\frown}{M}$

und bei unterschiedlichen Gewichtskräften links und rechts vom Drehpunkt der Scheibe

Summe der linksdrehenden Momente $\Sigma\overset{\frown}{M}$ = Summe der rechtsdrehenden Momente $\Sigma\overset{\frown}{M}$.

(Radien) der Zahnkraft verschieden. Für $F_z$ = 100 N ergeben sich folgende Drehmomente:

Drehmoment des treibenden Rades

$M_{tr} = 100\text{ N} \cdot 0{,}2\text{ m} = 20\text{ Nm}$

Drehmoment des getriebenen Rades

$M_{getr} = 100\text{ N} \cdot 0{,}3\text{ m} = 30\text{ Nm}$

In der gleichen Weise wie das Drehmoment ändert sich das Verhältnis von treibender Drehzahl zu getriebener Drehzahl.

$$\text{Übersetzung } i = \frac{n_{\text{treibend}}}{n_{\text{getrieben}}} = \frac{n_1}{n_2}$$

Zahnradgetriebe sind Drehzahl- und Drehmomentwandler.

**Beispiele:**

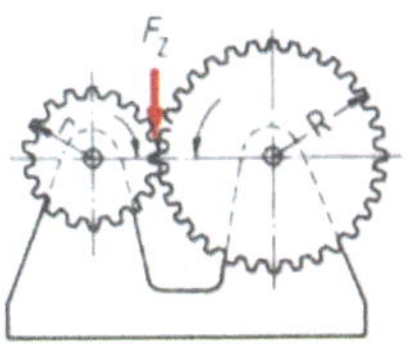


*Bild 1-43 Zahnräderpaar*

$r$ = 200 mm, $R$ = 300 mm

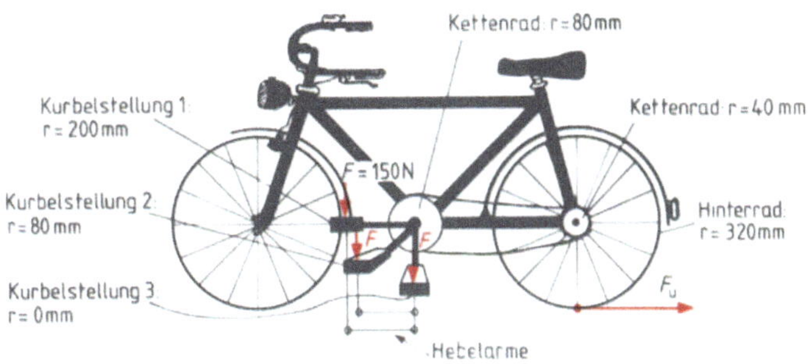


*Bild 1-44 Fahrrad mit drei verschiedenen Tretkurbelstellungen*

Die gleichbleibende Kraft $F$ = 150 N ist in allen Kurbelstellungen senkrecht nach unten gerichtet. Die Hebelarme sind in jeder Stellung die senkrechten Abstände von der Wirkungslinie der Kraft bis zur Drehachse.

Bei einem Zahnräderpaar kann es im Wälzpunkt nur eine Zahnkraft $F_z$ für beide Räder geben. Die Drehmomente der Räder in Bild 1-43 sind jedoch wegen der unterschiedlichen Hebelarme

*Tabelle 1-5* Drehmomente und Umfangskräfte am Hinterrad eines Fahrrades bei verschiedenen Tretkurbelstellungen

| Kurbelstellung | Drehmoment der Tretkurbelwelle in Ncm | Kraft in der Kette $F_k$ in N | Drehmoment $M$ der Hinterradachse in Ncm | Umfangs-/Antriebskraft $F_u$ am Hinterrad in N |
|---|---|---|---|---|
| ① | 150 N · 20 cm = 3000 Ncm | $\frac{3000\text{ Ncm}}{8\text{ cm}}$ = 375 N | 375 N · 4 cm = 1500 Ncm | $\frac{1500\text{ Ncm}}{32\text{ cm}}$ = 46,9 N |
| ② | 150 N · 8 cm = 1200 Ncm | $\frac{1200\text{ Ncm}}{8\text{ cm}}$ = 150 N | 150 N · 4 cm = 600 Ncm | $\frac{600\text{ Ncm}}{32\text{ cm}}$ = 18,75 N |
| ③ | 150 N · 0 cm = 0 Ncm | 0 | 0 | 0 |

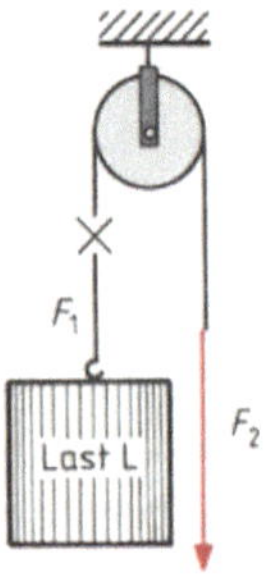


*Bild 1-45*
*Feste Rolle*
Die Hebelarme der Seile (Radien) sind gleich, d.h. Linksmoment = Rechtsmoment, $F_1 = F_2$.

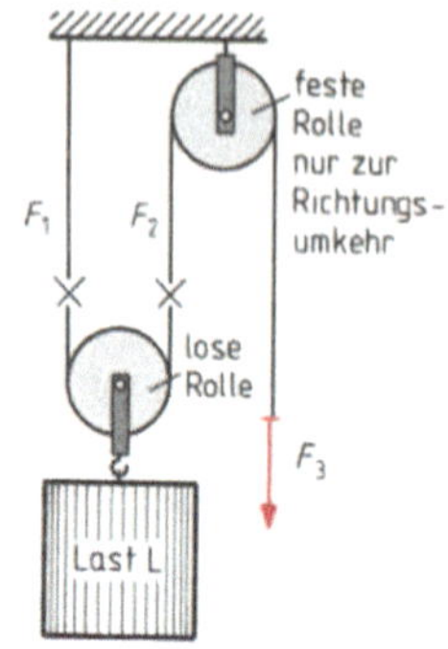


*Bild 1-47*
*Verbindung von fester und loser Rolle*
Die Last wird von zwei Seilen getragen,
$F_1 = F_2 = F_3 = L/2$.

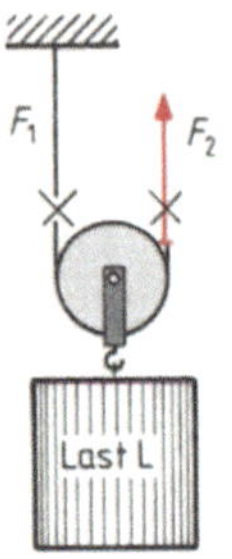


*Bild 1-46*
*Lose Rolle*
Die Last wird von zwei Seilen getragen,
$F_1 = F_2 = L/2$.

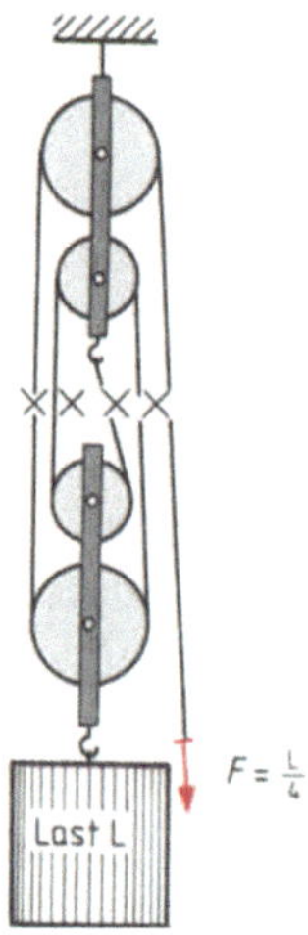


*Bild 1-48*
*Flaschenzug*
Die Last wird von vier Seilen getragen. Alle Seilkräfte = $L/4$.

**Wiederholungsfragen**

1. Was versteht man unter Dreh-/Kraftmoment?
2. Welche Gleichung gilt, wenn ein Körper unter der Einwirkung von unterschiedlich gerichteten Drehmomenten seinen Bewegungszustand nicht ändert?
3. Warum ist ein aus Zahnrädern mit unterschiedlichen Zähnezahlen bestehendes Zahnräderpaar ein Drehmomentenwandler?
4. Nenne Beispiele, bei denen mit kleinen Kräften, die an einem langen Hebelarm angreifen, an einer anderen Stelle des Hebels mit einem kurzen Hebelarm große Kraftwirkungen ausgeübt werden!

**Reibung**

Man unterscheidet **äußere Reibung** zwischen festen Körpern und in Flüssigkeiten auftretende **innere Reibung.** Die äußere Reibung ist wesentlich größer als die innere Reibung. Wird die äußere Reibung durch innere Reibung ersetzt, so spricht man von **Schmierung.**

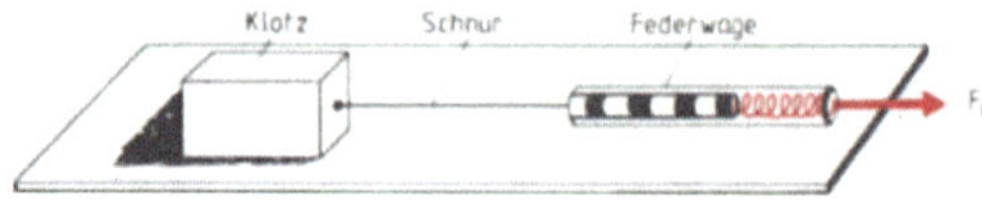


*Bild 1-49 Untersuchung der Reibungsarten*

**Äußere Reibung**

Ein wie in Bild 1-49 auf einer ebenen Fläche ruhender Klotz wird durch die Zugkraft $F_R$ bewegt. Die Bewegung setzt erst bei einer gewissen Zugkraft ein; denn der Klotz haftet auf seiner Unterlage. Die Kraft, mit der der Klotz auf seiner Unterlage haftet, heißt **Ruhereibung.**

> Da man der Reibung durch eine Kraft entgegenwirken kann, stellt sie selber eine Kraft dar.

Nach Überwindung der Ruhereibung genügt eine kleinere Kraft, um den Klotz weiterzubewegen. Die dabei zu überwindende Reibung heißt **Bewegungsreibung.**

Legt man unter den Klotz Rollen, so ist bei Bewegung des Klotzes **Rollreibung** zu überwinden. Rollreibung mit Schlupf heißt Wälzreibung.

> Die Rollreibung ist kleiner, die Ruhereibung größer als die Bewegungsreibung.

Durch hin und her Bewegungen, z.B. durch andauernde Erschütterungen, wird die Ruhereibung zur Bewegungsreibung. Die Folge ist das Lösen von reibschlüssigen Verbindungen, z.B. das Lösen eines Keils und das Losdrehen von Muttern, s. S. 256.

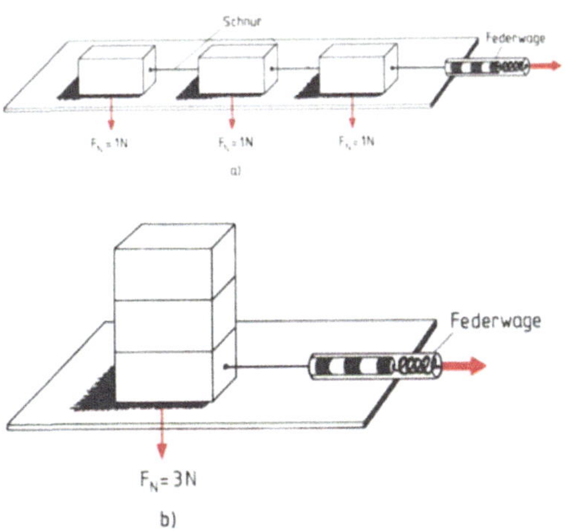


*Bild 1-50 Untersuchung der Reibungskräfte mit drei gleichen Klötzen*

**$F_N$ ist die senkrecht zur Reibfläche wirkende Normalkraft**

Bei den Anordnungen der Klötze nach Bilder 1-50a) und 1-50b) ergeben sich gleich große Reibungskräfte.

> Die Reibungskraft $F_R$ ist der Normalkraft $F_N$ proportional und von der Größe der Berührungsfläche unabhängig.

Von besonderer Bedeutung für die Größe der Reibungskraft $F_R$ sind die aufeinander gleitenden Werkstoffe, die Beschaffenheit der Gleitflächen und die Art der Bewegung. Diese Einflüsse werden in der **Reibungszahl** $\mu$ zusammengefaßt.

**Reibungskraft = Reibungszahl · Normalkraft**

$$F_r = \mu \cdot F_N.$$

Ungefähre Werte für Reibungszahlen, die durch Versuche ermittelt worden sind, können Tabellen entnommen werden. Für die meist anderen Betriebsbedingungen sind die Reibungszahlen der Tabellen unbrauchbar. Daher muß in der Praxis die Reibungszahl für jeden besonderen Anwendungsfall durch Betriebsversuche ermittelt werden.

▶ **Beispiel:**

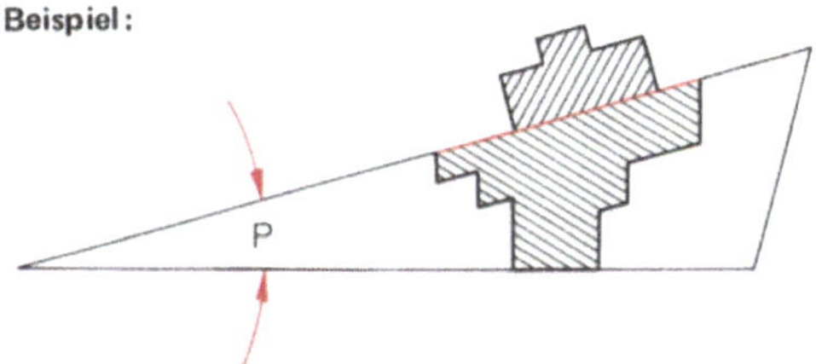


*Bild 1-51 Grenzwinkel $\rho$*

Die Gleitflächen von zwei aufeinandergelegten Werkstücken werden schräggestellt. Der Tangens des Grenzwinkels $\rho$, bei dem die Gleitung beginnt, ist die Reibungszahl $\mu$.

**$\mu = \tan \rho$ ist die Reibungszahl der Ruhereibung**

Bei sich bewegenden Maschinenteilen ist die Reibung unerwünscht. Stehen, Gehen, Fahren, Festhalten, Bremsen und Reibschlußverbindungen, z.B. durch Nageln, Schrauben, Keile und Treibriemen, sind ohne Reibung nicht möglich.

**Schiefe Ebene**

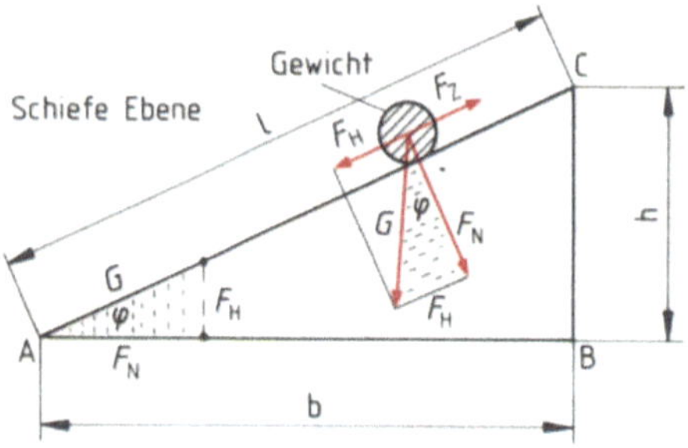


*Bild 1-52 Schiefe Ebene*

$F_G$ Gewichtskraft
$F_N$ Normalkraft, senkrecht zur schiefen Ebene
$F_H$ Hangabtriebskraft
$F_Z$ Zugkraft

Die auf der schiefen Ebene $\overline{AC}$ liegende Last $G$ wird vom abwärts gerichteten Hangabtrieb (Kraft $F_H$) nach unten gezogen. Durch die aufwärts wirkende Zugkraft $F_Z$ wird das Abgleiten verhindert, wenn $F_H$ und $F_Z$ gleich groß sind. Den Zusammenhang zwischen den auftretenden Kräften findet man aus dem Kräfteparallelogramm/Kräftedreieck in Bild 1-52.

Das durch Zerlegung von $F_G$ in $F_N$ und $F_H$ entstehende Kräftedreieck ist ähnlich zum $\triangle ABC$ (wegen besserer Übersichtlichkeit wurde das Kräftedreieck bei A eingezeichnet). Aus der Ähnlichkeit der Dreiecke folgt

$$\frac{h}{l} = \frac{F_H}{F_G}; \qquad F_H = F_G \cdot \frac{h}{l}$$

und

$$\frac{b}{l} = \frac{F_N}{F_G}; \qquad F_N = F_G \cdot \frac{b}{l}.$$

Auf der schiefen Ebene herrscht Gleichgewicht unter der Bedingung
Kraft : Last = Höhe : Länge

Um einen Körper ohne Beschleunigung die schiefe Ebene hinaufzuziehen, ist die Zugkraft $F_{ZA} = F_H$ + Reibungskraft erforderlich.

$$F_{ZA} = F_G \cdot \frac{h}{l} + F_G \cdot \frac{b}{l} \cdot \mu.$$

Beim Hinabgleiten vermindert die Reibung den Hangabtrieb. Schiefe Ebenen werden verwendet, um Hubkräfte auf Kosten längerer Wege zu verkleinern, z.B. bei Treppen, Schrotleitern, Rampen, Keilen und Gewinden.

Die Kräfte zum Anziehen von Schrauben können nicht von den bei schiefen Ebenen auftretenden Kräften abgeleitet werden, s. S. 255.

**Wiederholungsfragen**

1. Welchen Zweck hat die Schmierung?
2. Welche Arten der Reibung gibt es?
3. Welcher Zusammenhang besteht zwischen Reibungskräften und reibenden Flächen?
4. Was versteht man unter Normalkraft?
5. Wozu werden schiefe Ebenen verwendet?
6. Unter welchen Bedingungen herrscht auf der schiefen Ebene Gleichgewicht?

### Arbeit und Energie

> Das Produkt Kraft in Richtung des Weges mal Weg heißt in Physik und Technik Arbeit.

**Einheiten** der Arbeit sind Joule (J), Wattsekunde (Ws) und Netwonmeter (Nm)

**1 J = 1 Ws = 1 Nm**

**Hubarbeit** ist die gegen eine Gewichtskraft $F_G$ verrichtete (nicht geleistete) Arbeit.

$$W_{hub} = F_G \cdot h$$

Durch Hebemaschinen kann an der Größe des Produktes $F_G \cdot h$ nichts geändert werden, es kommt nur auf die lotrechte Hubhöhe $h$ an.

Wer einen Koffer mit gleichbleibender Geschwindigkeit auf einer Horizontalen trägt, verrichtet nach dem allgemeinen Sprachgebrauch Arbeit. Im Sinne der Physik ist dies keine Arbeit; denn es fehlt der Weg in Richtung der Kraft. Beim stehenden Menschen ist sein Schwerpunkt etwa 1 m über dem Boden. Beim Hochsprung wälzt er sich so über die Latte, daß sein Schwerpunkt eine Höhe von 2 m erreicht. Die Hubhöhe beträgt also 1 m und die verrichtete Hubarbeit bei 60 kg Körpergewicht $W_{hub}$ = 600 N · 1 m = 600 Nm = 600 J = 600 Ws. Geistige Arbeit gehört nicht zum physikalischen Begriff der Arbeit.

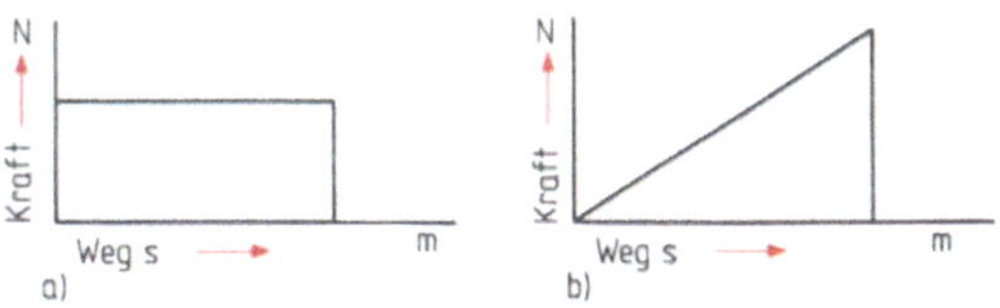


*Bild 1-53 Hub- und Spannarbeit*

a) Hubarbeit ist der Flächeninhalt eines Rechteckes,
b) Spannarbeit ist der Flächeninhalt eines Dreieckes.

**Spannarbeit** $W_{sp}$, ist die gegen eine Federkraft verrichtete Arbeit. Längs des Weges $s$ wird die Kraft mal Weg-Summe gleich dem Flächeninhalt des Dreieckes in Bild 1-53b).

$$W_{sp} = \frac{F \cdot s}{2} .$$

**Bei der Verschiebearbeit** $W_{versch}$, muß nur die Reibung während des Weges $s$ überwunden werden.

$$W_{versch} = F_N \cdot s \cdot \mu.$$

Die Reibung verwandelt sich in Wärme, die sich in der Umgebung ausbreitet.

### Energie

Ein gehobener Rammbär, das Wasser eines Bergsees und eine gespannte Feder können Arbeit verrichten. Hub-/Spannarbeit wurden in ihnen gespeichert, d.h. in Arbeitsfähigkeit umgewandelt.

> In Arbeitsfähigkeit umgewandelte Arbeit nennt man Energie.

Hubarbeit = potentielle Energie $W_p$ = Energie des gehobenen Körpers, Bild 1-53a).
Spannarbeit = potentielle Energie $W_p$ = Energie der gespannten Feder, Bild 1-53b).

Durch Beschleunigung erhält ein Körper eine Arbeitsfähigkeit. Die in Arbeitsfähigkeit umgewandelte Beschleunigungsarbeit $\frac{1}{2} \cdot m \cdot v^2$ heißt **kinetische Energie** $W_k$.

Wird das Wasser eines Bergsees zur Turbine hinabgeleitet, so wird seine potentielle Energie/Lageenergie mit abnehmender Höhe kleiner und seine kinetische Energie in gleichem Maße größer. Die potentielle Energie eines Pendelgewichtes im obersten Punkte (Umkehrpunkt) verwandelt sich im tiefsten Punkt in kinetische Energie.

### Erster Hauptsatz der Thermodynamik [1] = allgemeine Energielehre:

> Energie kann weder erzeugt noch vernichtet werden. Es gibt nur Energieumwandlungen von einer Energieform in eine andere Energieform. Nicht jede Energie ist in beliebig andere Energieformen umwandelbar.

### Umwandelbarkeit von Energien

1. Unbeschränkt umwandelbare Energien sind mechanische und elektrische Energie.
2. Beschränkt umwandelbar ist Wärme, ein erheblicher Teil geht dabei verloren.

---

1) Die Thermodynamik ist eine grundlegende Ingenieurwissenschaft. Sie enthält allgemeingültige Gesetze über den inneren Zustand der Stoffe, z.B. Druck und Temperatur, und kann als allgemeine Energie- und Gleichgewichtslehre bezeichnet werden.

3. Nicht umwandelbar ist die Energie der Umgebung. Die Umgebung, z.B. der Wärmeinhalt der Weltmeere und der Lufthülle, ist ein Energiespeicher riesigen Ausmaßes. Es ist jedoch unmöglich, diese Energie durch eine Wärmekraftmaschine (perpetuum mobile) in Arbeit zu verwandeln.

**Leistung und Wirkungsgrad**

**Leistung** ist die in der Zeiteinheit verrichtete Arbeit.

$$\textbf{Leistung} = \frac{\textbf{Arbeit}}{\textbf{Zeit}} = \frac{\textbf{Kraft} \cdot \textbf{Weg}}{\textbf{Zeit}}$$

$$= \textbf{Kraft} \cdot \textbf{Geschwindigkeit}$$

$$P = \frac{W}{t} \text{ in W}$$

$1\ \text{W} = 1\ \frac{\text{J}}{\text{s}} = 1\ \frac{\text{Nm}}{\text{s}}$; die Einheit der Leistung ist Watt

$1\ \text{PS} = 0{,}736\ \text{kW}$

▶ **Beispiel:**
Eine Pumpe, die in der Minute 1 hl Wasser 7,2 m hochpumpt, leistet ohne Berücksichtigung der Reibungsverluste

$$P = \frac{F \cdot s}{t} = \frac{1000\ \text{N} \cdot 7{,}2\ \text{m}}{60\ \text{s}} = 120\ \frac{\text{Nm}}{\text{s}} = 120\ \text{W}.$$

Bei gleichbleibender Kraft/gleichbleibendem Drehmoment und gleichförmiger Bewegung gelten für Leistungsberechnungen folgende Gleichungen:

$$P = \frac{F \cdot v}{1000}\ [\text{kW}] = \frac{N \cdot n}{9549}\ [\text{kW}]$$

Kraft $F$ in N
Geschwindigkeit $v$ in m/s
Drehmoment $M$ in Nm
Drehzahl $n$ in 1/min

$M = 716$ N/n kgm, für N in PS und $n$ in $\text{min}^{-1}$
$M = 974$ N/n kgm, für N in kW und $n$ in $\text{min}^{-1}$

**Wirkungsgrad** $\eta$ (griech. eta) nennt man das Verhältnis der von einer Maschine abgegebenen Leistung $P_{ab}$ zur zugeführten Leistung $P_{zu}$.

$$\eta = \frac{P_{ab}}{P_{zu}}$$

Da die abgegebene Leistung immer kleiner ist als die zugeführte, ist der Wirkungsgrad kleiner als 1. Er kann auch in % angegeben werden, z.B. $\eta = 0{,}75 = 75\ \%$. Hat die o.a. Pumpanlage einen Wirkungsgrad von 80 %, so ist die zugeführte Leistung

$$P_{zu} = \frac{P_{ab}}{\eta} = \frac{120\ \text{W}}{0{,}8\ \text{W}} = 150\ \text{W}.$$

**Wiederholungsfragen**

1. Was bedeuten in Physik und Technik die Begriffe Arbeit, Energie und Leistung?
2. Wodurch unterscheiden sich Hub-, Spann- und Verschiebearbeit?
3. Was versteht man unter kinetischer Energie?
4. Wie lautet der erste Hauptsatz der Thermomechanik (= Energielehre)?
5. Welche Energien sind a) unbeschränkt, b) beschränkt, c) nicht umwandelbar?
6. Warum ist der Wirkungsgrad der Maschinen immer kleiner als 1?
7. Welche Leistung kann einem 20 m hohen Wasserfall höchstens entnommen werden, der 0,5 $m^3$ Wasser je Sekunde führt?
8. Der Luftwiderstand steigt mit dem Quadrat der Geschwindigkeit. Wievielmal so groß muß die Antriebsleistung sein, um ihn bei doppelter Geschwindigkeit zu überwinden?

**Ruhende Flüssigkeiten**

Gase sind zusammendrückbar, Flüssigkeiten dagegen praktisch nicht. Es ist daher nicht möglich, den Kolben in das mit Flüssigkeit gefüllte Gefäß nach Bild 1-54 hineinzudrücken. Eine Kraft kann nur über einen Kolben, der die ganze Oberfläche der Flüssigkeit erfaßt, auf eine Flüssigkeit einwirken. Dabei entsteht in der Flüssigkeit ein Druck.

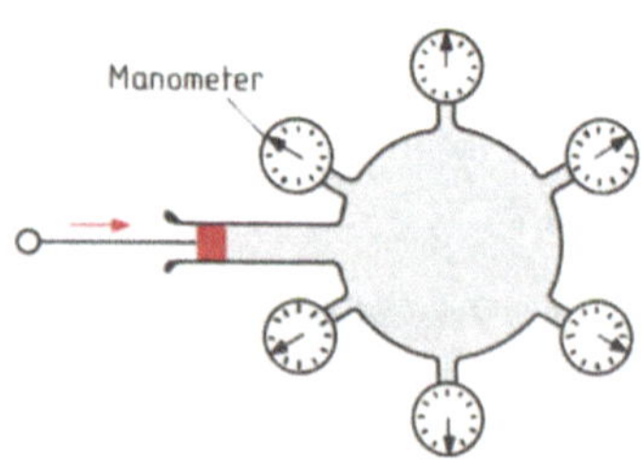


*Bild 1-54*
*Stempeldruck*

$$\text{Druck} = \frac{\text{Kraft}}{\text{Fläche}} \quad \text{oder} \quad p = \frac{F}{A}$$

*Falsch:* Wellen**druck** bei Welle und Lagerschale, Zahn**druck** bei Zahnkraft.

*Richtig:* Flächenpressung und Zahnkraft.

Kräfte haben eine Richtung, der Druck hat keine Richtung.

*Die abgeleitete SI-Einheit des Druckes* oder der mechanischen Spannung ist **Pascal,** Kurzzeichen **Pa.**

1 Pa ist gleich dem auf eine Fläche gleichmäßig wirkenden Druck, bei dem senkrecht auf die Fläche 1 $m^2$ die Kraft 1 N ausgeübt wird.

$$\mathbf{1\ Pa = 1\ \frac{N}{m^2}}\ .$$

In der Technik wird bei Luftdrücken die Einheit Bar als besonderer Name für 0,1 MPa bevorzugt.

Eine eingeschlossene Flüssigkeit gibt die durch einen Stempel erhaltene Kraft als Druck nach allen Seiten gleichmäßig weiter (Bild 1-54).

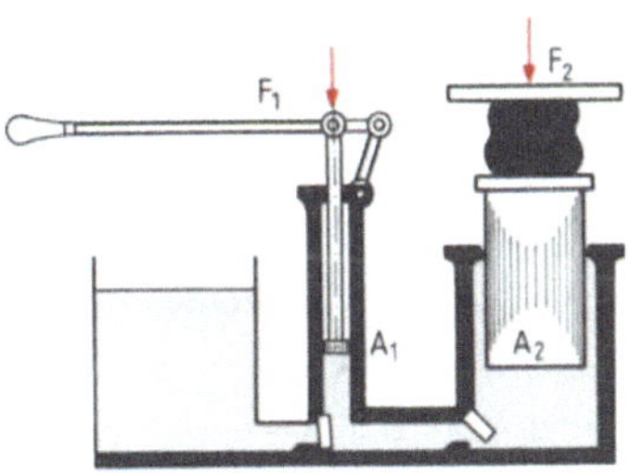


*Bild 1-55 Hydraulische Presse*
links Wasservorrat, mitte Druckzylinder, rechts Arbeitszylinder

Der kleine Kolben der hydraulischen Presse nach Bild 1-55 mit dem Querschnitt $A_1$ und der Kolbenkraft $F_1$ erzeugt in der Flüssigkeit den Druck $p = F_1/A_1$. Dieser Druck pflanzt sich in den größeren Zylinder fort und erzeugt an dem größeren Kolben mit dem Querschnitt $A_2$ die Kraft:

$$F_2 = p \cdot A_2 = \frac{F_1 \cdot A_2}{A_1}, \quad \text{daraus} \quad \frac{F_1}{F_2} = \frac{A_1}{A_2}.$$

Auf den Boden und wegen der Allseitigkeit des Druckes auch auf die Wände eines mit Flüssigkeit gefüllten Gefäßes wirkt infolge des Gewichtes der Flüssigkeit ein Schweredruck, der *hydrostatischer Druck* heißt.

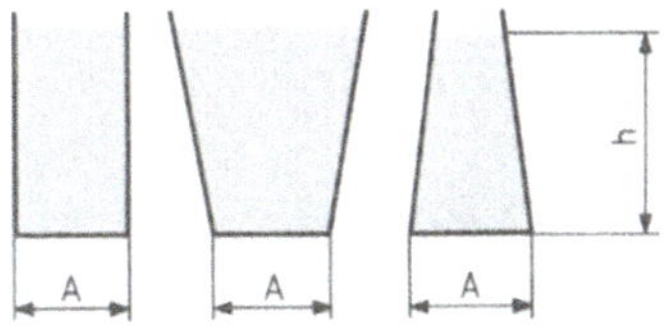


*Bild 1-56 Unabhängigkeit des hydrostatischen Drucks von der Gestalt des Gefäßes*
Bei gleicher Höhe des Flüssigkeitsspiegels und gleich großen Bodenflächen ist der Bodendruck in allen drei Gefäßen gleich.

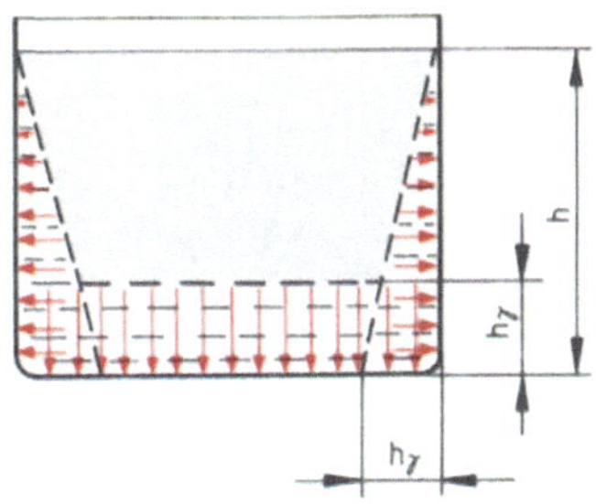


*Bild 1-57 Größe des Boden- und Seitendrucks*

Der hydrostatische Druck ist von der Höhe des Flüssigkeitsspiegels und vom Gewicht der Flüssigkeit abhängig.

Bezeichnet man die drei gleich großen Bodenflächen in Bild 1-56 mit $A$, ihren Abstand vom Flüssigkeitsspiegel mit $h$ und die Dichte der Flüssigkeit mit $\rho$, so ergibt sich für jede der drei Bodenflächen eine gleiche Bodendruckkraft.

Bodendruckkraft: $F_\beta = A \cdot h \cdot \rho$

## Auftrieb

Der Versuch nach Bild 1-58 zeigt, daß frei aufgehängte Körper in der Luft schwerer sind als in Flüssigkeiten. Der scheinbare Gewichtsverlust in Flüssigkeiten heißt Auftriebskraft.

*Bild 1-58 Auftrieb*

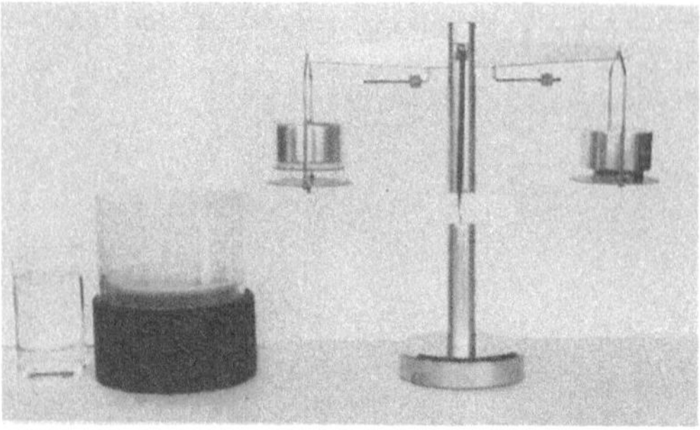

a) Der Metallzylinder auf der linken Waagschale steht in einem Glasgefäß, das er vollständig ausfüllt: Rauminhalt des Glasgefäßes = Rauminhalt des Metallzylinders.

b) Der Metallzylinder wurde unter die Waagschale gehängt; das Gleichgewicht der beiden Waagschalen ändert sich dadurch nicht.

c) In das untere Glasgefäß wurde Wasser gegossen, in das der Metallzylinder z.T. eintaucht. Der Waagebalken neigt sich nach rechts: Der Metallzylinder erfährt im Wasser einen Auftrieb.

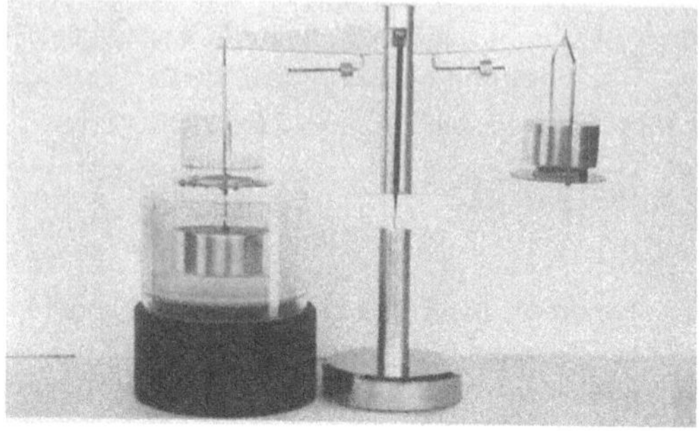

d) Der Metallzylinder ist in das Wasser des unteren Gefäßes vollständig eingetaucht. Durch Füllen des oberen Gefäßes mit Wasser wird das Gleichgewicht der Waagschalen wiederhergestellt.

Die Auftriebskraft ist gleich der Gewichtskraft der vom Körper verdrängten Flüssigkeitsmenge. SI-Einheit: N.

Wird der Körper nach Bild 1-58 in eine Flüssigkeit getaucht, berechnen sich nach DIN

1. die Gewichtskraft $G_{Fl}$ der vom Körper verdrängten Flüssigkeitsmenge (= Auftriebskraft $A_K$ des Körpers in Flüssigkeit) zu.

   $A_K = G_{Fl} = V \cdot \rho_{Fl} \cdot g$ in N

2. die Gewichtskraft $G_{KFl}$ als Tauchgewichtskraft des Körpers in Flüssigkeit zu:

   $G_{KFl} = G - A_K$ in N

$V$ in $m^3$ Volumen des Körpers oder der verdrängten Flüssigkeitsmenge
$G_K$ in N Gewichtskraft des Körpers in Luft (beide Waagschalen in Luft)
$\rho_{Fl}$ in $kg/m^3$ Dichte der Flüssigkeit
$A_K$ in N Auftriebskraft des Körpers in Flüssigkeit
$g$ in $m/s^2$ Fallbeschleunigung

Die Ursache des Auftriebs ist der von oben nach unten zunehmende Gewichtsdruck in Flüssigkeiten (Bild 1-59).

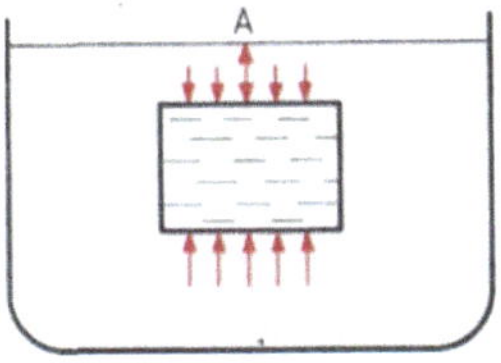


*Bild 1-59 Ursache der Auftriebskraft*

Der gegen die untere Fläche eines Körpers wirkende, nach oben gerichtete Druck ist größer als der gegen die obere Fläche abwärts gerichtete.

Frei bewegliche Körper können in Flüssigkeiten sinken, schweben oder schwimmen.

$G > A_K$: sinken
$G = A_K$: schweben
$G < A_K$: schwimmen

Ein schwimmender Körper taucht so tief ein, daß das Gewicht der verdrängten Flüssigkeit so groß wie das Gewicht des Körpers ist.

In der gleichen Weise wie für Flüssigkeiten gilt für Gase:

Die Auftriebskraft $A_K$ eines festen Körpers ist gleich dem Gewicht des von ihm verdrängten Gasvolumens.

**Luftdruck**

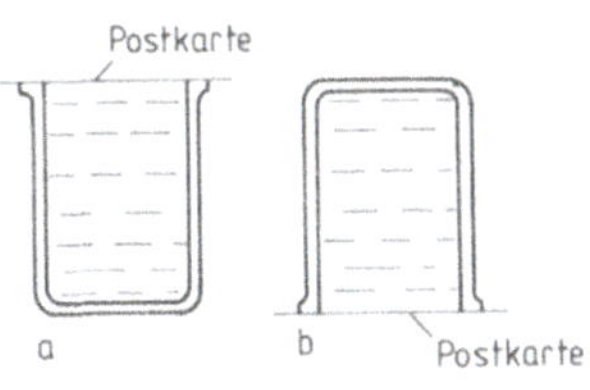


*Bild 1-60 Versuch zur Wirkung des Luftdruckes*

Der Durchmesser des Zylinders spielt keine Rolle.

*Versuch:* Ein mit Wasser gefüllter Glaszylinder wird mit einer Postkarte bedeckt. Mit einer Hand wird die Postkarte aufgedrückt, mit der anderen der Zylinder gedreht. Nach dem Drehen (Bild 1-60) wird die Postkarte nicht mehr von Hand angedrückt.

*Beobachtung:* Das Wasser bleibt im Zylinder; der Luftdruck ersetzt die Handkraft.

*Erkenntnis:* Der Luftdruck ist größer als der Bodendruck des Wassers.

Zur Bestimmung der Größe des Luftdruckes füllte der Italiener Torricelli (1608–1647) ein etwa 1 m langes, einseitig geschlossenes Glasrohr mit Quecksilber (Bild 1-61).

Mit dem offenen Ende nach unten hielt er das Glasrohr in eine mit Quecksilber gefüllte offene Schale. Im oberen Teil des Glasrohres entstand ein Vacuum. Beim Bestreben der Luft das Vacuum zu füllen zeigte sich, daß der Luftdruck eine Quecksilbersäule mit der senkrechten Höhe von 760 mm tragen konnte. Der 760 mm hohen Quecksilbersäule entspricht eine $0{,}76 \cdot 13{,}6 = 10{,}33$ m hohe Wassersäule. Nach Bild 1-60 spielt der Durchmesser des Rohres keine Rolle. Die Anordnung nach Bild 1-61 ist heute als Barometer (Luftdruckmesser) gebräuchlich.

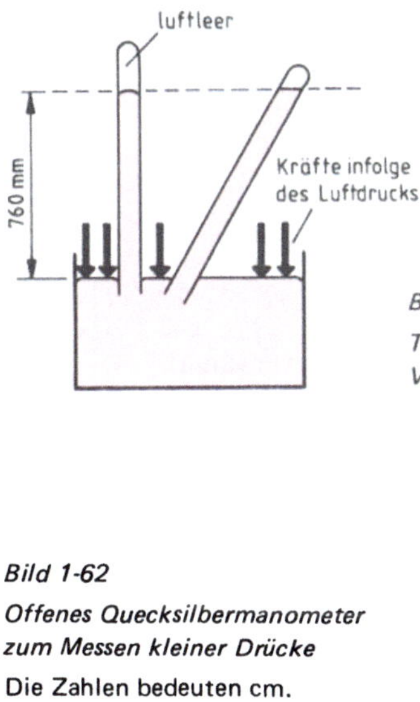


*Bild 1-61 Torricellischer Versuch*

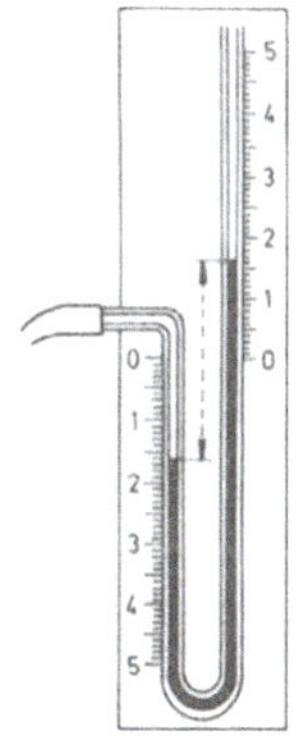


***Bild 1-62***
***Offenes Quecksilbermanometer zum Messen kleiner Drücke***

Die Zahlen bedeuten cm.

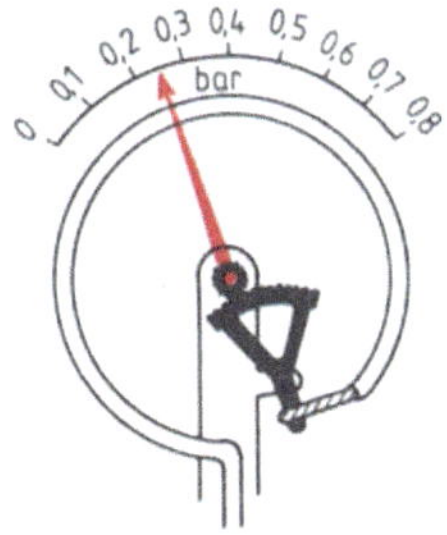


***Bild 1-63***
***Geschlossene Metallmanometer zum Messen größerer Drücke***

Ein gebogenes Flachrohr besitzt auf seiner Außenseite eine größere Fläche als auf seiner Innenseite. Die Außenseite erfährt vom Luftdruck eine größere Kraftwirkung als die Innenseite, so daß sich die Krümmung mit dem Luftdruck ändert. Die Bewegung des Flachrohrendes dreht den Zeiger.

Luftdruck und mit ihm zusammenhängende Größen, z.B. Reifendruck, werden in bar angegeben, anstelle von $kp/cm^2$, at, atü, ata, Torr, mmWs usw. In Normalatmosphäre ist

**Luftdruck = 1 bar.**

Betriebsdruck ist, wenn nicht Unterdruck (Vakuum), der Druck über Atmosphärendruck, der mit dem Manometer gemessen wird. Wasserdampftafeln geben den Druck (absolut) für Wasserdampf in bar anstelle von ata an.

**Wiederholungsfragen**

1. Wodurch unterscheiden sich Kraft und Druck?
2. Warum sind Staudämme unten dicker als oben?
3. Welcher Druck herrscht in 900 m Meerestiefe?
4. Welcher Druck herrscht am unteren Ende eines 12 m hohen mit Wasser gefüllten Abflußrohres?
5. Wieviel wiegt ein $dm^3$ Stahl a) in Luft, b) im Wasser? Wie groß ist der Auftrieb?
6. Wie groß ist der Auftrieb eines Kernes, $V = 50\,(100)\,dm^3$, $\rho = 2{,}0\,kg/dm^3$, in einer mit Gußeisen, $\rho = 7{,}6\,kg/dm^3$, gefüllten Gießform?
7. Wie hoch ragt ein in Wasser schwimmender 10 cm dicker Balken, $\rho = 0{,}8\,kg/dm^3$, aus dem Wasser hervor?

## 1.2.2 Wärmelehre

**Temperatur und Temperaturmessung**

In unserer Haut befinden sich Empfangsorgane (Nervenzellen) für die Empfindungen von Wärme und Kälte. Die Ursache dieser Empfindungen nennt man Temperatur.

*Beobachtungen:* Fahrradschläuche platzen bei zu großer Temperatursteigerung, z.B. durch Sonnenstrahlen. Das Zusammenpressen der Luft, z.B. mit einer Fahrrad-Luftpumpe, hat Druck- und Temperaturzunahme der zusammengepreßten Luft zur Folge.

Meßbare Größen, die den inneren Zustand der Stoffe kennzeichnen, z.B. Volumen, Druck und Temperatur, heißen **innere Zustandsgrößen. Äußere = mechanische Zustandsgrößen** kennzeichnen äußere Zustände der Körper, z.B. ihre Geschwindigkeit.

Die Temperatur ist eine innere Zustandsgröße.

Die zur Temperaturmessung benutzten Thermometer besitzen eine einfach und genau meßbare Eigenschaft, die sich mit der Temperatur ändert, z.B. eine Quecksilbersäule, deren Länge sich mit der Temperatur ändert.

Um die Temperatur eines Körpers zu messen, wird der Temperaturausgleich zwischen Körper und Thermometer dadurch hergestellt, daß der Körper das Thermometer erwärmt bzw. abkühlt.

Im täglichen Leben und in der Technik benutzt man zum Messen der Temperatur die durch Temperaturänderungen verursachten Längenänderungen von Quecksilber-, Alkohol- oder Gassäulen.

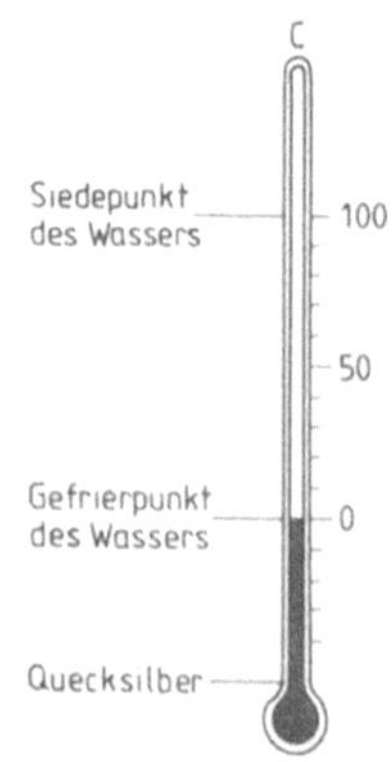


***Bild 1-64***
***Quecksilberthermometer***
Für hohe Temperaturen wird die Röhre aus Quarzglas hergestellt.

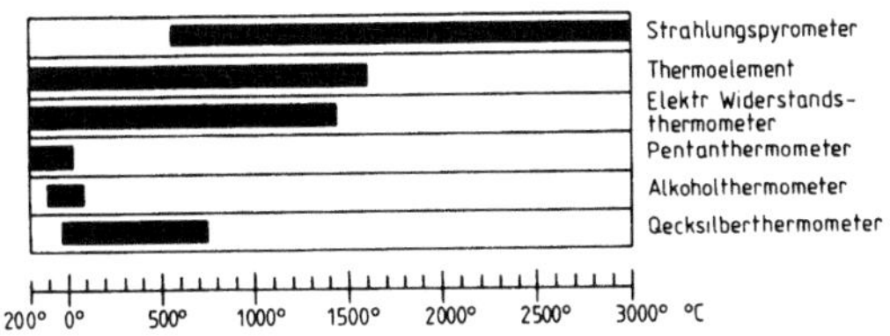


*Bild 1-65 Meßbereiche der gebräuchlichen Temperatur-Meßgeräte*

**Quecksilber-Thermometer** sind zwischen + 800 °C und − 39 °C brauchbar (Bild 1-64).

Das **Bimetallthermometer** enthält eine Spirale aus Bimetall (= aufeinander geklebte Streifen aus verschiedenen Metallen, die sich bei Temperaturänderungen unterschiedlich verlängern und deswegen krümmen). Das freie Ende der Spirale drückt auf einen Zeiger, der die Temperatur anzeigt. Metallthermometer werden vielfach für selbstaufzeichnende Meßgeräte, sog. Thermographen, verwendet. Meßbereich bis + 500 °C (Bild 1-65).

Neben Bimetall- und Flüssigkeitsthermometern und außerhalb ihrer Anwendungsgrenzen werden **elektrische Thermometer** benützt (siehe Kapitel Elektrotechnik).

Sehr hohe Temperaturen werden mit **Strahlungspyrometern** gemessen (Bild 1-65).

**Ein- und Mehrfach-Meßfarben** (Thermocolore) werden auf die zu messende Oberfläche gestrichen. Der Anstrich verfärbt sich bei bestimmten Temperaturen, so daß der Temperaturverlauf auf größeren Flächen sichtbar gemacht werden kann.

Zum Ablesen der Temperaturen sind die Thermometer mit Temperaturskalen versehen. Mit Hilfe eines Quecksilberthermometers wurde die **Celsiusskala**[1] festgelegt, die als Fixpunkte den Gefrierpunkt des Wassers mit 0 °C und den Siedepunkt des Wassers mit 100 °C kennzeichnet; der Zwischenraum ist in 100 gleiche Teile geteilt, ein Teil = 1 °C.

In gleicher Weise werden die Temperaturskalen für die anderen Thermometerarten festgelegt, so daß sich verschiedene **Temperaturskalen** mit festgelegten Fixpunkten ergeben.

**Die universelle Temperaturskala/Kelvinskala** (Bild 1-66) ist universell anwendbar. Als Fixpunkt wurde hierfür der **Tripelpunkt**[2] des Wassers international vereinbart. Dies ist der einzige Zustand, in dem Wasserdampf, Wasser und Eis bei gleicher Temperatur gleichzeitig existieren können. Die Temperaturen dieser Skala werden **Thermodynamische** oder **Kelvin-Temperaturen** genannt.

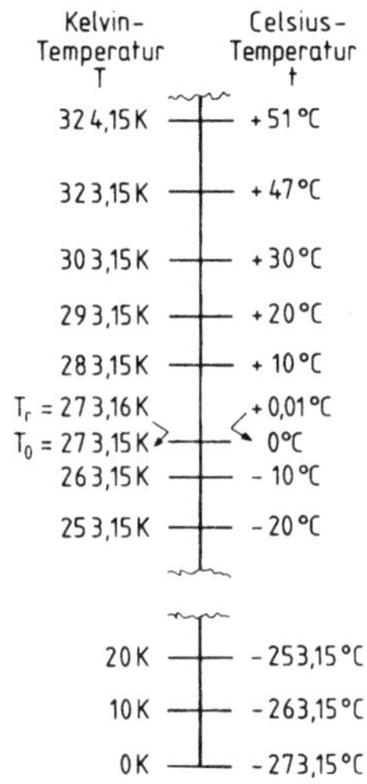


*Bild 1-66*
*Kelvintemperatur und Celsiustemperatur*

$T_r$ Tripelpunkt; $T_0$ international festgelegte Temperatur = 273,15 K = 0 °C.

Die SI-Einheit der Temperatur hat den Namen Kelvin und ihr Symbol ist K.

Bei der Angabe von Celsius-Temperaturen gilt Grad Celsius (°C) als gesonderer Name für Kelvin.

Als Teilung (Skaleneinheiten) ist 1 K = 1 °C.
Als Temperatur (Temperaturpunkt) ist
1 K = − 272,15 °C.

► **Beispiel:**
Mit $T$ = 310,15 K wird
$t$ = 310,15 K − 273,15 K = + 37 °C.

**Wärmeausdehnung**

Alle Stoffe dehnen sich beim Erwärmen in allen Richtungen aus und ziehen sich beim Abkühlen zusammen. Bei gleicher Temperaturänderung ist die Volumenänderung der verschiedenen Stoffe unterschiedlich. Flüssigkeiten dehnen sich mehr aus als feste Körper.

---

[1] Anders Celsius (1701–1744), Prof. in Uppsala
[2] Tripel = drei

Gase dehnen sich bei 1 °C Erwärmung um 1/273 des Volumens aus, das sie bei 0 °C besitzen.

### Bedeutung der Wärmeausdehnung

Von geringen Ausnahmen abgesehen, z.B. Temperaturmessung und Aufschrumpfen, ist die Wärmeausdehnung **fester** Körper in der Technik unerwünscht. Langgestreckte Bauwerke, z.B. Brücken und Gleise, erfordern besondere Maßnahmen wegen ihrer Längenänderungen bei Temperaturwechsel. Alle Werkstücke sind nur bei Bezugstemperatur maßhaltig. Bauteile aus verschiedenen Werkstoffen können nur bei Bezugstemperatur gepaart werden (siehe Bild 1-67). Beim Gießen muß die Schwindung berücksichtigt werden. Besondere Berücksichtigung erfordert die Wärmedehnung bei der Wärmebehandlung des Stahls und beim Bau von Motoren und Turbinen.

*Tabelle 1-6* Längenausdehnungszahlen

Formelzeichen: $\alpha$. SI-Einheit: 1/K (m/m · K), cm/cm · K, mm/mm · K).

| | | | |
|---|---|---|---|
| Stahl | 0,000 012 | Zink | 0,000 029 |
| Glas | 0,000 009 | Kupfer | 0,000 016 |
| Messing | 0,000 1 | Blei | 0,000 029 |
| Kunststoff | 0,000 022 | Beton | 0,000 012 |
| Aluminium | 0,000 022 | | |

Wird ein Stab von der Länge $la$ (Ausgangslänge) und der Temperatur $t_1$ auf die Temperatur $t_2$ erwärmt, so ist seine Längenänderung

$$\Delta l = la \cdot \alpha \cdot (t_2 - t_1) = la \cdot \alpha \cdot \Delta t.$$

Bei der Berechnung von Flächenausdehnungen müssen die Längenausdehnungszahlen doppelt, bei räumlicher Ausdehnung dreifach genommen werden. Hohlkörper verhalten sich wie Vollkörper.

►Beispiele:

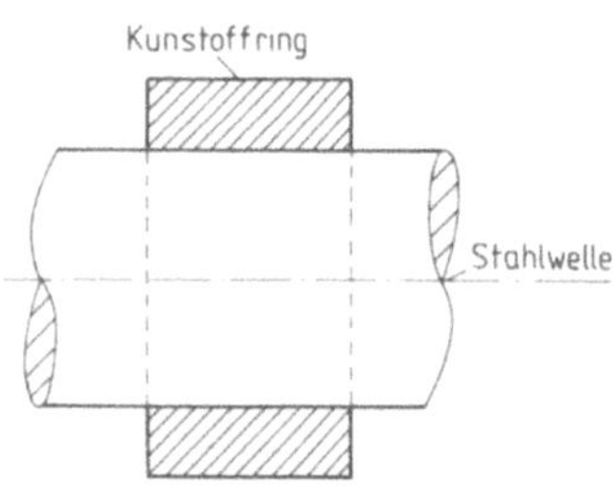


*Bild 1-67*
*Stahlwelle in Kunststofflager*

Längenänderung $\Delta l$ einer 600 mm langen Welle bei Erwärmung von + 20 °C auf + 220 °C:

$$\Delta l = la \cdot \alpha \cdot \Delta t = 600\ \text{mm} \cdot 0{,}000\,12 \frac{1}{\text{K}} \cdot 200\ \text{K}$$
$$\approx 1{,}5\ \text{mm} = + \Delta l$$

Durchmesseränderung bei 100 °C Temperaturzunahme nach Bild 1-67:

Welle: $\Delta D = 100\ \text{mm} \cdot 0{,}000\,012 \frac{1}{\text{K}} \cdot 100\ \text{K} = 0{,}12\ \text{mm}$

Ring: $\Delta D = 100\ \text{mm} \cdot 0{,}000\,1 \frac{1}{\text{K}} \cdot 100\ \text{K} = 1{,}0\ \text{mm}$

Aus Preßpassung wird Spielpassung.

### Wärmemenge und Wärmekapazität

Mit der physikalischen Größe „Temperatur" können nicht alle mit Temperaturänderung verknüpften Veränderungen erklärt werden.

►**Beispiel:**
Beim Abschrecken eines Meißels, $m_2$ = 1 kg von $t_2$ 800 °C, in $m_1$ = 50 kg Wasser von $t_1$ = 20 °C, ergibt sich **nicht** die Endtemperatur (= Mischungstemperatur) von (800 °C + 20 °C): 2 = 410 °C. Zur Erklärung solcher Veränderungen verwendet man die Größenarten **Wärmemenge** und **Wärmekapazität.**

### Wärmemenge als Energieform

Formelzeichen $Q$.
*SI-Einheit: J (1 J = 1 Nm* = 1 Ws).
Weitere Einheiten: Wh, kWh, kJ, MJ usw.

> Wärmemenge, Energie und Arbeit sind Größen gleicher Art und haben die gleiche SI-Einheit.

**Wärmekapazität.** Diese Bezeichnung geht auf die frühere Auffassung der Wärme als eines Stoffes zurück, der, einem Körper zugeführt, in diesem eine Temperatursteigerung hervorruft. Bei gleicher Temperaturänderung kann ein Körper um so mehr Wärme aufnehmen/abgeben, je größer seine Wärmekapazität ist. Temperaturänderung und zu-/abgeführte Wärme sind also in gleicher Weise durch die Wärmekapazität verknüpft wie durch die Wärmeausdehnung. SI-Einheit: J/K (= Ws/K). Weitere Einheiten: kJ/K, kWh/K usw.

**Spezifische Wärmekapazität,** Formelzeichen $c$, als Wärmekapazität bezogen auf die Masse. *SI-Einheit: J/kgK.*

### Spezifische Wärmekapazität $c$ einiger Stoffe in $\frac{kJ}{kg\,K} = \frac{kJ}{kg\,°C}$

| | | | |
|---|---|---|---|
| Wasser | 4,200 | Quecksilber | 0,139 |
| Eis | 2,100 | Blei | 0,139 |
| Erdboden | 0,924 | Aluminium | 0,924 |
| Glas | 0,790 | Holz | 2,52 |
| Eisen | 0,42 | Kalkstein | 0,882 |
| Kupfer | 0,39 | Ziegelsteine | 0,924 |

### Berechnung von Mischungstemperaturen

► **Beispiel 1:**
$m_1 = 100$ kg Wasser von $t_1 = 50$ °C und $m_2 = 80$ kg Wasser von $t_2 = 20$ °C werden gemischt. Gesucht: Mischungstemperatur $t_M$.

$m_1 = 100$ kg Wasser von $t_1 = 50$ °C enthalten die Wärmemenge

$$Q_1 = m_1 \cdot c_1 \cdot t_1 = 100\text{ kg} \cdot 4{,}2 \frac{\text{kJ}}{\text{kg °C}} \cdot 50\text{ °C} = 21\,000\text{ kJ}$$

$m_2 = 80$ kg Wasser von $t_2 = 20$ °C enthalten die Wärmemenge

$$Q_2 = m_2 \cdot c_2 \cdot t_2 = 80\text{ kg} \cdot 4{,}2 \frac{\text{kJ}}{\text{kg °C}} \cdot 20\text{ °C} = 6720\text{ kJ}$$

$m_1 + m_2 = 180$ kg Wasser-Mischung enthalten die Wärmemenge

$$Q_1 + Q_2 = 21\,000\text{ kJ} + 6720\text{ kJ} = 27\,720\text{ kJ}.$$

1 kg der Wasser-Mischung enthält die Wärmemenge

$$\frac{27\,720\text{ kJ}}{180\text{ kg}} = \frac{154\text{ kJ}}{\text{kg}}$$

Die Mischungstemperatur ist

$$t_M = \frac{154\text{ kJ} \cdot \text{kg °C}}{4{,}2\text{ kg} \cdot \text{kJ}} = 36{,}66\text{ °C}.$$

► **Beispiel 2:**
Endtemperatur des Meißels unter den auf Seite 36 angegebenen Bedingungen: $m_1 = 50$ kg Wasser von $t_1 = 20$ °C enthalten die Wärmemenge

$$Q_1 = m_1 \cdot c_1 \cdot t_1 = 50\text{ kg} \cdot 4{,}2 \frac{\text{kJ}}{\text{kg °C}} \cdot 20\text{ °C} = 4200\text{ kJ}$$

$m_2 = 1$ kg Stahl von $t_2 = 800$ °C enthält die Wärmemenge

$$Q_2 = m_2 \cdot c_2 \cdot t_2 = 1\text{ kg} \cdot 0{,}42 \frac{\text{kJ}}{\text{kg °C}} \cdot 800\text{ °C} = 336\text{ kJ}$$

50 kg Wasser und 1 kg Stahl enthalten die Wärmemenge

$$Q_1 + Q_2 = 4200\text{ kJ} + 336\text{ kJ} = 4536\text{ kJ}.$$

Die spezifische Wärmekapazität des Stahls ist 1/10 der spezifischen Wärmekapazität des Wassers, so daß für

$$m = 50{,}1\text{ kg mit } c = 4{,}2 \frac{\text{kJ}}{\text{kg °C}}$$

gesetzt werden kann. Die Endtemperatur ist dann

$$\frac{4536\text{ kJ} \cdot \text{kg °C}}{90{,}1\text{ kg} \cdot 4{,}2 \cdot \text{kJ}} = 21{,}5\text{ °C}.$$

Prüfe folgende Gleichungen mit den Zahlenwerten der Beispiele!

**Wärmeinhalt vor dem Ausgleich**
$m_1 \cdot c_1 \cdot t_1 + m_2 \cdot c_2 \cdot t_2$

**= Wärmeinhalt nach dem Ausgleich**
$= m_1 \cdot c_1 \cdot t_M + m_2 \cdot c_2 \cdot t_M$

$$t_M = \frac{m_1 \cdot c_1 \cdot t_1 + m_2 \cdot c_2 \cdot t_2 + m_3 \cdot c_3 \cdot t_3 + \ldots}{m_1 \cdot c_1 + m_2 \cdot c_2 + m_3 \cdot c_3 + \ldots}$$

### Brennwert und Heizwert der Brennstoffe

Brennwert und Heizwert eines Brennstoffes sind die bei seiner vollständigen Verbrennung in Wärmeform frei werdenden Energien.

**Der Brennwert** (bisher oberer Heizwert) wird verwendet, wenn die Abgase Wasser in flüssigem Zustande enthalten.

**Der Heizwert** (bisher unterer Heizwert) wird verwendet, wenn die Abgase Wasser in gasförmigem Zustande enthalten.

> Brennwert und Heizwert unterscheiden sich um die Verdampfungswärme des in den Abgasen enthaltenen Wassers.

Die Bestimmung von Brenn- und Heizwerten erfolgt durch Verbrennung einer bestimmten Brennstoffmenge in einer sog. Kalorimeterbombe. Dabei werden die Verbrennungsprodukte auf dieselbe Temperatur abgekühlt, die der Brennstoff und die Verbrennungsluft vor der Verbrennung hatten. Ob die Verbrennung mit reinem Sauerstoff, mit Luft oder hohem/niedrigem Luftüberschluß durchgeführt wird, spielt dabei keine Rolle.

> Brennwert und Heizwert sind Eigenschaften der Brennstoffe.

### Feste und flüssige Brennstoffe

**Spezifische Brennwerte,** Formelzeichen $H_o$ und **spezifische Heizwerte,** Formelzeichen $H_u$, werden auf die Masse $m$ (kg) bezogen.

### Gasförmige Brennstoffe

**Brennwert,** Formelzeichen $H_{o,n}$ und **Heizwert,** Formelzeichen $H_{u,n}$, werden auf das Volumen des Gases im Normalzustand (0 °C, 1,01 bar), d.h. auf das Normalvolumen bezogen. $H_{u,n}$ ist von besonderer Bedeutung, da bei der Verbrennung in technischen Feuerungen die Verbrennungsprodukte im wesentlichen gasförmig entweichen.

### SI-Einheiten

Feste und flüssige Brennstoffe: J/kg, kJ/kg, MJ/kg. (J/mol, kJ/kmol usw.) Gasförmige Brennstoffe: J/m³, kJ/m³, MJ/m³. (J/mol, kJ/kmol usw.).

### Spezifische Brenn- und Heizwerte der wichtigsten Brennstoffe

| Brennstoff | spezifische Brennwerte MJ/kg | spezifische Heizwerte MJ/kg |
|---|---|---|
| Holz | 16,9 | 15,3 |
| Steinkohle | 30–34 | 28–32 |
| Steinkohlenkoks | 30 | 29 |
| Benzin | 46,5 | 43,5 |
| Dieselkraftstoff | 45,4 | 42,7 |
| Heizöl | 45,4–39 | 42,7–37,7 |
| | MJ/m³ | MJ/m³ |
| Naturgas | 38–46,5 | 33,6–42,5 |
| Stadtgas | 17,6 | 15,5 |

### Wärmeausbreitung und Wärmeübergang

Die Wärmeausbreitung erfolgt durch Wärmeleitung, Wärmeströmung (Konvektion) und Wärmestrahlung.

**Wärmeleitung** heißt der Übergang der Wärme ohne Stofftransport von heißen zu kälteren Stellen eines Körpers. Metalle sind gute, Flüssigkeiten und Gase schlechte Wärmeleiter.

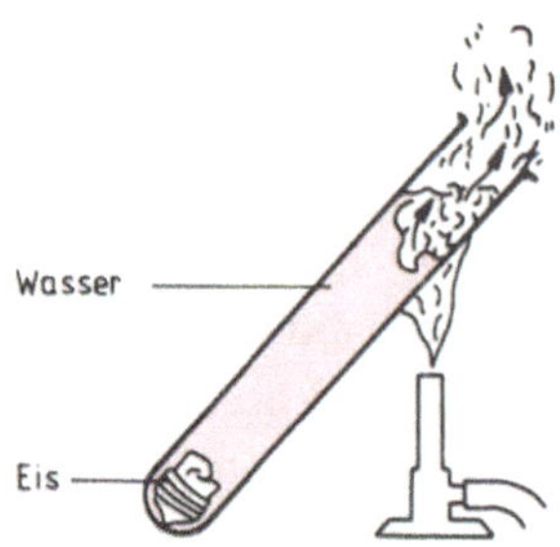


*Bild 1-68 Beispiel für die schlechte Wärmeleitfähigkeit der Flüssigkeiten*

### Wärmeleitzahlen

| Stoff | Meß-temperatur °C | Wärmeleitzahl kJ/m · h · K |
|---|---|---|
| Aluminium | 20 | 756 |
| Kupfer | 20 | 1470 |
| Silber | 20 | 1512 |
| Asbest | 100 | 0,4 |
| Stahl | 100 | 189 |
| Zinn | 20 | 239 |
| Mauerwerk | 20 | 0,4–3,0 |
| Luft | 0 | 0,1 |

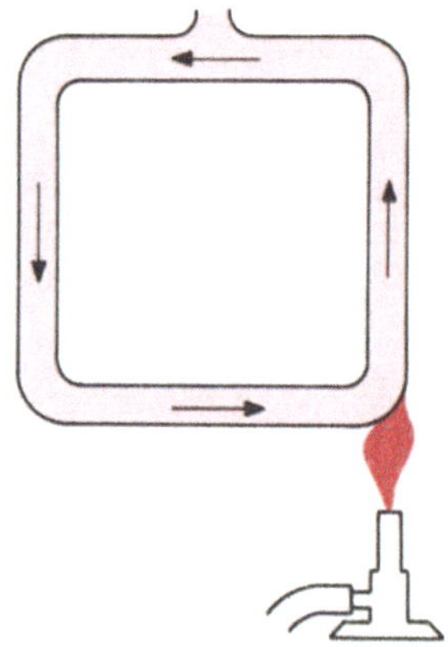

*Bild 1-69 Wärmeströmung*

**Wärmeströmung oder Konvektion** heißt der Wärmetransport durch Flüssigkeiten oder Gase.

**Wärmestrahlung** ist die Wärmeübertragung ohne Stoff als Vermittler. Die Sonnenstrahlen durchdringen die Luft, ohne sie zu erwärmen.

Für den natürlichen Wärmeübergang gilt der 2. Hauptsatz der Thermodynamik:

Wärme kann nie **von selbst** von einem Körper niedriger Temperatur auf einen Körper höherer Temperatur übergehen.

**Bei Kühlmaschinen,** die Kältemittel von niedriger Temperatur auf eine höhere Temperatur bringen, ist daher ein zusätzlicher Energieaufwand, meist durch einen mit elektrischer Energie angetriebenen Kompressor, erforderlich.

*Bild 1-70 Kühlmittelkreislauf und Temperatur-Druck-Änderung in einer Kühlmaschine*

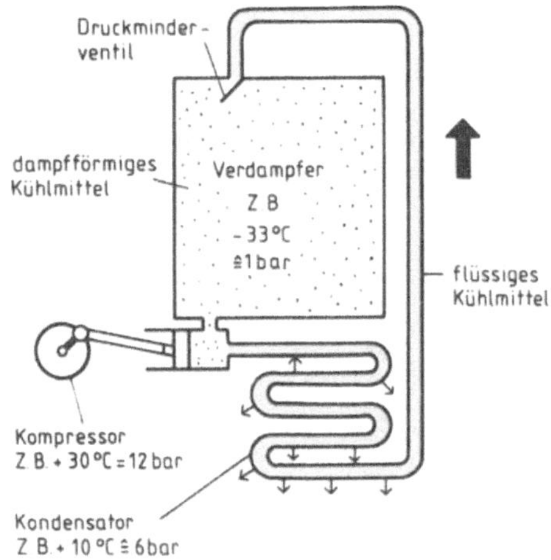


Vorgang:

1. Das flüssige Kühlmittel verdampft im Verdampfer infolge von Druckabfall. Die Verdampfungswärme wird der zu kühlenden Umgebung entnommen.
2. Der Kompressor erhitzt den Kühlmitteldampf durch Drucksteigerung.
3. Im Kondensator wird das erhitzte Kühlmittel mit Wasser oder Luft abgekühlt und dadurch verflüssigt.

**Kältemittel**

| Kältemittel | Siedepunkt in °C bei einem Druck von 0,1 bar | 1,2 bar | 4,3 bar | 9 bar | Verdampfungswärme bei 1 bar kJ/kg | Verwendung |
|---|---|---|---|---|---|---|
| Ammoniak | − 70 | − 30 | 0 | + 20 | 1373 | giftig, vorherrschend bei gewerblichen Anlagen |
| Methylchlorid | − 60 | − 20 | + 20 | + 40 | 407 | ungiftig, in Haushaltsmaschinen |
| Frigen 12 | − 70 | − 20 | + 10 | + 40 | 168 | ungiftig, an Stelle von Ammoniak |

**Wärmepumpe** und Kühlmaschine unterscheiden sich nicht in ihrem Aufbau. In beiden Maschinen durchläuft ein Arbeitsmedium einen links- oder rechtsläufigen Kreisprozeß. Verschieden ist jedoch der Zweck: Die Wärmepumpe soll der Umgebung (Luft/Wasser) Energie entnehmen, diese mit der als Antriebsleistung zugeführten Energie vereinigen und das erhitzte Gemisch als Heizwärme dem zu heizenden Raum zuführen. Die Kühlmaschine soll den Kühlraum kühlen, d.h. die Energie aus dem Kühlraum an die Umgebung abführen. Wärmepumpe = Umkehrung der Kühlmaschine. Das Konzept der Wärmepumpe geht zurück auf William Thomson, ab 1892 Lord Kelvin, 1824–1907.

**Schmelzen und Erstarren, Verdampfen und Kondensieren**

*Versuch:* Auf einer Gasflamme wird Eis oder Wasser in einem offenen Gefäß, in dem ein Thermometer hängt, erwärmt. Die in gleichen Zeitabständen abgelesene Temperatursteigerung wird als Kurve dargestellt (Bild 1-71).

Während der Umwandlung des Aggregatzustandes (fest-flüssig, flüssig-dampfförmig) bleibt die Temperatur unverändert, die Kurve weist sog. **Haltepunkte** auf.

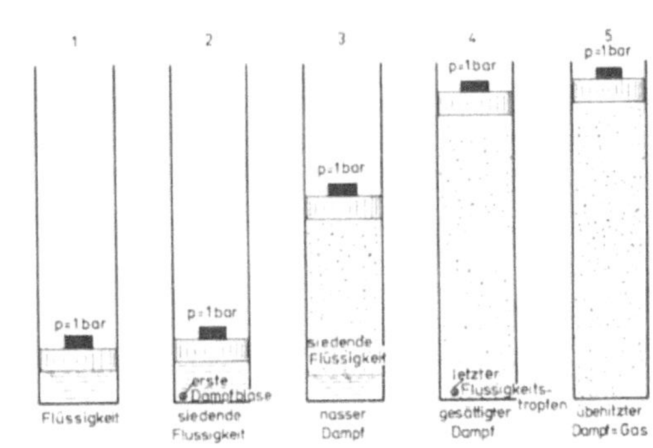


*Bild 1-71 Zustandsänderung beim Erwärmen und Verdampfen von Wasser unter dem konstanten Druck p = 1 bar*

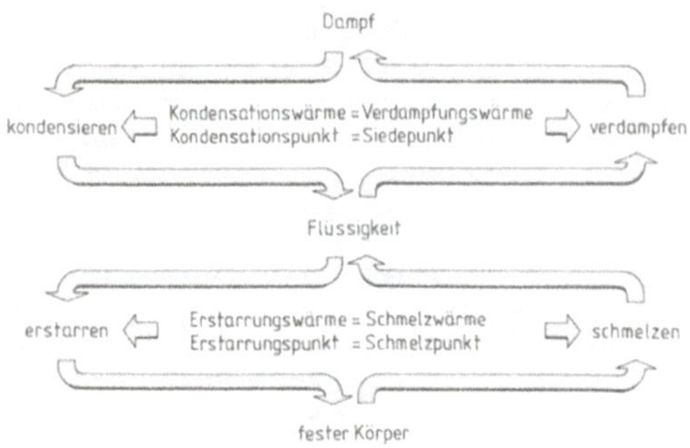


*Bild 1-72 Zustandsänderungen des Wassers*

Eis und Wasser sind sichtbar, Wasserdampf ist unsichtbar. Nebel und Wolken sind Wassertropfen.

Die Siedepunkte der Flüssigkeiten und die Schmelzpunkte der meisten festen Körper werden durch Drucksteigerung erhöht; der Schmelzpunkt des Eisens wird durch Drucksteigerung erniedrigt.

**Wiederholungsfragen**

1. Wieviel K sind (80 °C, 37,5 °C) 125 °C?
2. Berechne a) die Längenänderung einer 500 m langen Eisenbahnbrücke, b) die Vergrößerung einer 3 m mal 5 m großen Zink-Dacheindeckung bei einer Temperaturänderung von −20 °C auf +30 °C!
3. Welches sind die SI-Einheiten für Wärmemenge und Wärmestrom?
4. 10 kg Stahl von 750 °C werden in 100 kg Wasser von 20 °C abgekühlt. Berechne die Endtemperatur!
5. 20 kg Eisen von −20 °C, 120 kg Wasser von +80 °C und 200 kg Wasser von +20 °C werden gemischt. Berechne die Mischungstemperatur! Schmelzwärme des Eises = 336 kJ/kg · K.
6. Wodurch unterscheiden sich Brennwert und Heizwert?
7. Wodurch kann die Wärmeausbreitung erfolgen?

## 1.3 Elektrotechnische Grundkenntnisse

### Der elektrische Strom

Neben der mechanischen Energie, der Wärme und dem Licht ist auch die Elektrizität eine Form der Energie. Sie kann leicht über weite Entfernungen transportiert und einfach in die anderen Energieformen umgewandelt werden, z.B.: durch eine Glühlampe in Licht, durch einen Heizkörper in Wärme oder durch einen Elektromotor in mechanische Energie.

Wenn die Klemmen einer Taschenlampenbatterie mit denen einer passenden Lampe durch Metalldrähte (elektrische Leitungen) verbunden werden, leuchtet die Lampe auf (Bild 1-73).

Die Ursache für das Aufleuchten ist der unsichtbare, elektrische Strom, der von der Batterie durch die eine Leitung zur Lampe, durch diese hindurch und durch die zweite Leitung wieder zur Batterie fließt.

Andere Wirkungen des elektrischen Stromes zeigt Bild 1-74.

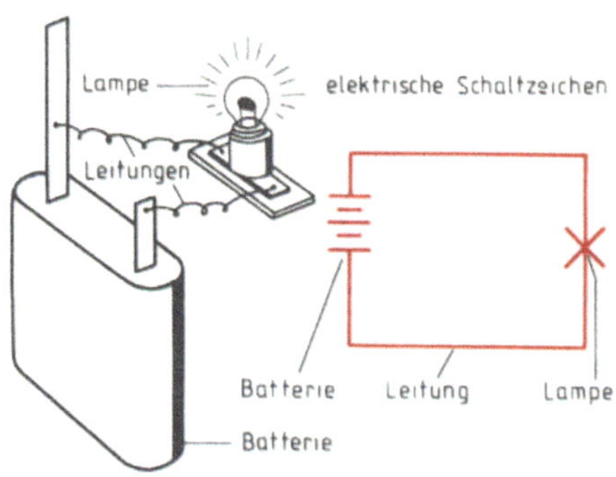


*Bild 1-73 Elektrischer Schaltplan*

Der elektrische Strom ist nur an seinen Wirkungen erkennbar.

Von einem Strom spricht man nur, wenn Teilchen fließen: Bei einem Wasserstrom fließen Wassermoleküle, bei einem elektrischen Strom in einem Draht fließen Elektronen durch das Metall. Elektronen sind in allen Atomen vorhanden, sie umkreisen den Atomkern und werden von ihm elektrisch angezogen. Sie sind die kleinsten Träger der Elektrizität, ihr Durchmesser beträgt nur etwa ein Billionstel mm.

> Ein elektrischer Strom ist vorhanden, wenn sich Elektronen durch einen Metalldraht bewegen.

**Elektrische Leiter und Isolierstoffe**

Wenn eine oder beide Leitungen zur Lampe im Versuch nach Bild 1-73 durch Bindfäden oder Gummischnüre ersetzt werden, leuchtet die Lampe nicht. Nach ihrer elektrischen Leitfähigkeit teilt man daher die Stoffe in **Leiter** und **Nichtleiter** ein.

Die **Leiter,** die den elektrischen Strom gut leiten, weisen freie, leicht bewegliche Elektronen auf. Zu den Leitern zählen alle Metalle, Kohle, feuchte Erde und wässerige Lösungen von Salzen, Säuren und Laugen.

Die **Nichtleiter**, sog. Isolierstoffe oder Isolatoren, leiten den elektrischen Strom sehr schlecht, da sie nur über sehr wenig freie Elektronen verfügen. Nichtleiter sind z.B.: Porzellan, Glas, Gummi, Kunststoffe, Luft.

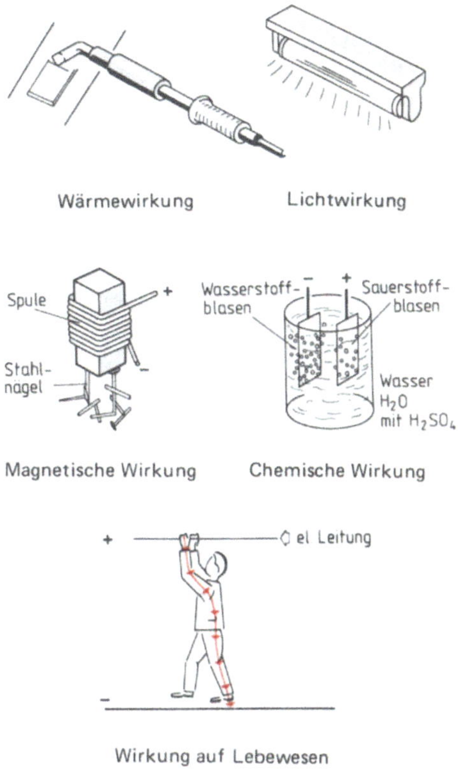


*Bild 1-74 Wirkungen des elektrischen Stromes und ihre Nutzanwendungen*

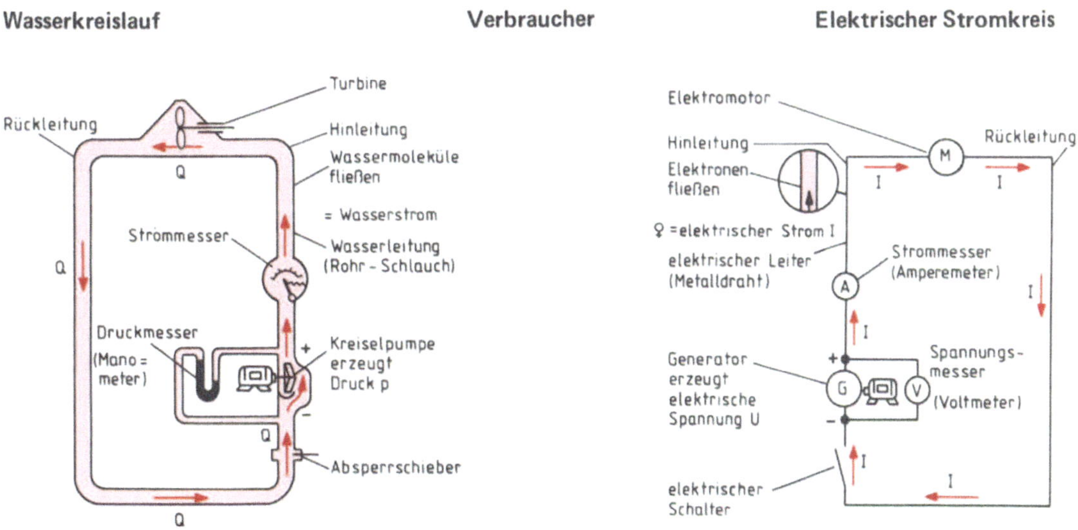


*Bild 1-75 Vergleich eines elektrischen Stromkreises mit einem Wasserkreislauf*

## Schaltzeichen

Für die Darstellung der Schaltelemente werden genormte Sinnbilder, Schaltzeichen, verwendet, um den Schaltplan möglichst einfach zeichnen zu können (Bild 1-73 und Bild 1-75).

## Spannung

Ebenso wie ein Druck die Ursache für die Bewegung des Wassers ist, ist die elektrische Spannung die Ursache der Elektronenbewegung.

> Eine elektrische Spannung ist die Ursache für den elektrischen Strom.

Die elektrische Spannung liefert ein **Spannungserzeuger,** Bild 1-76. Mit einem **Spannungsmesser** oder Voltmeter kann die Spannung gemessen werden.

> Die Einheit der elektrischen Spannung $U$ ist Volt V.

Eine Taschenlampenbatterie hat z.B. eine Spannung von 4,5 Volt, die elektrische Anlage der Kraftwagen 6, 12 oder 24 Volt, das Ortsnetz 220 Volt bzw. 380 Volt.

<table>
<tr><th>Spannungserzeuger</th><th>Anwendung bzw. Vorkommen</th></tr>
<tr><td>1. durch chemischen Vorgang<br>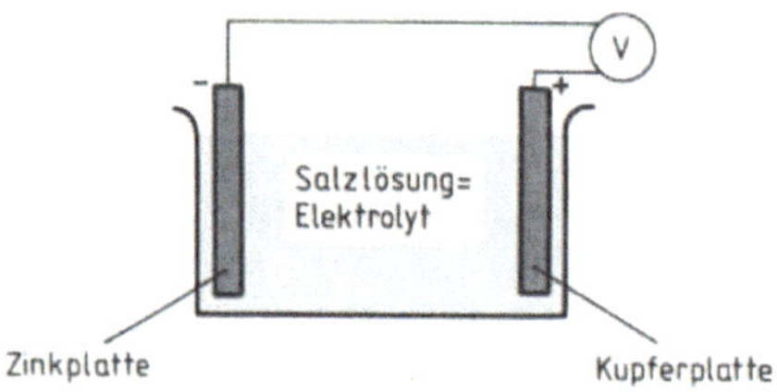
</td><td>Galvanisches Element: Taschenlampenbatterie, Kfz-Batterie</td></tr>
<tr><td>2. durch Induktion<br>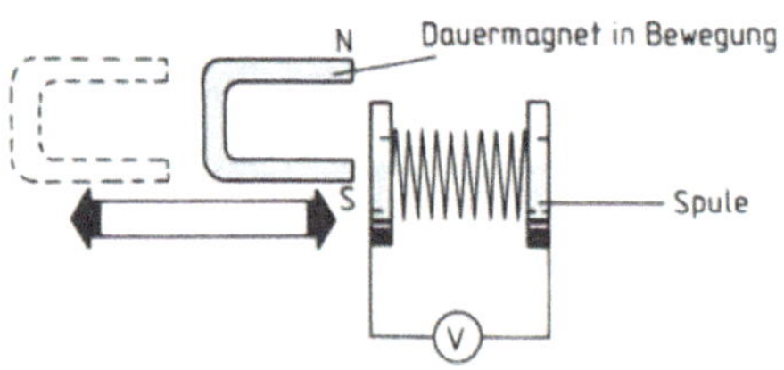
</td><td>Generatoren (Dynamo, Lichtmaschine)</td></tr>
<tr><td>3. durch Wärme<br>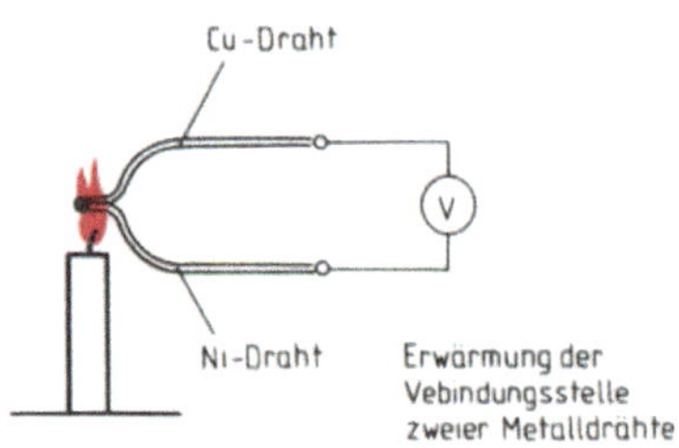
</td><td>Thermoelement: elektrisches Fernthermometer</td></tr>
</table>

| Spannungserzeuger | Anwendung bzw. Vorkommen |
|---|---|
| 4. durch Licht<br>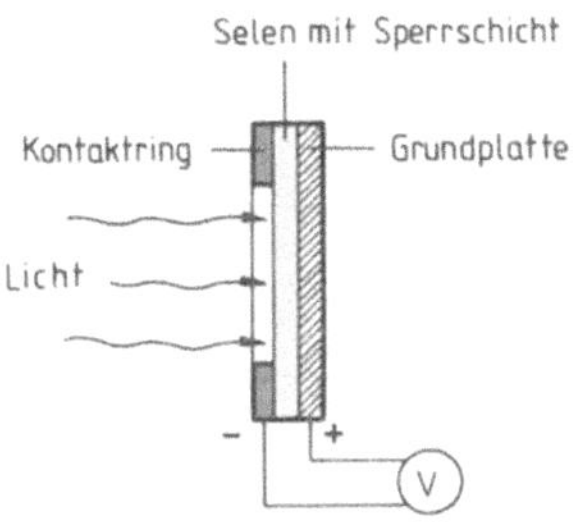<br> | Fotoelement: Belichtungsmesser, Spannungserzeuger der künstlichen Satelliten |
| 5. durch Kristallverformung<br>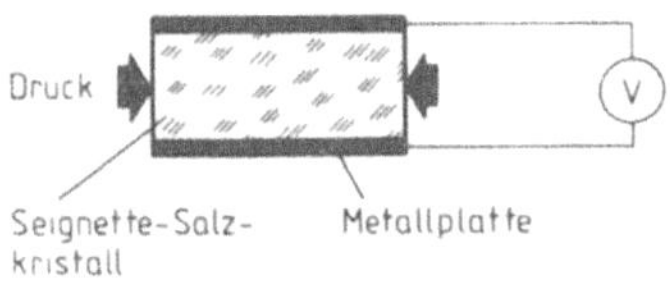<br> | Piezo-elektrischer Spannungserzeuger: Kristallmikrophon, Kristalltonabnehmer des Plattenspielers |
| 6. durch Reibung von Isolierstoffen<br>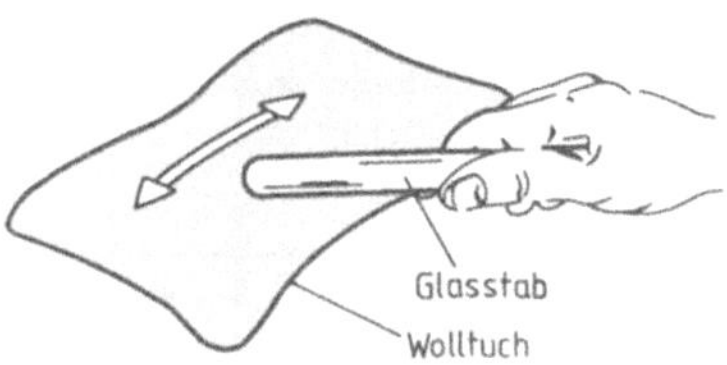<br> | Elektrostatische Aufladung: Fahrzeugreifen, Nylon-Kamm, Nylon-Kleider |

*Bild 1-76 Elektrische Spannungserzeuger*

**Stromkreis**

Wie ein fortwährender Wasserstrom nur als geschlossener Kreislauf verwirklicht werden kann, so erfordert ein elektrischer Strom auch einen geschlossenen Stromkreis aus elektrischen Leitern. Bild 1-75 zeigt die Gegenüberstellung eines elektrischen Stromkreises und eines Wasserkreislaufes. Ebenso wie der Wasserkreislauf durch den Absperrschieber unterbrochen werden kann, kann der elektrische Stromkreis durch einen **Schalter** unterbrochen werden.

> Ein elektrischer Strom fließt nur, wenn ein geschlossener Stromkreis und eine elektrische Spannung vorhanden sind.

Ein Verbraucher, z.B. ein Elektromotor (Bild 1-75), erfordert daher eine Hinleitung und eine Rückleitung, Strom wird darin nicht verbraucht. Der elektrische Strom wird mit einem **Strommesser** oder Amperemeter gemessen.

> Die Einheit des elektrischen Stroms $I$ ist Ampere A.

Ebenso wie sich das Wasser im Wasserkreislauf vom Druckstutzen (+) zum Saugstutzen der Pumpe (–) bewegt, so fließt der elektrische Strom im äußeren Stromkreis vom Pluspol (+) des Spannungserzeugers zum Minuspol (–). Die Stromrichtung wird durch einen Strompfeil angegeben. Stromrichtung und Pole der Spannungserzeuger wurden jedoch festgelegt, bevor

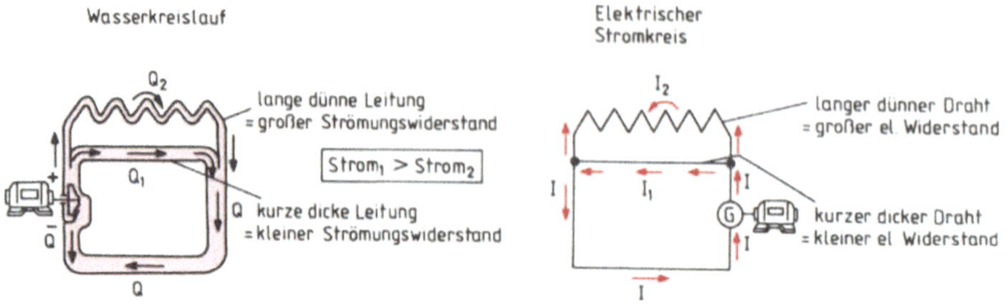


*Bild 1-77 Verzweigung des Stromes und Abhängigkeit der Stromstärke vom Widerstand der Leitungen*

man die Elektronenbewegung kannte. Die freien Elektronen bewegen sich nach heutigem Wissen von (–) nach (+).

Der elektrische Strom fließt außerhalb des Spannungserzeugers vom Pulspol zum Minuspol.

## Elektrischer Widerstand

Die Wasserleitung behindert die Bewegung der Wassermoleküle, d.h. sie setzt dem Wasserstrom einen Widerstand entgegen, dessen Höhe u.a. vom Querschnitt, von der Länge und von der Oberfläche der Leitung abhängt. Dieser Widerstand muß vom Druck überwunden werden. Ebenso setzt jeder elektrische Leiter dem elektrischen Strom einen Widerstand entgegen. Dieser Widerstand wird von der elektrischen Spannung überwunden. Leiter mit geringem elektrischen Widerstand leiten den Strom besser als Leiter mit großem Widerstand (Bild 1-77).

Die Einheit des elektrischen Widerstandes $R$ ist Ohm $\Omega$.

Der Widerstand eines Leiters ist der Länge des Leiters direkt, seinem Querschnitt dagegen umgekehrt proportional. Er ist ferner vom Leitermaterial selber und dessen Temperatur abhängig.

$$R = \frac{\rho \cdot l}{A}$$

Einheiten:
Leiterwiderstand $R$ in $\Omega$
Spezifischer Widerstand $\rho$ in $\frac{\Omega mm^2}{m}$
Leiterlänge $l$ in m
Leiterquerschnitt $A$ in $mm^2$

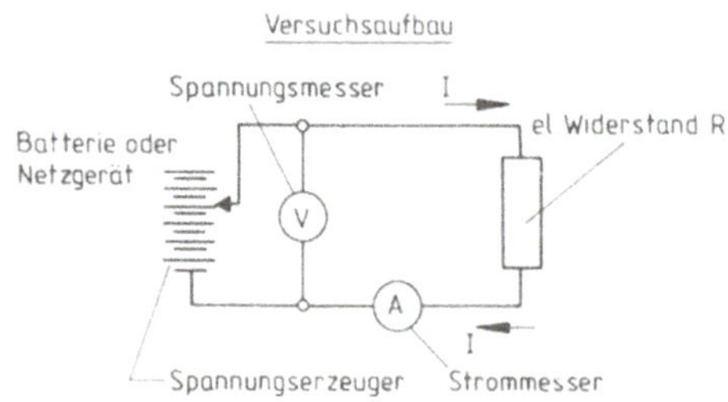


*Bild 1-78 Versuch zur Ermittlung des Ohmschen Gesetzes*

Meßergebnisse

| Versuch Nr. | Spannung $U$ | Widerst. $R$ | Strom $I$ |
|---|---|---|---|
| 1 | 12 Volt | 1 Ohm | 12 Ampere |
| 2 | 12 Volt | 2 Ohm | 6 Ampere |
| 3 | 12 Volt | 4 Ohm | 3 Ampere |
| 4 | 6 Volt | 4 Ohm | 1,5 Ampere |
| 5 | 3 Volt | 4 Ohm | 0,75 Ampere |

eingestellte und nachgeprüfte Werte (Spannung $U$, Widerst. $R$) — gemessene Werte (Strom $I$)

## Ohmsches Gesetz

Zur Ermittlung der Abhängigkeit der Stromstärke in einem Stromkreis von der Spannung und dem Widerstand dient der in Bild 1-78 dargestellte Versuch. Daraus ergibt sich: Der Strom wird bei abnehmendem Widerstand größer, bei abnehmender Spannung kleiner.

Der Strom $I$ ist der Spannung $U$ direkt, dem Widerstand $R$ des Stromkreises dagegen umgekehrt proportional.

Diese Abhängigkeit wird durch das **Ohmsche Gesetz** ausgedrückt[1]:

| | |
|---|---|
| elektrischer Strom $I = \dfrac{\text{elektrische Spannung } U}{\text{elektrischer Widerstand } R}$ | $I = \dfrac{U}{R}$ |

## Rechenbeispiele zum Ohmschen Gesetz

▶ **Beispiel 1:**
Eine Glühlampe mit einem Widerstand von $R = 3\ \Omega$ wird in ein Kfz eingebaut, das eine 12-V-Anlage hat. Welcher Strom fließt durch die Lampe, wenn sie eingeschaltet ist?

$$I = \frac{U}{R} = \frac{12}{3} = 4\ \text{A}.$$

▶ **Beispiel 2:**
Welche Spannung ist erforderlich, um durch eine Spule mit $R = 22\ \Omega$ einen Strom $I = 5$ A zu treiben?

$$U = R \cdot I = 22 \cdot 5 = 110\ \text{V}.$$

▶ **Beispiel 3:**
Das Typenschild eines elektrischen Bügeleisens ist mit $U = 220$ V, $I = 4{,}4$ A gekennzeichnet. Wie groß ist der elektrische Widerstand des Heizkörpers?

$$R = \frac{U}{I} = \frac{220}{4{,}4} = 50\ \Omega.$$

## Stromarten

Nach der Bewegungsrichtung des Stromes unterscheidet man Gleich- und Wechselstrom. Bei **Gleichstrom** (Bild 1-75) ist die elektrische Spannung so gerichtet, daß der elektrische Strom nur in einer Richtung fließt, z.B. bei Taschenlampen und elektrischen Anlagen der Kraftfahrzeuge.

> Gleichstrom ist ein elektrischer Strom, dessen Richtung und Größe stets gleich bleiben! Zeichen: –

Bei **Wechselstrom** drückt die Spannung die Elektronen in regelmäßigen, kurzen Zeitabständen bald in die eine, bald in die andere Richtung (Bild 1-79), z.B. bei einer elektrischen Fahrradbeleuchtung.

> Wechselstrom ist ein elektrischer Strom, dessen Richtung und Größe nach einer bestimmten Gesetzmäßigkeit periodisch wechseln. Zeichen: ~

Der Wechselstrom hat im allgemeinen einen sinusförmigen Verlauf. Die Spannung des Wechselstromes kann durch einen **Transformator** (Umspanner) erhöht oder verringert werden. Werden drei Wechselströme so miteinander verkettet, daß ihre Höchstwerte im gleichbleibenden Abstand nacheinander auftreten, so spricht man von einem **Dreiphasen-Wechselstrom,** auch **Drehstrom** genannt. Er ist die heute übliche Stromart der öffentlichen Netze (Bild 1-80).

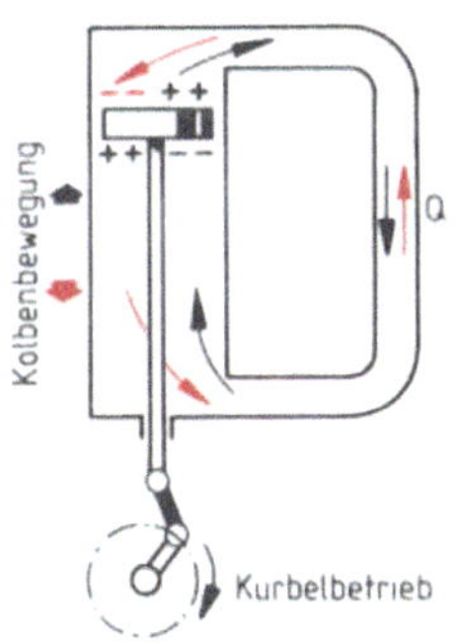


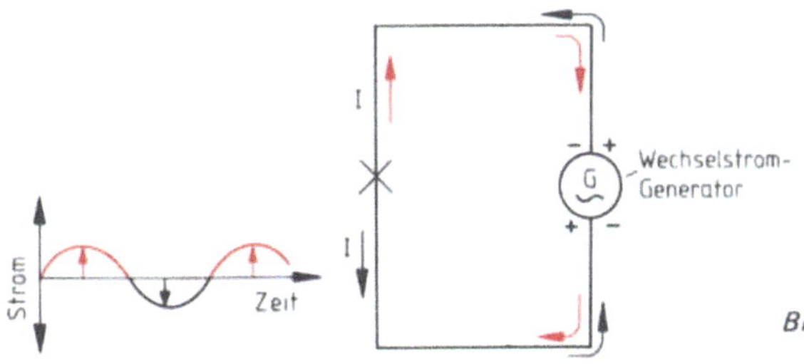


*Bild 1-79 Wechselstrom*

[1] Georg Simon Ohm (1789–1854), deutscher Physiker.

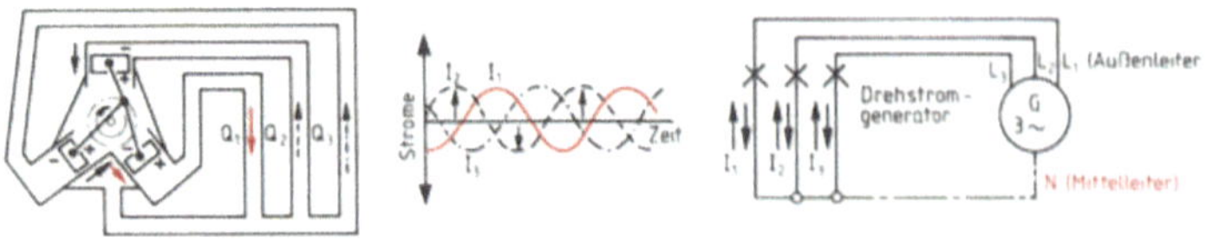


*Bild 1-80 Drehstrom*

> Drehstrom ist ein dreiphasiger Wechselstrom.

Die Umwandlung von Wechselstrom in Gleichstrom erfolgt durch einen **Gleichrichter,** die Umwandlung von Gleichstrom in Wechselstrom durch einen Wechselrichter.

### Leistung

Die elektrische Leistung $P$ eines Gleichstromgenerators oder eines Verbrauchers ist Spannung $U$ in Volt mal Stromstärke $I$ in Ampere.

$$P = U \cdot I$$

> Die Einheit der elektrischen Leistung ist das Watt (W). 1000 Watt ≙ 1 Kilowatt (kW).

► **Beispiele:**

Glühlampe, $U = 12$ Volt, $R = 3$ Ohm, $I = 4$ Ampere.
$P = I \cdot U = 4 \cdot 12 = 48$ Watt.

Ein elektrischer Heizkörper hat eine Leistung $P = 2$ kW bei einer Spannung $U = 220$ Volt. Wie groß ist der durch den Heizkörper fließende Strom?

$$I = \frac{P}{U} = \frac{2000}{220} = 9{,}1 \text{ Ampere.}$$

### Energie

Wie die mechanische Arbeit ist die elektrische Arbeit $W$ (Energie): Leistung $P$ mal Zeit $t$.

$$W = P \cdot t$$

Einheiten:
$W$ elektrische Arbeit in kWh
$P$ elektrische Leistung in kW
$t$ Zeit in h

> Die elektrische Arbeit (Energie) wird durch einen elektrischen Zähler gemessen. Einheit: Kilowattstunde (kWh).

► **Beispiele:**

Welche elektrische Energie fließt in eine Glühlampe mit einer Leistung $P = 40$ Watt bei 3 Stunden Brenndauer?

$$W = P \cdot t = 0{,}040 \cdot 3 = 0{,}120 \text{ kWh.}$$

Welche Stromkosten verursacht eine 100-W-Glühlampe in 5 Stunden bei einem Strompreis von 0,11 DM/kWh?

elektrische Energie: $W = P \cdot t = 0{,}100 \cdot 5 = 0{,}5$ kWh
Stromkosten: $K$ = Energie · Strompreis
$= 0{,}5 \cdot 0{,}11 = 0{,}055$ DM

### Energieübertragung

Um verhältnismäßig kleine Ströme und damit kleine Leitungsquerschnitte und kleine Verluste für die elektrische Energieübertragung über weite Entfernungen zu erreichen, wird in den Generatoren der Kraftwerke elektrische Energie mit einer sehr hohen Spannung erzeugt. Bevor die elektrische Energie den Verbraucher erreicht, wird ihre Spannung durch Transformatoren in Umspannwerken bzw. Umspannstationen auf 380 V (Leiterspannung: zwischen zwei Außenleitern gemessen) beziehungsweise 220 V umgespannt (Strangspannung: zwischen einem Außenleiter und dem Nulleiter gemessen). Der Nulleiter ist geerdet.

### Elektromotoren

> Elektromotoren wandeln elektrische Energie durch Nutzung der magnetischen Wirkung des elektrischen Stromes in mechanische Energie um; es sind Kraftmaschinen.

### Gleichstrommotoren

Im stehenden Teil des Motors (Stator genannt) erzeugt ein Dauermagnet oder ein Elektromagnet das Magnetfeld mit den Feldlinien (Bild 1-82). Ein vom Strom durchflossener Leiter erzeugt ein eigenes Leiterfeld (Bild 1-82).

*Bild 1-81 Elektrische Energieübertragung vom Kraftwerk zum Verbraucher*

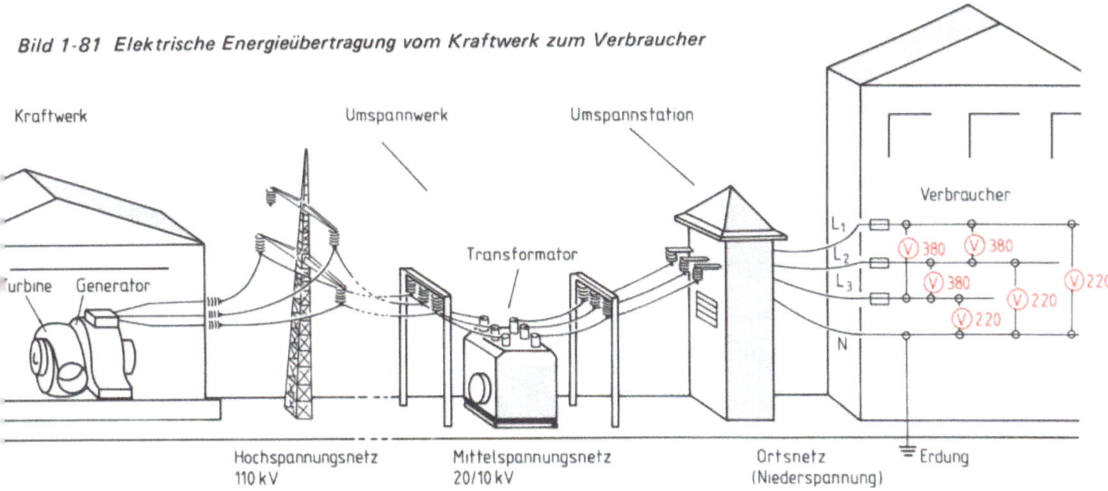


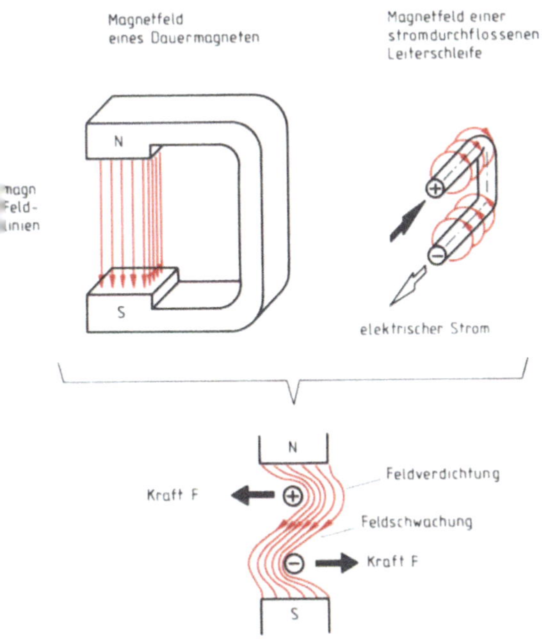


*Bild 1-82 Entstehung des Drehmomentes eines Gleichstrommotors durch das Zusammenwirken der beiden Magnetfelder*

Beim Zusammenwirken der beiden Magnetfelder entstehen Feldschwächungen und Feldverdichtungen. Der Leiter wird aus der Feldverdichtung herausgedrückt. Diese Kraft erzeugt bei einer Leiterschleife ein Drehmoment (Bild 1-82). Im sich drehenden Teil des Motors (Anker, Rotor, Läufer) sind mehrere solcher Leiterschleifen. Über Schleifkontakte (Kohlebürsten und Kollektor) wird jeweils den Schleifen, die sich gerade unter den Polschuhen befinden, Strom zugeführt (Bild 1-83), dadurch wird eine gleichförmige Drehbewegung des Läufers erreicht.

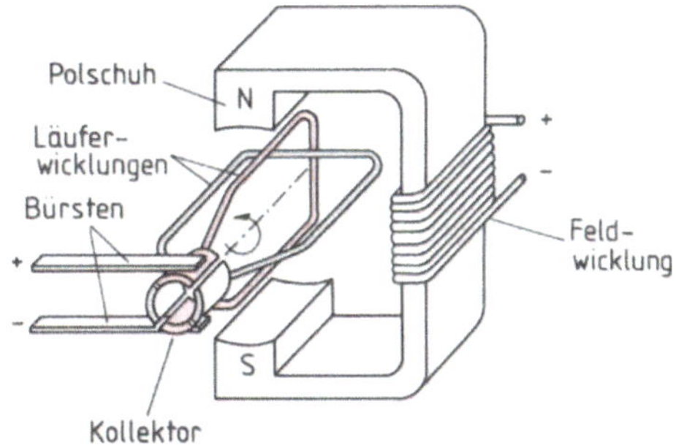


*Bild 1-83 Gleichstrommotor*

Nach der Schaltung der Erregerwicklung zum Läufer unterscheidet man zwischen **Reihen-** und **Nebenschlußmotoren** (Bild 1-84).

**Der Reihenschlußmotor** bringt ein hohes Anlaufdrehmoment, bei plötzlicher Entlastung wird seine Drehzahl sehr hoch, er wird insbesondere als Bahnmotor und als Starter für Verbrennungsmotoren angewendet.

**Der Nebenschlußmotor** ändert seine Drehzahl bei wechselnden Belastungen nur wenig. Wegen der geringen Drehzahlschwankungen werden diese Motoren beispielsweise als Antriebe für große Werkzeugmaschinen verwendet.

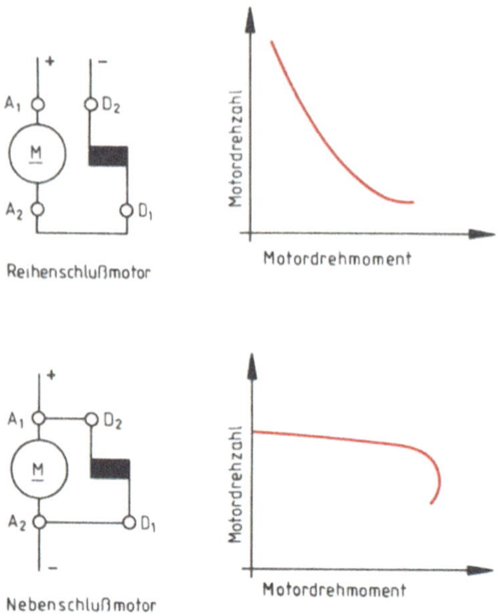


*Bild 1-84 Gleichstrommtoren*
Schaltung und Kennlinie

## Universalmotor

Wenn ein Elektromotor mit Gleichstrom oder mit Wechselstrom betrieben werden soll (z.B.: Handbohrmaschinen, Staubsauger) muß ein Universalmotor verwendet werden (Bild 1-85).

Sein Aufbau entspricht weitgehend dem des Gleichstrommotors. Da bei Wechselstrom die Stromrichtungen in der Feldwicklung und in den Spulen des Läufers im gleichen Rhythmus wechseln, wird eine gleichförmige Drehbewegung des Läufers erzielt.

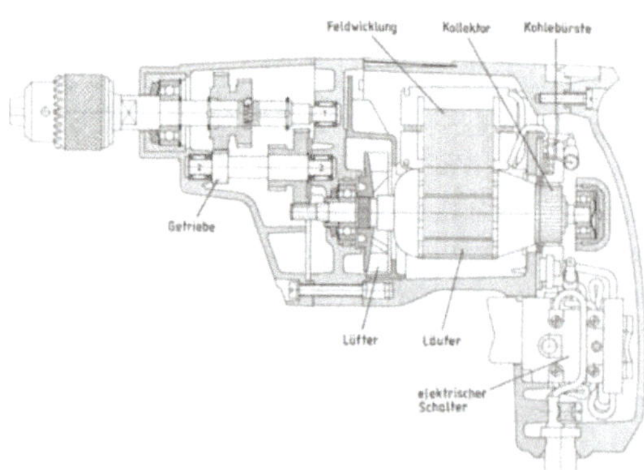


*Bild 1-85 Handbohrmaschine mit Universalmotor und 2-Gang-Getriebe*

## Drehstrommotor

Wie in Bild 1-80 dargestellt, besteht ein Drehstrom aus 3 Wechselströmen, die zeitlich nacheinander ihren größten Wert haben. Werden die 3 Feldwicklungen des Stators jeweils von einem der Wechselströme durchflossen, entsteht ein Magnetfeld, das sich gleichsam dreht (Drehfeld genannt).

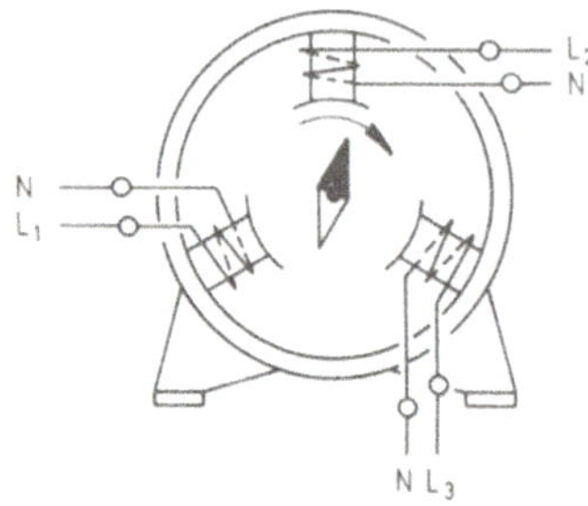


*Bild 1-86*
*Drehstrommotor:*
Aufbau

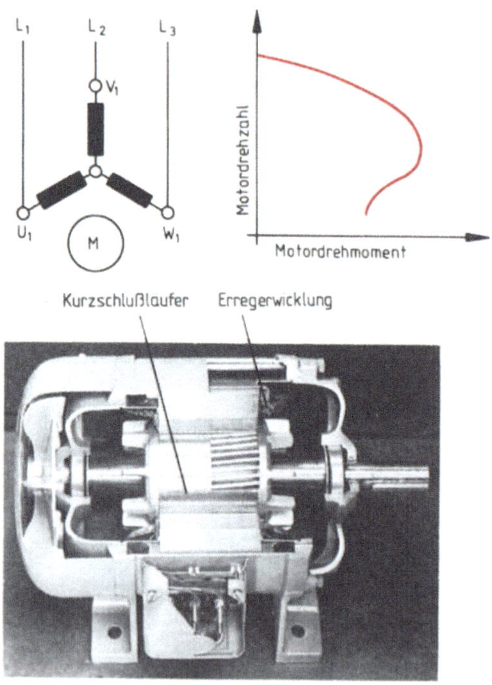


***Bild 1-87 Drehstrommotor (Käfigläufermotor):***
Schaltung und Kennlinie

Ein drehbar gelagerter Stabmagnet (vergleichbar mit einer Kompaßnadel) würde von diesem Drehfeld mitgerissen werden und sich mit der Frequenz des Drehstroms drehen (Bild 1-86).

Bei Drehstrommotoren wird der Läufer mit seinen kurzgeschlossenen Wicklungen (meist als gegossener Käfig aus Aluminium) durch dieses Drehfeld gedreht (Bild 1-87).

**Unfallgefahren und Schutzmaßnahmen**

Menschliche und tierische Körper leiten den elektrischen Strom. Fließt ein elektrischer Strom durch den menschlichen Körper, so bewirkt er neben einem Schock durch die Wärmewirkung auch noch Verbrennungen und eine Verkrampfung der Muskeln, so daß der Verunglückte oftmals nicht mehr fähig ist, die Berührungsstelle wieder loszulassen. Fließt ein elektrischer Strom über das menschliche Herz, so wird dessen Tätigkeit gestört (Herzkammerflimmern), es kann sogar aussetzen, wodurch der Tod eintritt. Bereits Ströme von 50/1000 Ampere, die über das Herz fließen, sind lebensgefährlich. Der durch den Körper fließende Strom hängt vom Übergangswiderstand an den Berührungsstellen, vom Widerstand des Körpers selbst und von der Spannung ab.

> Die höchstzulässige Berührungsspannung beträgt 65 V, bei Spielzeugen nur 24 V.

Arbeiten an elektrischen Anlagen mit höheren Spannungen dürfen daher nur von Fachleuten ausgeführt werden.

Außerdem muß geprüftes Material verwendet werden, dieses muß den VDE-Bestimmungen entsprechen und soll das VDE-Zeichen: VDE tragen (*VDE* Verband Deutscher Elektrotechniker).

Daneben sind **Schutzmaßnahmen** unbedingt erforderlich (Bild 1-88). Bei Unfällen soll als Erste Hilfe zuerst der Stromkreis über den Verunglückten unterbrochen und bei Atemlähmung die künstliche Beatmung durchgeführt werden.

| Unfallgefahr | Schutzmaßnahmen |
|---|---|
| 1. Berührung unter Spannung stehender Leitungen | Umhüllung der unter Spannung stehenden Leitungen mit nicht leitenden Stoffen (Isolierung) |

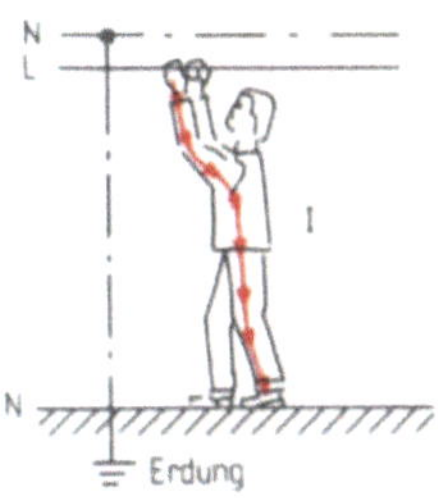


Die zwischen der berührten Leitung und dem Fußboden bestehende elektrische Spannung treibt einen Strom durch den menschlichen Körper.

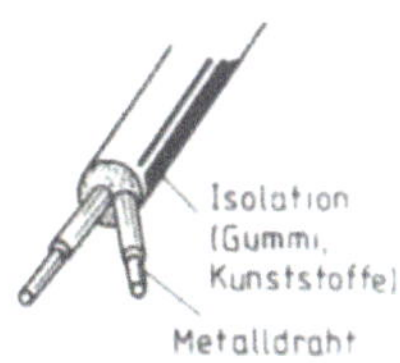


| Unfallgefahr | Schutzmaßnahmen |
|---|---|
| 2. Kurzschluß oder Überlastung der Leitungen | Einbau von Sicherungen (Überstromschutzorgane)<br>1. Schmelzsicherungen — Größen: 6, 10, 16, 20<br>2. Sicherungsautomate — 25, 35, 50 A, ... |

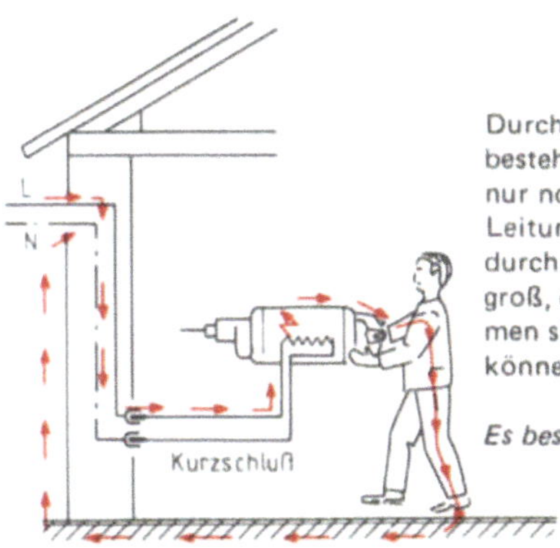


Durch den Kurzschluß besteht der Stromkreis nur noch aus dem kleinen Leitungswiderstand, dadurch wird der Strom sehr groß, die Leitungen erwärmen sich sehr stark und können glühen.

*Es besteht Brandgefahr!*

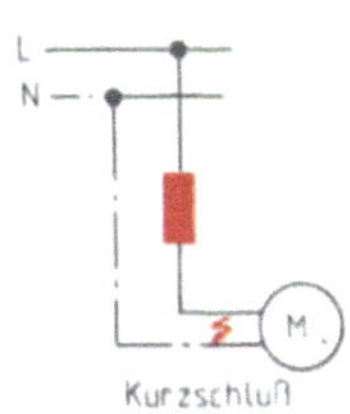


Bei zu großem Strom wird der Stromkreis durch die Sicherung unterbrochen.

| Unfallgefahr | Schutzmaßnahmen |
|---|---|
| 3. Körperschluß eines Verbrauchers | Schutzleiter (Nullung des Motorgehäuses) |

Durch den Körperschluß entsteht ein geschlossener Stromkreis; durch den Menschen fließt Strom, der dem Menschen gefährlich wird, die Sicherung aber nicht ansprechen läßt.

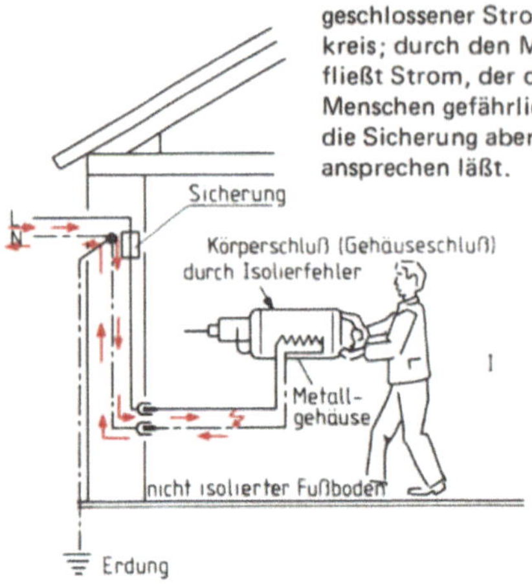


Der Schutzleiter macht aus dem Körperschluß sofort einen Kurzschluß, dadurch unterbricht die Sicherung den Stromkreis und macht das Motorgehäuse spannungsfrei.

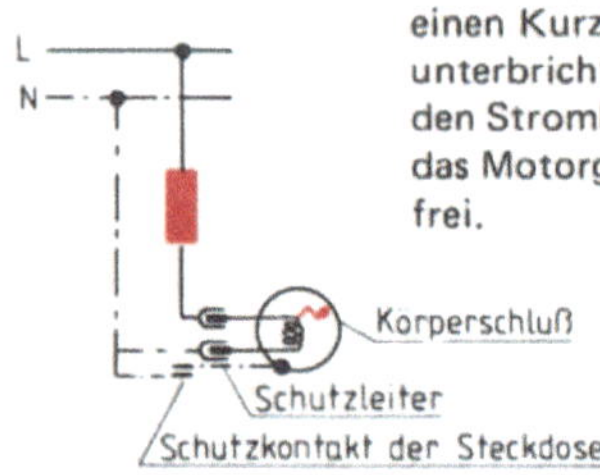


*Bild 1-88 Schutzmaßnahmen zur Unfallverhütung*

**Wiederholungsfragen**

1. Woran ist der elektrische Strom erkennbar?
2. Welcher Zusammenhang besteht zwischen elektrischem Strom und Elektronen?
3. Welches sind die Wirkungen des elektrischen Stromes und wo werden sie angewendet?
4. Welche Stoffe sind elektrische Leiter, welche elektrischen Nichtleiter/Isolierstoffe?
5. Welches sind die Einheiten für a) elektrische Spannung, b) elektrischer Strom?
6. Wodurch kann elektrische Spannung erzeugt werden?
7. Unter welchen Bedingungen fließt elektrischer Strom?
8. Was versteht man unter elektrischem Widerstand?
9. Wie lautet das Ohmsche Gesetz?
10. Wodurch unterscheiden sich Gleich- und Wechselstrom?
11. Was versteht man unter Drehstrom?
12. Welches sind die Einheiten für a) elektrische Arbeit, b) elektrische Leistung?
13. Welches ist die höchstzulässige Berührungsspannung?
14. Welche a) Unfallgefahren, b) Schutzmaßnahmen sind beim Arbeiten mit elektrischen Geräten zu beachten?

*Tabelle 1-4* Auswahl physikalischer Größen mit den Einheitennamen und -zeichen

| Physikalische Größe | | | Einheiten | | Weitere Einheiten | | |
|---|---|---|---|---|---|---|---|
| Name | Zeichen | Definition | Name | Zeichen | Name | Zeichen | Zusammenhang |
| **Länge** | $l, s$ | | Meter | m | Seemeile | sm | 1 sm = 1852 m |
| Fläche | $A$ | $A = s_1 \cdot s_2$ | Quadratmeter | $m^2$ | Ar<br>Hektar | a<br>ha | $1\ a = 100\ m^2$<br>$1\ ha = 100\ a = 10\,000\ m^2$ |
| Volumen | $V$ | $V = s_1 \cdot s_2 \cdot s_3$ | Kubikmeter | $m^3$ | Liter | $l$ | $1\ l = 1\ dm^3 = \frac{1}{1000}\ m^3$ |
| ebener Winkel (Winkel) | $\alpha$<br>$\beta$<br>$\gamma$<br>:<br>$\omega$ | | Radiant | rad | Vollwinkel<br>Rechter W.<br>Grad,<br>Minute,<br>Sekunde | <br>∟<br>°<br>′<br>″ | 1 Vollwinkel = $2\pi$ rad = 360°<br>$1∟ = \frac{\pi}{2}$ rad = 90°; $1° = \frac{\pi}{180}$ rad<br>$1'' = \frac{1'}{60} = \frac{1°}{3600}$; 1 rad = 57,3° |
| räumlicher Winkel | $\Omega$ (Omega) | | Steradiant | sr | | | $1\ rad = 1\ \frac{m}{m}$; $1\ sr = 1\ \frac{m^2}{m^2}$ |
| **Zeit** (Zeitspanne, Dauer) | $t$ | | Sekunde | s | Minute<br>Stunde<br>Tag | min<br>h<br>d | 1 min = 60 s<br>1 h = 60 min = 3600 s<br>1 d = 24 h = 86 400 s |
| Schwingungsdauer | $T$ | $T = \frac{t}{n} = \frac{1}{f}$ | Sekunde | s | | | |
| Frequenz | $f, \nu$ | $f = \frac{n}{t} = \frac{1}{T}$ | Hertz | Hz | | | $1\ Hz = 1\ \frac{1}{s}$ |
| Drehzahl | $n$ | | durch Sekunde | $\frac{1}{s}$ | | | |
| Geschwindigkeit | $v$ | $v = \frac{s}{t}$ | Meter durch Sekunde | $\frac{m}{s}$ | Kilometer durch Stunde<br>Knoten | $\frac{km}{h}$<br>kn | $1\ \frac{km}{h} = \frac{10\ m}{36\ s} \approx 0{,}3\ \frac{m}{s}$<br>$1\ kn = 1\ \frac{sm}{h} \approx 1{,}85\ \frac{km}{h}$ |
| Beschleunigung | $a$ | $a = \frac{v}{t}$ | Meter durch Sekunden-quadrat | $\frac{m}{s^2}$ | | | |
| **Masse** | $m$ | | Kilogramm | kg | Gramm<br>Tonne | $g$<br>$t$ | $1\ g = \frac{1}{1000}\ kg$; $1\ t = 1000\ kg$ |
| Dichte | $\rho$ | $\rho = \frac{m}{V}$ | Kilogramm durch Kubikmeter | $\frac{kg}{m^3}$ | Gramm durch Kubik-zentimeter | $\frac{g}{cm^3}$ | $1\ \frac{g}{cm^3} = 1000\ \frac{kg}{m^3} = 1\ \frac{kg}{dm^3}$ |
| Kraft<br>Gewichtskraft<br>Drehmoment | $F$<br>$F_G$<br>$M$ | $F = m \cdot a$<br>$F_G = m \cdot g$<br>$M = F \cdot l$ | Netwon<br>Newtonmeter | N<br>Nm | | | $1\ N = 1\ \frac{kgm}{s^2}$; $g = 9{,}81$ |
| Federkonstante (Richtgröße) | $D$ | $D = \frac{F}{\Delta l}$ | Newton durch Meter | $\frac{N}{m}$ | | | |
| Druck<br>Schweredruck | $p$<br>$p$ | $p = \frac{F}{A}$<br>$p = \gamma \cdot h$ | Pascal | Pa | Bar | bar | $1\ Pa = 1\ \frac{N}{m^2}$; $1\ bar = 10^5\ Pa$;<br>1 mbar = 100 Pa |
| Arbeit, Energie<br>Wärmemenge | $W$ | $W = F \cdot s$<br>$W = c \cdot m \cdot \Delta\vartheta$ | Joule | J | Wattsekunde<br>Kilowattstunde | Ws<br>kWh | $1\ J = 1\ Nm = 1\ \frac{kgm^2}{s^2} = 1\ Ws$<br>1 kWh = 3 600 000 Ws = 3,6 MJ |
| Leistung, Energiestrom | $P$ | $P = \frac{W}{t}$ | Watt | W | | | $1\ W = 1\ \frac{J}{s} = 1\ \frac{Nm}{s} = 1\ VA$ |
| **Temperatur**<br>Temperatur-differenz | $T, \vartheta$<br>$T_2 - T_1$<br>$\vartheta_2 - \vartheta_1$ | | Kelvin | K | Grad Celsius | °C | 0 °C → 273 K |
| Wärme-kapazität | $w$ | $w = \frac{W}{\vartheta_2 - \vartheta_1}$ | Joule durch Kelvin | $\frac{J}{K}$ | Joule durch Grad Celsius | $\frac{J}{°C}$ | $1\ \frac{J}{°C} = 1\ \frac{J}{K}$ |
| spezifische Wärme-kapazität | $c$ | $c = \frac{w}{m}$ | Joule durch Kilogramm Kelvin | $\frac{J}{kgK}$ | Joule durch Kilogramm Grad Celsius | $\frac{J}{kg\,°C}$ | $1\ \frac{J}{kg\,°C} = 1\ \frac{J}{kgK}$ |
| spezifische Schmelzwärme | $\sigma_s$ | $\sigma_s = \frac{W_s}{m}$ | Joule durch Kilogramm | $\frac{J}{kg}$ | Kilobalorie durch Kilogramm | $\frac{kcal}{kg}$ | $1\ \frac{J}{kg} = 2{,}39 \cdot 10^{-4}\ \frac{kcal}{kg}$ |

Tabelle 1-4 (Fortsetzung)

| Physikalische Größe | | | Einheiten | | Weitere Einheiten | | |
|---|---|---|---|---|---|---|---|
| Name | Zeichen | Definition | Name | Zeichen | Name | Zeichen | Zusammenhang |
| **Lichtstärke** | $I$ | | Candela | cd | | | |
| Leuchtdichte | $L$ | | Candela durch Quadratmeter | $\frac{cd}{m^2}$ | Stilb | sb | $1\ sb = 10^4\ \frac{cd}{m^2}$ |
| Lichtstrom | $\Phi$ (Phi) | | Lumen | lm | | | $1\ lm = 1\ cd\ sr$ |
| Beleuchtungsstärke | $E$ | $E = \frac{J}{r^2}$ | Lux | lx | | | $1\ lx = \frac{1\ lm}{m^2}$ |
| Brennweite<br>Gegenstands- und Bildweite | $f$<br>$a, b$ | $\frac{1}{f} = \frac{1}{a} + \frac{1}{b}$ | Meter | m | | | |
| Brechkraft (von Linsen) | $D$ | $D = \frac{1}{f}$ | Dioptrie | dpt | | | $1\ dpt = \frac{1}{m}$ |
| **elektrische Stromstärke** | $I$ | | Ampere | A | | | |
| Elektrizitätsmenge, elektrische Ladung | $Q$ | $Q = I \cdot t$ | Amperesekunde | As | Coulomb<br>Amperestunde | C<br>Ah | $1\ As = 1\ C$<br>$1\ Ah = 3600\ As$ |
| elektrische Spannung | $U$ | $U = \frac{W}{Q}$ | Volt | V | | | $1\ V = 1\ \frac{Ws}{As} = 1\ \frac{W}{A}$ |
| elektrischer Widerstand | $R$ | $R = \rho \frac{l}{A}$ | Ohm | $\Omega$ | | | $1\ \Omega = 1\ \frac{V}{A} = 1\ \frac{J}{s\ A^2}$ |
| elektrische Kapazität | $C$ | $C = \frac{Q}{U}$ | Farad | F | | | $1\ F = 1\ \frac{C}{V} = 1\ \frac{As}{V}$ |
| elektrische Feldstärke | $E$ | $E = \frac{F}{Q}$ | Newton durch Amperesekunde | $\frac{N}{As}$ | Volt durch Meter | $\frac{V}{m}$ | $1\ \frac{N}{As} = 1\ \frac{Nm}{Asm} = 1\ \frac{Ws}{Asm}$<br>$= 1\ \frac{VA}{Am} = 1\ \frac{V}{m}$ |
| elektrische Arbeit<br>elektrische Leistung | $W$<br>$P$ | $W = U \cdot I \cdot t$<br>$P = U \cdot I$ | Wattsekunde<br>Watt | Ws<br>W | Kilowattstunde<br>Kilowatt | kWh<br>kW | $1\ kWh = 3{,}6 \cdot 10^6\ Ws$<br>$1\ kW = 1000\ W$ |

**Vorsatznamen und -zeichen für dezimale Vielfache und Teile von Einheiten**

| Vorsatzname | Atto | Femto | Pico | Nano | Mikro | Milli | Zenti | Dezi | Deka | Hekto | Kilo | Mega | Giga | Tera |
|---|---|---|---|---|---|---|---|---|---|---|---|---|---|---|
| Vorsatzzeichen | a | f | p | n | $\mu$ | m | c | d | da | h | k | M | G | T |
| Zehnerpotenz | $10^{-18}$ | $10^{-15}$ | $10^{-12}$ | $10^{-9}$ | $10^{-6}$ | $10^{-3}$ | $10^{-2}$ | $10^{-1}$ | $10^{1}$ | $10^{2}$ | $10^{3}$ | $10^{6}$ | $10^{9}$ | $10^{12}$ |

# 2 Werkstoffkunde

## 2.1 Einteilung der Werkstoffe

Werkstoffe kennzeichnen die Vorgeschichte, die in Stein-, Bronze- und Eisenzeit gegliedert wird. Heute unterscheidet man metallische und nichtmetallische Werkstoffe. Etwa 80 % der natürlichen Elemente sind Metalle.

**Charakteristische Metalleigenschaften** sind Reflexionsvermögen für Licht (Metallglanz), gute elektrische Leitfähigkeit, hohes Wärmeleitvermögen und gute Dehnbarkeit.

**Nichtmetalle,** die zwar einige dieser Eigenschaften besitzen können, haben diese Eigenschaften jedoch nicht als gemeinsames Merkmal.

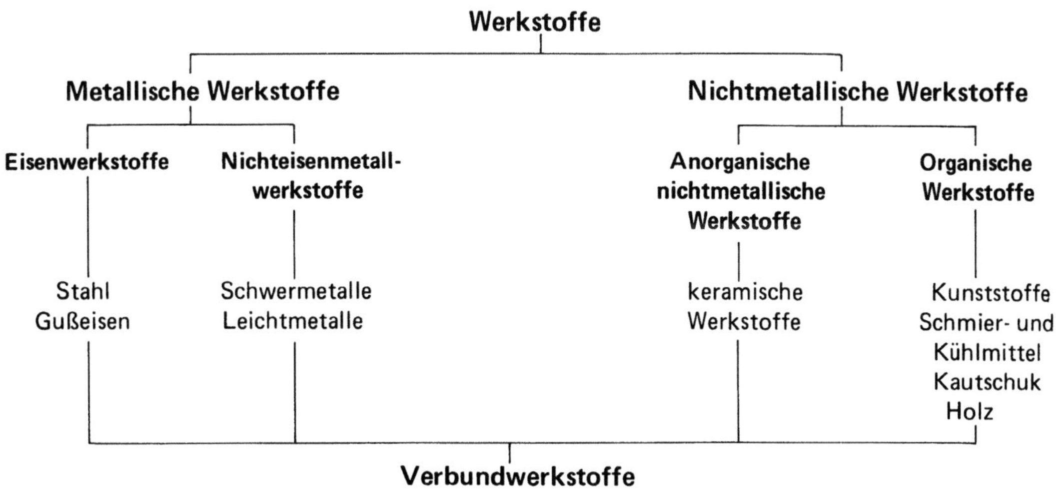


Stahlbeton, Stahlgürtelreifen, Werkstoffe mit Korrosionsschutz-Deckschichten, Hartmetall, Faserverbundwerkstoffe, Drahtglas.

### Einteilung der metallischen Werkstoffe

**Reinmetalle,** d.h. Metalle ohne Fremdelemente, sind schwer herstellbar. Man spricht daher von **Reinstmetallen/technischer Reinheit.** So wird z.B. das in größeren Mengen hergestellte Eisen mit 0,1 Gew.-% Fremdelementen als technisch reines Eisen bezeichnet (Elektrolyteisen, Armco-Eisen).

**Metall-Legierungen** bestehen aus zwei oder mehr Elementen, von denen ein beliebiges Metall den größten Einzelgehalt darstellt. Bronzen bestehen z.B. aus über 90 Gew.-% Kupfer und wechselnden Mengen anderer Elemente.

Nach der wirtschaftlichen Bedeutung unterscheidet man Eisenwerkstoffe und Nichteisenmetallwerkstoffe.

> Eisenwerkstoffe sind Stahl und Gußeisen.

Als **Stahl** werden schmiedbare Eisenwerkstoffe bezeichnet, die weniger als 2,06 Gew.-% Kohlenstoff enthalten.

Als **Gußeisen** bezeichnet man Eisenwerkstoffe mit einem Kohlenstoffgehalt von 2,06 bis 4 Gew.-%, deren Formgebung durch Gießen erfolgt; ggf. spanend bearbeitet.

> Zu den Nichteisenmetallwerkstoffen gehören alle Metalle außer Eisen.

Nach der Dichte unterscheidet man **Leicht-** und **Schwermetalle.**

Die Grenze ist in der Norm nicht festgelegt. Im Leichtbau (Flugzeugbau) wird Titan, $\rho = 4{,}5\ g/cm^3$, als schwerstes Leichtmetall bezeichnet.

Nach der chemischen Beständigkeit unterscheidet man

**edle Metalle,** z.B. Platin, Gold und Silber, und **unedle Metalle,** z.B. Magnesium, Aluminium und Eisen.

Nach ihrer **Schmelztemperatur** kann man die Metalle einteilen in niedrigschmelzende (Schmelztemperatur bis 1000 °C), mittelschmelzende (Schmelztemperatur 1000 °C bis 2000 °C) und hochschmelzende (Schmelztemperatur über 2000 °C) Metalle.

### Einteilung der nichtmetallischen Werkstoffe

Man unterscheidet

**anorganische Stoffe,** das sind alle Verbindungen außer vielen Kohlenstoffverbindungen und **organische Stoffe,** das sind die Verbindungen des Kohlenstoffs, die mindestens eine Verbindung zwischen C- und H- oder C- und N-Atomen enthalten.

> Alle anorganischen nichtmetallischen Werkstoffe sind keramische Werkstoffe. Es sind überwiegend Oxide seltener Carbide, z.B. $Al_2O_3$, Boride und Nitride. Einatomige Keramiken sind Graphit und Diamanten.

Alle keramischen Werkstoffe besitzen hohe chemische Beständigkeit und Schmelztemperaturen bis zu 4000 °C.

Die technisch wichtigsten Keramiken sind:

**Aluminiumoxid,** $Al_2O_3$, bildet Korrosionsschutzschichten auf Al und Al-Legierungen und dient zur Herstellung von Schleifmitteln und hochtemperaturbeständigen Werkstück- und Schneidstoffen.

**Kaolin/Porzellanerde,** $Al_2O_3 \cdot 2SiO_2$, bildet den Ton zur Herstellung von Wand- und Bodenplatten, Töpfen u.a. Keramikerzeugnissen.

**Lehm** (stark verunreinigter Ton) dient zur Herstellung von Mauer- und Dachziegeln.

> Technisch wichtige organische Werkstoffe sind Kunststoffe, Schmier- und Kühlschmierstoffe, Kautschuk und Holz.

**Kunststoffe** sind umgewandelte Naturstoffe, z.B. Papier, Celluloid und Naturkautschuk, oder vollsynthetische Kunststoffe, z.B. bei erhöhter Temperatur verformbare **Plastomere,** nicht verformbare **Duromere,** gummielastische **Elastomere** und die von −100 °C bis 300 °C beständigen **Silicone** (= Verknüpfung von Silicium- und Sauerstoffatomen).

Als Kohlenstoffverbindungen besitzen die Kunststoffe geringe Dichte, hohes elektrisches Isoliervermögen, z.T. sehr hohe Zugfestigkeit, chemische Beständigkeit und eine niedrige Erweichungstemperatur.

**Schmier- und Kühlschmierstoffe** werden meist aus Mineralöl hergestellt. Schmierfette sind Aufquellungen von Seifen in Öl. Trockenschmierstoffe sind Graphit und der Kunststoff PTFE.

**Verbundwerkstoffe**

Wenn mit den Eigenschaften eines Werkstoffes die an ein Bauteil gestellten Anforderungen nicht erfüllt werden können, werden zwei oder mehrere Stoffe so miteinander verbunden, daß ihre Eigenschaften nicht verändert werden, s. Abschnitt 2.15.

## 2.2 Technologische, mechanische, chemische und physikalische Eigenschaften der Werkstoffe

### 2.2.1 Technologische Eigenschaften

Die technologischen Eigenschaften kennzeichnen das Verhalten der Werkstoffe bei ihrer Verarbeitung. Hinsichtlich ihres Verhaltens bei der Verarbeitung zeigen die verschiedenen Werkstoffe unterschiedliche Eigenschaften. Man unterscheidet:

**Nach Anwärmen umformbare Werkstoffe,** die durch Schmieden, Warmwalzen oder Warmpressen umgeformt werden können: Stahl, Kupfer, Messing und Aluminium.

**Ohne Anwärmen umformbare Werkstoffe,** die man bei Raumtemperatur treiben, walzen, biegen und ziehen kann: Stahl, Kupfer, Blei, Zinn, Zink, Walzmessing und Aluminium.

**Gießbare Werkstoffe,** die in Formen gegossen werden können: Gußeisen, Stahl, Kupferlegierungen, Blei, Zinn, Zink und Leichtmetall-Gußlegierungen.

**Schnittbearbeitbare Werkstoffe,** die spanabhebend bearbeitet werden können, z.B. durch Sägen, Bohren, Drehen, Hobeln und Fräsen.

**Schweißbare Werkstoffe,** die durch Schmelz- oder Preßschweißung miteinander verbunden werden können, sind Metalle und einige Kunststoffe. Die Schweißbarkeit der Stähle ist von großer Bedeutung. Sie ermöglicht die Herstellung großer Stahlkonstruktionen, z.B. Großtanker, Großrohrleitungen, Bohrinseln und große Druckbehälter für Chemieanlagen und Kernkraftwerke.

### 2.2.2 Mechanische Eigenschaften

Die mechanischen Eigenschaften kennzeichnen das Verhalten der Werkstoffe bei ihrer Beanspruchung durch äußere Kräfte. Jede Beanspruchungsart ruft in den Werkstoffen eine der Beanspruchungsart entsprechende Spannung hervor.

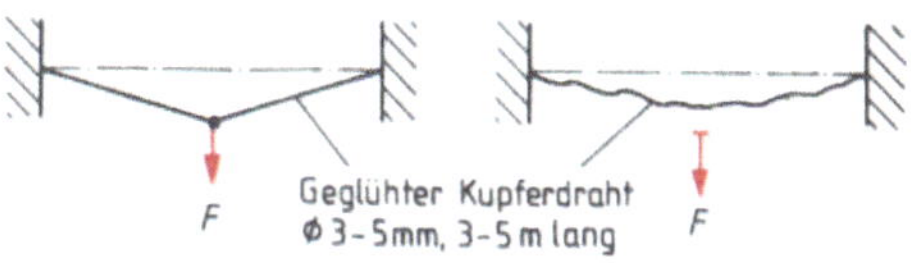


*Bild 2-2 Zugversuche*

► **Beispiele:**

*Versuch 1:* Ein im Schulraum gespannter Kupferdraht wird mit geringer Kraft gezogen, d.h. auf Zug beansprucht. Nach erfolgter Entlastung federt er zurück. Der Draht wird federnd = elastisch verformt.

*Versuch 2:* Der Kupferdraht wird mit größerer Kraft gezogen. Nach erfolgter Entlastung geht er nicht in seine ursprüngliche Lage zurück. Der Draht wird gestreckt, d.h. bleibend = plastisch verformt.

*Versuch 3:* Bei einer bestimmten Zugkraft $F_m$ reißt der Draht.

**Erkenntnisse aus den Versuchen nach Bild 2-2:**

Man unterscheidet plastische = bleibende und elastische = nicht bleibende Verformung.

$$\textbf{Zugspannung} = \frac{\textbf{Zugkraft}}{\textbf{Anfangsquerschnitt des Drahtes}}$$

$$\sigma = \frac{F}{S_0}$$

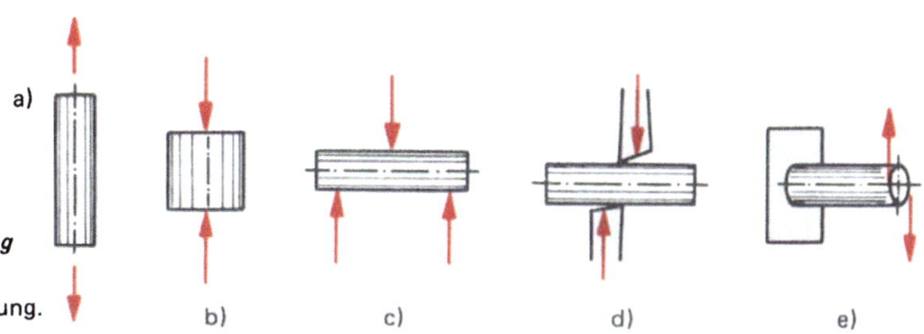


*Bild 2-1 Arten der Beanspruchung*
a) Zug-, b) Druck-, c) Biege-, d) Scher-, e) Verdrehbeanspruchung.

**Streckgrenze** $R_{eL}$ ist die auf den Draht-/Bauteilquerschnitt bezogene Kraft $F$, bei der die plastische Streckung des Drahtes in Versuch 2 begann.

$$R_{eL} = \frac{F}{S_0}$$

**Zugfestigkeit** $R_m$ ist die im Versuch 3 vom Draht im Verlauf des Versuches ertragene Höchstkraft $F_m$ bezogen auf den vor dem Versuch gemessenen Drahtquerschnitt $S_0$.

$$R_m = \frac{F_m}{S_0}$$

**Bruchdehnung** $A$ ist die nach dem Bruch im Versuch 3 vorliegende Verlängerung des Drahtes in %.

$$A = \frac{\text{Länge nach dem Bruch minus Anfangslänge}}{\text{Anfangslänge}} \cdot 100\,\%$$

Die Bruchdehnung ist ein Maß für die Formänderungsfähigkeit des Werkstoffes.

> Die Festigkeit eines Werkstoffes ist sein Widerstand gegen plastische Verformung (Streckgrenze) und Trennung (Ausbreitung von Rissen).

▶ **Beispiele:**
Spröde keramische Werkstoffe können nicht plastisch verformt werden, z.B. Dach-/Mauerziegel, jedoch können sich Risse darin leicht ausbreiten. Weiche Metalle, z.B. Cu und Pb, neigen nicht zur Ausbreitung von Rissen und sind gut plastisch verformbar (niedrige Streckgrenze). Beide Werkstoffe besitzen geringe Festigkeit.

> Im Sprachgebrauch werden mit Festigkeit meist die Zugfestigkeit und die Streckgrenze zusammenfassend bezeichnet.

**Sprödigkeit** von z.B. Glas und Gußeisen ist dafür verantwortlich, daß diese nicht plastisch (bleibend) verformt werden können. Sie brechen ohne bleibende Verformung und zeigen eine glatte Bruchstelle.

Spröde Stoffe können jedoch sehr elastisch sein. Gußeisen ist z.B. doppelt so elastisch wie Stahl.

**Zähigkeit** der Werkstoffe bezeichnet deren plastische Verformbarkeit. Sie brechen erst nach voraufgegangener plastischer Verformung der Bruchstelle.

**Härte** bezeichnet den Widerstand, den ein Körper dem Eindringen (durch Eindrücken oder Ritzen) eines anderen entgegensetzt. Harte Werkstoffe sind: gehärteter Stahl, Hartguß, Hartmetall und Diamant.

**Warmstandfestigkeit** wird von Werkstoffen für die Herstellung von hochbeanspruchten Werkzeugen gefordert. Sie dürfen auch bei Erwärmung, mitunter sogar bis auf dunkle Rotglut, ihre Schneidfähigkeit nicht verlieren.

**Warmfestigkeit** ist eine Eigenschaft der sog. warmfesten Baustähle. Sie besitzen auch bei Temperaturen über 400 °C noch Festigkeit gegen andauernde Beanspruchung.

### 2.2.3 Chemische Eigenschaften

**Korrosionsbeständigkeit** nennt man den Widerstand gegen Zersetzung von der Oberfläche her durch chemische Angriffe von Luft, Wasser, Säuren und Chemikalien.

**Hitzebeständigkeit** bedeutet Zunderbeständigkeit bei hohen Temperaturen.

### 2.2.4 Physikalische Eigenschaften

Physikalische Eigenschaften sind **Härtbarkeit, Leitfähigkeit** für Wärme und elektrischen Strom, **Wärmedehnung, Dichte, Schmelzpunkt.**

## 2.3 Roheisengewinnung

### 2.3.1 Eisenerze

Eisenerze sind eisenhaltige Gesteine, aus denen Roheisen gewonnen wird. Sie enthalten Oxide des Eisens, Mangan, Silicium, Phosphor, Schwefel, Magnesium, Kalk und Tonerde. Heute werden nur noch **Reicherze** mit mehr als 55 % Eisengehalt verarbeitet, die aus einer mittleren Entfernung von 3500 km (aus Venezuelea, Brasilien, Afrika und Australien) nach Deutschland transportiert werden.

Die Aufbereitung der Reicherze erfolgt an ihren Lagerstätten. Dabei werden grobe Stücke gebrochen und Feinerze durch Sintern oder Pelletisieren stückig gemacht. In Pelletieranlagen entstehen durch Mahlen, Mischen mit Bindemitteln und Brennen kugelförmige feste Stücke von etwa 1 cm Durchmesser, sogenannte

**Pellets**[1]), die eine geringe Behinderung der Gasströme im Hochofen gewährleisten.

## 2.3.2 Roheisengewinnung im Hochofen

**Aufgabe des Hochofens:** Roheisen-Gewinnung durch

1. Reduktion des Eisens aus den Oxiden der Erze;
2. Aufschmelzung und Aufkohlung des reduzierten Eisens;
3. Aufschmelzung der erdigen Bestandteile der Erze, der sog. Gangart[2]), der Zuschläge und der Koksasche zu einer gut fließenden Schlacke.

**Beschickung:** Einsatzstoffe sind der sog. **Möller** und **Koks** als Reduktionsmittel. Möller nennt man die Mischung aus Erzen und Zuschlägen, die den Ablauf des Schmelzprozesses ermöglichen. Reine Erzmischungen werden **Erzmöller/Gattierung** genannt.

1) Pellets = Tabletten

2) Gang = mit Erz gefüllte Spalten im Gestein. Die nichtmetallischen Mineralien der Erzgänge kennzeichnen die Gangart.

**Vorgänge im Hochofen:** Die Einsatzstoffe wandern im Hochofenschacht unter dem Einfluß der Schwerkraft allmählich nach unten. Die eingeblasene Heißluft steigt gegen den Strom der Feststoffe nach oben.

Die Reduktion der Eisenoxide erfolgt durch die aufsteigenden Gase und durch den Kokskohlenstoff. Die Aufkohlung des reduzierten Eisens erfolgt in geringem Umfange im festen Zustand, hauptsächlich jedoch im flüssigen Zustand durch Berührung mit dem Kokskohlenstoff. Die Hochofenschlacke bildet sich aus den nichteisenenthaltenden Bestandteilen des Möllers. Sie schwimmt auf dem flüssigen Roheisen und wird zuerst abgelassen.

## 2.3.3 Erzeugnisse des Hochofens

> Der im Hochofen gewonnene Eisenwerkstoff heißt Roheisen.

Man unterscheidet:
**Roheisen für die Gußerzeugung** und **Roheisen für die Stahlerzeugung**[3]).

3) Die Bezeichnungen weißes und graues Roheisen sollen vermieden werden.

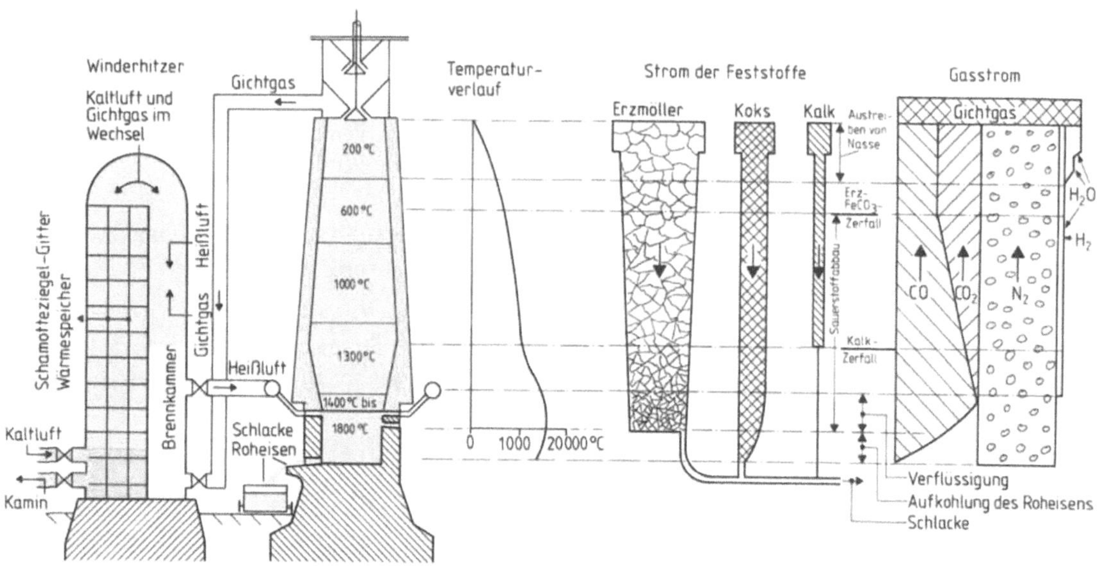


*Bild 2-3 Hochofen*

Abmessungen und Leistung moderner Hochöfen: Höhe 110 m, Gestelldurchmesser 14 m, Volumen 4000 $m^3$, Tageserzeugung von 10 000 t Roheisen.

Die **Roheisensorten für die Gußerzeugung** werden nach dem Hochofenabstich zu Masseln (Stücke mit trapezförmigem Querschnitt) vergossen. Das Roheisen für die Stahlerzeugung, das **Stahlroheisen,** wird im flüssigen Zustande zum Roheisenmischer oder direkt zu den Stahlerzeugungsanlagen transportiert.

**Die Hochofenschlacke** wird zur Herstellung von Zement, Schlackensteinen, Straßenschotter und Schlackenwolle verwendet.

**Das Gichtgas** (auch Hochofengas) hat keinen hohen Heizwert. Es wird für den Betrieb der Winderhitzer, als Heizgas für Kokereien (Kokserzeugung) und zum Betreiben von Großgasmaschinen (Druckluft für Winderhitzer) verwendet.

**Wiederholungsfragen:**

1. Wonach werden die Eisenerze bewertet?
2. Was ist Möller?
3. Womit werden Hochöfen beschickt?
4. Welche Aufgaben haben Hochöfen?
5. Welches sind die Erzeugnisse der Hochöfen?

## 2.4 Stahlerzeugung

**Als Eisenwerkstoffe** werden Metallegierungen bezeichnet, bei denen der mittlere Gewichtsanteil an Eisen höher als der jedes anderen Elements ist.

**Als Stahl** werden Eisenwerkstoffe bezeichnet, die im allgemeinen für eine Warmformgebung geeignet sind. Mit Ausnahme einiger chromreicher Sorten enthält er höchstens 2,06 % Kohlenstoff, was ihn von Gußeisen unterscheidet.

**Begleitelemente** nennt man die im fertigen Stahl verbliebenen Reste von Beimengungen.

**Legierungselemente,** z.B. Si, Mn, Cr, Ni, Mo, W, Ti, V, Al, werden als reines Metall, als Legierung oder als Gemisch mit anderen Metallen oder Nichtmetallen dem Stahl, solange er flüssig ist, zur Verbesserung seiner Eigenschaften zugesetzt.

Die Stahlerzeugung aus Roheisen nennt man **Frischen.** Man unterscheidet: Das **Frischen mit Sauerstoff** (Sauerstoffblasverfahren) in **Oxygenstahlkonvertern** (Oxygen-Stahlwerk), das **Herdfrischen in Elektroöfen,** das Frischen nach dem **AOD-Verfahren** und das **Frischen in Vakuumanlagen.** Nach dem beim Frischen erreichten Reinheitsgrad unterscheidet man:

**Grundstähle** (früher Massenstähle genannt) mit geringer Reinheit;

**Qualitätsstähle** mit größerer Reinheit als Grundstähle;

**Edelstähle** mit größerer Reinheit als Qualitätsstähle.

Alle Stähle sind mehr oder weniger gut umformbar, die meisten sind schweißbar.

Die Eigenschaften der Qualitäts- und Edelstähle lassen sich durch Legierungselemente und Wärmebehandlung in weiten Grenzen verändern. Sie werden im Temperaturbereich von $-270\ ^\circ C$ bis $1200\ ^\circ C$ verwendet.

### 2.4.1 Sauerstoffaufblas-/Oxygenstahlverfahren

Sauerstoffblas-/Oxygenstahlverfahren sind Oberbegriffe für die Verfahren zum Frischen von Stahlroheisen zu sog. Oxygenstählen mit Sauerstoff.

Oxygenstähle sind Grundstähle sowie unlegierte/niedriglegierte Qualitäts-/Edelstähle.

Bei diesem Verfahren wird reiner Sauerstoff durch ein mit Wasser gekühltes Rohr, die Sauerstofflanze, von oben auf die Schmelze geblasen. Man unterscheidet die mit einem rotierenden Frischgefäß arbeitenden Kaldo- und Rotary-

Verfahren, die LDAC- und OLP-Verfahren, bei denen Sauerstoff und Kalk auf die Schmelze geblasen werden, und das PL-Verfahren, das eine Kombination des Thomas-Verfahrens mit dem Sauerstoffaufblas-Verfahren darstellt. Bei Neuanlagen von Stahlwerken gewinnen diese Verfahren eine ständig wachsende Bedeutung.

**Einsatz:** flüssiges Roheisen, Schrott, Legierungselemente

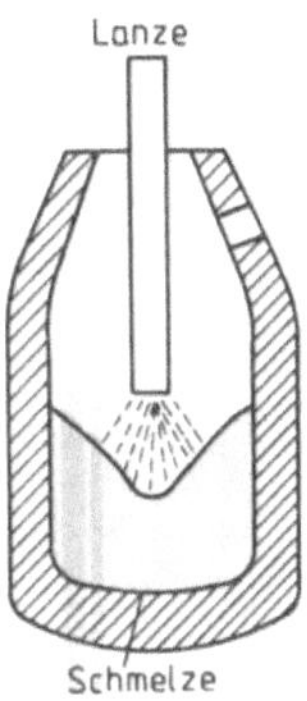


*Bild 2-4 LD Konverter*

Konverter sind Gefäße zum umwandeln von flüssigem Roheisen in Stahl durch Frischen mit oxydierenden Gasen, z.B. Sauerstoff.

## 2.4.2 AOD-Verfahren

Das AOD-Verfahren (**A**rgon-**O**xygen-**D**ecarburization Proceß) dient zur Herstellung von hochchromhaltigen rost- und säurebeständigen Stählen mit extrem niedrigen Kohlenstoff-, Schwefel-, Sauerstoff- und Wasserstoffgehalten.

Bei der Durchführung dieses Verfahrens werden Schrott und Ferrochromlegierungen in einem Elektrolichtbogenofen eingeschmolzen. Das Frischen und Feinen der Schmelze erfolgt anschließend in einem AOD-Konverter, dessen Form dem Bild 2-4 ohne Sauerstofflanze entspricht. Als Frischgas wird ein Argon-/Stickstoff-Sauerstoff-Gemisch verwendet, das durch Düsen kurz oberhalb des Konverterbodens eingeblasen wird.

## 2.4.3 Elektrostahlverfahren

Elektroöfen werden als Lichtbogenöfen, für kleinere Mengen als Induktions-Tiegelöfen gebaut (Bild 2-5). Induktionsöfen bestehen aus einem Tiegel, der von einer Induktionsspule umgeben ist. Der elektrische Strom dient nur als Wärmequelle und gestattet die Erzeugung von Schmelztemperaturen bis zu 3000 °C, die jedoch wegen der Ausmauerung auf etwa 1700 °C begrenzt sind.

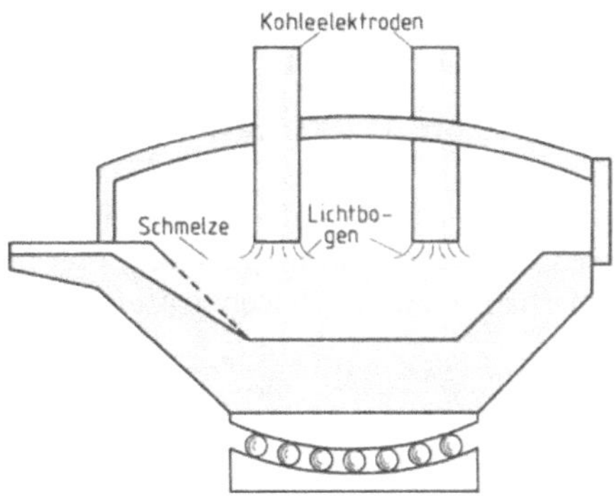


*Bild 2-5 Lichtbogenofen*

*Vorteile:* Keine Gas- und Schwefelabgabe von Flammen an das Bad, leichte Regulierbarkeit der Temperatur, Schmelzen mit blankem Bad, schwer schmelzbarer Schrott kann erschmolzen werden.

Da die metallurgische Behandlung der Stahlschmelzen immer häufiger in nachgeschalteten Gefäßen erfolgt, wird der Elektroofen in zunehmendem Maße nur noch als Schmelzofen betrachtet.

## 2.4.4 Siemens-Martin-Verfahren

Das Siemens-Martin-Verfahren, kurz: SM-Verfahren, ist ein Herdfrischverfahren zur Herstellung unlegierter und niedriglegierter Qualitäts- und Edelstähle. Zum Aufheizen auf ca. 1800 °C werden Gas/Öl und auf 1100 °C vorgewärmte Luft verwendet. Durch Bildung von Kohlenoxidgas in der Schmelze kommt es zum Kochen und dadurch zur Durchwärmung der Schmelze. Der Frischprozeß dauert 5 bis 8 Stunden. Das Vorwärmen der Luft durch Abgase, nach dem Prinzip der Hochofen-Winderhitzer, ist umständlich.

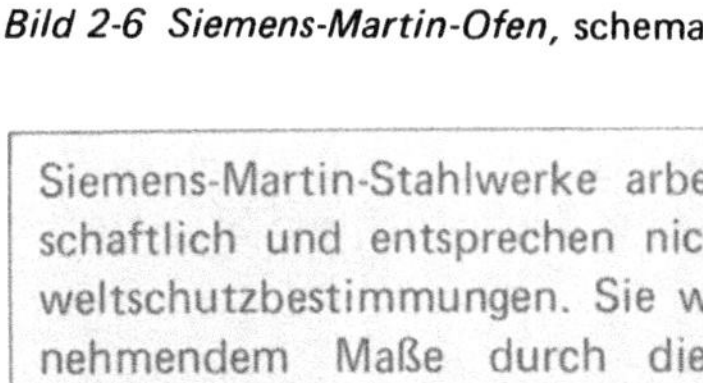


*Bild 2-6 Siemens-Martin-Ofen,* schematisch

Siemens-Martin-Stahlwerke arbeiten unwirtschaftlich und entsprechen nicht den Umweltschutzbestimmungen. Sie werden in zunehmendem Maße durch die wesentlich kostengünstigeren Oxygen-Stahlwerke ersetzt.

## 2.4.5 Gasaufnahme des Stahls und Wirkung der Gase im Stahl

**Sauerstoff, Stickstoff** und **Wasserstoff** sind im flüssigen Stahl leicht löslich. Die Gasaufnahme erfolgt beim Frischen mit Luft/Sauerstoff und beim Abgießen durch Berührung der vergrößerten Stahloberfläche mit der Umgebungsluft.

> Höhere Gasgehalte erschweren die Weiterverarbeitung der gegossenen Stahlblöcke und beeinträchtigen die Gebrauchseigenschaften des Stahls.

### Sauerstoff

Der Sauerstoff ist als Träger der Frischprozesse erforderlich, als Begleitelement im fertigen Stahl unerwünscht. In den Schmelzen bildet er Oxide, die zum größten Teil auf den Schmelzen schwimmen.

### Stickstoff

Der durch den Frischvorgang in der Stahlschmelze gelöste Stickstoff bildet mit Eisen Nitride, die bei unberuhigtem Stahl Alterung und Blausprödigkeit bewirken. Legierungszusätze und Al-Zusätze machen den Stickstoffeinfluß praktisch unwirksam.

### Wasserstoff

Die Löslichkeit des Wasserstoffs nimmt mit zunehmendem Legierungsgehalt zu, mit sinkender Temperatur ab. Beim Abkühlen eines Blockes aus höher legiertem Stahl werden 50 bis 80 % des in der Schmelze gelösten Wasserstoffs frei, der im Blockinnern hohe Drücke erzeugt.

> Höhere Wasserstoffgehalte verspröden den Stahl und führen bei schneller Abkühlung und bei großen Schmiedestücken zu Korngrenzenrissen und kleinen Hohlräumen, sog. Flockenrissen.

Es gibt keine Zusatzstoffe, die den Wasserstoff in einer Schmelze abbinden und unschädlich machen, wie dies bei Sauerstoff und Stickstoff möglich ist.

## 2.4.6 Vakuumbehandlung von Stahl

### Vakuumbehandlung von flüssigem Stahl

> Die Grundeigenschaften der nach 2.4.1 bis 2.4.4 hergestellten Stähle werden in noch flüssigem Zustand durch Vakuumbehandlung eingestellt. Erschmelzung und Fertigstellung erfolgen also in verschiedenen Aggregaten.

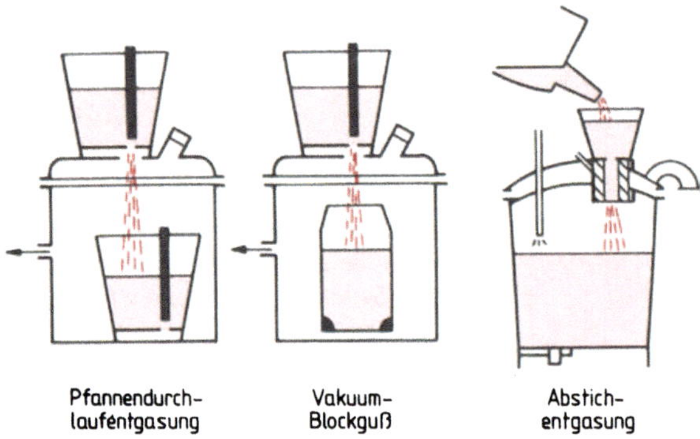


*Bild 2-7 Gießstrahlbehandlungsverfahren*

Beim Einlaufen der Stahlschmelze in das Vakuumgefäß werden die druckabhängigen Löslichkeiten von Wasserstoff und Kohlenmonoxid verringert. Die den Gießstrahl versprühenden freiwerdenden Gase werden abgepumpt. Durch Aufblasen von Sauerstoff auf die Schmelze kann die für das Entkohlen notwendige Oxidation erfolgen.

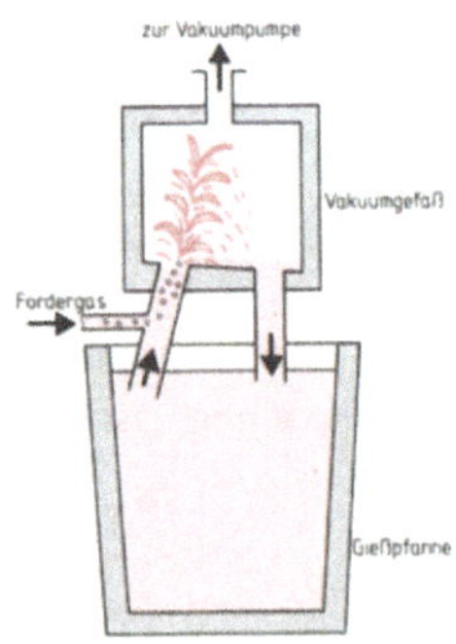


*Bild 2-8 Umlaufverfahren*

Der flüssige Stahl wird durch ein Saugrohr in ein Vakuumgefäß gehoben, entgast und läuft durch ein anderes Rohr wirder zurück.

*Ergebnis und Anwendung:* wie Vakuum-Gießverfahren.

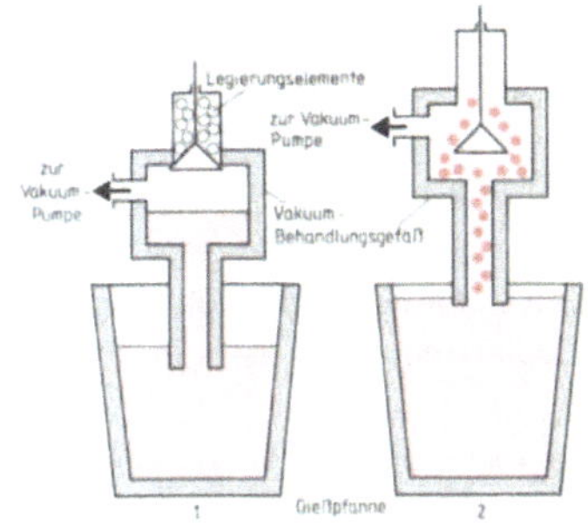


*Bild 2-9 Vakuum-Hebeverfahren (DH-Verfahren)*

Die Gießpfanne mit der Schmelze wird unter ein Vakuumgefäß gefahren, das sich heben und senken läßt. Beim Senken taucht der Rohrstutzen des Vakuumgefäßes in die Schmelze ein, so daß ein Teil der Schmelze in das Vakuumgefäß eintritt und entgast wird. Beim Heben fließt die entgaste Schmelze in die Gießpfanne zurück. Dieser Vorgang wird mehrfach wiederholt. Im Anschluß an das Entgasen wird die Schmelze legiert und desoxidiert, so daß sich nur geringe Oxidmengen bilden können.

*Ergebnis:* entgaster Stahl mit verbessertem Reinheitsgrad.

Die Vakuumbehandlung von flüssigem Stahl ist eine Stufe der Stahlherstellung. Sie steigert die Leistungen der Herdöfen/Konverter und/oder verbessert die Qualität der Stähle.

## Vakuum-Umschmelzverfahren

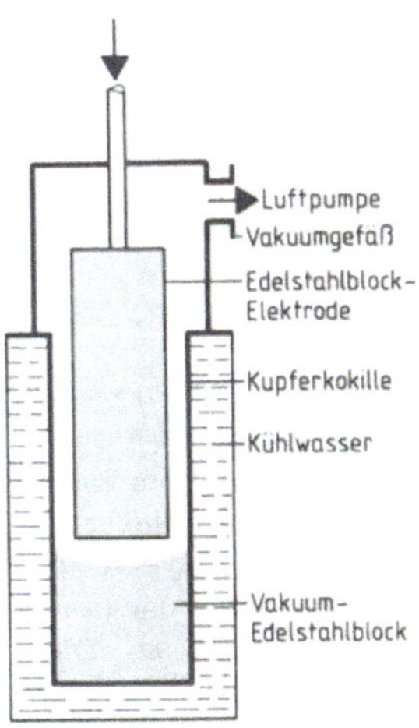


*Bild 2-10 Lichtbogen-Vakuumschmelzen*

Ein dünner Edelstahlblock dient als selbstverzehrende Elektrode und ist der negative Pol im Vakuumofen. Der positive Pol ist eine wassergekühlte Kupferkokille. Unter dem Einfluß des Lichtbogens tropft der Elektrodenblock ab und die Schmelze erstarrt zu einem Block mit gleichmäßigem Gefüge in der Kupferkokille.

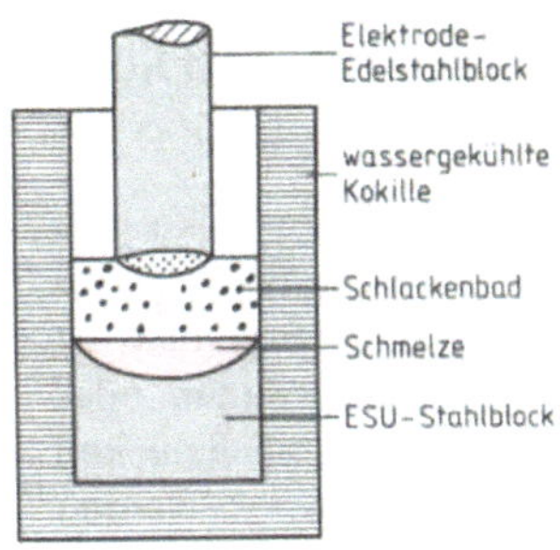


*Bild 2-11 Elektroschlacke-Umschmelz-Verfahren (ESU)*

Ein nach den bisher besprochenen Stahlerzeugungsverfahren hergestellter Stahlblock wird über einer glühenden Schlacke von besonderer Art elektrisch abgeschmolzen. Der flüssige Stahl fällt durch die Schlacke, die mit den unerwünschten Beimengungen des Stahls chemisch reagiert und den Stahl reinigt.

Auf der anderen Seite der Schlacke erstarrt der Stahl schichtweise, so daß ein gereinigter Block mit gleichmäßigem Gefüge entsteht.

Die nach diesem Verfahren hergestellten Stähle werden als **Elektroschlacke-Umschmelzstähle,** kurz: **ESU-Stähle**, bezeichnet.

Durch Vakuum-/AOD-Nachbehandlung werden die Eigenschaften wichtiger Stahlsorten eingestellt.

▶ **Beispiele:**

**Mikrolegierte, höherfeste Feinkornstähle** mit guter Kaltumformbar- und Schweißbarkeit.

**Die sogenannten Martensitaushärtenden Stähle** erreichen mit niedrigen Gehalten an Legierungselementen Festigkeiten bis zu $R_m$ = 2800 N/mm$^2$.

**Einsatzstähle** erhalten durch genau eingestellte chemische Zusammensetzung verbessertes Härtbarkeitsverhalten und Feinkörnigkeit.

**Hochfeste Schienenstähle** für hohe Geschwindigkeiten und Achslasten erreichen durch hohen Reinheitsgrad Festigkeiten bis zu $R_m$ = 1200 N/mm$^2$.

**Herstellung von schweren Schmiedeblöcken** (bis 500 t) **mit hohen Reinheitsgraden** und geringen Seigerungen (schwere Schmiedestücke, z.B. für die Wellen großer Turbinen, gehören zu den anspruchsvollsten Stahlerzeugnissen).

### 2.4.7 Erstarrung der nach 2.4.1 bis 2.4.4 und durch Vakuumbehandlung hergestellten Stahlschmelzen

Zur Herstellung besonderer Formstücke aus Stahl wird die nachbehandelte Schmelze in Kokillen (gußeiserne Formen) durch **Standguß** zu **Rohblöcken** (Standblöcke)/**Rohbrammen** oder in besonderen Formen zu **Stahlformgußstücken** vergossen. Die Roh-/Standgußblöcke werden durch Strangpressen, Schmieden oder Blockwalzen weiterverarbeitet. Es gibt Roh-/Standgußblöcke für bis zu 300 t schwere Schmiedestücke und 100 kg schwere Roh-/Standgußblöcke aus Sonderstahl.

**Desoxidation**

Der Lösungsdruck des Sauerstoffs liegt bei 1600 °C weit unter dem Druck in den Vakuumgefäßen. Ein Abpumpen des Sauerstoffs ist daher nicht möglich.

Während der Erstarrung nimmt das Lösungsvermögen der Stahlschmelzen für Gase sprunghaft ab: der Sauerstoff bildet in der Restschmelze aufsteigende Blasen, die Schmelze „kocht" und erstarrt unberuhigt.

**Unberuhigter Stahl** ist durch ein Erstarrungsgefüge mit mehr oder minder ausgeprägter Blockseigerung und reiner Randzone gekennzeichnet. Anwendung: bei höheren Ansprüchen an die Oberflächen als an die Kerneigenschaften, z.B. Draht und Band (Blech).

**Beruhigter Stahl** (ohne Gasblasenbildung erstarrter Stahl) entsteht durch Zusätze von Mn, Si, Al, Ca oder Ti zu den Schmelzen bei normalem Luftdruck. Bei dieser druckunabhängigen Desoxidation bilden die Zusätze mit dem Sauerstoff feste Oxide, deren Menge und Verteilung die Reinheit des Stahls bestimmen und seine physikalischen Eigenschaften beeinflussen.

Die druckabhängige Desoxidation durch Vakuumbehandlung erfolgt durch die Verbindung des Sauerstoffs mit Kohlenstoff zu CO. Das gasförmige CO kann abgepumpt werden und hinterläßt keine schädlichen Rückstände im Stahl.

Beruhigter Stahl besitzt eine weitgehende Gleichmäßigkeit, die sich vorteilhaft auf die Gebrauchseigenschaften auswirkt, z.B. beim Schweißen, Umformen ohne Anwärmen und Härten. Mit größeren Mengen Al/Ti desoxidierte Stähle sind feinkörnig.

**Seigerungen und Lunker**

Seigerungen nennt man Häufungen von Verunreinigungen oder Legierungselementen, die beim Erstarren von Metallschmelzen entstehen können.

**Kristallseigerung** nennt man die ungleichmäßige Verteilung der Legierungselemente in den Metallkristallen.

**Schwerkraftseigerungen** treten bei merklichem Dichteunterschied zwischen den zuerst erstarrten Kristallen und der Restschmelze auf.

**Blockseigerungen** sind Seigerungen in der Größe eines Blockquerschnittes.

**Gasblasenseigerungen** nennt man die durch Ansammlungen von Gasen entstandenen kleinen Hohlräume in den erstarrten Blöcken.

**Lunker** sind Schrumpfhohlräume in Gußblöcken und Gußstücken, die durch ungleichmäßiges Erstarren entstehen.

### 2.4.8 Direktreduktion

**Direktreduktionsverfahren** sind Verfahren zur Reduktion/Metallisierung von Eisenerzen mit

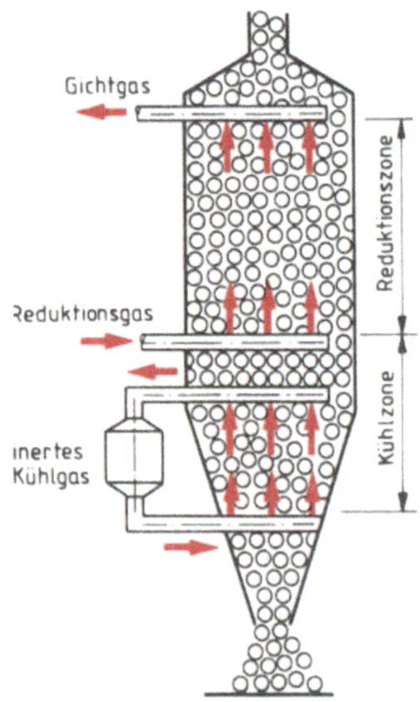


*Bild 2-12 Kontinuierliche Durchführung der Thyssen-/Purofer-/Midrex-Direktreduktion im Schachtofen*

Die Einsatzstoffe, Stückerze/Pellets, gleiten unter dem Einfluß der Schwerkraft im Schachtofen langsam nach unten. Das auf 800 °C erhitzte Reduktionsgas steigt gegen den Strom der Einsatzstoffe nach oben und baut den in den Erzen enthaltenen Sauerstoff ab. Die Reduktion/Metallisierung der Erze erfolgt also auf direktem Wege, d.h. ohne flüssige Phase.

festen oder gasförmigen Reduktionsmitteln unter Umgehung des Hochofenverfahrens. Als feste Reduktionsmittel kommen Stein-/Braunkohle in Betracht. Reduktionsgase werden durch Spaltung von Erd-/Koksofengas in CO und $H_2$ oder aus Schweröl gewonnen. Das Reinigen der metallisierten Erze von Gangart und Begleitelementen erfolgt in Elektroöfen.

## 2.4.9 Ministahlwerke

Ministahlwerke sind kleine Stahlwerke, die auf dem Direktreduktionsverfahren und der Aufarbeitung des Schrottes basieren. Sie führen ein begrenztes Fabrikationsprogramm durch, z.B. Herstellung von Band-/Betonstahl oder Walzdraht.

**Fabrikationsweg:**
**Schrott/metallisierte Erze schmelzen in Elektroöfen → Stranggießen → Walzwerke.**

## 2.4.10 Herstellung von Walzstahlfertigerzeugnissen

**Halbzeuge** heißen im allgemeinen die durch Pressen/Schmieden/Gießen hergestellten Vorformen, die für die Umarbeitung in Fertigerzeugnisse bestimmt sind. Durch Druckumformen mit zwei oder mehreren sich drehenden Walzen entstehen **Walzstahlfertigerzeugnisse,** deren Abmessungen über die Länge eines Stückes gleich bleiben, und deren Querschnitte bei der Umwandlung in Fertigerzeugnisse meist nicht verändert werden. Nach der Einsatzwärme des Walzgutes unterscheidet man warm- und kaltgewalzte Walzstahlfertigerzeugnisse.

**Warmgewalzte Fertigerzeugnisse**

*Erzeuge in Profilform*

**Formstahl,** I- und [-Stahl, Breitflanschträger, Spundwandstahlprofile.

**Stabstahl gewalzt,** Rund- und Vierkantstahl, Dicke $\geqslant$ 5 mm, Halbrund-, Sechskant-, Achtkant- und Winkelstahl, T- und Z-Stahl, I- und [-Stahl, Höhe $<$ 80 mm.

Walzdraht, Spundbohlen, Vorzeug für Rohre.

*Flacherzeugnisse*

**Breitflachstahl,** Breite $>$ 150 mm, Dicke $\geqslant$ 4 mm.

**Bandstahl und Stahlbleche**

**Kaltgewalzte Fertigerzeugnisse**

*Erzeugnisse in Profilform*

Fertigerzeugnisse, die ohne vorausgehende Erwärmung eine Querschnittsverminderung um mindestens 25 % durch Walzen erfahren haben.

*Flacherzeugnisse*

Nach DIN gilt als kaltgewalztes Flachzeug, dessen letzte Dickenabnahme vor dem Schlußglühen erfolgt.

**Rohre**

Nahtlose Rohre werden nach verschiedenen Verfahren aus dem Vollen über Dorne gewalzt (Mannesmann-Verfahren). Geschweißte Rohre werden mit Längs-/Wendelschweißnaht aus Bändern hergestellt. Nahtlose Rohre sind für hohe Drücke geeignet. Geschweißte Rohre sind billiger als nahtlose Rohre.

**Walzstahlfertigerzeugnisse** werden aus Blocksträngen[1] hergestellt. Zur Herstellung von Blocksträngen wird die nachbehandelte Stahlschmelze in Stranggießanlagen vergossen. In der Kreisbogen-Stranggießanlage nach Bild 2-13 fließt die Schmelze mit einer Absenkgeschwin-

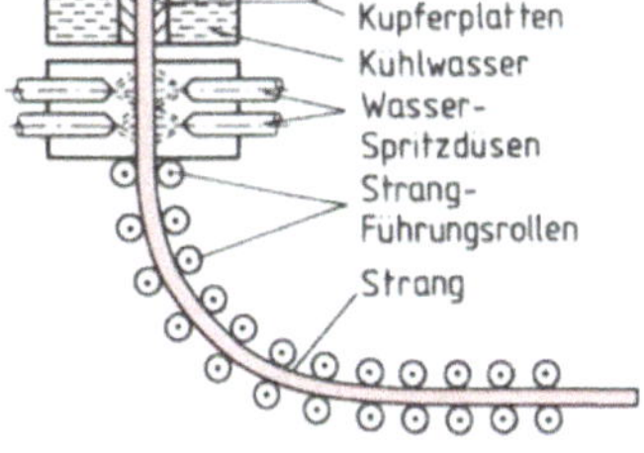


*Bild 2-13 Kreisbogen-Stranggießanlage*

Anlagen dieser Art werden ein- und mehrsträngig ausgeführt.

[1] Im Walzwerk werden die Blockstränge als Halbzeug bezeichnet.

digkeit von 1 m/min bis 2 m/min durch eine wassergekühlte Kupferplattenkokille ohne Boden. In der sich auf- und abwärts bewegenden Kokille erstarrt die Randzone der Schmelze zu einer etwa 10 mm dicken Strangschale. Durch Spritzwasserkühlung unter der Kokille wird die Strangschale verdickt. Beim Führen und Stützen durch die innen gekühlten Strangführungsrollen erstarrt der Strang fast vollständig. Zur Verminderung der aus der Schwerkraft entstehenden Zugkräfte im Strang und zum Ausgleich der Strangschrumpfung haben die Oberrollen hydraulische Einzelanstellung.

*Vorteile des Stranggießens:* das früher übliche Blockwalzen aus Standgußblöcken entfällt; durch Verstellen/Austauschen der Kokillen-Kupferplatten können die Strangquerschnitte dem Walzfertigerzeugnis angepaßt und die Verformungsarbeit verringert werden.

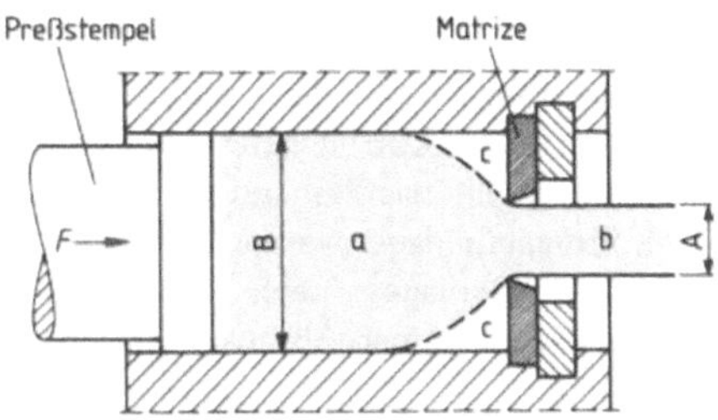


*Bild 2-14 Strangpressen*

a = Rohteil;
b = Fertigteil;
A = Fertigteil—Querschnitt;
B = Rohteil—Querschnitt;
F = Preßkraft.

**Durch Strangpressen** werden Stabstähle hergestellt, die wegen ihrer komplizierten Querschnitte durch Walzen nicht herstellbar sind. Beim Strangpressen wird ein erwärmter Block durch eine Matrize gepreßt, die mit einem Ausschnitt versehen ist, der dem gewünschten Stabquerschnitt entspricht.

Zur Erzielung höherer Umformungen (kleinerer Wanddicken) wird statt des Vorwärtsstrangpressens nach Bild 2-14 das Rückwärtsstrangpressen angewendet. Dabei wird die Matrize mit einer rohrförmigen Vorrichtung in den Werkstoff gepreßt.

Bemerkenswert ist die Vielzahl der Profile, die durch Strangpressen aus Stahl und Nichteisenmetallen hergestellt werden können. Durch Zusammenfügen von stranggepreßten Profilstäben können Bauteile allerart billig hergestellt werden, z.B. Fenster, Türen, Treppen, Rahmen für Gerätegehäuse, Fahrzeug- und Flugzeugbauteile.

*Bild 2-15 Strangpreßprofile*

**Stahlproduktion einiger Länder**

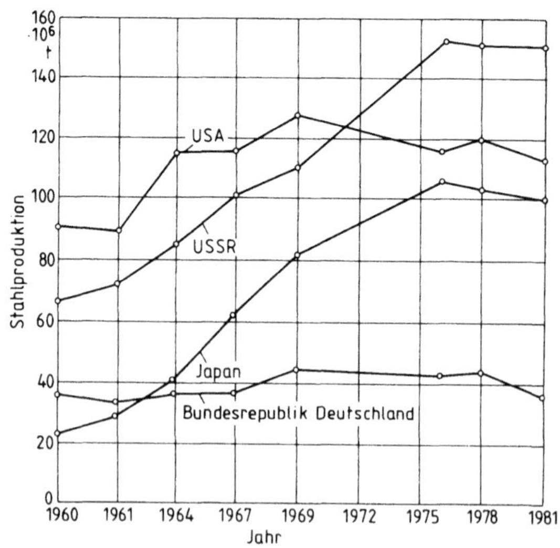

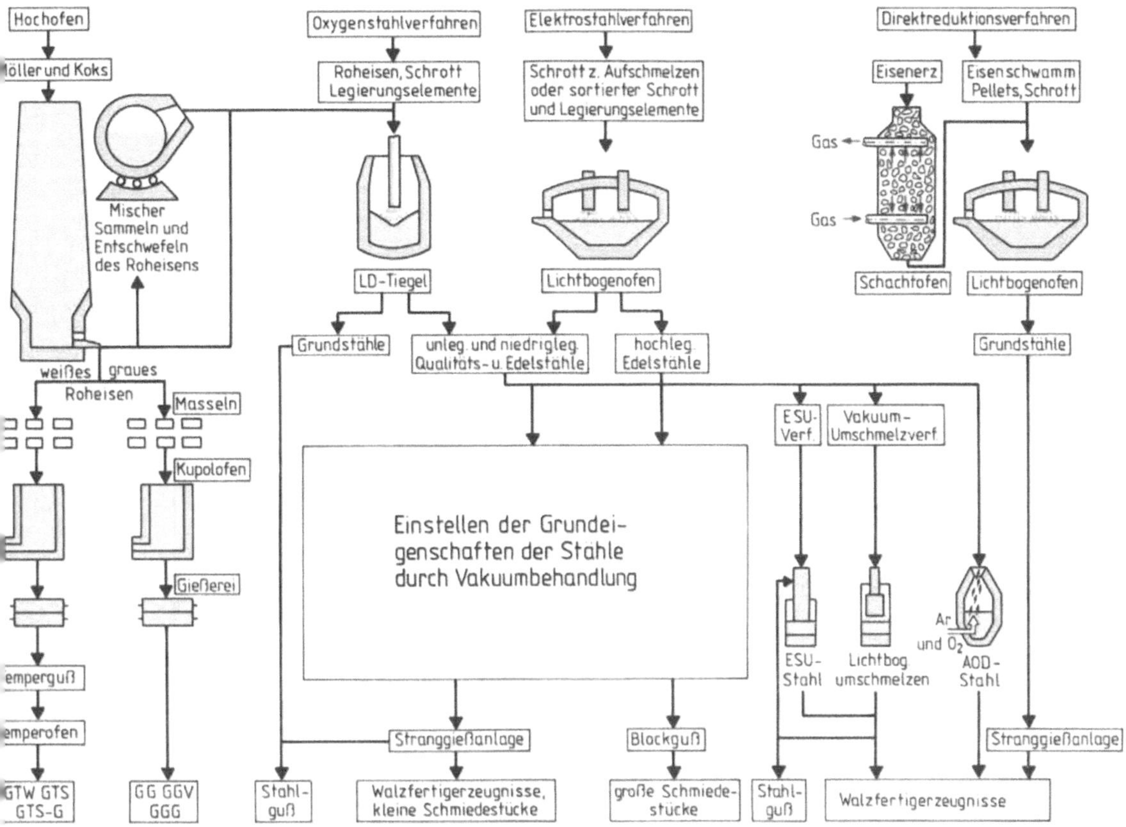


*Bild 2-16 Fabrikationswege vom Reicherz bis zum Stahl und Gußeisen*

Für den Standort Rhein-Ruhr ist die Koksmetallurgie mit der Verfahrenskombination Großhochofen → Oxygenstahlwerk → Vakuumanlagen der kostengünstigste Fabrikationsweg vom Reicherz zum Stahl. Ministahlwerke werden für eine maximale Jahresleistung von unter einer Million t/Ministahlwerk errichtet. Um integrierte Hüttenwerke über Hochöfen und Stahlwerke wirtschaftlich zu betreiben, sind eine Jahresleistung von mehr als fünf Millionen t/Hüttenwerk und billiger Wassertransportwege (Seenähe) erforderlich.

**Wiederholungsfragen**

1. Wodurch unterscheidet sich Stahl vom Roheisen?
2. Was versteht man unter a) Begleitelementen, b) Legierungselementen?
3. Welche Stahlerzeugungsverfahren werden heute angewendet?
4. Welche Nachteile haben höhere Gasgehalte des Stahls?
5. Welche Vakuumstahlverfahren gibt es?
6. Was versteht man unter a) beruhigtem, b) unberuhigtem Stahl?
7. Welche Arten von Seigerungen können im Stahl auftreten?
8. Was versteht man unter Lunker?
9. Was versteht man unter a) Walzfertigerzeugnissen, b) Halbzeugen?
10. Welches sind die wichtigsten a) Walzfertig-, b) Strangpreßerzeugnisse?
11. Wann werden a) das Stranggußverfahren, b) das Standgußverfahren angewendet?
12. Welches ist der Fabrikationsweg vom Reicherz bis zum Stahl für die Stahlerzeugung in großem Umfange?
13. Was versteht man unter Direktreduktion?
14. Welchen Zweck haben Ministahlwerke?

## 2.5 Einteilung und Benennung der Stahlsorten

### 2.5.1 Einteilung der Stahlsorten nach Euronorm

In der Euronorm 20-74 wird die Einteilung der Stahlsorten nach ihrer chemischen Zusammensetzung und nach ihren Gebrauchsanforderungen vorgenommen.

Nach ihrer chemischen Zusammensetzung unterscheidet man unlegierte Stähle und legierte Stähle.

Nach ihren Gebrauchseigenschaften unterscheidet man Grundstähle, Qualitätsstähle und Edelstähle.

**Einteilung der Stahlsorten nach ihrer chemischen Zusammensetzung in Stahlgruppen**

*Tabelle 2-1* Für die Abgrenzung der unlegierten von den legierten Stählen maßgebende Gehalte

| Legierungselement | Grenzgehalt in Gewichtsprozent | Legierungselement | Grenzgehalt in Gewichtsprozent |
|---|---|---|---|
| Aluminium | 0,10 | Silicium | 0,50 |
| Bor | 0,0008 | Tellur | 0,10 |
| Chrom | 0,30 | Titan | 0,05 |
| Kobalt | 0,10 | Wismut | 0,10 |
| Kupfer | 0,40 | Wolfram | 0,10 |
| Lanthanide | 0,05 | Vanadium | 0,10 |
| Mangan | 1,60 | Zirkonium | 0,05 |
| Molybdän | 0,08 | Sonstige | |
| Nickel | 0,30 | (mit Ausnahme von | |
| Niob | 0,05 | Kohlenstoff, Phosphor, | |
| Blei | 0,40 | Schwefel, Stickstoff und | |
| Selen | 0,10 | Sauerstoff) | 0,05 |

| Unlegierte Stähle | Legierte Stähle |
|---|---|
| Als unlegiert gelten Stähle, wenn der Legierungsgehalt für kein Element die Grenzwerte der Tabelle 2-1 erreicht. | Als legiert gelten Stähle, wenn der Legierungsgehalt für wenigstens ein Element die Grenzwerte der Tabelle 2-1 erreicht oder überschreitet. |

**Unterteilung der Stahlsorten nach den Anforderungen an ihre Gebrauchseigenschaften**

| Grundstähle | Qualitätsstähle | Edelstähle |
|---|---|---|
| sind Stahlsorten, von denen keine besonderen Gebrauchseigenschaften verlangt werden. | sind Stahlsorten, für die kein gleichmäßiges Ansprechen auf eine Wärmebehandlung[1]) gefordert wird. Daneben weisen sie eine größere Reinheit und bessere Oberflächenbeschaffenheit als die Grundstähle auf. | sind Stahlsorten, die für eine Wärmebehandlung[1]) aufgrund ihres gleichmäßigen Ansprechens auf sie bestimmt sind. Daneben weisen sie eine größere Reinheit als die Qualitätsstähle auf. |
| **Grundstähle sind nur unlegierte Stähle.** | **Qualitätsstähle sind unlegierte und legierte Stähle.** | **Edelstähle sind unlegierte und legierte Stähle.** |

[1]) Wärmebehandlungsverfahren sind Glühen, Härten und Vergüten. Der Ausdruck Warmbehandlung kennzeichnet Warmformgebung, z.B. Schmieden.

| **Gruppen** | **Unlegierte Stähle** | | | **Legierte Stähle** | |
|---|---|---|---|---|---|
| **Untergruppen** | **Grundstähle** | **Qualitätsstähle** | **Edelstähle** | **Qualitätsstähle** | **Edelstähle** |
| Allgemeine Bedingungen | Nicht für eine Wärmebehandlung bestimmt | Nicht für eine Wärmebehandlung bestimmt | | Nicht für eine Wärmebehandlung bestimmt | Für eine Wärmebehandlung bestimmt |

## 2.5.2 Benennung der Stahlsorten (gemäß der zurückgezogenen DIN 17 006)[1)]

### Unlegierte Stähle

Allgemeine Baustähle, die nicht für eine Wärmebehandlung bestimmt sind, werden nach ihrer Zugfestigkeit benannt.

**Kennzeichen:** St (Stahl) mit darauffolgender Festigkeitskennzahl.

▶ **Beispiel:**
Ein allgemeiner Baustahl nach Seite 72 mit 440 N/mm² Mindestzugfähigkeit heißt **St 44.**

Qualitätsstähle haben das Kennzeichen C mit der Kohlenstoffkennzahl.

**Kohlenstoffkennzahl** = mittlerer Kohlenstoffgehalt mal 100.

▶ **Beispiel:**
Ein Qualitätsstahl (Vergütungsstahl) mit 0,35 % C heißt **C 35.**

Edelstähle haben das Kennzeichen Ck mit der Kohlenstoffkennzahl.

k besonders kleiner Phosphor- und Schwefelgehalt.

▶ **Beispiel:**
Ein Edelstahl (Vergütungsstahl) mit 0,35 % C heißt **Ck 35.**

1) Es läßt sich noch nicht übersehen, wann eine Neufassung von DIN 17 006 erscheinen wird. Bis zum Abschluß der hierauf bezüglichen Verhandlungen auf internationaler Ebene bleibt die jetztige Fassung in Gebrauch.

Weitere Kennzeichnung durch Buchstaben hinter C:

f Stahl für Flamm- und Induktionshärtung, z.B. Cf 53
q zum Kaltstauchen bestimmter Vergütungsstähle, z.B. Cq 35
m gewährleisteter Größt- und Kleinstwert des Schwefelgehaltes, z.B. Cm 45

### Legierte Stähle

Legierte Stähle werden nach ihrer chemischen Zusammensetzung bezeichnet. Die Bezeichnungen enthalten nur die unbedingt notwendigen Kennzeichen.

In den Normen sind hauptsächlich **niedriglegierte Stähle** erfaßt, wie sie für Konstruktionszwecke gebraucht werden. Die Benennung eines niedriglegierten Stahls gliedert sich wie folgt:

**Herstellungs- oder Rohteil** (Angaben über die Herstellung)

**Zusammensetzungs- oder Mittelteil** (Angaben über die chemische Zusammensetzung)

**Behandlungs- oder Verarbeitungsteil** (Angaben über die Eigenschaften, die durch Weiterverarbeitung erreicht werden sollen)

▶ **Beispiel:**

| Rohteil | Mittelteil | Verarbeitungsteil |
|---|---|---|
| **E** | **34 CrMo 4** | **V 120** |
| Elektrostahl | Cr-Mo-legierter | vergütet auf 1200 N/mm² |

Die Buchstaben können je nachdem, ob sie im Rohteil, Mittelteil oder Verarbeitungsteil stehen, verschiedene Bedeutung haben. Auch die Bedeutung der Zahlen ist je nach ihrer Stellung in der Werkstoffbezeichnung verschieden.

Im **Rohteil** erscheinen keine Zahlen, sondern nur Buchstaben.

Im **Mittelteil** erscheinen die Zahlen als Angaben über den Prozentgehalt von Legierungszusätzen.

Im **Verarbeitungsteil** erscheinen die Zahlen als Ordnungszahlen für bestimmte Verarbeitungsarten.

**Der Buchstabenschlüssel**

| *Rohteil* | *Mittelteil* | *Verarbeitungsteil* |
|---|---|---|
| Eigenschaften, wie sie im rohen Block des Stahlwerkes vorhanden sind. | Die chemische Zusammensetzung. | Eigenschaften, die durch Weiterverarbeitung erreicht werden. |

**Der Zahlenschlüssel**

| *Im Rohteil* | *Im Mittelteil* | *Im Verarbeitungsteil* |
|---|---|---|
| erscheinen keine Zahlen, sondern nur Buchstaben. | erscheinen die Zahlen als Angaben für den %-Gehalt von Zusätzen. | erscheinen die Zahlen als Festigkeitsangaben oder als Ordnungszahlen bei verwandten Verarbeitungsarten. |

In den Werkstoffbenennungen werden nur die Legierungselemente aufgenommen, die zur Kennzeichnung des Stahls erforderlich sind.

Die **Legierungskennzahlen** hinter den Legierungszusätzen geben nur die Gehalte der zulegierten Elemente an. Sie wurden eingeführt, um in den Werkstoffbezeichnungen immer ganze Zahlen zu erhalten. Die Kennzahl bedeutet den mittleren Sollgehalt des Legierungszusatzes, multipliziert mit dem für dieses Element festgelegten **Multiplikator.** Oder:

Der mittlere Sollgehalt des Legierungselementes = Kennzahl dividiert durch den Multiplikator.

Die **Multiplikatoren** sind nicht für alle Legierungselemente gleich (s. Tabelle 2-2). Die Legierungskennzahlen stehen immer hinter den Legierungskurzzeichen, und zwar in derselben Reihenfolge wie diese.

Die Angaben für den Kohlenstoffgehalt stehen immer an erster Stelle im Zusammensetzungsteil. Stahl mit mehr als 5 % Legierungsbestandteilen, also hochlegierter Stahl, erhält man Anfang der Werkstoffangabe ein X. Für alle Legierungsbestandteile gilt dann der Multiplikator 1, mit Ausnahme des Multiplikators für Kohlenstoff, der immer unverändert bleibt.

*Tabelle 2-2* Multiplikatoren für Zusatzstoffe

| Multiplikator 4 | Multiplikator 10 | Multiplikator 100 |
|---|---|---|
| Kobalt Co | Aluminium Al | Phosphor P |
| Chrom Cr | Beryllium Be | Schwefel S |
| Mangan Mn | Blei Pb | Stickstoff N |
| Nickel Ni | Bor B | Cer Ce |
| Silicium Si | Kupfer Cu | Kohlenstoff C |
| Wolfram W | Molybdän Mo | |
| | Niob Nb | |
| | Tantal Ta | |
| | Titan Ti | |
| | Vanadium V | |
| | Zirkonium Zr | |

Wird bei der Bestellung nichts anderes vereinbart, bleibt das *Erschmelzungsverfahren* des Stahles dem Hersteller überlassen. Das angewendete Erschmelzungsverfahren muß jedoch dem Besteller auf Wunsch bekanntgegeben werden.

Auch das Formgebungsverfahren bleibt dem Lieferer überlassen, wenn bei der Bestellung nichts anderes vereinbart wurde. Sollen bestimmte mechanische, technologische oder elektrische Eigenschaften gewährleistet werden, müssen diese durch die Angabe von Kennziffern (Anforderungsklassen) bei der Bestellung angegeben werden.

Die **Kennziffern für den Gewährleistungsumfang** 1 ... 9 in Tabelle 2-3 kennzeichnen die Stahleigenschaften, für die der Hersteller garantieren muß.

*Tabelle 2-3* Kennziffern für den Gewährleistungsumfang

| | Streckgrenze | Falt- oder Stauchversuch | Kerbschlag-zähigkeit | Warm- oder Dauerstand-festigkeit | elektrische oder magnetische Eigenschaften |
|---|---|---|---|---|---|
| .1 | X | | | | |
| .2 | | X | | | |
| .3 | | | X | | |
| .4 | X | X | | | |
| .5 | | X | X | | |
| .6 | X | | X | | |
| .7 | X | X | X | | |
| .8 | | | | X | |
| .9 | | | | | X |

Der **Wärmebehandlungszustand** wird durch einen Buchstaben am Ende des Kurzzeichens angegeben. Es bedeuten:

A Angelassen
$B_F$ Glühen auf Festigkeit
$B_G$ Glühen auf Gefüge
E Einsatzgehärtet
G Weichglühen
H Gehärtet
HF Flammengehärtet
HJ Induktionsgehärtet
K Kaltverformt
N Normalgeglüht
NT Nitriert
S Spannungsarm geglüht
TM Thermomechanisch behandelt
U Unbehandelt
V Vergütet

**Kennbuchstaben** werden grundsätzlich der Benennung vorangestellt. Es bedeuten z.B.:

A alterungsbeständig
L laugenrißbeständig
Q kaltstauchbar
R beruhigt vergossen
RR besonders beruhigt vergossen
S schmelzschweißbar
U unberuhigt vergossen
Y Sauerstoffaufblasstahl

▶ **Beispiele für die Benennung von Stahl:**

*Unlegierter Einsatzstahl nach DIN 17210 Qualitätsstahl*

Werkstoffbezeichnung

**C 15**

| C 15 |
|---|
| mittlerer Kohlenstoffgehalt: $\frac{15}{100}\% \mathrel{\hat{=}} 0{,}15\,\%$ |

*Legierter Einsatzstahl nach DIN 17210*

Werkstoffbezeichnung

**16 MnCr 5**

| 16 | Mn … 5 | Cr |
|---|---|---|
| mittlerer Kohlenstoffgehalt: $\frac{16}{100}\% \mathrel{\hat{=}} 0{,}16\,\%$ | mittlerer Mangangehalt: $\frac{5}{4}\% \mathrel{\hat{=}} 1{,}25\,\%$ | Anteile von Chrom |

*Unlegierter Vergütungsstahl nach DIN 17200*

Werkstoffbezeichnung

**C 60**

| C 60 |
|---|
| Unlegierter Vergütungsstahl mit mittlerem Kohlenstoffgehalt: $\frac{60}{100}\% \mathrel{\hat{=}} 0{,}6\,\%$ |

*Qualitätsstahl Legierter Vergütungsstahl nach DIN 17200*

Werkstoffbezeichnung

**34 CrMo 4**

| 34 | Cr … 4 | Mo |
|---|---|---|
| mittlerer Kohlenstoffgehalt: $\frac{34}{100}\% \mathrel{\hat{=}} 0{,}34\,\%$ | mittlerer Chromgehalt: $\frac{4}{4}\% \mathrel{\hat{=}} 1\,\%$ | Anteile von Molybdän |

### Gußwerkstoffe

Die Benennung von Stahlguß, Grauguß und Temperguß beginnt mit nachstehenden Kennbuchstaben (Gußzeichen), die von den darauf folgenden durch einen Bindestrich getrennt werden.

Gußzeichen:

| | |
|---|---|
| GS | Stahlguß |
| GG | Gußeisen mit Lamellengraphit (Grauguß) |
| GGV | Gußeisen mit Vermikulargraphit |
| GGG | Gußeisen mit Kugelgraphit |
| GT | Temperguß |
| GTS | Nicht entkohlend geglühter (schwarzer) Temperguß |
| GTW | Entkohlend geglühter (weißer Temperguß) |

Dahinter folgt im allgemeinen die Mindestzugfestigkeit in N/mm$^2$, z.B.: **GS-44** Stahlguß von mindestens 440 N/mm$^2$ Zugfestigkeit.

Bei hochwertigen Stahlgußsorten, die z.B. für eine Wärmebehandlung vorgesehen sind, steht an Stelle der Zugfestigkeit die Kohlenstoffkennzahl mit Vorsatz C, z.B.: **GS-C 25.**

Legierte Stahlgußsorten werden wie legierte Stähle unter Vorsatz des Gußzeichens bezeichnet, z.B.: **GS-22 Mo 4.**

### Bezeichnung der Eisenwerkstoffe durch Werkstoffnummern nach DIN 17007

Diese Norm enthält ein auch maschinentechnisch auswertbares Nummernsystem für die Kennzeichnung von Werkstoffen aller Art.

Für den Aufbau der Werkstoffnummern gilt DIN 17 006 Blatt 1 Werkstoffnummern, Rahmenplan. Nach ihm werden gekennzeichnet in der

X. XXXX. XX.

1. Stelle die Werkstoff-Hauptgruppe (X.)
2. bis 5. Stelle, den Sortennummern, die chemische Zusammensetzung (XXXX.)
6. und 7. Stelle, den Anhängezahlen, Stahlgewinnungsverfahren und Behandlungszustand (XX.)

### Werkstoff-Hauptgruppen

Für die Hauptgruppen gilt folgender Rahmenplan:

| | |
|---|---|
| 0 und 1 | Eisen und Stahl |
| | 0 Roheisen und Ferrolegierungen |
| | 1 Stahl |
| 2 und 3 | Nichteisenmetalle |
| | 2 Schwermetalle außer Fe |
| | 3 Leichtmetalle |
| 4 bis 8 | Nichtmetallische Werkstoffe |
| 9 | frei für interne Benutzung |

▶ **Beispiele für die Bedeutung einer Werkstoffnummer:**

In der Werkstoffnummer 1. 01 12. 61 bedeuten:

- Hauptgruppe 1 = Stahl (1.)
- Sortenklasse 01 = allgemeine Baustähle, unlegiert nach DIN 17100 (01)
- festgelegt für St 37-2 nach DIN 17100 (12.)
- beruhigter Siemens-Martin-Stahl (6)
- normalgeglüht (1)

in der Werkstoffnummer 1. 72 18. 9 4 bedeutet

- Hauptgruppe 1 = Stahl (Stahlguß) (1.)
- Sortenklasse 72 = Edelstahl, mit Chrom und < 0,35 % Mo legierter Baustahl (72)
- Vom FNA Eisen und Stahl mit Edelstahlvereinigung und VDEh festgelegte Zähl-Nummer für einen Stahl mit rund 0,25 % C, 1 % Cr und 0,25 % Mo (18.)
- Elektrostahl (Guß) (9)
- zähvergütet (4)

in der Werkstoffnummer 1. 72 14. 94 bedeuten:

- Hauptgruppe 1 = Stahl (1.)
- Sortenklasse 72 = Edelstahl, mit Chrom und < 0,35 % Mo legierter Baustahl (72)
- festgelegt für einen Stahl mit rd. 0,25 % C, 1 % Cr u. 0,20 % Mo (14.)
- Elektrostahl (9)
- zähvergütet (4)

In der Werkstoffnummer 0. 60 15 bedeutet:

- Hauptgruppe 0 = Gußeisen (0.)
- Sortenklasse = Gußeisen mit Lamellengraphit, unlegiert (60)
- Zählnummer, festgelegt für GG-15 nach DIN 1691 (15)

## 2.6 Baustähle

Nach der Verwendung unterscheidet man **Baustähle** und **Stähle für Werkzeuge.** Baustähle sind alle Stähle, die nicht zur Herstellung von Werkzeugen verwendet werden. In vielen Fällen bietet die chemische Zusammensetzung allein keinen Anhaltspunkt dafür, ob es sich um Baustähle oder Stähle für Werkzeuge handelt.

### Unlegierte Baustähle

#### Allgemeine Baustähle

Nach DIN 17 100 gelten als allgemeine Baustähle die in Tabelle 2-4 genannten 11 unlegierten Stähle, die im wesentlichen aufgrund ihrer Zugfestigkeit und Streckgrenze z.B. im Hochbau, Tiefbau, Brückenbau, Wasserbau, Behälterbau, Fahrzeug- und Maschinenbau verwendet werden. Sie sind nicht für eine Wärmebehandlung, außer Spannungsarm- und Normalglühen, vorgesehen. Die aus Stählen nach dieser Norm hergestellten Form- und Stabstähle, Walzdrähte, Flacherzeugnisse, Schmiedestücke und Halbzeuge, jeweils in Dicken bis höchstens 160 mm, sind für die Verwendung in geschweißten, genieteten und geschraubten Bauteilen bestimmt und werden in zwei Gütegruppen geliefert.

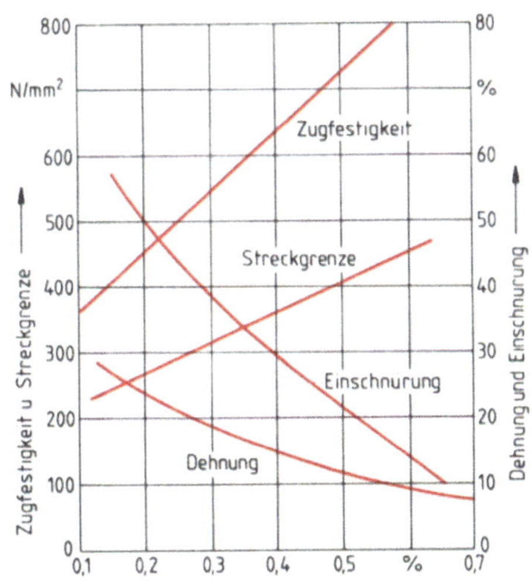


*Bild 2-17 Abhängigkeit der Festigkeitseigenschaften unlegierter Stähle im warmgewalzten Zustand vom Kohlenstoffgehalt*

**Die Gütegruppen** sind durch die Ziffern -2 oder -3 am Ende des Kurznamens gekennzeichnet. Die frühere Gütegruppe 1 entfällt, nachdem Thomasstahl nicht mehr hergestellt wird. Bei gleichen Gewährleistungswerten für die mechanischen Eigenschaften unterscheiden sich die Stahlsorten der einzelnen Gütegruppen in der chemischen Zusammensetzung, in der Verarbeitbarkeit, besonders in der Sprödbruchempfindlichkeit und der Schweißeignung.

Zugfestigkeit mal Bruchdehnung ≈ const.

**Mit steigendem Kohlenstoffgehalt nehmen**

| zu | ab |
|---|---|
| Zugfestigkeit, Streckgrenze<br>Härte, Härtbarkeit<br>Verschleißwiderstand | Bruchdehnung, Kerbzähigkeit<br>spanabhebende Bearbeitbarkeit<br>Kaltverformbarkeit<br>Schweißbarkeit<br>Schmiedbarkeit |

#### Bandstahl und Stahlblech

Die Tafelblechwalzung von Blechen unter 3 mm Dicke wird heute durch die Kalt-/Warmbandwalzung ersetzt. Nach dem Kaltwalzen werden die Bänder rekristallisiert, gebeizt und poliert.

Bandstahl wird zu Rollen[1]) aufgehaspelt, z.T. zu Blechtafeln zerschnitten. Bandstahl-Walzwerke, Bandstahlbeschichtung, und die Bandstahlverarbeitung in der Automobil-, Elektro- und Geräteindustrie sind weitgehend automatisiert.

Man unterscheidet **Kalt-** und **Warmband.**

**Kaltband** ist die übliche Bezeichnung für kaltgewalztes Band. Als **kaltgewalzt** wird Flachzeug bezeichnet, dessen letzte Dickenabnahme vor dem Schlußglühen durch Walzen ohne vorhergehendes Erwärmen erfolgt.

**Warmband** ist die übliche Bezeichnung für **warmgewalztes** Band, das unmittelbar von der

1) Außer der festgelegten Bezeichnung Rolle für aufgehaspeltes Band sind Ring und Coil (engl.) gebräuchlich.

*Tabelle 2-4* Allgemeine Baustähle, Auszug aus DIN 17100

| Stahlsorte Kurzname | Stahlsorte Werkstoff-Nr. [1] | Desoxidationsart [2] | Behandlungszustand [3] | Zugfestigkeit für Dicken (in mm) ≤ 63 N/mm² | Zugfestigkeit > 63 ≤ 160 N/mm² min. | Streckgrenze für Dicken (in mm) ≤ 16 N/mm² min. | Streckgrenze > 16 ≤ 40 (36) | Streckgrenze > 40 (36) ≤ 63 | Streckgrenze > 63 ≤ 80 | Streckgrenze > 80 ≤ 100 | Bruchdehnung für Dicken (in mm) < 3 % min. | Bruchdehnung ≥ 3 ≤ 40 (36) | Bruchdehnung > 40 (36) ≤ 63 | Bruchdehnung > 63 ≤ 100 |
|---|---|---|---|---|---|---|---|---|---|---|---|---|---|---|
| St 33-2 | 1.0035 | – | U, N | 310 bis 510 | – | 175 | 175 | – | – | – | 14 | 18 | – | – |
| St 37-2 | 1.0037 | – | U, N | 360 bis 470 | 350 | 235 | 225 | 215 | 205 | 195 | 21 | 26 | 25 | 24 |
| USt 37-2 | 1.0036 | U | U, N | | | | | | | | | | | |
| RSt 37-2 | 1.0038 | R | U, N | | | | | | | | | | | |
| St 37-3 | 1.0116 | RR | U | | | | | | | | | | | |
| | | | N | | | | | | | | | | | |
| St 44-2 | 1.0044 | R | U, N | 430 bis 540 | 420 | 275 | 265 | 255 | 245 | 235 | 18 | 22 | 21 | 20 |
| St 44-3 | 1.0144 | RR | U | | | | | | | | | | | |
| | | | N | | | | | | | | | | | |
| St 52-3 | 1.0570 | | U | 510 bis 630 | 500 | 355 | 345 | 335 | 325 | 315 | 18 | 22 | 21 | 20 |
| | | | N | | | | | | | | | | | |
| St 50-2 | 1.0050 | R | U, N | 490 bis 610 | 480 | 295 | 285 | 275 | 265 | 255 | 16 | 20 | 19 | 18 |
| St 60-2 | 1.0060 | R | U, N | 590 bis 710 | 580 | 335 | 325 | 315 | 305 | 295 | 12 | 16 | 15 | 14 |
| St 70-2 | 1.0070 | R | U, N | 690 bis 830 | 680 | 365 | 355 | 345 | 335 | 325 | 8 | 11 | 10 | 9 |

Diese Stähle sind zum Teil den Grundstählen, zum Teil den Qualitätsstählen zuzuordnen.
Etwa 1/3 der in der Bundesrepublik Deutschland hergestellten Stähle sind Grundstähle.

[1] Die Stähle mit einer Werkstoffnummer 1.00xx sind Grundstähle, die Stähle mit einer Werkstoffnummer 1.0xxx sind Qualitätsstähle.
[2] Dem Hersteller freigestellt, U unberuhigt, R unberuhigter Stahl nicht zulässig, RR besonders beruhigt.
[3] U warmgeformt, unbehandelt, N normalgeglüht.

Fertigwalze aus zu einer Rolle aufgewickelt wird. Es hat im Walzzustand leicht gewölbte Kanten und kann auch durch Längsteilen eines breiten Bandes mit besäumten Kanten entstehen.

Kalt- und Warmband unterscheiden sich sowohl durch ihre Dickenabmessungen, als auch durch ihre Oberflächenqualitäten: Warmband ist weitaus rauher als Kaltband.

**Abmessungen:**

**Warmband,** Dicken von 0,8 bis 15 mm, Breite von 10 bis 2000 mm.

**Blech,** aus Warmband geschnitten, Dicken bis zu 3 mm, Breiten von 600 bis 2000 mm. *Maßnorm:* DIN 1016.

*Werkstoffe:* Allgemeine Baustähle nach DIN 17 100, aber auch aus Vergütungsstählen nach DIN 17 200, Einsatzstählen nach DIN 17 210 u.a.

**Kaltband,** Dicken bis zu 6 mm, Breiten bis zu 650 mm.

**Kaltgewalztes** Breitband, Dicken bis zu 3 mm, Breiten von 600 bis 2000 mm.

**Blech,** aus Kaltband geschnitten, Dicken bis zu 3 mm.

*Maßnorm:* DIN 1541.

*Werkstoffe:* Weiche unlegierte Stähle nach DIN 1623 Blatt 1 und allgemeine Baustähle nach DIN 1623 Blatt 2, Qualitäts- und Edelstähle.

**Warmgewalztes Blech,** Dicken von 3 bis 150 mm, Breiten bis zu 4000 mm.

*Maßnorm:* DIN 1543.

*Werkstoffe:* Alle legierten und unlegierten Stähle bis zu einer Zugfestigkeit von 1320 $N/mm^2$.

> Die bisher üblichen Bezeichnungen **Feinblech** (Dicke unter 3 mm), **Mittelblech** (Dicke 3 bis 4,75 mm) und **Grobblech** (dicker als 4,75 mm) entfallen.

**Legierte Baustähle**

> Legierte Baustähle sind Qualitäts- oder Edelstähle.

**Stähle mit geringen Legierungszusätzen** (niedriglegierte Stähle) haben ähnliche Eigenschaften wie die unlegierten Kohlenstoffstähle. Ihre Legierungszusätze verbessern die erwünschten und schwächen die unerwünschten Eigenschaften.

**Stähle mit hohen Legierungszusätzen** (hochlegierte Stähle) haben Sondereigenschaften und werden danach benannt, z.B. nichtrostende Stähle, Schnellarbeitsstähle, warmfeste Stähle u.a. Neben den Sondereigenschaften werden meist noch andere Eigenschaften verlangt, z.B. hohe Duktilität, Härte, Festigkeit und Anlaßbeständigkeit. Diese Vielfalt der geforderten Eigenschaften wird durch eine ausgewogene Abstimmung mehrerer Legierungszusätze und besondere Herstellungsverfahren erreicht.

*Tabelle 2-5* Einfluß der wichtigsten Legierungselemente auf die Stahleigenschaften

| Legierungs-element | Wirkung im Stahl |
|---|---|
| Aluminium | Wirkstoff im Nitrierstahl (Nitridbildner), Kornwachstumsbehinderung (feines Korn), Desoxidation. |
| Blei | Höhere Schnittgeschwindigkeit, geringere Warmfestigkeit. |
| Chrom | Höhere Härtbarkeit und Warmfestigkeit, rostfreie Stähle. |
| Kohlenstoff | s. S. 85 ff. |
| Kobalt | Höhere Warmhärte, für Magnetstähle. |
| Kupfer | Weniger als 1 % höherer Widerstand gegen atmosphärische Korrosion, mehr als 1 % schnellere Korrosion. |
| Mangan | Höhere Härtbarkeit und Verschleißfestigkeit, bei mehr als 12 % austenitische Stähle, Desoxidation. |
| Molybdän | Höhere Härtbarkeit und Warmfestigkeit, keine Anlaßsprödigkeit. |
| Nickel | Höhere Zähigkeit, Perlitbildungsverzögerer, für austenitische Stähle. |
| Phosphor | Höhere Festigkeit und Kaltbrüchigkeit, höherer Rostwiderstand und bessere Zerspanung. |
| Schwefel | Über 0,2 % Rotbrüchigkeit, Neigung zum Ausseigern, 0,15 bis 0,3 % gibt bröckeligen Span (Automatenstahl). |
| Silicium | Höhere Härtbarkeit mit Cr, Mo, V und W, Desoxidation (dichter Guß) für Dynamobleche, höherer Elastizität (für Federn), vermindert Schmied- und Schweißbarkeit. |

**Automatenstähle** (DIN 1651)

Automatenstähle werden für die Herstellung von Werkstücken durch Automaten verwendet. In der neuen Gütenorm für Automatenstähle sind die technischen Lieferbedingungen festgelegt, soweit sie unlegiert oder nur mit Mangan oder Blei legiert sind. Die Stähle werden in warmgeformtem und blankem Zustand geliefert. Automatenstähle sind durch gute **Spanbrüchigkeit** gekennzeichnet. Die gute Bearbeitbarkeit wird im wesentlichen durch höhere Schwefelgehalte (bis 0,2 %) erreicht. Der Schwefel ist vorwiegend als Eisen-Mangansulfid im Stahl vorhanden. Die Sulfideinschlüsse sind das charakteristische Merkmal der Automatenstähle, sie bewirken Spanbrüchigkeit. Bleizusätze haben zerspanungsfördernde Wirkung und verbessern die Oberflächengüte des bearbeiteten Werkstückes.

▶ **Beispiele:**
**9SMn28, 35S20, 9SMnPb28.**

**Einsatzstähle** (Norm DIN 17 210)

Einsatzstähle werden nach der Formgebung in der Randschicht aufgekohlt, s. Abschnitt 2.8.2. Die wichtigste Forderung, die demnach an einen Einsatzstahl gestellt werden muß, ist die, daß er eingesetzt und danach gehärtet werden kann und so eine gleichmäßig harte Randschicht erhält.

▶ **Beispiele:**
**C10, 16MnCr5, 25MoCr4, 18CrNi8.**

**Vergütungsstähle** (Norm DIN 17 200)

Vergüten bedeutet Steigerung der Zähigkeit bei einer bestimmten Festigkeit. Baustähle, die vergütet werden, heißen Vergütungsstähle, s. Abschnitt 2.8.3.

▶ **Beispiele:**
**C22, 40Mn4, 42CrMo4, 34CrNiMo6.**

**Nitrierstähle** (Norm DIN 17 211)

Durch Nitrieren erhalten Stähle eine harte, verschleiß- und korrosionsfeste Oberfläche. Für das Nitrieren geeignete Stähle heißen Nitrierstähle, s. Abschnitt 2.8.6.

▶ **Beispiele:**
**31CrMo12, 34CrAlMo5, 34CrAlNi7.**

**Höherfeste, mikrolegierte Stähle**

Die Festigkeitssteigerung der schon länger gebräuchlichen allgemeinen Baustähle nach DIN 17 100 wird durch Erhöhung ihrer Kohlenstoffgehalte bewirkt, vgl. St 50-2 ... St 70-2, und ist mit der Verringerung von wichtigen anderen mechanischen Eigenschaften verknüpft.

Die zunehmende Anwendung der Schweißverbindungen führte zunächst zur Entwicklung des Si-Mn-legierten Feinkornstahls St 52-3 mit verbesserter Schweißeignung und Sprödbruchsicherheit.

Die Anforderungen in modernen Stahlanwendungsbereichen führten zur Entwicklung der höherfesten, mikrolegierten Stähle mit wesentlich verbesserten mechanischen Eigenschaften. Diese Stähle haben im Vergleich zu den Stählen nach DIN 17 100 sehr geringe Kohlenstoffgehalte und enthalten kleinste Mengen Niob, Titan, Zirkonium, Cer, Tellur oder Vanadium als Mikrolegierungselemente. Ihre besonderen mechanischen Eigenschaften erhalten sie durch einzelne oder in verschiedenen Kombinationen zugesetzte Mikrolegierungselemente und durch die in Abschnitt 2.8.4 beschriebenen **Aushärtung/thermomechanische Behandlung.** Alle Stähle dieser Art werden im Lieferzustand weiterverarbeitet.

Nach den Stahl-Eisen-Werkstoffblättern (STW) unterscheidet man folgende mikrolegierte Stahlsorten:

**Warmgewalzte Feinkornstähle zum Kaltumformen nach STW 092,** die durch hervorragende Kaltumformbarkeit bei gleichzeitig hoher Festigkeit, guter Schweißeignung und Sprödbruchsicherheit gekennzeichnet sind. Sie ermöglichen die Herstellung komplizierter Stahlbauteile hoher Belastbarkeit durch Kaltumformen, z.B. Querträger, Stützen, Radscheiben u.a. Fahrzeugteile. Die kleinen Biegeradien der Schloßverbindungen der durch Kaltprofilieren hergestellten 9 mm dicken Spundwandbohlen für den Tiefbau sind ein allgemein bekanntes Beispiel für die gute Kaltumformbarkeit dieser Stähle.

**Kaltgewalzte Feinbleche und Bänder mit gewährleisteten Mindeststreckgrenzen zum Kaltumformen nach STW 093** haben eine besondere Oberflächenbeschaffenheit und gleiche mechanische Eigenschaften wie STW 092.

**Schweißbare Feinkornbaustähle nach STW 089** enthalten schweißneutrale Zusätze von festigkeitssteigernden Mikrolegierungselementen, die gute Schweißbarkeit und Sprödbruchsicherheit bei gleichzeitig hoher Festigkeit bewirken. Diese Stähle werden zur Verringerung des Schadensrisikos in der Meerestechnik, im Großschiffbau und zum Bau von Fernrohrleitungen, Druckbehältern für Flüssiggaslagerung und Kernkraftwerken verwendet.

*Tabelle 2-6* Chemische Zusammensetzung der höherfesten mikrolegierten Feinkornstähle zum Kaltumformen

| Stahlsorte | % C | % Si | % Mn | % P | % S |
|---|---|---|---|---|---|
| | höchstens | | | | |
| Q StE 340 TM | 0,10 | 0,50 | 0,80 | 0,03 | 0,03 |
| Q StE 380 TM | 0,10 | 0,50 | 0,90 | 0,03 | 0,03 |
| Q StE 420 TM | 0,10 | 0,50 | 1,00 | 0,03 | 0,03 |
| Q StE 460 TM | 0,10 | 0,50 | 1,20 | 0,03 | 0,03 |
| Q StE 500 TM | 0,10 | 0,50 | 1,40 | 0,03 | 0,03 |

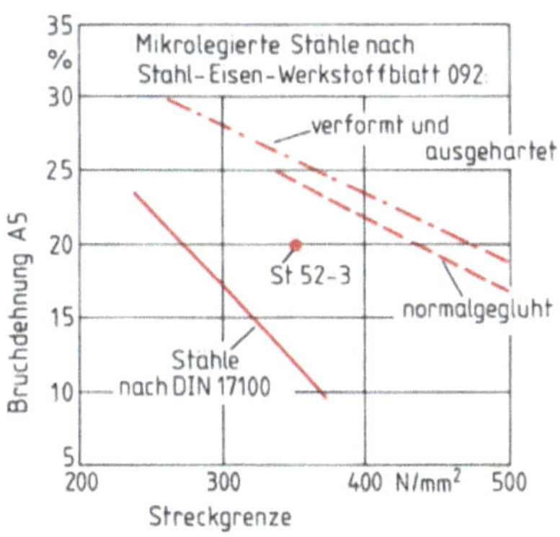


*Bild 2-18 Gegenüberstellung der mechanischen Eigenschaften von höherfesten mikrolegierten Feinkornstählen und von St 52-3*

### Hochfeste Stähle

Hochfeste Stähle sind hochlegierte Stähle mit extrem hohen Zugfestigkeiten und ausreichender Umformbarkeit (Duktilität) und Zähigkeit, die nach den in Abschnitt 2.4.6 beschriebenen Verfahren erschmolzen werden. Sie werden wegen ihres hohen Festigkeit/Gewicht-Verhältnisses in der Fahrzeug-, Luft- und Raumfahrtindustrie und im militärischen Bereich verwendet. Man unterscheidet:

**Hochfeste Vergütungsstähle, z.B. X41CrMoV5 1,** Zugfestigkeit 2000 N/mm², die ihre Gebrauchseigenschaften durch Vergüten (s. Abschnitt 2.8.3) erhalten.

**Hochfeste martensitaushärtbare Stähle, z.B. X2NiCoMoTi 18 12 4,** Zugfestigkeit 2500 N/mm², die ihre Gebrauchseigenschaften durch die in Abschnitt 2.8.4 beschriebenen thermomechanischen Behandlungen erhalten.

### Warmfeste Stähle

Mit steigender Temperatur nimmt die Festigkeit der Stähle ab. Bis etwa 350 °C können die bei Raumtemperatur verwendeten Stähle eingesetzt werden. Für Temperaturen von 350 °C bis 540 °C werden niedriglegierte, sog. warmfeste Stähle verwendet, die vorwiegend mit Cr und Mo legiert sind. Bis zu etwa 450 °C verzundern diese Stähle kaum.

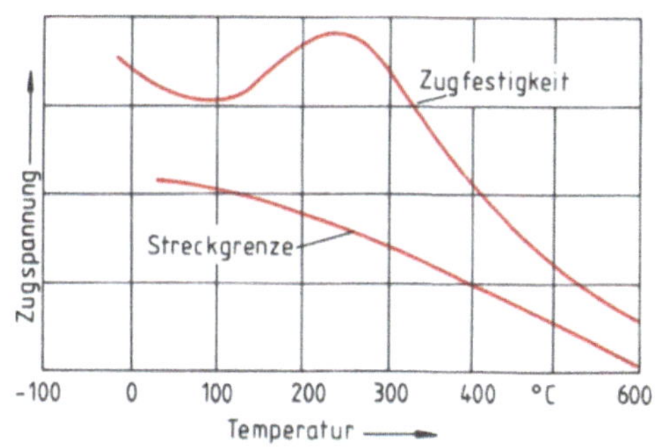


*Bild 2-19 Festigkeitseigenschaften eines unlegierten Stahls in Abhängigkeit von der Temperatur*

### Stähle mit erhöhtem Rostwiderstand

Stähle mit erhöhtem Rostwiderstand werden auch als **schwerrostende** oder **witterungsbeständige Stähle** bezeichnet. Man versteht darunter eine Gruppe von niedriglegierten Stählen mit höherem Kupfer- und Phosphorgehalt (0,3 % Cu, 0,1 % P), die beim Rostvorgang zunächst eine dichte Rostschicht bilden und dadurch das Weiterrosten verzögern. Die zur Erhöhung der Festigkeit mit etwas Chrom/Nickel legierten Stähle gehören ebenfalls zu dieser Stahlgruppe.

Der erhöhte Rostwiderstand ist nur beim Angriff durch feuchte und verunreinigte Luft und

Regeln und bei dauerndem Eintauchen in Wasser vorhanden. Das Unterrosten von Anstrichen ist bei diesen Stählen erschwert.

Anwendung: Bauteile, die mit und ohne Schutzanstriche Witterungseinflüssen ausgesetzt sind, z.B. Eisenbahnoberbauten, Gittermaste und Brücken, sowie Bauteile, die im Boden eingegraben werden oder dauernd im Wasser sind, z.B. Rohre, Tanks, Schiffsteile u.a.

**Nichtrostende Stähle**[1]

Mit dem in DIN 17 440 festgelegten Begriff Nichtrostende Stähle wird eine Anzahl von hochlegierten Stählen gekennzeichnet, die sich durch besondere Beständigkeit gegenüber chemisch angreifenden Stoffen auszeichnen. Sie haben im allgemeinen einen Chromgehalt von mindestens 12 % und werden nach ihrem Gefüge und/oder nach ihren Legierungsbestandteilen in Gruppen eingeteilt und benannt. Man unterscheidet:

**Austenitische**[2] **Chrom-Nickel-Stähle,** z.B. **X6CrNi 18 11,** die bei hoher chemischer Beanspruchung verwendet werden, z.B. in der Nahrungsmittelindustrie und chemischen Industrie, im Bauwesen und in der Medizin. Durch Molybdänzusatz, z.B. **X2CrNiMo 18 12,** wird ihre chemische Beständigkeit gesteigert.

**Martensitische und vorwiegend ferritische Chromstähle.** Eine scharfe Trennung zwischen diesen beiden Gruppen besteht nicht, da sich mit verschiedenen Kohlenstoffgehalten ein stetiger Übergang ergibt; z.B. **X40bCr 13** = martensitisch, **X7Cr 13** = vorwiegend ferritisch.

Chromstähle sind in gehärtetem Zustand und mit polierter Oberfläche beständig gegen Wasser und Wasserdampf und gegen die in Haushaltungen auftretenden aggressiven Medien.

*Verwendung:* Zur Herstellung von Haushaltsgeräten aller Art, Dampfmaschinenteilen (Turbinenschaufeln, Kolbenstangen) und Pumpen, im Automobilbau für Radzierkappen, Zierleisten und Auspufftöpfen.

[1] Der Ausdruck „rostfreie Stähle" soll vermieden werden; denn er kennzeichnet einen vorübergehenden Zustand, keine Eigenschaft.

[2] Austenitisch hier als Name verwendet.

**Superferrite**

Superferrite sind Nichtrostende Stähle. Sie enthalten etwa 0,005 % Kohlenstoff, 0,010 % Stickstoff, 30 % Chrom und 2 % Molybdän. Ihre Zugfestigkeit beträgt 550 ... 700 N/mm², ihre Bruchdehnung 20 ... 15 %. Im Gegensatz zu den anderen nichtrostenden Stählen kann sie eine hohe Korrosionsbeständigkeit in Chloridionen (Salz)-Lösungen und sind sehr gut schweißbar und kaltumformbar.

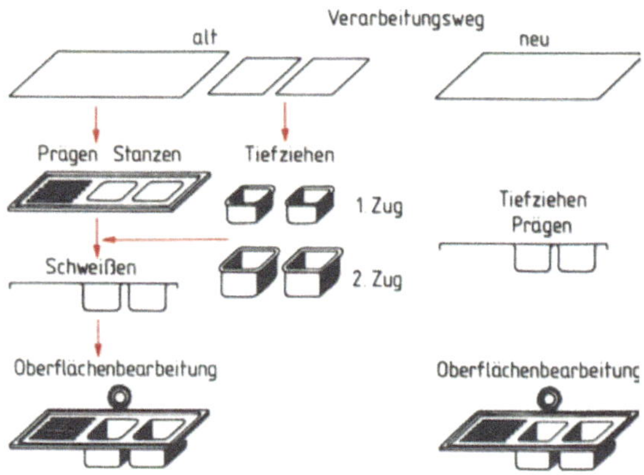


*Bild 2-20 Vergleich der Fertigung von Haushaltspülen mit den herkömmlichen nichtrostenden Stählen und den Superferriten (neu)*

## 2.7 Innerer Aufbau des Stahls

### 2.7.1 Makroskopischer Aufbau

In allen Metallschmelzen sind die Metallatome weitgehend ungeordnet. Beim Erstarren der Schmelzen ordnen sich die Metallatome in einer regelmäßigen räumlichen Anordnung, d.h., sie bilden **Kristalle.** Die Kristallbildung erfolgt an vielen Stellen der Schmelze gleichzeitig. Das Kristallwachstum dauert so lange, bis die einzelnen Kristalle aneinander stoßen. Die dadurch unregelmäßig begrenzten Kristalle heißen **Kristallite** oder **Körner,** die Trennflächen zwischen den Körnern **Korngrenzen** und die Anordnung der Körner **Gefüge.** Die einzelnen Körner sind meist schon bei geringer Vergrößerung sichtbar.

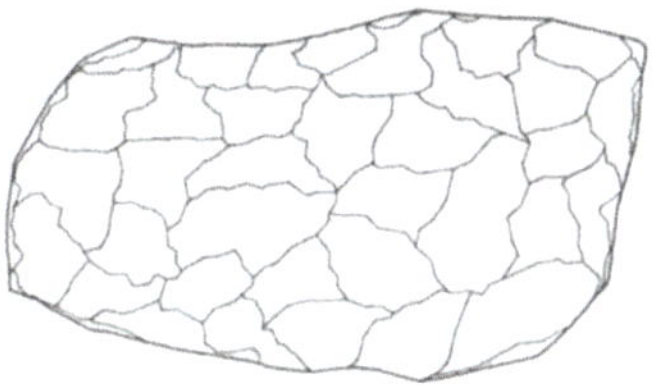

*Bild 2-21 Kristallgruppe*

Das Schnittbild durch die Stelle A–B, an der die Kristallgruppe zusammengewachsen ist, zeigt das sog. Gefüge.

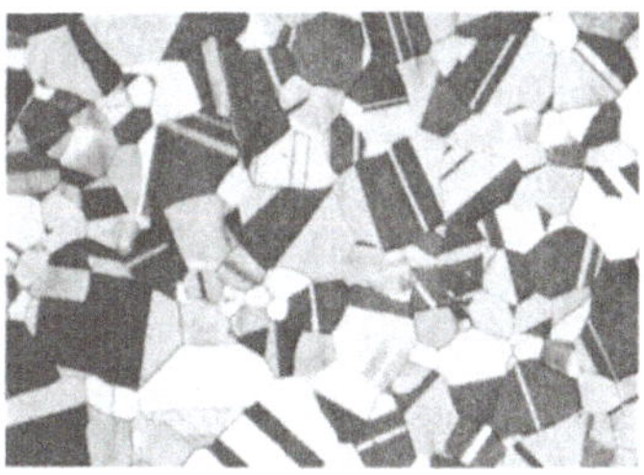

Bildvergrößerung: 300 : 1

*Bild 2-22 Geätzter Schliff einer Silber-/Kupfer-Legierung*

*Bild 2-23 Aluminium-Oberfläche*

Vergrößerung 10000 : 1. Die hellen Flächen sind die beim Trennen durchschnittenen Kristalloberflächen.

> Alle Gebrauchsmetalle sind im festen Zustand eine Anhäufung von Kristalliten.

**Gefügeunabhängige Metalleigenschaften:** Schmelzpunkt, Dichte und der Elastizitätsmodul, der sich durch Legieren geringfügig ändert.

**Gefügeabhängige Metalleigenschaften:** Festigkeitswerte, spanabhebende Bearbeitbarkeit, Umformbarkeit, Korrosionsbeständigkeit und elektrische Leitfähigkeit.

### 2.7.2 Mikroskopischer Aufbau (atomistische Betrachtungsweise)

Aus der Atombindung, s. Abschnitt 1.1.2, folgt, daß Stahl im festen Zustand mit allen Gebrauchsmetallen folgende Eigenschaften gemeinsam hat:

**Gute elektrische Leitfähigkeit** infolge der drei beweglichen Elektronen des Elektronengases;

**Plastische Verformbarkeit.** Alle Atomrümpfe sind gleichwertig und lassen sich verschieben, ohne die Metallbindung aufzuheben;

**Kristalliner Aufbau.** Alle positiven Atomrümpfe befinden sich im Gleichgewicht mit den negativen Elektronen des Elektronengases, was zur regelmäßigen räumlichen Anordnung der Atome in **Raum-/Kristallgittern** führt, Bild 2-24.

**Ideal regelmäßiger Aufbau der Raum-/Kristallgitter**

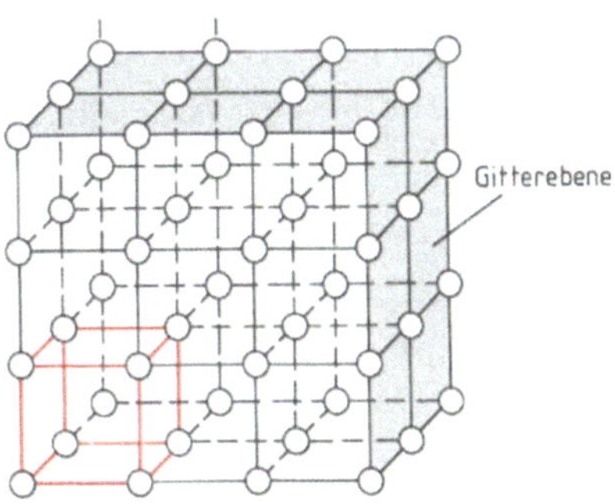


*Bild 2-24 Raum-/Kristallgitter*

Kreise = Atome. Der in der linken unteren Ecke mit roten Linien gekennzeichnete und aus 8 Atomen gebildete Würfel ist eine Elementarzelle. Die Linien dienen nur zur anschaulichen Darstellung der Atompositionen, darüberhinaus haben sie keine Bedeutung. Auf einen Millimeter kommen 2 bis 4 Millionen Atome.

Ein Raum-/Kristallgitter kann man sich durch den Zusammenbau von vielen gleichen Elementarzellen entstanden denken. Die Elementarzellen dienen zur einfachen Beschreibung der Atomanordnungen in den Metallen.

In den Bildern 2-25 und 2-26 sind die Elementarzellen der Raum-/Kristallgittertypen wiedergegeben, die im Stahl auftreten können.

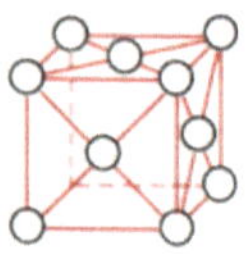

*Bild 2-25*

*Kubisch-flächenzentrierte (kfz) Elementarzelle*

Atome in den Ecken und in den Schnittpunkten der Flächendiagonalen.

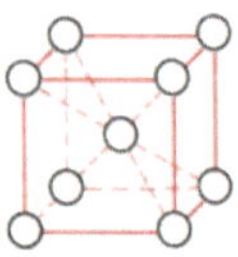

*Bild 2-26*

*Kubisch-raumzentrierte (krz) Elementarzelle*

Atome in den Ecken- und ein Atom im Schnittpunkt der Raumdiagonalen

**Verformung von Idealkristallen**

Teile der nach Bild 2-24 aufgebauten Idealkristalle lassen sich durch äußere Kräfte gegeneinander verschieben ohne den Zusammenhang der verschobenen Teile zu stören. In den Bildern 2-27 bis 2-30 ist der Verschiebe-/Verformungsmechanismus schematisch dargestellt.

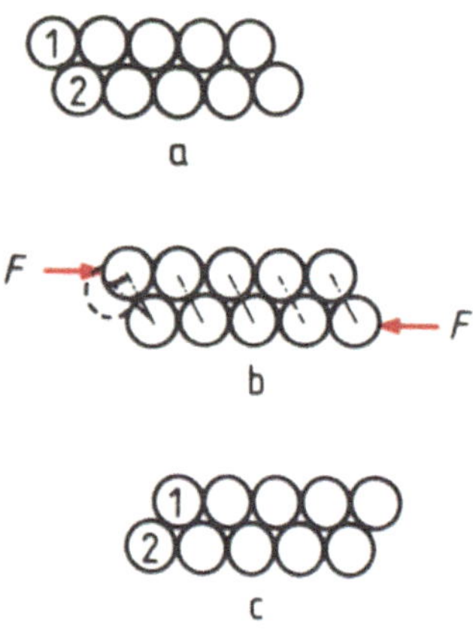


*Bild 2-27 Lage der Atome bei elastischer und plastischer Verformung*

a) Vor der Belastung
b) elastische Verformung
c) plastische Verformung

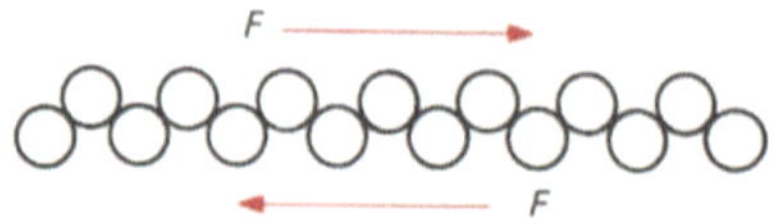


*Bild 2-28 Große Atomabstände*

= geringe Packungsdichte

= größere Verschiebekräfte als in Bild 2-27

Unter der Einwirkung von geringen äußeren Kräften werden die Atome in Bild 2-27 nur angehoben. Wenn die Kräfte nicht mehr wirken, kehren die Atome auf ihre Plätze zurück = **elastische Verformung.**

Nach der Einwirkung von größeren äußeren Kräften kehren die Atome nicht mehr auf ihre Plätze zurück und gleiten in die nächste Mulde = **plastische Verformung.**

Nach Bild 2-28 wird die erforderliche Verschiebekraft mit zunehmenden Atomabständen, also geringerer Packungsdichte, größer.

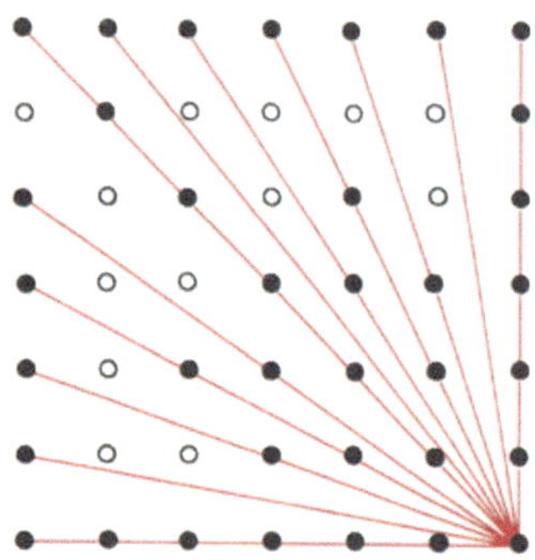

*Bild 2-29 Gitterebene eines Kristalls mit mehreren Gittergeraden, die fast alle unterschiedlich dicht mit Atomen belegt sind*

In Bild 2-29 sind in eine Kristallgitterebene nach Bild 2-24 verschiedene Geraden eingezeichnet, die fast alle unterschiedlich dicht mit Atomen besetzt sind. Senkrecht zur Papierebene bedeuten die Geraden **Gitterebenen.** Aus Bild 2-28 folgt, daß die Verschiebung/Verformung von Kristallteilen durch **Abgleiten** auf den am dichtesten mit Atomen besetzten Ebenen, den sog. **Gleitebenen** erfolgt.

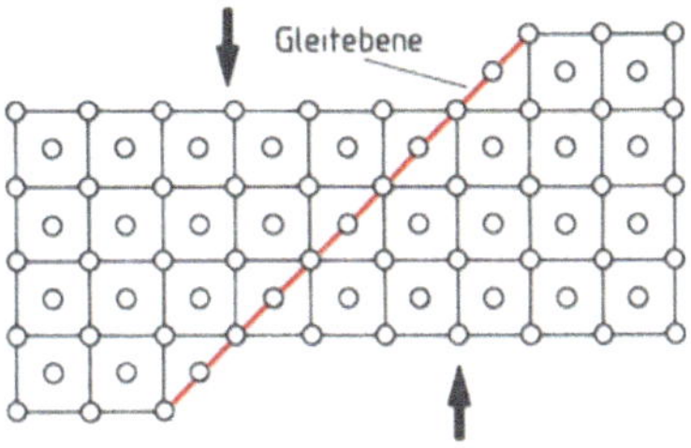


*Bild 2-30 Abgleiten der Atome entlang einer Gleitebene bei plastischer Verformung eines Kristalls*

Auf die Darstellung der unter der Einwirkung der äußeren Kräfte stattfindenden elastischen Verformung wurde verzichtet. Die Abbildung zeigt also den Zustand nach erfolgter Abgleitung, ohne daß äußere Kräfte auf das Kristall einwirken.

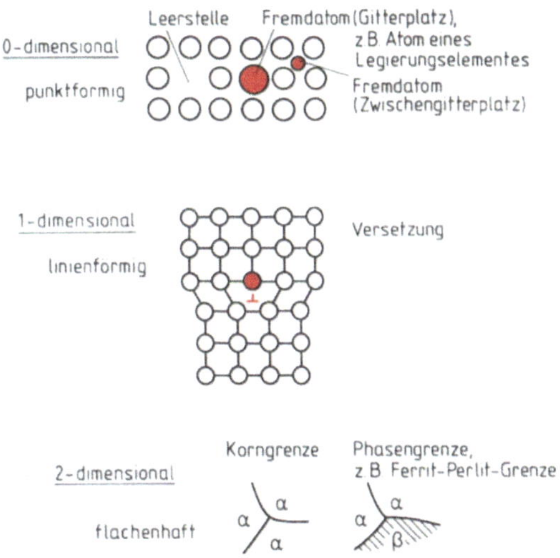


*Bild 2-31 Störungen des regelmäßigen Kristallaufbaus durch Baufehler*

## Kristallgitterbaufehler

Bisher wurde der Verformungsvorgang an Hand von idealisierten Kristallmodellen dargestellt. In Wirklichkeit enthalten jedoch alle Metallkristalle eine mehr oder weniger große Anzahl von Baufehlern verschiedener Art.

> Die Baufehler der Metallkristalle sind für die Metalleigenschaften von grundlegender Bedeutung.

**Leerstellen** sind von Atomen unbesetzte Gitterplätze. Sie entstehen durch Kaltumformen und Erwärmung. Bei Raumtemperatur befindet sich auf 1 $mm^2$ je Gitterebene etwa eine Leerstelle, bei Schmelztemperatur sind es etwa 100 Mio./$mm^2$. Leerstellen ermöglichen die Wanderung von Metallatomen innerhalb eines Kristalls, die **Diffusion** genannt wird. Da mit zunehmender Temperatur außer der Zahl der Leerstellen auch die Schwingungsweiten der Atome größer werden, nimmt auch die **Diffusionsgeschwindigkeit** mit der Temperatur zu.

> Diffusionsvorgänge treten bei der Wärmebehandlung und der Korrosion sowie beim Sintern, Löten, Kleben, Altern und Plattieren auf.

**Fremdatome.** Sind in einem Kristallgitter Fremdatome eingebaut oder gelöst, z.B. Atome eines Legierungselementes, so spricht man von fester Lösung, und die Kristalle werden dann **Mischkristalle** (MK) genannt. Je nach Durchmesser der Fremdatome und Gitterart können die Fremdatome auf Gitterplätzen und in Zwischengitterplätzen eingebaut sein.

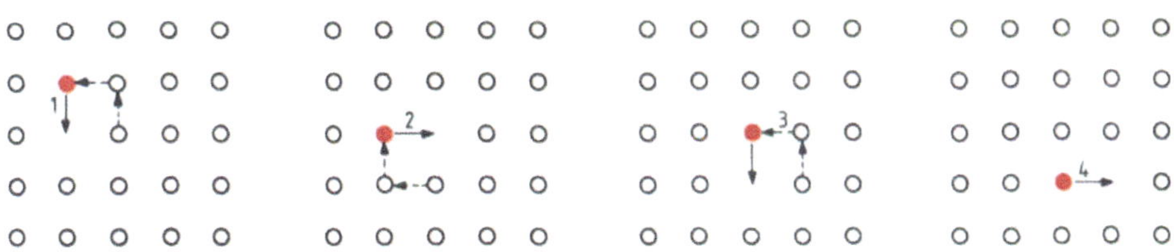


*Bild 2-32 Wanderung/Diffusion eines Kohlenstoffatoms in einem Stahlkristall in 4 Sprüngen*

• Kohlenstoffatom, ○ Eisenatome

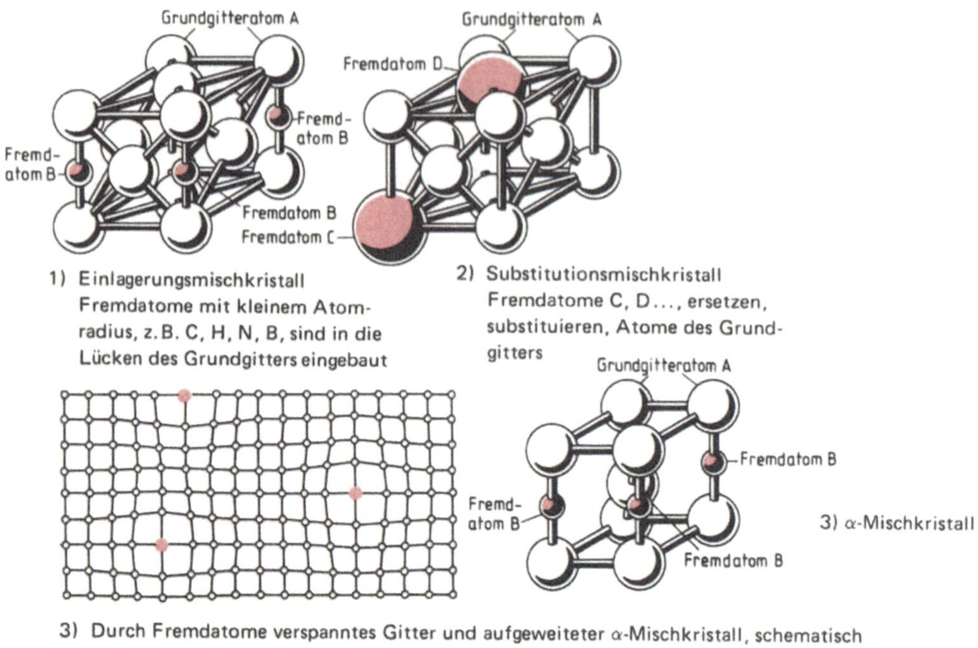


*Bild 2-33 Aufbau der Mischkristalle*

1) und 2) γ-Mischkristalle, 3) α-Mischkristall.

Die durch Fremdatome hervorgerufene Verspannung der Grundgitter kann eine obere Grenzspannung nicht überschreiten. Der zugehörige Fremdatomgehalt heißt Grenzkonzentration oder Löslichkeit. Im Gegensatz zu den festen Mengenverhältnissen der chemischen Verbindungen kann sich die Zusammensetzung der Mischkristalle innerhalb der Sättigungsgrenze beliebig ändern.

Mischkristalle sind mikroskopisch von reinen Metallen nicht zu unterscheiden. Bei Cu-Zn- und Cu-Ni-Legierungen ist die Farbe ein Anhaltspunkt für den Legierungsgehalt.

Die durch Fremdatome bewirkte Verspannung des Kristallgitters führt zur Steigerung der Festigkeit des Stahls (Mischkristallhärtung/Legierungsverfestigung und Aushärtung).

**Versetzungen** sind Kristallgitterbaufehler, die ebenfalls beim Erstarren von Schmelzen und beim Umformen entstehen. Sie sind das Grundelement der Festigkeit und der Umformbarkeit der Metalle.

In Bild 2-34a liegen die als miteinander verbundene Kugeln dargestellten Atome in Wellblechmulden. Zum Verschieben in die nächsten Mulden müssen alle Atome gleichzeitig auf die höchsten Stellen des Wellblechs gehoben werden. Von da aus gleiten sie von selbst in die nächsten Mulden.

In Bild 2-34b sind die Atome gegenüber den Mulden versetzt, ihre Abstände zu den höchsten Stellen sind verschieden. Beim Verschieben erreichen sie nacheinander die höchsten Stellen, so daß gegenüber Bild 2-34a eine kleinere Verschiebekraft erforderlich ist. Eine Atomanordnung dieser Art nennt man **Versetzung,** in diesem Falle Stufenversetzung. Die Kennzeichnung einer Stufenversetzung erfolgt durch das Symbol ⊥. Der senkrechte Strich des Symbols bedeutet die in Bild 2-34d eingeschobene Halbebene; der waagerechte Strich kennzeichnet die Kristallgitterebene, bis zu der die Halbebene in das Gitter hineinreicht.

Versetzungen sind linienförmige Gitterstörungen.

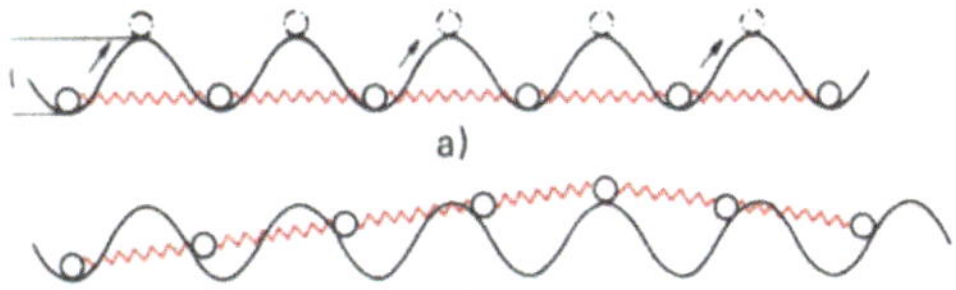


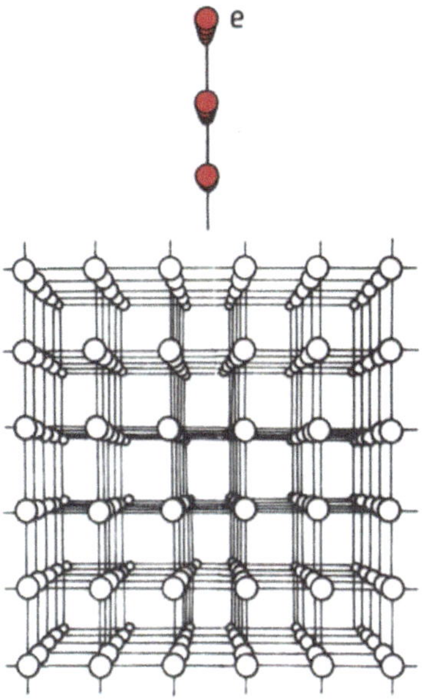


c)

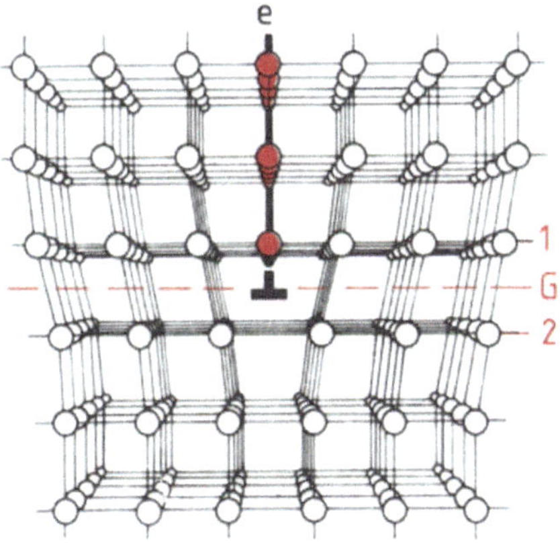


d)

*Bild 2-34 Schematische Darstellung einer Stufenversetzung*

a) Wellblechmodell zur Erklärung des Begriffs Versetzung.
b) Die Kugeln sollen Atome, die Federn die zwischen den Atomen wirkenden Kräfte darstellen.
c) Fehlerfreies Kristallgitter mit Gitterebene e.
d) Zustand nach dem gedachten Einschieben der Gitterebene e in die obere Kristallgitterhälfte. Die obere Kristallgitterhälfte wird durch e auf Druck, die untere auf Zug beansprucht, und die Atomabstände werden entsprechend vergrößert/verkleinert. Zwischen den Gittergeraden 1 und 2 klingen die elastischen Spannungen ab. Das unterste Atom von e ist gegenüber den benachbarten Atomen der Gittergeraden 2 um einen halben Atomabstand versetzt. G = Gleitebene bei plastischer Verformung des Kristalls.

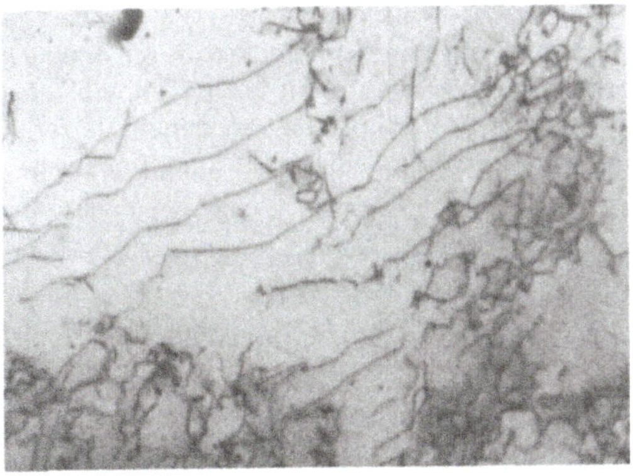

*Bild 2-35 Elektronenmikroskopische Aufnahme von Versetzungslinien in kaltverformten Aluminium (nach Alusuisse)*

Jede Versetzungslinie kann sich über Hunderte oder Tausende benachbarter Atome hinweg erstrecken. Legt man einen Schnitt durch ein kaltverformtes Metall, dann werden pro cm$^2$ Schnittfläche ca. $10^{12}$ Versetzungslinien geschnitten, in schwach kaltverformtem Gefüge etwa $10^{10}$ und im Gußzustand $10^8$. Letzteres bedeutet z.B., daß sich in einem kleinen Würfel von 1 mm Kantenlänge 1 km Versetzungslinien befinden, wobei diese jeweils einen durchschnittlichen Abstand von ca. 1 $\mu$m haben.

### Wanderung von Versetzungen

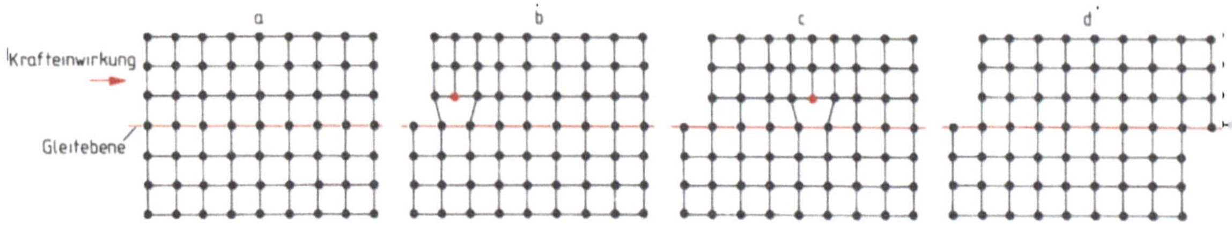


*Bild 2-36 Wanderung einer Stufenversetzung entlang einer Gleitebene bei plastischer Verformung*

In Bild 2-36 bedeuten: 2-36a unverformter Zustand; 2-36b Bildung einer Versetzung; 2-36c Wanderung der Versetzung auf einer Gleitebene; 2-36d die Versetzung ist an der Korngrenze ausgelaufen, die Verformung wurde mit geringem Kraftaufwand durchgeführt.

Vergleich: Beim Verschieben eines schweren Teppichs bildet man am Ende des Teppichs eine Wölbung, die man zum anderen Ende mühelos verschiebt.

### Versetzungen und Festigkeit der Metalle

Die errechnete Festigkeit des reinen Eisens beträgt 2000 N/mm², festgestellt wird an Kristallen aus reinem Eisen eine Festigkeit von 10 N/mm². Dies läßt darauf schließen, daß das gleichzeitige Abscheren ganzer Kristallebenen nicht der in der Wirklichkeit auftretende Verformungsmechanismus ist. Die Erklärung bietet der Begriff der Versetzungen.

> Versetzungen verringern die Festigkeit der Metalle.

Folgende Maßnahmen zur Erhöhung der Festigkeit und Härte der Metalle beruhen darauf, der Wanderung von Versetzungen möglichst viele Gitterbaufehler als Hindernisse in den Weg zu legen.

**1. Legierungsverfestigung.** Kleinere gelöste Fremdatome können die linienförmigen Versetzungen nur durch Verbiegen, größere nicht umgehen. Vergleich: Transport einer waagerecht gehaltenen Stange durch einen Wald.

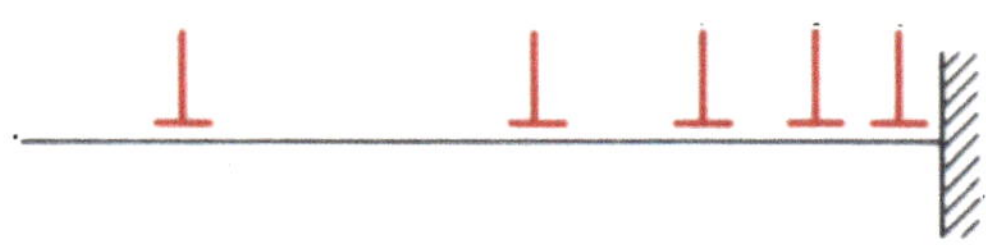

*Bild 2-37 Versetzungsstau vor einem Hindernis, z.B. einer Korngrenze*

**3. Umformen ohne Anwärmen (Kaltumformen).** Durch plastische Verformung eines Metallstückes werden die linienförmigen Versetzungen verschoben. Dadurch entstehen an den Baufehlern nach 1. und 2. ständig neue Versetzungen, so daß ihre Anzahl mit dem Verformungsgrad zunimmt. Es kommt zur Unbeweglichkeit der Versetzungen durch Häufung/Versetzungsstau, Verminderung der Verformbarkeit und Erhöhung der Festigkeit. Beim Umformen nach Anwärmen, z.B. Schmieden, sind die Atome des Metallstückes beweglich, so daß die entstehenden Versetzungen sich sofort auflösen. Die Festigkeit der Metalle wird also durch Schmieden **nicht** erhöht.

**2. Vergößerung der Korngrenzen durch kleine Körner.** Korngrenzen sind Zwischenbereiche mit starken Fehlordnungen, an denen Versetzungen aufgehalten, aufgestaut und unbeweglich werden.

> Versetzungen ermöglichen die plastische Verformung und die Erhöhung der Festigkeit der Metalle.

**4. Wärmebehandlung,** s. Abschnitt 2.8.

**Wiederholungsfragen**

1. Was versteht man unter a) Kristallite, b) Korngrenzen, c) Gefüge?
2. Welches sind a) gefügeabhängige, b) gefügeunabhängige Metalleigenschaften?
3. Was versteht man unter Raum-/Kristallgitter?
4. Welche Kristallgittertypen können im Stahl auftreten?
5. Was versteht man unter Gleitebenen?
6. Welche Kristallgitterbaufehler gibt es?
7. Was versteht man unter Diffusion in der Werkstoffkunde?
8. Wodurch entstehen Mischkristalle?
9. Was versteht man unter Versetzungen?
10. Warum vermindern Versetzungen die Festigkeit unverformter Metalle?
11. Welche Maßnahmen erhöhen die Festigkeit der Metalle?

## 2.8 Wärmebehandlung der Stähle

In gewissen Temperaturbereichen verändern sich die Bestandteile der Stahlgefüge. Die verschiedenen Gefügebestandteile haben zum Teil wesentlich voneinander abweichende Eigenschaften. Die Wärmebehandlung der Stähle hat den Zweck, durch Temperaturänderungen in Werkstücken bestimmte Gefügebestandteile und damit bestimmte Eigenschaften der Werkstücke zu erzielen. Man unterscheidet die Verfahrensgruppen Härten und Glühen.

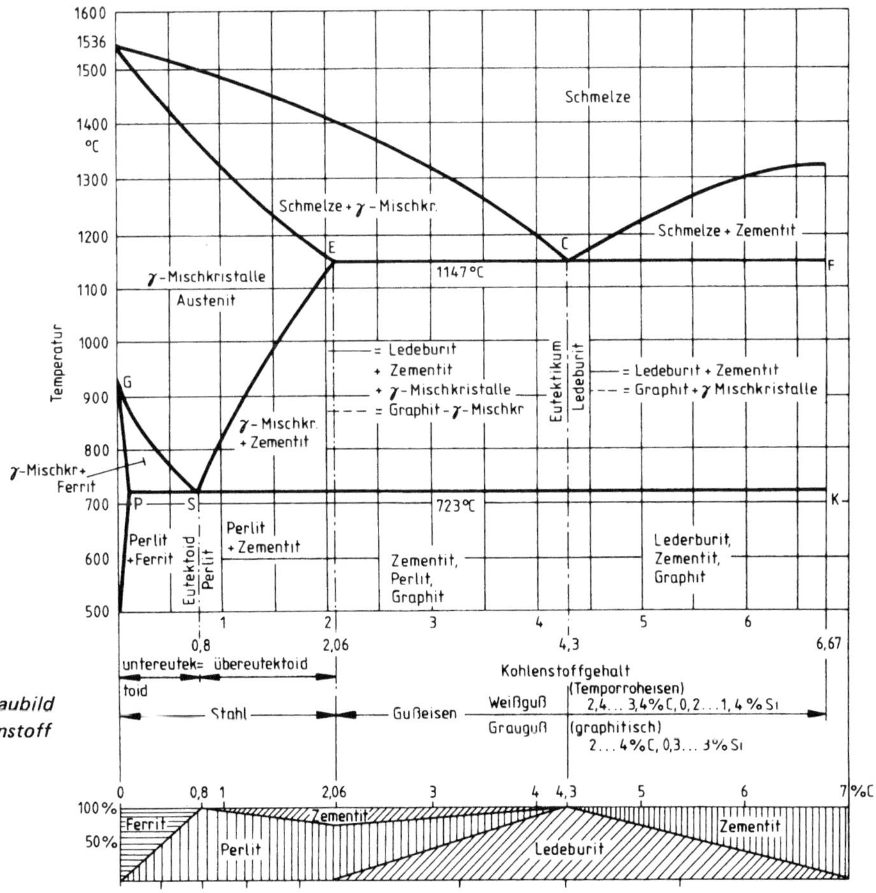


*Bild 2-38*
*Zustandsschaubild*
*Eisen-Kohlenstoff*

## 2.8.1 Gefügebestandteile der Stähle

Bei Abkühlung der Schmelzen von Eisen-Kohlenstoff-Legierungen auf Raumtemperatur entstehen bei unterschiedlichen Kohlenstoffgehalten in verschiedenen **Temperaturbereichen des festen Zustandes** (verschiedene Zustände) unterschiedliche Gefügebestandteile. Die beschriebenen Gefügebestandteile bilden die Grundlage aller Stahl- und Gußeisensorten.

**Gültigkeit der Stahlecke in der dargestellten Form:**

1. Nur für unlegierte Stähle, z.B. für Grundstähle. Bei den heute überwiegend verwendeten legierten Stählen verschieben sich die Linien G-S, S-E und P-S-K z.T. erheblich.
2. Nur bei sehr langsamer Ofenabkühlung der unlegierten Stähle; denn die Umwandlung des Austenits in andere Gefügebestandteile erfolgt durch zeitraubende Diffusion/Atomwanderung in Leerstellen. Abkühlung an Luft nach dem Schmieden/Warmwalzen ist z.B. schon schnelles Abkühlen mit Verschiebung des Punktes S nach links unten, s. Bild 2-44.

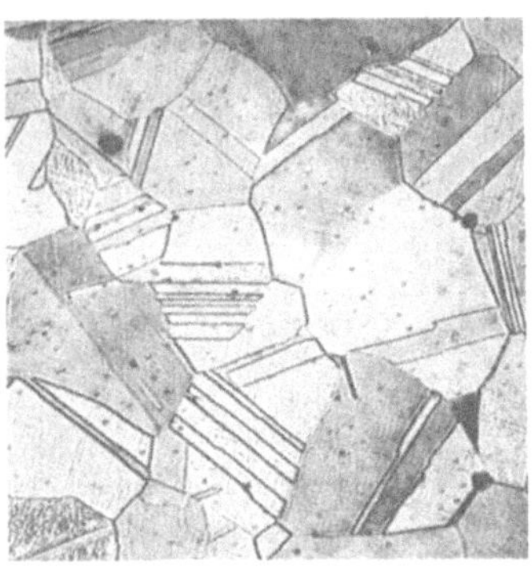

*Bild 2-39 Vollkommen einheitliches Gefüge der festen Lösung, Austenit, γ-Mischkristalle*

Bildvergrößerung: 200 : 1

Stahlschmelzen, also Eisen-Kohlenstoff-Legierungen mit weniger als 2,06 % C, erstarren durch kfz. Kristallisation mit vollständiger Lösung des Kohlenstoffs, s. Bild 2-38). Diese feste Lösung heißt **Austenit,** die Austenitkristallite werden **γ-Mischkristalle** genannt.

Nach langsamer Abkühlung von Austenit mit einem C-Gehalt von 0,8 % klappt bei 723 °C das γ-Gitter des Austenits in das α-Gitter des Ferrits um. Dabei entsteht ein Gemisch aus Ferrit-Zementit-Streifen, sog. Ferrit-Zementit-Lamellen.

Ferrit/α-Fe, mit dem Gittertyp krz, ist sehr weich. Zementit/$Fe_3C$ ist eine chemische Verbindung und sehr hart. Das Gemisch aus Ferrit-Zementit-Lamellen wird wegen seines perlmuttartigen Glanzes als Perlit oder Eutektoid[1] bezeichnet.

Die Perlitbildung beginnt an den Korngrenzen des Austenits und wächst als lammelares Gefüge in die Austenitkörner hinein. In den Bildern 2-40 bis 2-42 sind die Ferrit-Zementit-Lamellen als feine Streifen erkennbar.

Die Perlitbildung erfolgt unter der Voraussetzung, daß der Austenit bei 723 °C 0,8 % Kohlenstoff enthält. Bei der Abkühlung von Austenit mit anderen Kohlenstoffgehalten als 0,8 % muß daher schon oberhalb von 723 °C

- **Ferrit ausscheiden,** wenn der Austenit weniger als 0,8 % Kohlenstoff enthält;
- **Kohlenstoff in Form von Zementit ausscheiden,** wenn der Austenit mehr als 0,8 % Kohlenstoff enthält.

Bei Raumtemperatur besteht das Gefüge im ersten Fall aus Ferrit und Perlit, im zweiten Fall aus Zementit und Perlit.

Nach dem Kohlenstoffgehalt unterscheidet man:

**Untereutektoider Stahl** mit weniger als 0,8 % C, der nach Ofenabkühlung Ferrit und lamellaren Perlit enthält;

**Eutektoider Stahl** mit 0,8 % C, der nach Ofenabkühlung nur Perlit, d. s. Lamellen von Ferrit und Zementit, enthält;

**Übereutektoider Stahl** mit mehr als 0,8 % C, der nach Ofenabkühlung lamellaren Perlit und Zementit auf den Korngrenzen enthält.

1) *eutektos* (gr., bedeutet leicht schmelzend); die zugehörige Mischung heißt *Eutektikum,* vgl. Punkt C in Bild 2-38. Bei Umwandlung im festen Zustand *Eutektoid* statt Eutektikum, vgl. Punkt S in Bild 2-38.

*Bild 2-40 Gefüge einer untereutektoiden Eisen-Kohlenstoff-Legierung*

Ferrit = hell und Perlit = dunkel.
Vergrößerung: 500 : 1.

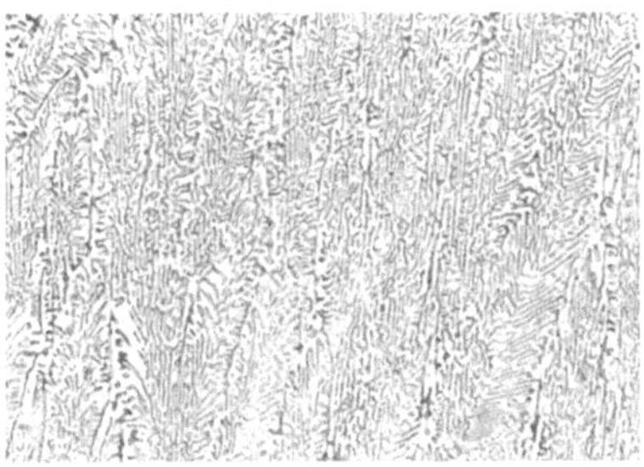

*Bild 2-41 Gefüge einer eutektoiden Eisen-Kohlenstoff-Legierung*

Nur Perlit, d.h. Lamellen von Zementit und Ferrit.
Vergrößerung: 500 : 1.

*Bild 2-42 Gefüge einer übereutektoiden Eisen-Kohlenstoff-Legierung*

Zementit = helles Netz auf den Korngrenzen und Perlit.
Vergrößerung: 500 : 1.

## 2.8.2 Härten

Stähle erhalten die Eigenschaft der Härtbarkeit durch Zulegieren von solchen Atomen, die kleiner sind als Eisenatome und sich innerhalb der Eisengitter anordnen können, z.B. C-, Ti-, Nb- und V-Atome, s. Bild 2-33. Die herkömmlichen härtbaren Stähle sind wegen ihres höheren C-Gehaltes härtbar, die sehr wenig C enthaltenden neuen mikrolegierten Stähle sind es wegen ihrer Ti-, Nb- und V-Zusätze.

Die Härtung der Stähle mit höherem C-Gehalt erfolgt durch **Umwandlungshärtung,** d.h. in Verbindung mit der $\gamma \rightarrow \alpha$ Umwandlung der Eisengitter. Ihre erreichbare Höchsthärte/Aufhärtbarkeit hängt ausschließlich von der Höhe des Kohlenstoffgehaltes ab.

Die Härtung der mikrolegierten Stähle erfolgt durch **Ausscheidungshärtung,** d.h. durch Ausscheidung von TiC-, NbC- und VC-Teilchen, die Hindernisse für die Bewegung der Versetzungen sind, s. Abschnitt 2.8.4.

> Umwandlungshärtung ist mit Verringerung der Dehnung verknüpft. Durch Ausscheidungshärtung werden Verfestigung und gleichzeitig gute Kaltumformbarkeit erzielt.

Gehärtet werden Werkstücke.

### Härten der Stähle durch eutektoide Umwandlung

Während der eutektoiden Umwandlung müssen die Kohlenstoffatome im festen Zustand des Stahls durch Diffusion an andere Plätze transportiert werden. Daher entsteht bei unterschiedlicher Abkühlungsgeschwindigkeit des Austenits Perlit von unterschiedlicher Form und Härte.

> Korn- und Perlitlamellengrenzen beeinflussen in gleicher Weise die Härte und Zugfestigkeit der Stähle. Beide verkürzen mit zunehmender Feinheit die Wanderwege der Versetzungen und bewirken dadurch Härtung und Verfestigung.

Nach dem Walzen läßt man die Walzstahlfertigerzeugnisse an Luft abkühlen, sie werden an Luft abgeschreckt. Ein schnell erkaltendes

*Tabelle 2-7* Einfluß der Abkühlungsgeschwindigkeit auf die Form und Härte des Perlits eines Stahls mit 0,8 % C

| Abkühlungsgeschwindigkeit | Form und Härte des Perlits |
|---|---|
| sehr langsam, Ofenabkühlung | breitstreifiger Perlit, 150 HV |
| langsam, an Luft, dickes Stück | dichtstreifiger Perlit, 200 HV |
| ziemlich schnell, an Luft, dünnes Stück | sehr dichtstreifiger Perlit, Abschrecksorbit, 280 HV |
| schnell, Preßluft | äußerst dichtstreifiger Perlit, Abschrecktroostit, 400 HV |

dünnes Stück hat daher eine etwas höhere Härte und Festigkeit als ein langsamer erkaltendes dickes.

Dicke Stücke härten nicht durch, d.h. sie besitzen nach dem Härten eine harte Randschicht, die in einen weichen Kern übergeht. Die Einhärtungstiefe (Einhärtbarkeit des Stahls) wird durch Legieren mit solchen Metallen vergrößert, deren Atome größer sind als Eisenatome und den Härtevorgang verzögern.

**Härten durch martensitische Umwandlung**

**Martensit** besteht aus $\alpha$-Mischkristallen, s. Bild 2-33, und ist sehr hart. Er entsteht, wenn Austenit so schnell abgekühlt wird, daß eine diffusionsabhängige eutektoide Umwandlung nicht erfolgen kann.

Die martensitische Umwandlung erfolgt durch Schiebung der Atome des $\gamma$-Gitters auf die Plätze des $\alpha$-Gitters. Diese $\gamma/\alpha$-Umwandlung ist eine innere plastische Verformung, die eine Erhöhung der Versetzungsdichte und damit die hohe Härte der umgewandelten Kristallite mit verursacht.

*Bild 2-43 Martensitgefüge mit Restaustenit*

Helle Nadeln = Martensit, dunkler Grund = nicht umgewandelter Austenit. Bildvergrößerung 500 : 1.

Die C-Atome bleiben bei dieser $\gamma/\alpha$-Umwandlung auf den Plätzen, die sie im Austenit eingenommen haben. Dadurch entstehen aufgeweitete $\alpha$-Mischkristalle.

Die damit verbundene **Mischkristallhärtung** und die Härtung durch plastische Verformung ergeben zusammen die hohe Härte des Martensits. Die Martensitbildung erfolgt ohne Diffusion und daher mit Schallgeschwindigkeit.

Nach der martensitischen Umwandlung von umwandlungsfähigen Stählen bleibt ein Rest von nicht umgewandelten Austenit, der sog. **Restaustenit,** wie in Bild 2-43. Die Menge des Restaustenits hängt vom C-Gehalt, von der Abkühlungstemperatur und der Abkühlungsgeschwindigkeit ab. Durch Tiefkühlen, z.T. durch Anlassen, kann der Restaustenit umgewandelt werden.

**Härten des Stahls durch Zwischenstufenumwandlung**

Zwischenstufe nennt man das Umwandlungstemperaturgebiet zwischen eutektoider und martensitischer Umwandlung.

Bei der Umwandlung des Austenits im Bereich der Zwischenstufe tritt eine Reaktion auf, die der Martensitbildung ähnlich ist. Es entstehen Kristallite wie bei der Martensitbildung. Durch Diffusion bildet sich jedoch sofort feinverteilter Zementit, und es entsteht ein nadeliges Gefüge, das als **Zwischenstufengefüge** oder **Bainit** bezeichnet wird.

Für die Beurteilung der Abkühlungsverläufe beim Härten des Stahls werden **Zeit-Temperatur-Umwandlungs-Schaubilder,** kurz: **ZTU-Schaubilder** verwendet. Für jede Stahlsorte gibt es ein besonderes ZTU-Schaubild. Die Umwandlungsbereiche, in denen beim Abkühlen der Werkstücke die verschiedenen Stahlgefüge entstehen, sind in Bild 2-44 und Bild 2-45 mit dicken Linien umgrenzt.

Die Ergebnisse verschiedener Abkühlgeschwindigkeiten können an den dünn gezeichneten und am unteren Ende mit Härtewerten in Kreisen versehenen Abkühlungslinien vom Bild 2-45 abgelesen werden.

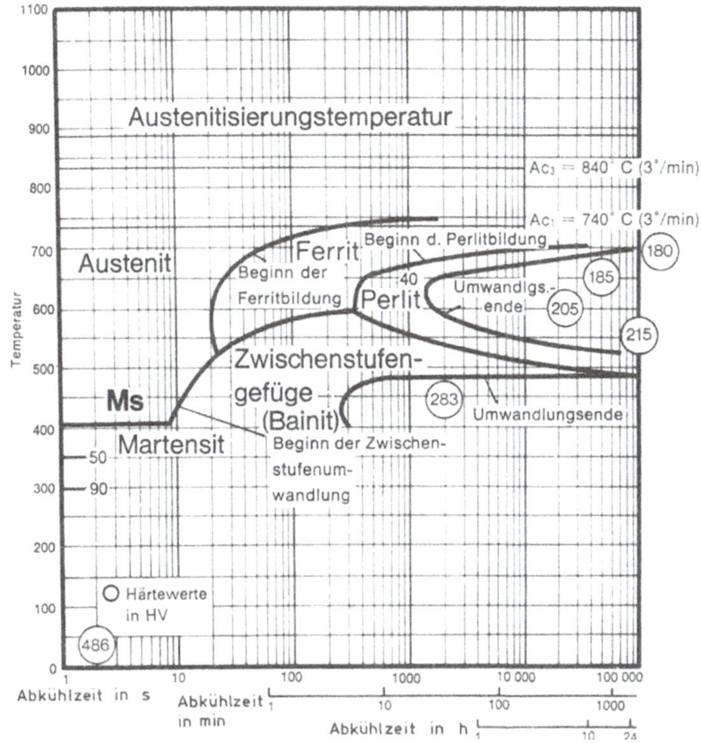


*Bild 2-44*
*Isothermisches ZTU-Schaubild*

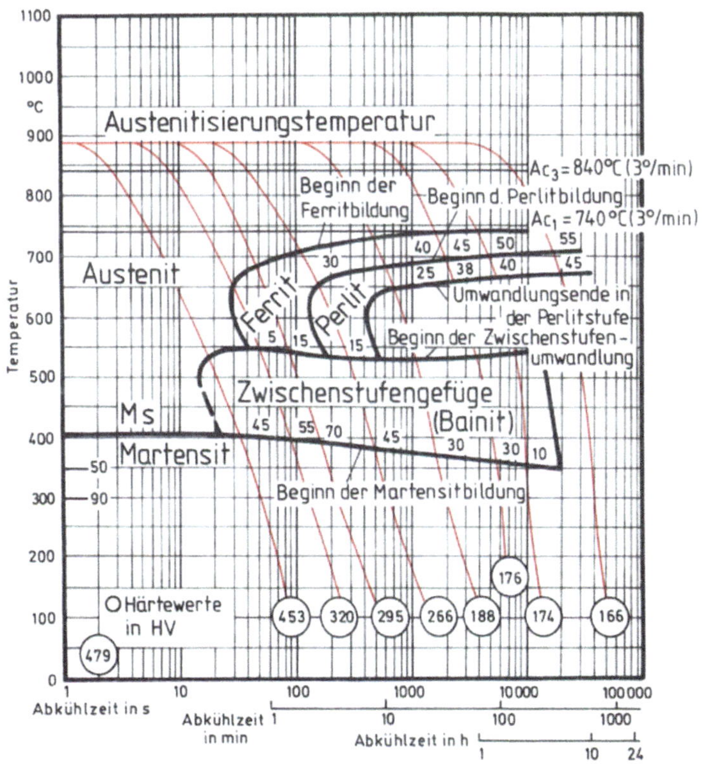


*Bild 2-45*
*Kontinuierliches ZTU-Schaubild*

► **Beispiele:**

1. Abkühlung in 10 Sekunden, Linie $K_1$, ist sog. **untere kritische Abkühlgeschwindigkeit,** bei der nur Martensit entsteht.
2. Abkühlung in 40 Sekunden, Linie $K_2$, ist sog. **obere kritische Abkühlgeschwindigkeit,** bei der Martensit/Restaustenit und etwa 8 % Zwischenstufengefüge entsteht.
3. Bei Abkühlung in 60 Sekunden entsteht ein Gefüge mit 1 % Ferrit, 10 % Zwischenstufengefüge und 89 % Martensit und eine Härte von 58 HRC.
4. Bei Abkühlung in etwa 8 Stunden, letzte Abkühlungslinie rechts, entsteht ein Gefüge mit 35 % Ferrit und 65 % Perlit und eine Härte von 220 HV.

Bei der Warmbadhärtung werden die austenisierten Werkstücke in einem Bad mit Temperaturen nahe der Martensitbildung auf die Badtemperatur abgekühlt und nach erreichtem Temperaturausgleich in Luft abgekühlt, d.h. gehärtet. Die Martensitbildung erfolgt also erst an der Luft, weshalb der Umwandlungsvorgang Austenit-Martensit sehr milde abläuft: Wärme- bzw. **Umwandlungsspannungen** und damit der **Verzug** bleiben gering.

Für das **Warmbadhärten** können die Haltezeiten für den Temperaturausgleich bzw. die Umwandlungsdauer dem ZTU-Schaubild 2-44 entnommen werden.

## 2.8.3 Anlassen und Vergüten

### Anlassen von Werkstücken aus Stahl

**Anlassen** ist Erwärmung eines gehärteten Werkstückes auf 100 bis 150 °C mit nachfolgendem Abkühlen.

*Zweck:* Abbau der durch Härten entstandenen Spannungen, ohne daß die Härte wesentlich nachläßt. Das Anlassen soll unmittelbar nach dem Härten erfolgen, denn Härterisse können auch einige Zeit nach dem Härten entstehen.

*Durchführung:* Erwärmung in Bädern oder Öfen, Abkühlung in ruhiger Luft.

*Anwendung:* oberflächengehärtete Maschinenteile, z.B. Wellen, Bolzen, Zahnflanken und Laufflächen.

### Vergüten von Werkstücken aus Stahl

Vergüten ist Härten mit nachfolgendem Anlassen auf 450 bis 650 °C.

Stähle, die in vergütetem Zustand Verwendung finden, werden als **Vergütungsstähle** bezeichnet. Ihr Kohlenstoffgehalt beträgt 0,2 bis 0,6 %. Mit steigenden Gehalten an Kohlenstoff und Mangan werden erhöhte Festigkeiten erzielt.

*Zweck:* Erzeugung eines gleichmäßig feinkörnigen und dichten Gefüges mit hoher Streckgrenze, hohem Streckgrenzenverhältnis, guter Zähigkeit und einer dem Verwendungszweck angepaßten Zugfestigkeit.

*Durchführung:* Erwärmung in Bädern oder Öfen, Abkühlung in ruhiger Luft.

*Anwendung:* Maschinenteile aller Art, Schrauben, Zahnräder, Fräsdorne, Ketten u.a.m. Auch Stahlguß, Gußeisen und Temperguß können vergütet werden.

## 2.8.4 Aushärtung/Ausscheidungshärtung und thermomechanische Behandlung

### Aushärtung

Die wichtigsten mechanischen Eigenschaften der Metalle und ihrer Legierungen sind **Festigkeit** und **Zähigkeit,** also Grad der plastischen Verformung vor dem Bruch. Diese Eigenschaften sind bei den herkömmlichen Stählen gegenläufig; maximale Festigkeit und Zähigkeit zugleich sind nicht möglich, vgl. Bild 2-17. Durch Anwendung der bisher besprochenen Wärmebehandlungsverfahren kann das Festigkeits-Zähigkeitsverhältnis dieser Stähle den jeweiligen Anforderungen entsprechend eingestellt werden.

Aushärtbare Stähle besitzen nach dem Aushärten hohe Festigkeit und Zähigkeit zugleich.

Aushärtbar sind solche Stähle und Legierungen aus Nichteisenmetallen, die bei höherer Temperatur ganz oder teilweise aus Mischkristallen bestehen und mit abnehmender Temperatur eine abnehmende Löslichkeit für bestimmte Legierungselemente besitzen. Ihre Aushärtung kommt dadurch zustande, daß sie bei tieferen Temperaturen Legierungselemente (Fremdatome) ausscheiden. Wegen der geringen Zahl der Leerstellen bei tiefen Temperaturen[1]) wandern (diffundieren) die Fremdatome durch Sprünge über Leerstellen nur langsam und über kurze Entfernungen, so daß nach längerer Zeit kleine Entmischungszonen der Fremdatome entstehen, die bei aushärtbaren Stählen zu feinem Korn führen (Korngrenze = Fehlordnung, s. Abschnitt 2.7).

> Die Entmischungszonen sind Hindernisse für das Wandern von Versetzungen und bewirken dadurch hohe Festigkeit bei gleichzeitig hoher Zähigkeit.

**Maßnahmen zur Aushärtung von aushärtbaren Legierungen**

1. Lösungsglühen zur Ausbildung von homogenen Mischkristallen;
2. schnelles Abkühlen, um unterkühlte/übersättigte Mischkristalle zu erhalten und Leerstellen einzufrieren;
3. Auslagern bei einer Temperatur, bei der die Diffusion der die Aushärtung bewirkenden Legierungselemente möglich ist.

Auslagerung bei Raumtemperatur **Kaltauslagern,** bei höherer Temperatur **Warmauslagern.**

**Thermomechanische Behandlung** nennt man die Verknüpfung von Umformvorgängen mit Wärmebehandlungen, z.B. durch sog. **Warm-Kalt-Verfestigen** nach Bild 2-46 bei aushärtbaren Stählen.

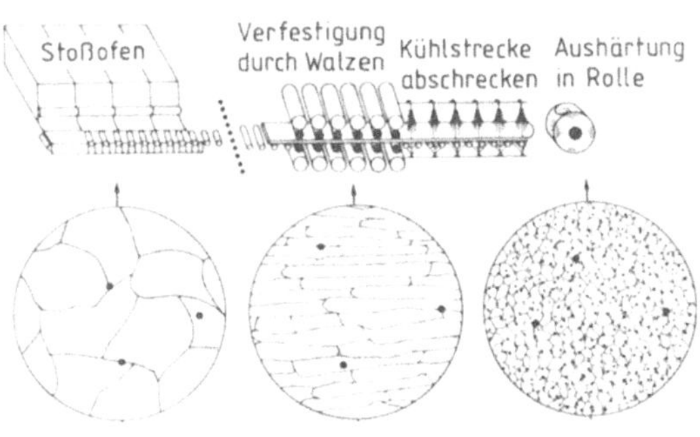


*Bild 2-46 Verfestigung durch Umformung und Aushärtung durch thermomechanisches Walzen*
Kaltverfestigung s. Bild 2-37

[1]) Zunahme der thermischen Leerstellen von Raumtemperatur bis zum Schmelzpunkt im Verhältnis 1 : 1 000 000.

Dabei werden die Verfestigungsmechanismen **Kornverfeinerung, Aushärtung und Erhöhung der Versetzungsdichte** ausgenutzt. Bei der Durchführung der thermomechanischen Behandlung treten diese Mechanismen in Kombination miteinander auf, so daß die Vorteile der einen die Nachteile der anderen überdecken.

> Thermomechanische Behandlung ist die Verbindung von Kaltverfestigung und Aushärtung zur Erzielung von Stählen mit hoher Festigkeit und hoher Kaltumformbarkeit/Zähigkeit, die beim Schweißen nicht aufhärten.

**Aushärtbare Stähle sind:** höherfeste mikrolegierte Feinkornstähle zum Kaltumformen; nichtrostende Chrom-Nickel-Stähle mit 0,07 % C; hochwarmfeste Stähle; hochfeste martensitaushärtende Stähle, s. Abschnitt 2.6.

**Aushärtbare Legierungen aus Nichteisenmetallen** sind: aushärtbare Aluminiumlegierungen[1]), super plastische Aluminiumlegierungen; Kupfer-Beryllium-Legierungen; Kupfer-Nickel-Legierungen; Kupfer-Chrom-Zirkonium-Legierungen; Bleilegierungen und verschiedene Gold-Silber-Legierungen, s. Abschnitt 2.11.

## 2.8.5 Oberflächen- und Randschichthärten

Das Oberflächen- und Randschichthärten wird bei verschleißbeanspruchten Werkstücken und/oder hohen Festigkeitsanforderungen bei ausreichender Zähigkeit angewendet, z.B. bei Zahnrädern, Wellen und Kurbelbolzen.

### Oberflächenhärten

#### Einsatzhärten

Einsatzhärten nennt man nach DIN 17 014 das Aufkohlen oder Carbonitrieren von Werkstücken mit darauf folgender Wärmebehandlung, die zur Härtung führt.

[1]) Die Entdeckung der ersten aushärtbaren Legierung, der technischen Aluminiumlegierung, erfolgte durch A. Wilm im Jahre 1906. Dadurch wurde das weiche und leichte Aluminium zum Konstruktionswerkstoff, und der Flugzeugbau konnte den bekannten Aufschwung nehmen. Die in den letzten Jahren erfolgte Entwicklung der aushärtbaren Stähle hat ebenfalls weitreichende Folgen.

Im allgemeinen wird bis zu einer Tiefe von 1,5 mm und einem Randkohlenstoffgehalt von 0,7 % bis 0,9 % aufgekohlt. Die Aufkohlungstiefe und die zu verwendende Stahlsorte sind von der Form und Größe des Werkstückes und von den Anforderungen an das Werkstück abhängig. Mit Rücksicht auf ihre Zähigkeit erfordern z.B. dünne Werkstücke einen nicht aufgekohlten Kern, während großvolumige Werkstücke Stähle mit höherer Härtbarkeit erfordern.

**Das Aufkohlen** erfolgt beim Einsetzen durch mehrstündiges Glühen bei 900 °C bis 950 °C in kohlenstoffabgebenden Pulvern, Pasten, Salzbädern oder Gasen. Dabei dringen Kohlenstoffatome entlang den Korngrenzen in die Randschicht ein. Die Kohlungswirkung ist abhängig:

- von der Dicke des Werkstückes, dünne Stücke kohlen schneller auf als dicke;
- von der Güte des Einsatzmittels;
- vom Diffusionsverhalten des Stahls, grobkörnige Stähle kohlen schneller auf als feinkörnige;
- von der Umwälzung der Gase bei Gasaufkohlung;
- von der Glühtemperatur, mit steigender Temperatur nimmt die Aufkohlungsgeschwindigkeit zu.

Stellen, die weich bleiben sollen, werden vor dem Aufkohlen mit Pasten oder durch Verkupfern abgedeckt oder nach dem Aufkohlen abgehoben, z.B. durch Drehen/Fräsen.

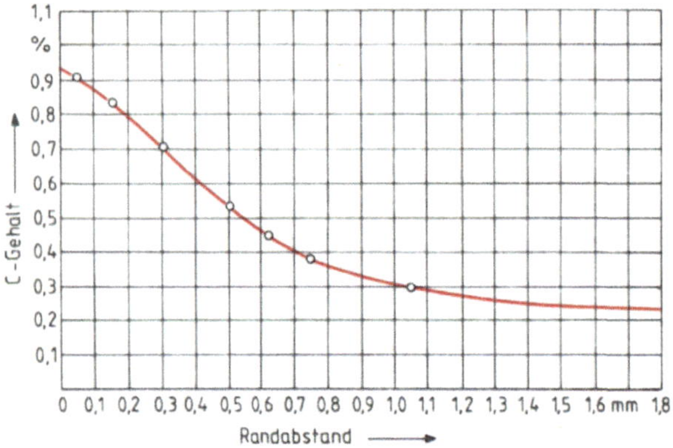


*Bild 2-48 Verteilung des Kohlenstoffs in der aufgekohlten Randschicht*

Werkstück aus 25CrMo4 in mild wirkendem Pulver 4,5 h bei 910 °C aufgekohlt.

### Behandlungsfolgen

Es gibt mehrere Möglichkeiten für die Folge von Aufkohlen und Härtungsbehandlungen. Den unterschiedlichen Erfordernissen entsprechend werden folgende Behandlungsfolgen für das Einsatzhärten angewendet.

### Direkthärtung

Abschrecken eines aufgekohlten Werkstückes unmittelbar nach dem Aufkohlen, meist nach Abkühlen auf eine für das Härten der aufgekohlten Schicht geeignete Temperatur.

Die immer mehr zur Anwendung kommende **Direkthärtung** setzt Einsatzstähle mit bestimmten Eigenschaften voraus. Es sind dies: Feinkorngüte, schwache Überkohlungsneigung, geringe Neigung zur Restaustenitbildung. Die höher legierten Cr-Ni-Stähle sind hierzu nicht geeignet.

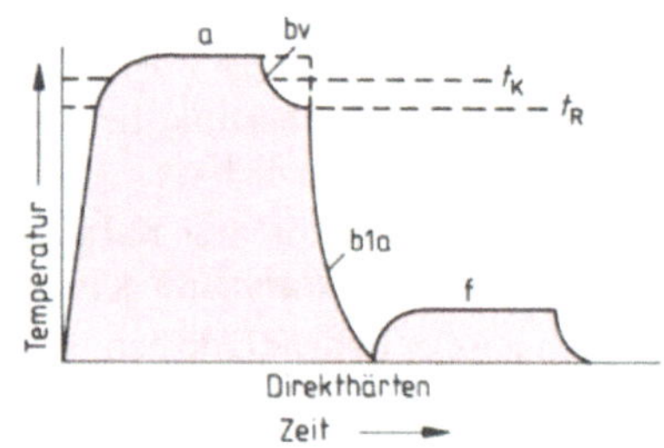


*Bild 2-49 Kennzeichen für die Behandlungsfolgen*

| | |
|---|---|
| $t_K$ $AC_3$ Kern ($AC_3$ Austenitisierungstemperatur) | b2 Einsatzkasten |
| | b3 Luft |
| | b1c Salzbad |
| $t_R$ $AC_3$ Rand | c1 Härten in Wasser |
| a Einsetzen | d Zwischenglühen |
| bv Verschlagenlassen | e1 Öl/Wasser |
| b1a Wasser | f Anlassen |

Die Härtung kann direkt aus der Aufkohlungshitze erfolgen. Sie wird aber vorwiegend von niederen Temperaturen aus vorgenommen.

> Der Vorteil dieses Verfahrens ist geringer Verzug. Wegen seiner Automatisierbarkeit ist es für moderne Fertigung geeignet.

### Einfachhärtung

Einmaliges Härten nach dem Aufkohlen mit Abkühlung auf Raumtemperatur nach dem Aufkohlen.

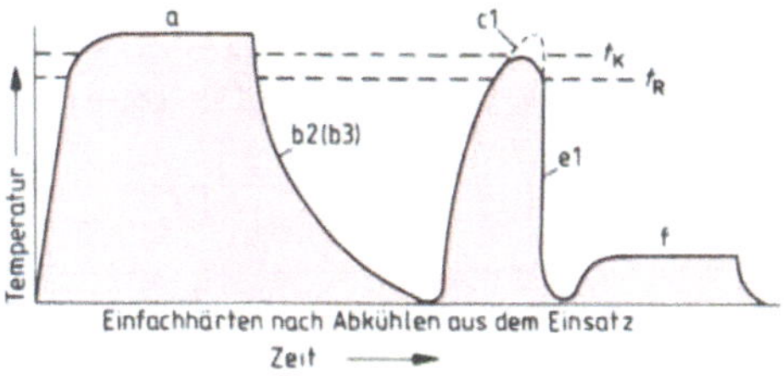


*Bild 2-50 Einfachhärten nach Abkühlen aus dem Einsatz*

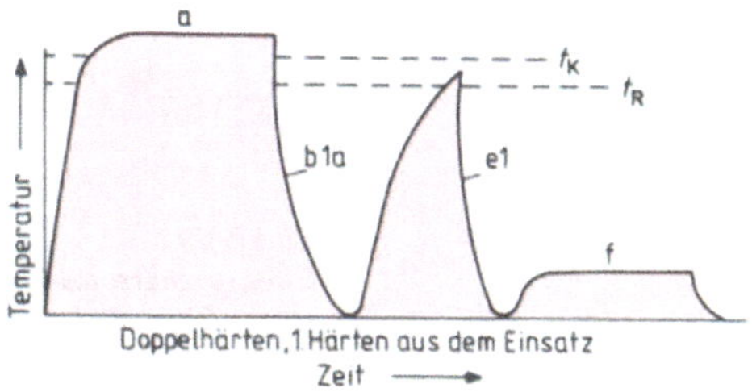


*Bild 2-52 Doppelhärten*
Härten aus dem Einsatz

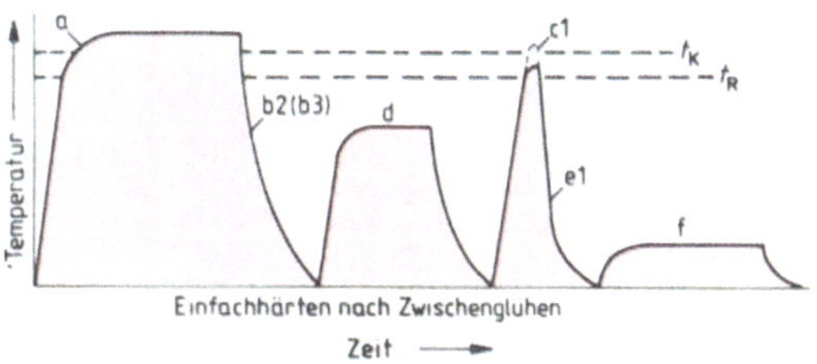


*Bild 2-51 Einfachhärten nach Zwischenglühen*

Nach dem Aufkohlen erfolgt das Abkühlen entweder im Aufkohlungskasten oder im Ofen. Danach wird durchgreifend auf Härtetemperatur erwärmt und anschließend abgeschreckt.

Die Wahl der Härtetemperatur ist ein Kompromiß; sie ist für den Rand etwas zu hoch.

Durch Einfachhärten entsteht meist ein besonders feinkörniges martensitisches Gefüge. Es wird daher häufig bei hochwertigen Werkstücken angewendet.

In Sonderfällen wird Einfachhärtung nach Zwischenglühung/isothermischer Umwandlung angewendet, z.B. in automatischen Härteanlagen.

## Doppelhärtung

Zweimaliges Härten eines aufgekohlten Werkstückes. Das erste Abschrecken wird, meist unmittelbar nach dem Aufkohlen, von der Härtetemperatur des Kernwerkstoffes, das zweite von der Härtetemperatur des Randschichtwerkstoffes vorgenommen.

> Der Nachteil dieses Verfahrens ist großer Verzug. Daher ist es für moderne Fertigung ungeeignet.

## Wärmebehandlungseinrichtungen

### Gasaufkohlung

Die Gasaufkohlung erfolgt in beheizten Retorten/Kammern, die mit Aufkohlungsgas begast werden. Als Aufkohlungsgase werden Gasmischungen verwendet, die als kohlenstoffabgebende Mittel Kohlenmonoxid, Methan und Propan enthalten. Diese sind mit sog. Trägergas aus Stickstoff und Wasserstoff vermischt, welches zur Einstellung der gewünschten Konzentration dient.

Das Aufkohlungsgas kann auch durch Verdampfen von flüssigen Aufkohlungsmitteln erzeugt werden.

### Aufkohlung im Salzbad

Bei der Aufkohlung im Salzbad werden die Werkstücke in Kohlenstoff (und Stickstoff) abgebenden Salzschmelzen, z.B. Natriumcyanid, eingetaucht.

> Salzbäder sind giftig.

### Pastenaufkohlung

Die aufzukohlenden Stellen der Werkstücke werden mit Aufkohlpaste bestrichen. Danach werden die Werkstücke auf Aufkohlungstemperatur erwärmt.

### Anlassen

In den meisten Fällen werden einsatzgehärtete Teile zwischen 160 °C ... 180 °C angelassen (entspannt). Dabei verliert das Werkstück zugunsten geringerer Eigenspannungen etwas an Härte.

*Bild 2-53 Einsatzgehärtetes Werkstück. Die dunklen Ränder kennzeichnen die Einsatztiefe.*

**Nitrieren**

Die Härtesteigerung der Werkstückoberflächen beruht hier nicht auf Martensitbildung. Beim Nitrieren dringt Stickstoff in die Oberflächen der fertig bearbeiteten Werkstücke ein und bildet sehr beständige und harte Nitride.

**Nitrieren von Werkstücken aus Nitrierstählen**

**Gasnitrieren.** Fertig bearbeitete Werkstücke aus Stählen mit nitridbildenden Legierungszusätzen, z.B. Aluminium, Chrom und Vanadium, werden in einem elektrisch beheizten Ofen bei 500 °C bis 550 °C von einem Ammoniakgasstrom umspült. Die Oberfläche der Werkstücke müssen metallisch blank und fettfrei sein. Die Werkstücke werden vor dem Nitrieren vergütet.

*Vorteile des Gasnitrierens:*

- Hohe und anlaßbeständige Oberflächenhärte ohne Abschrecken;
- die Nitrierungstemperatur liegt unter der Austenitisierungstemperatur, daher verzugsarme Werkstücke;
- erhöhter Rostwiderstand.

*Nachteile des Gasnitrierens:*

- Glühdauer bis zu drei Tagen;
- die Verbindungszone ist bei hochlegierten Stählen sehr spröde und wird meist abgeschliffen.

Die **Bedeutung** des Gasnitrierens von Stählen mit Nitridbildnerzusätzen ergibt sich aus einem Vergleich mit dem Einsetzen (Bild 2-54). Die Bildungs- und Zerfalltemperatur der durch Gasnitrieren gehärteten Schicht gestattet Betriebstemperaturen der nitrierten Teile von annähernd 500 °C, ohne daß die Oberflächenhärte abnimmt. Vom Härten der reinen Kohlenstoffstähle her wissen wir, daß der durch Einsatzhärten erzeugte Martensit bereits bei Erwärmung auf 150 °C an Härte verliert. Gasnitriert wird deshalb im Motorenbau, eingesetzt im Getriebebau. Während sich die bei 900 °C eingesetzten Maschinenteile verziehen und nachgearbeitet werden müssen, sind die bei nur 500 °C gasnitrierten Teile verzugsarm und erfordern häufig keine Nacharbeit. Die Diffusionszone (Schichttiefe) beträgt zwischen 0,2 und 1,0 mm.

Gasnitrieren ergibt dünne, harte Oberflächen, die bei Betriebstemperaturen bis zu 500 °C beständig sind; Einsatzhärten ergibt dickere, weniger harte Oberflächen, die bis etwa 150 °C unverändert hart bleiben.

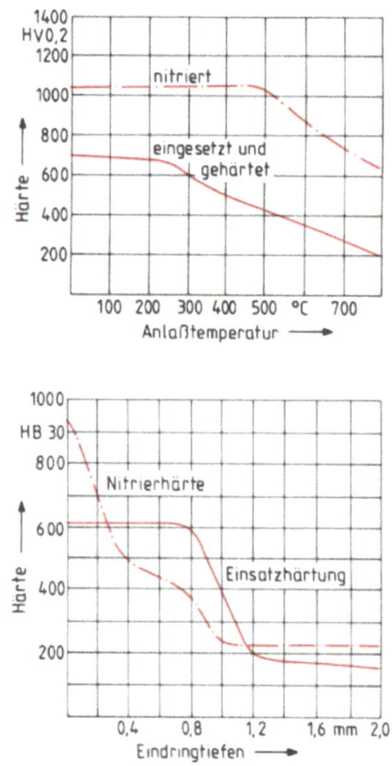


*Bild 2-54 Eindringtiefe und Härte beim Gasnitrieren und Einsetzen mit nachfolgendem Härten*

**Nitrieren von Werkstücken aus unlegierten und niedriglegierten Stählen**

**Badnitrieren.** Beim Badnitrieren ist das Nitriermittel eine Salzschmelze, die Natriumcyanid und Kaliumcyanat enthält. Für die Durchführung werden außenbeheizte Öfen verwendet. Um den die Nitrierwirkung beeinträchtigenden Eisengehalt der Salzschmelze niedrig zu halten, werden die Salztiegel aus Titanblech oder mit Titanblech plattiertem Stahlblech hergestellt.

Die Werkstücke werden in die **hochgiftige** Salzschmelze eingehängt und nach dem Behandlungsprozeß sorgfältig gewaschen. **Das Waschwasser muß entgiftet und die verbrauchten Salze müssen in ungiftige Stoffe umgewandelt werden.**

Die **Verweilzeit** der Werkstücke in einem Salzbad von 570 °C beträgt im Normalfalle 60 bis 90 Minuten.

*Anwendung:* Wenn kurze Behandlungszeit und nachgiebige und doch verschleißfeste Oberflächen billiger Stähle wichtiger sind als die in mehrtägiger Behandlungsdauer erzeugte extreme Oberflächenhärte der teuren Nitrierstähle.

**Pulvernitrieren.** Die Werkstücke werden in Stahlkästen gelegt. Dann werden die Stahlkästen mit pulverförmigem Nitriermittel gefüllt und luftdicht verschlossen. Die Kästen mit Inhalt werden in beliebigen Öfen vier Stunden und mehr geglüht.

*Anwendung:* In Betrieben, die nur wenige Teile nitrieren müssen.

### Carbonitrieren

Das Carbonitrieren ist eine Vereinigung von **Aufkohlen und Nitrieren.** Es erfolgt in stickstoff- und kohlenstoffhaltigen Gasen oder Bädern. Die Werkstoffoberfläche ist nach dem Carbonitrieren ebenso hart wie nach dem Einsatzhärten. Der Verzug ist größer als beim Nitrieren und kleiner als beim Einsatzhärten.

### Randschichthärten

Nach DIN 17 014 versteht man unter Randschichthärten das auf die Randschicht eines Werkstückes beschränkte Härten. Hierbei wird unterschieden zwischen **Flamm-** und **Induktionshärten.**

> Metallurgisch gesehen besteht kein Unterschied zwischen Induktionshärtung und Flammhärtung. In beiden Fällen wird bei einem härtbaren Stahl die Oberflächenschicht ganz oder teilweise mit Brenner oder Induktionsspule erhitzt und durch Brausenabkühlung gehärtet.

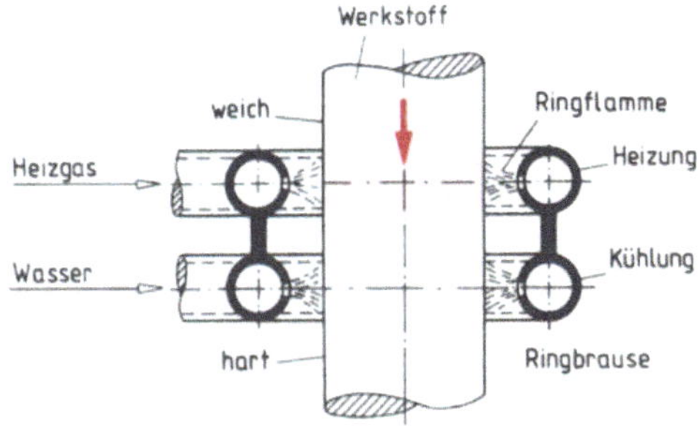


*Bild 2-55 Schema der Flamm-Ringhärtung*

### Wärmeerzeugung

Bei **Flammhärtung** von außen her mit Gasflammen durch Konvektion und Leitung (Bild 2-55). Bei Induktionshärtung durch Erzeugung Joulescher Wärme im Material, also Widerstandserhitzung durch elektrischen Strom.

Beim **Induktionsverfahren** sind Hochfrequenzgenerator und Spule notwendig. Die Spule wird mit möglichst kleinem Luftspalt über die zu erhitzende Stelle geschoben. Sie besteht aus Kupferdraht oder Kupferrohr mit Wasserkühlung, wenn hohe Wärmeleistungen erforderlich sind.

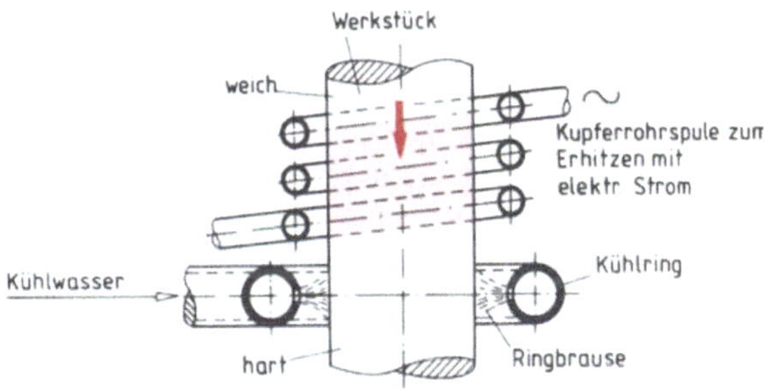


*Bild 2-56 Schema des Induktionshärtens*

Stähle für das Flamm- und Induktionshärten sind in DIN 17 212 genormt. Häufig werden auch unlegierte Vergütungsstähle mit 0,35 % bis 0,6 % C und legierte Vergütungsstähle mit nicht mehr als 0,45 % C verwendet. Die erreichbare Härte hängt vom C-Gehalt des Stahls ab. Mit zunehmender Härte nimmt jedoch die Gefahr der Bildung von Härterissen erheblich zu.

**Besondere Vorteile der Randschichthärtung:**

Die Werkstücke können nach der Fertigung ohne wesentlichen Verzug örtlich zum Zwecke höherer Festigkeit oder Härte gehärtet werden, partielle Härtung.

## 2.8.6 Glühbehandlung der Metalle

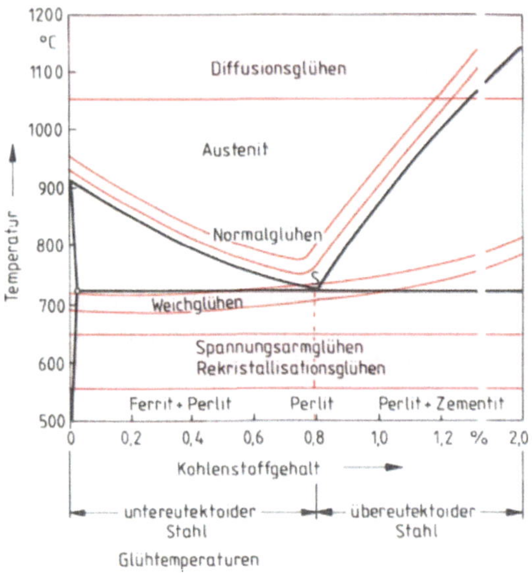


*Bild 2-57 Glühtemperaturen*

**Diffusionsglühen.** Durch Diffusionsglühen sollen die Legierungselemente in den Mischkristallen gleichmäßig verteilt werden. Dies erfolgt bei hohen Temperaturen und in langen Zeiten, ca. 50 h. Die Metalle werden dabei grobkörniger.

**Das Grobkornglühen** zum Zwecke einer guten spanabhebenden Bearbeitbarkeit von niedriggekohlten Stählen erfolgt bei 950 °C ... 1100 °C.

**Durch Weichglühen** soll ein weicher Zustand der Metalle erreicht werden. Durchführung bei Stahl: Mehrere Stunden pendeln um 650 °C bis 720 °C mit nachfolgender langsamer Abkühlung. Der lamellare Perlit verwandelt sich dabei in körnigen Perlit. Dadurch entsteht ein weiches Gefüge, welches gute Verarbeitbarkeit bei Umformung (ohne Anwärmen) und Zerspanung ergibt.

**Normalglühen des Stahls.** Hierbei unterscheidet man Glühen auf eine bestimmte Festigkeit ($B_F$) bei Glühtemperaturen von 850 °C bis 950 °C und Glühen auf feinkörniges Gefüge ($B_G$) durch längeres Glühen bei 900 °C bis 1100 °C.

*Anwendung:* Nach dem Schmieden, Gießen, Härten und Überhitzen der Werkstücke.

**Spannungsarmglühen.** Durch Spannungsarmglühen werden unerwünschte **innere Spannungen** verringert. Es wird durch mehrstündiges Glühen bei 500 °C bis 650 °C, also ohne Gefügeveränderung, durchgeführt.

Bei diesen Temperaturen ist die Streckgrenze erheblich vermindert, so daß darüber hinausgehende innere Spannungen bis zu dieser Höhe abgebaut, jedoch nicht völlig beseitigt werden. Bei vergüteten Stählen ist die Temperatur des Spannungsarmglühens durch die Anlaßtemperatur begrenzt.

**Innere Spannungen/Eigenspannungen** nennt man Spannungen, die in einem Werkstück herrschen, ohne daß das Werkstück durch äußere Kräfte belastet ist. Sie können durch Temperaturänderungen, Gefügeumwandlungen oder Umformungen entstehen und sind die Folgen von Gitteraufbaufehlern, die über makroskopische (kleinere) Bereiche wirksam sein können.

Spannungen dieser Art können nur in elastischen Werkstoffen entstehen; in spröden Stoffen, z.B. Keramik, führen sie zum Bruch. Sie können sehr hoch sein, jedoch die Streckgrenze des Werkstoffes nicht überschreiten; denn höhere Spannungen werden durch plastische Verformung des Werkstoffes ausgeglichen.

Bei schnellem Abkühlen eines dicken Werkstückes herrscht im Innern längere Zeit eine hohe Temperatur, während die Randschicht schnell abkühlt und eine höhere Festigkeit erreicht. Beim späteren Erkalten = Schrumpfen des Kerns entstehen im Kern Zugspannungen, in der Randschicht Druckspannungen.

Umgekehrte Spannungen entstehen, wenn beim Abkühlen von Stahl Gefügeumwandlungen im Kern stattfinden, die mit Volumenvergrößerungen verbunden sind und bei relativ tiefer Temperatur beginnen, s. martensitische Umwandlung Abschnitt 2.8.2. Die dadurch in der Randschicht entstehenden Zugspannungen sind die Ursache der gefürchteten **Härterisse.**

Durch aufeinander folgende plastische und elastische Verformung entstehen Spannungen in Randschichten.

▶ **Beispiel:**

Beim Eindrücken einer Kugel in eine Werkstückoberfläche, s. Härteprüfung Abschnitt 17.5 wird der Werkstoff an der Oberfläche plastisch, in einiger Tiefe elastisch verformt. Nach Entlastung der Kugel federt die elastische Verformung zurück und setzt die plastisch verformte Zone unter Druck.

In der gleichen Weise entstehen durch Polieren, Druckumformen, z.B. Gewinderollen und Spanen mit geometrisch bestimmter Schneidenform bei dicken Spänen in den Werkstückoberflächen Druckspannungen.

**Erholungs- und Rekristallisationsglühen.** Die durch äußere Einwirkung entstandenen Gitterbaufehler können bei erhöhter Temperatur ausheilen.

Die einfachste Art der Ausheilung ist die Vereinigung von Leerstellen-Zwischengitteratom-Paaren und entgegengesetzt gerichteten Versetzungen, die sich dadurch gegenseitig aufheben und verschwinden. Ausheilvorgänge finden beim Glühen in den im Bild 2-58 angegebenen Temperaturbereichen statt. Sie werden Erholung genannt, weil sich dadurch die Eigenschaften der Metalle teilweise wieder einstellen, die sie ohne Störungen der Raumgitter durch äußere Einflüsse hatten.

Eine andere Art von Ausheilung tritt beim Glühen von stark verformten Metallen mit hoher Versetzungsdichte in den Gleitebenen auf. Dabei entstehen durch weitere Verdichtung einer großen Zahl von Versetzungen völlig neue Korngrenzen. Da mit den neuen Korngrenzen auch neue Kristallite entstehen, wird der Vorgang als Rekristallisation bezeichnet.

Durch Rekristallisationsglühen erhalten stark verformte Metalle völlig neue Kristallite mit ausgeheilten Gitterbaufehlern und eine niedrige Streckgrenze. Die Rekristallisation setzt jedoch erst ein, wenn die Rekristallisationstemperatur überschritten wird.

Das Umformen von Blei bei Raumtemperatur und Zinn bei 30 °C ist **Warmumformen,** das Umformen von Stahl bei 400 °C ist Halbwarmumformen. Beim Schmieden, also Warmumformen, trifft jeder Hammerschlag ein rekristallisiertes Gefüge.

Bei Metallen tritt nach geringen Verformungen keine Rekristallisation auf. Der sogenannte **kritische Reckgrad,** die Grenzverformung, oberhalb derer Rekristallisation eintritt, liegt für niedrig legierte Stähle bei etwa 8 bis 12 %.

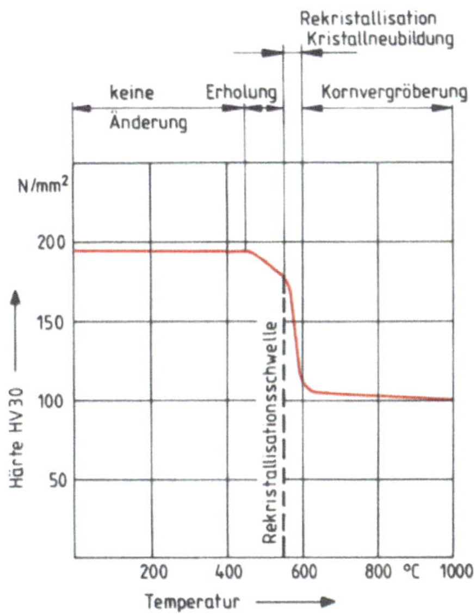


*Bild 2-58 Abhängigkeit der Härte eines weichen Stahls von der Glühtemperatur nach dem Zugdruckumformen ohne Anwärmen mit etwa 60 % Verformungsgrad*

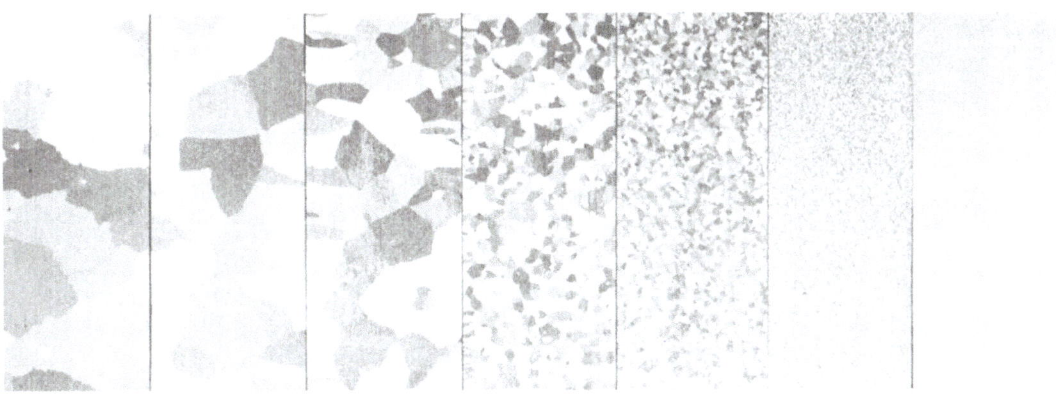

*Bild 2-59 Rekristallisationskorngröße in Abhängigkeit vom Verformungsgrad*
2 mm dicke Al-Bleche, verschieden kaltgestreckt und bei 500 °C/2 h geglüht.

**Abkühlung nach dem Glühen.** Die Abkühlungsart beeinflußt das angestrebte Glühergebnis. Durch unkontrollierte Luft- oder Ofenabkühlung wird meist die Wirkung des Glühens z.T. aufgehoben. In Öfen mit automatisch gesteuerter Temperaturregelung kann die Temperatursenkung so gelenkt werden, daß das gewünschte Gefüge bei Raumtemperatur vorliegt.

**Wiederholungsfragen**

1. Welche Arten der Härtung gibt es?
2. Wovon hängt die durch Härten erreichbare Höchsthärte des Stahls ab?
3. Was versteht man unter a) Ferrit, b) Zementit, c) Perlit, d) Austenit?
4. Wodurch kann die Einhärtungstiefe/Durchhärtung/Durchvergütung erhöht werden?
5. Unter welchen Bedingungen entsteht Martensit?
6. Welches sind die Ursachen für die Härte des Martensits?
7. Was versteht man unter Anlassen und Vergüten?
8. Wie wird das Härten von Werkzeugen aus Schnellarbeitsstahl durchgeführt?
9. Welche Verfahren für das Oberflächen- und Randschichthärten gibt es?
10. Welche Verfahren für die Glühbehandlung der Metalle gibt es?
11. Warum sollen die Bezeichnungen a) Umformen ohne Anwärmen statt Kaltumformen, b) Umformen nach Anwärmen statt Warmumformen verwendet werden?

## 2.9 Eisen-Kohlenstoff-Gußwerkstoffe

Die Bezeichnung Gußwerkstoffe ergibt sich aus den Formgebungsverfahren: Diese Werkstoffe werden in Formen vergossen. Bei der Erstarrung der Schmelzen erhalten die Werkstücke ihre Formen, die im Normalfalle nur durch spanabhebende Bearbeitung/Schweißen verändert werden.

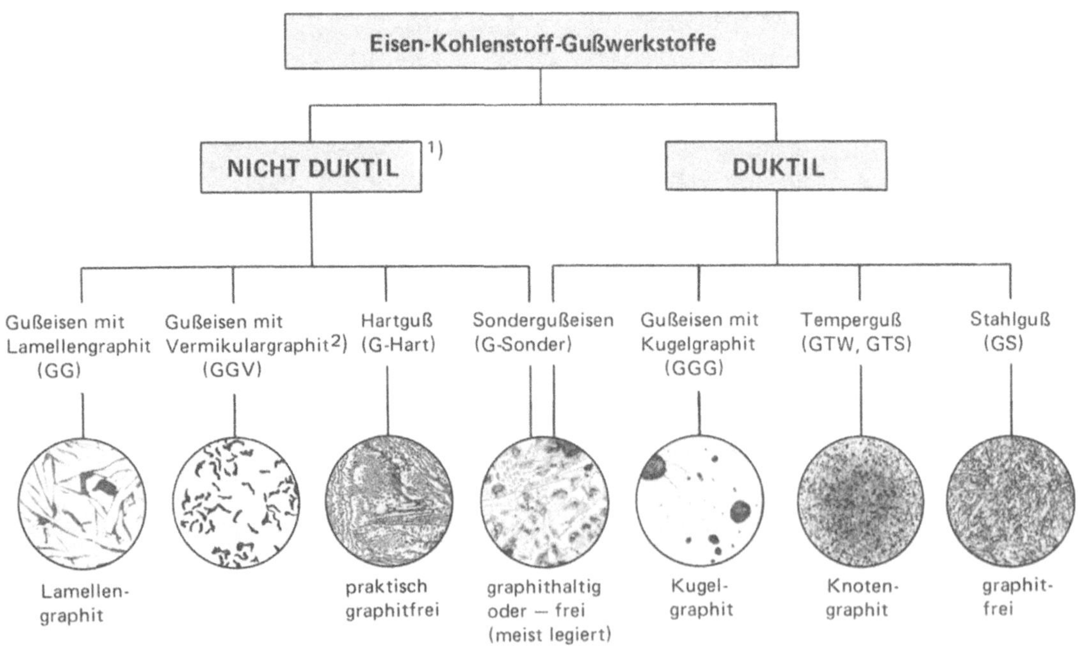


[1] Duktil, s. S. 97

[2] vermiculus, lat., = wurmförmig

*Bild 2-60 Einteilung der Eisen-Kohlenstoff-Gußwerkstoffe*

Duktil = umformbar, Duktilität = Maß für die maximal erreichbare Längenausziehung eines Stoffes, z.B. beim Kaltverstrecken von Kunststoff.

Duktile Gußstücke können nachgerichtet, kalibriert, durch Kugel-/Verfestigungsstrahlen oder Prägepolieren/Festwalzen, kaltverfestigt und in geringem Umfange geschmiedet werden.

### 2.9.1 Gußeisen mit Lamellengraphit[1]

Bei der Erstarrung von grauem Gußeisen aus völlig reinen Schmelzen scheidet der ungebundene Überschußkohlenstoff als Graphit in Kugelform, als sog. Kugelgraphit aus. In der Praxis enthält jedoch jede Gußeisenschmelze Verunreinigungen, z.B. Sauerstoff und Schwefel, welche die Kugelgraphitausbildung verhindern und eine Lamellenkristallisation des Graphits bewirken. Von Magnesiumbeigaben zu den Schmelzen (durch sog. Impfen der Schmelzen mit Magnesium) werden die Verunreinigungen gebunden, so daß die Kugelgraphitausbildung nicht behindert wird.

Gußeisen mit Lamellengraphit (GG) ist ein Eisen-Kohlenstoff-Gußwerkstoff, dessen als Graphit vorliegender Kohlenstoffanteil weitgehend lamellar ist.

Betrachtet man das Gefüge von GG unter dem Mikroskop, so werden die Graphitblätter als dunkle Adern sichtbar. Die Blätter, modellhaft dargestellt durch Bild 2-61 können als mit Graphit ausgefüllte Hohlräume angesehen werden, die den Guß scharf **einkerben,** seine tragende **Fläche verringern** und dadurch seine Festigkeitseigenschaften erheblich vermindern. Beim Zerspanen wirkt der Graphit als Trockenschmierung, die Hohlräume bewirken kurzbrechende Späne.

Nach der Grundmasse unterscheidet man ferritisches, perlitisches und ferritisch-perlitisches Gußeisen.

Normzeichen: GG-10 bis GG-40. GG bedeutet gegossen – Gußeisen. Die Zahlen geben die Zugfestigkeit einer 30 mm dicken Probe in $kp/mm^2$ an, die zur Kontrolle an das Werkstück angegossen wird.

[1] Die Bezeichnung Grauguß soll nicht verwendet werden.

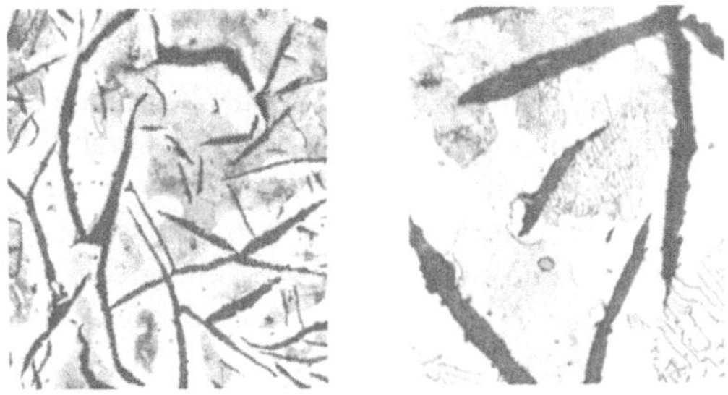

*Bild 2-61 Ferritisch-perlitisches Gußeisen, GG20-30*

Die Grundmasse besteht aus einem Ferrit-Perlit-Gemenge. Dieses Gußeisen ist billig und wird von allen Gußeisensorten am meisten verwendet.

Graphit = schwarz, Ferrit = weiß, Perlit = grau.
Bildvergrößerung links: 125: 1, rechts: 500: 1.

*Bild 2-62 Perlitisches Gußeisen, GG30-40*

Die Grundmasse besteht aus Perlit. Bis zu 0,8 % ist der Kohlenstoff in der Grundmasse als Zementit chemisch gebunden, der restliche Kohlenstoff ist als Graphit in Lamellen ausgeschieden. Perlitisches Gußeisen ist teuer. Es kann nur durch patentierte Sonderverfahren, z.B. Meehanite, Leperlit Paralit, hergestellt werden.

Graphit = schwarz, Ferrit = weiß, Zementit = grau.
Bildvergrößerung links: 125: 1, rechts: 500: 1.

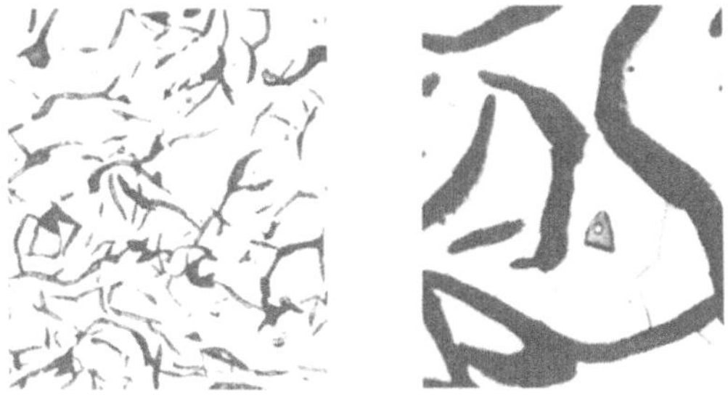

*Bild 2-63 Ferritisches Gußeisen, GG10-15*

Der Kohlenstoff ist hier völlig als Graphit ausgeschieden, geringe Festigkeit.
Graphit = schwarz, Ferrit = weiß.
Bildvergrößerung links: 125: 1, rechts: 500: 1.

Den Einfluß der Abkühlgeschwindigkeit auf die Festigkeit des Gußeisens erkennt man an einem aus GG gegossenen Keil. Zu seinem langsam erkalteten dicken Ende hin nehmen die graphitischen, zum schnell erkalteten dünnen Ende hin die zementitischen Kohlenstoffausscheidungen zu, und verleihen dem Keil in seinen verschiedenen Zonen verschiedene Härten und Festigkeiten.

Mit zunehmender Werkstückdicke = abnehmende Abkühlgeschwindigkeit nimmt die Graphitausscheidung zu, die Festigkeit ab.

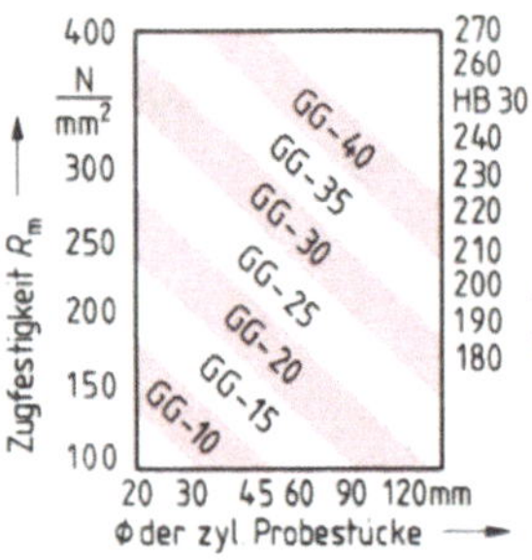


*Bild 2-64 Zugfestigkeit und Brinellhärte in Gußstücken aus GG*

**Vorteile des Gußeiens mit Lamellengraphit:** Dünnflüssigkeit (es füllt auch feine Formen aus), hohe Dämpfungsfähigkeit für Schwingungen (Dämpfungsverhältnis Gußeisen zu Stahlguß = 1 : 4,3), gute Korrosionsbeständigkeit, gute Laufeigenschaften bei seiner Verwendung als Lagerwerkstoff, leichte spanabhebende Bearbeitungsmöglichkeit.

**Nachteile des Gußeisens mit Lamellengraphit:** Geringe Festigkeit und hohe Sprödigkeit, so daß es für Werkstücke, die leicht sein müssen, unbrauchbar ist, bei Einzelstücken erhöhen die Modellkosten erheblich den Preis, bei Temperaturen von 350 °C bis 400 °C zerfällt der Zementitanteil des Perlits teilweise in Ferrit und Graphit, was eine Volumenvergrößerung und Versprödung zur Folge hat.

## 2.9.2 Weißes Gußeisen und Hartguß

**Weißes Gußeisen** ist die Bezeichnung für Gußeisen, in dem der Kohlenstoff als Carbid ($Fe_3C$) gebunden vorliegt, s. Temperguß.

**Hartguß** ist Gußeisen, bei dem der Kohlenstoff im ganzen Gußquerschnitt, zumindest in den schnell abkühlenden Bereichen als Eisencarbid ausgeschieden wird, die Bruchfläche erscheint weiß. Hartguß wird eingeteilt in Vollhartguß (Weißhartguß), der im gesamten Querschnitt weiß erstarrt, und in Schalenhartguß, bei dem nur in der Oberflächenzone eine weiße Schicht entsteht, während im Kern der Kohlenstoff z.T. als Graphit ausgeschieden ist. Hartguß wird bei Verschleißteilen verwendet.

## 2.9.3 Gußeisen mit Vermikulargraphit

Gußeisen mit Vermikulargraphit (vermiculus, lat., bedeutet wurmförmig), Kurzzeichen GGV, ist eine Gußeisensorte, dessen Eigenschaften zwischen GG und GGG liegen.

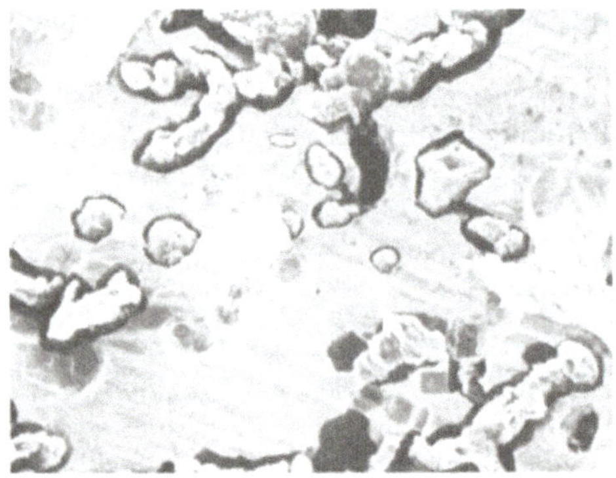

*Bild 2-65 Tiefätzung von Gußeisen mit Vermikulargraphit GGV-30*

Der Graphit ist überwiegend wurmförmig, vereinzelt kugelförmig ausgeschieden. Die Grundmasse besteht aus Ferrit und z.T. aus Perlit (helle Flächen). Bildvergrößerung: 2000 : 1.

Gußeisen mit Vermikulargraphit (GGV) ist ein Eisen-Kohlenstoff-Gußwerkstoff, dessen als Graphit vorliegender Kohlenstoffanteil vermikular ist.

GGV wird wie GGG hergestellt. Unterschiedlich ist die Höhe des Magnesiumgehaltes und die Zusammensetzung des Impfmittels.

Die Bilder 2-66 bis 2-69 zeigen, daß GGV in der Graphitausbildung zwischen GG und GGG einzuordnen ist.

*Bild 2-66 Rasterelektronenmikroskopische Aufnahme einer Graphitlamellen-Oberfläche*

Der hexagonale Graphitaufbau ist gut erkennbar. Bildvergrößerung: 2000 : 1.

*Bild 2-67 Rasterelektronenmikroskopische Aufnahme eines Gefügeausschnittes von GG-20*

Rechts oben: Oberfläche einer spitz auslaufenden Graphitlamelle. Mitte oben und unten: Zementit-Ferrit-Grundmasse mit Abdrücken von Graphitlamellen.
Bildvergrößerung: 2000 : 1.

*Bild 2-68 Rasterelektronenmikroskopische Aufnahme eines Gefügeausschnittes von GGV-30*

Wurmgraphit in perlitischer Grundmasse. Wesentlich für die Eigenschaften sind die gedrungene Form und die abgerundeten Enden der Graphitausscheidung. Bildvergrößerung: 2000 : 1.

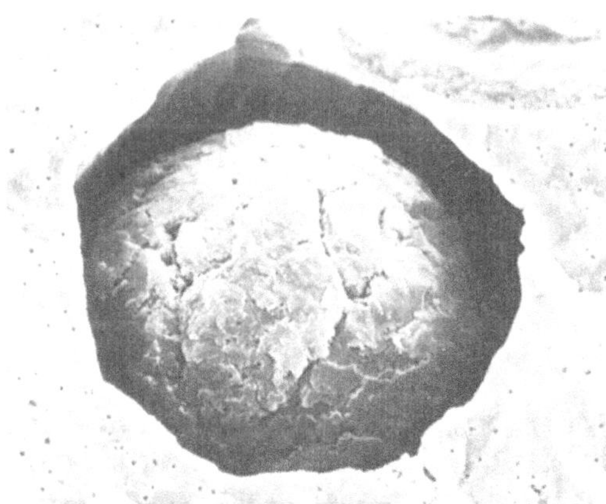

*Bild 2-69 Rasterelektronenmikroskopische Aufnahme eines Gefügeausschnittes von GGG-40*

Graphitkugel in ferritischer Grundmasse.
Bildvergrößerung: 2000 : 1.

*Tabelle 2-8* Technologische und physikalische Werte von Gußeisen-Werkstoffen

| Eigenschaften | | GG nach DIN 1691 | GGV | GGG nach DIN 1693 |
|---|---|---|---|---|
| Zugfestigkeit | $N/mm^2$ | 150 ... 400 | min. 300 | 350 ... 900 |
| Streckgrenze | $N/mm^2$ | – | min. 250 | 250 ... 600 |
| Bruchdehnung | % | max. 1,5 | min. 2 | 25 ... 3 |
| Druckfestigkeit | $N/mm^2$ | 500 ... 1400 | > 600 | 600 ... 1200 |
| Scherfestigkeit | $N/mm^2$ | $\tau_B \approx \sigma_{zB}$ | $\approx \sigma_{zB}$ | $\tau = (0{,}9 \ldots 1)\,\sigma_{zB}$ |
| Härte | $kg/mm^2$ | 140 ... 300 | max. 160 | 120 ... 350 |
| Wärmeleitfähigkeit im Bereich 20 ... 100 °C | W/mK | 0,11 ... 0,14 | 0,09 ... 0,12 | 0,06 ... 0,09 |
| Linearer Ausdehnungskoeffizient im Bereich 20 ... 200 °C | m/m · °C | $11 \ldots 12 \cdot 10^{-6}$ | $12 \ldots 14 \cdot 10^{-6}$ | $11{,}5 \ldots 13 \cdot 10^{-6}$ |

Die Rasterelektronenmikroskopischen (REM-) Aufnahmen könnten den falschen Eindruck erwecken, daß Graphit und Körner in Hohlräumen liegen. In Wirklichkeit stellen die schwarzen Ränder eine Art von Schatten dar. Zur Beurteilung von Strukturfehlern, s. Bild 2-35, Metallgefügen, Oberflächen von oberflächenbehandelten Metallen und Bruchflächen metallischer Werkstoffe wird zunehmend das Rasterelektronenmikroskop als Abbildungsanalyse verwendet.

Bei Auspuffkrümmern, Zylinderköpfen, Turboladegehäusen und anderen Bauteilen, deren Betriebsbeanspruchungen bei höheren Temperaturen erfolgt, ergeben sich an die Werkstoffe folgende Anforderungen: gute Warmfestigkeit und Wärmeleitfähigkeit, geringe Wärmeausdehnung und gute Zunderbeständigkeit. Da GG diesen Anforderungen nicht mehr genügt, werden solche Bauteile heute aus GGV hergestellt.

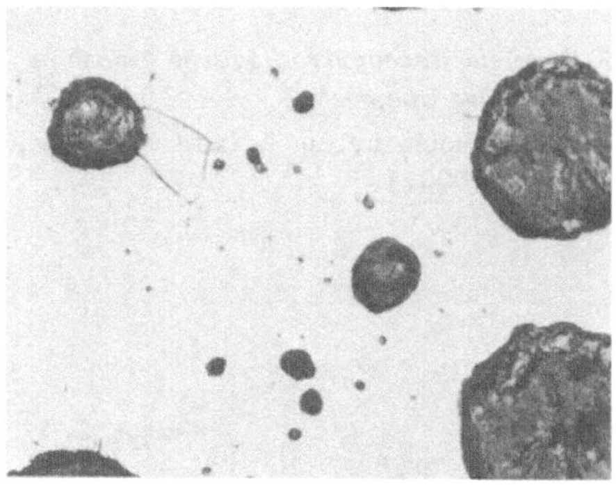

***Bild 2-70 Gußeisen mit Kugelgraphit, GGG***
Große dunkle Flecken = Graphit.
Bildvergrößerung 500 : 1.

## 2.9.4 Gußeisen mit Kugelgraphit/ Sphäroguß

Durch Magnesiumzusatz zur Gußeisenschmelze wird eine kugelförmige Graphitausscheidung bewirkt (Bild 2-70). Die Graphitkugeln haben eine kleinere Oberfläche und geringere Kerbwirkung als die Graphitlamellen (Modellbild 2-71).

Nach einer Wärmebehandlung haben Werkstücke aus Gußeisen mit Kugelgraphit stahlähnliche Eigenschaften. Die Wärmebehandlung verteuert den Guß allerdings auf das zwei- bis dreifache.

*Bild 2-71 Unterrichtsmodell „Graphitkörper gleicher Masse"*
a) Lamellengraphit, GG
b) Kugelgraphit, GGG
Bildvergrößerung 10 : 1.

Normzeichen: GGG-38 bis GGG-70. GGG bedeutet gegossen – Gußeisenglobular.

*Anwendung:* Bei hoch beanspruchten Gußstücken.

## 2.9.5 Temperguß

Temperguß ist ein Eisen-Kohlenstoff-Gußwerkstoff, der die leichte Gießbarkeit des Gußeisens mit der Zähigkeit des Stahls vereinigt.

Im Gußzustand bestehen die Werkstücke aus **Temperrohguß,** dessen Kohlenstoff als Zementit vorliegt (Weiß-/Hartguß).

Durch Langzeitglühen, sog. **Tempern,** zerfällt der Zementit in Ferrit und Graphit. Der entstehende Graphit sammelt sich zu Knöllchen und wird **Temperkohle** genannt.

Man unterscheidet:

Entkohlend geglühter/weißer Temperguß, und nicht entkohlend geglühter/schwarzer Temperguß.

Das entkohlende Glühen erfolgt in sauerstoffabgebenden Mitteln, das nicht entkohlende Glühen in neutralen Mitteln.

Während die Werkstücke aus schwarzen Temperguß in allen Querschnitten gleichartige Gefüge aufweisen, haben Werkstücke aus weißem Temperguß verschiedenartige Gefüge (Bilder 2-72 bis 2-73).

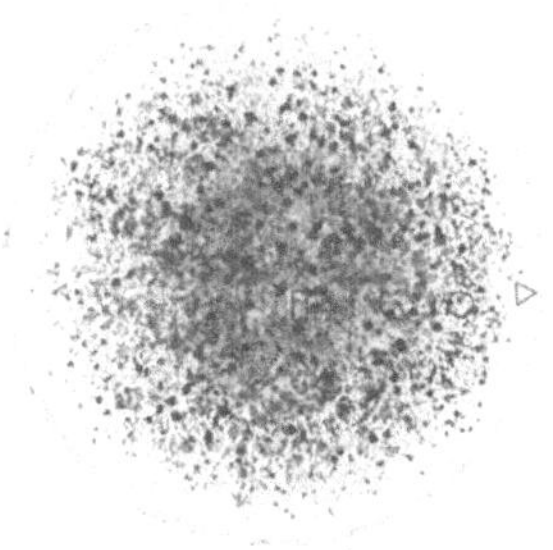

*Bild 2-72 Gefügeausbildung in verschiedenen Zonen eines entkohlend geglühten Tempergußstabes von 9 mm Durchmesser*

Helle Randzone = Ferrit
Übergangszone = Ferrit + Perlit + Temperkohle
dunkle Kernzone = Perlit + Temperkohle.

Bei schwarzem Temperguß liegt im ganzen Querschnitt der Kernzone ein einheitliches Gefüge vor.

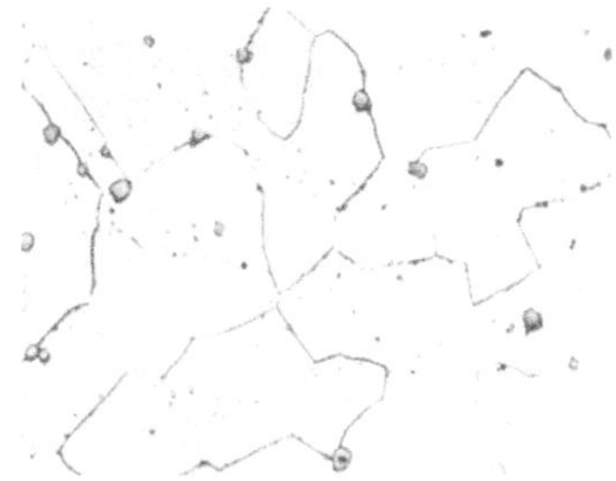

*Bild 2-73a Ferritische Randzone des Tempergußstabes nach Bild 2-72*

Nur bei dünnen Stücken liegt ein der entkohlten Randzone entsprechendes einheitliches Gefüge vor.
Bildvergrößerung 500 : 1.

*Bild 2-73b Ferritisch-perlitische Übergangszone des Tempergußstabes nach Bild 2-72*

Bildvergrößerung 500 : 1.

*Bild 2-73c Perlitische Kernzone des Tempergußstabes nach Bild 2-72*

Dunkler Fleck – Temperkohle.
Bildvergrößerung 500 : 1.

Durch geeignete Wärmebehandlung kann jedes bei Stahl bekannte Gefüge in der Temperguß-Grundmasse herbeigeführt werden.

*Eigenschaften:* Gut gießbar wie Grauguß, umformbar ohne und nach Anwärmen, gut zerspanbar, härtbar und vergütbar.

*Anwendung:* Bremstrommeln, Radnaben und Kipphebel im Kraftfahrzeugbau; Rohrverbindungsstücke (Fittings), Kettenglieder, Schlüssel, Landmaschinenteile u.a.m.

**Kurzzeichen der Temperguß-Sorten**

**Beispiele:** Bezeichnung einer nicht entkohlend geglühten Temperguß-Sorte (Kennbuchstaben GTS-) mit einem Mindestwert der Zugfestigkeit von 450 N/mm² und der Bruchdehnung von 6 % (Kennzahl 45-06) und mit der Werkstoffnummer 0.8145:

Temperguß DIN 1692 – GTS-45-06
oder
Temperguß DIN 1692 – 0.8145

Bezeichnung einer entkohlend geglühten Temperguß-Sorte (Kennbuchstaben GTW-) mit einem Mindestwert der Zugfestigkeit von 400 N/mm² und der Bruchdehnung von 5 % (Kennzahl GTW-40-05) und mit der Werkstoffnummer 0.8040:

Temperguß DIN 1692 – GTW-40-05
oder
Temperguß DIN 1692 – 0.8040

*Tabelle 2-9* Temperguß-Sorten nach DIN 1692

| nicht entkohlend geglühter Temperguß | | entkohlend geglühter Temperguß | |
|---|---|---|---|
| Sorte Kurzzeichen | Werkstoff-nummer | Sorte Kurzzeichen | Werkstoff-nummer |
| GTS-35-10 | 0.8135 | GTW-35-4 | 0.8035 |
| GTS-45-06 | 0.8145 | GTW-40-05 | 0.8040 |
| GTS-55-04 | 0.8155 | GTW-45-07 | 0.8045 |
| GTS-65-02 | 0.8165 | GTW-S 38-12 | 0.8038 |
| GTS-70-02 | 0.8170 | | |

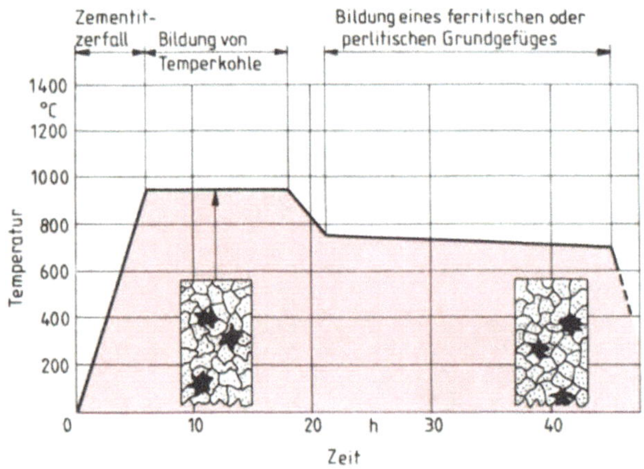


*Bild 2-74*

*Glühkurve für weißen Temperguß*

Entkohlung durch Einpacken der Gußstücke in Eisenerz vor dem Glühen oder durch Glühen in geeignetem Gas. Die Haltedauer auf Entkohlungstemperatur richtet sich nach der Dicke der Gußstücke und der gewünschten Entkohlungstiefe.

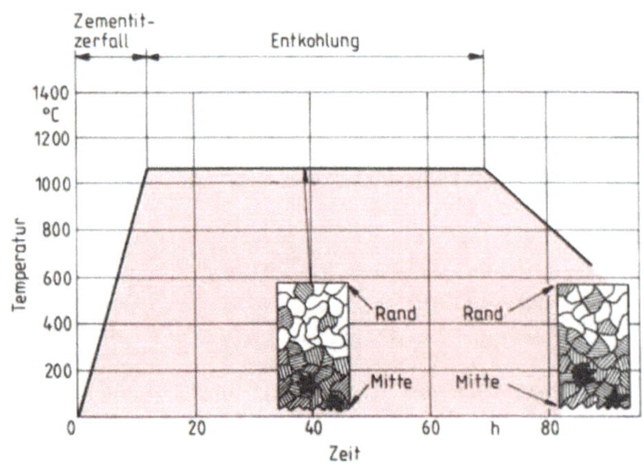


*Bild 2-75*

*Glühkurve für perlitischen oder ferritischen schwarzen Temperguß*

Zur Vermeidung von Randentkohlung werden die Gußstücke vor dem Glühen in Sand eingepackt oder in entsprechendem Gas geglüht. Aus Rohguß mit 0,7 bis 1,0 % Mn entsteht perlitischer Temperguß.

## 2.9.6 Stahlguß

Unter Stahlguß versteht man Werkstücke aus Stahl, dessen Formgebung durch Gießen erfolgte.

Es gibt unlegierten, niedriglegierten und hochlegierten Stahlguß. Alle Stähle werden nur zähflüssig und können nur in Stücken, die dicker als ca. 5 mm sind, hergestellt werden.

**Wärmebehandlung.** In Gußformen normal abgekühlte Stahlgußstücke sind grobkörnig und spröde. Mit Kohlenstoffgehalten von 0,07 bis 0,35 % haben sie vielfach ein durch Ferritpfeile, -nadeln und -platten gekennzeichnetes **Widmannstättensches Gefüge** (Bild 2-76, Gußzustand), **das durch Normalisieren beseitigt wird.**

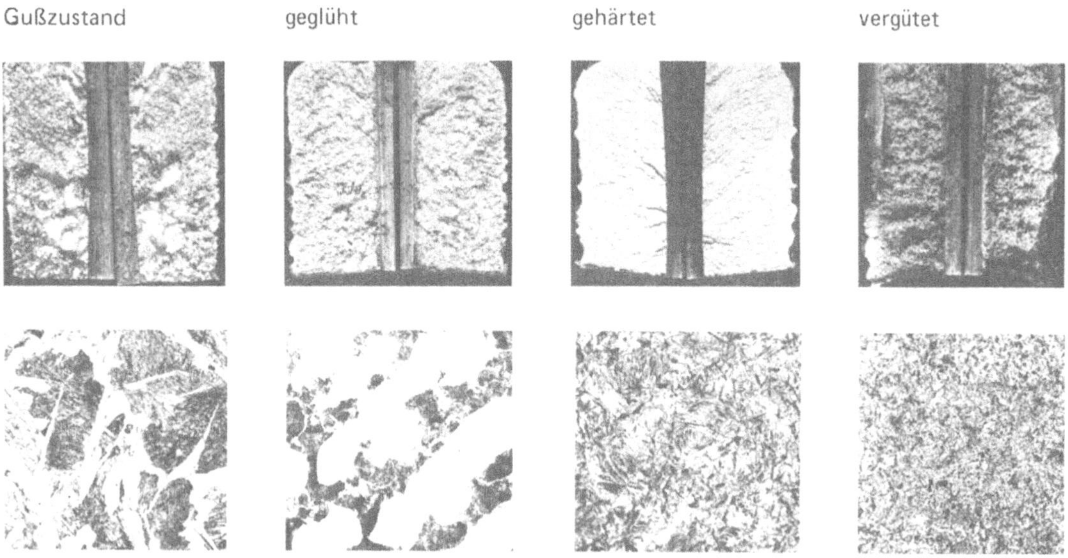


*Bild 2-76 Baustahlguß mit 1,5 % Mn. Bruchaussehen, Mikrogefüge und mechanische Eigenschaften nach dem Glühen, Härten und Vergüten*

Rohguß: Perlit (dunkel)/Ferrit (weiß) Gefüge in Widmannstättenscher Anordnung (Ferritpfeile)
Geglüht: Perlit/Ferrit Gefüge mit großen Ferritkörnern (weiß)
Gehärtet: Nadeliges Martensitgefüge
Vergütet: Feinperlitisches Vergütungsgefüge
Glühen: 880 °C/2h → Luft
Vergüten: 850 °C/10 min → Wasser → 620 °C/1 h → Luft

Mechanische Eigenschaften (Mindestwerte)

| | geglüht | gehärtet | vergütet |
|---|---|---|---|
| Streckgrenze in $N/mm^2$ | 350 | – | 400 |
| Zugfestigkeit in $N/mm^2$ | 600 ... 700 | 1100 | 600 ... 700 |
| Bruchdehnung in % | 18 | 5 | 18 |
| Kerbzähigkeit in $N/mm^2$ | 40 | 10 | 50 |
| Brinellhärte HB | 170 ... 210 | 330 | 170 ... 210 |

Stahlgußstücke erfahren vor ihrer Verwendung eine auf Kornverfeinerung und Entspannung gerichtete Wärmebehandlung.

**Eigenschaften**

Die hohen Schmelztemperaturen ergeben 2 % bis 2,5 % Schwindung und erhebliche Lunkerneigung. Stahlgußteile mit größeren Querschnittsunterschieden sind meist verzogen und haben ein uneinheitliches Gefüge, das heißt uneinheitliche Eigenschaften in ein und demselben Gußstück. In zunehmendem Umfange wird Stahlguß durch schwarzen Temperguß und Schweißkonstruktionen ersetzt; große Motorenblöcke werden z.B. aus Stahlguß-Sektionen zusammengeschweißt.

**Wiederholungsfragen**

1. Welche Eisen-Kohlenstoff-Gußwerkstoffe gibt es?
2. Welche Eigenschaften hat Gußeisen mit Lamellengraphit?
3. Welche Eigenschaften hat Gußeisen mit Kugelgraphit?
4. Wodurch unterscheiden sich schwarzer und weißer Temperguß?
5. Wie wird ein Werkstück aus Temperguß hergestellt?
6. Welche Eigenschaften haben die aus Temperguß hergestellten Werkstücke?
7. Was versteht man unter Stahlguß?
8. Warum müssen alle Werkstücke aus Stahlguß vor ihrer Verwendung wärmebehandelt werden?
9. Was bedeuten GG-20, GGG-60, GTW-45, GTS-55, GTW-S38?

## 2.10 Sinterwerkstoffe

### 2.10.1 Grundbegriffe

Sinterwerkstoffe werden durch die Verfahren der Pulvermetallurgie hergestellt.

Die Verfahrensschritte der Pulvermetallurgie sind **Pulverherstellung, Pressen und Sintern.**

**Pulver** ist eine Anhäufung von Teilchen mit kleinerem Durchmesser als 1 mm. Es wird durch mechanische Zerkleinerung, durch Reduktion von Oxiden oder durch Ausscheidung aus Lösungen gewonnen.

**Bindemittel** werden dem Pulver zugesetzt. Sie reagieren beim Erhitzen mit den Pulverteilchen und sind der Zement, der die Teilchen zusammenhält. Bei den Hartmetallen hat Cobalt als Bindemittel die größte Bedeutung. Bei keramischen Stoffen bilden Oxide und Nitride die Bindemittel.

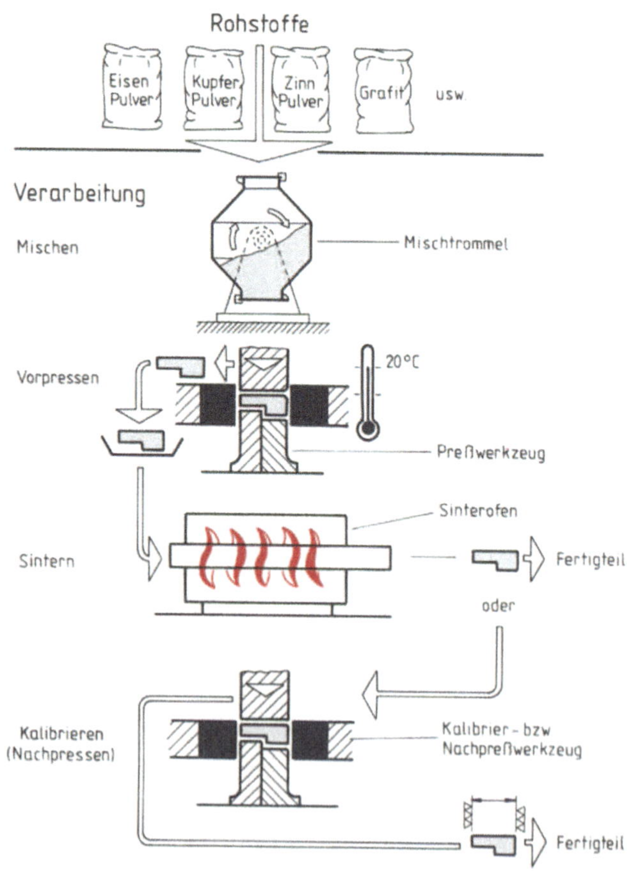


*Bild 2-77 Pulvermetallurgisches Verfahren zur Herstellung von Sinterkörpern* (schematische Darstellung)

**Pressen** ist das Formen von Pulver durch äußeren Druck in einer Preßform, um einen zusammenhaltenden Preßkörper bestimmter Form zu erhalten. Die Hohlräume zwischen den festen Teilchen des Preßkörpers heißen Poren.

**Sintern** ist eine Wärmebehandlung eines Preßkörpers bei Temperaturen unterhalb des Schmelzpunktes des Pulvers, um die Festigkeit zu erhöhen. Dabei wachsen die Pulverteilchen an den Berührungsstellen zusammen: die Pulverteilchengrenzen werden zu Korngrenzen.

Sinterwerkstoffe haben nach allen Richtungen hin gleiche Eigenschaften.

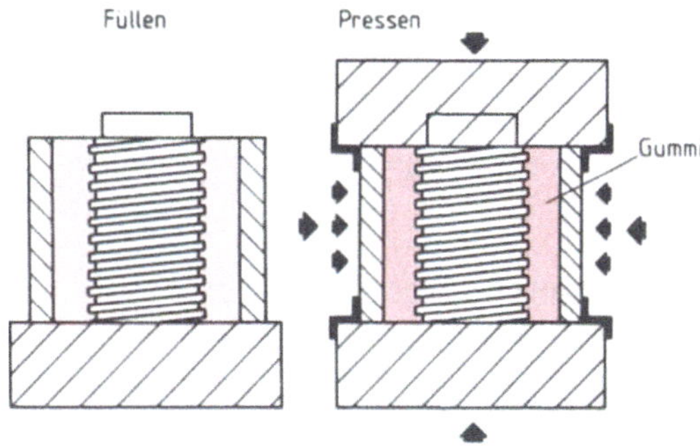


*Bild 2-78 Prinzip eines Werkzeuges aus gummielastischen und Stahlteilen zum isostatischen Pressen von Bauteilen mit Innengewinde. Die Pfeile sollen den allseitigen Druck der Druckflüssigkeit andeuten.*

## 2.10.2 Herstellung der Sinterkörper

Die Formgebung der Sinterkörper und Verdichtung des Pulvers erfolgt durch Einpressen des Pulvers in Matrizen mit Preßdrücken von 200 N/mm$^2$ bis 600 N/mm$^2$. Infolge Kaltverfestigung des Pulvers durch Versetzungsstau, siehe Bild 2-37 und Reibung zwischen Pulver und Matrize kann Pulver nicht zu völliger Dichte gepreßt werden.

Die in Bild 2-77 dargestellte Arbeitsweise wird als **Koaxiales Pressen** bezeichnet. Die Herstellung von kompliziert geformten Preßkörpern erfolgt durch **Isostatisches Pressen,** d.h. Preßdruck von allen Seiten, nach Bild 2-78. Dabei werden die teilweise gummielastischen Matrizen in einem Druckbehälter eingeschlossen und von einer Druckflüssigkeit allseitig beaufschlagt.

Beim nachfolgenden Glühen unter Schutzgas (Sintern), entsprechend der 0,5- bis 0,95-fachen Schmelztemperatur, erhält der Preßkörper die gewünschten Eigenschaften.

In manchen Fällen folgen den bisher beschriebenen Arbeitsgängen noch das Kalibrieren auf höhere Maßgenauigkeit, Durchmesser bis IT7, Längen bis IT12, Verbesserung der Oberflächen und/oder Tränken des Porenraumes mit Schmierstoffen oder niedrig schmelzenden Metallen (z.B. Kupfer-Infiltration).

## 2.10.3 Dichte und Kennzeichnung der Sinterkörper

Das wichtigste Kennzeichen der Sinterkörper ist ihre Raumerfüllung oder Porosität.

Die Kurzzeichen für Sinterwerkstoffe bestehen aus der Abkürzung SINT, einen Großbuchstaben und zwei Ziffern, z.B. SINT-B30. Die ersten Ziffern bedeuten:

0 Sinterstahl unlegiert, mit Cu < 1,0 %, mit oder ohne C.
1 Sinterstahl mit 1 bis 5 Gew.-% Cu, mit oder ohne C.
2 Sinterstahl mit mehr als 5 Gew.-% Cu, mit oder ohne C.

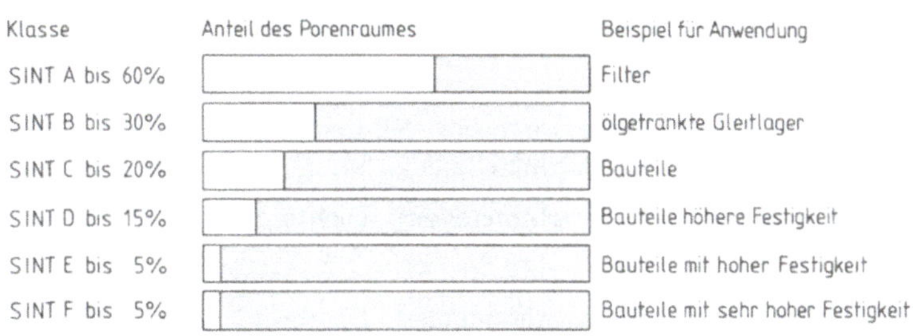


*Bild 2-79 Kurzzeichen der Sinterkörper*

3 Sinterstahl mit oder ohne Cu und/oder C mit höchstens 5,5 Gew.-% anderen Legierungsmetallen, z.B. Cu/Ni-Stähle.
4 Sinterstahl mit oder ohne Cu und/oder C mit mehr als 5,5 Gew.-% anderen Legierungsmetallen, z.B. 18/8-Cr-Ni-Stähle.

### 2.10.4 Anwendungsgebiete der Sinterwerkstoffe

Als Sinterteile werden hergestellt:

Kleinere einbaufertige Präzisions-Formteile mit gleichmäßigem Gefüge aus den verschiedensten Metallen und ihren Legierungen, die ggf. wärmebehandelt werden können;

Formteile aus hochschmelzenden Metallen, z.B. Wolfram und Tantal;

Werkzeugwerkstoffe aus solchen Hartstoffen, die sich beim Erschmelzen auflösen, z.B. die Carbide der Hartmetalle;

poröse Formteile, z.B. mit Öl getränkte selbstschmierende Gleitlager;

hochporöse Filter;

Körper aus solchen Stoffen, die durch Aufschmelzen nicht vereinigt werden können, z.B. Reibwerkstoffe für Bremsen und Kupplungen aus Kupfer, Zinn, Blei, Eisen, $SiO_2$, $Al_2O_3$ und SiC sowie hochwarmfeste Keramiken.

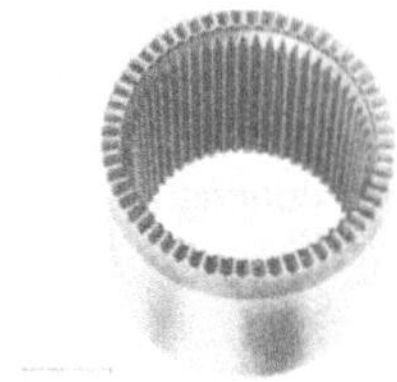

*Bild 2-80a*
*Teil einer Kupplung aus Sinterstahl*

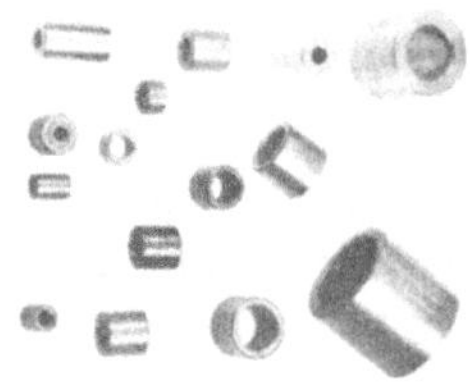

*Bild 2-80b*
*Hülse aus CuSn (Zinnbronze)*

**Wiederholungsfragen**

1. Welches sind die Verfahrensschritte der Pulvermetallurgie?
2. Welche Bedeutung hat die Dichte der Sinterkörper?
3. Wie wird der Porenraum der Sinterkörper gekennzeichnet?
4. Welches sind die wichtigsten Anwendungsgebiete der Sinterwerkstoffe?

## 2.11 Nichteisenmetalle

### 2.11.1 Begriffe nach DIN 1700

Nichteisenmetalle sind:

- Unlegierte Metalle mit Ausnahme des Eisens,
- Legierungen, in denen ein beliebiges Metall – ausgenommen Eisen – den größten Einzelgehalt darstellt.

▶ **Beispiele:**

Legierung aus 55 % Ni und 45 % $F_e$
*Nichteisenmetall.* Ni ist Metall mit dem größten Einzelgehalt.

Legierung aus 55 % $F_e$ und 45 % Ni
*kein Nichteisenmetall.* $F_e$ ist Metall mit dem größten Einzelgehalt.

Legierung aus 40 % $F_e$, 40 % Ni und 20 % Cr
*kein Nichteisenmetall.* Weder Ni noch Cr stellen den größten Einzelgehalt dar.

**Schreibweise**

Basiselement an erster, Hauptlegierungselement an zweiter Stelle: beide Wörter mit Bindestrich verbunden. Das Wort Legierungselement mit Bindestrich angehängt.

▶ **Beispiele:**

Legierung aus 55 % Ni und 45 % $F_e$
*Nickel-Eisen-Legierung.* Nickel-Eisen-Legierung würde Legierung aus Eisenbasis bedeuten.

Legierung aus 95 % Cu und 5 % Zn
*Kupfer-Zink-Legierung.* Kupfer-Zink-Legierung würde Legierung auf Zinkbasis bedeuten.

Bezeichnungen **NE-Leichtmetalle** und **NE-Schwermetalle** s. S. 54. Die Grenze zwischen

**Leichtmetallen** Dichte $\rho \leqslant 4{,}5$ kg/dm$^3$

und

**Schwermetallen** Dichte $\rho > 4{,}5$ kg/dm$^3$

*Tabelle 2-10* Physikalische und technologische Eigenschaften von Nichteisenmetallen bei Raumtemperatur

| Element | Symbol | Gitter-struk-tur[1] | Dichte bei 20 °C kg/dm³ $\left(\frac{g}{cm^3}\right)$ | Elastizitätsmodul bei 20 °C $10^4$ N/mm² | Zugfestigkeit (geglüht) N/mm² | Härte (geglüht) HB | Linearer Ausdehnungskoeffizient zwischen 0 u. 100 °C $10^{-6}$ K$^{-1}$ | Spezifische Wärme bei 20 °C kJ/kg · K | Schmelzpunkt °C | Wärmeleitfähigkeit bei 20 °C $\frac{kJ}{m \cdot s \cdot K}$ | Spezifischer elektrischer Widerstand bei 20 °C $10^{-3} \frac{\Omega \cdot mm^2}{m}$ |
|---|---|---|---|---|---|---|---|---|---|---|---|
| Aluminium | Al | kfz | 2,7 | 7,2 | 40 ... 100 | 15 ... 25 | 23,9 | 0,899 | 660 | 0,239 | 28,6 |
| Antimon | Sb | rh | 6,69 | 5,6 | 80 ... 90 | 30 ... 36 | 10,8 | 0,21 | 630,5 | 0,018 | 390,0 |
| Beryllium | Be | hd | 1,85 | 30,0 | 210 ... 360 | 30 ... 170 | 12,3 | 1,885 | 1283 | 0,147 | 38 |
| Bismut | Bi | rh | 9,8 | 3,4 | 5 | 9 ... 19 | 13,5 | 0,126 | 271 | 0,008 | 1200 |
| Blei | Pb | kfz | 11,35 | 1,7 | 11 ... 13 | 3 ... 6 | 29 | 0,13 | 327 | 0,035 | 210 |
| Cadmium | Cd | hd | 8,64 | 6,3 | 60 | 16 ... 35 | 29,4 | 0,23 | 321 | 0,096 | 77 |
| Chrom | Cr | krz | 7,1 | 25,0 | 200 ... 300 | – | 8,5 | 0,46 | 1900 | 0,069 | 140 |
| Germanium | Ge | kd | 5,32 | – | – | – | 5,75 | 0,07 | 938 | 0,14 | $9 \cdot 10^5$ bis $6 \cdot 10^8$ |
| Gold | Au | kfz | 19,3 | 8,1 | 100 ... 140 | 13 ... 22 | 14,3 | 0,13 | 1063 | 0,287 | 22 |
| Kobalt | Co | ε-hd<br>α-kfz | 8,9 | 21,5 | 270 | 120 ... 130 | 12 | 0,437 | 1490 | 0,096 | 97 |
| Kupfer | Cu | kfz | 8,93 | 12,6 | 210 ... 240 | 40 ... 50 | 16,8 | 0,39 | 1083 | 0,069 | 17,8 |
| Magnesium | Mg | hd | 1,74 | 4,5 | 160 ... 200 | 25 ... 40 | 26 | 0,924 | 650 | 0,394 | 45 |
| Mangan | Mn | α-kfz<br>β-krz | 7,45 | 20,0 | – | – | 15 | 0,504 | 1244 | 0,155 | 1500 |
| Molybdän | Mo | krz | 10,2 | 32,6 | 480 ... 900 | 140 ... 300 | 5 | 0,273 | 2620 | 0,021 | 54 |
| Nickel | Ni | kfz | 8,9 | 22,5 | 350 ... 520 | 70 ... 120 | 13 | 0,441 | 1452 | 0,142 | 95 |
| Niob | Nb | krz | 8,6 | 12,0 | 250 ... 350 | 40 ... 200 | 7,1 | 0,273 | 2415 | 0,092 | 130 |
| Platin | Pt | kfz | 21,37 | 17,3 | 120 ... 220 | 40 ... 50 | 9 | 0,134 | 1769 | 0,052 | 98 |
| Silber | Ag | kfz | 10,5 | 8,1 | 130 ... 160 | 15 ... 36 | 19,7 | 0,235 | 960,8 | 0,071 | 15,9 |
| Tantal | Ta | krz | 16,6 | 19,0 | 350 ... 700 | 100 ... 260 | 6,5 | 0,138 | 2990 | 0,419 | 125 |
| Titan | Ti | α-hd<br>β-krz | 4,5 | 11,1 | 350 ... 560 | 100 ... 200 | 8,2 | 0,63 | 1660 | 0,054 | 420 |
| Vanadium | V | krz | 6,1 | 13,0 | 350 ... 500 | 100 ... 260 | 8,3 | 0,504 | 1900 | 0,016 | 250 |
| Wolfram | W | krz | 19,3 | 41,5 | 400 ... 1200 | 250 ... 360 | 4,5 | 0,143 | 3380 | 0,147 | 55 |
| Zink | Zn | hd | 7,14 | 10,0 | 120 ... 150 | 32 ... 45 | 29 | 0,395 | 419,5 | 0,113 | 63 |
| Zinn | Sn | α-kd<br>β-t | 7,28 | 4,5 | 15 ... 28 | 4 ... 5 | 27 | 0,228 | 232 | 0,063 | 114 |
| Zirkonium | Zr | α-hd<br>β-krz | 6,5 | 9,6 | 150 ... 400 | 60 ... 80 | 4,8 | 0,252 | 1852 | 0,021 | 400 |

[1]) kfz kubisch-flächenzentriert; krz kubisch-raumzentriert; hd hexagonal-dichteste Packung; rh rhomboedrisch; kd kubisch-diamant; t tetragonal

kann wissenschaftlich nicht begründet werden und ist durch keine Norm festgelegt.

Die Unterscheidung nach der Dichte hat sich aus der historischen Entwicklung wie folgt ergeben: Auf der Pariser Weltausstellung 1899 wurde das Aluminium erstmals als **technisch verwendbares Leichtmetall** bekanntgemacht und nach der Entdeckung der hochfesten Legierung AlCuMg (sog. Duralumin) durch den Deutschen Wilm im Jahre 1909 konnte der Metallflugzeugbau den bekannten Aufschwung nehmen. Nach der in den letzten Jahren bekanntgewordenen Überlegenheit des Titans gegenüber den Aluminiumlegierungen bei hohen Temperaturen/Fluggeschwindigkeiten wurde Titan ebenfalls als Leichtmetall bezeichnet.

**Die Reißlänge** findet als Wertungszahl bei Leichtmetallen und Kunststoffen Beachtung.

Reißlänge = Reißkilometer-Länge, bei der ein frei hängender Draht/Faden unter seinem eigenen Gewicht reißt.

**Reißlänge** $l_R = R_m/g \cdot \rho$

► **Beispiel:**

Die Reißlänge eines Metalls (Be) mit einer Zugfestigkeit von $R_m = 880\ \text{N/mm}^2$ und einer Dichte von $\rho = 1{,}86\ \text{kg/dm}^3$ ist

$$l_R = \frac{880 \cdot 100\ \text{N}}{\text{cm}^2} : \frac{9{,}81\ \text{m} \cdot 1{,}86\ \text{kg}}{\text{s}^2\ 1000\ \text{cm}^3}$$

$$= \frac{880 \cdot 100 \cdot 1000\ \text{cm}^3 \text{N}\ \text{s}^2}{9{,}81 \cdot 1{,}86\ \text{cm}^2\ \text{kg}\ \text{m}} \approx 48{,}3 \cdot 10^5\ \text{cm}$$

$$\approx 48{,}3\ \text{km}$$

## 2.11.2 Kurzzeichen nach DIN 1700

Die durch Gießen und Kneten erreichten Werkstoffzustände werden als Guß- und Knetlegierungen bezeichnet.

In den Kurzzeichen werden gekennzeichnet: **Gußzustand** und **Verwendung** durch vorgesetzte Kennbuchstaben, **Wärmebehandlungszustand** und **Oberflächenbeschaffenheit** durch angehängte Kennbuchstaben.

Knetlegierungen werden nicht gekennzeichnet.

*Tabelle 2-11* Die drei Hauptteile der Kurzzeichen für Nichteisenmetalle

| Kennbuchstaben für die Herstellung und Verwendung | Kennzeichen für die Zusammensetzung | Kurzzeichen für Behandlungszustand, Zugfestigkeit und Oberflächenbeschaffenheit |
|---|---|---|
| G Guß (allgemein)<br>GD Druckguß<br>GK Kokillenguß<br>GZ Schleuderguß (Zentrifugalguß)<br>GC Strangguß (C = Continuous, von ISO übernommen)<br>V Vor- und Verschnittlegierung<br>Gl Gleitmetall (Lagermetall)<br>L Lot<br>E elektrische Leitlegierung<br>Lg Lagermetall<br>R Reduktionslegierung<br>S Schweißlegierung | Kurzzeichen ohne Kennzahl, z.B. Gl-Pb (Blei-Alkali-Lagermetall)<br><br>Kurzzeichen ohne Kennzahl für Grundstoff, z.B.: AlMg3Si (Aluminium-Knetlegierung mit 3 % Mg)<br><br>Kurzzeichen mit Kennzahl für Grundstoff, z.B.: Ni88Cr (Nickellegierung mit 88 % Ni) | H Hüttenlegierung<br>R Reinstlegierung<br>F Festigkeitskennzahl (≙ 0,1. Mindestzugfestigkeit in $\text{N/mm}^2$)<br>HV Vickershärte<br><br>Bei Leichtmetallen<br>a ausgehärtet<br>ka kalt ausgehärtet<br>wa warm ausgehärtet<br>ho homogenisiert<br>p gepreßt<br>pl plattiert<br>wh gewalzt<br>zh gezogen<br><br>Härtezustand (nicht genormt)<br>weich (w) Werkstoff nach etwaiger Kaltverformung gut geglüht |
| | haltbar (hh) ≈ 1,2fache<br>hart (h) ≈ 1,4fache<br>federhart ≈ 1,8fache | } Zugfestigkeit des Zustandes „weich" infolge Kaltverformung |

▶ **Beispiele:**

**Unlegierte Metalle**

*Hüttennickel nach DIN 1701*

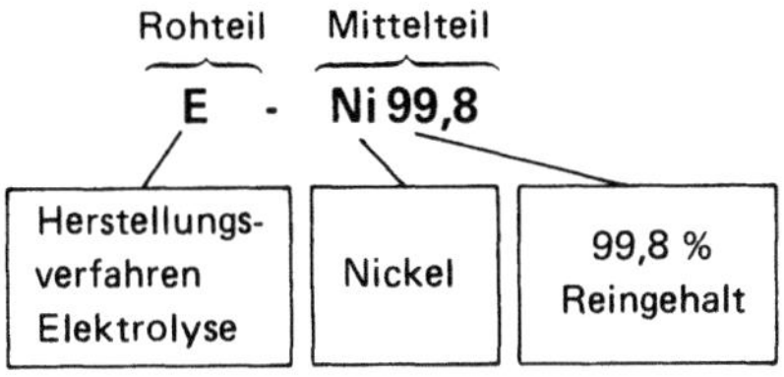


*Reinaluminium nach DIN 1747*

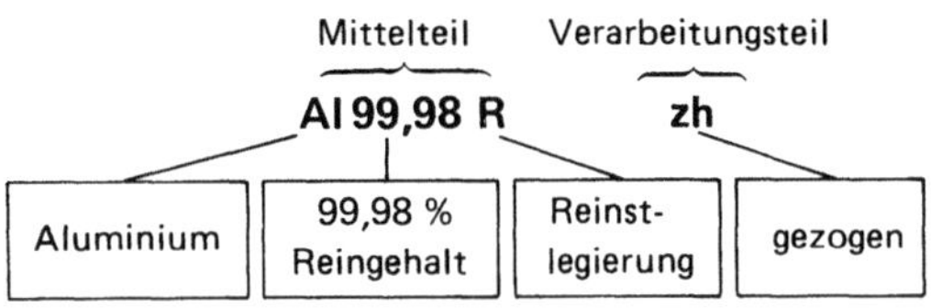


**Legierungen**

Symbol des Basismetalls an erster, Symbol des Hauptlegierungselementes an zweiter Stelle mit einer Zahl, die ihren mittleren Gehalt angibt.

*Aluminium-Gußlegierung nach DIN 1725*

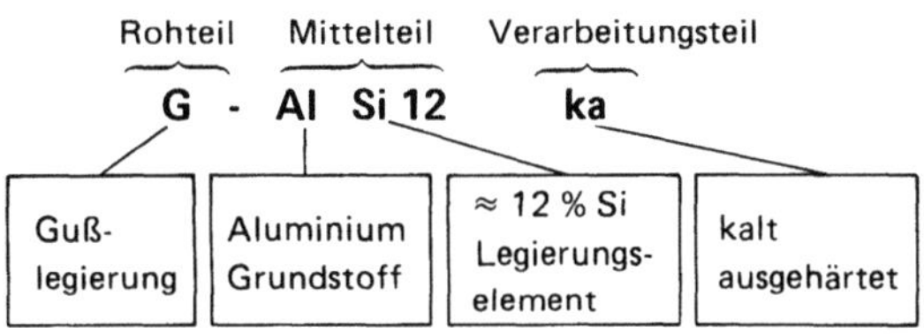


*Aluminium-Knetlegierung nach DIN 1725*

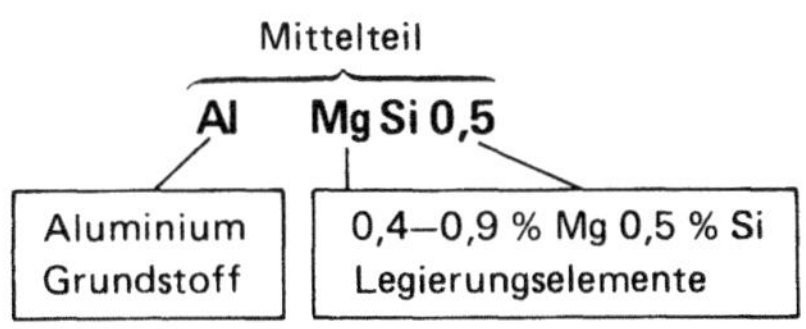


Hinter den Kennzeichen für die Zusammensetzung kann der Mindestwert der Zugfestigkeit in kg/mm² mit dem vorgesetzten Buchstaben F angefügt werden.

▶ **Beispiel:** AlMg3 F17

Aluminium-Knetlegierung mit 2,0 bis 0,4 % Mn, 0 bis 0,4 % Mn, 0 bis 0,3 % Cr und Rest Al, 17 kg/mm² Mindestzugfestigkeit.

## 2.11.3 Technisch wichtige Nichteisenmetalle und ihre Legierungen

### Aluminium

**Die Gewinnung** des Aluminiums erfolgt in einer Kette von Prozessen nach dem Schaubild aus **Bauxit,** das 52 bis 65 % Tonerde ($Al_2O_3$) enthält.

*Tabelle 2-12* Aluminiumherstellung

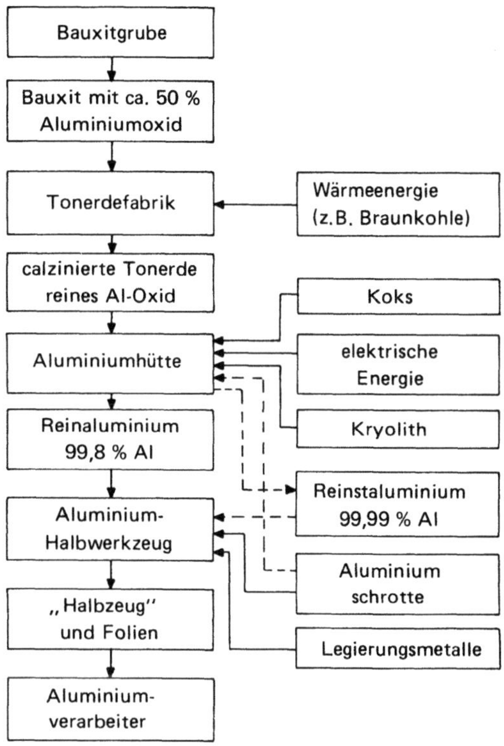


Die Herstellung des Aluminium aus Tonerde erfolgt in Elektrolysezellen. Dabei wird Gleichstrom durch geschmolzenes Salz, Kryolith, geleitet, in welchem die Tonerde aufgelöst ist.

Die Herstellung von 1000 kg Aluminium erfordert eine elektrische Energie von 18 000 kWh.

*Eigenschaften:* Aluminium ist, abgesehen von einigen Säuren, Basen und Salzen, gegenüber fast allen Stoffen beständig. Wegen seiner Ungiftigkeit wird es in der Verpackungsindustrie vielseitig verwendet. Es überzieht sich in Luft mit einer etwa 2 µm dicken Oxidhaut, die gegen weitere Korrosion schützt. Aluminium leitet

Wärme und Elektrizität gut, und kann zu 1/100 mm dünnen Folien ausgewalzt werden (luftdichte Verpackungen).

**Formgebung.** Alle bei Stahl angewendeten Bearbeitungsverfahren werden auch bei Aluminium angewendet. Durch Umformen ohne Anwärmen kann seine Festigkeit verdoppelt werden, durch Rekristallisationsglühen bei 350 °C wird die Kaltverfestigung aufgehoben.

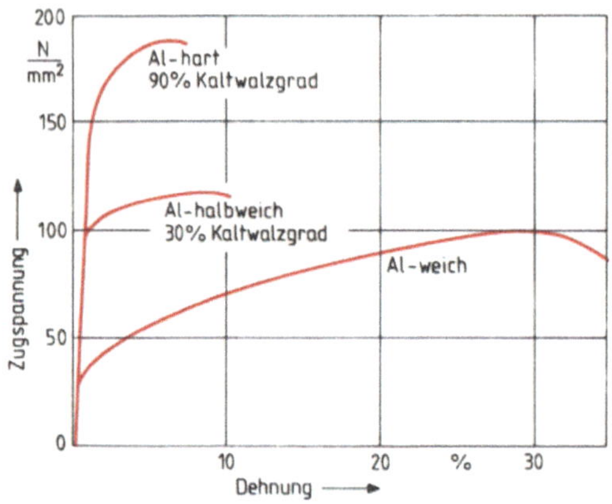


*Bild 2-81 Einfluß der Kaltverformung auf Aluminium*
Al-weich: keine Kaltverfestigung vor dem Zugversuch
Al-halbweich: 30 % Kaltwalzgrad vor dem Zugversuch
Al-hart: 90 % Kaltwalzgrad vor dem Zugversuch
Mit zunehmendem Verformungsgrad nimmt die Festigkeit auf Kosten der plastischen Verformbarkeit zu.

**Aluminiumlegierungen**

Die wichtigsten Legierungszusätze sind:
**Cu, Si, Mg, Zn.**
Weniger wichtige Legierungszusätze sind:
**Mn, Ti, Ni, Fe, Cr, Co.**
Selten werden verwendet:
**Pb, Cd, Sb, Bi.**

Man unterscheidet nicht aushärtbare Aluminiumlegierungen, deren Festigkeitseigenschaften durch Wärmebehandlung nicht gesteigert werden können, und aushärtbare Aluminiumlegierungen, deren Festigkeitseigenschaften durch Aushärtung erhöht werden.

**Nicht aushärtbare/naturharte Aluminiumlegierungen**

Die gegenüber Reinaluminium erhöhte Festigkeit dieser Legierungen beruht auf **Mischkristallhärtung,** d.h. auf der Fähigkeit des Aluminiums, mit Magnesium Mischkristalle zu bilden, die auch bei tieferen Temperaturen beständig sind. Die gelösten Magnesiumatome sind Hindernisse für die Bewegung von Versetzungen und bewirken dadurch eine Verfestigung des Aluminiums.

**Aushärtbare Aluminiumlegierungen**

Die Aushärtbarkeit einiger Al-Legierungen beruht auf der mit abnehmender Temperatur

*Tabelle 2-13* Die Hauptgruppen der nach DIN 1725 genormten Aluminium-Knetlegierungen

| Legierungsgruppe | Kennzeichnende Eigenschaften | Verwendung |
|---|---|---|
| AlCuMg | Hochfeste Legierung, bei Raumtemperatur **aushärtend, nicht korrosionsbeständig.** | Für mechanisch hoch beanspruchte Bauteile. Grundlegender Werkstoff für den Flugzeugbau, meist plattiert verwendet. |
| AlMgSi | Warm, z.T. kalt, **aushärtbar:** gut verformbar, polierbar und anodisch **oxidierbar.** | Für Schweißteile mit geringer Festigkeit und chemischer Beständigkeit. |
| AlMg | Mit abnehmendem Mg-Gehalt abnehmende Festigkeit und zunehmende Verformbarkeit und Schweißbarkeit, gute Korrosionsfestigkeit, auch gegen Seewasser. **Nicht aushärtend.** | Verkleidungen und Bauteile, die seewasserbeständig sein müssen; Flugzeug- und Schiffbau, Nahrungsmittelindustrie. |
| AlMgMn | Ähnlich wie AlMg, **nicht aushärtend.** | Ähnlich wie AlMg. |
| AlZnMg | Al-Legierungen mit höchster Zugfestigkeit. Die Dauerschwingfestigkeit ist jedoch nicht höher als die von AlCuMg. Sehr kerbempfindlich, **warm aushärtbar.** | Im Flugzeugbau für Schmiedestücke (Nietlöcher reißen ein). |

abnehmenden Löslichkeit der Elemente Cu, Si, Mg und Zn. Der Aushärtevorgang und die zur Aushärtung führenden Maßnahmen sind in Abschnitt 2.8.4 beschrieben.

**Umformen nach Anwärmen** bei 300 bis 550 °C.
**Weichglühen** bei 350 bis 400 °C.
**Umformen ohne Anwärmen und Zerspanen** zwischen Abschrecken und Auslagern oder nach Weichglühen.

Weichgeglühte und nach Anwärmen umgeformte Werkstücke erhalten ihre höchst mögliche Festigkeit durch Aushärtung.

**Besondere Aluminiumlegierungen**

**Aus Aluminium-Gußwerkstoffen** werden Sand-, Kokillen- und Druckguß hergestellt. Die Gußstücke sind sehr gut zerspanbar, schweißbar und polierfähig. Verwendet werden Al-Si, Al-Mg- und Al-Cu-Legierungen.

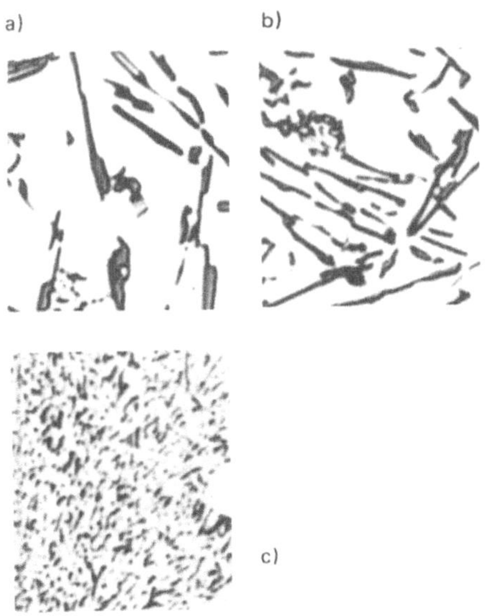


*Bild 2-82 Al-Si-Legierung mit etwa 13 % Si (Markenbez. Silumin, DIN-Bez. G-AlSi)*

Heller Grund Al, dunkle Einschlüsse Si.
a) Übereutektische Legierung.
b) Lamellare, nicht veredelte Legierung mit etwa 140 N/mm² Festigkeit.
c) Mit 0,3 % Na veredelte Legierung. Das Gefüge hat seinen Charakter behalten, es ist jedoch feinkörnig und hat eine Festigkeit von etwa 250 N/mm².
Bildvergrößerung 500 : 1.

**Al-Si-Legierungen, sog. Silumin,** haben eine Zugfestigkeit von ca. 250 N/mm².

**Al-Mg-Legierungen** haben geringere Zugfestigkeit und bessere Korrosionsbeständigkeit als Silumin.

**Al-Cu-Legierungen** sind aushärtbar und erreichen die höchste Zugfestigkeit von allen Al-Gußwerkstoffen. Sie sind nur bedingt schweißbar und werden als Sandguß hergestellt.

*Anwendung:* Im Flugzeug- und Fahrzeugbau als Getriebegehäuse und Motorenblöcke.

**Warmfeste Legierungen** sind AlCuNi-Legierungen, sog. Kolbenlegierungen.

**Automatenlegierungen,** z.B. AlCuMgPb, ergeben kurz brechende Späne.

Alle kupferhaltigen Aluminiumlegierungen korrodieren sehr schnell in Luft.

**Alle Aluminiumlegierungen sind schweißbar**

*Nicht aushärtbare/naturharte Aluminiumlegierungen* erfahren durch Schweißen im weichgeglühten Zustand keine Erweichung. Durch Schweißen nach dem Umformen ohne Anwärmen wird die Kaltverfestigung im Bereich der Schweißnähte aufgehoben.

In den Bereichen der Schweißnähte von *ausgehärteten Legierungen* ist die Festigkeit um mehr als 50 % verringert. Der Zusammenbau von ausgehärteten Bauteilen, z.B. Teile von Flugzeugen, Seilbahnkabinen, Booten und Behältern, erfolgt durch Nietverbindungen. Die Nieten werden innerhalb von 2 bis 3 Stunden nach dem Abschrecken geschlagen. Die zusammengenieteten Teile dürfen erst nach dem Aushärten der Nieten (nach einigen Tagen) belastet werden.

**Antimon**

Antimon wird aus Antimonglanz, $Sb_2S_3$, durch reduzierendes Schmelzen gewonnen. Wegen seiner großen Sprödigkeit wird es fast nur zur Festigkeitssteigerung von Legierungen benutzt, die hart sein müssen, z.B. Hartblei und Weißmetall. Schwindmaß 0,6 %.

**Beryllium**

Beryllium ist ein seltenes Element. Es findet sich in der Natur in Form eines Beryllium-Aluminium-Silicats als Beryll, in schön kristallisierter Form als Edelstein, z.B. Aquamarin und Smaragd. Metallisches Beryllium wird aus Beryll auf elektrolytischem Wege gewonnen.

**Die Legierung 62 % Be-38 % Al** wird hauptsächlich im Flugzeug- und Raketenbau verwendet. Sie hat brauchbare Verformungseigenschaften und ist schweißbar. Ihre Reißlänge (s. Abschnitt 2.11.1) beträgt 47 km. Hoher Preis und besondere Sicherheitsmaßnahmen gegen Gesundheitsschädigung bei der Verarbeitung stehen den Vorteilen entgegen.

**Blei**

Blei wird aus Bleiglanz, PbS, durch Reduktion gewonnen. Es ist weich und geschmeidig und kann nicht kaltverfestigt werden. Blei überzieht sich an der Luft wie Kupfer und Aluminium mit einer Oxidhaut, die gegen weitere Korrosion schützt. Da Blei wegen seiner hohen Dichte ionisierende Strahlen, z.B. Röntgenstrahlen und Strahlen von radioaktiven Stoffen, absorbiert/aufhält, wird es zur Abschirmung von Strahlenquellen verwendet. Man unterscheidet:

**Feinblei, Pb99,99,** für die Herstellung von Bleimennige, Bleiweiß und optischen Gläsern, Akkumulatorenplatten, Bleiblechen und Bleirohren.

**Kupferfeinblei, Pb99,9Cu,** für Schwefelsäurebehälter.

**Hüttenblei, Pb99,9,** als Ausgangswerkstoff für die Herstellung von Legierungen, z.B. Hartblei, Weichlote, Lagermetalle, Automatenstähle, zum Verbleien von Stahlblechen und für Ummantelungen von elektrischen Kabeln.

**Cadmium**

Cadmium findet sich in der Natur häufig als Begleiter des Zinks in dessen Erzen. Es kann aus diesen Erzen durch Destillation gewonnen werden.

Cadmium ist dem Zink in seinen physikalischen und chemischen Eigenschaften sehr ähnlich und findet hauptsächlich für Schutzüberzüge auf Metallen Verwendung.

**Chrom**

Die in der Natur meistverbreitete Verbindung des Chroms ist der Chromeisenstein. Chrom ist ein weißglänzendes Metall. In verdünnter Salzsäure und Schwefelsäure löst es sich leicht. Durch Salpetersäure wird es passiviert (korrosionsfest). Ferrochrom ist hart und spröde, hochreines Chrom dagegen weich.

Chrom wird zur Glanz- und Hartverchromung verwendet, hauptsächlich aber als Legierungselement für Baustähle, korrosionsfeste und hitzebeständige Stähle.

**Edelmetalle**

Edelmetalle werden die Metalle genannte, die sich nicht unmittelbar mit Sauerstoff verbinden, d.h. die bei Raumtemperatur luftbeständig und in nichtoxidierenden Säuren unlöslich sind. Dies sind Silber, Gold und Platin sowie die Platinbegleitmetalle Ruthenium, Rhodium, Palladium, Osmium und Iridium.

Alle Edelmetalle kommen in der Natur gediegen vor und sind gut bearbeitbar. Sie dienen wegen ihres hohen Preises hauptsächlich zur Herstellung von Schmuckgegenständen, Münzen und Tafelgerät und werden technisch nur in kleinen Mengen verwendet.

**Germanium**

Germanium ist ein sehr sprödes, grauweiß glänzendes Metall mit hoher Korrosions-, Säure- und Laugenbeständigkeit bei etwa 25 °C. Bei 600 °C bis 700 °C oxidiert es an Luft. Es kann mit fast allen Metallen legiert werden.

Reines Ge kann nicht zu Walzerzeugnissen (Blech, Draht) verarbeitet werden, es wird in Barren (Ingots) und in Form von Einkristallen geliefert. Die galvanische Abscheidung von Ge aus einer KOH-Lösung ergibt einen dünnen, zusammenhängenden Überzug.

| Ge ist einer der wichtigsten Halbleiterwerkstoffe. |
|---|

**Verwendung.** Im Gegensatz zu Röntgendioden beginnen Ge-Dioden ohne Erwärmung sofort zu arbeiten. Die Kristallgleichrichter (Kristalldetektor) werden von den Halbleitergleichrichtern an Zuverlässigkeit weit übertroffen.

Das wichtigste Anwendungsgebiet für Ge sind die Transistoren. Dazu werden Ge-Einkristalle mit weniger als $10^{-10}$ Atomteilchen Fremdstoffen verwendet. Ein wesentliches Merkmal der Transistoren ist ihre außerordentliche Kleinheit und geringe Stoßempfindlichkeit. Infolge der zunehmenden Elektronisierung und Verkleinerung von technischen Geräten aller Art vergrößert sich der Verwendungsbereich der Transistoren.

Ge wird ferner zur Herstellung von Photowiderständen, Sperrschichtphotozellen und Widerstandsthermometern zum Messen tiefer Temperaturen verwendet. Ge-haltige Ag-Legierungen werden zur Herstellung von elektrischen Meß- und Schaltgeräten benutzt.

**Kobalt**

Kobalt kommt in sulfidischen und arsendischen Mineralien zusammen mit Kupfer, Nickel und Eisen vor. Aus ihm läßt sich das **radioaktive Isotop** Kobalt 60 herstellen, das in der Medizin und Werkstoffprüfung verwendet wird. Überwiegend wird es als Legierungselement für Schnellarbeitsstähle und als Bindemittel für Hartmetalle verwendet.

## Kupfer

**Gewinnung.** Aus Kupfererz wird in Schacht- oder Flammöfen Rohkupfer (Schwarzkupfer) mit 96 bis 98 % Cu gewonnen. Seine Reinigung, die sog. Raffination, erfolgt im Schmelzfluß oder durch Elektrolyse (s. Abschnitt 1.1.7). Das im Schmelzfluß gewonnene **Hüttenkupfer** enthält Verunreinigungen, das durch Elektrolyse gewonnene **Elektrolytkupfer** ist von größter Reinheit.

**Formgebung.** Kupfer ist schlecht gießbar. Es kann warm und kalt durch Walzen, Ziehen und Pressen weitgehend verformt werden. Spanabhebende Bearbeitung ist nur schlecht durchführbar, es „schmiert". Alle Löt- und Schweißverfahren können angewendet werden.

**Kupferlegierungen**

Kupferlegierungen werden als Zwei- und Mehrstoff-, Guß- und Knetlegierungen hergestellt. Ihre mechanischen Eigenschaften ändern sich mit den Legierungsgehalten, so daß Zugfestigkeiten von 200 bis 750 N/mm² und Härten von 60 bis 250 HB30 vorkommen. Gegen Korrosionsangriff verhalten sie sich wie Kupfer.

**Kupfer-Zink-Legierungen/Messing** mit mehr als ca. 47 % Zn sind wegen zu großer Sprödigkeit technisch unbrauchbar.

**Stangenmessing, CuZn40MnPb** (ca. 40 % Zn) bis **CuZn36PbI** (ca. 36 % Zn), ist bei Raumtemperatur gut zerspanbar (Drehteile), bei hoher Temperatur warmverformbar (Strangpressen zu Stangen).

**Blechmessing, CuZn5** (ca. 5 % Zn) bis **CuZn37** (ca. 37 % Zn), ist bei 400 °C bis 500 °C spröde, bei Raumtemperatur weich, gut verformbar und schlecht zerspanbar.

**Schmiedemessing:** **CuZn40**
**Rohrmessing:** **CuZn20Al**
**Konstruktionsmessing:** **CuZn35Ni**
**Gußmessing:** **G-Cu60Zn**

*Tabelle 2-14* Eigenschaften und Verwendung des Kupfers

| Eigenschaften | Verwendung |
|---|---|
| hohe elektrische Leitfähigkeit | elektrische Leitungen |
| gute Wärmeleitfähigkeit | Heiz- und Kühlapparate, Lötkolben |
| korrosionsbeständig (in Luft bildet sich an der Oberfläche eine vor Korrosion schützende Schicht, Patina genannt. Bei Berührung mit Essig entsteht der giftige Grünspan). | Grundierung vor dem Verchromen und Vernickeln, Dachbedeckungen |
| weich, geschmeidig und zäh | Treibarbeiten |
| legierungsfähig | Kupferlegierungen mit verbesserten Eigenschaften |

*Tabelle 2-15* Benennungen der Kupfer-Knetlegierungen nach DIN

| DIN-Norm | Bisherige Benennung (abgekürzte Titel) | Neue Benennung | Aus historischen Gründen zulässige Benennung |
|---|---|---|---|
| 17 660 | Messing | Kupfer-Zink-Legierungen | Messing |
| | Sondermessing | | |
| 17 662 | Zinnbronze und Mehrstoff-Zinnbronze | Kupfer-Zinn-Legierungen | Bronze |
| 17 663 | Neusilber | Kupfer-Nickel-Zink-Legierungen | – |
| 17 664 | Kupfer-Nickel-Legierungen | | – |
| 17 665 | Aluminiumbronze und Mehrstoff-Aluminiumbronze | Kupfer-Aluminium-Legierungen | – |

## Kupfer-Legierungen, deren Hauptlegierungszusatz nicht Zink ist

*Tabelle 2-16* Knetlegierungen

| Benennung | Noch zulässige Benennung | Normzeichen Beispiele | Eigenschaften und Verwendung |
|---|---|---|---|
| Kupfer-Zinn-Legierungen | Bronze | CuSn 2 bis CuSn 8 CuSn 6 Zn | Gute Abrieb- und Korrosionsfestigkeit, für Gleitelemente, Federn, Rohre, Siebe |
| Kupfer-Nickel-Zink-Legierung | – | CuNi 11 Zn 20 CuNi 25 Zn 15 | Warm- und kaltverformbar, zerspanbar, für Tafelgerät und Architektur |
| Kupfer-Nickel-Legierungen | – | CuNi 5 CuNi 30 | Für elektrotechnische und dekorative Zwecke |
| Kupfer-Aluminium Legierungen | – | CuA 15 bis CuA 110 $F_e$ | Hohe Verschleiß- und Korrosionsbeständigkeit für Verschleißteile, z.B. Schnecken, Gleitsteine |
| Kupfer-Beryllium Legierung | Beryllium-bronze | CuCe | Berylliumbronze ist aushärtbar, siehe Abschnitt 2.8.4, und erreicht 1400 N/mm² Festigkeit und eine Härte von 365 HB. Anwendung: Verschleißteile, funkenfreie Werkzeuge |

*Tabelle 2-17* Guß-Zinnbronze und Rotguß, Auszug aus DIN 1705

| Legierungs-gruppe | Norm-zeichen | Eigenschaften und Verwendung |
|---|---|---|
| Guß-Zinn-Bronze | GZ-CuSn 12 | Zähhärter Werkstoff, verschleißfest, für Gleitlager, Gleitleisten und Schnecken |
| Guß-Mehrstoff-Zinnbronze (Rotguß) | GC-CuSn 7 ZnPb | Mittelharter Werkstoff mit hoher Verschleißfestigkeit, für Zylindereinsatzbuchsen, Stelleisten, Gleitlagerbuchsen |

## Magnesium und Magnesiumlegierungen

*Tabelle 2-18* Herstellung von Magnesium

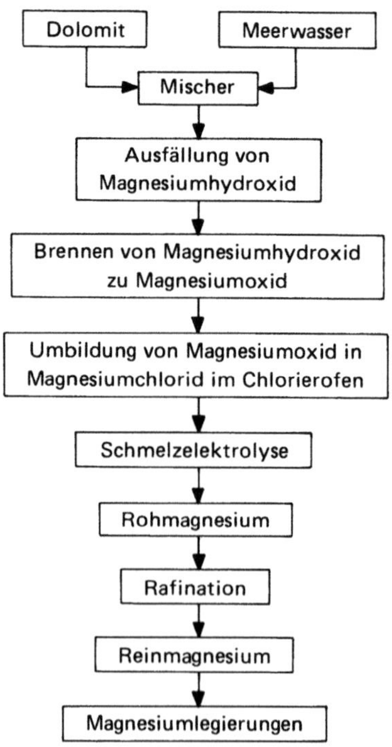

Magnesium kommt in der Natur nur als chemische Verbindung in Meerwasser, Salzablagerungen und verschiedenen Gesteinen vor. Da 1 $m^3$ Meerwasser etwa 1,3 kg Magnesium enthält, kann das Rohstoffvorkommen für dieses Metall als unerschöpflich bezeichnet werden. Die Herstellung von Magnesium erfordert beträchtliche Mengen elektrischer Energie und Öl.

### Reinmagnesium

Reinmagnesium ist ein sehr weiches Metall, das als Konstruktionswerkstoff ungeeignet ist. Es wird zum größten Teil als Legierungselement für die Herstellung von Aluminiumlegierungen verwendet. In der Eisen- und Stahlindustrie dient es zur Herstellung von Gußeisen mit Kugelgraphit und zur Entschwefelung von Stahl. Metalle wie Titan, Uran, Thorium u.a. werden durch Reduktion mit Magnesium hergestellt. Magnesiumanoden werden zum Korrosionsschutz von anderen Metallen benutzt.

Reinmagnesium ist gegen **Alkalien** beständig, es hat aber eine große **Affinität zu Sauerstoff** und verbrennt mit leuchtender Flamme (Feuerwerkskörper). Bei einem Magnesiumstaubgehalt der Luft von mehr als 30 mg/l besteht Explosionsgefahr.

#### Magnesiumlegierungen

Um Magnesium die für Konstruktionswerkstoffe erforderlichen Eigenschaften zu verleihen, wird es mit Aluminium, Zink, Mangan und Silizium legiert. Diese Legierungen sind sehr gut gießbar, spanabhebend bearbeitbar wie Holz und sehr leicht. Teile aus Magnesium-Druckguß sind etwa 30 % leichter als Teile mit gleichen Abmessungen und etwa gleicher Festigkeit aus Aluminium-Druckguß.

> Über 95 % der Bauteile aus Magnesiumlegierungen werden nach dem Druckgießverfahren hergestellt.

**Mangan** ist nach Eisen das weitestverbreitete Schwermetall. Weite Teile des Meeresbodens sind mit Manganerzknollen bedeckt, die künftig durch die moderne Meerestechnik[1]) gehoben werden. Die Gewinnung des Metalls erfolgt durch Reduktion von Manganerzen mit Aluminium.

Reines Mangan ist hart und spröde, ähnelt jedoch in seinem Aussehen und in seinem chemischen Verhalten dem Eisen. Es wird als reines Manganmetall zur Herstellung von Bauteilen nicht verwendet. Es ist aber in fast allen Stählen zum Abbinden von schädlichen Beimengungen enthalten und hat als Legierungselement große Bedeutung.

**Molybdän** findet sich in der Natur hauptsächlich als Molybdänglanz, $MoS_2$, seltener als Gelbbleierz, $PbMO_4$. Zur Gewinnung des Metalls wird der Molybdänglanz zunächst geröstet. Das dadurch entstehende Molybdäntrioxid wird durch Wasserstoff oder Kohle reduziert. Molybdän ist ein hartes und luftbeständiges Metall. Bei Glühhitze verbrennt es zu $MoO_3$, mit Kohlenstoff bildet es harte Carbide. Etwa 85 % allen Molybdäns werden bei der Stahlherstellung verbraucht. Ein größerer Teil des Restes dient zur Herstellung von Hartmetallen, ein kleinerer Teil als Halter für Wolframfäden in Glühlampen und als Elektroden für Glasschmelzöfen.

**Nickel** in der Natur kommt hauptsächlich an Schwefel, Arsen und Antimon gebunden vor, z.B. als Gelbnickelkies, NiS, Rotnickelkies, NiAs, Breithauptit, NiSb. Ferner ist das Erz Garnierit, ein Nickel-Magnesium-Silikat, stark nickelhaltig.

Zur Gewinnung des Metalls führt man das Nickel zunächst in das Sulfid über, erzeugt aus diesem durch Rösten das Nickeloxid NiO und reduziert dieses mit Kohle. Daneben gibt es noch andere Verfahren.

Nickel ist ein silberweißes, glänzendes und gut polierbares Metall. Es wird durch Luft und Wasser nicht angegriffen. Auch durch verdünnte Salzsäure oder Schwefelsäure wird es nur langsam aufgelöst. Leicht löslich ist es in Salpetersäure und wird durch diese Säure passiviert.

Nickel ist korrosionsfest und sehr dehnbar. Es wird für Schutzüberzüge verwendet und ist der beste $\gamma/\alpha$-Umwandlungsverzögerer bei Stahl.

80 % allen Nickels werden in Legierungen verwendet, 50 % allein in legiertem Stahl und Gußeisen, es ist Basismetall spezieller Magnetwerkstoffe.

**Niob.** In der Flugzeug- und Raumfahrttechnik und im Reaktorbau spielen Nb und Nb-Verbindungen wegen ihrer hohen Warmfestigkeit eine wichtige Rolle. Dort werden sie an den Stellen verwendet, an denen Temperaturen bis zu 1600 °C auftreten. Auch bei Strahltriebwerken und Gasturbinen werden Nb-Verbindungen verwendet.

**Titan** ist das vierthäufigste Metall in der Erdkruste und wird aus $FeTiO_3$ und aus $TiO_2$ mit einem Energieaufwand von etwa 18 MJ/kg (5 kWh/kg) gewonnen. Von besonderer Bedeutung sind Titanlegierungen.

Die Struktur (Atomanordnung) des natürlichen Titans bei Raumtemperatur heißt Alphaphase, oberhalb 885 °C Betaphase. Durch Legieren können beide Phasen stabilisiert werden. Man unterscheidet:

1) Die Meerestechnik befaßt sich mit der Herstellung von Stahlbauwerken zur Förderung von Rohstoffen aus dem Meer oder unter dem Meeresboden, z.B. von Bohrinseln, Rohrlegefahrzeugen, Arbeits- und Lagerplattformen und dem dazu erforderlichen Zubringerservice.

*Tabelle 2-19* Vor- und Nachteile der Titanlegierungen

| **Vorteile** | **Anwendungsbeispiele** |
|---|---|
| Festigkeit wie hochfester Stahl, 43 % leichter als Stahl. | Motorrad-Pleuelstange. Aus Stahl: 680 g, aus Ti-Leg.: 420 g = 38 % leichter. |
| Kleiner Elastizitätsmodul | Dehnschraube. Erhöhte Sicherung, Spannungsausschläge infolge Betriebswechsellasten halb so groß wie bei Stahlschrauben. |
| Hohe Warmfestigkeit | s, Tabelle 12-18 |
| Hohe Korrosionsbeständigkeit | Passivschicht wie Cu und Al. Silberüberzug gegen Kontaktkorrosion. |
| Gute Dauerfestigkeit | Bei guter Formgebung 10 % höher als bei Stahl. |
| Gute Schweißbarkeit | Elektronenstrahlschweißen im Vakuum. |
| **Nachteile** | **Gegenmaßnahmen** |
| Hohe Kerbempfindlichkeit | Weichere Querschnittsübergänge als bei Stahl, Oberflächen poliert. |
| Schlechte Gleiteigenschaften | Verhinderung von Fressen bei Reibpaarung durch Stahlmuttern bei Schrauben aus Ti-Leg., Oberflächenbehandlung (Tiduran/MPR5 = Teflon-Eindiffusion). |
| Schlechte Wärmeleitfähigkeit, hoher Formänderungswiderstand, niedrige Schmiedetemperatur. | Gleichmäßige Verteilung der Formänderungsarbeit über das Schmiedestück. |

*Alphalegierungen,* die nicht wärmebehandelt werden können und hervorragende Kälteeigenschaften besitzen;

*Betalegierungen,* die wärmebehandelt werden können und einen hohen Festigkeit/Dichte-Verhältniswert erreichen;

*Alpha-Beta-Legierungen,* die wärmebehandelt werden können und vielseitig verwendbar sind. Der Typ TiAl6V4 wird in größeren Mengen verwendet als alle anderen Ti-Sorten und Ti-Legierungen zusammen.

**Wolfram** ist ein graues Metall mit ungewöhnlich hohem Schmelzpunkt. Es ist so spröde, daß es sich nicht umformen läßt und wird ausschließlich durch Sintern verarbeitet. Gesinterte Stangen können durch Umformen ohne/nach Anwärmen weiterverarbeitet werden, z.B. zu Drähten mit 0,005 mm Durchmesser. Chemisch verhält sich Wolfram ähnlich wie Molybdän. Die technisch wichtigsten Verbindungen des Wolframs sind die äußerst harten Doppelcarbide. 85 % allen Wolframs dienen als Legierungsmetall in Stählen und zur Herstellung von Hartmetallen. Der Rest dient zur Herstellung von Glühfäden in Glühlampen. Antikatoden in Röntgenröhren und Elektroden zum Schweißen mit Schutzgas.

**Zink** entsteht aus Zinkblende, ZnS, durch Rösten und reduzierendes Schmelzen oder durch Elektrolyse. Nach DIN 1706 unterscheidet man:

- **Feinzink, Zn99,995** für Feinzinklegierungen, Anoden, Bleche, und Bänder;
- **Hüttenzink, Zn99,5** bis **Zn97,5** für Verzinkung, Farbenherstellung und als Legierungselement für Messing und Neusilber.

**Feinzink-Gußwerkstoffe**

Als Feinzink-Gußwerkstoffe werden Zinklegierungen mit 3,5 % bis 5 % Al, 0,5 % Cu und Spuren von Mg verwendet.

Teile aus Zn-Gußwerkstoffen werden fast ausschließlich als Druckguß hergestellt.

Die **wichtigste Eigenschaft** der Zn-Gußwerkstoffe ist, daß sie sehr dünnflüssig werden und als Druckguß komplizierte Formen ausfüllen.

Beim Einpressen des flüssigen Metalls in die Form erstarrt die äußere Schicht schnell und wird fest und dicht, während im Innern ein mehr oder weniger poröses Gefüge entsteht. Mit Rücksicht auf die Festigkeit und Dichtheit muß die Oberflächenschicht der Gußstücke erhalten bleiben; eine spanabhebende Nacharbeit ist bei der hohen Herstellgenauigkeit auch meist nicht erforderlich.

**Zinn** wird durch reduzierendes Schmelzen aus Zinnstein, $SnO_2$, gewonnen. DIN 1704 sieht vier Zinnsorten vor, mit einem Zinngehalt von 98 % bis 99,9 %.

Es läßt sich dünn auswalzen (Stanniol), ist gegen Luft ziemlich widerstandsfähig und zerfällt bei – 20 °C zu Pulver (Zinnpest). Da es ungiftig ist, werden 50 % der Zinnerzeugung in der Nahrungsmittelindustrie verbraucht, z.B. als Tuben und zum Verzinnen von Gefäßen (Weißblech-Konservendosen). Ferner findet es Anwendung im Lötzinn und als Legierungszusatz in Bronze, Rotguß und Weißmetall (Lötzinn s. Abschnitt 3.10.7).

**Zinn-Druckgußlegierungen** mit 12 % bis 18 % Sb, 3,5 % bis 4,5 % Cu und wechselnden Mengen Pb besitzen eine Zugfestigkeit von 80 N/mm² bis 110 N/mm² und eine Brinellhärte von 26 HB bis 30 HB.

**Wiederholungsfragen**

1. Was versteht man unter Reißlänge?
2. Wie wird die Festigkeit der Nichteisenmetalle im Normzeichen angegeben?
3. Welches sind die wichtigsten Eigenschaften des Aluminiums?
4. Worauf beruht die Festigkeit der nichtaushärtbaren Aluminiumlegierungen?
5. Worauf beruht die Aushärtbarkeit einiger Aluminiumlegierungen?
6. Warum werden ausgehärtete Aluminiumlegierungen nicht durch Schweißen verbunden?
7. Welche Aluminium-Gußwerkstoffe gibt es?
8. Welche Bleisorten gibt es?
9. Welche besonderen Eigenschaften hat Germanium?
10. Wodurch unterscheiden sich Stangen- und Blechmessing?
11. Was versteht man unter a) Bronze, b) Rotguß?
12. Welche Vor- und Nachteile haben Titanlegierungen?
13. Welches sind die wichtigsten Eigenschaften von a) Wolfram, b) Zink, c) Zinn?

## 2.12 Werkzeugwerkstoffe

Werkzeuge dienen zum Urformen, Umformen, Fügen und Trennen der verschiedensten Werkstückstoffe sowie als Meßwerkzeuge. Dieser vielfältigen Verwendung entsprechend liegen auch die an die Werkzeugwerkstoffe gestellten Anforderungen innerhalb weiter Grenzen. Grundlegende Anforderungen an fast alle Werkzeugwerkstoffe sind: Hohe **Festigkeit** und **Zähigkeit,** hoher **Verschleißwiderstand** bei großem Härte-/Warmhärteunterschied zwischen Werkzeugoberfläche und Werkstückstoff im Berührungsbereich.

Die Härte der Werkzeugstoffe beruht auf **Hartstoffen** und/oder **Martensit.**

Nach ihren Hartstoff-Volumenanteilen (also ihrer Härte) geordnet, ergibt sich folgende Reihenfolge der Werkzeugstoffe:
Kalt- und Warmarbeitsstähle geringe Anteile
Schnellarbeitsstahl 15 %
Hartmetall 90 %
Schneidkeramik 100 %.

*Tabelle 2-20* Härten der wichtigsten Hartstoffe in HV

| Boride | | Carbide | | Nitride | | Oxide | |
|---|---|---|---|---|---|---|---|
| $B_4C$ | 3700 | $C_d$ [1] | 7000 | $Si_3N_4$ | 3300 | $Al_2O_3$ | 2300 |
| $TiB_2$ | 3300 | TiC | 2300 | TiN | 2100 | $TiO_2$ | 1800 |
| $CrB_2$ | 2100 | VC | 2900 | VN | 1500 | $ZrO_2$ | 1600 |
| $VB_2$ | 2100 | $W_3C$ | 1800 | CrN | 1100 | $SiO_2$ | 1200 |
| | | WC | 1700 | | | | |

[1] Diamant

## 2.12.1 Werkzeugstähle

| Kaltarbeitsstähle | | Warmarbeitsstähle | Schnellarbeitsstähle |
|---|---|---|---|
| unlegierte Edelstähle | legierte Edelstähle | legierte Edelstähle | hochlegierte ESU-Stähle |
| keine Erwärmung erlaubt | zulässige Oberflächentemperatur unter 200 °C | zulässige Oberflächentemperatur über 200 °C | zulässige Oberflächentemperatur bis 600 °C |

Feinkörnige Gefüge und gleichmäßige Verteilung der Hartstoffe erweist sich in Werkzeugstählen als am günstigsten und ist das Ziel ihrer Wärmebehandlung.

### Kaltarbeitsstähle

Kaltarbeitsstähle werden zum Trennen von Werkstoffen verwendet, was zähe Kerne und harte Oberflächen, d.h. hohe Kohlenstoffgehalte erfordert. Die Härtung aus ≈ 800 °C erfolgt mit Hilfe der martensitischen Umwandlung in Öl/Wasser. Nach dem Anlassen bestehen die Gefüge aus Ferrit und Carbiden. Die unterschiedlichen Eigenschaften der verschiedenen Sorten ergeben sich aus der unterschiedlichen Art und Verteilung der Carbide. In DIN 17 350 sind 6 unlegierte und 15 legierte Kaltarbeitsstähle sowie 10 Kaltarbeitsstähle für besondere Verwendungszwecke enthalten.

### Unlegierte Kaltarbeitsstähle

Die verschiedenen Sorten, **C45W** (0,45 % C) bis **C105W1** (1,1 % C) unterscheiden sich durch unterschiedliche Kohlenstoffgehalte und Härten. Die Einhärtetiefe beträgt 2,5 mm ... 3,5 mm, so daß diese Stähle auch als Schalenhärter bezeichnet werden.

*Verwendung:* Handwerkzeuge aller Art, z.B. Messer, Sägeblätter, Handmeißel, Spitzeisen, Gewindeschneider, Endmaße, Schäfte und Körper von Schnellarbeitsstahl- oder Hartmetall-Verbundwerkzeugen, ungehärtete Warmsägeblätter, Aufbauteile für Werkzeuge;

Drucklufteinsteckwerkzeuge im Berg- und Straßenbau;

Gesenke mit flachen Gravuren, Kaltschlagmatrizen, Handmeißel;

Gatter- und Kreissägen sowie Bandsägen für die Holzverarbeitung, Handsägen für die Forstwirtschaft, Mähmaschinenmesser.

### Legierte Kaltarbeitsstähle

Diese Stähle enthalten 0,18 % bis 2,25 % Kohlenstoff und sind mit wechselnden Mengen von Si, Mn, Cr, Mo, Ni, V und W legiert. Die Legierungselemente bewirken durch Verzögerung der $\gamma/\alpha$-Umwandlung eine größere Durchhärtbarkeit und ermöglichen eine milde und verzugsfreie Härtung dicker Werkzeuge. Die Legierungselemente Cr, Mo und W bilden mit Kohlenstoff Sondercarbide, die beständiger als $Fe_3C$ sind und erhöhte Arbeitstemperaturen bis zu etwa 200 °C gestatten.

*Verwendungsbeispiele*

| | |
|---|---|
| **X210Cr12**<br>**X210CrW12** | Schnittwerkzeuge, Scherenmesser zum Schneiden von Stahlblech bis rund 3 mm Dicke und zum Schneiden von gehärtetem Bandstahl, Räumnadeln, hochbeanspruchte Holzbearbeitungswerkzeuge bei nicht zu hoher Zähigkeitsbeanspruchung. Profilier- und Bördelrollen, Messer für die Drahtstiftenerzeugung, Gewindewalzwerkzeuge, Tiefziehwerkzeuge, Preßwerkzeuge für die keramische und pharmazeutische Industrie, Ziehkonen für Drahtzug, Fließpreßwerkzeuge und Führungsleisten, Sandstrahldüsen. |
| **X165CrMoV12**<br>**X155CrVMo121** | Maßbeständiger Hochleistungsschnittstahl, bruchempfindliche Schnitte, Metallsägen, Schlagsäume, Biegestanzen, Scherenmesser für Blechdicken bis 6 mm, Kaltscherenmesser, Abgratmatizen. Gewindewalzwerkzeuge, hochbeanspruchte Holzbearbeitungswerkzeuge, Einsenkpfaffen, Fließpreßwerkzeuge. |
| **X19NiCrMo4** | Lufthärtender Einsatzstahl für Kunststofformen. |
| **X36CrMo17** | Werkzeuge für die Verarbeitung von chemisch angreifenden Thermoplasten. |
| **X40CrMnMoS86** | Werkzeuge für die Kunststoffverarbeitung, Formrahmen. |

**Warmarbeitsstähle**

Warmarbeitsstähle sind mit Si, Mn, Cr, Mo, Ni und V legierte/hochlegierte Stähle zur Herstellung von Warmarbeitswerkzeugen. Sie haben ein Gefüge aus Ferrit und Carbiden. Ihre besonderen Eigenschaften sind hohe Warmfestigkeit und Warmhärte bei ausreichender Zähigkeit, hoher Verschleißwiderstand und Zunderbeständigkeit bei Dauerarbeitstemperaturen bis zu ≈ 600 °C sowie gute Wärmeleitfähigkeit und Durchhärtbarkeit. In DIN 17 350 sind folgende Warmarbeitsstähle enthalten:

*Tabelle 2-21* Warmarbeitsstähle

| Normzeichen | Verwendungsbeispiele |
|---|---|
| **55 NiCrMo 6** | Hammergesenke für mittlere und kleinere Abmessungen. |
| **56 NiCrMoV 7** | Hammergesenke bis zu größten Abmessungen, besonders auch bei schwierigen Gravuren; Teilpreßgesenke, Matrizenhalter; Preßstempel für Strangpressen. |
| **X 38 CrMoV 5 1** | Gesenke und Gesenkeinsätze, Werkzeuge für Schmiedemaschinen; Druckgießformen für Leichtmetalle; hochbeanspruchte Werkzeuge zum Strangpressen von Leichtmetall wie Innenbüchsen, Preßmatrizen, Preßstempel. |
| **X 40 CrMoV 5 1** | Gesenke und Gesenkeinsätze, Werkzeuge für Schmiedemaschinen; Druckgießformen für Leichtmetalle; hochbeanspruchte Werkzeuge für das Strangpressen von Leichtmetallen, vor allen Dingen Rohrpreßdorne, Teilpreßgesenke. |
| **X 32 CrMoV 3 3** | Gesenkeinsätze, Werkzeuge für die Schrauben- und Nietenfertigung, Werkzeuge für Schmiedemaschinen, hochbeanspruchte Werkzeuge für das Strangpressen zur Verarbeitung von Kupferlegierungen (Innenbüchsen, Preßmatrizen) sowie von Leichtmetall (Brückenwerkzeuge, Preßdorne); Druckgießformen für Messing und Leichtmetall. |

Der Einsatz von Warmarbeitsstahl erfolgt im allgemeinen im vergüteten Zustand bei einer Zugfestigkeit von 1200 ... 1800 N/mm$^2$. Ausgangszustand für die Vergütung ist der weichgeglühte Zustand. Die Härtetemperaturen liegen über 1000 °C, damit die Carbide aufgelöst werden. Abkühlmittel sind Luft oder Öl. Beim Anlassen auf 500 ... 600 °C erfolgt eine Härtesteigerung durch Ausscheidung von Sondercarbiden.

**Schnellarbeitsstähle**

Schnellarbeitsstähle sind hochlegierte Werkzeugstähle. Sie zeichnen sich aus durch hohe Härte bei Raumtemperatur, hohen Verschleißwiderstand, hohe Anlaßbeständigkeit und hohe Härte bei hohen Temperaturen (Dunkelrotglut) bei ausreichender Zähigkeit. Diese Eigenschaften werden durch werkstoffgerechte Wärmebehandlung durch den Verbraucher erreicht. Den unterschiedlichen Anforderungen entsprechend werden mehrere Schnellarbeitsstahlsorten hergestellt.

In den Kurznamen gibt die erste Zahl den ungefähren Wolframgehalt, die zweite den ungefähren Molybdängehalt, die dritte den ungefähren Vanadiumgehalt und, so vorhanden, die vierte den Kobaltgehalt an.

Die Leistungsfähigkeit der Schnellarbeitsstähle beruht auf ihren hohen Gehalt an sehr harten **Doppel-/Schnellarbeitsstahlcarbiden.** Carbide sind chemische Verbindungen von Eisen und/oder anderen Elementen mit Kohlenstoff. **Doppelcarbide** entstehen durch die Verbindung des Kohlenstoffs mit zwei Elementen, z.B. **$Fe_3W_3C$.**

Die Grundmasse des Schnellarbeitsstahls hat eine Warmhärte bis zu 600 °C. Doppelcarbide sind bis zu 1300 °C beständig.

*Verwendung:* Schnellarbeitsstähle sind wenig bruchanfällig und können bei solchen Arbeitsweisen verwendet werden, bei denen Hartmetalle ausbrechen.

Werkzeuge mit komplizierten Formen, z.B. Fräser, Räumnadeln, Spiral- und Gewindebohrer, können durch Zerspanen hergestellt und geschliffen werden.

**Härten und Anlassen der Werkzeuge aus Schnellarbeitsstählen**

**Weichglühen.** Der Ausgangszustand für das Härten der Schnellarbeitsstähle ist stets der weichgeglühte Zustand = Lieferzustand. Das Weichglühen nach einer Umformung nach Anwärmen und vor jeder Neuhärtung erfolgt bei Temperaturen von 770 °C bis 840 °C. Die obere Grenze dieses Temperaturbereiches gilt für höher legierte, die untere Grenze für niedriger legierte Schnellarbeitsstähle. Die Temperatur ist 2 h bis 4 h zu halten. Anschließend ist im Ofen langsam auf 500 °C bis 600 °C abzukühlen, dann an Luft abzulegen.

**Das Erhitzen** zum Härten erfolgt vorzugsweise in einem Salzbad, da bei ihm die Möglichkeit genauester Temperatur- und Zeiteinhaltung gewährleistet ist.

**Tauchzeit.** Bei der betrieblichen Durchführung der Härtung wird statt des Begriffes Haltezeit mit dem Begriff Tauchzeit gearbeitet, unter der man die Gesamtzeit vom Eintauchen des Werkzeuges bis zum Herausnehmen aus dem Härtebad versteht.

**Vorwärmen:** Wegen der schlechten Wärmeleitfähigkeit der Schnellarbeitsstähle muß ihre Erwärmung auf Härtetemperatur langsam und gleichmäßig erfolgen. Am gebräuchlichsten ist das Vorwärmen in ein oder zwei Stufen mit folgender Temperaturführung:

**Einstufenvorwärmung:** 500 °C → 850 °C → Härtetemperatur nach Tabelle 2-14.

**Zweistufenvorwärmung:** 500 °C bis 550 °C → 850 °C → 1050 °C → Härtetemperatur nach Tabelle 2-14.

Die ausgezogene Linie in Bild 2-83 gibt die Tauchzeiten für einfache, quadratische/angenähert quadratische oder auch runde Querschnitte bei ein- und zweistufiger Vorwärmung wieder. Diese Tauchzeiten setzen sich aus der Vorwärmzeit und einer Haltezeit auf Härtetemperatur von etwa 80 s zusammen.

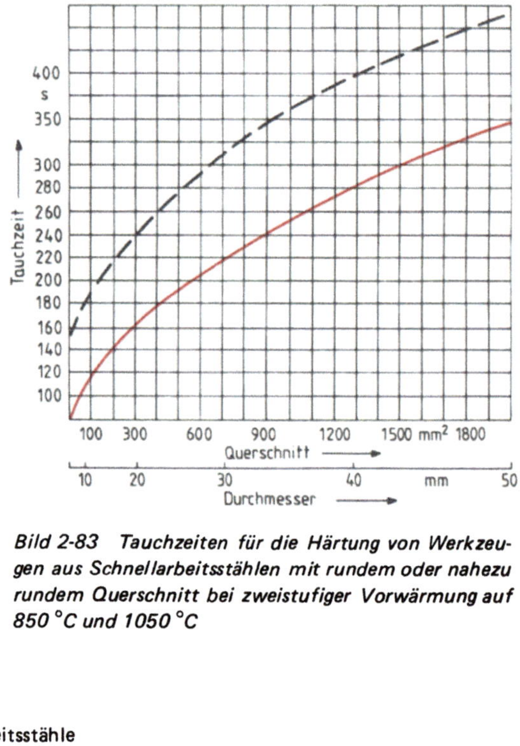


*Bild 2-83 Tauchzeiten für die Härtung von Werkzeugen aus Schnellarbeitsstählen mit rundem oder nahezu rundem Querschnitt bei zweistufiger Vorwärmung auf 850 °C und 1050 °C*

*Tabelle 2-22* Härte- und Anlaßtemperaturen für Schnellarbeitsstähle

| Stahlsorte Kurzname | Werkstoff-Nr. | Warmformgebungstemperatur °C | Abkühlung nach der Warmformgebung in | Anzustrebende Härte im weichgeglühten Zustand HB | Härtetemperatur °C | Anlaßtemperatur °C | Erreichbare Härte nach dem Anlassen HRC |
|---|---|---|---|---|---|---|---|
| S 3-3-2 | 1.3333 | 1050 ... 900 | Sand oder Ablegeofen | 240 ... 300 | 1180 ... 1220 | 520 ... 550 | 62 ... 64 |
| S 6-5-2 | 1.3343 | 1100 ... 900 | | 240 ... 300 | 1190 ... 1230 | 530 ... 560 | 64 ... 66 |
| SC 6-5-2 | 1.3342 | 1100 ... 900 | | 240 ... 300 | 1180 ... 1220 | 530 ... 560 | 65 ... 67 |
| S 6-5-3 | 1.3344 | 1100 ... 900 | | 240 ... 300 | 1200 ... 1240 | 540 ... 570 | 64 ... 66 |
| S 6-5-2-5 | 1.3243 | 1100 ... 900 | | 240 ... 300 | 1210 ... 1240 | 540 ... 570 | 64 ... 66 |
| S 7-4-2-5 | 1.3246 | 1100 ... 900 | | 240 ... 300 | 1180 ... 1220 | 540 ... 570 | 66 ... 68 |
| S 10-4-3-10 | 1.3207 | 1100 ... 900 | | 240 ... 300 | 1210 ... 1250 | 540 ... 570 | 65 ... 67 |
| S 12-1-4-5 | 1.3202 | 1100 ... 900 | | 240 ... 300 | 1210 ... 1250 | 550 ... 580 | 65 ... 67 |
| S 18-1-2-5 | 1.3255 | 1150 ... 900 | | 240 ... 300 | 1260 ... 1300 | 550 ... 580 | 64 ... 66 |

Die gestrichelte Linie entspricht der vorher erläuterten Haltezeit von rund 150 s. Ihre Anwendung soll auf Sonderfälle beschränkt bleiben.

Zu lange Haltezeiten auf Härtetemperatur sind schädlich.

**Abkühlen.** Auf Härtetemperatur gebrachte Schnellarbeitsstähle werden in ruhiger oder bewegter Luft, Öl von 50 °C bis 100 °C oder im Warmbad von nicht über 550 °C abgekühlt. Die Werkzeuge bleiben so lange im Öl oder Warmbad, bis ein vollständiger Temperaturausgleich stattgefunden hat, und werden dann zur vollständigen Abkühlung in ruhiger Luft dem Öl oder Warmbad entnommen.

> Je größer die Querschnittsunterschiede des Werkzeuges sind, um so milder muß abgekühlt werden.

**Anlassen.** Zum Anlassen werden die erkalteten Werkzeuge auf eine Temperatur von 550 °C bis 580 °C **wiedererwärmt,** 1 bis 2 Stunden lang auf dieser Temperatur gehalten und dann in ruhiger Luft abgekühlt. Zweimaliges Anlassen ist besser als einmaliges. Um die **Härtespannungen** im Werkzeug schnell auszugleichen, soll das Anlassen möglichst bald nach dem Härten erfolgen.

> Das Beschichten von Werkstücken durch Aufdampfen erfolgte bisher bei etwa 1000 °C. Dies kann nach einem neuen Verfahren bei Temperaturen erfolgen, die unter der Anlaßtemperatur der Werkzeuge aus Schnellarbeitsstahl liegen. Mit den nach diesem Verfahren mit dem äußerst harten TiN beschichteten Werkzeugen aus Schnellarbeitsstahl werden **drei-** bis **achtfache Leistungen** und bessere Werkstückoberflächen erzielt. Die Anwendung von TiN beschichteten Spiral- und Gewindebohrern, Fräsern, Senkern, Dreh- und Umformwerkzeugen aus Schnellarbeitsstahl hat sich bereits sprunghaft verbreitet.

**Wiederholungsfragen**

1. Welche grundlegenden Eigenschaften werden von Werkzeugwerkstoffen gefordert?
2. Worauf beruht die Härte der Werkzeugwerkstoffe?
3. Wie können die Werkzeugwerkstoffe hinsichtlich ihrer Volumenanteile an Hartstoffen eingeteilt werden?
4. Welche Oberflächentemperaturen sind bei den verschiedenen Werkzeugstählen zulässig?
5. Wozu werden a) unlegierte, b) legierte Kaltarbeitsstähle und c) Warmarbeitsstähle verwendet?
6. Was versteht man unter Schnellarbeitsstahl?
7. Welche Vorteile haben Schnellarbeitsstähle gegenüber Hartmetallen?
8. Worauf beruht die Leistungsfähigkeit der Schnellarbeitsstähle?
9. Bis zu welchen Temperaturen behalten a) die Grundmasse, b) die Doppelcarbide der Schnellarbeitsstähle ihre ursprüngliche Härte?
10. In welchen Stufen wird das Härten der Schnellarbeitsstähle durchgeführt? Warum ist dabei die richtige Härtetemperatur wichtig?
11. Was versteht man im Zusammenhang mit dem Härten unter Tauchzeit?
12. Welchen Zweck hat das Anlassen der gehärteten Schnellarbeitsstähle?
13. Welche Bedeutung haben die mit TiN beschichteten Werkzeuge aus Schnellarbeitsstahl?

### 2.12.2 Werkzeugwerkstoffe aus Nichteisenmetallen

**Hartmetalle**

Hartmetalle sind Verbundwerkstoffe, die aus Hartstoffen und Bindemitteln bestehen. Die Hartstoffe, besonders Wolfram-, Titan-, Tantal- und Niobcarbide, vermitteln den Hartmetallen die ihnen eigene hohe Härte, Verschleißfestigkeit und Oxidationsbeständigkeit. Die Bindemetalle, Kobalt/Nickel/Molybdän, verleihen den Hartmetallen Zähigkeit. Sie werden nach dem Doppelsinterverfahren hergestellt. Man erzeugt durch Pressen und Sintern zunächst ein Vormaterial, schneidet daraus die gewünschten Formen aus und unterwirft diese der Fertigsinterung mit flüssiger Phase (CO + WC Lösung neben festem WC).

> Hartmetalle sind nichtmetallische Schneidstoffe.

Hartmetalle werden als gebrauchsfertige Schneidplatten zum Auflöten auf Werkzeugen aller Art und als Wendeschneidplatten geliefert.

*Bild 2-84 Hartmetall-Wendeplatten*
Die gebräuchlichsten Formen sind dreieckige und quadratische Wendeplatten.

**Hartmetall-Wendeplatten** werden auf besonderen Plattenhaltern festgeklemmt. Durch Wenden der Platten können ihre Schneidkanten nacheinander benutzt werden. Sind alle Schneidkanten einer Wendeplatte abgenutzt, wird sie weggeworfen und durch eine neue ersetzt. Die Wendeplatten werden daher auch Wegwerfplatten genannt.

Es gibt Hartmetall-Wendeplatten mit positiven/negativen Spanwinkeln sowie Plattenhalter, die zusammen mit den Wendeplatten positive/netative Spanwinkel ergeben.

> Die Schneidenwinkel aufgelöteter Hartmetallplatten können durch Nachschleifen den Zerspanungsbedingungen angepaßt werden. Wendeplatten werden nur im Anlieferungszustand verwendet.

## Sortenbezeichnungen und Kernfarben für Hartmetalle

*Tabelle 2-23* ISO-Kennzeichnung der Hartmetalle

| Anwendungsgruppe | Hauptgruppe | Kennfarbe | Anwendung |
|---|---|---|---|
| P 01<br>P 05<br>P 10<br>P 20<br>P 25<br>P 30<br>P 40<br>P 50<br>(↑ 1, 2 ↓) | P<br>für langspanende Werkstoffe | blau | Stahl, Stahlguß, langspanender Temperguß |
| M 10<br>M 20<br>M 30<br>M 40<br>(↑ 1, 2 ↓) | M<br>für lang- oder kurzspanende Werkstoffe | gelb | Stahl, Stahlguß, Manganhartstahl, austenitische Stähle, legiertes Gußeisen, Temperguß, sphärolitisches Gußeisen, Automatenweichstahl |
| K 01<br>K 05<br>K 10<br>K 20<br>K 30<br>K 40<br>(↑ 1, 2 ↓) | K<br>für kurzspanende Werkstoffe | rot | Gußeisen, Hartguß, kurzspanender Temperguß, gehärteter Stahl, Nichteisenmetalle, Kunststoffe, Holz |

In Richtung Pfeil 1: zunehmende Verschleißfestigkeit des Hartmetalls; zunehmende Schnittgeschwindigkeit.
In Richtung Pfeil 2: zunehmende Zähigkeit des Hartmetalls, zunehmende Vorschübe.

**Beschichtete Hartmetall-Wendeplatten**

Die Pfeile in Tabelle 2-23 zeigen, daß die Verschleißfestigkeit der Hartmetalle auf Kosten ihrer Zähigkeit zunimmt und umgekehrt. Diese beiden Eigenschaften werden bei Hartmetall-Wendeplatten durch Beschichten mit Titancarbid (TiC)/Titannitrid (TiN)/Schneidkeramik wirksam vereint. Man unterscheidet:

**Einfachbeschichtete-Hartmetall-Wendeplatten,** deren zähe Hartmetallkerne mit Oberflächenschichten aus verschleißfestem TiC/TiN überzogen sind;

**Doppelbeschichtete-Hartmetall-Wendeplatten,** bei denen über die TiC/TiN-Schicht eine 0,001 mm dicke Schneidkeramikschicht aufgebracht wurde.

Doppelbeschichtete-Wendeplatten bewirken weniger Reibung und Schneidplattenerwärmung als Wendeplatten mit einfacher Beschichtung.

Beschichtete-Hartmetall-Wendeplatten besitzen eine höhere Kolk- und Freiflächen-Verschleißfestigkeit als nichtbeschichtete. Sie vermindern bei einem gemischten Bearbeitungsprogramm die Lagerkosten für ein umfangreiches Plattensortiment.

**Schneidkeramik**

Keramische Werkstoffe sind anorganisch, nichtmetallisch und hochschmelzend. Als Werkzeugwerkstoffe kommen die oxidkeramischen Werkstoffe in Betracht, insbesondere das Aluminiumoxid $Al_2O_3$. An zweiter Stelle folgt das Zirkonoxid $ZrO_2$ mit geringerer Härte. Beide gehören bei Raumtemperatur zu den spröden Werkstoffen und behalten ihre Festigkeit/Härte bis zu hohen Temperaturen.

Die Herstellung von Werkzeugen aus Aluminiumoxidkeramik und Zirkonoxidkeramik erfolgt auf pulvermetallurgischem Wege. Die Rohstoffe Bauxit für $Al_2O_3$ und Zirkonsand für $ZrO_2$ sind in unbegrenzter Menge vorhanden. Merkmale des Herstellungsprozesses sind hohe Verdichtung, feinkörniges Ausgangspulver und Sinterung ohne flüssigen Anteil.

In Klemmhaltern eingesetzte Aluminiumoxidkeramikplatten werden in der spanenden Metallbearbeitung verwendet. Im Vergleich zu Hartmetallplatten ermöglichen sie Schnittgeschwindigkeiten bis zum zehnfachen Wert und ergeben entsprechend glatte Oberflächen. Bei unterbrochenen Schnitten und unruhigem Lauf der Maschinen ist die Anwendung der Aluminiumoxidkeramikplatten, kurz: *Schneidkeramik*, wegen ihrer geringen Bruchzähigkeit unmöglich.

**Zirkonoxidkeramik** kommt für Umformwerkzeuge in Betracht. Der Hauptvorteil dieses Werkzeugwerkstoffes ist seine hohe Temperaturbeständigkeit.

*Tabelle 2-24* Physikalische Eigenschaften von Stahl, Hartmetall, Aluminiumoxidkeramik und Zirkonoxidkeramik

| Eigenschaften | Einheit | Stahl | Hartmetall | Aluminiumoxidkeramik | Zirkonoxidkeramik |
|---|---|---|---|---|---|
| Dichte | $g/cm^3$ | 7,85 | 8 ... 15 | 3,9 | 5,7 |
| Wärmeleitfähigkeit | cal/cm s °C | 0,07 ... 0,10 | 0,05 ... 0,18 | 0,02 ... 0,10 | 0,01 ... 0,02 |
| Wärmedehnung | 1/°C | $11 \dots 15 \cdot 10^{-6}$ | $5 \dots 8 \cdot 10^{-6}$ | $6 \dots 8 \cdot 10^{-6}$ | $7 \dots 9 \cdot 10^{-6}$ |
| Elastizitätsmodul | $MN/m^2$ | $210 \cdot 10^3$ | $450 \dots 600 \cdot 10^3$ | $380 \cdot 10^3$ | $210 \cdot 10^3$ |
| Druckfestigkeit | $MN/m^2$ | ca. 800 | 4000 ... 5600 | 3000 ... 5000 | 1900 |
| Biegebruchfestigkeit | $MN/m^2$ | ca. 800 | 900 ... 2200 | 350 ... 600 | 500 |
| Vickershärte | HV | | 1300 ... 1800 | 2300 | 1100 |
| Erweichungstemperatur | °C | 200 ... 500 | 1100 ... 1200 | 1700 | 1200 |
| Zunderbeginn bei | °C | 600 ... 1000 | 600 ... 800 | – | – |

**Wiederholungsfragen**

1. Welches sind die Bestandteile der Hartmetalle?
2. Wie groß ist der Volumenanteil der Hartstoffe in den Hartmetallen?
3. Warum müssen Hartmetalle durch pulvermetallurgische Verfahren hergestellt werden?
4. Welche Hartmetall-Legierungen werden hergestellt?
5. Wie werden die Hartmetalle für spanabhebende Bearbeitungsverfahren nach DIN bezeichnet?
6. Was versteht man unter Hartmetall-Wendeschneidplatten?
7. Welchen Zweck hat das Beschichten der Hartmetall-Wendeschneidplatten?
8. Welche Arten von Beschichteten-Hartmetall-Wendeschneidplatten gibt es? Wie werden die Schichten aufgebracht?
9. Was versteht man unter Cermets?
10. Welche Vor- und Nachteile haben Schneidkeramikplatten?

## 2.13 Korrosion der Metalle

Korrosion nennt man die von der Oberfläche ausgehende schädliche Veränderung der Metalle durch chemische/elektro-chemische Vorgänge.

Korrodieren = Korrosion verursachen, korrodiert werden = Korrosion erleiden.

Die korrodierenden Angriffsmittel können fest, flüssig oder gasförmig sein. Die Korrosionsprodukte haben die gleiche chemische Zusammensetzung wie die Oxide der Erze, aus denen die Metalle gewonnen werden, z.B. der bei Glühhitze des Stahls entstehende **Zunder,** $Fe_2O_3$ und der bei Berührung des Stahls mit Luft/Wasser entstehende **Rost,** $Fe_2O_3 \cdot H_2O$.

Der Korrosionsvorgang ist die Umkehrung des Vorganges, durch den Metalle gewonnen werden, und die zugeführten/abgegebenen Energiemengen sind bei diesen gegenläufigen Vorgängen bei gleichen Massen gleich groß.

### 2.13.1 Chemische Korrosion

Bei Temperaturen über 550 °C nimmt die Neigung des Stahls zu oxidieren stärker zu. Er rostet um so schneller, je feuchter die Luft und je säurehaltiger das Wasser ist.

**Nichteisenmetalle, Al, Cu, Ti, Pb** usw., bilden feste Korrosionsprodukte, die an der Werkstoffoberfläche haften bleiben. Diese aufgewachsenen dichten und korrosionsbeständigen Schichten sind **Passivschichten.** Sie passivieren den Werkstoff dadurch, daß sie den Zugang des Angriffsmittels verhindern und den Korrosionsangriff zum Stillstand bringen.

Bei Legierungen von edleren, nicht passivierbaren mit unedleren, passivierbaren Metallen, z.B. Chrom-Nickel-Stähle, bildet die unedlere Komponente bevorzugt Passivschichten an den Metalloberflächen.

**Edelmetalle, Ag, Au, Pt,** sind korrosionsbeständiger als andere Metalle, sie bilden bei höheren Temperaturen flüchtige Oxide.

### 2.13.2 Elektrochemische Korrosion

In einer elektrisch leitenden Flüssigkeit erfolgt die elektrochemische Zerstörung von nicht einheitlichen Stoffen durch die Bildung galvanischer Elemente, die chemische Energie in elektrische Energie umwandeln.

Der Vorgang ist dabei folgender: Taucht man zwei verschiedene Metalle in verdünnte Säure, so fließt ein elektrischer Strom. Der Minuspol wird dadurch zerfressen. Je nachdem, welche Metalle eine galvanische Zelle bilden, fließt mehr oder weniger Strom, findet mehr oder weniger Zersetzung statt.

Die elektrochemische Korrosion schreitet um so schneller voran, je weiter die das galvanische Element bildenden Stoffe in der Spannungsreihe auseinander liegen.

Bei Legierungen von edleren mit weniger edlen Metallen erfolgt an der Oberfläche in den meisten Fällen eine bevorzugte Oxidation/Korrosion des unedleren Metalles.

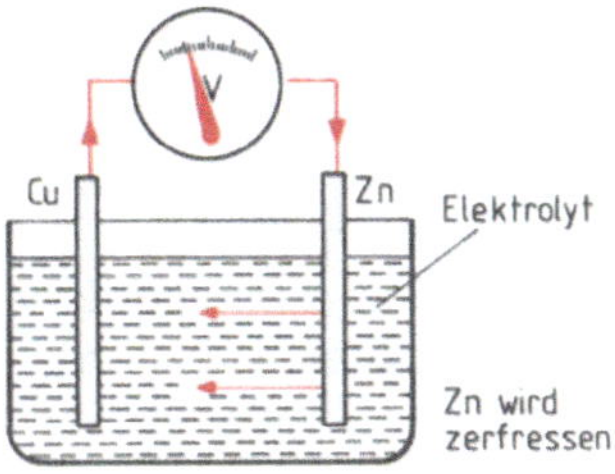


*Bild 2-85 Galvanisches Element*

Zwei Metallplatten, Zn und Cu, sind durch eine stromführende Flüssigkeit verbunden (Elektrolyt), z.B. verdünnte Schwefelsäure. Dadurch fließt vom +Pol (Cu) zum –Pol (Zn) ein elektrischer Strom. Das den –Pol bildende Metall wird dabei zersetzt. Beliebige unterschiedliche Metalle können mit einem Elektrolyten ein galvanisches Element bilden. Je nach den verwendeten Metallen erhält man unterschiedliche Spannungen.

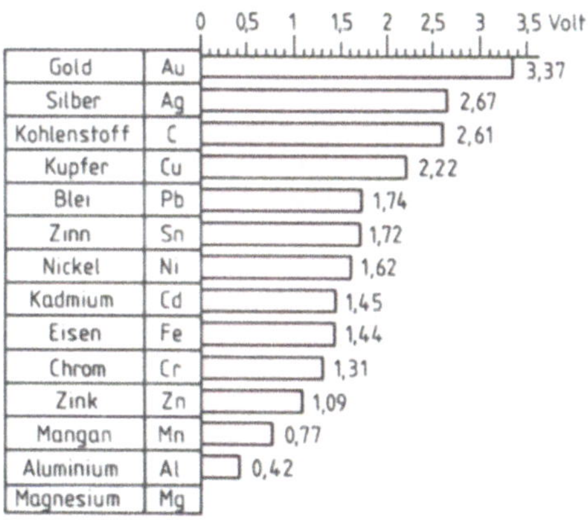


*Bild 2-86 Spannungsreihe der Metalle gegenüber Mg*

Stellt man galvanische Elemente zusammen, in denen eine Platte immer aus Mg, die andere aus verschiedenen Metallen bestehen, so erhält man die abgebildete Spannungsreihe. Unter veränderten Bedingungen können die Elemente ihre Plätze in der Spannungsreihe ändern.

## 2.13.3 Verhalten der Metallbauteile beim Zusammenwirken von Korrosion und mechanischen Beanspruchungen

**Korrosionserscheinungen.** Bei Metallbauteilen sind zwei grundsätzlich verschiedene Erscheinungsformen der Korrosion zu unterscheiden: die Flächenkorrosion und die örtlich begrenzte, die sog. Lokalkorrosion.

**Mechanische Beanspruchung.** Hinsichtlich der mechanischen Beanspruchung ist Korrosion bei Metallbauteilen mit ruhender und wechselnder mechanischer Beanspruchung zu unterscheiden.

### Korrosion bei Metallbauteilen mit ruhender mechanischer Beanspruchung

#### Flächenkorrosionsarten

**Gleichmäßige Flächenkorrosion** nennt man das gleichmäßige Abtragen der Oberflächen von Metallbauteilen durch Korrosion bei gleichbleibenden Korrosionsbedingungen. Sie ist hinsichtlich der Festigkeitsverminderung der Bauteile belanglos.

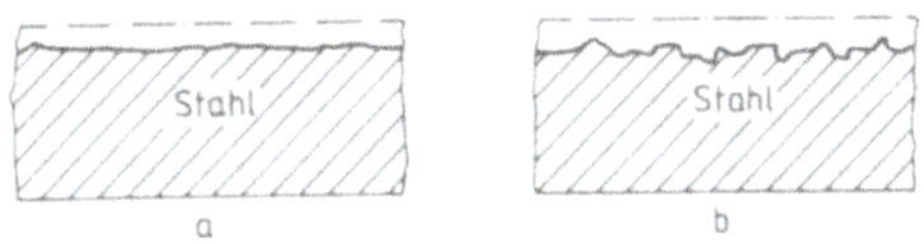


*Bilder 2-87a bis 2-87f Arten der Korrosion*

a) gleichmäßiger
b) ungleichmäßiger Flächenbetrag

**Ungleichmäßige Flächenkorrosion.** Narbige Oberflächen der Metallbauteile kennzeichnen unterschiedliche Korrosionsgeschwindigkeiten. Die Folge ist eine ungleichmäßige Verteilung der Spannungen bei Belastung.

#### Lokalkorrosionsarten

**Lochfraß** (Bild 2-87c) ist örtliche Anfressung. Sie entsteht bei unsachgemäßer Behandlung, z.B. beim Einpressen von Stahlsplittern in Leichtmetall.

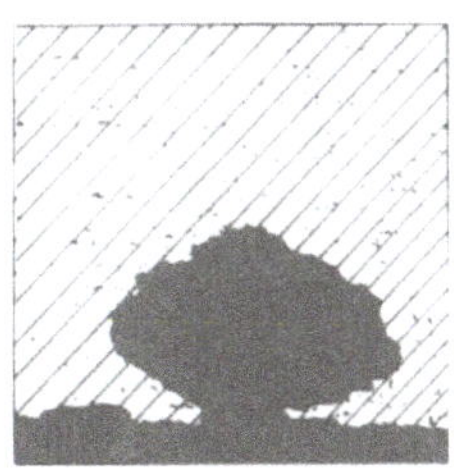

*Bild 2-87c Lochfraß*

Der Werkstoff wird örtlich begrenzt angefressen.

**Spannungskorrosion** (Bild 2-87d) nennt man die bevorzugte Korrosion an mechanisch verspannten Werkstückstellen.

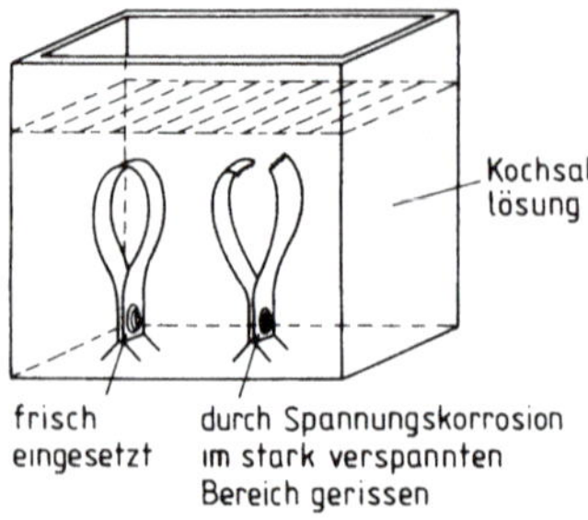


*Bild 2-87d Spannungskorrosion*, kurz: SpRK

Zugspannungen verstärken die Korrosionsneigung der Metalle, während Druckspannungen der Korrosion entgegenwirken. Der Ablauf der SpRK ist nicht erkennbar.

**Kontaktkorrosion** (Bild 2-87e) tritt auf, wenn Metalle, die in der Spannungsreihe weit auseinander liegen, bei Berührung unter Luftzutritt galvanische Elemente bilden.

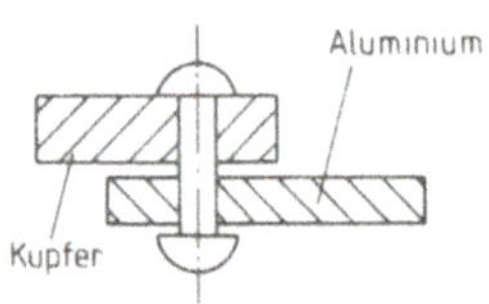


*Bild 2-87e Kontaktkorrosion*

Entsteht an der Verbindungsstelle von Metallen, die in der Spannungsreihe auseinanderliegen. Bereits Spuren von Feuchtigkeit bringen eine solche Korrosion in Gang.

**Interkristalline Korrosion** (Bild 2-87f) ist Korrosion entlang der Korngrenzen eines Metalls; transkristalline Korrosion verläuft durch die Körner/Kristallite.

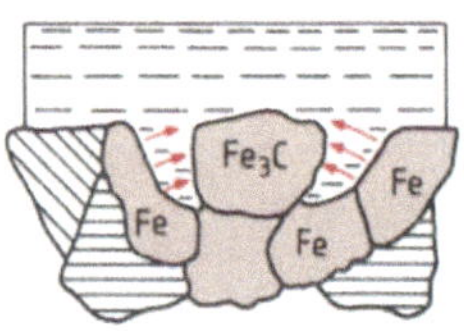


*Bild 2-87f Interkristalline Korrosion*

Tritt zu den stofflich verschiedenen Kristallen eines Werkstoffes Feuchtigkeit hinzu, so entsteht ein galvanisches Element. Die Kristalle, die den Minuspol bilden, werden zerstört.

**Wasserstoffversprödung.** Atomarer Wasserstoff kann unter verschiedenen Bedingungen in die Kristallgitterfehler der metallischen Werkstoffe eindringen und dort Wasserstoffmoleküle bilden. Die Volumenvergrößerung durch die Molekülbildung führt zu hohen Drucken, die mikroskopische Anrisse in den Kristalliten verursachen und dadurch den Werkstoff verspröden und die Ausbildung von makroskopischen Rissen bewirken.

Bei der Beanspruchung von wasserstoffversprödeten Stählen im elastischen Bereich, kann nach längerer Zeit ohne Vorzeichen ein sog. verzögerter Bruch ohne Verformung eintreten.

### Korrosion bei Metallbauteilen mit wechselnder mechanischer Beanspruchung

**Schwingungsrißkorrosion/Korrosionsermüdung,** kurz: SwRK, nennt man die Ausbildung von Rissen/sog. SwRK-Brüchen an Metallbauteilen durch gleichzeitiges Wirken von Dauerschwingbeanspruchung und Korrosion. Bild 2-88 zeigt, daß die Korrosionsschwingfestigkeit niedriger als die Schwingfestigkeit ist und daß bei SwRK **keine Dauerfestigkeit** erreicht wird.

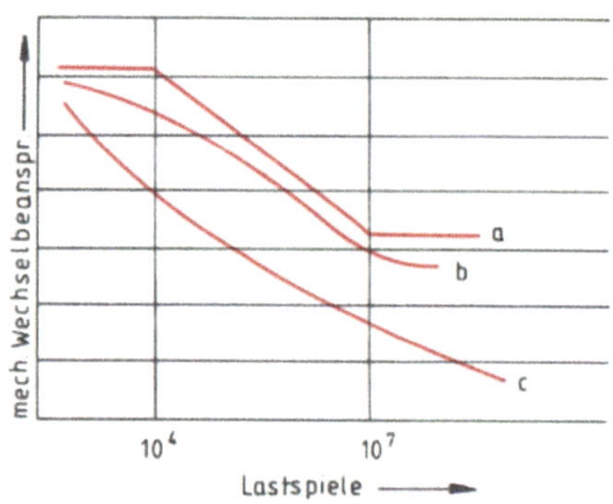


*Bild 2-88 Verlauf von Wöhlerlinie mit Korrosionseinwirkung*

a) Dauerfestigkeit an Luft.
b) Dauerfestigkeit nach vorausgegangener und zum Stillstand gekommener Korrosion.
c) Schwingungsrißkorrosion, keine Dauerfestigkeit.

Zur Auslösung der SwRK ist weder eine spezielle Legierung noch ein besonderes Angriffsmittel erforderlich. Die Antriebswellen von Schiffsschrauben und -ruder, Pumpen und Erdbohrern sowie Bauteile in Dampfturbinen sind z.B. eindeutig einer SwRK-Beanspruchung ausgesetzt. Daneben gibt es noch eine Vielzahl von Bauteilen, bei denen die SwRK unvermutet auftritt.

SwRK und SpRK sind erst nach dem Bruch der Bauteile erkennbar.

**Reibkorrosion.** Bei der Reibkorrosion entstehen durch Reibungs- und Verschleißvorgänge mechanische Zerstörungen, während die Korrosionswirkung zurücktritt. Das dabei entstehende Korrosionsprodukt wird **Passungsrost** genannt.

Reibkorrosion mit trockenem Passungsrost tritt zwischen gefügten Stahlteilen, meist zwischen Nabe und Welle, als Folge von unsichtbaren oszillierenden Bewegungen auf.

Bewegungsursachen sind elastische Schwingungen aus Biegung, Torsion, Unwucht und Taumelbewegungen, durch andere Maschinen erzeugte Fundamentschwingungen, Schwingungen beim Transport mit Eisenbahn (Schienenstöße) und Schiff (Schiffsdiesel).

Der an gefetteten oder geölten, kraftschlüssig gefügten Maschinenteilen entstehende Passungsrost ist ein Gemenge aus Schmiermittel und Eisenoxiden. Er entsteht unter den gleichen Bedingungen wie der trockene Passungsrost. Die Zerstörung durch trockenen Passungsrost erfolgt in wenigen Minuten, die Zerstörung durch Passungsrost an gefetteten oder geölten Teilen in einigen Stunden.

Die Passungsrostarten haben dieselbe Farbe und sind schwer zu unterscheiden.

**Erosions- und Kavitationskorrosion**

**Erosion** nennt man die von der Oberfläche ausgehende Zerstörung von Bauteilen durch strömende Flüssigkeiten.

**Kavitation** entsteht dadurch, daß beim Einsturz kleiner Hohlräume (Blasen) in Flüssigkeiten außergewöhnlich hohe Drücke und Temperaturen auf mikroskopisch kleine Flächen der Bauteile einwirken oder durch Tropfenschlag an Kanten, die einen zusammenhängenden Flüssigkeitsstrahl zerteilen. An den Stellen, an denen die Oberflächenschicht durch Kavitation/Erosion durchbrochen wird, setzt verstärkte elektrochemische Korrosion ein, so daß durch das Zusammenwirken von Kavitation/Erosion und Korrosion Anfressungen und Abnützungen an Bauteilen entstehen.

## 2.13.4 Behandlung von Metalloberflächen zum Korrosionsschutz

**Anodischer Korrosionsschutz:** Der zu schützende Werkstoff wird anodisch passiviert (s. Bild 2-89).

**Katodischer Korrosionsschutz:** Der zu schützende Werkstoff wird zur Katode gemacht (s. Bild 2-90).

**Hemmstoff, sog. Inhibitor:** Stoff, der bei Anwesenheit in einem korrodierenden Mittel die Korrosion hemmt, z.B. Phosphat- oder Chromatzusätze in geschlossenen Wasserkreisläufen (Kühlwasser von Motoren, Wasser in Heizanlagen).

**Zeitwelliger, sog. temporärer Korrosionsschutz:** Schutzmaßnahmen, die nur eine begrenzte Zeit zu wirken brauchen, z.B. Schutz von blanken Metallflächen beim Transport oder bei Lagerung vor der endgültigen Verwendung durch leicht entfernbare Schichten aus Öl, Fett, Wachs, Kunststoff oder Einhüllen in Schutzgaspapier. Von der allmählich verdampfenden Inhibitorschicht des Schutzgaspapiers wird eine solche Menge Inhibitor abgegeben, daß das sich bildende Kondenswasser aus der Umgebungsluft genügend Inhibitor aufnehmen kann.

Die einfachste Art eines Korrosionsschutzes stellen Schutzschichten dar. Natürliche Schutzschichten sind Korrosionsprodukte, z.B. des Aluminiums und Kupfers, oder Ablagerungen, z.B. die Kalkablagerungen in Wasserleitungen. Die künstlich aufgebrachten Schutzschichten sind äußerst vielfältig, sie reichen von hauchdünnen Aufdampfungen bis zu dicken Walzplattierungen. Man unterscheidet Deckschichten und Überzüge.

**Deckschicht:** nichtmetallische Schicht, die auf einer Metalloberfläche gebildet worden ist oder sich auf ihr befindet, z.B. bei Cu und Al.

**Überzug:** fertigungsmäßig (gewollt) auf einer Werkstoffoberfläche aufgebrachte Schicht. Metalle mit Deckschichten/Überzügen sind Verbundwerkstoffe (s. Abschnitt 2.15).

Dauerhafte Deckschichten und Überzüge erfordern sorgfältig vorbereitete Metalloberflächen.

*Tabelle 2-25* Vorbereitung der Metalloberflächen

| Vorbereitungsart | Zweck | Durchführung mechanisch | Durchführung chemisch |
|---|---|---|---|
| Reinigen<br>Entzundern<br>Entrosten | Entfernen von Zunder-, Rost- und anderen Schichten | Abklopfen<br>Bürsten<br>Strahlen | Beizen: Stahl mit Säure, Al mit Natronlauge; schnelles Erhitzen der Oberfläche durch Flammstrahlen mit geeigneter Flamme |
| Entfetten | Entfernen von Fetten, Ölen und ähnlichen Stoffen | | mit Lösungsmitteln oder verseifend/emulgierend wirkenden Mitteln |
| Blankglühen | Erzeugen einer metallisch blanken Oberfläche | | Umwandeln von Oxidschichten in Metall durch reduzierend wirkende Gase bei hohen Temperaturen |

*Tabelle 2-26* Korrosionsschutz von Metalloberflächen durch Metallüberzüge

| Überzugsmetall | Wirkung und Verwendung |
|---|---|
| Zink und Cadmium | dienen vorwiegend zum Schutz des Eisens gegen Luft und Wasser. Sie sind giftig und dürfen nicht mit Nahrungsmitteln in Berührung kommen. Als Eisenüberzug verhindern beide das Unterrosten von Lackschichten. |
| Blei | dient als Schutz gegen Schwefel- und Flußsäure. |
| Zinn | ist ungiftig und wird hauptsächlich als Schutz von Nahrungsmittelgefäßen gegen organische Säuren verwendet. Verzinntes Stahlblech heißt Weißblech. Schutzwirkung bei Eisen s. Bild 2-89. |
| Kupfer | wird huaptsächlich als Unterlage für andere Metallüberzüge verwendet. |
| Nickel, Chrom, Kobalt | sind korrosions- und verschleißfest und gut polierbar. Zu vernickelnde Gegenstände werden vorher verkupfert, zu cerchromende verkupfert und vernickelt. |
| Aluminium | dient als Korrosionsschutz zum Plattieren von Stahl und nicht korrosionsfesten Al-Cu-Legierungen, zur Herstellung von feueraluminiertem Bandstahl (Blech), kurz: fal, und zur Anreicherung der Randschichten von Eisenwerkstoffen durch Alitieren = Al-reiche Diffusionsschicht durch Glühen in Al-Pulver, Alumetieren = Aufspritzen von Al mit Eindiffundieren durch Glühen, Aluminieren = Halten in Al abgebenden Mitteln bei erhöhter Temperatur. |

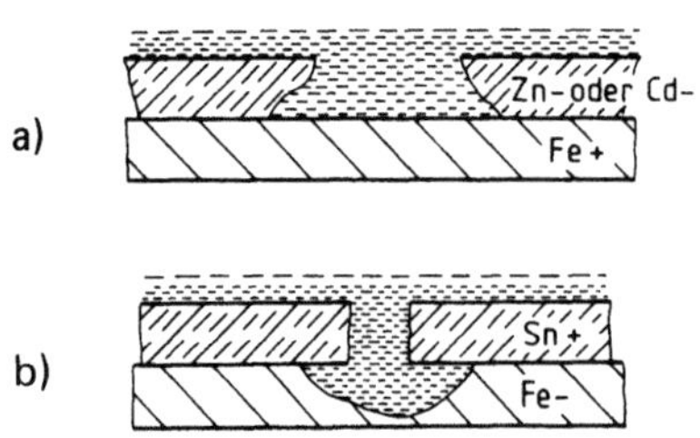


*Bild 2-89 Korrosionsschutz von Stahloberflächen durch Metallüberzüge*

Je größer der Abstand, die Potentialdifferenz, zweier Metalle in der Spannungsreihe ist, um so stärker tritt die Korrosion zu Lasten des unedleren Metalles auf, wenn beide ein galvanisches Element bilden.

a) echter Korrosionsschutz. Zink- und Cadmiumüberzüge schützen Stahloberflächen auch bei porigem Auftrag oder Beschädigung gegen Korrosion. **Zn** und **Cd** sind unedler als **Fe.**

b) unechter Korrosionsschutz. Porig aufgetragene und beschädigte Zinnüberzüge schützen Stahloberflächen nicht gegen Korrosion (Konservendosen). **Sn** ist edler als **Fe.**

*Tabelle 2-27* Korrosionsschutz von Metalloberflächen durch Deckschichten

| Erzeugungsart | Verfahren (Auswahl) | Durchführung | Anwendung |
|---|---|---|---|
| Chemisch | Phosphatieren, Bondern, Atramentieren, Parkertieren | Erzeugen einer 5 $\mu$m bis 10 $\mu$m dicken Phosphatschicht durch Behandeln mit wässerigen, Metallphosphate enthaltenden Lösungen im Tauch-, Spritz- oder Flutverfahren bei 70 ... 90 °C | Als billiger Schutz von Stahl gegen Unterrostung anderer Schutzschichten und als Haftgrund für Farbanstriche, besonders im Karosseriebau. Phosphatierte Schichten allein sind kein ausreichender Rostschutz |
| | Brünieren | Behandeln von Gegenständen aus Stahl mit Salzlösungen, um auf ihrer Oberfläche dunkelbraune Oxidschichten von max. 1 $\mu$m Dicke zu erzeugen. | Als billiger Korrosionsschutz von Stahlteilen, an deren Oberflächengüte geringe Anforderungen gestellt werden, z.B. Vorrichtungen, Türen, Töpfe. |
| Elektrochemisch | Anodisch Oxidieren, kurz: Anodisieren oder Eloxieren | Erzeugen von Oxidschichten auf Al und Al-Legierungen durch elektrisches Oxidieren in Bädern. Die künstlich erzeugte Oxidschicht hat mineralischen Charakter. Daher erklärt sich ihre hohe chemische Beständigkeit, Härte und elektrische Isolierfähigkeit. Die Schichtdicke beträgt bis zu 20 $\mu$m gegenüber 0,1 $\mu$m bei natürlich gewachsener Schicht. Sie wächst etwa zu 2/3 in das Aluminium hinein und kann in beliebigen Farben dauerhaft gefärbt werden. | Bei Al und allen Al-Legierungen als Korrosionsschutz und als Haftgrund für Klebeflächen, zur elektrischen Isolation und Erhöhung der Abriebfestigkeit. |
| Aufschmelzen | Emaillieren | Überziehen des Metalls mit einem Glasfluß bei 500 °C bis 1000 °C (Einbrennen der glasigen Masse). Um die dunkle Metalloberfläche zu decken, wird das Email undurchsichtig gemacht. | Bei Teilen, deren Oberfläche korrosionsfest, hart und glänzend sein soll. Man unterscheidet Emails für Stahl, Gußeisen, Al und edlere Metalle (Kunst- und Schmuckemails). |

**Herstellungsverfahren**

**Schmelztauchverfahren:** Die Werkstücke werden in das schmelzflüssige Überzugsmetall getaucht.

**Galvanisches Verfahren:** Die Überzugsmetalle werden elektrochemisch auf die Werkstücke niedergeschlagen. Die Bandstahlverzinnung für Dosenherstellung (Weißblech) erfolgt in automatisierten elektrolytischen Verzinnungsanlagen mit Banddurchlaufgeschwindigkeiten bis zu 500 m/min und Sn-Schichtdicken zwischen 0,17 mm und 0,56 mm.

**Plattierverfahren:** Überzugsmetall und Grundmetall werden durch Druck (Walzen) und erhöhte Temperatur miteinander verbunden. Plattierungswerkstoffe für Stahl sind Al, Cu, Cu-Legierungen, Ni, Ag, Au und rostfreier Stahl.

**Diffusionsverfahren, sog. Alitieren:** Die Werkstücke werden in Al-Pulvern der Überzugsmetalle erhitzt. Dabei dringt das Überzugsmetall in die Oberflächen der Werkstücke ein, die dadurch zunderbeständig werden (Glühmuffeln, Turbinenschaufeln).

**Spritzverfahren:** Das Überzugsmetall wird durch eine Flamme oder einen elektrischen Lichtbogen geschmolzen und dem Druckluft auf die Stahlfläche aufgeschleudert.

**Durch Schweißen oder Löten** werden dicke Schichten aufgetragen.

**Korrosionsschutz von Metalloberflächen durch organische Überzüge**

Organische Überzüge sollen Metallbauteile gegen Korrosion schützen und ein gutes Aussehen der Teile bewirken.

**Ölfarben.** Farbstoffe wie Bleiweiß, Eisenglimmer oder Zinkoxid werden in Ölfirnisse ohne Harzbeimengungen verrührt. Nach Bedarf können **Sikkative als Verdünnungsmittel** oder Trockenstoffe zugesetzt werden. Farbanstriche sind weich und elastisch.

**Öllacke** sind Dispersionen von **Harzen in Ölfirnissen** und leicht verdampfenden Lösungsmitteln. Sie trocknen an der Luft und verwittern wie Ölfarben.

**Kunststofflacke** aus **Nitrocellulose** oder **Benzylcellulose** härten an der Luft, Kunststofflacke aus Kunstharzen werden eingebrannt. Die in der Automobilindustrie verwendeten Kunstharzlacke haben gegenüber den Öllacken eine gleichmäßigere Zusammensetzung, lassen größere Veränderungsmöglichkeiten zu und sind witterungsbeständiger.

**Kunststoffüberzüge** werden nach besonderen Verfahren aufgebracht, die eine besondere Einrichtung erfordern.

**Teer-, Pech- oder Asphaltüberzüge** erhalten Stahlrohre, die als Gas-, Öl- oder Wasserleitungen in der Erde verlegt werden. Wegen der Sprödigkeit der Überzüge werden sie meist mit Jutebändern umwickelt.

**Katodischer Korrosionsschutz von Metalloberflächen**

Das in Bild 2-85 wiedergegebene galvanische Element wurde in Bild 2-90 durch Zuschalten einer Magnesiumelektrode zu einer galvanischen Kette erweitert.

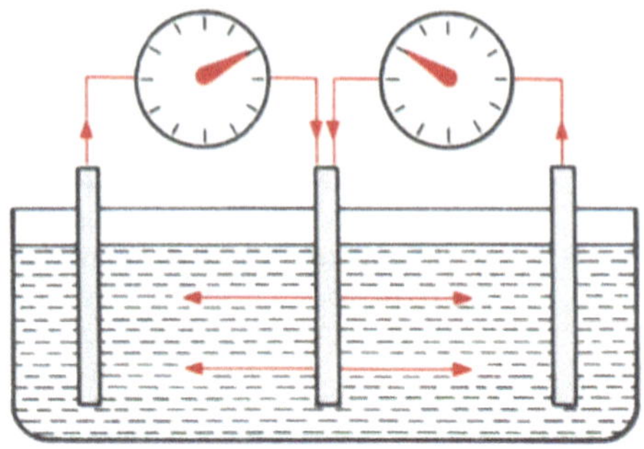


*Bild 2-90 Galvanische Kette*

Das unedelste Metall der Kette, das Magnesium, wird zur Anode, zum –Pol, und löst sich auf. Die edleren Metalle Kupfer und Zink werden zu Katoden und bleiben unversehrt.

Katodischer Schutz von Metalloberflächen entsteht durch eine elektrisch leitende Verbindung des Metalls zu einem unedleren Metall oder durch Anlegen einer elektrischen Spannung.

**Schutz durch elektrisch leitende Verbindung.** Schiffsmotoren, Schiffsschrauben, Warmwasser- und Kühlanlagen oder im Erdboden vergrabene Rohre und Öltanks werden mit einer in ihrer Nähe angebrachten Zink- oder Magnesiumplatte elektrisch leitend verbunden. Die Platten werden Schutzelektroden genannt und müssen von Zeit zu Zeit erneuert werden.

**Schutz durch Anlegen einer elektrischen Spannung.** Bei bekanntem Werkstoff und bekannten Angriffsbedingungen kann durch Anlegen eines schwachen Gleichstromes (Schutzstromes) eine ähnliche Schutzwirkung erreicht werden.

**Wiederholungsfragen**

1. Was versteht man unter Korrosion?
2. Wodurch wird chemische Korrosion hervorgerufen?
3. Worauf beruht die elektrochemische Korrosion?
4. Welche Korrosionserscheinungen können auftreten?
5. Wodurch entsteht Passungsrost?
6. Wodurch unterscheiden sich Deckschichten und Überzüge?

7. Welcher Korrosionsschutz wirkt nur zeitweilig?
8. Worauf beruht die Wirkung von Schutzgaspapier?
9. Welche Deckschichten schützen gegen Korrosion?
10. Was sind a) echte, b) unechte Metallüberzüge?
11. Welche organischen Überzüge werden als Korrosionsschutz verwendet?
12. Was versteht man unter kathodischen Korrosionsschutz?

# 2.14 Nichtmetallische Werkstoffe

## 2.14.1 Kunststoffe/Plaste

Kunststoffe/Plaste sind künstliche, d.h. durch chemische Umwandlungen hergestellte Werkstoffe. Es sind keine Ersatzstoffe, sondern Stoffe mit besonderen Eigenschaften.

Die in der Natur vorkommenden Stoffe können in kohlenstofffreie Verbindungen und Kohlenstoffverbindungen eingeteilt werden. Früher glaubte man, daß sich Kohlenstoffverbindungen nur im **lebenden Organismus,** in Pflanzen/Tieren bilden könnten. Heute werden Kohlenstoffverbindungen künstlich hergestellt. Aber auch dabei geht man von Stoffen aus, die in Pflanzen/Tieren entstanden sind.

Organische Stoffe sind Kohlenstoffverbindungen. Anorganische Stoffe sind kohlenstofffreie Verbindungen.

**Herstellung der Kunststoffe/Plaste**

- durch Umwandlung von makromolekularen Naturstoffen,
- synthetisch (künstlich) hergestellt durch Verknüpfung von niedermolekularen Stoffen zu Makromolekülen (Bild 2-91).

**Rohstoffe** für die umgewandelten Naturstoffe sind Cellulose, Eiweiß, Naturkautschuk und Naturharze, für die vollsynthetischen Kunststoffe Erdölprodukte (Petrochemie).

Kohlenoxid und Kohlendioxid wurden im Zusammenhang mit den anorganischen Verbindungen behandelt (s. Abschnitt 1.1.4).

Fast alle Kunststoffe/Plaste sind organische Verbindungen.

In der Natur gibt es etwa 800 000 Stoffe mit verschiedenen Eigenschaften. Fast alle bestehen aus kleinen Molekülen mit wenigen Atomen und werden **niedermolekulare** Stoffe genannt. Nur einige bestehen aus außerordentlich großen Molekülen mit mehreren Tausend Atomen, die sich aus ähnlichen oder gleichen Bausteinen zusammensetzen und makromolekulare Stoffe genannt werden (Bild 2-91). Solche Stoffe sind z.B. **Cellulose, Naturkautschuk, Naturharze** und **Eiweiß.**

Kunststoffe/Plaste sind künstlich hergestellte makromolekulare Stoffe.

**Einteilung der Kunststoffe**

Nach DIN 7724 erfolgt die Einteilung der Kunststoffe auf Grund ihres Verhaltens bei erhöhter Temperatur in

- Thermoplaste oder Plastomere,
- Duroplate oder Duromere,
- Elaste oder Elastomere.

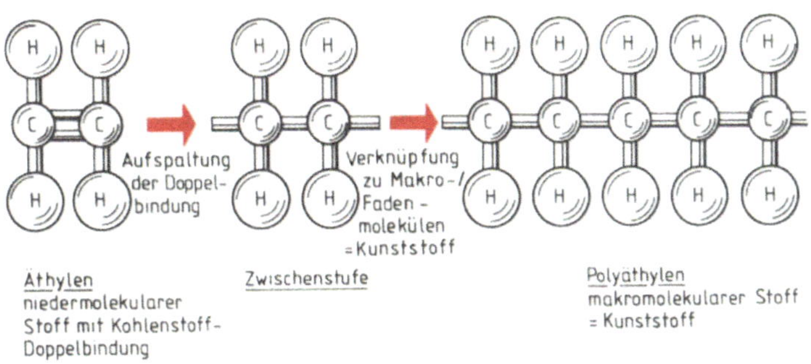


*Bild 2-91*

*Einfaches Beispiel für die synthetische (künstliche) Herstellung von Kunststoffen*

Die Verknüpfung des niedermolekularen Stoffes zu makromolekularen Stoff (Kunststoff) beruht auf der reaktionsfreudigen Kohlenstoff – Kohlenstoff-Doppelbindung C = C.

**Thermoplaste**

Kunststoffe aus langen Fadenmolekülen, die ineinander verfilzt und verknäult sind, heißen Thermoplaste (Bild 2-92a).

*Bild 2-92a Durch Adhäsions- und Kohäsionskräfte miteinander verbundene Fadenmoleküle*

Durch Erwärmung werden die Molekülfäden gegeneinander beweglich, der Kunststoff wird weich und verformbar. Bei zu hoher Erwärmung lösen sich die Fadenmoleküle auf, der Kunststoff wird zerstört.

Der Übergang zum weichen Zustand erfolgt innerhalb eines Temperaturbereiches, des sogenannten **Erweichungsbereiches.** Innerhalb dieses Bereiches ist dieser Kunststoff gummielastisch. Mit steigender Temperatur, kurz vor der Auflösungstemperatur, wird er zähflüssig (plastischer Fluß).

Thermoplaste sind bei erhöhter Temperatur verformbar.

Durch Zumischen von Weichmachern können diese Kunststoffe mehr oder weniger weich und elastisch gemacht werden. Die Weichmacher gehen mit dem Kunststoff keine chemische Verbindung ein; sie wirken wie ein Schmierfilm zwischen den Fadenmolekülen. Kunststoff versprödet (altert) durch Ausschwitzen der Weichmacher.

Die Formgebung dieses Kunststoffes erfolgt innerhalb des plastischen Flusses durch Spritzgießen, im gummielastischen Zustand mechanisch (Biegen usw.).

**Duroplaste**

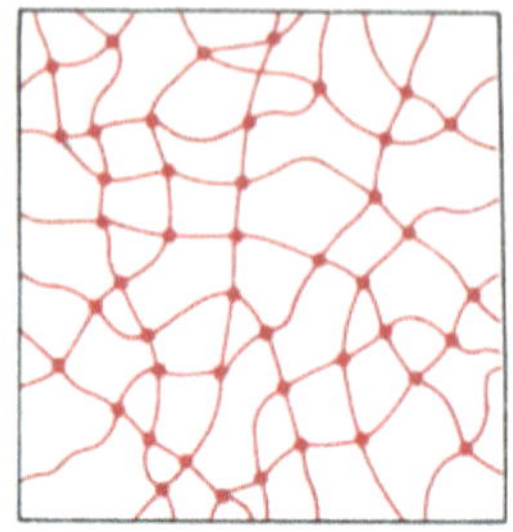

*Bild 2-92b Untereinander chemisch verbundene, räumlich vernetzte Makromoleküle*

Kunststoffe aus räumlich eng vernetzten Makromolekülen werden Duroplaste oder Kunstharze genannt (Bild 2-92b).

Bei diesen Kunststoffen sind die Makromoleküle untereinander chemisch verbunden. Sie sind hart, unlöslich und nicht schmelzbar. Die Ausbildung der Makromoleküle wird beim Kunststofflieferanten unterbrochen, sie wird erst bei der Formgebung der Werkstücke vollendelt. Die Formgebung ist also mit einem chemischen Vorgang verbunden und erfolgt durch Gießen oder Formpressen.

Duroplaste sind auch bei erhöhter Temperatur nicht verformbar.

**Elaste**

Elaste sind Kunststoffe aus räumlich lose vernetzten Makromolekülen mit wenigen Verbindungspunkten.

Bei Beanspruchung durch äußere Kräfte gleiten die verknäulten Molekülkettenteile zwischen den Festpunkten aneinander ab und gehen nach erfolgter Entlastung in ihre ursprüngliche Lage zurück.

Die Vernetzung der makromolekularen Vorprodukte erfolgt bei der Formgebung.

Elaste sind bei tiefer Temperatur hartelastisch, bei höherer Temperatur gummielastisch, nicht schmelzbar und nicht löslich.

**Zustände und Übergangsbereiche der Kunststoffe**

Je nach ihrer Struktur und Temperatur sind Kunststoffe hartelastisch-zäh oder spröde, weichelastisch (gummielastisch) oder plastisch-fließend (teigig).

Während die Duroplaste bis zu ihrer Zersetzung im hartelastisch-spröden Zustand bleiben, durchlaufen die Thermoplaste und Elaste bei entsprechender Temperaturveränderung alle drei Zustände. Dabei erfolgt der Übergang von einem Zustand zum anderen innerhalb eines mehr oder weniger großen Temperaturbereiches.

## Die wichtigsten Kunststoffe

### Abgewandelte Naturstoffe

#### Kunststoffe aus Cellulose

**Ausgangwerkstoff:** aus Holz- oder Baumwoll-Fasern hergestellter Zellstoff.

**Papier,** das durch Wasseranlagerung an den Zellstoffmolekülen entsteht. Der wäßrige Faserbrei kann gefärbt und mit Holzmehl gestreckt werden.

**Pergamentpapier** entsteht durch Tränken von Papier in Schwefelsäure mit nachfolgendem Waschen.

**Vulkanfiber,** Handelsname Hornex, wird aus Papierbahnen hergestellt, die mit Chlorzinklösung behandelt und aufeinander gepreßt werden.

*Eigenschaften:* zäh und hygroskopisch, in Feuchtigkeit gehen elektrische Isolierfähigkeit und Formbeständigkeit zurück.

*Bearbeitung:* spanabhebend.

**Viskose-Folien,** Zellglas. Handelsnamen: Cellophan, Priphan, Transparit. Die Herstellung erfolgt durch Behandlung von Cellulose mit Natronlauge und Schwefelkohlenstoff in mehreren Stufen.

*Eigenschaften:* glasklar, undurchlässig für nichtwäßrige Stoffe.

**Celluloid.** Handelsnamen: Cellon, Cellit, Cellidor u.a.

*Eigenschaften:* glasklar, elastisch, leicht brennbar, beständig gegen Wasser, Benzin und verdünnte Säuren und Laugen.

*Bearbeitung:* spanabhebend.

*Verarbeitung:* Spritzguß, Strangpressen, thermoplastisch.

**Zelluloseäther** entsteht durch Verätherung (Äther verdampft bei Raumtemperatur) der Cellulose.

*Produkte:* Filme, Klebstoffe, Formteile (Spritzguß) u.a.

#### Kunststoffe aus Proteinen (Eiweißstoffe)

*Ausgangswerkstoffe:* Milcheiweiß (Kasein), Fisch-, Erdnuß- und Maiseiweiß. Das Eiweiß wird nach der Formgebung in Bädern zu Harzen und Faserstoffen vernetzt.

**Kunsthorn,** Handelsnamen: Ergolith, Galalith, Idealith u.a.

*Eigenschaften:* geruch- und geschmacklos, zäh, hart, gegen Fette, Öle und verdünnte Säuren beständig.

*Verarbeitung:* bieg-, präg- und klebbar, spanabhebend bearbeitbar.

#### Naturkautschuk

*Ausgangswerkstoff:* Latex = Milchaft tropischer Gewächse = Kautschukemulsion.

*Verarbeitung:* Durch Ausfällen mit Säuren oder durch Erhitzen wird aus der Emulsion Rohkautschuk gewonnen, der technisch nicht verwendet wird. Weiterverarbeitung zu Gummi.

### Synthetisch hergestellte Kunststoffe

#### Thermoplastische Kunststoffe

**Polyäthylen.** Handelsnamen: Hostalen, Vestolen, Lupolen u.a. Billiger und viel verwendeter Kunststoff.

*Eigenschaften:* wachsartige Oberfläche, geringe Wasseraufnahme, Quellung in Hitze und Fett, beständig gegen verdünnte Säuren und Laugen, Zugfestigkeit 800 N/mm$^2$ bis 2800 N/mm$^2$. Beginn der Erweichung bei +80 °C bis 120 °C.

*Bearbeitung:* spanabhebend, kann geschweißt, nicht geklebt werden.

*Verwendung:* Behälter für Haushalt, Wasserleitungen, Schläuche, Flaschen u.a.

**Polystrol.** Handelsnamen: Polystyrol, Trolitul, Vestyron, Styroflex u.a.

*Eigenschaften:* glasklar und farbig. Oberfläche glänzend, hart spröde, Erweichung bei +80 °C, Zugfestigkeit 2300 N/mm$^2$ bis 6500 N/mm$^2$.

Wärmedehnung 5- bis 6mal größer als Stahl, sehr gute elektrische Isolations-Eigenschaften. Durch Copolymerisation mit anderen Monomeren werden die Eigenschaften verändert, z.B. geringe Sprödigkeit.

*Bearbeitung:* spanabhebend, kleb- und schweißbar.

*Verwendung:* Innenbauteile (Röhrensockel, Spulen usw.) und Gehäuse elektrischer Geräte, Haushaltgegenstände, Spielzeug- und Verpackungsindustrie.

**Geschäumtes Polystrol,** Handelsnamen: Styropor, Styroform ua., wird mit Treibmittel und durch Erhitzen unter 20–50facher Volumenvergrößerung hergestellt.

*Verwendung:* Wärme- und Schallisoliermittel, Schwimmkörper, Verpackungsbehälter u.a.

**Polyvinylchlorid,** PVC. Handelsnamen: Hostalit, Ekavin, Pervilit, Vestolt, Vinnol, Vinoflex.

*Eigenschaften:* Die PVC-Eigenschaften sind durch unterschiedlichen Polymerisationsgrad und durch Weichmacher leicht variierbar.

- Hart-PVC (ohne Weichmacher):
  Zugfestigkeit 5000 N/mm$^2$ bis 5500 N/mm$^2$
  Erweichungstemperatur 50 °C bis 60 °C.
- Weich-PVC, 20 % Weichmacher:
  Zugfestigkeit 2000 N/mm$^2$ bis 2500 N/mm$^2$
  Erweichungstemperatur 40 °C bis 50 °C, hartlederartig.
- Weich-PVC, 40 % Weichmacher:
  Zugfestigkeit 1700 N/mm$^2$ bis 3000 N/mm$^2$
  Erweichungstemperatur 60 °C bis 70 °C, weichgummiähnlich.

*Bearbeitung:* spanabhebend, kleb- und schweißbar.

*Verwendung:* Hart-PVC für feste Formteile, Blöcke, Rohre, Tafeln. Weich-PVC für Schläuche, Fußbodenbeläge, dünne Folien.

**Polyamide.** Handelsnamen: Nylon, Perlon, Ultramid, Durathan u.a.

*Eigenschaften:* Zugfestigkeit 4000 N/cm$^2$ bis 13 000 N/cm$^2$. Erweichungstemperatur 100 °C, hornartig, transparent und trübe, hygroskopisch, beständig gegen die meisten Lösungsmittel.

*Bearbeitung:* spanabhebend, kleb- und schweißbar, spritzen, sintern.

*Verwendung:* gering beanspruchte Maschinenelemente, z.B. Schrauben, Lager, Buchsen, Zahnräder (Zählräder) sowie Schläuche, Rohre, Folien, Gebrauchsgegenstände und als Textilfasern.

**Technische Chemiefasern**

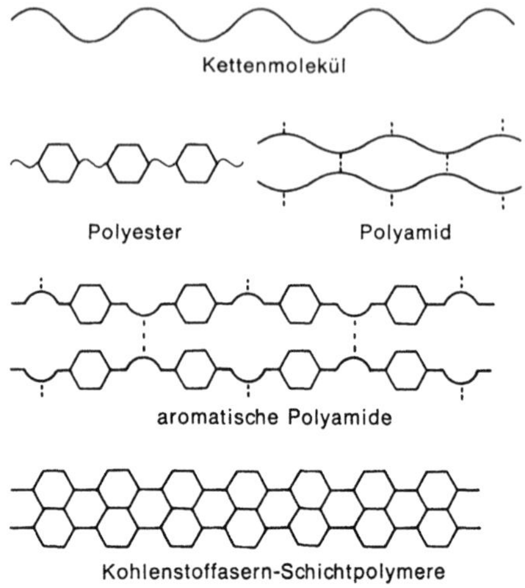


*Bild 2-93 Entwicklungsstufen der technischen Chemiefasern*

Das im Bild als Schlangenlinie dargestellte Kettenmolekül ist das Grundelement der Faserchemie, jedoch ergeben Kettenmoleküle allein noch keine Fasern.

**Polyesterfasern** bestehen aus Aromatringen (Benzolringen), die durch Kettenmoleküle miteinander verbunden sind.

**Polyamidfasern** erreichen durch Bindungen zwischen den Kettenmolekülen höhere Festigkeit, z.B. **Nylonfasern.**

*Verwendung:* Seile und Zugelemente mit geringer Masse.

**Aromatische Polyamidfasern,** kurz **Aramidfasern**, z.B. **Kevlar 49 Fasern,** bestehen aus Kettenringen und erreichen durch Zwischenverbindungen der Ketten eine sehr hohe Festigkeit.

**Acrylglas.** Handelsnamen: Plexiglas, Plexigum, Plextol, Resartglas u.a.

*Eigenschaften:* glasklar und beliebige Farben, bruch- und standfest, witterungsbeständig, formbeständig bis etwa 90 °C, sehr gute Lichtdurchlässigkeit.

*Bearbeitung:* spanabhebend, kleb- und schweißbar; die Warmverformung kann bei 130 °C beliebig oft wiederholt werden.

*Verwendung:* in großem Umfange 1. als Sicherheitsglas (nicht splitternd), 2. wegen seiner leich-

*Tabelle 2-28* Eigenschaften verschiedener Fasern

| | Kevlar 49 | Nylon 728 | Graphit | Glas | Bor |
|---|---|---|---|---|---|
| Zugfestigkeit N/mm² | 3500 | 1300 | 2000 ... 2500 | 120 ... 2460 | 3000 |
| E-Modul N/mm² | 134 000 | 6350 | 270 000 | 7000 | 390 000 |
| Bruchdehnung % | 2,6 | 19 | 1 | 4 | 1 |
| Dichte | 1,45 | 1,77 | 2,2 | 2,6 | 2,3 |

ten Bearbeitbarkeit und seiner glänzenden Oberfläche für dekorativ wirkende Gebrauchsgegenstände aller Art.

**Fluorkunststoff Polytetrafluoräthylen, kurz: PTFE**

*Eigenschaften:* PTFE hat zwischen −90 °C und +260 °C vorzügliche Gleiteigenschaften, eine Härte von 320 HB und eine Zugfestigkeit von 15 N/mm² bis 35 N/mm², gute elektrische Eigenschaften, eine fast universelle chemische Beständigkeit und keine Wasseraufnahmefähigkeit. Diese ungewöhnlichen Eigenschaften sind durch die Molekularstruktur des PTFE bedingt: die C-F-Verbindungen gehören zu den festesten der organischen Chemie und die Fluoratome bilden infolge ihres großen Durchmessers eine dichte Schutzschicht um die Kohlenstoffkette.

*Bearbeitung:* Obwohl PTFE zu den Thermoplasten gehört, ist seine thermoplastische Verarbeitung nicht möglich, die Formgebung erfolgt durch Sintern.

*Verwendung:* Trockengleitlager, Dichtungen, Isolierkörper in der Elektrotechnik.

**Ethylen-Tetrafluorethylen ETFE,** Schmelzpunkt 270 °C, und **Perfluoralkoxy-Copolymer PFA,** Schmelzpunkt 305 °C, sind schmelz- und thermoplastisch verarbeitbare Fluorkunststoffe. Ihre Verarbeitung ist bei Temperaturen von ETFE = 360 °C und PFA = 400 °C möglich. Sie können spritzgegossen, spritzgepreßt, gewöhnlich verpreßt und extrudiert werden. Gegenüber PTFE haben diese jüngsten Entwicklungen der Fluorkunststoffe etwas verminderte Reibungseigenschaften.

**Duroplaste (Duromere)**

**Duroplaste (Kunstharze)** werden als niedermolekulare Vorprodukte in den Handel gebracht. Ihre Härtung erfolgt während oder nach der Formgebung durch Vernetzung der Moleküle, so daß die fertigen Formstücke praktisch aus einem einzigen Kunstharzmolekül bestehen. Nach der Verarbeitung unterscheidet man:

**Preßmassen, Gießharze, glasfaserverstärkte Harze**

**Preßmassen** sind mit Füllstoffen (Holzmehl, Gesteinsmehl, Textilfasern) gemischte Phenolharze, Harnstoffharze oder Melaminharze. Die Füllstoffe dienen zur Verbilligung und Erhöhung der Festigkeit der Formteile. Die Preßmasse wird in Stahlformen bei 140 °C bis 170 °C mit einem Druck von 150 bar geformt und gehärtet.

**Schichtstoffe** für elektrische Isolierungen, Hartpapier, Hartgewebe, entstehen durch Aufeinanderpressen von in Phenolharz getränkten Bahnen.

**Hartfaserplatten** sind gepreßter Holzfaser-Phenolharzbrei.

**Gießharze** werden in offenen Formen gegossen. Ihre Härtung erfolgt durch das vor dem Vergießen beigegebene Härtungsmittel ohne Druck.

*Anwendung:* Herstellung von Gießereimodellen und Verbundstoffen, s. Abschnitt 2.15.

**Elaste (Elastomere)**

Die wichtigsten Synthesekautschuke sind Buna, Perbunan, Polychloropren und Siliconkautschuk.

Durch Vernetzung ihrer Kettenmoleküle mit Schwefel, sog. Vulkanisation, entsteht gummielastischer Kunststoff.

> Nur makromolekulare Stoffe können weich und elastisch zugleich sein.

*Beimengungen:* Verstärkter (Ruß, Bariumsulfat u.a.), Füllstoffe (Kreide, Kieselgur, Hartgummistaub), Farbstoffe, Alterungs- und Lichtschutzmittel.

*Verwendung:* Reifen für Fahrzeuge, Förderbänder, Dichtungen, Schuhsohlen u.a.

**Autoreifen** bestehen aus drei Schichten: Karkasse = vulkanisationsfähige Schicht auf dem Gewebe, Puffer = hochelastische Zwischenschicht und der besonders abriebfesten Lauffläche.

## Silicone

*Handelsnamen:* Silicone, Silopren, Silastic.

*Ausgangsstoff:* Siliciumverbindungen.

*Eigenschaften:* geringe Änderung der mechanischen Eigenschaften im Bereich von −100 °C bis +200 (300) °C).

*Verwendung:*

**Siliconkautschuk:** Dichtungen, Förderbänder, elektrische Isolationen u.a. für extreme Betriebstemperaturen, gummielastische Formen für Modelle mit Hinterschneidungen und genaue Abformung.

**Siliconöl:** für hydraulische Antriebe und als Schmiermittel für extreme Betriebstemperaturen, da sich die Viskosität von −60 °C bis +300 °C nicht wesentlich ändert.

**Siliconpaste** und **-fett:** entsprechend Siliconöl.

*Tabelle 2-29* Vergleich der Kennwerte einiger technisch wichtiger Kunststoffe und Metalle

| organische Werkstoffe | | | | | anorganische Werkstoffe | | | | | |
|---|---|---|---|---|---|---|---|---|---|---|
| Kennwerte bei 20 °C | Polyäthylen | Polyvinylchlorid hart | weich | Polystyrol | Glasfaser-Kunststoff Laminate | Stahl unlegiert | legiert | Al-Leg. | Ti.-Leg. | Beryllium |
| Kurzzeichen nach DIN | PE | PVC-hart | weich | PS | GFK | St 52 | 30CrNiMo8 | AlZnMgCu | – | – |
| Dichte in kg/dm³ | 0,9 ... 0,96 | 1,38 | 1,2 ... 1,3 | 1,05 | 1,44 bis 1,8 | 7,8 | 7,8 | 2,8 | 4,5 | 1,85 |
| Zugfestigkeit $R_m$ in N/mm² | 9 ... 28,5 | 55 | 17 ... 30 | 23 ... 65 | 120 ... 1000 | 520 | 1400 | 540 | 1600 | 880 |
| Linearer Ausdehnungkoeffiz. 1/°C | 0.000 13 bis 0.000 23 | 0.000 07 | variiert | 0.000 09 bis 0.000 01 | 0.000 11 | 0.000 011 | 0.000 012 | 0.000 02 | 0.000 009 | 0.000 012 |
| Erweichungstemperatur in °C | −50 +80 ... 100 | −30 +60 | −60 +60 | −50 +80 | −150 +100 | die meisten Kohlenstoff- u. leg. Stähle bis etwa 400 °C, für höhere Beanspruchung über 400 °C ... 800 °C siehe bes. legierte hochwarmfeste Stähle | | +150 | +500 | +500 und mehr |

### Beurteilung der Kunststoff/Plaste-Kennwerte für den Maschinenbau

Die Wärmedehnung der Kunststoffe ist 10 ... 20mal größer als die der Metalle. Das Fügen von Metallpaßteilen mit Kunststoffpaßteilen ist nicht möglich.

Die große Elastizität der Kunststoffe macht große tragende Teile aus Kunststoff unwirtschaftlich.

Die niedrigen Erweichungstemperaturen der Kunststoffe machen ihre Verwendung im Motoren-, Getriebe-, Flugzeug- und Fahrzeugbau unmöglich.

Hochbelastete Maschinen- und Konstruktionsteile können aus Kunststoff nicht hergestellt werden.

**Wiederholungsfragen**

1. Was für Stoffe sind Kunststoffe/Plaste?
2. Welche zwei Möglichkeiten der Kunststoffherstellung gibt es hinsichtlich der Ausgangsstoffe?
3. Welche drei Hauptgruppen von Kunststoffen/Plasten gibt es hinsichtlich ihres Verhaltens bei erhöhter Temperatur?
4. Welches sind die wichtigsten Eigenschaften a) der Thermoplaste, b) der Duroplaste?

5. Welche Eigenschaft hat GFK?
6. Warum sind a) Siliconöl, b) Siliconkautschuk für den Maschinenbau wichtig?
7. Warum können hochbelastete Maschinenteile, z.B. für Motoren und Werkzeugmaschinen, und Konstruktionsteile, z.B. für Eisenbahnbrücken, nicht aus Kunststoff/Plaste hergestellt werden?
8. Für welche Zwecke werden Kunststoffe/Plaste in der Maschinenindustrie verwendet?

## 2.14.2 Schmier- und Kühlschmierstoffe

### Schmierstoffe

Die Hauptaufgaben der Schmierstoffe sind Reibung und Verschleiß so gering wie möglich zu halten und entstehende Reibungswärme abzuführen.

### Flüssige Schmierstoffe

**Mineralöl** ist eine Mischung verschiedener Kohlenwasserstoffverbindungen. Das zu Tage geförderte Rohöl enthält Verunreinigungen. Es wird durch **Destillation** und **Raffination** gereinigt und in **Benzin, Petroleum, Gasöl, Heizöl, Bitumen** und **Schmieröl** zerlegt. Durch geeignete Zumischung von öllöslichen Stoffen, sogenannten Wirkstoffen oder Additiven werden die Öle den verschiedenen Verwendungszwecken angepaßt:

- **Antioxidationszusätze** als Alterungshemmstoffe zur Verlängerung der Gebrauchsdauer,
- **Korrosionsschutzzusätze** zur Neutralisation der korrodierenden Ölbestandteile,
- **Reinigungszusätze,** die Schmutzstoffe in Schwebe halten, z.B. Ruß bei Verbrennungsmotoren,
- **Zusätze zur Verbesserung der Schmierfähigkeit,** z.B. Fettöle, Schwefel-, Chlor-, Molybdän- und Phosphorverbindungen,
- **Hochdruckzusätze** zur Steigerung der Druckaufnahmefähigkeit des Ölfilms.

> Legierte Schmierstoffe dürfen nicht beliebig gemischt werden.

**Synthetische Öle** werden nach verschiedenen Verfahren hergestellt und für spezielle Zwecke verwendet. Sie haben besondere Eigenschaften, z.B. **Silicone** (siliziumorganische Verbindungen) unterdrücken als Zusätze zu Mineralöl die Schaumbildung.

Die wichtigsten Kennwerte eines flüssigen Schmierstoffs sind Viskosität (Zähflüssigkeit), Flammpunkt und Pourpoint (Stockpunkt).

### Viskosität

Unter Viskosität versteht man die Eigenschaft einer Flüssigkeit der gegenseitigen laminaren (wirbellosen) Verschiebung zweier benachbarten Flüssigkeitsschichten einen Widerstand entgegenzusetzen. Sie ist ein Maß für die innere Reibung bei der Bewegung dieser Flüssigkeit.

> Viskosität ist kein Qualitätsmerkmal für Öle.

Für den Maschinenbetreiber ist vor allem die kinematische Viskosität von Bedeutung. Sie wird in der SI-Einheit $m^2/s$ (bisher cSt = centi Stokes) angegeben, wobei 1 $mm^2/s$ = 1 cSt entspricht. Die früher übliche Angabe der kinematischen Viskosität in E (Engler-Grad) ist heute nicht mehr zulässig.

Da sich die Viskosität der Mineralöle mit der Temperatur ändert, ist es wichtig, daß sie immer zusammen mit der Meßtemperatur angegeben wird, z.B. 46 $mm^2/s$ bei 40 °C.

### Viskosität-Temperatur-Verhalten

Mineralöle verringern mit steigender Temperatur ihre Viskosität beachtlich. Die Änderung der Viskosität mit der Öltemperatur bezeichnet man nach DIN 51 563 als Viskositäts-Temperator-Verhalten (VT-Verhalten). Es läßt sich in einem bestimmten Maßsystem als Gerade darstellen.

Anhand der VT-Diagramme kann die Ölauswahl nach der vorgegebenen unteren und oberen Viskositätsgrenze erfolgen. Die Viskositätsgrenzen sind bauteilabhängig und ergeben sich aus der höchstzulässigen Startviskosität und der niedrigsten Betriebsviskosität.

Erfahrungswerte für die Viskositätsauswahl

| | |
|---|---|
| obere Viskositätsgrenze (Kaltstart = Ruhereibung) | ca. 500 ... 1000 $mm^2/s$ |
| untere Viskositätsgrenze (Beginn der Mischreibung) | 12 $mm^2/s$ |

**Viskositätsindex**

Als Kennwert für das Viskositäts-Temperatur-Verhalten findet allgemein der Viskositätsindex (VI) Verwendung. Je höher der Viskositätsindex eines Mineralöles ist, um so weniger ändert sich seine Viskosität in Abhängigkeit von der Temperatur bzw. um so breiter ist der Temperatureinsatzbereich dieses Mineralöles.

Mehrbereichsöle sind Öle mit einem hohen VI-Index.

**Flammpunkt**

Zur Messung des Flammpunktes wird nach DIN 51 376 das Öl in einem offenen Tigel erhitzt. Die Temperatur, bei der die sich entwickelnden Dämpfe durch eine über den Tigel geführte

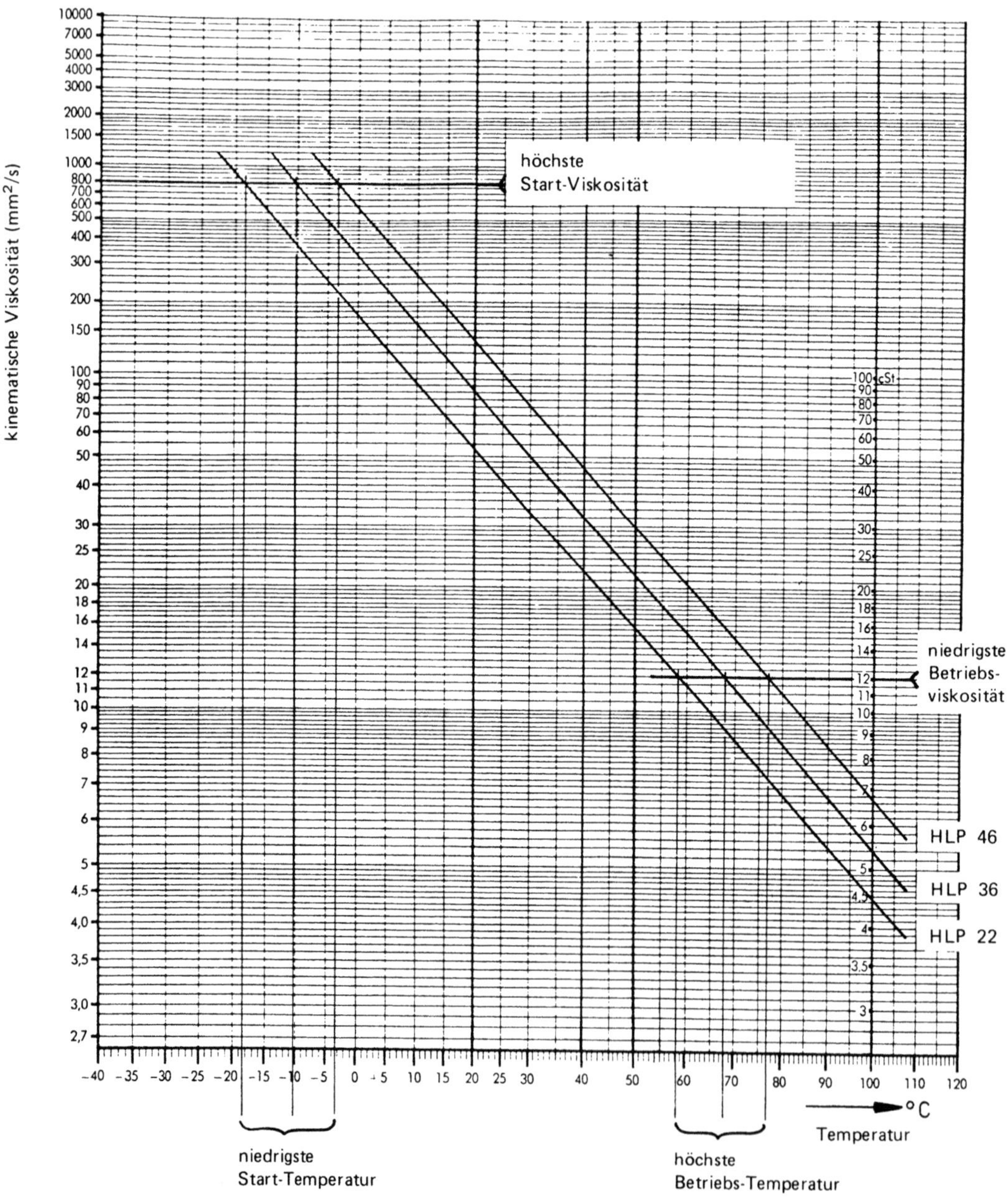


Viskositäts-Temperatur-Diagramm für Mineralöle

Zündflamme entflammen, ist der Flammpunkt. Bei Hydrauliköfen liegt er bei etwa 160 °C bis 220 °C.

**Pourpoint (Stockpunkt)**

Der früher vorzugsweise angegebene Stockpunkt wird heute nicht mehr bestimmt und ist durch den Pourpoint ersetzt worden. Der Pourpoint ist die Temperatur, bei welcher ein Öl unter vorgegebenen Prüfbedingungen (DIN 51 597) eben noch fließt. Er liegt bei Hydraulikölen im allgemeinen unter −21 °C.

**Verwendungszweck und Eigenschaften**

Nach dem Verwendungszweck kann man die Öle in folgende Hauptgruppen zusammenfassen:

**Unlegierte Öle** eignen sich zum Schmieren von Wälz- und Gleitlagern, wenig belasteten Getrieben und für allgemeine Abschmierarbeiten.

**Legierte Öle** enthalten Zusätze zur Verbesserung der Alterungsbeständigkeit und des Korrosionsschutzes. Sie werden vorwiegend eingesetzt als Getriebe- und Hydrauliköle.

**Öle mit Hochdruck- bzw. EP-Zusätzen**[1)] eignen sich besonders für hochbelastete Zahnradgetriebe und verschleißgefährdete Pumpen.

**Öle mit Zusätzen zur Verbesserung des Haftvermögens und der Gleiteigenschaften** verwendet man zum Schmieren von Gleitbahnen und senkrechten Führungen. Sie vermeiden auch unter hoher Belastung das ruckweise Gleiten (stick-slip).

**Motorenöle** haben besondere Schmutzlöse- und Schlammtrageeigenschaften. Man verwendet sie hauptsächlich in Verbrennungsmotoren oder kann sie in der jeweils geeigneten Viskosität aber auch in Hydrauliken und Getrieben einsetzen.

**Bezeichnung der Schmierstoffe**

Die meisten Industrieschmierstoffe sind genormt und können einer neutralen und einheitlichen Bezeichnung zugeordnet werden. Zur Bezeichnung des Anwendungsbereichs genügt nach DIN 51 502 die Angabe eines einzig genormten Kennzeichens, bestehend aus Kennbuchstaben und Kennzahl.

**Beispiele für die Kennzeichnung von Schmierstoffen:**

HLP
68

**Hydrauliköl (Mineralöl) HLP 68**

Kennbuchstaben und Symbol nach Tabelle 2-30. Zusatz-Kennbuchstaben nach Tabelle 2-31 (mit Korrosions- und Verschleißschutz) Viskositätskennzahl nach Tabelle 2-32 (etwa 68 $mm^2/s$ bei 40 °C).

HFC 46

**Schwer entflammbare Hydraulikflüssigkeit HFC 46** (wäßrige Polymerlösung)

Kennbuchstaben und Symbol nach Tabelle 2-30, Viskositätskennzahl nach Tabelle 2-32 (etwa 46 $mm^2/s$ bei 40 °C).

Zur Kennzeichnung der Schmierstoffbehälter, Schmiergeräte und Schmierstellen werden die gleichen Kennzeichen und Symbole verwendet, damit Schäden infolge Verwechslung der Schmierstoffe vermieden werden.

Schmieröle – ausgenommen Schmieröle für Verbrennungskraftmaschinen und Kraftfahrzeuggetriebe –, Sonderöle, schwer entflammbare Hydraulikflüssigkeiten und synthetische Öle werden nach Tabelle 2-30 gekennzeichnet. Die Symbole und Kennbuchstaben dienen zur Unterscheidung der verschiedenen Schmierölarten.

Schmieröle für Verbrennungskraftmaschinen und Kraftfahrzeuggetriebe werden durch die SAE-Viskositätsklassen und/oder Kennbuchstaben auf weißem Symbol gekennzeichnet (siehe Seite 141).

1) EP Extrem Pressure

*Tabelle 2-30* Kennbuchstaben und Symbol für Schmieröle, Sonderöle, schwer entflammbare Hydraulikflüssigkeiten und Synthese- oder Teilsyntheseflüssigkeiten (ausgenommen sind Schmieröle für Verbrennungsmotoren und Kraftfahrzeug-Getriebe) DIN 51 502 (Auszug)

| 1 | 2 | 3 | 4 | 5 | | 6 |
|---|---|---|---|---|---|---|
| Nr. | Stoffgruppe Name | Stoffart (Hinweis) | Kenn-buch-stabe(n) | Festgelegt in | für | Symbol [5] |
| 1 | Mineralöle | Schmieröl N (Normalschmieröle) | N | DIN 51 501 | L-AN [1] |  |
| | | Schmieröle C (Umlaufschmieröle) | C | DIN 51 517 Teil 1 bis Teil 3 | C, CL, CLP [2] | |
| | | Schmieröle CG (Gleitbahnöle) | CG | | [2] | |
| | | Öle H (Hydrauliköle) | H | DIN 51 524 Teil 1 *) und Teil 2 *) | HL, HLP [2] | |
| | | Öle J (Isolieröle elektrisch) | J | DIN 57 370 Teil 1/ VDE 0370 Teil 1 | | |
| | | Schmieröl K (Kältemaschinenöle) | K | DIN 51 503 | KA, KC | |
| | | Öle L (Härte- und Vergüteöle) | L | | | |
| | | Schmieröle T (Dampfturbinen-Schmier- und Regleröle) | T | DIN 51 515 Teil 1 | L-TD [1] | |
| | | Schmieröle V (Luftverdichteröle) | V | DIN 51 506 | VB, VC, VBL [4], VCL [4], VDL [4] | |
| | | Schmieröle Z (Dampfzylinderöle) | Z | DIN 51 510 | ZS, ZA, ZB, ZC, ZD | |
| 2 | schwer entflammbare Hydraulikflüssigkeiten | Öl-in-Wasser-Emulsionen | HFA [3] | | |  |
| | | Wasser-in-Öl-Emulsionen | HFB [3] | | | |
| | | Wäßrige Polymerlösungen | HFC [3] | | | |
| | | Wasserfreie Flüssigkeiten | HFD [3] | | | |
| 3 | Synthese- oder Teilsynthese-flüssigkeiten | Esteröl | E | | | |
| | | Fluorkohlenwasserstofföle | FK | | | |
| | | Polyglycolöle | PG | | | |
| | | Silikonöle | SI | | | |

*) Zur Zeit noch Entwurf

1) Der internationale Klassenbuchstabe L (Lubricants) kann weggelassen werden, da vorerst für andere Mineralölerzeugnisse keine Kurzbezeichnungen vorgesehen sind.

2) ISO-Norm 3498 verwendet folgende Kennbuchstaben: für CL = CB, für CLP = CC, für CG = G, für HL= HL, für HLP = HM.

3) Diese Einteilung entspricht der ISO/DIS 6071 und ISO/DP 6743 und wird im 6. Luxemburger Bericht (ständiger Ausschuß für Betriebssicherheit im Steinkohlenbergbau) eingesetzt.

4) In der noch gültigen Fassung DIN 51 506, Ausgabe Juli 1977, sind die Kennbuchstaben noch mit Bindestrich festgelegt. Bei Überarbeitung soll der Bindestrich entfallen.

5) Kennfarbe: einheitlich weiß.

*Tabelle 2-31* Zusatz-Kennbuchstaben für Schmierstoffe (ausgenommen sind Schmieröle für Verbrennungsmotoren und Kraftfahrzeug-Getriebe und schwer entflammbare Hydraulikflüssigkeiten)

| 1 | 2 |
|---|---|
| Zusatz-Kennbuchstaben | Schmierstoffart |
| L | Für Schmierstoffe mit Wirkstoffen zum Erhöhen des Korrosionsschutzes und/oder der Alterungsbeständigkeit, z.B. Schmieröl CL nach DIN 51 517 Teil 2. |
| P | Für Schmierstoffe mit Wirkstoffen zum Herabsetzen der Reibung und des Verschleißes im Mischreibungsgebiet und/oder zur Erhöhung der Belastbarkeit, z.B. Schmieröl CLP nach DIN 51 517 Teil 3. |

*Tabelle 2-32* Viskositätskennzahlen

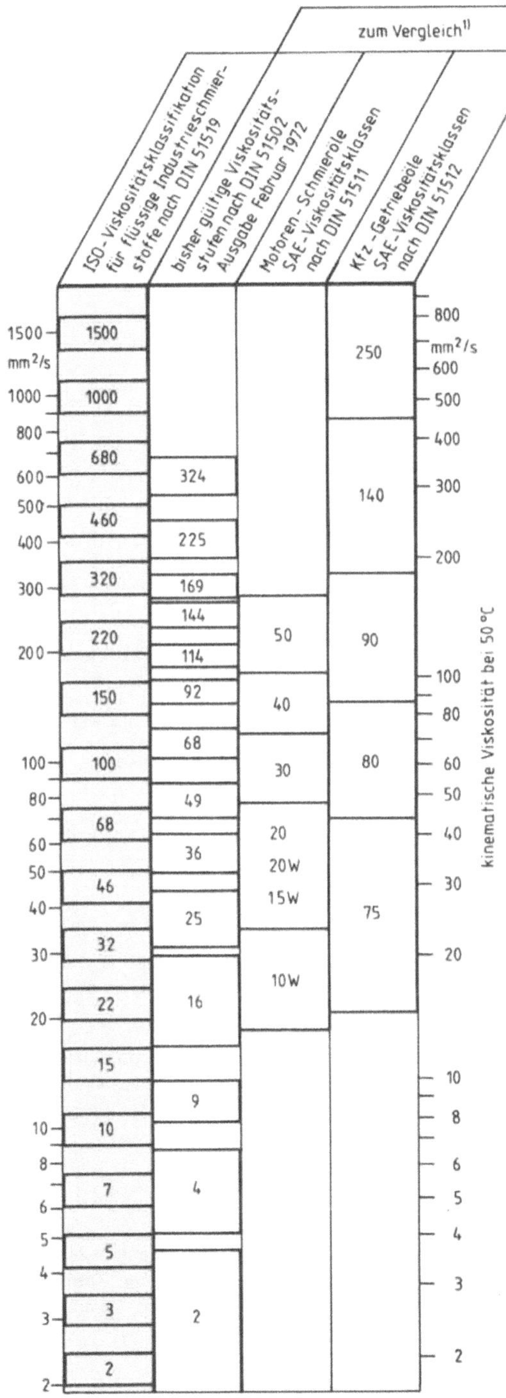


## Motoren- und Kfz-Getriebeöle

Die Kurzbezeichnung der Motoren- und Kfz-Getriebeöle besteht aus den Kennbuchstaben der API-Klassifikationen (Ölqualität) unter Hinzufügung der SAE-Viskositätsklassen nach DIN 51 511 bzw. DIN 51 512. Das Symbol ist quadratisch. Für Ottomotoren wird überwiegend die API-Klasse SE, für Dieselmotoren die API-Klasse CC eingesetzt.

## Schmierfette

Schmierfette sind durch Dickungsmittel am Wegfließen gehinderte Öle.

Als Dickungsmittel werden hauptsächlich Metallseifen verwendet, die in Form dreidimensionaler Netzwerke als Ölträger wirken (Vergleich: Schwamm der mit Öl getränkt ist).

Die Eigenschaften der Schmierfette werden bestimmt durch das Dickungsmittel, die Viskosität des Öles und die Art des Herstellungsprozesses. Durch Zusätze können einzelne Eigenschaften, wie Korrosionsschutz und Hochdruckeigenschaften verbessert werden. Die Art der Seife bestimmt im wesentlichen den thermischen Einsatzbereich und das Verhalten gegenüber Wasser.

Gleitlager werden nur bei niedrigen Drehzahlen, bis etwa 2 m/s mit Fett geschmiert. Bei Wälzlager ist die „Grenzdrehzahl für Fettschmierung" entsprechend den Herstellerunterlagen zu beachten. Wälzlager sind so mit Schmierfett auszufüllen, daß die Wälzkörper, Käfige und Laufbahnen vollständig mit Fett überzogen sind. Der Gehäuseraum an den beiden Lagerseiten bleibt bei hohen Drehzahlen leer, bei mittleren Drehzahlen zu einem Drittel und bei sehr niedrigen Drehzahlen voll gefüllt.

Verunreinigungen setzen sich in Fetten nicht ab. Deshalb beim Umgang auf größtmögliche Sauberkeit achten.

---

1 Den Berechnungen liegt der Viskositätsindex VI = 95 zugrunde. Die Zuordnung der niedrigviskosen SAE-Klassen zu den anderen Viskositätsklassen und -stufen gibt nur einen ungefähren Vergleich.

*Tabelle 2-33* Eigenschaften und Verwendung der wichtigsten Schmierfette

| Dickungsmittel | Ölbasis, Symbol | Gebrauchs-temperatur °C | Verhalten gegen Wasser | Eigenschaften und Verwendung |
|---|---|---|---|---|
| **Kalk-** Seifenfett (Staufferfett) | Mineralöl △ | – 40 bis + 60 (+ 70) [1] | beständig und abweisend | Dichtwirkung gegen Wasser, kein Korrosionsschutz. Für nasse Lagerstellen: Als Gleitlager- und allgemeines Abschmierfett, z.B.: für Kfz, Walzgerüste |
| **Natron-** Seifenfett (Heißlagerfett) | Mineralöl △ | – 20 bis + 100 (+ 110) [1] | nicht beständig, wird einemulgiert | Löst sich in Wasser vollständig auf, mäßiger Korrosionsschutz. Für trockene Lagerstellen: Als Wälzlagerfett und Fließfett für Getriebe. |
| **Lithium-** Seifenfett | Mineralöl △ | – 20 bis + 120 (+ 150) [1] | beständig, nicht abweisend | Guter Korrosionsschutz durch Zusätze. Mehrzweckfett für Wälz- und Gleitlager. |
| Komplexseifenfett z.B. Ca-, Ba-Komplex | Mineralöl △ | – 60 bis + 160 (+ 220) [1] | beständig und abweisend | Mehrzweckfett für Maschinen und Aggregate, auch bei hohen Temperaturen. Geeignet für Langzeitschmierung. |
| Gel-Fett mit synthetischen Dickungsmittel z.B.: Polypropylen | Syntheseöl ◇ | – 60 bis + 200 (+ 220) [1] | beständig | Für Langzeitschmierung und bei hohen Drehzahlen, dabei niedrige Lagertemperatur nach Einlaufphase. Für NC-Maschinen, Luftfahrt, Kältetechnik. |

[1]) Klammerwert: Erweiterte Einsatzgrenze bei regelmäßiger Nachschmierung.

**► Beispiele für Kennzeichnung von Schmierfetten nach DIN 51 502**

**Schmierfett K3N** (Mineralölbasis)
Erster Kennbuchstabe (Schmierfettart) nach Tabelle 2-34, Spalte 2, und Konsistenzkennzahl nach Tabelle 2-35 (NLGI-Klassen). Letzter Zusatzbuchstabe nach Tabelle 2-36 (Gebrauchs-Temperatur von – 20 °C bis + 140 °C mit geringer oder keiner Veränderung). Symbol nach Tabelle 2-34, Spalte 3.

**Schmierfett K SI 3 R** (Silikonölbasis)
Erster Kennbuchstabe nach Tabelle 2-34, Spalte 2. Kennbuchstabe Syntheseölart nach Tabelle 2-30, Stoffgruppe 3 (Silikonöl), Konsistenzkennzahl nach Tabelle 2-38 (NLGI-Klassen). Letzter Zusatzbuchstabe nach Tabelle 2-34 (Gebrauchs-Temperatur über 140 °C mit geringer oder keiner Veränderung). Symbol nach Tabelle 2-34, Spalte 3.

*Tabelle 2-34* Kennbuchstaben und Symbole für Schmierfette (Kennfarbe: weiß)

| 1 | | 2 | 3 |
|---|---|---|---|
| Schmierfettart | | Kennbuchstabe(n) | Symbol |
| Schmierfette für Wälzlager, Gleitlager und Gleitflächen nach DIN 51 825 Teil 1, im Gebrauchs-Temperaturbereich von – 20 °C bis + 140 °C | | K[1] | Für Schmierfette auf Mineralölbasis △ |
| Schmierfette für hohe Druckbelastung, im Gebrauchs-Temperaturbereich von – 20 °C bis + 140 °C | | KP | |
| Schmierfette für Gebrauchs-Temperaturen über + 140 °C | | KH | |
| Schmierfette geeignet für tiefe Temperaturen nach DIN 51 825 Teil 2 | von – 30 °C bis + 120 °C | KTA | |
| | von – 40 °C bis + 120 °C | KTB | |
| | von – 55 °C bis + 120 °C | KTC | |
| Schmierfette für geschlossene Getriebe | | G | |
| Schmierfette für offene Getriebe, Verzahnungen (Haftschmierstoffe ohne Bitumen) | | OG | |
| Schmierfette für Gleitlagerungen und Dichtungen[2] | | M | |
| Schmierfette auf Syntheseölbasis werden in ihren Grundeigenschaften wie die vorstehenden auf Mineralölbasis geknnzeichnet | | Hinzufügung der Kennbuchstaben nach Tabelle 2-33 Stoffgruppe 3 | Für Schmierfette auf Syntheseölbasis ◇ |

1) ISO-Norm 3498 verwendet für den Kennbuchstaben K die Buchstaben XM

2) Geringere Anforderungen als an Schmierfette K

Eine wichtige Kenngröße für Schmierfette ist die Penetration als Maß für die Konsistenz oder Verformungsarbeit. Nach DIN 51 804 ist das die Eindringtiefe eines Prüfkörpers in eine Fettprobe in Zehntelmillimeter gemessen. Je weicher ein Fett ist, umso niedriger ist seine Konsistenzzahl und umso höher seine Penetration (Tabelle 2-35).

*Tabelle 2-35* Konsistenzkennzahlen für Schmierfette

| 1 | 2 |
|---|---|
| Kennzahl[1] | Walkpenetration nach DIN 51 804 Teil 1 Zehntelmillimeter (0,1 mm) |
| 000 | 445 bis 475 |
| 00 | 400 bis 430 |
| 0 | 355 bis 385 |
| 1 | 310 bis 340 |
| 2 | 265 bis 295 |
| 3 | 220 bis 250 |
| 4 | 175 bis 205 |
| 5 | 130 bis 160 |
| 6 | 85 bis 115 |

1) Die Konsistenzkennzahlen entsprechen den NLGI-Klassen nach DIN 51 818.

**Vaseline**

Vaseline hat als technischer Schmierstoff nur geringe Bedeutung. Dagegen wird die gute Haftfähigkeit bei Raumtemperaturen zur Montage von Kleinteilen ausgenutzt. Da Vaseline bereits bei 56 °C flüssig wird.

**Festschmierstoffe**

Festschmierstoffe sind feste Stoffe, welche aufgrund ihrer Struktur in der Lage sind, zwei aufeinander gleitende Oberflächen voneinander zu trennen und dadurch Reibung und Verschleiß herabzusetzen. Die bekanntesten sind: Graphit, Molybdändisulfid ($MoS_2$), Wolframdisulfid ($WS_2$) und Polytetrafluoräthylen (PTFE).

*Tabelle 2-36* Zusatzbuchstabe für Schmierfette

| 1 | 2 | 3 |
|---|---|---|
| Zusatzbuchstabe | Verhalten gegenüber Wasser [1] nach DIN 51 807 Teil 1 Bewertungsstufe | Gebrauchs-Temperaturbereich [2] °C |
| B | 0 oder 1 | – 20 bis + 50 |
| C | 0 oder 1 | – 20 bis + 60 |
| D | 2 oder 3 | – 20 bis + 60 |
| E | 0 oder 1 | – 20 bis + 80 |
| F | 2 oder 3 | – 20 bis + 80 |
| G | 0 oder 1 | – 20 bis + 100 |
| H | 2 oder 3 | – 20 bis + 100 |
| K | 0 oder 1 | – 20 bis + 120 |
| M | 2 oder 3 | – 20 bis + 120 |
| N | 0 oder 1 | – 20 bis + 140 |
| R | 0 oder 1 | über + 140 |

[1] 0 bedeutet keine Veränderung
1 bedeutet geringe Veränderung
2 bedeutet mäßige Veränderung
3 bedeutet starke Veränderung

[2] Die obere Gebrauchs-Temperatur wird bis N nach DIN 51 806 Teil 2 (z.Z. noch Entwurf), Laufprüfung B, ermittelt (siehe Tabelle 2 in DIN 51 825 Teil 1 und Teil 3 (z.Z. noch Entwurf)

*Tabelle 2-37* Eigenschaften der Fettschmierstoffe

| Eigenschaften | Graphit | $MoS_2$ | $WS_2$ | PTFE |
|---|---|---|---|---|
| Farbe | grauschwarz | grauschwarz | grauschwarz | weiß bis transparent |
| Spez. Gew. [g/cm³] | 1,4 ... 2,4 | 4,8 ... 4,9 | 7,4 | 2,1 ... 2,3 |
| Reibungskoeffizient | 0,1 ... 0,2 | 0,04 ... 0,09 | 0,08 ... 0,2 | 0,04 ... 0,09 |
| Einsatztemperaturbereich [°C] | – 18 ... 450 | – 180 ... 400 | – 180 ... 450 | – 250 ... 260 |
| Beständigkeit gegen Chemikalien | sehr gut | gut | gut | gut |
| Korrosion | gut | schlecht | schlecht | gut |
| Strahlung | gut | gut | gut | schlecht |

Festschmierstoffe werden besonders bei extremen Anforderungen eingesetzt, z.B. bei extrem hohen und tiefen Temperaturen, im Vakuum, bei sehr langsamen Bewegungen, unter ungünstigen Umwelteinflüssen wie Staub und Strahlung und wenn der Schmierstoff nicht kriechen darf.

**Kühlschmierstoffe**

Bei vielen Trenn- und Umformvorgängen von Werkstoffen müssen Flüssigkeiten zum Kühlen und Schmieren eingesetzt werden. Diese kühlenden und schmierenden Flüssigkeiten werden als Kühlschmierstoffe bezeichnet.

**Kühlschmier-Emulsionen**

In Wasser unlösliche Öle werden durch Zusätze von sogenannten Emulgatoren in besonderen Mischgeräten zu kleinen Tröpfchen in Wasser emulgiert (emulgieren = Emulsion bilden).

*Tabelle 2-38* Benennung der Kühlschmierstoffe nach DIN 51 385

| Benennung | Definition |
|---|---|
| Kühlschmierstoff | Stoff, der beim Trennen und teilweise beim Umformen von Werkstoffen zum Kühlen und Schmieren eingesetzt wird. |
| Nichtwassermischbarer Kühlschmierstoff | Kühlschmierstoff, der für die Anwendung nicht mit Wasser gemischt wird. |
| Wassermischbarer Kühlschmierstoff | Kühlschmierstoff, der vor seiner Anwendung mit Wasser gemischt wird. |
| Emulgierbarer Kühlschmierstoff | Wassermischbarer Kühlschmierstoff, der die diskontinuierliche Phase einer Emulsion Öl-in-Wasser bilden kann. |
| Emulgierender Kühlschmierstoff | Wassermischbarer Kühlschmierstoff, der die kontinuierliche Phase einer Emulsion Wasser-in-Öl bilden kann. |
| Wasserlöslicher Kühlschmierstoff | Kühlschmierstoff, der mit Wasser gemischt Lösungen ergibt. Hierzu gehören neben echten Lösungen auch Lösungen der Assoziationskolloide, z.B. „Lösungen von Seifen". |
| Wassergemischter Kühlschmierstoff | Mit Wasser gemischter Kühlschmierstoff (wassermischbarer Kühlschmierstoff im Anwendungszustand). |
| Kühlschmier-Emulsion (Öl-in-Wasser) | Mit Wasser gemischter emulgierbarer Kühlschmierstoff (gebrauchsfertige Mischung). |
| Kühlschmier-Emulsion (Wasser-in-Öl) | Mit Wasser gemischter emulgierender Kühlschmierstoff (gebrauchsfertige Mischung). |
| Kühlschmier-Lösung | Mit Wasser gemischter wasserlöslicher Kühlschmierstoff (gebrauchsfertige Mischung). |
| Kühlschmierflüssigkeit | Flüssiger Kühlschmierstoff, der beim Trennen und teilweise beim Umformen von Werkstoffen zum Kühlen und Schmieren eingesetzt wird. |

Wassergemischte Kühlschmierstoffe werden vorzugsweise für große Zerspanungsleistungen eingesetzt. Nichtwassergemischte (Öle) verwendet man vorwiegend bei hohen Oberflächengüten und bei hohen Schleifgeschwindigkeiten.

### Aufbereitung und Pflege der Kühlschmierstoffe

Nichtwassermischbare Kühlschmierstoffe (Metallbearbeitungsöle) sind gebrauchsfertige Produkte; sie werden im Anlieferungszustand eingesetzt und erfordern im allgemeinen keine besondere Pflege, wenn die anfallenden Späne kontinuierlich entfernt werden.

Kühlschmier-Emulsionen müssen erst zu gebrauchsfertigen Mischungen angemischt werden. Der wassermischbare Kühlschmierstoff wird über ein Mischgerät mit Wasser verdünnt.

Das Mischungsverhältnis richtet sich nach dem Bearbeitungsverfahren. Zum Beispiel für Schleifen 2 % bis 3 %, für Drehen und Fräsen 4 % und für Räumen 6 % bis 10 %.

Im Laufe der Zeit werden die Emulgatoren von Bakterien zersetzt. Der typische Bakterienbefall ist an dem Geruch nach Schwefelwasserstoff (faulen Eiern) erkennbar. Das Bakterienwachstum kann durch Konservieren mit chemischen Konservierungsmitteln (Bakteriziden) vorübergehend unterdrückt werden.

Standzeit und Korrosionsschutz einer Kühlschmier-Emulsion sind unmittelbar vom pH-Wert[1)] abhängig. Frisch angesetzte Emulsionen

1) pH-Wert gibt an, wie stark sauer oder basisch (alkalisch) eine Lösung ist. pH-Wert 7 = neutral (Wasser), 0 bis 7 sauer, 7 bis 14 basisch. Der pH-Wert wird mit Indikatorpapier gemessen.

haben einen pH-Wert, der zwischen 7 und 9 liegt. Fällt der pH-Wert unter 7 ab, so ist mit Korrosion zu rechnen, da die Emulsion in den sauren Bereich kommt. Außerdem ist der Abfall des pH-Wertes ein Anzeichen für die Spaltung der Emulsion in Wasser und Öl, etwa durch Mikroorganismen, insbesondere durch Bakterien.

Kühlschmierstoffe dürfen nicht in das Abwasser gelangen.

*Tabelle 2-39* Kühlschmierstoffe für die spanende Metallbearbeitung

| Kühlschmierstoff / Verfahren | Öl-in-Wasser Emulsion | | | | | Metallbearbeitungsöle mit Wirkstoffen und mild wirkenden Hochdruckzusätzen | | | | | Metallbearbeitungsöle mit Wirkstoffen und stark wirkenden Hochdruckzusätzen | | | | |
|---|---|---|---|---|---|---|---|---|---|---|---|---|---|---|---|
| Drehen | x | x | x | | | x | x | x | | | | | | x | x |
| Fräsen | x | x | | | | x | x | x | | | | | | x | x |
| Wälzfräsen, Zahnradstoßen, -hobeln | | | | | | x | x | x | | | | | | x | x |
| Sägen | x | x | x | x | | x | x | | | | | | | x | x |
| Räumen, Stoßen | x | x | | | | x | x | | | | | | x | x | x |
| Gewindeschneiden | x | x | | | | x | x | x | | | | | | x | x |
| Bohren | x | x | x | | | x | x | x | | | | | | | x |
| Tiefbohren | | | | | | | | | | | x | x | x | x | x |
| Schleifen | x | x | x | x | x | | | | | | | | x | x | x |
| Honen | | | | | | | | | | | | | | x | x |
| Werkstoff-Gruppe | 1 | 2 | 3 | 4 | 5 | 1 | 2 | 3 | 4 | 5 | 1 | 2 | 3 | 4 | 5 |
| Buntmetallverfärbung | möglich | | | | | nein | | | | | ja | | | | |

**Werkstoffgruppen**

1 Bunt- und Leichtmetalle, ausgenommen Cu, Al und Hartbronze. Mg und Mg-Legierungen nur mit Schneidöl bearbeiten, Brandgefahr!

2 Legierte Einsatz- und Vergütungsstähle, unlegierte Baustähle mit hohem C-Gehalt, Automatenstähle.

3 Unlegierte Einsatz- und Vergütungsstähle, chromlegierte, rostfreie und Vergütungsstähle, Grau- und Temperguß, Cu, Al und Hartbronzen.

4 Chrom-Molybdän-legierte Vergütungsstähle, Chrom-Nickel-Einsatzstähle, Chrom-Vanadium-Werkzeugstähle, Silicium-Federstähle, warmfeste Chrom-Molybdän-Stähle.

5 Rost- und säurebeständige Chrom-Nickel- und Chrom-Nickel-Molybdän-Stähle, Nitrier-Stähle, hitzebeständige Stähle.

**Wiederholungsfragen**

1. Was versteht man unter Schmierung?
2. Welche Festschmierstoffe gibt es?
3. Was versteht man unter a) Mineralöle, b) synthetische Öle?
4. Durch welche Eigenschaften ist die Verwendbarkeit der Schmieröle gekennzeichnet?
5. Wo müssen genormte Kennzeichen für Schmierstoffe angebracht werden?
6. Welche Kühlschmierstoffgruppen gibt es?
7. Wann werden a) wasserfreie, b) wasserhaltige Kühlschmierstoffe verwendet?
8. Was versteht man unter Schmierfett?
9. Durch welche Eigenschaften unterscheiden sich Mineralölfette und Schmierfette auf Syntheseölbasis?

## 2.14.3 Holz

*Tabelle 2-40* Eigenschaften verschiedener Holzarten

| Eigenschaften | Rotbuche | Eiche | Fichte | Tanne | Kiefer | Lärche | Pappel | Erle |
|---|---|---|---|---|---|---|---|---|
| Dichte g/cm$^3$ | 0,68 | 0,65 | 0,43 | 0,41 | 0,49 | 0,55 | 0,41 | 0,49 |
| Zugfestigkeit ∥ N/cm$^2$ | 13500 | 9000 | 9000 | 7000 | 10400 | 17700 | 7700 | |
| Zugfestigkeit ⊥ N/cm$^2$ 700 | 700 | 400 | 270 | 130 | 300 | 230 | | 200 |
| Druckfestigkeit ∥ N/cm$^2$ | 6200 | 6300 | 5000 | 3200 | 5500 | 5500 | 3500 | 4700 |
| Druckfestigkeit ⊥ N/cm$^2$ | 950 | 1100 | 580 | 270 | 770 | 750 | | 650 |
| Biegefestigkeit ∥ N/cm$^2$ | 12300 | 10000 | 7800 | 5300 | 10000 | 9900 | 6500 | 8500 |
| Härte HB | 3,4 | 3,4 | 1,2 | | 1,9 | 1,9 | | |

∥ parallel, ⊥ senkrecht zur Faser

Für die Festigkeit des Holzes ist neben seiner Dichte und dem Erhaltungszustand die Faserrichtung ausschlaggebend. Die Zug- und Druckfestigkeit sind parallel zur Faserrichtung, die Schubfestigkeit ist senkrecht zur Faserrichtung am größten.

**Vollholzschutzmittel** sind meist chemisch wirkende Mittel, die zur Verhinderung von Fäulnis und Insektenschäden oder zur Herabsetzung der Entflammbarkeit des Holzes auf fertige Holzteile aufgetragen werden.

### Schnittholz

Schnittholz nennt man die durch den Einschnitt (= Zersägen) der gefällten Stämme im Sägewerk hergestellten Handels-/Gebrauchsformen des Holzes. Schnittholzsorten sind **Bauholz, Bretter** und **Bohlen.**

**Bauholz.** Beim Einschnitt zu Bauholz werden Kanthölzer, Balken und Dachlatten unterschieden. **Kanthölzer** haben quadratische oder rechteckige Querschnitte. Sind die größten Querschnittseiten länger als 20 cm, werden sie als **Balken** bezeichnet. **Dachlatten** haben die Abmessungen 24/48 mm, 30/50 mm und 40/60 mm. **Bretter** und **Bohlen** unterscheiden sich durch ihre Dicken. Nach DIN 4071 ist Schnittholz mit einer Dicke von 40 mm und mehr als **Bohle,** unter 40 mm Dicke als **Brett** zu bezeichnen.

### Furniere und Holzwerkstoffe

**Furniere** sind dünne Holzblätter, die von Stämmen abgetrennt wurden. Teures Edelholz schneidet man zu Furnier und überzieht damit weniger wertvolle Hölzer. Nußbaumfurniert wird z.B. als echt Nußbaum bezeichnet.

**Holzwerkstoffe** sind Sperrholz und Span-/Faserplatten.

**Sperrholz.** Vollholz kann am Quellen und Schwinden nicht gehindert werden; es verzieht sich und erhält Risse. Bei Furniersperrholz- und Tischlerplatten wird das Schwinden gesperrt.

**Furniersperrholzplatten** werden aus einer ungeraden Anzahl von Furnieren (= Schichten) zusammengeleimt. Furnierplatten mit Dicken 1 mm...7 mm sind dreischichtig, ab 8 mm und dicker fünf-, sieben- und mehrschichtig.

**Tischlerplatten oder Stäbchensperrholz.** Zu ihrer Herstellung werden Bretter zu Stäben zerschnitten, die um 90° gedreht zu Stabmittellagen (= Bretter) aneinander geleimt werden. Die Stabmittellagen werden beiderseits mit Furnieren (= Sperrfurnieren) beleimt. Die Mittellagen können auch aus aufeinandergeleimten 3 mm...8 mm dicken Furnieren bestehen.

### Span- und Faserplatten

**Holzwoll-/Leichtbauplatten.** Aus minderwertigem Holz hergestellte Holzwolle wird mit Zement/Gips als Bindemittel zu Platten verpreßt.

Anwendungsbeispiele: im Bauwesen als Putzträger und zur Schall- und Wärmedämmung.

**Holzfaserplatten.** Zerfasertes Holz wird zu Faserbrei, sog. Faservlies, vermahlen. Das entwässerte Faservlies wird ohne Bindemittel und ohne Druck zu **Isolierplatten,** mit Kunstharz als Bindemittel und hohem Druck zu **Hartplatten** ausgewalzt. Durch Wärme- und Ölbehandlung der Hartplatten entstehen **Ölgehärtete Hartplatten.**

Anwendungsbeispiele: Fußbodenbeläge, Tischbeläge mit Kunstharzüberzügen, Verschalungen für Beton mit glatter Oberfläche.

**Holzspanplatten** werden aus Holzspänen mit Kunstharzbindemitteln heißgepreßt.

Anwendung: verzugsfreie Holzflächen aller Art.

### 2.14.4 Glas

**Das Technische Glas** besteht aus Natron-Kalk-Silicat-Schmelzen, die abgekühlt sind, ohne zu kristallisieren. Seine wichtigsten Eigenschaften sind: Durchlässigkeit für sichtbares Licht, geringe Leitfähigkeit für Elektrizität und Wärme (empfindlich gegen partielle Erwärmung), sehr geringe Wärmedehnung (Glasmaßstäbe), widerstandsfähig gegen Luft, Wasser und Chemikalien außer Flußsäure, gute plastische Verformbarkeit bei Temperaturen oberhalb des Erweichungspunktes (etwa 500 °C). Bei Raumtemperatur ist Glas sehr elastisch ($E = 60\,000$ $N/mm^2$ bis 90 000 $N/mm^2$) und spröde (nicht plastisch verformbar). Seine Härte entspricht der eines mittelharten Stahls. Die Druckfestigkeit (400 $N/mm^2$ bis 1200 $N/mm^2$) ist wesentlich höher als die Zugfestigkeit (30 $N/mm^2$ bis 90 $N/mm^2$). Mit Diamanten und Hartmetall kann Glas bei Raumtemperatur bearbeitet werden.

**Sicherheitsglas** bildet bei Bruch keine Splitter. Verwendet werden: **Einscheibensicherheitsglas.** Die Scheibe wird von hoher Temperatur beiderseits abgeschreckt. Infolge der dadurch entstehenden Oberflächen-Druckspannungen zerfällt die Scheibe beim Verbiegen in kleine Krümel.

**Verbundsicherheitsglas** besteht aus zwei oder mehreren Schichten, die mit einer hochelastischen Zwischenschicht verbunden sind. Beim Bruch der äußeren Schichten bleiben die Glaskrümel an der Mittelschicht haften.

*Anwendung:* Fahrzeuge, Schutzbrillen, Fernsehr-Schutzscheiben.

Farb-/Buntglas ist in der Schmelze gefärbtes Glas, das nur Teile des Lichtes durchläßt. Farben für Signalgläser s. DIN 6163.

**Optisches Glas** ist durch besondere Zusammensetzung und Reinheit ausgezeichnet. Lichtbrechung: Kronglas 1,5, Flintglas 1,9.

**Geräte- und Röhrenglas** wird auch als Apparateglas bezeichnet. **Thüringer Glas** ist leicht schmelzbar und billig verarbeitbar: Spielwarenindustrie. **Jenaer Glas** ist temperaturwechselbeständiges Glas.

*Anwendung:* Wasserstandsröhren. **Feuerfestes Glas** wird zu Kochschüsseln verarbeitet.

**Quarzglas,** $SiO_2$, wird aus Bergkristall erschmolzen und zeichnet sich durch Gebrauchstemperaturen bis zu 1500 °C aus.

*Anwendung:* Öfen-Schaufenster, Quecksilberdampflampen, Isolatoren. Wegen seiner guten Durchlässigkeit für ultraviolette Strahlen wird es zur Herstellung von Linsen und Prismen für optische Geräte verwendet.

**Glasfaserstoffe** sind Gewebe, Schnüre oder Wolle aus Glasfäden. Zur Herstellung der Glasfäden wird das Glas aus einer Glasschmelze oder von an den Enden angeschmolzenen Glasstäben durch Düsenöffnungen abgezogen. Die Glasfäden haben Durchmesser von 1 $\mu m$ bis 12 $\mu m$. Man unterscheidet E-Fasern mit 120 ... 140 $N/mm^2$ und S-Fasern mit 2460 $N/mm^2$ Zugfestigkeit. Mit zunehmendem Fadendurchmesser nimmt ihre Festigkeit ab.

*Anwendung:* Zur Herstellung von Laminaten, s. Abschnitt 2.15.1, feuerfester Schutzbekleidung und Filter für Öle, Säuren und Laugen; als Isolierstoff in der Elektroindustrie und als Schall- und Wärmeisolierung im Bauwesen.

### 2.14.5 Asbest

Asbest ist ein wasserhaltiges Magnesiumsilicat.

*Eigenschaften:* säure- und feuerfest, schlechter Leiter für Wärme und Elektrizität, läßt sich mit Baumwolle, Flachs oder Hanf zu Garn spinnen und leicht mit anderen Stoffen verbinden.

*Anwendung:* feuerfeste Anzüge, Platten und Schnüre; Kupplungs- und Bremsbeläge; Asbest mit Gummi ergibt hitzebeständige Dichtungen (Klingerit); Asbest mit Zement = **Asbestzement** oder **Eternit** hat hohe Wetterbeständigkeit und wird für Abfluß- und Entlüftungsrohre und Dacheindeckungen verwendet.

> Asbeststaub ist gesundheitsgefährend und kann Krebserregend wirken.

### 2.14.6 Keramische Stoffe

**Mauerziegel**/Backsteine werden aus kalkfreiem Lehm, Ton oder aus tonigen Massen bei Raumtemperatur geformt, an der Luft getrocknet und anschließend bei 900 °C bis 1300 °C gebrannt. Backstein-NF (Normalformat): 24 × 7,5 × 11 cm. Quadrat aus drei Steinen möglich, 12 Schichten = 1 m Mauerwerk (Fuge 1 cm).

**Feuerfeste Steine** müssen einen Schmelzpunkt von mindestens 1580 °C haben. Außerdem werden sie nach ihrer Erweichungstemperatur, Gasdurchlässigkeit und Beständigkeit gegen Temperaturwechsel und chemische Angriffe bewertet.

Alle feuerfesten Stoffe lassen sich auf Graphit und folgende Verbindungen zurückführen: CaO, $Al_2O_3$, $SiO_2$, $ZrO_2$, MgO, $Cr_2O_3$, $Fe_2O_3$, $TiO_2$.

**Steinzeuge,** z.B. Klinkerziegel, Wand- und Fußbpdenplatten, säurefeste Rohre und Behälter für die chemische Industrie, werden aus fettem Steinzeugton gebrannt. Außer Flußsäure widerstehen Steinzeuge allen Säuren.

**Porzellan**

**Geschirrporzellan** wird aus Kaolin, Ton, Feldspat und Quarz in unterschiedlicher Mischung gebrannt und glasiert.

*Eigenschaften:* weiße Farbe, transparent, beständig gegen Säuren außer Flußsäure, hart und schlagbiegefest.

*Verwendung:* teure Haushaltgeräte und für Laboratoriumszwecke.

**Elektroporzellan** dient zur Herstellung von Isolierkörpern für die Elektrotechnik, die unterhalb einer gewissen Durchschlagspannung den elektrischen Strom nicht leiten. Elektroporzellan enthält mehr Ton und weniger Kaolin und Feldspat als Geschirrporzellan. Die Güte des Oberflächenwiderstandes ergibt sich aus der Oberflächenbeschaffenheit (Anhalten von Feuchtigkeit und Schmutzteilchen).

Hochtemperaturkeramiken siehe S. 152

## 2.15 Verbundwerkstoffe

Verbundwerkstoffe sind aus zwei oder mehreren verschiedenen Stoffen mit unterschiedlichen Eigenschaften so aufgebaute Stoffe, daß die Eigenschaften der einzelnen Stoffe unverändert bleiben.

**Allgemein bekannte Beispiele:**

**Stahlbeton.** Beton hat eine hohe Druckfestigkeit und geringe Zugfestigkeit. Bei Stahlbeton übernehmen die Stahleinlagen die Zugkräfte.

**Holz** ist ein natürlicher Verbundwerkstoff. Es besteht im wesentlichen aus Cellulosefasern und Lignin als Bindemittel. Die Cellulosefasern verlaufen in einer Richtung. Die Festigkeit des Holzes ist daher in Faserrichtung größer als quer zur Faserrichtung.

**Metalle mit korrosionsfesten Deckschichten oder Überzügen,** s. Abschnitt 2.13.4

**Stahlgürtelreifen** sind Reifen mit eingebauten Stahldrähten. Die Stahldrähte verhindern beim Auftreten von quer zu den Reifen wirkenden Kräften, z.B. bei Kurvenfahrt, eine Schrägstellung der Laufflächen (gute Straßenhaftung).

**Schichtstoffe** aus Holz und Kunststoff in der Möbelindustrie, Al-Folien und Papier in der Verpackungsindustrie, Thermobimetalle für Meß- und Regelgeräte, Filme und Diapositive.

**Hartmetalle,** s. Abschnitt 2.10.4

**Verbundguß,** z.B. mit Lagermetall ausgegossene Stahllagerschalen.

**Einlagerungsverbundwerkstoff,** z.B. Perlit, siehe Abschnitt 2.8.1

Von besonderer Bedeutung sind die Faserverbundwerkstoffe, bei denen es in erster Linie auf die Erhöhung der Festigkeit von Bauteilen in der Richtung der angreifenden äußeren Kräfte ankommt.

### 2.15.1 Faserverbundwerkstoffe

Faserverbundwerkstoffe sind durch eingebaute Fasern verstärkte Werkstoffe. Durch Fasern verstärkt werden Kunststoffe, Metalle und keramische Werkstoffe, die in diesem Zusammenhang **Matrixwerkstoffe** genannt werden (Matrix = Mutterboden).

In der Regel haben die Verstärkungsfasern höhere Zugfestigkeit und einen höheren Schmelzpunkt als die Matrix. Die Fasern werden in die Richtung der am Werkstück angreifenden äußeren Kräfte angeordnet.

Man unterscheidet unidirektionale Verstärkung, bei der die Fasern in einer Richtung angeordnet sind, und multidirektionale Verstärkung mit in verschiedenen Richtungen orientierten Fasern.

Das mechanisch-technologische Verhalten faserverstärkter Kunststoffe wird von der Art der Matrize und Fasern, von der Menge und Orientierung der Fasern und vom Herstellungsverfahren beeinflußt.

## Faserverstärkte Kunststoffe

*Tabelle 2-41* Bettungsmassen/Matrixwerkstoffe, Faserwerkstoffe und Faserorientierungen der faserverstärkten Kunststoffe

| Matrixwerkstoffe | Faserwerkstoffe | Orientierung der Fasern | | |
|---|---|---|---|---|
| Polyester<br>Epoxid<br>Phenol<br>Silikon<br>Metalle<br>Keramiken | Glasfasern<br>Kevlar-/Aramidfasern<br>Kohlenstoffasern HT<br>HT = hohe Festigkeit<br>Kohlestoffasern HM<br>HM = mittlere Festigkeit<br>Borfasern<br>Whiskers | Faserbündel (Roving) |  |  unidirektionales Laminat |
| | | Kurzfaser gerichtet |  |  |
| | | ungerichtet | 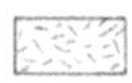 | bi-/multi-direktionales Laminat |
| | | Gewebe | 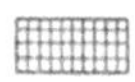 | |
| | | Matte |  |  Wickellaminat |

Laminat: allgemein = Schichtstoff

*Tabelle 2-42* Mechanische Werte von faserverstärkten Kunststoffen

| Fasergehalt 60 Vol.-% | E-Modul[3] $N/mm^2$ | Zugfestigkeit in Faserrichtung $N/mm^2$ | Dichte $kg/m^3$ |
|---|---|---|---|
| GFK | 45 000 ... 10 000 | 120 ... 1000 | 1400 ... 1800 |
| CFK | 10 000 ... 250 000 | 600 ... 1400 | 1700 ... 1800 |
| BFK | 230 000 | 1100 | 1900 |
| Aramid-FK | 30 000 ... 80 000 | 500 ... 1500 | 1350 |

*Kurzzeichen:* GFK glasfaserverstärkter Kunststoff, CFK kohlenstoffverstärker Kunststoff, BFK borfadenverstärker Kunststoff, Aramid-FK aramid-/kevlarverstärker Kunststoff.

Faserverstärkte Kunststoffe vereinigen hohe mechanische Eigenschaften mit niedrigem Gewicht. Sie ermöglichen Bauteile, die mit Metall nicht ausführbar sind; allgemein bekanntes Beispiel: Stabhochsprungstab.

### Herstellung von Bauteilen aus faserverstärkten Kunststoffen

**Durch Laminieren** von Hand (Kontakt-/Handauflegeverfahren) werden Einzelstücke hergestellt. Dabei werden auf eine Form, z.B. die Hohlraumform eines Bootes, abwechselnd dünne Kunstharzschichten (mit einem Pinsel) und Fasermatten aufgetragen. Die Qualität des mehrschichtigen Endproduktes hängt vom Können des Herstellers ab.

**Beim Heißpressen** werden zugeschnittene Vorimprägnate = **Prepregs,** bei erhöhter Temperatur in Formen zu Bauteilen gepreßt, z.B. zu Getriebegehäusen für Flugtriebwerke (aus kohlefaserverstärkten Epoxidharzpreßmassen), oder mit metallischen Zugbändern verbunden.

**Beim Strangziehen** werden Fasern durch ein Harzbad und eine Profildüse gezogen. Dieses Verfahren dient zur Herstellung von unidirektional verstärkten Profilstäben.

**Beim Wickelverfahren** (Filament Winding) werden durch ein Harzbad gezogene Fasern auf einen rotierenden Kern gewickelt, so daß Rotationshohlkörper (Rohre, Behälter) entstehen.

**Faserverstärkte Metalle**

Verstärkungswerkstoffe sind Kohlenstoff-/Bor-/Beryllium-/Molybdän-/keramische Fasern oder Whisker.

**Faserverbundwerkstoffe mit Aluminiummatrix** wurden bisher in größerem Umfange erprobt und verwendet als andere faserverstärkte Metalle. Sie werden im Flugzeug- und Triebwerksbau verwendet, wenn neben geringem Leistungsgewicht hohe Warmfestigkeit erforderlich ist. Verbundwerkstoffe mit Kupfer-/Titanmatrix sind noch in der Entwicklung.

**Faserverstärkte keramische Werkstoffe**

**Faserverbundwerkstoffe mit keramischer Matrix** werden durch pulvermetallurgische Verfahren hergestellt. Die eingelagerten Fasern aus hochschmelzenden Metallen verbessern als Rißbarriere die Festigkeit und Zähigkeit der keramischen Matrix.

Faserverstärkte keramische Werkstoffe lassen sich bei solch hohen Temperaturen technisch einsetzen, die für metallische Werkstoffe nicht erreichbar sind.

**Wiederholungsfragen**

1. Was versteht man unter Verbundwerkstoffen?
2. Was versteht man unter Faserverbundwerkstoffen?
3. Welche Matrixwerkstoffe kommen für die Faserverstärkung in Betracht?
4. Welche Faserwerkstoffe werden verwendet?
5. Was versteht man unter a) unidirektionale, b) multidirektionale Verstärkung?
6. Was bedeuten die Kurzzeichen GFK, CFK, BFK und Aramid-FK?
7. Welche Verfahren werden zur Herstellung von Bauteilen aus faserverstärkten Kunststoffen angewendet?

## 2.16 Hochtemperaturwerkstoffe

Das wesentliche Kennzeichen der Hochtemperaturwerkstoffe ist ihr Verhalten unter langzeitiger mechanischer Beanspruchung bei hohen Temperaturen. Hohe Betriebstemperaturen treten bei Antriebsaggregaten und an Luftstaupunkten bei Flugzeugen und Flugkörpern[1] auf.

**Temperaturänderung an Luftstaupunkten von Flugzeugen und Flugkörpern**

Bei Flugzeugen im Unterschallbereich ≈ 10 °C;
bei Fluggeschwindigkeiten von ≈ 1200 km/h bis 2500 km/h (z.B. Concorde Mach[2] 2,05) bis 120 °C;
an Hitzeschilden von Raumflugkörpern bis zu 4000 °C.

**Dampfturbine.** Die den hohen Dampftemperaturen unmittelbar ausgesetzten Leit- und Laufschaufeln werden aus hochwarmfesten **Chrom-Nickel-Stählen** und **Chrom-Nickel-Kobalt-Stählen** hergestellt.

**Hubkolbenmotor.** Die Verbrennungstemperatur tritt nur während eines Bruchteils eines Arbeitsspiels auf; die mittlere Gastemperatur beträgt etwa 800 °C. Um ausreichende Schmierung zu ermöglichen, müssen die Bauteile gekühlt werden.

---

1) Flugzeug: Tragflügelauftrieb in Luft; Flugkörper: mit ballistischer Flugbahn.

2) Die Geschwindigkeit wird gemeinhin mit Mach (öster. Physiker, 1838–1916) angegeben. Die Machzahl ist keine absolute Maßeinheit. Sie gibt nur an, wievielmal schneller ein Flugkörper als der Schall in seiner Umgebung ist. Die Schallgeschwindigkeit ist nahe der Erdoberfläche ≈ 1225 km/h, in 15 km ... 18 km Höhe (Diensthöhe der Concorde) nur noch ≈ 1000 km/h.

*Tabelle 2-43* In Antriebsaggregaten auftretende Temperaturen

| Aggregat | Dampftemperatur in °C | Arbeitstemperatur der Bauteile in °C |
|---|---|---|
| Dampfturbine | 350 ... 475 | 350 ... 475 |
| | Verbrennungstemperatur in °C | |
| Hubkolbenmotor (Bezeichnung nach DIN 1940) | 2000 ... 2400 | 350 ... 400 |
| Gasturbine, Strahl- und Raketentriebwerk | 2000 ... 2500 | 800 ... 1000 |

Werkstoffe: Zylinder und Zylinderköpfe werden aus Stahlguß oder Gußeisen, bei Leichtmotoren aus Silumin hergestellt. Zylinderköpfe für Marine aus Bronze (amagnetisch = Radarschutz). Kolben, die nicht gekühlt werden können, sind Gußteile aus **G-AlSi12CuMg,** meist mit Böden aus hochwarmfestem Stahl.

**Gasturbinen, Strahl- und Raketentriebwerke.** Schaufeln, Brennkammern und Düsen werden aus hochwarmfesten Legierungen, s. Abschnitt 2.11.3 und Keramiken hergestellt.

**Keramiken** für Betriebstemperaturen von etwa 1670 °C bis 1970 °C sind Siliciumnitrid, Siliciumcarbid und Aluminiumtitanat.

Die neuesten Hochtemperaturwerkstoffe auf der Basis von Siliziumnitrid- und karbid, $Si_3N_4$ und SiC, sind als Bauteilwerkstoffe für Fahrzeug-Gasturbinen mit hohem Wirkungsgrad ohne Alternativen. Aufgrund ihrer festen Atombindung sind die Basisstoffe nur mit Sinterhilfsmitteln zu verdichten, die während des Verdichtungsvorganges mit den Basisstoffen reagieren und Bestandteil des Werkstoffes werden. Die Entwicklung dieser neuen Werkstoffe ist noch nicht abgeschlossen.

**Normale Flugkörper- und Flugzeugbauwerkstoffe** sind **AlCuMg**-Legierungen, die bei 170 °C mit entsprechendem Festigkeitsabfall erweichen. Bei höheren Temperaturen an Luftstaupunkten werden die bis 220 °C beständigen Legierungen **AlCuMgPb** = Rolls-Royce-Legierungen verwendet.

**Hitzeschilde von Raumflugkörpern** bestehen aus **Schwitzkühllegierungen,** die sich durch teilweises Verdampfen selbst kühlen.

# 2.17 Werkstoffprüfung

## 2.17.1 Zugversuch

Von einer Zugprüfmaschine (Bild 2-94) werden Zugproben einer stetig zunehmenden Dehnung unterzogen, bis die Probe bricht. Dehnkraft und Dehnung werden von der Zugprüfmaschine als Kraft-Verlängerungs-Diagramm aufgezeichnet.

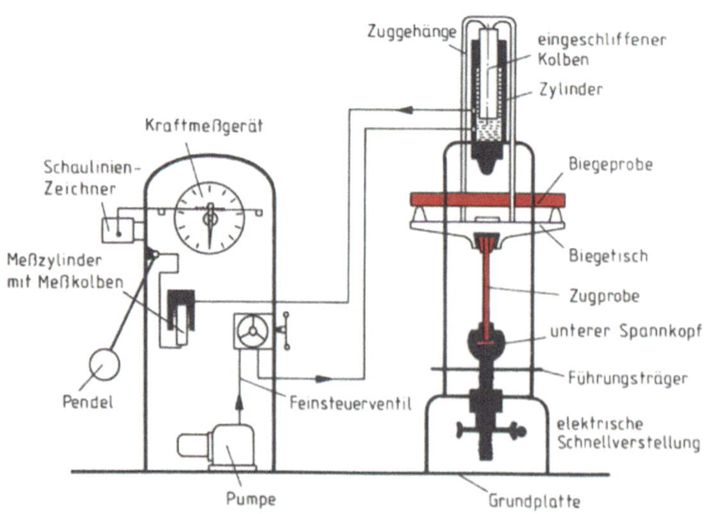


*Bild 2-94*
*Schematische Darstellung der am häufigsten verwendeten Universal-Prüfmaschinen zur Durchführung von Zug-, Druck-, Scher- und Biegeversuchen*

### Probenbrüche im Zugversuch

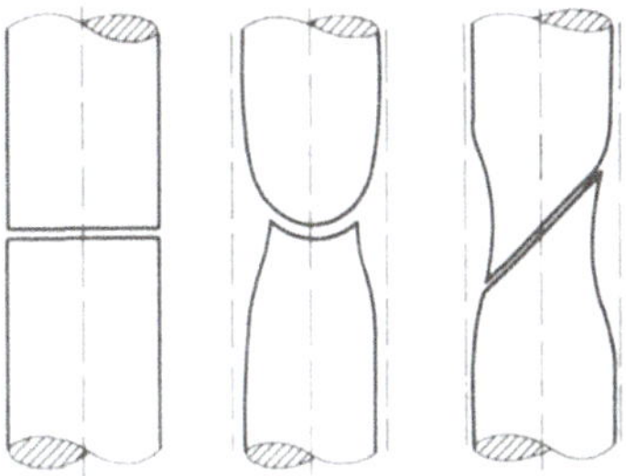


*Bild 2-95 Brucharten*

a) Spalt-, Spröd- oder Trennbruch
b) duktiler[1] Bruch
c) Mischbruch

**Spalt-, Spröd- oder Trennbrüche** verlaufen ohne Verformung quer durch die Kristallite. Sie entstehen bei spröden Proben.

**Duktile[1] Brüche** verlaufen entlang der Korngrenzen. Die Probe schnürt sich vor dem Bruch ein. Durch die plastische Verformung kommt es zur Häufung von Werkstoffehlern (Einschlüsse sind z.B. fast immer vorhanden), die zu einer kraterförmigen Bruchfläche führen. Diese Bruchform tritt am häufigsten auf.

**Bei Mischbrüchen** schnürt sich die Probe zunächst ein. Die dabei entstehenden Versetzungen häufen sich und verspröden den Restquerschnitt, der durch einen glatten Trennbruch getrennt wird.

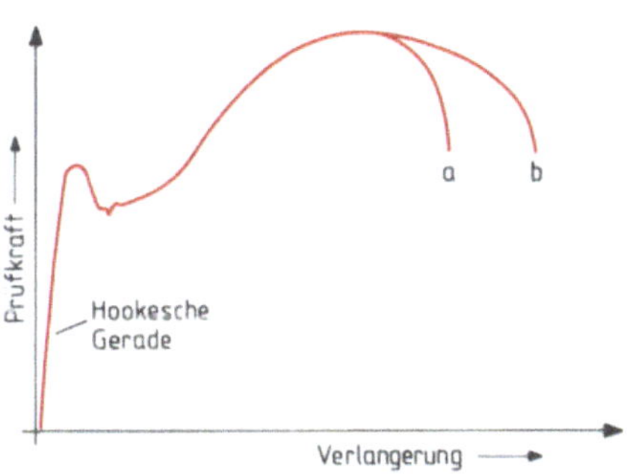


*Bild 2-96 Kraft-Verlängerungs-Diagramm*

a) kurze, b) lange Probe; beide aus gleichem Werkstoff und mit gleichem Durchmesser.

Ein duktiler Bruch kündigt sich durch zunehmende plastische Verformung vor dem Bruch an, während ein Trennbruch mit großer Rißfortpflanzungsgeschwindigkeit ohne plastische Verformung spontan auftritt.

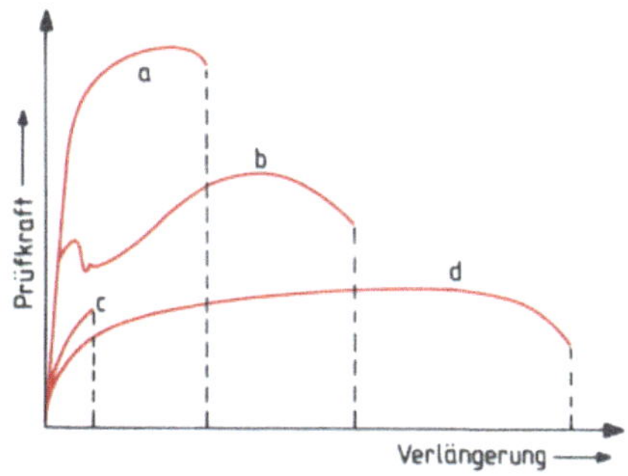


*Bild 2-97 Kraft-Verlängerungs-Diagramme aus Proben mit gleichen Abmessungen*

a) vergüteter Stahl
b) unlegierter Stahl
c) Gußeisen, bei dem schon kleinste Dehnungen elastische und plastische Anteile haben
d) Kupfer mit hoher Bruchdehnung

Die Bilder 2-96 und 2-97 sind aufeinandergelegte Kraft-Verlängerungs-Diagramme, die von einer Zugprüfmaschine aufgezeichnet wurden. Jedes dieser Diagramme erforderte einen Zugversuch.

**Die Hookeschen Geraden** kennzeichnen den elastischen, die gekrümmten Linien den plastischen Bereich der Metalle.

### Zugproben

**Lange Proben** werden im Zugversuch mehr verlängert als kurze, Bild 2-96.

Um vergleichbare Bruchdehnungen zu erhalten, ist es notwendig, daß Meßlänge und Durchmesser $d_0$ der Probe in festem Verhältnis zueinander stehen. Im allgemeinen werden nur **Proportionalstäbe** angewandt, d.h. Proben, bei denen die Meßlänge $L_0 = 5\,d = (5{,}65\sqrt{A_0})$ beim kurzen Proportionalstab oder $L_0 = 10\,d_0 = (11{,}3\sqrt{A_0})$ beim langen Proportionalstab ist. Das Meßlängen-Durchmesser-Verhältnis wird bei der Dehnung durch einen Index angegeben, z.B. $A_5$ oder $A_{10}$.

[1] duktil, s. Abschnitt 2.9

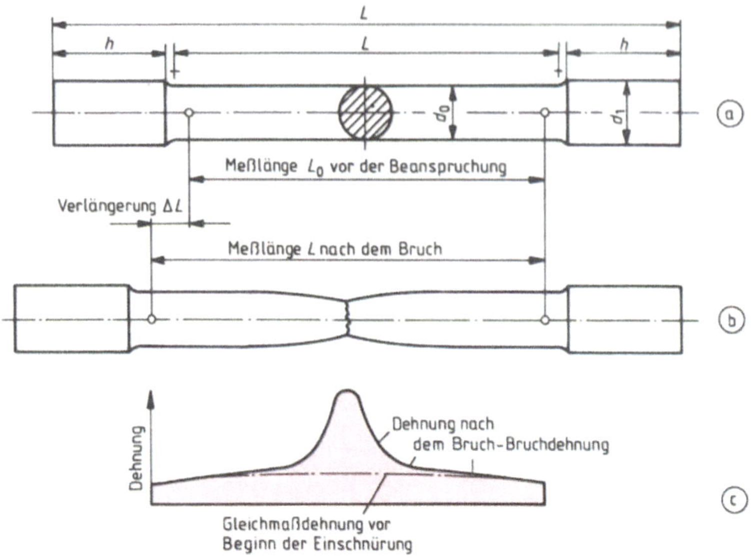


*Bild 2-98* ***Zugprobe nach DIN 50 125***

a) vor der Beanspruchung
b) nach der Beanspruchung
c) Dehnung der Zugprobe

$d_0$ Probendurchmesser
$d_1$ Kopfdurchmesser $\approx 1{,}2\,d_0$
$L_v$ Versuchslänge $= L_0 + d_0$

$L_0$ Meßlänge ($L_0 = 5\,d_0$ oder $10\,d_0$)
$L_t$ Gesamtlänge
$h$ Kopfhöhe

**Größen der Werkstoffbeanspruchung im Zugversuch**

**Das Spannung-Dehnung-Diagramm**

Das Kraft-Verlängerung-Diagramm kennzeichnet die Kraft-Verlängerungs-Verhältnisse für **eine** Probe. Es fällt bei Proben mit anderen Abmessungen anders aus und kann nicht verallgemeinert werden. Um verallgemeinerungsfähige Werkstoffkennwerte zu erhalten, werden Proportionalstäbe verwendet, die **Prüfkräfte in Spannungen** und die **Verlängerungen in Dehnungen** umgerechnet.

Aus Spannungen statt Prüfkräften und Dehnungen in % statt Verlängerungen in mm entstehen bildliche Darstellungen der im Zugversuch ermittelten Werkstoffkennwerte, sog. Spannung-Dehnung-Diagramme (Bild 2-99).

Im Spannung-Dehnung-Diagramm werden die Spannungen aus dem Anfangsquerschnitt der Probe, die Dehnungen aus der Anfangsmeßlänge der Probe hergeleitet.

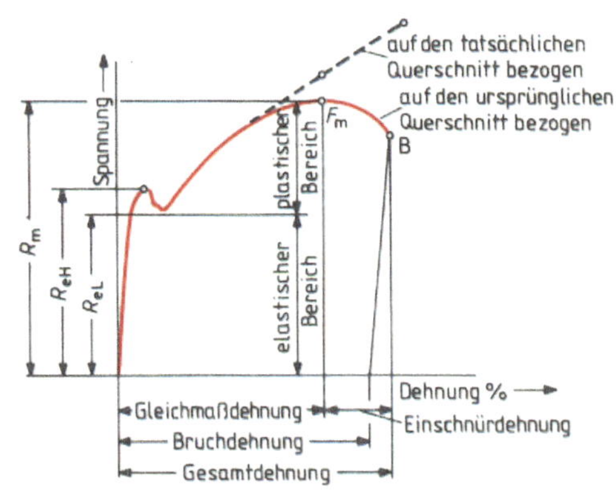


*Bild 2-99* ***Spannung-Dehnung-Diagramm für unlegierten Stahl***

$R_{eL}$ untere Streckgrenze (L lower)
$R_{eH}$ obere Streckgrenze (H higher)
$R_m$ Zugfestigkeit ($R$ Resistance)
$F_m$ Höchstzugkraft
Gerade unterhalb $R_{eL}$ Hookesche Gerade

In Proben aus unlegiertem Stahl mit geringem C- und N-Gehalt werden die schon vor dem Versuch vorhandenen Versetzungen am Ende des elastischen Bereiches von Fremdatomen blockiert. Die Blockade wird allmählich überwunden. Dabei fällt die Spannung. Erst nach vollständiger Überwindung der Blockade können die Versetzungen weiterwandern und die plastische Dehnung und Verfestigung der Probe durch neue Versetzungen kann beginnen.

**Verlängerungen und Dehnungen**

**Die Verlängerung** $\Delta L$ ist in jedem Augenblick des Zugversuches die Differenz zwischen der Meßlänge $L$ und der Anfangsmeßlänge $L_0$.

$$\Delta L = L - L_0$$

**Die Dehnung** $\epsilon$ ist die Verlängerung $\Delta L$, bezogen auf die Anfangsmeßlänge $L_0$. Sie wird in Prozent angegeben.

$$\epsilon = \frac{L - L_0}{L_0} \cdot 100 = \frac{\Delta L}{L_0} \cdot 100$$

*Tabelle 2-44* Arten der Verlängerungen und Dehnungen

| Art | Verlängerung | Dehnung[1] | Bild |
|---|---|---|---|
| elastisch | $\Delta L_e$ | $\epsilon_e$ | a) |
| nichtproportional | $\Delta L_p$ | $\epsilon_p$ | b) |
| bleibend | $\Delta L_r$ | $\epsilon_r$ | c) |
| gesamt | $\Delta L_t$ | $\epsilon_t$ | d) |

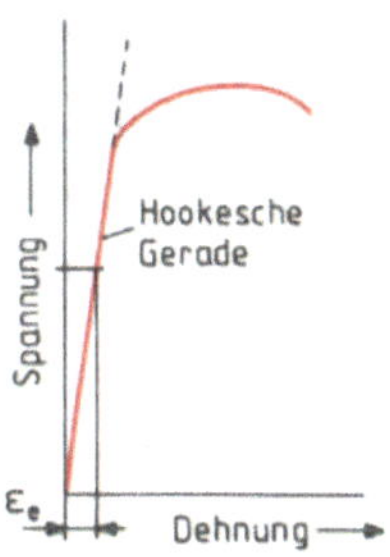


*Bild a)*
*Elastische Dehnung im Spannung-Dehnung-Diagramm*

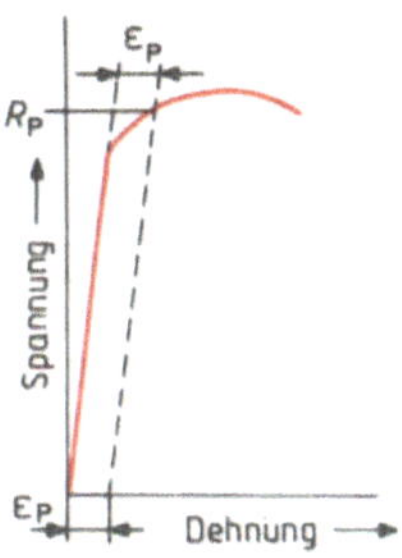


*Bild b)*
*Nichtproportionale Dehnung im Spannung-Dehnung-Diagramm*

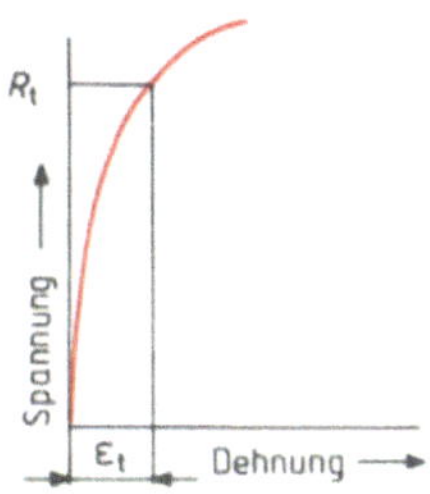


*Bild c)*
*Bleibende Dehnung im Spannung-Dehnung-Diagramm*

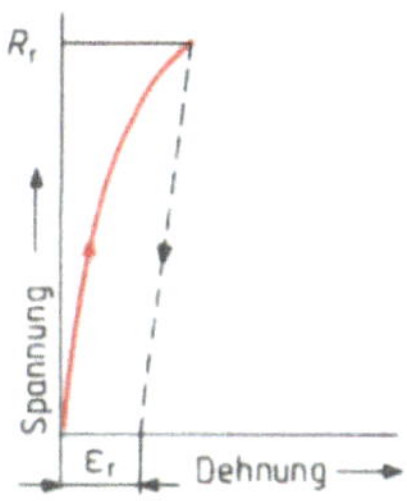


*Bild d)*
*Gesamte Dehnung im Spannung-Dehnung-Diagramm*

## Werkstoffkennwerte des plastischen Bereiches

**Die Spannung** (Nennspannung) $\sigma$ ist in jedem Augenblick des Zugversuches die auf den Anfangsquerschnitt $S_0$ bezogene Zugkraft $F$.

$$\sigma = \frac{F}{S_0}$$

**Die Zugfestigkeit** $R_m$ wird als Quotient aus der größten Zugkraft $F_m$ und dem Anfangsquerschnitt $S_0$ der Zugprobe in N/mm² errechnet.

$$R_m = \frac{F_m}{S_0}$$

**Die Bruchdehnung** (Dehnung nach dem Bruch) $A$ ist die auf die Anfangsmeßlänge $L_0$ bezogene bleibende Längenänderung $\Delta L_r$ nach dem Bruch der Zugprobe. Sie wird in Prozent angegeben und nach Zusammenfügen der Bruchstücke gemessen.

$$A = \frac{L_u - L_0}{L_0} \cdot 100 = \frac{\Delta L_r}{L_0} \cdot 100$$

**Die Gleichmaßdehnung** $A_g$ ist die auf die Anfangsmeßlänge $L_0$ bezogene nichtproportionale Verlängerung $\Delta L_{pm}$ bei Beanspruchung der Zugprobe durch die Höchstzugkraft $F_m$. Sie wird in Prozent angegeben.

$$A_g = \frac{L_{pm} - L_0}{L_0} \cdot 100 = \frac{\Delta L_{pm}}{L_0} \cdot 100$$

**Die Brucheinschnürung** (Einschnürung nach dem Bruch) $Z$ ist die auf den Anfangsquerschnitt $S_0$ bezogene größte bleibende Querschnittsänderung $\Delta S$

nach dem Bruch der Probe. Sie wird in Prozent angegeben.

Der kleinste Probenquerschnitt nach dem Bruch $S_u$ ist der an der am stärksten eingeschnürten Stelle bei Raumtemperatur gemessene Probenquerschnitt nach dem Bruch der Zugprobe.

$$Z = \frac{S_0 - S_u}{S_0} \cdot 100 = \frac{\Delta S}{S_0} \cdot 100$$

> Brucheinschnürung und Bruchdehnung sind Anhaltspunkte für das Abschätzen der Sicherheit gegen das Versagen der Werkstoffe bei Überbeanspruchung.

## Werkstoffkennwerte des elastischen Bereiches

### Elastizitätsmodul

Im Bereich der elastischen Dehnung (Bilder 2-100 und 2-101) verhält sich Stahl vollkommen elastisch, die Spannung steigt im gleichen Verhältnis (proportional) wie die Dehung: Hookesche Gerade (wie die Dehnung, so die Kraft).

$$\sigma = E \cdot \epsilon_e \quad \text{oder} \quad E = \frac{\sigma}{\epsilon_e}$$

Der **Proportionalitätsfaktor** $E$ (N/mm$^2$) heißt **Elastizitätsmodul.** Er ist ein Maß für den Widerstand eines Werkstoffes gegen elastische Verformung.

E-Moduln in N/mm$^2$: Stahl 200 000 bis 210 000, GG 80 000 bis 130 000, Al-Legierungen 70 000, Beton 15 000 bis 20 000. E-Moduln von Nichteisenmetallen s. Tabelle 2-18.

> Je kleiner der Elastizitätsmodul, desto elastischer ist der Werkstoff.

Gußeisen ist ≈ zweimal, Aluminium und Glas ≈ sind dreimal so elastisch wie Stahl.

**Die Dehngrenze** $R_p$ ist die Spannung bei einer bestimmten nicht proportionalen Dehnung $\epsilon_p$. Zur Kennzeichnung einer Dehngrenze wird das Kurzzeichen $R_p$ durch die Angabe des Zahlenwertes der nichtproportionalen Dehnung in % ergänzt, z.B. $R_{p0,2}$. Üblicherweise werden die 0,01 %-Dehngrenze (Technische Elastizitätsgrenze), die 0,2 %-Dehngrenze (0,2-Grenze) und/oder die 1 %-Dehngrenze bestimmt.

### Streckgrenze

Die Streckgrenze ist die Spannung, bei der bei zunehmender Verlängerung die Zugkraft erstmalig gleichbleibt oder abfällt. Tritt ein merklicher Abfall der Zugkraft auf, so ist zwischen der oberen und unteren Streckgrenze zu unterscheiden.

### Streckgrenzenverhältnis

$$\text{Streckgrenzenverhältnis} = \frac{\text{Streckgrenze}}{\text{Zugfestigkeit}} = \frac{R_{eH} \text{ oder } R_{p0,2}}{R_m}$$

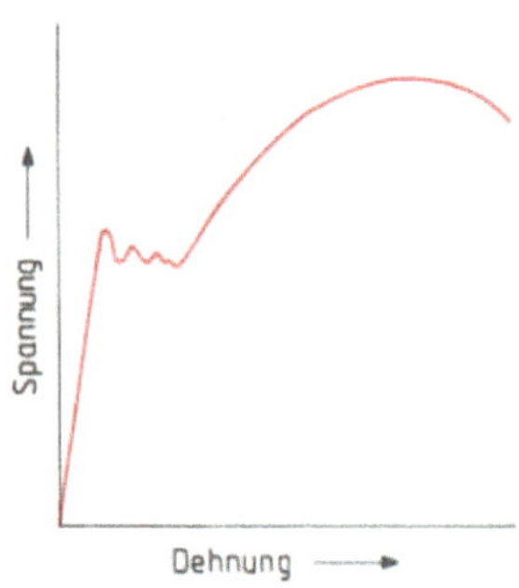


*Bild 2-100*

*Spannung-Dehnung-Diagramm mit unstetigem Übergang vom elastischen in den plastischen Bereich*

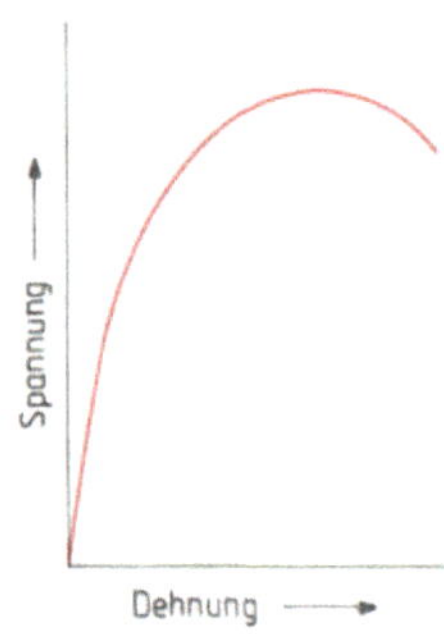


*Bild 2-101*

*Spannung-Dehnung-Diagramm mit stetigem Übergang vom elastischen in den plastischen Bereich*

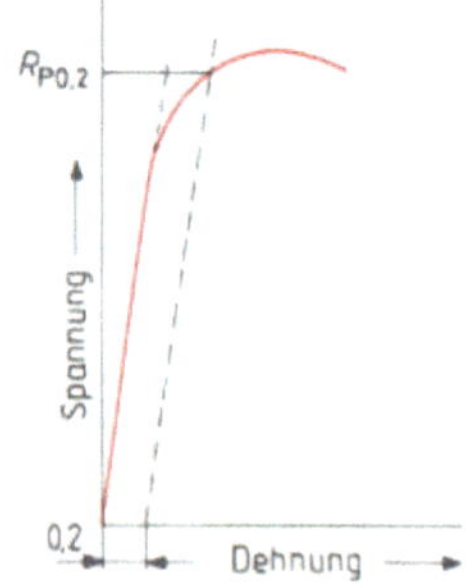


*Bild 2-102*

*Bestimmen der 0,2 %-Dehngrenze $R_p$ 0,2 durch Parallele zur Hookeschen Geraden im Abstand von 0,2 % Dehnung; nicht maßstäbliche Darstellung*

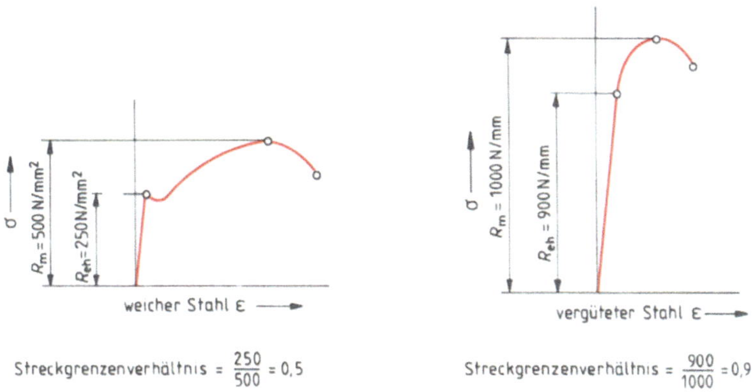


*Bild 2-103*
Streckgrenzenverhältnisse

Das Streckgrenzenverhältnis, bei Stahl 0,5 bis 0,9, ist ein Maß für die Verfestigung und Ausnützbarkeit (bei gleichem Werkstückgewicht höher belastbar) des Werkstoffes.

## 2.17.2 Scher- und Lochversuche

**Beim Abscheren** eines Werkstoffes treten außer den Scherkräften noch Biegespannungen auf. Beim Scherversuch nach Bild 2-104 wird nur die zum Abscheren erforderliche Höchstkraft gemessen, aus der die Scherfestigkeit ohne Rücksicht auf die tatsächlich auftretenden Spannungen, errechnet wird.

$$\tau_S = \frac{F_{max}}{A_0}$$

Für Stahl ist $\tau_S = 0{,}75$ bis 0,8 mal Zugfestigkeit.

**Bei Blechen** wird der Scherversuch durch den Lochversuch nach Bild 2-106 ersetzt. Die Lochungsfestigkeit $\tau_L$ wird ebenfalls aus der zum Lochen erforderlichen Höchstkraft errechnet.

$$\tau_L = \frac{F_{max}}{\pi \cdot d \cdot s}$$

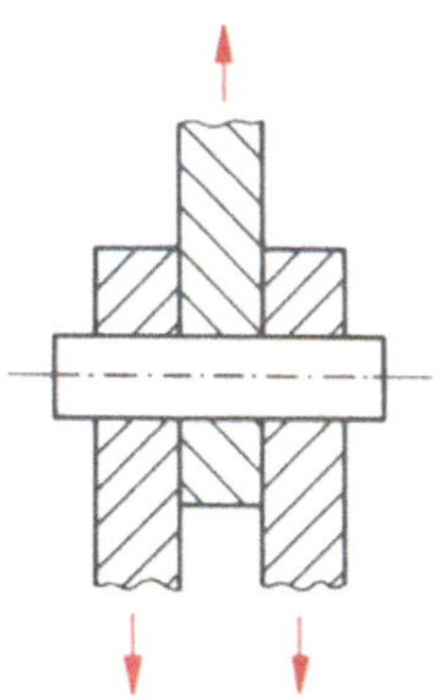

*Bild 2-104 Schergerät*
(schematische Darstellung)

**Die Lochungsfestigkeit** ändert sich mit der Blechdicke und dem Durchmesser des Stempels. Sie ist also keine Werkstoffkennziffer, die in beliebige Rechnungen eingesetzt werden kann.

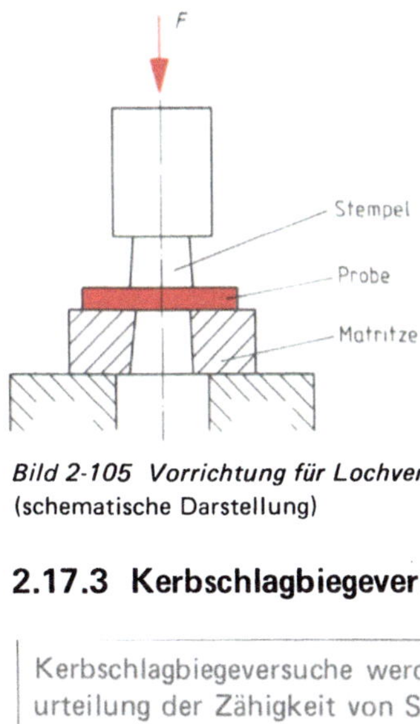


*Bild 2-105 Vorrichtung für Lochversuche*
(schematische Darstellung)

## 2.17.3 Kerbschlagbiegeversuch

Kerbschlagbiegeversuche werden für die Beurteilung der Zähigkeit von Stahl und Stahlguß durchgeführt. Diese Prüfungen sind besonders geeignet für den Nachweis von Alterung. Warmversprödung und Kaltsprödigkeit und für die Kontrolle der Wärmebehandlungsverfahren.

Nach DIN 50 115 werden die Versuche auf **Pendelschlagwerken** nach DIN 51 222 durchgeführt. Dabei wird eine **eingekerbte Probe** im Normalfall mit einem Schlag durchbrochen. Zur vollständigen Trennung der Probe ist **Arbeit** erforderlich (die Kraft muß über einen Weg auf die Probe einwirken).

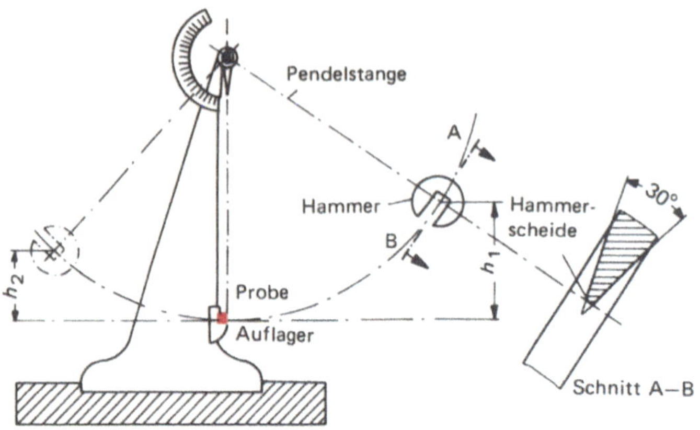


*Bild 2-106 Pendelschlagwerk*

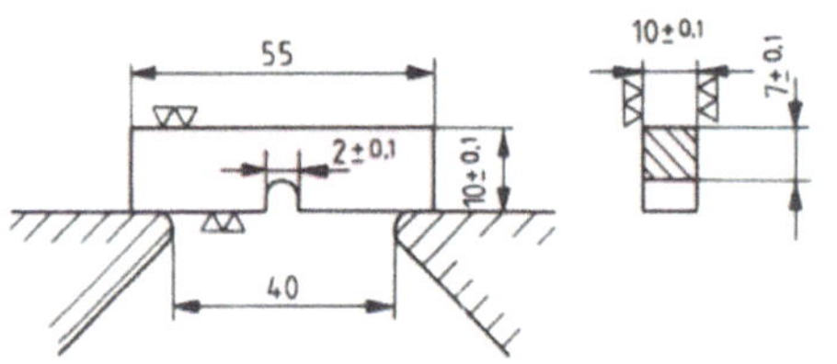


*Bild 2-107 VDM[1]-Probe für Kerbschlagversuch*

Die Kerbschlagarbeit ist die beim Durchbrechen der Probe verbrauchte Schlagarbeit.

$$A_v = G\,(h_1 - h_2) \text{ in J (Joule)}$$

## 2.17.4 Gewalt- und Dauerbrüche

Gewaltbrüche entstehen, wenn Spannungen die Werkstofffestigkeit überschreiten. Dauerbrüche sind die Folgen übermäßig großer Wechselbelastungen.

**Gewaltbrüchen** gehen bei zähen Werkstoffen plastische Verformungen voraus; nur bei spröden Werkstoffen, z.B. Grauguß, treten Trennbrüche ohne Verformung auf.

**Dauerbrüche** weisen, vor allem bei Stählen, die in Bild 2-108 erkennbaren charakteristischen Merkmale auf: Anriß, Dauerbruch mit Rastlinien und gewaltsamen Restbruch.

*Bild 2-108 Dauerbruch an einer Getriebewelle mit ausgeprägter Rastlinienbildung*

Der Daueranriß beginnt an einer Fehlerstelle im Werkstoff und der Keilnutecke.

*Bild 2-109 Verdrehgewaltbruch an einer Keilwelle*

[1] VDM Deutscher Verband für die Materialprüfung der Technik.

## 2.17.5 Härteprüfung

### Statistische Härteprüfung

**Begriffe**

**Härte** ist im täglichen Leben ein geläufiger Begriff. Durch Finger- oder Handeindruck prüft man, ob ein Gegenstand, z.B. Fahrradreifen, Radiergummi, hart oder weich ist.

Härte = Eindringwiderstand.

Im Gegensatz zu der im täglichen Leben üblichen Härteprüfung durch elastische Verformung, wird in der Technik die von einem Eindringkörper verursachte plastische (bleibende) Verformung als Härtemaßstab bevorzugt.

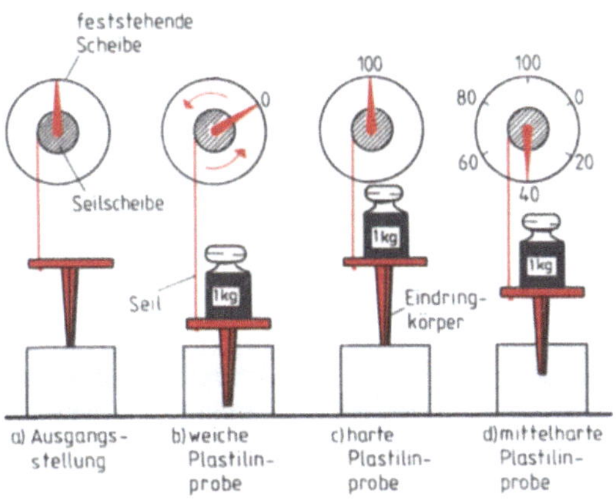


*Bild 2-110 Zahlenmäßige Feststellung der Härteunterschiede verschieden harter Plastilinproben. Versuche mit Unterrichtsmodell.*

b) Der Eindringkörper wird durch ein Gewichtsstück belastet. Nach Stillstand des Zeigers wird die Zeigerstellung mit 0 gekennzeichnet.

c) Belastung wie in Versuch b). Die Zeigerstellung wird mit 100 oder einer beliebigen Zahl > 0 gekennzeichnet. Der Abstand 0 bis zur Zahl > 0, z.B. 100, wird in beliebig viele gleiche Teile geteilt, z.B. 5 oder 100.

d) Diese Probe ist 40 % härter als die weiche Probe oder 60 % weicher als die harte Probe: Härtevergleichszahl = 40.

*Erkenntnisse:* Härteunterschiede sind als unterschiedliche plastische = bleibende Verformungen meßbar. Sie können mit einer Härtevergleichsskala durch Härtevergleichszahlen angegeben werden.

Die Härte der Werkstoffe kann durch willkürlich festgelegte Härtevergleichszahlen gekennzeichnet werden.

**Rockwellhärteprüfung**

Das von dem Amerikaner Rockwell 1922 entwickelte Verfahren für die Härteprüfung von **gehärteten und vergüteten Stählen** entspricht grundsätzlich der vorher beschriebenen Versuchsdurchführung.

Als Eindringkörper wird ein Diamantkegel von 120° Kegelwinkel benutzt. Die Tiefe des Eindruckes wird durch eine Meßuhr festgestellt, die mit einer Rockwell-Härtevergleichsskala versehen ist.

*Auf der Rockwell-Härtevergleichsskala* sind die plastische = bleibende Eindrucktiefe von **0,2 mm** durch **Rockwellhärte 0,** die Eindrucktiefe **0 mm** durch **Rockwellhärte 100** gekennzeichnet. Der Fixpunkteabstand 0 bis 100 ist ein in 100 gleiche Teile geteilter Kreis.

1 Teil der Rockwell-Härtevergleichsskala ≙ 1 Rockwell-Härtegrad ≙ 0,002 mm bleibende Eindrucktiefe.

Die Rockwellhärte kann an der Meßuhr abgelesen werden.

**Durchführung der Rockwellhärteprüfung.** Um Fehler durch unsaubere Unterlagen bzw. Oberflächen zu vermeiden, wird zunächst eine Vorkraft von 100 N aufgebracht (Bild 2-111). Hierauf wird die Meßuhr auf 0 ≙ 100 gestellt und sodann die Prüfkraft von 1400 N aufgebracht. Wenn der Zeiger der Meßuhr zur Ruhe

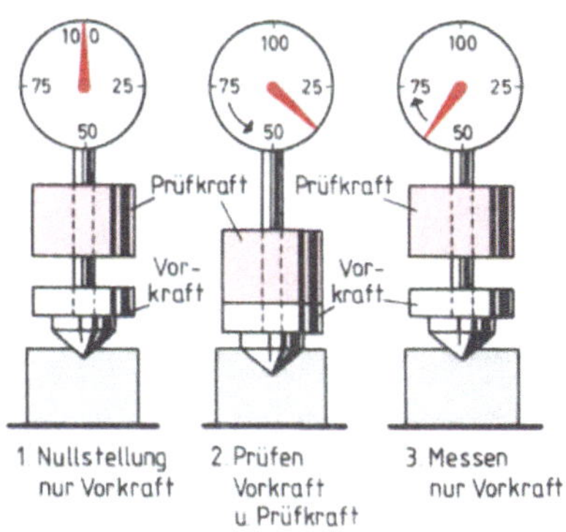


*Bild 2-111 Rockwell-Prüfung nach DIN 50 103*

*Tabelle 2-45* Rockwellhärteprüfung, Anwendung

| Verfahren (Normzeichen) | Prüfkraft $F_1$ N | Gesamtprüfkraft $F = F_0 + F_1$ N | Anwendung |
|---|---|---|---|
| Rockwell C (HRC) | 1400 | 1500 | gehärtete Stähle, gehärtete und ausgehärtete Legierungen |
| Rockwell A (HRA) | 500 | 600 | sehr harte Werkstoffe (Wolframcarbid usw.) |
| Rockwell B (HRB) | 900 | 1000 | Werkstoffe mittlerer Härte (St, Ms, Bz) |
| Rockwell F (HRF) | 500 | 600 | kaltgewalztes Blech aus unlegiertem Stahl, geglühtes Ms und Cu |

*Tabelle 2-46* Rockwellhärteprüfung, Verfahren

| Verfahren | Prüfvorkraft $F_0$ N | Prüfkraft $F_1$ N | Prüfgesamtkraft $F = F_0 + F_1$ N | Härtebereich Normzeichen |
|---|---|---|---|---|
| Rockwell 15 N<br>15 T | 30 | 120 | 150 | 66 bis 92 HRN<br>50 bis 94 HRT |
| Rockwell 30 N<br>30 T | 30 | 270 | 300 | 39 bis 84 HRN<br>10 bis 84 HRT |
| Rockwell 45 N<br>45 T | 30 | 420 | 450 | 17 bis 75 HRN<br>0 bis 75 HRT |

gekommen ist, wird die Prüfkraft aufgehoben. Dabei geht der Meßuhrzeiger um die elastischen Verformungen der Probe und des Gerätegestells zurück, so daß nur die plastische Verformung der Probe angezeigt wird.

### Normzeichen nach DIN 50 103

Das Normzeichen **HRB** (b = ball = Kugel) gilt, wenn eine Stahlkugel als Eindringkörper verwendet wird (sehr selten, z.B. bei Sinterkörpern).

▶ **Beispiel:**

60 HRC

Härtevergleichszahl sog. Rockwellhärte — Härte — Rockwell — cone = Kegel

**Rockwellhärteprüfverfahren N und T nach DIN 50 103 Blatt 2** sind anzuwenden, wenn die Verfahren **C, A, B, F** nicht zulässig, insbesondere, wenn die Probe zu dünn oder die Prüffläche zu klein ist. Auf der Härtevergleichsskala dieses Gerätes ist die bleibende Eindrucktiefe von 0,1 mm gleich 0 HRN (HRT), die Eindrucktiefe 0 mm gleich 100 HRN (HRT). Der Abstand dieser Fixpunkte ist in 100 gleiche Teile geteilt.

Eindringkörper: Kegel (Rockwell N), Kugel (Rockwell T).

**Vorteil der Rockwellhärteprüfung:** Sie ist außerordentlich einfach und schnell durchführbar. In der Serienfertigung kann sie von Hilfskräften durchgeführt werden.

**Nachteil der Rockwellhärteprüfung:** Sie ist nur bei gehärteten oder vergüteten Stählen anwendbar. Bei oberflächengehärtetem Stahl ab 0,5 mm Einhärtetiefe.

### Härteprüfung nach Brinell

**Durchführung:** Eine Kugel wird in den zu prüfenden Werkstoff eingedrückt. Nach erfolgter Entlastung der Kugel wird der Durchmesser des Eindrucks am Prüfgerät abgelesen, dann wird die Brinellhärte nach Tabelle bestimmt.

Die Brinellhärte wird ohne Einheit vor dem Kurzzeichen HB angegeben, z.B. 350 HB.

Die Prüfbedingungen können mit dem Kurzzeichen HB angegeben werden.

**Beispiele:**

**120 HB5/250/30** bedeutet: Brinellhärte 120 (ohne Einheit), geprüft mit 5 mm Kugeldurchmesser, Prüfkraft 2500 N, Einwirkdauer 30 s.

**275 HB** bedeutet: Brinellhärte 275 (ohne Einheit), geprüft mit 10 mm Kugeldurchmesser, Prüfkraft 30 000 N, Einwirkdauer 10 bis 15 s.

### Beziehung der Brinellhärte zur Zugfestigkeit des Stahls

Bei Stahl besteht die Beziehung: $R_m = \mu$ HB. Der Umrechnungsfaktor $\mu$ ist vom Streckgrenzenverhältnis und von der Zugfestigkeit des Stahls abhängig. Bei Stahl mit einem Streckgrenzenverhältnis unter 0,5 ist eine Umrechnung nicht mehr möglich. Im allgemeinen wird der Umrechnungsfaktor $\mu = 0{,}35$ verwendet. Die so errechnete Zugfestigkeit ist mit dem Zusatz „aus Brinellhärte errechnet" zu kennzeichnen. Bei fertigen Teilen kann auf diese Weise die ungefähre Zugfestigkeit ohne Zerstörung der Teile bestimmt werden.

Zwischen den anderen Festigkeitseigenschaften der Stähle und der Brinellhärte besteht keine Beziehung.

### Härteprüfung nach Vickers, Kurzzeichen HV

**Durchführung:** Eine vierseitige Pyramide mit einem Öffnungswinkel von 136° wird in den zu prüfenden Werkstoff eingedrückt. Nach erfolgter Entlastung der Pyramide wird die Länge der Eindrucksdiagonalen am Prüfgerät abgelesen, dann wird die Vickershärte nach Tabelle bestimmt.

Die Vickershärte wird ohne Einheit vor dem Kurzzeichen HV angegeben, z.B. 350 HV.

Nach der Größe der Prüfkräfte unterscheidet man drei Prüfgebiete:

**Makrohärte:** Prüfkraft ⩾ 30 N,
**Kleinlasthärte:** Prüfkraft 2 N bis 30 N,
**Mikrohärte:** Prüfkraft < 2 N.

**Anwendung:** Härtemessungen im Makrohärtebereich bei dünnen Werkstücken und Nitrierschichten; Härtemessungen im Mikro- und Kleinlastbereich dienen zur Untersuchung von Sinterkörpern und Gefügebestandteilen.

**Die Knoop-Härteprüfung** wird mit einem rechteckigem Prisma durchgeführt, so daß die längere Seite des Eindruckes genauer gemessen werden kann als der bei der Vickersprüfung entstehende quadratische Eindruck. Durchführung und Ergebnisse wie Vickersprüfung.

### Dynamische Härteprüfung

Im Gegensatz zu den **statischen Härteprüfungen,** bei denen der Eindringkörper eine Zeitlang unter der Einwirkung einer Kraft steht, treffen bei der **dynamischen Härteprüfung** Prüfkörper im freien Fall auf die Werkstoff- oder Bauteilprobe auf.

Bei **Schlaghärteprüfungen** wird der entstandene Eindruck, bei der **Rücksprunghärteprüfung** die Rücksprunghöhe der Härtebestimmung zugrunde gelegt. Die dabei benutzten Geräte sind billiger und einfacher als die statischen Prüfgeräte.

*Tabelle 2-47* Härtevergleich einiger Metalle

| Metall | Brinellhärte HB |
|---|---|
| Stahl | 100 bis 800 |
| Gußeisen | 120 bis 250 |
| Hartguß | 300 bis 500 |
| Gußbronze | 75 bis 115 |
| Gußmessing | 45 bis 220 |
| Aluminium-Gußlegierung | 50 bis 110 |
| Blei | 5 bis 10 |

## 2.17.6 Technologische Prüfungen

Durch Technologische Prüfungen wird die Verformungsfähigkeit der Werkstoffe ermittelt.

Prüfungen dieser Art werden in der Werkstatt durchgeführt. Die bei diesen Prüfungen auftretenden Kräfte werden nicht gemessen.

### Kaltversuche

**Biege- und Faltversuche an Flach- und Rundproben mit vollem Querschnitt** können auf einem Amboß, im Schraubstock oder in Vorrichtungen bei Raumtemperatur durchgeführt werden (Bild 2-112). Die Proben werden langsam und stetig bis zum Anriß oder zum vorgeschriebenen Winkel (DIN) gebogen bzw. gefaltet.

Die Versuche geben Aufschluß über die Geschmeidigkeit der Werkstoffe.

**Prüfungen an Feinblechen** zeigen das Formänderungsvermögen der Bleche. Durchgeführt werden:

- **Faltversuche:** Blechstreifen von 50 mm Breite werden mit Zwischenlage eines Bleches gleicher Dicke unter einer Presse gegeneinandergedrückt. Hierbei dürfen keine Risse entstehen.
- **Hin- und Herbiegeversuche:** Streifen von 30 mm Breite werden einseitig zwischen Spannbacken eingespannt. Das Biegen erfolgt abwechselnd nach beiden Seiten um jeweils 90°. Gütemaß ist die Zahl der ohne Risse überstandenen Biegungen.
- **Abkantversuche** sind Biegeversuche über scharfe Kanten mit wenig geschmeidigen Blechen.
- **Tiefungsversuche nach Erichsen,** DIN 50101: Tiefungsversuche dienen zur Beurteilung der Tiefungsfähigkeit von 0,5 mm bis 2 mm dicken Blechen. Beim Versuch nach Bild 2-113 wird eine zwischen einem Blechhalter und einer Matrize eingespannte Probe mit einer Kugel in die Matrize gedrückt, bis ein Riß sichtbar wird. Die erzielte Einbeultiefe wird ermittelt. Die Narbigkeit der Probenoberfläche gibt Aufschluß über die Kornbeschaffenheit der Probe.

**Prüfungen an Rohren.** Rohre für Gase und Flüssigkeiten sind bei Versagen sicherheitsgefährdend. Ihre mechanischen Eigenschaften werden durch folgende Versuche geprüft:

- **Biegeversuche** werden wie bei Flach- und Rundproben zwischen profilierten Rollen durchgeführt.
- **Ringfaltversuche nach DIN 50 136** sollen zeigen, wie weit sich ein Rohr nach Bild 2-114 zusammendrücken läßt, ohne Risse zu erhalten.
- **Aufweitversuche** mit gefetteten Dornen nach Bild 2-115 sollen zeigen, ob Rohre beim Aufweiten ihrer Enden einreißen.
- **Bördelversuche:** Bei Prüfungen nach DIN 1629 werden gerade Bördelungen von 60° und 90° vorgenommen (Bild 2-116). Dabei dürfen sich keine Risse zeigen.
- **Innendruckversuche:** Rohrabschnitte werden an beiden Enden verschlossen und unter Wasserdruck gesetzt. Auf die Zerstörung der Probe wird verzichtet und nur die Dichtheit unter einem bestimmten Innendruck nachgewiesen.

*Bild 2-114*
*Ringfaltversuch an Rohren nach DIN 50 136*

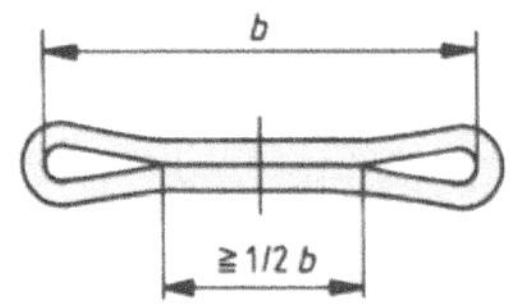


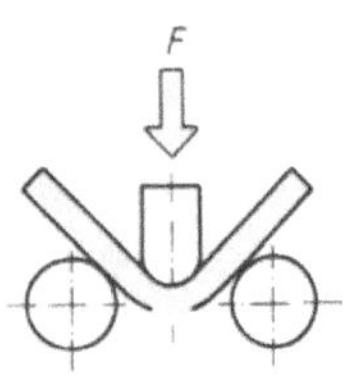


*Bild 2-112*
*Faltversuch nach DIN 1605*

*Bild 2-115*
*Aufweitversuch an Rohren nach DIN 50 135*

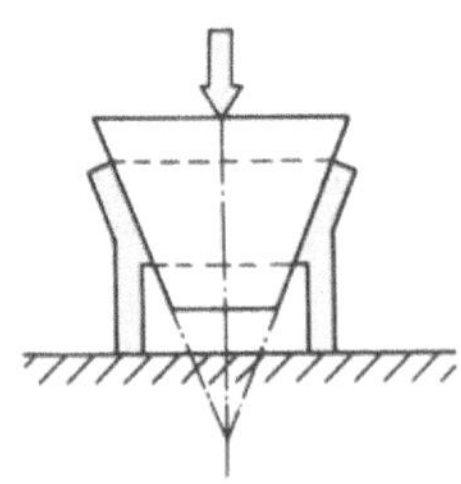

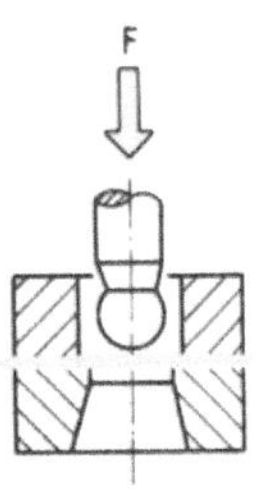


*Bild 2-113*
*Tiefungsversuch an Blechen und Bändern (nach Erichsen) entsprechend DIN 50 101*

*Bild 2-116*
*Bördelprobe an Rohren*

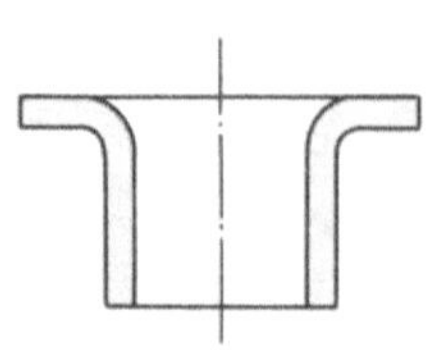

**Warmversuche**

**Warm-Biege/Faltversuche:** Ein höherer Gehalt an Schwefel verschlechtert das Umformen des Stahls nach Anwärmen und führt den sog. Rotbruch zwischen 700 °C und 1100 °C herbei. Zum Nachweis dienen Faltversuche nach DIN 1605 mit rotwarmen Proben.

**Ausbreitversuche** sind seit alters her bekannt. Dabei werden Flachproben bis zum Reißen der Ränder ausgeschmiedet.

**Stauch-/Druckversuche:** Dicke Proben werden kalt oder warm gepreßt, und zwar entweder bis zum Bruch, bis zum ersten Anriß oder bis zu einer Stauchung von 50 %. Bei Warmstauchung werden die Proben auf 900 °C erwärmt.

**Prüfung von Drähten und Drahtseilen**

Die Eigenschaften der Drahtseile werden im wesentlichen von den Eigenschaften der Einzeldrähte bestimmt. Nach DIN 51 201 sind daher die Prüfung der Seile im ganzen Strang und die Prüfung der Einzeldrähte durchzuführen, und zwar Hin- und Herbiegeversuch, Verwindversuch, Zugversuch, Prüfung der metallischen Überzüge und der elektrischen Leitfähigkeit.

## 2.17.7 Prüfungen verschiedener Art

**Zerstörungsfreie Prüfverfahren**

Während des Fertigungsablaufes werden die Werkstücke mehrfach geprüft. Dabei werden neben den maßlichen Prüfungen auch Technologische Prüfungen durchgeführt, z.B. Prüfung der Härte nach dem Härten und Prüfung auf Schleifrisse nach dem Schleifen, auf Lunker/Schlackeneinschlüsse nach dem Schweißen/Gießen u.a.m. Diese Prüfungen dürfen die Brauchbarkeit der Werkstücke nicht beeinträchtigen.

Außer den schon besprochenen Härteprüfungen werden durchgeführt:

**Physikalische Prüfverfahren** dienen zur Feststellung von Dichte, Wärmekapazität, Wärmedehnung u.a. physikalischen Eigenschaften. In den Fertigungsbetrieben werden die Prüfung der Stähle auf Härtbarkeit und die spektrochemische Analyse durchgeführt.

**Prüfung der Härtbarkeit von Stählen** erfolgt durch die sog. **Stirnabschreckprobe.** Nach DIN 50 191 werden zu ihrer Durchführung erhitzte Proben durch einen Wasserstrahl an einer Stirnfläche bis zum völligen Erkalten abgeschreckt (Bild 2-117). Durch Härtemessung mit 1 mm Eindruckabstand ergibt sich der Zusammenhang von Härte und Abkühlgeschwindigkeit.

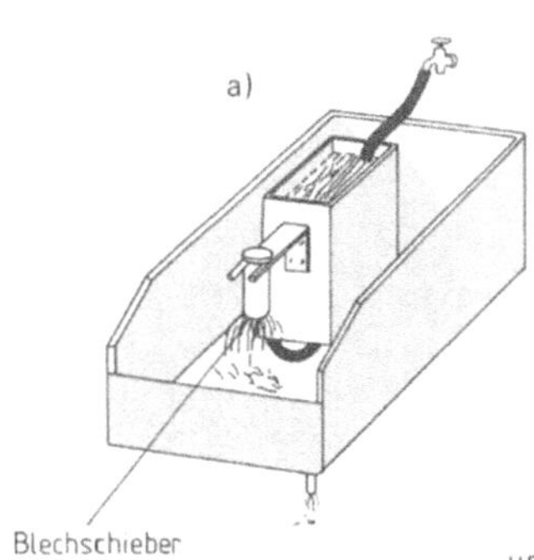


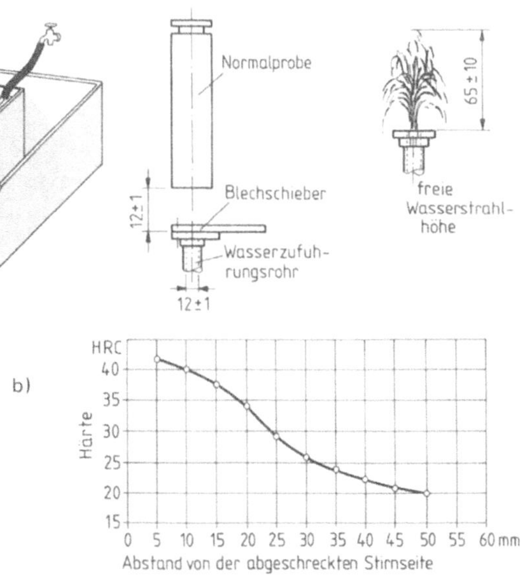


*Bild 2-117 Stirnabschreckprobe*

a) Durchführung des Stirnabschreckversuches

b) an einer abgeschreckten Normalprobe festgestellter Härteverlauf

*Tabelle 2-48* **Zerstörungsfreie Prüfung von Werkstücken**

<table>
<tr><th colspan="2">Verfahren</th><th>Wirkungsweise</th><th>Anwendung</th></tr>
<tr><td rowspan="2">Oberflächen-Haarrißprüfung</td><td>Apenol-Verfahren</td><td>Tauchen der Werkstücke in Zinksulfidlösung mit nachfolgendem Abwaschen. Haarrisse (Kapillarröhren) bleiben mit Lösung gefüllt und leuchten in ultraviolettem Licht (Fluoreszenz).</td><td rowspan="2">bei beliebig geformten Werkstoff (besonders für Schleifrißprüfung)</td></tr>
<tr><td>MET-L-CHEK-Verfahren</td><td>Durch Aufpinseln oder Aufsprühen, 1. einer Lösung, 2. eines Entwicklers, werden Oberflächen-Haarrisse in normalem Licht sichtbar.</td></tr>
<tr><td>Magnetpulverprüfung</td><td>Pol- und Wechselstrom Magnetisierung und Entmagnetisierung</td><td>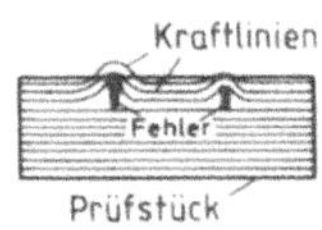
</td><td>zerstörungsfreier Nachweis von Rissen, Fremdeinschlüssen und Härtezonen in oder nahe der Oberfläche von magnetisierbaren Werkstücken</td></tr>
<tr><td rowspan="3">Ultra-Schallprüfung</td><td>Durchschallungs-Verfahren</td><td>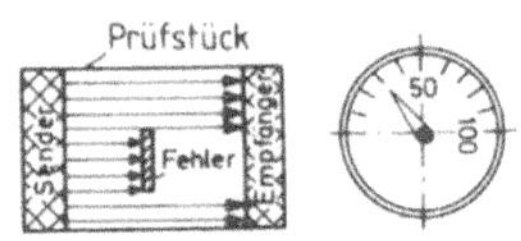
</td><td rowspan="2">zerstörungsfreier Nachweis und Messung der Tiefenlage von Rissen, Lunkern und Schlacken im Innern beliebiger Werkstücke</td></tr>
<tr><td>Echo-Verfahren</td><td>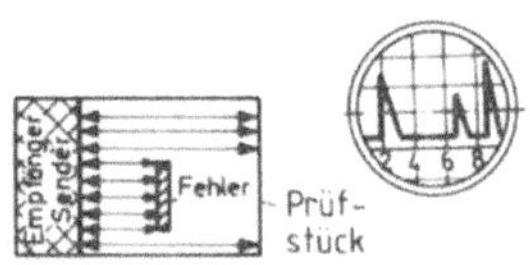
</td></tr>
<tr><td>Resonanz-Verfahren</td><td>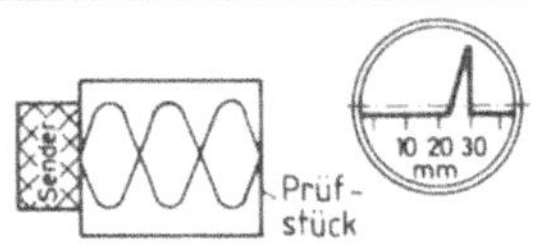
</td><td>hauptsächlich für Dickenmessung von einer Seite</td></tr>
<tr><td>Röntgen- und Gammaprüfung</td><td>Film oder Leuchtschirm</td><td>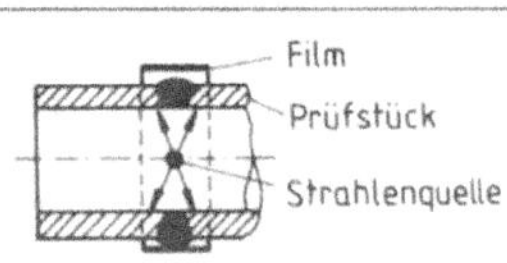
</td><td>zerstörungsfreier Nachweis von Lunkern, Schlackeeinschlüssen, Seigerungen und Lage von Füllkörpern im Innern beliebiger Werkstücke</td></tr>
<tr><td>Elektromagnetisches Prüfverfahren</td><td></td><td>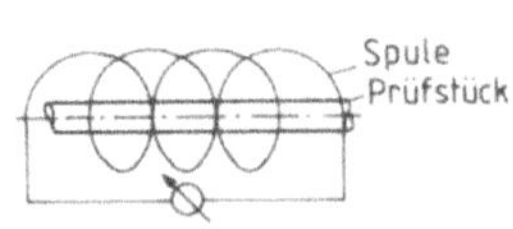
</td><td>mit anderen Prüfgeräten kombiniert für Vergleichsmessung (zul. Fehlergröße, Legierung, Einsatztiefe, Randentkohlung und Abmessungen) bei Werkstoffabnahme und Serienfertigung</td></tr>
</table>

**Die Spektrochemische Analyse** dient zur Bestimmung der in einer Legierung enthaltenen Metalle.

**Durchführung:** Die zu untersuchende Probe und ein unlegiertes Eisenstück werden zum Glühen, d.h. zur Lichtaussendung, gebracht. In einem Spektrographen werden die Wellenlängen der Lichter als Linien sichtbar. Da jedes Element Licht von besonderer Wellenlänge aussendet, kann der Legierungsgehalt der Probe durch Vergleich mit den Eisenlinien festgestellt werden.

> Die Funktion der Maschinen und Geräte ist von den Eigenschaften der Werkstoffe abhängig, aus denen sie hergestellt werden. Die Auswahl der Werkstoffe erfordert umfangreiche spezielle Kenntnisse. Subjektive Beobachtungen, z.B. bei Schleiffunken- und Klangproben oder die Betrachtung der Metalloberfläche, sind für die Auswahl der Werkstoffe völlig unbrauchbar.

**Ermittlung von mechanischen Spannungen**

Spannungen in einem Werkstück können nur über ihre Wirkungen, die Dehnungen, ermittelt werden.

> Im elastischen Bereich werden die in einem Werkstück auftretenden Spannungen aus gemessenen Dehnungen errechnet. Aus plastischen Formänderungen können Spannungen nur ermittelt werden, wenn der elastische Anteil bekannt ist (wichtig bei Errechnung der Aufprallgeschwindigkeit aus der Verformung bei Unfällen).

Die höchsten Spannungen treten meist an den Oberflächen der Werkstücke auf. Ihre Richtungen werden mit Reißlack (Richtung der Lackrisse) oder mit optischen Verfahren gefunden. Dehnmeßverfahren sind mechanische Übersetzungen und die Dehnungsmeßstreifen-Technik.

**Die Dehnungsmeßstreifen-Technik** beruht auf

– der Thomsonschen Entdeckung von 1856 (Thomson = Kelvin, engl. Physiker), nach der sich der elektrische Widerstand eines Drahtes mit seiner Durchmesserverkleinerung durch Zugbeanspruchung ändert;
– der Wheatstonschen Brückenschaltung (Wheatstone, engl. Physiker, 1802 bis 1875) nach Bild 2-118.

Der Strom eines Elementes *B* in Bild 2-118 verzweigt sich in den Widerständen *a, b* und *c, d,* zwischen die eine Brücke mit Galvanometer *G* gelegt ist. Der in der Brücke fließende Strom verschwindet, so bald die Beziehung

$$\frac{a}{b} = \frac{c}{d}$$

erfüllt ist. Bei Kenntnis des Widerstandes *d* und des Verhältnisses *a/b* ist der gesuchte Widerstand *c* bestimmt.

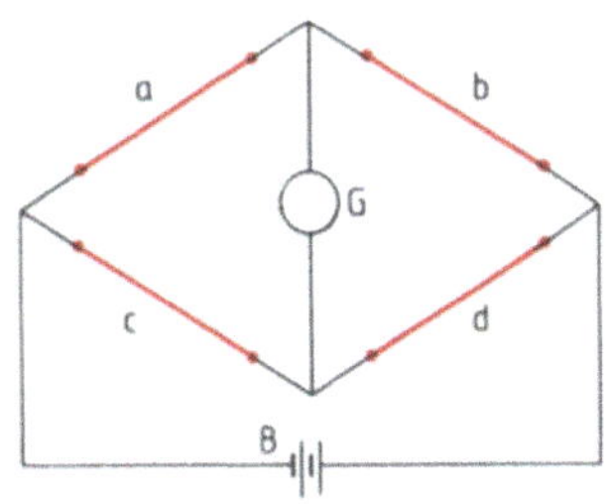


*Bild 2-118 Wheatstonsche Brückenschaltung*

Bei der Durchführung der Dehnungsmeßstreifen-Technik wird ein aus dünnen Drähten bestehender Dehnungsmeßstreifen, kurz: **DMS,** in der festgestellten/vermuteten Spannungsrichtung auf die Probe geklebt (Widerstand c in Bild 2-118). Die anderen Teile der Brückenschaltung enthält ein für diesen Zweck entwickeltes Gerät.

Bei Belastung der Probe werden Probe und DMS in gleichem Maße gedehnt. Die Dehnung des DMS ist seiner elektrischen Widerstandsänderung proportional. Das Gerät formt die elektrischen Meßwerte in Spannungswerte um und die Spannungshöhe kann am Gerät abgelesen werden.

Kraft → Dehnung der Probe → Meßwertumformung → Verstärkung der elektrischen Werte → Anzeige der Spannungshöhe.

**Anwendungsbeispiele der DMS-Technik:** Ermittlung von Spannungen in Bauteilen und Waagentechnik. Die Meßfehler der Ladentischwaagen mit netzgespeisten DMS-Wägezellen sind kleiner als 0,015 %.

**Wiederholungsfragen**

1. Wie werden Zugversuche durchgeführt?
2. Welche Brucharten können auftreten?
3. Welche Diagramme werden von der Zugprüfmaschine aufgezeichnet?
4. Was versteht man unter Proportionalstab?
5. Welche Werkstoffkennwerte können dem Spannung-Dehnung-Diagramm entnommen werden?
6. Warum steigt die Spannung im plastischen Bereich des Spannung-Dehnung-Diagrammes an?
7. Was versteht man unter Streckgrenzenverhältnis?
8. Wann werden a) die Streckgrenze, b) die Dehngrenze festgestellt?
9. Wann werden a) Scher-, b) Lochversuche durchgeführt?
10. Welchen Zweck haben Kerbschlagbiegeversuche?
11. Wodurch unterscheiden sich Gewalt- und Dauerbrüche?
12. Welche Härteprüfverfahren gibt es und wie werden sie durchgeführt?
13. Mit welchen Kurzzeichen kann die Härte gekennzeichnet werden?
14. Welche Werkstoffeigenschaft wird durch Technologische Prüfungen ermittelt?
15. Welche Technologischen Prüfungen werden durchgeführt?
16. Welche zerstörungsfreien Prüfverfahren gibt es?
17. Auf welchen Entdeckungen beruht die Dehnungsmeßstreifen-Technik?
18. In welchen Schritten erfolgt die Ermittlung von Spannungen mit der Dehnungsmeßstreifen-Technik?

# 3 Fertigungskunde

## 3.1 Arbeitssicherheit

### Allgemeine Hinweise

Das Spielen, Unfugtreiben oder Streiten ist zu unterlassen, auch das Werfen von Gegenständen auf Mitarbeiter ist unzulässig. Bei Verstößen gegen diese Hinweise kann der Versicherungsschutz erlöschen sowie auch zivil- und strafrechtliche Verantwortung geltend gemacht werden.

Bei der Arbeit soll nur anliegende Kleidung, insbesondere in der Nähe bewegter Teile von Maschinen und Einrichtungen getragen werden; auch lange und lose getragene Haare sind gefährlich und daher unzulässig. Die zur Verfügung gestellten persönlichen Schutzausrüstungen, wie Schutzbrille, Handschuhe, Gehörschutz und dgl. müssen benutzt werden.

Arbeiten sollen nur an Maschinen und Einrichtungen verrichtet werden, in denen die Mitarbeiter ausreichend unterwiesen sind und die ihnen als Arbeitsmittel zugewiesen sind.

Zum Messen, Putzen, Schmieren oder zur Beseitigung von Störungen muß die Maschine abgeschaltet werden. Nach dem Abschalten den Stillstand der Maschine abwarten.

Arbeitsstoffe (Öl, Emulsion, Reinigungsmittel usw.) dürfen niemals in Abflüsse gelangen. Verbrauchte Arbeitsstoffe müssen nach Angabe des Vorgesetzten der Entsorgung zugeführt werden.

Einwandfreies, geschlossenes Schuhwerk soll getragen werden. Soweit durch die Art der Tätigkeit Fußverletzungen nicht auszuschließen sind, müssen Sicherheitsschuhe getragen werden.

Bei hoher Schallstärke muß Gehörschutz getragen werden. Als Gehörschutzmittel werden Kapselgehörschützer, Stöpsel aus Weichschaum oder Gehörschutzwatte verwendet (normale Verbandswatte ist als Gehörschutz ungeeignet). Stöpsel haben vielfach eine bessere mittlere Schalldämmung als Kapseln. Außerdem sind sie angenehmer zu tragen, da sie leichter sind, weniger drücken und Schwitzen vermeiden.

> An Lärm kann man sich nicht gewöhnen. Lärmschwerhörigkeit ist unheilbar.

Auf Sicherheit geprüfte Geräte sind mit dem Sicherheitszeichen nach Bild 3-1 versehen.

*Bild 3-1 Sicherheitszeichen mit Zeichen der Prüfstelle*

> Die Entfernung oder Beschädigung von Rettungs- und Schutzeinrichtungen, z.B. Ketten-Zahnrad- und Treibriemenschutzeinrichtungen an Maschinen, sind strafbare Handlungen.

**Sicherheitszeichen** (Auszug VBG 125)

Bei Sicherheitszeichen wird nach Form und Farbe unterschieden:

Augenschutz tragen

Gehörschutz tragen

**Gebotszeichen:**
rund mit weißem Symbol auf blauen Grund.

Warnung vor gefährlicher elektrischer Spannung

Warnung vor giftigen Stoffen

**Warnzeichen:**
dreieckig, schwarzes Symbol auf gelbem Grund mit schwarzer Einrahmung.

Feuer, offenes Licht und Rauchen verboten

Für Fußgänger verboten

**Verbotszeichen:**
rund, schwarzes Symbol auf weißen Grund mit rotem Farbring und rotem Diagonalstrich.

Rettungsweg

Hinweis auf „Erste Hilfe"

**Hinweiszeichen:**
rechteckig oder quadratisch, weißes Symbol auf grünem Grund.

## 3.2 Gliederung der Fertigungsverfahren nach DIN 8580

Alle technischen Gebilde, z.B. Maschinen, Fahrzeuge, Apparate, Geräte und Gebrauchsgegenstände aller Art, sind aus Einzelteilen zusammengesetzt. Die Einzelteile, z.B. Schrauben, Achsen, Räder, Rohrleitungen, Drähte, Schalter, Blechkörper, werden mit Werkzeugen hergestellt oder gefertigt.

Die Einzelteile der technischen Gebilde heißen in der Fertigung Werkstücke, die Werkzeuge zu ihrer Herstellung Fertigungsmittel.

*Tabelle 3-1* Benennung der Werkstücke nach dem Fertigungszustand

| Benennung | Fertigungszustand | Beispiele | | | | |
|---|---|---|---|---|---|---|
| Rohteil oder Rohstück | rohe Ausgangsform | Roheisen | Stahlblock | | | |
| Halbfertigteil oder Halbfertigstück | halbfertig | nicht bearbeitetes Gußstück | Rohr | Rundstahl | Blech | |
| Fertigteil oder Fertigstück | fertig bearbeitet | fertig bearbeitetes Gußstück | Kühlschlange | Schraube | Dachrinne | Zahnrad |

*Bild 3-2* **Einteilung der Fertigungsverfahren**

**Urformen** ist Fertigen eines Werkstücks aus formlosem Stoff durch Schaffen des Zusammenhaltes.

▶ **Beispiele:**
Gießen (s. Abschnitt 3.9.1), Sintern (s. Abschnitt 2.10.2).

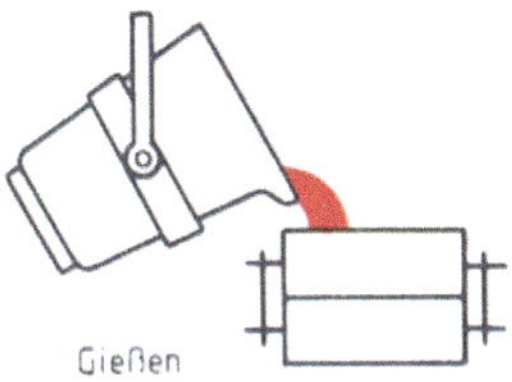


**Umformen** ist Fertigen eines festen Körpers durch plastische Verformung, dabei wird der Zusammenhalt des Werkstoffes beibehalten.

▶ **Beispiele:**
Biegen (s. Bild 3-201), Schmieden (s. Bild 3-175).

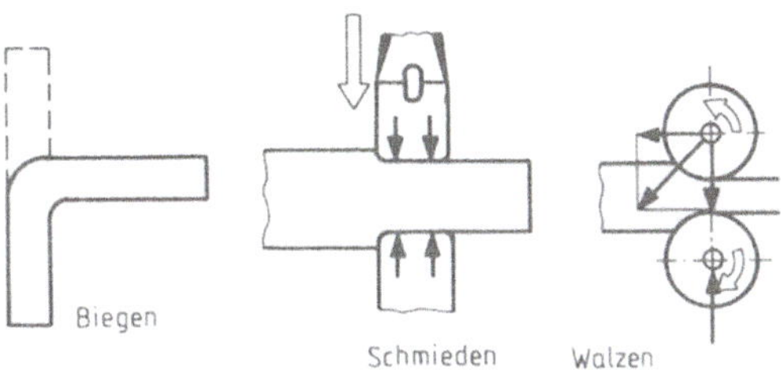


**Trennen** ist Fertigen durch Ändern der Form eines festen Körpers, dabei wird der Zusammenhalt örtlich aufgehoben.

▶ **Beispiele:**
Spanen (s. Abschnitt 3.8), Brennschneiden (s. Bild 3-302).

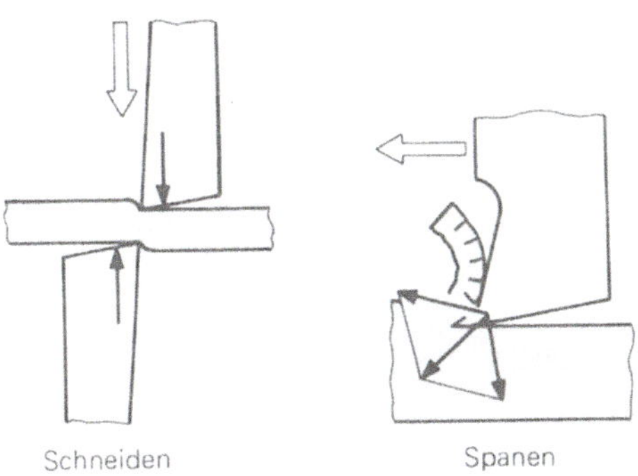


**Fügen** ist das Verbinden von zwei oder mehr Werkstücken.

▶ **Beispiele:**
Verschrauben (s. Abschnitt 3.10.1), Schweißen (s. Abschnitt 3.10.8).

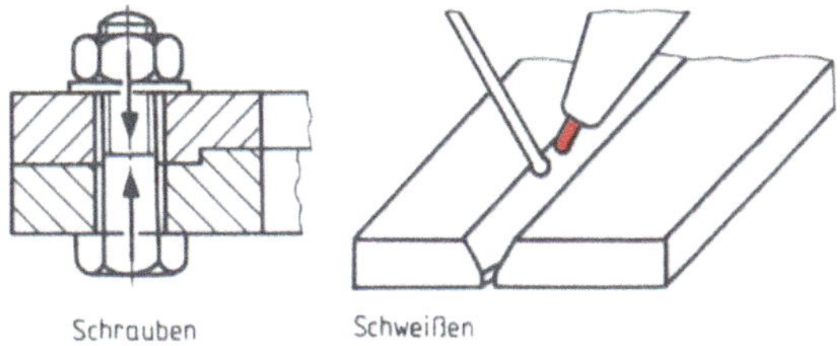


**Beschichten** ist das Aufbringen einer fest haftenden Schicht auf ein Werkstück.

▶ **Beispiele:**
Galvanisieren, Emaillieren (s. Abschnitt 2.12.4).

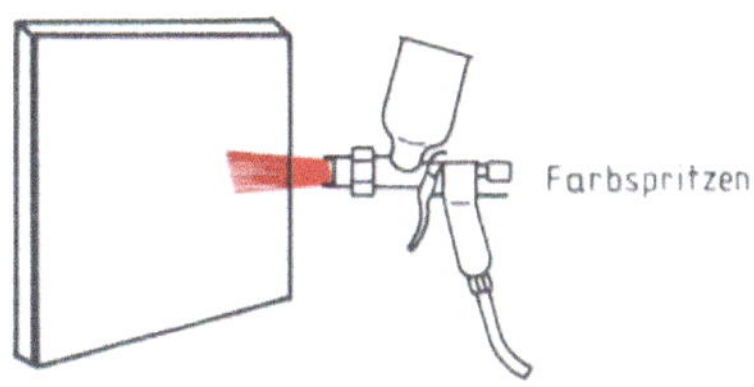


**Stoffeigenschaft ändern** bedeutet Gefügeänderung bei festen Werkstoffen.

▶ **Beispiele:**
Härten (s. Abschnitt 2.82), Nitrieren (s. Abschnitt 2.8.6).

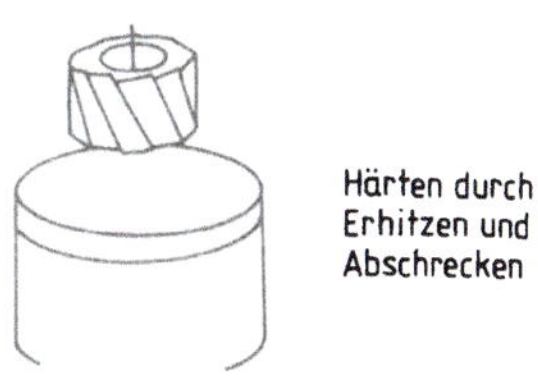

## 3.3 Längenprüftechnik

### 3.3.1 Grundbegriffe

In DIN 2257 sind die Begriffe der Längenprüftechnik in der Fertigung festgelegt. Danach wird der Oberbegriff Prüfen unterteilt in **Messen** und **Lehren.** Dabei versteht man unter Prüfen die Feststellung, ob der Prüfling der geforderten geometrischen Form, die durch Längen und Winkel gegeben ist, entspricht.

> **Messen** ist Vergleichen einer Länge oder eines Winkel am Werkstück mit einem Meßgerät. Das Ergebnis ist ein Zahlenwert, das **Istmaß.**

Maschinen, Fahrzeuge und Geräte aller Art sind aus Einzelteilen zusammengesetzt, z.B. aus Schrauben, Muttern, Wellen, Lagern u.a. Mengenfertigung und Reparatur erfordern die Austauschbarkeit der Einzelteile ohne Nacharbeit, die durch Vergleichen mit Lehren gewährleistet wird. Ein Lager ist z.B. hinsicht-

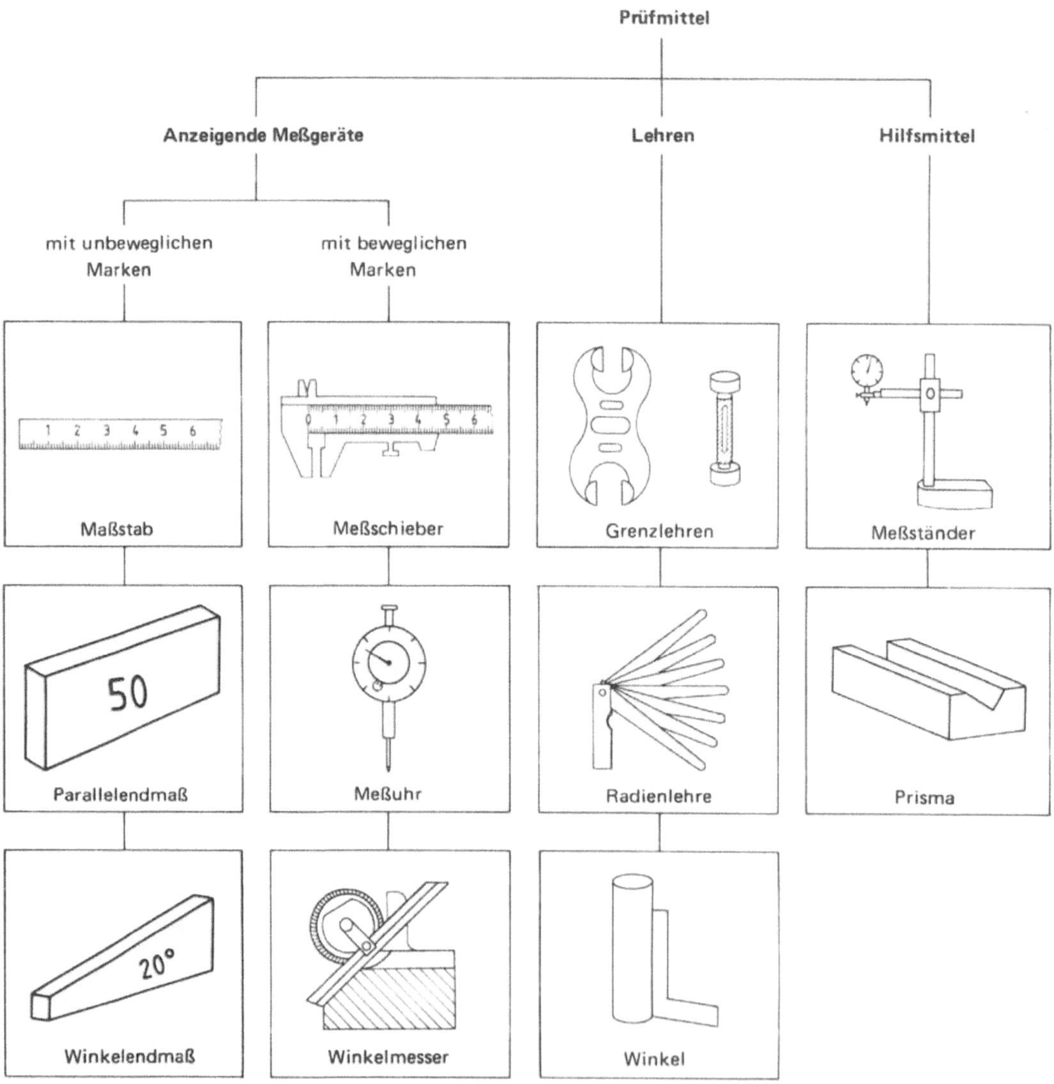


*Bild 3-3 Zuordnung der Prüfmittel nach DIN 2257*

## Begriffe zu Meßgeräten

*Tabelle 3-2* Begriffe und Definitionen zum Messen

| Begriff | Kurzzeichen | Darstellung | Definition |
|---|---|---|---|
| Meßgröße | M | 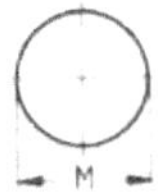 | Die zu messende Länge oder der zu messende Winkel. |
| Skalenteil | Skt |  | Zähleinheit für die Anzeige auf einer Skale **ohne** Angabe der Maßeinheit. Er entspricht dem Teilstrichabstand. |
| Skalenwert | Skw |  | Änderung der Meßgröße, die einem Skalenteil des Meßgerätes entspricht. Der Skalenwert wird in der Einheit der Meßgröße angegeben. |
| Anzeige | Az | 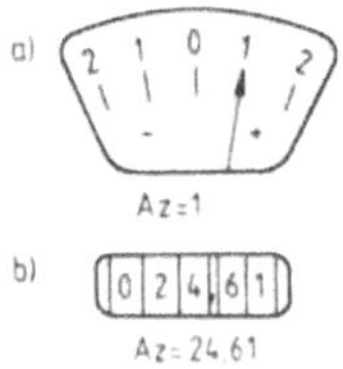 | Sie ist der an einer Skale abgelesene Stand der Marke. Sie kann mit oder ohne Einheit erfolgen.<br>a) Stetige oder **analoge** Anzeige auf einer Skale (Analog ≙ entsprechend).<br>b) Sprungweise oder **digitale** Anzeige in Ziffern (digital ≙ Ziffernmäßig) |
| Meßwert | Mw | 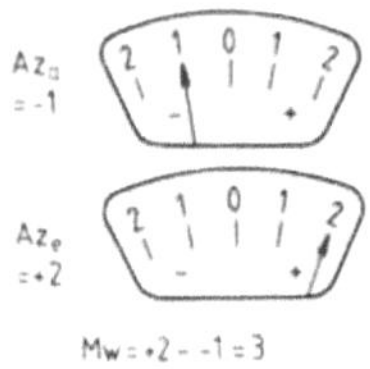 | Er wird aus ein- oder mehrmaliger Anzeige eines Meßgerätes ermittelt. Mw = $Az_e - Az_a$ (e ≙ Endwert a ≙ Anfangswert). Der Meßwert besteht aus Vorzeichen (falls notwendig), Zahlenwert und Einheit. Er ist eine physikalische Größe (DIN 1313: **Größe = Zahlenwert × Einheit**). |
| Meßergebnis | y | | Es enthält keine bekannten systematischen Fehler mehr, sondern nur noch eine Meßunsicherheit. |
| Meßunsicherheit | u | | Zufällige und nicht erfaßbare systematische Fehler. |
| Anzeigebereich | Azb |  | Der Bereich eines Meßgerätes zwischen dessen größter und kleinster Anzeige. |
| Meßbereich | Meb | 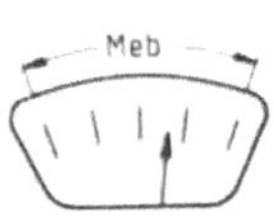 | Der Teil des Anzeigebereiches, für den Abweichungen bekannt oder begrenzt sind. |
| unmittelbare oder direkte Messung | – | 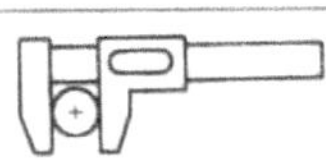 | Der Meßgegenstand wird direkt mit einem Meßgerät verglichen. |
| mittelbare oder indirekte Messung | – | 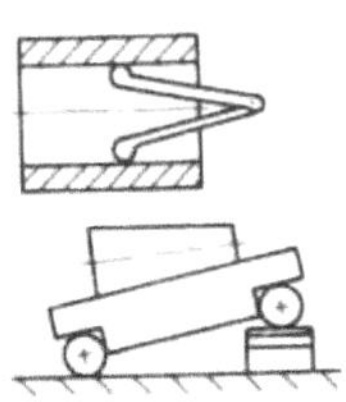 | Der Meßwert wird entweder durch Zwischenschaltung von Hilfsmitteln (Taster) oder durch Hilfsmessungen rechnerisch ermittelt, z.B. Dreidrahtmethode beim Gewindemessen, Sinuslineal. |

lich seines Bohrungsdurchmessers austauschbar, wenn in die Lagerbohrung die Gutseite des zugehörigen Lehrdornes eingeführt, und seine dickere Ausschußseite nicht eingeführt werden kann.

> **Lehren** ist Vergleichen eines Prüflings mit einer Lehre. Das Ergebnis ist kein Zahlenwert sondern nur die Feststellung, ob der Prüfgegenstand **gut** oder **Ausschuß** ist.

Entsprechend der Unterteilung in Messen und Lehren werden die Meßgeräte, die Lehren- und die Hilfsmittel **Prüfmittel** genannt (DIN 2257).

Meßgeräte und Lehren beruhen auf Maßverkörperungen, welche die zu messenden Längen durch Strichabstände (Strichmaße) oder durch Flächenabstände (Endmaße), und die zu messenden Winkel durch die Neigung ihrer Flächen (Winkelendmaße) darstellen.

Bei anzeigenden Meßgeräten wird der Meßwert abgelesen. Lehren verkörpern das Maß oder das Maß und die Form.

## 3.3.2 Längen- und Winkeleinheiten

Jede Festlegung von Einheiten ist vollständig willkürlich. Das wichtigste Erfordernis ist eine weitreichende internationale Vereinbarung.

*Gesetzliche Längeneinheit in Europa* ist das **Meter.** Nach DIN 7180 ist die Längeneinheit 1 Meter durch die Wellenlänge des vom Element Krypton ausgesendeten orangeroten Lichtes festgelegt: 1 m = 1 650 763,73 Wellenlängen $Kr^{86}$. Dezimale Vielfache und Teile siehe Tabelle 1-4.

Im englischen Sprachgebiet wird vielfach noch die Längeneinheit **Yard** verwendet.

1 Yard = 3′ (Fuß, foot) = 36″ (Zoll, inch)
= 360‴ (Linien, line).

Für industrielle Längenmessungen wird vorwiegend der **Zoll** gebraucht, der durch fortgesetzte Halbierung unterteilt wird: 1/2′, 1/4′, 1/8′, 1/16′ ... Ungerade Vielfache davon sind gebräuchlich, z.B. 3/4′, 3/8′, 7/8′ ...

> 1 englischer Zoll ≙ 1 amerikanischer Zoll ≙ 25,4000 mm.

Das **Sexagesimalsystem** oder die **Dutzendzählweise** ist jahrtausende alt und wird in der Technik bei Zeit- und Winkelmessungen verwendet; sexagesimal = sechzigteilig, auf sechzig als Grundzahl zurückgehend.

**Ebener Winkel (Winkel)**

Die ergänzende SI-Einheit des ebenen Winkels ist der Radiant (Einheitenzeichen: rad).

> 1 Radiant ist gleich dem ebenen Winkel, der als Zentriwinkel eines Kreises vom Halbmesser 1 m aus dem Kreis einen Bogen der Länge 1 m ausschneidet.

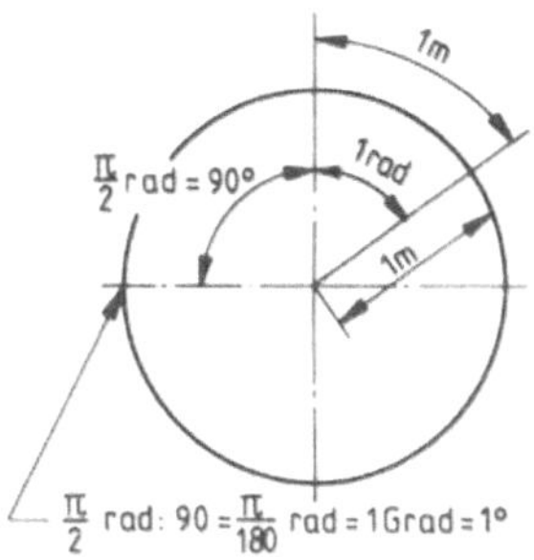


*Bild 3-4*
*Ebener Winkel*

Abgeleitete Einheiten des ebenen Winkels sind auch:

1. der **Vollwinkel,** 1 Vollwinkel ist gleich $2\pi$ rad;
2. der **rechte Winkel** oder Rechte (Einheitenzeichen: L), 1 rechter Winkel ist gleich $\frac{\pi}{2}$ rad;
3. der **Grad.** Der Umfang des Kreises wird in 360 gleiche Teile geteilt. Das mit dem Zeichen ° geschriebene Wort ist die Einheit dieser Teilung = 1/360 Kreisumfang = neunzigster Teil des rechten Winkels = $\pi/180$ rad;
4. die **Minute** (Einheitenzeichen: 1′) als sechzigster Teil des Grad, 1 Minute ist gleich $\frac{\pi}{10\,800}$ rad;
5. die **Sekunde** (Einheitenzeichen: 1″) als sechzigster Teil der Minute, 1 Sekunde ist gleich $\frac{\pi}{648\,000}$ rad.

Eine Vorstellung von den Größen der Winkeleinheiten ergibt sich aus den zugehörigen Seitenlängen eines rechtwinkligen Dreiecks.

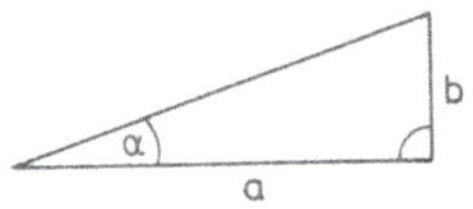


für $\alpha = 1^\circ$ ist

| | | | |
|---|---|---|---|
| a | 1 mm | 1 m | 1 km |
| b | 18 μm | 18 mm | 18 m |

für $\alpha = 1'$ ist

| | | | |
|---|---|---|---|
| a | 3,4 mm | 34 m | 3,4 km |
| b | 1 μm | 10 mm | 1 m |

für $\alpha = 1''$ ist

| | | | |
|---|---|---|---|
| a | 200 mm | 20 m | 200 km |
| b | 1 μm | 0,1 mm | 1 m |

## 3.3.3 Meßfehler

Der durch Messen mit einem Meßgerät ermittelte Istwert ist immer fehlerhaft. Der Fehler wird durch Messen mit einem **Endmaß** = **Sollwert** ermittelt.

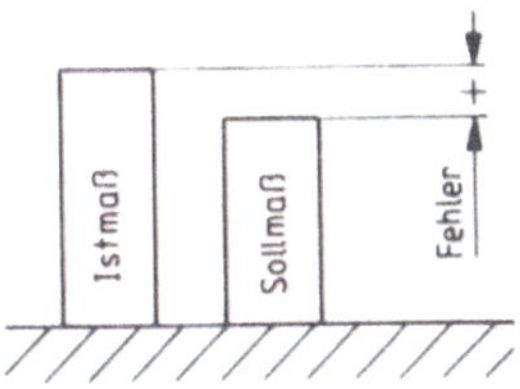


*Bild 3-5*
*Fehlerbestimmung*

Fehler = Istmaß – Sollmaß.

Für Meßgeräte:

Anzeigefehler = Istanzeige – Sollanzeige.

Man unterscheidet **systematische** und **zufällige** Fehler.

**Systematische Fehler**

Nichtbeachtung der Bezugstemperatur.

Die Bezugstemperatur für Meßgeräte und Meßgegenstände ist +20 °C.

Nichtbeachtung des meßtechnischen Grundsatzes.

Die Anordnung muß so erfolgen, daß die zu messende Strecke die gradlinige Fortsetzung der als Maßstab dienenden Teilung bildet (Abbesches Komparatorprinzip).

*Bild 3-6*
*Der meßtechnische Grundsatz ist bei der Schieblehre nicht erfüllt*

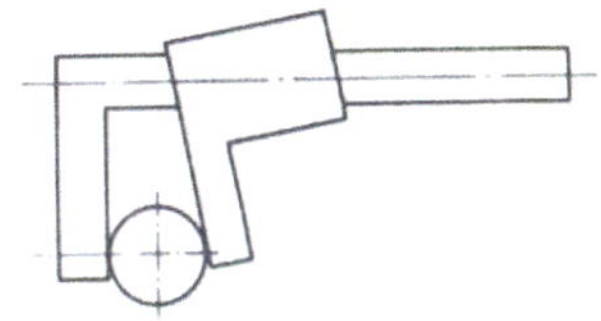

*Bild 3-7*
*Der meßtechnische Grundsatz ist bei der Bügelmeßschraube erfüllt*

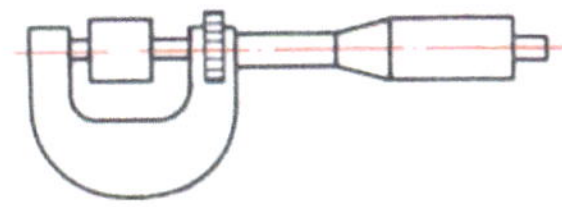

Weitere systematische Fehler sind Teilungsfehler an Skalen, Steigungsfehler der Meßspindeln, ungerade Führungen, Durchbiegung und Abplattung durch die Meßkraft.

Systematische Fehler haben unter gleichen Bedingungen immer dieselbe Größe und können zur Berichtigung des abgelesenen Meßwertes benutzt werden.

**Zufällige Fehler**

Zufällige Fehler sind Schmutz, Staub, Fett, Grat, schwankende Meßkraft, Lagerspiel, ungenaues Ablesen und Parallaxenfehler.

*Bild 3-8*
*Parallaxenfehler*

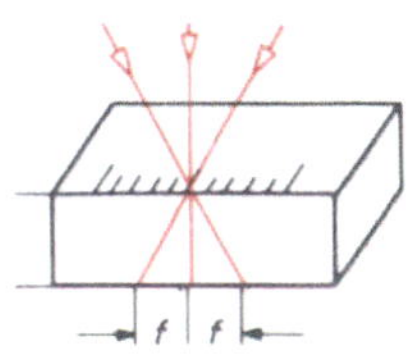


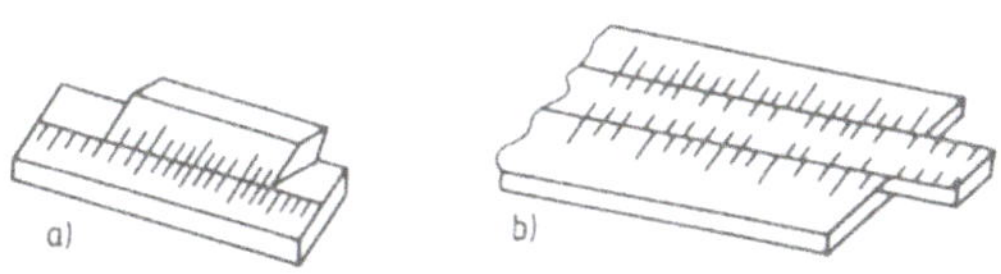


*Bild 3-9 Parallaxfreie Ablesung*

a) schräge Skalenfläche,
b) Skalenflächen in einer Ebene, z.B. bei Präzisionsmeßschiebern.

Zufällige Fehler machen das Meßergebnis unsicher.

## 3.3.4 Längenprüfmittel

### Anzeigende Meßgeräte mit festen Marken

Strichmaße verkörpern das Maß durch den Abstand zwischen zwei Strichen.

*Tabelle 3-3* Strichmaßstäbe, Ablesung und Anwendung

| Strichmaßstäbe | Ablesung | Anwendung |
|---|---|---|
| Gliedermaßstäbe<br>Maßbänder<br>Arbeitsmaßstäbe I<br>Arbeitsmaßstäbe II | direkt | einfache Werkstattmessung |
| Prüfmaßstäbe | Lupe | Prüfen von einfachen Maßverkörperungen, Einbau in Werkzeugmaschinen und Meßeinrichtungen |
| Vergleichs- und Urmaßstäbe | Mikroskop | |

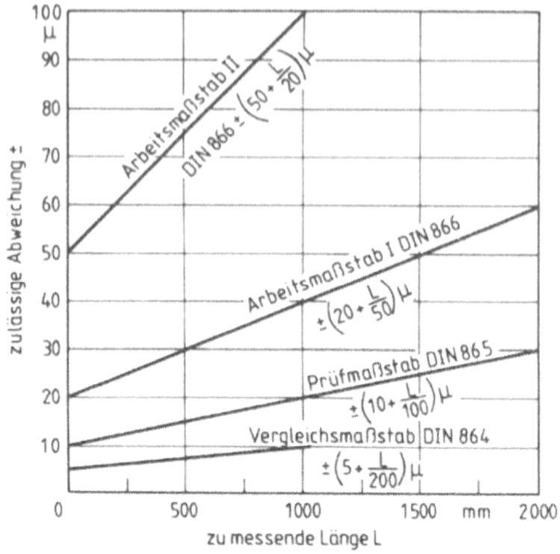


*Bild 3-10 Zulässige Abweichungen für genormte Strichmaßstäbe*

Der Abstand *L* eines *beliebigen* Teilstriches vom Nullstrich darf bei 20° von seinem Nennwert um keinen größeren Betrag abweichen, als sich aus den eingezeichneten Linien ergibt.

**Schwindmaßstäbe** für Modellbauer und Hersteller von Schmiedegesenken haben eine der Schwindung entsprechend größere Teilung.

### Endmaße

Man unterscheidet Parallelendmaße und runde Tastprüfdorne. Parallelendmaße sind prismatische Meßblöcke, deren Meßflächenabstände die eingravierten Nennmaße verkörpern. Tastprüfdorne verkörpern Durchmesser von Bohrungen.

Endmaße bilden die Grundlage industrieller Messungen.

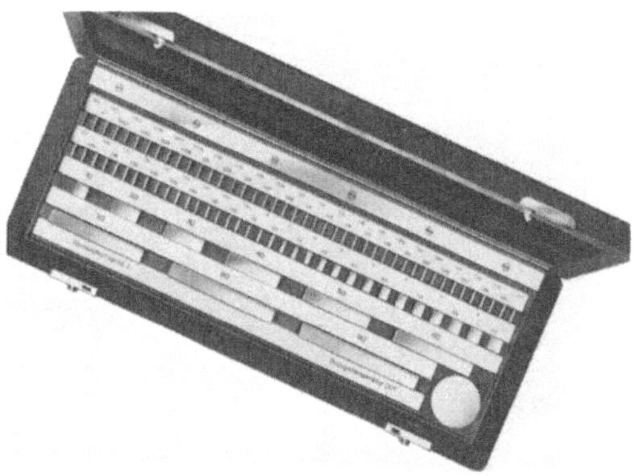

*Bild 3-11 Parallel-Endmaß-Satz*

Werkstoff: Stahl, seltener Hartmetall oder Quarz. Für die Wahl eines Satzes sind der Genauigkeitsgrad und die kleinste Unterstufung bestimmend.

*Tabelle 3-4* Parallelendmaße, Genauigkeit und Anwendung

| Genauigkeitsgrad | Kennzeichen | Parallelendmaße<br>Zulässige Abweichungen in µ bei Längen von<br>10 mm | <br><br>100 mm | Anwendung |
|---|---|---|---|---|
| 00 | 00 | 0 | 0 | Grundsatzmessungen, z.B. Kontrolle von Meßmaschinen |
| 0 | 0 | 0,12 | 0,3 | Kontrolle von Lehren und Feinzeigern |
| I | – | 0,25 | 0,7 | Einstellen von Meßgeräten |
| II | – | 0,6 | 1,5 | Einstellen von Meßuhren |

*Tabelle 3-5* Bestandteile eines Endmaßsatzes

| Ein Normal-Endmaßsatz besteht aus 46 Endmaßen | | | | | | | | | | |
|---|---|---|---|---|---|---|---|---|---|---|
| 9 Endmaße | 1,001 | 1,002 | 1,003 | 1,004 | 1,005 | 1,006 | 1,007 | 1,008 | 1,009 mm | |
| 9 Endmaße | 1,01 | 1,02 | 1,03 | 1,04 | 1,05 | 1,06 | 1,07 | 1,08 | 1,09 mm | |
| 9 Endmaße | 1,1 | 1,2 | 1,3 | 1,4 | 1,5 | 1,6 | 1,7 | 1,8 | 1,9 mm | |
| 9 Endmaße | 1 | 2 | 3 | 4 | 5 | 6 | 7 | 8 | 9 mm | |
| 10 Endmaße | 10 | 20 | 30 | 40 | 50 | 60 | 70 | 80 | 90 | 100 mm |

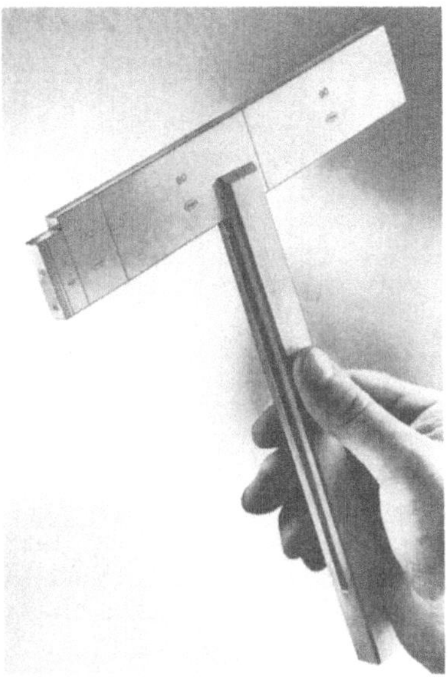

*Bild 3-12 Endmaßkombination*

Beim Zusammensetzen der Endmaße beginnt man mit der letzten Ziffer des Maßes.

Beispiel:

| | | |
|---|---|---|
| 1. | Endmaß | 1,005 mm |
| 2. | Endmaß | 1,070 mm |
| 3. | Endmaß | 2,080 mm |
| 4. | Endmaß | 8,000 mm |
| 5. | Endmaß | 20,000 mm |
| 6. | Endmaß | 80,000 mm |
| 7. | Endmaß | 90,000 mm |
| Länge | | 202,155 mm |

**Handhabung:** Wichtig ist sorgfältige Reinigung durch Abwaschen mit gereinigtem Benzin, Trocknen mit Baumwollflanell, entfernen von Staub mit dem Haarpinsel. Meßflächen, die angeschoben werden sollen, dürfen nicht gefettet werden. Endmaße sind vor Anhauchen, Handwärme und -feuchtigkeit zu schützen.

Endmaße mit hohem Genauigkeitsgrad kann man ohne Druck ansprengen, die anderen unter leichtem Druck anschieben.

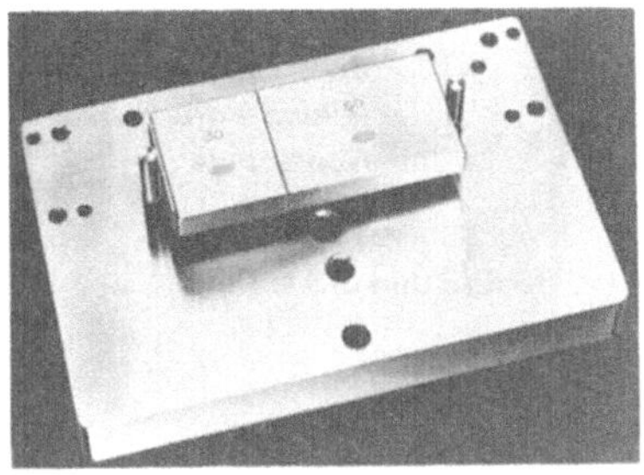

*Bild 3-13 Parallelendmaß-Lehrdom-Kombination* zur Bestimmung von Lochabständen.

## Anzeigende Meßgeräte mit beweglichen Marken

### Meßschieber (Schieblehren)

Meßschieber bestehen aus einer Schiene mit Millimeterteilung (Zollteilung) und einem Schieber, der auf der Schiene hin- und hergeschoben werden kann. Beide Teile haben einen festen Meßschenkel zum Erfassen des Prüfkörpers.

Der Schieber in Bild 3-14 ist mit einer Ablesemarke versehen, mit der bei Strichüberdeckung die Meßgröße auf der Millimeterteilung der Schiene = Hauptteilung abgelesen werden kann. Mit dem Schieber nach Bild 3-14 können nur ganze Millimeter genau abgelesen werden. Um auch halbe Millimeter ablesen zu können, wurde auf dem Schieber nach Bild 3-15 eine Hauptteilung = 1 mm in zwei gleiche Teile = zwei mal 1/2 mm unterteilt.

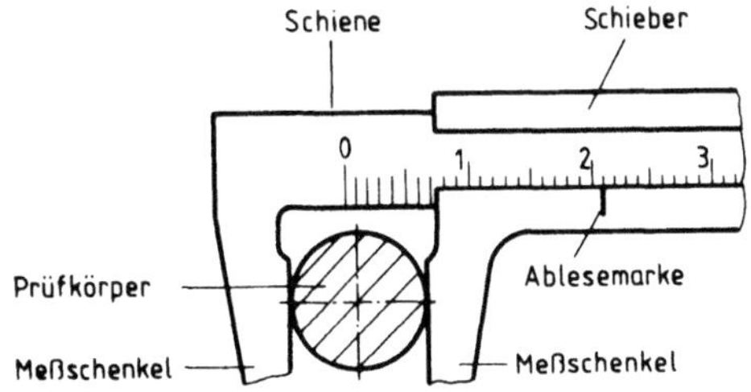


*Bild 3-14 Ein Ablesestrich auf dem Schieber*

Ablesemöglichkeit = eine Hauptteilung = 1 mm.

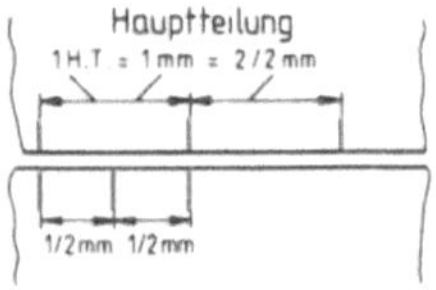


*Bild 3-15*
*Ein Teil der Hauptteilung = zwei gleiche Teile auf dem Schieber*

Ablesemöglichkeit = 1/2 mm und 2/2 = 1 mm.

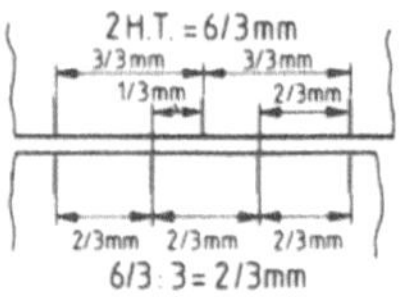


*Bild 3-16*
*Zwei Teile der Hauptteilung = drei gleiche Nonienteile*

Ablesemöglichkeit = 1/3, 2/3 und 3/3 = 1 mm.

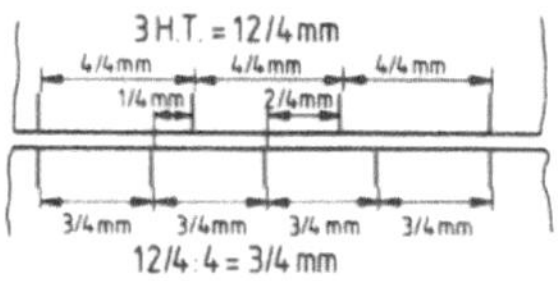


*Bild 3-17*
*Drei Teile der Hauptteilung = vier gleiche Nonienteile*

Ablesemöglichkeit = 1/4, 2/4 = 1/2, 3/4 und 4/4 = 1 mm.

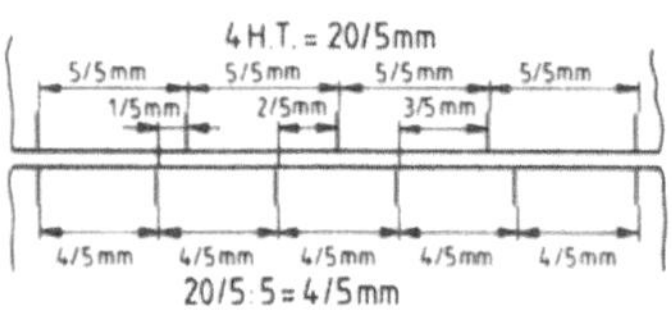


*Bild 3-18 Vier Teile der Hauptteilung = fünf gleiche Nonienteile*

Ablesemöglichkeit = 1/5, 2/5, 3/5, 4/5 und 5/5 = 1 mm.

Durch Teilung von 2, 3 und 4 Teilen der Hauptteilung in 2 + 1, 3 + 1 und 4 + 1 gleiche Teile auf dem Schieber (Bilder 3-16 bis 3-18), können 1/3, 1/4 und 1/5 mm abgelesen werden.

> Ableseskalen dieser Art werden nach dem Namen des angeblichen Erfinders Nonius genannt (Pedreo Nuez, Portugiese, 1492 bis 1577).

**Beim Ablesen** bildet der Nullstrich des Nonius das Komma des Meßwertes, so daß links davon die ganzen Millimeter abgelesen werden. Rechts vom Nullstrich sucht man den Teilstrich des Nonius, der sich mit einem Teilstrich der Hauptteilung deckt. Die Anzahl der Teile zwischen Null und Strichüberdeckung sind die Zehntel = 0,1 mm, Zwanzigstel = 0,05 mm ... Millimeter.

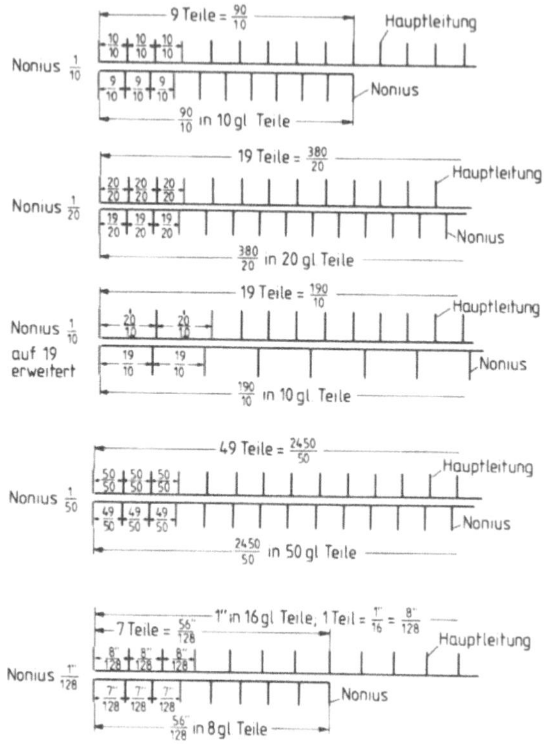


*Bild 3-19 Gebräuchliche Nonien*

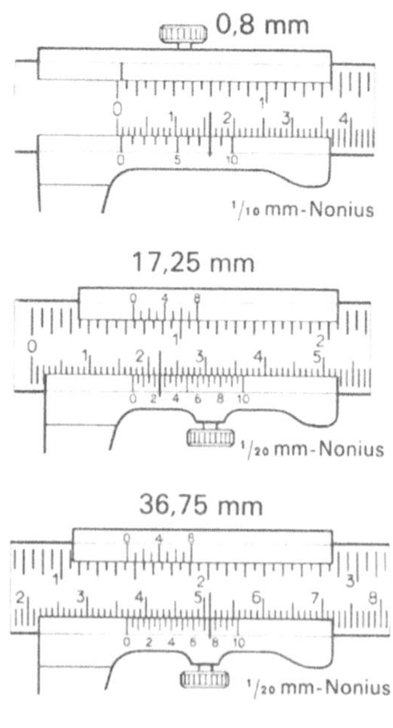


*Bild 3-20*
*Ablesebeispiele*

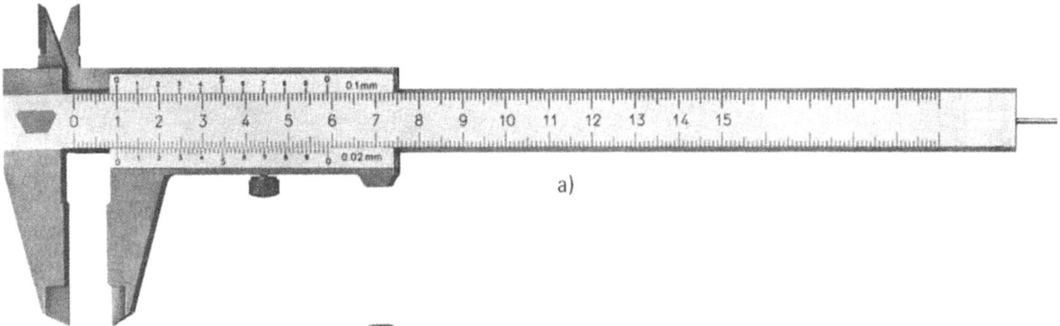

a)

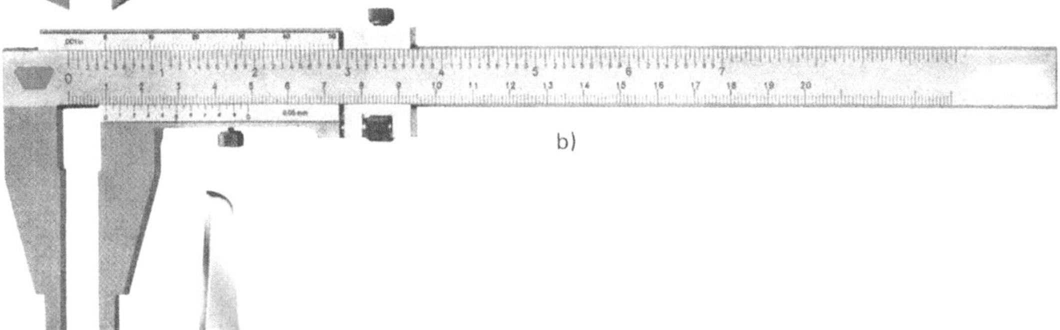

b)

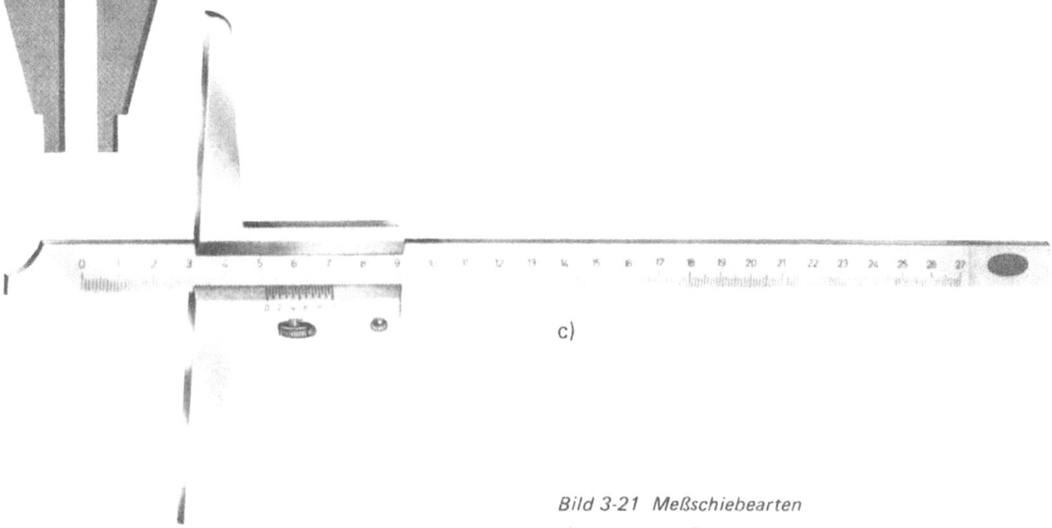

c)

*Bild 3-21 Meßschiebearten*

a) Taschenmeßschieber
b) Werkstattmeßschieber
c) Tiefenmeßschieber
d) Höhenmeßschieber
e) Lochabstandmeßschieber
f) Feinmeß-Einstich-Schiebelehre
g) Schieblehre mit Digitalanzeige

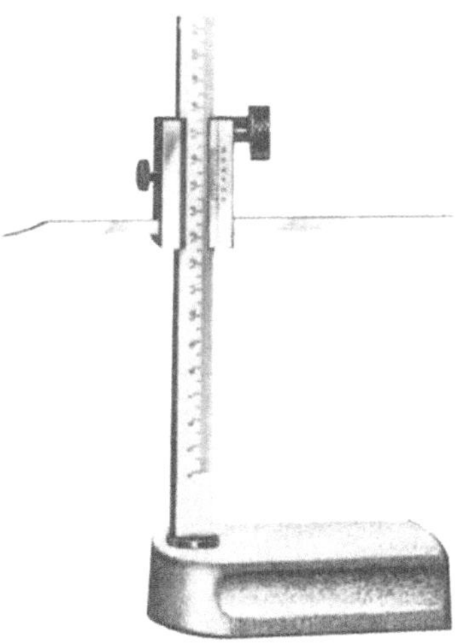

d)

e)

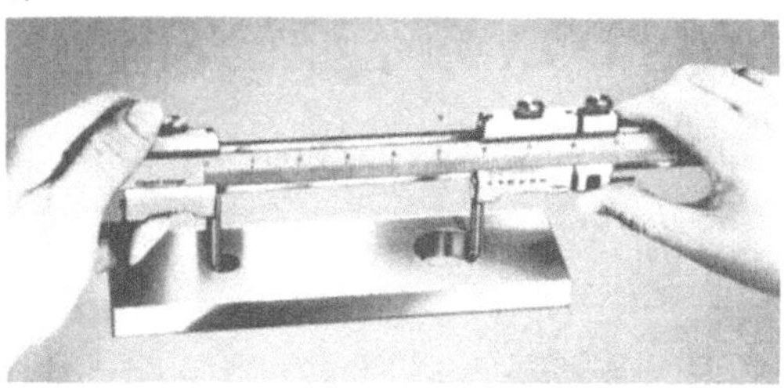

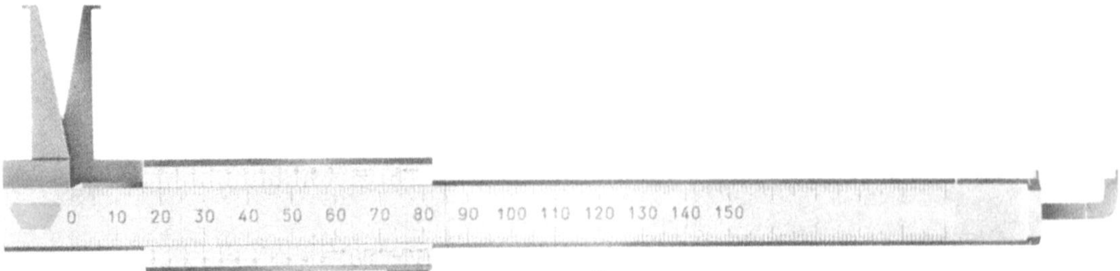


f)

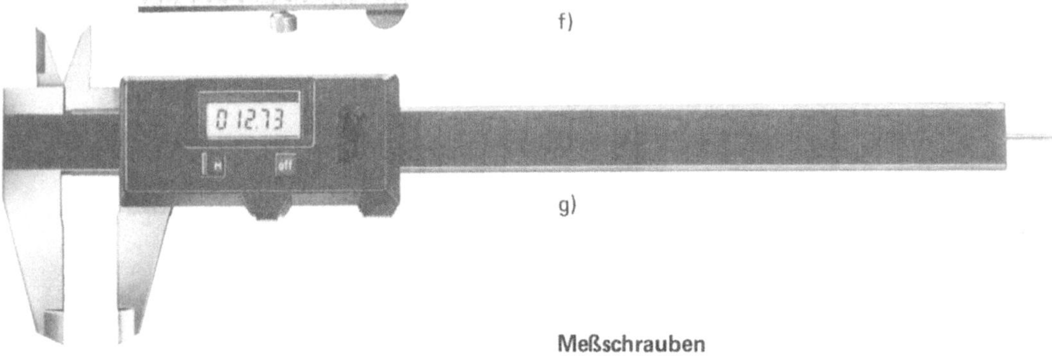

g)

**Schieblehre mit Digitalanzeige**

Meßbereich 0 ... 150 mm/0 ... 6 in; Anzeige 0,01 mm/ 0,005 in, fünfstellige Zahl; Meßgenauigkeit ± 0,03 mm/ 0,0015 in. Die Null-Marke kann in jeder beliebigen Schieberstellung durch Knopfdruck neu gesetzt werden.

Handhabung:

1. Meßergebnisanzeige in mm oder inch durch Knopfdruck wählen.
2. Vor dem Messen, wie mit a), b), f), Meßschenkel zusammenschieben und Null-Marke setzen.
3. Bei Toleranzmessung Sollmaß mit Endmaß einstellen und Null-Marke setzen. Beim Messen wird die Abweichung vom Sollmaß mit richtigen Vorzeichen angezeigt.

## Meßschrauben

Beim Messen müssen die Meßschenkel so weit wie möglich über das Werkstück geführt werden.

> Messen sich drehender Werkstücke und Herausziehen der Prüfkörper aus angestellten Schieblehren zerstören die Meßflächen der Schieblehren.

Bei Meßschrauben dient das Gewinde einer Meßspindel als Maßverkörperung. Während einer vollen Umdrehung verschiebt sich die in einem Bügel gelagerte Meßspindel um eine Gewindesteigung in Längsrichtung.

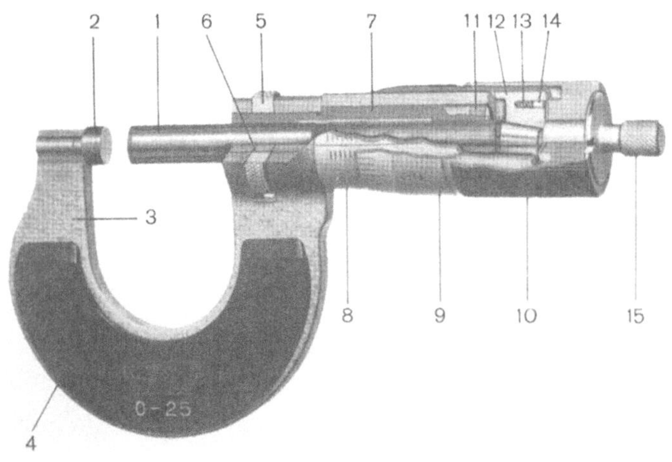


1 Spindel
2 Meßamboß
3 Bügel
4 Isolierplatte
5 Bremsring
6 Bremsstift
7 Bügelhals
8 Meßbüchse
9 Meßtrommel
10 Ratschenring
11 Stellmutter
12 Klemmbüchse
13 Ratschenfeder
14 Ratschenstift
15 Schnelltrieb

*Bild 3-22 Schnittbild einer Bügelmeßschraube*

Die mit der Meßspindel fest verbundene Skalentrommel ermöglicht die Feststellung von kleinen Längsverschiebungen der Meßspindel.

▶ **Beispiele:**

Bei einer Gewindesteigung von 1 mm und 100 Teilstrichen auf der Skalentrommel verschiebt sich die Meßspindel durch Drehung um einen Teilstrich um 1/100 mm in Längsrichtung.

Bei einer Gewindesteigung von 0,5 mm und 50 Teilstrichen auf der Skalentrommel verschiebt sich die Meßspindel durch Drehung um einen Teilstrich um 0,5 mm : 50 = 1/100 mm in Längsrichtung.

An der mit dem Bügel fest verbundenen Skalenhülse werden die ganzen und halben Millimeter vor der Skalentrommel abgelesen. Die 1/100 mm werden durch Strichüberdeckung von Teilstrichen der Skalentrommel mit dem horizontalen Strich auf der Skalenhülse abgelesen.

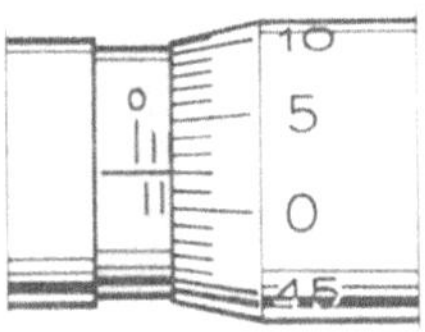

2,02 mm

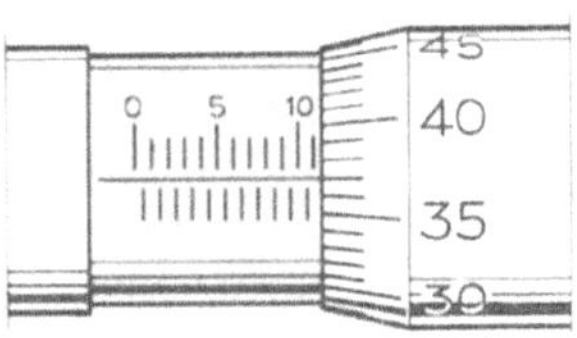

11,37 mm

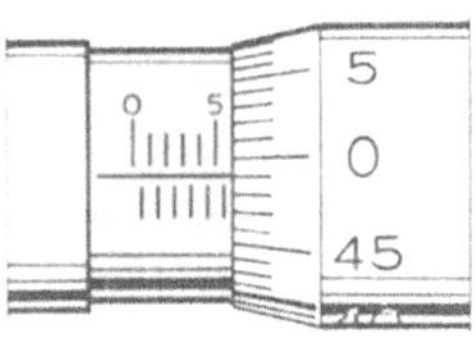

5,99 mm

*Bild 3-23 Ablesebeispiele*

Durch die Ratsche am Ende der Meßspindel, Bild 3-22 wird die Meßkraft 5 N bis 10 N begrenzt.

Übertragung von Handwärme auf die Bügelmeßschraube verformt den Bügel und hat Meßfehler zur Folge (Handgriffe aus Kunststoff, einspannen in Haltefuß).

**Nicht an der laufenden Maschine messen!**

Bügelmeßschrauben entsprechen dem meßtechnischen Grundsatz, s. S. 173, Bild 3-7.

Außenmessen

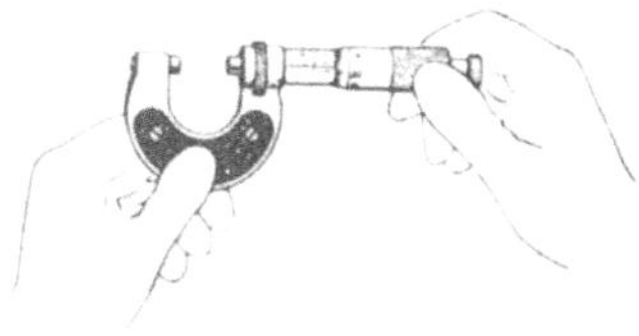

Halten beim Messen mit beiden Händen

Innenmessen

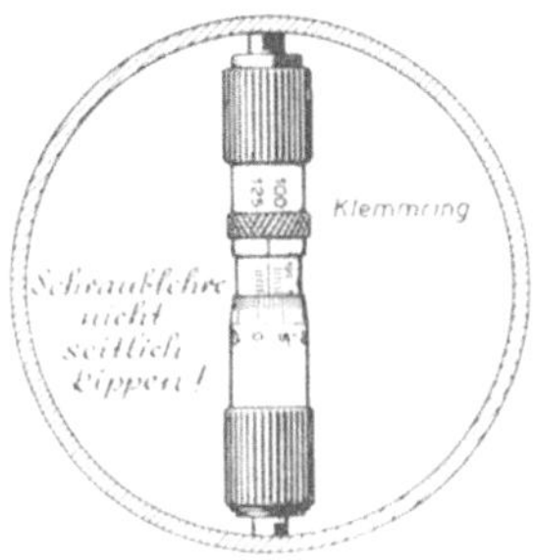


Innenschraublehre

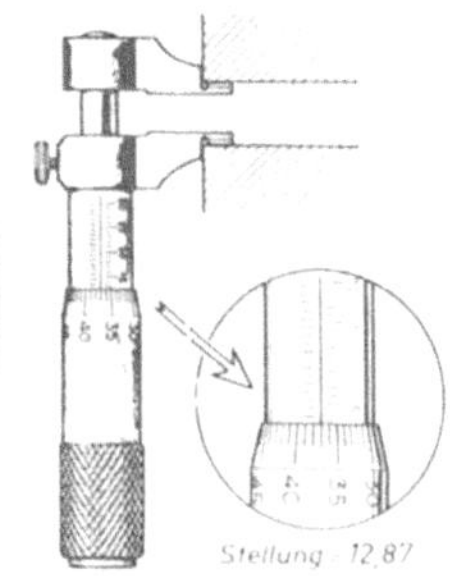


Innenschraublehre für kleine Durchmesser

Tiefenmessen

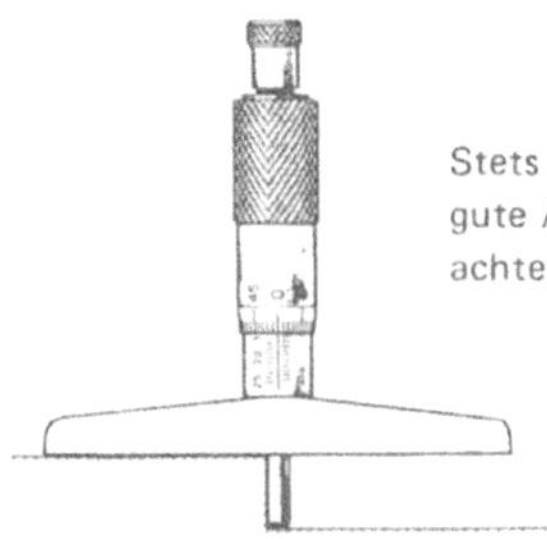

Stets auf gute Anlage achten!

Feinmeß-Tiefmaß mit auswechselbaren Einsätzen

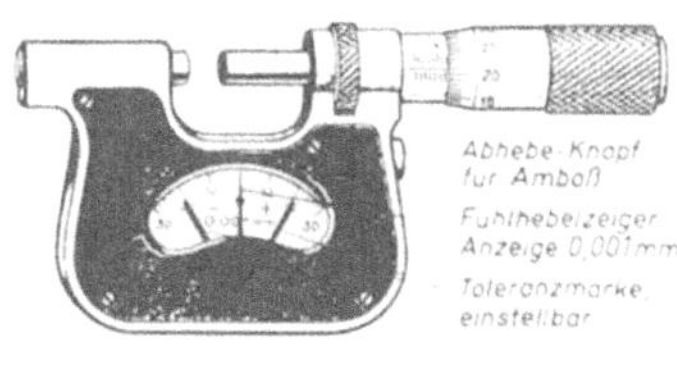


Fühlhebel-Schraublehre

Verwendbar als Schraublehre höchster Genauigkeit mit absolut konstanter Meßkraft oder als anzeigende Lehre für die Mengenprüfung gleicher Teile. Maßabweichungen überträgt der beweglich gelagerte Amboß auf den Fühlhebel.

*Bild 3-24 Meßschraubenarten*

## Meßuhren

Eine Meßuhr ist ein anzeigendes Meßgerät, bei dem der Weg des Meßbolzens über ein geeignetes System (meistens ein Zahnradgetriebe) auf einen Zeiger übertragen wird, wobei sich der Zeiger in der Regel um mindestens 360° vor einer gleichmäßig geteilten Rundskale bewegt.

Der Weg der Zeigerspitze von einem Teilstrich zum nächsten Teilstrich (Teilstrichabstand) entspricht einer Verschiebung des Meßbolzens um 0,01 mm.

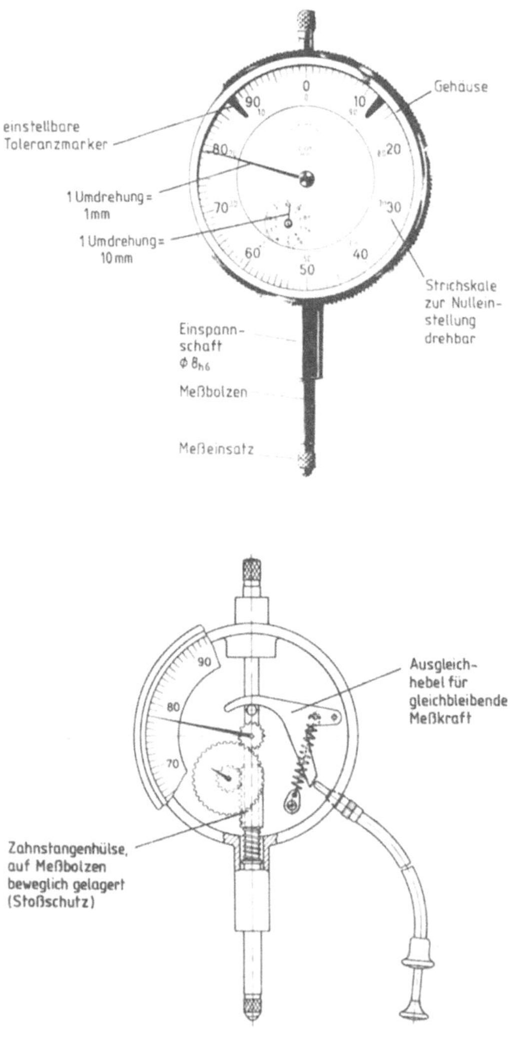


*Bild 3-25 Meßuhr DIN 878*

## Feinzeiger

Der Feinzeiger ist ein anzeigendes Längenmeßgerät mit Winkelausschlag des Zeigers kleiner als 360°. Er ist mit mechanischen Übersetzungsgliedern ausgestattet.

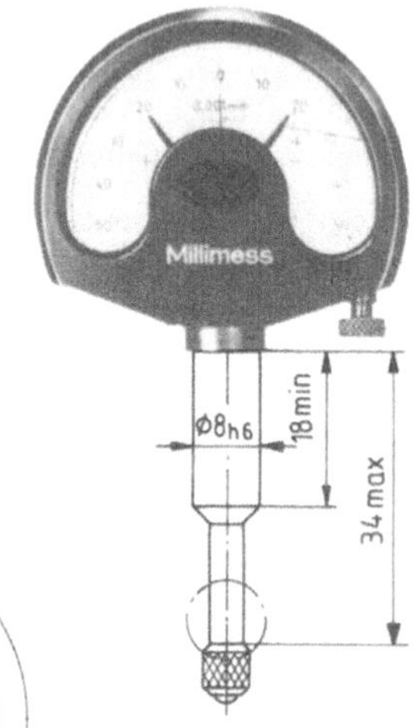


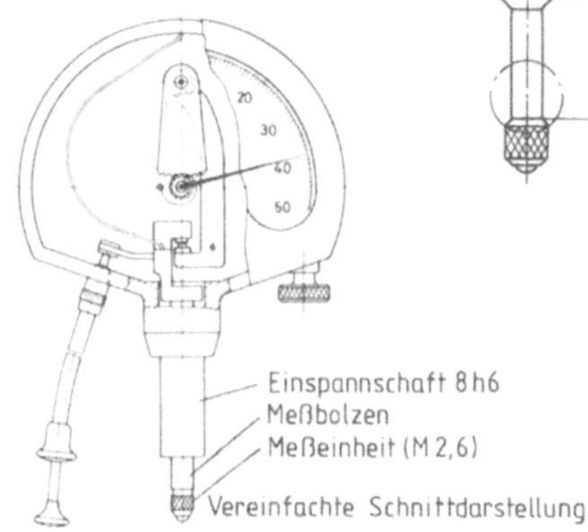


*Bild 3-26 Feinzeiger*

Die Genauigkeit der Feinzeiger hängt von ihrem Umkehrspiel ab. Bei Rundlaufprüfungen zeigen Feinzeiger mit größerem Umkehrspiel geringe Unrundheiten nicht an. Völlig spielfrei sind Feinzeiger, bei denen die Tastbolzen nicht über Hebel, sondern über Torsionsbänder auf die Zeiger wirken.

### Elektrische Feinzeiger

Die Meßuhrtaster schließen beim Überschreiten der eingestellten Toleranzgrenzen elektrische Kontakte und steuern damit Lichtanzeigergeräte, die nachzuarbeitende Teile durch ein weißes, maßhaltige Teile durch ein grünes und Ausschußteile durch ein rotes Lichtsignal anzeigen (Bild 3-27).

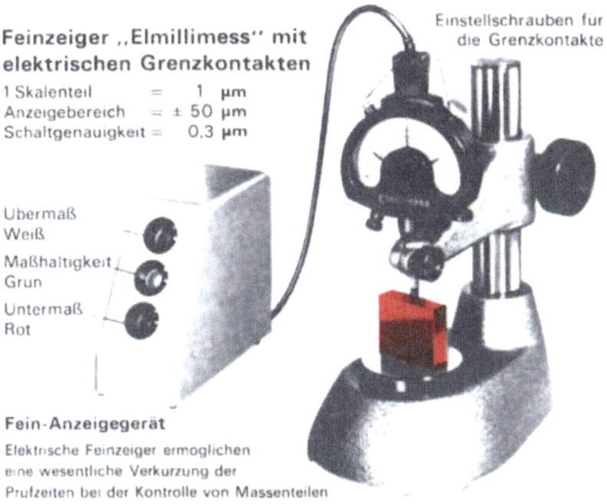


*Bild 3-27 Meßuhr mit elektrischem Feinanzeigegerät*

Meßuhren und Feinzeiger werden in Meßvorrichtungen und Maschinen eingebaut. Die Abmessungen der Werkstücke, z.B. der Durchmesser einer Welle, können damit nicht gemessen werden. Sie dienen zum Messen der Abweichungen des Prüfstückes vom Einstellnormal = Einstellnormal (Endmaß).

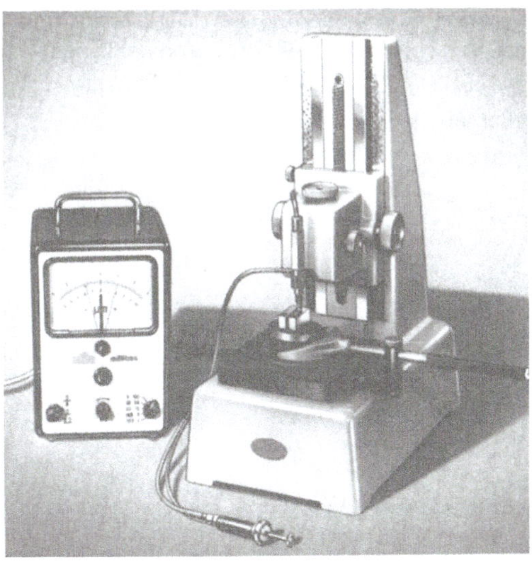

*Bild 3-28 Elektronischer Feinzeiger mit analoger Meßwertanzeige*

Analoge Meßwertanzeige (s. Tabelle 3-2). Das Gerät ist umschaltbar für Meßbereiche ± 1 bis ± 100 µm mit Skalenwerten von 0,02 bis 2 µm.

**Elektronische Feinzeiger**

Mit Transistoren arbeitende Feinzeiger werden als elektronische Feinzeiger bezeichnet.

Elektronische Feinzeiger (Bild 3-28) bestehen aus einem induktiven Feinmeßtaster und einem elektronischen Anzeigegerät. Der Feinmeßtaster verwandelt die Taststiftbewegung in einen elektrischen Meßwert, der vom Anzeigegerät in einen Zeigerausschlag verwandelt wird.

Elektrische und elektronische Feinzeiger dienen zur Toleranzprüfung mit Meßmaschinen.

*Bild 3-29 Digitales Höhenmeßgerät*

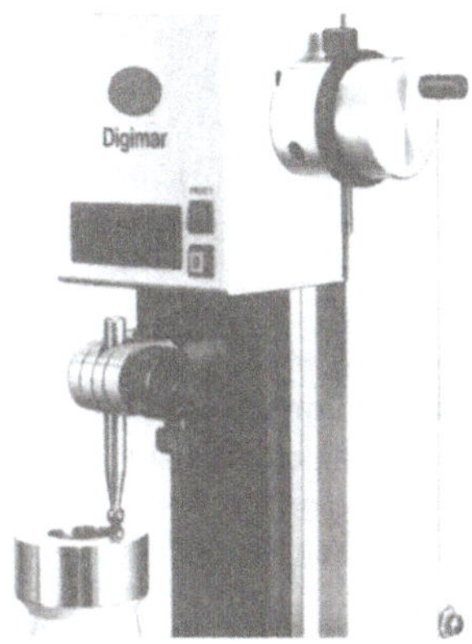


**Meßmaschinen**

Bild 3-30 ist das Foto einer *Elektronischen, dreidimensionalen Meßmaschine mit digitaler Meßwertanzeige.*

Während man mit den üblichen Abtastern gezwungen ist, bei Berührung mit dem Meß-

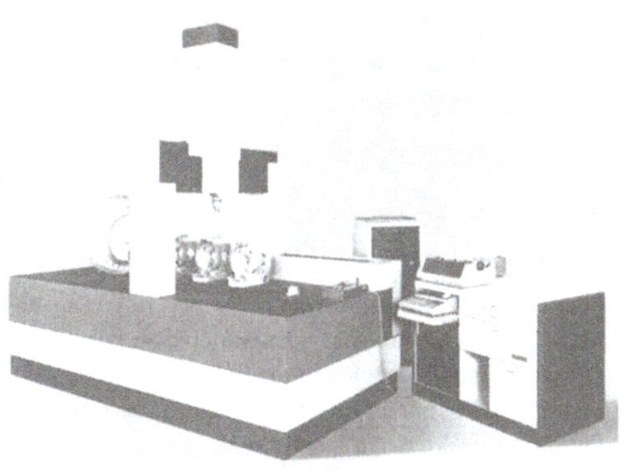

*Bild 3-30 Werkstattmeßmaschine*

punkt die Bewegung des Tasters zu stoppen, genügt es beim elektronischen Taster, den Meßpunkt während der Bewegung zu durchfahren, damit die Anzeige der Maße sofort automatisch erfolgt.

**Meßgenauigkeit:** 0,02 mm.

**Anwendung:** für schnelles und genaues Messen komplizierter Werkstücke.

### Pneumatische Längenmeßgeräte

Ein gegen die aus einem offenen Rohr frei ausströmende Luft gehaltenes Hindernis verursacht eine Druckerhöhung im Rohr. Auf dieser Tatsache beruht die Wirkung der an einer Preßluftfläche oder Preßluftleitung angeschlossenen pneumatischen Längenmeßgeräte.

Zum Messen werden aufgebohrte Meßdorne in die zu messenden Bohrungen, zu messende Wellen in aufgebohrte Meßringe eingeführt. Die Bohrungen sind luftführende Rohre (Bild 3-31). Der Luftdruck in den Rohren ändert sich mit dem Abstand des Rohrendes vom Werkstück.

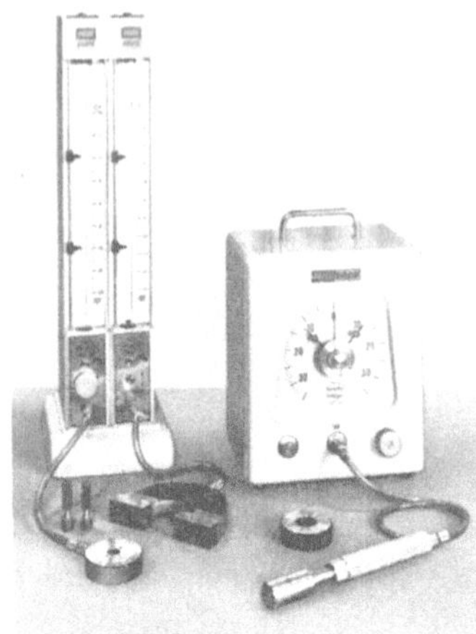


*Bild 3-32*
*Pneumatische Längenmeßgeräte*
a) Säulengerät
b) Zeigergerät

**Säulengeräte** (Bild 3-32a) zeigen durch einen in einem Feinmeßrohr befindlichen Schwimmer die Luftdruckänderung an. Parallel zum Feinmeßrohr sind rechts eine auswechselbare Skale zum Ablesen der Meßwerte, links eine Führungsschiene mit verstellbaren Toleranzmarken angebracht.

**Zeigergeräte** (Bild 3-32b) verwandeln die Luftdruckänderungen in elektrische Impulse und zeigen die Meßwerte mit einem Zeiger auf einer Rundskale an.

*Vorteile* der pneumatischen Längenmeßgeräte: Die Messung erfolgt praktisch ohne Meßkraft, d.h. ohne Formänderung der Werkstücke und ohne Verschleiß der Meßdorne und Meßringe.

*Nachteil:* Verunreinigungen beeinflussen das Meßergebnis.

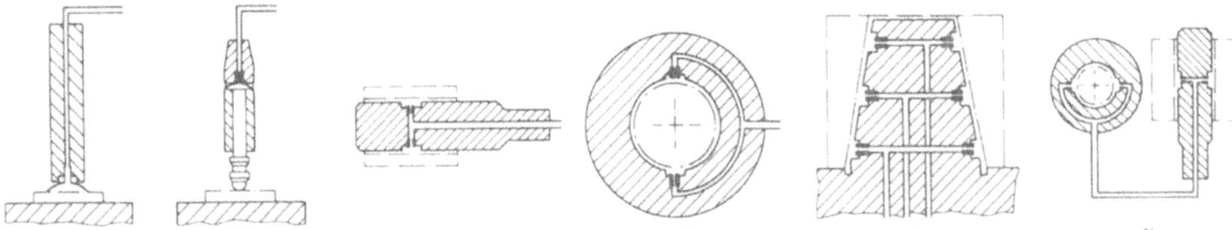


*Bild 3-31 Pneumatisches Messen*

a) Dicken- oder Wandstärkenmessung mit Einzel-Meßdüse (berührungslose pneumatische Messung)
b) Dickenmessung mit Kleintaster (mechanische Abtastung und pneumatische Meßwertübertragung)
c) Durchmesser-Messung von zylindrischen Durchgangsbohrungen mit Düsenmeßdorn (zwei Meßdüsen)
d) Durchmesser-Messung von zylindrischen Wellen mit Düsenmeßring (zwei Meßdüsen)
e) Kegel-Steigungsmessung sowie Form- und Durchmesser-Messung eines Innenkegels mit Kegeldüsenmeßdorn (drei Meßdüsenpaare)
f) Paarungsmessung zwischen Bohrung und Welle mit Düsenmeßdorn und Düsenmeßring (je zwei Meßdüsen)

### Optische Längenmeßgeräte

**Das Universal-Meßmikroskop** wird für Messungen an Werkzeugen und Präzisionswerkstücken verwendet. Es ermöglicht die Anwendung folgender Meßverfahren.

**Schattenbildverfahren.** Das Mikroskop liefert ein vergrößertes höhen- und seitenrichtiges Schattenbild des Prüflings (Bild 3-33). Der Prüfling wird mit einem Kreuzschlitten gegenüber einer feststehenden Visierlinie verschoben, die Verschiebung wird als Meßergebnis abgelesen.

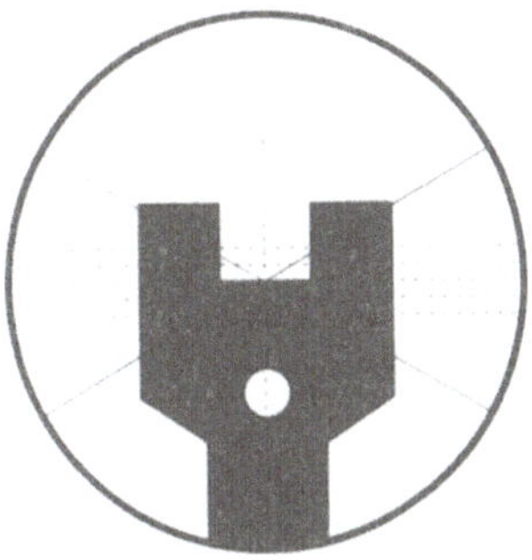

*Bild 3-33 Sehfeld des Mikroskops beim Schattenbildverfahren*

Man sieht den vergrößrten Schatten des Werkstückes und die Visierlinien der Strichplatte.

> Das Schattenbildverfahren ermöglicht berührungsfreies Messen von Außen- und Innenmeßflächen.

**Kontaktverfahren.** Durch Verschieben des Prüflings mit einem Schlitten werden die Meßflächen mit einem Tastfinger abgetastet. Im Einblick des Mikroskops wird das Ablesefeld mit Glasmaßstab und Transversalskala sichtbar (Bild 3-34), so daß die Verschiebung des Prüflings genau abgelesen werden kann.

> Das Kontaktverfahren eignet sich für Abstands- und Bohrungsmessungen, für Konizitätsmessungen in Bohrungen und für Parallelitätsmessungen von Führungen und Spalten.

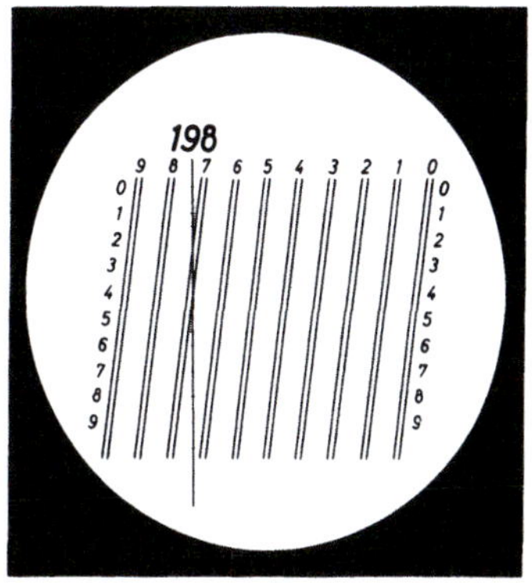


*Bild 3-34 Ablesefeld des Universal-Meßmikroskops*

Ablesung: 198,733 mm. Die Zahl 198 und der lange senkrechte Strich sind Teile des Präzisions-Glasmaßstabes mit 1 mm Teilung, das gleichmäßig geteilte Parallelogramm ist die Transversalskala. Der Glasmaßstab wird der Länge des Parallelogramms entsprechend vergrößert sichtbar. Beim Einstellen des Maßes wandern die vergrößerten Teilstriche des Glasmaßstabes, im Bild der Teilstrich 198, über das Parallelogramm, so daß das Maß auf 1 $\mu$m genau abgelesen werden kann. Die parallelen Linien dienen zum Einfangen der Teilstriche des Glasmaßstabes.

**Formvergleich mit Profilbildern.** Im Mikroskop werden das Schattenbild des Prüflings und das zugehörige Profilbild des Strichplatteneinsatzes in gleicher Vergrößerung sichtbar und können verglichen werden (Bild 3-35).

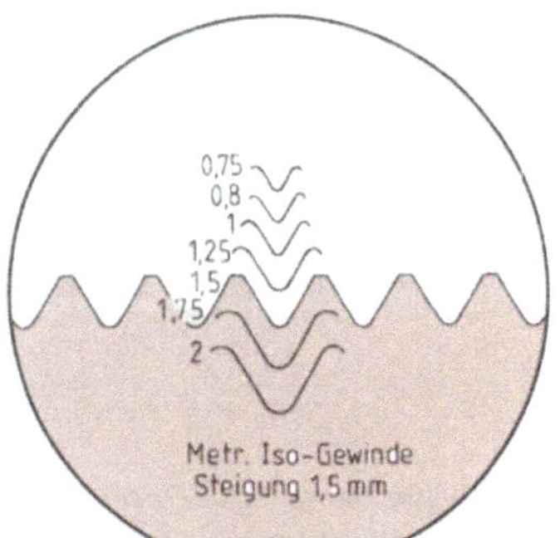


*Bild 3-35 Sehfeld des Mikroskops beim Formvergleich mit Profilbildern*

Man sieht den maßstäblich vergrößerten Achsschnitt-Schatten des zu prüfenden Gewindes und die einstellbare Strichplatte des Mikroskops mit genauen Gewinde-Profillinien.

Durch Formvergleich mit Profilbildern werden alle Fehler des Prüflings auf einmal erfaßt.

**Zeichnungsvergleich:** Das Schattenbild des Prüflings wird auf eine 10- bis 80fach vergrößerte Zeichnung des Prüflings projiziert. Beide werden zur Deckung gebracht. Dadurch, daß die Zeichnung im vollen Vergrößerungsverhältnis mit dem Prüfling verglichen werden kann, wird eine hohe Meßgenauigkeit gewährleistet.

Der Zeichnungsvergleich wird bei seltenen Formen angewendet, z.B. bei der Herstellung von Formfräsern, Räumnadeln und ähnlichen Werkzeugen.

**Wegaufnehmer für Werkzeugmaschinen**

Wegaufnehmer für Werkzeugmaschinen dienen zur genauen Ausmessung der von Werkzeugen, z.B. beim Drehen, oder Werkstücken, z.B. beim Hobeln, während des Zerspanenes zurückgelegten Strecken. Das Maß kann an einem mechanischen Zähler nach Bild 3-36 abgelesen werden. Der obere Zähler ersetzt eine durchgehende Maßstabteilung, während der untere „nullbare" Zähler die Möglichkeit bietet, Kettenmaße zu verfahren.

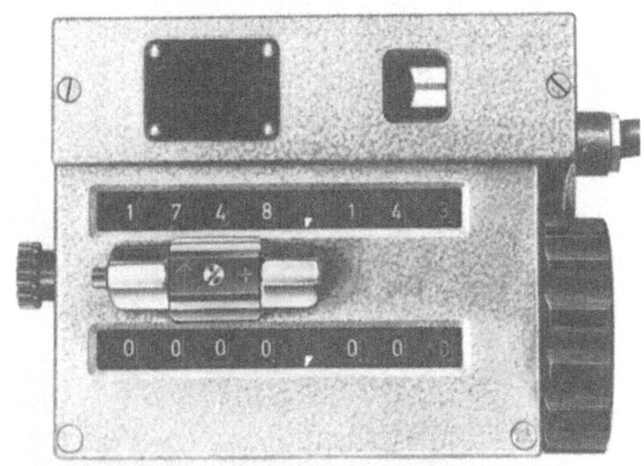


***Bild 3-36 Mechanischer Zähler einer elektronischen Wegaufnehmerrichtung (digitale Meßwertanzeige)***

Ablesung: 1748,143 mm. An einer feststehenden Maßstabteilung werden die überfahrenen Teilstriche elektronisch abgezählt und vom oberen Zähler durch Ziffern wiedergegeben. Der untere Zähler kann in jeder beliebigen Stellung auf Null zurückgestellt werden.
Ablesegenauigkeit: 1 $\mu$m.

Durch Betätigen eines Drehknopfes kann die Meßrichtung, z.B. längs oder quer, geändert werden.

Durch Wegaufnehmer an Werkzeugmaschinen entfällt das Messen der Werkstücke während ihrer Herstellung.

## 3.3.5 Lehren

Lehren verkörpern ein Maß oder ein Maß und eine Form. Durch Prüfen eines Werkstückes mit einer Lehre erhält man keinen Zahlenwert, das Prüfungsergebnis ist Gut oder Ausschuß. Man unterscheidet Maß-, Form- und Grenzlehren.

**Maßlehren** einfachster Art sind Draht- und Blechlehren zum Prüfen von Dicken und Spaltprüflehren (Bild 3-37).

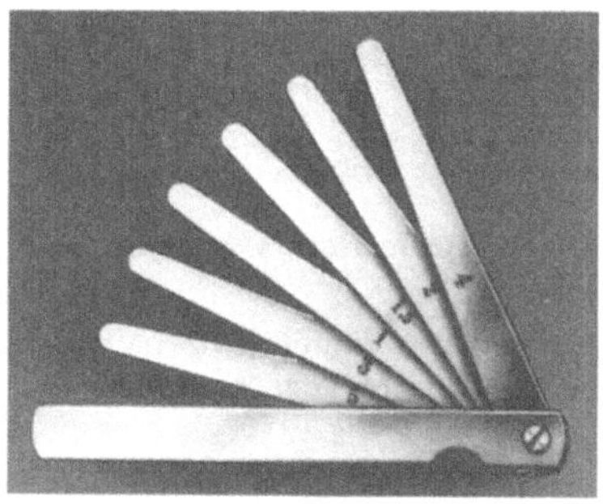

*Bild 3-37 Spaltfühlerlehren sind Stahlzungen unterschiedlicher Dicke zum Feststellen des Spiels bei Lagern, Führungen, Ventilen usw.*

**Formlehren** sind Radienlehren und Schablone für die Lichtspaltprüfung.

**Grenzlehren** (Bilder 3-38 bis 3-41) verkörpern die Grenzmaße der Passungen. Jede Passung und jeder Durchmesser erfordert eine besondere Lehre.

**Grenzlehrung Außenmaße.** Das Werkstück ist gut, wenn die Gutseite der Rachenlehre durch ihr Eigengewicht über das Werkstück geht, es ist Ausschuß, wenn die Ausschußseite hinüber geht.

**Grenzlehrung Innenmaße.** Das Werkstück ist gut, wenn die Gutseite des Grenzlehrdornes zwanglos in das Werkstück eingeführt werden

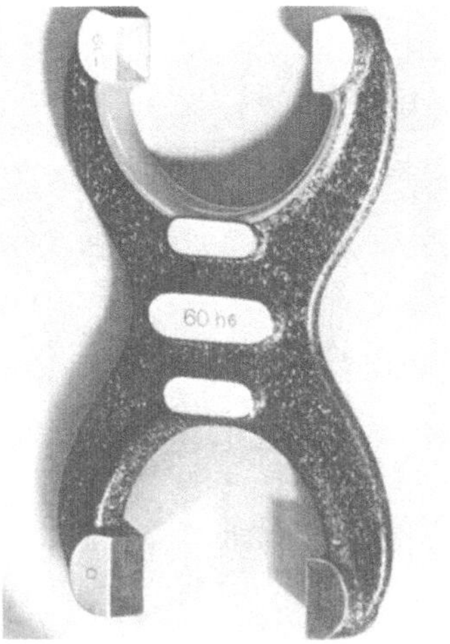

*Bild 3-38 Doppelmäulige Grenzrachenlehre zur Prüfung von Wellen bis Φ 100 mm*

Die Ausschußseite ist rot gekennzeichnet. Meßkraft = Lehrengewicht.

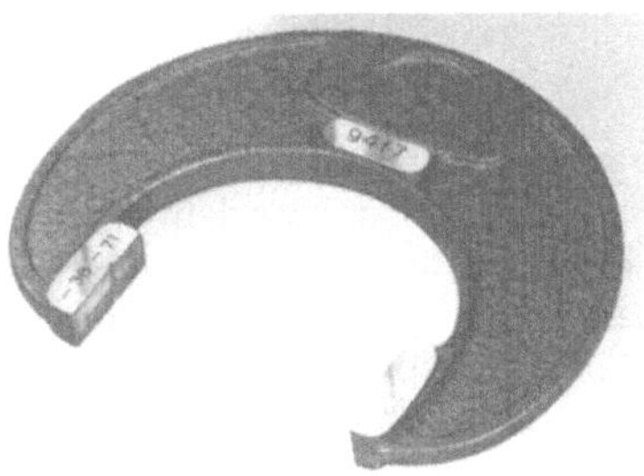

*Bild 3-39 Einmäulige Grenzrachenlehre zur Prüfung von Wellen von Φ 3 mm bis 310 mm*

Vordere Meßbacken „gut", hintere Meßbacken „Ausschuß". Kürzere Meßzeit gegenüber doppelmäuligen Lehren. Meßkraft = Lehrengewicht.

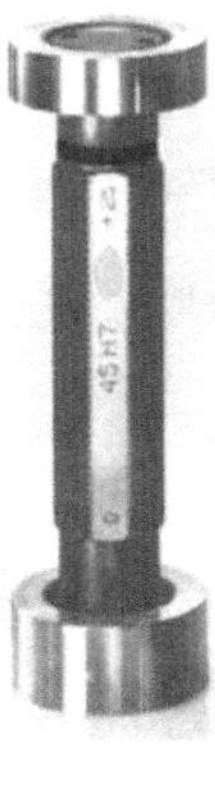

*Bild 3-40*
*Grenzdorne zur Prüfung von Bohrungen bis Φ 100 mm mit langer Gutseite und kurzer Ausschußseite*
*Die Ausschußseite ist durch einen roten Ring gekennzeichnet.*

kann, es ist Ausschuß, wenn die Ausschußseite eingeführt werden kann.

**Arbeitslehren** dienen zur Lehrung von Werkstücken bei der Fertigung. **Revisionslehren** werden zur Lehrung von Werkstücken bei der Revision verwendet.

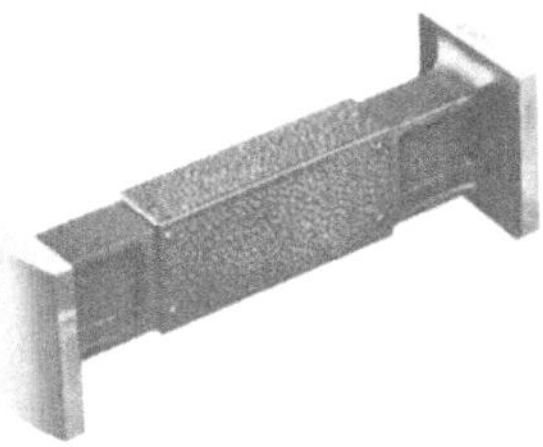

*Bild 3-41*
*Gut-Flachlehrdorne und Ausschuß-Kugelendmaße für Durchmesser über 100 mm*
*Vollzylindrische Lehrdorne über 100 mm Durchmesser werden zu schwer und unhandlich.*

**Abnahmelehren** werden bei der Abnahme der Werkstücke benutzt. Werkzeuglehren dienen zur Lehrung von Werkzeugen.

**Prüflehren** dienen zur Prüfung von Lehren auf Abnutzung.

**Einstellehren** werden für die Einstellung verstellbarer Lehren gebraucht.

### Maß- und Paarungslehren

Bild 3-42 zeigt eine Welle mit Formfehler (krumme Welle), die mit einer kurzen Lehre geprüft wurde. Obwohl ihr Durchmesser über der ganzen Länge kleiner als die Bohrung des Lagers ist, können Welle und Lager nicht zwangfrei gefügt werden. Erst nach Verkleinerung des Wellendurchmessers, wie er sich beim Prüfen mit einer Lehre von der Länge des Lagers ergibt, ist die Paarungsmöglichkeit gesichert.

Um die Austauschbarkeit der Werkstücke zu gewährleisten, muß mit einer sog. **Gutlehre** auf Paarung geprüft werden.

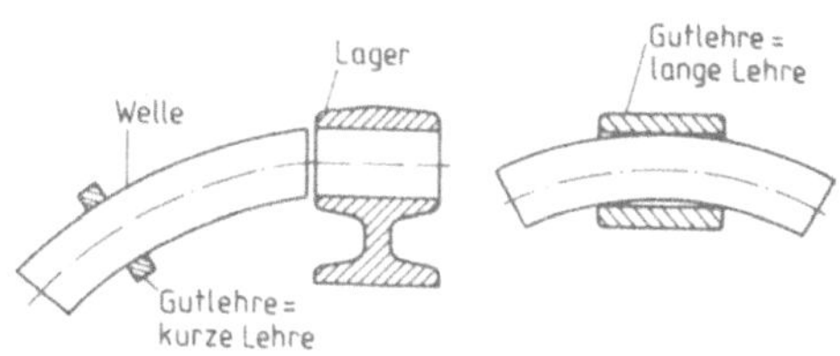


*Bild 3-42 Einfluß der Lehrenlänge auf die Paarungsmöglichkeit*

| |
|---|
| Gutlehre = Paarungslehre<br>Länge der Gutlehre = Werkstücklänge |

Bei zu großem Formfehler wird die Welle zu schwach und unbrauchbar, so daß neben der Prüfung mit einer Gutlehre der Durchmesser mit einer sog. Ausschußlehre kontrolliert werden muß. Dadurch wird erreicht, daß das Kleinstmaß der Welle nicht unterschritten und der Formfehler nicht zu groß wird.

> Ausschußlehre = Maßlehre
> Die Maßlehrung ist um so genauer, je kleiner die Meßflächen sind.

Für die Lehrung gilt der meßtechnische Grundsatz:

> Bei der Passungskontrolle muß auf der Gutseite auf Paarung geprüft werden. Auf der Ausschußseite dagegen müssen die Istmaße aller voneinander unabhängigen Bestimmungsstücke einzeln geprüft werden (s. Gewindeprüfen, Abschnitt 3.7.4).

**Bohrungen,** deren Geradheit nicht gesichert ist, z.B. die Bohrungen einer Gabel, müssen mit langen Gutlehren geprüft werden (Bild 3-43).

Bei einer Gutlehrung = Prüfung auf Paarung genügt eine getrennte Prüfung der Bohrungen mit einem kurzen Gutlehrdorn nicht. Der erforderliche lange Gutlehrdorn darf beim Hindurchschieben an der zweiten Bohrung nicht anstoßen; seine Lage zum Werkstück ist zu prüfen.

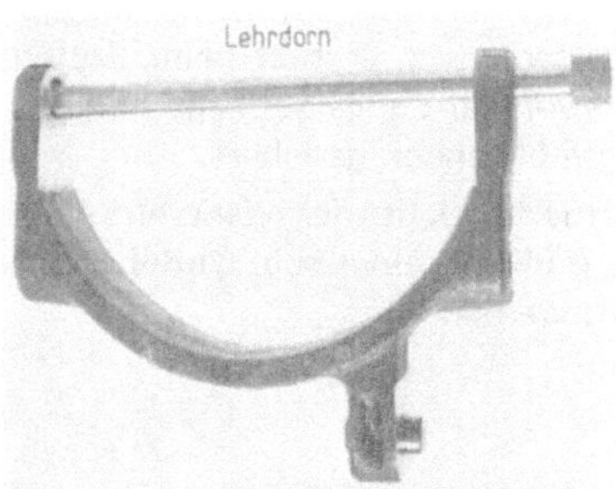


*Bild 3-43 Beispiel: Schaltgabel mit unparallelen oder querversetzten nicht fluchtendenden Bohrungen*

**Kegellehren**

*Kegellehrdorn* und *Kegelhülse* (Bild 3-44) nach DIN 229, 230 und 234 prüfen nur den Sitz des Kegels. Die Winkelabweichungen können mit diesen Lehren maßlich nicht festgestellt werden.

*Bild 3-44 Kegellehren*

a) Lehrenhülse mit Toleranzstufe
b) Lehrdorn mit Strichmarke und Kante

Genauer als das Kegellehren ist das Kegelmessen auf Meßmaschinen. Dabei werden mehrere Kegeldurchmesser und ihre Abstände gemessen. Die Durchmesser und ihre Abstände müssen dem Kegelverhältnis entsprechen.

## 3.3.6 Winkelprüfung

Bei größeren Bauteilen, z.B. im Schiff- und Flugzeugbau, werden Winkel durch Längenmaße gekennzeichnet, Bild 3-45 (s. S. 173). Bei kleineren Bauteilen, z.B. im Maschinenbau, werden Winkeleinheiten verwendet, die mit besonderen Winkelprüfgeräten geprüft werden.

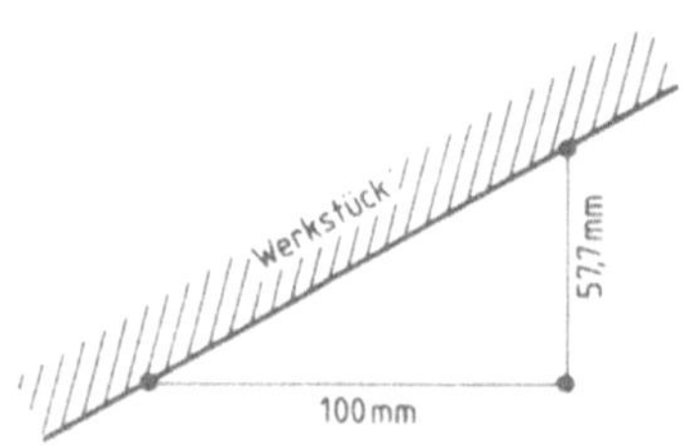


*Bild 3-45 Kennzeichnung eines Neigungswinkel durch Längenmaße*

57,7 ist der Tangens des Neigungswinkels mal 100

### Feste Winkel

Der feste 90°-Stahlwinkel wird in der Fertigung am häufigsten verwendet. Man unterscheidet Flach- und Anschlagwinkel (Bilder 3-46a und 3-46b) und Winkel mit Haarmeßkante, mit dem durch Lichtspaltbeobachtung geringste Winkelabweichungen erkennbar sind. Zu den festen Winkeln gehören ferner Zentrierwinkel, Winkelendmaße und das Sinuslineal (Bild 3-48).

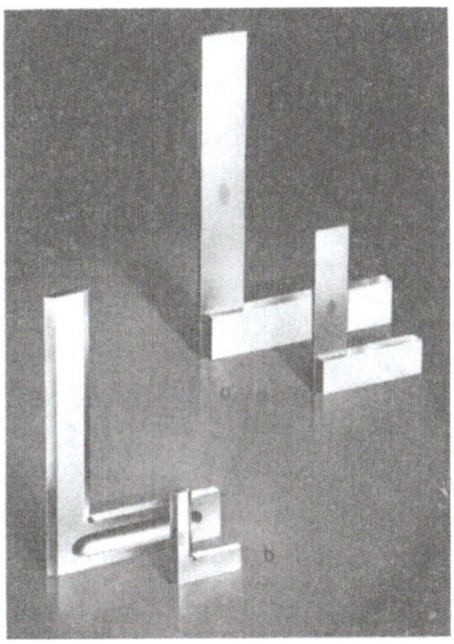

*Bild 3-46 Stahlwinkel*

a) Anschlagwinkel

b) Winkel mit Haarmeßkanten

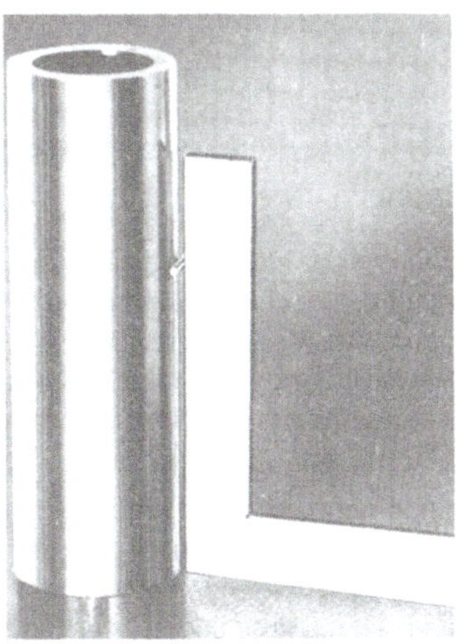

*Bild 3-47 Prüfzylinder zum Prüfen des rechten Winkels*

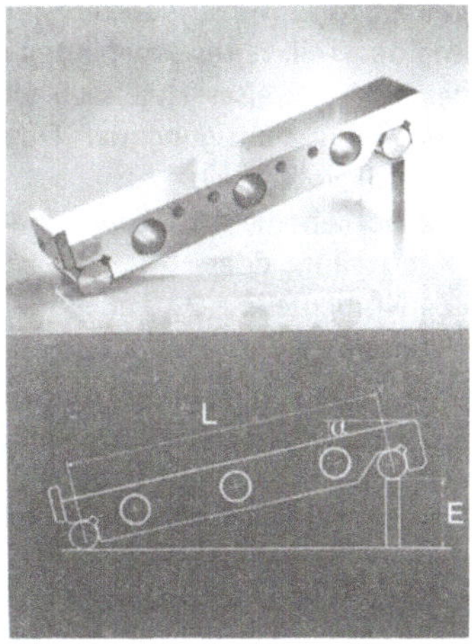


*Bild 3-48 Sinuslineal*

Das Sinuslineal kann mit Endmaßen auf jeden Winkel zwischen 0° und 60° eingestellt werden. $E = L . \sin \alpha$.

### Anzeigende Winkelmeßgeräte

### Einfacher Winkelmesser

Der einfache Winkelmesser ermöglicht eine Winkelmessung in Graden.

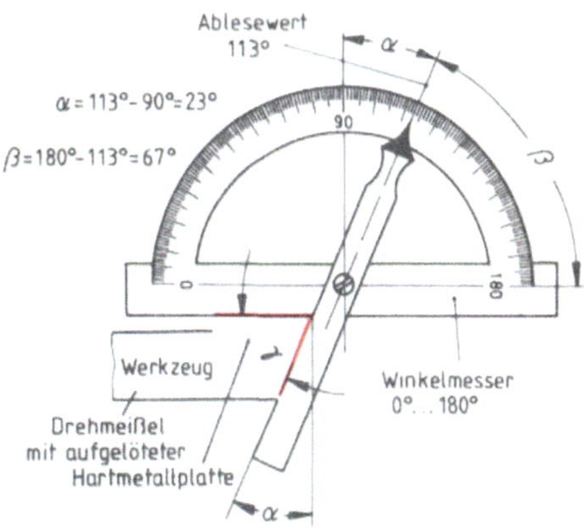


*Bild 3-49 Einfacher Winkelmesser*

### Universalwinkelmesser

Statt durch Grade können Winkel auch durch Bogen-Längenmaße gekennzeichnet werden. Der 360teilige Teilkreis des Universalwinkelmessers entspricht den Strichmaßstäben der

Längenmeßgeräte, so daß mit einem der Krümmung des Teilkreises angepaßten Nonius Bruchteile des Teilkreises abgelesen werden können. Unter Berücksichtigung der Dutzendzählweise ergeben (vgl. S. 176):

a) 12 Nonienteile = 11 Teile der 360teiligen Kreisteilung oder

b) 24 Nonienteile = 23 Teile der 360teiligen Kreisteilung.

Die Abstände der Nonienteilstriche von den Teilstrichen der Kreisteilung sind dann

a) $\frac{1}{12}, \frac{2}{12} \ldots$ Grad ≙ 5 min, 10 min ...

b) $\frac{1}{24}, \frac{2}{24} \ldots$ Grad ≙ 2,5 min, 5 min, 7,5 min, 10 min ...

Wenn bei b) jeder zweite Nonienstrich entfällt, können 5 min, 10 min ... gut abgelesen werden.

Die Meßschenkel des Universalwinkelmessers können nach links und rechts gedreht werden, so daß zwei spiegelgleiche Nonien nebeneinander angeordnet werden müssen.

*Ablesen:* Man zählt zuerst an der Kreisteilung je nach Einstellung von 0 oder 90 bis zum Noniusnullstrich die Winkelgrade, dann wie beim Meßschieber die Bruchteile (min).

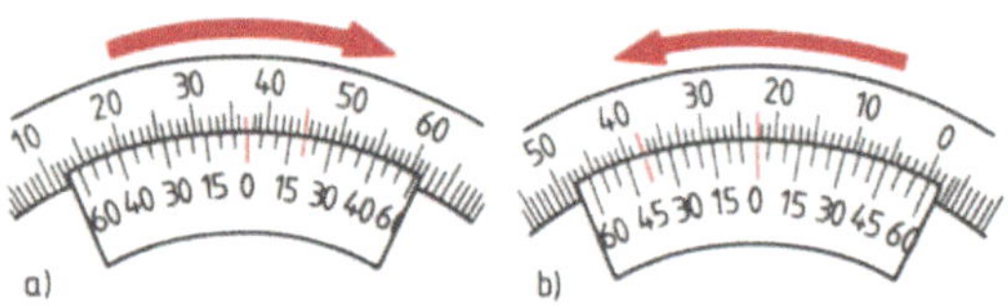


*Bild 3-50 Ableserichtungen beim Universalwinkelmesser*

a) Ableserichtung rechtsdrehend: Ablesewert 37° 20′
b) Ableserichtung linksrechend: Ablesewert 23° 40′

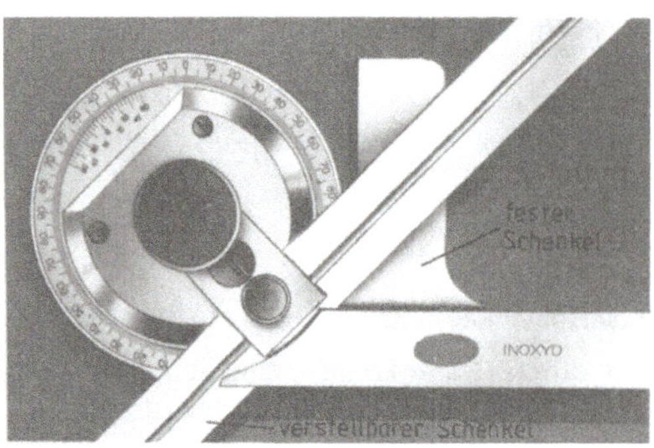


*Bild 3-51 Universalwinkelmesser*

Der Nonius des Universalwinkelmessers unterscheidet sich vom Nonius der Schieblehre nur durch ein anderes Maßsystem und doppelte Ausführung.

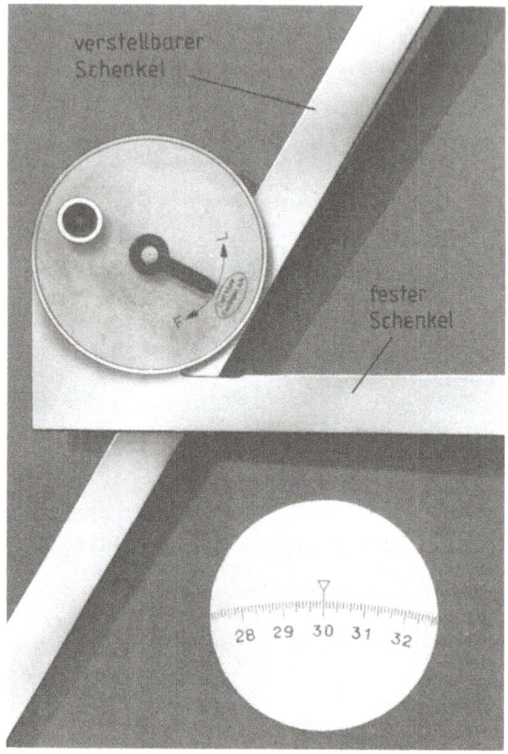


*Bild 3-52 Optischer Universalwinkelmesser*

Mit diesem Winkelmesser können 5′ ohne Nonius direkt abgelesen werden.

## 3.3.7 Prüfen der Ebenheit von Werkstückflächen

Die Prüfung der Ebenheit einer Werkstückfläche erfolgt durch Vergleich mit einer Geraden oder einer anderen Fläche. Als Verkörperungen von Geraden dienen Haarlineale, die Meßflächen schmaler Lineale und straff gespannte Meßdrähte von oben betrachtet.

Die grobe Prüfung einer größeren Werkstückfläche wird mit einem Lineal durchgeführt, indem man das auf die Fläche gelegte Lineal an einem Ende quer verschiebt. Dabei dreht es sich um den höchsten Punkt.

Die Ebenheit einer kleinen Werkstückfläche kann durch Lichtspaltprüfung mit einem Haarlineal geprüft werden (Bild 3-53). Prüfen von Flächen mit Tuschierlineal oder -platte, siehe Seite 225.

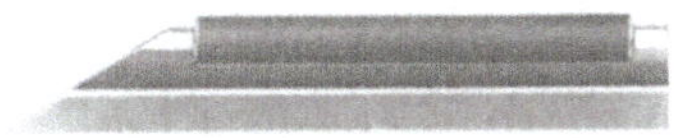

*Bild 3-53 Haarlinearl zur Prüfung der Ebenheit von Flächen*

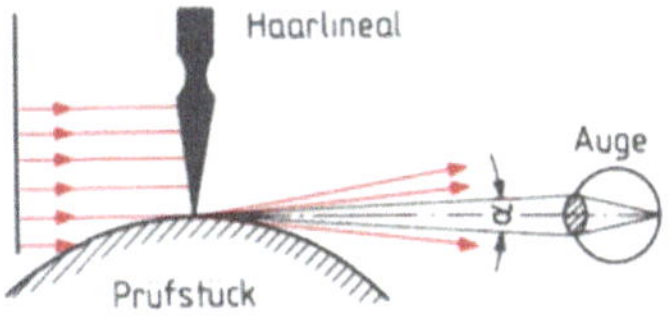


*Bild 3-54 Lichtspaltprüfung*

Ein Spalt von 3 μm ist noch gut zu erkennen. Das Verfahren liefert keine Maßzahlen.

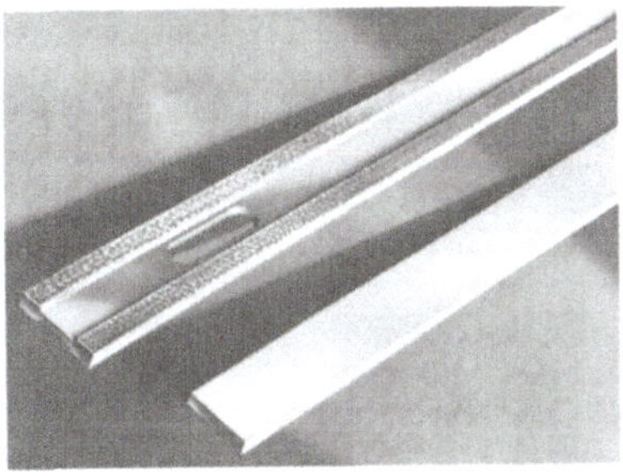

*Bild 3-55 Normallineale*

Hochkanten geschabt

## 3.4 Anreißen

### Zweck und Anwendung des Anreißens

Der Zweck des Anreißens ist:

1. Übertragen der Zeichnungsmaße auf das Werkstück durch Rißlinien und Körner, die als Anhaltspunkte für das Aufspannen und die Grobbearbeitung dienen;
2. gewährleisten der richtigen Lage der bearbeiteten Flächen zu den unbearbeiteten und der Wanddicken nach der Bearbeitung bei Guß- und Schmiedestücken;
3. vermitteln von Fehlern bei Guß- und Schmiedestücken mit den Bearbeitungszugaben;
4. kennzeichnen der Mittelpunkte bei runden Werkstücken.

> Anreißfehler veursachen Ausschuß.

*Anwendung:*

Bei Einzelfertigung, z.B. im Vorrichtungs- und Werkzeugbau.

Vor der Bearbeitung großer Gußstücke, z.B. Werkzeugmaschinengestelle, die dabei zugleich auf ihre Brauchbarkeit geprüft werden.

Anreißkontrolle von Probeabgüssen vor dem Gießen von Serien.

> Für die Serienfertigung kommt das Anreißen nicht in Betracht.

### Vorbereitung der Werkstücke zum Anreißen

Die Oberflächen unbearbeiteter Werkstücke werden mit scheuerfester **Anreißfarbe** aus einer Sprühdose gespritzt:

Gußeisen weiß, Stah blau, Aluminium rot.

### Anreißwerkzeuge

Anreißarbeiten werden auf einer **Anreißplatte** durchgeführt.

Vorteile der Hartgesteinplatten gegenüber den Gußeisenplatten: kein Verzug, mehrfach längere Standzeit, pflegeleicht, rosten nicht.

> Die Arbeitsfläche der Anreißplatte muß eine genau waagrechte Ebene bilden. Auf der Anreißplatte darf nicht gehämmert werden.

Zylindrische Werkstücke werden in **Prismen** gelegt. Unregelmäßig begrenzte Werkstücke werden mit **Aufspannwürfel** oder **Winkelplatten** ausgerichtet und mit Klemmbügel, Zwingen oder Schrauben befestigt. Das Anreißen erfolgt normalerweise mit einer Stahlnadel mit gehärteter Spitze. Körner dienen zum leichten Ankörnen der angerissenen Maßlinien. Bohrlochmittelpunkte werden kräftig angekörnt. Die Körnerspitze ist in einem Winkel von 60° angeschliffen. Horizontale Linien können mit **Parallel**- oder **Höhenreißer** in beliebiger Höhe gezeichnet werden. Die Reißnadel ist dabei so kurz wie möglich einzuspannen.

*Bild 3-56 Vollplangeräte, sog. Anreißplatten (auf Schraubblöcken)*

a) Gußeisen, feinschlicht gehobelt und geschabt
b) polierte Hartgesteinplatte mit verstellbaren Einzelstützen

*Bild 3-57*
*Winkelplatte zum Ausrichten, Anreißen und Vermessen von Werkstücken*
Genauigkeit bis 0,004 mm

*Bild 3-58 Meß- und Aufspannwürfel mit T-Spann-Nuten zum Vermessen und Anreißen von Werkstücken*
Genauigkeit bis 0,01 mm

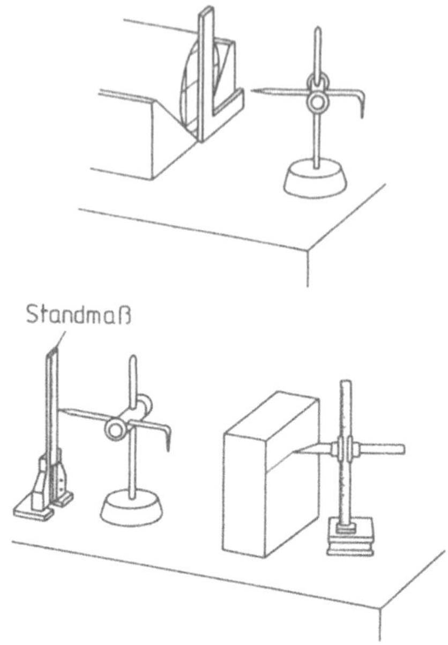


*Bild 3-59 Anreißen mit Parallelreißer*

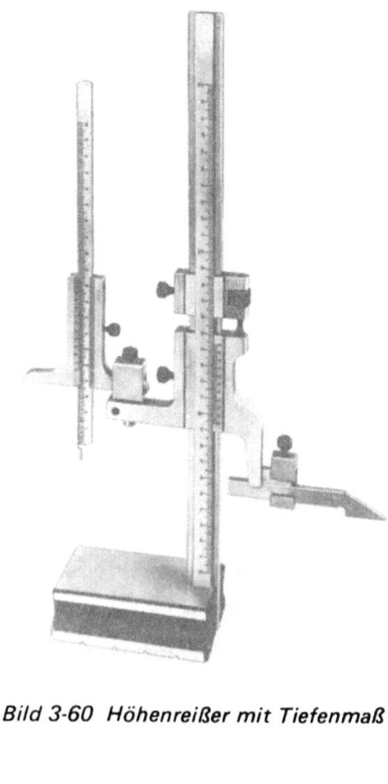

*Bild 3-60 Höhenreißer mit Tiefenmaß*

**Anreißmaschinen** dienen zum genaueren schnellen Vermessen und Anreißen komplizierter Werkstücke.

*Bild 3-61 Prüf- und Anreißmaschine mit elektronischer Ablesung und digitaler Meßwertanzeige*

# 3.5 Passungen

## 3.5.1 Begriffe

Welle und Bohrung nach Bild 3-62 sind so bemessen, daß sie gefügt werden können, d.h. die Welle paßt in die Bohrung. An den gefügten Teilen (Bild 3-63) sieht man, wie Welle und Bohrung zusammenpassen, ohne oder mit viel oder wenig Spiel; man sieht die Passung.

> Passung ist die Bezeichnung für den Maßunterschied gefügter Teile.

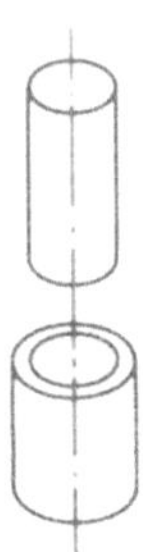

*Bild 3-62 Welle und Bohrung*

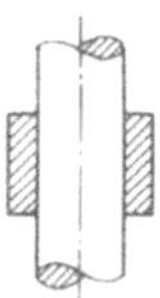

*Bild 3-63 Welle und Bohrung gefügt*

Nach der Form der Flächen, an denen sich gefügte Teile berühren, den **Paßflächen,** unterscheidet man:

**Rundpassung** Passung mit kreiszylindrischen Paßflächen,

**Flachpassung** Passung zwischen ebenen Paßflächenpaaren,

**Kegelpassung** Passung mit kreiskegeligen Paßflächen.

**Paßteile** heißen die für eine Paarung bestimmten Teile.

**Außenteil** ist das umhüllende, **Innenteil** das umhüllte Paßteil.

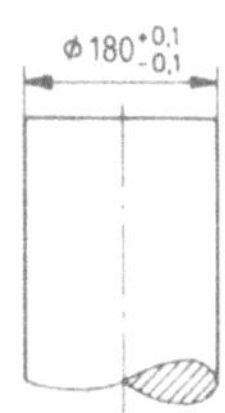


*Bild 3-64*
*Fertigungszeichnung mit Paßmaß*

**Toleranzen**

In Bild 3-64 ist die Fertigungszeichnung für die Welle nach Bild 3-62 wiedergegeben. Das in der Zeichnung durch eine große Zahl angegebene Maß, das sog. **Nennmaß,** kann in der Fertigung nicht vollkommen erreicht werden. Wenn die Abweichungen nicht zu groß sind, wird dadurch die Brauchbarkeit aber nicht beeinträchtigt.

Die Größe der zulässigen Abweichungen ist in Bild 3-64 durch die kleinen Zahlen, die sog. **Grenzmaße** oder **Nennabmaße,** angegeben.

Mit Abmaßen (oder Kurzzeichen) versehene Nennmaße heißen Paßmaße.

Die Maßangabe in Bild 3-64 bedeutet, daß alle Durchmesser zwischen 180,1 mm und 179,9 mm zulässig sind.

**Kleinstmaß** kleinster zulässiger Durchmesser (179,9 mm).

**Größtmaß** größter zulässiger Durchmesser (180,1 mm).

Die zulässige Fertigungsgenauigkeit ist Größtmaß minus Kleinstmaß und heißt Toleranz (180,1 mm − 179,9 mm = 0,2 mm).

**Oberes Abmaß** ($A_o$) Größtmaß minus Nennmaß (180,1 mm − 180 mm = 0,1 mm).

**Unteres Abmaß** ($A_u$) Kleinstmaß minus Nennmaß (179,9 mm − 180 mm = −0,1 mm).

**Nennmaß = 180 mm**

Berechne Größt- und Kleinstmaße, obere und untere Abmaße und die Toleranzen für die Paßmaße 65 ± 0,1; 125 ± 0,05; 75 ± 0,02!

### 3.5.2 Passungsarten

Nach der Art der Passung gibt es Spiel-, Preß- und Übergangspassungen. Die Passungsarten ergeben sich aus der Lage der Toleranzfelder.

**Spielpassung.** Nach dem Paaren der Teile ist Spiel vorhanden (Spiel, Größtspiel, Kleinstspiel).

| | Welle | Bohrung |
|---|---|---|
| Größtmaß | Ø 119,9 mm | Ø 120,3 mm |
| Kleinstmaß | Ø 119,7 mm | Ø 120,1 mm |
| Toleranz | 0,2 mm | 0,2 mm |
| Größtspiel | 120,3 − 119,7 = 0,6 mm | |
| Kleinstspiel | 120,1 − 119,9 = 0,2 mm | |

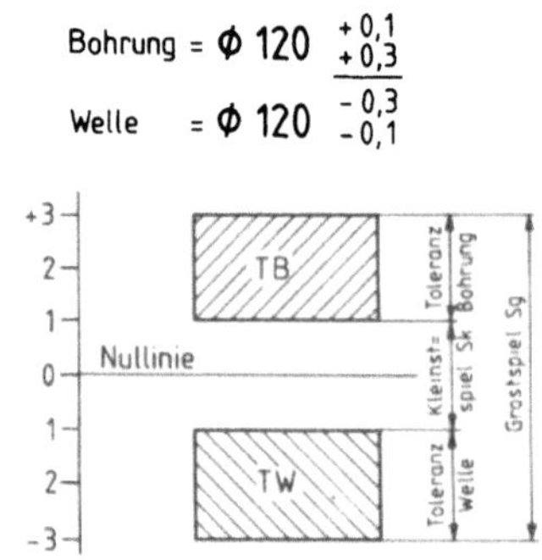


*Bild 3-65 Größe und Lage der Toleranzfelder bei einer Spielpassung*

**Preßpassung.** Vor dem Paaren der Teile ist **Übermaß,** nach dem Paaren *Pressung* vorhanden (Übermaß, Größtübermaß, Kleinstübermaß).

| | Welle | Bohrung |
|---|---|---|
| Größtmaß | Ø 120,100 mm | Ø 119,950 mm |
| Kleinstmaß | Ø 120,050 mm | Ø 119,900 mm |
| Toleranz | 0,05 mm | 0,05 mm |
| Größtübermaß | 120,100 − 119,900 = 0,2 mm | |
| Kleinstübermaß | 120,050 − 119,950 = 0,1 mm | |

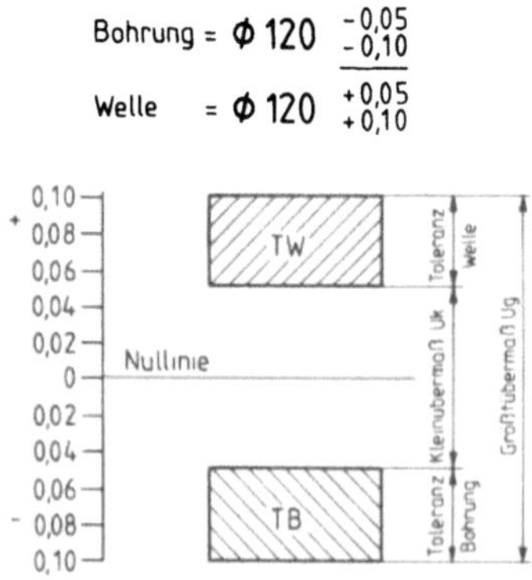


*Bild 3-66 Größe und Lage der Toleranzfelder bei einer Preßpassung*

**Übergangspassung** ist eine Passung, bei der nach Lage der Istmaße und Paarungsmaße innerhalb der Toleranzfelder nach dem Paaren Spiel oder Pressung vorhanden ist.

| | Welle | Bohrung |
|---|---|---|
| Größtmaß | Φ 120,1 mm | Φ 120,2 mm |
| Kleinstmaß | Φ 119,8 mm | Φ 119,9 mm |
| Toleranz | 0,3 mm | 0,3 mm |
| Größtspiel | 120,2 − 119,8 = 0,4 mm | |
| Größtübermaß | 120,1 − 119,9 = 0,2 mm | |

Paßmaße ermöglichen Austauschbau.

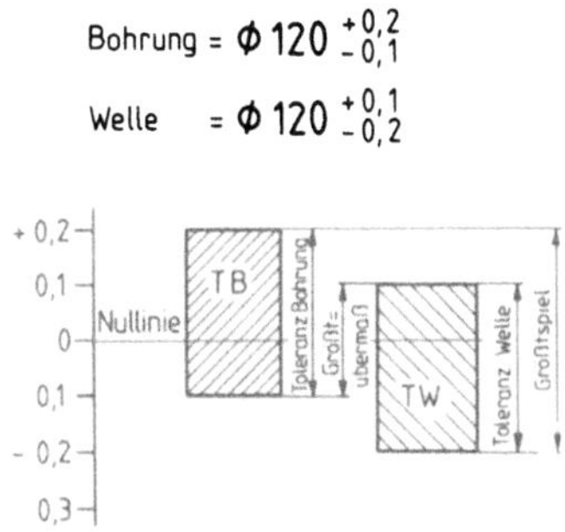


*Bild 3-67 Größe und Lage der Toleranzfelder bei einer Übergangspassung*

## 3.5.3 Paßsysteme

In den meisten Fällen werden die Passungen auf eine der beiden folgenden Arten erzeugt:

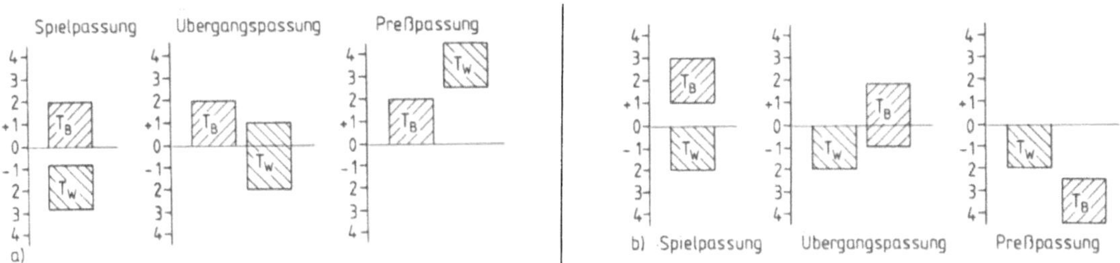


*Bild 3-68 Paßsysteme*

**System Einheitsbohrung**

Alle Bohrungen erhalten das untere Abmaß Null; die Passung wird durch die Lage des Toleranzfeldes auf der Welle erzeugt.

**System Einheitswelle**

Alle Wellen erhalten das obere Abmaß Null; die Passung wird durch die Lage des Toleranzfeldes in der Bohrung erzeugt.

**Wahl des Paßsystems**

Beide Paßsysteme haben Vor- und Nachteile. Eine grundsätzliche Überlegenheit eines Paßsystems gegenüber dem anderen besteht nicht. Gesichtspunkte für die Auswahl sind:

*Herstellungskosten:* Passungen werden in Bohrungen bis zu einem Durchmesser von 25 mm meist mit Reibahlen, auf Wellen durch Drehen oder Schleifen hergestellt. Das System Einheitswelle erfordert daher viele Werkzeuge zur Herstellung der Passungen in den Bohrungen, so daß bei geringen Stückzahlen das System Einheitsbohrung billiger ist. Bei Massenfertigung mit Verwendung von blank gezogenem Halbzeug ist das System Einheitswelle billiger, zumal hier die Anzahl der erforderlichen Werkzeuge keine Rolle spielt.

*Zusammenbau:* Mit Rücksicht auf einwandfreies Fügen der Bauteile werden in größeren Betrieben beide Paßsysteme verwendet (Bild 3-69).

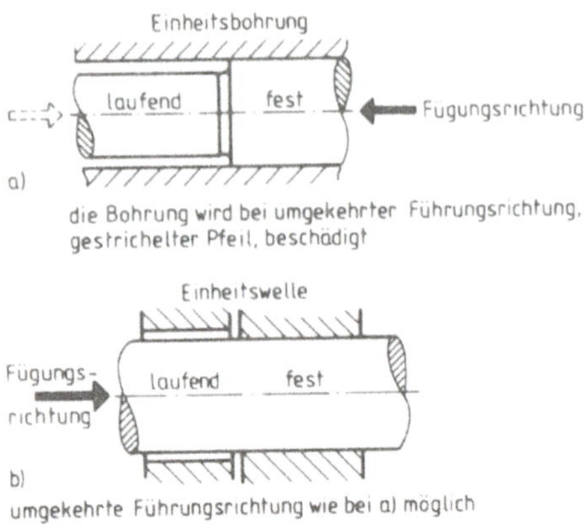


***Bild 3-69 Unterschiedliche Längsfügung bei Einheitswelle und Einheitsbohrung***

### Das System der ISO-Passungen

Durch die internationale Organisation für Normung „International Organization for Standardization" (ISO) wurde eine begrenzte Anzahl von Grenzmaßen genormt und in Tabellen zusammengestellt.

### Kennzeichen der ISO-Passungen

Die Grenzmaße werden durch Buchstaben und die Zahlen 1 bis 18 angegeben (Bild 3-70).

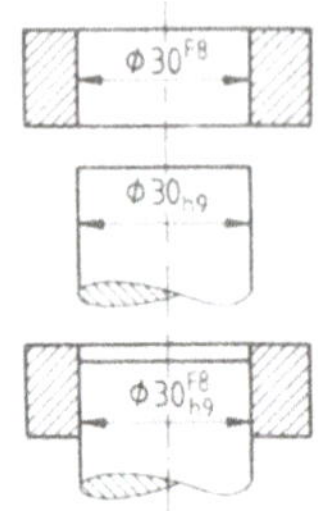


*Bild 3-70*
*Eintragen von Paßmaßen*

**Die Buchstaben** kennzeichnen den kleinsten Abstand der Toleranzfelder von der Null-Linie, die Lage des Toleranzfeldes.

**Die Zahlen** geben die Größe des Toleranzfeldes an. Sie werden auch als *Qualitäten* bezeichnet.

> Große Buchstaben für Innenmaße (Bohrungen) auf der Maßlinie, kleine Buchstaben für Außenmaße (Wellen) unter der Maßlinie.

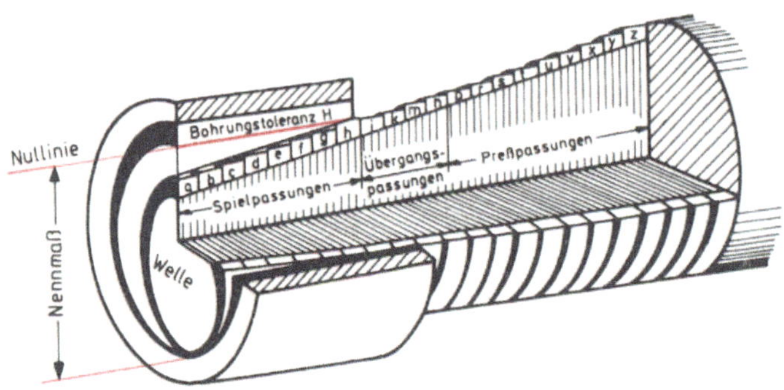


***Bild 3-71***
***Paßsystem Einheitsbohrung***

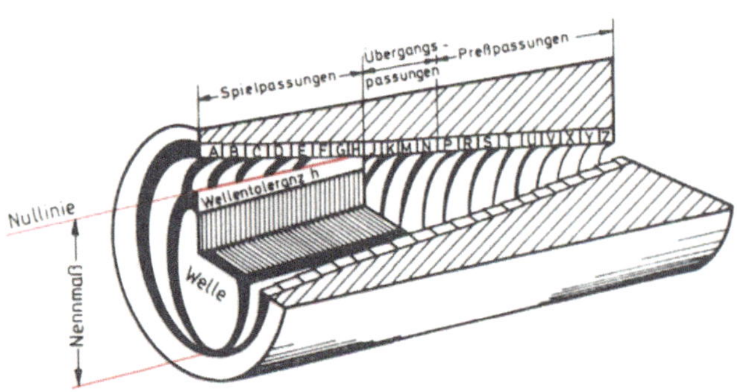


***Bild 3-72***
***Paßsystem Einheitswelle***

*Tabelle 3-6* Anwendungsgebiete der ISO-Qualitäten

| | Kleine Toleranzen | Mittlere Toleranzen | Große Toleranzen |
|---|---|---|---|
| ISO-Qualität | 1 2 3 4 | 5 6 7 8 9 10 11 | 12 13 14 15 16 17 18 |
| Anwendungsgebiete | Prüflehren | Bearbeitete Werkstücke | Nicht für Paßmaße |
| | Arbeitslehren | | Geschmiedete, gewalzte oder gegossene Teile |

Die Bilder 3-71 und 3-72 zeigen, daß die Toleranzfelder folgende Lage zur Null-Linie haben:

A–G oberhalb, k–z oberhalb, H einseitig nach Plus, h einseitig nach Minus, i, j und k zu beiden Seiten der Null-Linie, a–g unterhalb, M–Z unterhalb.

Außerdem zeigen sie, daß die Bohrungen A–H die gleiche, aber anders gerichtete Entfernung von der Null-Linie haben wie die Wellen a–h. Bei diesen gleichnamigen Bohrungen und Wellen besteht zahlenmäßig kein Unterschied zwischen ihren unteren bzw. oberen Abmaßen.

H-Bohrungen = System Einheitsbohrung
h-Wellen = System Einheitswelle

Unter Voraussetzung bestimmter Qualitäten entstehen durch Paarung:

**Spielpassungen:** Wellen a bis h mit H-Bohrungen
Bohrungen A bis H mit h-Wellen

**Übergangspassungen:** Wellen j, k, m, n, p mit H-Bohrungen
Bohrungen J, K, M, N, P mit h-Wellen

**Preßpassungen:** Wellen r bis z mit H-Bohrungen
Bohrungen R bis Z mit h-Wellen

**ISO-Nennmaßbereiche**

In den ISO-Passungen sind nicht für jedes Nennmaß (nicht für jeden Durchmesser) besondere Toleranzen genormt, sondern nur für Nennmaßbereiche (Durchmesserbereiche). Für jeden Nennmaßbereich, z.B. 1 bis 3 (alle Durchmesser von 1 bis 3), größer als 3 bis 6, größer als 6 bis 10 usw. bis 500, gelten dieselben Toleranzen.

**Auswahl von Passungen.** Infolge der großen Zahl der möglichen Passungen wäre auch eine große Zahl von Werkzeugen (z.B. Reibahlen), Spannzeugen (z.B. Spanndorne) und Lehren erforderlich. Um diese einzuschränken, ist nach DIN 7157 eine für die Praxis ausreichende Auswahl von Passungen getroffen werden, die bevorzugt anzuwenden ist.

Man unterscheidet die Auswahlreihen 1 und 2.

Auswahl:
in erster Linie aus Reihe 1: H8/x8 bzw. u8, H7/r6, H7/n6, H7/h6, H8/h9, H7/f7, F8/h6, H8/f7, F8/h9, E9/h9, D10/h9, C11/h9;
dann aus Reihe 1 und 2: H7/s6, H7/k6, H7/j6, H11/h9, G7/h6, H7/g6, H8/e8, H8/d9, D10/h11, C11/h11;
dann aus Reihe 2: H11/h11, H11/d9, H11/c11, H11/a11.

*Tabelle 3-7* Zulässige Maßabweichungen in mm nach DIN 7168

| Genauigkeitsgrad | Nennmaßbereich (mm) des Freimaßes 1 bis 6 | über 6 bis 30 | über 30 bis 100 | über 100 bis 300 | über 300 bis 1000 | über 1000 bis 2000 |
|---|---|---|---|---|---|---|
| fein | ± 0,05 | ± 0,1 | ± 0,15 | ± 0,2 | ± 0,3 | ± |
| mittel | ± 0,1 | ± 0,2 | ± 0,3 | ± 0,5 | ± 0,8 | ± 1,2 |
| grob | ± 0,2 | ± 0,5 | ± 0,8 | ± 1,2 | ± 2,0 | ± 3,0 |
| sehr grob | ± 0,5 | ± 1,0 | ± 1,5 | ± 2,0 | ± 3,0 | ± 5,0 |

**Freimaße**

Freimaße sind Maße ohne Toleranzangabe, z.B. 65, 68. Die Toleranzen der Freimaße ergeben sich aus der Tabelle im Schriftfeld der Zeichnungen und der Angabe des Genauigkeitsgrades (Tabelle 3-7).

**Wiederholungsfragen**

1. Was sind Paßteile?
2. Was bedeutet Toleranz?
3. Was sind a) Nennmaße, b) Grenzmaße, c) Istmaße?
4. Welche Passungsarten gibt es?
5. Wodurch unterscheiden sich System Einheitswelle und System Einheitsbohrung?
6. Wodurch werden Lage und Größe der Toleranzfelder bei den ISO-Passungen gekennzeichnet?
7. Welche Passungen entstehen durch Paarungen von H-Bohrungen mit Wellen a bis h, j, k, m, n, p, r bis z?
8. Wie werden die Toleranzen für Freimaße in den Zeichnungen angegeben?

## 3.6 Technische Oberflächen

### 3.6.1 Begriffe für die Gestalt von Oberflächen

**Profilschnitt und Oberflächenprofil.** Optische Vergrößerungen zeigen, daß die Oberflächen spanabhebend bearbeiteter Werkstücke mikroskopisch kleine Gebirge bilden (Bild 3-73), ein zur Werkstückoberfläche senkrechter Schnitt durch ein Werkstück, ein sog. Profilschnitt, zeigt das Oberflächenprofil (Bild 3-74).

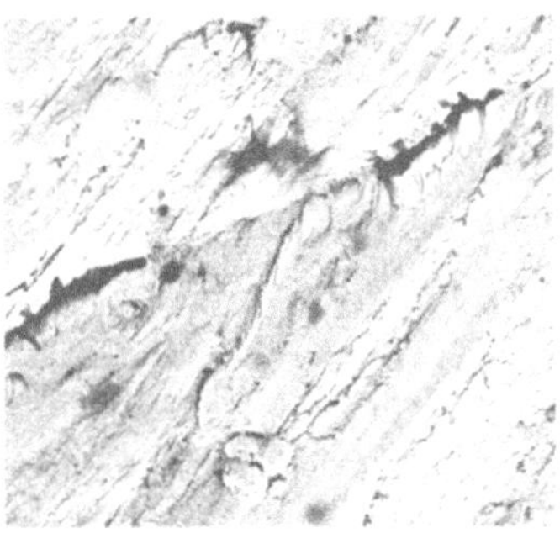

Vergrößerung: 20 000 : 1

*Bild 3-73 Elektronenmikroskopische Abbildung einer gedrehten Stahllauffläche*

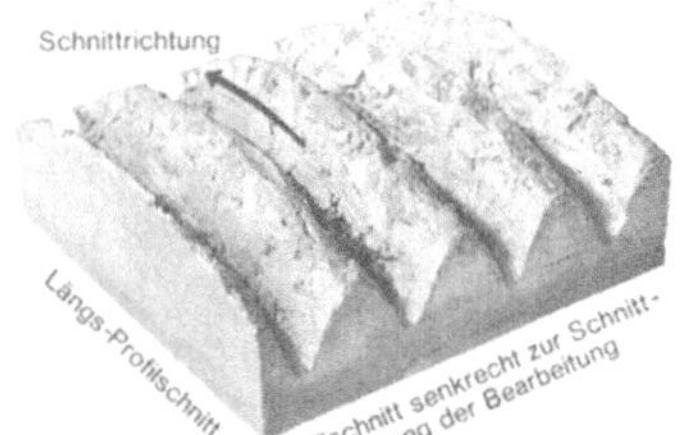


Vergrößerung: 10 000 : 1

*Bild 3-74 Rechtkantiger Ausschnitt aus einer gedrehten Welle*

**Rauheit.** Das Gebiet zwischen den Gipfen der Gebirge und dem vollen Querschnitt der Werkstücke heißt Rauheit. Der Gipfel ist im Verhältnis zur Gipfelhöhe klein.

**Welligkeit.** Neben Rauheit tritt vielfach Welligkeit auf (Bild 3-75), die durch Wellentiefe und Wellenabstand gekennzeichnet ist. Der Wellenabstand beträgt ein Vielfaches der Wellentiefe.

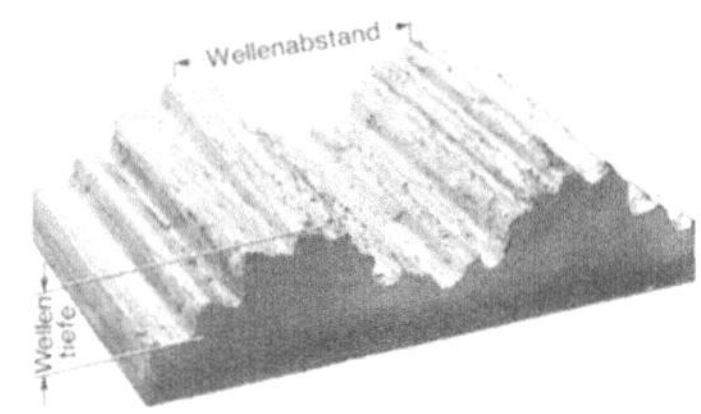


Vergrößerung: 10 000 : 1

*Bild 3-75 Rechtkantiger Ausschnitt aus einer gefrästen Stahlplatte*

**Formfehler.** Unabhängig von Rauheit und Welligkeit können Formfehler vorkommen, z.B. Unrundheit bei Wellen und Bohrungen.

Rauheit, Welligkeit und Formfehler sind Gestaltabweichungen.

**Geometrisch-ideale Oberfläche** ist die in Zeichnungen dargestellte vollkommen eben gedachte Oberfläche. Sie wird in der Fertigung nicht erreicht.

**Istoberfläche** ist die am Werkstück festgestellte Oberfläche. Sie ist ein angenähertes Abbild der wirklichen Oberfläche und hängt vom Meßverfahren ab.

**Solloberfläche** ist die in den Zeichnungen vorgeschriebene Oberfläche.

## 3.6.2 Kennwerte der Rauheit

**Bezugssystem zur maßlichen Erfassung der Rauheit (DIN 4762 und 4768)**

**Bezugsstrecke.** Innerhalb der Bezugsstrecke werden die Maße für die Gestaltabweichungen als Senkrechtmaße und Waagerechtmaße ermittelt. Sie wird so groß gewählt, daß die Art der Gestaltabweichung erkennbar ist.

**Mittleres Profil** ist die Gerade, die so gelegt ist, daß die Summe der werkstofferfüllten Flächen über ihr und die Summe der werkstoffreien Flächen unter ihr gleich sind.

**Bezugsprofil** ist das durch den höchsten Punkt parallel verschobene mittlere Profil.

**Grundprofil** ist das durch den tiefsten Punkt parallel verschobene mittlere Profil.

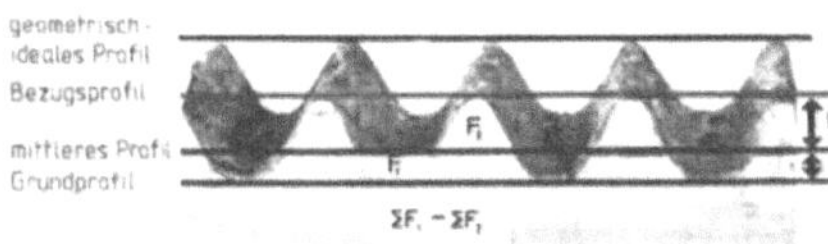


*Bild 3-76 Rauheitsmaße*

*Bild 3-77 Abhängigkeit der Glättungstiefe und mittleren Rauhtiefe von der Profilform*

### Maße für die Rauheit

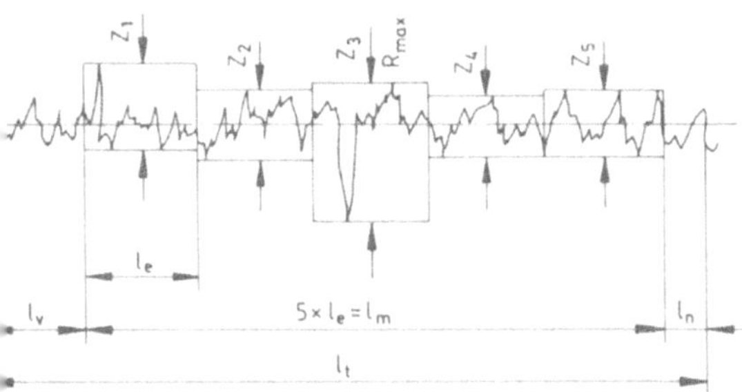


*Bild 3-78 Bilden der gemittelten Rauhtiefe $R_z$ aus dem Rauheitsprofil*

**Rauhtiefe** $R_t$ ist der senkrechte Abstand des Grundprofils vom Bezugsprofil (Bild 3-76). Sie kann für verschiebene Profilformen gleich sein (Bild 3-77).

Gemittelte Rauhtiefe $R_z$ ist das arithmetische Mittel aus den Einzelrauhtiefen fünf aneinandergrenzender Einzelmeßstrecken $l_e$.

Maximale Rauhtiefe $R_{max}$ ist die größte der auf der Gesamtmeßstrecke $l_m$ vorkommenden Einzelrauhtiefen $Z_i$, z.B. $Z_3$ (Bild 3-78).

**Glättungstiefe** $R_p$ ist der senkrechte Abstand des mittleren Profils vom Bezugsprofil (Bild 3-76).

Glättungstiefe ist das Maß, um das sich das Bezugsprofil beim Einebenen der Oberfläche verschiebt, z.B. beim Glattwalzen und Kalibrieren oder bei Längspreßpassungen.

$R_p$ allein keinzeichnet die Qualität der Oberfläche nicht; denn es kann zu verschiedenen Rauhtiefen gehören (Bild 3-79) und bei gleichen Rauhtiefen verschieden sein (Bild 3-77).

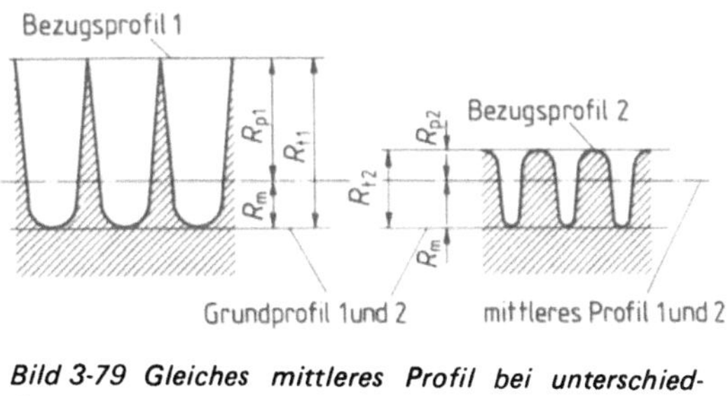


*Bild 3-79 Gleiches mittleres Profil bei unterschiedlicher Rauhtiefe*

**Mittenrauhwert** $R_a$ (a arithm.) ist ein auf das mittlere Profil bezogener Durchschnittswert. Er wird von der Profilform nicht beeinflußt und ist nur ein Maß für die Feinheit der Oberfläche (Bild 3-80).

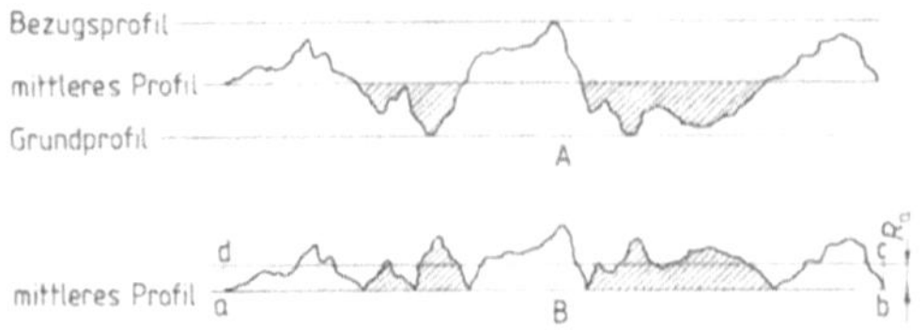


*Bild 3-80 Mittenrauhwert $R_a$*

Die in A unterhalb des mittleren Profils liegenden schraffierten Flächenstücke sind in B nach oben geklappt. Beim Einebnen des Oberflächenprofils in B durch Glattwalzen entsteht das Rechteck a b c d mit der Höhe $R_a$.

**Tragende Länge** $l$. Ein vollkommen ebener Körper drückt beim Anpressen mit einer bestimmten Kraft, z.B. Anpreßdruck bei Stahl $p = 0{,}1$ N/mm², die Gipfel elastisch ein und erzeugt die tragenden Flächen mit den tragenden Längen $l_1$, $l_2$, $l_3$... (Bild 3-81). Tragende Länge $l_t = l_1 + l_2 + l_3 + \ldots$ .

**Profiltraganteil** $t_p$ ist das Verhältnis der tragenden Länge $l_t$ zur Bezugsstrecke $l$ (Bild 3-81)

$$t_p = \frac{l_t}{l} \cdot 100\ (\%)$$

Der Profiltraganteil kennzeichnet die Oberflächenqualität, d.h. die Profilform, und dient vielfach zur Beurteilung der Eignung von Oberflächen, z.B. bei Lagerflächen, Dichtflächen und Oberflächen der Zahnflanken.

a)
b)

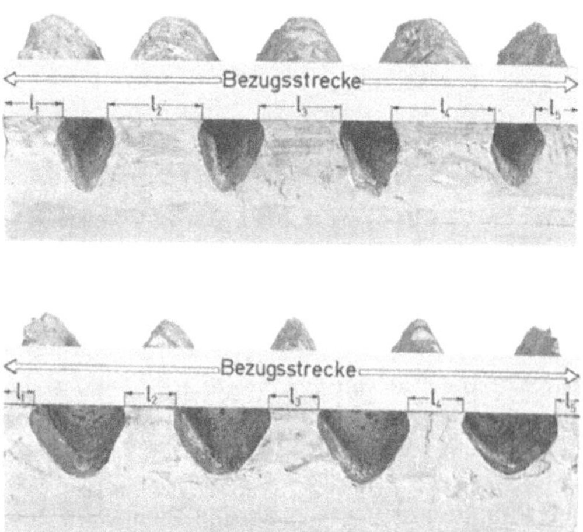


*Bild 3-81 Profiltraganteile*

a) rundkämmig,

b) spitzkämmig, Rillen mit gleicher Rauhtiefe

## 3.6.3 Ursachen der Gestaltabweichungen beim Abspanen

**Die Rauheit** der spanabhebend bearbeiteten Werkstücke ist vom Arbeitsverfahren und den Zerspanbedingungen abhängig.

> Werkzeuge aus Hartmetall oder Schneidkeramik ermöglichen höhere Schnittgeschwindigkeit, d.h. glattere Werkstückoberflächen als Werkzeuge aus Schnellarbeitsstahl.

Beim Bohren, Hobeln, Drehen, Fräsen und Räumen ergeben

**weiche Werkstoffe** meist keine hochwertigen Werkstückoberflächen,

**harte Werkstoffe** durch kleine Ausbrüche und Schwingungseinflüsse gekennzeichnete Werkstückoberflächen,

**mittelharte Werkstoffe** beste Oberflächengüte.

> Die wichtigsten Einflußgrößen auf die Oberflächengüte beim Bohren, Hobeln, Drehen, Fräsen und Räumen sind: Werkstoff, Schnittgeschwindigkeit, Schneidkeilgeometrie, Vorschub und die Starrheit von Maschine, Spannvorrichtung und Werkzeug.

**Welligkeit** entsteht durch Schwingungen der Vorrichtung, der Maschine oder des Werkzeuges infolge der wechselnden Spankräfte, durch außermittige Einspannung oder durch Ungleichmäßigkeit des Werkstoffes. Wellen erkennt man an der ungleichmäßigen Reflexion des Lichtes.

**Formfehler** entstehen durch Härteverzug, elastische Verformung des Werkstückes während des Abspanens und durch Maschinen-, Werkzeug- und Spannfehler.

## 3.6.4 Oberflächenprüfungen

**Die Rauhtiefe wird senkrecht zum Schnittweg gemessen:**

**Mit dem Fingernagel** als Prüftaster und Oberflächennormalen oder Meisterstücken kann die Rauhtiefe mit etwa ± 2 bis 3 μm Genauigkeit festgestellt werden.

**Mit einem Feintaster** kann eine Rauheit herab bis zu etwa 2 μm festgestellt werden.

**Mit Tuschierlineal oder -platte** werden Traganteile sichtbar gemacht.

**Lichtspaltprüfung mit Haarlineal.** Bei sehr guter Oberfläche, z.B. bei Endmaßen, ist ein Spalt von 1 $\mu$m gut zu erkennen.

**Mit Planglasplatten** wird die Ebenheit spiegelnder Flächen, z.B. Meßflächen der Meßgeräte, geprüft (Bild 3-82). Meßgenauigkeit etwa ± 0,1 $\mu$m.

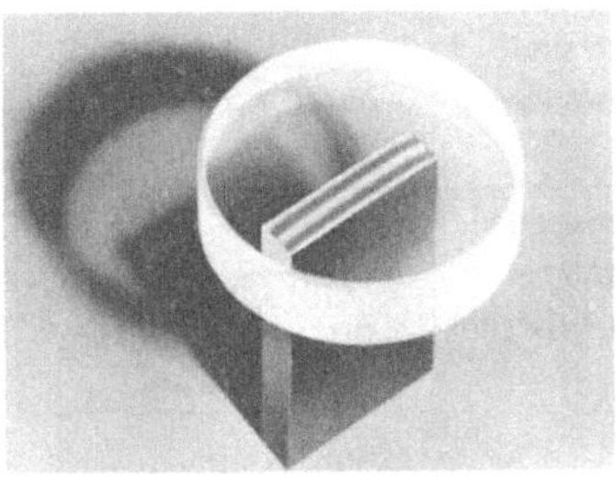

*Bild 3-82 Prüfen von Meßflächen mit Planglasplatte*

Endmaß. Die parallelen dunklen Streifen im unteren Bild zeigen die Ebenheit der Meßflächen.

**Abtastgeräte:** Die Oberfläche wird mit einer Nadelspitze sprungweise abgetastet. Die Fühl- und Tastnadelbewegungen werden von den Geräten angezeigt oder als Profilkurve aufgezeichnet (Bild 3-83).

## 3.6.5 Kennzeichnung von Oberflächen in Zeichnungen nach DIN ISO 1302

Symbol

Grundsymbol für die Angabe der Oberflächenbeschaffenheit

wie √, jedoch spanende Bearbeitung vorgeschrieben

wie √, jedoch spanlose Bearbeitung vorgeschrieben.

**Lage der Oberflächenangaben am Symbol**

Die einzelnen Angaben der Oberflächenbeschaffenheit sind dem Symbol zuzuordnen.

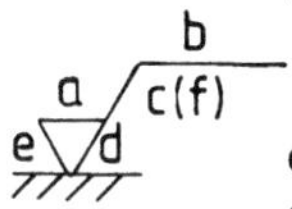


a Rauheitswert $R_a$ in $\mu$m
b Fertigungsverfahren, Oberflächenbehandlung oder Überzug
c Bezugsstrecke
d Rillenrichtung
e Bearbeitungszugabe
f andere Rauheitsmeßgrößen (in Klammern)

a) b)

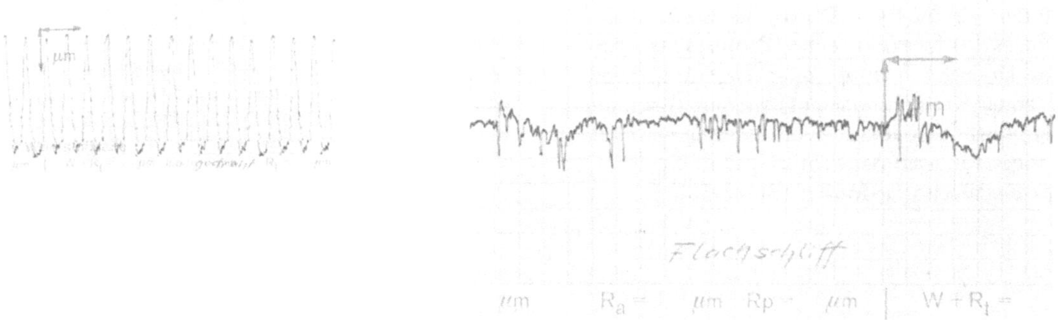


*Bild 3-83 Von einem Abtastgerät aufgezeichnete Profilkurven einer a) gedrehten, b) geschliffenen Stahlfläche*

Höhen- und Längenmaßstab verschieden.
Senkrecht: 3 mm auf dem Papier = 10 $\mu$m am Werkstück.
Waagrecht: 333 mm auf dem Papier = 10 mm am Werkstück.

*Tabelle 3-8* Oberflächenangaben

| Verlangt ist eine Oberfläche | Angabe in Zeichnung |
|---|---|
| mit einer größten zulässigen Rauhtiefe $R_t$ = 10 $\mu$m | $\surd\,(R_t = 10)$ |
| mit einer größten zulässigen gemittelten Rauhtiefe $R_z$ = 25 $\mu$m, materialabtrennend bearbeitet | $\nabla\!\!\surd\,(R_z = 25)$ |
| mit einer größten zulässigen arithm. Mittenrauhwert $R_a$ = 4 $\mu$m | 4 $\surd$ |
| mit einer Glättungstiefe $R_p$ = 4 ... 10 $\mu$m | $\surd\,(R_p = 4 \dots 10)$ |

| Verlangt ist eine Oberfläche | Angabe in Zeichnung |
|---|---|
| mit einem Oberflächencharakter „M" nach DIN ISO 1302, durch Läppen erzeugt, mit einer größt zulässigen Rauhtiefe $R_t$ = 0,4 $\mu$m | geläppt $\surd\,(R_t = 0{,}4)$ M |
| mit einem arithm. Mittenrauhwert $R_a$ zwischen 0,25 und 1 $\mu$m und einem Flächentraganteil $t_f \geqslant 70$ % | 1 0,25 $\surd\,t_f \geqslant 70$ |
| mit einer größten zulässigen Profiltiefe $p_t$ = 1 $\mu$m bei einer Bezugsstrecke von 40 mm (siehe DIN 4771) | $\surd\,40/p_t\,1$ |

**Wiederholungsfragen**

1. Welche Gestaltabweichungen können bei Werkstücken auftreten?
2. Was bedeuten Mittleres-, Bezugs- und Grundprofil?
3. Welches sind die wichtigsten Maße für die Rauheit?
4. Welches sind die wichtigsten Ursachen der Gestaltabweichungen beim Abspanen?
5. In welcher Richtung wird die Rauhtiefe gemessen?
6. Welche Oberflächenprüfverfahren werden am meisten verwendet?

## 3.7 Gewinde

### 3.7.1 Geometrie und Kraftwirkung der Gewinde

**Eine Schraubenlinie** ensteht durch Aufwickeln eines rechtwinkligen Dreiecks auf einen Kreiszylinder (Bild 3-84). Durch schraubenlinienförmiges Aufwickeln eines Profilstabes, z.B. eines Dreieck-, Trapez- oder Halbrundstabes, auf einen Kreiszylinder entsteht ein **Gewindegang einer Schraube,** durch schraubenlinienförmiges Einlegen des Profilstabes in ein Rohrstück die zugehörige **Mutter** (Bild 3-85).

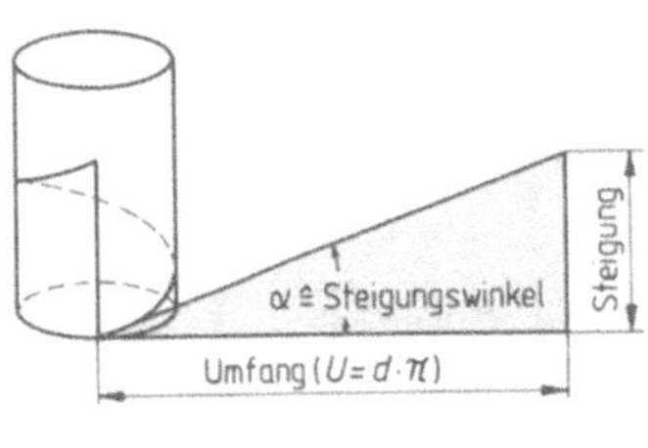


*Bild 3-84 Entstehung einer Schraubenlinie*

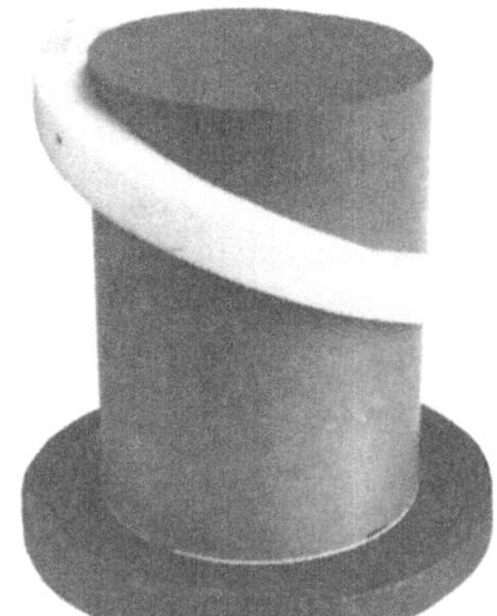

*Bild 3-85 Entstehung eines Gewindeganges*

Gewindesteigung ist die Längsverschiebung der Mutter bei einer Umdrehung.

Geschieht das Aufwickeln der Profilstäbe im Uhrzeigersinn, gesehen gegen die Längsachse der Schraube, ist die Schraube **rechtsgängig,** wird entgegengesetzt aufgewickelt, ist die Schraube **linksgängig** (Bild 3-86). Die Normalausführung ist rechtsgängig, linksgängig nur in Sonderfällen, z.B. wenn sich ein rechtsgängiges Gewinde durch die Fliehkräfte einer links umlaufenden Schraube lösen würde.

a) b)

*Bild 3-86 Gewinde mit gegenläufigem Drehsinn*

a) Rechtsgewinde
b) Linksgewinde

Linksgewinde werden mit LH (engl. Left-Hand) hinter dem Normzeichen gekennzeichnet, z.B. M10-LH. Bei Links- und Rechtsgewinden an einem Werkstück wird das Rechtsgewinde mit RH (engl. Right-Hand) gekennzeichnet, z.B. M10-RH.

Nur Rechtsgewinde an Werkstücken sind der Normalfall und werden nicht besonders gekennzeichnet, z.B. M10.

**Gewindesteigung und Gewindetiefe**

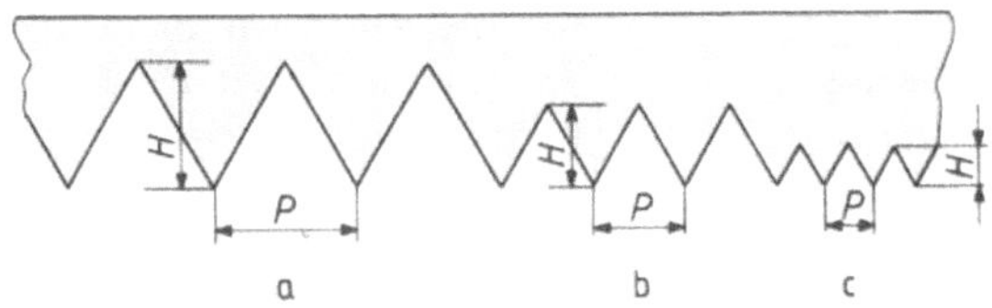


*Bild 3-87 Abhängigkeit der Gewindetiefen von den Gewindesteigungen*

Die in Bild 3-87 gezeichneten Gewindeprofile a, b und c sind gleichseitige Dreiecke. Die Gewindesteigungen $P$ sind die Seitenlängen, die Gewindetiefen $H = P$. 0,866 die Höhen der gleichseitigen Dreiecke.

Gewindesteigungen und Gewindetiefen nehmen im gleichen Verhältnis zu oder ab.

Mit Rücksicht auf den Kernquerschnitt müssen Schrauben mit kleinen Durchmessern und Muttern mit geringer Wanddicke Gewinde mit kleinen Steigungen erhalten (Feingewinde).

**Bei Konstruktionsgewinden,** das sind auf Zeichnungen angegebene Gewinde von Konstruktionsteilen, wird auch bei großen Durchmessern eine Gewindesteigung von 2 mm meist nicht überschritten.

**Ein- und mehrgängige Gewinde**

Bei 2, 3, 4 ... -gängigen Gewinden beginnen an der Stirnfläche der Schrauben 2, 3, 4 ... Gewindegänge.

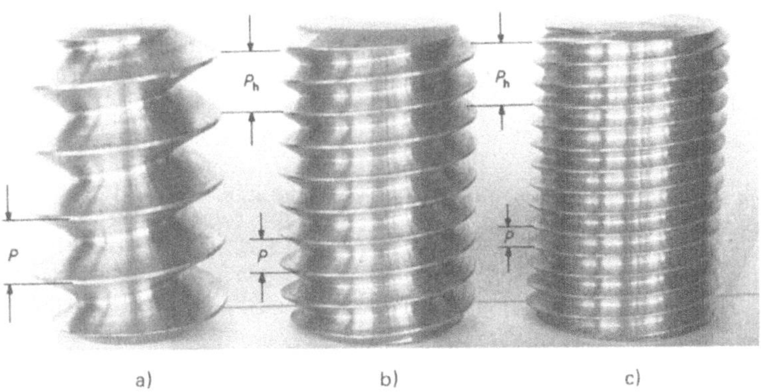


*Bild 3-88*

*Ein- und mehrgängige Gewinde*

a) ein-, b) zwei-, c) dreigängiges Gewinde. Bei a, b und c sind die Gewindesteigungen $P_h$ (d. h. die Längsverschiebungen der Muttern bei einer Umdrehung) gleich die Teilungen $P$ verschieden groß. Bei a ist $P_h = P$, bei b ist $P_h = 2P$, bei c ist $P_h = 3P$. Das Gewinde wird also mit zunehmender Gangzahl feiner.

Bei mehrgängigen Gewinden sind:

**Gewindesteigung** = Längsverschiebung der Mutter bei einer Umdrehung;
**Teilung** = Abstand von zwei benachbarten Gewindegängen;
**Gangzahl** = Anzahl der Gewindegänge.

**Gewindesteigung = Teilung mal Gangzahl**

Gewinde mit großen Steigungen werden mehrgängig ausgeführt, um die Gewindetiefe und das Gewindeprofil zu verkleinern.

Die Bezeichnung mehrgängiger Gewinde erfolgt durch Angabe von Nenn-/Außendurchmesser, Steigung und Teilung.

▶ **Beispiel:**
Tr 70 X 30 *P* 10 bedeutet dreigängiges Trapezgewinde mit 70 mm Außendurchmesser, $P_h$ = 30 mm Steigung und $P$ = 10 mm Teilung.

**Anwendung:** Bewegungsgewinde, bei denen bei geringer Drehung eine größere Längsverschiebung erforderlich ist, z.B. bei Transportspindeln und -schnecken, Drillbohrern und -schrauben.

**Kraftwirkung der Gewinde**

Beim Zusammendrehen von Schraube und Mutter wird eine schiefe Ebene auf die andere gelegt (Bild 3-89). Bei einem bestimmten Neigungswinkel der schiefen Ebene (s. Bild 1-52 und Bild 3-90) ist der Hangantrieb größer als die Reibung; der Klotz beginnt zu gleiten.

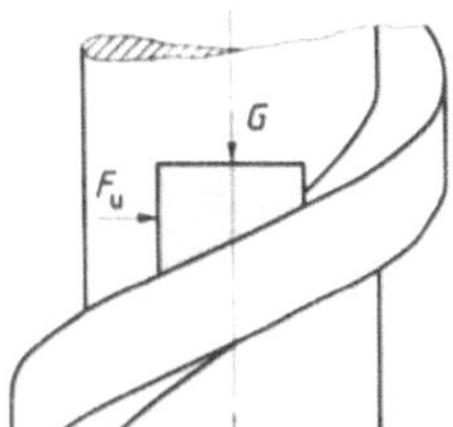


*Bild 3-89 Zusammenpassende Ebenen von Schraube und Mutter*

Steilgängige Gewinde sind nicht selbsthemmend, die Mutter dreht sich bei Belastung.

Die Kraft zum Drehen der Mutter ist außer von ihrer Belastung auch vom Steigungs- und Flankenwinkel des Gewindes abhängig (Bild 3-91).

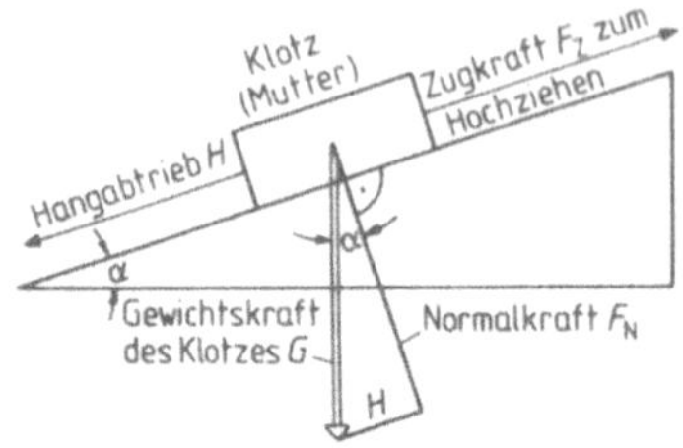


*Bild 3-90 Schiefe Ebene* (s. Bild 1-52)

Zum Hochziehen des Klotzes auf der schiefen Ebene muß der Hangabtrieb $H$ und die Reibung $F_R = F_N \cdot \mu$ überwunden werden. Die Kraft zum Hochziehen ist um so kleiner, je kleiner der Winkel $\alpha$ ist.

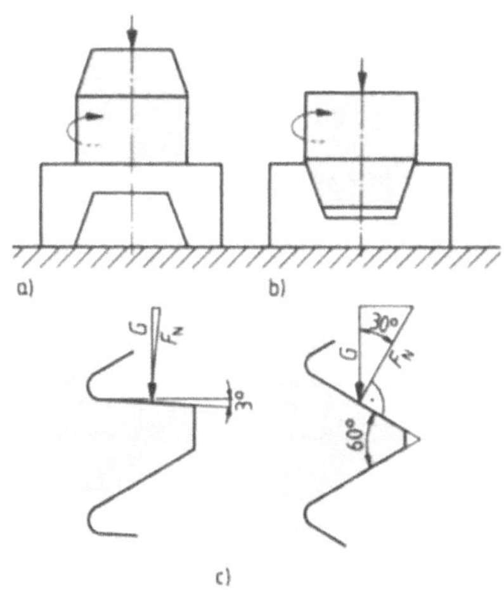


*Bild 3-91 Reibung auf schrägen und ebenen Flächen*

Ein und derselbe Körper dreht sich auf seiner ebenen Fläche (a), leichter als auf seinen Kegelmantelflächen (b), je schräger die Gewindeflanken sind, um so größer ist die Reibungskraft $F_N \cdot \mu$.

Mit flachgängigen Gewinden können größere Spannkräfte als mit steilgängigen erzielt werden. Dünne Schrauben mit kleiner Steigung werden leicht abgedreht, dicke Schrauben mit großer Steigung meist zu wenig angezogen.

**Bewegungsgewinde** haben zur Schraubenachse hin nur wenig geneigte Gewindeflanken. Sie sind wegen ihrer geringen Reibkräfte leichtgängig[1] und zur Umwandlung von Drehbewegungen in Längsbewegungen geeignet.

**Befestigungsgewinde** haben zur Schraubenachse eine schräge Gewindeflanke und kleine Steigungen. Sie lösen sich wegen ihrer großen Reibkräfte nicht leicht und sind wegen ihrer kleinen Steigungen sehr kraftwirksam.

## 3.7.2 Gewindearten und -maße

**Spitzgewinde** (Bild 3-93) sind die weitaus am häufigsten verwendeten Gewinde. Da andere Gewindearten selten vorkommen, versteht man unter Gewinde meist das fast ausnahmslos als Befestigungsgewinde verwendete Spitzgewinde.

Die Zoll-Länder Großbritannien und USA verwenden ein einheitliches **ISO-Zollgewinde** mit einem Flankenwinkel von 60°. Von diesem Gewinde wurde das **ISO-Grundprofil** (Bild 3-92) für das in Bild 3-93 wiedergegebene Metrische ISO-Gewinde übernommen und durch DIN 13, Blatt 30, genormt.

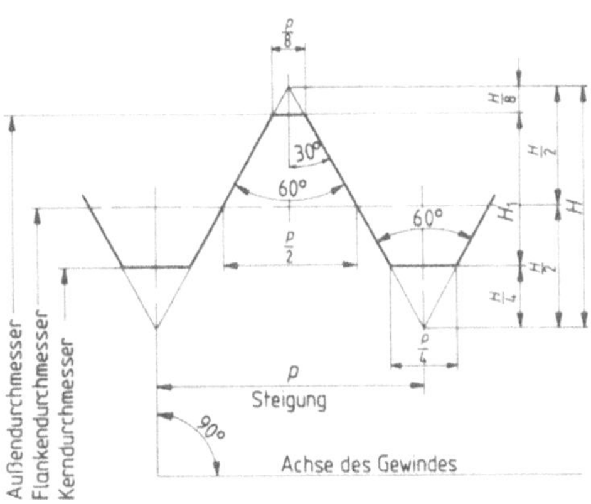


*Bild 3-92 ISO-Grundprofil*

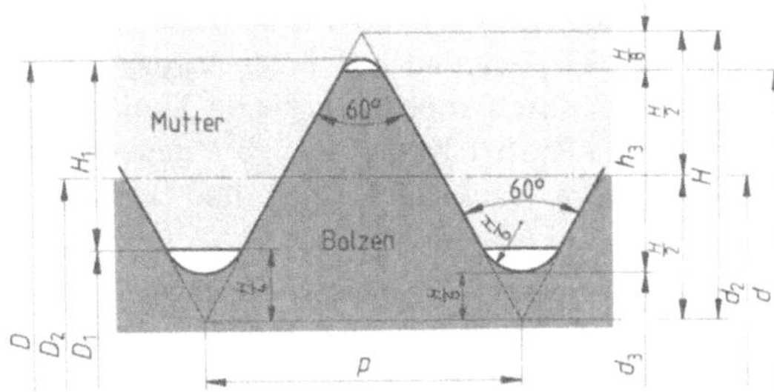


*Bild 3-93 Metrisches ISO-Gewinde nach DIN 13, Blatt 30*

Die Gewindeprofile für Schraube und Mutter sind ohne Flankenspiel gezeichnet.

Man unterscheidet ISO-Zollgewinde und Metrische ISO-Gewinde.

**ISO-Zollgewinde** und **Metrische ISO-Gewinde** entsprechen beide dem in Bild 3-92 dargestellten ISO-Grundprofil, jedoch haben sie infolge der unterschiedlichen Maßsysteme verschiedene Durchmesser und Steigungen. In den Zoll-Ländern werden der Durchmesser in Zoll und die Steigung in Gang/Zoll, in den metrischen Ländern der Durchmesser und die Steigung in mm angegeben.

Im Zollsystem gibt es Grob- und Feingewinde, im metrischen System Regelgewinde = Normalausführung und Feingewinde mit kleinerer Steigung.

Bezeichnung eines Metrischen ISO-Gewindes, Regelgewinde von 20 mm Durchmesser: **M20.**

Bezeichnung eines Metrischen ISO-Feingewindes von 5 mm Durchmesser und 0,5 mm Steigung: **M5** × **0,5.**

**Trapezgewinde** nach DIN 103 (Bild 3-94), Flankenwinkel 30°, werden als Bewegungsgewinde verwendet, z.B. bei Werkzeugmaschinen. Wie alle Gewinde mit schrägen Flanken können sie gefräst und geschliffen werden.

Bezeichnung eines eingängigen Trapezgewindes von 48 mm Durchmesser und 8 mm Steigung: **Tr48** × **8.**

[1] Das leichtgängigste Bewegungsgewinde ist das Flachgewinde mit rechteckigem Gewindeprofil (s. Bild 3-89). Es ist jedoch durch Fräsen oder Schleifen nicht herstellbar und daher nicht mehr genormt (Herstellung nur auf Drehmaschinen möglich).

**Sägengewinde** nach DIN 513 (Bild 3-95), Flankenwinkel 33°, werden zur Erzeugung großer Längskräfte durch möglichst kleine Umfangskräfte mit Kraftrichtung zur 3° geneigten Gewindefläche verwendet, z.B. bei Spindelpressen.

Bezeichnung eines eingängigen Sägengewindes von 48 mm Durchmesser und 8 mm Steigung: **S48** X **8.**

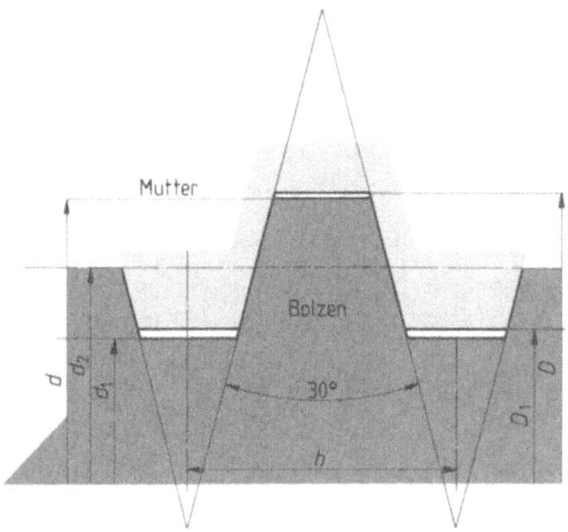


*Bild 3-94 Trapezgewinde*

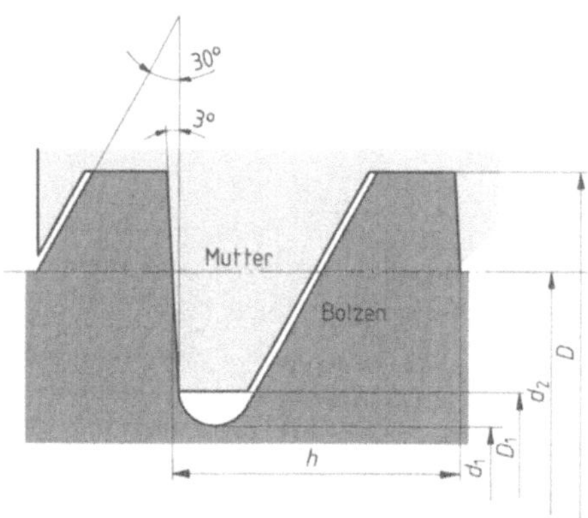


*Bild 3-95 Sägengewinde*

**Rundgewinde** nach DIN 405 (Bild 3-96), Flankenwinkel 30°, sind unempfindlich gegen Stöße und können als Blechgewinde hergestellt werden.

*Verwendung:* Schlauchkupplungen der Feuerwehr, Kupplungsspindeln der Eisenbahnwagen, Gewinde der Glühlampen und Sicherungen, Glas- und Porzellangewinde.

Bezeichnung eines Rundgewindes von 40 mm Durchmesser und 1/6 Zoll. Steigung: **Rd40** X **1/6**″.

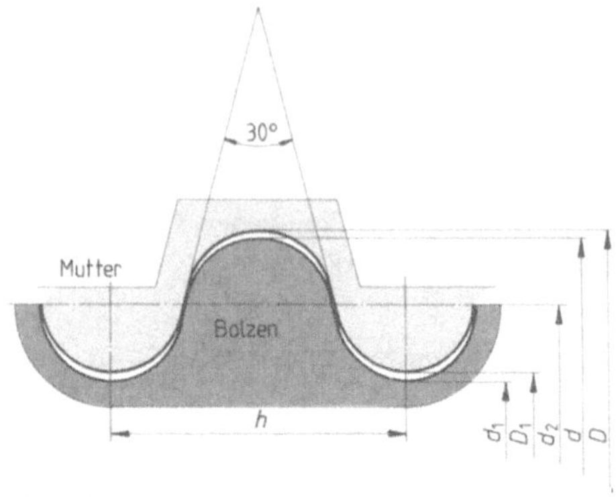


*Bild 3-96 Rundgewinde*

**Das Whitworth-Rohrgewinde** ist ein Spitzgewinde ohne Spitzenspiel mit einem Flankenwinkel von 55°. Bei dichten Rohrverbindungen sind die Gewinde in den Fittings (das sind Formstücke, z.B. Muffen, Krümmer, T-Stücke) zylindrisch, auf den Rohren kegelig (Kegel 1 : 16). Diese Gewinde werden nicht durch den Gewinde-Außendurchmesser, sondern durch die Nennweite der Rohre in Zoll gekennzeichnet. Die Angabe R 3/4 entspricht z.B. etwa dem lichten Rohrdurchmesser 20 mm.

**Beim Whitworth-Feingewinde** wird der Außendurchmesser des Gewindes in Millimeter und die Steigung in Zoll angegeben, z.B. W60X1/10″.

> Alle Gewinde haben eine hohe Kerbwirkung jedoch keine zentrierende Wirkung, verfügen als Bewegungsgewinde über einen schlechten Wirkungsgrad und erfordern eine Sicherung gegen selbsttätiges Lösen.

**Gewindemaße**

Der Längsschnitt durch die Gewindeachse, der sog. Achsschnitt (Bild 3-97), ist der einzige Schnitt durch die Schraube mit gradlinigen Begrenzungen.

> Das Gewinde wird durch folgende fünf Größen festgelegt: Flankendurchmesser, Steigung, Außendurchmesser und Kerndurchmesser. Diese Bestimmungsgrößen der Gewinde werden auf den Achsschnitt bezogen.

**Der Flankendurchmesser** ist der in Bild 3-97 eingezeichnete zur Achse senkrechte Abstand zweier gegenüberliegender Gewindeflanken. Da die Kraftübertragung der Gewinde nur durch die Gewindeflanken erfolgt, hat der Flankendurchmesser für Bolzen und Mutter dieselbe Bedeutung wie der Durchmesser für glatte Wellen und Bohrungen. Er wird auf den Schnittpunkt der Gewindeprofilkante mit der Mittellinie des Grundprofils bezogen.

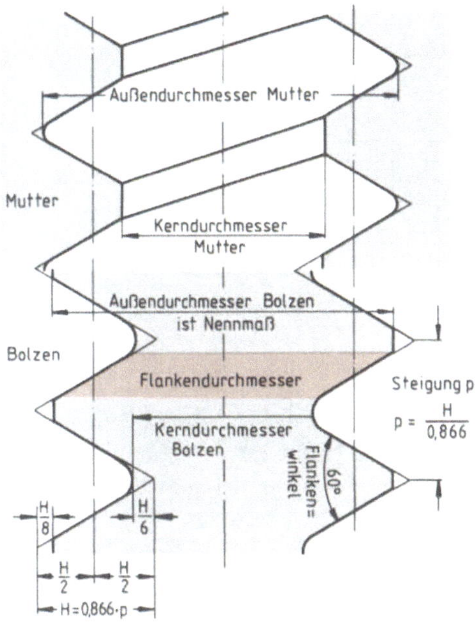


*Bild 3-97 Achsschnitt*

Innerhalb des Bereiches der roten Fläche kann der Flankendurchmesser gemessen werden. Das ISO-Gewinde liegt asymmetrisch im Grundprofil, der Flankendurchmesser ist also nicht mittlerer Profildurchmesser.

**Der Flankenwinkel** ist der von den Gewindeflanken eingeschlossene Winkel.

**Die Steigung** ist der achsparallele Abstand zweier benachbarter gleichgerichteter Gewindeflanken eines Gewindeganges.

Flankendurchmesser, Flankenwinkel und Steigung sind funktionelle Maße des Gewindes, die für die Güte des Gewindes entscheidend sind.

**Der Außendurchmesser** ist der achsensenkrechte Abstand der äußersten Punkte des Gewindes, das sog. Nenn- oder Konstruktionsmaß.

Der Außendurchmesser ist für die Herstellung des Gewindes wichtig.

**Der Kerndurchmesser** ist der Abstand der innersten Punkte der Gewinde; er ergibt sich aus Außendurchmesser, Steigung, Flankenwinkel und Kernausrundung.

Außen- und Kerndurchmesser sind nicht toleriert, sie dürfen die Mutter bzw. Schraube nicht berühren und spielen daher für die Funktion des Gewindes keine Rolle.

## 3.7.3 Gewindefehler und -toleranzen

Gewindefehler verhindern entweder die Zusammenschraubbarkeit von Bolzen und Mutter oder verursachen punktförmige oder nur teilweise Berührung der Gewindeflanken.

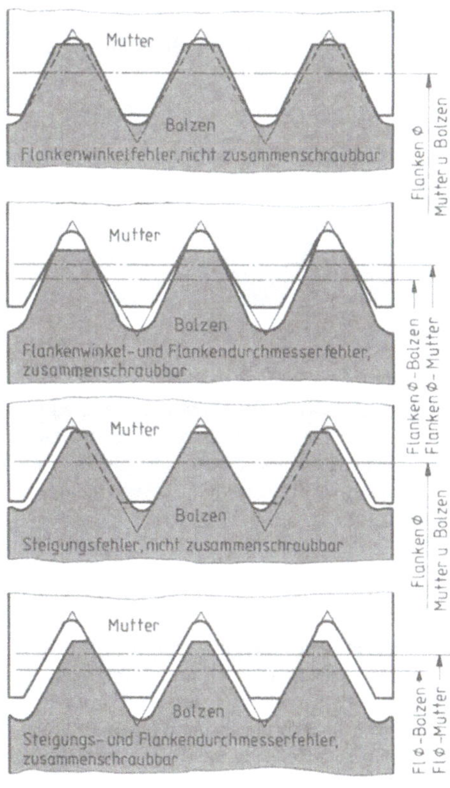


*Bild 3-98 Gewindefehler*

Gewinde mit Steigungs- oder Winkelfehlern sind mit geändertem Flankendurchmesser zusammenschraubbar (Bild 3-98). Flankendurchmesser, Steigung und Flankenwinkel beeinflussen sich gegenseitig, sie sind funktionelle Maße, denn von ihnen ist die Paarungsmöglichkeit von Bolzen und Mutter abhängig.

Auch nur punktförmig tragende Gewinde, die sich bei Belastung verformen, können unter Umständen zügig ineinandergehen. **Zügigkeit ist kein Beweis für die Güte eines Gewindes** (Bild 3-99).

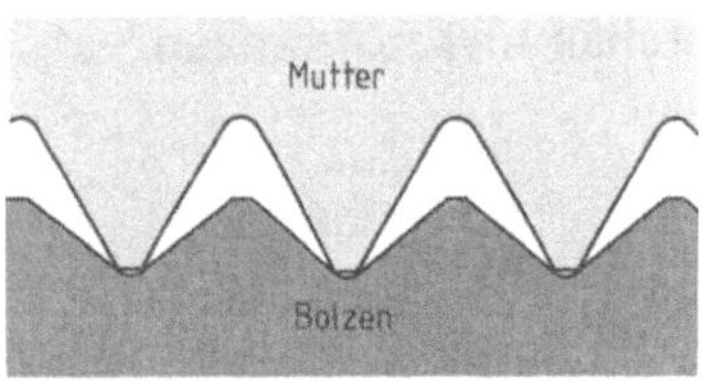


*Bild 3-99 Gewindetragfähigkeit*

Obwohl zügig gehend, trägt dieses Gewinde nur in den Spitzen: Ausschuß!

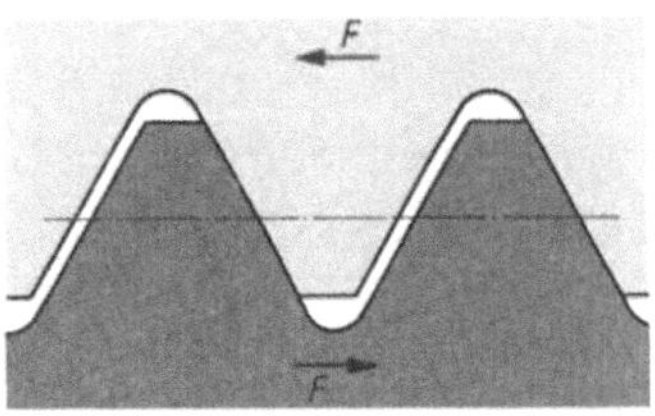


*Bild 3-100 Fehlerfreies Gewinde mit Spiel*

Alle an der Kraftübertragung beteiligten Flanken tragen auf ihrer ganzen Länge. Bolzen und Mutter gehen nicht zügig ineinander. Obwohl der Bolzen in der Mutter wackelt, ist das Gewinde als Befestigungsgewinde gut.

## Gewindetoleranzen

Beim Metrischen ISO-Gewindeprofil sind die Toleranzen nach Toleranzqualität (Ziffer) und Toleranzlage (Buchstabe) geordnet. Um eine Verwechslung mit den ISO-Bezeichnungen für Bohrungen und Wellen zu vermeiden, wird beim ISO-Gewinde die Ziffer dem Buchstaben vorangestellt, z.B. 6H für Muttergewinde und 6g für Bolzengewinde.

**Toleranzqualitäten** werden beim Bolzengewinde durch die Ziffern 3 bis 9, beim Muttergewinde durch die Ziffern 4 bis 8 ausgedrückt. Die 3 steht für die engste, die 9 für die weiteste Toleranz.

**Toleranzlagen** werden beim ISO-Muttergewinde mit den großen Buchstaben H und G, beim ISO-Bolzengewinde mit den kleinen Buchstaben h, g und e gekennzeichnet (Bild 3-101).

Für das Metrische ISO-Gewinde ist nach Bild 3-101 Spielpassung vorgeschrieben, so daß jedes Gewinde durch Metallüberzüge gegen Korrosion geschützt und die festgerostete Schraube vermeiden werden kann.

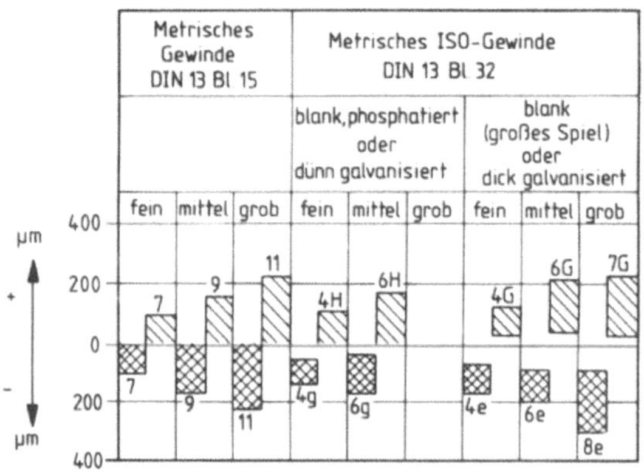


*Bild 3-101 Beispiel für die Lage der Flankentoleranzen bei M6*

Für das Metrische ISO-Gewinde kann die Größe der Flankendurchmessertoleranz zwischen den Toleranzklassen **fein, mittel und grob** gewählt werden.

► **Beispiele für die Kennzeichnung der Toleranzklassen:**
**M30 × 1,5f = fein**
**M30 × 1,5 ohne Zusatz = mittel**
**M30 × 1,5g = grob.**

Bei fehlerfreien Befestigungsgewinden spielt die Größe des Flankenspiels keine Rolle, sie übertragen nach Bild 3-100 die Kräfte bei grob genauso wie bei fein.

Für Befestigungsgewinde werden nur die Toleranzklassen mittel oder grob verwendet; Toleranzklasse fein nur für Gewinde, die spielfrei sein müssen, z.B. Meßspindeln, Tisch- und Leitspindeln.

*Tabelle 3-9* Benennungen und Kurzzeichen von Gewinden für besondere Verwendungszwecke

| Benennung | Profil (Skizze) | Kennbuchstaben | Kurzzeichen Beispiel | Nenndurchmesser oder Gewindegröße | nach Norm | Anwendung | |
|---|---|---|---|---|---|---|---|
| Metrisches kegeliges Außengewinde | 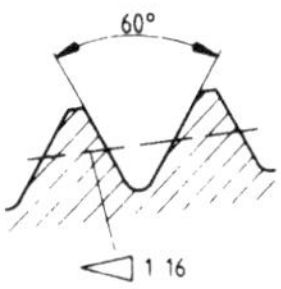 | M | DIN 158 – M30 × 2 keg | 6 bis 60 mm | DIN 158 | für Verschluß-schrauben und Schmiernippel | |
| | | | DIN 158 – M30 × 2 keg kurz | | | | |
| Rohrgewinde für nicht im Gewinde dichtende Verbindungen (zylindrisch) | 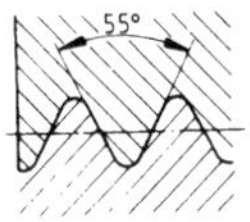 | G | G 1 1/2 A<br>G 1 1/2 B | 1/16 bis 6 | DIN ISO 228 Teil 1 | Außengewinde für Rohre und Rohrverbindungen | |
| | | | G 1 1/2 | | | Innengewinde für Rohre und Rohrverbindungen | |
| Whitworth-Rohrgewinde, zylindrisch | | | R 3/4 | 1/6 bis 6 | DIN 259 Teil 1 | für Rohre und Rohrverbindungen. Nicht für Neukonstruktionen | |
| Metrisches Gewinde für Festsitz, nicht dichte Verbindungen | 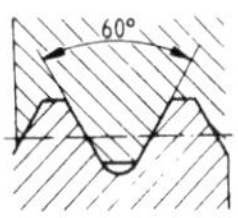 | M | M30Sn4<br>M30Sk6 | 1 bis 150 mm | DIN 13 und DIN 14 Beiblatt 14 | für Einschraub-ende an Stift-schrauben mit Festsitz | nicht-dichtend |
| Metrisches Gewinde für Festsitz, dichte Verbindungen | | | M30Sn4 dicht | 1 bis 150 mm | DIN 13 und DIN 14 Beiblatt 15 | | dichtend |
| Ventilgewinde | 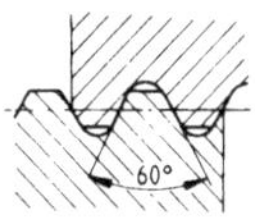 | Vg | DIN 7756 – VG 12 | 5 bis 12 mm | DIN 7756 | Ventile für Fahrzeug-bereifungen | |
| Rundgewinde | 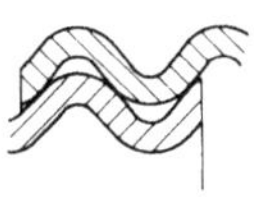 | – | DIN 70 156 – 48 | 48 und 72 mm | DIN 70 156 | für Kraftfahrzeuge | |
| Elektrogewinde |  | E | DIN 40 400 – E 27 | E 14, E 16, E 18, E 27, E 33 | DIN 40 400 | für D-Sicherungen; E 14 und E 27 auch für Lampensockel und -fassungen | |
| | | – | DIN 49 689 – 28 × 2 | 28 und 40 mm | DIN 49 689 | Außengewinde für Lampenfassungen und Innengewinde für Schirmträgerringe | |
| Blech-schrauben-gewinde |  | – | DIN 7970 – 3,5 | 2,2 bis 8 mm | DIN 7970 | für Blechschrauben | |
| | | ST | DIN ISO 1478 – ST 3,5 | | DIN ISO 1478 (z.Z. Entwurf) | | |
| Holzschrauben-gewinde | | – | DIN 7998 – 4 | 1,6 bis 20 mm | DIN 7998 | für Holzschrauben | |
| Fahrradgewinde | 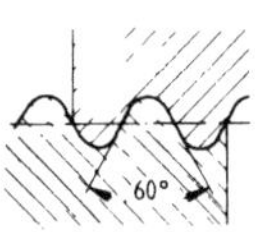 | FG | FG 9,5 | 2 bis 34,8 mm | DIN 79 012 | für Fahrräder | |

## 3.7.4 Gewindeprüfung

### Außengewindeprüfung mit Grenzlehren

Gewindelehrringe (Bild 3-102) prüfen nur die Austauschbarkeit und geben über die Beschaffenheit der Gewinde keinen Aufschluß.

*Bild 3-102 Gewindelehrring*

Beim Drehen muß das Werkstück zum Prüfen mit dem Gewindelehrring abgespannt werden.

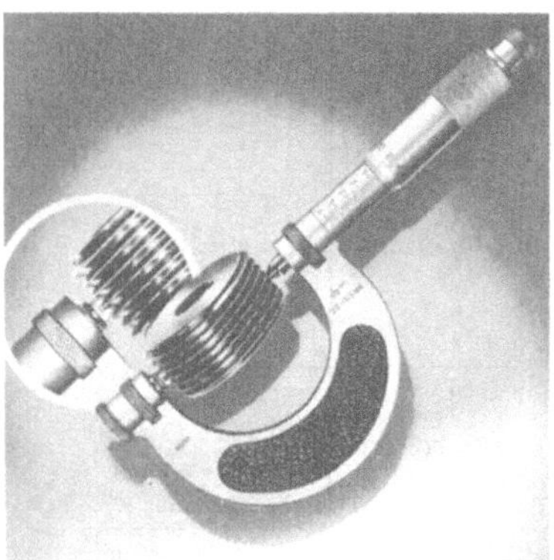

*Bild 3-103 Schraublehre für Gewindemessung*

(Flankenmikrometer) mit auswechselbaren Einsätzen.

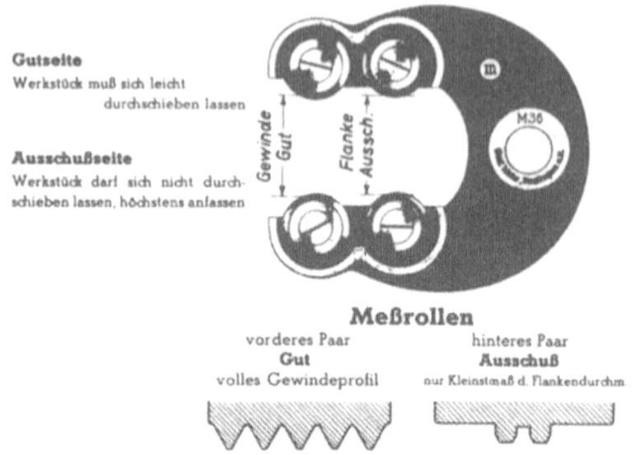


*Bild 3-104 Verstellbare Außen-Gewinde-Grenz-Rachenlehre*

Sie wird so eingestellt, daß die Rollen der Gutseite über ein maßhaltiges Gewinde hinweggleiten. Die Rollen der Ausschußseite dürfen nicht übergleiten.

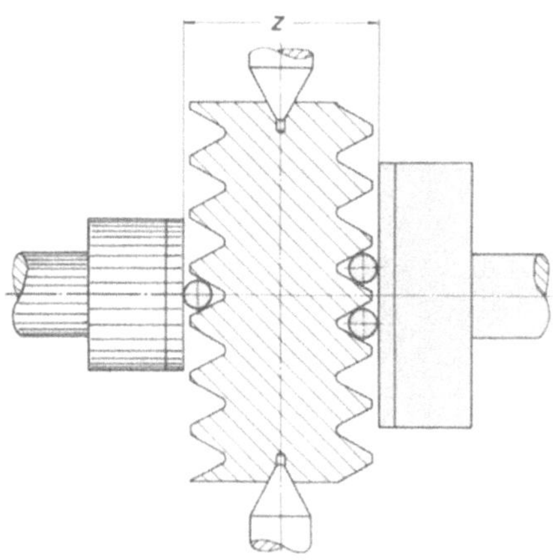


*Bild 3-105 Bestimmung des Flankendurchmessers von Außengewinden nach der Dreidrahtmethode (schematisch)*

Aus dem gemessenen Drahtabstand Z wird mit Tabellen der Flankendurchmesser bestimmt. Auch bei Flankenwinkelfehlern wird der Flankendurchmesser richtig festgestellt.

### Außengewindemessung

Gewindemessungen nehmen in der Meßtechnik eine Sonderstellung ein, sie erfordern besondere Meßmittel und Meßverfahren.

**Der Flankendurchmesser** kann nur direkt gemessen werden, denn am fertigen Gewinde sind weder der Achsschnitt noch das Grundprofil zu sehen, auf die der Flankendurchmesser bezogen wird.

Messungen mit Kimme und Kegel ergeben nur richtige Werte, wenn der Flankenwinkel des Gewindes mit den Winkeln der Meßstücke übereinstimmt, was nur selten der Fall ist.

**Messungen nach der Dreidrahtmethode** (Bilder 3-105 bis 3-107) ergeben die genauesten Werte.

**Die Steigung** kann von Gang zu Gang oder über mehrere Gänge gemessen werden (Bild 3-108).

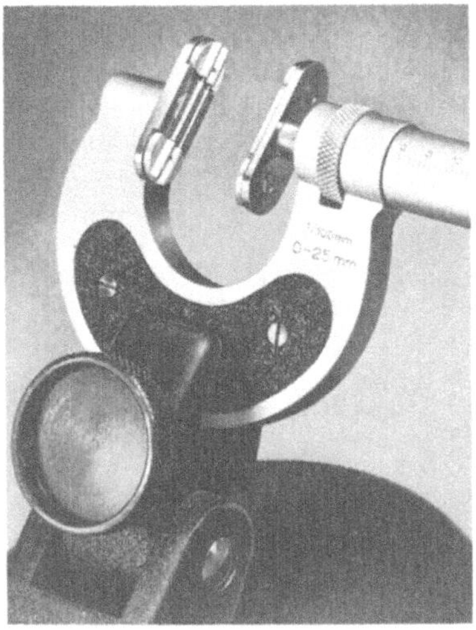

*Bild 3-106*
*Schraublehre für Dreidrahtmeßmethode*

*Bild 3-107 Messen des Flankendurchmessers nach der Dreidrahtmethode mit einem Abbe-Längenmesser*

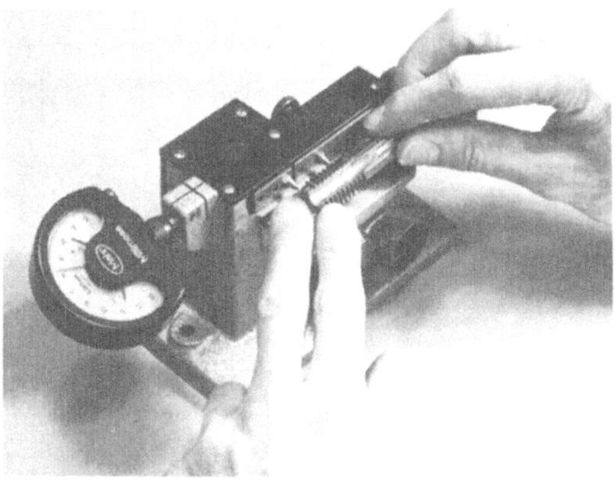

*Bild 3-108*
*Gewinde-Steigungsprüfer mit auswechselbaren Meßspitzen*

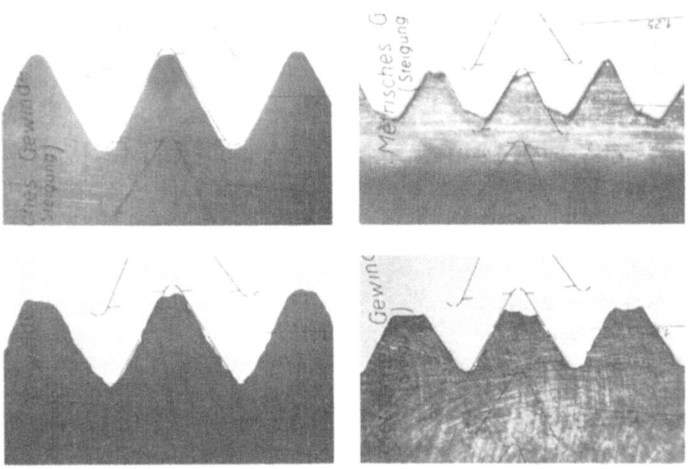

*Bild 3-109*
*Beispiele von Gewindefehlern, die nur optisch und nicht mit Gewindelehren festgestellt werden können,* s. Bild 3-35, S. 183.

**Außen- und Kerndurchmesser** müssen nur freigehen und können beliebig, z.B. mit Schieblehre oder Schraublehre, gemessen werden.

**Flankenwinkel** können nur optisch gemessen werden.

Die optische Gewindemessung nach Bild 3-35, S. 183, ist das genaueste Gewindemeßverfahren. Dabei werden alle Maße in einer Beobachtung geprüft.

### Innengewindeprüfung mit Grenzlehren

Durch Einschrauben des Grenzlehrdornes (Bild 3-110), wird nur die Austauschbarkeit geprüft.

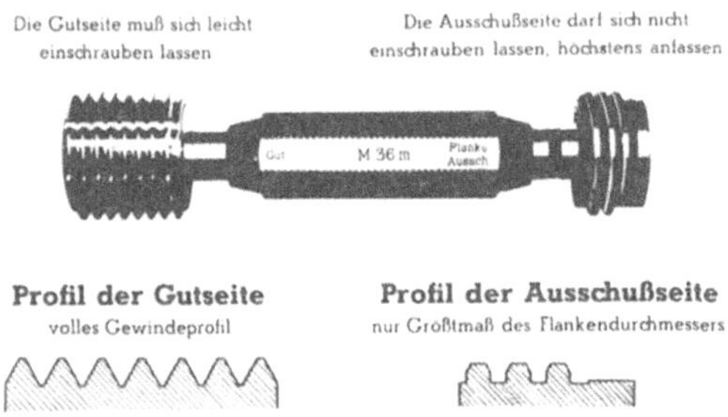


*Bild 3-110 Gewinde-Grenzlehrdorn*

### Innengewindemessung

Bei größeren Innengewinden können die Bestimmungsgrößen in derselben Weise wie bei Außengewinden gemessen werden (Bild 3-111).

Die beste Gewähr für gute Innengewinde mit kleinen Durchmessern bieten optisch geprüfte Gewindebohrer und Stichproben, bei denen eine durchschnittliche Mutter optisch geprüft wird.

*Bild 3-111 Meßeinrichtung für Innengewinde mit großem Durchmesser*

**Wiederholungsfragen**

1. Wodurch entsteht ein Gewindegang einer Schraube?
2. Welcher Zusammenhang besteht zwischen Gewindesteigung und Gewindetiefe?
3. Woran erkennt man die Gangzahl einer mehrgängigen Schraube?
4. Welche Gewinde werden mehrgängig ausgeführt?
5. Was bedeuten die Gewindebezeichnungen M20, M5 × 0,5, Tr48 × 8, S48 × 8, Rd40 × 1/6″?
6. Welche Gewinde werden als Bewegungsgewinde, welche als Befestigungsgewinde verwendet?
7. Wodurch unterscheiden sich ISO-Zoll und Metrische ISO-Gewinde?
8. Wodurch unterscheiden sich Regel- und Feingewinde?
9. Welches sind die fünf Gewindemaße?
10. Welches sind die funktionellen Gewindemaße?
11. Worauf werden die Gewindemaße bezogen?
12. Warum ist zügiges Ineinandergehen kein Beweis für die Güte eines Gewindes?
13. Welche Flankendurchmesser-Toleranzklassen gibt es?
14. Was wird geprüft a) mit Gewindelehrring und Grenzlehrdorn, b) mit einer AGGRA-Lehre?
15. Wie werden a) Außengewinde, b) Innengewinde gemessen?
16. Warum ist die Dreidrahtmessung ein Musterbeispiel für indirektes Messen?

### 3.7.5 Gewindeherstellung

**Spitzengewindeschneiden von Hand**

Von der in Abschnitt 3.7.2 wiedergegebenen Gewindearten werden nur die Spitzgewinde von Hand und mit Maschinen, alle anderen nur mit Maschinen hergestellt.

**Innen- oder Muttergewinde**

**Die Bohrung,** das sogenannte Kernloch, muß größer gebohrt werden als der Kerndurchmesser des fertigen Gewindes, weil der Werkstoff beim Gewindeschneiden gestaucht und in die Gewindespitzen gedrückt wird.

> Die Durchmesser der Kernlochbohrungen werden Tabellen nach DIN 336 entnommen; Reihe I für harte, Reihe II für weiche Werkstoffe.

Zur Erleichterung des Anschnittes und Vermeidung des Herausdrückens des letzten Gewindeganges werden die Kernlöcher auf den Gewindedurchmesser angesenkt (Bild 3-112).

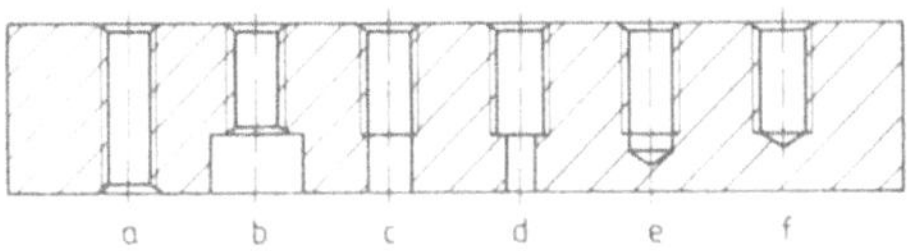


*Bild 3-112 Durchgangs- und Sacklochgewinde*

a) und b). Durchgangsgewinde; das Gewinde ist voll ausgeschnitten. c) bis f). Sacklochgewinde, auch wenn das Kernloch durchgebohrt ist wie bei c).

**Gewindebohrer**

**Das Innengewindeschneiden von Hand** erfolgt mit Handgewindebohrer nach DIN 351-353, die mit Windeisen in das Kernloch eingedreht werden.

> Beim Eindrehen der Gewindebohrer ist auf die durch Ringe oder Zahlen (Bilder 3-113 und 3-114) gekennzeichnete Reihenfolge zu achten.

Nach Art der Herstellung unterscheidet man geschliffene und gerollte Gewindebohrer.

Bei **geschliffenen Gewindebohrern,** Genauigkeit 5H, werden die Gewindegänge nach dem Härten des Werkzeuges aus dem Vollen geschliffen und der Zerspanbarkeit des Werkstoffes entsprechend mehr oder weniger hinterschliffen.

Bei **gerollen Gewindebohrern,** Genauigkeit 6H, werden die Gewindegänge vor dem Härten eingerollt. Sie sind in den Flanken nicht hinterarbeitet und billiger.

Die **Spannutenform** der Gewindebohrer hängt vom Verwendungszweck der Gewindebohrer ab.

> Bei Durchgangslöchern werden gerade genutete (Bilder 3-113 bis 3-115), bei Sacklöchern für den Spänetransport zum Schaft hin spiralgenutete Gewindebohrer verwendet (Bilder 3-116 und 3-117).

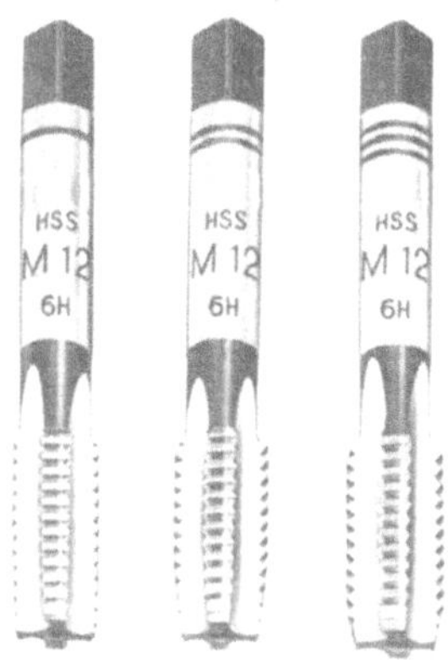


*Bild 3-113*
*Geschliffene Satzgewindebohrer für das Gewindeschneiden in Durchgangslöchern*

Allgemeine Verwendung bei Stahl. Der Satz aus 3 Stück.
1 Ring: Vorschneider,
2 Ringe: Mittelschneider, 3 Ringe: Fertigschneider.
Spanvolumen etwa 5 : 3 : 2. Für Feingewinde besteht der Satz aus 2 Stück.

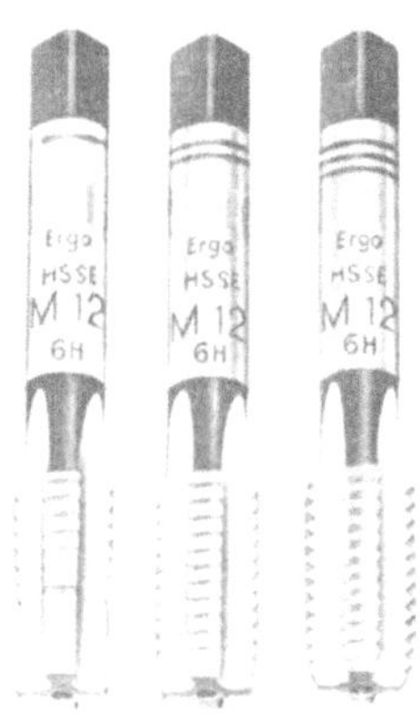


*Bild 3-114*
*Geschliffene Satzgewindebohrer für das Gewindeschneiden in hochfesten Werkstoffen*

Vorschneider mit Führungszapfen zum fluchtenden Anschneiden. Mittelschneider zum Vorschneiden. Fertigschneider zum völligen Ausschneiden des Gewindes.

*Bild 3-115* *Geschliffener Einschnitt-Gewindebohrer* mit einem Spanwinkel von 10° für das Gewindeschneiden in Durchgangslöchern in hochfesten Werkstoffen.

*Bild 3-116* *Geschliffener Einschnitt-Gewindebohrer* für das Gewindeschneiden in tiefen Sacklöchern.

*Bild 3-117 Gewindebohrer zum Schneiden von Sacklochgewinden in Al, Cu, Zn*

Durch die geringe Nutenzahl und die kurze Anschnittlänge werden kräftige Späne gebildet, die durch die eng gedrallten Nuten gut hochgeführt werden.

*Bild 3-118 Innenspan-Gewindebohrer*

Die anfallenden Späne werden vom Spanraum im Gewindeschneider aufgenommen, so daß das Gewinde bis dicht auf den Grund ausgeschnitten wird. Kühlschmiermittelzufuhr durch die seitliche Bohrung.

*Bild 3-119 Spanlos-Gewindebohrer*

Vorteile: keine Abstumpfung, bruchsicher (nicht genutet), hohe Genauigkeit, Verfestigung des Werkstoffes. Anwendung: Metalle mit guter Verformbarkeit.

| | | |
|---|---|---|
| Handgewindebohrer [1] | → Satzgewindebohrer [2] | → kurzer Schaft |
| Maschinengewindebohrer | → Einschnittgewindebohrer [3] | → langer Schaft |

1) gebräuchliche Bezeichnung

2) Bezeichnung nach DIN 352

3) In Sonderfällen auch Sätze zu 2 Stück

Die **Anschnittform** der Gewindebohrer ist entscheidend für das Anschneiden der Gewindebohrer sowie für die Spandicke und einen ununterbrochenen Spanfluß. Folgende Anschnittformen sind genormt:

7 bis 8 Gang Anschnitt, ohne Schälanschnitt [1], für Durchgangslöcher mit geringer Gewindehöhe, wenig gebräuchlich.

4 bis 5 Gang Anschnitt, mit Schälanschnitt, für Durchgangslöcher sehr gut geeignet.

> Der Schälanschnitt bewirkt gutes Abfließen der Späne in Schnittrichtung.

2 Gang Anschnitt, ohne Schälanschnitt für kurzspanende Werkstoffe und Sacklöcher.

> Die Form der Gewindebohrer ist ihrem Verwendungszweck angepaßt.

Werkstoff für die Herstellung von Gewindebohrern:

**Schnellarbeitsstahl,** für besonders harte Werkstoffe oberflächennitriert, s. S. 121.

**Nachschleifen** der Gewindebohrer auf Spezialmaschinen in der Nute (Bild 3-120).

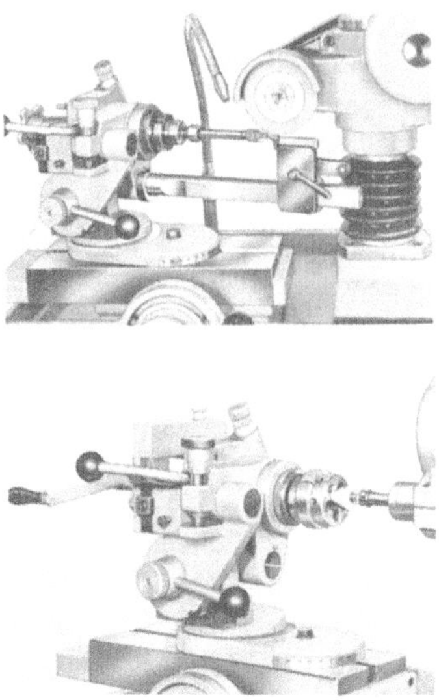

a)

b)

*Bild 3-120 Schärfen stumpfer Gewindeschneidwerkzeuge durch Nachschleifen auf Spezial-Schleifmaschinen*

Anschnitt- und Spanwinkelschleifen:
a) an Gewindebohrern b) an Schneideisen

[1] Schälanschnitt = tangentiales Abspanen wie beim Apfelschälen.

> Durch Freihandschleifen werden die Gewindebohrer ungenau.

**Außen- oder Bolzengewinde**

Außengewinde werden mit **Schneideisen-** oder **Schneidkluppen** hergestellt (Bilder 3-121 und 3-122).

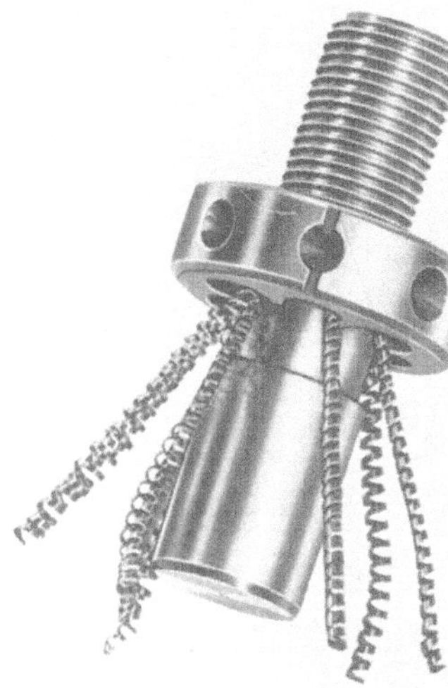

*Bild 3-121 Schneideisen*

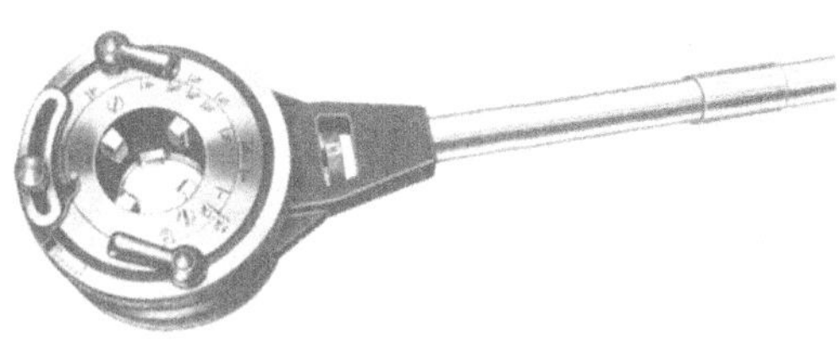

*Bild 3-122 Ratschen-Gewindeschneidkluppe mit austauschbarem Gewindebacken*

Bei der Herstellung von Außengewinden gelten dieselben Arbeitsbedingungen wie beim Innengewinde. Der Bolzen muß im Außendurchmesser kleiner vorgedreht sein als der Außendurchmesser des Gewindes. Zum besseren Anschneiden werden Gewindeenden bis auf den Kerndurchmesser abgefast (Bild 3-123).

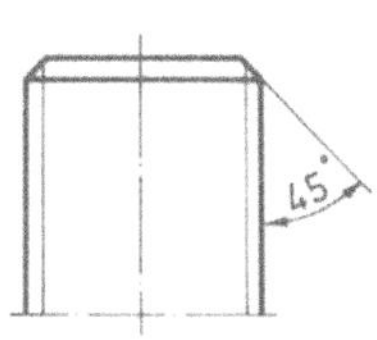


*Bild 3-123 Abfasung des Gewindeendes*

*Tabelle 3-11* Gewinde-Herstellungsverfahren

**Außengewinde**

| Schneiden | | | Fräsen | | | Schleifen | | |
|---|---|---|---|---|---|---|---|---|
| Werkzeug | Maschine | Anwendung | Werkzeug | Maschine | Anwendung | Werkzeug | Maschine | Anwendung |
| 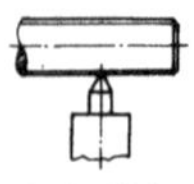 Drehmeißel | Leitspindel-Drehmaschine | Einzelfertigung | 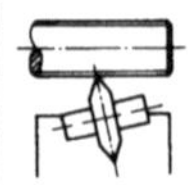 Einprofil (lang) | Langgewinde-Fräsmaschine | nur für Schnecken und Trapezgewinde | 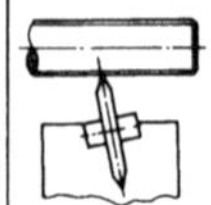 Einprofilscheibe | Gewinde-Schleifmaschine | Gewinde-Lehrdome Gewinde-Bohrer Schnecken Gewinde mit großer Genauigkeit Gewinde mit abnormaler Steigung |
| | Revolver-Drehmaschine | größere Stückzahl (mit Leitpatrone o. Sondereinrichtung) | | | | | | |
| | Gewinde-Schneidmaschine | alle Gewinde beliebige Stückzahl | | | | | | |
|  Gewinde-Strehler | Leitspindel-Drehmaschine | Einzelfertigung | | | | | | |
| | Revolver-Drehmaschine | | 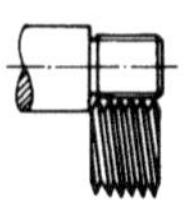 Mehrprofil (kurz) | Kurzgewinde-Fräsmaschine | allgemein | 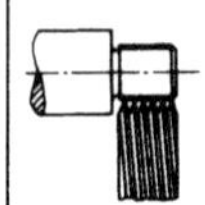 Mehrprofilscheibe | Gewinde-Schleifmaschine | Schnecken Gewinde mit großer Genauigkeit und großen Stückzahlen |
| | Gewinde-Schneidmaschine | | | | | | | |
| 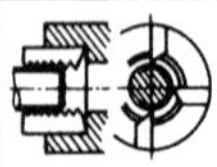 Schneideisen | Leitspindel-Drehmaschine | Nur zum Gewinde nachschneiden | | | | | | |
| | Revolver-Drehmaschine | Kurzgewinde | | | | | | |
| | Gewinde-Schneidmaschine | früher Schrauben | | | | | | |
| 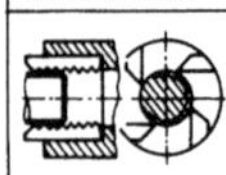 Strehler-Backenkopf | Leitspindel-Drehmaschine | Einzelfertigung | 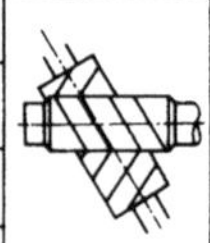 Wälzverfahren | Wälz-Fräsmaschine | nur für Schnecken | 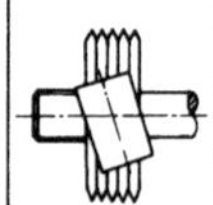 Spitzenlos | Spezialmaschine | selten |
| | Revolver-Drehmaschine | für sämtliche Stückzahlen | | | | | | |
| | Gewinde-Schneidmaschine | keine Verwendung | | | | | | |

| Rollen (spanlos) | | | Schälen oder Wirbeln | | |
|---|---|---|---|---|---|
| Werkzeug | Maschine | Anwendung | Werkzeug | Maschine | Anwendung |
| 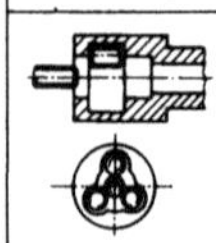 Rollkopf | Leitspindel-Drehmaschine | kleine Stückz. | 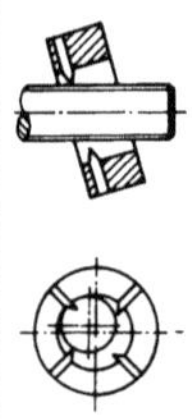 Messerkopf | Leitspindel-Drehbank umgebaut (bleibt eingestellt) | für mittlere Stuckzahlen |
| | Revolver-Drehmaschine | größere Stückz. | | | |
| | Mehrspindel-automat | große Stückz. | | | |
| | Gewinde-Rollmaschine | große Stückz. | | | |
| 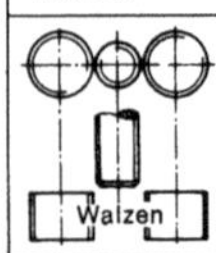 Walzen | Gewinde-Wälzmaschine | Massenfertigung | | Spezialmaschine zum Wirbeln | für große Stückzahlen |
| 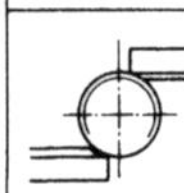 Backen | Sondermaschine (Rotoflow) | Massenfertigung | | | |

**Innengewinde**

| Schneiden | | | Fräsen | | | Schleifen | | |
|---|---|---|---|---|---|---|---|---|
| Werkzeug | Maschine | Anwendung | Werkzeug | Maschine | Anwendung | Werkzeug | Maschine | Anwendung |
| 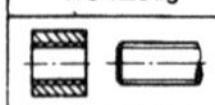 Gewindebohrer | Innengewinde-Schneidmaschine | allgemein | 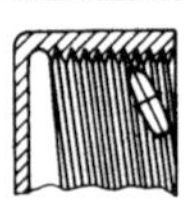 Einprofilfräser | Kurzgewinde-Fräsmaschine | Trapez-Gewinde | 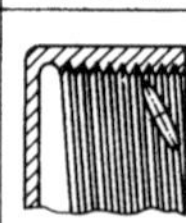 Einprofilscheibe | Gewinde-Schleifmaschine | Schneideisen Gewindelehrringe Gewinde mit großer Genauigkeit |
| 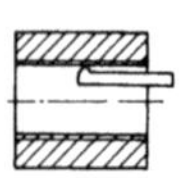 Drehmeißel | Leitspindel-Drehmaschine | Einzelfertigung | | | | | | |
| | Revolver-Drehmaschine | mittl. Stückz. | | | | | | |
| | Gewinde-Schneidmaschine | Massenfabrikation | 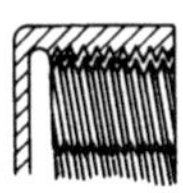 Mehrprofilfräser | Kurzgewinde-Fräsmaschine | allgemein | 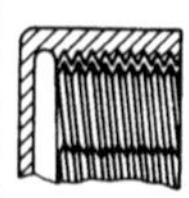 Mehrprofilscheibe | Gewinde-Schleifmaschine | Gewinde mit großer Genauigkeit |
| 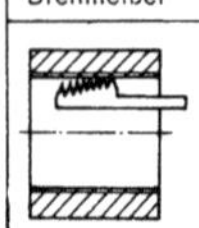 Gewindestrehler | Leitspindel-Drehmaschine | bei Messing | | | | | | |
| | Revolver-Drehmaschine | bei Messing | | | | | | |
| | Gewinde-Schneidmaschine | bei Messing | | | | | | |

#### Kühlschmiermittel zum Gewindeschneiden

> Mineralmaschinenöl ist zum Gewindeschneiden vollkommen untauglich.

*Tabelle 3-10* Kühlschmiermittel zum Gewindeschneiden

| Zu bearbeitender Werkstoff | Kühlschmiermittel |
|---|---|
| Stahl, Stahl- und Temperguß | Schneidöl, Emulsion (Terpentin) |
| Legierter Stahl, Werkzeugstahl | Schneidöl, Emulsion |
| Stahl, nichtrostend | Spezial-Schneidöl |
| Gußeisen | trocken, Petroleum, Schneidöl |
| Messing, Gußlegierung | trocken, Emulsion |
| Messing, Knetlegierung | Emulsion, Schneidöl |
| Bronze | Schneidöl, Emulsion, trocken |
| Kupfer | Schneidöl, Emulsion |
| Zink und Legierungen | Emulsion |
| Aluminium | Petroleum u. Schneidöl, Emulsion |
| Duraluminium | Schneidöl, Emulsion |
| Silumin | Petroleum u. Schneidöl, Emulsion evtl. Zusatz: 5 % Spiritus |
| Elektron | trocken, 4 % wässerige Natriumfluorid-Lösung |
| Kunstoffe, Kunstharzpreßstoffe | trocken, Druckluft |

> Richtige Schnittgeschwindigkeit, geeignetes und rechtzeitiges und fachgemäßtes Nachschärfen der Gewindeschneidwerkzeuge sind die Voraussetzungen für die Herstellung guter Gewinde.

## 3.8 Spanende Formung

### 3.8.1 Begriffe

> Werkzeuge, die Späne abheben, heißen spanende Werkzeuge.

Der Teil der spanenden Werkzeuge, an dem der Span entsteht, wird **Schneidkeil** genannt. Die Schnittlinien der den Keil begrenzenden Flächen sind die **Schneiden.**

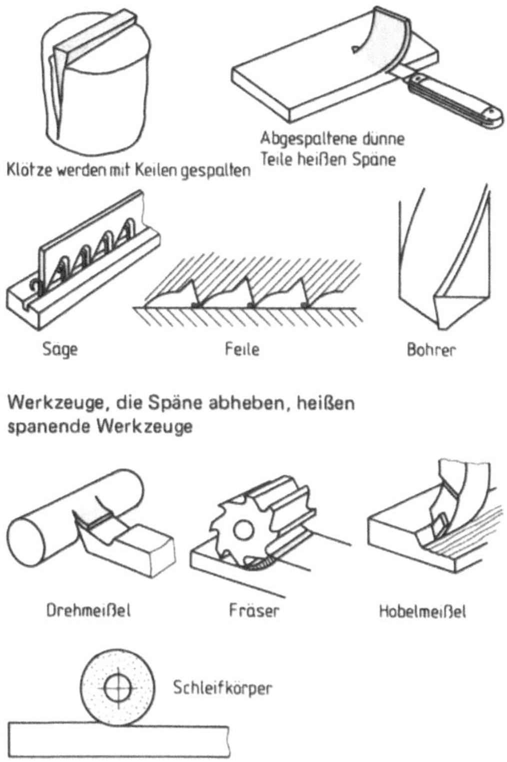


*Bild 3-124 Spanende Werkzeuge*

Die Schneiden können gerade, geknickt oder gekrümmt sein (DIN 6581). Sie können genau festgelegte, also **geometrisch bestimmte** oder willkürliche, also **geometrisch unbestimmte** Formen besitzen. Daher unterscheidet man **Spanen mit geometrisch bestimmter Schneide,** z.B. beim Sägen, Feilen, Bohren, Drehen und Fräsen, und **Spanen mit geometrisch unbestimmter Schneide,** z.B. beim Schleifen und Honen.

### 3.8.2 Grundformen und Benennungen der Schneidkeile mit geometrisch bestimmten Schneiden

#### Schneiden und Flächen an Schneidkeilen

> Späne werden durch zwei Schnitte freigeschnitten.

**Hauptschneide** ist die während des Schnittes in Vorschubrichtung weisende Schneide.

**Nebenschneide** ist jede Schneide, die nicht Hauptschneide ist (DIN 6581).

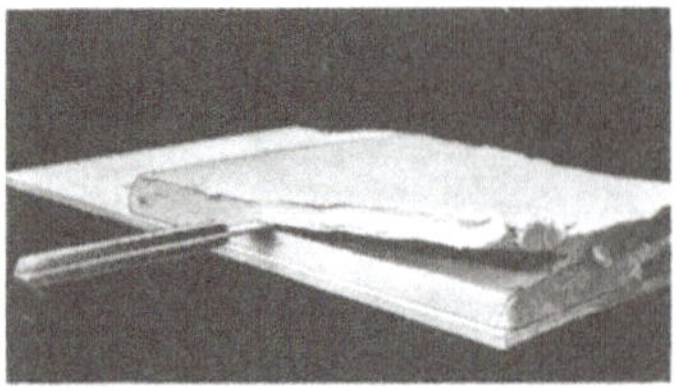

a)

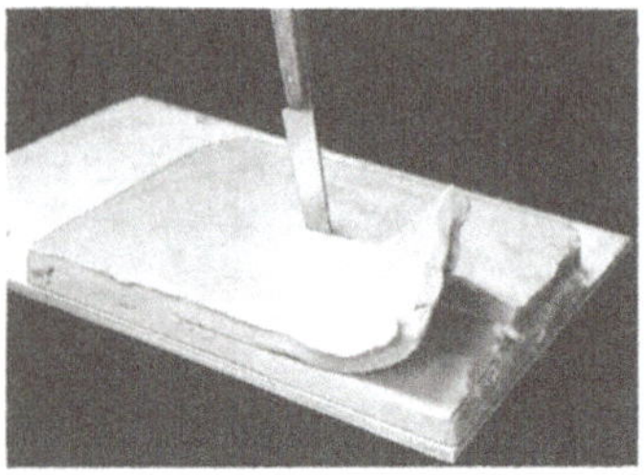

b)

*Bild 3-125 Schnittversuch mit Knetmasse*

a) Schnitt mit waagerecht gehaltenem Messer: Ein rechteckiger Span wird durch einen Schnitt allein nicht vollständig abgetrennt.
b) Schnitt mit senkrecht gehaltenem Messer: zum vollständigen Abtrennen eines rechteckigen Spans ist ein zweiter Schnitt mit einem Schneidkeil erforderlich.

**Schnittflächen** sind die am Werkstück von den Schneiden erzeugten Flächen. **Hauptschnittfläche** ist die von einer Hauptschneide, **Nebenschnittfläche** die von einer Nebenschneide erzeugte Fläche.

> Die Werkstückoberfläche ist um so glatter, je kürzer die Nebenschneide bei a), b), c) und e) in Bild 3-126 ist.

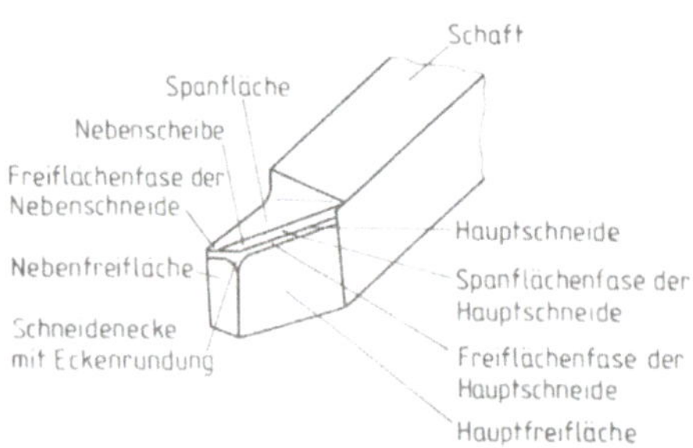


*Bild 3-127 Flächen, Schneiden und Schneidenecken am Dreh- und Hobelmeißel*

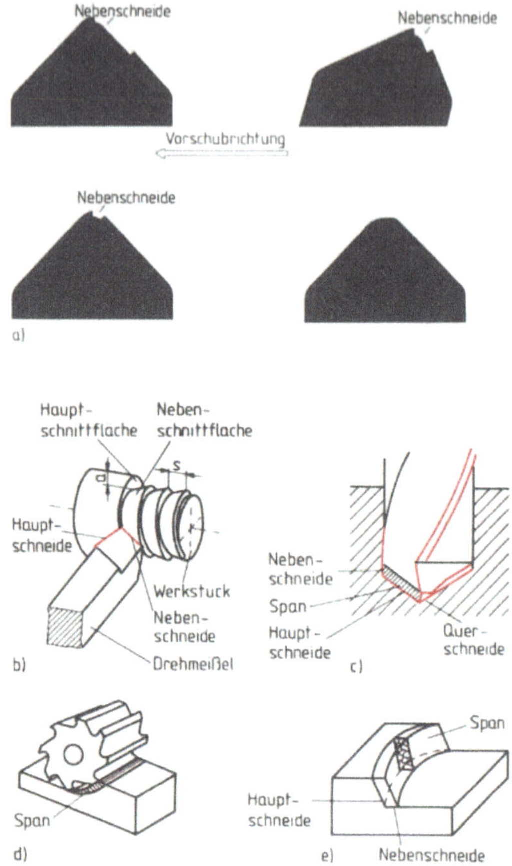


*Bild 3-126 Hauptschneiden, Nebenschneiden und Schnittwege der wichtigsten spanabhebenden Werkzeuge*

a) Hobeln, Stoßen. Die Nebenschneide erzeugt die Werkstückoberfläche (siehe b) Drehen). Der Schnittweg ist eine Gerade.
b) Drehen. Die Nebenschneide erzeugt die Werkstückoberfläche. Der Schnittweg ist beim Plandrehen eine Spirale, beim Langdrehen eine Schraubenlinie.
c) Bohren, Senken. Die Nebenschneide erzeugt die Werkstückoberfläche. Der Schnittweg ist eine Schraubenlinie.
d) Walzfräsen. Die Werkstückoberfläche wird von der Hauptschneide erzeugt. Der Schnittweg ist ein Zykloidenbogen.
e) Stirnfräsen. Die Nebenschneide erzeugt die Werkstückoberfläche. Der Schnittweg ist ein Zykloidenbogen.

#### Winkel am Schneidkeil

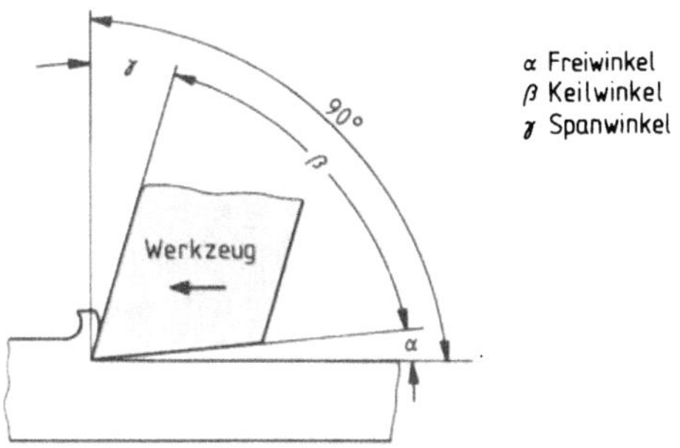


*Bild 3-128 Benennung der Winkel am Schneidkeil*

#### Einfluß der Winkel am Schneidkeil auf die Zerspanbarkeit der Werkstoffe

**Ohne Freiwinkel** würde der Schneiderücken auf der Werkstückoberfläche reiben. Die Folgen wären große Schnittkraft und Erwärmung der Schneide.

**Der Keilwinkel** soll mit Rücksicht auf die zum Schneiden erforderliche Kraft, die sog. *Schnittkraft,* möglichst klein sein.

> Weicher Werkstoff
> ↓
> kleiner Keilwinkel → großer Freiwinkel
> Harter Werkstoff
> ↓
> großer Keilwinkel → kleiner Freiwinkel

Vom Spanwinkel hängt die Wirkungsweise des Schneidkeils ab.

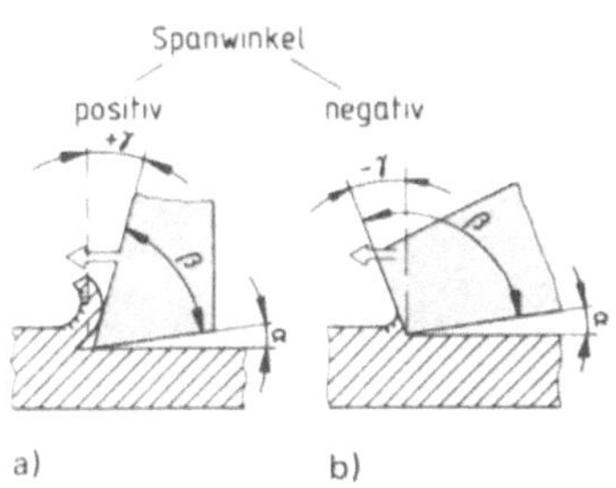


*Bild 3-129 Wirkung der Spanwinkel*

a) schneidende Wirkung
b) schabende Wirkung.

> Negativer Spanwinkel → schabende Wirkung
> Positiver Spanwinkel → schneidende Wirkung

## 3.8.3 Spanbildung und Späne

#### Spanbildung bei zähem Werkstückstoff

Beim Zerspanen wird der Werkstückstoff in der Nähe der Werkzeugschneide zunächst zusammengeschoben. Mit steigendem Verformungsgrad nehmen Härte und Sprödigkeit des verformten Werkstückstoffes zu (siehe Umformen ohne Anwärmen, siehe Abschnitt 2.7.2). Nach genügender Versprödung und entsprechender Verschiebung erfolgt die Abtrennung eines Spanelementes, das auf der Spanfläche des Werkzeuges abgleitet.

*Bei kleiner Geschwindigkeit* zerplatzt der Span nach genügender Versprödung und Verformung zu kleinen Brocken, zu sog. **Reißspänen** (Bild 3-130).

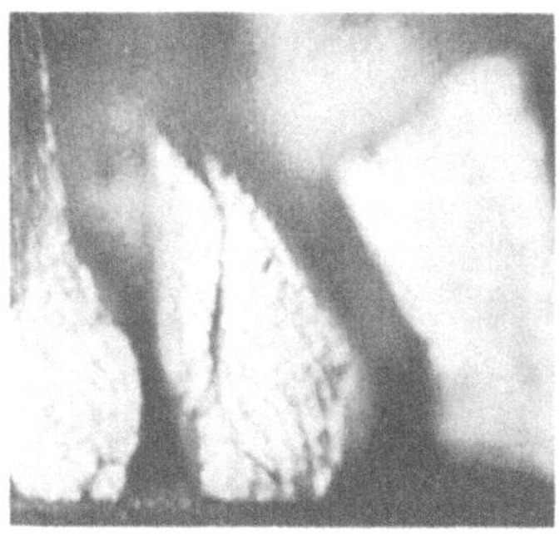

*Bild 3-130 Reißspanbildung*

> Reißspäne sind Spanbrocken. Der abzutragende Werkstoff wird zertrümmert, die erzeugte Oberfläche ist rauh und rissig.

*Bei erhöhter Geschwindigkeit* kann sich die Trennung nicht bis zur Reißspanbildung auswirken, so daß zusammenhängende **Scherspäne** entstehen (Bild 3-131).

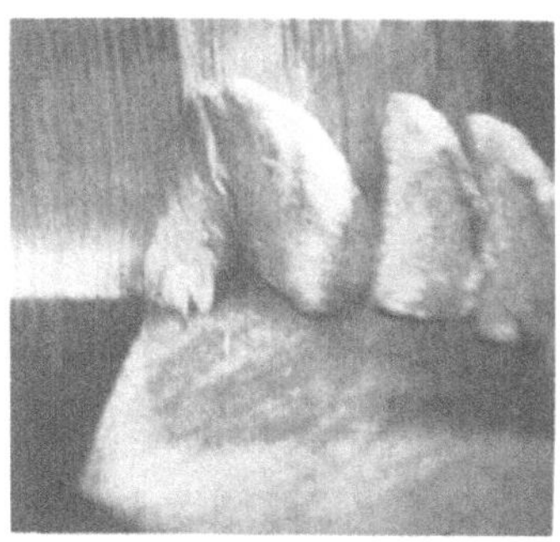

*Bild 3-131 Scherspanbildung*

Scherspäne sind größere kommaartige Spanbrocken, die eine wechselnde Schnittkraft erkennen lassen. Die erzeugte Oberfläche ist glatter als bei Reißspanbildung.

*Bei hoher Geschwindigkeit* ist die Zeit für größere Verformung zu kurz. Die Bruchspannung wird unmittelbar über der Werkzeugschneide erreicht. Dabei entstehen **Fließspäne** von zusammenhängender regelmäßiger Form (Bild 3-132).

*Bild 3-132 Fließspanbildung*

Fließspäne sind gleichmäßig ablaufende zusammenhängende Späne. Die erzeugte Oberfläche ist glatt.

**Spanbildung bei spröden Werkstückstoffen**

Bei spröden Werkstückstoffen, z.B. Gußeisen, Messing, Bronze, treten nur mehr oder minder kurze Reißspäne auf, gleich, mit welcher Schnittgeschwindigkeit zerspant wird.

**Spanformen**

Späne werden nach ihrer Form benannt (Bild 3-133). Unerwünscht sind sich sperrig verwirrende Späne, die von Hand von der Maschine entfernt werden müssen. Erwünscht sind schaufelbare Späne und solche, die eine gefahrlose Maschinenbedienung gestatten.

Im allgemeinen werden sie Späne mit zunehmender Festigkeit und abnehmender Zähigkeit der Werkstückstoffe kürzer.

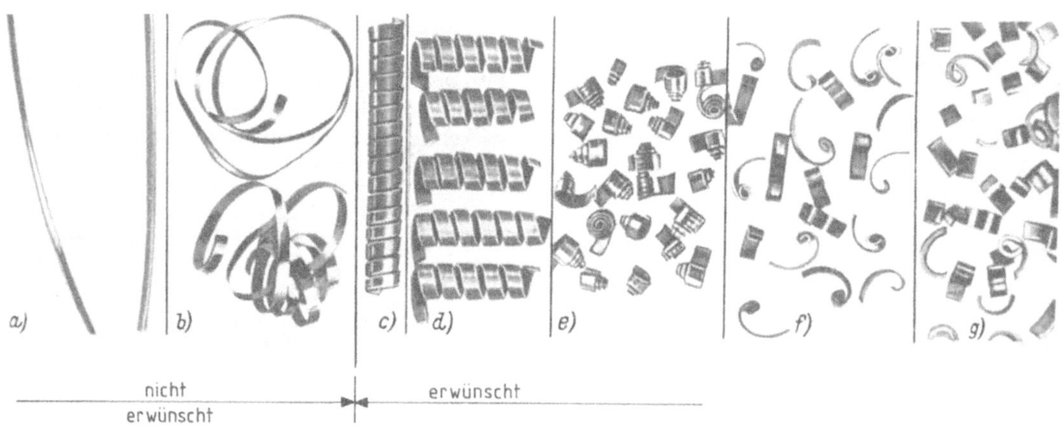


***Bild 3-133** Spanformen*

a) Bandspäne
b) Wirrspäne
c) lange Wendelspäne
d) Wendelspanstücke
e) Spiralspäne
f) Spiralspanstücke
g) Spanbruchstücke

## 3.8.4 Schneidkantenverschleiß

Eine Schneidkante gilt als verschlissen, wenn mit ihr die verlangte Maßgenauigkeit und Oberflächengüte der Werkstücke nicht mehr hergestellt werden kann.

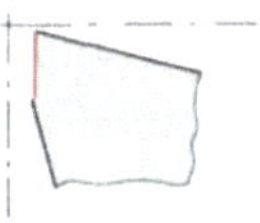

*Bild 3-134 Zersplitterung der Schneidkante*

Ursache: Temperaturstöße, z.B. beim Fräsen und Kopierdrehen.

Verschlissene Schneidkanten werden nachgeschliffen.

> Die Arbeitszeit des Werkzeugs zwischen zwei Nachschliffen heißt Standzeit.

### Aufbauschneidenbildung

Beim Zerspanen in einem bestimmten Schnittgeschwindigkeitsbereich entstehen sogenannte Aufbauschneiden. Das sind Ansätze von Werkstoffteilchen an Schneiden, Span- und Freiflächen der Werkzeuge, die sich während des Zerspanens ab- und aufbauen (Bild 3-135). Durch sie entstehen rauhe und sich stetig ändernde Schneidenformen. Teile der sich lösenden Aufbauschneide verschweißen z.T. mit der Werkstückoberfläche.

Werkzeuge aus Schnellarbeitsstahl können schärfer geschliffen werden als Werkzeuge aus Hartmetall und Schneidkeramik und gestatten kleinste Schnitt-Tiefen. Sie arbeiten jedoch meist im Aufbauschneidenbereich, während Werkzeuge aus Hartmetall und Schneidkeramik höhere Schnittgeschwindigkeiten zulassen.

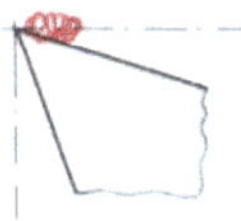

*Bild 3-135 Aufbauschneide*

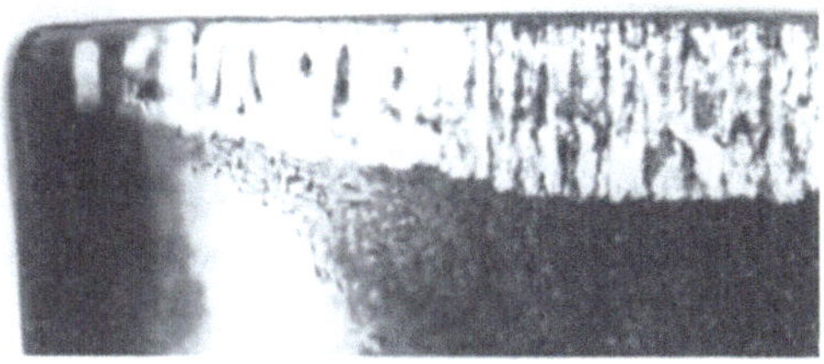

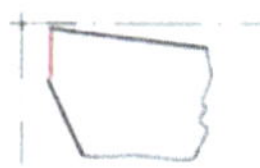

*Bild 3-136 Freiflächenverschleiß*

Ursache: zu hohe Schnittgeschwindigkeit. Die Verschleißmarkenbreite b ist ein Merkmal für die Beurteilung der Standzeit.

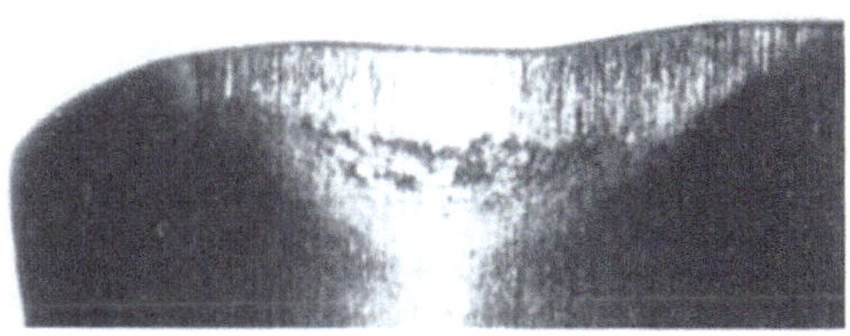

a)

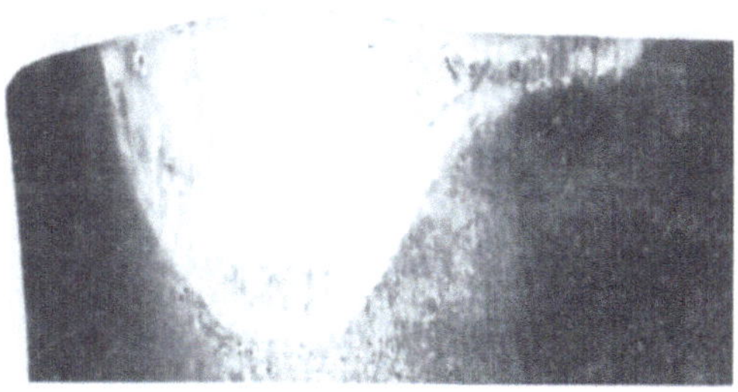

b)

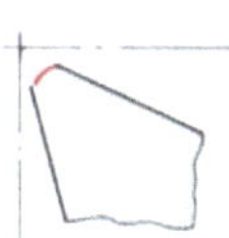

*Bild 3-137*
*Plastische Verformung der Schneidkante*

a) Kantensenkung b) Kantenerhöhung

Ursache: zu hohe Belastung, zu hohe Schnitttemperatur.

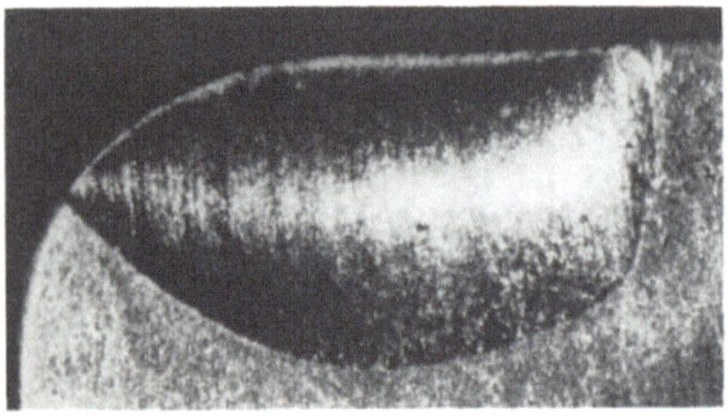

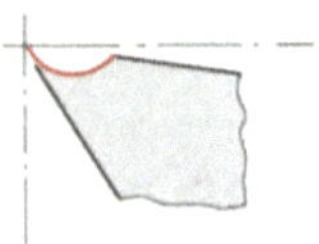

*Bild 3-138 Kolkverschleiß*

Kleiner Vorschub und hohe Geschwindigkeit sowie kleiner Spanwinkel ergeben verhältnismäßig starken Kolk- und Freiflächenverschleiß. Großer Vorschub und niedrige Schnittgeschwindigkeit ergeben ziemlich geringen Kolk- und Freiflächenverschleiß.

Die Hauptverschleißarten sind: Freiflächen- und Kolkverschleiß, Zersplitterung und plastische Verformung der Schneidkante.

### 3.8.5 Meißeln

Meißelarbeiten werden heute selten ausgeführt. Die Meißelschneide dringt unter der Einwirkung der Hammerschläge stoßartig in den Werkstoff ein. Bei schräg angesetztem Meißel entstehen Späne, bei senkrecht zum Werkstück gehaltenem Meißel wird das Werkstück getrennt.

Bisher wurden die Meißel aus Kohlenstoffstählen von den Verbrauchern selbst hergestellt. Heute werden sie von Spezialfirmen bezogen, die zu ihrer Herstellung Schnellarbeitsstahl verwenden. Das Nachschleifen der fertiggekauften Meißel (z.B. Drucklufthämmer) kann von Hilfskräften durchgeführt werden; denn die Erwärmung der Schneiden auf Glühhitze spielt beim Lufthärten der Schnellarbeitsstähle keine Rolle.

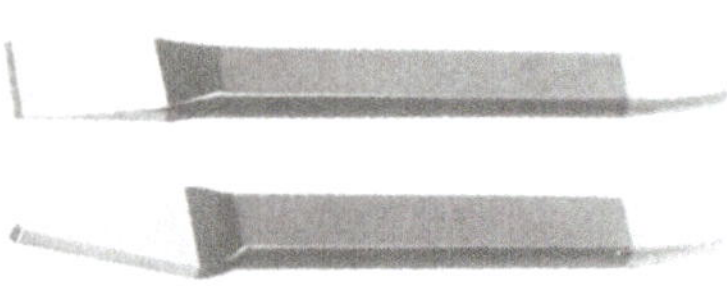

a)

b)

*Bild 3-139 Meißelarten*

a) Flachmeißel dienen zum Zerspanen und Trennen
b) Kreuzmeißel

Fertiggekaufte Meißel sind in der Anschaffung bedeutend billiger und im Gebrauch bedeutend besser als die aus Kohlenstoffstahl selbstgefertigten Meißel.

**Keilwinkel für Meißelschneiden**

Stahl: 60° bis 70°,
Messing, Bronze: 50° bis 60°,
Aluminium, Kupfer: 40° bis 50°.

### 3.8.6 Sägen

**Sägen** dienen zum Trennen von Werkstücken und zum Erzeugen von Ein- und Ausschnitten.

Man unterscheidet **Hand-** und **Maschinensägen.**

**Sägeblätter** besitzen hintereinanderstehende gleiche Zähne, die über die ganze Schnittbreite eingreifen und bei der Schnittbewegung gleichzeitig schneiden. Die abgetrennten Späne werden von den Zahnlücken aus dem Schnittspalt herausgeführt (Bild 3-140a)).

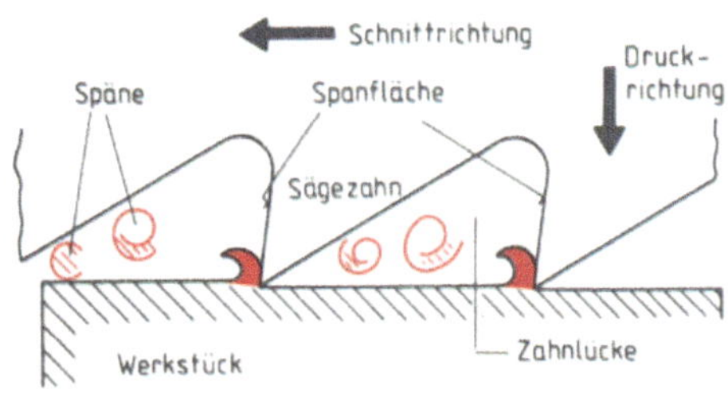


a)

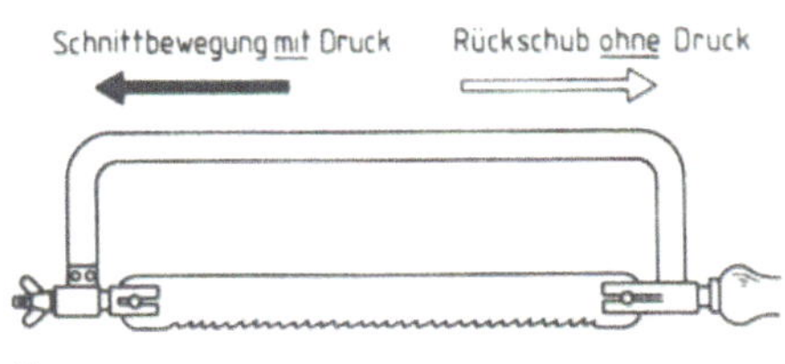


b)

*Bild 3-140 Wirkungsweise der Sägen*

a) Sägeblatt
b) Handbügelsäge

Der Spanwinkel ist bei Sägeblättern für Stahl = 0°, für weiche Werkstoffe etwa 10°. Mit Rücksicht auf gute Spanabführung ist eine große Zahnlücke erforderlich. Der Keilwinkel ist daher nur 50° und der Zahngrund für weiche Werkstoffe gerundet.

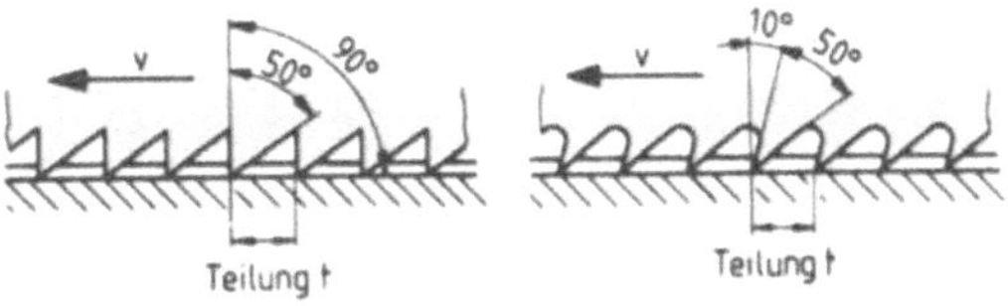


*Bild 3-141 Zahnformen der Metallsägeblätter*

Um ein Festklemmen des Sägeblattes zu vermeiden, muß der erzeugte Schlitz breiter sein als die Dicke des Sägeblattes. Der sog. Freischnitt erfolgt durch (Bild 3-142) **Schränken der Metallsägeblätter.**

*Schränken der Zähne.* Die Zähne sind abwechselnd nach links und rechts aus der Ebene des Sägeblattes herausgehoben.

*Wellenschränkung des Sägeblattes.* Im Bereich der Zähne wird das Sägeblatt gewellt, so daß sich jeweils mehrere Zähne nach links und rechts aus der Ebene des Sägeblattes hervorheben.

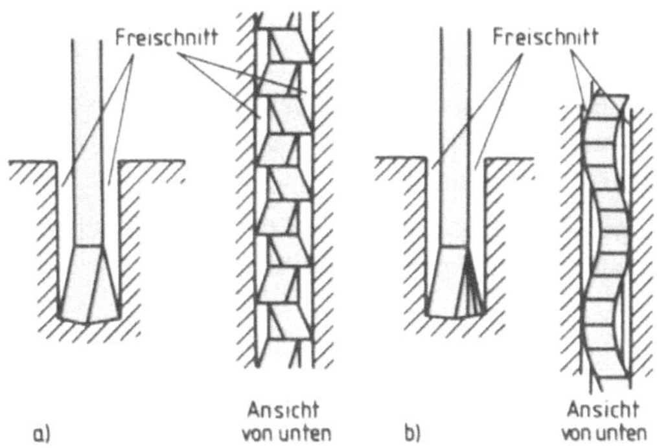


*Bild 3-142 Schränken der Metallsägeblätter*
a) Schränken der Zähne
b) Wellenschränkung des Sägeblattes

*Tabelle 3-12* Übersicht der Metallsägeblätter

| | Verwendung | Ausführung | Abmessungen Länge × Breite × Dicke | Werkstoff |
|---|---|---|---|---|
|  | Handgebrauch (weiche Werkstoffe 16 Zähne/25 mm, dünne 32/25 mm) | einseitig verzahnt | 300 × 16 × 0,8 | Wolfram-legierter Werkzeugstahl |
|   | Handgebrauch (allgemeiner Werkstattgebrauch) | doppelseitig verzahnt mit Feinanschnittzahnung 32 Zähne 25 mm | 300 × 25 × 0,8 | |
| 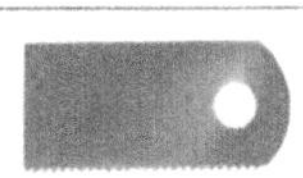 | leichte Maschinenarbeiten | einseitig verzahnt | 300 bis 550 × 20 bis 25 × 1,5 | |
| 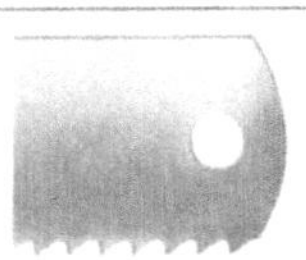 | schwere Bügelsägemaschine | einseitig verzahnt | 300 bis 700 × 25 bis 50 × 1,25 bis 2,5 | Schnellarbeitsstahl |

**Grobe Zahnung** für Stahl unter 600 N/mm$^2$ Festigkeit, NE-Metalle.

**Mittlere Zahnung** zum allgemeinen Werkstattgebrauch, unlegierte und legierte Stähle aller Art und Gußeisen.

**Feine Zahnung** zum Schneiden von Blechen, dünnwandigen Rohren und Profilen.

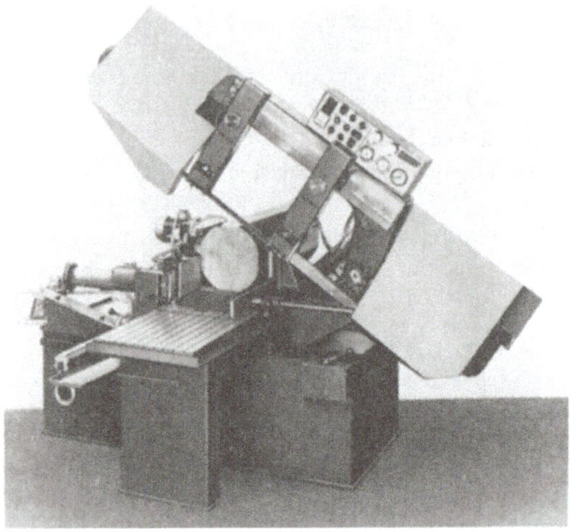

*Bild 3-143 Automatische Metallschnittbandsäge*

**Kreissägen** werden zum Trennen dicker Werkstücke verwendet, z.B. in Walzwerken. Ihr Antrieb erfolgt durch einen Elektromotor. Bei Kreissägen mit gesteuertem Vorschub bleibt die Schnittkraft während eines Schnittes unverändert.

Kleine Metallkreissägeblätter werden aus Schnellarbeitsstahl hergestellt, größere bestehen aus einer aus Vergütungsstahl hergestellten Scheibe, die mit auswechselbaren Zahnsegmenten aus Schnellarbeitsstahl bestückt ist.

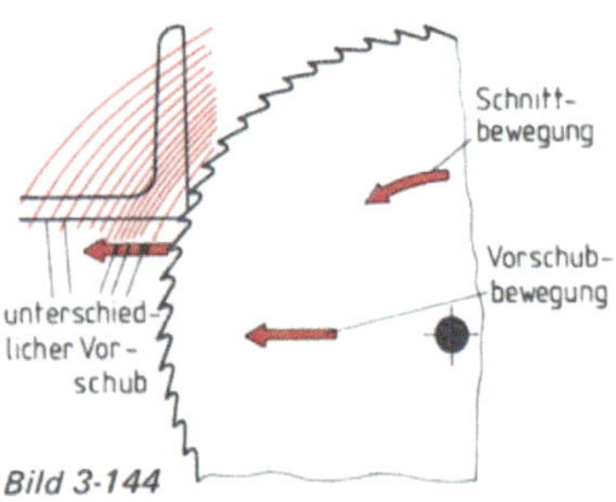


*Bild 3-144*
*Vorschubbewegung bei der Kreissäge*

*Bild 3-145*
*Zahnsegment*

**Trennscheiben** (meist Diamantscheiben) arbeiten mit Schnittgeschwindigkeiten bis zu 100 m/s. Sie werden zum Trennen von Metallen aller Art und Steinen mit einer handgeführten Maschine verwendet.

*Vorteil:* Bedeutend schnelleres Trennen als durch Sägen.

*Nachteil:* Die Trennflächen dicker Stahlstücke werden beim Trennen hoch erhitzt und durch nachfolgendes Abschrecken an Luft oder durch die Kühlmittel gehärtet. Eine Zentrierung der abgetrennten Stücke für ihre Weiterverarbeitung wird dadurch erschwert.

*Anwendung:* Zum Trennen von Stangen und Rohren aus beliebigen Metallen und im Baugewerbe zum Trennen von Steinplatten, jedoch nicht zum Trennen dickerer Stahlstücke, die zentriert werden müssen.

### 3.8.7 Feilen

**Feilen** sind spanabhebende, vielschneidige Werkzeuge aus gehärtetem Stahl. Die Schneiden werden bei normalen Feilen gehauen, bei Spezialfeilen gefräst.

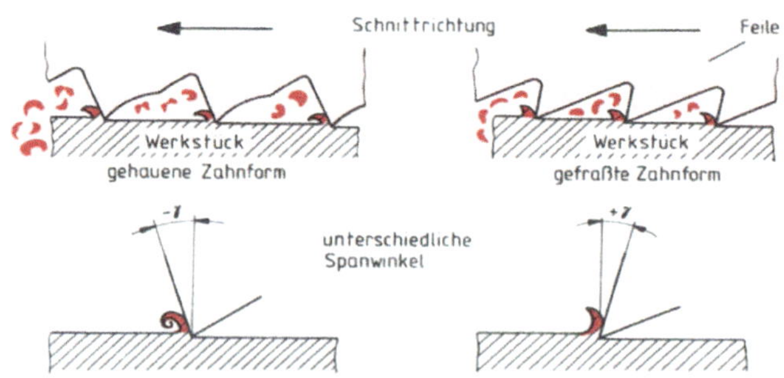


*Bild 3-146 Zahnformen der Feilen*

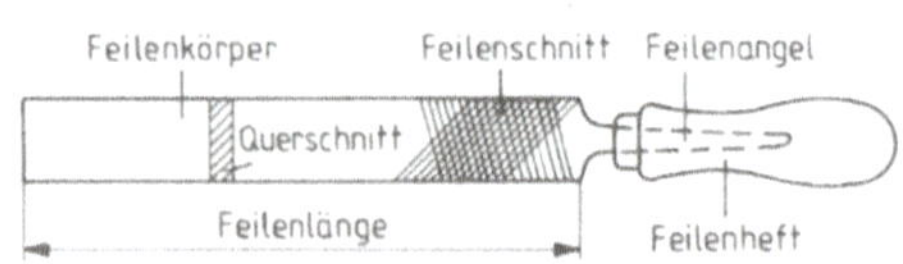


*Bild 3-147*
*Flachfeile*

### Hiebarten

Man unterscheidet *Einhieb, Kreuzhieb* und *Raspelhieb.* Der meist verwendete Kreuzhieb entsteht durch zweimaliges Hauen. Der zuerst eingeschlagene Unterhieb wird durch den Oberhieb in kleine Zähne zerlegt, so daß kleine Späne entstehen und die Feilkraft verringert wird (Bild 3-148).

Einhieb für harte Werkstoffe z.B. Stahl (Sonderfeilen)

Raspelhieb für weiche Werkstoffe z.B. Holz, Leder

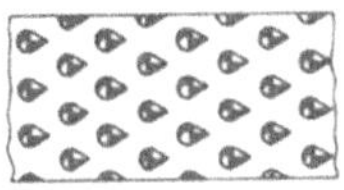

Kreisbogenzahnung (mit Spanbrechnuten) für härtere Werkstoffe z.B. Dural, Hartpapier, Preßstoffe

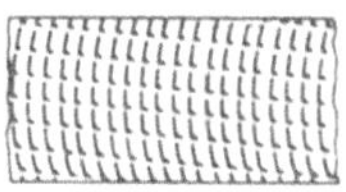

Einhieb für weiche Werkstoffe z.B. Blei, Zinn, Weißmetall, Holz, Kork

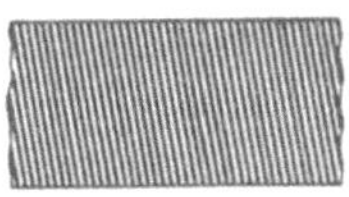

Kreuzhieb für harte Werkstoffe z.B. Stahl, Messing

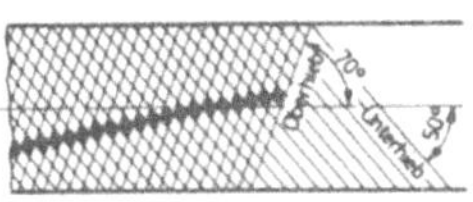


Schrägzahnung (mit Spanbrechnuten) für weichere Werkstoffe z.B. Leichtmetalle und Kunststoffe

*Bild 3-148 Hiebarten*

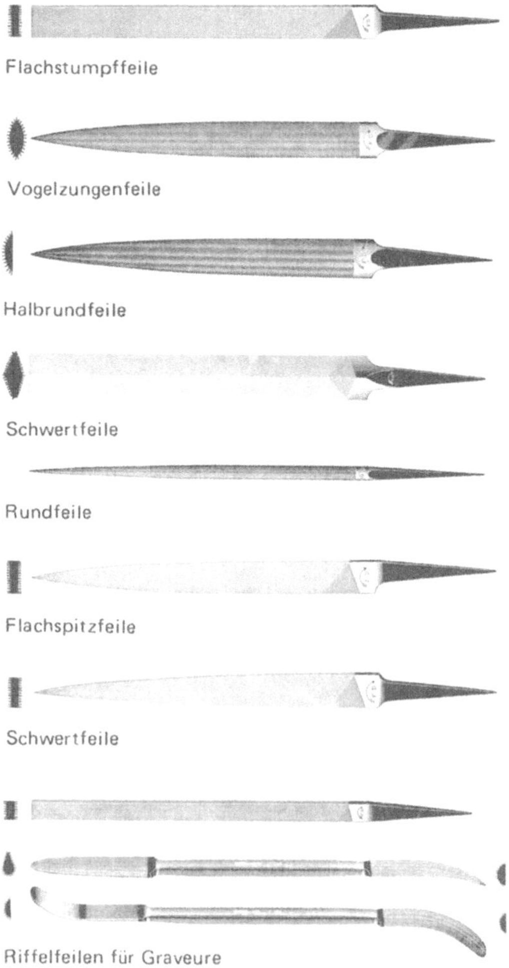


*Bild 3-149 Feilenarten*

Die Zwischenräume zwischen den Zähnen müssen so versetzt sein, daß der nicht abgetragene Werkstoff von den nachfolgenden Zähnen abgehoben wird. Bei gefrästen Feilen verlaufen daher die Spanbrechnuten schräg. Bei kreuzhiebig gehauenen Feilen sind Winkel und Teilungen des Ober- und Unterhiebes verschieden.

### Hiebteilung

Die Feinheit der Feilen ist durch die Anzahl ihrer Hiebe je cm gekennzeichnet.

Weicher Werkstoff
↓
grober Hieb → große Hiebteilung

Harter Werkstoff
↓
feiner Hieb → kleine Hiebteilung

**Feilmaschinen.** Rationalisierung und Förderung der Qualität führen zur Verwendung von Feilmaschinen. Sie werden vorteilhaft für die Herstellung von Schnitt- und Stanzwerkzeugen und Durchbrüchen aller Art verwendet.

*Tabelle 3-13* Hiebtafel nach DIN 8349

| Hiebnummer | Feilenlänge in mm | Werkstattübliche Hiebbezeichnung | Zahl der Hiebe je cm Feilenlänge kurze Feilen | lange Feilen |
|---|---|---|---|---|
| 0 | 100 ... 450 | Grob | 10 | 4,5 |
| 1 | 80 ... 450 | Bastard | 16 | 5,3 |
| 2 | 80 ... 450 | Halbschlicht | 25 | 10 |
| 3 | 80 ... 450 | Schlicht | 35,5 | 14 |
| 4 | 80 ... 315 | Doppelschlicht | 50 | 25 |
| 5 | 80 ... 250 | Feinschlicht | 71 | 40 |

*Bild 3-151*
*Turbofeilen für das Feilen mit Maschinen*

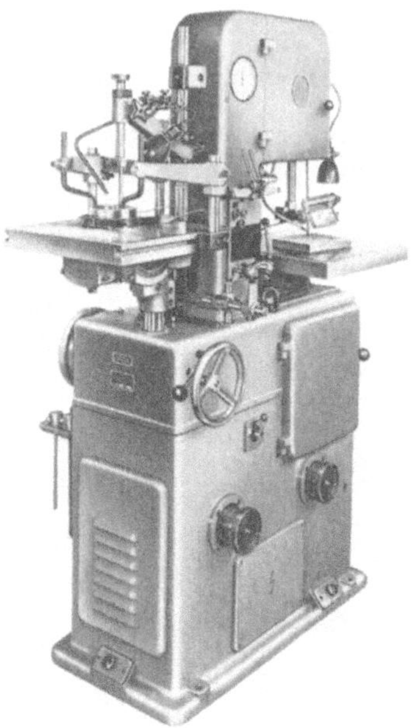

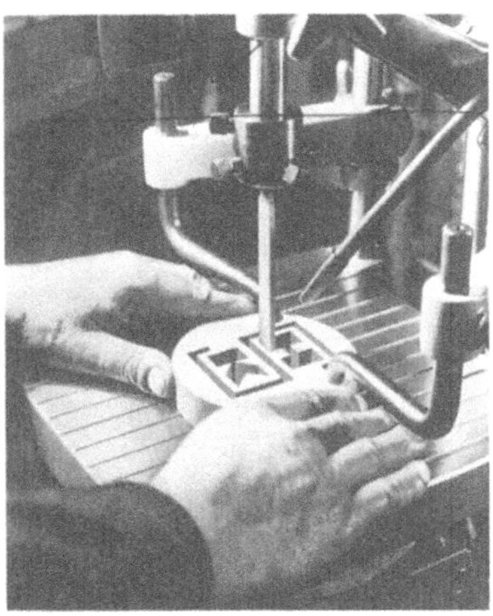

***Bild 3-150 Mit einer Bandsäge kombinierte Feilsäge***

## 3.8.8 Schaben und Tuschieren

**Schaben** ist Glätten von Hand der durch Drehen, Hobeln, Fräsen oder Feilen erzeugten Werkstückoberflächen (Bilder 3-152a und 3-152b). Es wird bei der Einzelfertigung von Werkstücken, deren Oberflächen satt aufliegen, gleichmäßig tragen oder einen hohen Ebenheitsgrad besitzen müssen, sowie zur Erzielung hoher Maß-, Form- und Lagegenauigkeit zum Gegenstück angewendet. Nach der Gestalt der zu schabenden Fläche unterscheidet man *Flach-, Rund-* und *Formschaben*.

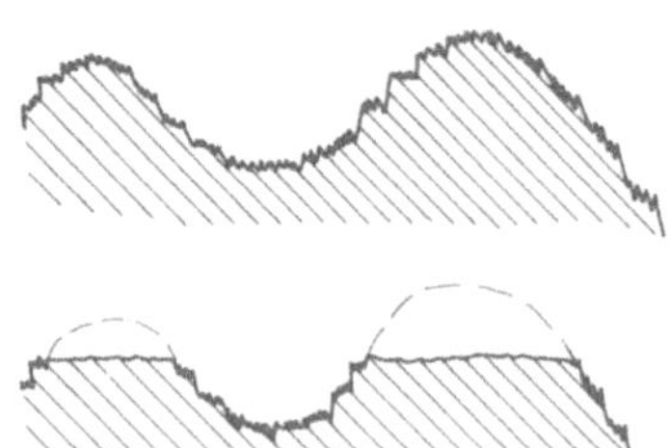

a)

b)

*Bild 3-152 Gefräste Oberflächen*

a) vor dem Schaben, Vergrößerung 500 : 1
b) nach dem Schaben, Vergrößerung 500 : 1

Die zum Schaben verwendeten scharfkantigen Werkzeuge (Bild 3-153) sollen nur feine Späne abstoßen. Der Spanwinkel muß daher beim Schaben negativ sein, was durch entsprechendes Führen des Werkzeuges erreicht wird.

a) Flachschaber mit eingesetztem Blatt

b) Dreikant-Vollschaber

c) Dreikant-Hohlschaber

d) Löffelschaber

e) Dreikant-Löffelschaber

*Bild 3-153 Schaber*
a) und b) für ebene Flächen
c), d) und e) für gekrümmte Flächen

Schaber müssen so angestellt werden, daß ein negativer Spanwinkel entsteht (Bild 3-154).

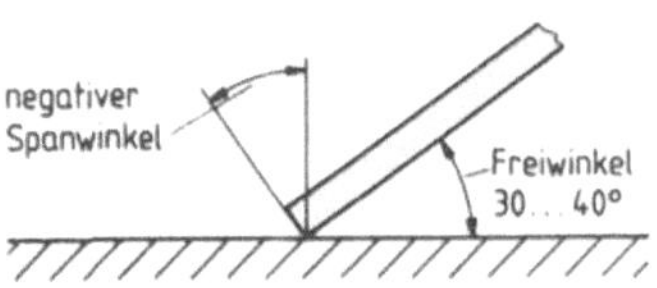


*Bild 3-154 Winkel in der Arbeitsebene beim Schaben*

**Tuschieren.** Durch Vorschaben in langen Strichen werden zunächst die groben Bearbeitungsriefen abgeschabt (Bild 3-155). Danach werden die Unebenheiten der Werkstückflächen durch Tuschieren auf *Tuschierplatten* (Bild 3-156), bei größeren Werkstücken mit *Tuschierleisten* oder *Tuschierbrücken* (Bild 3-157) sichtbar gemacht.

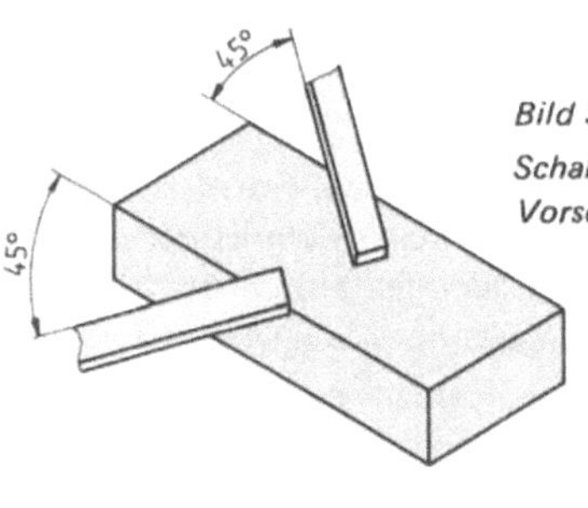


*Bild 3-155 Schaberführung beim Vorschaben*

*Bild 3-156 Tuschierplatte mit Handgriffen*

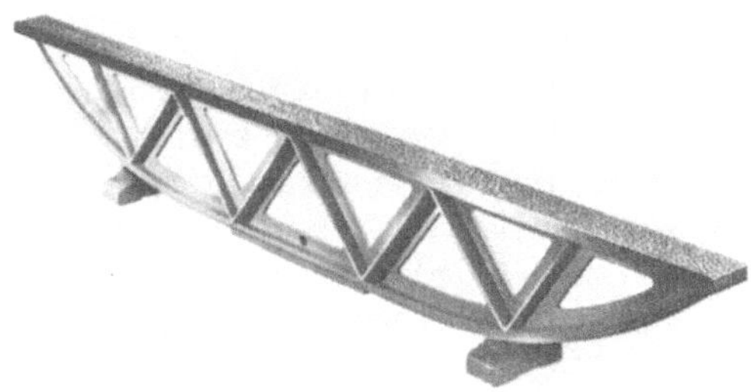

*Bild 3-157 Tuschierbrücke*

*Durchführung:*
1. Tuschierplatte mit Benzin abreiben,
2. Tuschierfarbe auf Tuschierplatte dünn auftragen,
3. Werkstück auf der Tuschierplatte mit leichtem Druck kreisförmig bewegen.

Zu Beginn sind nach dem Abheben die hohen Stellen der Werkstückoberfläche dunkel, die tiefer liegenden hell. Die dunklen Stellen werden weggeschabt.

Durch mehrmaliges Schaben und Tuschieren wird die Zahl der dunklen Stellen vermehrt (Bild 3-158). Alsbald zeigen sich innerhalb der dunklen Stellen blankgeriebene graue Stellen, die durch *Punktschaben* = bogenförmige Schaberbewegung weggearbeitet werden.

Das Schaben wird zunehmend durch Schleifen (siehe Abschnitt 6.6) in Werkzeugmaschinen ersetzt.

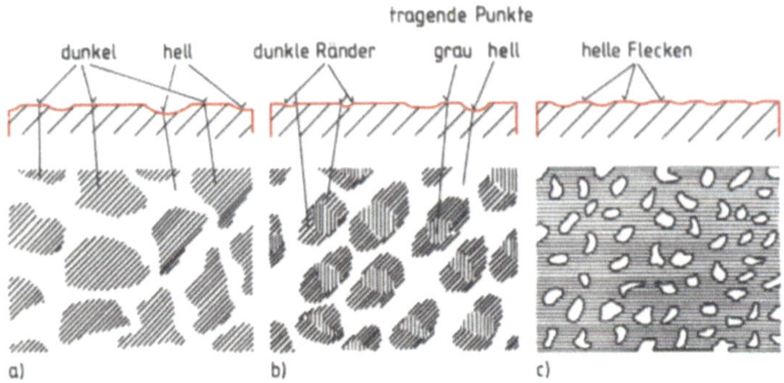


*Bild 3-158*
*Tuschierbilder*
a) großflächige dunkle Flechen, geringer Gütegrad,
b) kleinere dunkle Flecken, Ränder dunkler als Mitte, besserer Gütegrad,
c) kleinere blanke Flecken, Grund leicht getönt, hoher Gütegrad.

**Wiederholungsfragen**

1. Welche Wirkung hat die Verkleinerung, welche die Vergrößerung a) des Freiwinkels, b) des Keilwinkel, c) des Spanwinkels?
2. Wodurch wird das Festklemmen der Sägeblätter beim Sägen vermieden?
3. Wozu werden Sägeblätter a) mit grober, b) mit mittlerer, c) mit feiner Zahnung verwendet?
4. Welche Vor- und Nachteile hat das Trennen mit Trennscheiben?
5. Wodurch unterscheiden sich gehauene und gefräste Feilen?
6. Welche Feilhiebarten gibt es?
7. Wie wird die Hiebteilung bei Feilen angegeben?
8. Welche Hiebteilung wird für die Bearbeitung a) harter, b) weicher Werkstoffe verwendet?
9. Welchen Zweck hat das Schaben?
10. Wie werden Schaber angestellt?
11. Welche Tuschierbilder kennzeichnen a) einen geringen, b) einen hohen Oberflächen-Gütegrad?

## 3.9 Spanlose Formung

Unter dem schon älteren Begriff „Spanlose Formung“ können die Fertigungsverfahren Urformen (Gießen), Umformen und Zerteilen (durch Schneiden) nach DIN 8580, s. S. 169, zusammengefaßt werden.

### 3.9.1 Gießen

Ein Bauteil entsteht durch Gießen, wenn ein Hohlraum in einem Formwerkstoff, z.B. Sand, mit flüssigem Werkstoff gefüllt wird. Hat der Hohlraum die Gestalt des Bauteils, so entsteht beim Erstarren der Gießmasse das gewünschte Bauteil, das **Gußstück.**

Zur Herstellung eines Gußstückes ist zunächst eine Zeichnung erforderlich, der die Maße des Bauteils, das durch Gießen hergestellt werden soll, entnommen werden können. Nach der Zeichnung wird von einem Modellbauer das Bauteil aus Holz hergestellt, das **Modell.** Durch Einformen des Modells in eine Formmasse, z.B. Formsand, entsteht die **Gießform.** Vor dem Gießen wird das Modell aus der Form entfernt.

Nach dem Werkstoff, der vergossen wird, unterscheidet man Gußeisen-, Stahl-, Aluminium-, Gießharzguß. Nach der Art, wie die Formen gefüllt werden, unterscheidet man

- Gießen, bei dem der flüssige Werkstoff nur durch die Schwerkraft in die Formen fließt;
- Gießen, bei dem der flüssige Werkstoff in die Formen gespritzt oder gepreßt wird.

Man kann die Gießverfahren auch danach einteilen, ob die Gießformen nur einmal oder mehrfach benützt werden können.

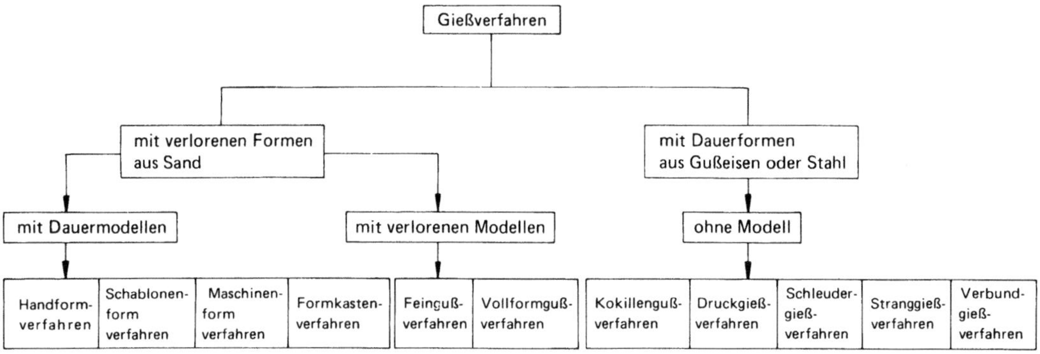


**Modelle** sind um das Schwindmaß vergrößerte Nachbildungen der **Außenkonturen** von Gußstücken; die **Innenkonturen** werden von Kernen erzeugt. Modelle und Kästen zur Herstellung von Kernen (Kernkästen) werden normalerweise aus Lagenholz, siehe Abschnitt 2.13.3, hergestellt. Mit unterschiedlichen Farben wird der *Verwendungszweck* gekennzeichnet: Gußeisen = rot, Stahlguß = blau, Temperguß = grau, Nichteisenmetalle = gelb.

Zur Ausheberichtung des eingeformten Modells parallel verlaufende Flächen müssen eine **Formschräge** besitzen.

**Formsand** ist ein Gemenge aus Quarz und Ton. Er muß bildam, feuerbeständig und gasdurchlässig sein und Formen mit genügender Festigkeit ermöglichen. Für die Herstellung von Kernen wird meist ein mit Bindemitteln aufbereiteter Quarzsand verwendet.

**Als Trennmittel** zur Trennung der Formteile, z.B. Ober- und Unterkasten, und von Modell und Form werden Silbersand, Silbergraphit und Modellpuder verwendet.

### Gießen mit verlorenen Formen aus Sand

### Gießen mit Dauermodellen

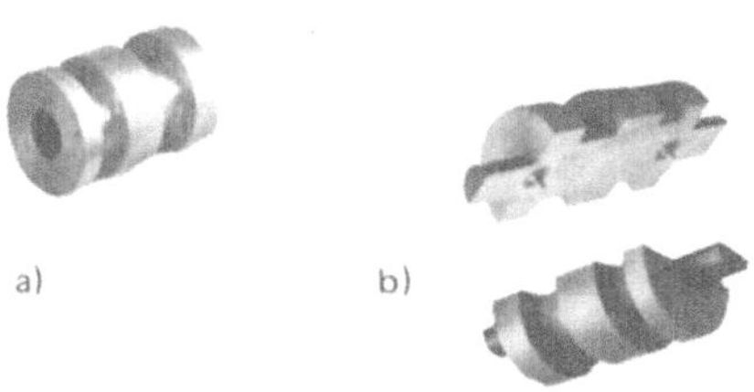


*Bild 3-159 Handformverfahren*

a) Fertiges Werkstück, das durch Gießen nachgebildet werden soll.
b) Zweiteiliges Modell des Werkstückes.

c) Auf einem ebenen Tisch liegende Modellhälfte mit Formkasten (= Rahmen).

Die Modellhälfte wird mit einem Trennmittel versehen. Dann wird der Formkasten mit Formsand vollgestampft und mit einem Lineal oben glattgestrichen.

d) Gewendeter Formkasten mit Modellhälfte. Die Sandfläche wird mit Trennmittel versehen.

e) Aufgelegte zweite Modellhälfte und aufgesetzter Oberkasten.

Der Oberkasten wird mit Formsand vollgestampft.

*Bild 3-159 Handformverfahren*

f) Kernkasten mit eingestampftem Kern aus Kernsand.

g) Unter- und Oberkasten mit Kern (ohne Modell). Der in den Oberkasten eingelegte Kern bildet die Bohrung des Gußstückes. In den Oberkasten werden Anschnitt, Einguß und Steiger von Hand eingeschnitten.

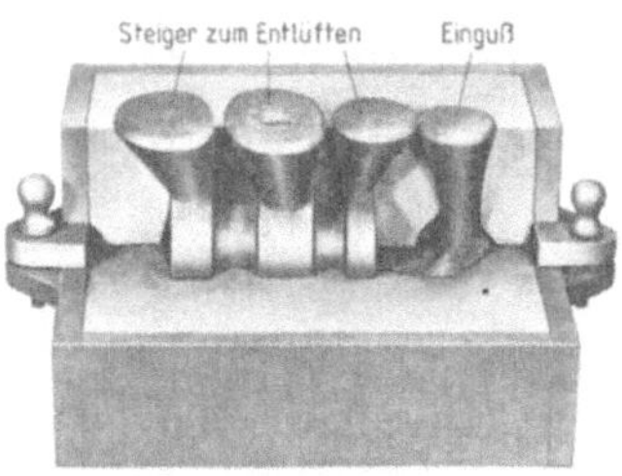


h) Form mit Abguß.

Zum Ausformen des erstarrten Gußstückes wird die Sandform zerschlagen. Der Anguß und die Steiger werden von Gußstück abgetrennt.

*Anwendung:* Einzelstücke und Kleinserien von 0,2 N bis 2870 kN[1] aus allen Metallen.

Naßguß wird in feuchten, Trockenguß in getrockneten Formen hergestellt.

## Schablonenformverfahren

Die Gießformen werden ohne Modelle mit Dreh- oder Ziehschablonen aus dem verdichteten Formsand herausgearbeitet.

*Anwendung:* Größere Gußstücke mit einfachen Formen.

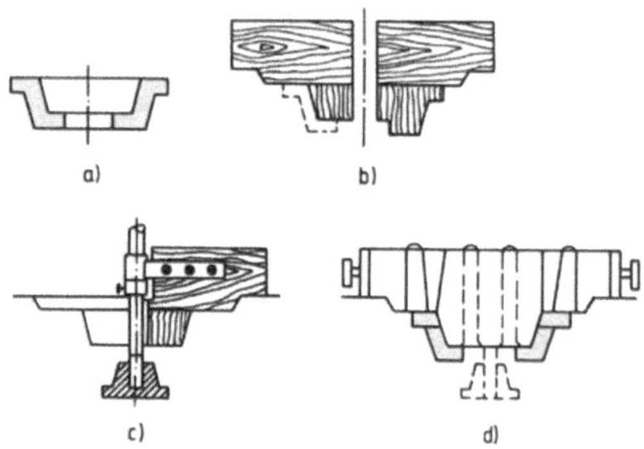


*Bild 3-160 Schablonenformverfahren*

a) Werkzeichnung
b) Oberkasten-Unterkasten-Schablone, Schablonieren
c) Schablonieren der Oberkastenform
d) Fertige Form

## Maschinenformverfahren

**Die Modellplatte** ist der wichtigste Bestandteil der Formmaschinen. Die Maschinen verdichten den Sand in den Formkästen und heben die Modellplatten ab.

***Bild 3-161 Modellplatte mit vier gleichen Modellhälften aus Gießharz***

[1] Bisher größtes Stahlgußstück in der Bundesrepublik Deutschland.

*Bild 3-162 Aufschraubmodelle aus Gießharz für Modellplatte*

a) Muttermodell aus Holz für die Herstellung der Gießform

b) Gießform für die Herstellung der Aufschraubmodelle

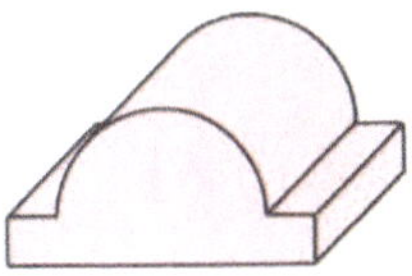

a) Ausgangsmodell, das nachgeformt werden soll, z.B. Aufschraubmodelle für Modellplatte.

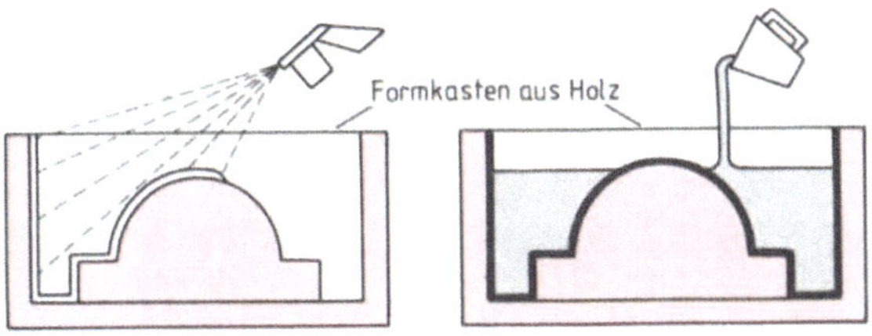


b) Ausgangsmodell in offenem Formkasten. Aufsprühen des Trennmittelfilms auf das Ausgangsmodell.

c) Gießen des Negativs mit Gießharz bei Raumtemperatur.

*Bild 3-163*
*Herstellung von Kunststoffmodellen für Modellplatten*

a) bis d) Herstellung der Gießform aus Gießharz. e) bis g) Gießen von beliebig vielen Modellen aus Gießharz in offener Gießform.

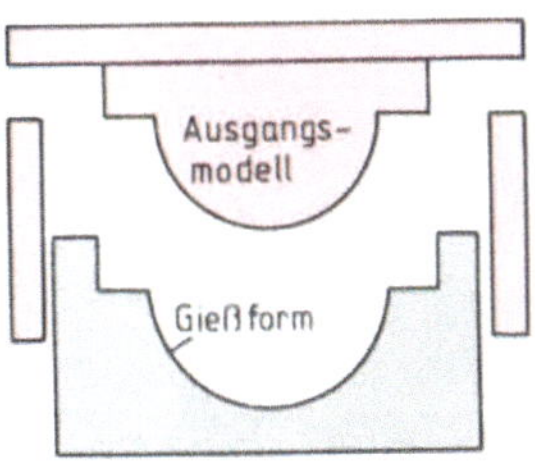


d) Entformen des Ausgangsmodells. Bilder a) bis c) um 180° gedreht.

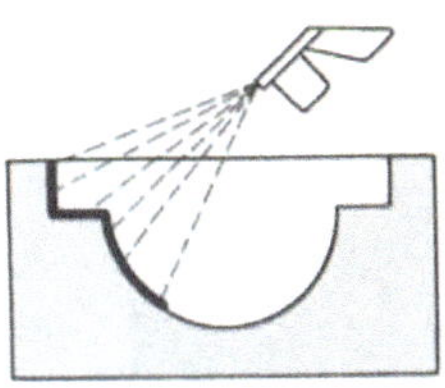

e) Aufsprühen von Trennmittel auf das Negativ, das als Gießform dient.

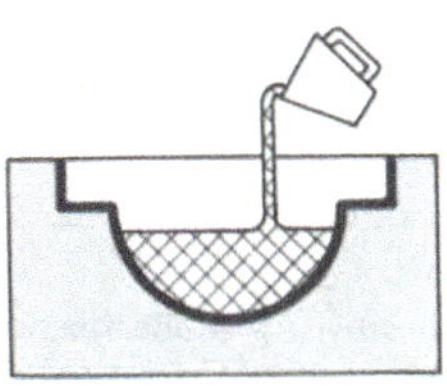

f) Gießen des Modells in der offenen Form bei Raumtemperatur.

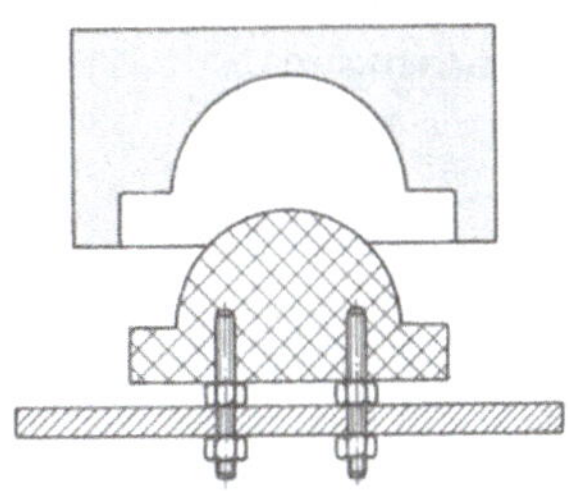

g) Entformen des gegossenen Modells mit einer Ausziehvorrichtung.

*Anwendung:* Serienfertigung kleiner bis mittelgroßer Gußstücke aus allen Metallen mit guter Maßgenauigkeit.

**Formmaskenverfahren**

Der Formstoff, eine Sand-Kunststoff-Mischung, wird mit leichtem Druck auf eine heiße Formplatte gebracht. Um die Metallmodelle bildet sich eine 4–6 mm dicke Schicht, die sog. Formmaskenhälfte, die nach dem Erstarren abgehoben wird. Zwei Formmaskenhälften werden zu einer Gießform zusammengelegt. Nach dem Abguß werden die Formmasken zerschlagen.
*Anwendung:* Serienfertigung kleiner bis mittelgroßer Gußstücke aus allen Metallen.

*Bild 3-164 Formmaskenhälfte*

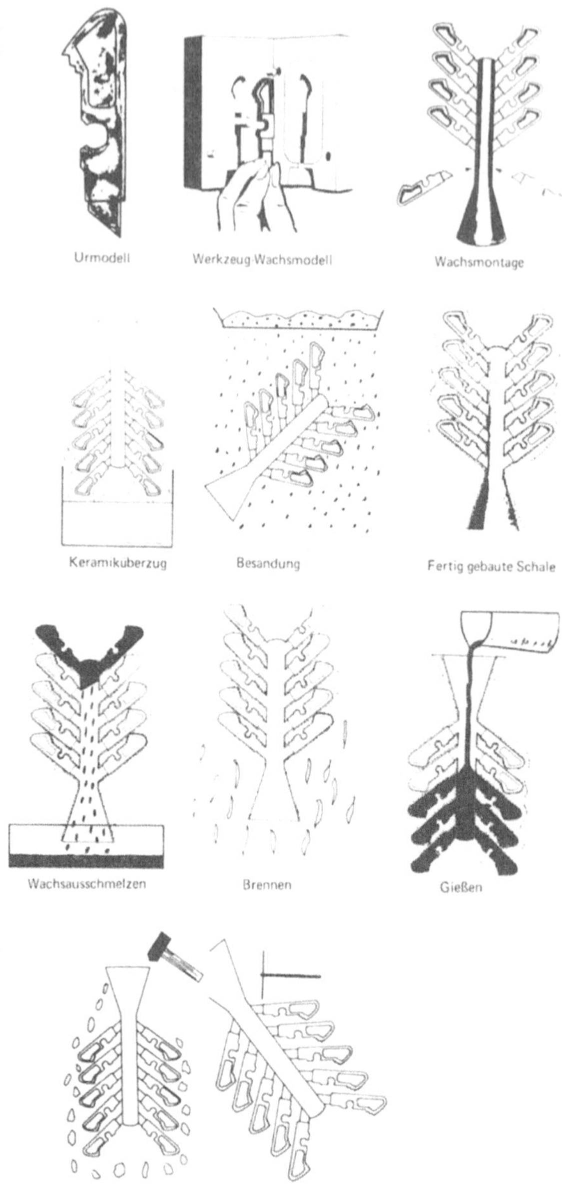


*Bild 3-165 Schematischer Ablauf des Feingußverfahrens*

## Gießen mit verlorenen Modellen

**Feingußverfahren, auch Modellausschmelzverfahren genannt**

In Metallformen hergestellte Wachs- oder Kunststoffmodelle werden wiederholt in eine Umhüllungsmasse getaucht. Dadurch entsteht eine das Modell einhüllende Schale, die nach dem Ausschmelzen des Wachsmodelles als Gießform benützt wird.

Von den anderen Sandformgußverfahren unterscheidet sich Feinguß durch seine hohe Genauigkeit und Oberflächengüte.

| Verfahren | Höchsterreichbare Genauigkeit | Geringste Wanddicke | Oberflächenrauhigkeit |
|---|---|---|---|
| Modellausschmelzverfahren | ± 0,05 mm | 0,7 mm | 10 ... 30 μm |
| Formmaskenverfahren | ± 0,1 mm | 1,7 mm | |

Das Feingußverfahren ersetzt die spanabhebende Fertigung von Massenteilen aus beliebigen schmelzbaren Stoffen mit Stückgewichten von 0,05 N bis zu wenigen kN.

*Anwendung:* Massenherstellung von kleinen Teilen aus Leichtmetall für Geräte aller Art.

**Vollformgußverfahren**

Das aus Polystyrolschaumplatten zusammengeklebte Modell wird in Formsand eingebettet. Die aufgegossene Schmelze vergast das Modell und nimmt den dadurch entstehenden Raum ein.

*Anwendung:* Einzelherstellung mittelgroßer bis großer Gußstücke aus allen Metallen.

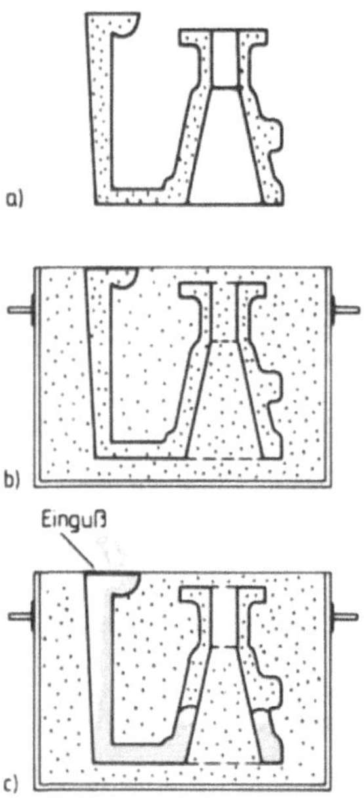


*Bild 3-166 Vollformgießen*

a) Verlorenes Schaumstoffmodell
b) Modell in ungeteiltem Kasten eingeformt
c) Gießen ohne Kern. Das Modell ist gasdurchlässig

## Gießen mit Dauerformen

**Kokillengießverfahren**

Kokillen sind Dauerformen aus Gußeisen oder Stahl. Die Formen werden durch die Schwerkraft der Schmelze gefüllt.

*Anwendung:* Serienherstellung von Gußstücken aus Al- und Cu-Legierungen.

**Druckgießverfahren**

Die Schmelze wird mit einem Druck von 50 bis 800 bar in Stahlformen gepreßt. Dadurch entstehen verwendungsfertige, oft verwickelte, dünnwandige, sehr maßgenaue Gußstücke mit guter Oberflächengüte.

*Anwendung:* Serienherstellung von Gußstücken aus NE-Metall, die ohne Nacharbeit verwendet werden.

**Schleudergießverfahren**

Die Grauguß-, Stahl- oder Nichteisenmetallschmelze wird einer rotierenden Kokille zugeführt. Die Fliehkraft bewirkt die Formgebung.

Das Schleudergießverfahren wird außer zum Herstellen langer Rohre auch dann angewendet, wenn dichtes verschleißfestes Gefüge erforderlich ist, z.B. Bremstrommeln und Zylinderbuchsen.

**Verbundgießverfahren**

> Um zwei Metalleigenschaften zu paaren, werden Werkstücke mit anderen Metallen durch Ein- und Aufgießen verbunden.

▶ **Beispiele:**

Die Pleuel-Lagerschalen der Dieselmotoren werden wegen der auftretenden großen Kräfte aus Stahl hergestellt. Zur Verringerung der Reibung werden ihre Laufflächen 2 bis 3 mm dick mit Bronze aufgegossen (Bild 3-167). Die Laufflächen der aus Leichtmetall hergestellten Motorenzylinder werden zur Verringerung des Verschleißes mit Grauguß aufgegossen.

Kühlkörper aus Stahl sind beständig gegen Kältemittel, z.B. Ammoniak. Zum Schutz der zu kühlenden Flüssigkeit, wird die Innenseite der Kühlkörper mit Bronze oder Messing aufgegossen.

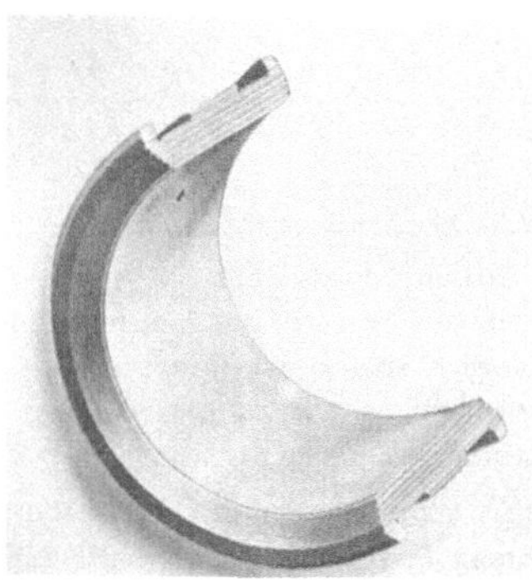

*Bild 3-167*
*Verbundguß*
Stützschale aus Stahl, Lauffläche aus Bronze.

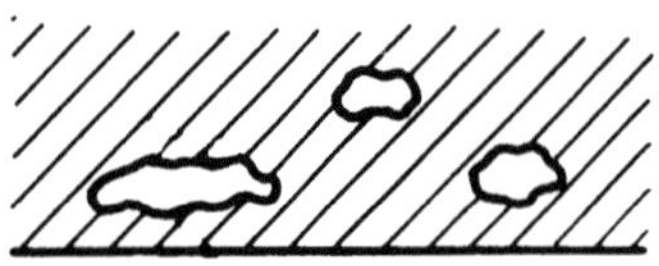

*Bild 3-168 Gashohlräume*

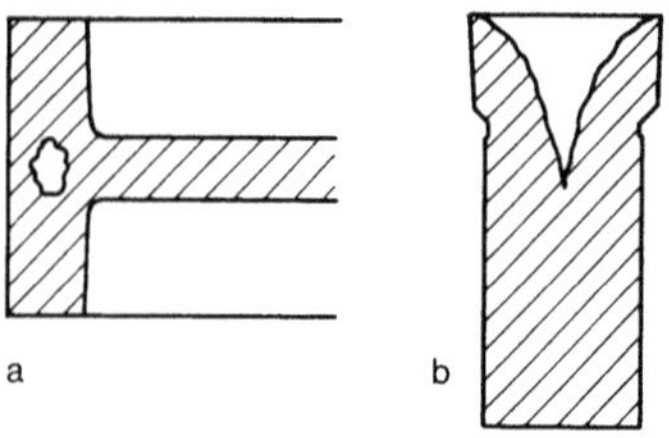

*Bild 3-169 Makrolunker*

a) Innenlunker

b) Außenlunker

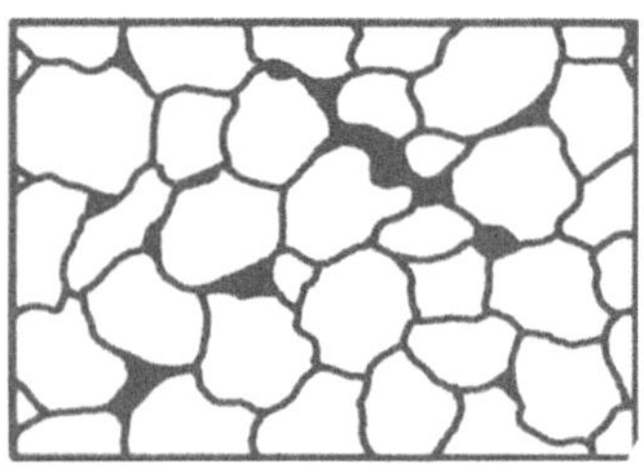

*Bild 3-170 Mikrolunker*

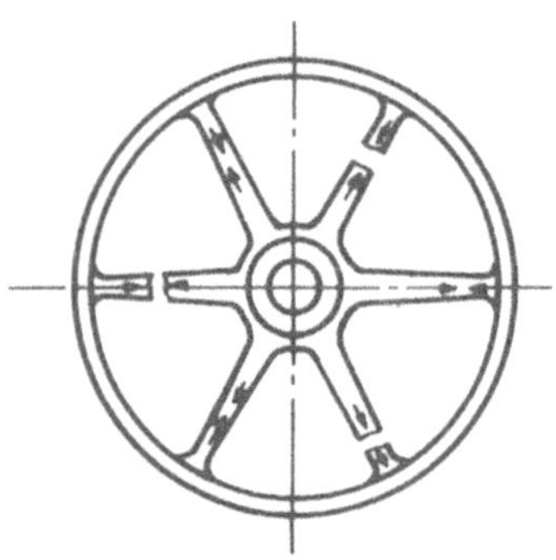

*Bild 3-171 Landmaschinenrad*

Bei Ausführung als Gußstück würden nach dem Gießen die dünne Felge und die Speichen zuerst erstarren. Die wesentlich später erstarrende dicke Nabe würde beim Schrumpfen entweder die Speichen oder die Felge zerstören.

*Ausführung:* Rillenfelge und Nabe ohne Spannung gegossen, Speichen aus Rundstahl eingesetzt.

**Gußfehler**

**Gashohlräume** in Gußstücken haben glatte Wände. Sie entstehen durch Gase, die sich beim Erstarren des Metalls bilden und nicht entweichen können.

**Makrolunker** in Gußstücken sind Hohlräume mit rauhen Wänden. Sie treten dort auf, wo das Gießmetall zuletzt erstarrt und die Volumemverminderung durch Erstarrungsschrumpfung nicht durch Zufuhr flüssigen Metalls von außen ausgeglichen wird.

**Mikrolunker** sind poröse Gefüge. Sie entstehen, wenn die Restschmelze den Raum zwischen schnell gewachsenen Kristallen nicht ausfüllen kann.

*Lunkerverhütung:* Abkühlen dicker Stellen von außen durch Kühlplatten oder von innen durch in die Form gestellte Kühlkörper, z.B. Blechstreifen. Setzen von Steigern, aus denen Schmelze nachfließen kann.

**Spannungen in Gußstücken** entstehen durch ungleichmäßige Abkühlung, z.B. bei ungleichmäßigen Wanddicken. Übermäßige Spannungen haben Risse oder Krümmungen der Gußstücke zur Folge.

> Spannungen werden oft erst bei der spanabhebenden Bearbeitung der Gußstücke verformend wirksam.

**Schmelzen der metallischen Gußwerkstoffe**

**Gußeisen**

Schmelzstoffe: Roheisen, Gußbruch, Anschnitte, Stahlschrott, Zusätze.

Schmelzöfen: Kupolöfen, Flamm- und Trommelöfen.

**Stahlguß**

Schmelzstoffe: Schrott, Roheisen, Ferrolegierungen.

Schmelzöfen: Vorwiegend Elektroöfen.

**Kupferlegierungen**

Schmelzstoffe: Blöcke, Vorlegierungen, Reinmetalle.

Schmelzöfen: Tiegel- oder Flammöfen.

**Aluminium**

Schmelzstoffe: Blöcke, Vorlegierungen.

Schmelzöfen: Tiegelöfen mit Öl- oder Gasfeuerung.

**Wiederholungsfragen**

1. Welche Werkstücke heißen Rohteil, Halbfertigteil und Fertigteil?
2. In welche Hauptgruppen werden die Fertigungsverfahren nach DIN 8580 eingeteilt?
3. Welche Gießverfahren gibt es?
4. Aus welchen Werkstoffen werden Gießereimodelle hergestellt?
5. Welches ist der wichtigste Bestandteil der Formmaschinen?
6. Wodurch unterscheidet sich Feinguß von den anderen Sandformgußverfahren?
7. Für welche Gußstücke wird a) das Kokillen-, b) das Druck-, c) das Schleudergießverfahren angewendet?
8. Welche Gußfehler können auftreten?

## 3.9.2 Umformen

**Begriffe**

**Umformen** ist Ändern der Form eines festen Körpers in eine bestimmte, andere Form.

**Verformen** ist unerwünschte Formänderung bei Beanspruchung. Der Begriff „Umformen" bezieht sich vornehmlich auf Metalle, ist aber auch für andere Stoffe anwendbar.

Zahlreiche Umformverfahren, welche die Formänderung zum Hauptzweck haben, werden auch zur Änderung der Werkstoffeigenschaften genutzt, z.B. Schmieden und Walzen.

**Mögliche Einteilung der Umformverfahren**

**1. Massivumformen,** Umformen mit Querschnittsänderung.

*Blechumformen,* Umformen ohne beabsichtigte Querschnittsänderung.

**2. Umformen nach Anwärmen und Umformen ohne Anwärmen** (früher Kaltumformen und Warmumformen).

**3. Einteilung nach DIN 8582.**

*Tabelle 3-14* Einteilung der Umformverfahren nach DIN 8582

| | | | | | |
|---|---|---|---|---|---|
| Druckumformen | Walzen | 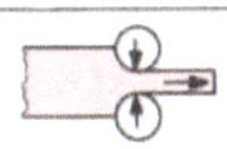 | Zugdruckumformen | Drücken | 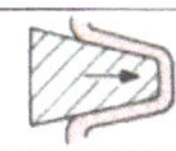 |
| | Schmieden, Freiformen, Gesenkformen | 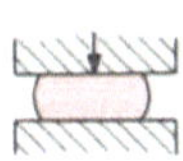 | | Kragenziehen | 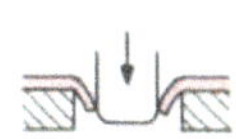 |
| | Prägen | 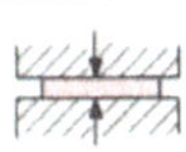 | | Durchziehen | 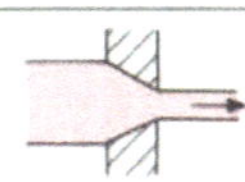 |
| | Pressen | 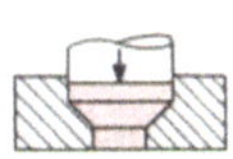 | | Tiefziehen | 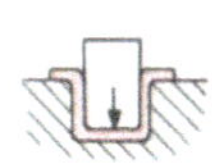 |
| Zugumformen | Hohlprägen | 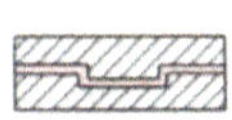 | Biegeumformen | Biegen | 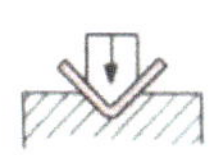 |
| | Streckziehen, Hochleistungsumformen |  | Schubumformen | Verschieben, Verdrehen | 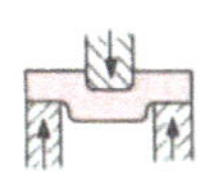 |

## Druckumformen

### Walzen

Man unterscheidet Walzen **nach** Anwärmen und Walzen **ohne** Anwärmen; früher Kalt- und Warmwalzen.

Dünne Bleche, Bänder und Drähte werden aus warm vorgeformtem Halbzeug durch Walzen ohne Anwärmen hergestellt.

Herstellung von Gewinden, Keilwellen und Verzahnungen durch Walzen ohne Anwärmen.

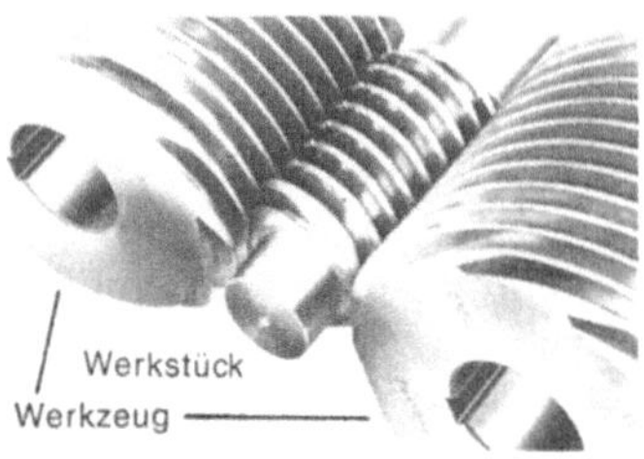


*Bild 3-172 Gewindewalzen*

Beim Umformen nach Anwärmen (s. Abschnitt 2.7.2) wird das ganze Werkstück ohne bleibende Verfestigung durchgreifend umgeformt und durchknetet.

Im Gegensatz dazu wird beim Walzen ohne Anwärmen von Gewinden, Keilwellen und Verzahnungen der Werkstoff nur bis zur Profiltiefe umgeformt; die tiefer liegenden Fließfasern des Werkstückes sind unverändert. Die durch Walzen ohne Anwärmen hervorgerufene Härtesteigerung durch Häufung von Versetzungen (s. Abschnitt 2.7.2) bleibt erhalten, sie wird mikroskopische nachgewiesen (Bild 2.35).

> Durch Walzen ohne Anwärmen erzeugte Gewinde, Keilwellen und Verzahnungen haben harte und glatte Oberflächen.

*Genauigkeit:* zwischen Fräsen und Schleifen. Oberflächenrauhigkeit: 1 $\mu$m.

> Alle plastisch verformbaren Werkstoffe mit Dehnungen über 10 % und Festigkeiten bis zu 1100 N/mm$^2$ (vergüteter Stahl) können ohne Anwärmen gewalzt werden.

Bei größeren Stückzahlen ist dieses Verfahren bedeutend billiger als die spanabhebenden Fertigungsverfahren.

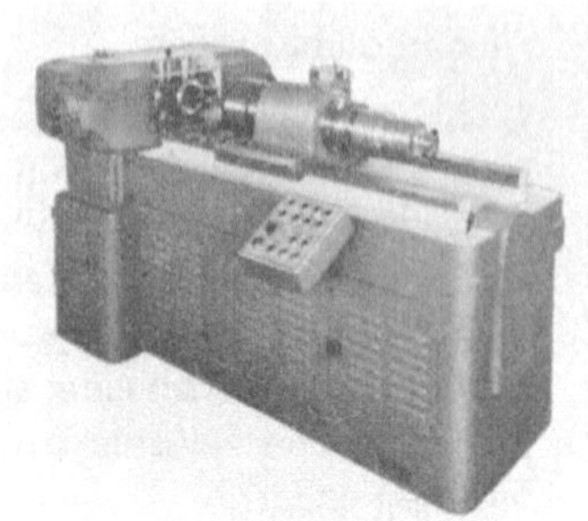

a)

b)
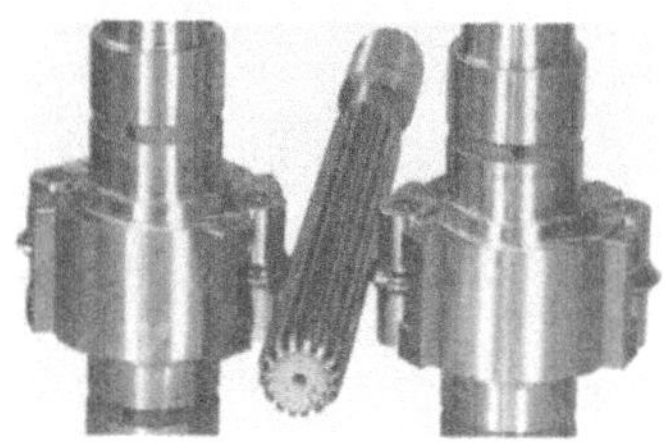

*Bild 3-173 Kaltwalzmaschine für die Keilwellen- und Zahnradherstellung*

a) Zahnradherstellung b) Keilwellenherstellung

Die Profilformen werden spanlos in einem Arbeitsgang gewalzt. Zwei rotierende Walzköpfe bearbeiten das sich um seine Achse drehende Werkstück. Gleichzeitig erhält das Werkstück in axialer Richtung eine Vorschubbewegung.

### Schmieden

Zweck des Schmiedens:

1. *Durchknetung des Gefüges.* Bei genügendem Durchwärmen und Durchkneten wird die Zähigkeit in der Streckrichtung verbessert, mit zunehmendem Verschmiedungsgrad in Querrichtung jedoch verschlechtert; Verschmiedungsgrad = Anfangsquerschnitt: Endquerschnitt.

2. *Formgebung,* meist Vorformen zur Verringerung der Zerspanarbeit.
   Die meisten reinen Metalle und alle Knetlegierungen sind schmiedbar.

Das Verhalten der Werkstoffe beim Schmieden ist nur durch technologische Versuche (s. Abschnitt 2.16.6) feststellbar.

*Die Schmiedbarkeit des Stahls* wird durch zu hohen Wasserstoff- (s. Abschnitt 2.4.6), Phosphor-, und Kohlenstoffgehalt beeinträchtigt.

Die Schmiedbarkeit der Stähle nimmt mit zunehmendem Kohlenstoffgehalt ab.

*Schwefel* hüllt die Stahlkörper ein. Bei einem größeren Schwefelgehalt als 0,3 % besteht Rißgefahr beim Schmieden. Man unterscheidet:

*Rotbruchgebiet:* Zwischen 800 °C und 1000 °C ist der Schwefel spröde.

*Heißbruchgebiet:* Über 1200 °C ist der Schwefel flüssig. Zwischen Heiß- und Rotbruchgebiet ist Stahl mit größerem Schwefelgehalt, z.B. Automatenstahl, schmiedbar.

*Tabelle 3-15* Ungefähre Schmiedetemperaturen für Stahl

| % C | Anfangs-schmiede-temperatur in °C | End-schmiede-temperatur in °C | Glühfarben |
|---|---|---|---|
| 0,1 ... 0,3 | 1300 | 950 | Gelbrot |
| 0,5 ... 0,9 | 1200 | 850 | Hellrot |
| 1,0 | 1050 | 800 | Hellkirsch-rot |
| legierte Stähle | etwa 1250 | etwa 1000 | Hellgelbrot |

Die Schmiedetemperatur spielt beim Schmieden eine wichtige Rolle. Sie wird von den Werkstoffherstellern angegeben.

Beim ungleichmäßigen Abkühlen entstehen in den fertigen Werkstücken Spannungen, die durch Spannungsarmglühen (s. Abschnitt 2.8.7) beseitigt werden.

**Freiformschmieden** (Bild 3-175) wird bei der Herstellung einzelner Stücke und zum Verformen von Gesenkschmiedestücken angewendet. Es wird durch Hämmern auf dem Amboß durchgeführt. Für dicke Stücke werden Maschinenhämmer verwendet. Die Erwärmung der Werkstücke erfolgt in den von Hand regulierten Schmiedefeuern auf die „geschätzten" Schmiedetemperaturen.

Beim Freiformschmieden kann der Werkstoff in Richtung der freien Flächen beliebig fließen.

### Gesenkschmieden

Der auf Schmiedetemperatur gebrachte Werkstoff wird mit Hämmern oder Pressen in die Hohlräume der sogenannten Schmiedegesenke gezwungen (Bild 3-178).

Um das Gesenk voll auszufüllen, muß überschüssiger Werkstoff vorhanden sein, der aus der Gesenkform (= Gravur) gepreßt wird und das Werkstück als Grat umgibt (Bild 3-177). Der dünne Grat erkaltet schneller als das dicke Stück und zwingt den Werkstoff bis in die äußersten Ecken der Gravur. Das fertige Schmiedestück wird entgratet.

Im Gegensatz zum Freiformschmieden wird der Werkstoff beim Gesenkschmieden in bestimmte Richtung gedrängt; der Fließfaserverlauf (= Verstreckte Seigerungen) entspricht der Streckungsrichtung.

### Vergleich des Schmiedens mit dem Pressen

Beim Schmieden wird das Werkstück schlagartig beansprucht. Um die gewünschte Form zu erreichen, sind meist mehrere Arbeitsgänge notwendig. Die Umformung erfolgt hauptsächlich in den Außenzonen des Werkstückes, so daß in den Kernzonen dickerer Stücke gröberes Korn auftritt. Die Werkstückgröße ist nahezu unbegrenzt. Die fertigen Schmiedestücke sind mit einer Zunderschicht bedeckt.

Das Pressen wird in einem Arbeitsgang durchgeführt. Dabei fließt der Werkstoff im ganzen Werkstückquerschnitt, so daß ein einheitliches Gefüge entsteht. Wegen der hohen Preßkraft sind nur kleinere Werkstücke durch Pressen herstellbar, s. S. 239.

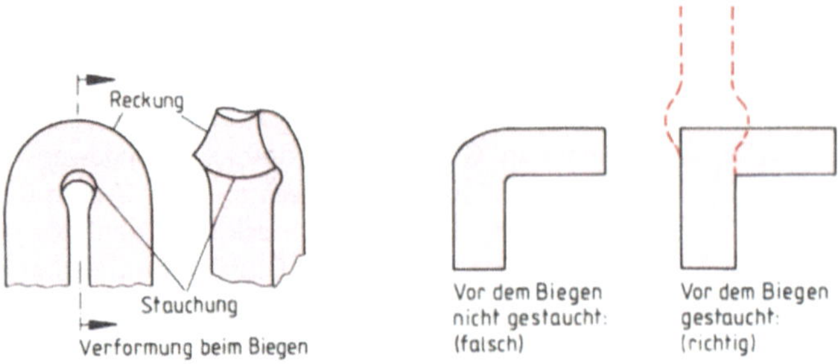


1

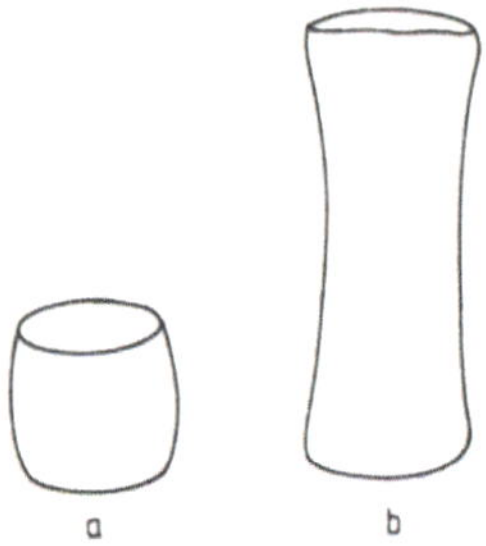


2

*Bild 3-175 Grundlegende Schmiedevorgänge*

1. Biegen
2. Stauchen
   a) kurzes dickes Stück: Ausbauchung in der Mitte
   b) schlankes Stück: Ausbauchung an den Enden
3. Strecken
4. Absetzen
5. Warmlochen
6. Ausschmieden einer Vierkantspitze
7. Schroten (Trennen)

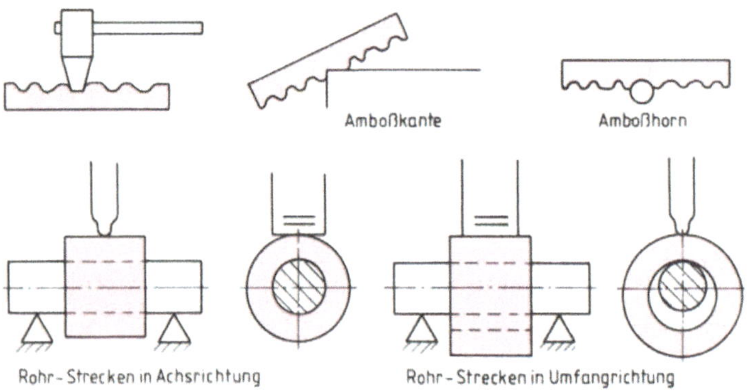


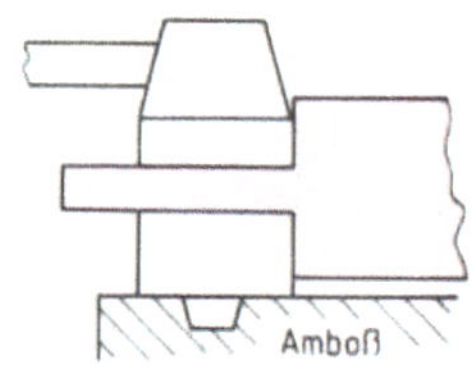


4

3

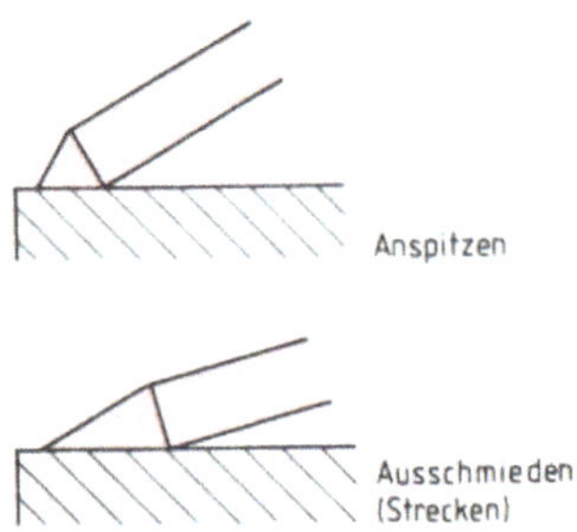


6

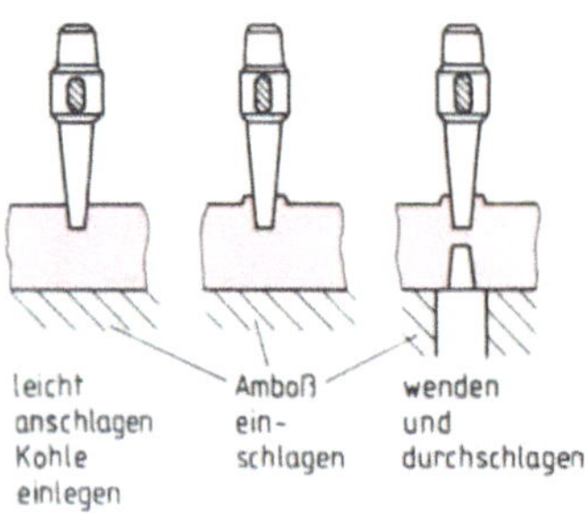


5

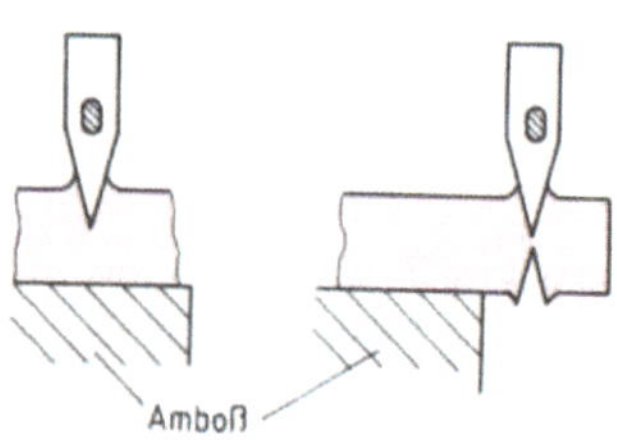


7

*Bild 3-176 Bêché-Lufthammer zum Freiformschmieden*

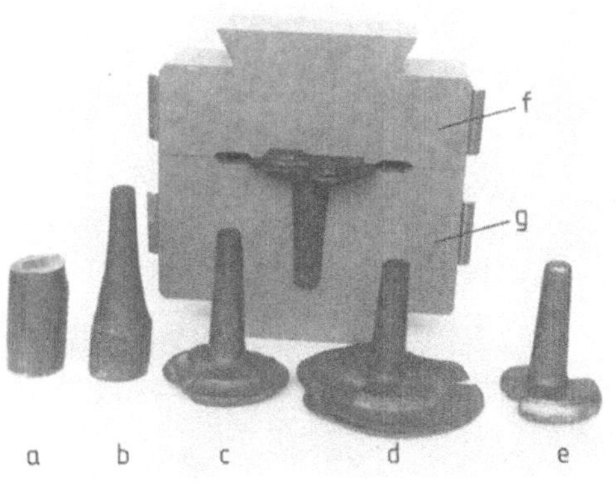


*Bild 3-177 Werdegang eines Gesenkschmiedestücks*

a) Rohteil
b) verformt durch Freiformschmieden
c) vorgeformt im Gesenk
d) fertiges Schmiedestück mit Grat
e) entgratet
f) Obergesenk
g) Untergesenk

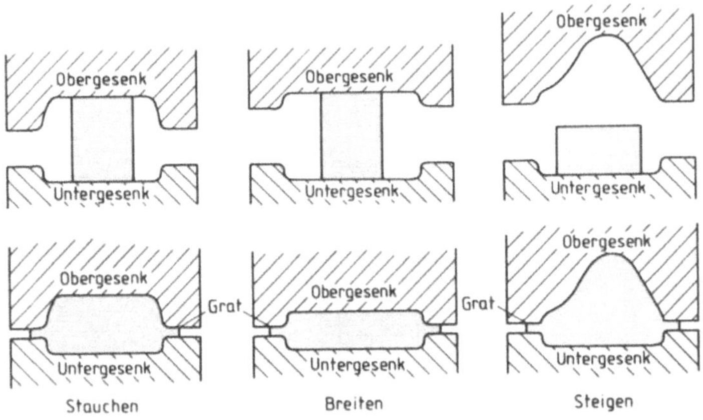


*Bild 3-178 Arten der Werkstoffumformung beim Gesenkschmieden*

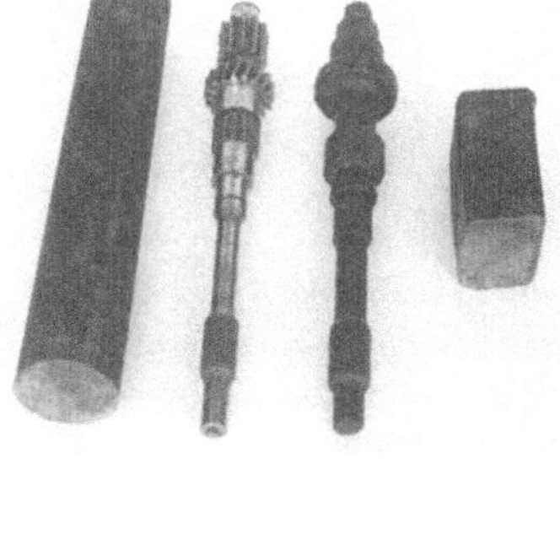

*Bild 3-179 Geringer Werkstoffverbrauch und geringe Spanarbeit durch Schmieden gegenüber einer spanabhebenden Bearbeitung*

Von rechts nach links: Rohteil zum Schmieden, Schmiedestück, fertiges Bauteil. Rohteil zum Herstellen des Bauteils aus dem Vollen.

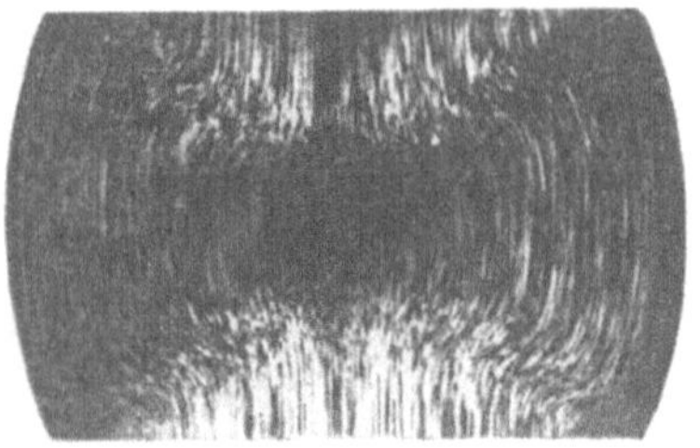

a)

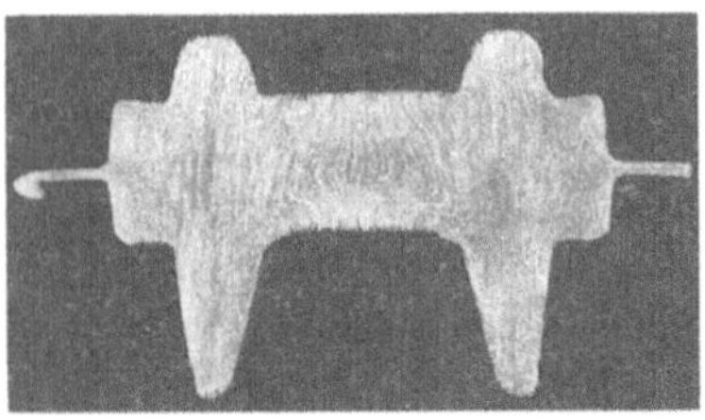

b)

c)

*Bild 3-180 Fließfaserverlauf in Schmiedestücken*

a) Gestaucht
b) Gesenkschmiedestück
c) Spanabhebend bearbeitetes Schmiedestück

Die Fließfasern sollen durch Abspanen nicht angeschnitten werden.

*Bild 3-181 Schaufelrad aus Stahlguß*

Wegen seiner Hinterschneidung kann es nicht geschmiedet werden. Stahlguß wird nur dann verwendet, wenn nicht geschmiedet werden kann.

**Werkzeuge**

Die Herstellung der Gesenke erfolgt durch spanabhebende Bearbeitung (s. Bild 6-85), die Beanspruchung durch hohen Druck und ständigen Temperaturwechsel der Oberflächen. Die Schlagkraft des Hammers muß so gewählt werden, daß das Schmiedestück nach wenigen Schläge geformt ist. Hohe Schlagzahlen haben infolge hoher Erwärmung der Gesenkoberflächen Oberflächenrisse und kurze Lebensdauer der Gesenke zur Folge.

*Werkstoffe:* legierte oder hochlegierte Warmarbeitsstähle.

**Maschinen**

*Hämmer* eignen sich zum Schmieden von Teilen mit hohem Umformungsgrad. *Schabottenhämmer* haben zur Gegenschlagaufnahme einen Amboß, *Gegenschlaghämmer* zwei gegeneinanderschlagende Bäre (Bild 3-182a).

*Pressen* werden zum Lochen, Biegen und Entgraten verwendet, Exzenter-Spindel- und Kurbelpressen für kleine, hydraulische Pressen für große Stücke (Bild 3-182b).

a) b)

*Bild 3-182 Schmiedemaschinen*

a) Gegenschlaghammer
b) 15 000 MN hydraulische Presse

**Schmieden von Titan und Titanlegierungen**

Die im Raketen- und Flugzeugbau verwendeten Titanlegierungen können nur durch Schmieden mit hoher Umformgeschwindigkeit verformt werden. Zu diesem Zweck wurden Hochgeschwindigkeits-Umformmaschinen entwickelt, die nach dem Prinzip der Gegenschlaghämmer arbeiten.

Während herkömmliche Gegenschlaghämmer mit großen Bärgewichten und relativen Bärgeschwindigkeiten von etwa 8 m/s arbeiten, erzeugen die *Hochgeschwindigkeits-Umformmaschinen* mit geringen Bärgewichten und relativen Bärgeschwindigkeiten von 20 m/s die Schlagarbeit.

*Bild 3-183 Bêché-Kurzhubgesenkhammer (Schabottenhammer) zum Gesenkschmieden*

Titan und Titanlegierungen werden durch Schmieden mit nur einem Schlag und hoher Umformgeschwindigkeit verformt.

**Prägen**

Prägen ist Umformen der Oberflächen mit hydraulischen Pressen ohne Anwärmen, z.B. Münzprägen. Bei Schmiedestücken wird das Prägen zum Glattprägen und zur Herstellung genauer Dicken durch Maßprägen angewendet.

**Pressen**

Pressen ist Massivumformung mit Stempel. Man unterscheidet Strang- und Fließpressen.

*Beim Fließpressen* wird das kalte Metall durch hohen Stempeldruck zum Fließen gebracht. Es wird zur Herstellung kleinerer Massenteile aus Metallen mit großem plastischen Bereich angewendet. Die Teilgröße ist durch die Preßkraft begrenzt. Wegen der hohen Reibkräfte zwischen Werkstoff und Werkzeug müssen druckfeste Schmiermittel verwendet werden, z.B. Molybdändisulfid. Bei Stahl dienen Phosphatschichten als Schmiermittelträger.

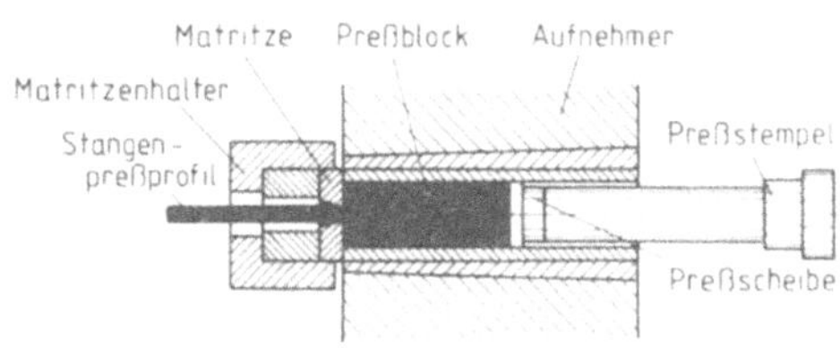


*Bild 3-184 Strangpressen*

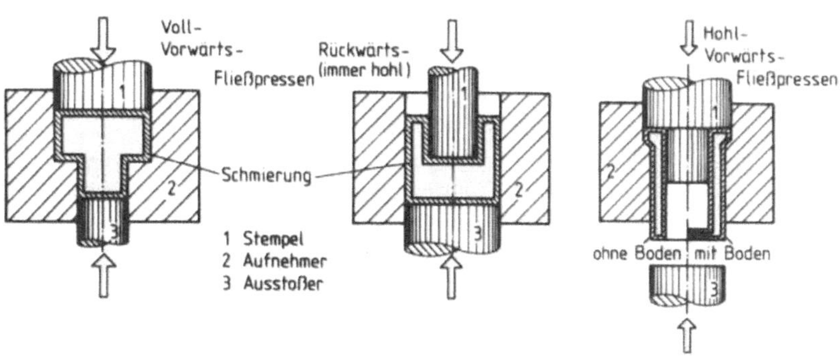


*Bild 3-185 Arten des Fließpressens*

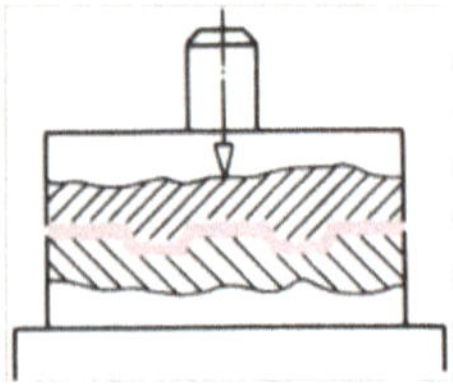

*Bild 3-186 Hohlprägen*

## Zugumformen

**Hohlprägen** ist Tiefen mit einem starren, beweglichen Stempel in ein Gegenwerkzeug (Matrize) hinein (Bild 3-186), wobei die Vertiefung gegenüber der Abmessung des Werkstückes klein ist.

> Hohlprägen von rinnenartigen Vertiefungen heißt Sicken.

**Tiefen mit Wirkenergie** (Hochleistungsumformen).

**Explosivumformung** (Bild 3-187). Bei der Explosion entsteht eine Schockwelle, die das Blech in die Form drückt.

*Anwendung:* bei sehr großen Teilen und hochfesten Werkstoffen. Explosivumformung ist also kein Ersatz für andere Umformverfahren.

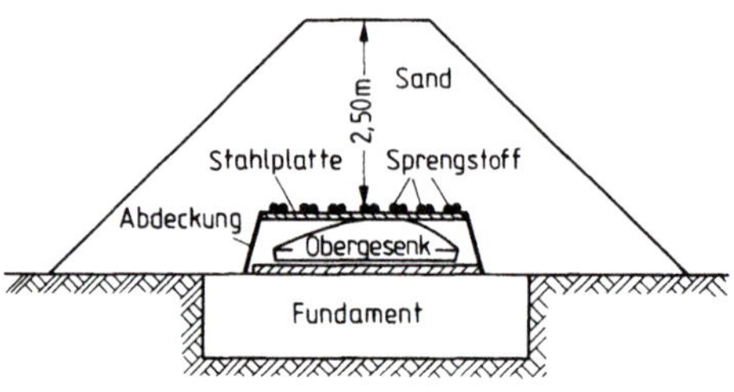


*Bild 3-187 Explosivumformung*

**Pneumatisch-mechanische Umformung.** Hierbei wird in einem Zylinder expandierendes Gas (Stickstoff) zur Umformung benützt!

**Hydro-elektrische Umformung.** Durch die Funkenentladung wird ruckartig Wasser verdampft!

*Anwendung:* Ausbauchung von Rohren.

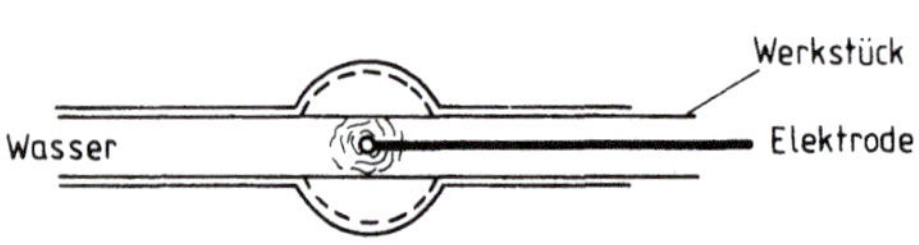


*Bild 3-188 Hydro-elektrische Umformung*

**Streckziehen** wird zum Umformen von Blechen bei kleinen Stückzahlen an Stelle des Tiefziehens angewendet. Durch Aufwärtsbewegen eines Formklotzes wird das seitlich festgehaltene, bis zur Fließgrenze vorgespannte Blech über den Formklotz gezogen.

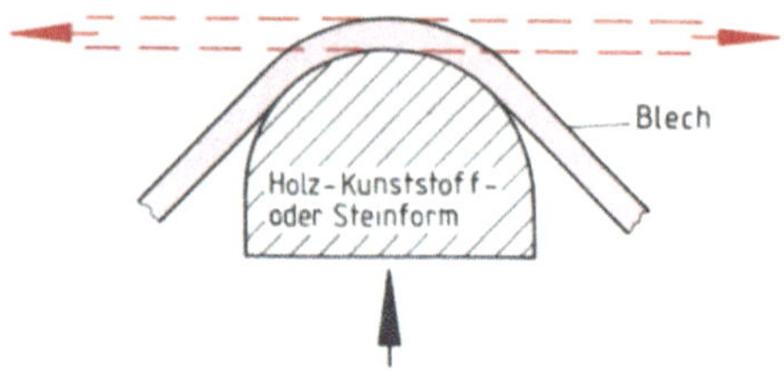


*Bild 3-189 Streckziehen*

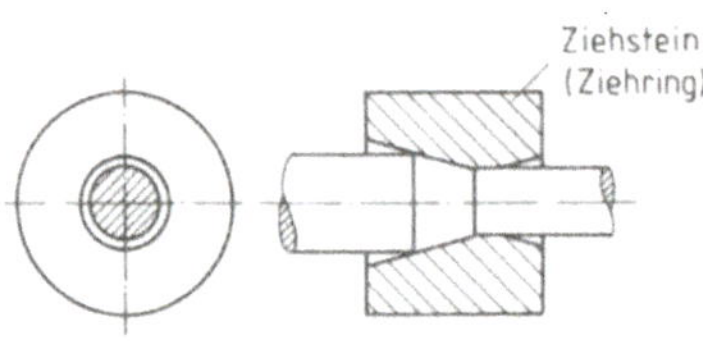


*Bild 3-190 Drahtziehen*

Gewalzter oder vorgezogener Draht wird durch ein Ziehwerkzeug (Ziehstein, Ziehring) gezogen. Die kreisförmige oder anders profilierte Werkzeugöffnung heißt auch Ziehhol (Auszug aus DIN 8584).

## Zugdruckumformen

**Durchziehen** dient zur Herstellung von Drähten und Bändern und zum Kalibrieren von Rohren. Als Ausgangswerkstoffe dienen durch Walzen vorgeformte Werkstücke.

Die Verfestigung beim Umformen ohne Anwärmen durch Häufung von Versetzungen, s. Abschnitt 2.7.2, ist notwendig, um die beim Durchziehen erforderlichen hohen Zugspannungen aufnehmen zu können.

**Tiefziehen** ist ein wichtiges Blechumformverfahren zur Herstellung von Blechkörpern aller Art, z.B. Autokarosserien, Töpfen und ähnlichem. Verformt werden dabei dazu besonders geeignete Tiefziehbleche.

*Vorgang:* Das Blech wird zwischen Niederhalter und Ziehring gelegt. Während der Stempel das Blech in den Ziehring zieht, hält der Niederhalter das Blech mit solcher Kraft fest, daß es ohne Faltenbildung in den Ziehring fließt.

Die Umformbarkeit des Bleches in einem Zuge ist begrenzt, so daß meist mehrere Züge erforderlich sind.

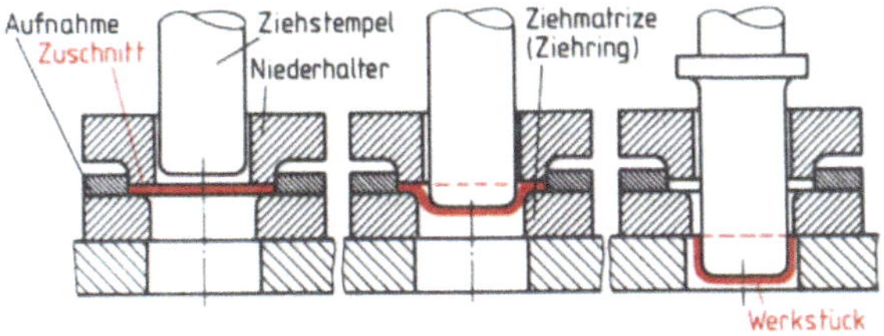


*Bild 3-191*
*Tiefziehen eines einfachen Werkstückes*

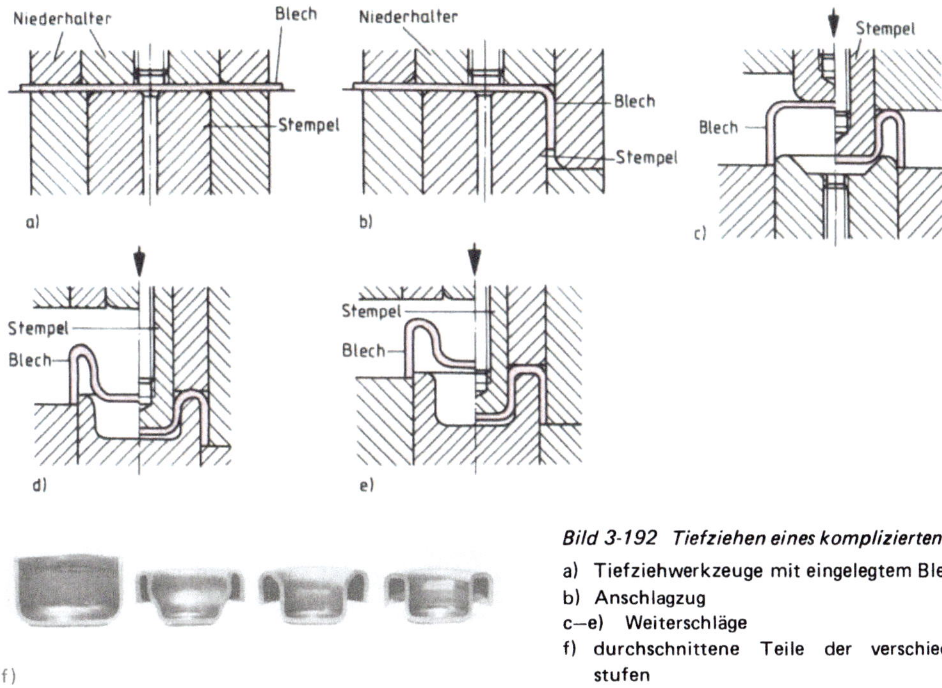


*Bild 3-192 Tiefziehen eines komplizierten Werkstückes*

a) Tiefziehwerkzeuge mit eingelegtem Blech
b) Anschlagzug
c–e) Weiterschläge
f) durchschnittene Teile der verschiedenen Ziehstufen

*Bild 3-193 Herstellung eines Ziehteils in 9 Arbeitsstufen auf einer Stufenpresse*

Die Anzahl der erforderlichen Arbeitsstufen ergibt sich aus der Form des Werkstückes und der Verformbarkeit des Werkstoffes. Jede Arbeitsstufe erfordert ein besonderes Werkzeug.

> Ziehverhältnis = $D_0/d_1$ = Rondendurchmesser = Kenngröße für die Umformung.

Der erste Zug heißt **Anschlagzug,** die weiteren Züge heißen **Weiterschläge.**

Da jeder Zug besondere Werkzeuge erfordert, ist das Verfahren nur für größere Stückzahlen verwendbar.

In Stufenpressen werden Platten eingebaut, auf denen alle zur Herstellung eines Werkstückes erforderlichen Werkzeuge nebeneinander befestigt sind. Bei jedem Pressenhub arbeiten alle Werkzeuge gleichzeitig. Das Werkstück wird nach jedem Pressenhub automatisch zum nächsten Werkzeug befördert. Auf der linken Seite der Maschine wird das Rohteil als Band oder Ronde eingeführt, auf der rechten Seite nach jedem Pressenhub ein fertiges Werkstück ausgestoßen. Preßkraft: 2500 MN bis 45 000 MN.

Stufenpressen dienen zur automatischen Herstellung von kleineren Zieh- und Preßteilen.

*Bild 3-194 Durch Tiefziehen mit Zwischenglühen hergestellter Blechkörper*

Wegen der starken Umformung an den Einschnitten ist Weichglühen unterhalb der Rekristallisationsschwelle zwischen den Zügen erforderlich. Durch Rekristallisationsglühen würden die stark verformten Stellen zwar wieder weich, die weniger verformten dagegen grobkörnig und spröde.

*Bild 3-195 Stufenpresse*

*Bild 3-196 Ziehwerkzeug für Automobiltür*

> Tiefziehen ersetzt in zunehmendem Umfang die spangebende Formung.

**Drücken** ist ein Umformverfahren zur Herstellung von runden Hohlkörpern aus Blech.

*Arbeitsgänge:*

1. Drechseln einer Holzform (= Drückfutter) auf der einer Drechselbank ähnlichen Drückbank (Bild 3-197).

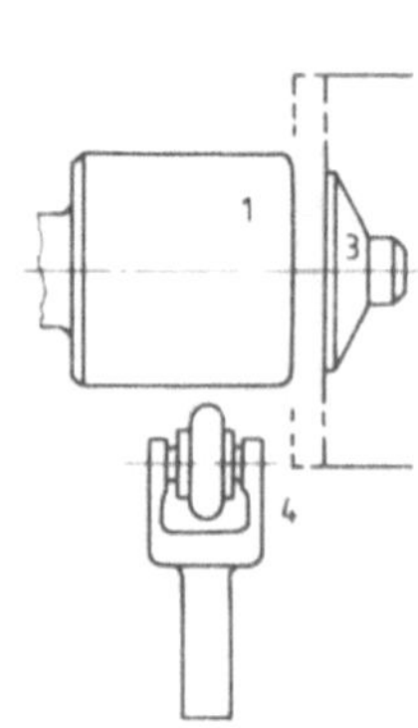


*Bild 3-197 Drücken*

2. Anpressen des Bleches durch den Reitstock (3) gegen das Drückfutter (1).
3. Drücken des Bleches mit Drückstahl oder Drückrolle (4) über das sich drehende Drückfutter.

Zum Tiefziehen geeignete Bleche lassen sich auch drücken.

**Biegeumformen**

**Biegen** kann mit Maschinen und von Hand durchgeführt werden.

Im Biegebogen werden die oberen Zonen gestreckt und dadurch dünner, die unteren gestaucht, also dicker. Zwischen den Zug- und Druckzonen liegt die neutrale, spannungsfreie Zone, die unverändert bleibt. Wegen der gegensätzlichen Querschnittsänderung der äußeren Fasern liegt die ungelängte Zone nicht in der Mitte.

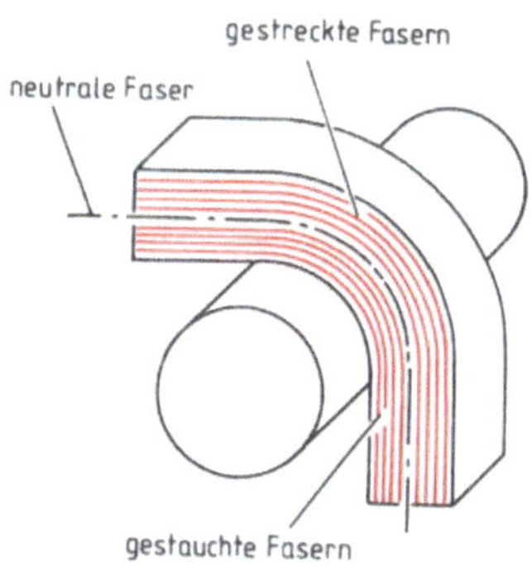


*Bild 3-198 Zug- und Druckspannungen beim Biegen*

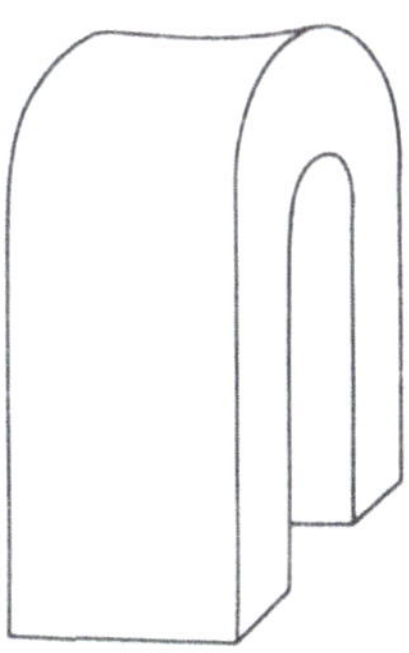

*Bild 3-199 Querschnittsänderung durch Biegen*

Beim Biegen von Blechen ist die Walzrichtung des Bleches zu beachten. Die Biegekante soll quer zur Walzrichtung liegen. Liegen die Biegungen im Winkel zueinander, sollen die Biegungen schräg zur Walzrichtung liegen.

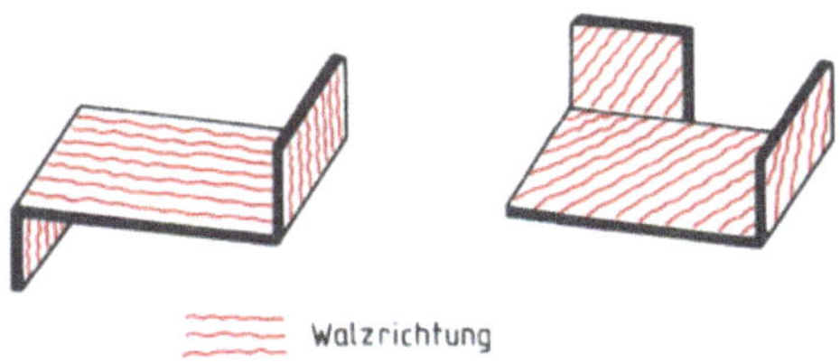


*Bild 3-200 Walzrichtungen beim Blechbiegen*

*Rückfederung:* Die plastische Verformung der äußeren Zonen geht zur Mitte hin in eine elastische Verformung über, die eine Rückfederung beim Nachlassen der äußeren Biegekräfte bewirkt. Die Berechnung der Abwicklungslänge und des kleinst zulässigen Biegeradius erfolgt nach Tabellen.

*Bild 3-201 Arten des Biegeumformens (Auszug aus DIN 8586)*

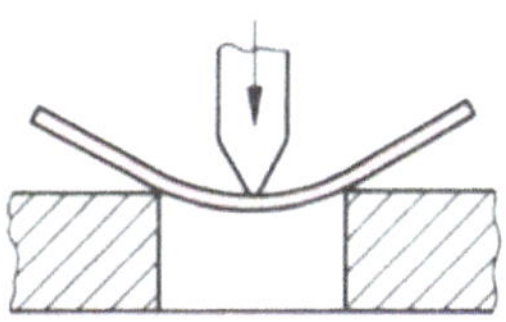

***Freies Biegen*** ist Biegen mit freiem Ausbilden der Werkstückform. Freies Biegen zum Richten heißt Biegerichten.

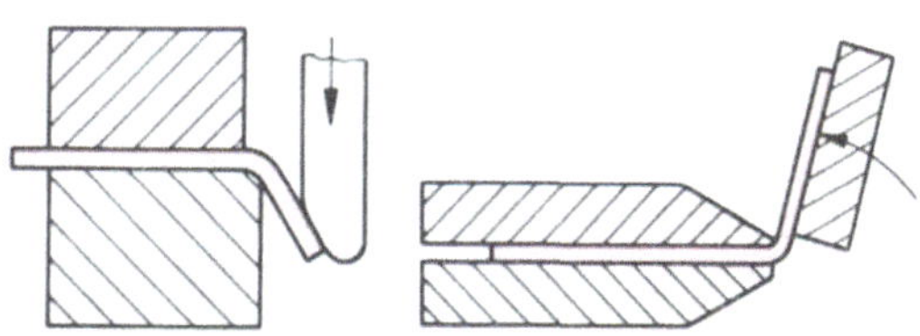

***Schwenkbiegen*** ist Biegen mit einer Wange, die an dem aus einer Einspannung herausstehenden Teil eines Werkstückes angelegt und mit diesem um die Biegekante herumgeschwenkt wird.

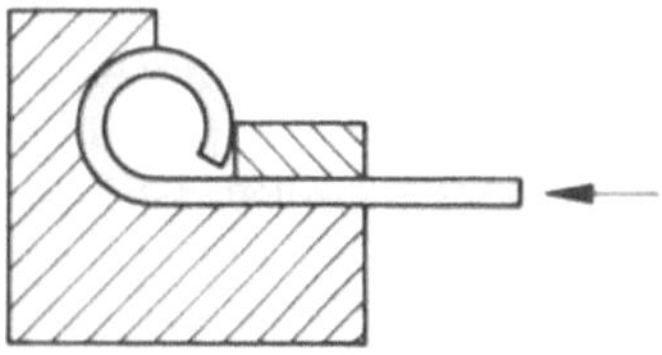

*Rollbiegen* ist stetiges Biegen durch Hineinstoßen eines Werkstückes (z.B. Draht, Blechstreifen oder Rohr) in ein Werkzeug mit gekrümmter Wirkfläche. Rollbiegen um mehr als 360° heißt Winden (z.B. Federwinden).

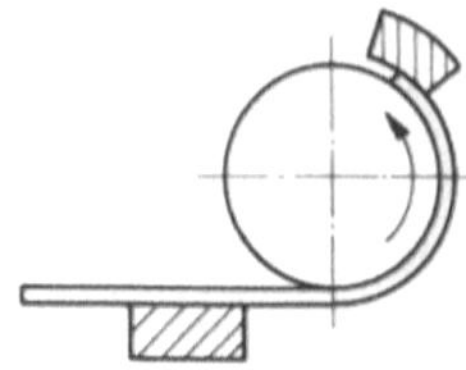

*Rundbiegen* ist stetiges in Schenkelrichtung fortschreitendes Biegen von Band, Profil, Draht oder Rohr. Rundbiegen um mehr als 360° heißt Wickeln (z.B. Wickeln von Spiral- und Schraubenfedern, Wickeln von Band zu Ringen, Spulen oder Bunden).

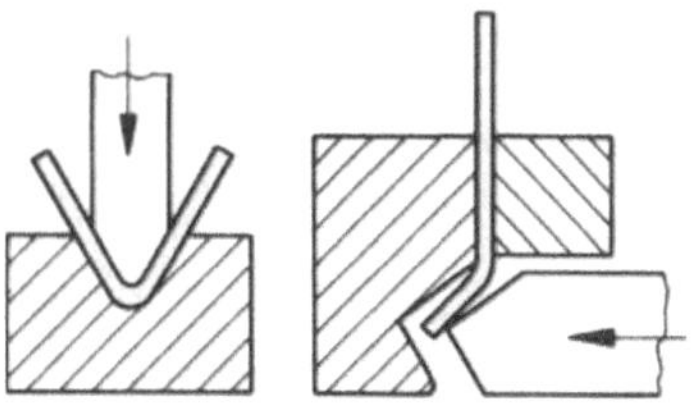

*Gesenkbiegen* ist Biegen zwischen Biegestempel und Biegegesenk bis zur Anlage des Werkstückes im Gesenk.

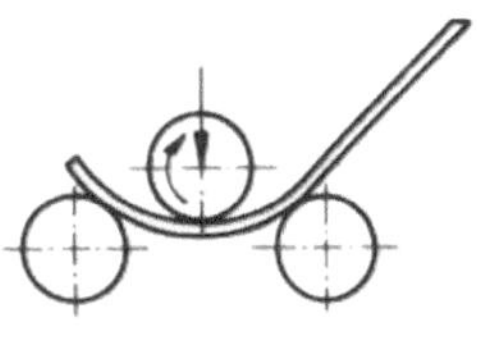

*Walzbiegen* ist Biegen, bei dem das Biegemoment durch Walzen aufgebracht wird. Walzrunden ist Walzbiegen von ebenen Blechen zu zylindrischen oder kegeligen Werkstücken, wobei die Walzenachsen senkrecht oder geneigt zur Biegeebene stehen.

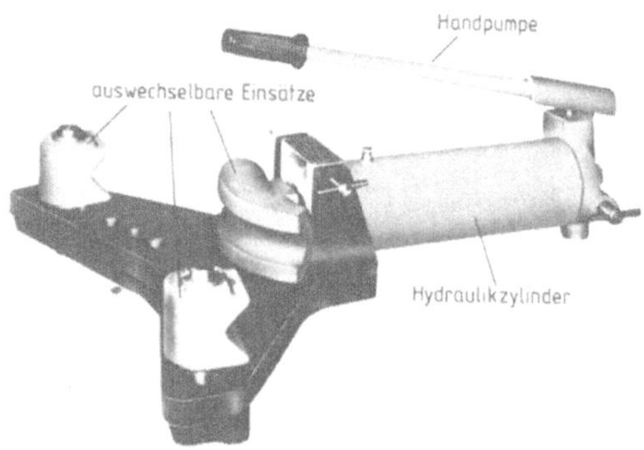


*Bild 3-202 Rohrbiegemaschine*

**Wiederholungsfragen**

1. Was bedeuten a) Umformen, b) Verformen, c) Massivumformen?
2. Welche Vorteile hat das Gewinde-, Keilwellen- und Zahnradwalzen ohne Anwärmen?
3. Welchen Zweck hat das Schmieden?
4. Wodurch wird die Schmiedbarkeit der Werkstoffe festgestellt?
5. Wodurch ist die Schmiedbarkeit des Stahls beeinträchtigt?
6. Welches sind die Arbeitsverfahren beim Freiformschmieden?
7. Welche Arten der Werkstoffumformung gibt es beim Gesenkschmieden?
8. Welchen Zweck hat der Grat beim Gesenkschmieden?
9. Welcher Unterschied besteht zwischen Freiform- und Gesenkschmieden hinsichtlich des Werkstoff-Flusses?
10. Warum kann das Gesenkschmieden nur bei größeren Stückzahlen angewendet werden?
11. Wodurch werden Gesenke beim Schmieden beansprucht?
12. Welche Besonderheit ist beim Schmieden von Titan und Titanlegierungen zu beachten?

13. Wodurch unterscheiden sich Strang- und Fließpressen?
14. Welche Arten des Zugumformens gibt es?
15. Warum ist Tiefziehen nur in der Serienfertigung anwendbar?
16. Wie heißen die Züge beim Tiefziehen?
17. Wozu dienen Stufenpressen?
18. Wozu werden automatische Transfer-Pressenstraßen gebraucht?
19. Was versteht man unter Drücken?
20. Was bedeutet „neutrale Faser“ beim Biegen?
21. Welche Ursache hat das Rückfedern beim Biegen?
22. Was bedeuten freies Biegen, Schwenk-, Roll-, Gesenk- und Walzbiegen?

### 3.9.3 Zerteilen

Zerteilen ist spanloses Trennen von Blechen, Bändern oder Platten aus beliebigem Werkstoff mit Schneidwerkzeugen.

**Benennungen der Fertigungsverfahren Zerteilen**

**Scherschneiden,** kurz Schneiden, ist Zerteilen zwischen zwei Schneiden. Man unterscheidet:

– *nach der Form der Schneiden* Offen-Schneiden und Geschlossenen-Schneiden;
– *nach der Stellung der Schneiden* zueinander Vollkantig-Schneiden und Kreuzend-Schneiden;
– *nach der Bewegung der Schneiden* Drückend-Schneiden, wenn sich die Schneide senkrecht, Ziehend-Schneiden, wenn sie sich schräg zur Blechoberfläche bewegt.

**Knabberschneiden** ist stückweises Abtrennen des Werkstoffes längs gekrümmter Schnittlinien.

a)

b)

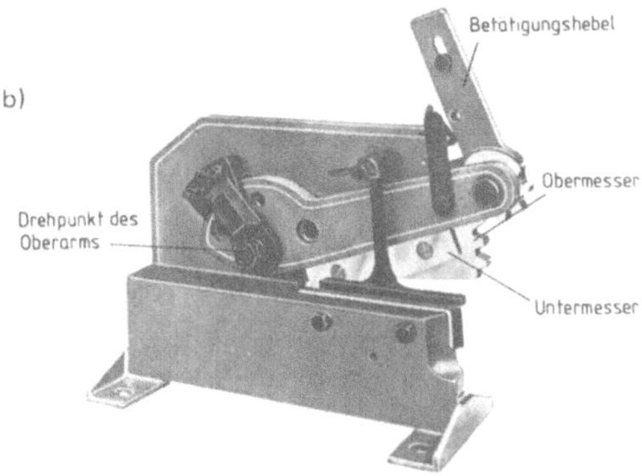


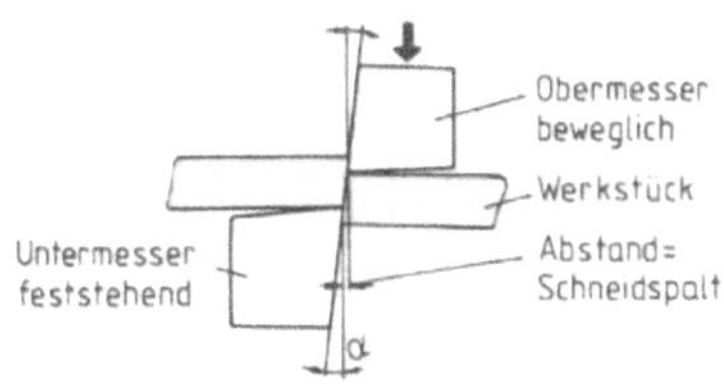


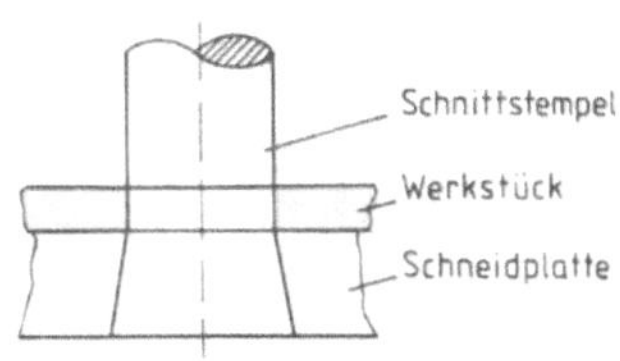


c)

*Bild 3-203 Scherschneidverfahren*

a) Offen-Schneiden.
Vollkantig-Schneiden mit Tafelschere, Schnittlänge bis zu 3 m. Das auf den Tragarmen liegende Blech wird bis zum Anschlag eingeschoben. Ein Niederhalter preßt das Blech entlang der Schnittlinie gegen das Untermesser. Der parallel zum Blech auf- und abgehende Obermesserbalken schneidet auf seiner ganzen Länge gleichzeitig. Der abgeschnittene Blechstreifen ist nicht verbogen.

b) Kreuzend-Schneiden mit Handschere. Der abgeschnittene Blechstreifen ist verbogen.

c) Geschlossen-Schneiden.

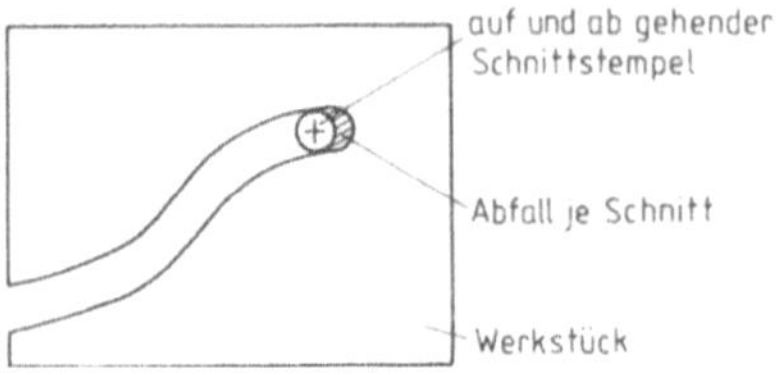


*Bild 3-204 Knabberschneiden*

**Messerschneiden** ist Zerteilen mit einer Schneide. Es wird zum Zerteilen nichtmetallischer Werkstoffe angewendet, z.B. Papier, Filz, Leder und Textilien.

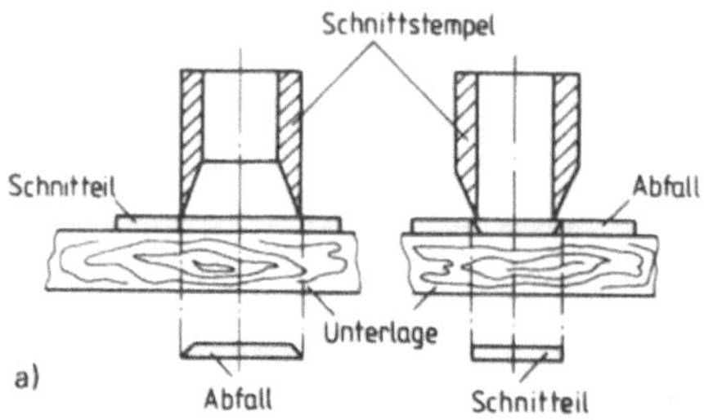


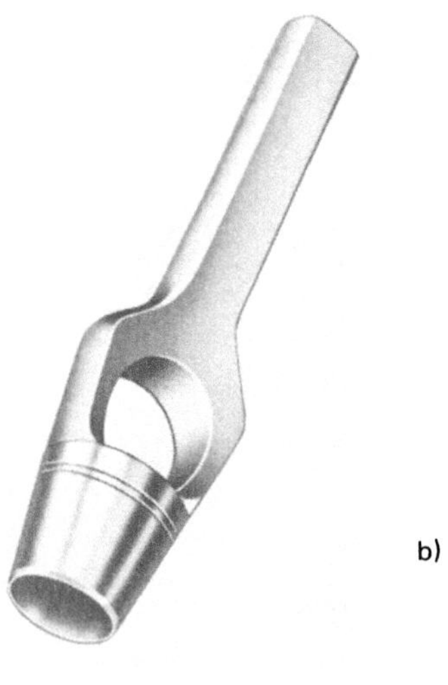


*Bild 3-205 Messerschnitt*

a) Pressen-Schnittstempel
b) Locheisen zum Ausschneiden von Hand

## Benennungen für die durch Zerteilen erzeugten Werkstücke

**Zuschnitte** heißen Teile, die mit Scheren zugeschnitten werden.

**Platinen** nennt man Teile mit unregelmäßiger Außenform.

**Ronden** sind kreisrunde Teile (Bild 3-206).

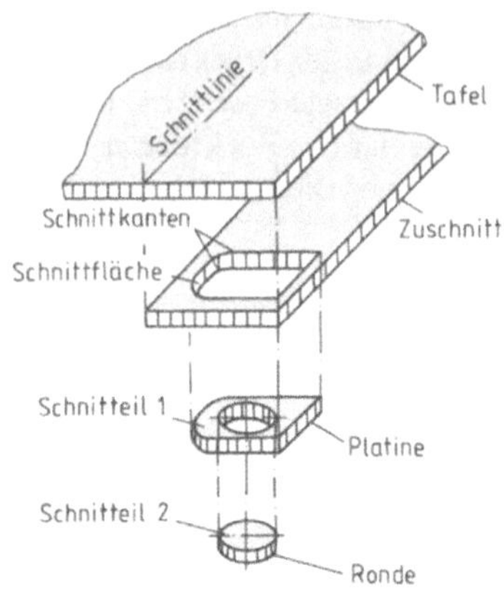


*Bild 3-206*
*Benennung an ebenen Werkstücken*

## Schneidende Arbeitsverfahren

Nach Lage der Schnittlinie zur Werkstückbegrenzung unterscheidet man die in Bild 3-207 wiedergegebenen Arbeitsverfahren.

*Bild 3-207 Schneidende Arbeitsverfahren*

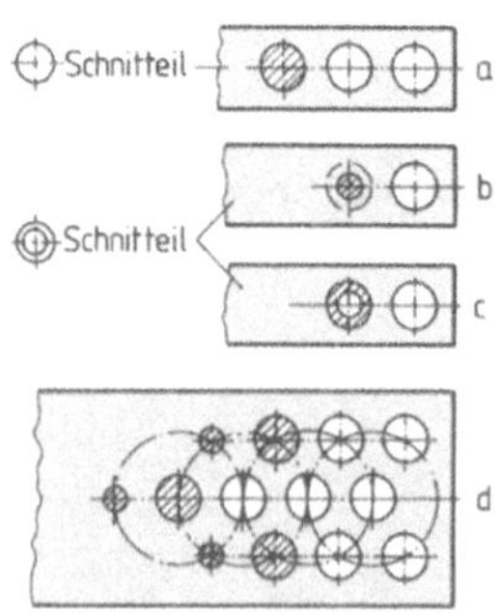


Arten des Ausschneidens
Schraffierte Kreisflächen = Schnittstempel

a) ohne Verlochen
d) und b) mit Verlochen
c) Gesamtschnitt, Lochen und Ausschneiden gleichzeitig

a), b) und c) einreihig, d) dreireihig.

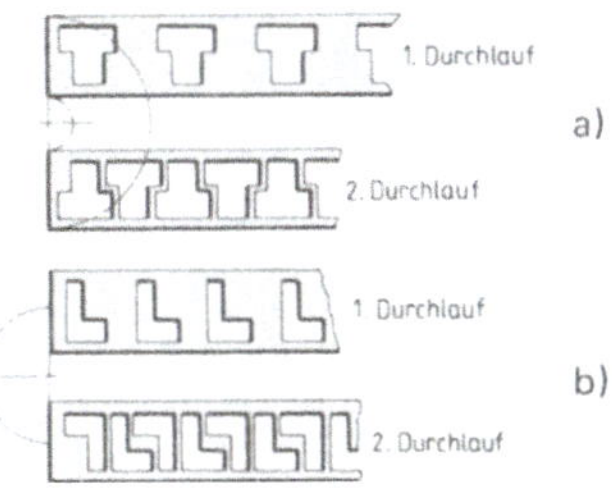


Wendeschneiden

a) für symmetrische

b) für unsymmetrische Schnitteile

Der Streifen wird nach dem ersten Durchlauf gewendet und durchläuft zweimal das Schneidwerkzeug.

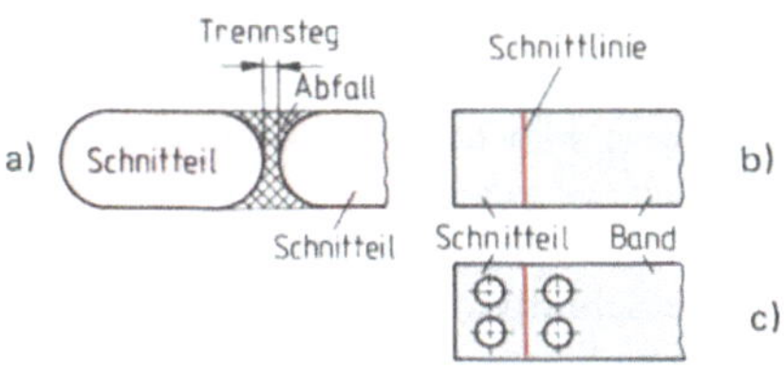


Abschneiden

a) mit Trennsteg

b) ohne Trennsteg

c) mit Lochen

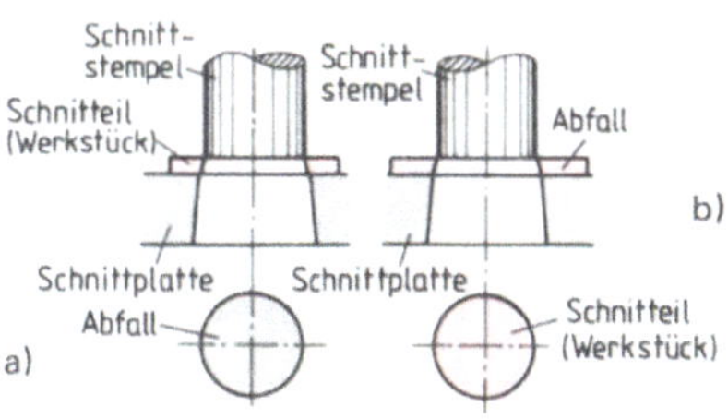


a) Lochen, b) Ausschneiden

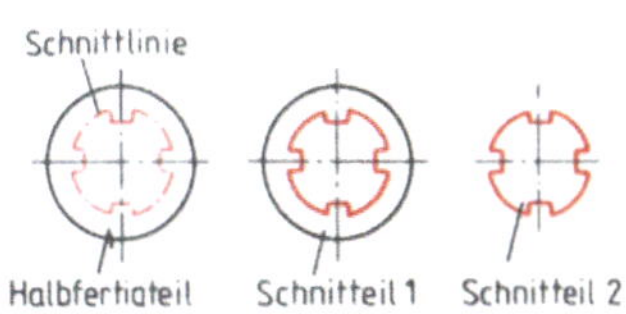


Zerschneiden

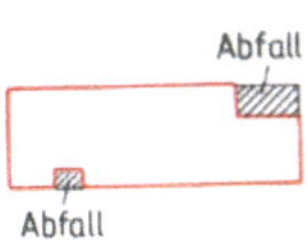


Ausklinken

Einschneiden

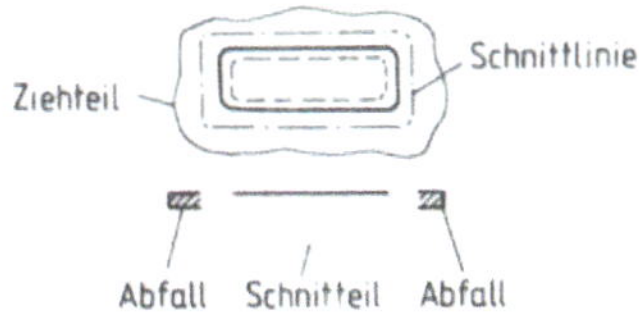


Beschneiden

Bei Gesenkschmiedestücken wird das Beschneiden auch Abgraten genannt.

## Schneidvorgänge

Beim **Offen-Schneiden** (Bild 3-203a) dringen zunächst beide Messer bis zu etwa 1/3 der Blechdicke mit glattem Schnitt in das Blech ein, dann bricht der Restquerschnitt mit einer rauhen Bruchfläche auseinander. Wegen des notwendigen Abstandes der Messer haben die getrennten Teile einen Grat.

Beim **Geschlossen-Schneiden** (Bild 3-203b) wird die Unterseite des Bleches etwas ausgebeult, dann erfolgen die Schneiden und Brechen wie beim Offen-Schneiden. Durch den Schneidspalt zwischen Stempel und Schneidplatte wird der Ausschnitt konisch (Bild 3-208).

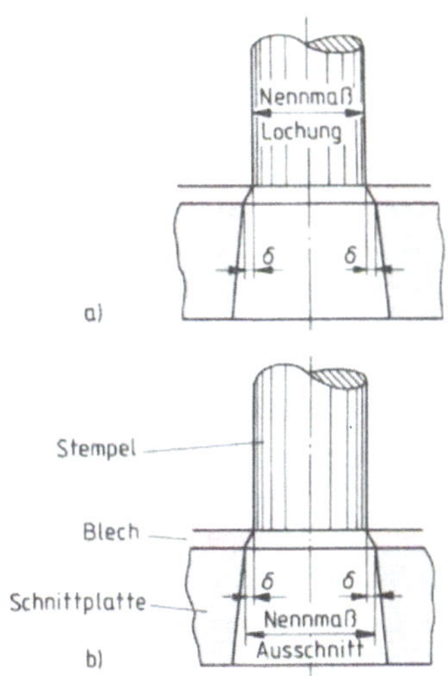


*Bild 3-208 Spiel zwischen Stempel und Schnittplatte*

a) Ausschneiden

b) Lochen, $\sigma$ Schneidspalt, Schnittspiel = $2 \cdot \sigma$.

Der Schneidspalt ist bei Stahlblechen etwa 8 % bis 10 % der Blechdicke.

Beim Eindringen des Stempels wird ein Teil des Werkstoffes in Richtung der Schnittflächen gedrängt und der Ausschnitt verspannt.

Die Ausschnittfläche verringert sich nach dem Herausziehen des Stempels um etwa 1 % bis 2 %. Das Werkstück haftet am zurückgehenden Stempel und muß abgestreift werden.

### Schneidspalt und Schnittspiel

Der Spalt zwischen Stempel und Schnittplatte heißt **Schneidspalt,** der doppelte Schneidspalt *Schnittspiel* (Bild 3-208).

Bei zu kleinem Schnittspiel stauchen sich die Schnittkanten auf, Schnittkraft und Verschleiß erhöhen sich bedeutend. Bei zu großem Schnittspiel entsteht an den Schnittkanten ein unzulässig hoher Grat.

Die Höhe des Grates nimmt mit dem Verschleiß der Schneidkanten zu. Die zulässige Grathöhe beträgt in der Feinmechanik 0,03 mm bis 0,05 mm.

Beim Nachschleifen der Schnittplatte wird ihre Öffnung, d.h. das Schnittspiel, größer. Bei Schnitten bis etwa 5 mm Dicke wird der Durchbruch bis 5 mm Tiefe zylindrisch ausgeführt, so daß ein Nachschleifen ohne Formänderung möglich ist.

### Werkzeuge

Schneidende Werkzeuge können den in Bild 3-207 wiedergegebenen Arbeitsverfahren entsprechend als ausschneidende, abschneidende usw. Werkzeuge benannt werden. Alle können als *Freischnitt, Plattenführungs-* oder *Säulenführungswerkzeuge* hergestellt werden.

**Freischnittwerkzeuge** bestehen aus Schnittstempel und Schneidplatte und sind allseitig frei zugänglich. Die Führung des Stempels erfolgt nur durch den Pressenstößel.

*Anwendung:* für einfache Formen mit geringen Anforderungen an Genauigkeit.

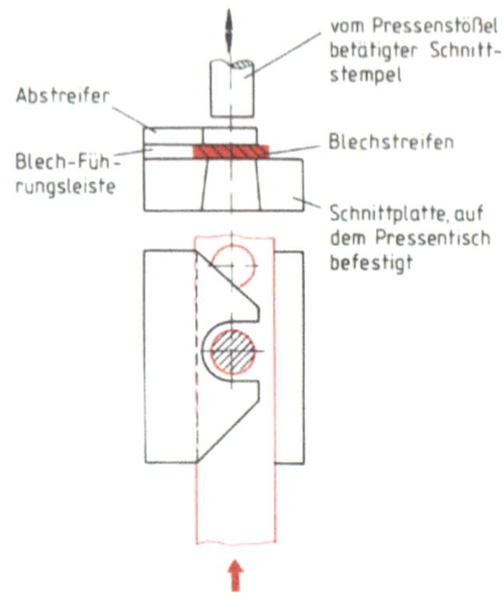


*Bild 3-209* ***Freischnittwerkzeug*** (schematisch)

Der Schnittstempel wird nur vom Pressenstößel geführt. Das Werkzeug wird auf dem Pressentisch befestigt.

**Plattenführungs-Schnittwerkzeuge** werden für die Herstellung kleiner und ebener Schnitt-Teile verwendet. Bei genauem Vorschub können Schnitt-Teiltoleranzen von ± 0,02 mm erreicht werden. Die Genauigkeit nimmt mit der Zahl der Arbeitsstufen ab.

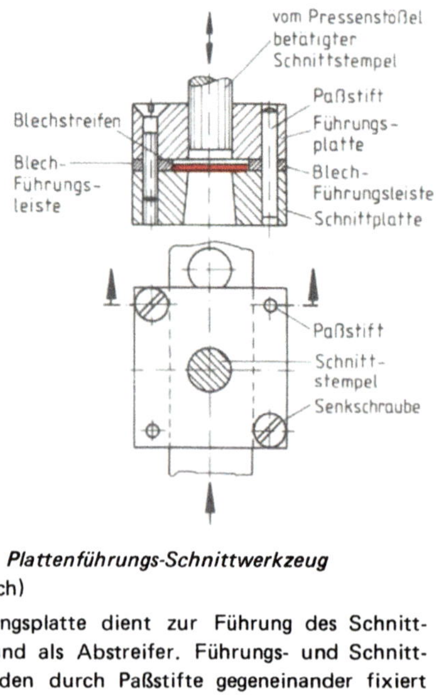


*Bild 3-210* ***Plattenführungs-Schnittwerkzeug*** (schematisch)

Die Führungsplatte dient zur Führung des Schnittstempels und als Abstreifer. Führungs- und Schnittplatte werden durch Paßstifte gegeneinander fixiert und durch Senkschrauben zusammengehalten. Das Werkzeug wird auf dem Pressentisch befestigt.

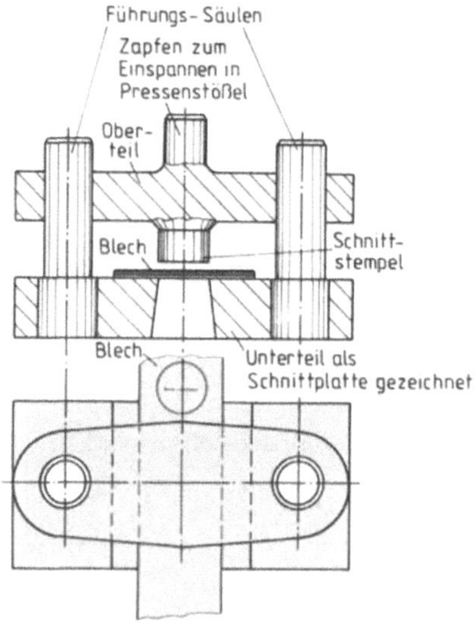


*Bild 3-211 Säulenführungs-Schnittwerkzeug* (schematisch)

Der Zapfen zum Einspannen in den Pressenstößel und der Schnittstempel sind mit dem Werkzeugoberteil fest verbunden. Vom Pressenstößel auf- und abbewegt. Dabei gleitet das Werkzeugoberteil über die im Unterteil befestigten Führungssäulen. Das Unterteil ist auf dem Pressentisch befestigt.

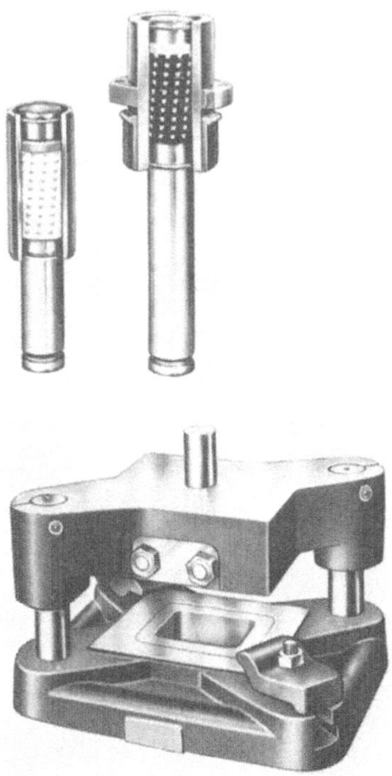

*Bild 3-212 Säulengestell mit Kugelführung der Säulen*

**Säulenführungs-Schnittwerkzeuge** werden bei komplizierten Schnitt-Teilen, kleinen Schnitt-Teiltoleranzen und hohen Stückzahlen verwendet.

*Vorteile:* große Führungslänge, kurze Stempel und verwendbar bei nicht ebenen Werkstücken.

Im Gegensatz zum Plattenführungs-Schnittwerkzeug ist ein besonderer Abstreifer erforderlich, der meist von Federn auf das Blech gedrückt wird. Die Säulenführungsgestelle gestatten mehrfachen Werkzeugwechsel.

**Feinschneidwerkzeuge** bestehen aus vier gegeneinander beweglichen Teilen, die Schnitteil und Blech vor und während des Schneidvorganges festhalten. Eine in das Blech eingedrückte Ringzacke verdichtet den Werkstoff in der Schnittzone vor dem Schnitt, so daß Risse in der Schnittfläche vermieden werden. Während des Schnittes verhindern die Ringzacke und der hohe Preßplattendruck ein seitliches Ausweichen des Bleches und gewährleisten dadurch eine hohe Schnittgenauigkeit.

Der Schneidspalt beträgt für 1 mm dicke Bleche etwa 5 $\mu$m bis 10 $\mu$m. Sehr genaue Schnittplatten werden nach dem ECM-Verfahren hergestellt (s. Kapitel 7).

> Durch Feinschneiden werden sehr genaue Schnitteile mit glatten Schnittflächen hergestellt, die nicht nachgearbeitet werden.

Genauigkeit über den Zähnen +0,02 − 0. Eingriffswinkel = 80°. Werkstückdicke 2 mm. Bohrung Ø 6 + 0,01.

*Bild 3-214*
*Durch Feinschneiden hergestelltes Ankerrad aus Stahl*
*Ø 17 mm + 0,02 mm*

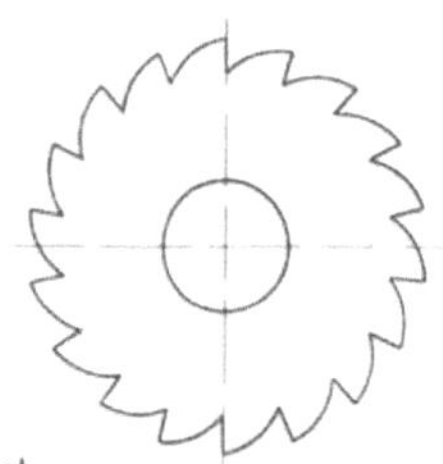

1 Schnittplatte
2 Schnittstempel
3 Preß- und Abstreiferplatte
4 Auswerfer

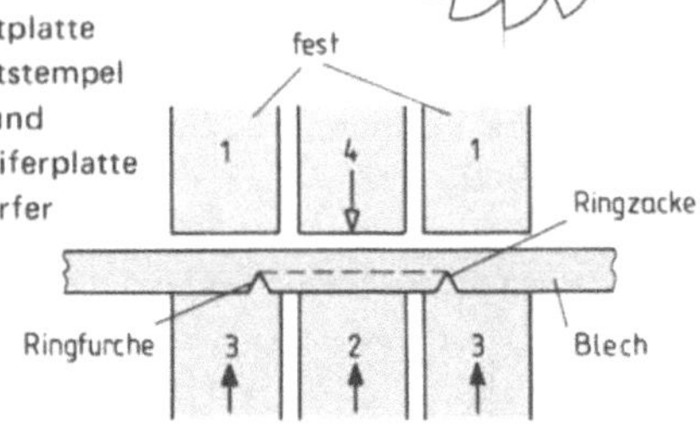


*Bild 3-213 Feinschneidwerkzeug* (schematisch)

Das Feinschneiden wurde bisher nur in der Feinmechanik, z.B. in der Büromaschinen- und Fotoindustrie, zur Herstellung kleiner Teile mit feinen Konturen angewendet. Neuerdings findet es auch auf anderen Gebieten, z.B. im Getriebebau, für Blechdicken bis zu 12 mm in zunehmendem Maße Verwendung.

**Wiederholungsfragen**

1. Was versteht man unter Zerteilen?
2. Welche Zerteilverfahren gibt es?
3. Was bedeuten Schneidspalt und Schnittspalt?
4. Welche Folgen haben zu kleines/großes Schnittspiel?
5. Welche Arten von schneidenden Werkzeugen gibt es?
6. Wann werden a) Freischnittwerkzeuge, b) Plattenführungs-, c) Säulenführungsschnittwerkzeuge verwendet?
7. Wozu dient das Feinschneiden?

## 3.10 Fügen

Durch Fügen werden zwei oder mehr Werkstücke miteinander verbunden. Nach der Art des Zusammenhalts der gefügten Werkstücke unterscheidet man

- **Kraftschlußverbindungen,** wenn die Verbindung durch Reibungskräfte zustande kommt, z.B. bei Schraub-, Niet-, Kegel-, Klemm- und Preßverbindugen.
- **Formschlußverbindungen,** wenn die gefügten Werkstücke ineinanderpassende Formen besitzen, z.B. bei Keilwellen-, Kerbzahn- und Paßfederverbindungen, s. S. 260.
- **Stoffschlußverbindungen,** also Schweiß-, Löt- und Klebverbindungen.

Stoffschlußverbindungen sind **unlösbare,** die Kraftschluß- und Formschlußverbindungen **lösbare** Verbindungen.

Die meisten lösbaren Verbindungen sind Schraubverbindungen, z.B. Verbindungen mit Befestigungs- oder Bewegungsschrauben, Rohrverschraubungen und Verschraubungen von Werkstücken, die mit Gewinde versehen sind. Im Sprachgebrauch versteht man unter Schrauben Befestigungsschrauben und unterscheidet sie durch ihre Formen, z.B. Sechskant-, Stift-, Blechschrauben.

Die Abmessungen der Schrauben sind genormt, d.h. Schrauben sind austauschbar. Abweichungen von der Norm für besondere Zwecke sind Einzelanfertigungen.

### 3.10.1 Schraubenverbindungen

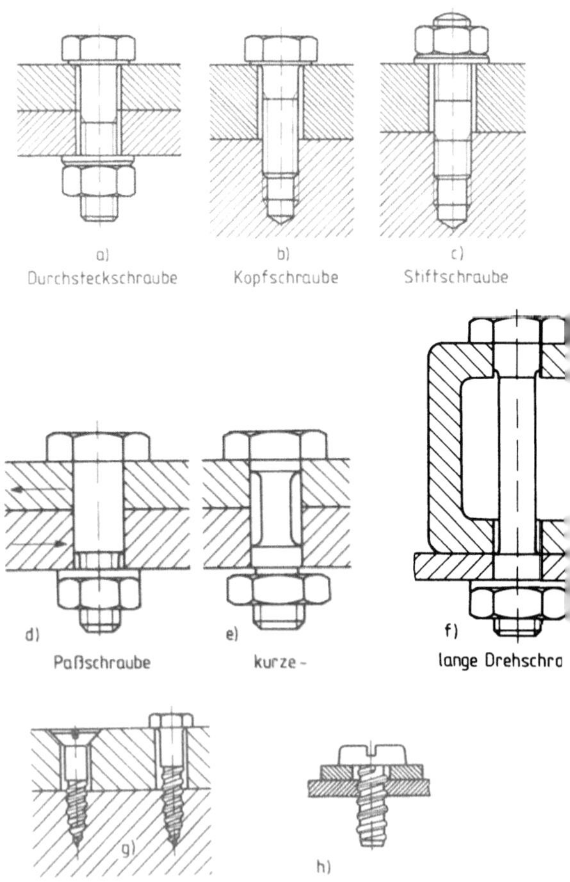


*Bild 3-215 Verbindungs- und Schraubenarten*

Die zu verwendende Schraubenart ergibt sich aus der Verbindungsart. Die weitaus am meisten verwendeten Befestigungsschrauben sind die nach ihrem sechskantigem Kopf genannten Sechskantschrauben. Sie werden als **Durchsteck-** oder **Kopfschrauben** verwendet und sind, mit Ausnahme der Paßschrauben, durch Überzüge gegen Korrosion (Festrosten) geschützt, siehe Abschnitt 3.7.

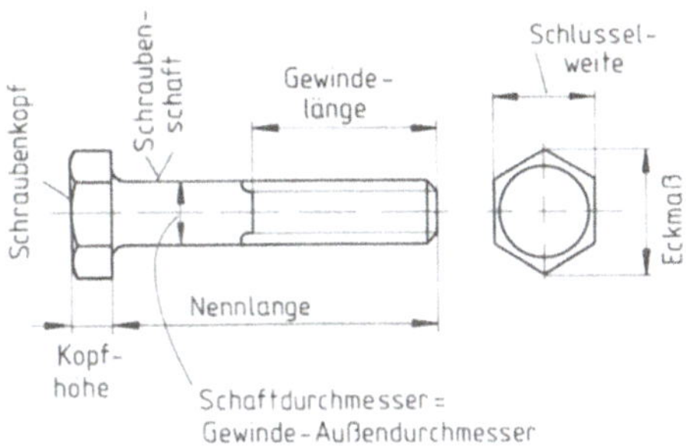


*Bild 3-216 Bezeichnungen an einer Sechskantschraube*

**Bei Kopf- und Stiftschrauben** müssen die Gewinde im Werkstück so tief ausgeschnitten sein, daß die Schrauben am unteren Gewindeende nicht aufsitzen.

**Paßschrauben** haben zwei Aufgaben, sie dienen zur genauen Fixierung zusammengeschraubter Werkstücke und zur Aufnahme von Scherkräften. Paßschraubenschäfte sind nach dem Toleranzfeld m6 geschliffen. Bohrungen für Paßschrauben werden ausgerieben.

**Kurze Dehnschrauben** (Bild 3-215e) haben eingeschnürte Schäfte. Sie werden bei schlagartiger oder schwingender Beanspruchung verwendet.

Starrschrauben (Bilder 3-215a bis 3-215d) → Schaftdurchmesser = Gewindedurchmesser → geringe Dauerhaltbarkeit, Dehnschrauben → Schaftdurchmesser = 90 % der Gewindedurchmesser → große Dauerhaltbarkeit.

Schlagartig oder schwingend belastete Schrauben, z.B. Zylinderdeckelschrauben, werden bei jedem Kraftstoß gedehnt: Die Stoßenergie wird in Spannarbeit verwandelt (Waggonpuffer). Bei der Starrschraube (Bild 3-217a) (Schaft bedeutend dicker als Gewinde-Kerndurchmesser) muß das kurze Gewindestück zwischen Schaft und Mutter die Spannarbeit fast allein verrichten. Bild 3-217b (Schaft dünner als Gewinde-Kerndurchmesser) wird die Spannarbeit vom langen Schaft verrichtet. Vergleich: Dehnung zweier gleich dicken Drähte (a und b) um 0,1 mm. a = 5 mm lang, b = 500 mm lang.

**Starrschraubenbrüche treten im Gewinde unter der Mutter auf.**

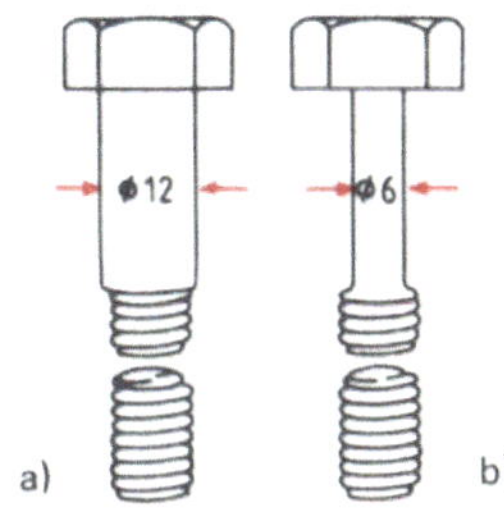


*Bild 3-217 Starr- und Dehnschraube*

Die Dehnschraube b ist halb so dick, aber etwa 4mal so dauerfest wie die Starrschraube a.

**Lange Dehnschrauben** werden für Schraubverbindungen mit großer Wärmedehnung verwendet.

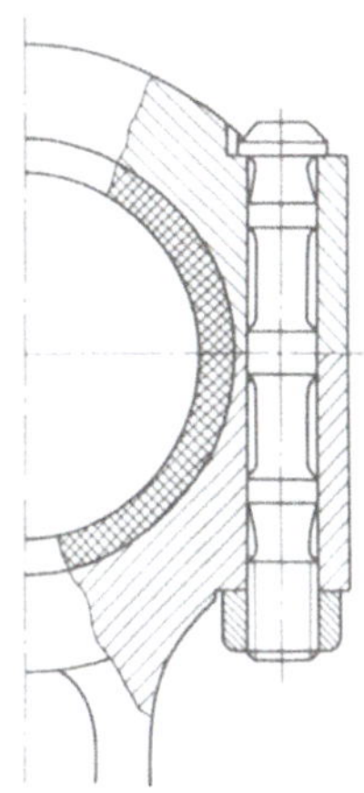

*Bild 3-218*
*Anwendungsbeispiel:*
*Dehnschraube für Motorpleuel*

**Zylinderschrauben mit Innensechskant** werden verwendet, wenn der Schraubenkopf versenkt werden muß oder bei kleinem Schraubenabstand, bei dem ein Außenschlüssel nicht angesetzt werden kann.

**Schlitzschrauben** werden für kleinere Klemmkräfte verwendet, so daß das Anziehen mit Schraubendrehern erfolgen kann.

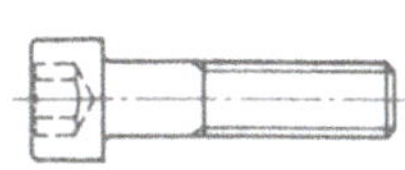

*Bild 3-219*
*Zylinderschraube mit Innensechskant*

*Tabelle 3-16* Bezeichnungssystem für Schrauben nach DIN 267, Blatt 3
Die Bezeichnung besteht aus zwei Zahlen, die durch einen Punkt getrennt sind

| | | | | | | | | |
|---|---|---|---|---|---|---|---|---|
| **Erste Zahl** ≙ 1/100 der Mindestzugfestigkeit | 3 | 4 | 5 | 6 | 8 | 10 | 12 | 14 |
| Mindestzugfestigkeit $R_m$ in N/mm² | 340 | 400 | 500 | 600 | 800 | 1000 | 1200 | 1400 |
| **Zweite Zahl** ≙ $10 \cdot \frac{\text{Mindeststreckgrenze}}{\text{Mindestzugfestigkeit}}$ (Streckgrenzenverhältnis s. S. 156) | | | | | .6 | .7 | .8 | .9 |
| **Die Multiplikation beider Zahlen × 10 = Mindeststreckgrenze in N/mm²** | | | | | | | | |

Mechanische Werte. Auszug aus DIN 267

| Festigkeitsklasse | | neu | 3.6 | 4.6 | 4.8 | 5.6 | 5.8 | 6.6 | 6.8 | 6.9 | 8.8 | 10.9 | 12.9 | 14.9 |
|---|---|---|---|---|---|---|---|---|---|---|---|---|---|---|
| Zugfestigkeit $R_m$ N/mm² | | min. | 340 | 400 | | 500 | | 600 | | | 800 | 1000 | 1200 | 1400 |
| | | max. | 490 | 550 | | 700 | | 800 | | | 1000 | 1200 | 1400 | 1600 |
| Brinellhärte | HB | min. | 90 | 110 | | 140 | | 170 | | | 225 | 280 | 330 | 390 |
| | | max. | 150 | 170 | | 215 | | 245 | | | 300 | 365 | 425 | – |
| Rockwellhärte | HRB | min. | 47 | 63 | | 78 | | 86 | | | – | – | – | – |
| | | max. | 82 | 88 | | 97 | | 102 | | | – | – | – | – |
| | HRC | min. | – | – | | – | | – | | | 18 | 27 | 34 | 40 |
| | | max. | – | – | | – | | – | | | 31 | 38 | 44 | 49 |
| Streckgrenze $R_{el}$ | | N/mm² min. | 200 | 240 | 320 | 300 | 400 | 360 | 480 | 540 | 640 | 900 | 1080 | 1260 |

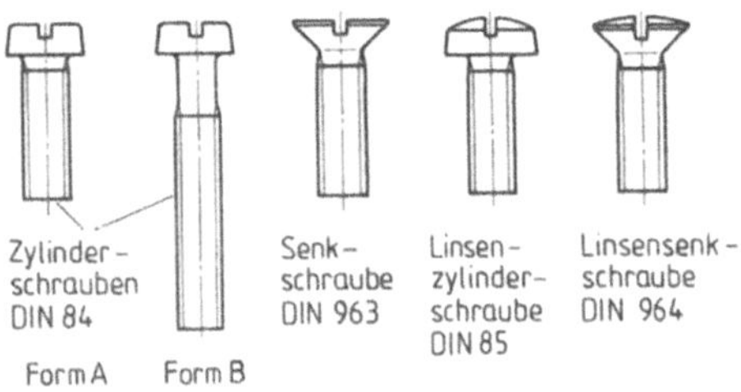


*Bild 3-220 Schlitzschrauben*

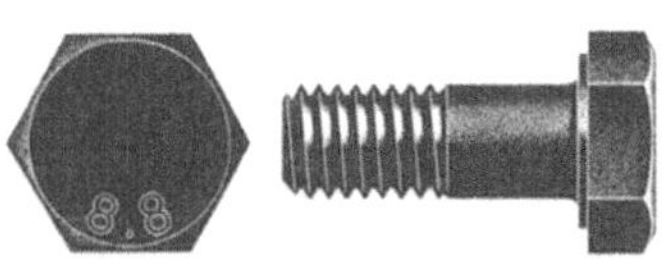


*Bild 3-221 Kennzeichnung der Festigkeitsklasse bei Schrauben durch zwei Zahlen*

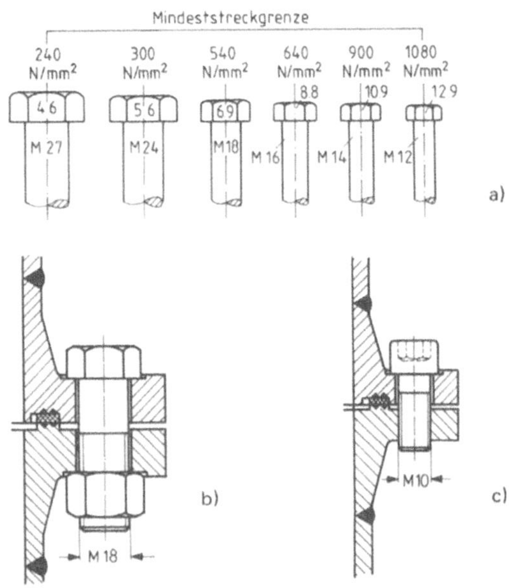


*Bild 3-222 Gewichtsverminderung durch hochfeste Schrauben*

a) Schrauben gleicher Festigkeit
b) nicht hochfeste Schraube,
c) hochfeste Schraube mit gleicher Belastbarkeit wie a).

Schrauben mit einer Zugfestigkeit von mehr als 600 N/mm² werden als hochfeste Schrauben bezeichnet.

### Mutternarten

*Bild 3-223*
***Benennungen der Mutterarten***
Auszug aus DIN 918

**Unterlegscheiben** verringern die Reibung zwischen Mutter und Werkstückoberfläche und verhindern das Fressen bei weichen Werkstücken.

> Für hochfeste Schrauben dürfen nur vergütete Unterlegscheiben verwendet werden.

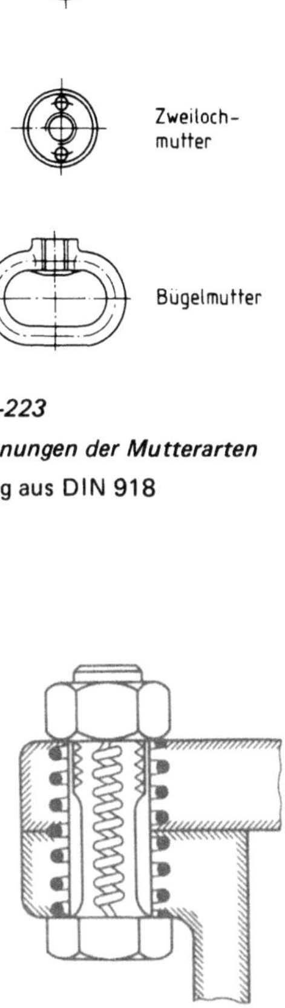

*Bild 3-225*
*Teilansicht A*
Die Federn sollen die Elastizität der Schrauben und Flanschen andeuten.

### Kräfte in Schraubenverbindungen

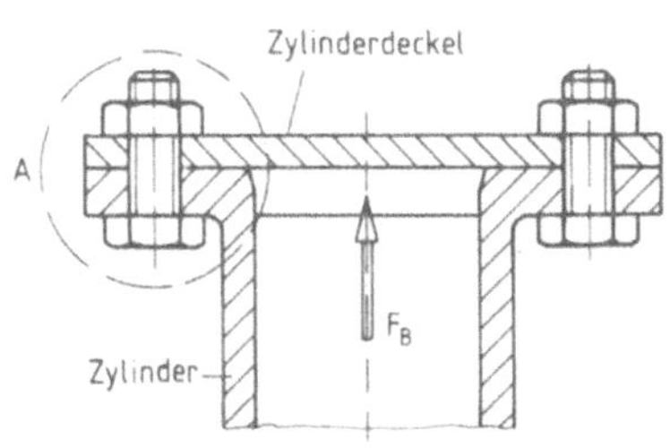


*Bild 3-224 Zylinder einer Verbrennungskraftmaschine* (schematisch)

$F_B$ = in schneller Folge zu- und abnehmende Betriebskraft (Gasdruck).

Beim Anziehen der Zylinderdeckelschrauben nach Bild 3-224 werden die Flanschen elastisch zusammengedrückt und die Schrauben elastisch verlängert. Dabei verhalten sich Flanschen und Schrauben wie Druck- und Zugfedern, s. Abschnitt 4.8. Der Unterschied gegenüber den Federn besteht nur darin, daß die Längenänderungen bei den Federn größer und mit bloßem Auge sichtbar sind. Mit Vergrößerungsmaßstäben konnten daher in den Bildern 3-226 und 3-227 für die Schraubenverlängerungen und für die Flanschenverkürzungen Kraft-Verlängerungs-/Verkürzungsdreiecke, wie für die entsprechenden Federn (Bilder 4-80 und 4-81) gezeichnet werden.

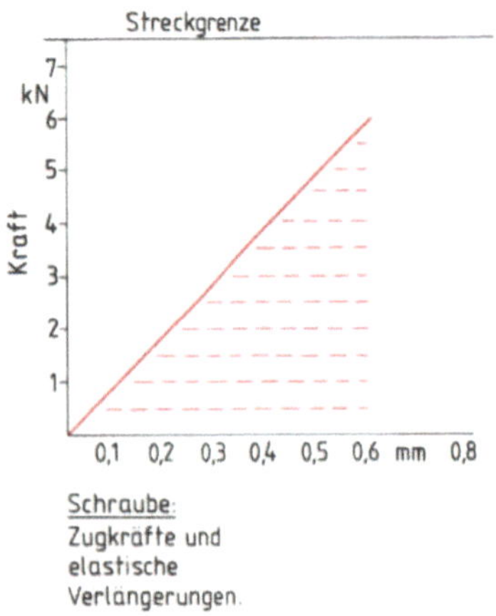


Bild 3-226

*Verlängerung der Schrauben*

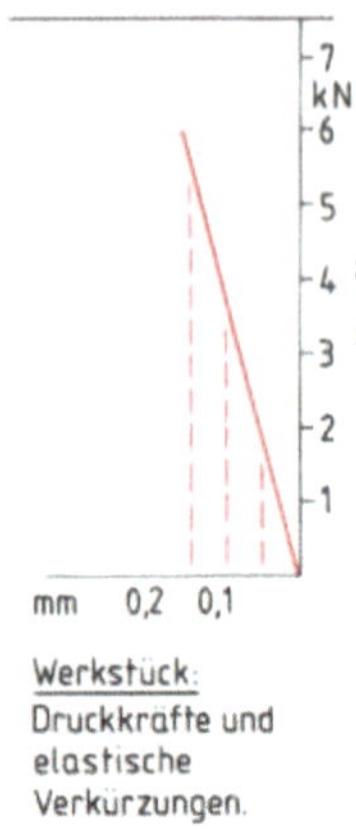


Bild 3-227

*Verkürzung der Flanschen*

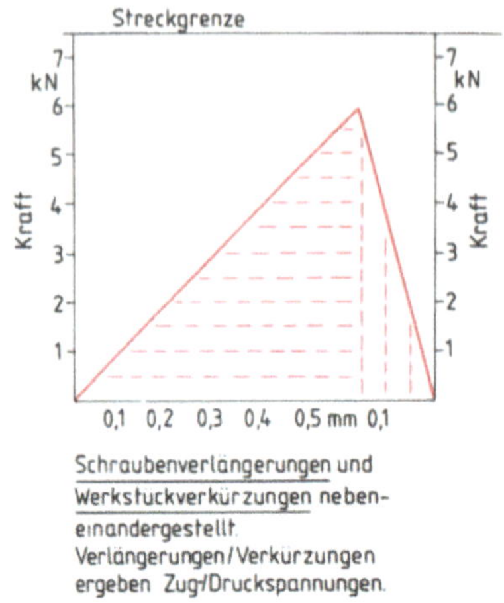


Bild 3-228

*Vorspannungsdreieck der Schraubenverbindung nach Bild 3-224 ohne Betriebskraft $F_B$*

In Bild 3-228 sind die Bilder 3-226 und 3-227 zum Vorspannungsdreieck der Schraubenverbindung nach Bild 3-224 zusammengestellt worden. Dieses Dreieck stellt also die Verlängerungen der Schrauben und die Verkürzungen der Flanschen nach dem Anziehen der Schrauben dar, bevor die Betriebskraft $F_B$ wirksam wird.

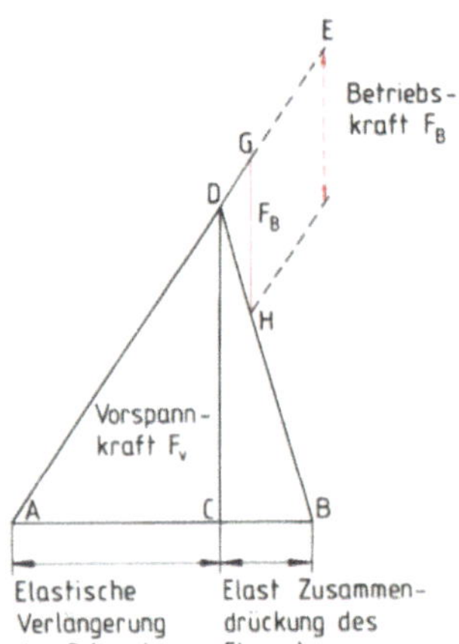


*Bild 3-229 Einbau der Betriebslast (Schwell-Last) in das Vorspannungsdreieck*

Das Dreieck ADB stellt das Vorspannungsdreieck dar. Trägt man auf der Verlängerung der Seite AD in einem beliebigen Punkt E die Betriebskraft $F_B$ senkrecht nach unten ein, so schneidet die Parallele FH zu AD die Dreieckseite DB in H.

Durch die Betriebskraft $F_B$ werden die beiden Federn in Bild 3-225 verlängert, d.h. die Schrauben werden länger und höher gespannt, die Flanschen (Druckfedern) dagegen entspannt. Zur Überwindung der $F_B$ entgegenwirkenden Druckkraft (Druckfederkraft) wird ein Teil von $F_B$ verbraucht und nur der Rest von $F_B$ spannt die Schraube (Zugfeder) höher.

Die auf die Druck- und Zugfedern entfallenden Anteile von $F_B$ werden zeichnerisch nach den Bildern 3-229 und 3-230 ermittelt.

*Bild 3-230*

*Die Aufteilung der Betriebslast durch die Horizontale XY*

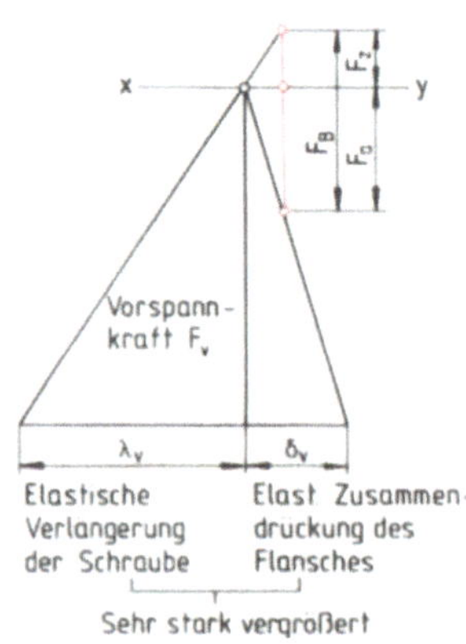


Durch die Linie XY wird die Betriebslast in zwei Anteile geteilt: $F_a$ ist der durch die Federung des Flansches verschluckte Kraftanteil. $F_z$ ist der verbleibende Anteil der Betriebslast, der von der Schraube „zusätzlich" zur Vorspannkraft aufgenommen werden muß.

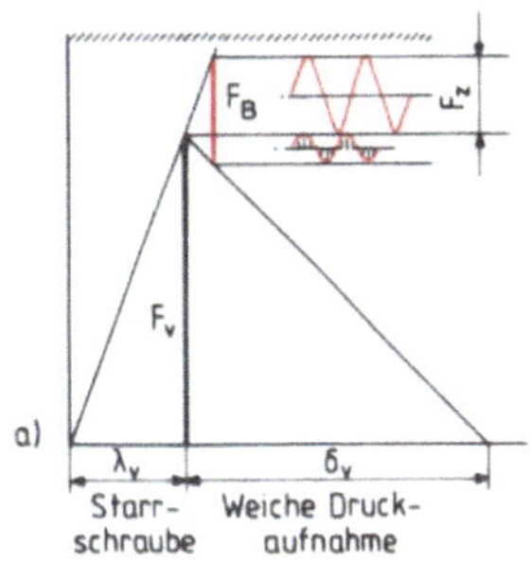


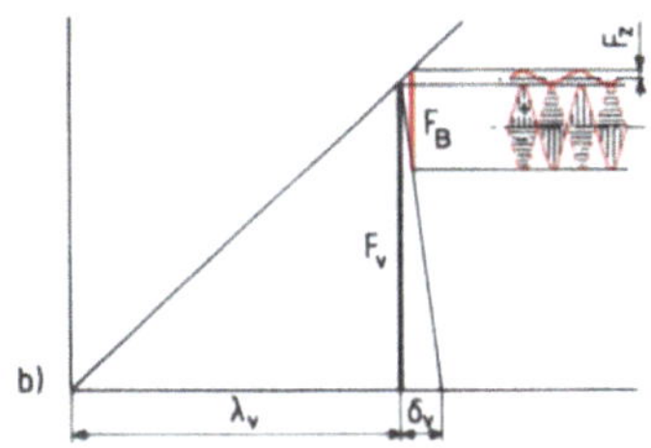


*Bild 3-231* ***Einfluß der Schraubenart und der Vorspannung auf die zusätzliche Schraubenbelastung $F_z$ durch die Betriebskraft $F_B$***

a) Starrschraube und weiche Konstruktion oder weiche Unterlegscheibe. Große Schraubenbelastung durch Betriebskraft.

b) Dehnschraube und steife Konstruktion. Kleine Schraubenbelastung durch die Betriebskraft.

c), d) und e) Innerhalb des elastischen Bereiches ist die zusätzliche Schraubenbelastung $F_z$ unabhängig von der Vorspannung.

f) Ist die Vorspannung kleiner als die Betriebskraft, hebt die Verbindung in der Trennfuge ab.

g) Ohne Vorspannung wirkt die ganze Betriebskraft auf die Schraube.

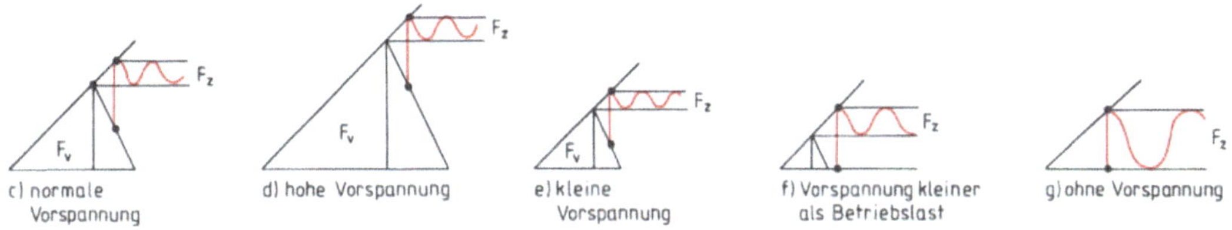


**Anziehen der Schrauben**

Hochbelastete Schrauben, z.B. Zylinderkopf- und Pleuelschrauben, Schrauben des Kfz-Lenk- und Bremssystems, werden zur Erhöhung ihrer Dauerfestigkeit und Sicherung gegen Lockern bei der Montage bis zur 0,2 %-Dehngrenze plastisch gelängt. Beim Anziehen dieser Schrauben mit herkömmlichen Druckluftschraubern oder handgeführten Schraubwerkzeugen ergeben sich wegen der unbekannten Reibungskräfte im Gewinde und auf der Auflagefläche der Mutter Abweichungen bis zu 25 % vom Sollwert. Die von den Dehnungen der Schrauben gesteuerten Schrauber schließen den Einfluß der Reibungskräfte aus: sie zeichnen die Dehnung der Schrauben beim Anziehen elektronisch auf und schalten den Anziehvorgang ab, wenn die Gerade des elastischen Bereiches sich zu krümmen beginnt.

Im Einzelfalle kann die Längung der Schraube beim Anziehen mit einer auf das Schraubenende aufgesetzten Meßuhr ermittelt werden.

Mit Drehmomentenschlüsseln kann nur richtig angezogen werden, wenn das erforderliche Drehmoment bei gleichartigen Verbindungen durch Dehnungsmessungen ermittelt worden ist. Nach der Gleichung „Handkraft × Handweg bei einer Umdrehung = Kraft in der Schraube × Steigung" dürfen Schrauben nicht angezogen werden.

**Sicherung von Schraubenverbindungen**

Selbsttätiges Lösen von Schrauben und Muttern kann schwerwiegende Folgen haben, z.B. im Motoren-, Fahrzeug- und Flugzeugbau.

Die sorgfältige Sicherung der Schraubenverbindungen erfordert höchste Zuverlässigkeit der Facharbeiter.

Man unterscheidet **selbsttätiges Lockern** und **selbsttätiges Losdrehen.**

**Lockern** = Verringern der Vorspannkraft tritt auf:

a) durch sog. Setzen, d.h. allmähliche plastische Verformung der Oberflächenrauheit im Gewinde und auf den Trennflächen, weicher Unterlegscheiben und Dichtungen oder durch Nachlassen der Elastizität von Federscheiben;
b) bei unterschiedlicher Wärmedehnung von Schraube und Werkstück;
c) beim Überschreiten der Streckgrenze zu hoch vorgespannter Schrauben durch die Betriebskraft.

*Folgen des Lockerns:* Undichtheiten, stoßweise Überlastung der Schrauben durch die Betriebskraft und Bruch der Schrauben.

Die Vorspannkraft und die Dehnfähigkeit der Schrauben müssen so bemessen sein, daß nach dem Setzen und der Wärmedehnung noch genügend Klemmkraft vorhanden ist und die Streckgrenze nicht überschritten wird.

Hoch vorgespannte hochfeste Schrauben sind die beste Sicherung gegen Lockern.

Maßnahmen zur Vermeidung des Lockerns:

Sicheres Anziehen auf diese hohe Vorspannkraft, z.B. durch Verwendung eines Drehmomentschlüssels. Durch Anziehen von Hand mit genormten Handschlüsseln lassen sich für dickere Schraubenabmessungen nur Bruchteile der geforderten Vorspannung aufbringen.

**Losdrehen** erfolgt durch tangential zur Schraubenachse wirkende wechselnde Kräfte; die Schraube/Mutter wird wie mit einer Sperrklinke stückweise losgedreht. Das Losdrehen kann bei jeder beliebigen Vorspannkraft geschehen.

**Sicherung gegen Losdrehen**

Formschlüssige Sicherungen (Bild 3-233) werden bei höchsten Anforderungen an Sicherheit verwendet, z.B. im Innern von Getrieben, Motoren und bei Flugzeugen.

Nicht formschlüssige Sicherungen (Bild 3-234) und Sicherungen mit auf die Gewindeflanken wirkenden Kräften (Bild 3-235) werden bei geringen Anforderungen an die Sicherheit verwendet.

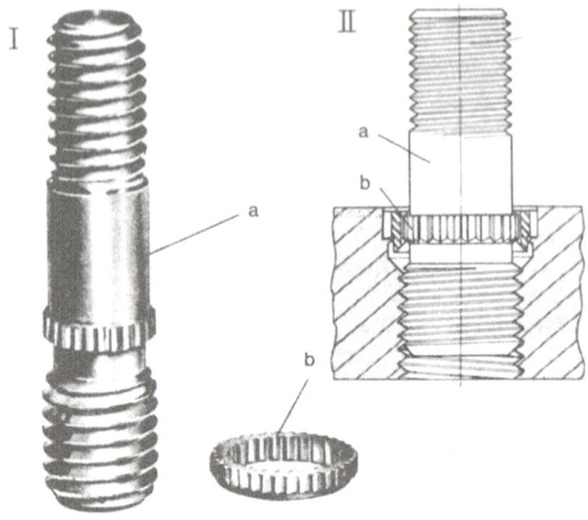


*Bild 3-232 Stehbolzen mit formschlüssiger Gehäusesicherung*

a) Stehbolzen

b) Sicherungsring, I Losteile, II eingebauter Zustand.

Am Schaft des Stehbolzens ist eine Kerbverzahnung angebracht. Nach dem Einschrauben des Bolzens wird über diese Kerbverzahnung ein innen und außen kerbverzahnter Ring gesteckt und mit seiner Außenverzahnung in das Gehäuse gepreßt.

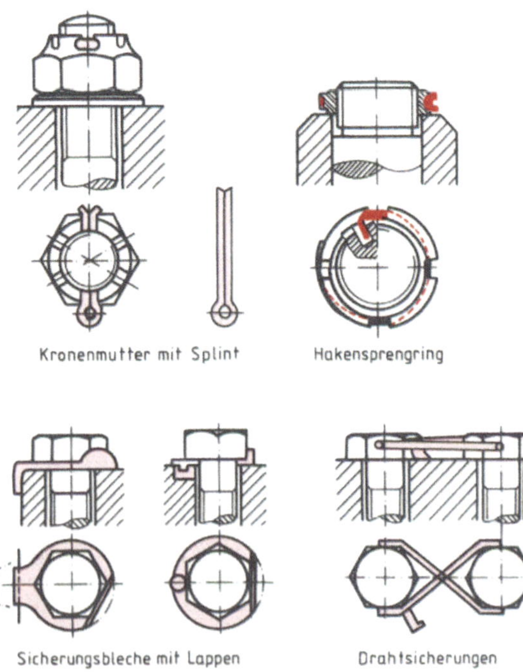


*Bild 3-233 Formschlüssige Sicherungen*

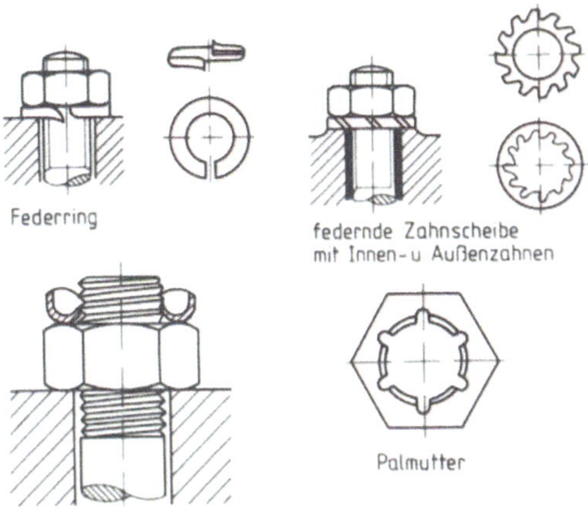


*Bild 3-234 Nicht formschlüssige Sicherungen*

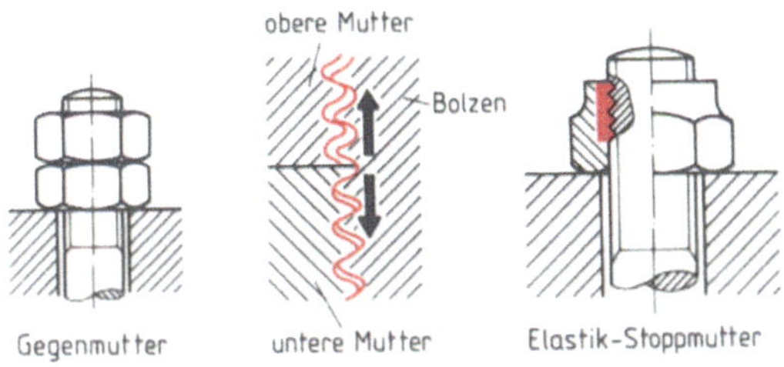


*Bild 3-235 Sicherungen mit auf die Gewindeflanken wirkenden Kräften*

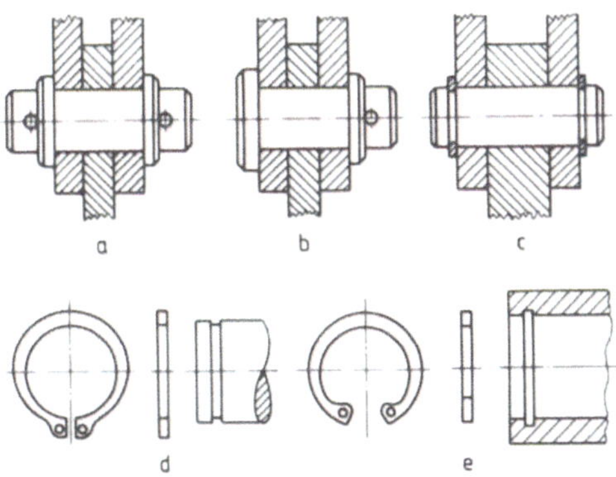


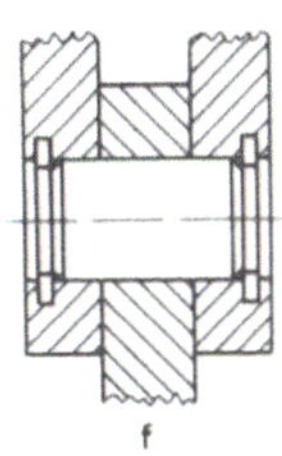


*Bild 3-236 Bolzen*

a) mit Splintlöchern ohne Kopf
b) mit Kopf und Splintloch
c) mit Seeger-Außenring (d)
f) mit Seeger-Innenring (e)

## 3.10.2 Bolzen und Stifte

**Bolzen,** ohne oder mit Kopf und ohne oder mit Splintloch (Bild 3-236), DIN 1433/34, werden als Gelenkbolzen verwendet. Gegen Längsbewegung werden sie durch Unterlegscheiben mit Splint oder Seeger-Ring gesichert.

**Zylinderstifte,** DIN 7 (Bild 3-237), haben unterschiedlich geformte Stiftenden. Stifte mit dem Toleranzfeld m6 haben Linsenkuppen, Stifte mit h8 Kegelkuppen und Stifte mit h11 ebene Stirnflächen. Gehärtete Zylinderstifte, DIN 6325, sind nach dem Toleranzfeld m6 geschliffen. Bohrungen für Stifte werden ausgerieben. Zylinderstifte für Sacklöcher haben eine Längskerbe zum Entweichen der Luft.

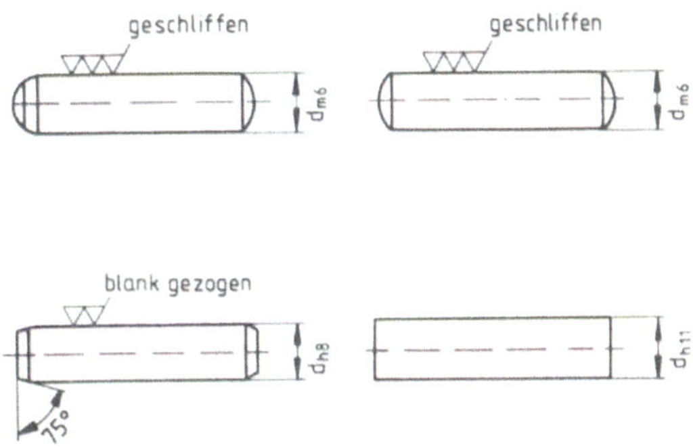


*Bild 3-237 Zylinderstifte*

a) Werkzeuge mit kurzem Kegel zum Einschlagen
b) mit Linsenkuppe, Toleranzfeld m6
c) mit Kegelkuppe, Toleranzfeld h8
d) ohne Kuppe, Toleranzfeld h11

**Zylinderstifte** werden verwendet als

- Paßstifte zur Fixierung zusammengeschraubter Werkstücke, als
- Befestigungsstifte, zur Übertragung von Scherkräften, als
- Abscherstifte, häufig aus Al-Legierung, zur Sicherung von Maschinenteilen gegen Überlastung, z.B. bei Drehmaschinen.

**Kegelstifte,** Kegel 1 : 50, geschliffen oder gedreht, DIN 1, werden als Fixierstifte zum häufigen Lösen oder zum Nachstellen verwendet, da bei Zylinderstiften die Abnutzung nicht ausgeglichen werden kann (Bild 3-238).

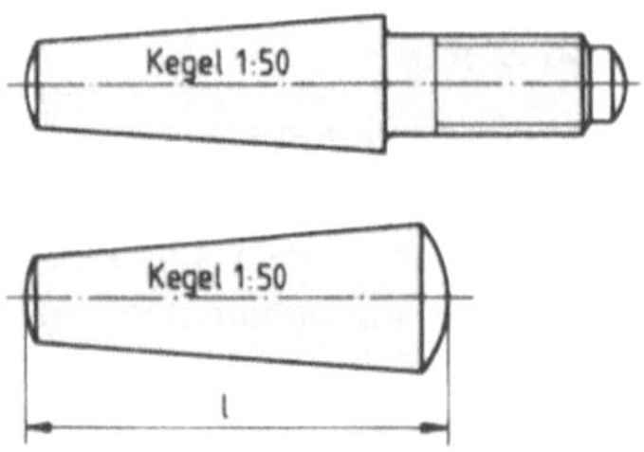


*Bild 3-238 Kegelstifte*

**Kerbstifte** (Bild 3-239) werden für untergeordnete Zwecke verwendet. Sie werden in Bohrungen ohne Passung eingetrieben. Dabei werden die Kerbwulste in die Kerbfurchen zurückgedrängt. Die Verformungskräfte halten den Kerbstift rüttelfest. Kerbstifte sind nur einmal verwendbar.

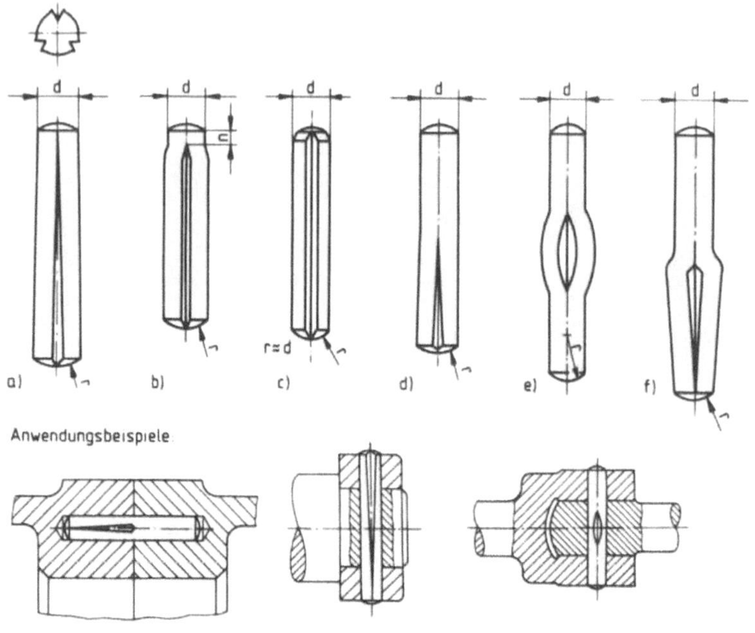


*Bild 3-239 Kerbstifte*
a) Kegelkerbstift
b) Zylinderkerbstift mit Einführ-Ende
c) Zylinderkerbstift
d) Paßkerbstift
e) Knebelkerbstift
f) Steckkerbstift

## 3.10.3 Nieten

Hochfeste Al-Legierungen sind schweißempfindlich (s. Abschnitt 3.10.8). Im Flugzeugbau werden daher Nietverbindungen in größerem Umfange verwendet. **Im übrigen kommen Nietverbindungen nur in Ausnahmefällen vor,** z.B. bei Zangen und Kunstschmiedearbeiten.

Außer bei der Verarbeitung von Aluminiumlegierungen haben Nietverbindungen nur noch historische Bedeutung.

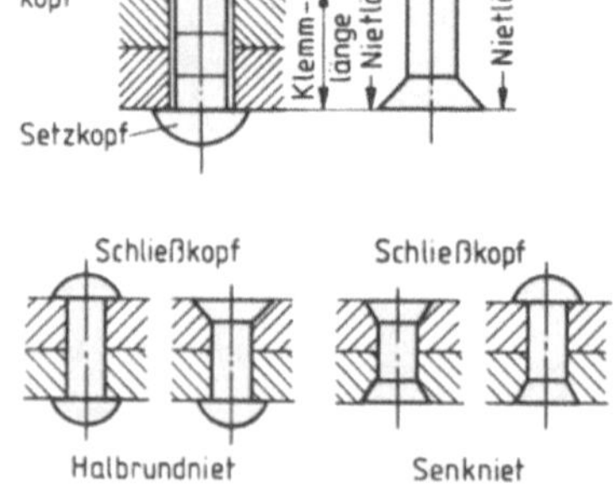


*Bild 3-240 Bezeichnung eines Nietes*

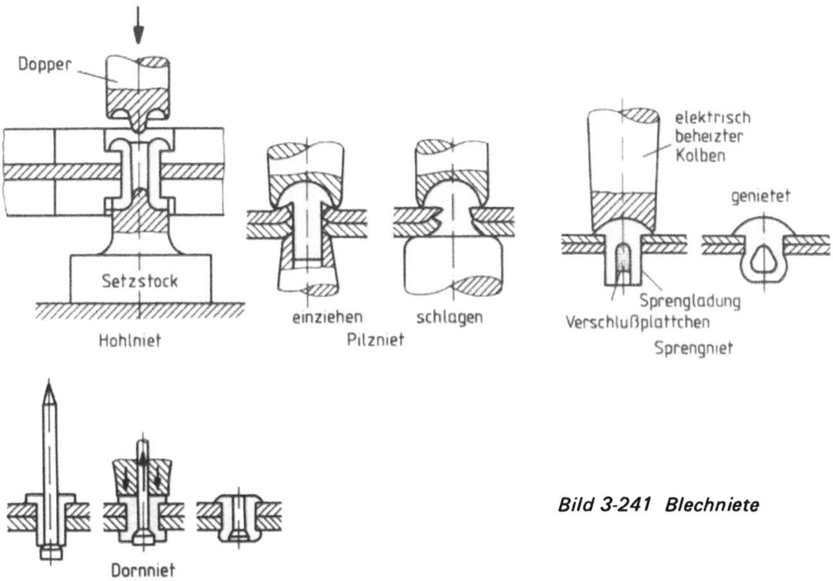


*Bild 3-241 Blechniete*

**Wiederholungsfragen**

1. Wie werden die Festigkeitsklassen der Schrauben gekennzeichnet? Was bedeuten die Kennzeichen 4.8; 6.9; 12.9?
2. Welche Schrauben werden als hochfeste Schrauben bezeichnet?
3. Womit wird die Vorspannung der Schrauben eingestellt?
4. Wodurch unterscheiden sich Starr- und Dehnschrauben?
5. Was versteht man unter a) Lockern, b) Losdrehen?
6. Wie wird eine Schraube gegen Lockern gesichert?
7. Welche Sicherungen gegen Losdrehen gibt es?
8. Welchen Zweck haben die Unterlegscheiben?
9. Wozu werden a) Paßstifte, b) Kegelstifte, c) Kerbstifte verwendet?
10. Welche Arten von Zylinderstiften gibt es?

## 3.10.4 Verbindung von Nabe und Welle

### Reibschlußverbindungen, rüttelsicher, für wechselnde Krafteinwirkung

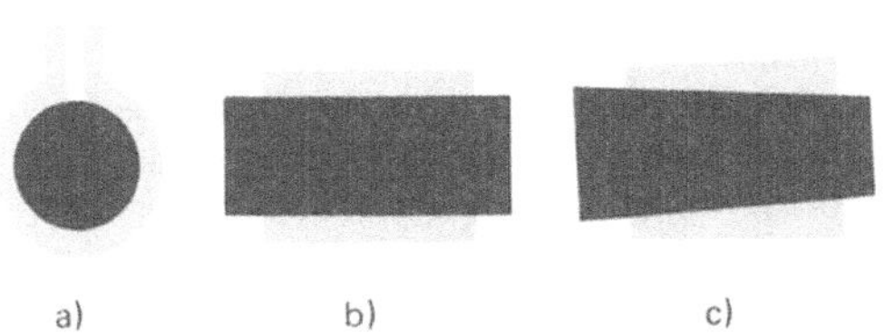


*Bild 3-242 Reibschlußverbindungen*

a) *Klemmsitz*
Nabe geteilt leicht lösbar, Klemmkraft durch Schrauben oder Schrumpfringe.
*Anwendung:* bei kleineren Kräften, z.B. Riemenscheiben, Hebel, Mitnehmer.

b) *Quer-Längs-Preßsitz*
Auch für große Abmessungen anwendbar. Querpreßsitz durch Erwärmung der Nabe = Schrumpfsitz , durch Abkühlung der Welle-Dehnsitz. Längspreßsitz durch axiales Aufpressen.

c) *Kegelsitz*
Leicht lösbar, für Werkzeuge.

## Formschlußverbindungen, Mitnehmerverbindungen, Fügen ohne Anzug

### Federverbindungen

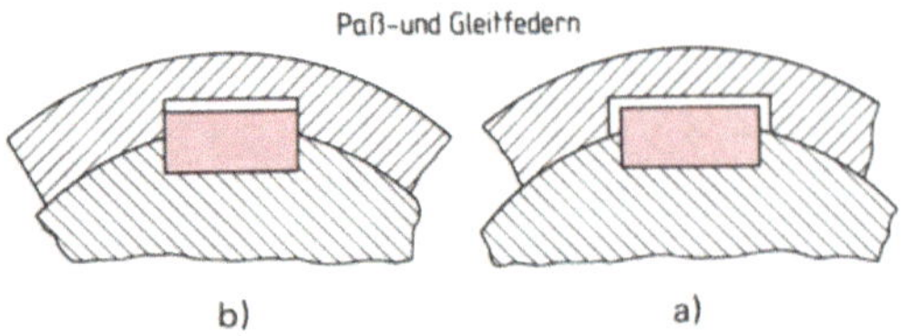


*Bild 3-243 Federverbindungen*

a) *Gleitfeder*
Für Verschieberäder (Schalträder)

b) *Paßfeder*
Für Räder, die nicht verschoben werden. Scheibenfeder (halbrund): zur Lagesicherung bei Kegelsitzen.

### Keilwellenverbindungen mit geraden Flanken, für große und stoßhafte Kräfte, auch für Verschieberäder

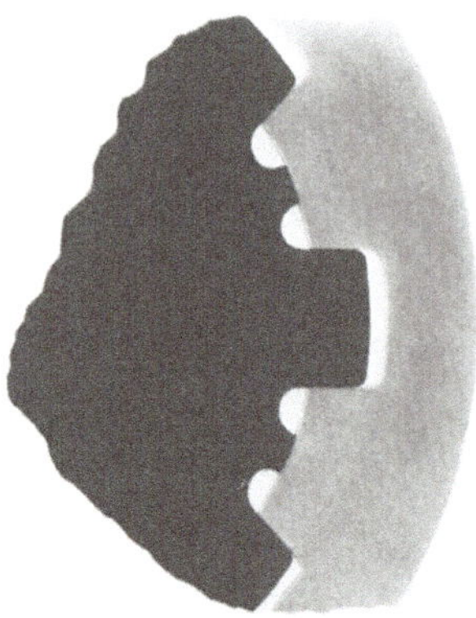

a)

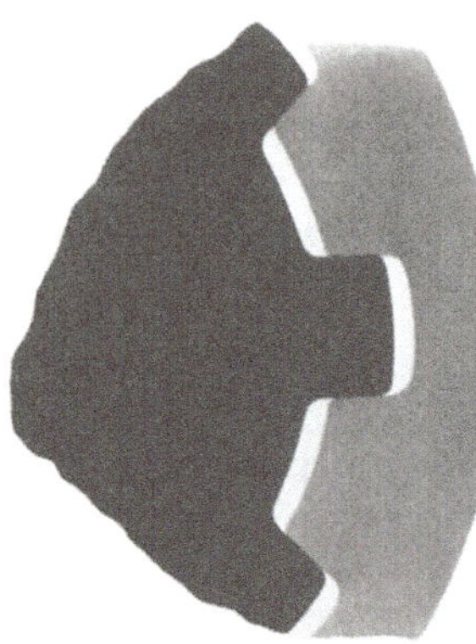

b)

*Bild 3-244*
*Keilwellenverbindungen*

a) *Innenzentrierung, 6, 8 und 10 Keilprofile*
Überbestimmte Zentrierung für Räder mit geringem Härteverzug.

b) *Flankenzentrierung, 8 und 10 Keilprofile*
Ausreichende Zentrierung für nicht wärmebehandelte Räder.

*Vorteil:* gute Zentrierung. *Nachteil:* hohe Kerbwirkung.

*Herstellung:* Wellen durch Abwälzfräsen mit Formfräser, Naben durch Räumen oder Stoßen.

### Kerb- und Kurzverzahnungen, für große und stoßhafte Kräfte, nicht für Verschieberäder, kleinere Kerbwirkung als Keilwellenverbindungen

a)

b)

*Bild 3-245 Kerb- und Kurzverzahnungen*

a) *Kerbzahnnaben- und Kerbzahnwellenprofile*
Wellen für genaue Zentrierung werden durch Abwälzfräsen mit teuren Formfräsern, Wellen mit geringeren Anforderungen an die Zentrierung durch Walzen (Bild 3-173) billig, Naben durch Räumen oder Stoßen hergestellt.

b) *Zahnnaben- und Zahnwellenprofile mit Evolventenflanken*
Wellen werden mit billigen Zahnstangenwerkzeugen hergestellt (gerade Schneiden, s. Bild 4-49). Ebenso Naben und Innenverzahnung (s. Bild 4-54). Sie werden bei nicht sehr hohen Anforderungen an die Zentrierung verwendet.

### Vorgespannte Formschlußverbindungen

Die Vorspannung zwischen Nabe und Welle wird durch Eintreiben eines Keils erreicht.

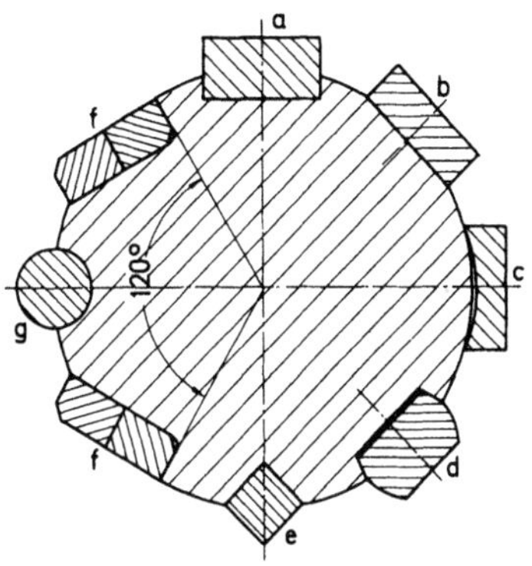


*Bild 3-246 Keilquerschnitte*

a Einlegekeil
b Flachkeil
c Hohlkeil
d Alphakeil
e Spießkantkeil
f Tangentialkeile
g Rundkeil

> Keile bewirken Außenmittigkeit und Verkanten des Rades. Sie werden nur angewendet, wenn unrunder Lauf zulässig ist, z.B. bei Riemenscheiben und Hebel.

### Falzverbindungen

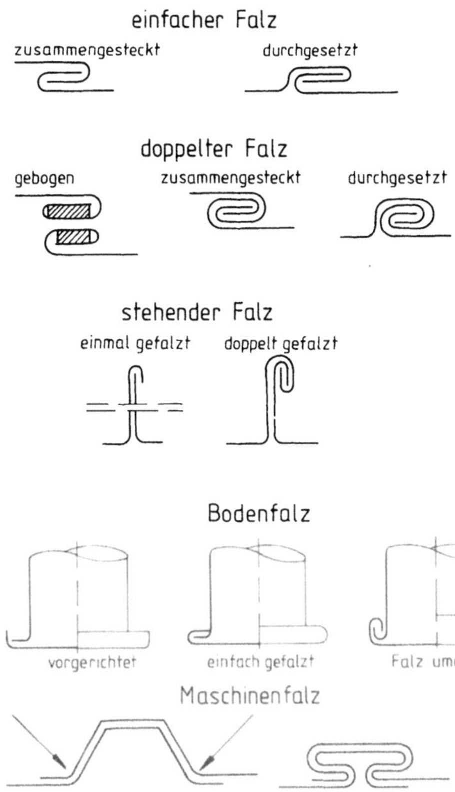


*Bild 3-247 Falzverbindungen*

**Wiederholungsfragen**

1. Welche Falzverbindungen gibt es?
2. Welchen Zweck haben Sicken?
3. Welche Reibschlußverbindungen und welche Formschlußverbindungen von Nabe und Welle gibt es?
4. Wodurch unterscheiden sich Paß- und Gleitfedern?
5. Welche Vorteile haben Keilwellen und Kerbverzahnungen?
6. Wann wird die Keilwelle, wann die Kerbverzahnung angewendet?
7. Welche Keilverbindungen gibt es?
8. Unter welchen Bedingungen können Keile nur verwendet werden?

## 3.10.5 Metallkleben

> Metallkleben nennt man die Herstellung einer festen Verbindung zweier Metallteile durch Klebstoff.

### Metallklebstoffe

Metallklebstoffe sind Zwei- oder Mehrkomponentenkleber aus Kunstharzen. Man unterscheidet Kaltkleber, die bei Raumtemperatur aushärten, und Warmkleber, die bei erhöhter Temperatur aushärten.

Warmverklebungen werden zur Übertragung von Kräften, Kaltverklebungen bei geringen Anforderungen an die Festigkeit der Verbindungen verwendet.

Warmverklebungen erweichen bei +200 °C, Kaltverklebungen bei +100 °C. Für Betriebstemperaturen bis zu +500 °C werden zur Zeit Keramikkleber entwickelt.

### Herstellen von Klebverbindungen

Die Haft- oder Bindefestigkeit der Metallklebstoffe beruht nicht auf mechanischer Verklammerung in den Unebenheiten der Metalloberfläche, sondern auf der vom Ansprengen der Endmaße und Sintern her bekannten Haftung durch Adhäsionskräfte. Sie hängt daher in hohem Maße von der Beschaffenheit der Fügeflächen ab.

Die für eine Klebverbindung vorgesehenen Fügeflächen erfordern eine sorgfältige Vorbehandlung.

**Für Kaltverklebungen** werden die Fügeflächen vor dem Verkleben durch Schmirgeln, Bürsten oder Schleifen gesäubert und vollständig entfettet.

**Warmverklebungen** erfordern eine nach Klebstoff und Verarbeitung verschiedene chemische Vorbehandlung der Fügeflächen.

Die Vorbehandlung der Fügeflächen erfolgt nach Weisung der Klebstoffhersteller.

Die vorbehandelten Fügeflächen werden durch Pinseln, Spritzen, Spachteln oder Tauchen mit Klebstoff beschichtet (siehe DIN 53 281).

Dem Beschichten folgt das Fügen. Die gefügten Teile werden, je nach Klebstoff, mit einem Druck von 1 bis 20 (at) bar zusammengepreßt. Der Anpreßdruck wird während des Aushärtens des Klebstoffes aufrechterhalten.

Das Aushärten von Warmverklebungen erfolgt unter Druck bei erhöhter Temperatur in Autoklaven (Bild 3-248) oder unter beheizten Preßplatten.

Druckhöhe, Härtetemperatur und Aushärtezeit sind nach den Anweisungen der Klebstoffhersteller einzustellen.

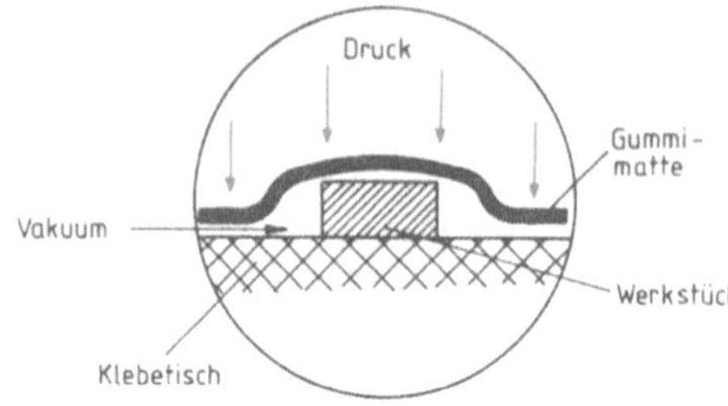


*Bild 3-248 Autoklav* (schematisch)

Temperatur, Druck und Vakuum werden getrennt gesteuert.

Warmverklebungen sind wesentlich teurer als Kaltverklebungen, Niet-, Schraub- und Schweißverbindungen.

### Festigkeitseigenschaften der Klebverbindungen

**Scherfestigkeit:** Warmverklebungen 30 N/mm² bis 75 N/mm²; Kaltverklebungen 5 N/mm² bis 30 N/mm². Der Widerstand gegen Abrollen, die sog. **Schälfestigkeit** (Bild 3-249) ist gering.

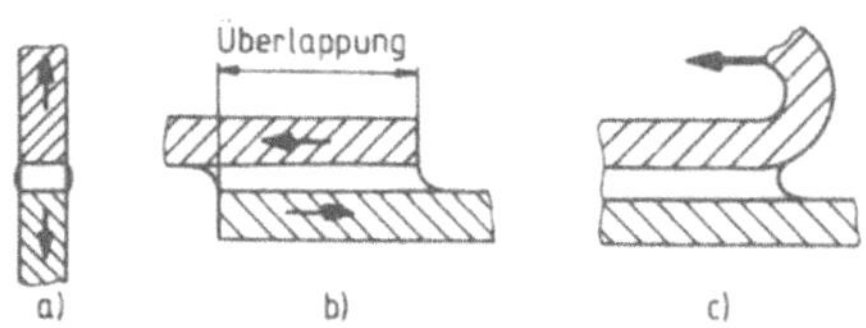


*Bild 3-249 Beanspruchungsarten bei Metallklebverbindungen*

a) Zug-, b) Scher-, c) Schälbeanspruchung

Bei 1/2 Zoll Überlappung eines 1 mm dicken Duralbleches ist die Scherfestigkeit einer Warmklebverbindung größer als die Zugfestigkeit des Bleches. (Bei größerer Überlappung nimmt die Festigkeit der Verbindung ab.)

### Anwendungsbeispiele

Flugzeug- und Flugkörperbau (Bilder 3-250 bis 3-252). Ein durch Warmverklebung nach der Sandwichbauweise hergestelltes Bauteil hat gegenüber einem nach der in Bild 3-250a wiedergegebenen Bauweise hergestellten Bauteil einen Gewichtsvorteil von 10 ... 30 %.

*Bild 3-250*

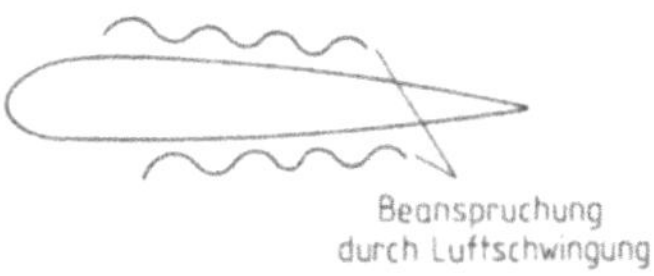


a) *Nicht versteiftes Bauteil*
Ein Hohlkörper aus dünnem Blech hat geringe Steifigkeit; er wird durch Luftschwingungen zerstört.

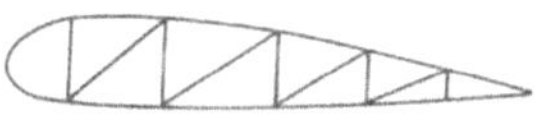

b) *Versteiftes Bauteil*
Durch Vernieten der dünnen Haut nach a) mit Profilen entstehen beul- und schwingfeste Bauteile. (Dural-Schweißverbindungen haben nur halbe Werkstoff-Festigkeit.)

*Bild 3-251 Ausschnitt aus einer 26 mm dicken Raketen-Rumpfwand in Sandwichbauweise*

a) Aus 0,05 mm dicken Blechen durch Warmverkleben hergestellter Füllkörper (Wabe).
b) Die Wabe (Füllkörper) nach a) wird beidseitig mit 0,4 mm dicken Platten durch Warmverkleben verbunden. Auf diese Weise entsteht eine im Verhältnis zu ihrem geringen Gewicht sehr beulsteife und biegfeste Platte.

Metallkleben ist kein Ersatz für Niet-, Schraub- und Schweißverbindungen. Es ermöglicht Bauweisen, die nur durch Kleben möglich sind. Für Flugzeug- und Raketenbau ist das Metallkleben wichtig.

Im Boots- und Karosseriebau werden die im Flugzeugbau entwickelten Methoden des Leichtbaues durch Kleben übernommen. Die Entwicklung ist noch im Fluß. Die wichtigste Anwendung ist zur Zeit das Aufkleben von Bremsbelägen bei PKW.

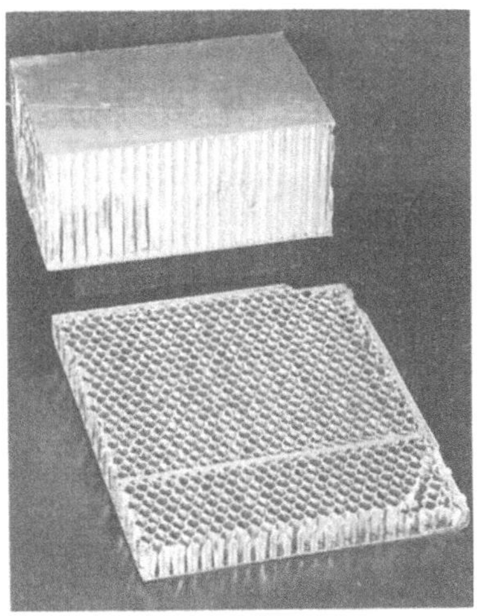

*Bild 3-252 Teil eines 100 mm hohen, in Sandwichbauweise hergestellten Trägers*

Deckbleche 0,5 mm dick, Wabenbleche 0,05 mm dick, Warmverklebung wie in Bild 3-251.

**Wiederholungsfragen**

1. Wozu werden a) Kalt-, b) Warmkleber verwendet?
2. Welches sind die Erweichungstemperaturen der verschiedenen Klebstoffe?
3. Warum ist die Vorbehandlung der Fügeflächen beim Metallkleben wichtig?
4. Für welche Beanspruchungsarten sind Metallklebverbindungen geeignet?
5. Welche Vor- und Nachteile hat das Metallkleben gegenüber den anderen Verbindungsarten?

## 3.10.7 Löten

Löten ist ein thermisches Verfahren zum stoffschlüssigen Fügen und Beschichten von Werkstoffen (DIN 8505), das mit dem Schweißen verwandt ist und folgenden Fertigungsverfahren zugeordnet wird:

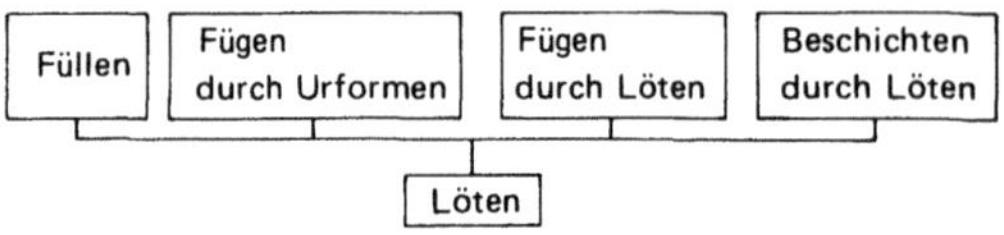


Während beim Löten nur der Zusatzwerkstoff, das Lot, geschmolzen wird, verschmelzen beim Schweißen Zusatzwerkstoff und Grundwerkstoff. Beim Löten werden also die zu verbindenden Teile an der Fügestelle nicht angeschmolzen. Bei richtiger Arbeitsweise werden sie vom flüssigen Lot nur benetzt; das Lot breitet sich aus und bindet. Der Zusatzwerkstoff Lot hat immer einen niedrigeren Schmelzpunkt als der Grundwerkstoff und ist deshalb von diesem artverschieden.

**Charakteristische Temperaturen beim Löten**

Reine Metalle und eutektische Legierungen haben einen definierten Schmelzpunkt (s. S. 83). Oberhalb des Schmelzpunktes wird der Werkstoff flüssig, unterhalb des Schmelzpunktes bleibt er fest. Lote dagegen haben meist einen Schmelzbereich. Dieser Schmelzbereich wird nach unten vom unteren Schmelzpunkt (Solidustemperatur) und nach oben vom oberen Schmelzpunkt (Liquidustemperatur) begrenzt. Nach Erreichen der Solidustemperatur geht das Lot innerhalb des **Schmelzbereiches** vom festen in den flüssigen Zustand über und ist bei Erreichen der Liquidustemperatur vollständig flüssig. Im oberen Teil des Schmelzbereiches erreicht das Lot die **Arbeitstemperatur.** Dies ist die niedrigste Oberflächentemperatur an der Lötstelle, bei der das Lot benetzen, sich ausbreiten und binden kann.

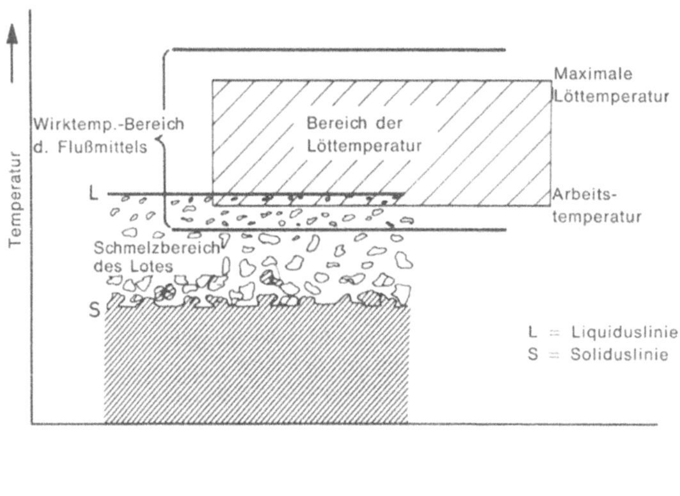


*Bild 3-253*
*Charakteristische Temperaturen beim Löten*

**Maximale Löttemperatur** ist die Temperatur, oberhalb der das Lot (z.B. durch Verdampfen von Legierungsbestandteilen), das Werkstück (z.B. durch übermäßige Grobkornbildung) oder das Flußmittel (z.B. durch Überhitzen) geschädigt werden.

> Der Löttemperaturbereich ist durch Arbeitstemperatur und maximale Löttemperatur begrenzt.

**Wirktemperaturbereich** ist der Temperaturbereich, innerhalb dessen ein Flußmittel oder Lötschutzgas das Benetzen von Werkstücken durch flüssige Lote ermöglicht oder begünstigt.

**Benetzen** ist das Ausbreiten und Fließen des Lotes auf der metallisch reinen, auf Arbeitstemperatur erhitzten Oberfläche.

Gleichzeitig kommt es dabei zur Legierungsbildung zwischen Grundmetall und Lot (Bild 3-254).

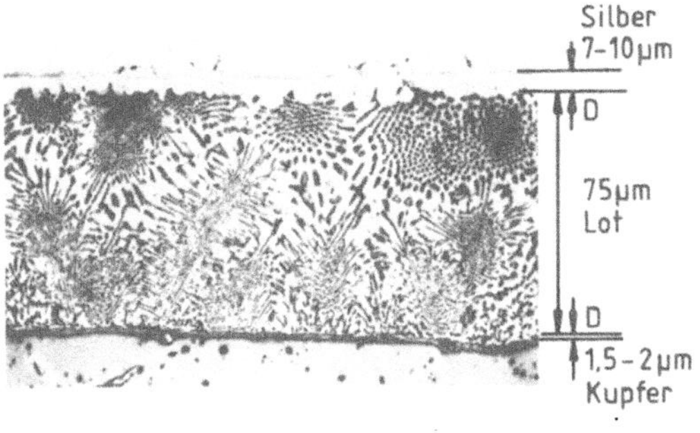


*Bild 3-254 Diffusion von Silberlot in Kupfer und Silber*

D Diffusionszone

Nicht alle Metalle haben diese Eigenschaft. Reines Blei benetzt Eisen- und Kupferwerkstoffe nicht (Bild 3-255).

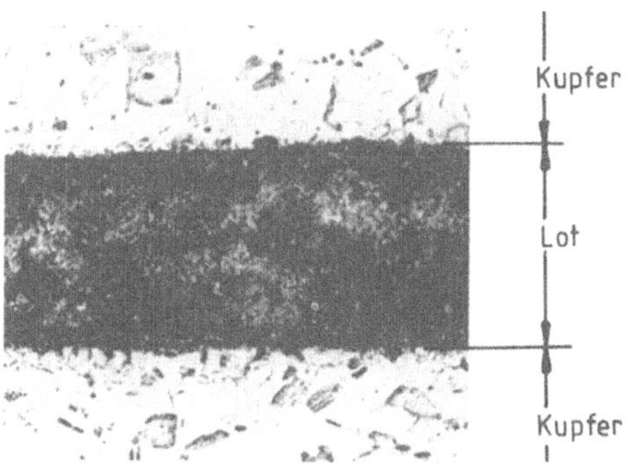


***Bild 3-255** Beim Löten von Kupfer mit reinem Blei bildet sich keine Diffusionszone*

Beim Weichlöten von Stahl legiert nur ein Teil des Zinns mit dem Grundmetall. Das Blei beteiligt sich nicht an dem Legierungsprozeß, es erniedrigt lediglich den Schmelzpunkt. Der Benetzungsvorgang ist nicht umkehrbar.

**Einteilung der Lötverfahren und Begriffe** nach DIN 8505 (Tabelle 3-17)

Die verschiedenen Lötverfahren werden nach folgenden Gesichtspunkten unterteilt:

**Weich- und Hartlöten**

Die Auswahl des Lötverfahrens richtet sich nach der Wärmeempfindlichkeit der Bauteile, der mechanischen Beanspruchung der Lötstellen und der Betriebstemperatur der Werkstücke.

Weichlöten ist Löten bei Arbeitstemperaturen unterhalb 450 °C, Hartlöten ist Löten bei Arbeitstemperaturen oberhalb 450 °C.

**Spalt- und Fugenlöten**

Nach der Art der Lötstelle unterscheidet man zwischen Spaltlöten und Fugenlöten.

Beim Spaltlöten soll der Lötspalt möglichst eng und parallel sein, noch günstiger ist es, wenn er sich in Fließrichtung des Lotes verengt. Beim Spaltlöten wird das Lot durch die Kapillarkräfte in den Lötspalt eingesaugt. Die optimale Spaltbreite liegt zwischen 0,05 mm und 0,2 mm (Bild 3-256).

*Tabelle 3-17* Einteilung der Lötverfahren und Begriffe

| Liquidus-Temperatur der Lote | Art der Lötstelle | Art der Oxidbeseitigung | Art der Lotzuführung | Art der Fertigung |
|---|---|---|---|---|
| Weichlöten: unter 450 °C | Auftragslöten<br>Spaltlöten | Flußmittel | Löten mit:<br>– angesetztem Lot | Flammlöten<br>Kolbenlöten |
| Hartlöten über 450 °C | Fugenlöten | Vakuum | – eingelegtem Lot | Ofenlöten<br>Tauchlöten |
| Hochtemperaturlöten: über 900 °C | | | – lotbeschichteten Teilen<br>Tauchlöten | Widerstandslöten<br>Induktionslöten |

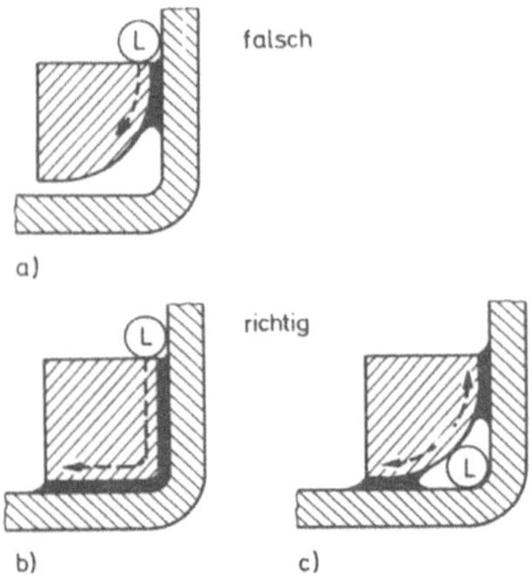


*Bild 3-256 Spalt-Lötverbindungen, Spaltquerschnitte in Fließrichtung des Lotes*

a) sich erweiternd (ungünstig),
b) gleich breit (günstig),
c) sich verengend (sehr günstig).
(L = Lotformteil)

Beim Fugenlöten passen die Oberflächen der zu lötenden Werkstücke meist nicht zusammen. Der Abstand zwischen ihnen, die Lötfuge, ist größer als 0,5 mm und vielfach ungleich breit (Bild 3-257). Beim Fugenlöten wird die Fuge tropfenweise mit Lot gefüllt, die Arbeitstechnik ist der des Gasschmelzschweißens ähnlich.

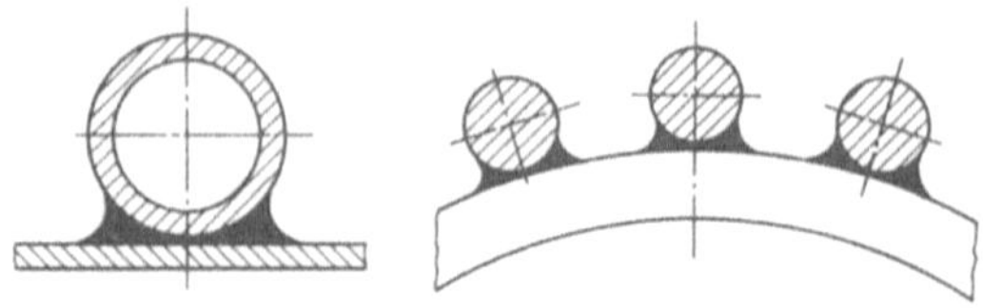

*Bild 3-257 Fugen-Lötverbindungen*

Lötfugen zwischen Werkstücken stark unterschiedlicher Krümmung.

## Flußmittel

Die Beseitigung der Metalloxide auf den Lötflächen kann durch Schutzgas, im Vakuum oder durch Flußmittel erfolgen. Flußmittel müssen die Oxidhäute beseitigen und ihre erneute Bildung verhindern, damit das Lot die Lötfläche benetzen kann.

Die Wirkdauer geschmolzener Flußmittel ist begrenzt.

Die Auswahl der Flußmittel erfolgt nach den Grundwerkstoffen, nach der Arbeitstemperatur des einzusetzenden Lotes und unter Umständen nach dem Korrosionsverhalten der Rückstände.

*Tabelle 3-18* Flußmittel zum Löten nach DIN 8511 (Blatt 1–3)

| **für Schwermetalle** | | | | | **für Leichtmetalle** | |
|---|---|---|---|---|---|---|
| zum Hartlöten | | zum Weichlöten | | | zum Hart- und Weichlöten | |
| Auswahl nach dem Bereich der Wirktemperatur | | Auswahl nach Wirkung der Rückstände | | | Auswahl nach dem Korrosionsverhalten | |
| Normzeichen | Wirktemp.-Bereich | Normzeichen | Rückstände wirken: | Verwendung | Normzeichen | Rückstände wirken: |
| F-SH 1 | 550 ... 800 °C | F-SW 11<br>F-SW 12 | korrodierend, sind abzuwaschen | Klempnerarbeiten<br>Tauchverzinnen | F-LH 1 | korrodierend sind heiß abzuwaschen |
| F-SH 2<br><br>F-SH 3 | 750 ... 1100 °C<br><br>ab 1100 °C | F-SW 21<br>bis<br>F-SW 26 | bedingt korrodierend | Klempnerarbeiten, Kupfer, Blei, Metallwaren Feinlötungen | F-LH 2 | nicht korrodierend |
| | | F-SW 31<br>F-SW 32 | nicht korrodierend | Elektrotechnik, gedruckte Schaltungen | F-LW 1<br>F-LW 2<br>F-LW 3 | korrodierend müssen entfernt werden |

Die Kurzzeichen bedeuten: F Flußmittel; S Schwermetalle; L Leichtmetalle; H Hartlöten; W Weichlöten.

### Lotzuführung

**Löten mit angesetztem Lot.** Die Werkstücke werden dabei an der Verbindungsstelle auf Löttemperatur erwärmt. Das Lot wird durch Berühren mit den Werkstücken (unter Umständen auch mit der Wärmequelle) zum Schmelzen gebracht (Bild 3-258).

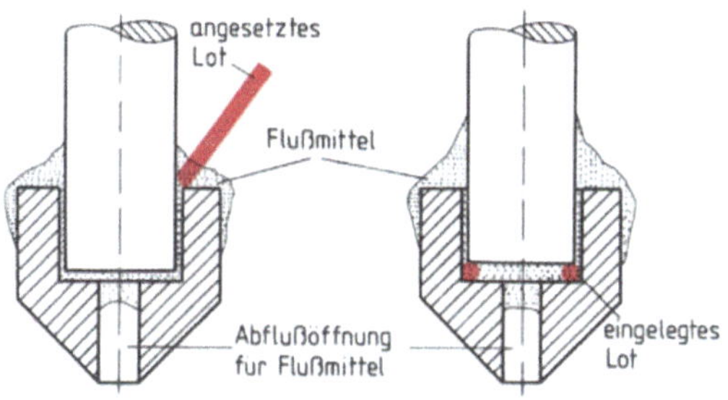


Lot fließt von außen nach innen: schwierige Fertigungskontrolle

Lot fließt von innen nach außen: leichte Fertigungskontrolle

*Bild 3-258 Löten mit angesetztem und eingelegtem Lot*

**Löten mit eingelegtem Lot.** Die Werkstücke werden dabei gemeinsam nur an der Verbindungsstelle oder auch insgesamt mit einer abgemessenen Lotmenge auf Löttemperatur erwärmt.

**Tauchlöten.** Ein Bad aus flüssigem Lot erwärmt die Werkstücke auf Löttemperatur, wobei das flüssige Lot den Lötspalt ausfüllt.

### Fertigungsarten des Lötens

Nach der Energiezufuhr unterscheidet man folgende Fertigungsarten beim Löten:

**Flammlöten.** Die Erwärmung erfolgt durch Lötbrenner oder Schweißbrenner. Schweißbrenner werden vielfach zum Hartlöten verwendet. Spezielle Lötbrenner haben den Vorteil einer besseren Wärmeverteilung und bewahren das Lot vor einer örtlichen Überhitzung.

Brenner werden sowohl von Hand geführt als auch in Vorrichtungen oder Maschinen eingesetzt.

Im allgemeinen ist ein Flußmittel erforderlich.

**Kolbenlöten.** Erwärmt wird durch einen von Hand oder maschinell geführten Lötkolben. Moderne elektrisch oder gasbeheizte Lötkolben halten die Temperaturen während des Lötvorganges sehr gleichmäßig, im Gegensatz zu den früher eingesetzten Kupferlötkolben. Gelötet wird mit angesetztem Lot sowie mit vorverzinnten Flächen. Flußmittel sind erforderlich.

**Ofenlöten.** Erwärmt wird in einem gas- oder elektrisch beheizten Durchlauf- oder Muffelofen. Das Lot wird eingelegt. Flußmittel werden meist durch Lötschutzgase unterstützt oder durch diese ersetzt.

**Tauchlöten.** Erwärmung und Lotzuführung erfolgen gleichzeitig im flüssigen Lot. Flußmittel sind erforderlich. Das Werkstück kann vor dem Eintauchen kalt oder vorgewärmt sein.

**Widerstandslöten.** Erwärmt wird durch den elektrischen Widerstand auf einer Widerstandslötmaschine; auch Punkt- oder Buckelschweißmaschinen (Bild 3-295) eignen sich dafür. Das Lot wird überwiegend eingelegt. Flußmittel ist im allgemeinen erforderlich.

**Induktionslöten.** Erwärmt wird durch induzierte Ströme. Das Lot wird eingelegt. Flußmittel oder Lötschutzgas sind erforderlich.

### Lote

Die Lote werden meist als Dähte oder für die Serienfertigung als Formteile wie Streifen, Bänder, Folien oder Körner geliefert.

Man unterscheidet Weich- und Hartlote.

**Weichlote** sind überwiegend Zinn-Blei- bzw. Blei-Zinn-Legierungen (s. Tabelle 3-19).

Die Festigkeitswerte von Weichlötverbindungen sind gering.

*Anwendungsgebiete:* Abdichten, z.B. bei Klempnerarbeiten und Herstellen elektrischer Kontakte. Geräte der Nahrungsmittelindustrie müssen mit möglichst bleifreiem Speziallot gelötet werden.

Die Dämpfe der Schwermetalle (Blei, Kadmium u.a.) sind giftig! Lot nicht überhitzen.

*Tabelle 3-19* Weichlote für Schwermetalle. Auszug aus DIN 1707

| Gruppe | | Kurzzeichen | Werkstoffnummer nach DIN 17007 Blatt 4 | Schmelzbereich °C Solidus | Liquidus | Hinweise für die Verwendung |
|---|---|---|---|---|---|---|
| A Blei-Zinn- und Zinn-Blei-Weichlote | Ah antimonhaltig | L-PbSn20Sb3 | 2.3423 | 186 | 270 | Karosseriebau (Schmierlot) |
| | | L-PbSn25Sb | 2.3425 | 186 | 260 | Kühlerbau (Schmierlot) |
| | | L-PbSn35Sb | 2.3437 | 186 | 235 | Schmierlot, Bleilötung |
| | Aa antimonarm | L-PbSn40(Sb) | 2.3440 | 183 | 235 | Verzinnung, Feinblechpackungen, Zinkblechlötung |
| | | L-Sn50Pb(Sb) | 2.3655 | 183 | 215 | Verzinnung, Feinblechpackungen, Feinlötungen, Elektroindustrie |
| | Af antimonfrei | L-Sn50Pb | 2.3650 | 183 | 215 | Elektroindustrie, Verzinnung, Kupferrohrinstallation (Kaltwasser) |
| | | L-Sn60Pb | 2.3660 | 183 | 190 | Elektroindustrie, gedruckte Schaltungen, Verzinnung, Edelstähle |
| B Zinn-Blei-Weichlote mit Kupfer- oder Silber-Zusatz | | L-Sn60PbCu | 2.3661 | 183 | 190 | Elektrogerätebau, gedruckte Schaltungen, Elektronik, Miniaturtechnik |
| | | L-Sn60PbCu2 | 2.3662 | 183 | 190 | Elektrogerätebau, Elektronik, Miniaturtechnik |
| | | L-Sn50PbAg | 2.3657 | 178 | 210 | Elektrogerätebau, Elektronik, Miniaturtechnik |
| C Sonder-Weichlote | | L-SnAg5 | 2.3695 | 230 | 240 | Elektroindustrie, Kälteindustrie, Kupferrohrinstallation (Warmwasser und Heizung) |

**Hartlote** bestehen aus Reinkupfer, Messing- und Neusilberlegierungen sowie silberhaltigen Legierungen zum Hartlöten von Schwermetallen, aus Al-Si-Legierungen zum Hartlöten von Aluminium-Werkstoffen. Sie werden in Form von Draht, Stäben, Körnern und Formteilen geliefert (Tabelle 3-20).

**Die Messinglote** sind Universal-Werkstattlote, geeignet für alle Metalle und Legierungen, deren Schmelzpunkt über 900 °C liegt.

Unter den Hartloten haben **silberhaltige Hartlote** die niedrigsten Arbeitstemperaturen.

**Ausführungen von Lötverbindungen**

Die meisten Lötverbindungen werden als Spaltlötverbindungen hergestellt. Damit das Lot den Spalt gut füllen kann, ist die Lötstelle überall gleichmäßig auf die Arbeitstemperatur des Lotes zu erwärmen. Die Arbeitstemperatur soll in höchstens 3 Minuten erreicht sein, um Schäden durch Überhitzung zu vermeiden. Empfehlungen zur Gestaltung von Lötverbindungen zeigt Bild 3-259.

Richtig ausgeführte Lötstellen sehen glatt und sauber aus und bedürfen keiner Nacharbeit.

*Tabelle 3-20* Hartlote für Schwermetalle

| Kurzzeichen | Werkstoffnummer | Zusammensetzung: Legierungsbestandteile Gew.-% | Zusammensetzung: zulässige Beimengungen Gew.-% | Schmelzbereich: Solidus °C | Schmelzbereich: Liquidus °C | Arbeitstemperatur | Dichte kg/dm³ | Hinweise für die Anwendung: Grundwerkstoff | Hinweise für die Anwendung: Form der Lötstelle | Hinweise für die Anwendung: Art der Lotzuführung |
|---|---|---|---|---|---|---|---|---|---|---|
| **Kupferlote, DIN 8513, Blatt 1 (Auszug)** | | | | | | | | | | |
| L-SCu | 2.0090 | Cu mindestens 99,90 (sauerstofffrei)<br>P 0,02 bis 0,05 | – | 1083 | | 1100 | 8,9 | Stahl unlegiert | Spalt (für Spaltlötungen, an die hohe Anforderungen gestellt werden) | eingelegt |
| L-CuZn40 | 2.0367 | Cu 59 bis 62<br>Si 0,1 bis 0,3<br>Sn 0 bis 0,5<br>Mn 0 bis 0,3<br>Fe 0 bis 0,2<br>Zn Rest | Pb 0,03<br>Al 0,005<br>Sonstige: zus. 0,1 | 890 | 900 | 900 | 8,4 | Stahl, Temperguß, Kupfer, Kupferlegierungen mit Schmelztemperatur über 950 °C (Solidus) Nickel, Nickellegierungen | Spalt und Fuge (für Fugenlötungen, an die keine hohen Festigkeitsansprüche gestellt werden) | angesetzt und eingelegt |
| **Silberhaltige Hartlote, DIN 8513, Blatt 2 und 3 (Auszug)** | | | | | | | | | | |
| L-Ag15P | 2.1210 | Ag 14,0 bis 16,0<br>P 4,7 bis 5,3<br>Cu Rest | Al 0,01<br>Pb 0,02<br>Zn + Cd 0,01<br>Sonstige: zusammen 0,1 | 650 | 800 | 710 | 8,4 | Kupfer<br>Messing<br>Bronze<br>Rotguß<br>Kupfer-Zink-Legierungen<br>Kupfer-Zinn-Legierungen | Spalt | angesetzt und eingelegt |
| L-Ag40Cd | 2.5141 | Ag 39,0 bis 41,0<br>Cd 18,0 bis 22,0<br>Cu 18,0 bis 20,0<br>Zn Rest | Al 0,01<br>Pb 0,02<br>Sonstige: zusammen 0,1 | 595 | 630 | 610 | 9,3 | Stahl<br>Temperguß<br>Kupfer<br>Kupferlegierungen<br>Nickel<br>Nickellegierungen | Spalt | angesetzt und eingelegt |
| L-Ag49 | 2.5156 | Ag 48,0 bis 50,0<br>Cu 15,0 bis 17,0<br>Mn 6,5 bis 8,5<br>Ni 4,0 bis 5,0<br>Zn Rest | Al 0,01<br>Pb 0,02<br>Sonstige: zusammen 0,3 | 625 | 705 | 690 | 8,9 | Hartmetall auf Stahl<br>Wolfram- und Molybdän-Werkstoffe | Spalt | angesetzt und eingelegt |

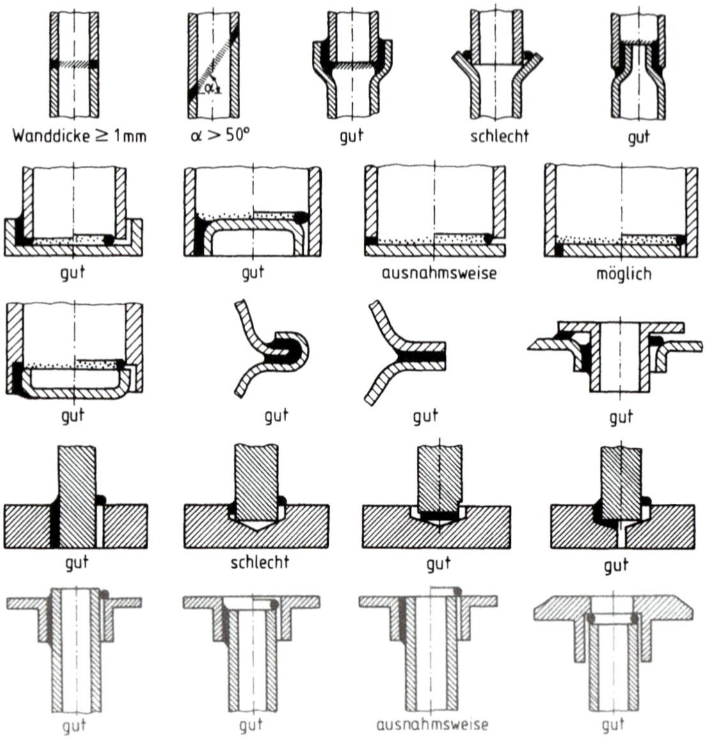


*Bild 3-259 Lötgerechte Konstruktionen*

## 3.10.8 Schweißen

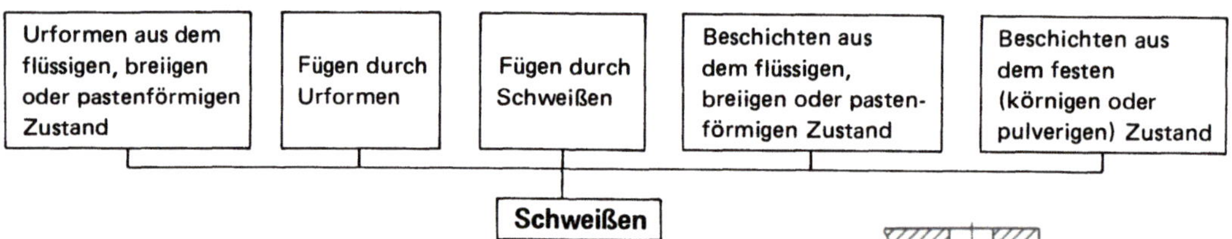


Nach der Einteilung der Fertigungsverfahren gehört Schweißen vorwiegend zu den in der graphischen Darstellung angegebenen Gruppen.

Schweißen ist das Vereinigen von Werkstoffen in der Schweißzone unter Anwendung von Wärme und/oder Kraft. Geschweißt wird ohne oder mit Schweißzusatzwerkstoff.

*Vorteile:* billig, einfach herstellbar, Gewichtsersparnis (Bild 3-260).

*Nachteile:* in den geschweißten Werkstücken entstehen z.T. erhebliche Wärmespannungen, in den Schweißzonen nachteilige Gefügeumwandlungen.

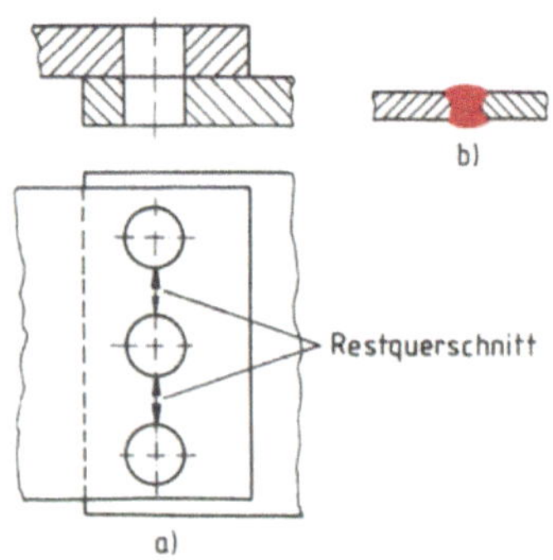


*Bild 3-260 Gewichtsersparnis durch Schweißverbindung*

a) Durch Schraub- oder Nietverbindung hergestellte Behälterwand. Der halbe Querschnitt ist weggebohrt. Blechdicke doppelt gegenüber b).

b) Durch Schweißverbindung hergestellte Behälterwand.

Man unterscheidet Verbindungs- und Auftragsschweißen (Bild 3-262) sowie Schmelz- und Preßverbindungsschweißen (Bild 3-261).

Einteilung der Schweißverfahren und Erklärung der Begriffe nach DIN 1910.

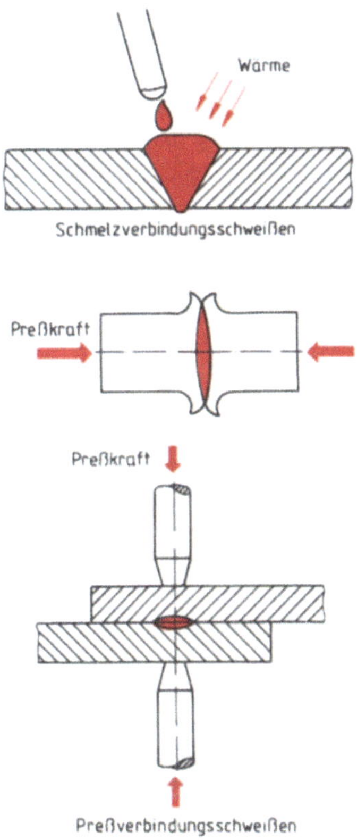


*Bild 3-261 Schmelz- und Preßverbindungsschweißen*

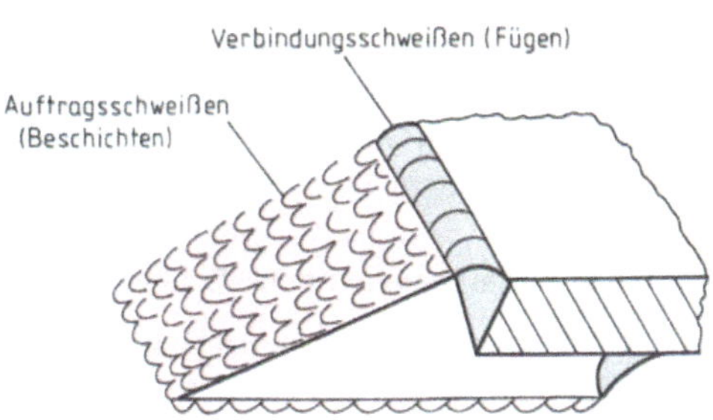


***Bild 3-262 Reparatur eines Baggerzahnes durch Verbindungs- und Auftragschweißung***

**Verbindungsschweißen** nennt man das Fügen von Werkstücken durch Schweißen. Für das Verbindungsschweißen von Metallen werden folgende Verfahren hauptsächlich eingesetzt:

- Schmelz-Verbindungsschweißen
  - Gasschmelzschweißen
  - Lichtbogenschmelzschweißen
    - Metallichtbogenschweißen
    - Schutzgasschweißen
    - Unterpulverschweißen
  - Strahlschweißen
    - Laserstrahl schweißen
    - Elektronenstrahlschweißen
- Preß-Verbindungsschweißen
  - Widerstandspreßschweißen
    - Punktschweißen
    - Bückelschweißen
    - Rollnahtschweißen
    - Abbrennstumpfschweißen
  - Reibschweißen
  - Ultraschallschweißen

**Auftragsschweißen** ist das Beschichten eines Werkstückes durch Schweißen. Häufig ist dabei der Auftragswerkstoff nicht artgleich mit dem Grundwerkstoff. Man unterscheidet zwischen Panzerungen, Plattierungen und Pufferschichten.

Beim **Schmelzverbindungsschweißen** werden Werkstücke durch örtliches Aufschmelzen am Schweißstoß (Schweißzone) ohne Anwendung von Kraft miteinander verbunden.

Beim **Preßverbindungsschweißen** werden Werkstücke unter Anwendung von Kraft miteinander verbunden.

**Gasschmelzschweißen (Gasschweißen)**

Beim Gasschweißen wird das Schweißbad durch eine Brenngas-Sauerstoff-Flamme erzeugt. Für Gasschweißen ist auch der Begriff Autogenschweißen geläufig. Als Brenngas wird vorwiegend Acetylen, seltener Propan oder Wasserstoff verwendet.

**Acetylen** ist ein chemisch instabiles Gas aus Kohlenstoff und Wasserstoff ($C_2H_2$).

Der zulässige Arbeitsdruck bei Acetylen darf 1,5 bar nicht überschreiten.

Bei höheren Drücken und bei Temperatureinwirkung kann sich Acetylen chemisch zersetzen und explodieren (Acetylenzerfall). Um Acetylen auch bei höherem Druck speichern zu können müssen die Acetylenflaschen mit einer porösen Masse und mit Aceton gefüllt werden (Bild 3-263). Aceton kann unter Druck große Mengen Acetylen lösen und bei Druckentlastung d.h. beim Öffnen des Flaschenventils wieder abgeben. Vergleich: gelöste Kohlensäure in Mineralwasser.

Ein Liter Aceton löst bei 1 bar 25 Liter Acetylen, eine Flasche mit 13 Liter Aceton und 18 bar Enddruck enthält $13 \times 25 \times 18 \approx 5800$ Liter gelöstes Acetylen bei 15 °C.

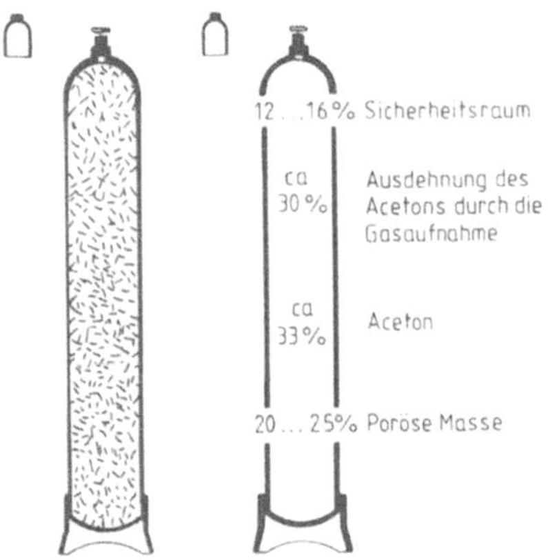


*Bild 3-263 Prozentuale Raumaufteilung einer Acetylenflasche*

Einer Acetylenflasche dürfen höchstens 1000 Liter/Stunde, im Dauerbetrieb 600 Liter/Stunde entnommen werden. Bei Mehrentnahme tritt eine starke Abkühlung ein, und die Flasche vereist. Bei größerem Gasverbrauch müssen mehrere Flaschen parallel geschaltet werden (Flaschenbatterie).

Eingefrorene Ventile nicht mit der Flamme auftauen!

Bei der Gasentnahme sollen Acetylen-Flaschen stehen oder mit ihrem Flaschenventil mindestens 40 cm höher als der Flaschenfuß gelagert sein. Diese Forderung gilt nicht für Acetylen-Flaschen mit einem roten Farbring am Flaschenhals.

Da Acetylen mit Kupfer und Kupferlegierungen mit mehr als 70 % Cu zu Explosionen führen kann, sind diese Werkstoffe in Acetylenanlagen nicht zulässig; z.B. Kupferröhrchen als Schlauchverbinder o.ä.

Acetylen ist in nahezu jedem Mischungsverhältnis zünd- und explosionsfähig.

Innerhalb eines Bereiches von 1 Meter um die angeschlossene Acetylenflasche sind das Schweißen, der Umgang mit Feuer, glühenden Gegenständen, sowie das Rauchen unzulässig. Der angeschlossene Acetylen-Schlauch muß mindestens 3 m lang sein.

Bei einem hohen Bedarf an Schweißgasen werden mehrere Gasflaschen zu einer Batterie zusammengekoppelt, deren Gas über einen zentralen Druckminderer entnommen wird. Man unterscheidet zwischen Kleinanlagen mit 2–6 Flaschen und der großen Acetylen-Flaschenbatterie mit mehr als 6 Flaschen.

**Sauerstoff** ist selber nicht brennbar, jedoch stark verbrennungsfördernd. Druckstöße z.B. durch schlagartiges aufreißen des Ventils können Öltröpfchen oder Fetteilchen stichflammenartig entzünden.

Reiner Sauerstoff beschleunigt die Verbrennung erheblich und darf daher nie zur Belüftung von Räumen oder Behältern oder zum Ausblasen des Arbeitsanzuges verwendet werden.

Die mit Sauerstoff in Berührung kommenden Teile müssen öl- und fettfrei sein. Explosionsgefahr!

Neben den bisher üblichen Sauerstoffflaschen mit 40 Liter Rauminhalt und 150 bar Fülldruck kommt die mit 50 Liter Rauminhalt und 200 bar Fülldruck wegen ihres günstigen Verhältnisses von Gewicht zu Gasinhalt immer mehr in Gebrauch.

Gasvolumen = Flaschenvolumen · Druck.

Eine 50-Liter-Flasche enthält bei einem Druck von 200 bar 10 000 Liter Sauerstoff.

Einer Sauerstoff-Flasche dürfen höchstens 200 Liter/min entnommen werden, sonst vereisen die Ventile. Bei größerem Bedarf werden mehrere Flaschen zu einer Flaschenbatterie zusammengeschlossen. Ist auch hier die wirtschaftliche Grenze erreicht, so können Flaschenbündel (transportable Flaschenbatterie) in verschiedenen Größen eingesetzt werden (Bild 3-264), so daß nur 1 Ventil betätigt werden muß. Liegt der Bedarf an Sauerstoff über 1000 $m^3$/Monat, so empfiehlt sich die Installation einer Kaltvergaseranlage (Bild 3-265). In der Kaltvergaseranlage wird der Sauerstoff flüssig gespeichert und kann gasförmig unter Druck entnommen werden. Das Nachfüllen des flüssigen Sauerstoffs erfolgt unter Betriebsdruck durch einen Spezialtankwagen.

### Acetylen-Sauerstoff-Flamme

Zur vollständigen Verbrennung benötigt 1 $m^3$ Acetylengas 2,5 $m^3$ Sauerstoff. Bei normaler Brennereinstellung wird der Flamme 1 $m^3$ Sauerstoff aus der Sauerstoff-Flasche zugeführt, 1,5 $m^3$ entzieht sie der Umgebungsluft (Bild 3-266). Sauerstoff und Acetylen werden bei dieser Einstellung im Verhältnis 1 : 1 gemischt, die dabei sich einstellende Flamme bezeichnet man als neutrale Flamme (s. Farbtafel im Anhang). Zum Schweißen der verschiedenen Werkstoffen sind unterschiedliche Flammeneinstellungen erforderlich (Tabelle 3-21).

*Bild 3-264 Flaschenbündel für Sauerstoff*

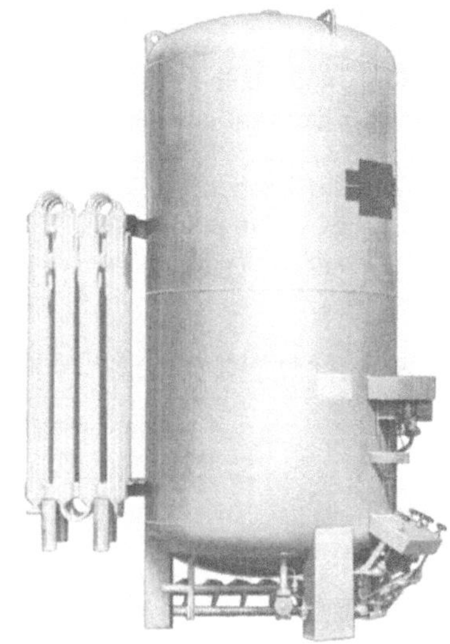

*Bild 3-265 Standtank einer Kaltvergaseranlage*

*Bild 3-266 Acetylen-Sauerstoff-Schweißflamme*
Hierzu Farbtafel, siehe S. 427

*Tabelle 3-21* Flammeneinstellungen

| Flammeneinstellung | Flammenkegel | Werkstückstoff |
|---|---|---|
| Neutral<br>Mischungsverhältnis<br>Sauerstoff/Acetylen<br>= 1 : 1 | lang, scharf begrenzt,<br>leuchtend,<br>Temperatur ca. 3200 °C,<br>geringste chemische<br>Beeinflussung der Schmelze | Stahl und Kupfer |
| Sauerstoff-Überschuß | kurz, scharf begrenzt, bläulich | Messing |
| Acetylen-Überschuß | nicht scharf begrenzt, grünlich | Gußeisen und Leichtmetall |

**Gasflaschen**

Außer Acetylen können Sauerstoff und alle anderen technischen Gase unmittelbar in Stahlflaschen gepreßt werden. Gasflaschen haben unterschiedliche, genormte Anschlüsse um gefährliche Verwechslungen zu vermeiden. Außerdem sind für die verschiedenen Gasarten bestimmte Farbanstriche festgelegt (Tab. 3-22).

In Arbeitsräumen dürfen nur die zum Gebrauch erforderlichen Gasflaschen aufgestellt werden. Vorratsflaschen sind außerhalb der Arbeitsräume und nach Gasart getrennt zu lagern.

**Druckminderer für Gasflaschen** (Bild 3-267) werden am Flaschenventil angeschlossen. Sie haben den hohen Flaschendruck auf den jeweiligen Arbeitsdruck herabzusetzen. Um die Druckminderer zu schonen, dürfen die Flaschenventile nur langsam geöffnet werden.

Eigenmächtiges Auseinandernehmen von Druckminderern und Flaschenventilen ist verboten!

**Manometer** (DIN 8549). Sauerstoffmanometer tragen die Aufschrift „Sauerstoff! Öl- und fettfrei halten!", Acetylenmanometer die Aufschrift „Acetylen".

**Einzelflaschensicherungen**

An jede Acetylen-Einzelflaschenanlage muß eine bauartzugelassene Sicherung gegen Gas-

*Tabelle 3-22* Gasflaschen-Kennfarben und Ventilanschlüsse

| | Gas | Kennfarbe DIN 4664 | Ventil-Anschluß DIN 477 |
|---|---|---|---|
| brennbare Gase | Acetylen | gelb | Spannbügel |
| | Propan | rot | W21,80 × 1/14" links |
| | Wasserstoff | rot | W21,80 × 1/14" links |
| nicht brennbare Gase | Sauerstoff | blau | R3/4" |
| | Argon | grau | W21,80 × 1/14" |
| | Kohlendioxid ($CO_2$) | grau | W21,80 × 1/14" |
| | Stickstoff | grün | W24,32 × 1/14" |
| | Druckluft | grau | R5/8" Innengewinde |

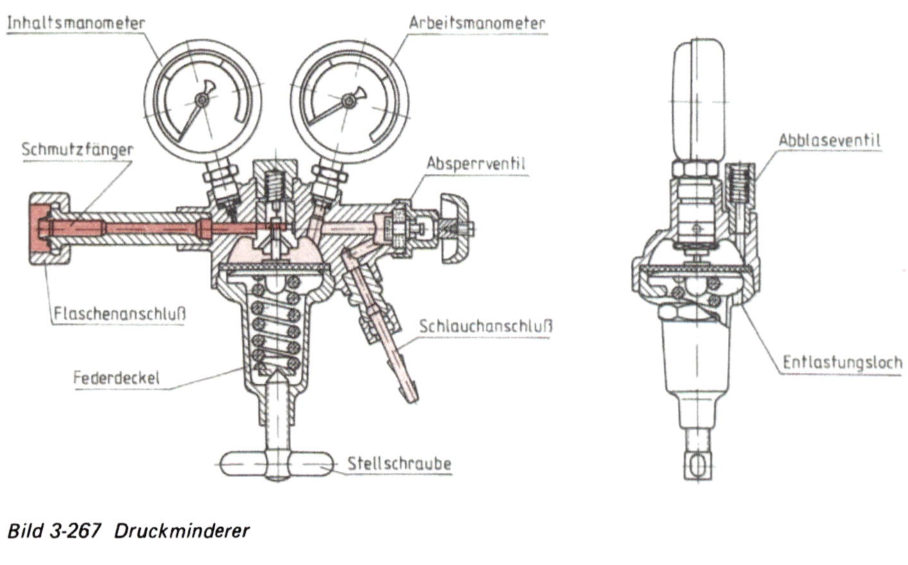


*Bild 3-267 Druckminderer*

rücktritt und Flammenrückschlag eingebaut sein, außer, wenn als Verbrauchsgerät ein Brenner nach DIN 8543, Teil 1, also der übliche Saugbrenner, eingesetzt wird und der Schweißer die Anlage während der Gasentnahme beaufsichtigen kann, d.h. wenn die Flasche sich in seinem Sichtbereich befindet und eine schnelle Zugriffsmöglichkeit gegeben ist.

Als Sicherheitseinrichtung werden heute überwiegend trockene Gebrauchsstellenvorlagen (G-Vorlage) verwendet, die zwischen Druckminderer und Schlauch eingebaut werden (Bild 3-268). Trockene G-Vorlagen müssen mindestens jährlich auf Sicherheit gegen Gasrücktritt geprüft werden.

Die Sauerstoffleitung wird üblicherweise mittels einer Entnahmestellensicherung abgesichert. Mit diesen Sicherheitseinrichtungen wird die Gefahr eines Armaturen- oder Flaschenbrandes durch Flammenrückschlag erheblich vermindert.

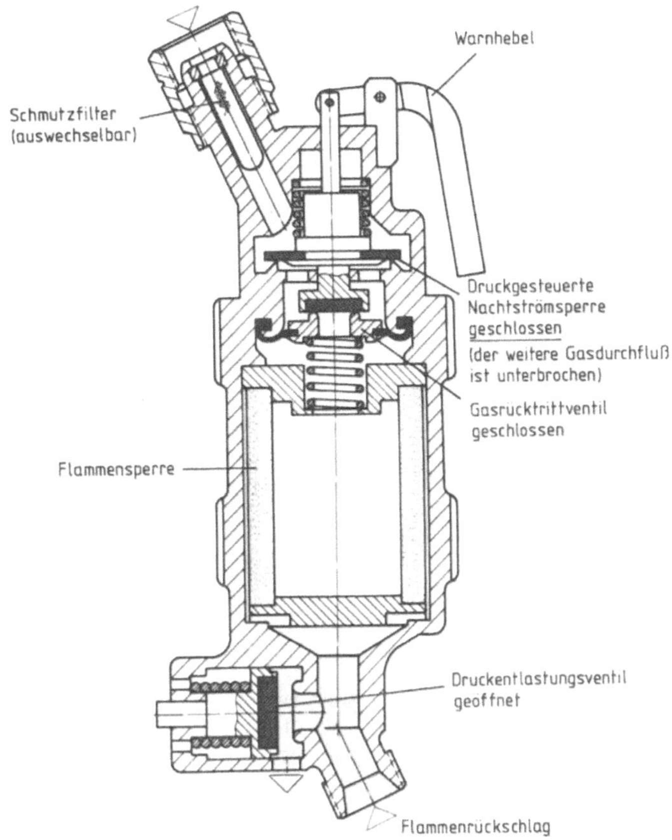


*Bild 3-268 Trockene Gebrauchsstellen-Vorlage für Acetylen-Verteilungsleitungen mit druckgesteuerter Nachströmsperre*

**Gasschläuche**

Schläuche für Brenngase und Sauerstoff sind in DIN 8541 genormt. Die Kennfarbe der Außenschicht ist für Brenngasschläuche rot, für Sauerstoffschläuche blau und für andere nicht brennbare Gase schwarz. Es ist darauf zu achten, daß Schweißschläuche gegen Überfahren, Knicken, Anbrennen und Verunreinigungen durch Öl und Fett ausreichend geschützt werden. Poröse oder sonst schadhafte Schläuche müssen entfernt werden, Flicken mit Isolierband ist unzulässig.

Die Gasschläuche müssen durch Schlauchschellen oder -klemmen auf den Schlauchtüllen befestigt werden. Bindedrähte sind zur Schlauchbefestigung unzweckmäßig.

**Schlauchanschlüsse** und **Schlauchverbindungen** müssen nach DIN 8542, **Schlauchkupplungen** nach DIN 8544 ausgelegt sein. Schlauchkupplungen werden vorteilhaft angewendet, wenn verschiedene Brenner wechselweise mit den Schläuchen zu verbinden sind. Man unterscheidet Schlauchkupplungen ohne selbsttätige und mit selbsttätiger Gassperre. Schlauchkupplungen mit selbsttätiger Gassperre sind im Kupplungskörper mit einem Ventil ausgerüstet, daß beim Lösen der Verbindungselemente einen Gasaustritt selbsttätig verhindert.

**Schweißbrenner nach DIN 8543.** Der gebräuchliste Schweißbrenner für Sauerstoff und Acetylen ist der Saugbrenner (Bild 3-269) auch Injek-

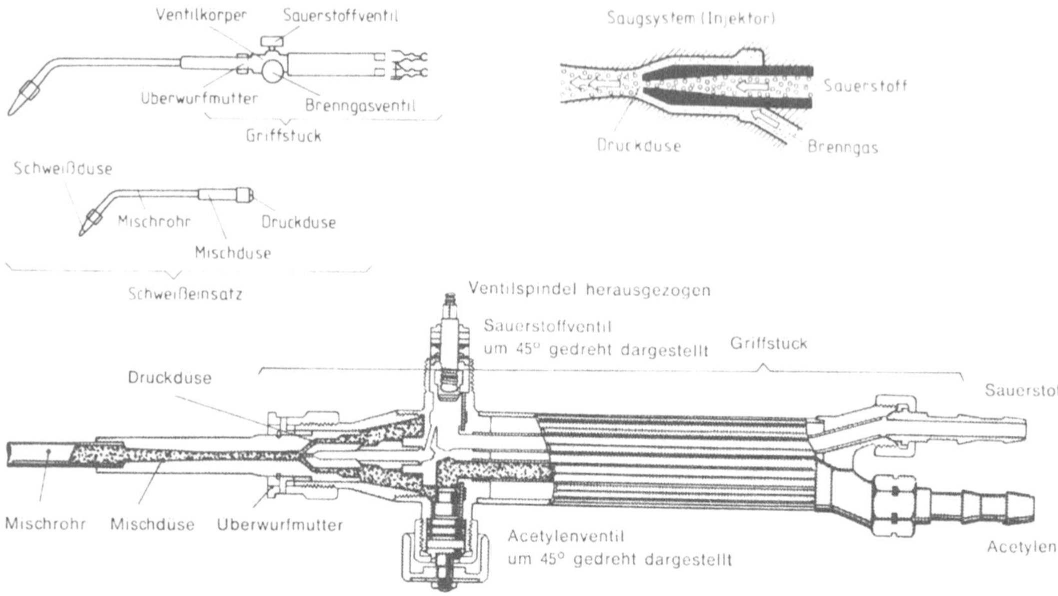


*Bild 3-269 Saugbrenner*

torbrenner genannt. Der Sauerstoff strömt mit hoher Geschwindigkeit durch die Druckdüse; dabei entsteht an deren Austrittsöffnung ein Unterdruck, durch den Acetylen angesaugt wird.

Die auswechselbaren Schweißeinsätze sind in die Größen von 0–8 gestuft, wobei jede Größe einer bestimmten Werkstückdicke zugeordnet ist. Mit einer Überwurfmutter wird der Schweißeinsatz am Griffstück befestigt. Die Handräder der Ventile sind entsprechend der Gasart farbig gekennzeichnet. Beide Gase können unabhängig voneinander reguliert werden.

**Anzünden:** Zuerst Sauerstoffventil und danach das Brenngasventil öffnen!

**Abstellen:** Erst das Brenngasventil und danach das Sauerstoffventil schließen!

**Schweißnahtvorbereitung.** Die Wahl der Fugenform richtet sich im wesentlichen nach dem Werkstoff und der Schweißposition. Empfehlungen gibt DIN 8551 (s. Tabelle 3-32).

Der **Schweißzusatzwerkstoff** muß auf den Grundwerkstoff abgestimmt sein. Gasschweißstäbe für das Verbindungsschweißen von Stählen sind in DIN 8554 genormt. Die Bezeichnung setzt sich aus der Benennung, dem Kurzzeichen für das Gasschweißen (G), der Schweißstabklasse (I bis VII) und der Kennzahl für die gewährleistete Kerbschlagarbeit der Schweißverbindung zusammen.

▶ **Beispiel:**
Schweißstab G III 21 DIN 8554.

Die Klassenkennzeichnung muß in die Stäbe eingeprägt sein, üblicherweise sind sie mit einem rostverhindernden Überzug (Kupfer) versehen.

**Flußmittel** werden zum Schweißen von Nichteisenmetallen gebraucht. Sie müssen die Oxidschicht in der Schweißzone auflösen und die Neubildung von Oxiden verhindern.

## Brenner- und Drahtführung

Die vorbereiteten Werkstücke werden geheftet und miteinander verschweißt. Bis zu einer Blechdicke von 3 mm wird die **Nachlinksschweißung** angewandt (Bild 3-270a). Dabei wird der Brenner von rechts nach links geführt, der Schweißstab wird vor dem eigentlichen Schmelzbad aufgeschmolzen. Die voreilende Wärme bewirkt ein gutes Vorwärmen der Nahtfuge. Allerdings kommt es leicht vor, daß die Schmelze in die Schweißfuge vorläuft und Bindefehler verursacht. Der Schweißstab führt bei der Nachlinksschweißung eine tupfende Bewegung aus. Der Brenner wird bei dünnen

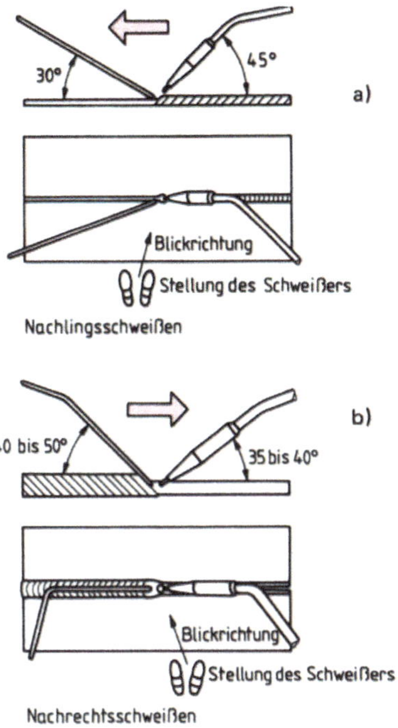


*Bild 3-270 Brenner- und Drahtführungen*

a) Nachlinksschweißen
b) Nachrechtsschweißen

Blechen geradlinig, bei dickeren pendelnd oder kreisend geführt.

**Das Nachrechtsschweißen** (Bild 3-270b) ist heute bei Blechen ab 3 mm Dicke allgemein üblich. Durch bessere Wärmeausnutzung ist es schneller und wirtschaftlicher. Die Nahtwurzel läßt sich gut kontrollieren und damit sicherer durchschweißen. Der Schweißstab wird kreisförmig bewegt (Rührbewegung), wodurch die Schmelze verteilt wird und vorhandene Oxideinschlüsse und Gasblasen an die Oberfläche steigen können. Der Brenner wird geradlinig von links nach rechts geführt.

**Lichtbogenschmelzschweißen**

Beim Lichtbogenschmelzschweißen wird das Schweißbad durch Einwirkung eines Lichtbogens erzeugt. Der Lichtbogen brennt zwischen Elektrode und Werkstück.

Beim **Metallichtbogenschweißen** brennt der Lichtbogen zwischen einer abschmelzenden Elektrode und dem Werkstück. Die abschmelzende Elektrode liefert den Zusatzwerkstoff; gleichzeitig aber auch Gase und Schlacke die das Schweißbad vor dem Zutritt der Atmosphäre schützen (Bild 3-271).

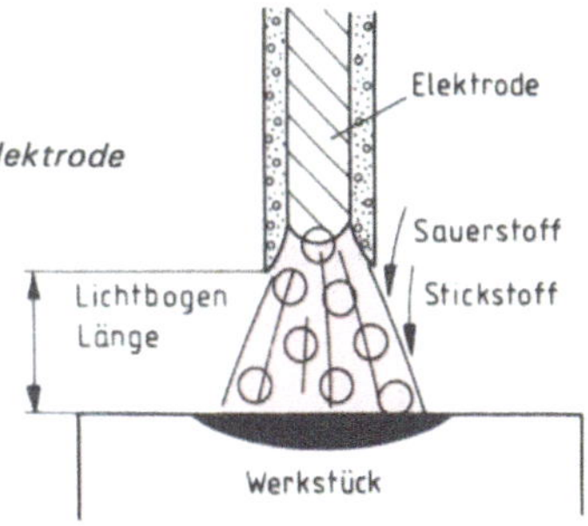


*Bild 3-271*
*Abschmelzende Elektrode*

Der **Lichtbogen** ist eine elektrisch leitende Luft- oder Gasstrecke, durch die Strom fließt. Dabei tritt eine starke Licht- und Wärmeentwicklung auf. Der Lichtbogen muß durch Kurzschluß gezündet werden, weil Luft den elektrischen Strom schlecht leitet. Die Elektrode wird dazu mit einer leichten Bewegung „angestrichen" (Bild 3-272).

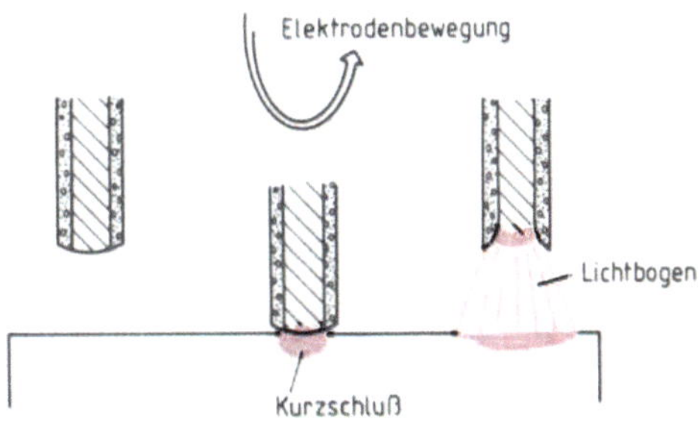


*Bild 3-272 Zündvorgang des Lichtbogens*

Lichtbogen grundsätzlich kurz halten!

Bei zu langem Lichtbogen gelangt Stickstoff und Sauerstoff aus der Luft in das Schmelzbad. Die Güte der Schweißverbindung vermindert sich dadurch (s. Abschnitt 2.4.5) Spritzverluste und Porenbildung werden begünstigt.

Der elektrische Lichtbogen sendet eine intensive Strahlung aus, vor der die Augen und die Haut zu schützen sind. Für den Schweißer gibt es Schutzschilde und Schutzhauben, in die genormte Strahlenschutzgläser einzusetzen sind. Der Schweißplatz muß durch Schutzwände oder Vorhänge abgeschirmt werden.

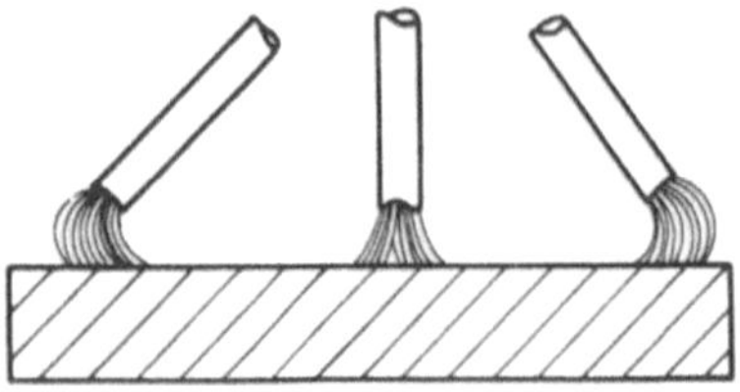

*Bild 3-273 Ablenkung des Lichtbogens durch magnetische Kräfte an der Werkstückkante und Gegenwirkung durch Neigen der Elektrode*

**Blaswirkung**

Um Elektrode, Lichtbogen und Werkstück bilden sich magnetische Felder, die den Lichtbogen ablenken. Man nennt das Blaswirkung. Sie macht sich beim Schweißen von Stahl mit Gleichstrom besonders bemerkbar, z.B. vom Stromanschluß weg, von der Werkstückkante zur Werkstückmitte hin, in Fugen auf die geschweißte Naht zu. Bei Wechselstrom tritt Blaswirkung praktisch nicht auf. Die Blaswirkung stört beim Schweißen und führt vielfach zu Fehlern in der Schweißverbindung. Man kann ihr entgegenwirken durch Neigen der Elektrode (Bild 3-273), Verwendung von Wechselstrom (Schweißtransformator), Anbringen von zahlreichen Heftstellen, Änderung der Schweißrichtung und Verlegen des Stromanschlusses. Bei dick umhüllten Elektroden macht sich die Blaswirkung nicht mehr störend bemerkbar.

**Schweißstromquellen**

Zum Schweißen wird Gleichstrom und Wechselstrom verwendet. Der Strom kann nicht mit der Netzspannung von 220 bzw. 380 Volt zum Schweißen benützt werden; er muß umgespannt bzw. umgeformt werden. Zum Lichtbogenschweißen werden niedrige Spannungen und hohe Stromstärken gebraucht.

Lichtbogenschweißen erfordert besondere Schweißstromquellen.

Für das Lichtbogenschweißen unter erhöhter elektrischer Gefährdung und in engen Räumen dürfen nur entsprechend gekennzeichnete Schweißstromquellen verwendet werden.

*Tabelle 3-23* Schweißstromquellen

| Stromquelle | Erzeugte Stromart<br>max. Leerlaufspannung | Vorteile | Nachteile | Stromquellen zum Schweißen unter erhöhter elektrischer Gefährdung |
|---|---|---|---|---|
| **Schweißumformer** bestehen aus Drehstrom-Antriebsmotor und einem Gleichstrom-Generator. | **Gleichstrom** 100 Volt | Alle Elektroden verschweißbar, gleichmäßige Netzbelastung | Blaswirkung, Leerlaufverluste, Wartung, Geräuschbelästigung | Leerlaufspannung ... Volt Scheitelwert |
| **Schweißgleichrichter** bestehen aus einem Transformator und einem nachgeschalteten Gleichrichter, der den Wechselstrom in Gleichstrom umwandelt. | **Gleichstrom** 100 Volt | Alle Elektroden verschweißbar, gleichmäßige Netzbelastung bei Drehstromanschluß, geringe Geräuschbelästigung | Blaswirkung, Stromstöße auf Netz | K |
| **Schweißtransformatoren** haben den einfachsten Aufbau; um ein Eisenjoch aus Blechpaketen sind Wicklungen gewickelt. Sie verändern lediglich die Spannung eines Wechselstromes. | **Wechselstrom** 80 Volt, Klein-Trafo 70 Volt | Fast keine Blaswirkung, geringe Leerlaufverluste, geringe Wartung, geringerer Preis | Nicht alle Elektroden verschweißbar, Stromstöße auf Netz, ungleichmäßige Netzbelastung | 42 V |

Erhöhte elektrische Gefährdung liegt vor:
- In engen Räumen (Behälter) aus elektrisch leitfähigen Wänden. Ein enger Raum ist gegeben, wenn der freie Bewegungsraum bereits nach einer Seite weniger als 2 Meter beträgt.
- Wenn durch Zwangshaltung eine Berührung mit Metallteilen der Umgebung unvermeidbar ist.
- Bei durchnäßter oder durchschwitzter Arbeitskleidung.

Vorsicht beim Schweißen mit Transformatoren! Wechselstrom ist gefährlicher als Gleichstrom! Netzstrom abschalten, wenn Maschinen transportiert werden!

Von der Schweißstromquelle führen das Elektrodenkabel und das Werkstückkabel zum Schweißplatz. Das Werkstückkabel ist möglichst direkt am Werkstück anzuschließen. Dazu dienen Schraubklemmen oder, wenn der Anschluß öfters gewechselt werden muß, Haftmagnete. Lose verlegte Eisenstangen oder Rohre dürfen nicht als Schweißstromleiter verwendet werden, sie beeinträchtigen die Stromführung und erhöhen die Unfallgefahr.

**Elektrodenhalter** (Schweißzangen) dürfen aus Sicherheitsgründen nur noch in der vollisolierten Ausführung nach DIN 8569, Blatt 1, verwendet werden.

**Schweißzusatzwerkstoffe** sind genormt (DIN 1913, DIN 8555 und DIN 8556).

Beim Auftragsschweißen kann der Schweißzusatzwerkstoff die gleichen Eigenschaften wie der Grundwerkstoff haben, meistens aber weicht er wesentlich von diesem ab und verleiht der Werkstückoberfläche besondere Eigenschaften, z.B. Beständigkeit gegen Korrosion oder Verschleißfestigkeit.

Beim Verbindungsschweißen hat der Schweißzusatzwerkstoff im allgemeinen die gleichen Eigenschaften wie der Grundwerkstoff.

**Schweißzusatzwerkstoffe** werden nach der Art des Abschmelzens in nichtstromführend abschmelzende und in stromführend abschmelzende eingeteilt.

Die Benennung Schweißdraht und Schweißstab ist zu verwenden, wenn der Draht oder Stab nichtstromführend abgeschmolzen wird. Die Benennung Drahtelektrode oder Stabelektrode ist zu verwenden, wenn der Draht oder Stab stromführend abgeschmolzen wird.

Die **Bezeichnung der Stabelektroden** für das Verbindungsschweißen setzt sich neben dem Kurzzeichen E, für das Lichtbogen-Handschweißen, aus folgenden Teilen zusammen:

Der **Kennzahl für Zugfestigkeit und Streckgrenze** des reinen, nicht wärmebehandelten Schweißgutes.

Nach den mechanischen Gütewerten unterscheidet man nur zwischen den Festigkeitsbereichen 43 und 51 (Tabelle 3-24).

*Tabelle 3-24* Kennzahl für Zugfestigkeit und Streckgrenze

| Kennzahl | Zugfestigkeit $N/mm^2$ bei Raumtemperatur | Streckgrenze $N/mm^2$ bei Raumtemperatur |
|---|---|---|
| 43 | 430 ... 550 | ⩾ 360 |
| 51 | 510 ... 650 | ⩾ 380 |

**Kennziffer für Dehnung und Kerbschlagarbeit** des reinen, nicht wärmebehandelten Schweißgutes (Tabelle 3.25 und Tabelle 3.26).

*Tabelle 3-25* Erste Kennziffer für Dehnung und Kerbschlagarbeit (28 J)

| Erste Kennziffer | Mindest-Dehnung % $L_0 = 5\,d_0$ bei Raumtemperatur | Mindest-Kerbschlagarbeit 28 J ISO-Spitzkerbprobe bei °C |
|---|---|---|
| 0 | Keine Angaben | |
| 1 | 22 | + 20 |
| 2 | | 0 |
| 3 | 24 | − 20 |
| 4 | | − 30 |
| 5 | | − 40 |

Dehnung und Kerbschlagarbeit sind Maße für die Zähigkeit. Das Zähigkeitsverhalten des Schweißgutes wird durch zwei Kennziffern angegeben. Die erste kennzeichnet die Mindestschlagarbeit des Schweißgutes von 28 Joule für Temperaturen von + 20 °C bis − 40 °C in Verbindung mit einem zugeordneten Dehnungswert. Die zweite Kennziffer gilt für die erhöhte Kerbschlagarbeit von 47 Joule.

*Tabelle 3-26* Zweite Kennziffer für erhöhte Kerbschlagarbeit (47 J)

| Zweite Kennziffer | Mindest-Kerbschlagarbeit 47 J ISO-Spitzkerbprobe bei °C |
|---|---|
| 0 | keine Angaben |
| 1 | +20 |
| 2 | 0 |
| 3 | −20 |
| 4 | −30 |
| 5 | −40 |

*Tabelle 3-28* Kennziffer für die Schweißposition

| Kennziffer | Schweißpositionen | Kennbuchstaben nach DIN 1912 |
|---|---|---|
| 1 | alle Positionen | w h s f q ü |
| 2 | alle Positionen außer Fallposition | w h s q ü |
| 3 | Stumpfnaht, Wannenposition<br>Kehlnaht, Wannenposition<br>Kehlnaht, Horizontalposition | w<br>w<br>h |
| 4 | Stumpfnaht, Wannenposition<br>Kehlnaht, Wannenposition | w<br>w |

*Tabelle 3-29* Kennziffer bzw. Kennzeichen für die Stromeignung

| Gleich- oder Wechselstrom<br>Bei Wechselstrom Leerlaufspannung des Transformators Volt mindestens | | | Gleichstrom | |
|---|---|---|---|---|
| 50 | 70 | 90 1) | | |
| Kennziffer bzw. Kennzahlen | | | | Polung der Stabelektrode |
| 1 | 4 | 7 | 0 | jede Polung |
| 2 | 5 | 8 | 0⁻ | negativ |
| 3 | 6 | 9 | 0⁺ | positiv |

1) Die VDE-Bestimmung 0541 „Regeln für Lichtbogen-Schweißtransformatoren" und VDE 0543 „Bestimmungen für Lichtbogen-Kleinschweißtransformatoren für Kurzschweißbetrieb" und die Unfallverhütungsvorschrift VBG 15 „Schweißen, Schneiden und verwandte Arbeitsverfahren" sind zu beachten.

**Typ-Kennzeichen für die Umhüllung**

Man unterscheidet zwischen drei Umhüllungsdicken: Dünn umhüllt bis zur Gesamtdicke von 120 %, mitteldick umhüllt über 120 % bis 155 % und dick umhüllt über 155 %, bezogen auf den Kernstab-Nenndurchmesser.

Typ-Kurzzeichen für die Art der Umhüllung.

| | |
|---|---|
| A | sauerumhüllt |
| R | rutilumhüllt (dünn und mitteldick) |
| RR | rutilumhüllt (dick) |
| AR | rutilsauer-umhüllt (Mischtyp) |
| C | zelluloseumhüllt |
| R (C) | rutilzellulose-umhüllt (mitteldick) |
| RR (C) | rutilzellulose-umhüllt (dick) |
| B | basischumhüllt |
| B (R) | basischumhüllt mit nichtbasischen Anteilen |
| RR (B) | rutilbasisch-umhüllt (dick) |

Neben den vier Grundtypen A, R, C und B gibt es Mischtypen, deren Umhüllungsstoffe aus Mischungen der Grundtypen bestehen. ( ) bedeutet, daß diese Umhüllungen international nicht gebräuchlich sind.

**Kennziffer für die Klasseneinteilung**

Stabelektroden werden in 12 Klassen eingeteilt. Mit der Klassen-Kennziffer ist die Art der Umhüllung (Elektrodentyp), die Umhüllungsdicke, die Stromeignung und die Schweißposition festgelegt (Tabellen 3-27 bis 3-29).

**Kennzahl für das Ausbringen**

Kennzahlen für das Ausbringen werden nur bei Hochleistungselektroden, das sind Elektroden der Klasse 11 und 12, angegeben. Um ein höheres Ausbringen zu erreichen, enthält die Umhüllung dieser Elektroden Eisenpulver. Dadurch wird zusätzlich zum Kernstabmaterial Schweißgut abgeschmolzen. Hochleistungselektroden sind Elektroden, deren Ausbringen bei nichtbasischen (RR- und AR-) Typen $\geq$ 105 % und bei basischen (B- und BR-) Typen $\geq$ 120 %, jeweils bezogen auf das Gewicht des abgeschmolzenen Kernstabs, beträgt.

*Tabelle 3-27* Klasseneinteilung

| Stabelektrodentyp | Schweiß-position [1] Kennziffer s. Tabelle 3-28 | Stromeignung [2] Kennziffer bzw. Kurzzeichen s. Tabelle 3-29 | Umhüllung | Klasse Kennziffer |
|---|---|---|---|---|
| A1 | 1 | 5 | dünn sauerumhüllt | 1 |
| A2 | 1 | 5 | dünn sauerumhüllt | 2 |
| R2 | 1 | 5 | dünn rutilumhüllt | |
| R3 | 2 (1) | 2 | mitteldick rutilumhüllt | 3 |
| R(C)3 | 1 | 2 | mitteldick rutilzellulose-umhüllt | |
| C4 | 1 [3] | $0^+$ (6) | mitteldick zelluloseumhüllt | 4 |
| A5 | 2 | 5 | dick sauerumhüllt | 5 |
| RR6 | 2 | 2 | dick rutilumhüllt | 6 |
| RR(C)6 | 1 | 2 | dick rutilzellulose-umhüllt | |
| AR7 | 2 | 5 | dick rutilsauer-umhüllt | 7 |
| RR(B)7 | 2 | 5 | dick rutilbasisch-umhüllt | |
| RR8 | 2 | 2 | dick rutilumhüllt | 8 |
| RR(B)8 | 2 | 5 | dick rutilbasisch-umhüllt | |
| B9 | 1 [3] | $0^+$ (6) | dick basischumhüllt | 9 |
| B(R)9 | 1 [3] | 6 | dick basisch- mit nichtbasischen Anteilen umhüllt | |
| B10 | 2 | $0^+$ (6) | dick basischumhüllt | 10 |
| B(R)10 | 2 | 6 | dick basisch- mit nichtbasischen Anteilen umhüllt | |
| RR11 | 4 (3) | 5 | rutilumhüllt, Ausbringen ⩾ 105 % | 11 |
| AR11 | 4 (3) | 5 | rutilsauerumhüllt, Ausbringen ⩾ 105 % | |
| B12 | 4 (3) | $0^+$ (6) | basischumhüllt, Ausbringen ⩾ 120 % | 12 |
| B(R)12 | 4 (3) | $0^+$ (6) | basisch- mit nichtbasischen Anteilen umhüllt, Ausbringen ⩾ 120 % | |

[1] Eingeklammerte Kennziffern für die Schweißposition gelten für kleine Kernstabdurchmesser und/oder niedrige Ausbringstufen.

[2] Eingeklammerte Kennziffern für die Stromeignung bedeuten bedingte Eignung.

[3] Bevorzugt für Fallnaht.

▶ **Bezeichnungsbeispiel** für Stabelektrode E 51 32 RR 11 160 DIN 1913

| E | 51 | 32 | RR | 11 | 160 | DIN 1913 |
|---|---|---|---|---|---|---|
| Kurzzeichen für das Lichtbogen-Handschweißen | Zugfestigkeit 510 ... 650 N/mm² Streckgrenze ⩾ 300 N/mm² | Kennziffer für die Zähigkeit 24 % Dehnung 28 J bei − 20 °C 47 J bei 0 °C | rutil-umhüllt | Klasse 11 | Aus-bringen 160 % | nach DIN 1913 |

Die Auswahl der Stabelektroden erfolgt nach werkstofflichen und schweißtechnischen Gesichtspunkten. Für die gebräuchlichsten Stahlsorten sind die Mindestanforderungen für das Schweißgut in Tabelle 3-30 angegeben.

Für die schweißtechnischen Gesichtspunkte sind maßgebend: Fugenform, Tropfenübergang, Spaltüberbrükkungsfähigkeit, Schlackenentfernbarkeit und andere mehr.

Die heute gebräuchlichen Typkurzzeichen für die verschiedenen Umhüllungsarten erlauben eine wesentlich bessere Unterscheidung der einzelnen Elektrodentypen als früher.

Zum Vergleich sind in Tabelle 3-31 die alten Grundtypen den heute gültigen Umhüllungstyp-Kurzzeichen gegenüber gestellt.

Bei schweißempfindlichen Stählen ist zu berücksichtigen, daß basisch umhüllte Elektroden „hygroskopisch" sind, d.h. ihre Umhüllung nimmt während des Lagerns aus der Luft Wasser auf, was zu einem erhöhten Wasserstoffanteil im Schweißgut führt. In Fällen erhöhter Empfindlichkeit gegen Wasserstoffsprödigkeit, müssen die Elektroden unmittelbar vor ihrer Verwendung ungefähr zwei Stunden bei 250 °C bis 350 °C getrocknet werden.

Die **Umhüllung** schmilzt mit der Elektrode (Bild 3-274). Dabei entstehen Gase und flüssige Schlacke, die auf der Schmelze schwimmt. Gase und Schlacke schützen die Schmelze vor dem Zutritt der Luft und verbessern die elektrische Leitfähigkeit der Lichtbogenstrecke. Nach dem Schweißen wird die spröde Schlacke abgeschlagen.

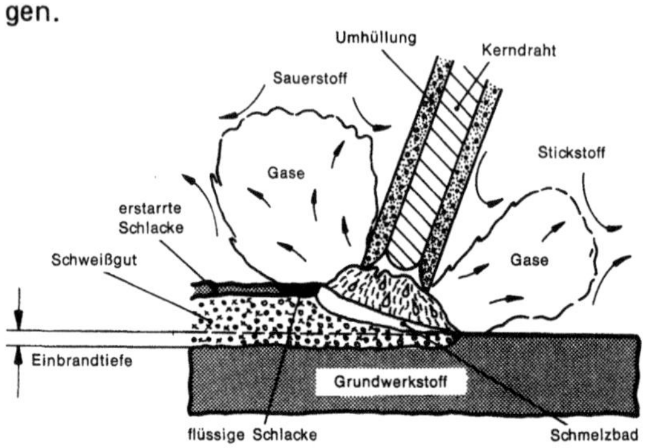


*Bild 3-274 Abschmelzvorgang*

*Tabelle 3-31*
Vergleich von Stabelektrodentypen nach DIN 1913, Ausgabe Nov. 1967 (alt) und Januar 1976 (neu)

| neu | alt |
|---|---|
| A1 | Es IId |
| A2 | Es IIId |
| R2 | Ti IIId<br>Ti Vd |
| R3<br>R(C)3 | Ti VIIm |
| C4 | Ze VIIm |
| A5 | Es VIIIbs, Es IXs |
| RR6<br>RR(C)6 | Ti VIIIas |
| AR7<br>RR(B)7 | Ti VIIIbs |
| RR8 | Ti VIIIbs |
| RR(B)8 | Ti IXs, Ti Xs |
| B9<br>B(R)9 | Kb IXs |
| B10<br>B(R)10 | Kb IXs |
| AR11<br>RR11 | FeTi VIIIb |
| B12<br>B(R)12 | FeKb IX |

*Tabelle 3-30* Mindestanforderungen von Grundwerkstoffen (Stahlsorten) an das Schweißgut der Stabelektroden

| Grundwerkstoff: Stahlart | Grundwerkstoff: Stahlsorte | Mindestanforderung an das Schweißgut | |
|---|---|---|---|
| DIN 17100 allgemeine Baustähle | St 34-1 bis St 42-1 | 43 00 | – |
| | St 34-2 bis St 46-2 | 43 10 | – |
| | St 37-3U bis St 46-3U | 43 20 | – |
| | St 37-3N bis St 46-3N | 43 30 | – |
| | St 52-3U | (43 20) | 51 20 |
| | St 52-3N | (43 30) | 51 30 |
| DIN 17155 Teil 1 und DIN 17175 Teil 1 | | 43 11 | – |
| | HI, HII, St 35.8<br>HIII bis 19Mn5, St 45.8 | (43 11) | 51 11 |
| DIN 17172 | USt 34.7, USt 37.7 | 43 11 | – |
| | (R)St 34.7 bis St 43.7 | 43 22 | – |
| | St 47.7, St 53.7 | (43 22) | 51 22 |
| Schiffbaustähle Gütegrade | A, B | 43 11 | – |
| | D | 43 22 | – |
| | E | 43 33 | – |
| | A 32, A 36, D 32, D 36 | – | 51 22 |
| | E 32, E 36 | – | 51 33 |

Der **Werkstoffübergang** ist vom Elektrodentyp abhängig. Man unterscheidet grobtropfigen, mitteltropfigen und feintropfigen bzw. sprühregenartigen Übergang (Bild 3-275).

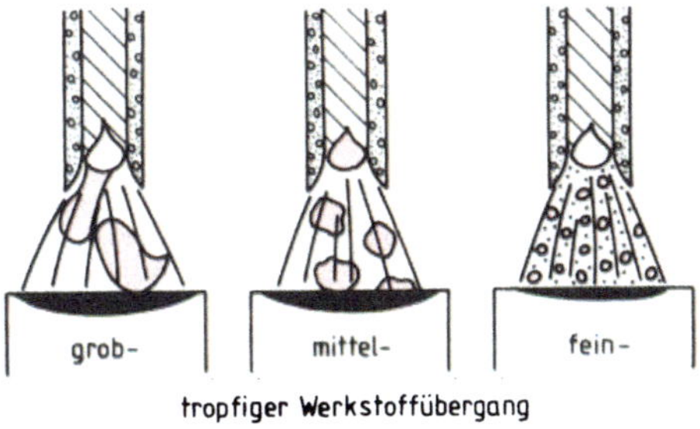


*Bild 3-275 Werkstoffübergang*

Die **Schweißstromart** wird bestimmt vom Grundwerkstoff, dem Elektrodentyp, der Blaswirkung und weiteren Faktoren. Beim Schweißen mit Gleichstrom ist die Polarität zu beachten. Am Pluspol wird in der Regel mehr Wärme frei als am Minuspol.

Die **Schweißstromstärke** richtet sich nach dem Elektrodendurchmesser, der Einbrandtiefe und anderen Gesichtspunkten. Empfehlungen sind jeweils auf dem Elektrodenpaket angegeben. Die günstigste Einstellung hat der Schweißer zu ermitteln. Richtwert in Ampere: 40–50 X Elektrodenkerndurchmesser.

**Schweißpositionen** (DIN 1912) sind nach der Lage der Schweißnaht während des Schweißens festgelegt (Bild 3-276).

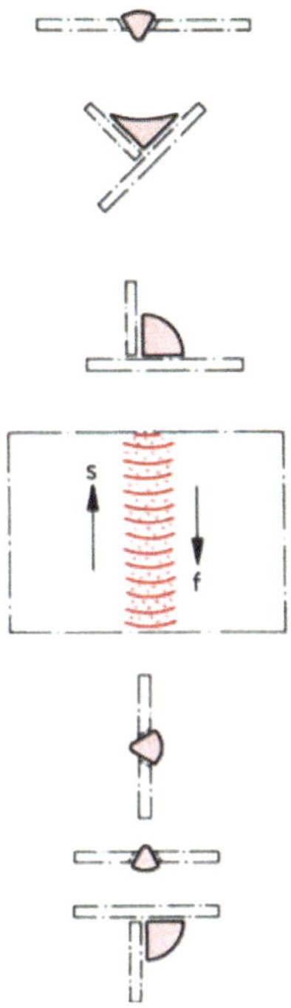


w = Wannennaht, waagrechtes Schweißen von Stumpf- und Kehlnähten

h = Horizontalnaht, horizontales Schweißen von Kehlnähten

s = Steignaht, Schweißen von unten nach oben

f = Fallnaht, Schweißen von oben nach unten

q = Quernaht, waagrechtes Schweißen an senkrechter Wand

ü = Überkopfnaht, überkopfschweißen von Stumpf- und Kehlnähten

*Bild 3-276 Schweißpositionen*

## Nahtaufbau und Elektrodenführung

Man unterscheidet:

*Strichraupen* (Bild 3-277). Die Elektrode wird geradlinig geführt;

*Pendelraupen* (Bild 3-278). Die Elektrode wird pendelnd geführt.

Beim Wiederansetzen einer Stabelektrode muß vor der Schweißraupe auf der Fugenflanke gezündet werden. Die Stabelektrode wird dann zurückgeführt und der Endkrater wieder aufgeschmolzen (Bild 3-279).

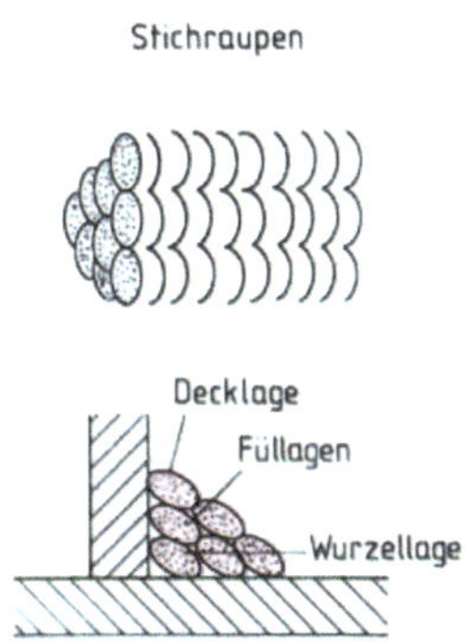


*Bild 3-277 Strichraupen*

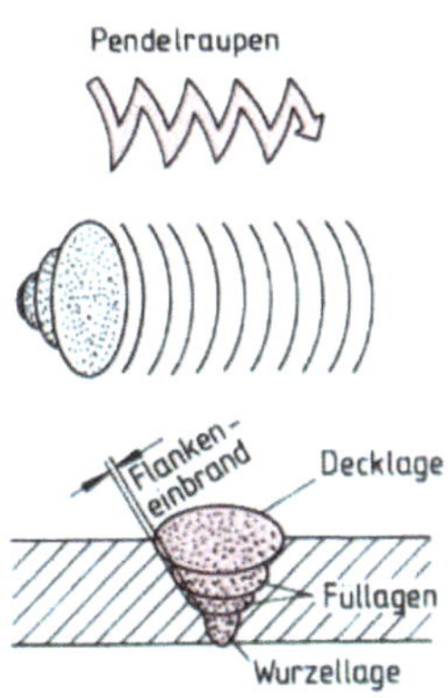


*Bild 3-278 Pendelraupen*

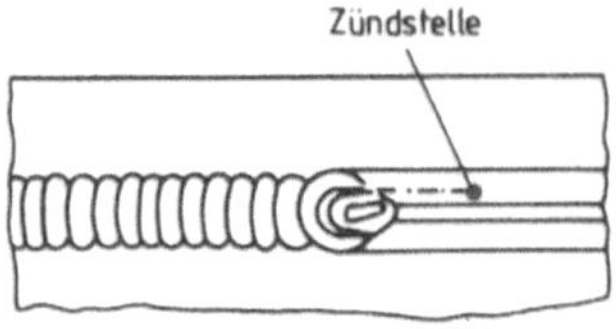


*Bild 3-279 Zünden nach Elektrodenwechsel*

**Schweißnahtvorbereitung**

Für das Gasschweißen, Lichtbogenhandschweißen und Schutzgasschweißen sind bewährte Fugenformen genormt (Tabelle 3-32). Die Auswahl der Fugenform richtet sich im wesentlichen nach Werkstoff, Schweißposition und Schweißverfahren.

*Tabelle 3-32* Fugenformen an Stahl für das Gasschweißen, Lichtbogenhandschweißen und Schutzgasschweißen nach DIN 8551 (Auszug)

| Kennzahl | Werkstückdicke *s* | Ausführung | Benennung | Symbol[1] | Fugenform Schnitt | Maße: Grad[2] α, β | Maße: Spalt[3] *b* | Maße: Steghöhe *c* | Maße: Flankenhöhe *h* | Schweißverfahren[4] | Bemerkungen |
|---|---|---|---|---|---|---|---|---|---|---|---|
| 1 | bis 2 | einseitig | Bördelnaht | ⅃L | 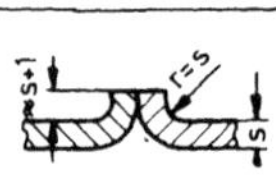 | – | – | – | – | G, E, WIG, MIG, MAG | meist ohne Zusatzwerkstoff |
| 3.1 | bis 4 | einseitig | I-Naht | ‖ | 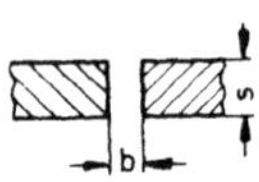 | – | ≈ *s* | – | – | G, E WIG[5] | – |
| | | | | | | – | 0 bis *s* | – | – | MIG, MAG | Mit Badsicherung auch bis 8 mm |
| 3.2 | bis 8 | beidseitig[6] | | | | – | $\approx \frac{s}{2}$ | – | – | E, WIG[5] | – |
| | | | | | | – | 0 bis $\frac{s}{2}$ | – | – | MIG, MAG | – |
| 4 | 3 bis 10 | einseitig oder | V-Naht | V | 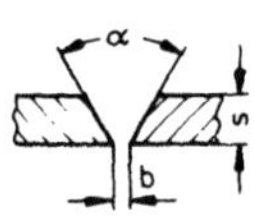 | ≈ 60 | 0 bis 3 | – | – | G | Gegebenenfalls mit Badsicherung und größerem Stegabstand |
| | 3 bis 40 | beidseitig[6] | | | | ≈ 60 | | | | E, WIG[5] | |
| | | | | | | 40 bis 60 | | | | MIG, MAG | |
| 6 | über 10 | beidseitig[6] | Y-Naht | Y | 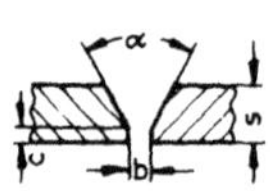 | ≈ 60 | 0 bis 3 | 2 bis 4 | – | E, WIG[5] | In Sonderfällen auch für kleinere Werkstückdicken und G möglich |
| | | | | | | 40 bis 60 | | | | MIG, MAG | – |
| 8 | über 10 | beidseitig[6] | DV-Naht | X | 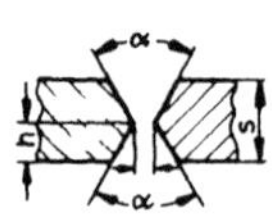 | ≈ 60 | 0 bis 3 | – | $\frac{s}{2}$ | E, WIG[5] | – |
| | | | | | | 40 bis 60 | | | | MIG, MAG | |

Fortsetzung Tabelle 3-32

| | | | | | | | | | | | |
|---|---|---|---|---|---|---|---|---|---|---|---|
| 11 | über 12 | ein-seitig oder beid-seitig[6] | U-Naht |  | 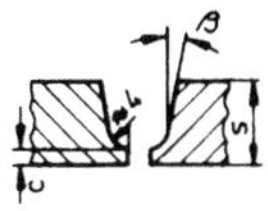 | ≈ 8 | 0 bis 3 | ≈ 3 | – | E-WIG[5]) MIG, MAG | Wurzel auch mit G $e = 4{,}6 + 0{,}14\,s$, wenn $c = 4$ mm und $\beta = 8°$ |
| 12 | über 30 | beid-seitig[6] | DU-Naht |  | 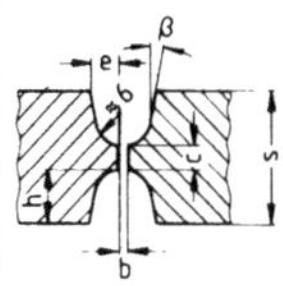 | ≈ 8 | 0 bis 3 | ≈ 3 | $\approx \frac{s}{2}$ | E, WIG[5]) MIG, MAG | Diese Fugenform kann auch mit unterschiedlichen Flankenhöhen analog der 2/3-DV-Naht ausgeführt werden. $e = 5 + 0{,}1\,s$, wenn $c = 3$ mm und $\beta = 8°$ |
| 15 | über 10 | beid-seitig[6] | DHV-Naht (Doppel-HV-Naht) | K | 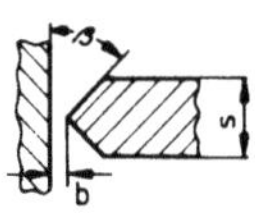 | 40 bis 60 | 0 bis 4 | – | $\frac{s}{2}$ | E, WIG[5]) MIG, MAG | Diese Fugenform kann auch mit unterschiedlichen Flankenhöhen analog der 2/3-DV-Naht ausgeführt werden. |

1) Eventuelle Zusatzzeichen siehe DIN 1912 Teil 5
2) Für Schweißen in Schweißposition q (waagerecht an senkrechter Wand) auch größer und/oder unsymmetrisch.
3) Die angegebenen Maße gelten für den gehefteten Zustand. Der günstigste Stegabstand ist abhängig von der Schweißposition und vom Schweißverfahren.
4) E = Lichtbogenhandschweißen, G = Gasschweißen, MIG = Metall-Inertgas-Schweißen, MAG = Metall-Aktivgas-Schweißen, WIG = Wolfram-Inertgas-Schweißen.
5) Beim Wolfram-Inertgas-Schweißen kann Schutz gegen Oxidation und Badsicherung durch Schutzgas (siehe DIN 32526, z.Z. noch Entwurf), z.B. Formiergas, erforderlich sein.
6) Wurzel gegegebenenfalls ausgearbeitet und gegengeschweißt.

Die Fugenflanken werden durch Brennschnitte, seltener durch Hobeln, Fräsen oder Drehen hergestellt. Rost und Zunder sowie Fett und Farbe müssen am Schweißstoß entfernt werden. Verunreinigungen beeinträchtigen die Qualität der Schweißverbindung.

**Schutzgasschweißen** (Kurzzeichen, SG) ist der Oberbegriff für alle Lichtbogen-Schweißverfahren, bei denen Elektrode, Lichtbogen und Schweißbad durch ein zusätzlich zugeführtes *Schutzgas* gegen die Atmosphäre abgeschirmt sind. Das Schutzgas strömt mit geringem Überdruck aus der Brennerdüse und verdrängt die Luft an der Schweißstelle.

Einteilung der Schutzgasschweißverfahren nach der Art von Elektrode und Schutzgas.

- Schutzgasschweißen
  - Wolfram-Schutzgasschweißen (WSG)
    - Wolfram-Inertgas-Schweißen (WIG)
    - (Wolfram-)Plasmaschweißen (WP)
    - Wolfram-Wasserstoff-Schweißen (WHG)
  - Metall-Schutzgasschweißen (MSG)
    - Metall-Inertgas-Schweißen (MIG)
    - Metall-Aktivgas-Schweißen (MAG)

**Wolfram-Schutzgasschweißen** (Kurzzeichen WSG) ist der Oberbegriff für alle Schutzgas-Schweißverfahren mit nichtabschmelzender Elektrode (Dauerelektrode), z.B. aus Wolfram.

**Wolfram-Inertgas-Schweißen** (Kurzzeichen WIG) Als Schutzgas wird inertes[1)] Gas, vorzugsweise Argon, teilweise auch Helium oder deren Gemische verwendet. Schweißzusatzwerkstoff wird, falls erforderlich, stromlos zugeführt. Schweißzusatzwerkstoffe sind nach DIN 8559 genormt, Schutzgase nach DIN 32526.

Geschweißt wird mit:

- *Gleichstrom* (Minuspol an der Elektrode) bei Stahl, Kupfer, Nickel, Ni-Legierungen, Titan und Molybdän;
- *Wechselstrom* bei Aluminium, Magnesium und Mg-Legierungen.

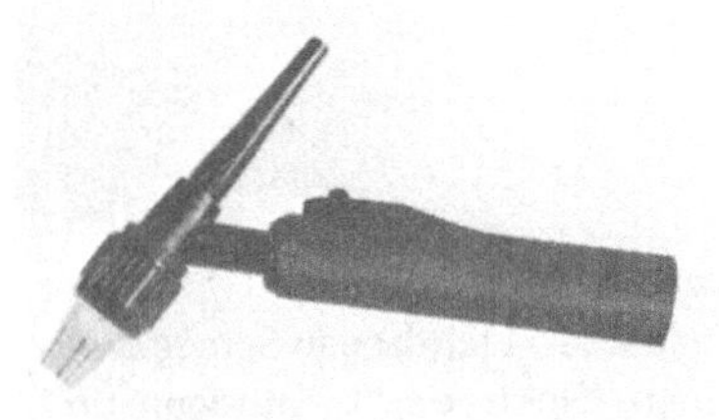

*Bild 3-280 WIG-Handschweißbrenner (wassergekühlt)*

**Plasmaschweißen**

Unter einem Plasma versteht man ein hocherhitztes Gas, das auf Grund seiner hohen Temperatur elektrische Leitfähigkeit besitzt.

1) Inert heißt träge, untätig. Nur Edelgase haben diese Eigenschaft. Sie gehen keine chemische Reaktion mit dem flüssigen Metall ein.

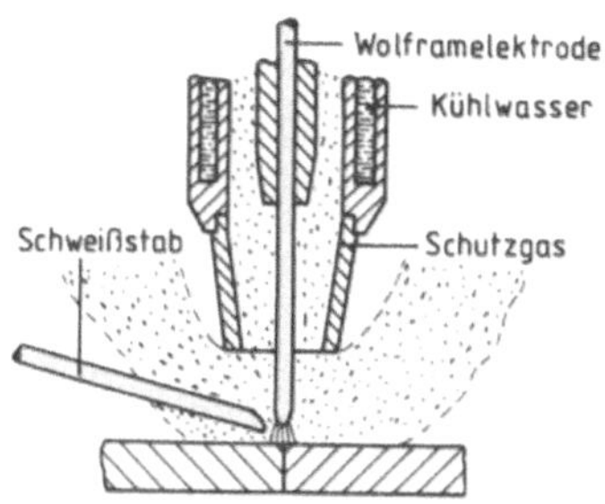


*Bild 3-281 Prinzip des Wolfram-Inertgas-Schweißens (WIG-Schweißen)*

Es besteht aus dissoziiertem (aufgespaltenen) und weitgehend ionisiertem Gas und setzt sich in diesem Zustand aus neutralen Teilchen (Molekülen und Atomen) und elektrisch geladenen Teilchen (Ionen und Elektronen) zusammen. In der Schweißtechnik wird nur der durch eine Düse eingeschnürte Lichtbogen als Plasma bezeichnet. Nach der elektrischen Schaltung unterscheidet man zwei Arten von Plasma-Brennern, und zwar solche mit *übertragenem* und *nicht übertragenem* Lichtbogen.

Innerhalb des Plasmabrenners wird zunächst ein Hilfslichtbogen zwischen Elektrode und Düse gezündet. Das Schneidgas dissoziiert und ionisiert, tritt aus der Düse aus und macht die Strecke zwischen Düse und Werkstück elektrisch leitfähig. Daraufhin bildet sich automatisch der Hauptlichtbogen zwischen Elektrode und Werkstück.

Durch den eingeschnürten Lichtbogen hat das Plasmaschweißen gegenüber dem WIG-Schweißen eine Reihe technischer Vorteile: unempfindlich gegen schwankenden Brennerabstand (Bild 3-282), hohe Energiedichte, tiefer Einbrand, hohe Schweißgeschwindigkeit, schmale Schmelzzone (Bild 3-283) und geringer Verzug.

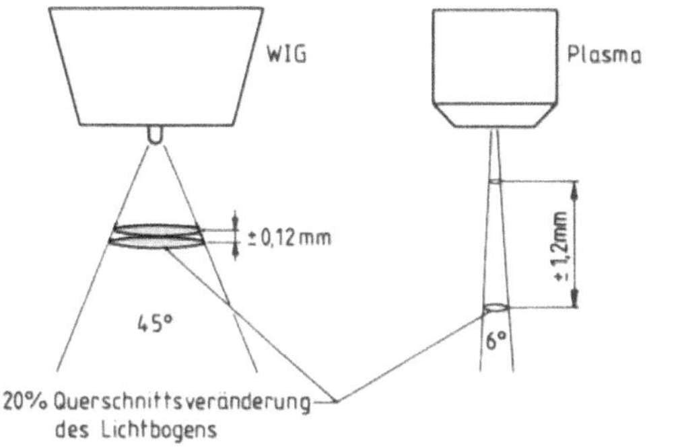


*Bild 3-282 Vergleich von WIG- und Plasma-Lichtbogen bei Abstandsschwankungen*

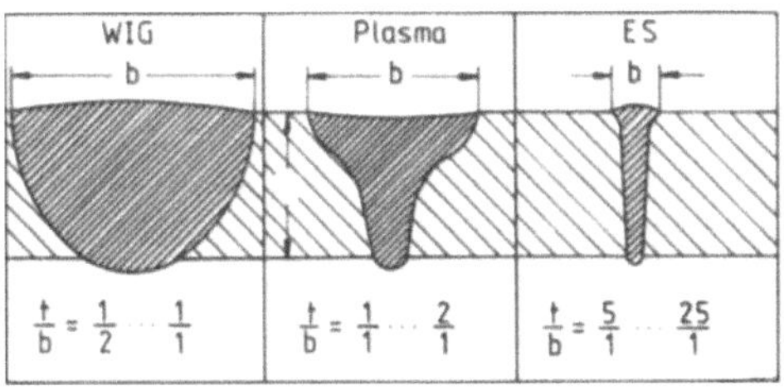


*Bild 3-283 Vergleich der Schmelzzonenform beim WIG-, Plasma- und Elektronenstrahlschweißen*

*Anwendung:* Schweißen dünner Bleche bis zu 0,01 mm Dicke, sog. Mikro-Schweißen; Brennschneiden hoch schmelzender Stoffe mit einem besonderen Plasmabrenner; Aufdampfen von hochschmelzenden Stoffen auf Trägerwerkstoffe, z.B. Coromant.

**Metall-Schutzgasschweißen** (Kurzzeichen MSG), ist der Oberbegriff für alle Schutzgasschweißverfahren mit abschmelzender Elektrode (Bilder 3-284 und 3-285).

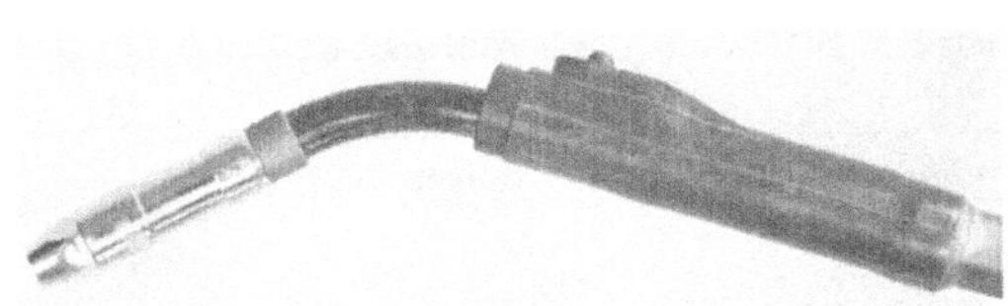

*Bild 3-284 MIG/MAG-Handschweißbrenner (wassergekühlt)*

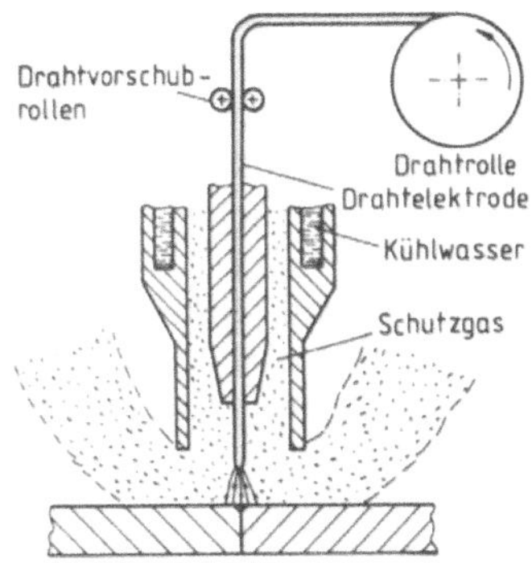


*Bild 3-285 Prinzip des Metall-Inertgas-Schweißens (MIG/MAG-Schweißen)*

**Metall-Inertgas-Schweißen** (Kurzzeichen MIG). Als Schutzgas wird inertes Gas, vorzugsweise Argon, teilweise auch Helium oder deren Gemische verwendet.

*Verwendung:* NE-Metalle oder deren Legierungen, sowie hochlegierte Stähle.

**Metall-Aktivgas-Schweißen** (Kurzzeichen MAG). Als Schutzgas wird aktives Gas, z.B. Kohlendioxid ($CO_2$) oder Mischgas verwendet.

Man spricht auch von $CO_2$-Schweißen (Kurzzeichen MAGC) bzw. vom Mischgas-Schweißen, Kurzzeichen MAGM.

*Verwendung:* unlegierte und niedriglegierte Stähle. Der Schweißzusatzwerkstoff ist auf den Grundwerkstoff und die Art des Schutzgases abzustimmen. Die Auswahl erfolgt nach DIN-Empfehlungen.

Nach der Art des Lichtbogens lassen sich unterschiedliche Verfahrenseigenschaften wählen. Zum Beispiel: Hohe oder niedrige Abschmelzleistung, tiefer Einbrand, gute Spaltüberbrückung oder gute Eignung für Zwangslagen. Nach der Art des Lichtbogens unterscheidet man nach DIN 1910 Teil 4:

- *Sprühlichtbogen* mit feinsttropfigem, kurzschlußfreiem Werkstoffübergang;
- *Langlichtbogen* mit grobtropfigem, nicht kurzschlußfreiem Werkstoffübergang;
- *Kurzlichtbogen* mit feintropfigem Werkstoffübergang im Kurzschluß;
- *Impulslichtbogen* mit kurzschlußfreiem, nach Tropfengröße und Frequenz einstellbarem Werkstoffübergang.

Geschweißt wird ausschließlich mit Gleichstrom bei positiver Polung der Elektrode.

Die MAG-Schweißverfahren sind durch ihre hohe Abschmelzleistung besonders wirtschaftlich.

**Unterpulver-Schweißen** (Kurzzeichen UP). Der Lichtbogen brennt unter einer Pulverschicht zwischen der nackten abschmelzenden Elektrode und dem Werkstück. Ein Teil des Pulvers schmilzt im Lichtbogen zu Schlacke, die das Schmelzbad gegen die Atmosphäre und gegen zu schnelles Abkühlen schützt. Das überschüssige Pulver wird fortlaufend abgesaugt und wieder verwendet.

Schweißpulver und Schweißzusatzwerkstoffe für das UP-Schweißen sind nach DIN 8557 genormt.

Es kann mit Gleich- und Wechselstrom gearbeitet werden. Nur eine sorgfältige Abstimmung von Grundwerkstoff, Schweißzusatzwerkstoff, Schweißpulver und den Einstellwerten sichern eine ausreichende Güte der UP-Schweißverbindung.

Die Abschmelzleistung liegt noch erheblich über der Leistung der Schutzgas-Schweißverfahren.

**Elektronenstrahlschweißen**

Beim Elektronenstrahlschweißen werden die von einer glühenden Kathode austretenden Elektronen zu einem Strahl mit etwa 0,1 mm Durchmesser gebündelt. Beim Aufprall der schnellen Elektronen auf das Werkstück entsteht Bremswärme, die zum Schweißen des Werkstückstoffes ausgenutzt wird.

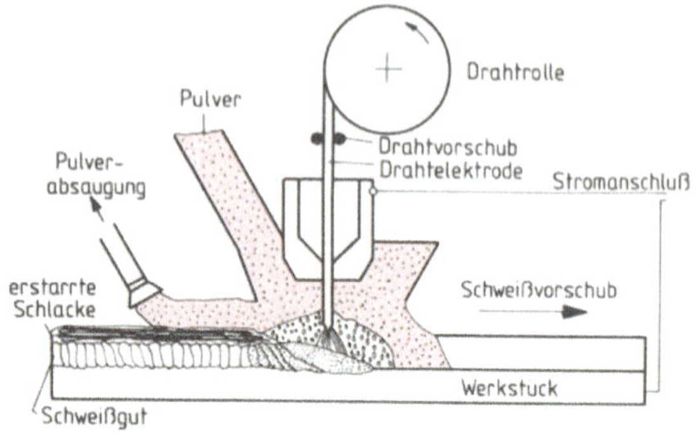


*Bild 3-286 Prinzip des UP-Schweißens*

Diese Art des Schweißens erfordert keinen Zusatzwerkstoff, sie wird mit Rücksicht auf die Elektronenbündelung vielfach in einer Vakuumkammer durchgeführt (Bild 3-287).

*Anwendung:* Zum Schweißen von Stahl, Al, Cu und hochschmelzenden Metallen.

*Tabelle 3-33* Übersicht und Merkmale der wichtigsten Lichtbogen-Schweißverfahren nach DIN 1910

| | Lichtbogen brennt: | Schweißzusatzwerkstoff | Hilfsstoffe |
|---|---|---|---|
| Metall-Lichtbogenschweißen | sichtbar zwischen abschmelzender Elektrode und dem Werkstück | *stromführende* Elektrode, meist umhüllt | |
| Wolfram-Schutzgasschweißen WIG-Schweißen | sichtbar zwischen einer nichtabschmelzenden Wolfram-Elektrode und einem Werkstück oder zwischen 2 Wolfram-Elektroden | wird *stromlos* als nackter Stab zugeführt | Inertgas: Argon, Helium |
| Metall-Schutzgasschweißen MIG-Schweißen MAG-Schweißen | sichtbar zwischen abschmelzender Elektrode und dem Werkstück | *stromführende* nackte Draht- oder Bandelektrode | Inertgas: Argon, Helium Aktivgas: $CO_2$ Mischgas: Ar + $CO_2$ |
| Unter-Pulver-Schweißen UP-Schweißen | unter einer Pulverschicht zwischen abschmelzender Elektrode und dem Werkstück | *stromführende* nackte Draht- oder Bandelektrode | Pulver |

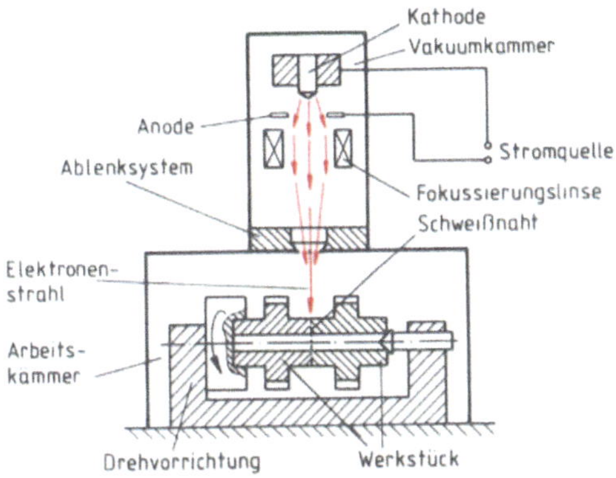


*Bild 3-287 Elektronenstrahlschweißen (Prinzip)*

*Bild 3-288 Achtfache Schweißung in einem Duchgang*
Blechdicke je 1 mm; Zwischenraum je 5 mm (Vakuum)

**Preßverbindungsschweißen**

**Widerstandspreßschweißen.** Die zum Schweißen erforderliche Wärme wird durch Stromfluß über den elektrischen Widerstand der Schweißzone erzeugt. Die Werkstücke werden unter Anwendung von Kraft geschweißt (Bild 3-289).

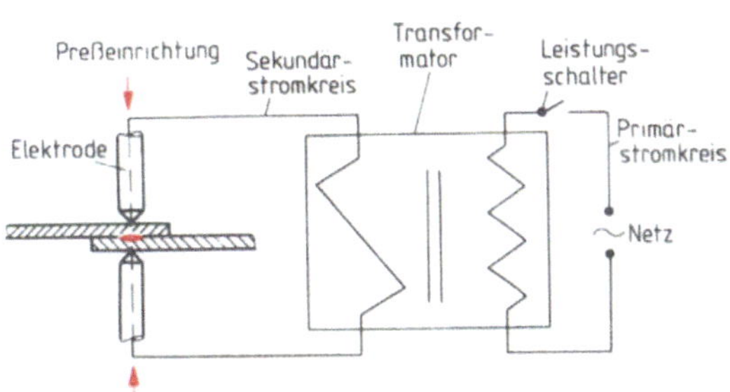


*Bild 3-289 Schema einer Widerstandsschweißmaschine*

**Beim Punktschweißen** werden Strom und Kraft durch Elektroden auf das Werkstück übertragen. Die Größe des Schweißpunktes richtet sich nach der Form und dem Querschnitt der Elektrodenspitze.

*Arbeitsfolgen des Punktschweißvorganges:* Die Schweißteile werden zusammengepreßt, der Schweißstrom eingeschaltet. Nach ausreichender Erwärmung verschweißen die Teile unter Druck. Der Strom wird abgeschaltet und die Anpreßkraft aufgehoben, wenn die Schweißzone etwas erkaltet ist (Bilder 3-290 und 3-291).

*Bild 3-290 Tisch-Punktschweißmaschine*

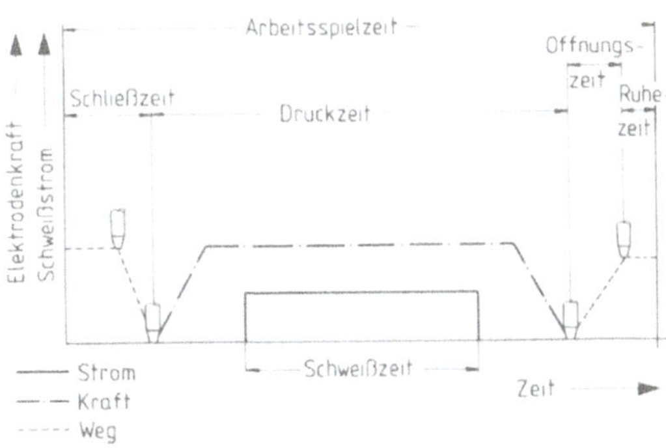


*Bild 3-291 Diagramm über den Verlauf von Druck, Strom und Zeit nach DIN 44 753*

*Hauptanwendungsbereich:* Stahlbleche zwischen 0,5 mm und 3 mm Dicke. Auch verzinkte Stahlbleche, Leichtmetalle und Messing kann man punktschweißen.

**Beim Buckelschweißen** ist der Arbeitsablauf während des Schweißvorganges gleich dem des Punktschweißens. Der Unterschied der Verfahren liegt in der Bildung der Schweißquerschnitte. Beim Punktschweißen wird er von den Elektroden bestimmt, beim Buckelschweißen durch vorher angebrachte Erhebungen, die Buckel (Bilder 3-292 und 3-295). Man kann mehrere Buckel gleichzeitig verschweißen. Die Elektroden sind als kräftige Preßplatten ausgebildet.

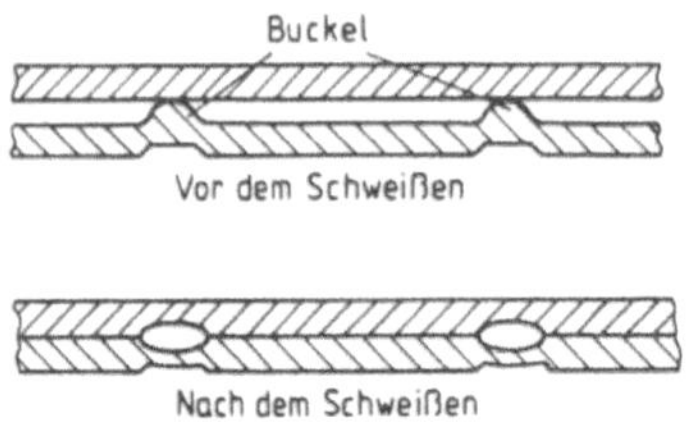


*Bild 3-292 Buckelschweißen*

*Hauptanwendungsbereich:* Stahlbleche ab 0,5 mm Dicke. Die größte Blechdicke wird von der Herstellmöglichkeit der Buckel bestimmt. Wenn anstelle von Buckeln Kanten verschweißt werden können, können Stahlteile beliebiger Dicke buckelgeschweißt werden, auch verzinkte Bleche sowie Stahl mit Messing lassen sich buckelschweißen.

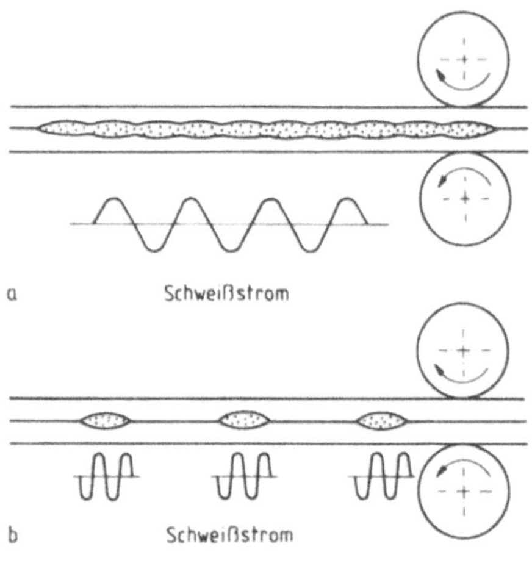


*Bild 3-293 Rollnahtschweißen*

a) Dichtnaht, mit Dauerwechselstrom geschweißt
b) Punktnaht, mit unterbrochenem Wechselstrom geschweißt.

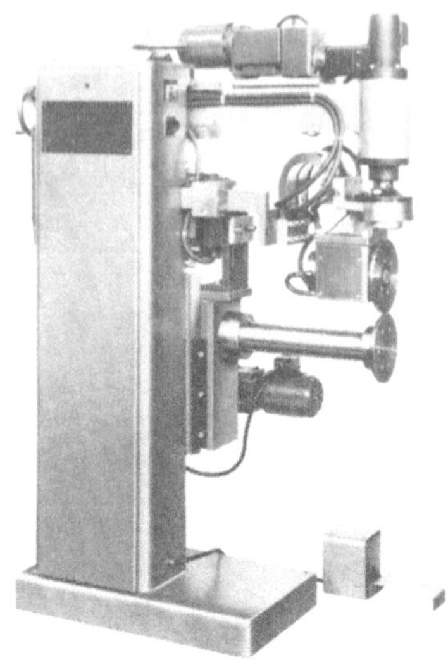

*Bild 3-294 Rollnahtschweißmaschine*

*Bild 3-295 Buckelschweißpresse*

**Rollnahtschweißen** (Bilder 3-293 und 3-294). Die stabförmigen Punktelektroden des Punktschweißens werden durch Rollenelektroden ersetzt. Beim Rollnahtschweißen heben die Elektroden, im Gegensatz zum Punktschweißen, auch während des Vorschubs nicht vom Werkstück ab. Dadurch ist es möglich, durchlaufende

Nähte (Dichtnähte) oder unterbrochene Nähte (Rollenpunktnähte) herzustellen.

*Hauptanwendungsgebiet:* Stahlblech bis ca. 3 mm Dicke.

Beim **Abbrennstumpfschweißen** wird die Stoßfläche der Werkstücke durch Bildung von Schmorkontakten und Lichtbögen erwärmt (abgebrannt) und durch schlagartiges Stauchen geschweißt. Strom und Kraft werden von Spannbacken auf die Werkstücke übertragen (Bild 3-296).

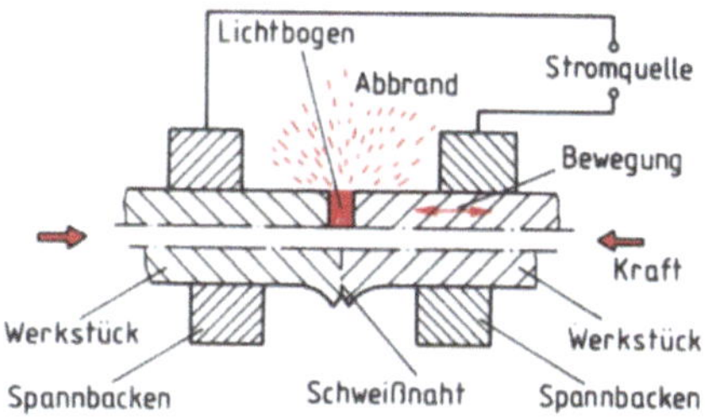


*Bild 3-296 Abbrennstumpfschweißen*

*Hauptanwendung:* Unlegierter Stahl bis zu einem Querschnitt von 400 $cm^2$ und NE-Metalle, insbesondere Leichtmetall.

Beim **Reibschweißen** werden die Werkstücke an den Stoßflächen gegeneinander bewegt (gerieben) und unter Nutzung der hierbei entstehenden Reibungswärme unter Anwendung von Kraft geschweißt (Bild 3-298).

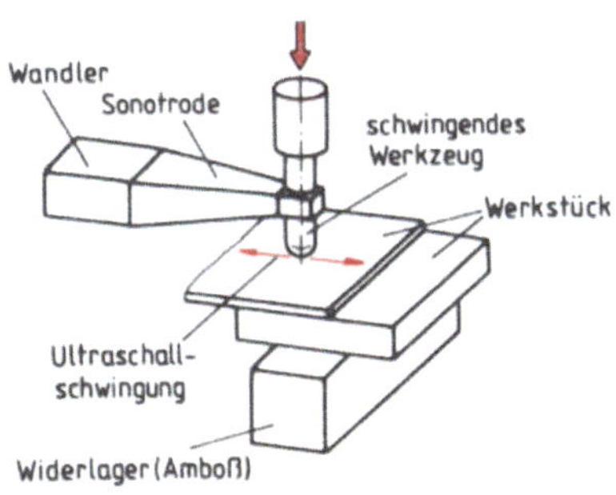


*Bild 3-297 Schema einer Ultraschall-Schweißmaschine*

Beim **Ultraschallschweißen** werden die Stoßflächen der Werkstücke durch Einwirkung mechanischer Schwingungen im Ultraschallbereich geschweißt. Schwingungsrichtung des

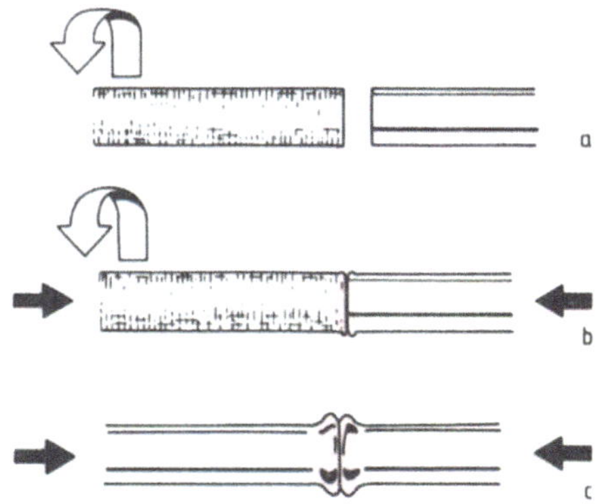


*Bild 3-298 Prinzip des Reibschweißvorganges*

a) Ein Werkstück steht still, das andere rotiert.
b) Die Werkstücke werden axial gegeneinander gepreßt, so daß die Stoßflächen einander reiben und sich erwärmen. Der Werkstoff wird plastisch.
c) Die Maschine wird schnell abgebremst, die Anpreßkraft weiter gesteigert. Die Werkstücke verschweißen.

Ultraschalls und Kraftwirkung verlaufen zueinander senkrecht, wobei die Stoßflächen aufeinander reiben. Bei speziellen Schweißaufgaben wird dem Werkstück gleichzeitig noch Wärme zugeführt. Je nach Ausbildung des Werkzeuges sowie der Art der Berührung zwischen Werkzeug und Werkstück können z.B. Punkte oder Liniennähte geschweißt werden (Bild 3-297).

**Fehler an Schweißverbindungen**

Die möglichen Fehler an Schweißverbindungen werden nach ihrer Art, Geometrie und Lage in DIN 8524 zusammengestellt und durch einheitliche Benennungen und Ordnungsnummern gekennzeichnet. Man unterscheidet nach den Fehlergruppen: Risse, Hohlräume, feste Einschlüsse, Bindefehler und ungenügende Durchschweißung, Formfehler usw.

**Schweißempfindlichkeit der Metalle**

Als schweißempfindlich werden die Werkstoffe bezeichnet, deren Festigkeitseigenschaften durch Schweißen nachteilig verändert werden.

Die Schweißempfindlichkeit der Stähle wird von ihrer Neigung zur Abschreckhärtung, also hauptsächlich von ihrem Kohlenstoffgehalt (Bild 3-299), sowie von ihrer Kaltsprödigkeit und Warmbrüchigkeit bestimmt.

Als **gut schweißbar** gelten Stähle, bei denen die Festigkeit im Schweißgut und in der wärmebeeinflußten Zone nicht über der Festigkeit des Grundwerkstoffes liegt, z.B. unlegierte Stähle, deren Kohlenstoffgehalt 0,22 % nicht übersteigt. Als nur **bedingt schweißbar** gelten Stähle, in deren wärmebeeinflußte Zone durch das Schweißen eine Festigkeitssteigerung eintritt. Dieser Härteeffekt läßt sich mildern, indem die Teile auf eine Temperatur von 100 °C bis 300 °C vorgewärmt und während des Schweißvorganges auf dieser Temperatur gehalten werden. Die wärmebeeinflußte Zone kühlt dadurch langsam ab. Als **nichtschweißbar** gelten Stähle, die trotz sorgfältigen Vorwärmens nicht rißfrei geschweißt werden können.

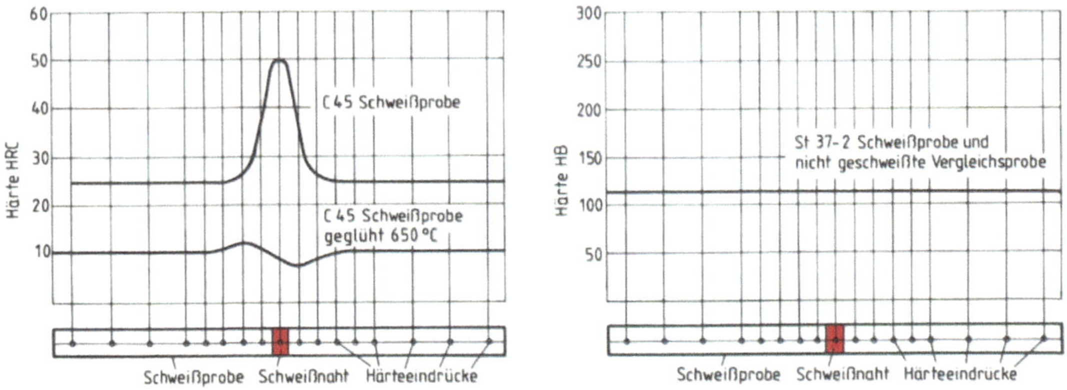


*Bild 3-299 Härteverlauf bei Schweißproben aus St37 und C45 Schweißverfahren: Abbrennstumpfschweißen*

**Gußeisen.** Das Schweißen von Grauguß ist fast ausschließlich auf Reparaturarbeiten beschränkt. Angewendet werden Warm-, Halbwarm- und Kaltschweißen.

Beim **Warmschweißen** wird das ganze Werkstück auf 450 °C bis 600 °C vorgewärmt, bei dieser Temperatur geschweißt und sehr langsam abgekühlt.

*Schweißverfahren:* Gasschmelz- und Lichtbogenschweißen.

*Zusatzwerkstoff:* Graugußstäbe und Stabelektroden nach DIN 8573.

> Das Warmschweißen des Gußeisens ergibt spannungsarme gas- und flüssigkeitsdichte Nähte, die gut bearbeitbar sind.

Beim **Halbwarmschweißen** wird das Werkstück auf 200 °C ... 300 °C oder nur um die Schweißstelle herum auf 450 °C ... 600 °C erwärmt. Schweißverfahren und Zusatzwerkstoffe wie beim Warmschweißen.

Beim **Kaltschweißen** wird das Werkstück nicht vorgewärmt. Das Verfahren ist unsicher und sollte nur in Ausnahmefällen angewendet werden, z.B. zum Ausbessern von Gußfehlern (Schönheitsreparatur). Die Schweißnähte sind hart und spröde.

*Schweißverfahren:* Lichtbogenschweißen, um die Wärmezufuhr gering zu halten.

*Zusatzwerkstoffe:* Stabelektroden auf Eisen-, Nickel- und Kupferbasis, DIN 8573.

**Reinaluminium.** Die Schweißnähte von Reinaluminium-hart werden durch Rekristallisation in der Schweißzone etwa 50 % weicher, von Reinaluminium-weich etwa 5 % härter als der Grundwerkstoff.

**Nicht aushärtbare Aluminiumlegierungen.** Die Schweißnähte haben bei Verwendung geeigneter Elektroden höhere Festigkeit als der Grundwerkstoff (Bild 3-301).

**Aushärtbare Aluminiumlegierungen.** Die Schweißnähte haben etwa halbe Werkstoff-Festigkeit (Bild 3-301).

> Tragende Teile aus hochfesten Aluminiumlegierungen dürfen nicht verschweißt werden.

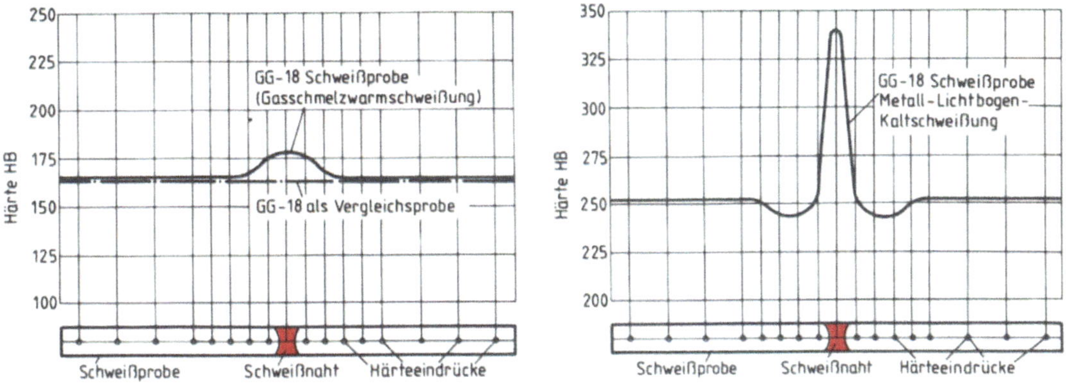


*Bild 3-300 Härteverlauf bei Schweißproben aus GG-18*

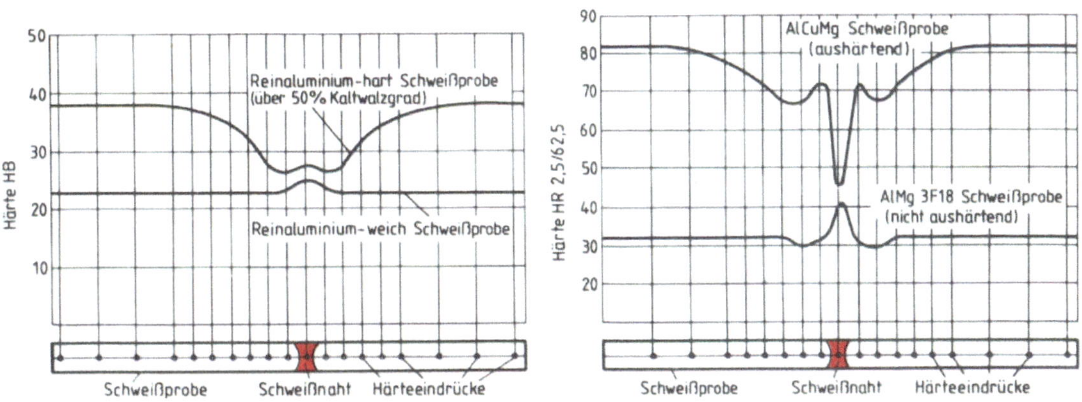


*Bild 3-301 Härteverlauf bei Schweißproben aus Reinaluminium weich und hart, aushärtende und nichtaushärtende Aluminiumlegierungen*

## Thermisches Schneiden (Brennschneiden)

Das thermische Schneiden wird dem Fertigungsverfahren Abtragen zugeordnet.

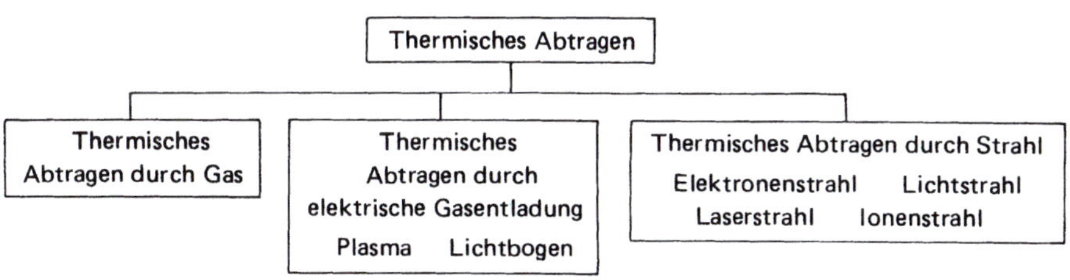


**Brennschneiden** ist das thermische Schneidverfahren das mit einer Brenngas-Sauerstoff-Heizflamme und einem Schneidsauerstoffstrahl ausgeführt wird. Dabei nutzt man die Eigenschaft des Eisens und niedrig legierter Stähle im reinen Sauerstoffstrahl zu verbrennen ohne schmelzflüssig zu sein. Eisen verbrennt z.B. unter reinem Sauerstoff bei 1210 °C, die Schmelztemperatur beträgt dagegen 1536 °C. Mit der Heizflamme wird die Schneidstelle auf Entzündungstemperatur erwärmt. Der Schneidsauerstoffstrahl verbrennt den Werkstoff und bläst die flüssige Schlacke aus der Schnittfuge.

Bei dem Schneidbrenner unterscheidet man nach dem Mischsystem zwischen Saugbrenner und Druckbrenner. Überwiegend wird heute der bauartzugelassene Saugbrenner (Injektorbrenner) nach DIN 8543 eingesetzt.

Die günstigsten Einstellwerte der Heizflamme und des Schneidsauerstoffdruckes sowie die zweckmäßigste Reihenfolge der Einstellung sind ausschließlich den Schneidtabellen, die jedem Schneidbrenner beigegeben werden, zu entnehmen.

Die exakte Einstellung der Heizflamme ist für die Qualität des Brennschnittes ebenso entscheidend wie der richtige Sauerstoffdruck und die richtige Wahl der Schneidgeschwindigkeit (Bilder 3-302 und 3-303).

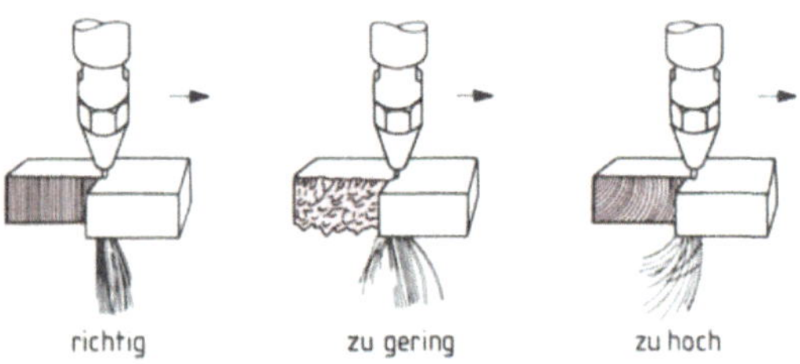


*Bild 3-302 Einfluß der Schneidgeschwindigkeit beim Brennschneiden*

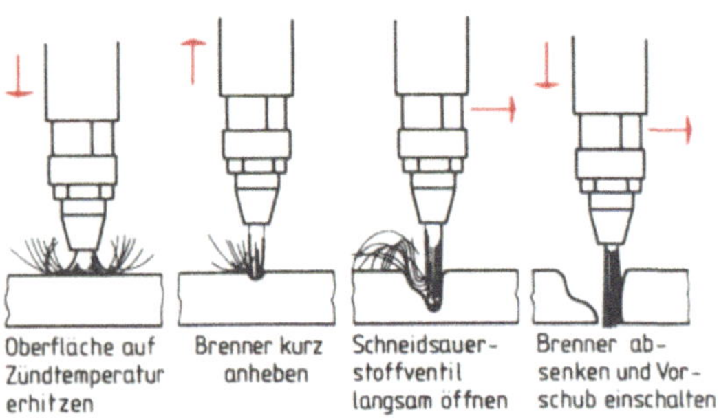


*Bild 3-303 Schema des Lochstechens beim Ansetzen eines Brennschnittes aus der Mitte des Werkstückes heraus*

**Brennfugen** dient zum Ausarbeiten von Schweißnähten, besonders der Wurzellagen, zum Freilegen von Fehlstellen und zum Vorbereiten von Schweißfugen. Dabei muß der Schneidsauerstoffstrahl mit wesentlich geringerer Geschwindigkeit aus der Schneiddüse austreten als beim Brennschneiden (Bild 3-304).

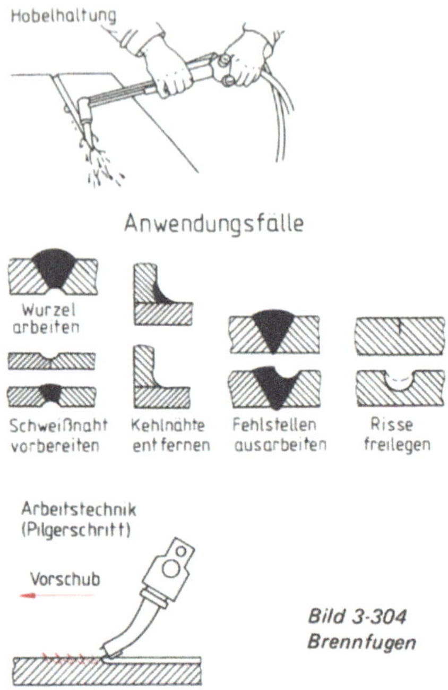


*Bild 3-304 Brennfugen*

Beim **Lichtbogen-Sauerstoffschneiden** wird die hohe Temperatur des elektrischen Lichtbogens zum Erhitzen ausgenutzt. Durch eine umhüllte Hohlelektrode wird der Schneidsauerstoff zugeführt, wobei der Lichtbogen stetig weiterbrennt. Die Zuführung von Sauerstoff und Strom ist nur über eine spezielle Schweißzange möglich. Die Schnittflächen sind gegenüber dem autogenen Brennschneiden unsauber und rauh (Bild 3-305).

*Anwendung:* zum Entfernen von Nieten und Schneiden von Löchern.

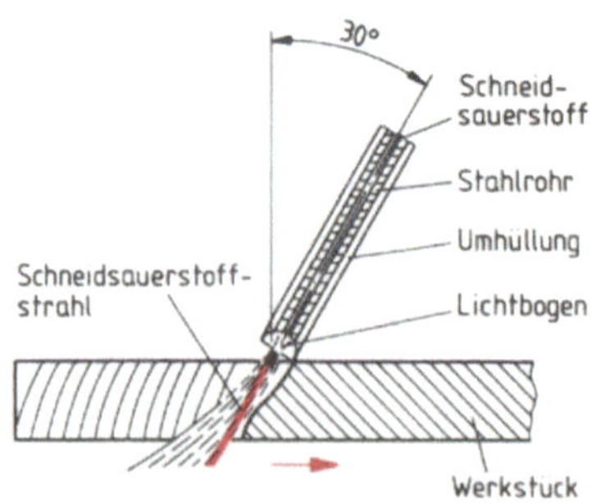


*Bild 3-305 Lichtbogen-Sauerstoffschneiden*

**Plasmaschmelzschneiden**

Ein Plasmastrahl von hoher Temperatur (je nach Plasmagas über 25 000 K) und großer kinetischer Energie schmilzt den Werkstoff oder verdampft ihn teilweise und treibt ihn aus der Schnittfuge (Bild 3-306). Dabei findet keine chemische Reaktion (Oxidation) des Werkstoffes statt. Das Verfahren eignet sich deshalb zum Schneiden aller metallischen Werkstoffe. Trotz der hohen Schneidgeschwindigkeit werden glatte Schneidflächen erreicht.

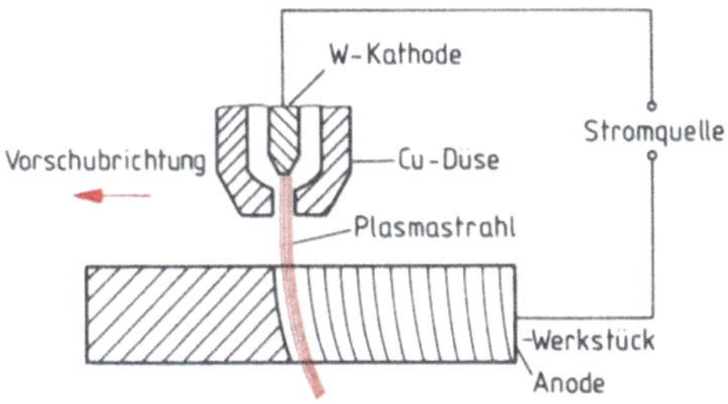


*Bild 3-306 Prinzip des Plasmaschmelzschneidens*

Beim **Laserschneiden** wird von einem Laser-Strahl die zum Schneiden erforderliche Energie geliefert, die dann im Werkstoff in Wärme umgesetzt wird. Der Werkstoff wird meist durch einen zusätzlichen Gasstrahl abgetragen. Nach der Umwandlungsart des Werkstoffes (Verbrennen, Schmelzen, Sublimieren[1]) unterscheidet man: Laser-Brennschneiden, -Schmelzschneiden und -Sublimierschneiden (Bild 3-307).

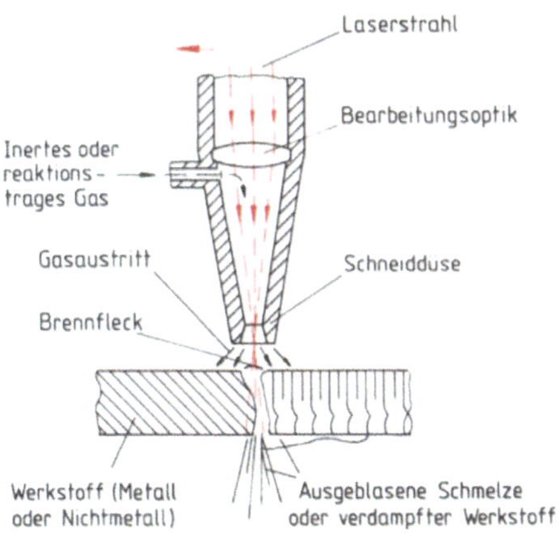


*Bild 3-307 Laser-Schmelzschneiden*

1) sublimieren = unmittelbarer Übergang eines festen Stoffes in den gasförmigen Zustand.

*Hauptanwendungsgebiet:* Schneiden metallischer und nicht metallischer Werkstoffe (Glas, Kunststoffe, Holz u.a) bis zu mehreren Millimetern Dicke.

**Thermisches Spritzen**

Das thermische Spritzen umfaßt Verfahren, bei denen Spritzzusätze geschmolzen oder angeschmolzen auf Oberflächen von Werkstücken geschleudert werden. Die Oberflächen werden hierbei im allgemeinen nicht angeschmolzen (DIN 32 530). Der in Draht- oder Pulverform vorliegende Spritzzusatz kann aus Metall oder Nichtmetall bestehen. Die Unterschiede zwischen den Spritzverfahren liegen im wesentlichen in der Art der Energieerzeugung. Flammspritzen und Lichtbogenspritzen gelten als die z.Z. wichtigsten Verfahren (Bilder 3-308 und 3-309).

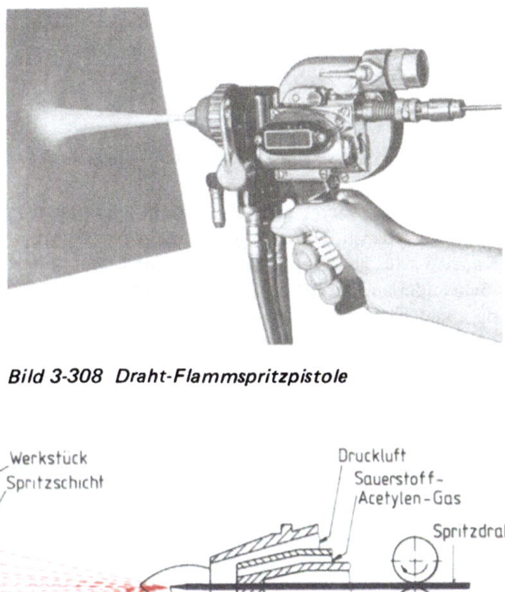

*Bild 3-308 Draht-Flammspritzpistole*

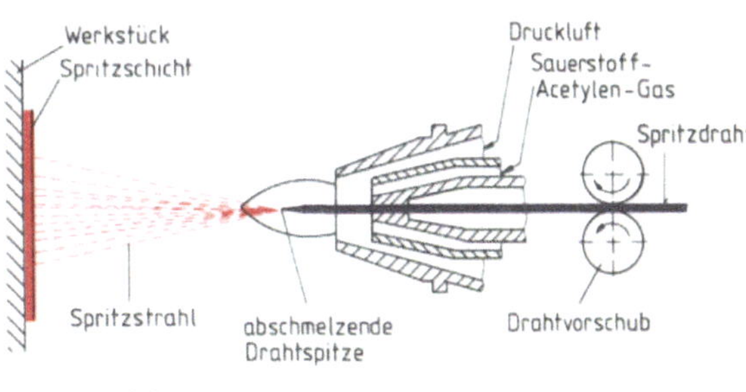


*Bild 3-309 Draht-Flammspritzen (schematisch)*

Die besondere Bedeutung der thermischen Spritztechnik ist dadurch gegeben, daß örtlich begrenzte, von den Eigenschaften des Grundwerkstoffs abweichende Oberflächenschichten wirtschaftlich hergestellt werden können.

Gespritzte Metallschichten haben andere mechanische und technologische Eigenschaften als das ursprüngliche Ausgangsmaterial, aus dem sie gespritzt werden.

**Als Verschleißschutz** spritzt man bevorzugt Molybdän, Bronze, Messing, Stahl und Lagermetall, **als Korrosionsschutz** Aluminium, Zink und Zinn. An Raketenspitzen und Düsentriebwerkteilen wird auf hochbeanspruchten Zonen eine Keramikschicht gespritz, die den „Hitzeschild" bildet.

## Regeln zur Unfallverhütung

Maßgebend ist die Unfallverhütungsvorschrift VBG 15; Schweißen, Schneiden und verwandte Arbeitsverfahren.

*Bei Schweiß-, Schneid- und Lötarbeiten*

- dürfen Personen unter 18 Jahre nur unter Aufsicht beschäftigt werden;
- müssen spezielle Schutzbrillen oder Schutzschilde, Schweißerhandschuhe, Sicherheitsschuhe und fallweise schwer entflammbare Arbeitskleidung benutzt werden;
- dürfen keine leichtentzündlichen Stoffe in der Nähe sein;
- ist die Umgebung vor Blendung und Funkenflug zu schützen (Bild 3-310);
- dürfen in feuer- oder explosionsgefährdeten Räumen, ebenso an oder in Behältern, Fässern, Kanälen nur mit schriftlicher Schweißerlaubnis (Schweißerlaubnisschein) und unter Aufsicht durchgeführt werden (Bild 3-311).
- ist für gute Absaugung der Schweißdämpfe an der Entstehungsstelle und ausreichende Belüftung zu sorgen. Gesundheitsschädliche Gase und Dämpfe entstehen insbesondere beim Schweißen von Nicht-Eisen-Metallen, verzinkter, verbleiter oder mit Farbe behafteter Gegenstände.

Durch Schweißen ausgelöste Brände gelten als fahrlässige Brandstiftung und werden mit Geldstrafen oder Gefängnis geahndet.

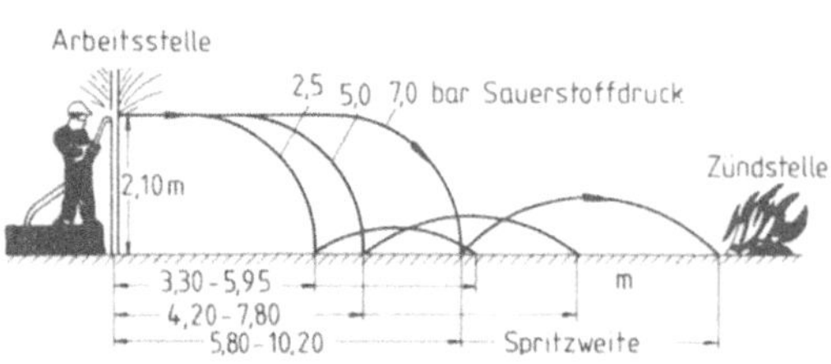


*Bild 3-310 Funkenflug beim Brennschneiden*

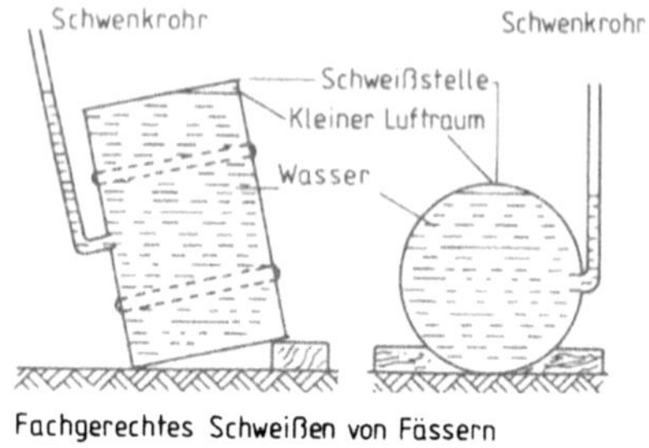


*Bild 3-311 Fachgerechtes Schweißen von Fässern*

*Autogenschweißen*

- Stehende Gasflaschen sind gegen Umfallen zu sichern;
- Alle Teile, die mit Sauerstoff in Berührung kommen, müssen frei von Öl und Fett gehalten werden. Explosionsgefahr!
- Absperrventile von Gasflaschen dürfen nicht schlag- oder ruckartig betätigt werden.
- Das Anhängen der Brenner an Gasflaschen und das Einhängen in Hohlgefäße ist verboten. Angeschlossene Brenner dürfen niemals in geschlossenen Behältern, z.B. Werkzeugkisten, abgelegt werden.
- Gasschläuche sind gegen Beschädigungen, z.B. Überfahren, Knicken, Anbrennen sowie gegen Öl- und Fettverunreinigungen zu schützen.
- Sauerstoff darf niemals zum Abblasen oder zur Verbesserung der Raumluft benutzt werden.
- Einzelflaschen, die nicht ständig beaufsichtigt werden können, dürfen nur mit Trocken-Gebrauchsstellenvorlagen eingesetzt werden. Gebrauchsstellenvorlagen müssen jährlich einmal auf Gasrücktritt und Dichtheit überprüft werden.
- Brennt eine Acetylen-Flasche oder tritt schwarzer Qualm aus der Anschlußöffnung, so ist das Flaschenventil **sofort** zu schließen und die Feuerwehr zu alarmieren.

*Lichtbogenschweißen*

- Schweißkabel müssen gegen Beschädigungen, besonders gegen Überfahren, geschützt werden. Beschädigte Stellen müssen fachgerecht durch den Elektriker ausgebessert werden. Isolierband gewährleistet keine ausreichende Isolierung.
- Beschädigte Elektrodenhalter sind unverzüglich auszutauschen.
- Der Elektrodenhalter darf nicht unter den Arm geklemmt oder so gehalten werden, daß ein Strom durch den menschlichen Körper fließen kann.
- Für das Lichtbogen-Schweißen unter erhöhter, elektrischer Gefährdung dürfen nur speziell gekennzeichnete Schweißstromquellen verwendet werden: [K] (42 V)

- Eine erhöhte elektrische Gefährdung ist bei unmittelbarem Kontakt mit elektrisch leitfähigen Teilen gegeben oder wenn bereits eine Abmessung des freien Bewegungsraumes zwischen gegenüberliegenden elektrisch leitfähigen Teilen am Arbeitsplatz weniger als 2 m beträgt. Auch an nassen Arbeitsplätzen ist erhöhte elektrische Gefährdung gegeben, wenn die Arbeitskleidung durchfeuchtet oder durchschwitzt ist.
- Sollte ein Unfall durch elektrischen Strom Bewußtlosigkeit zur Folge haben, ist künstliche Beatmung des Verunglückten sofort einzuleiten und ärztliche Hilfe anzufordern.

### Schweißen von Kunststoffen

Schweißen von Kunststoffen ist das Vereinigen von thermoplastischen Kunststoffen unter Anwendung von Wärme und Druck mit oder ohne Schweißzusatzwerkstoff. Das Schweißen geht im plastischen Zustand der Verbindungsflächen vor sich. Folgende Schweißverfahren werden bevorzugt angewandt:

**Warmgasschweißen.** Die Verbindungsflächen werden im allgemeinen mit warmer Luft erwärmt und unter Druck mit oder ohne Schweißzusatzwerkstoff geschweißt (Bild 3-312).

*Bild 3-312 Schweißen einer Kunststoff-Rohrverbindung mit Warmgas-Schweißgerät*

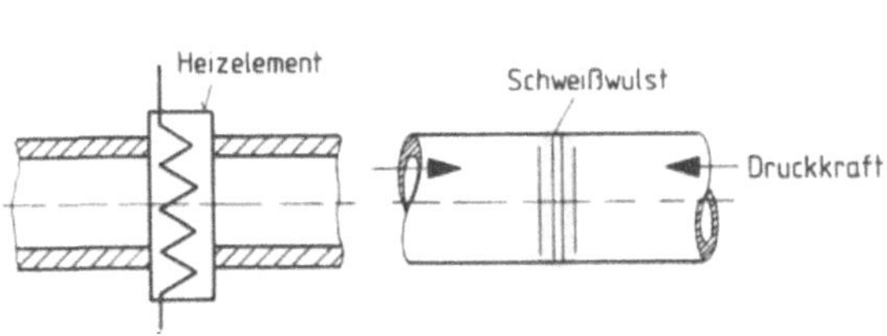


*Bild 3-313 Prinzip des Heizelementschweißens*

**Heizelementschweißen.** Die Verbindungsflächen werden mit Heizelementen direkt oder indirekt erwärmt und unter Druck mit oder ohne Schweißzusatzwerkstoff geschweißt. Rohre von kleinem Durchmesser sowie Rohre von über 1000 mm lichter Weite und 30 mm Wandstärke werden nach diesen Verfahren geschweißt (Bild 3-313).

**Reibschweißen** und **Ultraschallschweißen** werden ebenfalls zum Kunststoffschweißen eingesetzt.

### Schweißen mit Roboter

Nach der Art der Fertigung unterscheidet man bei den Schweißverfahren zwischen Handschweißen oder manuelles Schweißen, mechanisiertem Schweißen und automatischem Schweißen.

Der Übergang vom Hand- zum mechanischen Schweißen zeichnet sich schon seit Jahren ab. In neuerer Zeit gewinnt nun auch das automatische Schweißen mittels Schweißroboter*) verstärkt an Bedeutung. Die Anwendung beschränkt sich allerdings derzeit noch auf bestimmte Erzeugnisse in der Serien- und Massenfertigung. Dabei sind die meisten Schweißroboter beim Widerstands-Punktschweißen zu finden. Daneben hat aber auch der Lichtbogen-Schweißroboter schon praktische Bedeutung erlangt; für die Zukunft wird ihm sogar die größere Bedeutung zugemessen.

Für den günstigen Einsatz von Robotern ist es allerdings notwendig, daß bereits bei der Konstruktion die besonderen Belange berücksichtigt werden. So muß z.B. die Zugänglichkeit der Schweißstöße besser sein, als beim Handschweißen, und auch die Toleranzen sind verstärkt zu beachten, sie müssen im allgemeinen enger gehalten werden.

*) auch die Bezeichnungen Industrieroboter, bzw. programmierbare Handhabungsgeräte werden verwendet.

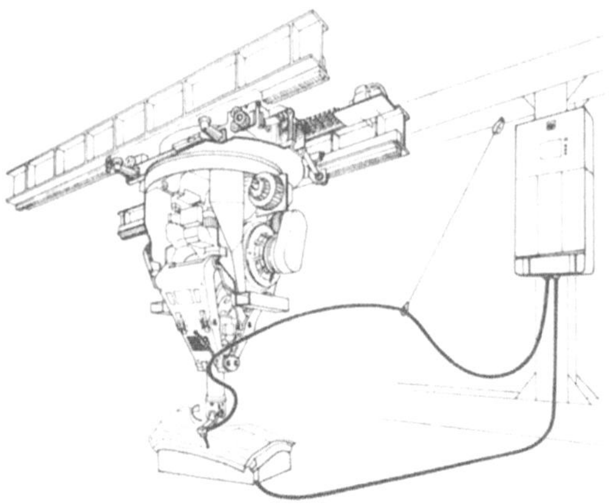

Schweißroboter in Portalausführung mit Anschluß eines Schweiß-Gleichrichters

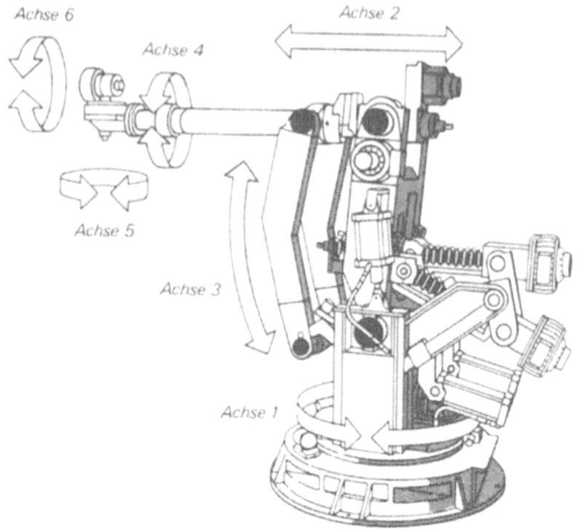


Schematische Darstellung des Aufbaus und der Achsen eines Industrieroboters

Hierzu siehe Handhabungsmaschinen S. 424

**Wiederholungsfragen**

1. Welche Vor- und Nachteile hat das Schweißen von Metallen?
2. Woran erkennt man eine sogenannte neutrale Flamme, und welche Metalle werden damit geschweißt?
3. Mit welcher Flamme wird die höchste Flammentemperatur erreicht?
4. Was bedeuten die verschiedenen Farben der Gasflaschen?
5. Welche Ventilanschlüsse haben Acetylen- und Sauerstoff-Flaschen?
6. Wie werden Acetylenflaschen bei Gasentnahme gelagert?
7. Wann werden Flaschenbündel, wann Kaltvergaseranlagen verwendet?
8. Welche Farben haben Sauerstoff- und Brenngasschläuche?
9. In welcher Reihenfolge werden die Griffstückventile betätigt a) beim Anzünden, b) beim Abstellen der Flamme?
10. Wann werden beim Schweißen Flußmittel verwendet?
11. Welches sind die wichtigsten Schweißstromquellen?
12. Wie werden Elektroden gekennzeichnet?
13. Wodurch unterscheiden sich MIG/MAG- und WIG-Schweißen?
14. Welche Metalle werden beim WIG-Schweißen mit Gleichstrom, welche mit Wechselstrom geschweißt?
15. Welches sind die wichtigsten Preßschweißverfahren?
16. Wie werden Kunststoffe geschweißt?
17. Welche Metalle werden als schweißempfindlich bezeichnet?
18. Warum sind höher gekohlte Stähle schweißempfindlich?
19. Welche Gußeisen-Schweißverfahren gibt es?
20. Warum haben die Schweißnähte hochfester Aluminiumlegierungen nur halbe Werkstoff-Festigkeit?

# 4 Maschinenelemente

## 4.1 Wellen und Achsen

**Wellen** übertragen mechanische Leistungen durch Drehbewegung. Durch das zu übertragende Drehmoment werden sie auf Verdrehung, meist aber auch gleichzeitig auf Biegung beansprucht, z.B.: durch den Riemenzug. Der Verdrehbeanspruchung überlagert sich dabei die Biegebeanspruchung (Bild 4-1).

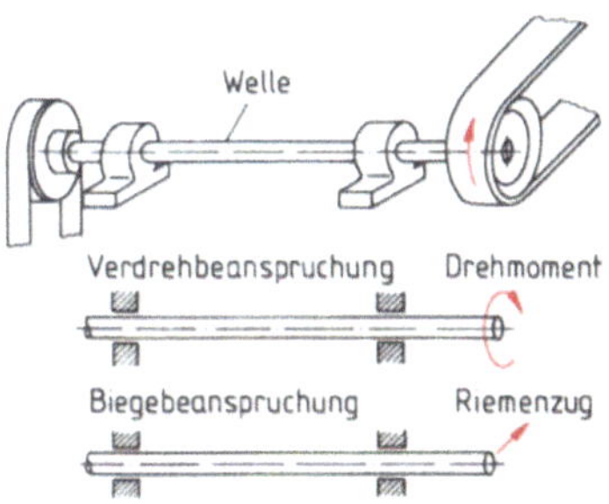


*Bild 4-1 Welle eines Riemenvorgeleges*

**Achsen** unterscheiden sich von Wellen dadurch, daß sie keine mechanischen Leistungen übertragen, sondern meist nur dem Tragen von schwingenden oder sich drehenden Maschinenteilen dienen. Sie werden daher fast ausschließlich auf Biegung beansprucht (Bild 4-2).

> Wellen und Achsen unterscheiden sich durch die Beanspruchungsart.

Die Beanspruchungen rufen Spannungen hervor, die an der Werkstoffoberfläche ihren Höchstwert erreichen. Durch *Kerben* oder scharfe *Querschnittübergänge* werden diese Spannungen noch erhöht (Bild 4-3).

*Bild 4-2*
*Achse einer Riemenspannrolle*

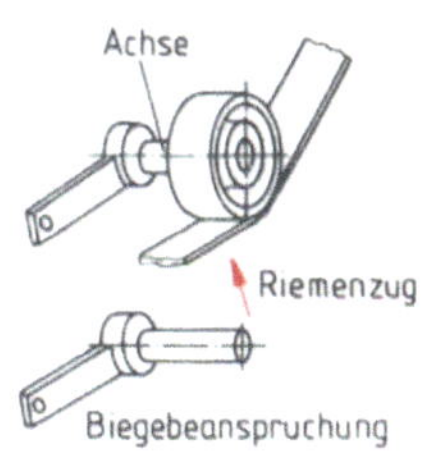


*Bild 4-3*
*Querschnitts-übergänge an Wellen*

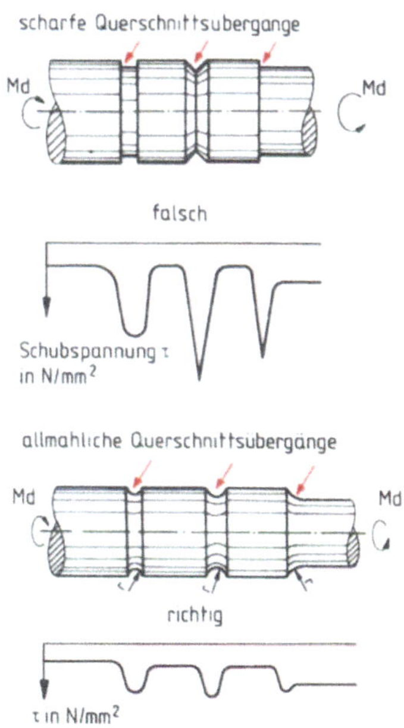

Scharfe Querschnittgänge sind daher beim Herstellen von Wellen und Achsen soweit wie möglich zu vermeiden oder durch Freistiche zu entschärfen (Bild 4-4).

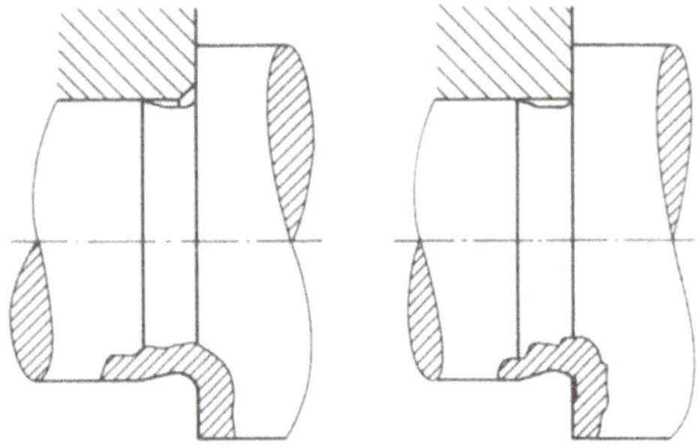

*Bild 4-4 Genormte Freistiche*

**Zapfen** sind Lagerstellen an Achsen und Wellen (Bild 4-5).

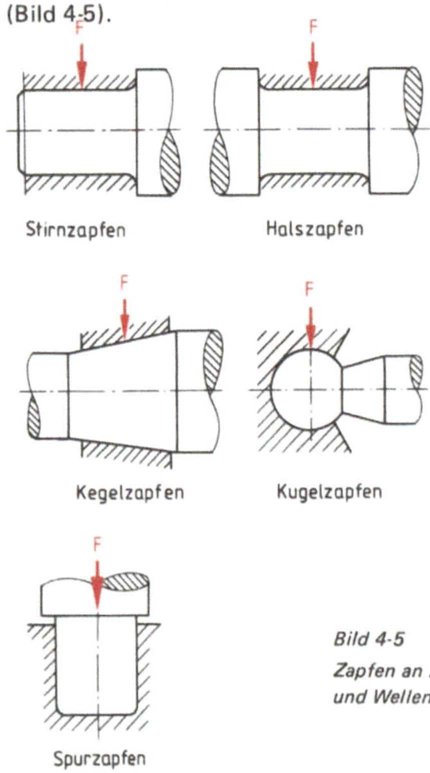


*Bild 4-5 Zapfen an Achsen und Wellen*

**Biegsame Wellen** werden zum Antrieb von Handschleifscheiben und rotierenden Feilen verwendet. Sie werden in Metallschläuchen geführt, die gleichzeitig vor Unfällen schützen (Bild 4-6).

*Bild 4-6 Biegsame Welle*

**Gelenkwellen** werden zur Übertragung von Drehbewegungen verwendet, wenn Antriebs- und Abtriebswelle nicht fluchten und in ihrer Lage veränderlich sind, z.B. bei Tischantrieben von Fräsmaschinen. Die Gelenkwellen bestehen aus einer ausziehbaren Zwischenwelle und den beiden Kreuzgelenken (Bild 4-7).

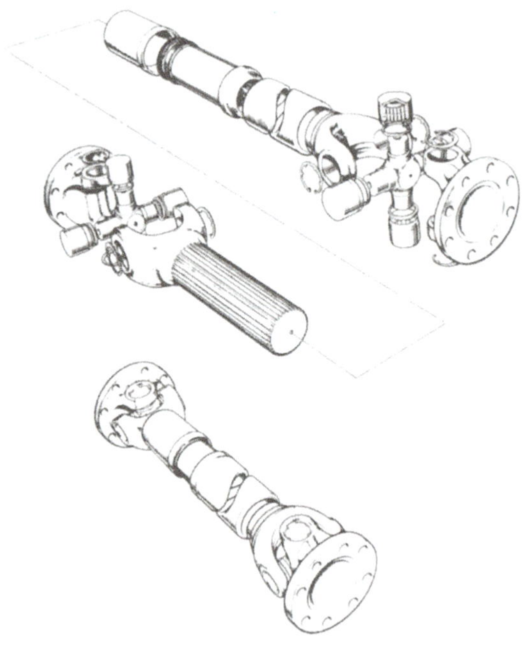

*Bild 4-7 Gelenkwelle und Prinzip des einfachen Kreuzgelenkes*

Anstelle der einfachen Kreuzgelenke werden Gleichlaufkugelgelenke (Bild 4-8) verwendet, wenn die Ablenkungswinkel der beiden Wellengelenke nicht gleich groß sind und eine gleichförmige Übertragung der Drehbewegung verlangt wird.

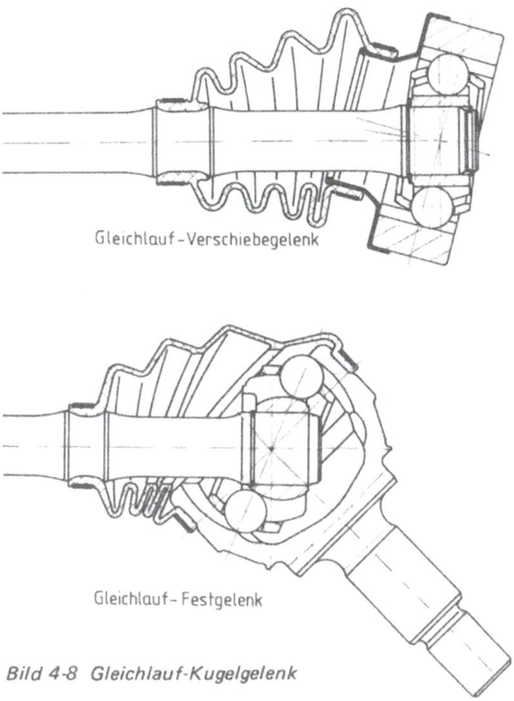


*Bild 4-8 Gleichlauf-Kugelgelenk*

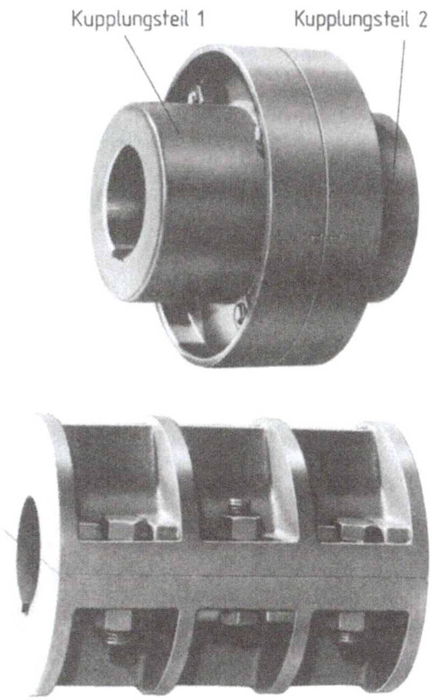


***Bild 4-9 Feste Wellenkupplungen***

## 4.2 Kupplungen

Kupplungen können zwei Wellen oder zwei andere Bauteile je nach den Betriebsbedingungen fest oder beweglich, starr oder elastisch miteinander verbinden und Drehmomente übertragen. Als schaltbare Kupplungen stellen sie ein- und ausrückbare Verbindungen von Wellen dar.

> Kupplungen sind lösbare Verbindungen von Wellen oder anderen Bauteilen.

**Nicht schaltbare Kupplungen** (Bilder 4-9 und 4-11) werden nur bei Reparaturen der treibenden oder angetriebenen Maschine gelöst.

Bei genau fluchtenden Wellen, die sich auch axial nicht gegeneinander verschieben, können die beiden Wellen durch **feste Kupplungen** starr miteinander verbunden werden (z.B.: *Scheibenkupplung, Schalenkupplung,* Bild 4-9).

Fluchten die beiden Wellen nicht genau oder treten geringe axiale Verschiebungen auf (radiale, axiale oder winklige Wellenverlagerungen, Bild 4-10), so sind **bewegliche Kupplungen** erforderlich (Bild 4-11).

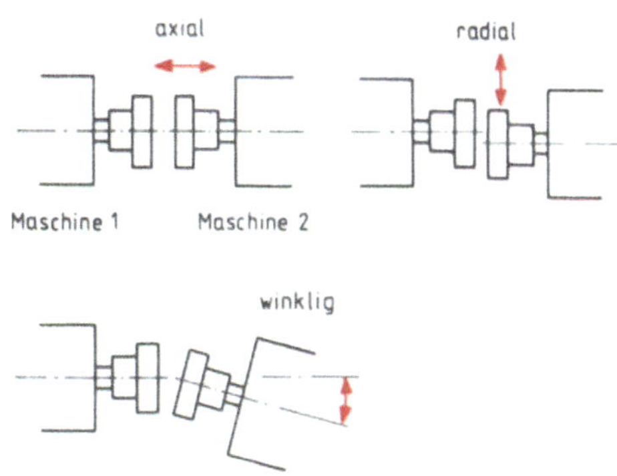


***Bild 4-10 Wellenverlagerungen***

**unelastisch** **elastisch**

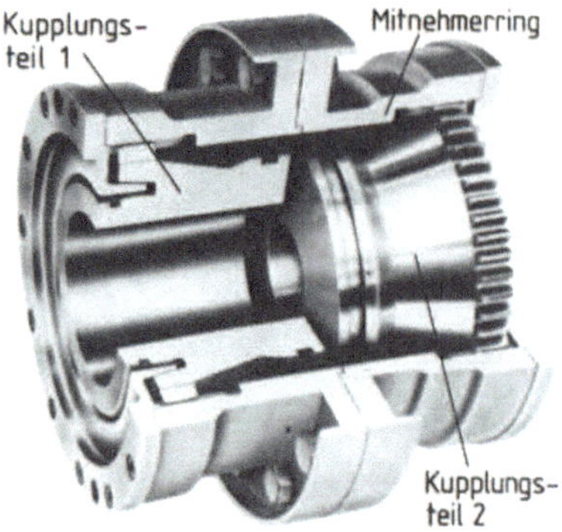


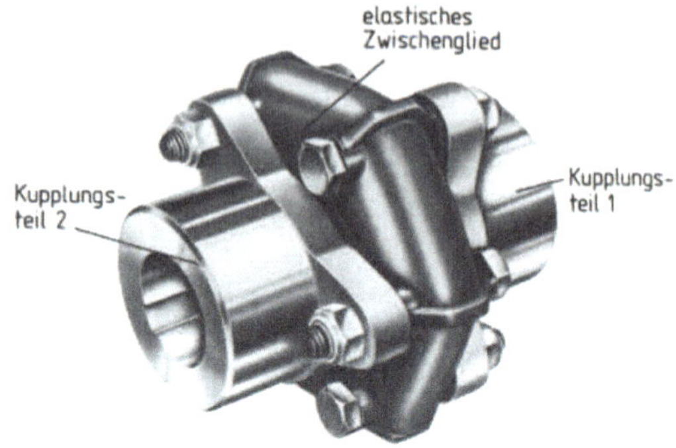


Bogenzahn-Kupplung Ortiflex-Kupplung

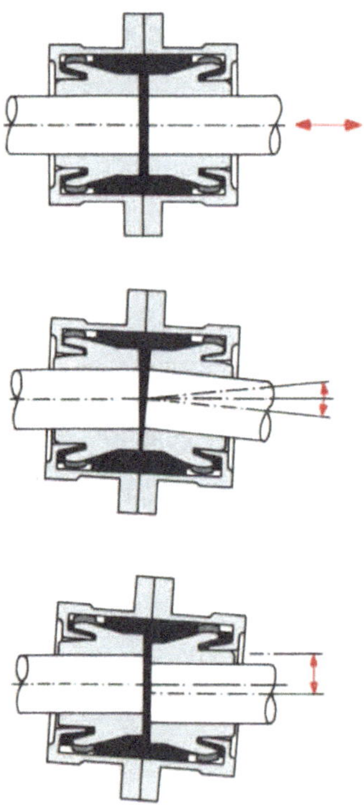

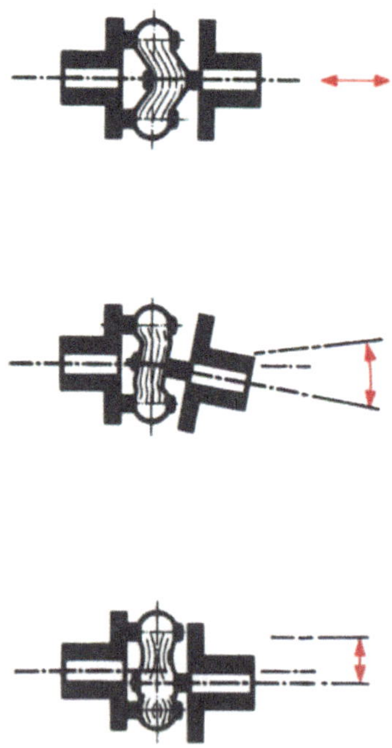

*Bild 4-11 Bewegliche Kupplungen für nichtfluchtende Wellen*

Als *unelastische* Kupplungen sind diese verdrehsteif. Die *elastischen* Kupplungen hingegen haben elastische Zwischenglieder, die gelegentlich aus Stahlfedern, meist aber aus Gummi mit Textileinlagen bestehen. Diese elastischen Kupplungen können geringe Wellenverlagerungen ausgleichen und gleichzeitig Schwingungen und Stöße dämpfen. Eine besondere Wartung ist meist nicht notwendig.

**Schaltbare Kupplungen** (Bild 4-12) werden während des Betriebes ein- und ausgerückt. Die **formschlüssigen Schaltkupplungen** können nur während des Stillstandes oder bei gleicher Drehzahl und gleicher Drehrichtung der beiden Wellen geschaltet werden (z.B.: Klauenkupplungen).

Bei **reibschlüssigen Schaltkupplungen** erfolgt die Mitnahme des zweiten Kupplungsteiles durch Reibung. Diese Reibungskupplungen können bei unterschiedlichen Drehzahlen der beiden Wellen und auch unter Drehmomentbelastung geschaltet werden (z.B.: Kegelkupplungen, Lamellenkupplungen).

Die Lamellenkupplungen, die von den reibschlüssigen Schaltkupplungen am häufigsten angewendet werden, besitzen ein Lamellenpaket (Bild 4-12). Vom Kupplungsteil 1 werden die Außenlamellen durch ihre Außenverzahnung mitgenommen. Die zwischen den Außenlamellen liegenden Innenlamellen übertragen das Drehmoment über ihre Innenverzahnungen auf das Kupplungsteil 2. Beim Einkuppeln wird das Lamellenpaket durch die Betätigungskraft zusammengepreßt, dadurch tritt Reibung zwischen den Lamellen auf. Die entkuppelten Lamellen liegen lose nebeneinander. Zum schnelleren Lösen und weicheren Einkuppeln sind die Innenlamellen meist in Umfangsrichtung leicht wellenförmig gebogen. Bei häufigen Schaltungen und großer Schaltarbeit müssen die Lamellen durch genügend frisches Öl gekühlt werden. Auch können die Außenlamellen aus Stahl mit Sinterbronze oder organischen Belägen versehen werden.

1. ohne Last schaltbar (nur bei Gleichlauf)

**formschlüssige Wellenkupplungen**

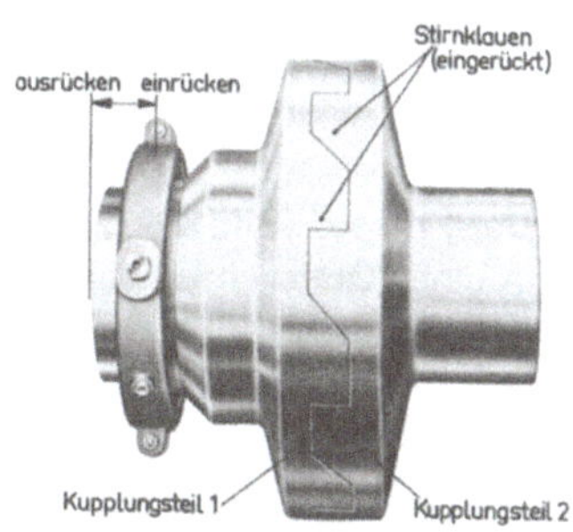


Klauenkupplungen

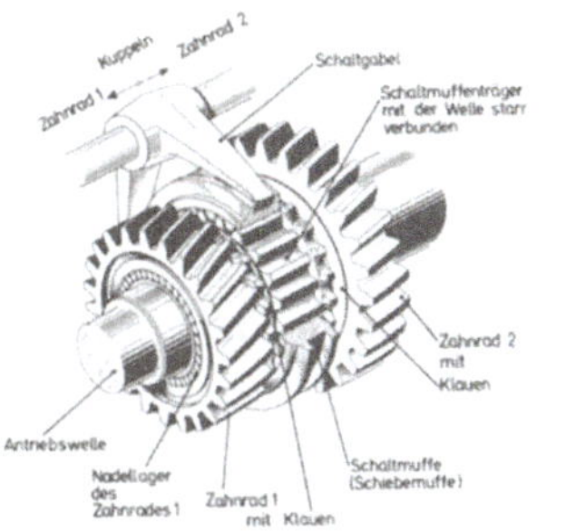


2. unter Last schaltbar

**reibschlüssige Wellenkupplungen**

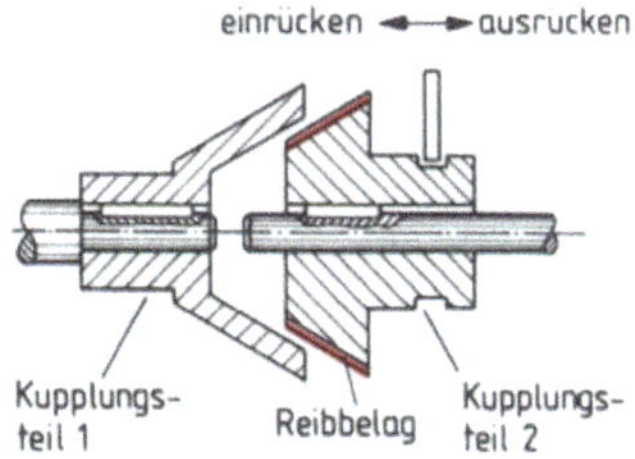


**einfache Kegelkupplung**

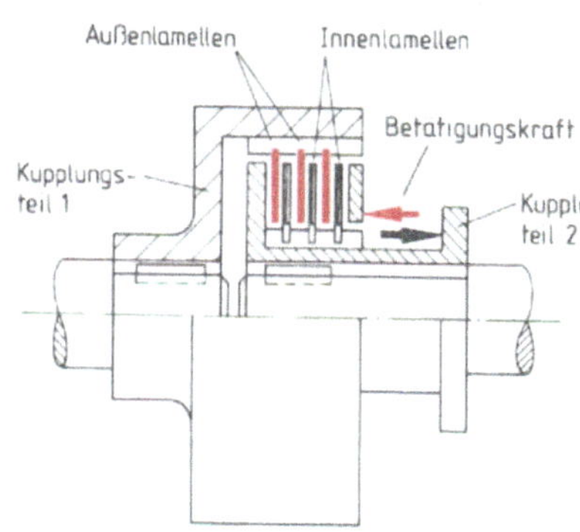


Lamellenkupplung

*Bild 4-12 Schaltbare Kupplungen (formschlüssige und reibschlüssige)*

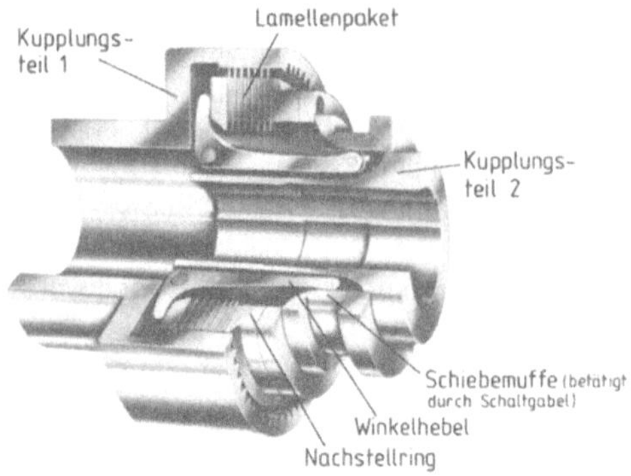


*Bild 4-13 Mechanisch betätigte Lamellenkupplung*

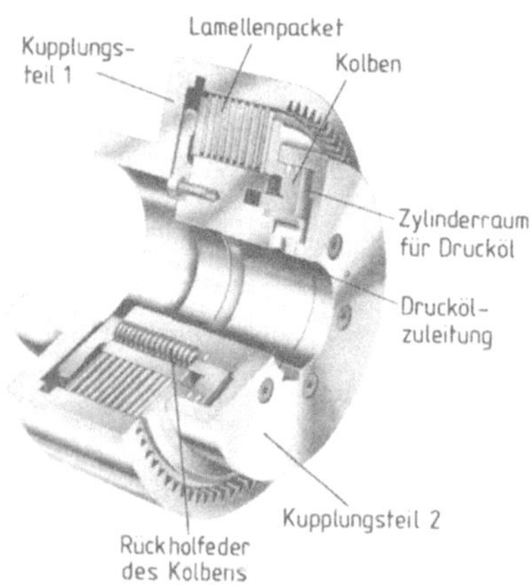


*Bild 4-14 Hydraulisch betätigte Lamellenkupplung*

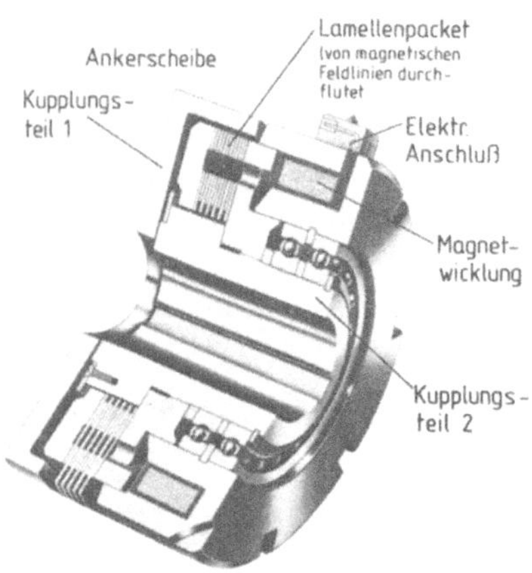


*Bild 4-15 Elektromagnetisch betätigte Lamellenkupplung*

Alle Schaltkupplungen können mechanisch durch Handhebel oder Pedale, magnetisch durch Elektromagnete, pneumatisch oder hydraulisch durch Druckluft- bzw. Hydraulikzylinder betätigt werden (Bilder 4-13, 4-14, 4-15).

**Die Sicherheitskupplung** (Bild 4-16) kann nur ein bestimmtes höchstes Drehmoment übertragen. Beim Überschreiten dieses Drehmoments rutscht die Kupplung und verhindert damit eine Überlastung der Maschine. Bei der abgebildeten Sicherheitskupplung wird das Rutschmoment durch Veränderung der Federkraft eingestellt.

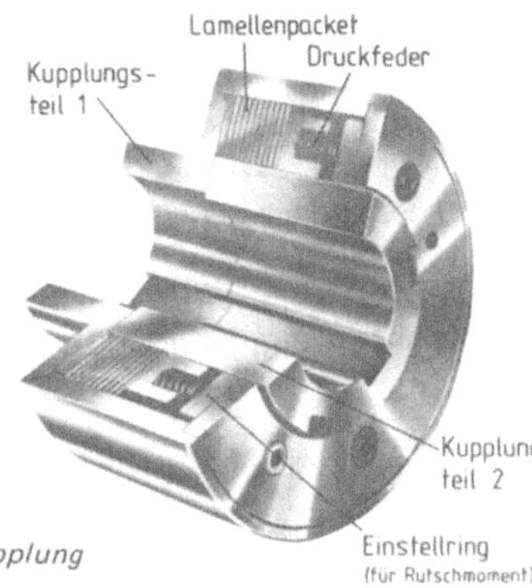


*Bild 4-16 Sicherheitskupplung*

**Der Freilauf** (Bild 4-17) kann Drehmomente nur in einer Drehrichtung übertragen, da hierbei die Klemmrollen durch die spiralförmigen Bahnen des Innenkörpers gegen den Außenkörper gepreßt werden und Reibung erzeugen (Anwendungsbeispiel: Fahrradnabe).

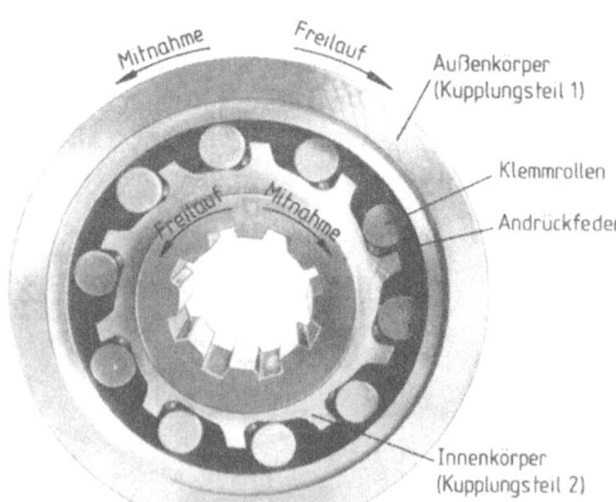


*Bild 4-17 Freilauf oder Überholkupplung*

**Bei Fliehkraftkupplungen** erfolgt die Kraftübertragung erst bei Erreichen einer bestimmten Mindestdrehzahl, dabei erzeugen die eingebauten Fliehgewichte die erforderliche Betätigungskraft für die Kupplung.

Bei Arbeitsmaschinen mit hohem Anlaufmoment (z.B.: Zentrifugen, schwere Fahrzeuge) werden solche Fliehkraftkupplungen als Anlaufkupplungen verwendet. Sie ermöglichen ein lastfreies Anlaufen des Motors (z.B.: Drehstrommotoren mit Kurzschlußläufer, Dieselmotoren) und kuppeln erst nach Erreichen einer bestimmten Motordrehzahl selbsttätig und allmählich ein.

**Als Bremsen** bezeichnet man Kupplungen, bei denen ein Kupplungsteil sich nicht drehen kann, sondern im stehenden Gehäuse festgeschraubt ist.

## 4.3 Lager

Lager dienen dem genauen Führen von Wellen oder Zapfen, sie haben die dabei auftretenden Kräfte aufzunehmen.

**Quer- oder Radiallager** (Bild 4-18a) übertragen nur quer zur Welle gerichtete Kräfte (Radialkräfte).

**Längs- oder Axiallager** (Bild 4-18b) können nur Kräfte in der Wellenlängsrichtung übertragen (Axialkräfte).

Wegen besserer Schmierung statt ebener Spurplatte vielfach Kippsegmente.

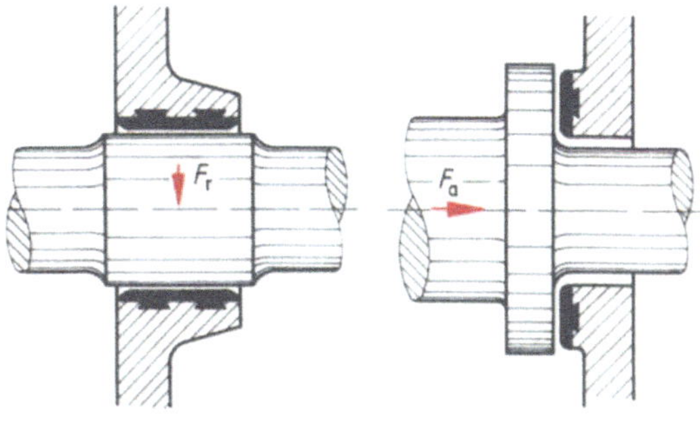


*Bild 4-18a) Quer- oder Radiallager, b) Längs- oder Axiallager*

Lager für sich drehende Wellen werden als **Rotationslager** bezeichnet, während Lager für Wellen mit hin- und herpendelnden Drehbewegungen (z.B.: Gelenke, Scharniere) als **Gelenk- oder Schwenklager** bezeichnet werden.

Nach der Art der auftretenden Lagerreibung (Gleitreibung oder Wälzreibung) wird zwischen **Gleit- und Wälzlager** unterschieden.

### Gleitlager

#### Reibung

Selbst bei feiner Bearbeitung des **Wellenzapfens** und der Lagerschale zeigen die Laufflächen eine gewisse Oberflächenrauhigkeit. Wenn sich der Wellenzapfen ohne Schmierung in der Lagerschale dreht, reiben die Unebenheiten bei dieser *Festkörperreibung* (Bild 4-19) aufeinander, wo-

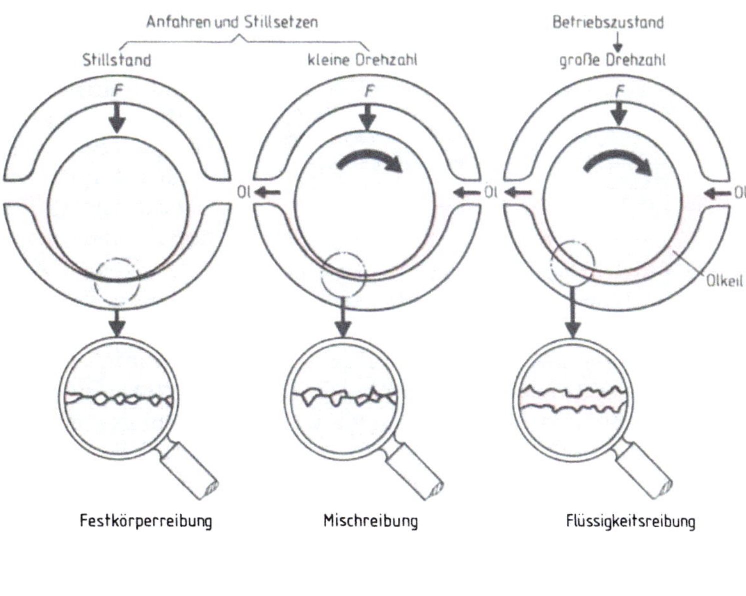


*Bild 4-19*
*Verlagerung des Zapfens im hydrodynamischen Lager bei verschieden großen Drehzahlen*

Festkörperreibung: kein Schmierfilm zwischen den Gleitflächen. Mischreibung: kein zusammenhängender Schmierfilm. Flüssigkeitsreibung: Gleitflächen durch Schmierfilm getrennt.

bei sich die Spitzen stark erwärmen. An besonders stark erwärmten Stellen können die beiden Laufflächen sogar verschweißen, was als „Fressen" des Lagers bezeichnet wird.

Im Betriebszustand soll daher das Schmiermittel als zusammenhängende Schicht (Schmierfilm) die beiden Laufflächen soweit voneinander trennen, daß eine metallische Berührung vermieden wird (*Flüssigkeitsreibung,* Bild 4-19).

Flüssigkeitsreibung kann nur entstehen, wenn sich die gleitende Fläche unter einem bestimmten Keilwinkel und mit einer Mindestgeschwindigkeit bewegt. Bei richtigem Lagerspiel und genügender Ölzufuhr bildet der drehende Wellenzapfen den keilförmigen Schmierfilm selbst, von dem der Zapfen getragen wird. Bei zu niedriger Drehzahl oder zu hoher Pressung kann der Schmierfilm teilweise zerquetscht werden. Diese *Mischreibung* (Bild 4-19) tritt bei Rotationslagern vor allem beim Anfahren und Stillsetzen der Maschinen auf, während sie in Gelenk- oder Schwenklagern dauernd auftritt.

Gleitlager, die den zum Tragen notwendigen Schmiermitteldruck durch die Umfangsgeschwindigkeit des Wellenzapfens selbst erzeugen, werden *hydrodynamische Gleitlager* genannt.

Zum besseren Zentrieren und Stabilisieren der Welle im Lager werden **Mehrflächen-Gleitlager** mit mehreren Keilflächen angewendet, die in beiden Drehrichtungen der Welle arbeiten (Bild 4-20).

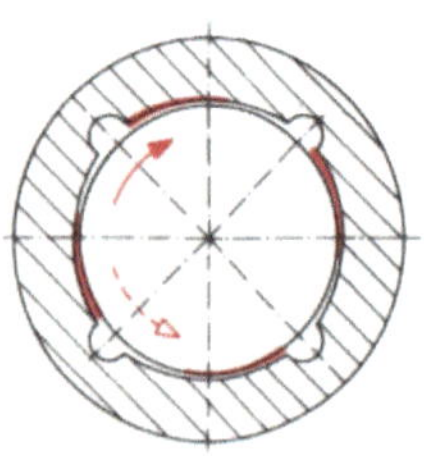

*Bild 4-20 Hydrodynamisches Mehrflächen-Gleitlager mit 4 starren Keilflächen für die Drehrichtung*

**Beim hydrostatischen Lager** wird der für die Flüssigkeitsreibung erforderliche Schmierfilmdruck nicht durch den Wellenzapfen selbst erzeugt, sondern unabhängig von der Wellendrehzahl durch eine Druckpumpe (Bild 4-21), so daß auch die An- und Auslaufreibung mit dem Lagerverschleiß weitgehend vermieden wird. Ähnlich arbeiten **Luftlager** mit geringer Tragfähigkeit und geringer Reibung.

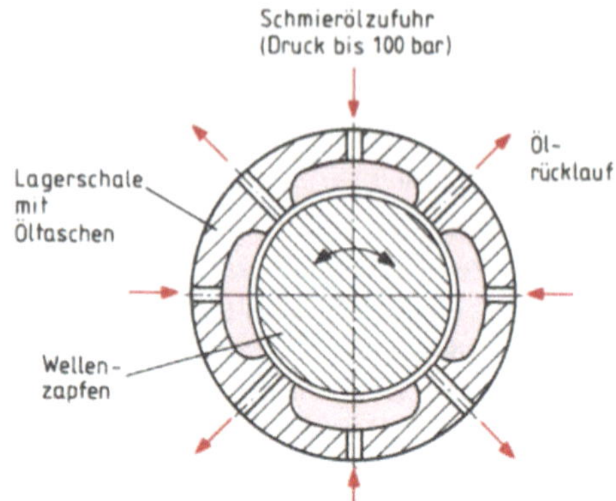



*Bild 4-21 Hydrostatisches Gleitlager*

**Schmiermittel** verringern die Reibung, kühlen die Gleitflächen, führen teilweise den Abrieb aus dem Bereich der gleitenden Flächen und dämpfen Stöße und Geräusche. Als Schmiermittel werden bei geringen Gleitgeschwindigkeiten Feststoffe (z.B.: Graphit, Molybdänsulfid) und Fette verwendet, bei hohen Gleitgeschwindigkeiten werden Gleitlager immer mit Öl geschmiert.

**Das Schmieröl** kann den Laufflächen durch eine Pumpe (Druckumlaufschmierung), einen Docht (Dochtschmierung), eine Tropfeinrichtung (Tropfschmierung), oder einen Ölring (Ringschmierung) zugeführt werden, aber auch durch teilweises Eintauchen von sich drehenden Teilen, die das Öl verspritzend und versprühend aus dem Ölsumpf mitnehmen (Tauchschmierung).

### Aufbau der Gleitlager

Wenn der Einbau von Gleitlagern mit stetiger Schmiermittelversorgung nicht möglich ist und die Gefahr der Verschmutzung der umgebenden Teile oder extrem hohe Temperaturen auftreten, werden *Lager ohne Schmiermittel* verwendet (Trockenlager). Diese Lager bestehen aus Werkstoffen mit guten Gleiteigenschaften, z.B. Kohle, Graphit, Kunststoffe.

Die große Wärmeausdehnung, geringe Wärmeleitfähigkeit und geringe Druckfestigkeit dieser Werkstoffe führten zur Entwicklung von *Mehrstoff-Trockenlagern* (Bild 4-22).

Wegen der einfacheren Austauschbarkeit bei Verschleiß soll der Werkstoff der Lagerschale (Bild 4-22) weicher als der des Wellenzapfens sein.

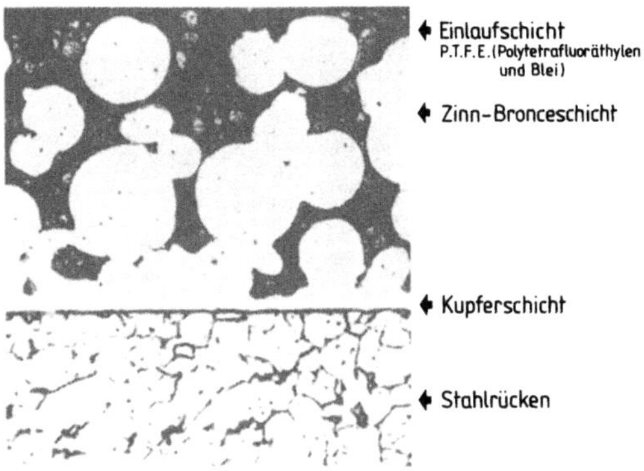


*Bild 4-22 Aufbau der Trocken-Gleitlagerschale*

Da beim Anlauf auch geschmierte Lager Mischreibung oder gar Festkörperreibung aufweisen, müssen die Lagerschalen außerdem aus Werkstoffen bestehen, die nicht zum „Fressen" neigen und dadurch Notlaufeigenschaften haben (z.B.: Lagermetallegierungen aus Kupfer, Zinn, Blei, Zink, Aluminium, mit Schmiermittelgetränkte Sintermetalle, Kunststoffe oder auch Grauguß).

Die Lagerung von gekröpften Wellen, z.B.: Kurbelwellen wird durch axial geteilte Lagerschalen und Gehäuse ermöglicht (Bild 4-23). Die Lagerschalen hochbeanspruchter Gleitlager werden oft als **Mehrschichtlager** (Verbundlager, Mehrstofflager) gebaut (Bild 4-24). Die innere, dünne *Laufschicht* aus Blei- oder Zinnlegierungen hat eine gute Einbettungsfähigkeit für Schmutz- und Abriebteilchen im Schmiermittel, ist korrosionsbeständig gegenüber Ölen und verbessert den Einlaufvorgang. Die *Lagermetallschicht* übernimmt nach Abnutzung der Laufschicht deren Aufgabe, während die *Stützschale* aus Stahl oder hochfesten Aluminiumlegierungen für die Formhaltigkeit des Lagerkörpers bei Erwärmung und für eine hohe Dauerfestigkeit sorgt. Die drei Metallschichten werden durch Plattieren oder Sintern miteinander verbunden.

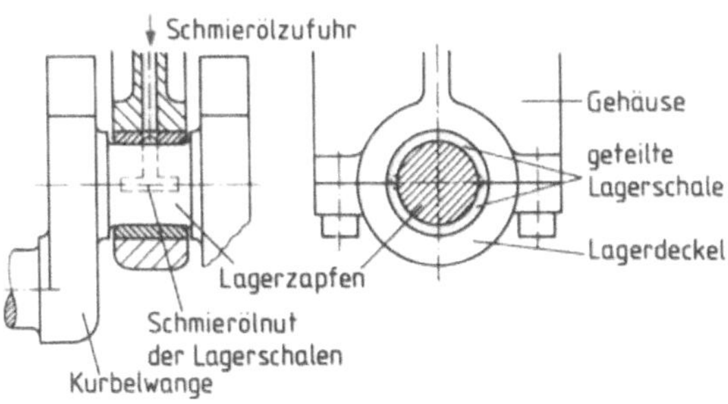


*Bild 4-23 Geteilte Lagerschalen eines Kurbelwellenlagers*

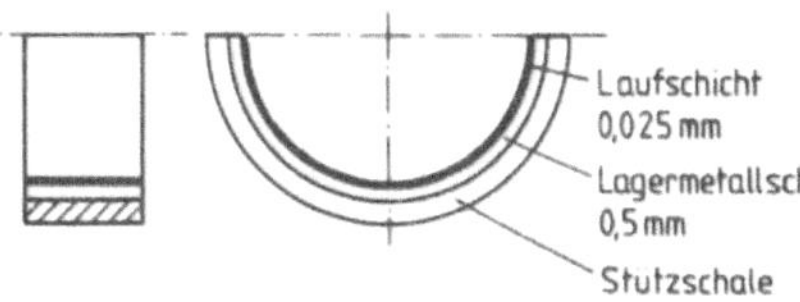


*Bild 4-24 Aufbau einer Dreistoff-Gleitlagerschale*

**Wälzlager**

Die Bezeichnung der Wälzlager nennt die jeweils verwendeten Wälzkörper (Bild 4-25). Den Aufbau und die Richtung der Belastbarkeit der wichtigsten Wälzlager zeigt Bild 4-26.

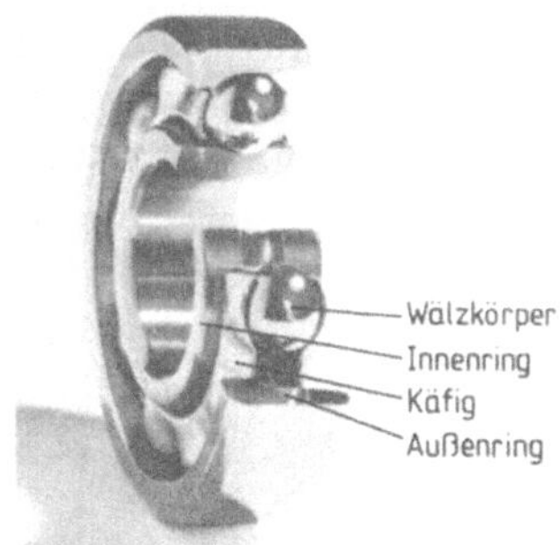


*Bild 4-25 Wälzkörper und Aufbau der Wälzlager*

Gegenüber Gleitlagern haben Wälzlager folgende Vorteile: geringere Reibung, keine höhere Anlaufreibung, kurze Bauweise, keine Einlaufzeit, geringe Wartung.

Nachteilig ist die Stoßempfindlichkeit und die einteilige Bauweise.

Wälzlager erfordern weniger Schmierung, sie können mit Fett oder Öl geschmiert werden. Die Lagerschmierung mit Öl kann als **Tauchschmierung**, wobei der unterste Wälzkörper in

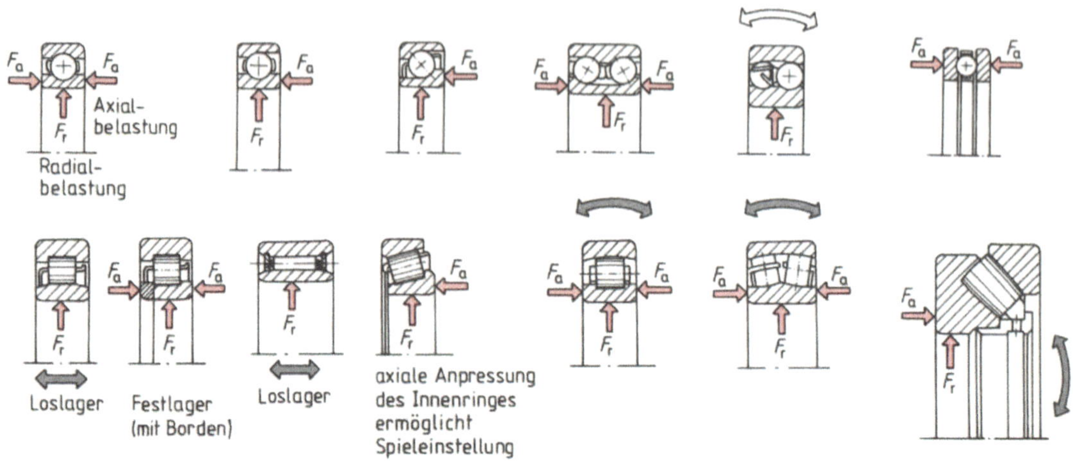


*Bild 4-26 Aufbau, Belastbarkeit und Beweglichkeit der Wälzlager*

ein Ölbad eintaucht, oder als **Umlaufschmierung** durch eine Pumpe, oder als **Spritzölschmierung** ausgebildet sein, hierbei schleudert ein Maschinenteil aus dem Ölbad Öl in die Wälzlager.

Rillenkugellager werden auch mit beidseitiger Dichtung angefertigt, sie erhalten bei der Herstellung eine Fettfüllung, die für die Gebrauchsdauer ausreicht. Diese Lager dürfen nicht erwärmt oder ausgewaschen werden.

Wälzlager werden axial meist durch Preßpassungen, Wellenmuttern oder Sicherungsringe auf Wellen und durch Lagerdeckel oder Sicherungsringe in Gehäusen festgelegt (Bild 4-27).

Diese Sicherungsringe sind an einer Stelle geöffnet, ihr Querschnitt ist rund, quadratisch oder rechteckig. Zur Montage sind Spezialzangen erforderlich (Bild 4-28).

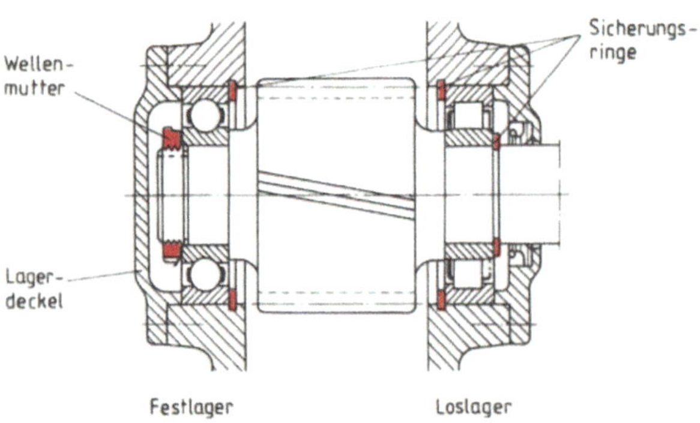


*Bild 4-27 Befestigung der Wälzlager*

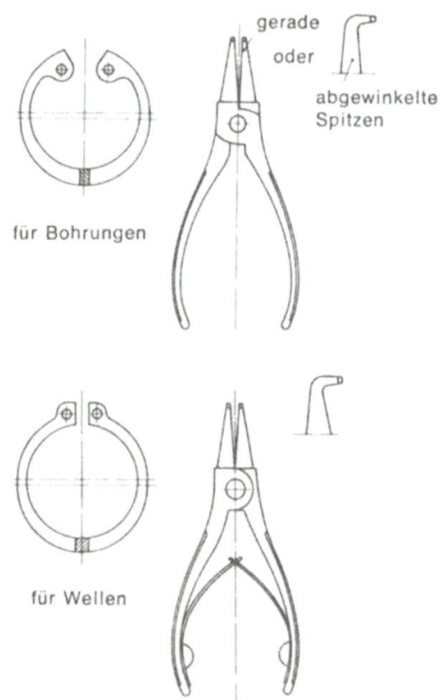


*Bild 4-28 Seeger-Sicherungsringe und passende Montagezangen*

**Ein- und Ausbau von Wälzlagern.** Beim Einbau müssen Wälzlager vor Schmutz und Feuchtigkeit geschützt werden. Zunächst ist der Ring mit dem festeren Sitz aufzutreiben bzw. einzupressen. Dazu sind passende Treibhülsen oder Rohre erforderlich, damit die Wälzkörper nicht belastet bzw. beschädigt werden (Bild 4-29). Bei festem Sitz des Innenrings auf der Welle kann das Lager im Ölbad oder auf einer elektrischen Heizplatte auf etwa 80 °C erwärmt werden, damit es leicht auf die Welle geschoben werden kann. Bei festem Sitz des Außenrings im Gehäuse kann das Gehäuse erwärmt werden. Durch das Auftreiben bzw. Einpressen wird das Spiel des Lagers auf die erforderliche Größe verringert.

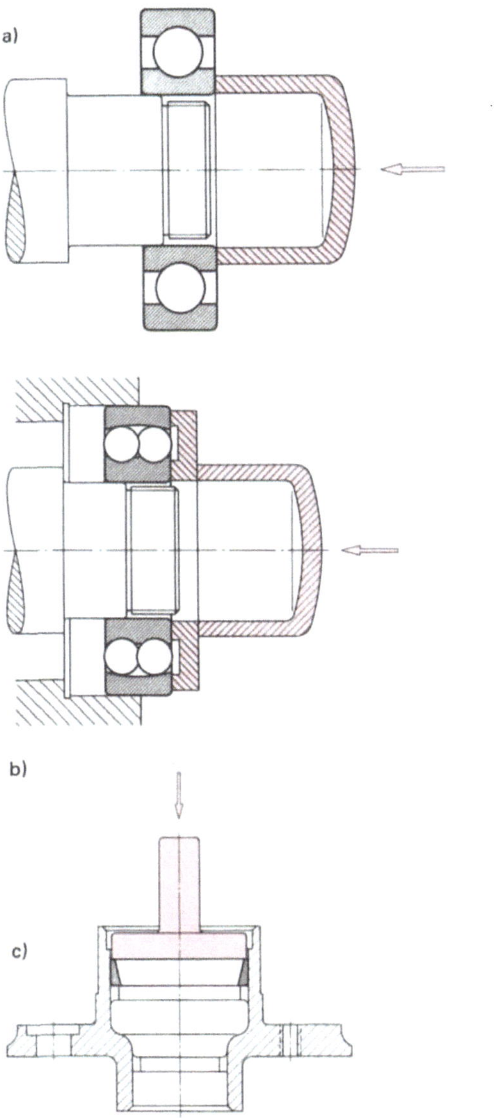


*Bild 4-29 Einpressen von Wälzlagern*

a) Aufpressen eines Rillenkugellagers
b) Aufpressen eines Pendelkugellagers
c) Einpressen des Außenringes eines Kegelrollenlager

Auch das Abziehen bzw. Ausziehen eines Wälzlagers soll nur mit geeigneten Vorrichtungen erfolgen, wobei wiederum zu beachten ist, daß die Wälzkörper nicht belastet werden (Bild 4-30).

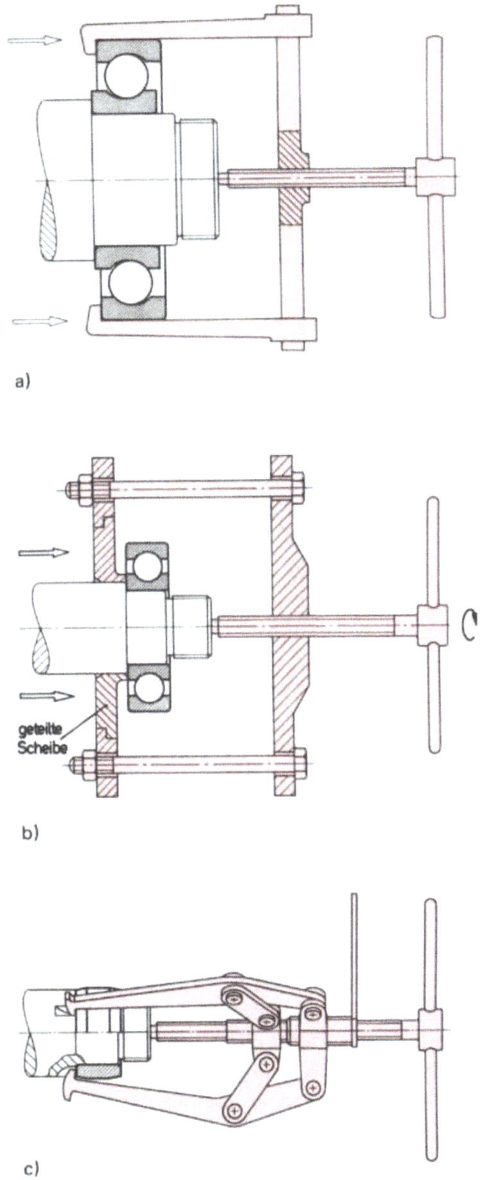


*Bild 4-30 Abziehen von Wälzlagern*

a) falsch! Abziehkräfte wirken über die Wälzkörper
b) richtig! Abziehkräfte wirken über Innenring
c) Auspressen eines Rillenkugellagers mittels Abdrückschrauben

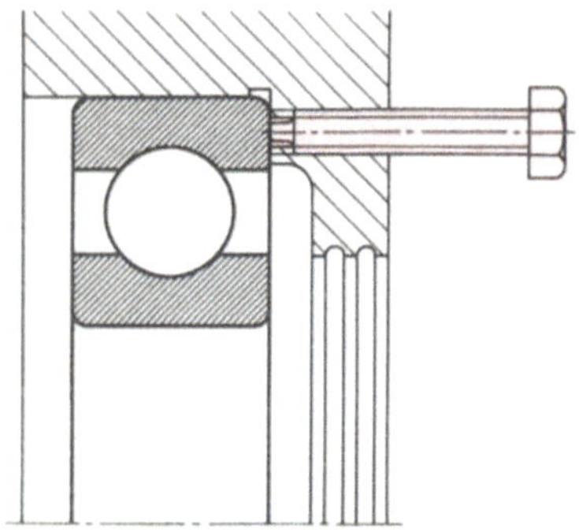

d) Abziehvorrichtung für zerlegbare Wälzlager

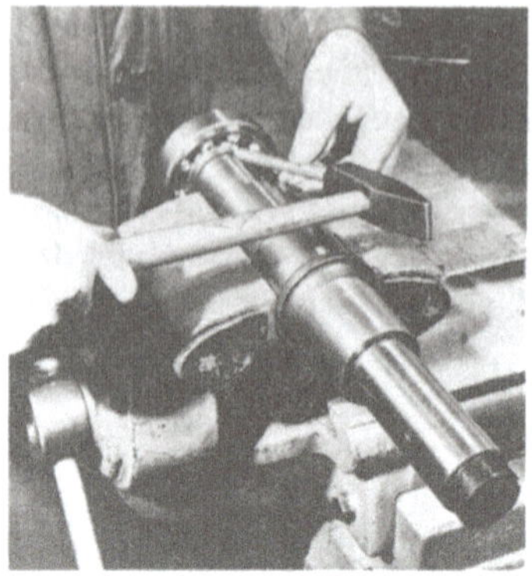

e) behelfsmäßiges Abziehen eines Wälzlagers mit leichten Hammerschlägen

*Bild 4-30 Abziehen von Wälzlagern*

**Wiederholungsfragen**

1. Wodurch unterscheiden sich Wellen und Achsen?
2. Was sind Zapfen?
3. Wozu werden Gelenkwellen verwendet?
4. Wozu werden a) schaltbare, b) nicht schaltbare Wellenkupplungen verwendet?
5. Welchen Zweck haben Sicherheitskupplungen?
6. Welches sind die Vor- und Nachteile der Gleitlager?
7. Welche Kugellagerarten gibt es?
8. Welches sind die Vor- und Nachteile der Kugellager?
9. Was ist beim Ein- und Ausbau von Kugellagern zu beachten?

## 4.4 Zahnräder

### Grundgesetz der Verzahnung

*Versuch:* Die Abstände vom Berührungspunkt der Zahnflanken bis zu den Drehachsen in Stellung A ergeben nach Bild 4-31 das Übersetzungsverhältnis:

$i = 5{,}5 : 5$

Bei geringem Verdrehen der Radstücke, z.B. in Stellung B nach Bild 4-31, verschieben sich der Berührungspunkt der Zahnflanken und die Wirkungslinie der Zahnkraft. Durch Messen der Abstände von der Wirkungslinie der Zahnkraft bis zu den Drehachsen ergibt sich für die Stellung B das Übersetzungsverhältnis:

$i = 5 : 5{,}5$

*Erkenntnis:* Bei Zahnräderpaaren mit geraden Zahnflanken ändert sich das Übersetzungsverhältnis beim Verdrehen der Räder; sie übertragen Drehbewegungen ungleichförmig und sind deshalb unbrauchbar.

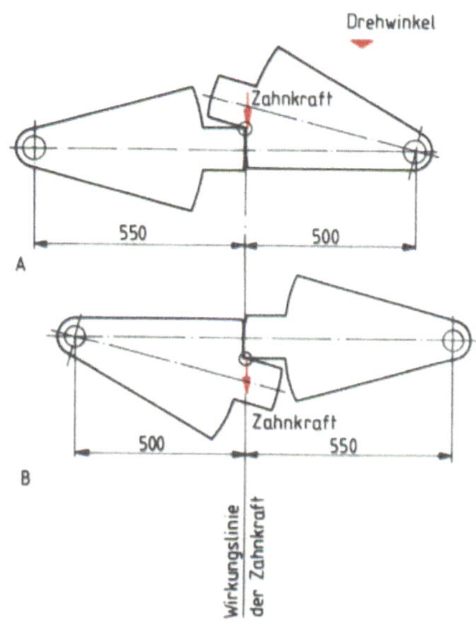


*Bild 4-31*
*Teile von Zahnrädern mit geraden Zahnflanken*

Verzahnungsgesetz: Die Zahnkraft muß bei jeder möglichen Zahnstellung so gerichtet sein, daß das Übersetzungsverhältnis unverändert bleibt.

**Die Evolvente als Zahnflankenkurve**

*Versuch:* Erzeugen einer Evolvente mit Scheibe und Schnur nach Bild 4-32.

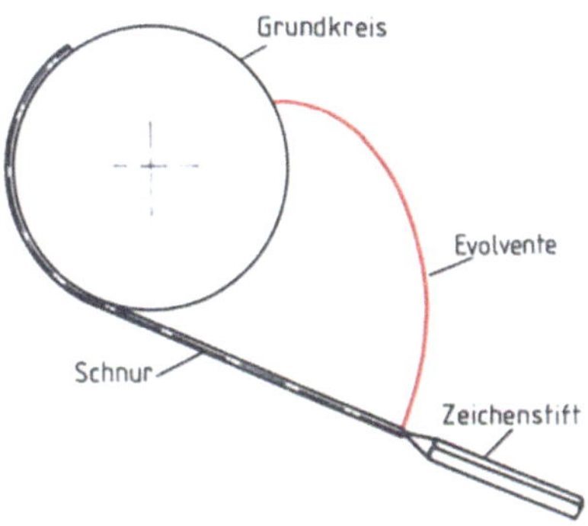


*Bild 4-32 Das Ende der Schnur beschreibt beim Abwickeln von der Scheibe (Grundkreis) eine Evolvente*

*Erkenntnis:* Evolvente = Fadenlinie.

Der Kreis, von dem der Faden abgerollt wird, heißt **Grundkreis.**

*Versuch:* Die Zahnflanken des Zahnräderpaares nach Bild 4-33 sind als Evolventen ausgebildet.

*Beobachtung:* Beim Drehen der Zahnräder in beiden Richtungen berühren sich die Zahnflanken nur unter der Schnur. Die Schnur stellt die *Wirkungslinie der Zahnkraft* dar, die sich bei keiner der möglichen Zahnstellungen verschiebt.

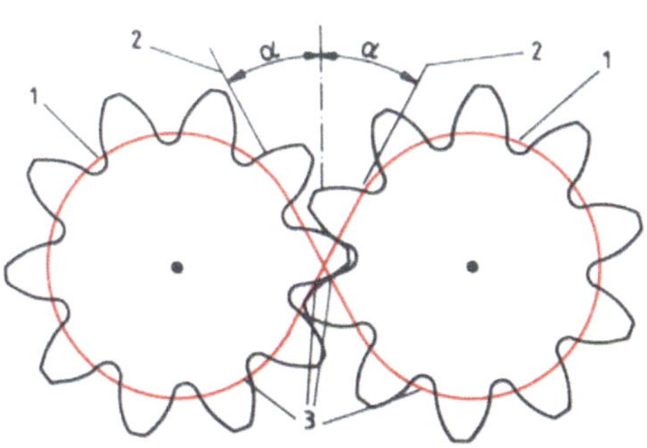


*Bild 4-33 Zahnräder mit Evolventenflanken*
1 = Grundkreis 2 = Eingriffslinie 3 = Schnur

Durch Abwickeln der (durchschnittenen) Schnur von den Grundkreisen können in der gleichen Weise wie im Modellversuch nach Bild 4-32 die Zahnflanken aufgezeichnet werden.

Die Schnur bildet die gemeinsamen Tangenten an die Grundkreise. Diese Tangenten heißen *Eingriffslinien.* Der von der Senkrechten auf der Verbindungsgeraden der Achsmittelpunkte und einer Eingriffslinie gebildete Winkel heißt *Eingriffswinkel.*

Zahnräderpaare, deren Flanken als Evolventen oder Zykloiden ausgebildet werden, entsprechen den Forderungen des Verzahnungsgesetzes. Ihr Übersetzungsverhältnis bleibt bei jeder möglichen Zahnstellung unverändert.

Zykloiden werden von einem Punkte eines Kreises beschrieben, der auf einem festen Kreis abrollt. Mit Zykloidenverzahnung sind kleinere Mindestzähnezahlen möglich als mit Evolventenverzahnung. Die Zykloidenflanken setzen sich aus hohlen Fuß- und erhabenen Kopfflanken zusammen und sind schwer herstellbar. Anwendung: Uhrenzahnräder. Im Maschinen- und Kraftfahrzeugbau werden nur Evolventenverzahnungen verwendet.

*Versuch* nach Bild 4-34: Beim Abwälzen des Stabes von der Kreis-Scheibe beschreibt das Stabende eine Evolvente.

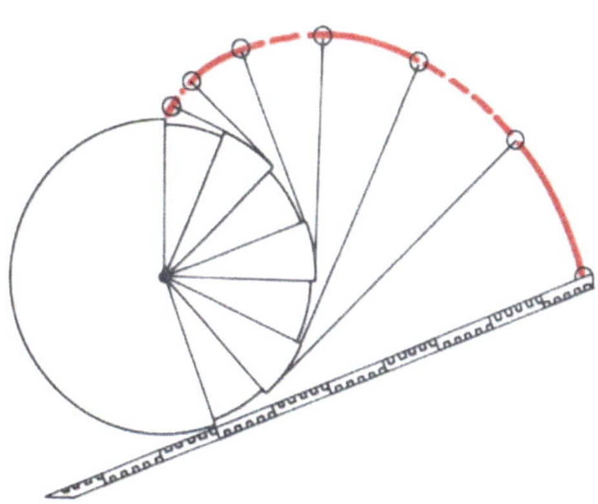

*Bild 4-34 Zeichnen einer Evolvente mit Scheibe und Stab*

*Aufgabe:* Zeichne eine Evolvente mit dem Zirkel aus Kreisbogenstücken nach Bild 4-35.

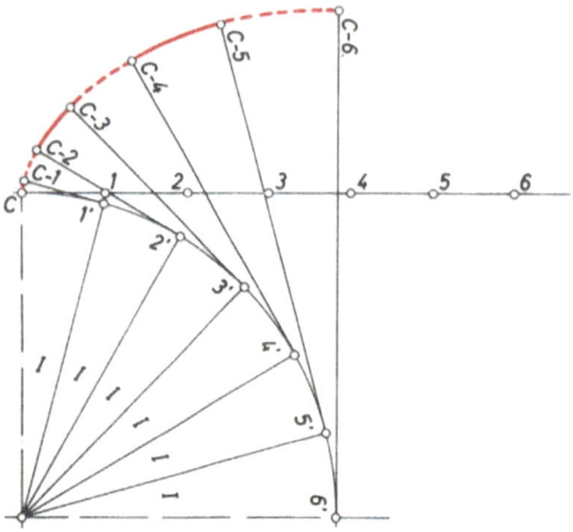


*Bild 4-35 Konstruktion einer Evolvente*

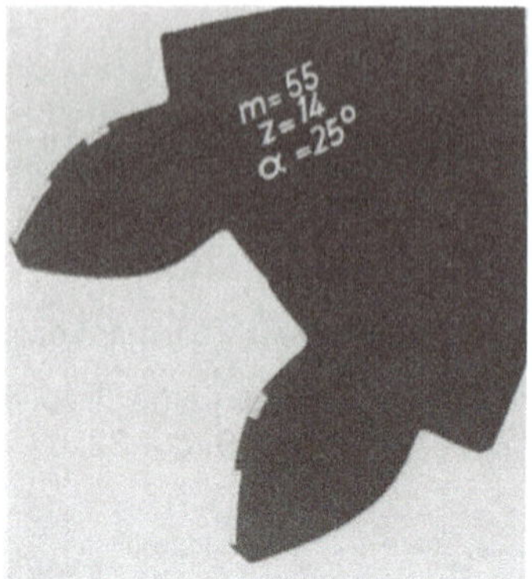


*Bild 4-36a Zahnflanken mit Zahnflankeneinteilung nach den Bildern 4-34 und 4-35*

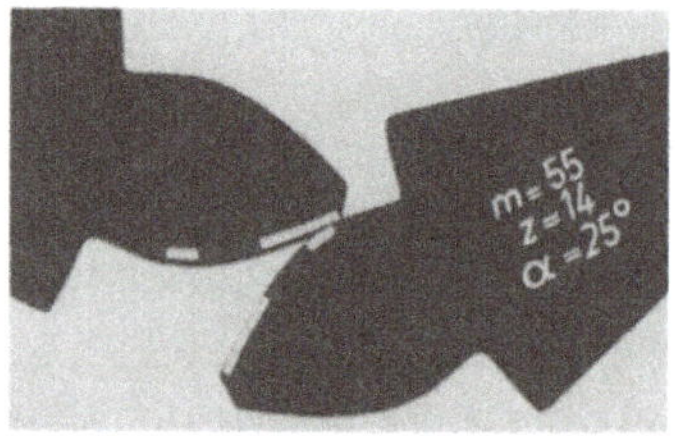


*Bild 4-36b Zahnflanken nach Bild 4-36a gegeneinandergestellt*

*Erkenntnis:* Bei gleichen Wälzwinkeln werden die zugehörigen Bogenlängen verschieden.

**Eigenschaften und Vorteile der Evolventen-Zahnform**

Zusammenarbeitende Zahnräder müssen gleiche Teilungen besitzen.

Eine beliebige Anzahl von Zahnrädern mit gleichen Teilungen bilden einen Zahnrädersatz. Satzräder können wahllos miteinander gepaart werden.

*Versuch* nach Bild 4-36a und Bild 4-36b. Die nach den Bildern 4-34 und 4-35 verschieden langen Evolventenstücke sind auf zwei Zahnflanken aufgetragen worden (siehe Bild 4-36a).

Wenn sich die Zahnflanken gegenüberstehen, steht ein kurzes Evolventenstück der einen Flanke einem langen der anderen gegenüber und umgekehrt (Bild 4-36b).

*Beobachtung:* Beim Drehen der Räder nach den Bildern 4-33 und 4-36b verschiebt sich ein kurzes gegen ein langes Flankenstück. Nur unter dem Kreuzungspunkt der Schnur berühren sich gleich lange Flankenstücke in Bild 4-32.

Die Zahnflanken gleiten aufeinander. Nur im Kreuzungspunkt der Schnur, der Wälzpunkt heißt, tritt kein Gleiten, sondern nur ein Rollen oder Wälzen der Zahnflanken auf.

*Versuch:* Zeichnen von Evolventen mit Grundkreisen verschiedenen Durchmessers nach Bild 4-37.

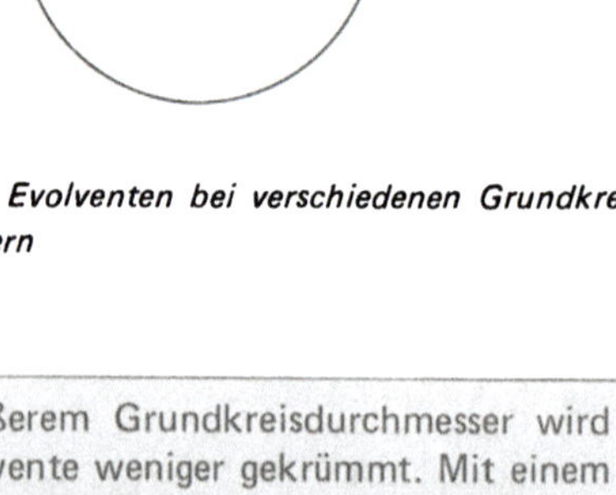

*Bild 4-37 Evolventen bei verschiedenen Grundkreisdurchmessern*

Mit größerem Grundkreisdurchmesser wird die Evolvente weniger gekrümmt. Mit einem unendlich großen Grundkreisdurchmesser wird die Evolvente zur Geraden, das Zahnrad zur Zahnstange.

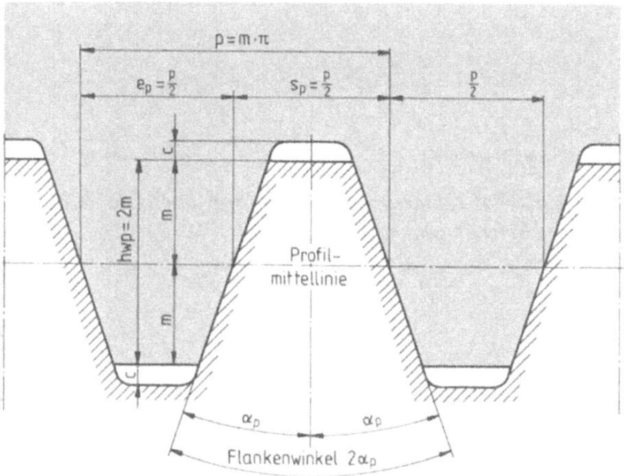


*Bild 4-38 Die Zahnstange als gerades Bezugsprofil nach DIN 867*

$c = 0{,}1 \cdot m$ bis $0{,}3 \cdot m$ = Kopfspiel. Eingriffswinkel $\alpha_p = 20°$. Den Winkel $2 \cdot \alpha_p$ am Bezugsprofil nennt man Flankenwinkel.

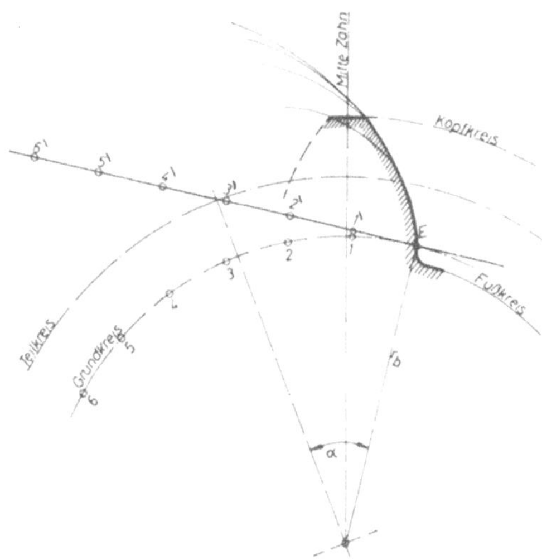


*Bild 4-39 Zahnflankenkonstruktion nach dem Einhüllverfahren*

Bei der Evolventenverzahnung kann der Antrieb eines Zahnrades auch durch eine Zahnstange erfolgen und umgekehrt. Die geraden Kanten der Zahnstange sind genau und billig herstellbar, sie wird deshalb als Werkzeug zur Herstellung von Evolventenverzahnung benutzt.

**Konstruktion einer Zahnflanke nach dem Einhüllverfahren** für ein Zahnrad mit Modul[1)] (Durchmesserteilung) $m = 5$ mm, Zähnezahl $z = 18$, Eingriffswinkel $\alpha = 20°$ nach Bild 4-39.

*1. Berechnung der Bestimmungsgrößen.* Teilkreisdurchmesser $d = m \cdot z$, Kopfkreisdurchmesser $d_a = d + 2 \cdot m$, Fußkreisdurchmesser $d_f = d \cdot 2 \cdot m - 2 \cdot c$, Kopfspiel $c = 0{,}1 \cdot m$ bis $0{,}3 \cdot m$, Grundkreisdurchmesser $d_b = d \cdot \cos\alpha$.

*2. Aufzeichnen.* Kreisbogen mit Strecke $1' - E$ um 1, Kreisbogen mit Strecke $2' - E$ um 2, Kreisbogen mit Strecke $3' - E$ um 3 usw., Teilstücke beliebig.

Das Flankenstück zwischen Grundkreis und Fußkreis muß so ausgebildet werden, daß der Gegenzahn dieses Flankenstück nicht berührt (keine Evolvente).

1) lat. modulus = Maß

Im Maschinenbau wird heute fast nur noch Evolventenverzahnung verwendet, denn sie ist sehr wandlungsfähig und läßt sich leicht den verschiedensten Zwecken anpassen. An einem Modell nach Bild 4-33 kann man eine Besonderheit der Evolventenverzahnung beobachten: Auch bei verändertem Achsabstand berühren sich die Zahnflanken nur unter den Schnüren. Die Evolventenverzahnung arbeitet deshalb auch einwandfrei, wenn der Achsabstand nicht genau stimmt; die Zahnkraft wirkt immer in Richtung einer Tangente an die Grundkreise. Das Evolventenprofil hat keinen Wendepunkt und ist im Wälzverfahren billig und genau herzustellen.

*Versuch* nach Bild 4-40: Die Scheibe stellt das vorgedrehte Zahnrad (Rohling), das Segment einen Teil des Kreises dar, der durch den Wälzpunkt (Bild 4-33) geht und Wälzkreis heißt. Die Zahnstange ist das Verzahnungswerkzeug. Sie wird in ihrer Führungsschiene um etwa 5 mm nach links geschoben. Diese Bewegung entspricht dem Vorschub des Werkzeuges der Verzahnungsmaschine. Durch die Seilverbindung dreht sich die Scheibe gleichzeitig um ein entsprechendes Stück. Dann wird der Zahnstangenzahn, der die Scheibe überdeckt, mit einem Zeichenstift umfahren. Dieser Vorgang wird so oft wiederholt, bis die Zahnstange auf der linken Seite der Tafel steht und eine vollständige Zahnlücke aufgezeichnet worden ist.

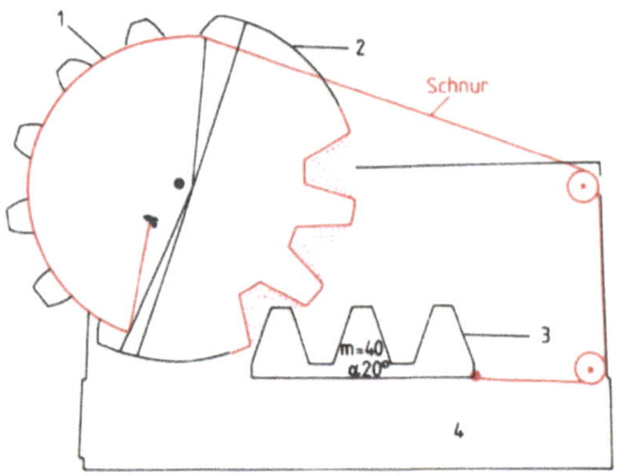


*Bild 4-40 Modell für die Darstellung des Wälzverfahrens mit zahnstangenförmigem Werkzeug*

1 = Segment,
2 = vorgedrehtes Zahnrad,
3 = Zahnstange
4 = Führungsschiene.

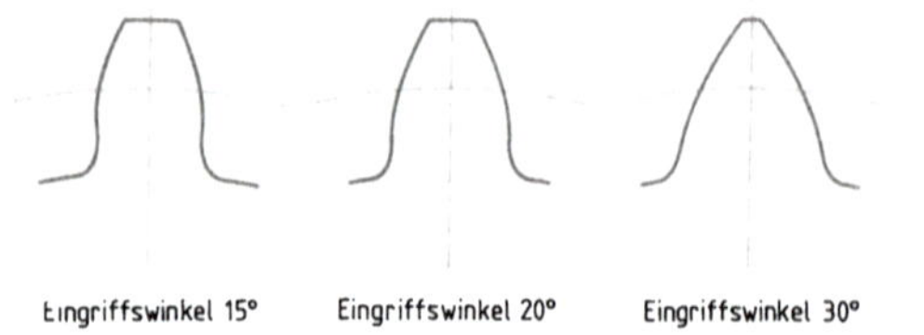


*Bild 4-41 Änderung der Zahnform durch Änderung des Eingriffswinkels*

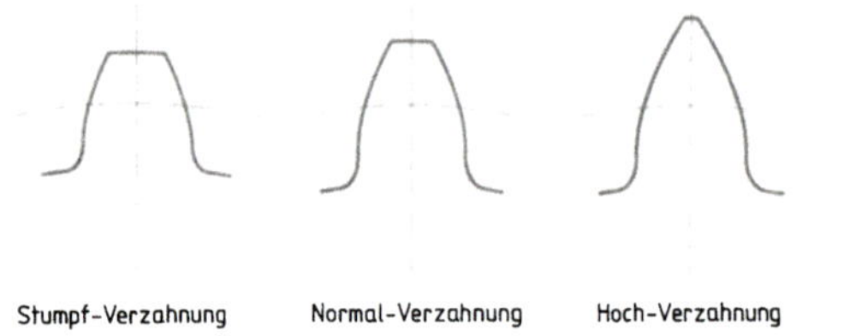


*Bild 4-42 Änderung der Zahnform durch Änderung der Zahnhöhe*

Ein sehr wichtiger Vorteil der Evolventenverzahnung ist, daß mit einem einzigen zahnstangenförmigen Werkzeug Räder mit ganz beliebigen Zähnezahlen und dadurch unterschiedlichem Durchmesser hergestellt werden können (Bild 4-43).

Die gewünschten Zahnformen, die für den jeweiligen Zweck am besten geeignet sind, lassen sich durch Änderung des Eingriffswinkels (Bild 4-41) oder durch Änderung der Zahnhöhe (Bild 4-42) verwirklichen.

Die Zahnflankenform ist vom Durchmesser des Grundkreises abhängig (Bild 4-43). Der Grundkreisdurchmesser ändert sich mit dem Eingriffswinkel, dem Modul und der Zähnezahl.

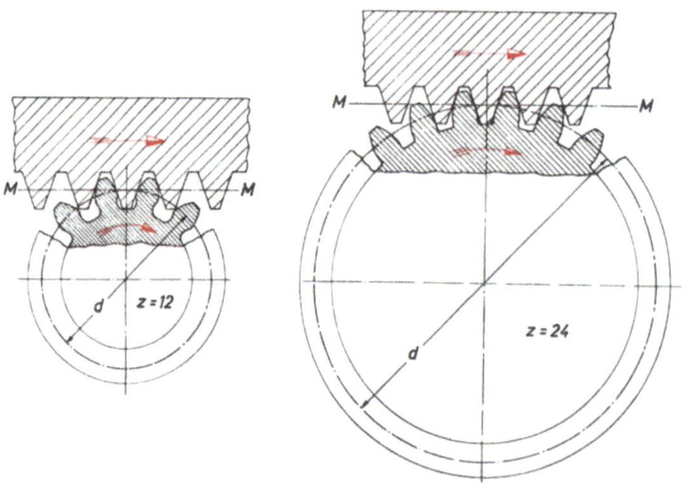


*Bild 4-43*
*Herstellung von Rädern unterschiedlicher Zähnezahl mit dem gleichen Werkzeug* (schematisch)

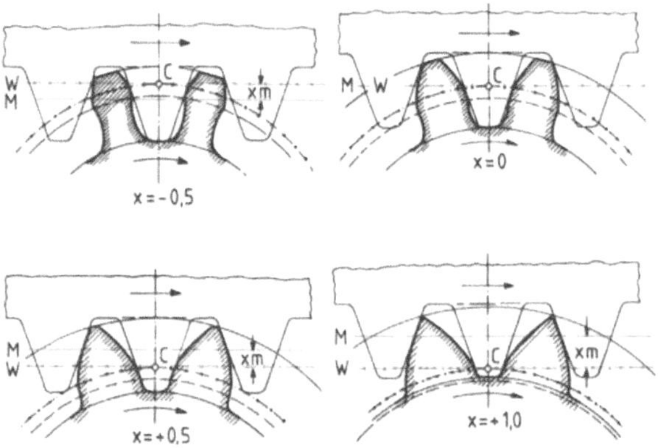


*Bild 4-44*

*Erzeugen unterschiedlicher Zahnformen durch Profilverschiebung*

Zähnezahl, Modul und Eingriffswinkel des Werkzeuges sind bei allen vier Zahnformen gleich.

Ein weiterer wesentlicher Vorteil der Evolventenverzahnung ist, daß mit einem einzigen zahnstangenförmigen Werkzeug bei gleicher Zähnezahl unterschiedliche Zahnformen erzeugt werden können (Bild 4-44).

*Versuch* nach Bild 4-40: Die Durchführung erfolgt so, wie schon vorher beschrieben wurde, jedoch mit verändertem Zahnstangenabstand zur Radmitte. Dadurch entstehen *V*-Räder (*V* ist abgeleitet von Verschiebung) (Bild 4-44).

**Positive Profilverschiebung:** Zahnstange um den Betrag $x \cdot m$ nach außen herausrücken. $x$ = Profilverschiebungsfaktor. Dadurch entsteht ein $V_{plus}$-Rad.

**Negative Profilverschiebung:** Zahnstange um den Betrag $x \cdot m$ nach innen hineinrücken. Dadurch entsteht ein $V_{minus}$-Rad.

*Bild 4-45 Nach Bild 4-40 erzeugte Zahnformen*

Zähnezahl, Modul und Eingriffswinkel des Werkzeuges sind bei allen Zähnen gleich. Die unterschiedlichen Zahnformen und Durchmesser ergeben sich aus der Veränderung des Abstandes der Zahnstange zur Radmitte.

## Die verschiedenen Arten von Evolventen-Zahnrädern

**Stirnräder** sind Zahnräder, die in Getrieben mit parallelen Achsen eine Drehbewegung übertragen.

Bei einem **Geradstirnrad** (Stirnrad mit geraden Zähnen) sind die Flankenlinien Geraden parallel zur Achse des Rades (Bild 4-46).

Bei einem **Schrägstirnrad** (Stirnrad mit schrägen Zähnen) sind die Flankenlinien Teile von Schraubenlinien (Bild 4-46).

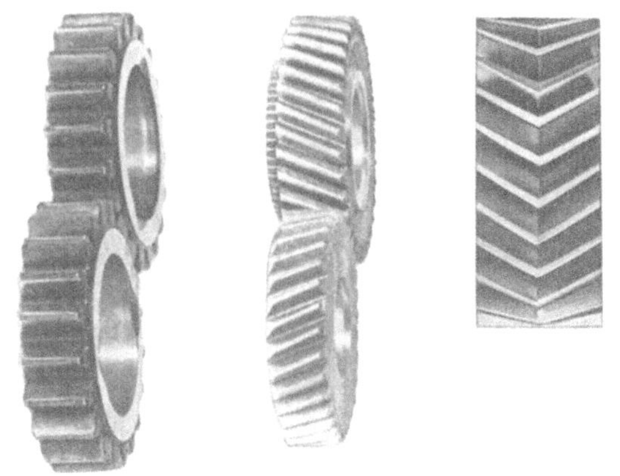

*Bild 4-46 Stirnräder*

a) Geradstirnräder,
b) Schrägstirnräder,
c) Pfeilzahnstirnrad,
d) schrägverzahntes Innenstirnrad, gepaart mit Außenstirnrad.

*Vorteil:* Der Eingriff erfolgt allmählich über die ganze Breite des Rades. Dadurch wird ein weicher Eingriff und – besonders bei geschliffenen Zahnflanken – ein geräuschärmerer Lauf erzielt.

Bild 4-47 zeigt, daß bei den Schrägstirnrädern die Zähne durch ihre Schrägstellung wie Gewindegänge verwunden werden. Ebenso, wie bei einer Schraube das genormte Gewindeprofil nur parallel zur Schraubenachse gemessen werden kann, hat auch beim Schrägstirnrad nur das Stirnprofil exakte Evolventenform. Ein senkrecht durch den Zahn gelegter Schnitt zeigt das sogenannte Normalprofil. Bild 4-48 zeigt die dem Modell nach Bild 4-47 entnommenen beiden Profilschablonen aufeinandergelegt.

*Bild 4-47 Teil eines Schrägstirnrades*

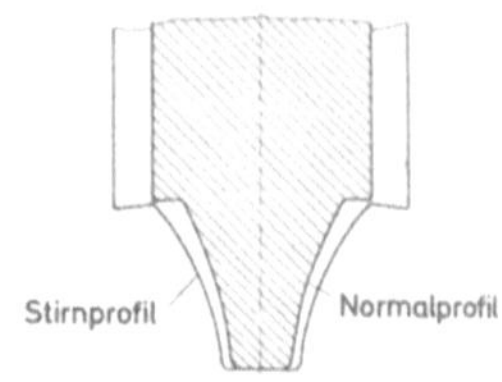


*Bild 4-48 Stirn- und Normalprofil des Schrägstirnrades nach Bild 4-47*

Die Zahnkraft erzeugt bei Schrägstirnrädern eine Längskraft in Achsenrichtung. Diese Längskraft wird bei **Pfeilzahnstirnrädern** durch doppelte Schrägzähne mit entgegengesetzter Neigung ausgeglichen (Bild 4-46).

**Innenverzahnte Stirnräder** haben ihre Verzahnung nach innen zu gerichtet (Bild 4-46).

> Die Bestimmungsgrößen eines nach Sonderverzahnung hergestellten Zahnrades können von Facharbeitern am fertigen Rad nicht festgestellt werden.

### Wälzhobeln

Die Wälzhobelmaschine arbeitet nach dem Prinzip des Wälzverfahrens, das wir in den Modellversuchen nach Bild 4-40 kennengelernt haben. Es erfolgt jedoch nach jedem Wälzschritt eine Zahnstangenbewegung senkrecht zur Tafelebene des Modells und zurück. Auf der Wälzhobel-Maschine wird also der Wälzbewegung eine Hubbewegung des Werkzeuges überlagert.

### Herstellung von Stirnrädern mit Evolventenverzahnung

### Übersicht über die spanenden Fertigungsverfahren [1]

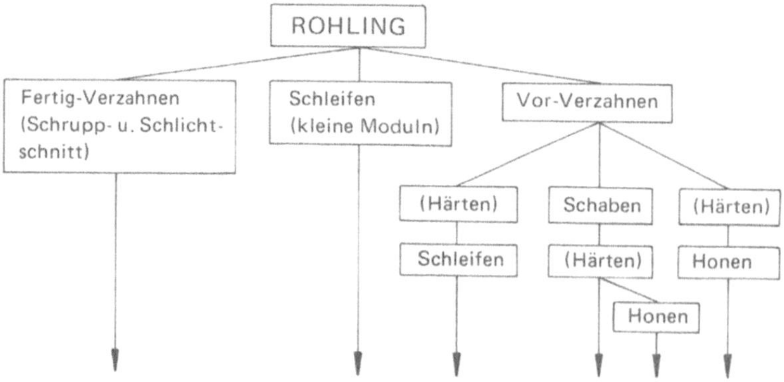


[1] Zahnradherstellung durch Umformen siehe Bild 3-173.

Eine Evolventenverzahnung entsteht durch gleichzeitige Bewegung von Rad (Werkstück) und Zahnstangenwerkzeug. Die Evolventen werden von den geraden Kanten des Werkzeuges durch sogenannte Hüllschnitte eingehüllt. Dieses Herstellungsverfahren heißt Wälzhobeln (Bild 4-49).

*Bild 4-49 Erzeugen einer Geradverzahnung mit Hobelkamm-Zahnstangenwerkzeug*

## Wälzstoßen

Statt der Zahnstange kann auch ein Stoßrad als Werkzeug verwendet werden. Das Herstellungsverfahren heißt Wälzstoßen (Bilder 4-50 und 4-51).

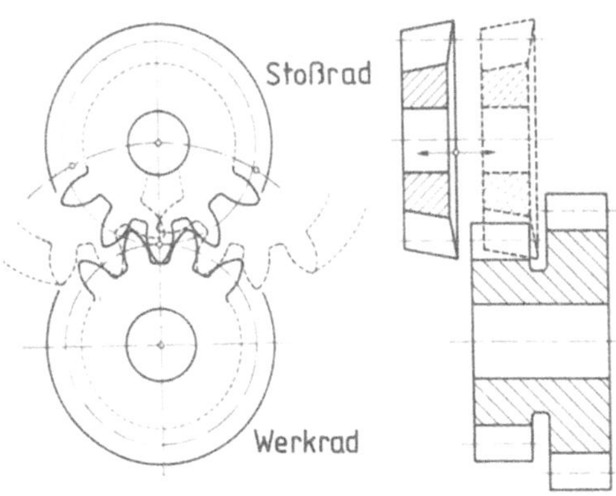


*Bild 4-50 Wälzstoßen, Arbeitsweise*

*Bild 4-51 Wälzstoßen eines schrägen Stufenrades*

## Wälzfräsen

*Modellversuch* nach Bild 4-52: Die Zahnstangenzähne nach Bild 4-40 sind bei dem Modell nach Bild 4-52 schraubenlinienförmig auf einer Walze angeordnet, sie sollen die Schneiden eines Wälzfräsers für das Wälzfräsen darstellen. Ein wirklicher Wälzfräser ähnelt einem Gewindebolzen, bei dem die Gewindegänge durch Spannuten unterbrochen sind (Bild 4-53).

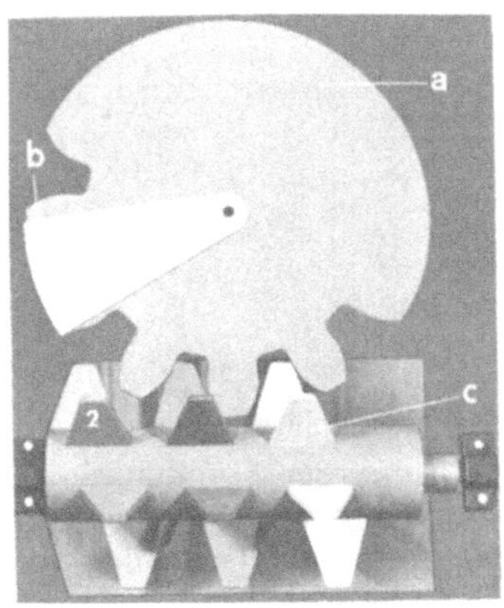


*Bild 4-52*

*Modell für die Darstellung des Wälzfräsers*

a = Werkstück,
b = Schwenkbare Zeichentafel,
c = Fräser.

*Bild 4-53 Wälzfräsen von Schrägstirnrädern*

*Versuchsdurchführung:* In der Ausgangsstellung, Fräserzahn 1 auf Werkzahnlücke 1, wird die schwenkbare Zeichentafel bis zum Anschlag an einem Stift zwischen Zahnrad und Fräserzahn geschwenkt und der Fräserzahn mit einem Zeichenstift umfahren. Dann wird die schwenkbare Zeichentafel zur Seite geschwenkt und Fräserzahn 2 vor dieselbe Zahnlücke gestellt, die Zeichentafel wieder zwischen Fräserzahn und Zahnrad geschwenkt und der Fräserzahn mit einem Zeichenstift umfahren. Dieser Vorgang wird so oft wiederholt, bis eine fertige Zahnlücke aufgezeichnet ist.

Bild 4-53 zeigt einen halb fertig gefrästen Räderblock, sie läßt den Vorschub erkennen.

Beim Wälzfräsen entsteht die Evolvente ebenso wie beim Wälzhobeln durch Hüllschnitte. Das Verfahren ist sehr leistungsfähig, denn das Werkzeug arbeitet ununterbrochen, kontinuierlich, bis das Zahnrad fertig ist.

**Formschneidverfahren**

Das einfachste Formschneidverfahren ist das Formfräsen (siehe Bild 4-55). Es wird fast ausschließlich zur Herstellung von Geradverzahnungen benutzt. Die Zahnform des Werkzeuges muß gleich der der zu erzeugenden Zahnlücke sein.

Der rotierende Fräser wird über die Zahnbreite des zu fräsenden Rades vorgeschoben. Nach dem Fertigfräsen einer Zahnlücke muß der Fräser zurückgezogen und das Werkstück um eine Zahnteilung weiter gedreht werden. Jede mit einer Teilvorrichtung versehene Fräsmaschine kann verwendet werden.

Zu dem Formschneidverfahren gehören auch das **Räumen** (Bild 4-54) sowie das **Stanzen** und **Formstoßen.** Hierbei werden alle Zahnlücken eines Rades in einem Arbeitsgang erzeugt.

*Bild 4-54*
*Räumen von Innenverzahnungen*

**Verzahnungsschleifen**

Das Verzahnungsschleifen ist hauptsächlich ein Fertigbearbeitungsverfahren für gehärtete Zahnräder. Die Verzahnungsschleifmaschinen arbeiten nach den gleichen Prinzipien, wie die vorher besprochenen Verzahnungsmaschinen. Man unterscheidet: *Teil-Wälzschleifen*, **Wälzschleifen** mit Schleifschnecke und **Formschleifen.**

**Beim Formschleifen** tritt an die Stelle des Formfräsers die Profilschleifscheibe. Scheibe und Zahnflanke berühren sich auf einer Linie. Die Maschinen sind im Aufbau sehr einfach und gestatten es, eine sehr hohe Verzahnungsgenauigkeit zu erzeugen.

**Verzahnungsschaben**

Das Schaben wird im Anschluß an das Verzahnen (Fräsen, Hobeln, Stoßen usw.) am

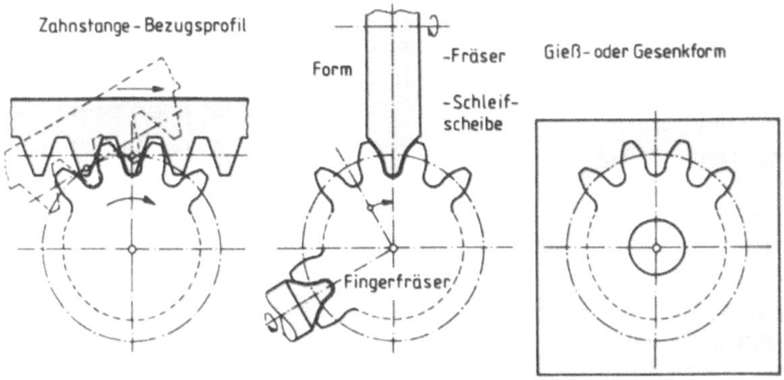


*Bild 4-55*
*Die Hauptverfahren der Zahnrad-Herstellung: Wälzverfahren, Form-Schneid-Verfahren und Formverfahren*

**Wälz-Verfahren**

*Vorteil:* Für alle Zahnformen (Zähnezahlen und Profilverschiebungen) nur ein Werkzeug. Kontinuierlicher Arbeitsablauf möglich.
*Nachteil:* Hüllschnitt mit Punktberührung.

**Form-Schneid-Verfahren**

*Vorteil:* Linienberührung, hohe Schnittleistung.
*Nachteil:* Für jede Zahnform (Zähnezahl und Profilverschiebung) anderes Werkzeug; Teilzeit

**Form-Verfahren**

*Vorteil:* Hohe Leistungsfähigkeit bei Massenfertigung
*Nachteil:* Für jede Zahnform und Zahngröße andere Matrize; geringe Genauigkeit (Schwindung).

weichen Rad durchgeführt, um insbesondere die Flankenform zu verbessern. Als Werkzeug verwendet man ein **Schabrad** (Bild 4-56).

Das Werkstück wird vom angetriebenen Schabrad mitgenommen oder umgekehrt, so daß Werkzeug und Werkstück als zylindrische Schraubenräder zusammenarbeiten. Dabei werden vom Werkstück haardünne Späne abgeschabt.

### Verzahnungshonen

Die Arbeitsweise entspricht der des Verzahnungsschabens. Als Werkzeug dient ein Stirnrad aus Kunststoff mit eingebettetem Schleifmittel. Das Verzahnungshonen wird mitunter als letzter Arbeitsgang bei der Herstellung gehärteter Zahnräder angewendet. Es hat insbesondere die Aufgabe, Schadenstellen, die während des Durchlaufs durch die Fertigung entstanden sind, zuseitigen.

**Werkzeuge der Wälzverfahren.** Hinsichtlich ihrer Anwendung sind die Werkzeuge wie folgt gekennzeichnet:

*Wälzfräser* durch Modul, Eingriffswinkel, Außendurchmesser, Gangzahl, Gangrichtung und Kopfhöhe.

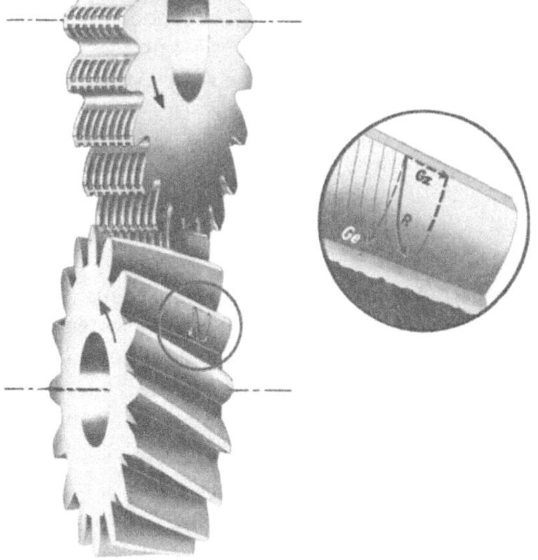


*Bild 4-56 Arbeitsweise des Verzahnungsschabens*

*Hobelkämme* durch Modul, Eingriffswinkel, Zähnezahl, Schrägungswinkel, Schrägungsrichtung und Kopfhöhe.

*Stoßräder* durch Modul, Eingriffswinkel, Zähnezahl, Schrägungsrichtung, Schrägungswinkel und Kopfhöhe.

*Schleifschnecken* durch Modul, Eingriffswinkel und Gangzahl.

**Die Werkzeuge der Formschneidverfahren** sind in ihrer Anwendung sehr eng begrenzt. Sie sind im wesentlichen gekennzeichnet durch Modul und Zähnezahl des zu bearbeitenden Werkstückes.

In den Ländern des englischen Maßsystems werden die Zahnräder nach Diametral- oder Circular-pitch berechnet. Mit Diametral-pitch (DP) bezeichnet man die Anzahl Zahnteilungen auf 1 Zoll Länge des Teilkreisdurchmessers, mit Circular-pitch die Länge einer Zahnteilung in Zoll auf dem Teilkreis gemessen. Die Umrechnungsformeln lauten:

Diametral-pitch: $DP = \frac{\pi}{CP} = \frac{25{,}4}{m}$

Circular-pitch: $CP = \frac{\pi}{DP} = \frac{m}{8{,}09}$

Modul: $m = \frac{25{,}4}{DP} = 8{,}09 \cdot CP$

## Zahnradgetriebe

### Begriffe

**Zahnradgetriebe** sind weder Kraft- noch Arbeitsmaschinen, s. Kap. 8, denn sie können keine Energie umwandeln und keine Arbeit verrichten.

> Zahnradgetriebe sind Einrichtungen zum Umformen oder Übertragen von Bewegungen (VDI-Richtlinien).

Rädergetriebe bestehen aus wenigstens drei Gliedern, von denen eines als Gestell festgelegt sein muß, um den bei der Bewegungsumformung entstehenden Kraftunterschied zwischen An- und Abtriebswelle abstützen zu können (Bild 4-57).

> Wegen ihres Formschlusses ermöglichen Zahnradgetriebe die Übertragung genauer Bewegungen und hoher Leistungen.

Zahnradgetriebe werden am meisten von allen Getriebearten verwendet, und zwar für parallele, gekreuzte und sich schneidende Wellen, für kleinste bis größte Leistungen und Übersetzungen. Sie übertragen schlupflos Kräfte/Bewegungen, besitzen hohe Lebensdauer und Betriebssicherheit und erfordern geringe Wartung.

Im Fahrzeugbau werden Zahnradgetriebe durch Stufengetriebe genannt, weil damit nur bestimmte Übersetzungsverhältnisse in begrenzter Zahl möglich sind.

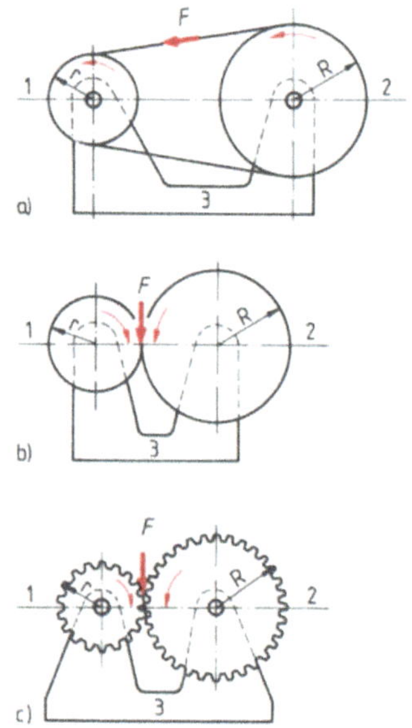


*Bild 4-57 Beispiele einiger Getriebe*

1) Antriebsglied,
2) Abtriebsglied,
3) gestellfestes Abstützglied.
a) Riemen-/Kettengetriebe,
b) Reibradgetriebe,
c) Zahnradgetriebe.

### Bauformen der Zahnradgetriebe

Die wichtigsten Bauformen der Zahnradgetriebe sind *Zahnradvorgelege-* und *Zahnradplanetengetriebe*.

**Zahnradvorgelegegetriebe** bestehen aus einer An- und Abtriebswelle und einer im Gehäuse gelagerten/vorgelegten Vorgelegewelle. Getriebe mit mehreren Vorgelegewellen dienen zur Leistungsteilung und werden *Parallelwellengetriebe* oder *Mehrwellen-Vorgelegegetriebe* genannt (Bild 4-58).

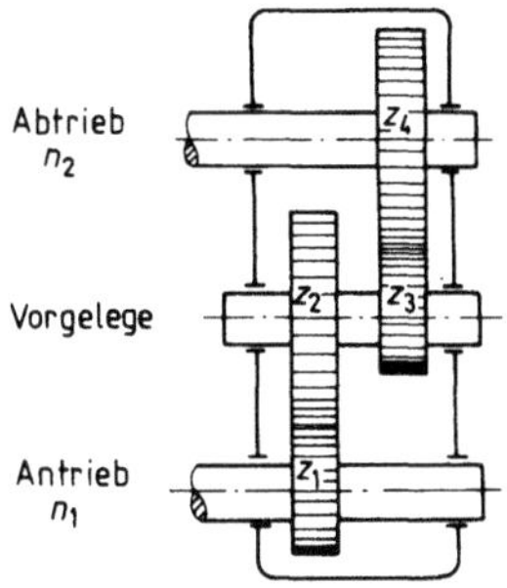


$$i = \frac{z_1 \cdot z_3}{z_2 \cdot z_4} = \frac{n_2}{n_1}$$

*Bild 4-58 Einfaches Zahnradvorgelegegetriebe mit fest aufgekeilten Stirnrädern*

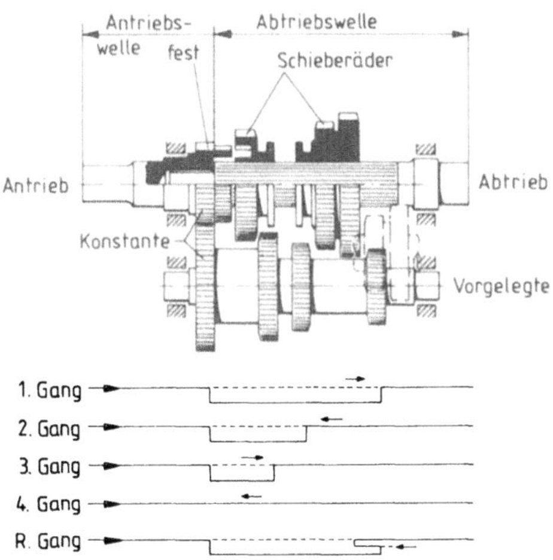


*Bild 4-59 Zahnradvorgelegegetriebe mit einfacher Schubräderschaltung*

Die Antriebswelle trägt ein fest aufgekeiltes Stirnrad, die Vorgelegewelle vier fest aufgekeilte Stirnräder, die Haupt- oder Abtriebswelle drei verschieb- und kuppelbare Stirnräder. Sog. Konstante sind Dauereingriffsgräder.

**Zahnradplanetengetriebe** (Bild 4-60) werden für die Übertragung hoher Leistungen und Drehzahlen, z.B. als Hochleistungsgetriebe im Turbinenbau und in automatisch geschalteten Fahrzeuggetrieben (Pkw-Automatik) verwendet.

*Vorteile:* An- und Abtriebswelle in einer Achse; die Leistung verteilt sich auf mehrere Planetenräder, d.h. kleine Zahnkräfte, hoher Wirkungsgrad, runde und kompakte Bauweise (Flanschmotor), große Übersetzungen möglich.

*Nachteil:* Hoher Aufwand, teuer.

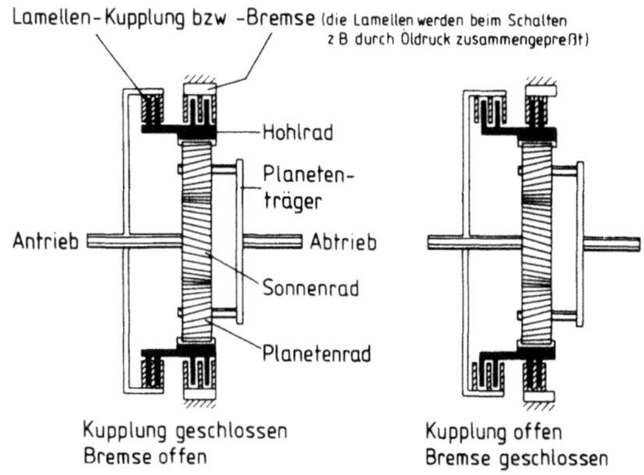


*Bild 4-60 Funktionsschema eines einfachen Zahnradplanetengetriebes*

a) *Kupplung geschlossen, Bremse offen.* Das angetriebene Sonnenrad ist mit dem Hohlrad gekuppelt. Beide Teile drehen sich mit gleicher Geschwindigkeit. Die Planetenräder können nicht abrollen und nehmen den Planetenträger oder Steg mit Antriebsdrehzahl mit.

$$\frac{n_1}{n_s} = i_{1s} = z\,\frac{1}{1}$$

b) *Kupplung offen, Bremse geschlossen.* Das Hohlrad ist festgebremst. Vom Sonnenrad angetrieben, rollen die Planetenräder im feststehenden Hohlrad ab und drehen den Planetenträger oder Steg.

$$\frac{n_1}{n_s} = i_{1s} = 1 + \frac{Z3}{Z1}$$

Durch die Kombination mehrerer einfacher Zahnradplanetenradgetriebe läßt sich eine entsprechende Anzahl von Übersetzungen erzielen. Alle automatischen Automobilgetriebe enthalten solche Kombinationen.

*Bild 4-61 Zahnradplanetengetriebe*

### Kegelräder, Schraubenstirnräder und Schneckengetriebe

**Kegelräder** (Bilder 4-62 und 4-63) werden bei Getrieben mit sich schneidenden Achsen verwendet. Bei Geradzahnkegelrädern sind die Zahnflanken gerade und auf die Kegelspitze zu gerichtet (Bild 4-63).

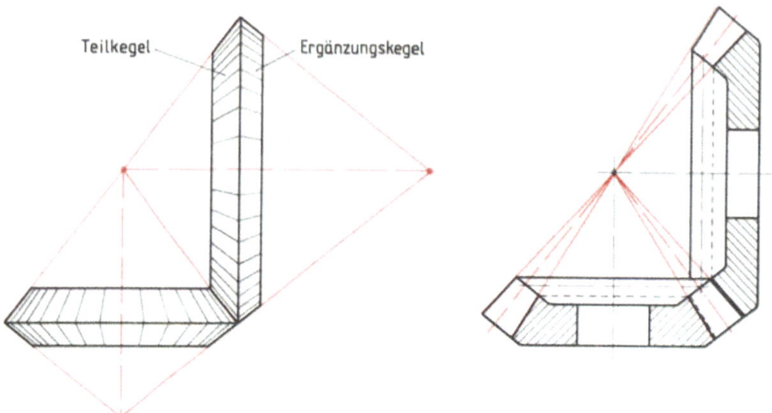


*Bild 4-62 Geradzahnkegelräder*

Links: Die Teilkegel rollen beim Drehen ohne Gleiten aufeinander ab.
Rechts: Schnittdarstellung.

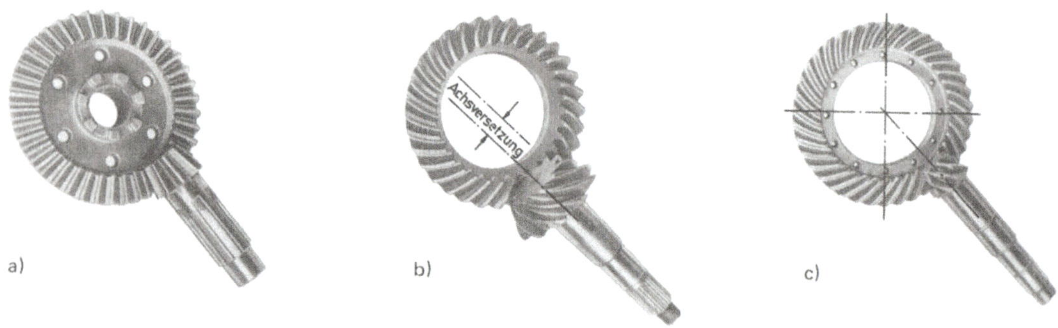


*Bild 4-63 Kegelräder und Kegelschraubräder*

a) Geradzahnkegelräder,
b) Kegelschraubenräder,
c) Kegelräder mit Bogenzähnen.

*Vorteil:* Einfache Herstellung.

*Nachteil:* Wenig Zähne im Eingriff, deshalb geringe Laufruhe und Trägfähigkeit als Bogenzahnkegelräder.

*Anwendung:* Allgemeiner Maschinenbau, Werkzeugmaschinen, in Differentialgetrieben von Kraftfahrzeugen.

> Bei Kegelrädern mit Bogenzähnen sind die Zähne in Längsrichtung gekrümmt und meist schräggestellt.

### Herstellung von Kegelrädern

**Geradzahnkegelräder** werden mit geradflankigen Hobelmeißeln auf Kegelradhobelmaschinen hergestellt. Das Werkzeug macht hin- und hergehende, zur Kegelspitze gerichtete Schnittbewegungen, das Werkstück Wälzbewegungen.

**Verzahnungsverfahren für Bogenzahn-Kegelräder**

| Herstellung mit Maschinen der Firmen | Längskrümmungskurve der Planradzähne | Besonderheit |
|---|---|---|
| Gleason, Amerika | Kreisbogen | Teilwälzverfahren, Verzahnung kann geschliffen werden. Die Zähne verjüngen sich zur Kegelspitze hin. Ein Messerkopf für links- und rechtsgängige Verzahnung verwendbar. |
| Oerlikon, Schweiz | Epizykloide (Abkürzung: Eloid), (d.h. Aufradlinie) | Kontinuierliches Wälzverfahren. Zahnhöhe über die Zahnbreite konstant. Für links- und rechtsgängige Verzahnung sind zwei verschiedene Messerköpfe notwendig. |
| Klingelnberg, Deutschland | Palloide, d.h. angenäherte Evolente | Kontinuierliches Wälzverfahren. Zahnhöhe über die Zahnbreite nahezu konstant. Für links- und rechtsgängige Verzahnung zwei verschiedene Fräser notwendig. |

**Schraubenstirnräder** sind Schrägzahnstirnräder für nicht parallele Achsen. Zusammenarbeitende Räder haben gleiche Normalmodule (siehe Schrägstirnräder), verschiedene Schrägungswinkel und meist gleiche Schrägungsrichtung der Zähne (Bild 4-64).

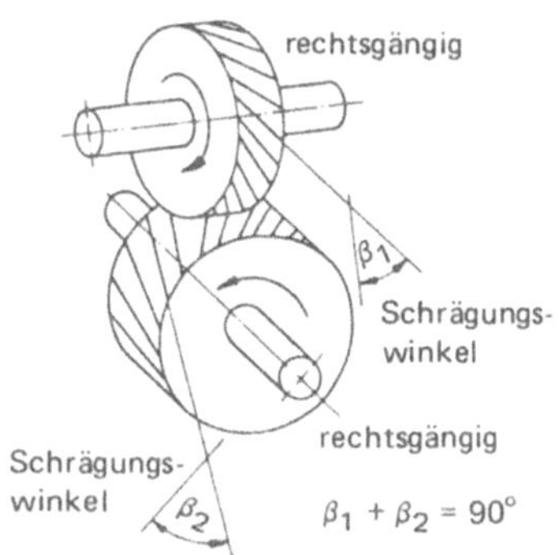


*Bild 4-64 Drehrichtung bei Schraubenstirnrädern*

Außer Wälzgleiten in Zahnhöhe tritt Längsgleiten in Richtung der Zähne auf. Außerdem berühren sich die beiden Räder nur in einem kleinen Bereich, so daß die Abnutzung der Räder groß und ihre Belastbarkeit gering ist.

Schraubenstirnräder werden daher nur zur Bewegungsübertragung (z.B. bei Zählwerken) verwendet.

**Schneckengetriebe**

**Schneckengetriebe** haben ebenfalls nicht parallele Achsen, jedoch findet die Berührung in einem größeren Bereich statt als bei den Schraubenstirnrädern, und die Zähnezahl der Schnecke ist sehr klein (häufig gleich 1).

Die Zähnezahl $z_1$ entspricht dann der „Gangzahl $g$" der Schraube (Schnecke) und die Übersetzung ist:

$$i = z_2 : g$$

**Zylinderschneckengetriebe** bestehen aus einer zylindrischen Schnecke und einem globoidförmigen Rad (Bild 4-65). Die Flankenform hängt vom Herstellverfahren und von den Werkzeugabmessungen ab. Die Schnecke kann auf der Drehmaschine, auf einer Fräsmaschine oder auf einer Verzahnungsmaschine hergestellt werden. Gehärtete und geschliffene Schnecken werden oft verwendet.

*Bild 4-65 Schneckenrad mit Schnecken*

a) Zylinderschneckengetriebe,

b) Globoidschnecke.

**Bei Globoidschneckengetrieben** ist außer dem Rad auch die Schnecke globoidförmig ausgebildet. Dadurch sind mehr Zähne im Eingriff, und die Belastungsfähigkeit ist höher.

*Werkstoff:* Schnecke aus Stahl, Oberflächen gehärtet, geschliffen und poliert. Schneckenrad: Bronze, Al- und Mg-Legierungen.

*Anwendung:* Für große Übersetzungen, z.B. einstufig bis zu 120:1, zweistufig bis zu 12 000:1; für Getriebe, die selbsthemmend sein müssen, z.B. Flaschenzüge.

**Wiederholungsfragen**

1. Wie lautet das Verzahnungsgesetz?
2. Warum wird im Maschinenbau fast nur Evolventenverzahnung verwendet?
3. Konstruiere eine Zahnflanke für ein Zahnrad mit $m = 6$ mm, $Z = 20$, $\alpha = 20°$!
4. Welcher Zusammenhang besteht zwischen Zähnezahl und Zahnform?
5. Durch welche Maßnahmen kann die Zahnflankenform verändert werden?
6. Welche Arten von Evolventenzahnrädern gibt es?
7. Welche Vor- und Nachteile haben Schrägstirnräder?
8. Warum sind Zahnradgetriebe zur Übertragung genauer Bewegungen und hoher Leistungen geeignet?
9. Wodurch sind Zahnradvorgelegegetriebe gekennzeichnet?
10. Wie heißen die verschiedenen Zahnräder der Zahnradplanetengetriebe?
11. Welches sind die Vor- und Nachteile der Zahnradplanetengetriebe?
12. Wozu werden Schneckengetriebe verwendet?
13. Aus welchen Werkstoffen werden a) Schnecken, b) Schneckenräder hergestellt?

## 4.5 Kettengetriebe

Kettentriebe werden für die schlupffreie Übertragung von Drehbewegungen paralleler und waagrecht liegender Wellen verwendet, wenn der Achsabstand für Zahnräder zu groß ist.

Die Kraftübertragung erfolgt durch Formschluß zwischen Kette und Kettenrad. Geringer Kettendurchhang genügt als Vorspannung. Größere Vorspannung ergibt zu große Lagerbelastung. Das Nachspannen erfolgt durch Achsabstandsvergrößerung.

**Kettentriebe mit unveränderlicher Übersetzung**

**Rollenketten;** für geringe Geschwindigkeit und kleine Kraft Einfach-Rollenkette, für große Kraft und hohe Geschwindigkeit Mehrfach-Rollenkette (Bilder 4-66 bis 4-68). Die Zahnflanken der Kettenräder sind aus zwei Kreisbögen gebildet.

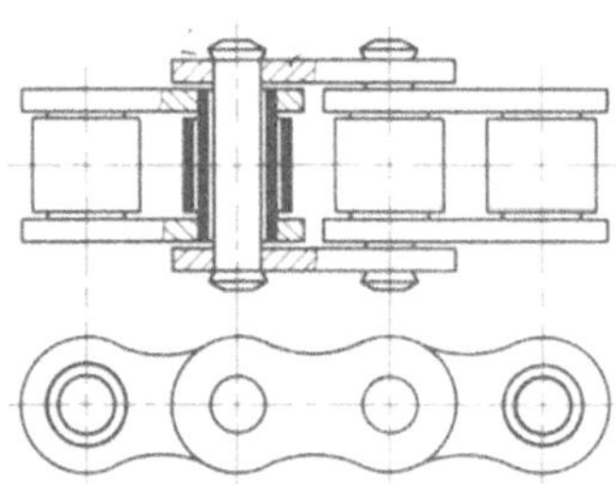

*Bild 4-66 Rollenkette mit drehbaren Rollen* (= kurze Rohrstücke)

△

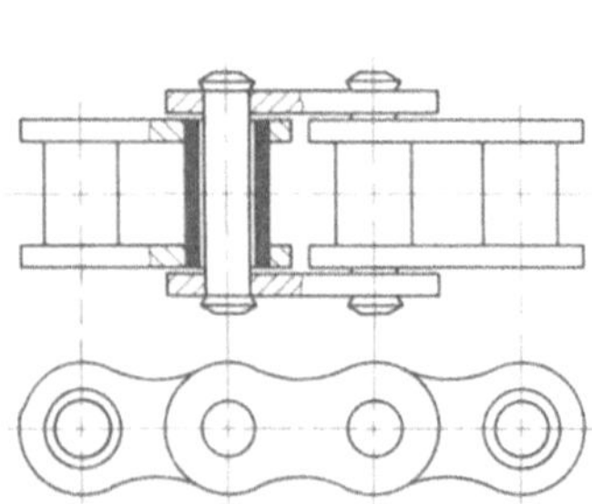

*Bild 4-67 Hülsenkette*

Hülsenketten unterscheiden sich von Rollenketten durch die fehlenden Rollen.

*Bild 4-68 Zweifach-Rollenkette*

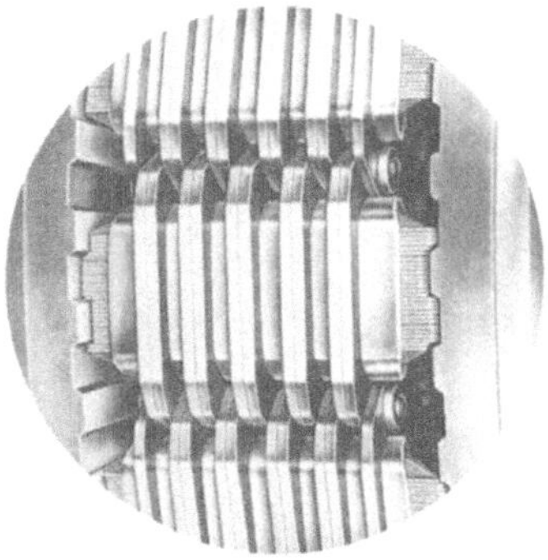

*Bild 4-70 Lamellen-Verzahnkette mit beweglichen seitlichen Zähnen für PIV-Getriebe*

Durch Verschleiß in den Kettengelenken vergrößert sich die Teilung, so daß sie sich auf einen größeren Kreis des Kettenrades auflegen und schließlich abspringen. Das wird bei Zahnketten durch die Form der Glieder vermieden.

**Zahnketten** (Bild 4-69) haben auch bei größeren Geschwindigkeiten gute Laufeigenschaften und geringen Verschleiß. Die Kettenräder haben trapezförmige Zähne mit geraden Flanken. Zahnketten sind schwerer und teurer als Rollenketten.

*Bild 4-69 Zahnkette*

**Kettentriebe mit veränderlicher Übersetzung**

**Bei den PIV-Getrieben** (**P**arallel-**I**deal-**V**erstellbar) wird die Kraft durch seitlichen Formschluß zwischen der Kette und den radial genuteten Kegelscheiben übertragen. Durch axiales Verschieben der Kegelscheiben erfolgt die sutfenlose Veränderung der Abtriebsdrehzahl (Bilder 4-70 und 4-71).

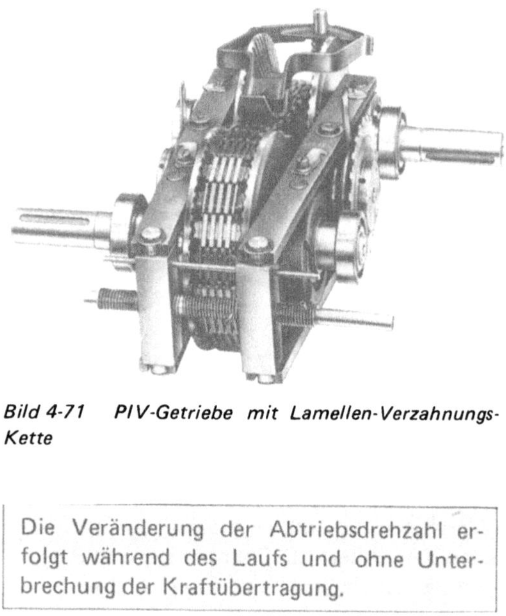

*Bild 4-71 PIV-Getriebe mit Lamellen-Verzahnungs-Kette*

Die Veränderung der Abtriebsdrehzahl erfolgt während des Laufs und ohne Unterbrechung der Kraftübertragung.

## 4.6 Reibradgetriebe

Bei Reibradgetrieben wird die Kraft durch die Reibung zwischen gegeneinander gepreßten Rädern übertragen.

**Konstante Reibradgetriebe** (Bild 4-72) bleiben bei unveränderlichem Übersetzungsverhältnis in ständigem Eingriff, z.B. die Antriebsräder der Fahrzeuge, bei denen die Fahrbahn als Gegenrad dient.

*Bild 4-72 Reibrad-Getriebe für Blechbiegemaschinenantrieb*

Bei Überlastung gleiten die Reibräder.

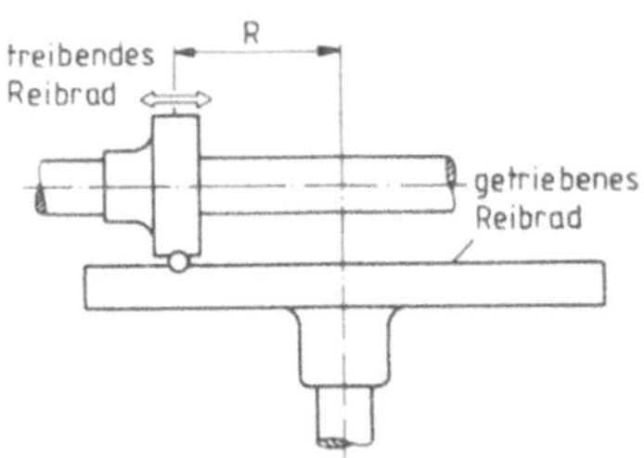


*Bild 4-73 Reibradgetriebe*

Das treibende Reibrad wird ohne Unterbrechung der Kraftübertragung verschoben und somit die Übersetzung stufenlos verändert.

Konstante Reibradgetriebe werden als Antriebe für Maschinen mit stark veränderlichen Antriebskräften verwendet, z.B. Steinbrecher und Biegemaschinen, da sie bei Überlastung rutschen.

*Schaltreibräder* dienen zum Ein- und Ausschalten und Verändern des Übersetzungsverhältnisses.

*Bei Regel-Reibrädern* wird ein Reibrad ohne Unterbrechung der Kraftübertragung verschoben oder verkantet und dadurch die Übersetzung stetig geändert (Bild 4-79).

*Werkstoffpaarung der Reibräder*. a) Stahl/Stahl: geringer Reibwert, hohe Wälzfestigkeit, größte übertragbare Leistung.

b) Gummi/Stahl oder Grauguß: hoher Reibwert, geräuscharm, übertragbare Leistung etwa 1/10 von a).

Andere Paarungen, z.B. Preßstoff/Grauguß, liegen zwischen a) und b).

## 4.7 Riementriebe

> Riementriebe – ausgenommen Zahnriementriebe – sind Reibtriebe. Sie werden für parallele und gekreuzte Wellen mit großem Abstand verwendet.

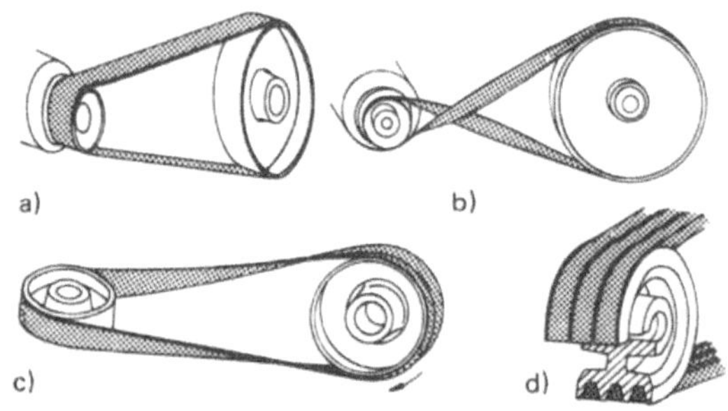


*Bild 4-74 Riementriebe*

a) offener,
b) gekreuzter,
c) halbgekreuzter Riementrieb,
d) Keilriementrieb.

Zur Erzeugung der Reibkräfte sind ein möglichst großer Umschlingungswinkel (Bild 4-75) und eine Riemenspannung erforderlich.

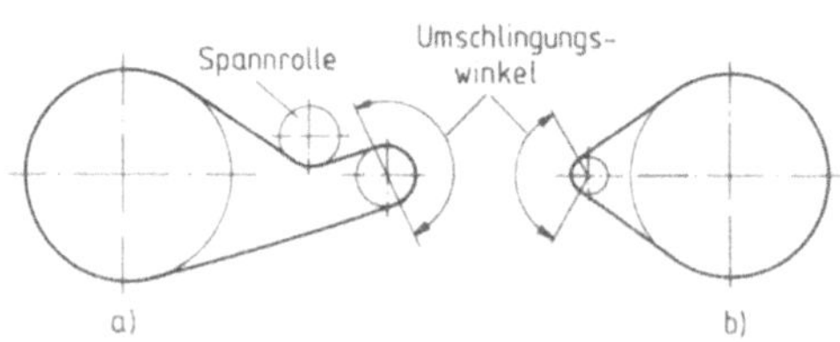


*Bild 4-75 Ausführung eines Flachriementriebes mit kleinem Achsabstand in Abhängigkeit vom Riemenwerkstoff*

a) **Lederriemen,** dick und nicht sehr elastisch, Reibung zwischen Riemen und Riemenscheibe nicht sehr groß, Spannrolle zur Vergrößerung des Umschlingungswinkels und der Riemenvorspannung erforderlich.

b) **Mehrstoffriemen** ohne Verbindungsstelle, dünn und sehr elastisch, hohe Riemenvorspannung ohne Spannrolle, Reibung zwischen Riemen und Riemenscheibe auch bei kleinem Umschlingungswinkel sehr groß.

*Vorteile:* Billig, geräuscharm, stoßdämpfend, keine Schmierung, einfache Änderung der Übersetzung durch Stufenscheiben, einfache Kupplung durch Leerlaufscheiben.

*Nachteile:* 1 bis 2 % Schlupf, große Achskraft, Änderung der Riemenlänge und Reibung mit Temperatur und Feuchtigkeit.

*Tabelle 4-1* Einteilung nach der Riemenführung (Bild 4-74)

| Bauart | Verwendung |
|---|---|
| offener Riementrieb | für parallele Wellen mit gleicher Drehrichtung |
| gekreuzter Riementrieb | für parallele Wellen mit entgegengesetzter Drehrichtung |
| Winkeltrieb | für sich schneidende Wellen |
| schaltbarer Riementrieb mit Leerlauf-Riemenscheiben | zum Ein- und Ausschalten bei laufendem Antrieb |

*Tabelle 4-2* Einteilung nach der Art des Riemens

| Riemen-querschnitt | Riemenwerkstoff | Riemen-verbindung |
|---|---|---|
| Flach-, Keil- und Rund-riemen | Balatagetränkte Gewebe-riemen, Gummi-Gewebe- und Kordriemen, Leder-riemen, Mehrstoff-riemen, (z.B. Kunststoff-schicht oder eine Kombination von synthetischen und Naturfasern) Textilriemen, gewebt oder geflochten aus natürlichen (Baumwolle-, Naturseide-, Hanf-, Flachs-, Ramie-) oder aus synthetischen (z.B. Reyon-, Polyamid-, Polyester-) Fasern | geleimte genähte und endlose Riemen, Riemen mit Schloß |

**Riemenscheiben**

Größere Scheiben mit Armen sind meist einteilig gegossen oder geschweißt, kleinere Scheiben einteilig, aus dem Vollen gedreht oder gegossen.

*Werkstoffe:* Grauguß, Leichtmetall, Stahl, Kunststoff oder Holz.

Je glatter die Lauffläche, um so größer die Reibung und um so kleiner der Riemenverschleiß.

Die Wölbung der Flachriemenscheiben bewirkt eine größere Riemenspannung in der Mitte, so daß der Riemen auch bei geringer Schräglage der Wellen nicht abläuft. Ohne Wölbung sind:

a) die Scheiben für halbgekreuzte Riemen,
b) die getriebene Scheibe bei gekreuzten Riemen,
c) die Scheiben, auf denen der Riemen verschoben wird.

**Riemenverbindung**

*Endlosmachen* der Riemen durch Kleben, Schweißen, Vulkanisieren oder Spleißen ergibt eine bessere Verbindung als durch Nähen oder mechanische Verbinder (Bild 4-76).

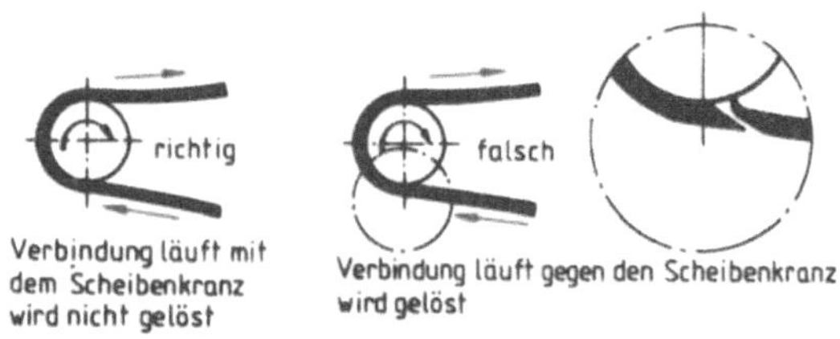


*Bild 4-76 Auflegen zusammengesetzter Flachriemen*
Bei Riemen ohne Verbindungsstelle spielt die Drehrichtung keine Rolle.

**Riemenverbinder** (Schlösser, Drahthakenverbinder usw.) müssen möglichst leicht und etwa 5 mm schmaler als der Riemen sein.

**Keilriementriebe**

Durch die Keilform ergibt sich eine große Anpreßkraft des Riemens an der Auflagefläche, so daß nur eine geringe Spannkraft des Riemens erforderlich ist. Für die Übertragung größerer Kräfte werden mehrere Riemen nebeneinander angeordnet.

Keilriemen werden nur als endlose Riemen von 150 mm bis 18 000 mm Länge hergestellt.

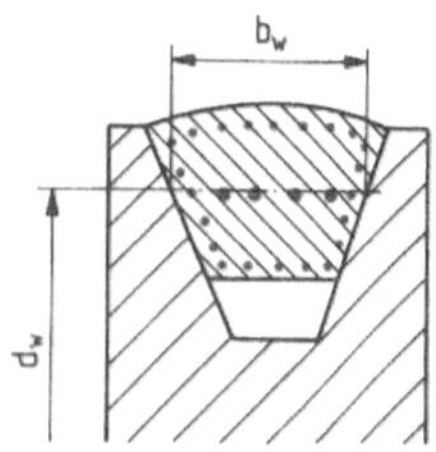


*Bild 4-77 Keilriemen mit Kabelkord oder Paketfäden als Zugstrang*

Der Winkeldurchmesser $d_W$ ist für das Übersetzungsverhältnis maßgebend. Bei Mehrriemenscheiben müssen die Maße $b_W$ übereinstimmen, da die Riemen sonst gegeneinander arbeiten.

*Bild 4-78 Keilriemenantrieb einer Werkzeugmaschine*

**Zahnriementriebe** sind formschlüssige offene Riementriebe (Bild 4-79). Sie müssen nach der Montage mäßig stramm aufliegen und sind vor Staub, heißem Wasser und Dampf zu schützen.

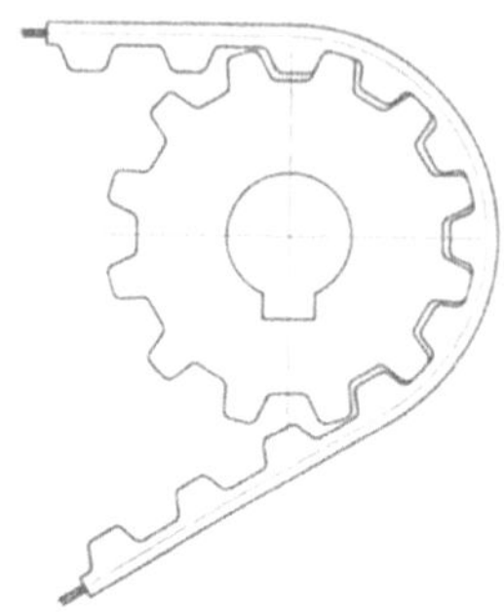

*Bild 4-79 Zahnriementrieb*

Obwohl er größere Achsabstände überbrückt, läuft er synchron ohne Schlupf.

### Eigenschaften der Riementriebe gegenüber Kettentrieben

*Vorteile:* Fast geräuschlos laufend, Stoßdämpfung, keine Schmierung und kein Getriebekasten, für gleich- und gegenläufige Wellen, billiger bei größerem Achsabstand, Änderung der Übersetzung durch Stufenscheiben einfach.

*Nachteile:* Größere Baumaße und Achskräfte, Schlupf, Riemendehnung mit Temperatur und Feuchtigkeit.

Fast gleichwertig: Wirkungsgrad und Bereich der Übersetzung.

**Wiederholungsfragen**

1. Wozu werden Kettentriebe verwendet?
2. Welche Kettenarten gibt es?
3. Welches sind die Vorteile der Kettentriebe?
4. Welches können die Ursachen für das Abspringen einer Kette vom Kettenrad sein?
5. Welche Reibräderarten gibt es?
6. Wovon hängt die Größe der Reibkräfte bei Reibrädern ab?
7. Welcher Zusammenhang besteht zwischen der Umfangsgeschwindigkeit und der erforderlichen Anpreßkraft der Reibräder ($P = F_R \cdot v$)?
8. Wozu werden Riementriebe verwendet?
9. Welche Vor- und Nachteile haben Riementriebe?
10. Welche Treibriemenarten unterscheidet man hinsichtlich Riemen-Querschnitt, -Werkstoff und -Verbindung?
11. Welche Bauarten von Riementrieben gibt es?
12. Wie müssen zusammengesetzte Riemen aufgelegt werden?

## 4.8 Federn

Unter der Einwirkung äußerer Kräfte (Federkräfte) verformen sich Federn elastisch (Federwege), sie nehmen dabei Arbeit auf, die sie bei der Rückfederung wieder abgeben.

Der Zusammenhang zwischen der angreifenden Kraft und dem Federweg (auch Federung genannt) wird für jede Feder rechnerisch oder auch durch Messung ermittelt und als **Federkennlinie** in einem Federdiagramm dargestellt (Bild 4-80). Je steiler diese Federkennlinie verläuft, um so steifer (härter) ist die Feder, da sie bei gleicher Kraft sich weniger verformt. Die Kraft, gemessen in N, welche notwendig ist um einen Federweg von einem Millimeter zu erreichen, wird als Federrate bezeichnet.

> Die Federrate ist das Verhältnis von der Federkraft zum Federweg.

Federn werden verwendet zur Energiespeicherung beispielsweise in Uhrwerken und Spielzeugen, zur Abfederung von Fahrbahnstößen in den Fahrwerken der Kraftfahrzeuge, als Rückholfedern an vielen Bedienungshebeln und Pedalen der Maschinen, zur Kraftmessung bei Federwaagen, gelegentlich auch als Spann- und Rastfedern, beispielsweise in Vorrichtungen, zur Kraftverteilung, z.B. bei der Polsterung von Sesseln und Betten, zur Regelung, z.B. beim Regelventil, als Schwingungselement, z.B. bei Schwingsieben und zur Dämpfung von Schwingungen.

**Nach der Gestalt** werden die Federn eingeteilt in: Schraubenfedern (Bilder 4-80 und 4-81), Spiralfedern (Bild 4-87), Drahtformfedern in vielen sonstigen Formen, Blattfedern (Bild 4-85), Tellerfedern (Bild 4-82), Drehstabfedern (Bild 4-88), Gummifedern (Bild 4-83).

**Als Federwerkstoff** wird meist Stahl verwendet. Die genormten Federstähle besitzen einen hohen Kohlenstoffgehalt und werden bei höheren Beanspruchungen mit Silicium und Chrom legiert. Warmfeste und nichtrostende Stähle werden für besondere Einsatzfälle verwendet. Nichteisenmetalle werden für niedrige Beanspruchungen und besondere Anforderungen (z.B.: Korrosionsbeständigkeit, magnetische und elektrische Eigenschaften) verwendet. Natur- oder synthetischer Gummi wird in den Gummifedern als federndes Material verwendet. Im Gegensatz zu den Metallen besitzt der Gummi neben den Federungseigenschaften zusätzlich noch Dämpfungseigenschaften und die Möglichkeit der verschiedensten Formgebungen. Wegen der geringen Festigkeit sind jedoch wesentlich größere Querschnitte erforderlich. Die Härte des Gummis wird durch den Schwefelgehalt (bis 10 %) beeinflußt.

**Nach der Beanspruchung** kann man die Federn unterteilen in: *Zugfedern, Druckfedern, Biegefedern* und *Verdrehfedern*.

### 4.8.1 Zugfedern

Sie werden meist als zylindrische Schraubenfedern hergestellt mit aneinanderliegenden Drahtwindungen und angebogenen Ösen, die je nach Einhängung verschiede Formen haben können. Werden die Windungen beim Wickeln der Feder nicht lose sondern unter Vorspannung aneinandergelegt, dehnt sich die Feder erst nach dem Überschreiten der Vorspannkraft (Bild 4-80).

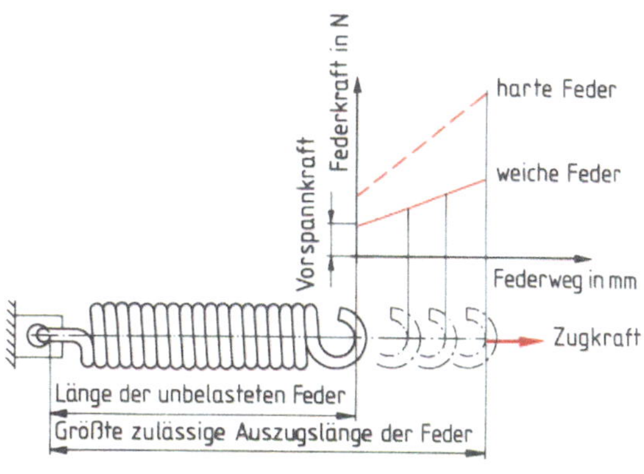


*Bild 4-80 Schrauben-Zugfeder mit Kennlinie*

### 4.8.2 Druckfedern

Meistens werden **Schrauben-Druckfedern** (Bild 4-81) als Federelemente verwendet. Wenn aber große Federkräfte bei kleinsten Federwegen und bei geringem Platzbedarf auftreten, werden häufig **Tellerfedern** eingesetzt. Dies sind kegelige Scheiben, die im Einsatz nicht flachgedrückt werden dürfen. Die Federkennlinie bei der Schichtung von mehreren Tellerfedern hängt davon ab, ob *gleichsinnig* (Addition der Federkräfte) oder *wechselsinnig* (Addition der Federwege) geschichtet wird (Bild 4-82).

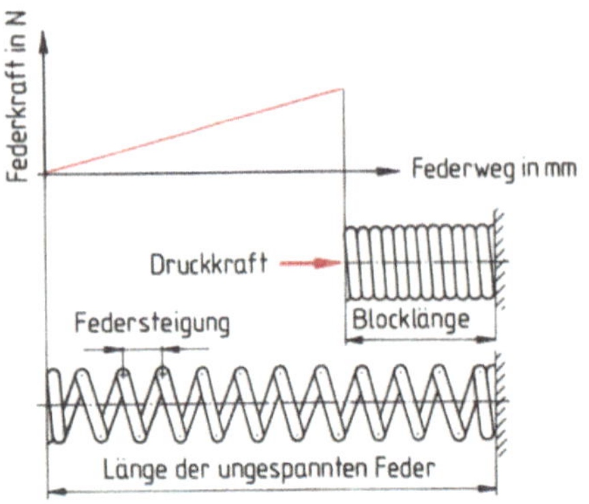


*Bild 4-81 Schrauben-Druckfeder mit Kennlinie*

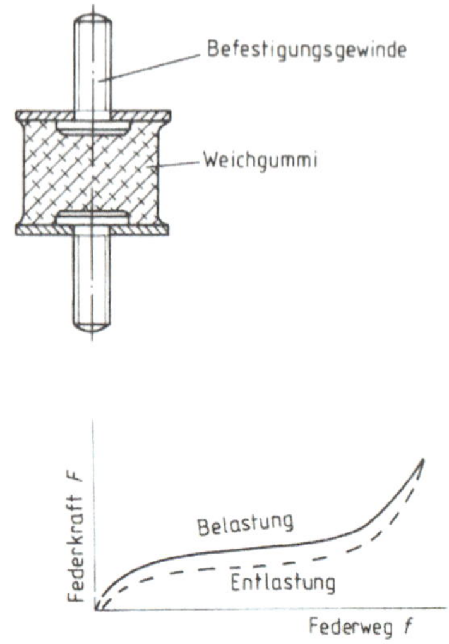


*Bild 4-83 Gummifeder*

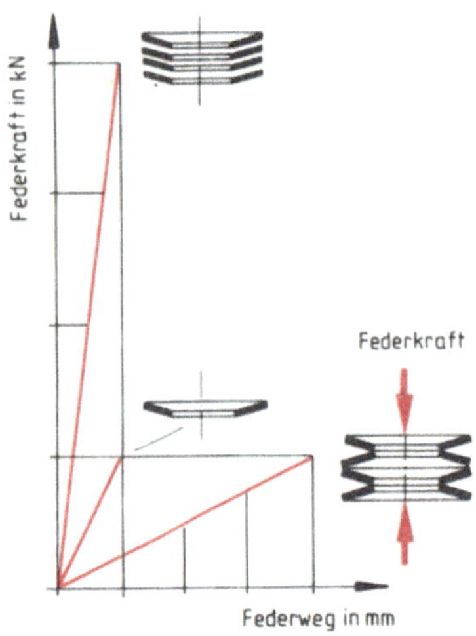


*Bild 4-82 Kombinationen von Tellerfedern mit Kennlinien*

Zur Beruhigung (Dämpfung) von vibrierenden (schwingenden) Maschinen, und zum Schutz der Umgebung vor der Übertragung von Schwingungen und Stößen werden **Gummifedern** verwendet, die eine gekrümmte Kennlinie ergeben (Bild 4-83). Diese werden als einbaufertige Einheiten geliefert. Der zwischen Stahlplatten einvulkanisierte Gummi darf nur auf Druck und Schub, nicht aber auf Zug belastet werden (Bild 4-84).

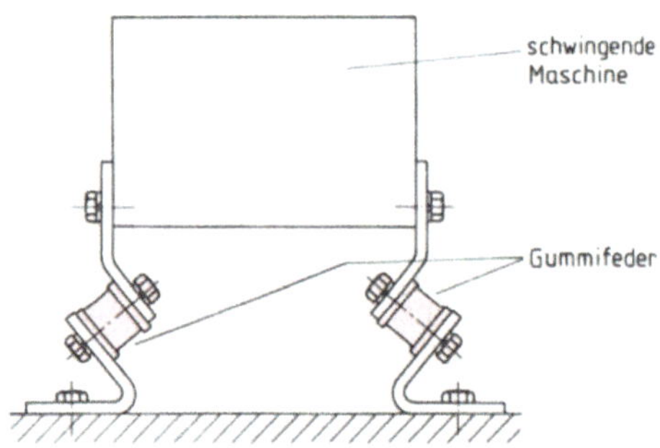


*Bild 4-84 Lagerung einer Maschine zur Schwingungsdämpfung*

### 4.8.3 Biegefedern

Aus Federstahlband hergestellte Blattfedern sind Biegefedern. In der Feinwerktechnik werden sie bei kleinen Federkräften häufig als Kontakt- oder Andrückfedern verwendet. Als Mehrschicht-Blattfedern werden sie auch in schweren Nutzfahrzeugen bei hohen Belastungen angewendet (Bild 4-85).

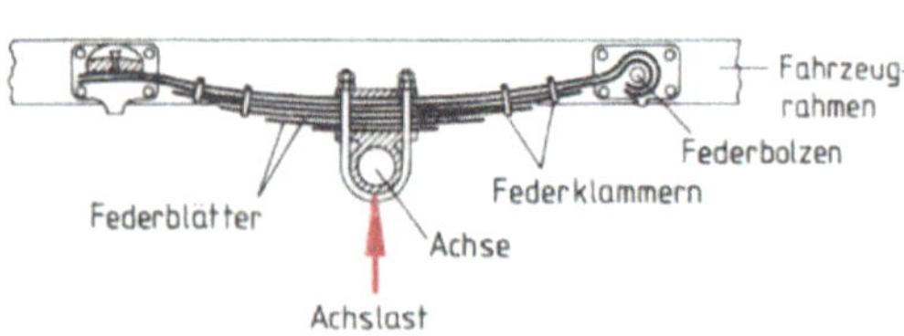


*Bild 4-85 Blattfeder eines Lastkraftwagens*

## 4.8.4 Verdrehfedern

Bei den **Schrauben-Verdrehfedern** (Schenkelfedern) werden die Enden einer zylindrischen Schraubenfeder zu Schenkeln angebogen (Bild 4-86). **Spiralfedern** aus Draht oder Bandmaterial werden häufig als Rückholfeder in Meßgeräten verwendet (Bild 4-87). Wenn sehr hohe Drehmomente als Belastung auftreten und dabei nur kleine Verdrehwinkel als Federung möglich sind, werden **Drehstabfedern** verwendet (Bild 4-88).

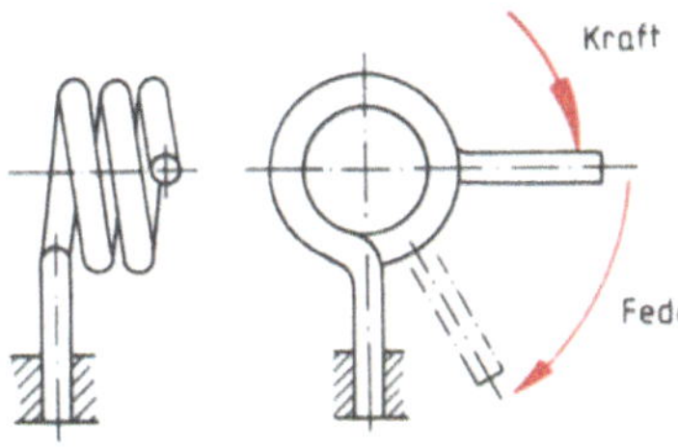


*Bild 4-86 Schrauben-Drehfeder (Schenkelfeder)*

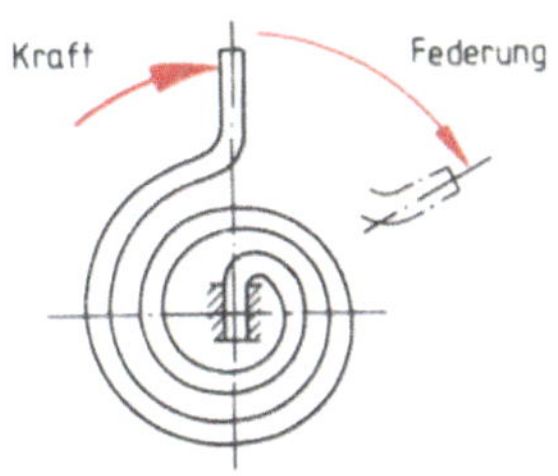


*Bild 4-87 Spiralfeder*

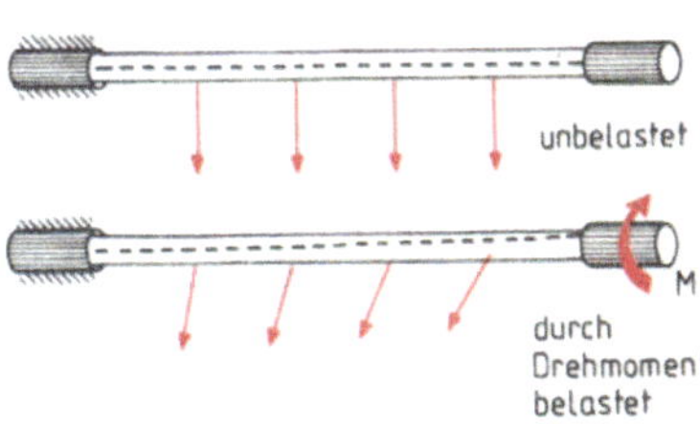


*Bild 4-88 Wirkungsweise einer Drehstabfeder*

## 4.9 Dichtungen

Durch Dichtungen sollen Räume mit verschiedenem Druck gegeneinander abgeschlossen oder das Eindringen von verunreinigenden Stoffen, wie Staub oder Wasser, in Maschinenteile (z.B. Wälz- oder Gleitlager) verhindert werden.

**Dichtungen an ruhenden Maschinenteilen**

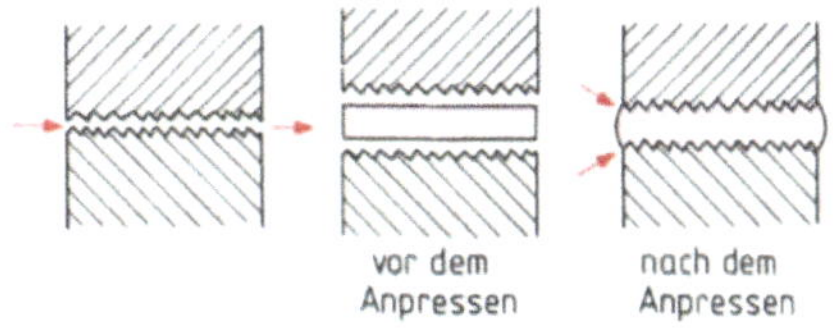


*Bild 4-89 Dichtflächen mit Dichtung*

Die Unebenheiten werden durch die Dichtung ausgefüllt.

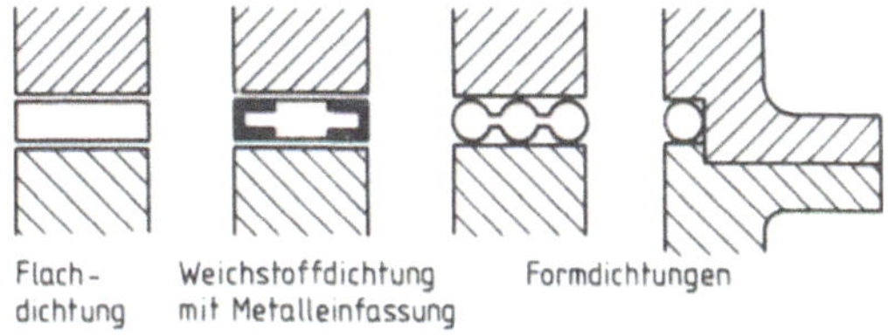


*Bild 4-90 Dichtungen an ruhenden Maschinenteilen*

**Dichtungen an bewegten Maschinenteilen.** Bei Lagern sollen die Dichtungen das Eindringen von Schmutz und Feuchtigkeit aber auch das Austreten des Schmiermittels verhindern.

Bei **nicht schleifenden Dichtungen** (berührungsfreie Dichtungen) werden enge Spalte zur Dichtung genutzt, vorwiegend bei hohen Wellendrehzahlen (Bild 4-91).

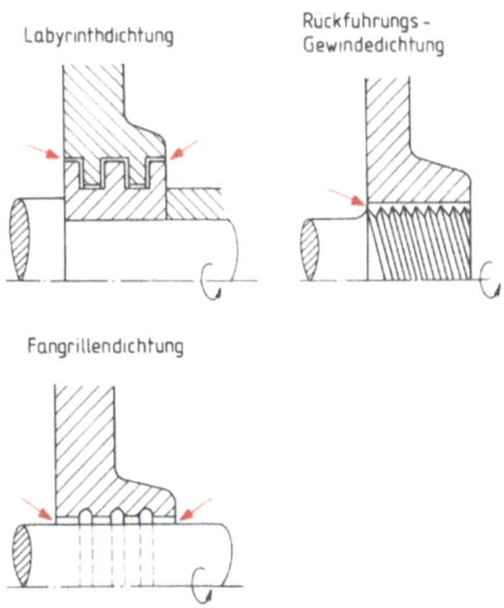


*Bild 4-91 Nichtschleifende Dichtungen*

**Schleifende Dichtungen** (Berührungsdichtungen) dichten spaltlos ab, wodurch sie eine bessere Dichtwirkung haben (Bilder 4-92 bis 4-95). Wegen des Verschleißes erfordern diese Dichtungen eine möglichst kleine Rauhtiefe der Gleitflächen. Für hohe Drehzahlen sind sie wegen Verschleiß und Reibung weniger geeignet.

**Der Radial-Wellendichtring** (Bild 4-92) wird am häufigsten bei nur drehender Bewegung der Wellen verwendet. Die Manschette mit der Dichtlippe besteht aus Gummi oder Kunststoff. Bei der Montage muß besonders darauf geachtet werden, daß die Dichtlippe nicht verletzt wird.

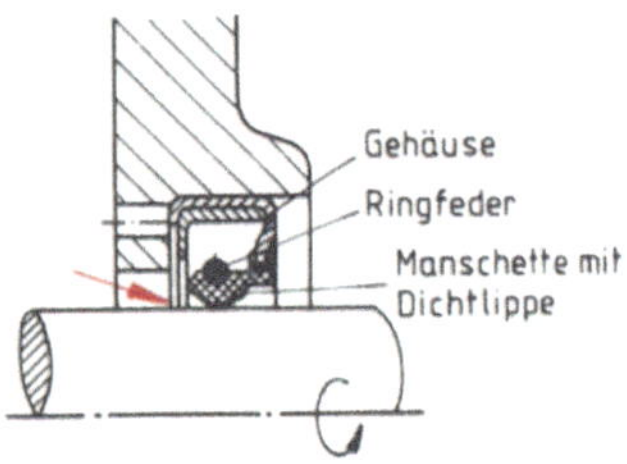


*Bild 4-92 Radial-Wellendichtring*

**Der Filzring** (Bild 4-93) ist eine einfache Dichtung für Öl und Fett. Durch Vollsaugen des Ringes verbessert sich die Dichtwirkung und die Reibung verringert sich. Neben der Drehbewegung kann die Welle beim Filzring auch eine axiale Bewegung ausführen.

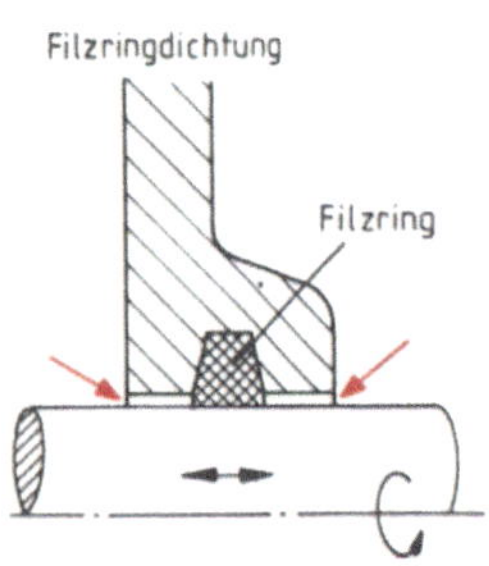


*Bild 4-93 Filzringdichtung*

Bei Hydrozylindern und auch Druckluftzylindern werden für den Kolben u.a. **Topfmanschettendichtungen** und für die Kolbenstange **Hutmanschettendichtungen** verwendet (Bild 4-94), die im Aufbau dem Radial-Wellendichtring ähneln (Bild 4-92).

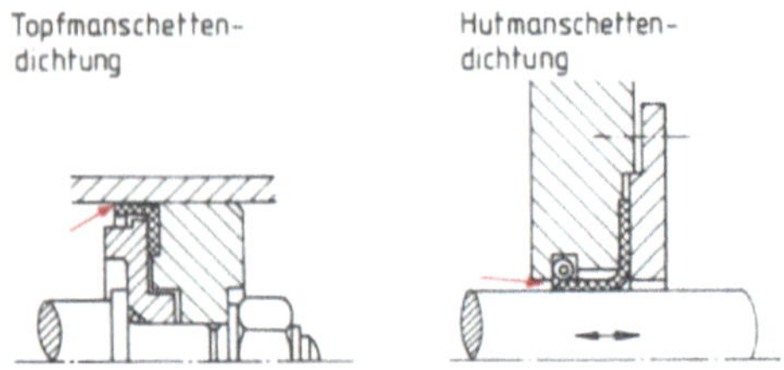


*Bild 4-94 Dichtungen für Arbeitszylinder*

Zum Abdichten von Pumpenwellen werden neben Radialwellendichtringen oftmals nachstellbare **Stopfbuchsendichtungen** und **Gleitringdichtungen** (Bild 4-95) verwendet. Der Gleitring besteht hierbei aus Kohle oder Kunststoff.

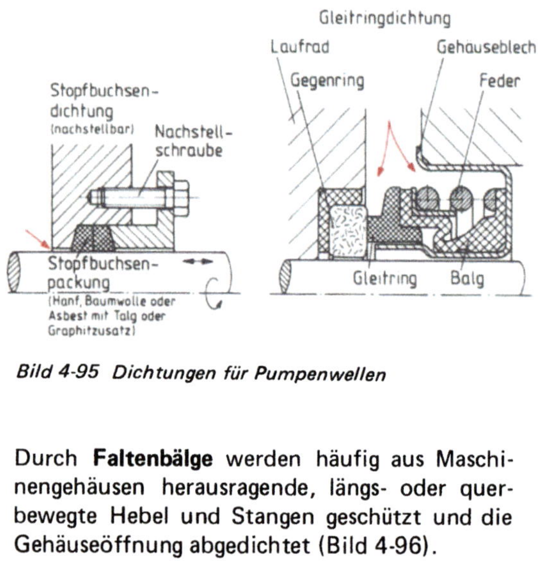


*Bild 4-95 Dichtungen für Pumpenwellen*

Durch **Faltenbälge** werden häufig aus Maschinengehäusen herausragende, längs- oder querbewegte Hebel und Stangen geschützt und die Gehäuseöffnung abgedichtet (Bild 4-96).

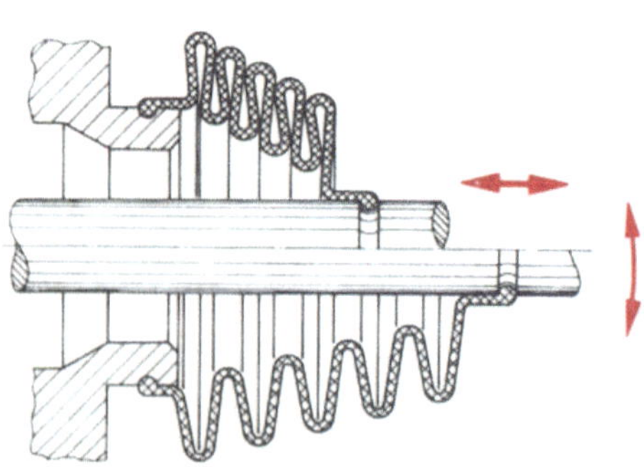

*Bild 4-96 Faltenbalg*

# 5 Werkzeugmaschinen

## 5.1 Bewegungen an Werkzeugmaschinen

**An der Spanbildung indirekt beteiligte Bewegungen:**

- **Anstellbewegung,** mit der das Werkzeug vor dem Zerspanen an das Werkstück herangeführt wird;
- **Zustellbewegung,** mit der die Dicke des Spanes im voraus bestimmt wird;
- **Nachstellbewegung,** die den Werkzeugverschleiß ausgleicht.

**Die Spanbildung direkt bewirkende Bewegungen:**

**Schnittbewegung,** die eine Spanabnahme bewirkt. Sie kann vom Werkzeug oder vom Werkstück ausgeführt werden und ist geradlinig oder kreisförmig.

| |
|---|
| Die Geschwindigkeit, mit der die Spanabnahme erfolgt, heißt Schnittgeschwindigkeit. |

**Vorschubbewegung,** die zusammen mit der Schnittbewegung eine stetige Spanabnahme bewirkt.

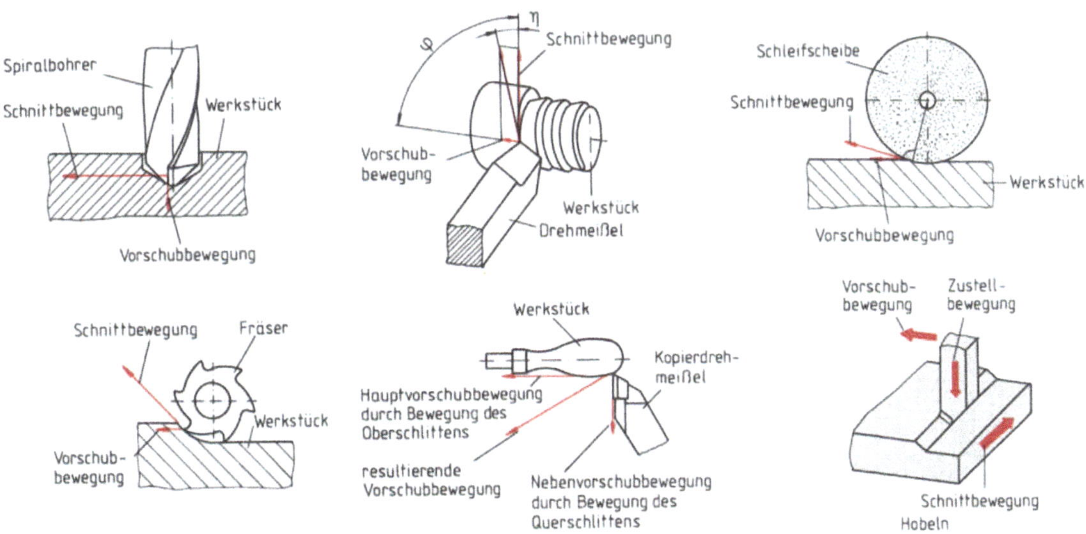


*Bild 5-1 Vorschub- und Schnittbewegungen*

## 5.2 Antriebe der Werkzeugmaschinen

Werkzeugmaschinen werden von Elektromotoren mit gleichbleibender Drehzahl und Drehrichtung angetrieben. Die Kraftübertragung erfolgt durch Getriebe, die Veränderungen der Drehzahl und Drehrichtung ermöglichen. Erforderlich sind Hauptgetriebe für die Hauptbewegung und Vorschubgetriebe für den Vorschub.

> Man unterscheidet Stufengetriebe und stufenlos veränderliche Antriebe.

**Stufengetriebe**

Stufengetriebe sind Zahnrad-, Riemen- und Kettengetriebe (s. Abschnitt 4.4, 4.5 und 4.7). Die als Stufengetriebe für Haupt- und Vorschubantriebe verwendeten Zahnradgetriebe werden als Lastschaltgetriebe mit Brems- und Leerlaufstellung bei durchlaufendem Motor gebaut (Bilder 5-2, 5-3 und 5-4).

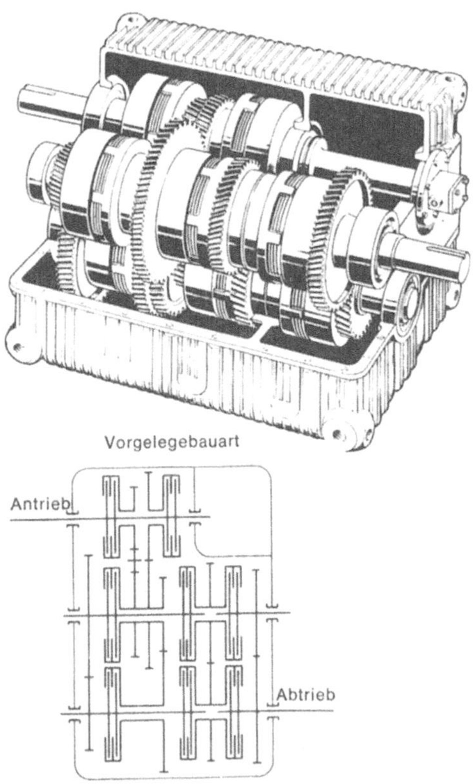


*Bild 5-2 Werkzeugmaschinen-Vorgelegegetriebe*

16 Drehzahlen, 8 Elektrokupplungen, Druckknopfschaltung, eingebaute Ölpumpe für Zentralschmierung.

> Stufengetriebe ermöglichen nur eine bestimmte Anzahl verschiedener Drehzahlen.

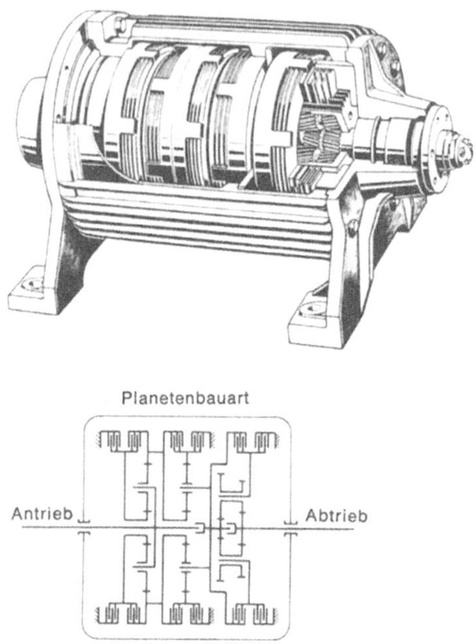


*Bild 5-3 Werkzeugmaschinen-Planetengetriebe*

8 Drehzahlen, Druckknopfschaltung, eingebaute Ölpumpe für Zentralschmierung.

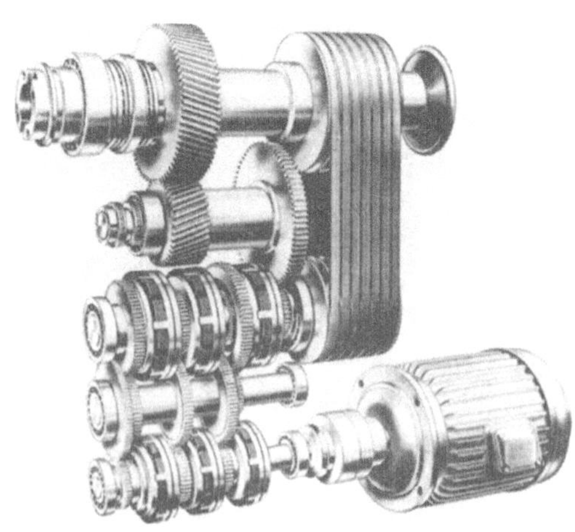

*Bild 5-4 Hauptspindelantrieb einer Fräsmaschine*

Mehrwellen-Vorgelegegetriebe mit 18 Drehzahlen, 6 Elektrokupplungen und Druckknopfschaltung.

### Stufenlos veränderliche Antriebe

Stufenlos veränderliche Getriebe ermöglichen die Einstellung jeder beliebigen Drehzahl/Geschwindigkeit innerhalb eines Drehzahl-/Geschwindigkeitsbereiches während der Bewegung.

Verwendet werden: Reibradgetriebe (s. Abschnitt 4.6), PIV-Getriebe (s. Abschnitt 4.5), Gleichstrommotoren und hydraulische/pneumatische Antriebe.

**Drehmaschinenantriebe** s. Abschnitt 6.3

## 5.3 Werkzeugmaschinenhydraulik

### Begriffe

Im Gegensatz zu mechanischen und elektromechanischen Getrieben erfolgt die Kraftübertragung in hydraulischen Getrieben durch Flüssigkeiten. In ölhydraulischen Getrieben wird Mineralöl als Kraftübertrager verwendet.

Vorteile der Hydraulik: Große Kräfte können auf kleinem Raum wirksam werden; stufenlose Geschwindigkeitsregulierung; schnelle Bewegungsumkehr; große Schaltgenauigkeit.

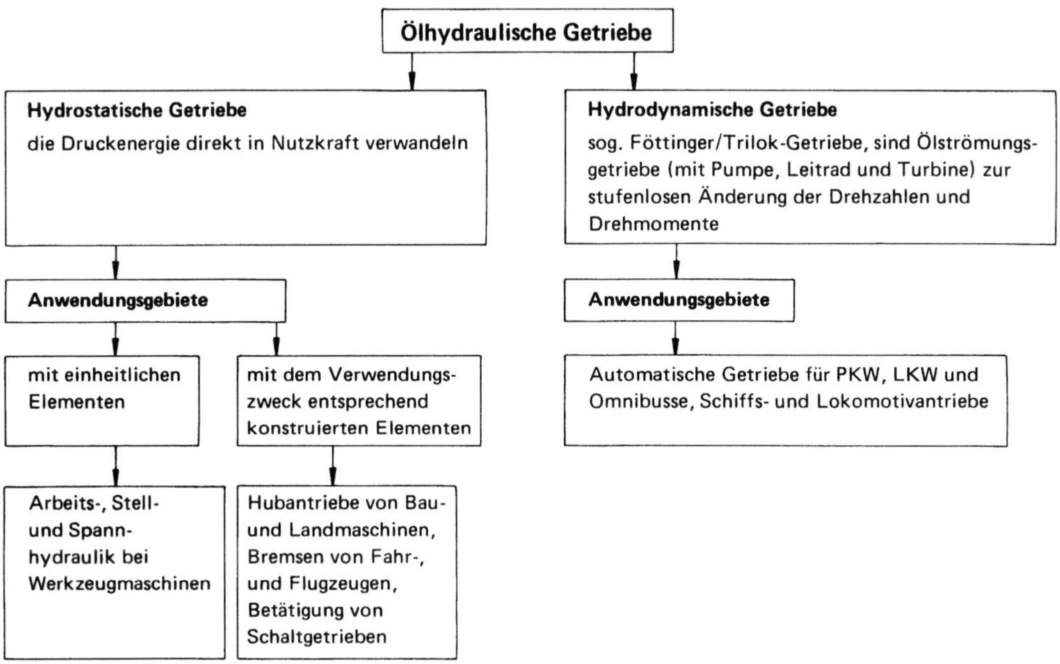


Man unterscheidet Werkzeugmaschinen-, Fahrzeug-, Flug- und allgemeine Industriehydraulik.

In vielen Zweigen der Technik werden hydrodynamische und hydrostatische Getriebe gleichzeitig verwendet, z.B. in automatischen Fahrzeuggetrieben.

Bei der Werkzeugmaschinenhydraulik werden nur hydrostatische Getriebe verwendet.

Anwendungsgebiete der Werkzeugmaschinenhydraulik

| Arbeitshydraulik | Stellhydraulik | Spannhydraulik |
|---|---|---|
| Antrieb der Schnittbewegungen | Steuerung von Vorschub-, An-, Zu- und Nachstellbewegungen | Spannen der Werkstücke |

**Ölkreislauf**

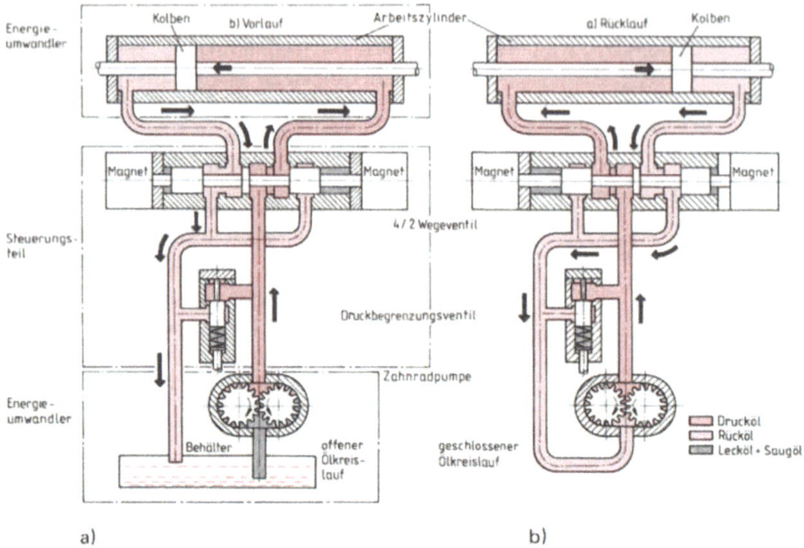


*Bild 5-5*

*Ölkreisläufe* (schematisch)

a) ***Geschlossener Ölkreislauf:*** Das Rücköl wird der Pumpe zugeführt.

b) ***Offener Ölkreislauf:*** Das Rücköl fließt in den Behälter, die Pumpe saugt das Öl aus dem Behälter.

Die Zahnradpumpe fördert einen Ölstrom, das Drucköl, zum Zylinder. Der Ölstrom verschiebt den Kolben. Das Öl auf der anderen Kolbenseite, das Rücköl, strömt zur Zahnradpumpe oder zum Behälter zurück.

Ölhydraulische Werkzeugmaschinengetriebe sind Ölkreisläufe.

Wie in einer ruhenden Flüssigkeit (s. Abschnitt 1.2) entsteht auch in einem Flüssigkeitsstrom/Ölkreislauf Druck durch Kolbenbelastung: $p = F/A$.

Ein in den Ölkreislauf eingebautes Druckbegrenzungsventil gewährleistet auf einfache Weise Überlastungsschutz.

## Hydraulikelemente

### Einteilung

Die Geräte der Ölkreisläufe werden in zwei Gruppen eingeteilt (Bild 5-5), in

**Energieumformer,** Pumpen, Zylinder und Hydromotore, die mechanische Energie in Druck umformen und umgekehrt;

**Ventile,** die zur Steuerung und Regelung von Start, Stopp, Richtung, Druck und Durchfluß des Ölstromes dienen.

Das *Schlauch-* bzw. *Rohrleitungssystem* verbindet alle Geräte zum kompletten Antrieb.

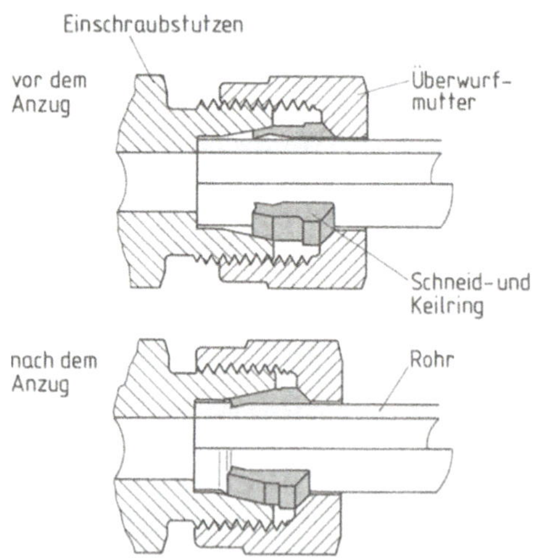


*Bild 5-6 EO-Sicherheits-Rohranschluß*

Ein „Schneid- und Keilring" wird durch eine Überwurfmutter mit dem Rohrende schneidend verkeilt. Das Rohrende wird festgehalten und abgedichtet. Dünnwandige Rohre und Kunststoffrohre werden am Rohrende innen durch Verstärkungshülsen verstärkt.

Beim **Kompaktgetriebe** sind Pumpe und Zylinder/Hydromotor als geschlossener Ölkreislauf unmittelbar zusammengebaut.

Beim **Hydroferngetriebe** sind Pumpe und Zylinder/Hydromotor voneinander getrennt und bilden mit Ventilen und Schlauch- bzw. Rohrleitungssystem eine **ölhydraulische Anlage** mit meist offenem Ölkreislauf.

Die ölhydraulischen Anlagen der Werkzeugmaschinen werden aus serienmäßig hergestellten Hydraulikelementen zusammengebaut.

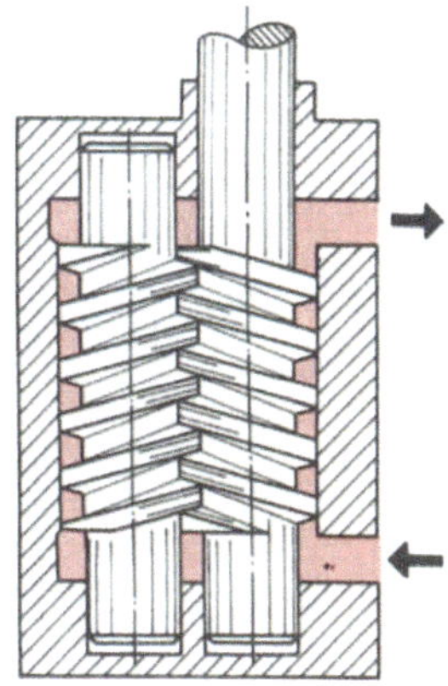

*Bild 5-8*
*Schraubenpumpe*

Zwei oder drei parallele Schraubenspindeln sind miteinander im Eingriff. Das Öl wird kontinuierlich in den Zahnlücken vorgeschoben. Völlig gleichmäßige Förderung, geräuscharm, für niedere Drücke.

## Energieumformer

Hydropumpen sind Geräte zum Umformen von mechanischer in hydrostatische Energie für ölhydraulische Anlagen.

*Tabelle 5-1* Konstant- und Verstellpumpe

| Benennung | Erklärung | Sinnbild [1] |
|---|---|---|
| Konstant-pumpe | Hydropumpe mit nahezu konstantem Verdrängungs-volumen je Umdrehung oder Doppelhub<br>mit 1 Förderrichtung<br><br>mit 2 Förderrichtungen |  |
| Verstell-pumpe | Hydropumpe mit verstell-barem Verdrängungs-volumen je Umdrehung oder Doppelhub<br>mit 1 Förderrichtung<br><br>mit 2 Förderrichtungen | 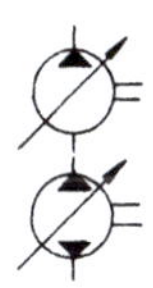 |

[1] Jedes Sinnbild kennzeichnet ein Gerät und seine Funktion, jedoch nicht seine Bauart.

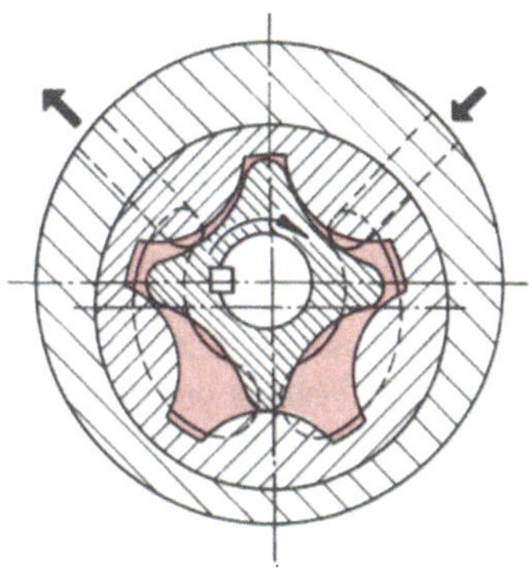

*Bild 5-9 Innenzahnrad- und Zahnringpumpe*

In einem Zahnrad mit Innenverzahnung läuft planetenartig ein Zahnrad. Der zwischen den Rädern entstehende Hohlraum läuft um und fördert das Öl, Druck bis 100 bar (N/mm$^2$), geringe Druckschwankungen, geräuscharm z.B. (Eaton-Pumpe).

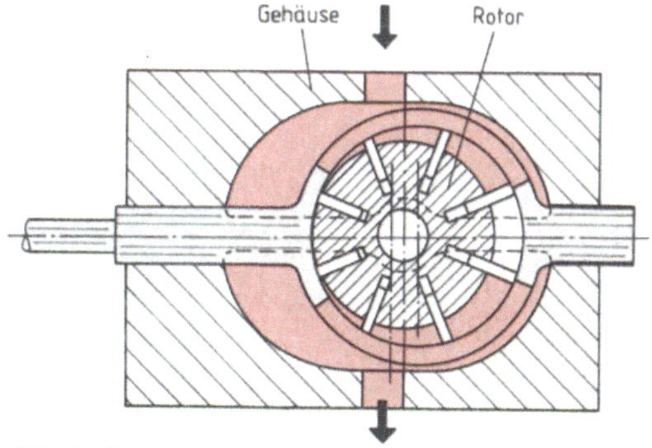


*Bild 5-10 Drehflügelpumpe*

In den Schlitzen eines Rotors gleiten bewegliche Schieber (= Flügel). Sie legen sich unter Zentrifugal- oder Federkraft an die Gehäusewand an. Dadurch entstehen Hohlräume, in denen das Öl gefördert wird. Durch Verstellung der Exzentrizität verändert sich die Form der Hohlräume und damit die Fördermenge.

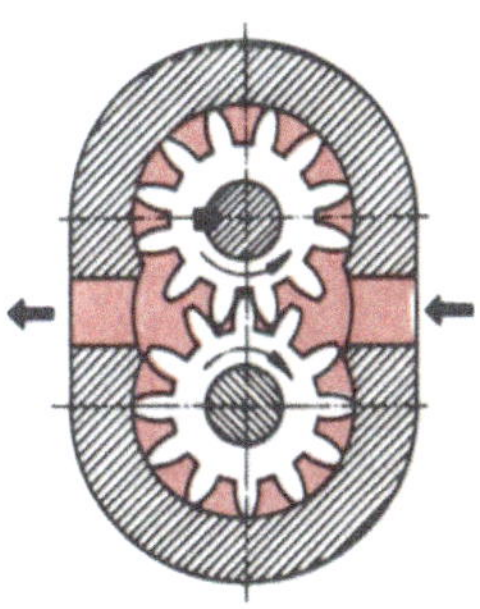

*Bild 5-7*
*Zahnradpumpe*

Das Öl wird zwischen den Zahnlücken und dem Gehäuse transportiert. Saug- und Druckräume sind durch die kämmenden Zähne getrennt. Für Dauerbetrieb geeignet, bis 120 bar (N/mm$^2$) billig, Schwingungen im Ölstrom.

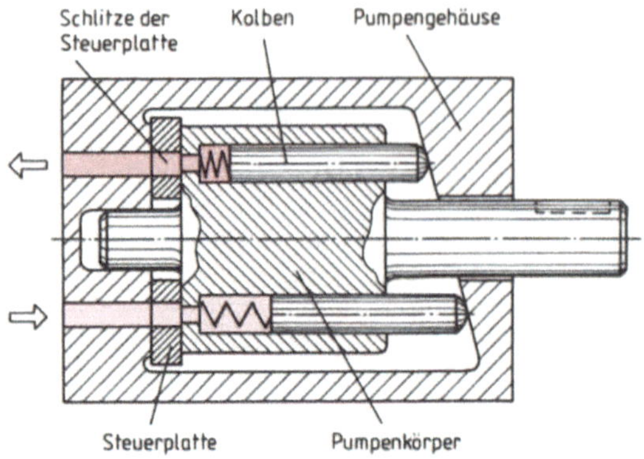


*Bild 5-11 Vereinfachte Darstellung der Axialkolbenpumpe*

Dreht sich der Pumpenkörper, so gleiten die Kolben an der schrägen Fläche des feststehenden Pumpengehäuses. Dabei verschieben sich die Kolben parallel zur Achse (axial). Werden die Kolben in den Pumpenkörper hineingeschoben, fördern sie Öl in die Druckleitung, werden sie von den Federn herausgedrückt, saugen sie Öl aus der Saugleitung. Die am Gehäuse befestigte Steuerplatte hat zwei Schlitze. Der eine stellt die Verbindung der saugenden Kolben mit der Saugleitung, der andere Schlitz den drückenden Kolben mit der Druckleitung her.

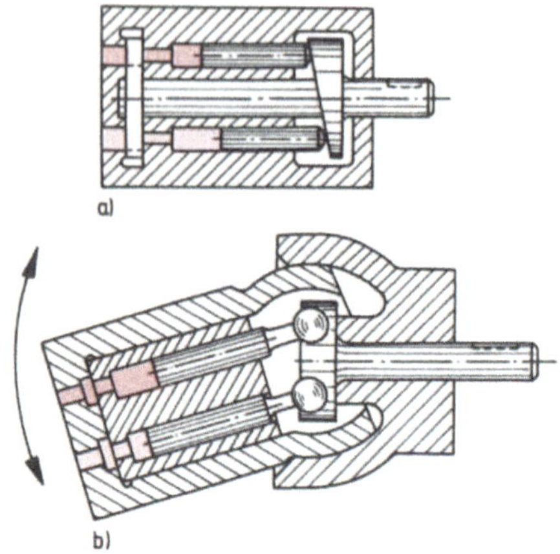


*Bild 5-12 Bauarten der Axial-Kolbenpumpe*

Eine sich drehende Schräg-Scheibe setzt die Kolben der Pumpe in Bewegung (Bild 5-12a: konstante Fördermenge). Diese Scheibe kann auch durch Schräglage des Pumpenkörpers ersetzt werden (Bild 5-12b: veränderliche Fördermenge). Je stärker die Schrägung, desto größer der Kolbenhub, desto höher die Fördermenge.

Hydromotoren sind Geräte zum Umformen von hydrostatischer in mechanische Energie. Sie können sowohl als Pumpe als auch als Motor arbeiten.

Zylinder sind geradlinig arbeitende Geräte zum Umformen von hydraulischer in mechanische Energie (Bild 5-13).

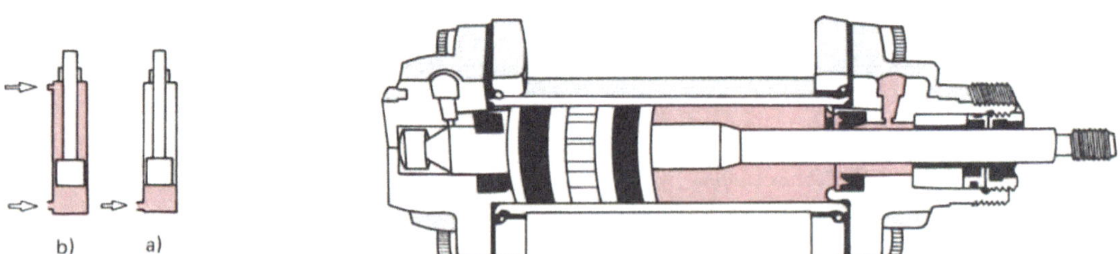


*Bild 5-13 Hydrozylinder*

Der Hydrozylinder setzt die Druckenergie des Öles in eine geradlinige Arbeitsbewegung um. Wird auf einer Seite des Kolbens Drucköl zugeführt, muß auf der anderen Seite Öl abgeführt werden. Aus dem Druckunterschied der beiden Ölströme und der Arbeitsfläche des Kolbens errechnet sich die erzeugende Kraft. Ein Zylinder kann einfach wirkend (a) oder doppelt wirkend (b) sein.

*Tabelle 5-2* Einfachwirkender und doppelwirkender Zylinder

| Benennung | Erklärung | Sinnbild |
|---|---|---|
| Einfach-wirkender Zylinder | Die vom Druckmittel ausgeübte Kraft bewegt den Kolben nur in 1 Richtung | |
| | Rückbewegung durch äußere Kraft | |
| | Rückbewegung durch eingebaute Rückholfeder | |
| Doppel-wirkender Zylinder | Die vom Druckmittel ausgebüte Kraft bewegt den Kolben in zwei Richtungen | |
| | mit einseitiger Kolbenstange | |
| | mit beidseitiger Kolbenstange | |

**Hydrospeicher** haben die Aufgabe, Drucköl, d.h. hydraulische Energie zu speichern und bei Bedarf wieder abzugeben.

Nach der Belastungsart unterscheidet man gewichts-, feder- und druckbelastete Speicher. Bei den meist verwendeten druck- oder gasbelasteten Speichern wird Stickstoff als Druckgas verwendet.

Beim **Kolbenspeicher** (Bild 5-14) sind Öl- (rot) und Gasraum (grau) des Druckbehälters durch einen beweglichen Kolben getrennt, so daß zwischen Öl und Gas im Druckbehälter immer Druckgleichgewicht herrscht. Bei zunehmendem Öldruck wird das Gas zusammengedrückt, bei abnehmendem Öldruck drückt das Gas Öl in die Ölleitung.

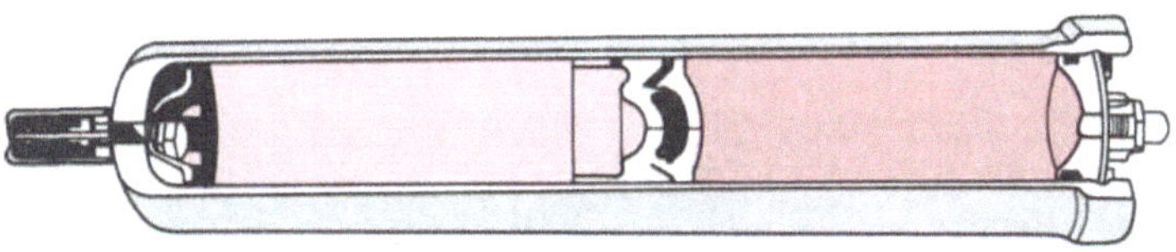

*Bild 5-14*
*Kolbenspeicher, 1 bis 25 dm$^3$, 200 bar*

**Blasenspeicher** haben keinen Kolben. Ihr Druckbehälter enthält eine mit Gas gefüllte Gummiblase.

*Anwendung:* Zum Ausgleich von Leckverlusten, zur Vergrößerung des Pumpenförderstromes beim Eilgang (Rückhub), zum Halten des Öldruckes auf länere Zeit bei Spannvorgängen.

**Ventile**

Wegeventile beeinflussen den Weg eines Ölstromes, vorwiegend Start, Stopp und Durchflußrichtung.

Ihre Hauptbestandteile sind Gehäuse und Kolben (Bild 5-15).

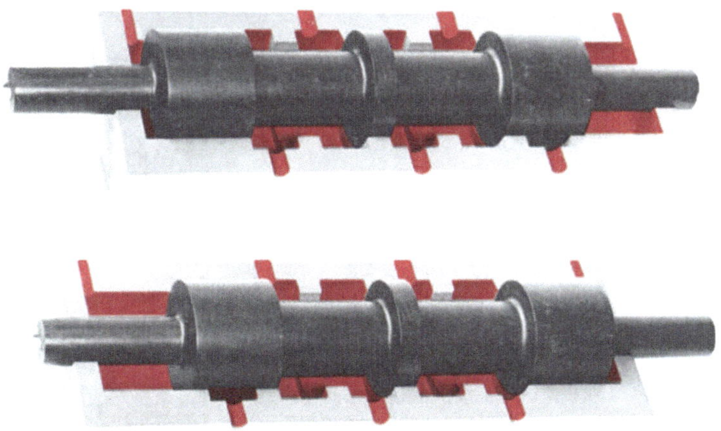

*Bild 5-15*
*Unterrichtsmodell eines 5/2-Wegeventils*
(Länge 1 m)

In die Gehäuse sind eine Kolbenlaufbohrung und Ringkanäle eingearbeitet. Jeder Ringkanal hat einen Rohranschluß. Die Rohranschlüsse werden mit großen Buchstaben gekennzeichnet:

| | |
|---|---|
| Arbeitsleitungen | mit A, B, C ... |
| Zufluß, Druck | mit p |
| Abfluß | mit R, S, T |
| Leckflüssigkeit | mit L |
| Steuerleitungen | mit Z, Y, X ... |

Die **Wegeventilkolben** haben große und kleine Durchmesser. Die großen Durchmesser dichten die Ringkanäle gegeneinander ab, die kleinen Durchmesser werden vom Öl umströmt.

Durch Verschieben des Kolbens im Gehäuse können verschiedene Ringkanäle also Rohranschlüsse miteinander verbunden oder abgedeckt werden.

In den Sinnbildern werden Wegeventile durch mehrere Rechtecke dargestellt. Die Anzahl der Rechtecke ist gleich der Anzahl der Schaltstellungen.

Die Schaltstellungen werden mit arabischen Ziffern gekennzeichnet. Innerhalb der Rechtecke geben die Linien die Ölwege und die Pfeile die Durchflußrichtungen an.

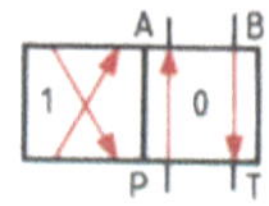


**4/2-Wegeventil**
4 Wege 2 Schaltstellungen
Gesprochen:
**Vier-Strich-Zwei-Wegeventil**
Stellung 0 und 1

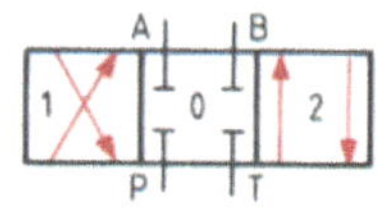


**4/3-Wegeventil**
4 Wege 3 Schaltstellungen
Gesprochen:
**Vier-Strich-Drei-Wegeventil**
Stellung 1, 0 und 2

*Bild 5-16*
*Sinnbilder und Benennung von Wegeventilen*

Der Benennung Wegeventil wird die Anzahl der (Öl-) Wege und die Anzahl der möglichen Schaltstellen vorangestellt.

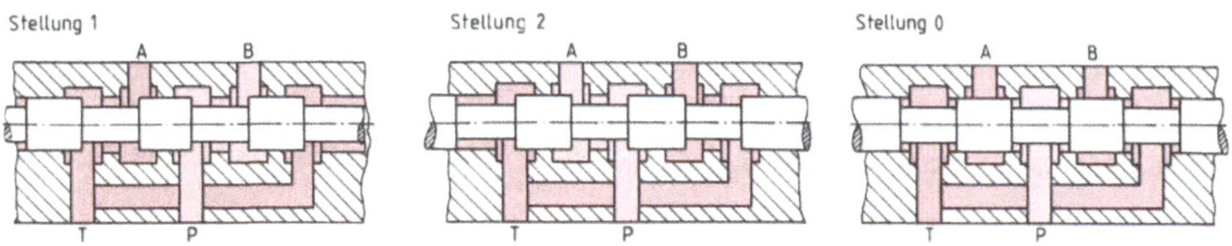


*Bild 5-17 Schematische Darstellung eines 4/3-Wegeventils*

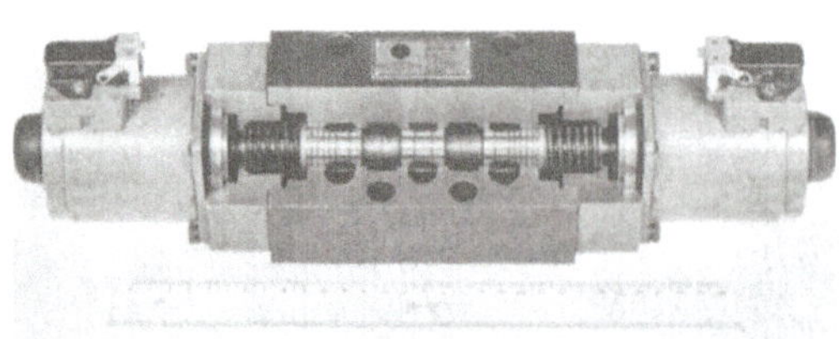

*Bild 5-18 Original 5/3-Wegeventil, aufgeschnitten*

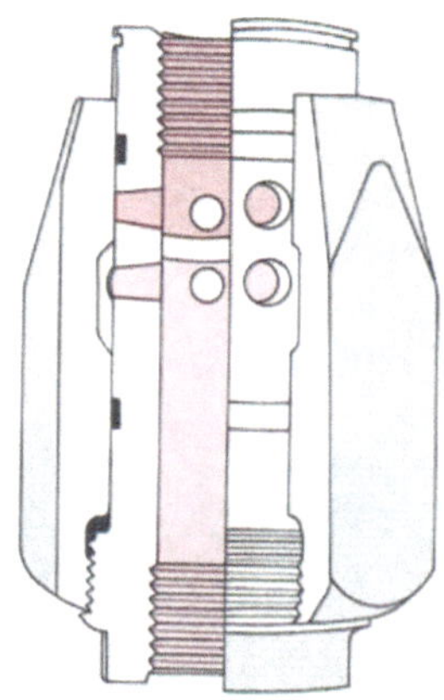

*Bild 5-19*
*Drosselventil mit einstellbarem Strömungsquerschnitt, das nur bei gleichbleibendem Öldruck einen gleichbleibenden Ölstrom ergibt.*

*Tabelle 5-3* Auszug aus DIN 24 300 Blatt 3

| Benennung | Erklärung | Sinnbild |
|---|---|---|
| 2/2-Wegeventil | Mit Sperr-Nullstellung (d.h. mit Sperrstellung in Nullstellung) und Durchflußstellung.<br>Im Bild rechts ist das Ventil nur in einer Richtung durchströmbar dargestellt. | 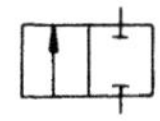 |
| | Mit Durchfluß-Nullstellung und Sperrstellung.<br>Im Bild rechts ist das Ventil in zwei Richtungen durchströmbar dargestellt.<br>**Beispiele:** Betätigung durch Muskelkraft<br>(siehe DIN 24 300 Blatt 5, Ausgabe März 1966, Nr. 2.1).<br>Betätigung durch hydraulischen oder pneumatischen Druck gegen Rückstellfeder (Abschaltventil). | 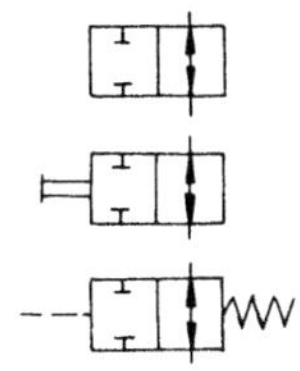 |
| 3/3-Wegeventil | Mit Sperr-Nullstellung und zwei Durchflußstellungen<br>**Beispiel:**<br>Ventilbetätigung mechanisch gegen Rückstellfeder | 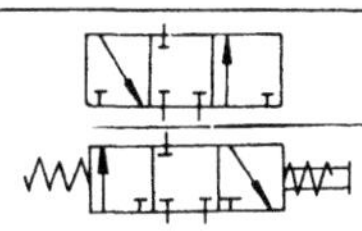 |
| 4/4-Wegeventil | Mit Umlauf-Nullstellung, zwei Durchflußstellungen und Schwimmstellung | 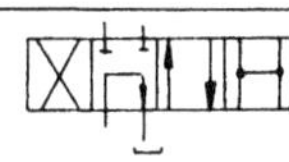 |
| 5/2-Wegeventil | Mit zwei Durchflußstellungen | 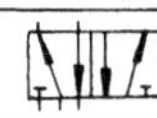 |
| Fühlerventile | Ventile wie Wegeventile Nr. 1.1, jedoch mit beliebig vielen Zwischenschaltstellungen<br>**Beispiele:**<br>Fühlerventil, wie 2/2-Wegeventil, betätigt durch Taster gegen Rückstellfeder (siehe DIN 24 300 Blatt 5, Ausgabe März 1966, Nr. 2.2)<br>Wie 3/3-Wegeventil, mit Schwimmstellung in Mittelstellung, hydraulisch oder pneumatisch betätigt<br>Wie 4/3-Wegeventil, mit Schwimmstellung in Mittelstellung, betätigt durch Taster gegen Rückstellfeder | 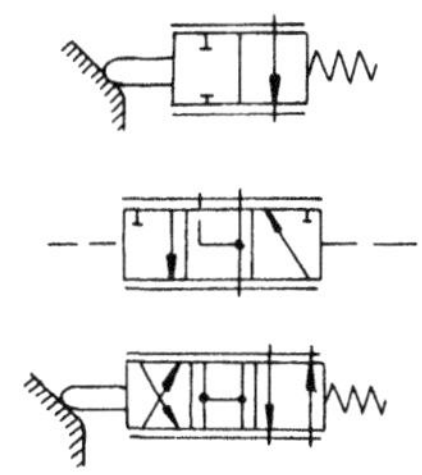 |
| Servoventile | Elektrisch betätigtes Fühlerventil zum Verstärken von stufenlos veränderlichen elektrischen Signalen und Umformen in hydraulische Energie<br>**Beispiel:**<br>Wie 4/3-Wegeventil mit Verbindung des Druckanschlusses mit den beiden Verbrauchsanschlüssen über Drosseln in Mittelstellung, betätigt durch kontinuierlich einstellbaren Elektromagnet mit zwei Wirkrichtungen und Federrückstellung | 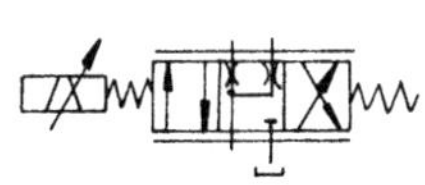 |

| Druckventile dienen zur Konstanthaltung des Druckes in einem Ölkreislauf oder zur druckabhängigen Schaltung von Ölströmen. | | |
|---|---|---|
| Druckbegrenzungsventil | Ventil zur Begrenzung des Druckes am Eingang durch Öffnen des Ausganges gegen Rückstellkraft | 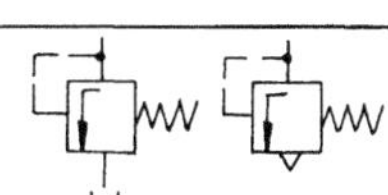 |
| Zuschaltventil | Ventil, das gegen die Federkraft durch Öffnen des Ausganges den Weg zu weiteren Geräten freigibt | 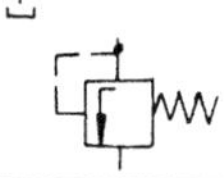 |
| Stromventile sind Querschnittsverengungen im Ölstrom. Verstellbare Stromventile ermöglichen die stufenlose Veränderung der Abtriebsgeschwindigkeit. | | |

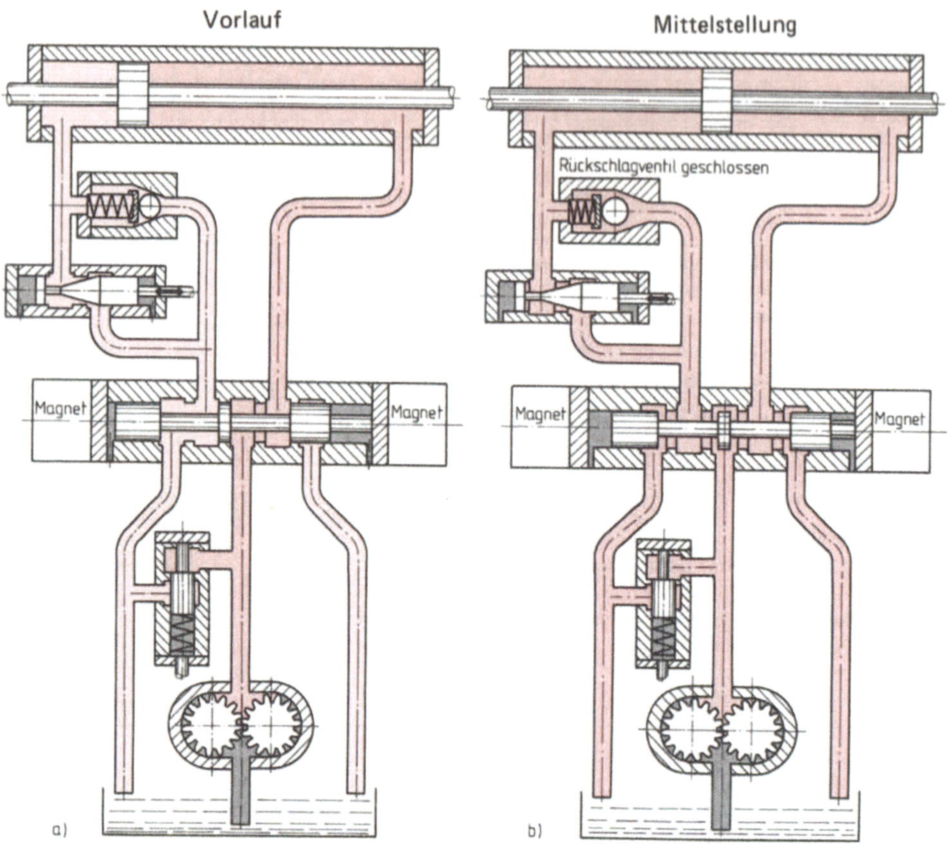


*Bild 5-20 Schnittzeichnungen und Schaltplan eines Hobelmaschinenantriebes*

a) Vorlauf,
b) Mittel- oder Schwimmstellung

## Hydraulische Anlagen

### Arbeitshydraulik

Betriebsdruck zwischen 50 bar und 150 bar.

▶ **Beispiel:**

**Hobelmaschinenantrieb**

*Vorlauf:* Die vom Drehstrommotor angetriebene Konstantpumpe erzeugt einen gleichbleibenden Ölstrom (rot), der von einem Wegeventil in den Zylinder gelenkt wird. Der Kolben und der mit der Kolbenstange verbundene Hobelmaschinentisch werden nach links geschoben = Schnittbewegung. Die dem Ölstrom entgegenwirkende Schnittkraft erzeugt im Ölstrom Druck.

Schnittkraft und Öldruck werden durch das Druckbegrenzungsventil begrenzt.

Während der Schnittbewegung wird das Öl auf der anderen Kolbenseite, das Rücköl (blau), über Stromventil und Wegeventil in den Behälter gedrückt.

Mit dem Stromventil kann die Schnittgeschwindigkeit stufenlos verändert werden.

*Rücklauf:* Am Ende des Schnittweges betätigt der Hobelmaschinentisch einen elektrischen Endschalter. Dadurch wird der linke Magnet des Wegeventils erregt und der Kolben des Wegeventils in eine andere Schaltstellung verschoben. Das Drucköl (dunkelrot) strömt durch das Rückschlagventil, also ohne Veränderung des Ölstromes, hinter die linke Kolbenfläche.

Das Rücköl (hellrot) fließt ohne Behinderung zum Behälter.

Rücklauf = Eilgang.

*Mittel-* oder *Schwimmstellung* (Bild 5-20b): Bei dieser von Hand eingestellten Stellung des Wegeventils stellt sich auf beiden Seiten des Kolbens der gleiche Druck ein, die Maschine steht still.

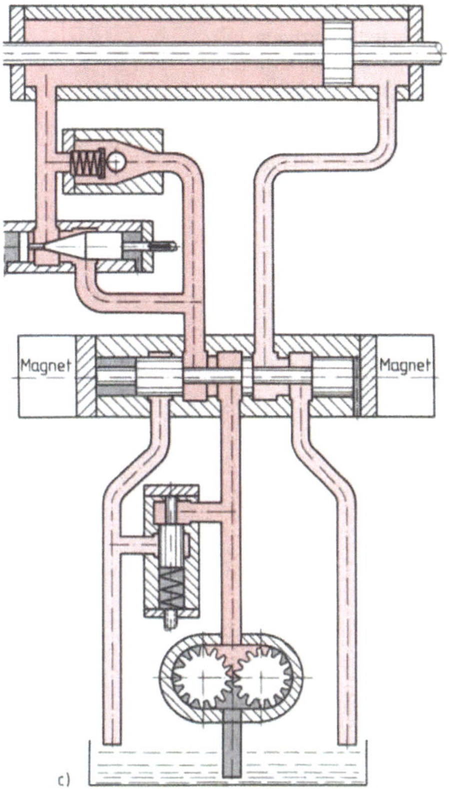


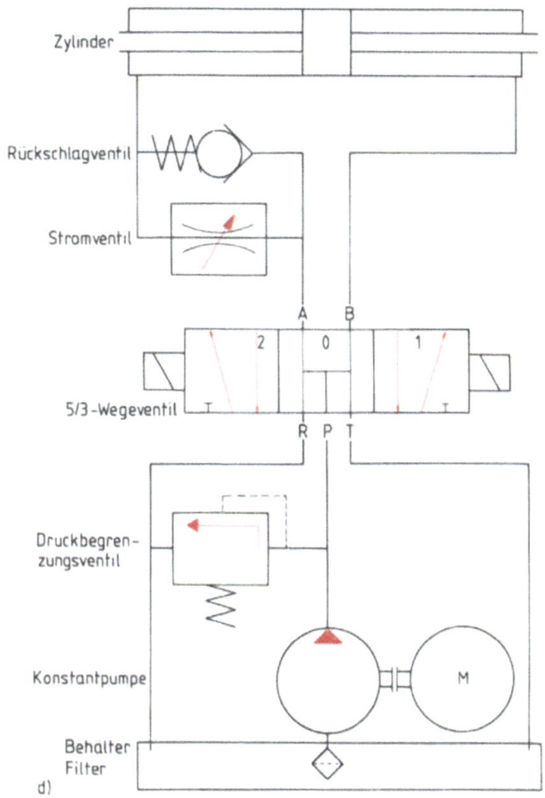


c) Rücklauf,
d) Schaltplan mit Normzeichen.

## 5.4 Werkzeugmaschinenpneumatik

Pneumatik ist die Lehre vom Verhalten der Gase (pneumatisch = mit Druckluft bewirkt).

Gase können auf zweifache Weise Wärme in technische Arbeit umwandeln: durch Ausdehnung mit Abkühlung (= adiabatisch) und durch Ausdehnung mit gleichbleibender Temperatur (= isotherm). Wärmekraftmaschinen, z.B. Verbrennungsmotoren, arbeiten adiabatisch, Druckluftmotoren/Zylinder isotherm[1]).

**Wirkungsweise und Eigenschaften der Druckluft**

Druckluft wird von Kompressoren erzeugt und in Industriebetrieben Druckluftnetzen zugeführt.

[1]) Menschliche und tierische Muskeln arbeiten isotherm. Bei adiabatischer Arbeitsweise würden in den Körpern Temperaturunterschiede von mehreren 100 °C auftreten.

Beim Verdichten der Luft ohne Temperaturzunahme wird die von der Antriebsmaschine aufgewendete Arbeit an das Kühlwasser des Kompressors abgegeben. Beim Entspannen der Druckluft, z.B. in Druckluftmotoren/Zylindern, wird soviel Arbeit verrichtet, wie aus der Umgebung in Wärmeform zugeführt wird. Beim Anfassen eines geöffneten Sauerstoff-Flaschenventils fühlt man den Wärmeverbrauch des expandierenden Gases.

Der Vergleich der Druckluft mit einer gespannten Feder ist falsch; denn beim Entspannen einer Feder spielt die Wärme keine Rolle.

Die Ansaugluft der Kompressoren enthält Wasserdampf, der sich so verhält, als ob keine Druckluft vorhanden wäre. Durch Abkühlung in den Rohrleitungen und beim Entspannen in den Geräten entsteht aus dem Wasserdampf Kondenswasser (Bild 5-21).

*Bild 5-21 Nebelkammerversuch*

Die klare Flasche enthält etwa 1/4 Liter Wasser. Die Luft in der Flasche wird mit einer Streichholzflamme (unter die schräggehaltene Flasche halten) ionisiert. Durch Hineinblasen wird der Druck in der Flasche erhöht (Hahnen geschlossen); die Flasche wird geschüttelt, dann zur Beobachtung auf den Tisch gestellt.

**Beobachtung:** Nach dem Hineinblasen (Kompressionswärme) ist die Luft in der Flasche klar, nach dem Herausziehen des Stopfens (Expansionskälte) füllt sich die Flasche sofort mit dichtem Nebel. Nach abermaliger Druckerhöhung verschwindet der Nebel ruckartig.

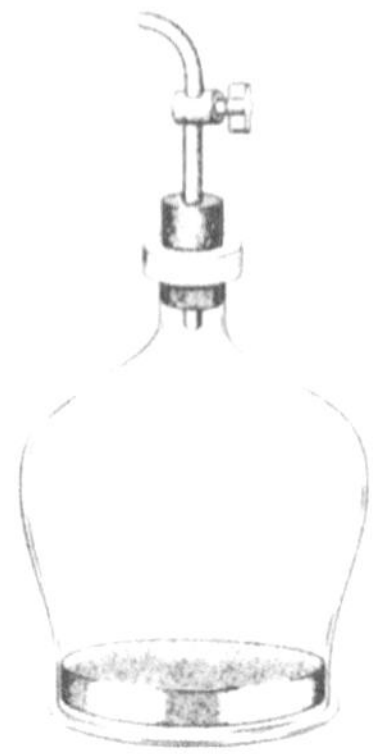

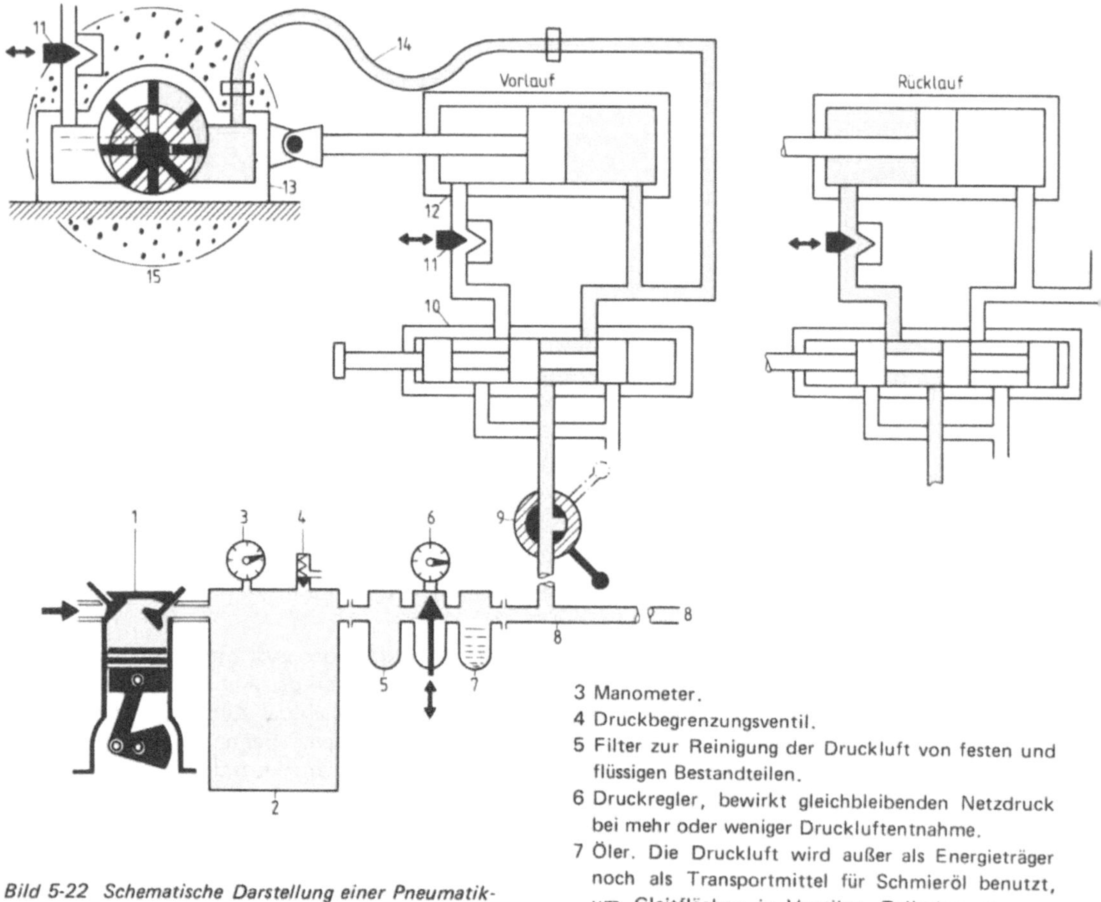


*Bild 5-22 Schematische Darstellung einer Pneumatikanlage*

1 Kolbenverdichter mit Kühler.
2 Druckluftspeicher.
Der zulässige Betriebsdruck für die Normalausführungen beträgt 10 bar, in Sonderausführungen bis 16 bar. Die höchstzulässige Temperatur liegt bei 80 °C, wobei der maximale Betriebsdruckbereich bei zunehmender Temperatur herabgesetzt wird.

| Temperatur in °C | 50 | 60 | 70 | 80 |
|---|---|---|---|---|
| max. Druck in bar | 10 | 8 | 6 | 4 |

3 Manometer.
4 Druckbegrenzungsventil.
5 Filter zur Reinigung der Druckluft von festen und flüssigen Bestandteilen.
6 Druckregler, bewirkt gleichbleibenden Netzdruck bei mehr oder weniger Druckluftentnahme.
7 Öler. Die Druckluft wird außer als Energieträger noch als Transportmittel für Schmieröl benutzt, um Gleitflächen in Ventilen, Zylindern usw. zu ölen und allgemein die Anlage von Korrosion zu bewahren.
8 Druckluftnetz. Entfernung der Verbraucher von der Drucklufterzeugungsanlage bis zu etwa 1 km.
9 Wegeventil.
10 4/2-Wegeventil.
11 Stromventil.
12 Pneumatikzylinder.
13 Pneumatikmotor.
14 Schlauch.
15 Trennscheibe.

*Tabelle 5-4* Gegenüberstellung von Druckluft und Ölhydraulik

| Eigenschaften | |
|---|---|
| Druckluft | Ölhydraulik |
| Druckluft kann überall hergestellt werden, keine Rückleitungen. Die Abluft kann zu hohen Lärmbelästigungen am Arbeitsplatz führen. | Rückleitungen, lästige Leckagen |
| Zusammendrückbar; Vorschübe mit gleichförmiger Geschwindigkeit [1] und Genauigkeit des zurückgelegten Weges sind mit Druckluft nicht möglich. | Öl wirkt bei Druckübertragung wie ein Gestänge. Im Kriechgang sind hydraulisch gesteuerte Vorschübe mit 1/100 mm Genauigkeit möglich. Die stufenlose Regelbarkeit hydraulischer Vorschübe ist einfach durchführbar. |
| Druck mit 6 bar bis 7 bar begrenzt [2], große Zylinderdurchmesser | Druck von 350 bar üblich (s. Bild 5-27), kleine Bauelemente |
| Wasserabscheidung und Vereisung bei Expansion größerer Luftmengen, Korrosion | Korrosionsschutz durch Drucköl |
| Hohe Strömungsgeschwindigkeit, 10 m/s bis 15 m/s in Rohren, schnellste Steuerung und Schaltung; elektrisch im Schaltteil schneller, im Lastteil träger | Geringe Strömungsgeschwindigkeit, in Rohren 2 m/s bis 4 m/s |

1) stick-slip-Effekt = Stoßweise, besonders bei niedrigen Geschwindigkeiten.
2) Der Wirkungsgrad der Kompressoren verschlechtert sich mit steigendem Betriebsdruck, gegen den sie arbeiten müssen; bei hohen Drücken Explosionsgefahr der Druckluftkessel, die bei stoßförmigem Luftverbrauch erforderlich sind.

**Druckluftanwendung**

Wenn Druck bis 6 bar ausreichend ist, bei geringen Anforderungen an die Weggenauigkeit und Anforderungen an

- *Schnelligkeit*, z.B. Schaltvorgänge, Befördern, Verschieben und Verdrehen mit mechanischer Verriegelung der Endstellung, Festhalten;
- *Sauberkeit*, kein Lecköl, z.B. Nahrungsmittel-Verpackungsindustrie, Holzbearbeitung;
- *Einfachheit der Anlage*, nur ein Schlauch, z.B. Geräte zum Anziehen von Schrauben, Hämmer.

Bei Werkzeugmaschinen und Spannvorrichtungen für spanabhebende Bearbeitung hat die Druckluft nur eine sehr geringe Bedeutung.

**Druckluftelemente**

Unmittelbar vor den Druckluftgeräten werden in die Druckluftleitungen eingebaut:

- *Druckluftfilter* zum Säubern der Druckluft von Kondenswasser und Schmutzteilchen,
- *Druckregler* zur Vermeidung von Druckschwankungen,
- *Nebelöler,* die zur Schmierung und als Korrosionsschutz der Druckluftgeräte die Druckluft mit einem Ölnebel mischen.

Die übrigen Druckluftelemente haben fast immer dieselben Funktionen und Benennungen wie die Hydraulikelemente, und ihre Sinnbilder unterscheiden sich nur geringfügig von denen der Hydraulikelemente. Die Bauarten sind den unterschiedlichen Energieüberträgern entsprechend verschieden.

▶ **Beispiel:**

*Sinnbild eines 3/2-Wegeventils für Druckluft.*

Ein an einen Anschluß gezeichneter Kreis mit einem Punkt symbolisiert einen Hauptleitungsanschluß *A*.

Ein an das Gerätesymbol gezeichnetes Dreieck kennzeichnet eine Entlüftung $E_1$ ohne Einschraubmöglichkeit.

Ist das Dreieck vom Gerätesymbol getrennt, so stellt es eine Entlüftung $E_2$ mit Einschraubmöglichkeit dar.

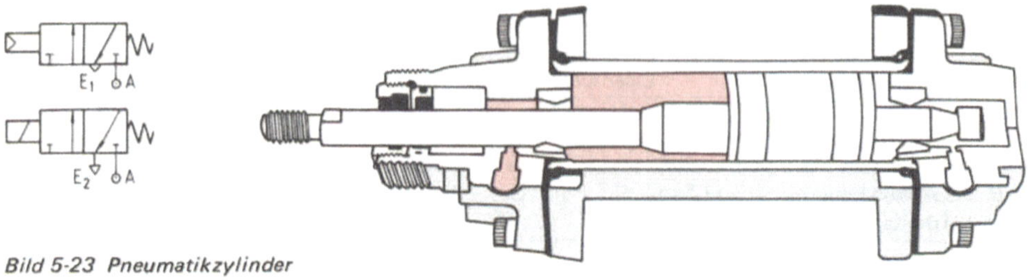


*Bild 5-23 Pneumatikzylinder*
Kolben ⌀ 8 mm bis 200 mm.

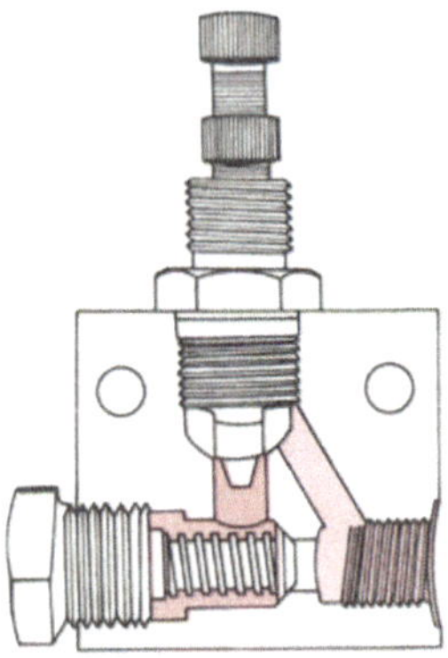

*Bild 5-24 Sperr- und Stromventil*

## 5.5 Spannen der Werkstücke auf Werkzeugmaschinen

**Spannzeuge** sind Geräte, die Werkstücke in die erforderliche Lage zu den Werkzeugen bringen und so festhalten, daß sie von den Bearbeitungskräften, z.B. den Schnittkräften, nicht verschoben werden können. Beim Drehen/Langhobeln müssen sie die Werkstücke mitnehmen, beim Bohren die Bohrer führen.

**Vorrichtungen** sind Einzweckspannzeuge, die für bestimmte Werkstücke hergestellt werden.

**Mechanisch/handbetätigte Spannzeuge** sind z.B. die in der Einzelfertigung vielseitig verwendbaren Schraubstöcke und Drehfutter. Für die Mengenfertigung werden besondere Vorrichtungen hergestellt.

**Elektromagnetische Spannplatten** dienen zum Spannen von Werkstücken mit ebener Auflagefläche aus Stahl.

*Anwendung:* Wenn nur kleine Spannkräfte erforderlich sind, z.B. beim Schleifen.

**Pneumatische Spannvorrichtungen** werden von Druckluft mit etwa 6 bar betätigt.

*Anwendung:* Wenn kleine Spannkräfte erforderlich sind, z.B. beim Entgraten.

**Ölhydraulische Spannvorrichtungen mit Hochdruckantrieb** sind durch hohe Kraftkonzentration auf engstem Raum gekennzeichnet.

*Vorteile:* Einfache Bauweise mit Hydraulikelementen, kleine Vorrichtungen, die Spannkraft bleibt auch bei heftigem Rütteln unverändert.

*Anwendung:* Bei allen formändernden Fertigungsverfahren mit größeren und wechselnden Kräften.

### Spannhydraulik

*Hochdruck-Pumpenaggregate* sind Kompaktgetriebe (Bild 5-25). Sie bestehen aus Motor, Pumpe, Ölbehälter, Druckschaltgerät, Druckbegrenzungsventil und Wegeventil.

*Bild 5-25 Hochdruck-Pumpenaggregat*

Jede Spannvorrichtung hat ein eigenes Pumpenaggregat.

*Ein-* und *Aufschraubspanner* (Bilder 5-26 und 5-27) sind Zylinder mit Rückholfedern, d.h. mit einer Arbeitsrichtung, 2 ... 25 mm Hub und 12 ... 40 mm Kolbendurchmesser. Mit einem Spanner können Spannkräfte von 1000 ... 62500 N erzeugt werden. Die Trägerteile der Vorrichtungen erhalten Bohrungen für die Versorgung der Spanner mit Druckflüssigkeit (Bild 5-26).

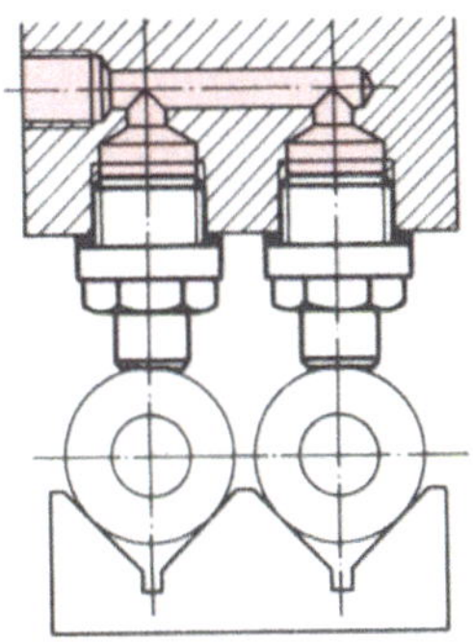

*Bild 5-26 Trägerteil einer Vorrichtung mit Bohrungen für die Druckflüssigkeit und Einschraubspanner*

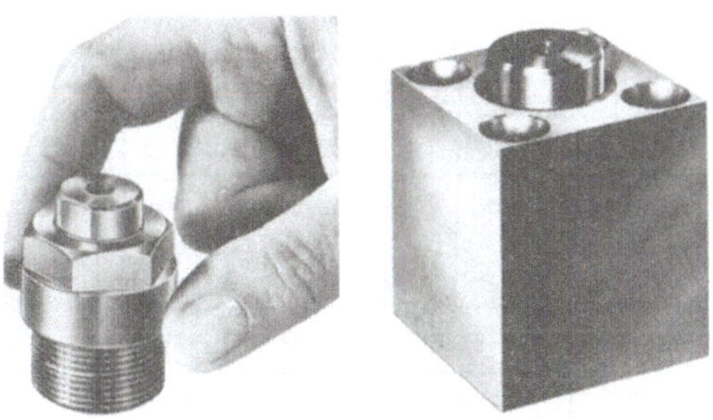

a) b)

*Bild 5-27 Spannzylinder*

a) Einschraub-,
b) Aufschraubspanner.

*Elektrohydraulische Druckschaltgeräte* erfüllen zwei Aufgaben: Ein- und Abschalten des Pumpenmotors bei Abweichung des Öldruckes vom gewählten Sollwert; Überwachung der Spannkraft während der Spannzeit.

Das Spannen der Werkstücke erfolgt durch elastische Verformung der Werkstücke und Vorrichtungen. Wechselnde Kräfte (Rütteln) bewirken Lösen durch plastische Verformung (siehe Setzen der Schrauben).

> Elektrohydraulische Druckschaltgeräte gewährleisten auch bei heftigem Rütteln gleichbleibende Spannkräfte während der Spannzeit.

**Werkstückspannung auf Drehmaschinen siehe Abschnitt 6.3**

## 5.6 Die Steuerung von Werkzeugmaschinen

An einer Spitzendrehmaschine herkömmlicher Bauart wählt der Dreher die gewünschte Funktion wie Start, Drehzahl, Vorschub, Vorschubrichtung, u.a. Er betätigt selbst die entsprechenden Hebel und Handräder.

Bei gesteuerten Werkzeugmaschinen werden diese Arbeiten von der Maschinensteuerung übernommen. Der Dreher z.B. plant die Abläufe der Maschine voraus und setzt sie in ein „Programm" um. Dieses Programm wird der Maschine zugeführt und von ihr verarbeitet.

*Tabelle 5-5* Gesteuerte Funktionen einer Werkzeugmaschine

| Funktion | Beispiel |
|---|---|
| Schlittenbewegungen | Support, Frästisch, Spindelkopf |
| Spindelbewegungen | Drehzahl, Drehrichtung |
| Werkzeugwechsel | Werkzeugübernahme aus Magazin, Drehung Revolverkopf |
| Vorschübe | Richtung und Größe, Eilgang, Verweilzeit |
| Werkstückwechsel | Werkstückübernahme aus Magazin oder Palette, Wenden, Spannen |
| Hilfsfunktionen | Kühlmittel, Spänetransport, ändern des Spanndrucks |

*Tabelle 5-6* Einsatzbereich typischer Werkzeugmaschinen in der spanabhebenden Metallbearbeitung

| | Bohren | Drehen | Fräsen | Schleifen |
|---|---|---|---|---|
| **Werkzeugmaschinen herkömmlicher Bauart** | | | | |
| Einzelfertigung | Ständer- und Säulenbohrmaschine | Leit- und Zug-spindeldrehmaschine | Universal-Fräsmaschine | Universal-Außen- und Innenrundschleif-maschine |
| **NC-Werkzeugmaschinen** | | | | |
| Klein- und Mittelserie | Reihenbohrmaschine Vielspindel-Bohrmaschine | Drehhalbautomaten Kopierdrehmaschine | Fräsmaschine programm-gesteuert | Schleifmaschine programm- und meßgesteuert |
| | Magazinierte Werkzeugmaschine | | | |
| | Verkettete Werkzeugmaschinen | | | |
| Großserie und Massenfertigung | Bohrautomaten | Drehautomaten | Fräsautomaten | Schleifautomaten |
| | Sondermaschinen | | | |

Für die Automatische Steuerung einzelner Maschinenteile und ganzer Maschinen werden *mechanische, hydraulische, pneumatische, elektrische* und *elektronische Bauteile* verwendet.

Die Wirkung der Steuerungsbauteile in der Reihenfolge vom auslösenden Signal (Befehl) bis zur Ausführung nennt man eine Steuerkette (siehe Tabelle 5-7).

*Tabelle 5-7* Steuerkette und Regelkreis

| | | | | |
|---|---|---|---|---|
| Funktion: | Signalglied | Steuerglied | Stellglied | Antriebsglied |
| Bauelement: | Tastschalter | Schütz | Stromregelventil | Hydromotor |
| Wirkung: | betätigt Schütz | öffnet Magnetventil, Ölstrom fließt | steuert Drehzahl | treibt Vorschubspindel |

| |
|---|
| Regelglied |
| Regler |
| vergleicht Solldrehzahl mit Istdrehzahl wirkt auf Stellglied |

Ohne Regelglied handelt es sich um eine Steuerkette, mit Regelglied um einen Regelkreis (Drehzahlregelung)

Die tatsächliche Drehzahl des Hydromotors, der Istwert, kann mit einem vorgegebenen Sollwert verglichen werden. Ein Vergleicher stellt den Unterschied zwischen dem Istwert und dem Sollwert fest. Tritt ein Unterschied auf, gibt der Regler ein Signal (Befehl) an das Stellglied, bis Istwert und Sollwert übereinstimmen.

Durch Hintereinanderschalten von Schalteinrichtungen und Steuerorganen können Folgesteuerungen aufgebaut werden. Dabei löst am Ende der Ausführung eines Befehls ein Endschalter den nächsten Befehl aus.

## Mechanische Steuerungen

Anschläge, Nocken, Kurvenscheiben, Lineale und ähnliche Einrichtungen setzen Maschinenteile in Bewegung oder still.

Werden Kurven, Nocken oder Anschläge auf einer Walze oder einer Leiste fest angebracht, so ist auf diese Weise ein Arbeitsprogramm gespeichert.

*Bild 5-28 Nockensteuerung*

▶ **Beispiel:**
Eine Kurvenscheibe bewegt über ein Hebelgestänge einen Support (Bild 6-66).

Mechanische Steuerungen werden zunehmend ersetzt durch hydraulische, elektrische und elektronische Steuerungen.

*Bild 5-29 Anschlagtrommel einer Revolver-Drehmaschine*

Jeder Operation wird durch die sich automatisch weiterdrehende Trommel ein bestimmter Weg zugeordnet.

### Elektrische Steuerungen

Durch elektrische Ströme werden Befehle am schnellsten übertragen. Elektrische Schaltelemente verknüpfen und speichern in einfacher Weise auch komplizierte und vielfältige Signale und Steuerfunktionen.

Die Steuerungen arbeiten häufig mit Gleichspannung von 12 V oder 24 V.

*Tabelle 5-8* Elektrische Steuerelemente

| Benennung | Erklärung | Sinnbild |
|---|---|---|
| Schalter<br>Taster | ein- und ausschalten | 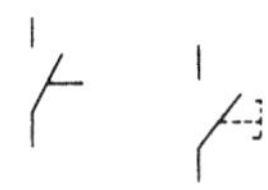 |
| Schütz<br>Relais | ein- und ausschalten mit Hilfe eines Steuerstromes | 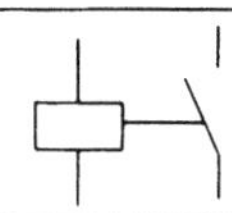 |
| Zeitrelais | schaltet zeitabhängig | 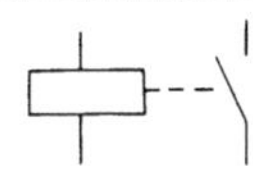 |
| Motor | Antriebe | 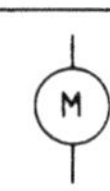 |

▶ **Beispiel:**
*Tischvorschub.* Mit dem Ein-Taster wird der Magnet des Schütz betätigt und eingeschaltet. Er zieht an und schließt den Schalter für den Motor im Laststromkreis. Gleichzeitig wird dadurch der Haltekontakt im Steuerkreis geschlossen, so daß der Magnet des Schütz unter Strom bleibt.

Läuft der Tisch mit Nocken gegen den Endschalter, so öffnet dieser den Steuerstromkreis, der Magnet steht nicht mehr unter Spannung und fällt ab. Der Laststromkreis wird auch unterbrochen, der Motor abgeschaltet.

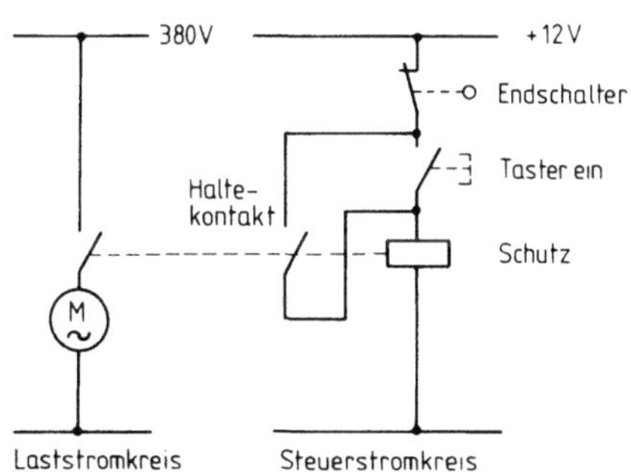


*Bild 5-30 Tischvorschub, gesteuert durch Taster und Endschalter*

### Elektronische Steuerungen

Elektronische Steuerungen enthalten Halbleiterelemente wie Dioden und Transistoren. Insbesondere Halbleiterbauteile haben hohe Betriebssicherheit, schalten sehr schnell und kontaktlos, sie sind verschleißfrei, klein, haben geringen Energiebedarf. Sie können in großer Zahl zu festen Einheiten mit vielen Funktionen zu gedruckten Schaltungen, Integrierten Schaltkreisen (IC) und Mikroprozessoren zusammengefügt werden.

*Tabelle 5-9* Elektronische Steuerelemente

| Benennung | Erklärung | Sinnbild |
|---|---|---|
| Widerstand | steuert Durchfluß | 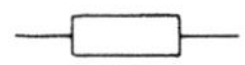 |
| Kondensator | speichert, verzögert | 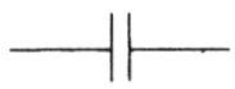 |
| Diode | schaltet in eine Richtung | 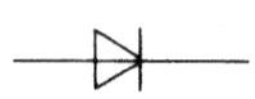 |
| Transistor | schaltet, verstärkt Eingangsgröße | 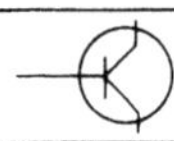 |
| Thyristor | schaltet größere Leistungen | 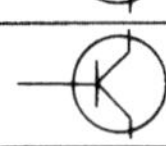 |
| Integrierter Schaltkreis | zählt, verstärkt, schaltet, steuert logisch | 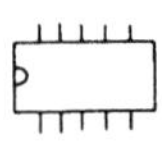 |
| Mikroprozessor | komplizierte Steuerungen und logische Verknüpfungen | 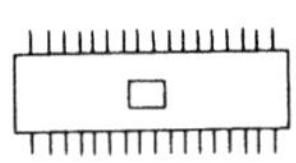 |

**▶ Beispiel:**

*Lichtschranke für Werkstücksperre.* Wenn der Lichtstrom durch ein Werkstück unterbrochen ist, wird durch den Hubmagnet eine Sperre eingelegt.

Fällt weniger Licht auf die Fotodiode, läßt sie weniger Strom durch. Über die Widerstände ändert sich dabei auch die Spannung am Transistor, so daß er wie ein Schalter den Steuerstrom durch das Schütz unterbricht. Der Magnet des Schütz fällt ab und der Schalter im Laststromkreis schließt. So erhält der Hubmagnet Strom, zieht an und betätigt eine Sperre.

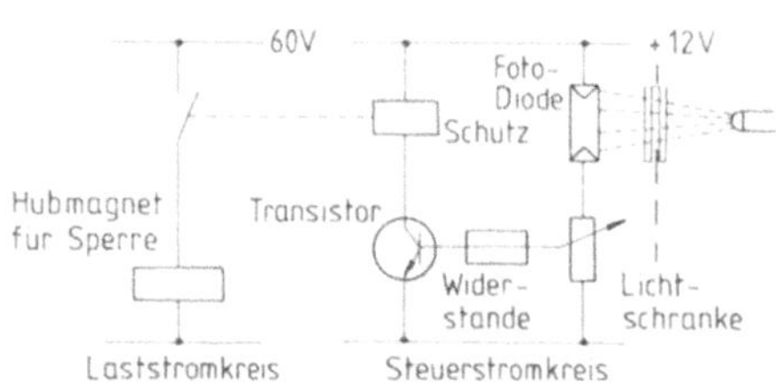


*Bild 5-31 Sperre, gesteuert durch Lichtschranke*

**Programmsteuerungen**

Unterschiedliche Werkstücke erfordern jeweils eine neue Festlegung und Einstellung des Arbeitsablaufes an einer Werkzeugmaschine. Zur Verkürzung der dafür an der Maschine erforderlichen Zeit werden mechanische Steuerungseinrichtungen weitgehend durch elektrische ersetzt.

Programmsteuerungen bauen auf mechanischen, pneumatischen, hydraulischen, elektrischen und elektronischen Steuerungselementen auf.

Bei Programmsteuerungen können die Reihenfolge der Werkzeug- und Werkstückbewegungen, die Drehzahlen, Vorschübe und Hilfsfunktionen vorgewählt werden.

Die Befehle werden durch Stecker oder Schalter in einem Steckerfeld einer Schalttafel eingegeben (Bild 5-32). Bearbeitungsprogramme für bestimmte Werkstücke können in Karten gelocht werden, deren Aufdruck dem Steckerfeld entspricht. Die Karte wird im Bedarfsfall auf das Steckerfeld gelegt und durch die Lochungen abgesteckt. So kann das Programm zu beliebiger Zeit wiederholt werden.

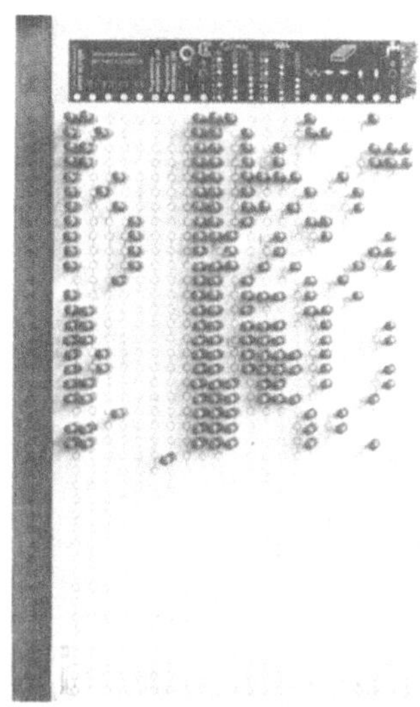

*Bild 5-32 Ausschnitt aus dem Steckerfeld eines Kreuzschienenverteilers*

Nebeneinander sind gesteckt Spindeldrehzahl, Vorschub, Eilgang usw.

Untereinander folgen die zur Bearbeitung eines Werkstücks nötigen Operationen von Start bis Programm Ende.

**Numerische Steuerung von Werkzeugmaschinen** (NC = Numerical Control = Numerische Steuerung)

**Anwendung**

Die NC-Steuerung kann in ihren Varianten zur Steuerung von Werkzeugmaschinen unterschiedlicher Fertigungsverfahren (z.B. Bohrmaschinen, Fräsmaschinen, Drehmaschine) eingesetzt werden.

Es können alle Funktionen einer Werkzeugmaschine gesteuert werden. Die Bearbeitungsabläufe sind frei wählbar und in einem Programm festgelegt.

Durch schnelle Umrüstbarkeit ist die numerisch gesteuerte Werkzeugmaschine (NC-Maschine) besonders für die Automatisierung der Klein- und Mittelserienfertigung geeignet. Unter besonderen Bedingungen ist sie auch in der Einzelteil- und Großserienfertigung einsetzbar.

*Bild 5-33 Numerisch gesteuertes Bearbeitungszentrum zum Bohren, Senken, Reiben, Feinbohren, Gewindeschneiden und Fräsen. Werkzeugmagazin mit automatischen Werkzeugwechseler und Palettenwechseler für Werkstückwechsel.*

Die besonderen Vorteile der NC-Maschine sind: Hohe Einsatzbereitschaft und Flexibilität, geringer Vorrichtungsaufwand und gleichbleibende Qualität der Werkstücke.

**Arbeitsweise**

Die numerische Steuerung ist eine „zahlenverstehende" Steuerung. Hierin besteht der wesentliche Unterschied zu allen vorangegangenen Steuerungen. Alle Informationen, die zur Steuerung einer Maschine notwendig sind, werden der Steuerung in Form von Buchstaben und Zahlengrößen eingegeben. Die Buchstaben als Adressen geben die Art der Funktion und die Zahl die Größe des Funktionswertes an. Die Informationen können in Weginformationen und Schaltinformationen aufgeteilt werden.

Numerische Steuerungen verwenden Zahlen zur Steuerung von Werkzeugmaschinen.

Die Schaltinformationen (z.B. Drehzahl, Vorschub, Werkzeugwechsel) werden in der Steuerung in elektrische Signale umgesetzt und über elektronische, elektrische und/oder hydraulische Steuerungselemente in Maschinenfunktionen umgesetzt.

Befehle, die Schaltvorgänge auslösen, heißen Schaltinformationen.

Zur Verarbeitung der Weginformationen muß jede NC-Maschine mit einer Wegmeßeinrichtung versehen sein. Je nach Art der Meßeinrichtung werden Weginformationen in der Steuerung zu Impulsen oder Stellgrößen verarbeitet und über die Steuer- und Regelkreise in Maschinenbewegungen umgesetzt.

Befehle, die Tisch- oder Schlittenbewegungen bestimmen, heißen Weginformationen.

**Wegmessung**

Man unterscheidet die direkte und indirekte Messung. Wird die Messung direkt zwischen dem bewegten und dem stillstehenden Maschinenelement durchgeführt, z.B. mit einem Maßstab, so spricht man von der direkten Messung. Wird sie mit einem Übertragungselement durchgeführt, z.B. der Vorschubspindel, so spricht man von indirekter Messung (Bild 5-35).

Mit der direkten Wegmessung sind höhere Genauigkeiten erreichbar.

Mit den heute gebräuchlichen Wegmeßeinrichtungen werden an NC-Werkzeugmaschinen Meßwerte bis zu einem Feinheitsgrad von 0,001 mm erfaßt. Von vielen Möglichkeiten zur Meß-

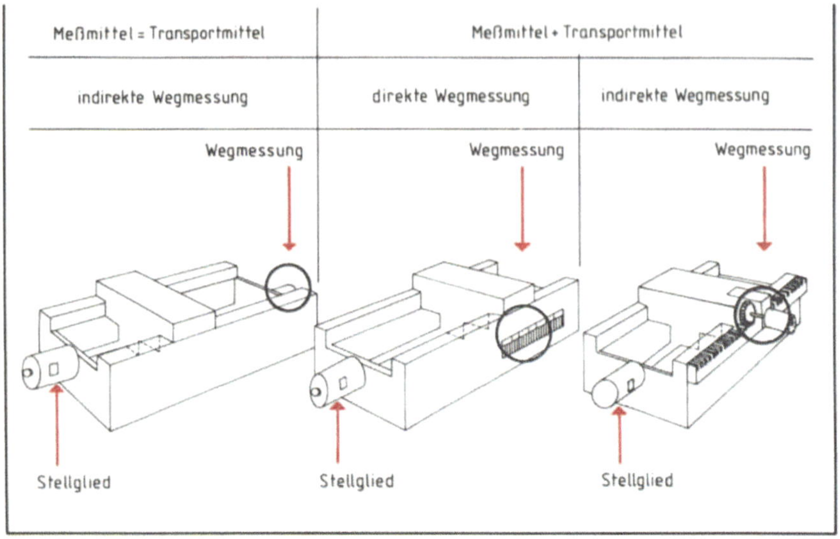


*Bild 5-34*
*Systematik der Wegmessung (Ist-Wert-Erfassung)*
Bild: Lehrstuhl Opitz, T.H. Aachen

werterfassung sind zwei Verfahren am verbreitetsten:

a) Elektromagnetisches Verfahren mit Drehmelder oder Inductosyn-Maßstab.
b) Fotoelektrisches Verfahren mit Winkelcodierer oder Glasmaßstab.

**Steuerungsarten**

Nach Art der zu steuernden Werkzeugmaschine werden 3 unterschiedliche Steuerungsarten eingesetzt.

a) Punktsteuerung
b) Streckensteuerung
c) Bahnsteuerung

*Bild 5-35 Verschiedene Systeme numerischer Steuerungen für Werkzeugmaschinen*

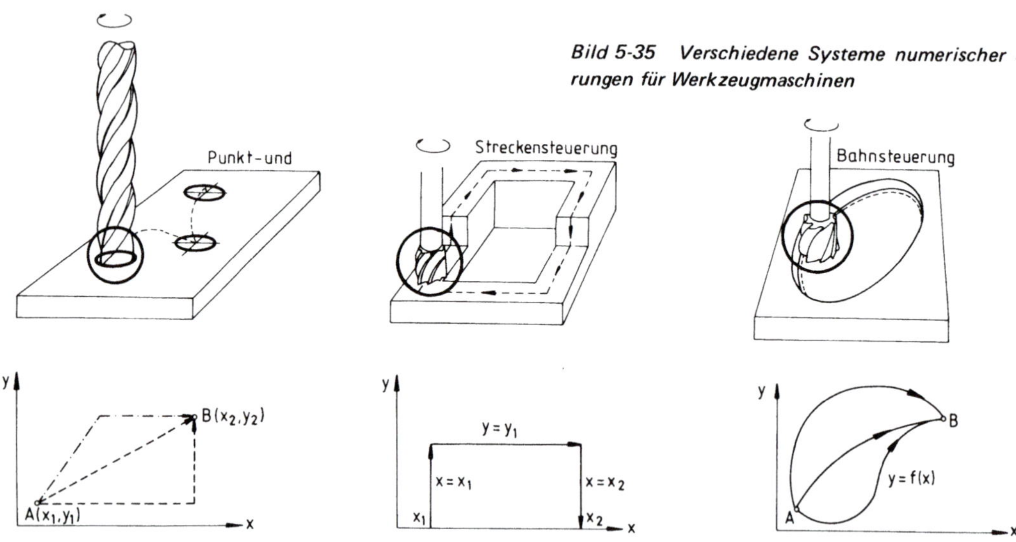


a) Positioniersteuerung (Punktsteuerung) (positioning control)
Werkzeug beim Verfahren nicht im Eingriff
Lehrenbohrwerke/Produktionsbohrmaschinen
Punktschweißmaschinen

b) Streckensteuerung (straight cut control)
Werkzeug beim Verfahren im Eingriff
Drehmaschinen (zylindrische Formen)
Fräsmaschinen (achsparallele Flächen)

c) Stetigbahnsteuerung (continuous path control)
Werkzeug beim Verfahren im Eingriff
Fräsmaschinen (Profilierungs-
Drehmaschinen aufgaben)
Brennschneidmaschinen

Punktsteuerungen sind für Bohrmaschinen geeignet. Die Maschinentische werden im Eilgang zu den einzelnen Bearbeitungspunkten gefahren, die Bearbeitung (z.B. Bohren, Senken) erfolgt im Vorschub.

Bei Streckensteuerungen können alle Verfahrwege im Vorschub ausgeführt werden. Sie sind zum Fräsen von achsparallelen Flächen und Drehen von zylindrischen Formen geeignet.

Bahnsteuerungen sind zum Bearbeiten von Kurven und gekrümmten Flächen geeignet. Die einzelnen Achsen führen Bewegungen durch, die in einem bestimmten, vorgegebenen Zusammenhang stehen.

Der gleichzeitige Vorschub in mehreren Achsrichtungen (z.B. beim Drehen einer Kugel) wird durch den Interpolator oder Kurvengenerator der Steuerung erzeugt.

## Programm und Programmträger

In einem Programm ist die Bearbeitungsfolge für ein bestimmtes Werkstück und eine bestimmte NC-Maschine festgelegt. Ein Programm besteht aus einzelnen Programmsätzen und diese aus einzelnen Worten (Bild 5-36).

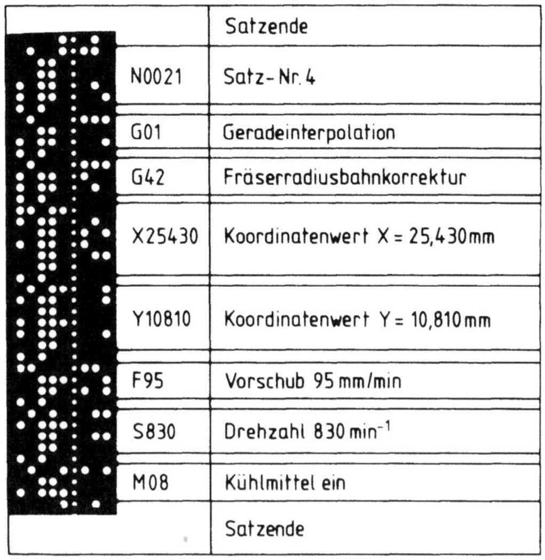


*Bild 5-36 Beispiel eines Programmsatzes für ein Bearbeitungszentrum*

*Tabelle 5-10* Ausschnitt aus einem Programmschlüssel einer Steuerung für Bearbeitungszentren

| | | | | |
|---|---|---|---|---|
| G10 | g | G | ■ 92 | Istwertspeicher-Setzen (X, Y, Z, 4.) |
| G11 | g | G | ■ 09 | Geschwindigkeitsabnahme |
| G12 | g | G | 94 ●<br>95 | Vorschub unter Adresse F in mm/min<br>Vorschub unter Adresse F in mm/U |
| G13 | g | G | 17 ●<br>18<br>19 | Ebenenanwahl X–Y X–4. Achse<br>Ebenenanwahl X–Z bzw. Y–4. Achse<br>Ebenenanwahl Y–Z Z–4. Achse<br>} Nur für Fräserradius-Bahnkorrektur (G41/G42) |
| G14 | g | G | 60 ●<br>63<br>64 | Genau-Halt<br>Gewindebohren mit Ausgleichsfutter<br>Bahnsteuerbetrieb, stetige Übergänge<br>} Löschstellung über Maschinendaten |
| G15 | | | 40 ●<br>43<br>44 | Keine Werkzeugkorrektur<br>Werkzeugkorrektur positiv<br>Werkzeugkorrektur negativ<br>} achsparallele Korrektur je Achse getrennt zu schreiben |
| | d | D | 1 bis 99 | Werkzeugkorrekturnummer |
| | x | X | 0 bis ± 99 999 999<br>1 bis 99 999 999 | Weginformation in μm<br>Verweilzeit in ms |
| | y | Y | 0 bis ± 99 999 999 | Weginformation in μm |
| | z | Z | 0 bis ± 99 999 999 | Weginformation in μm |
| | 4. Achse | | 0 bis ± 99 999 999 | Weginformation in μm oder in 0,001°<br>Mögliche Adressen A, B, C, U, V, W |
| | r | R | 0 bis 9 | Parameter für Unterprogramme |
| | i | I | 0 bis ± 99 999 999<br>oder<br>1 bis 2 000 000 | Interpolations-Parameter für X-Achse für Kreis-Interpolation<br>oder Hilfsvektor für Übergangs-Fräserradius-Bahnkorrektur in μm<br>Gewindesteigung in μm |

Jedes Wort besteht aus einem Adressbuchstaben und einem Zahlenwert. Der Adressbuchstabe gibt z.B. Vorschub oder Bewegungsachse an. Die folgende Zahl gibt z.B. Vorschubgröße oder Zielpunkt an. Die Adressierung ist weitgehend vereinheitlicht (Tabelle 5-10) und in DIN 66025 festgelegt.

Programme können direkt durch Handeingabe über die Tastatur am Bedienfeld einer NC-Steuerung Wort für Wort und Satz für Satz in den Programmspeicher eingetastet werden.

Diese Vorgehensweise ist für kurze und einfache Programme vorteilhaft. Umfangreiche und schwierige Programme werden besser in einer speziellen Abteilung, z.B. in der Arbeitsvorbereitung, vorbereitet und erstellt. Diese Programme werden auf einem Datenträger, vornehmlich auf einem Lochstreifen oder einem Magnetband abgespeichert.

Bei Bearbeitungsbeginn wird das Programm mit einer Leseeinrichtung in den Programmspeicher der Steuerung eingelesen und bei Bearbeitung satzweise aus diesem Speicher abgearbeitet.

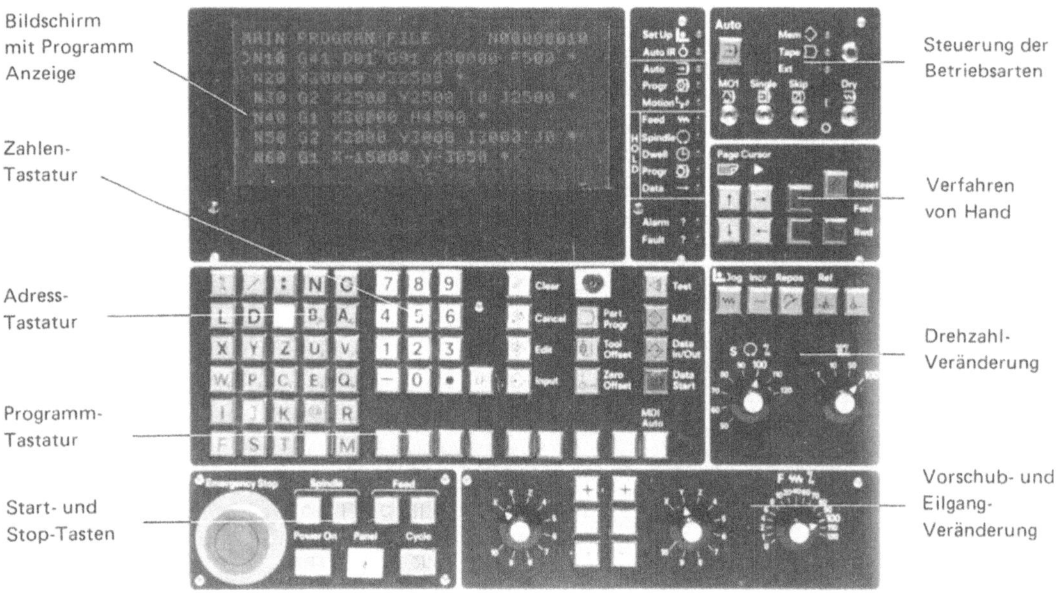


*Bild 5-37 Bedienfeld einer CNC-Steuerung für eine Werkzeugmaschine*

**NC und CNC**

Nahezu alle numerischen Steuerungen, die heute eingesetzt werden, sind CNC-Steuerungen (CNC = Computerized Numerical Control).

Sie haben als Kern einen programmierbaren Kleinrechner oder Mikroprozessoren, in denen die Steuerungsfunktionen verarbeitet werden.

CNC-Steuerungen haben eine Reihe von Vorteilen erbracht, die zu einer starken Verbreitung der NC-Maschinen führten.

Viele waren schon bei herkömmlichen NC-Steuerungen technisch möglich, jedoch erst mit der CNC-Steuerung wirtschaftlich einsetzbar.

Vorteile der CNC-Steuerung:
Vereinheitlichung und Verbilligung der Steuerung
Programmspeicher
Programmiersoftware in der Steuerung
Handeingabesteuerung
Programmänderung im Programmspeicher
Fehlerdiagnose bei Störungen
Unterprogrammtechnik
Programmierbare geometrische und technologische Maschinengrenzen, z.B. maximale Drehzahl

## 5.7 Verkettung von Werkzeugmaschinen

Mehrere Werkzeugmaschinen können durch Transporteinrichtungen verbunden werden. Die Transporteinrichtungen bringen die Werkstücke von Maschine zu Maschine. So kann der Arbeitsablauf, vom Spannen des Werkstücks über seine Bearbeitung bis zum Weitertransport völlig automatisiert werden.

### Transferstraßen

Einzweck-Werkzeugmaschinen stehen entlang der Transporteinrichtung für die Werkstücke. Die Werkstücke werden in einem bestimmten Takt von Station zu Station befördert und dort bearbeitet. Verzweigungen dieser Straße erlauben kleinere Unterschiede in der Werkstück- oder Bearbeitungsart. Zwischenspeicher gleichen unterschiedliche Bearbeitungszeiten aus und ermöglichen Werkzeugwechsel oder kleinere Reparaturen ohne Stillstand der ganzen Anlage.

Transferstraßen sind geeignet für Werkstücke gleicher Art in großer Stückzahl. Sie sind aus Einzweckmaschinen aufgebaut.

*Bild 5-38 Bearbeitungsstation*

Vielspindelbohren und Gewindeschneiden einer Transferstraße für Hinterachsgehäuse mit Transporteinrichtung und Werkstücken.

### Fertigungszelle

Eine Fertigungszelle besteht aus einer Werkzeugmaschine, einem Handhabungsautomaten und einem Werkstückmagazin.

Die Zelle bearbeitet Werkstücke selbsttätig aus dem Werkstückspeicher und gibt die bearbeiteten Teile wieder an den Speicher ab. Sie arbeitet unabhängig von anderen Maschinen.

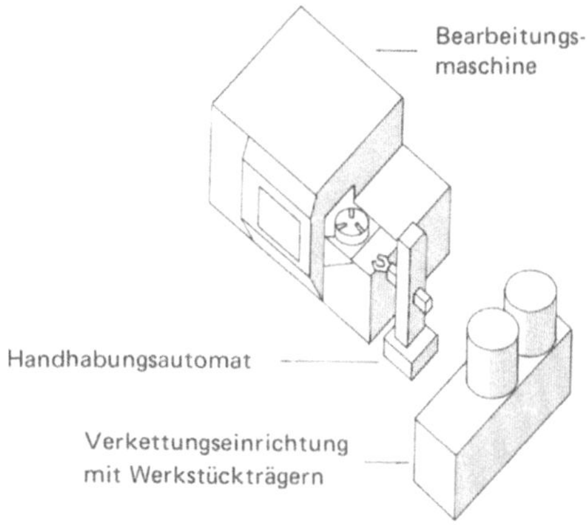


*Bild 5-39 Fertigungszelle für einen Arbeitsgang an Werkstücken ähnlicher Art und mittlerer Stückzahl*

*Bild 5-40 Taktspeicher und zweiarmiger Handhabungsautomat (Bild 9-1) und Kettenförderer*

### Fertigungslinie

Mehrere Werkzeugmaschinen mit Handhabungsautomaten (Fertigungszellen) arbeiten entlang einer gemeinsamen Transporteinrichtung.

Bei der Fertigungslinie sind die Werkzeugmaschinen im Gegensatz zur Transferstraße universell, d.h. für unterschiedliche Werkstücke geeignet. Auch die Transporteinrichtung ist in der Lage, unterschiedliche Werkstücke zu befördern. Deshalb eignet sich die Fertigungslinie besonders für mittlere Stückzahlen ähnlicher Werkstücke.

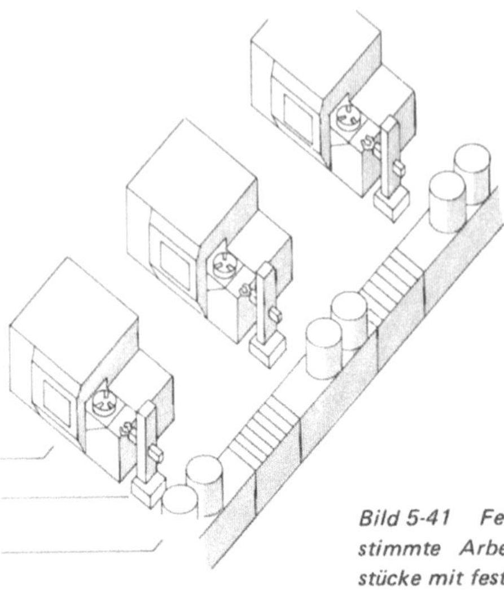


*Bild 5-41 Fertigungslinie für mehrere, zeitlich abgestimmte Arbeitsgänge, geeignet für ähnliche Werkstücke mit festgelegter Arbeitsfolge*

**Flexibles Fertigungssystem**

Mehrere Fertigungszellen können zu einem System zusammengestellt werden, das unterschiedliche Arten von Werkzeugmaschinen und auch Kontrollmaschinen umfaßt. Die Werkstücke werden aus einem großen, allgemeinen Speicher entsprechend ihrer Bearbeitung den einzelnen Fertigungszellen zugeführt. Nach der Bearbeitung befördert das übergeordnete Transportsystem die Werkstücke wieder in den allgemeinen Speicher zurück, bis die Maschine des nächsten Arbeitsganges frei ist.

So können viele unterschiedliche Werkstücke auf einer Reihe von Werkzeugmaschinen unterschiedlicher Art bearbeitet werden. Ein zentrales Steuerungssystem steuert die günstigste Reihenfolge der Bearbeitung und eine möglichst gleichmäßige Auslastung der Fertigungszellen.

*Bild 5-42 Beispiel eines flexiblen Fertigungssystems für mehrere Arbeitsgänge unterschiedlicher Dauer, geeignet für Werkstücke ähnlicher Art, mittlerer Stückzahl, Möglichkeit der Verfahrensänderung, große Puffermöglichkeiten*

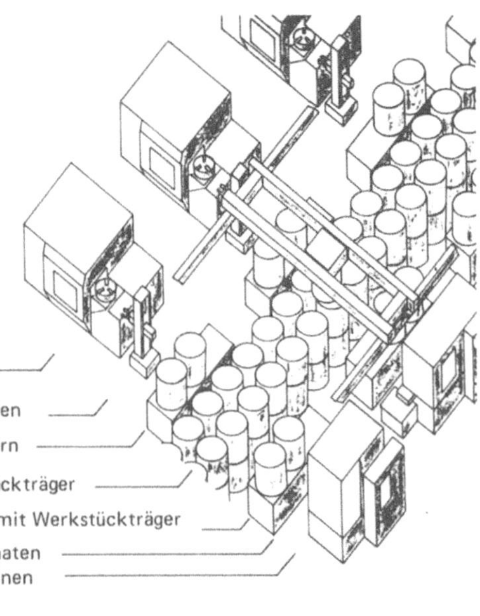

# 6 Fertigen durch Spanen mit Werkzeugmaschinen

## Spanen mit geometrisch bestimmter Schneidenform (Schneidkeil)

### Zerspanungs-Anwendungsgruppen

Zur einheitlichen Beschreibung der Zerspanwerkzeuge sind in DIN 1836 die Anwendungsgruppen N, H, W und NF und NR festgelegt. Sie gelten für Werkzeuge aus Schnellarbeitsstahl, z.B. für Spiralbohrer, Aufbohrer, Reibahlen, Fräser und Metallkreissägeblätter, und kennzeichnen die Verwendbarkeit der Werkzeuge für die wirtschaftliche Zerspanung der verschiedenen Werkstückstoffe.

### Anwendungsbeispiele

*Tabelle 6-1* Zerspanung von Stahl und Stahlguß

| Zu bearbeitender Werkstoff: Benennung | | Zugfestigkeit N/mm² von | bis | Zerspanungs-Anwendungsgruppe N | H | W | NF | NR |
|---|---|---|---|---|---|---|---|---|
| Automatenstahl | | 370 | 600 | ● | | ○ | ● | ● |
| | | 550 | 1000 | ● | ○ | | ● | ● |
| Allgemeiner Baustahl | | | 600 | ● | | ○ | ○ | ● |
| | | 500 | 900 | ● | | | ● | ● |
| Einsatzstahl | | | 600 | ● | | ○ | ○ | ● |
| | | 500 | 800 | ● | | | ● | ● |
| Nitrierstahl | weichgeglüht | 700 | 900 | ● | | | ● | ● |
| Stahlguß | | 400 | 1100 | ● | | | ● | ● |
| Vergütungsstahl | normal geglüht | 500 | 750 | ● | | | ● | ● |
| | legiert, vergütet | 900 | 1250 | ● | ○ | | ● | ○ |
| Werkzeugstahl | unlegiert oder legiert, weichgeglüht | Brinellhärte 180 HB | 240 HB | ● | | | ● | ● |
| | hochgekohlt und/oder hochlegiert, weichgeglüht | Brinellhärte 220 HB | 300 HB | ○ | ● | | ● | ○ |

Die Zielsetzung dieser Norm ist mit der von DIN 4990 „Zerspanungs-Anwendungsgruppen für Hartmetalle", s. Abschnitt 2.10.4, vergleichbar, auch wenn es dabei mehr um die Eigenschaften des Schneidstoffes, bei DIN 1836 um die Schneidengeometrie des Werkzeuges geht.

*Tabelle 6-2* Zerspanung von Gußeisen und Temperguß

| Zu bearbeitender Werkstoff | | | | Zerspanungs-Anwendungsgruppe | | | |
|---|---|---|---|---|---|---|---|
| Benennung | | Brinellhärte von | bis | N | H | NF | NR |
| Gußeisen | mit Lamellengraphit | 100 | 240 | ● | | ● | ● |
| | | 230 | 320 | ○ | ● | ● | ○ |
| | mit Kugelgraphit | 100 | 240 | ● | | ● | ○ |
| | | 230 | 320 | ○ | ● | ● | |
| Temperguß | | 100 | 270 | ● | | ● | ○ |

*Tabelle 6-3* Zerspanung von Nichteisenmetallen

| Zu bearbeitender Werkstoff | | | | Zerspanungs-Anwendungsgruppe | | | | |
|---|---|---|---|---|---|---|---|---|
| Benennung | | Brinellhärte von | bis | N | H | W | NF | NR |
| Aluminium-Knet- und -Gußlegierungen mit SI-Gehalt bis 10 % | | | 150 | ○ | | ● | | |
| Aluminium-Gußlegierungen mit SI-Gehalt über 8 % | | 90 | 140 | ● | | ○ | ○ | |
| Kupfer | | 30 | 120 | ○ | | ● | | |
| Kupferlegierung | mit hohem Cu-Gehalt | 50 | 160 | ○ | | ● | | |
| | mit geringem Cu-Gehalt und/oder höherer Festigkeit | 80 | 240 | ● | | ○ | | ○ |
| | .................... | ... | ... | ○ | ● | | | |
| Magnesium-Knet- und -Gußlegierungen | | 20 | 110 | ● | | ○ | | |

## 6.1 Hobeln und Stoßen

Beim Hobeln wird der Hobelmeißel um das Maß der Schnitt-Tiefe a zugestellt (Bild 6-1). Der Maschinentisch mit dem aufgespannten Werkstück bewegt sich hin und her. Die Hin- und Herbewegung besteht aus Arbeitshub $H_A$ und Leer- oder Rückhub $H_R$. Während des Arbeitshubes, der Haupt- und Schnittbewegung, wird vom stillstehenden Hobelmeißel ein Span abgetrennt.

Die Geschwindigkeit, mit der die Schnittbewegung erfolgt, heißt Schnittgeschwindigkeit.

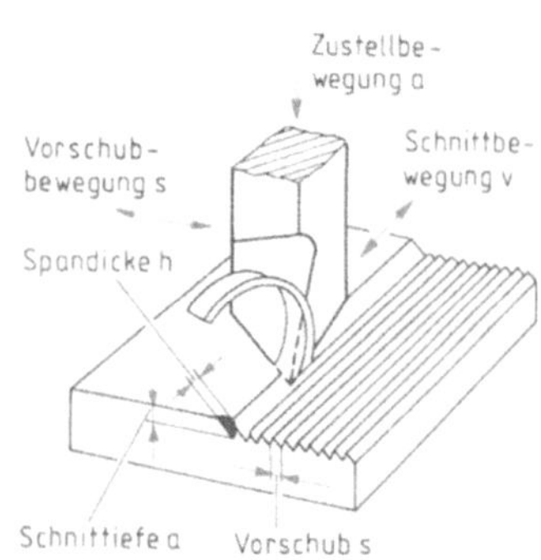


*Bild 6-1 Arbeitsbewegungen beim Hobeln und Stoßen*

Im Leerhub geht der Maschinentisch mit dem Werkstück in die Ausgangsstellung zurück. Zwischen zwei Arbeitshüben rückt der Hobelmeißel um den Vorschub *s* zur Seite.

Beim Hobeln führen das Werkstück die Schnittbewegung, das Werkzeug die Vorschubbewegung aus.
Das Verfahren heißt nach DIN Stoßen, wenn die Schnittbewegung vom Werkzeug ausgeführt wird.

Nach DIN 8589 ist zu unterscheiden:

**Planhobeln** ist Hobeln zur Erzeugung einer zur Schnitt- und Vorschubrichtung parallel gelegenen ebenen Fläche.

**Nachformhobeln** ist Hobeln mit gesteuerter Vorschubbewegung zur Erzeugung einer beliebigen profilierten Formfläche.

**Wälzhobeln** ist Hobeln mit einer Wälzbewegung als Vorschubbewegung zur Erzeugung einer Wälzfläche (siehe Zahnradhobeln und -stoßen Bild 4-49).

**Formhobeln** ist Hobeln unter Verwendung eines Formwerkzeuges zur Herstellung einer profilierten Formfläche.

**Beispiel:**
Formstoßen von Nuten (bisher Nutenziehen genannt).

**Schraubhobeln** ist Hobeln mit schraubenförmiger Schnittbewegung zur Erzeugung von Schraubflächen.

### Hobel- und Stoßmaschinen

**Langhobelmaschinen** werden zum **Plan-** und **Nachformhobeln** langer und schwerer Werkstücke verwendet. Bei Zweiständer-Hobelmaschinen (Bilder 6-2 und 6-3) ist die Werkstückbreite durch den Abstand der Ständer begrenzt. Einständerhobelmaschinen sind für die Bearbeitung sperriger Werkstücke geeignet. Die Zweiständermaschine ist jedoch starrer und gestattet die Abnahme großer Spanquerschnitte.

**Als Tischantriebe** werden meist hydraulische Antriebe verwendet, seltener Zahnrad oder Schnecke und Zahnstange. Der Antrieb ist so gebaut, daß die Rücklaufgeschwindigkeit $V_R$ größer als die Arbeitsgeschwindigkeit $V_A$ ist.

**Die Tischumsteuerung** erfolgt selbsttätig durch verstellbare Tischanschläge. Mit einer sog. anschlaglosen Tischumsteuerung kann der Hub von der Bedienungstafel aus auch bei laufendem Tisch verstellt werden.

Zur Schonung der Werkzeuge werden beim Rücklauf die Stahlhalterklappen am Support um 45° nach oben geschwenkt.

*Bild 6-2*
*Zweiständer-Langhobelmaschine*

*Bild 6-3 Kombinierte Zweiständer-, Hobel-Schleif- und Fräsmaschine*
Hobel-Schleif- und Frässupport am Querbalken.

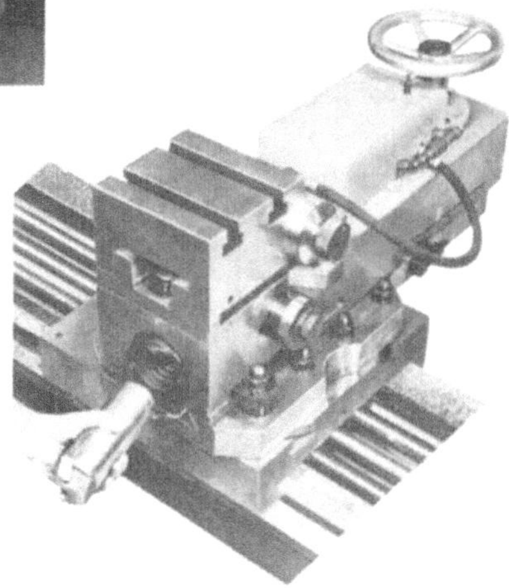

*Bild 6-4 Doppelsupport*
Das Werkzeug ist drehbar gelagert und wird von einem Druckluftkolben nach jedem Hub um 180° geschwenkt.

**Die Schritt-Vorschubbewegung** des Supports erfolgt selbsttätig durch Vorschub-Schaltgetriebe im Zusammenhang mit der Tischumsteuerung.

**Die Hobelmeißel** sind wie Drehmeißel gestaltet (s. Abschnitt 6.3).

**Beim Einmeißelverfahren** trägt jeder Support nur einen Hobelmeißel.

*Vorteil:* einfach nachstellbar, geringer Werkzeugbestand.

*Nachteil:* bei Vielgestaltigkeit müssen alle Flächen nacheinander gehobelt werden.

**Beim Mehrmeißelverfahren** trägt jeder Support mehrere Meißel, die alle gleichzeitig arbeiten. Die Hobelmeißel werden außerhalb der Maschine mit Hilfe optischer Meßgeräte auf sog. Meißelhalterplatten montiert, die schnell auf dem Support gewechselt werden können.

*Vorteil:* geringe Werkzeugwechsel- und Einstellzeit an der Maschine, gleichzeitig Hobeln mehrerer Flächen am Werkstück, volle Ausnutzung der Maschinen-Durchzugkraft.

*Nachteil:* teure Werkzeughaltung, nur bei größeren Stückzahlen billig.

Durch Einsatz eines **Doppelhobelsupportes** (Bild 6-4) kann man die Hobelmaschine auch im Rücklauf für die Bearbeitung großer Flächen ausnützen.

*Bild 6-5 Doppelhobelwerkzeug mit je einer Schneide für Vor- und Rücklauf*

**Anwendungsgrenzen der Langhobelmaschinen**

Fräsen ist wegen der vielen ununterbrochen arbeitenden Schneiden der Fräser billger als Hobeln mit Leerhub nach jedem Hub. Für die Bearbeitung langer profilierter Formflächen ist Hobeln wirtschaftlicher als Fräsen. Zur Schonung der hinten stehenden Schneiden werden Messerköpfe mit leichter Neigung nach vorne angestellt, so daß gefräste Flächen leicht hohl sind (Bild 6-7). Gehobelte Flächen sind vollkommen eben.

**Waagerecht-Stoßmaschinen,** sog. Schnellhobler (Bild 6-6), dienen zum Plan- und Nachformhobeln kleiner Werkstücke, meist in Einzelfertigung.

*Bild 6-6 Waagerecht-Stoßmaschine*

> Der sich waagerecht hin und her bewegende Stößel mit dem Stoßmeißel führt die Hauptbewegung, der Arbeitstisch mit dem Werkstück den Vorschub aus.

Für den Antrieb des Stößels wird die Drehbewegung des Antriebsmotors durch eine *Kurbelschwinge* oder durch *hydraulische Getriebe* in eine geradlinige Bewegung umgewandelt.

*Bei der Kurbelschwinge* (Bild 6-7) kreist die Kurbel *K* gleichmäßig um *M* und nimmt durch den auf dem Kurbelzapfen *Z* sitzenden und verschiebbaren Kulissenstein die Schwinge mit, die um *O* hin und her schwingt. Beim Arbeitshub durchläuft die Schwinge einen größeren Kurbelwinkel als beim Rücklauf, so daß Vorlauf- und Rücklaufgeschwindigkeit verschieden groß sind (Bild 6-8). Die erforderliche Länge des Arbeitshubes wird durch Veränderung des Kurbelkreisdurchmessers eingestellt.

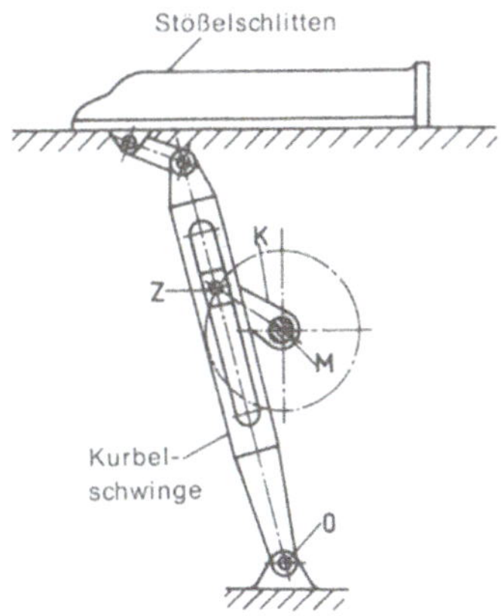


*Bild 6-7 Antrieb des Stößelschlittens über eine Kurbelschwinge*

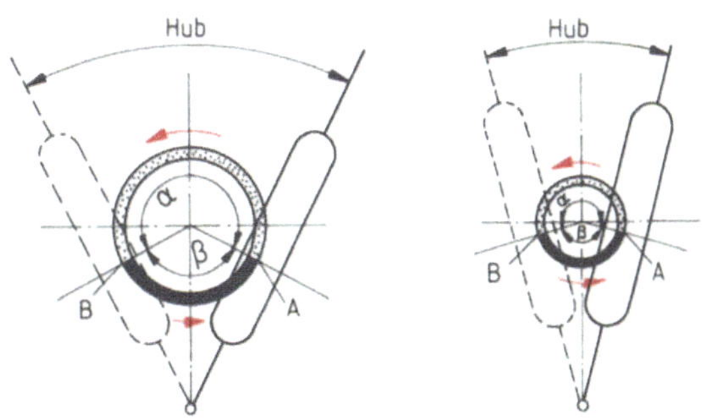


*Bild 6-8 Arbeitshub und Rücklauf beim Antrieb über eine Kurbelschwinge*

Arbeitshub gepunktet, Rücklauf schwarz, A und B Umkehrpunkte.

*Bei hydraulischen Getrieben* sind Arbeitsgeschwindigkeit $V_A$ und Hublänge unabhängig voneinander stufenlos regulierbar. Die Rücklaufgeschwindigkeit $V_R$ ist bei allen Hublängen gleich (Bild 6-10).

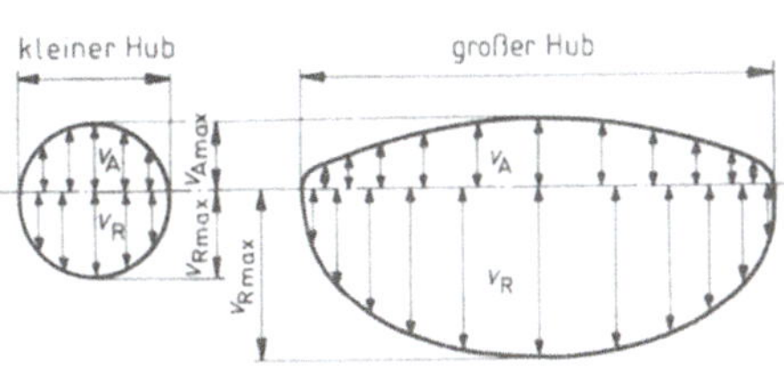


*Bild 6-9 Arbeits-$V_A$ und Rücklaufgeschwindigkeiten $V_R$ des Werkzeuges einer Waagerecht-Stoßmaschine mit Kurbelschwingenantrieb*

Mit kleiner werdender Hublänge nimmt die Ungleichförmigkeit der Arbeitsgeschwindigkeit $V_A$ zu, die Rücklaufgeschwindigkeit $V_{R\,max}$ ab.

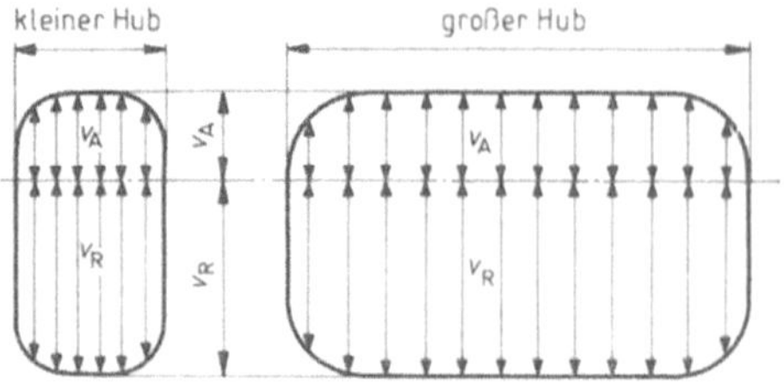


*Bild 6-10 Arbeits-$V_A$ und Rücklaufgeschwindigkeit $V_R$ des Werkzeuges einer Waagerecht-Stoßmaschine mit hydraulischem Antrieb*

Die Arbeitsgeschwindigkeit $V_A$ und die Rücklaufgeschwindigkeiten $V_R$ sind bei allen Hublängen gleichförmig und gleich groß.

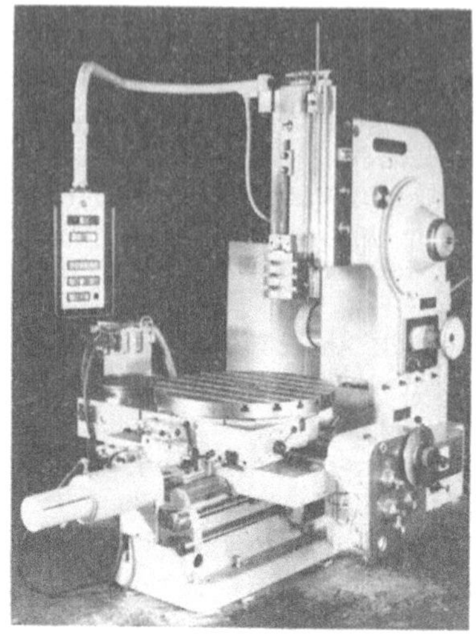

*Bild 6-11 Vertikal-Stoßmaschine mit Universal-Teilkopf*

Die Arbeitsbewegung, der **Vorschub,** erfolgt bei beiden Antriebsarten durch ein Sperrklinkenschaltwerk.

**Vertikal-Stoßmaschinen** (Bild 6-11) dienen zum Formhobeln von schwer zugänglichen Innenflächen, z.B. Keilnuten, Innenvier- und Sechskanten.

**Teilen** nennt man in der Werkstatt das Schwenken eines Rundteiles um einen Teilbetrag einer vollen Drehung. In der Einzelfertigung wird das Teilen mit optischen oder Universal-Teilköpfen durchgeführt. Optische Teilköpfe besitzen einen Glasteilkreis mit 360°-Skala und ein Ablesemikroskop mit 50facher Vergrößerung. Die für das Teilen mit Universal-Teilköpfen notwendigen Teilkopfberechnungen sind in Tabellen- und Rechenbüchern ausführlich beschrieben (Rechenunterricht).

In der Fabrikation werden nur automatische Teilvorrichtungen verwendet.

**Wiederholungsfragen**

1. Welche Bewegungen führen Werkstück und Werkzeug a) beim Hobeln, b) beim Stoßen aus?
2. Welche Arten des Hobelns unterscheidet man nach DIN 8589?
3. Welches sind die Vor- und Nachteile des Mehrmeißelverfahrens?
4. Wann kann ein Doppelhobelsupport mit Vorteil verwendet werden?
5. Warum ist Fräsen im allgemeinen billiger als Hobeln?
6. Wann ist Hobeln wirtschaftlicher als Fräsen?
7. Wozu werden Waagerecht-Stoßmaschinen verwendet?
8. Wozu dienen Vertikal-Stoßmaschinen?
9. Welche Vorteile haben hydraulische Antriebe bei Hobel- und Stoßmaschinen?

## 6.2 Bohren

### Begriffe

Bohren ist der Oberbegriff für die spanenden Fertigungsverfahren zum Herstellen von Bohrungen ins Volle und zum Verbessern von Bohrungsmaß, -form, -lage und -oberflächengüte. Jeder Zweck erfordert ein besonderes Verfahren mit besonderen Werkzeugen.

Die Bewegungen zwischen Werkstück und Werkzeugschneiden können vom Werkstück oder Werkzeug ausgeführt werden.

*Tabelle 6-4* Bohrverfahren und Werkzeuge

| Bohrverfahren | Werkzeuge |
|---|---|
| Bohren ins Volle | Spiralbohrer, Tieflochbohrer |
| Aufbohren | Spiralbohrer, Tieflochbohrer, Bohrstange |
| Senken | Außen-, Plan- und Formsenker |
| Reiben | Reibahle |

*Tabelle 6-5* Bewegungsvorgänge beim Bohren

| Maschine bzw. Verfahren | Ausführung der Bewegungsvorgänge Schnittbewegung vom | Vorschubbewegung vom | Zustell- und Anstellbewegung vom |
|---|---|---|---|
| Bohrmaschine | Werkzeug | Werkzeug | Werkzeug |
| Drehmaschine | Werkstück | Werkzeug | Werkzeug |
| spezielle Tieflochbohrverfahren | Werkzeug | Werkstück | Werkstück |

### Bohrwerkzeuge

**Spiralbohrer,** besser Wendelbohrer[1], sind die am meisten verwendeten Bohrwerkzeuge. Folgende Konstruktionsmerkmale der Spiralbohrer sind in Bild 6-12 wiedergegeben:

Spiralbohrer haben fünf Schneiden: zwei Hauptschneiden, zwei Nebenschneiden und eine Querschneide, die alle während des Spanungsvorganges im Eingriff stehen.

*Bohrspäne* haben nahezu rechteckigen Querschnitt. Sie werden von den Hauptschneiden im Grund der Bohrung, von den Nebenschneiden an der Oberfläche der Bohrung abgetrennt.

Die Nebenschneiden erzeugen die Oberfläche der Bohrung.

**Die Querschneide** hat wegen ihrer negativen Spanwinkel nur schabende Wirkung und erfordert eine hohe Vorschubkraft. Ihre Länge und damit die erforderliche Vorschubkraft nehmen mit zunehmendem Bohrerdurchmesser zu. Bohrer mit langen Querschneiden verlaufen.

Bohrungen ins Volle, die größer sind als etwa 18 mm Durchmesser, werden vorgebohrt. Der Durchmesser des Vorbohrers entspricht der Querschneidenlänge des Fertigbohrers.

**Durch Ausspitzen der Querschneide** nach Bild 6-13 wird das Vorbohren oft vermieden und die Standzeit (Zeit zwischen zwei Scharfschliffen) erhöht.

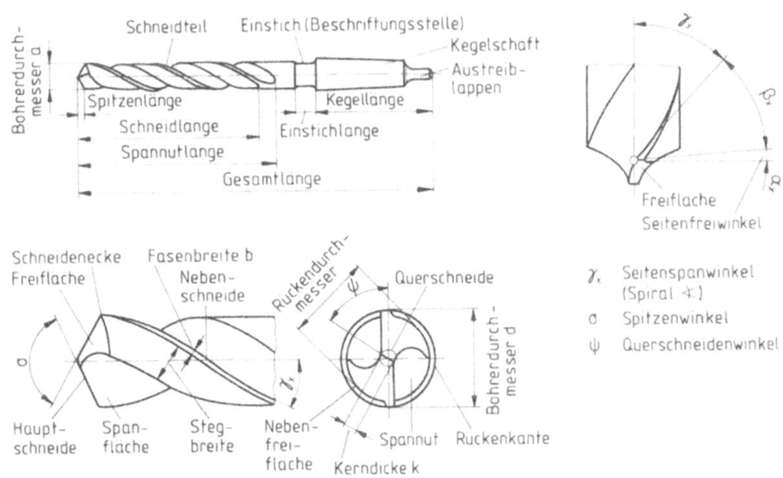


*Bild 6-12*
***Bezeichnungen an Spiralbohrern***

[1] Die DIN-Bezeichnung **Wendelbohrer** wird bis heute in den Betrieben und in der Fachliteratur nicht verwendet.

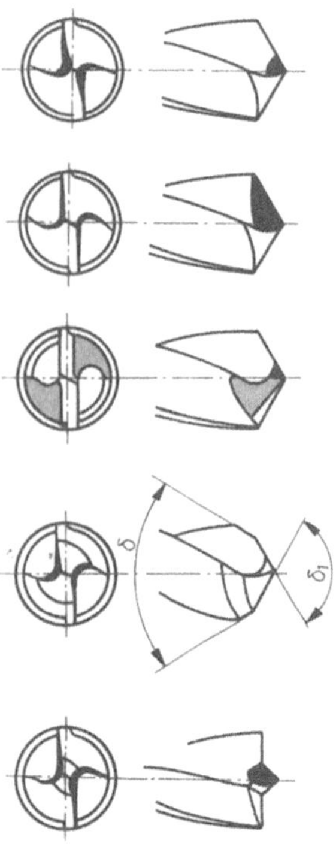

Ausgespitzte Querschneide
Vermindert die Axialkraft

Ausgespitzte Querschneide mit korrigierter Hauptschneide
Vermindert die Axialkraft

Kreuzanschliff
Bohrer wird besser zentriert und die Axialkraft vermindert.

Anschliff für Grauguß
Besserer Wärmeabfluß an den Außenkanten der Hauptschneiden

Zentrumspitze
Gute Zentrierung, zum Bohren dünnwandiger Werkstücke

*Bild 6-13 Sonderschliffe an Spiralbohrern*

**Die Spannuten** leiten die Späne aus dem Bohrloch und das Kühlschmiermittel zu den Schneiden.

**Die Führungsfasen** führen den Bohrer im Werkstück und in der Bohrbuchse. Ihre Breite richtet sich nach dem Bohrerdurchmesser.

**Die Kerndicke**, die zum Schaft hin zunimmt, verleiht dem Bohrer Starrheit und Verdrehfestigkeit.

**Der Seitenspanwinkel** $\gamma$ (Spiralwinkel) ist durch die Nutensteigung festgelegt und in DIN 1414 nach den Gruppen N, H, W geordnet (s. Tabelle 6-6).

**Der Spitzenwinkel** $\delta$ ist vom Seitenspanwinkel abhängig.

Wendel-/Spiralbohrer müssen so geschliffen sein, daß die Hauptschneiden geradlinig und parallel zueinander verlaufen. Der Winkel zwischen Quer- und Hauptschneide beträgt etwa 55°.

Beim Bohren mit gerade hinterschliffenen Wendel-/Spiralbohrer-Hauptschneiden ist der Freiwinkel $\alpha_2$ außen größer als $\alpha_1$ innen (Bild 6-14). Bei dem Winkel $\gamma$ ist es umgekehrt. Die Winkel $\alpha$ und $\gamma$ bleiben bei allen Schneidenpunkten gleich, wenn der Hinterschliffwinkel zur Mitte hin größer wird.

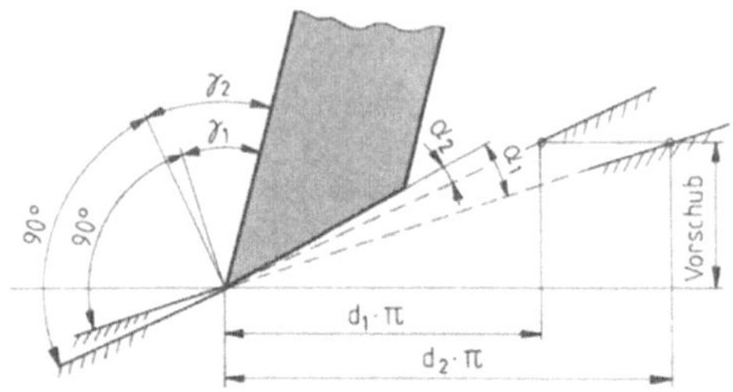


*Bild 6-14 Freiwinkel* $\alpha$ *und Spanwinkel* $\gamma$ *einer gerade hinterschliffenen Bohrerschneide bei verschiedenen Durchmessern*

Der Hinterschliff der Wendel-/Spiralbohrer ist ein Teil eines Kegelmantels. Sie können nur auf entsprechenden Schleifmaschinen richtig hinterschliffen werden.

**Der Seitenfreiwinkel** $\alpha_x$ beträgt für weiche Werkstückstoffe etwa 18°, für harte etwa 6° (Bild 6-12).

**Als Werkstoff für Wendel-/Spiralbohrer** wird Hochleistungsschnellarbeitsstahl verwendet (s. Tabelle 2-10). Besondere Oberflächenbehandlungen verbessern die Leistungsfähigkeit der Bohrer. *Nitrieren* steigert Härte und Abriebfestigkeit, *Dampfanlassen* verbessert den Abriebwiderstand und verringert die Verschweißneigung mit den Spänen.

**Hauptursachen von Bohrerbrüchen**

| | |
|---|---|
| falscher Anschliff | mangelhafte Einspannung des Bohrers |
| stumpfe Schneiden | schlechte Spanabfuhr |
| zu großer Vorschub | federndes Werkstück |
| zu hohe Drehzahl | nicht fest eingespanntes Werkstück |

*Tabelle 6-6* Anwendung der Wendel-Spiralbohrertypen N, H und W

| Bohrer-Typ | Spitzenwinkel | zu bearbeitender Werkstückstoff | | Zugfestigkeit N/mm² von | bis |
|---|---|---|---|---|---|
| | 130°–140° | Automatenstahl | | 370 | 600 |
| | | | | 550 | 1000 |
| | | Allgemeiner Baustahl | | | 600 |
| | | | | 500 | 900 |
| 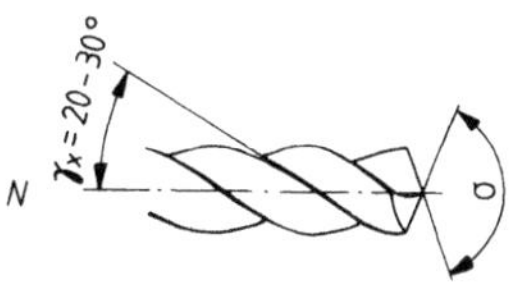  | 116°–118° | Einsatzstahl | | | 600 |
| | | | | 500 | 800 |
| | | Stahlguß | | 400 | 1100 |
| für normale Werkstückstoffe | 80°–90° | Vergütungsstahl Nitrierstahl | normal geglüht | 500 | 750 |
| | | | weichgeglüht | 700 | 900 |
| | | | legiert, vergütet | 900 | 1250 |
| | | Werkzeugstahl | unlegiert oder legiert weichgeglüht | Brinellhärte von 180 | bis 240 |
| | | | hochgekohlt und/oder hochlegiert, weichgeglüht | Brinellhärte von 220 | bis 300 |
| 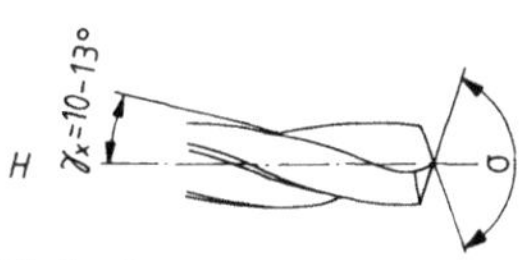  | 130°–140° | Gußeisen | mit Lamellengraphit | 100 | 240 |
| | 115°–120° | | | 230 | 320 |
| | | | mit Kugelgraphit | 100 | 240 |
| für harte Werkstückstoffe | | | | 230 | 320 |
| | 80° | Temperguß | | 100 | 270 |
| | | Aluminium-Knet- und -Gußlegierungen mit SI-Gehalt bis 10 % | | | 150 |
| | | Aluminium-Gußlegierungen mit SI-Gehalt über 8 % | | 90 | 140 |
| 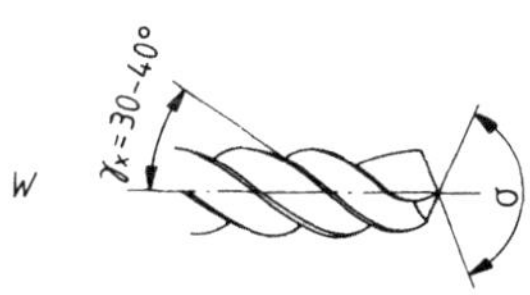  | 130°–140° | Kupfer | | 30 | 120 |
| | | Kupferlegierung | mit hohem Cu-Gehalt | 50 | 160 |
| für weiche Werkstückstoffe | 125°–140° | | mit geringem Cu-Gehalt und/oder höhere Festigkeit | 80 | 240 |
| | | | ................. | ... | ... |
| | 115°–120° | Magnesium-Knet- und -Gußlegierungen | | 20 | 110 |

**Schleif- und Kühlmittel zum Nachschleifen der Wendel-/Spiralbohrer**

Zum Nachschleifen müssen *weiche Schleifscheiben* verwendet werden, um Nachlassen der Härte und Schleifrisse zu vermeiden. Die Schleifscheibe darf *nicht grobkörnig* sein, damit die Schneiden des Spiralbohrers nicht schartig werden.

Während des Schleifens muß ausreichend mit Schleiföl oder Bohremulsion gekühlt werden.

Fehlt ausreichende Kühlung, ist es besser, vorsichtig trocken zu schleifen.

*Tabelle 6-7* Kühlschmiermittel zum Bohren

| Kühlschmiermittel | Verwendung für |
|---|---|
| Bohrölemulsion | Stahl, Stahlguß, Zink-, Druck-, Preß- und Spritzguß, Kupfer, Messing zäh, Aluminium, Silumin, Bronze, Buna, PVC-Kunststoffe, Nylon, Perlon |
| Trocken | Gußeisen, Temperguß, Magnesiumlegierungen, Elektron, Messing spröde, Hartgummi, Hartpapier, Schichtpreß-Stoffe, Marmor |
| Wasser und Preßluft | Bakelit, Novotex, Plexiglas |

### Sonder-Wendel-/Spiralbohrer

**Kurz- oder Wegwerfbohrer** werden weggeworfen, wenn sie stumpf sind.

*Verwendung:* für größere Durchmesser als 10 mm in der Massenfertigung mit Sondermaschinen.

**Zentrierbohrer** (Bilder 6-15b und c) werden zum Zentrieren von Werkstücken verwendet, die zwischen Spitzen bearbeitet werden. In der Serienfertigung sind sog. *Radiuszentrierbohrer* (Bild 6-15c) gebräuchlich; sie sind bruchsicherer als die Zentrierbohrer mit abgesetztem Bohrerteil nach Bild 6-15c.

*Tabelle 6-8* Fehler beim Nachschleifen von Wendel-/Spiralbohrern

| | Fehler | Folge |
|---|---|---|
| 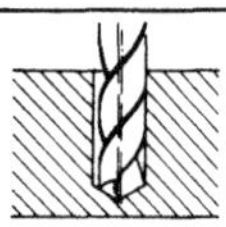 | Hauptschneiden ungleich lang | Die Bohrung wird zu groß, ungleiche Beanspruchung der Schneidkanten führt zu schneller Abnutzung und zu Bruchgefahr, Bohrer verläuft |
| 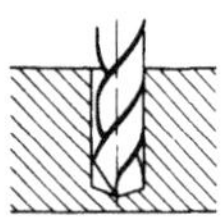 | Hauptschneiden unter ungleichen Winkeln zur Bohrerachse | Der Wendel-/Spiralbohrer wird einseitig beansprucht, da nur eine Hauptschneide im Eingriff ist; rascher Verschleiß; Bohrer verläuft |
| 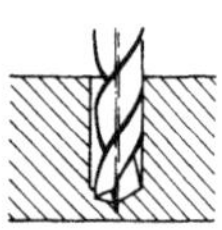 | Hauptschneiden unter ungleichen Winkeln und ungleich lang | Die Bohrung wird zu groß; einseitige Beanspruchung; rascher Verschleiß; Bohrer verläuft |
|  | Seitenfreiwinkel zu klein | Der Wendel-/Spiralbohrer schneidet nicht, weil die Freifläche drückt; die Spitze verliert wegen starker Wärmeentwicklung die Härte; der Bohrer bricht |
|  | Spitzenwinkel zu klein | Die Hauptschneiden verlaufen in der Draufsicht S-förmig gekrümmt; der Wendel-/Spiralbohrer stumpft schnell ab; er bricht leicht |
|  | Spitzenwinkel zu groß | Die Hauptschneiden verlaufen in der Draufsicht hakenförmig gekrümmt; die Schneidenecken haken beim Bohren ein; sie verschleißen rasch; Bruchgefahr beim Bohreraustritt |

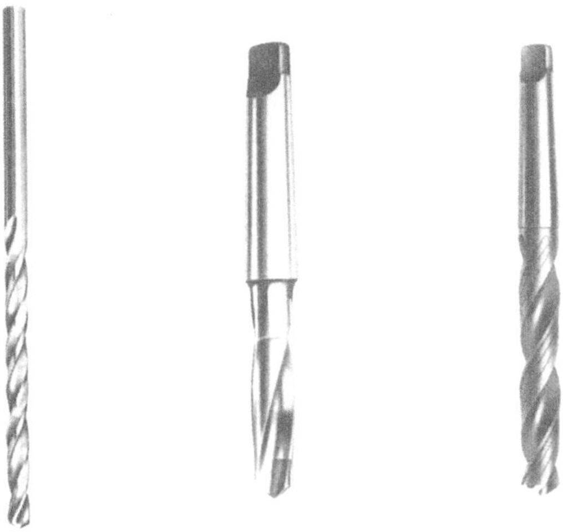

a) b) c)

*Bild 6-15 Wendel-/Spiralbohrer*

a) Genauigkeits-Führungsfasenbohrer erzeugen formgenaue Bohrungen.
b) Wendel-Spiralbohrer mit Hartmetallplatte für sehr harte Werkstoffe.
c) Wendel-Spiralbohrer mit einer Kühlschmiermittelzufuhr für größere Bohrtiefen als etwa 5mal Bohrerdurchmesser.

Das Kühlschmiermittel wird von einer besonderen Vorrichtung dem Bohrer zugeführt, der es durch Kanäle im Innern des Bohrers zu den Schneiden leitet.

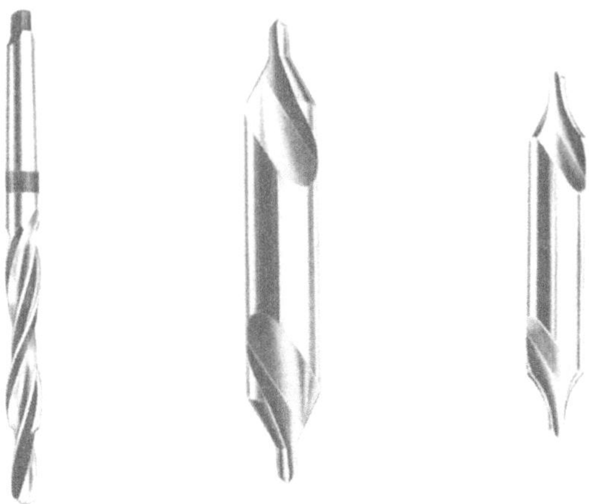

a) b) c)

*Bild 6-16 Mehrfasen- und Zentrierbohrer*

a) Mehrfasenbohrer. Sie ermöglichen die Herstellung von Stufenbohrungen in einem Arbeitsgang.
b) Zentrierbohrer Form A.
c) Zentrierbohrer Form B.

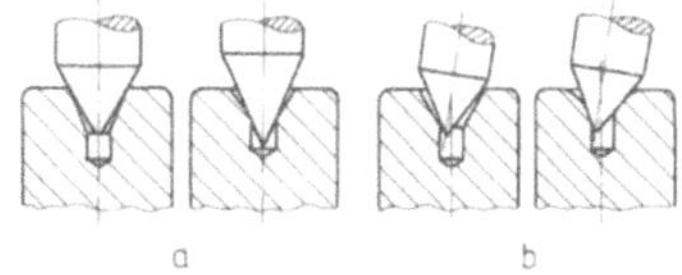

a b

*Bild 6-17 Vergleich der 60°-Zentrierung mit der Radiuszentrierung*

a) Bei Winkelfehlern an der 60°-Zentrierung trägt die Spitze nicht über das ganze Zentrum.
b) Bei Achsenabweichungen verkantet die Spitze in der 60°-Zentrierung und wird zerstört, während sie in der Radiuszentrierung ausgleicht ohne Schaden zu erleiden.

*Bild 6-18 BTA-Bohrkopf zum Bohren ins Volle mit Kühlschmiermittel-Zufuhr von außen und Spanrückführung durch das Innere des Bohrers*

Verwendung: für Durchmesser bis etwa 60 mm.

*Bild 6-19 Enlippenbohrer mit Kühlschmiermittelzufuhr von innen und Rückführung der Späne durch Spannuten*

Verwendung: für Durchmesser von 2–25 mm.

### Tieflochbohrer

Größere Bohrtiefen werden mit Tieflochbohrern gebohrt. Das Kühlschmiermittel, das unter Druck zugeführt wird, kühlt die Schneide und spült die Späne nach außen. Mit Tieflochbohrern werden hohe Oberflächengüte und Bohrungsqualität bis 7 erreicht.

> Mit Tieflochbohrern werden Bohrungen mit Bohrtiefen von 5 bis 100 mal Bohrerdurchmesser gebohrt.

**Bohrstangen** dienen zur Fertigbearbeitung vorgebohrter Bohrungen (Bild 6-20).

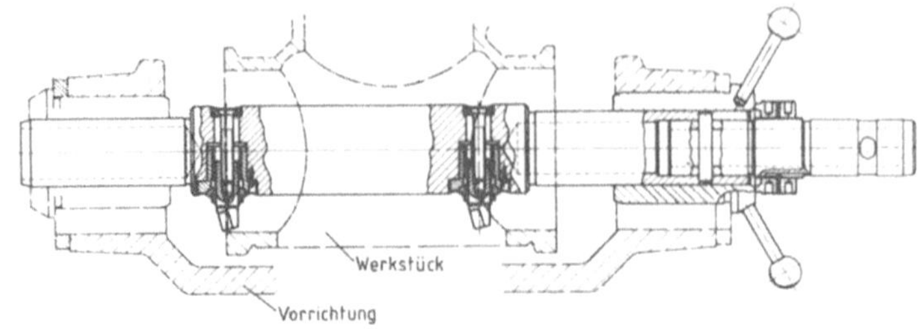


*Bild 6-20*
*Bohrstange beidseit geführt mit verstellbaren Ausbohreinheiten*

## Senker

Man unterscheidet:
Senker für zylindrische Bohrungen (Bild 6-21),
Senker für Planflächen (Bilder 6-22 und 6-23),
Senker für Formbohrungen (Bilder 6-25 bis 6-27).

*Bild 6-21 Senker für zylindrische Bohrungen*

*Bild 6-22 Aufsteckplansenker und seine Anwendung*

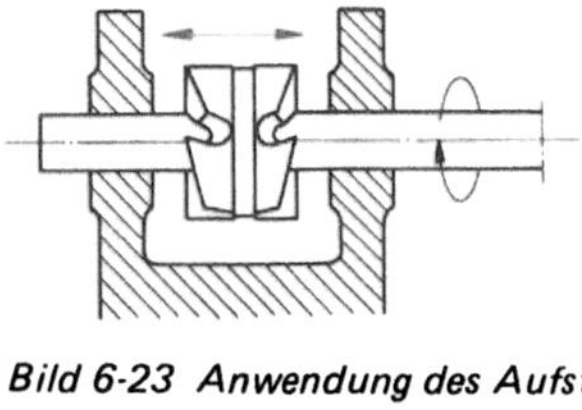

*Bild 6-23 Anwendung des Aufsteckplansenkers*

*Bild 6-24 Zapfensenker mit Hartmetallschneiden*

*Bild 6-25 Senker mit eingesetzten Kurzklemmenhaltern und Hartmetallwendeplatten*

*Bild 6-26*
*Senker für Formbohrung*

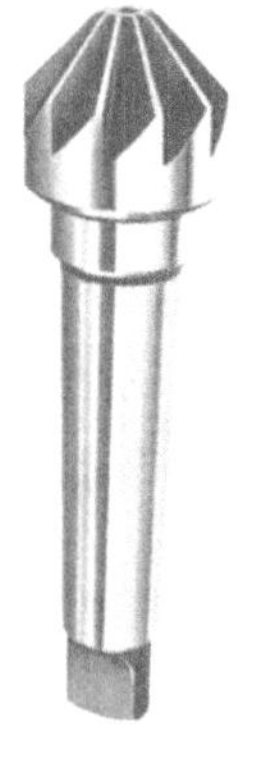

*Bild 6-27*
*Spitzsenker 90°*

**Senker für zylindrische Bohrungen** werden zum Erweitern von bereits vorgefertigten Bohrungen verwendet. Dabei muß die vorgefertigte Bohrung etwas größer als der kleinste Anschnittdurchmesser sein.

> Mit Senkern können Form und Lagegenauigkeit vorgefertiger Bohrungen verbessert werden.

**Wendel-/Spiral- und Aufstecksenker** werden mit drei oder mehr Schneiden ausgeführt. Die Schneidengeometrie entspricht der von Wendel-/Spiralbohrern, jedoch gehen die Hauptschneiden nicht bis zur Werkzeugachse (Bild 6-28). Durch die drei oder mehr Führungsfasen führt sich der Senker besser in der Bohrung als ein Wendel-/Spiralbohrer und neigt daher auch weniger zum Verlaufen.

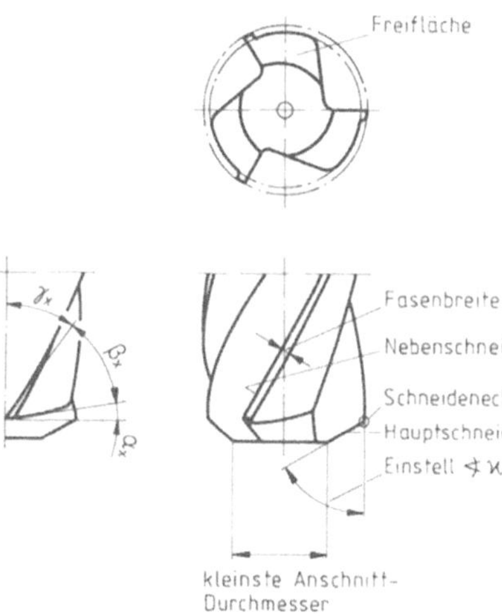


*Bild 6-28 Schneidengeometrie an Spiralsenkern*

Wendel-/Spiral- und Aufstecksenker können mit Rechts- oder Linksdrall ausgeführt werden. *Rechtsschneidende Wendel-/Spiralsenker mit Rechtsdrall* werden zur Bearbeitung von Sacklöchern angewendet, da hier die Späne nach oben abgeführt werden müssen. Bei Durchgangsbohrungen können *Senker mit Linksdrall* eingesetzt werden. Die Späne werden bei dieser Ausführung nach unten geschoben.

**Senker für Planflächen** werden zum Ansenken von Schraubenauflageflächen und Anlaufflächen verwendet.

*Aufsteckplansenker* werden zum Bearbeiten schwer zugänglicher Planflächen eingesetzt.

Senker, die ausschließlich Planflächen bearbeiten, brauchen keine Nebenschneiden und Nebenfreiflächen.

**Senker für Formbohrungen** (Formsenker) sind Werkzeuge zur Herstellung aller von der Zylinderform abweichenden Bohrungen, wie Stufenbohrungen, Ansenkungen für alle Arten von Schraubenköpfen, Nietköpfen und zum Entgraten (Spitzsenker) (Bild 6-27).

**Als Werkstoff für Senker** wird Schnellarbeitsstahl verwendet. In der Massenfertigung werden oft Senker mit Hartmetallschneiden eingesetzt.

### Reibahlen

Man unterscheidet:
Reibahlen für zylindrische Bohrungen,
Reibahlen für kegelige Bohrungen.

Mit Reibahlen können durch Bohren oder Senken vorgefertigte Bohrungen auf genaues Paßmaß gebracht werden.

> Reiben ist eine Feinbearbeitung zur Herstellung von formgenauen Bohrungen mit hoher Oberflächengüte.

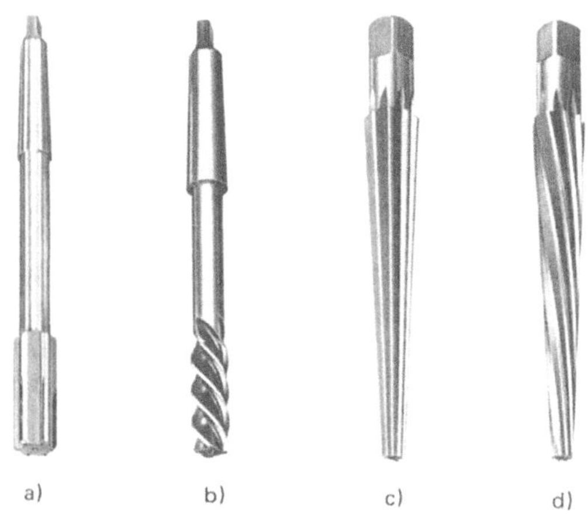


*Bild 6-29 Reibahlen*

a) Maschinenreibahle mit eingesetzten Hartmetallschneiden.
b) Schälreibahle.
c) Aufsteckreibahle.
d) Hand-Reibahle für kegelige Bohrungen.

*Die Zähnezahl* beträgte je nach Reibahlendurchmesser zwischen 4 und 16 Zähne. Reibahlen werden in der Regel mit gerader Zähnezahl und ungleicher Teilung ausgeführt (Bild 6-30). Zwei

Zähne sollen jeweils gegenüberliegen, damit der Reibahlendurchmesser direkt gemessen werden kann. Ungleiche Teilung verhindert das Rattern.

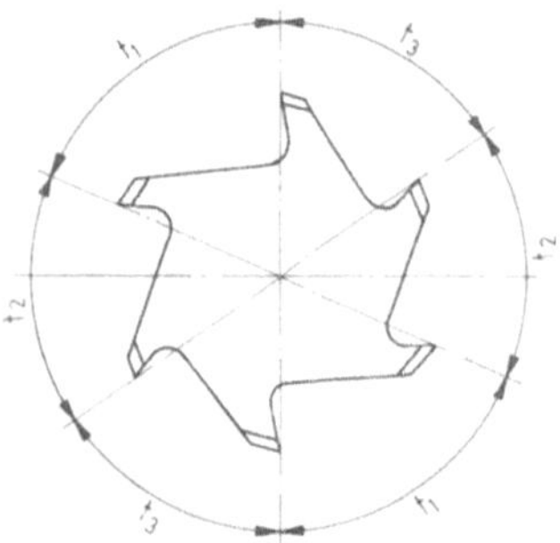

*Bild 6-30 Ungleiche Teilung bei Reibahlen*

Geradgenutete Reibahlen werden für Bohrungen ohne Unterbrechungen verwendet. Zum Reiben von Bohrungen mit Unterbrechungen müssen Reibahlen mit drallgenuteten Zähnen benutzt werden.

**Schälreibahlen** haben einen starken Linksdrall. Sie können daher nur für Durchgangsbohrungen verwendet werden, da die Späne in Vorschubrichtung abgeführt werden.

Schälreibahlen werden für langspanende Werkstückstoffe verwendet.

*Die Hauptschneide* wird meistens mit einem Einstellwinkel $\kappa = 45^\circ$ ausgeführt. Schälreibahlen haben eine zweite Hauptschneide mit $\kappa = 1^\circ$ bis $2^\circ$. Diese schält nach der Hauptzerspanung noch einen breiten, dünnen Span ab (Bild 6-31). Bei Handreibahlen ist der Einstellwinkel der zweiten Hauptschneide noch flacher, um ein leichtes Einführen in die zu reibende Bohrung zu erreichen.

*Die Nebenschneiden* trennen den Span von der Bohrungswand und verbessern schabend und glättend die Bohrungswand. Die Fasen der Nebenschneiden führen die Reibahle in der Bohrung.

Nach einem zylindrischen Teil von etwa 1 mal dem Reibahlendurchmesser verjüngen sich die Fasen leicht, damit die Reibahle nicht in der Bohrung klemmt und beim Zurückziehen nicht nachschneidet.

Die Schneidengeometrie gleicht der von Spiralsenkern (Bild 6-28).

Reibahlen werden in Pendelfutter gespannt, wenn Reibahlenachse und Bohrungsachse nicht genau fluchten. Geringe Abweichungen können damit ausgeglichen werden.

**Sonderausführungen**

*Bei verstellbaren mehrschneidigen Reibahlen* kann innerhalb bestimmter Grenzen der Durchmesser verstellt werden (Bild 6-32).

*Bild 6-32 Verstellbare Reibahle*

Bei verstellbaren einschneidigen Reibahlen läßt sich außerdem das Reibahlenmesser austauschen (Bilder 6-33 und 6-34).

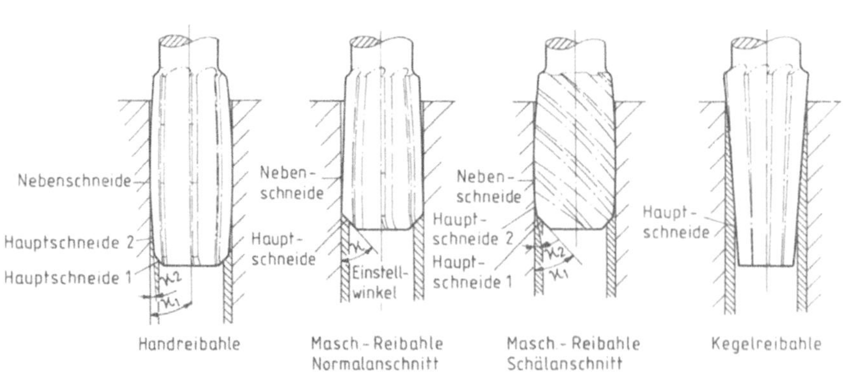


*Bild 6-31 Anschnittformen bei Reibahlen*

*Kegelreibahlen* haben keine Nebenschneiden, sondern nur geradgenutete oder drallgenutete Hauptschneiden.

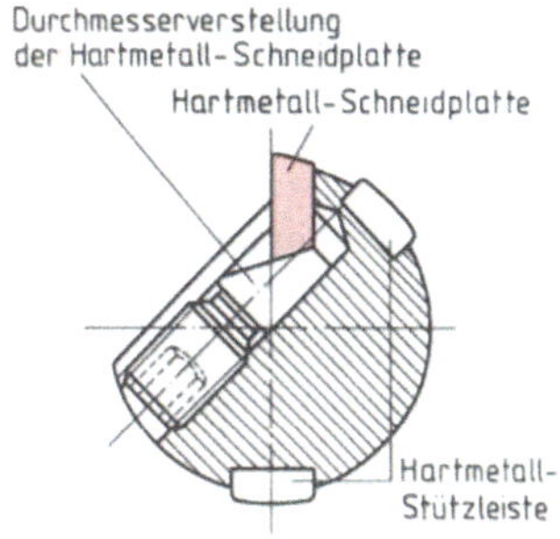


***Bild 6-33** Verstellbare, einschneidige Reibahle mit Hartmetallschneide*

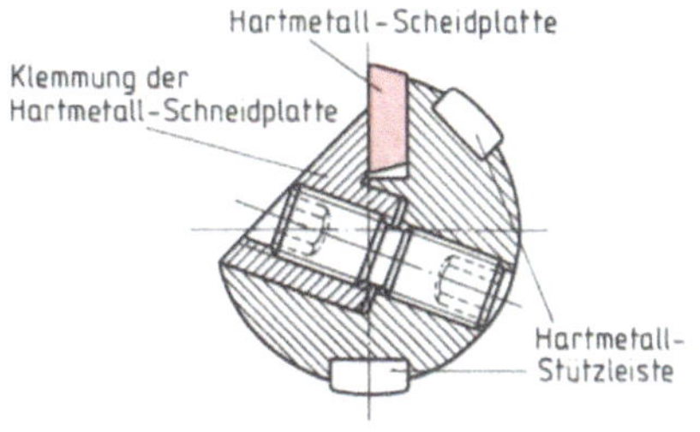


***Bild 6-34** Verstell- und Klemmeinrichtung bei einschneidiger Reibahle*

***Tabelle 6-9*** **Reibzugabe und Kühlschmiermittel zum Reiben**

| Werkstückstoff | Reibzugabe für Ø in mm 5 ... 10 | über 10 ... 20 | über 20 | Kühlschmiermittel |
|---|---|---|---|---|
| Stahl, Stahlguß | 0,2 | 0,2 ... 0,3 | 0,3 ... 0,4 | Bohremulsion, Schneidöl |
| Grauguß | 0,2 | 0,2 ... 0,3 | 0,3 ... 0,4 | Petroleum, trocken |
| Al-Legierungen | 0,2 ... 0,3 | 0,3 ... 0,4 | 0,4 ... 0,5 | Bohremulsion, Petroleum |
| Kupfer | 0,2 ... 0,3 | 0,3 ... 0,4 | 0,4 ... 0,5 | Schneidöl, Bohremulsion |
| Messing, Rotguß | 0,2 | 0,2 ... 0,3 | 0,3 | Emulsion, trocken |
| Bronze | 0,2 | 0,2 ... 0,3 | 0,3 | Schneidöl |
| Nylon, Perlon, PVC-Kunststoffe, Plexiglas | 0,2 ... 0,3 | 0,3 ... 0,4 | 0,4 ... 0,5 | Schneidöl, Emulsion |
| Hartgewebe, Phenolharze, Novotex, Bakelit | 0,2 | 0,2 ... 0,3 | 0,3 | Preßluft, trocken |

**Wiederholungsfragen**

1. Welche Bohrverfahren gibt es?
2. Wie viele Schneiden haben Spiralbohrer?
3. Warum werden Bohrungen mit einem größeren Durchmesser als etwa 18 mm vorgebohrt?
4. Welchen Zweck haben die Spannuten der Spiralbohrer?
5. Wie verlaufen die Hauptschneiden bei einem richtig geschliffenen Spiralbohrer?
6. Wie werden die Spiralbohrer-Hauptschneiden hinterschliffen?
7. Welche Fehler können beim Schleifen von Spiralbohrern auftreten?
8. Welche Kühlschmiermittel werden beim Bohren von a) Stahl, b) Gußeisen, c) Messing, d) Kunststoffen verwendet?

9. Welches sind die Hauptursachen von Bohrerbrüchen?
10. Welche Sonderspiralbohrer gibt es?
11. Wann werden Tieflochbohrer verwendet?
12. Wozu werden Bohrstangen gebraucht?
13. Welche Arten von Senkern gibt es?
14. Wozu werden Reibahlen verwendet?
15. Warum haben Reibahlen gerade Zähnezahl und ungleiche Teilungen?
16. Warum werden zum Reiben unterbrochener Bohrungen drallgenutete Reibahlen verwendet?
17. Wodurch unterscheiden sich Maschinen- und Handreibahlen?

## Bohrmaschinen

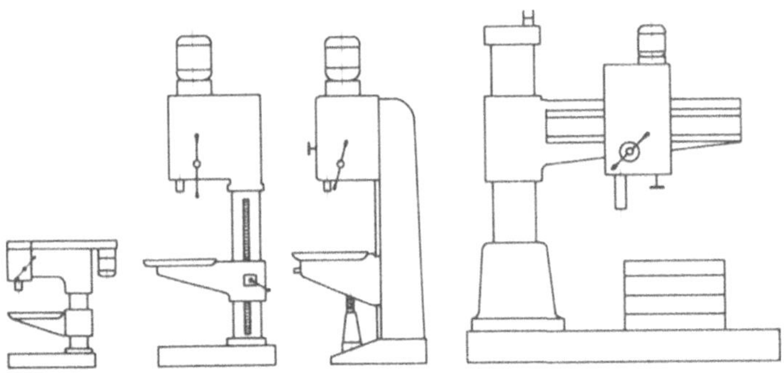


*Bild 6-35*
***Bauformen der verbreitetsten Bohrmaschinen***

a) Tisch-,
b) Säulen-,
c) Ständer-,
d) Schwenkbohrmaschine.

### Ständerbohrmaschine

Die Ständerbohrmaschine besteht aus dem Fuß, dem Ständer, dem Bohrschlitten mit der Bohrspindel und dem Bohrtisch (Bild 6-36). Im Fuß sind die Kühlmittelpumpe und der Kühlmittelbehälter untergebracht. Am Ständer befinden sich die Führungsbahnen für Bohrtisch und Bohrschlitten. Der Bohrschlitten trägt den Antriebsmotor und die Bohrspindel, die in der Spindelhülse gelagert ist. Der Antrieb der Bohrspindel erfolgt bei einem Stufengetriebe über Riemen und Zahnräder, bei einem stufenlosen Getriebe über Reibräder. Der Vorschubantrieb ist vom Hauptantrieb über ein Schneckengetriebe abgeleitet und wirkt in mehreren Stufen über Zahnrad und Zahnstange auf die Bohrhülse, die die Vorschubbewegung ausführt.

*Der Tisch* der Ständerbohrmaschine ist über eine Gewindespindel am Ständer höhenverstellbar. Der Arbeitsbereich der Maschine kann sowohl durch Höhenverstellung des Tisches als auch des Bohrschlittens am Ständer verändert werden.

### Säulenbohrmaschine

Der Aufbau der Säulenbohrmaschine (Bild 6-37) entspricht dem der Ständerbohrmaschine. Der Tisch ist an der Säule über Zahnstange und -ritzel höhenverstellbar. Der Spindelkopf ist nicht höhenverstellbar. Durch Wegschwenken des Tisches und Spannen des Werkstückes auf dem Fuß wird ein hoher Arbeitsraum erreicht.

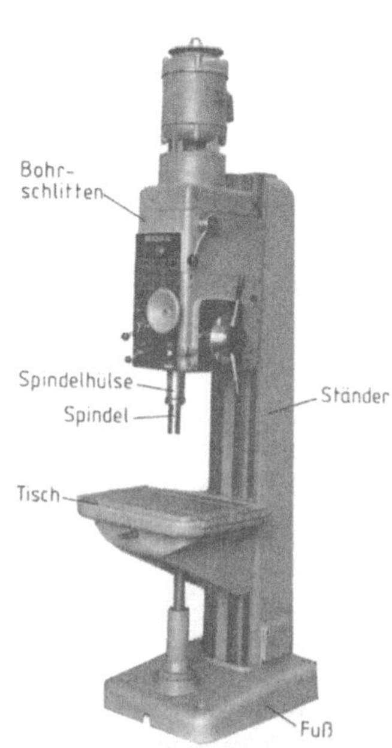


*Bild 6-36 Ständerbohrmaschine*

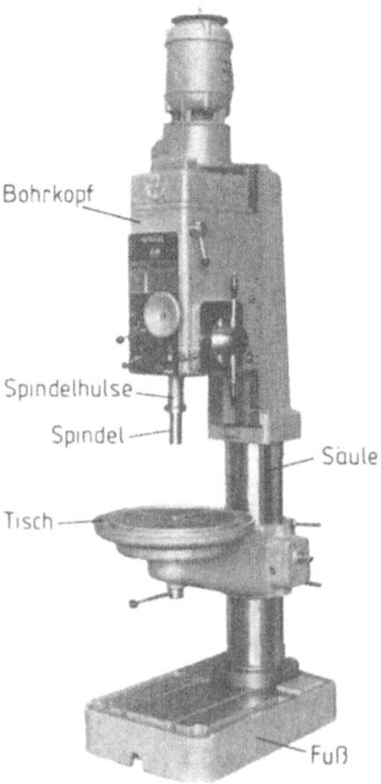


*Bild 6-37*
*Säulenbohrmaschine*

Die Ständer- und Säulenbohrmaschine ist geeignet für Bohrarbeiten an kleinen und mittleren Werkstücken mit unterschiedlichen Höhen.

## Tischbohrmaschine

Die Tischbohrmaschine (Bild 6-38) ist eine kleine Maschine und wird mit ihrem Maschinenfuß auf dem Werktisch befestigt. In ihrem Aufbau gleicht sie der Säulenbohrmaschine. Es gibt Ausführungen mit Grundplatte ohne Tisch und mit Grundplatte und schwenkbarem Tisch. Der Antrieb erfolgt vom Motor über Riemen und Stufenscheiben.

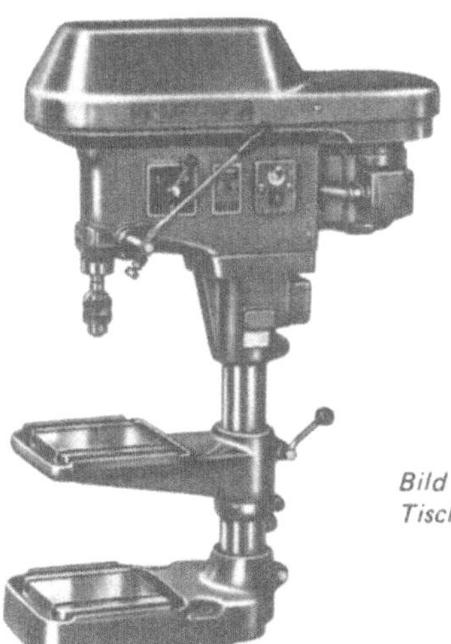

*Bild 6-38*
*Tischbohrmaschine*

## Reihenbohrmaschine

Die Reihenbohrmaschine ist die Aneinanderreihung mehrerer Säulen- oder Ständerbohrmaschinen. Sie besteht aus einem gemeinsamen Tisch mit 2–6 Bohreinheiten.

Die Reihenbohrmaschine ist zur Ausführung mehrerer Arbeitsgänge (z.B. Bohren, Senken, Reiben, Gewindeschneiden) am gleichen Werkstück geeignet.

## Schwenkbohrmaschine

Die Schwenkbohrmaschine (Bild 6-39) wird für große und sperrige Werkstücke eingesetzt.

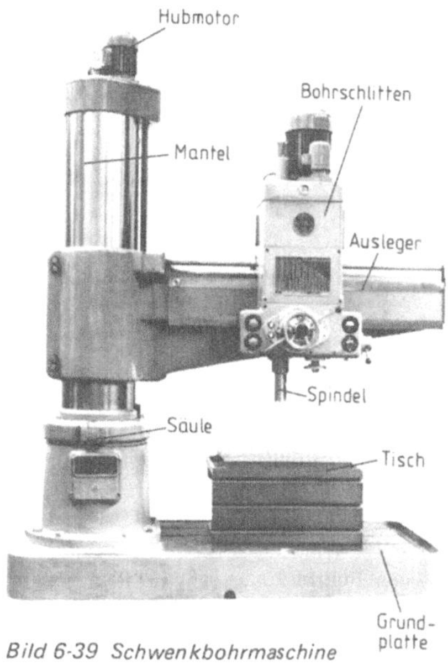


*Bild 6-39 Schwenkbohrmaschine*

Das Werkstück liegt fest auf dem Tisch, das Werkzeug wird an die Arbeitsstelle herangeführt. Die Maschine besteht aus ***Grundplatte*** mit ***Tisch***, der ***Säule*** mit dem drehbaren ***Mantel***, dem höhenverstellbaren ***Ausleger*** mit Führungsbahnen und dem radial auf dem Ausleger verfahrbaren ***Bohrschlitten***.

Das Drehzahl- und das Vorschubgetriebe sind im Bohrschlitten untergebracht. Es steht meist ein sehr großer Drehzahlbereich zur Verfügung. Während der Bearbeitung müssen die einzelnen Maschinenteile miteinander verspannt sein. Die Spannung erfolgt bei kleineren Maschinen von Hand, bei großen hydraulisch oder elektromagnetisch.

## Mehrspindelbohrmaschine

Mehrspindelbohrmaschinen (Bild 6-40) sind geeignet für gleichzeitiges Bearbeiten mehrerer Bohrungen in der Serienfertigung.

*Bild 6-40 Mehrspindelbohrmaschine*

Der ***glockenförmige Spindelstock*** ist in Flachbahnen am Ständer geführt. ***Die Gelenkspindeln*** können dem jeweiligen Bohrbild angepaßt werden. Für oft wiederkehrende Bohrbilder werden die Spindelenden von den Gelenkspindeln getrennt und mit der Bohrspindellagerplatte aufbewahrt.

Der Antrieb der Spindeln erfolgt über ein Schaltgetriebe. Die einzelnen Spindeln erhalten ein dreistufiges Schaltgetriebe und eine Stillsetzungsmöglichkeit. Die Vorschubbewegung wird durch die Schlitteneinheit hydraulisch ausgeführt.

In der Großserienfertigung werden Mehrspindelbohrmaschinen mit festen Bohrspindellagerkästen verwendet.

## Sonderbohrmaschine

Sonderbohrmaschinen entstehen durch Zusammenbau mehrerer Einheiten von Ein- und Mehrspindelbohrmaschinen zur Mehrwegebauweise oder Reihenbauweise. Die Bohreinheiten werden nach dem Baukastenprinzip in vielfältiger Form an Bett und Ständern angeordnet.

Sonderbohrmaschinen sind für die Groß-serien- und Massenfertigung geeignet.

## Tieflochbohrmaschine

Tieflochbohrmaschinen in meist waagerechter Ausführung ähneln im Aufbau Drehmaschinen mit einem Bohrschlitten an Stelle des Supports. Die Drehbewegung erfolgt meist durch das Werkstück. Die Späne werden mit starkem Ölstrom aus der Bohrung ausgespült.

## Waagerecht-Bohr- und Fräswerk

Sie werden eingesetzt zum Bohren und Ausdrehen von Bohrungen sowie zum Plandrehen und Fräsen von Flächen an mittleren und großen Werkstücken.

Man unterscheidet Tisch- und Plattenbohrwerke. Die *Tischbohrwerke* (Bild 6-41) bestehen aus Bett, Bettschlitten, Ständer, Tisch und Spindelstock. Der *Bettschlitten* ist auf dem Bett längsverschiebar, der Tisch auf dem Bettschlitten querverschiebbar. Der Tisch ist meist drehbar und in wenigen Fällen auch schwenkbar.

*Bild 6-41 Waagerecht-Bohr- und Fräswerk*

Der Vorschubantrieb für die Tischbewegungen ist im Ständerfuß untergebracht und kann von der Drehzahl der Hauptspindel abgeleitet sein oder auch einen eigenen Antriebsmotor besitzen.

*Das Getriebe* für die Hauptspindel befindet sich im Spindelstock. Der Antriebsmotor ist am Spindelkasten angeflanscht. Der Spindelkasten gleitet am Ständer und führt die senkrechten Bewegungen aus. *Das Plattenbohrwerk* für große Werkstücke ist als feste Platte ausgeführt, alle Bewegungen werden vom Ständer und Spindelkasten durchgeführt.

### Koordinatenbohrmaschine (Lehrenbohrmaschine)

Bei der Koordinatenbohrmaschine (Bild 6-42) werden Lochabstände von einer Ausgangsstellung rechtwinklig (in Koordinaten) angefahren. Die Maße werden an linearen Maßstäben oder Meßspindeln mit Hilfe mechanischer oder optischer Meßeinrichtungen abgelesen. Die kleinste Maßeinheit beträgt 0,001 mm.

Die Ausführung der Maschine ist meist vertikal in Einständer- oder Portalbauweise.

Bohrwerke werden häufig als NC-Maschinen ausgeführt.

> Koordinatenbohrmaschinen werden zur wirtschaftlichen Fertigung genauer Werkstücke ohne Hilfe von Lehren eingesetzt.

## 6.3 Drehen

### Drehwerkzeuge

Zum Drehen werden vorwiegend Werkzeuge mit nur einem Schneidenkeil verwendet. Das Werkzeug, der Drehmeißel, ist während des Spanungsvorganges dauernd im Eingriff.

> Beim Drehen führt das Werkstück die Schnittbewegung, das Werkzeug die Vorschubbewegung aus.

Die am häufigsten vorkommenden Außendreharbeiten lassen sich mit den sieben Haupt- Drehwerkzeugformen ausführen.

Die häufigsten Innendreharbeiten können mit vier Werkzeugformen ausgeführt werden.

*Bild 6-42 Koordinatenbohrmaschine*

***Tabelle 6-10*** **Gebräuchlichste Drehmeißel und deren Hauptanwendung**

| | | | |
|---|---|---|---|
| 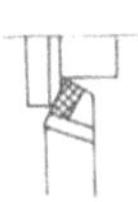 *Gerader Drehmeißel* Längsdrehen | 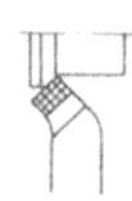 *Gebogener Drehmeißel* Längs- und Plandrehen, Anfasen | 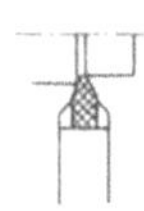 *Spitzer Drehmeißel* Längsdrehen, Schneiden von Außengewinde | 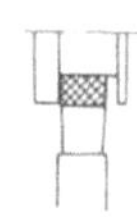 *Breiter Drehmeißel* zum Einstechen |
|  *Abgesetzter Stirndrehmeißel* Plandrehen von Ansätzen | 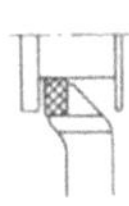 *Abgesetzter Eckdrehmeißel* Längsdrehen und Plandrehen | 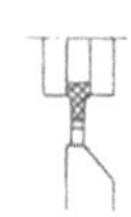 *Stechdrehmeißel* Trennen und zum Einstechen | 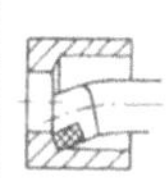 *Innendrehmeißel* Ausdrehen von Durchgangsbohrungen |
| 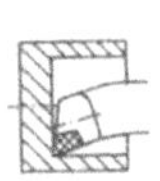 *Inneneckdrehmeißel* Ausdrehen und Plandrehen | 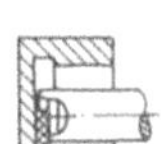 *Innen-Stechdrehmeißel* Inneneinstiche | 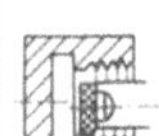 *Innen-Gewindedrehmeißel* | |

Gerade, gebogene und abgesetzte Drehmeißel gibt es in rechter und linker Ausführung (Bild 6-43).

> Rechte Drehmeißel spanen von rechts nach links, linke von links nach rechts.

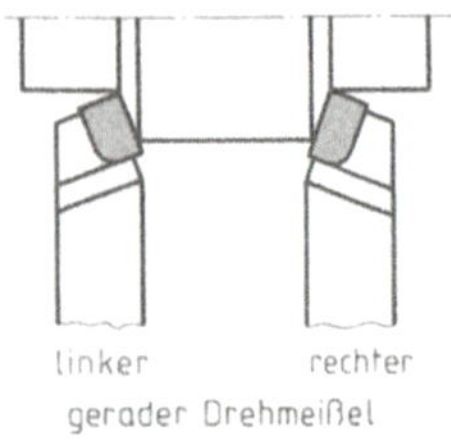


*Bild 6-43 Linker und rechter Drehmeißel*

**Als Schneidstoffe** für Drehwerkzeuge werden hauptsächlich Schnellarbeitsstahl, Hartmetall und oxidkeramische Schneidstoffe verwendet.

Werkzeuge aus Schnellarbeitsstahl werden verwendet, wenn sehr große Spanwinkel benötigt werden und wenn mit niedrigen Schnittgeschwindigkeiten zerspant wird.

Kleine Drehmeißel bestehen ganz aus Schnellarbeitsstahl, bei größeren Drehmeißeln wird nur der Schneidenteil aus Schnellarbeitsstahl ausgeführt. Dieser kann durch Schweißen oder als Schneidplättchen durch Löten oder Klemmen mit dem Schaft verbunden werden.

> Zerspanen durch Drehen erfolgt hauptsächlich mit Hartmetallbestückten Werkzeugen.

**Hartmetall** wird in Form von Schneidplättchen durch Löten oder in Form von Wendeplatten durch Klemmen auf dem Schaft befestigt (Bilder 6-44 und 6-45). Kleine Ausdrehmeißel werden auch in Vollhartmetall ausgeführt. Die gebräuchlichsten Formen sind die dreieckige und die quadratische Wendeplatte. Daneben gibt es eine Vielzahl anderer Formen (Bild 2-78).

*Bild 6-44 Hartmetallbestückte Drehmeißel*
a) Gelötete,
b) geklemmte Ausführung.

> Es gibt Hartmetallplatten für positive und Hartmetallplatten für negative Spanwinkel sowie Hartmetall-Plattenhalter, die zusammen mit der Hartmetallplatte positive oder negative Spanwinkel ergeben.

Schneidwinkel und Spanformstufen (Bild 6-47) sind gesintert oder geschliffen. Nach dem Festklemmen im geeigneten Klemmhalter hat das Werkzeug die gewünschte Schneidengeometrie. Wendeplatten für negative Spanwinkel haben einen Keilwinkel von 90°. Da diese Wendeplatten gedreht und gewendet werden können, haben sie theoretisch doppelt so viele Schneidkanten wie Ecken (Bild 2-78).

Eine Dreieckplatte für negativen Spanwinkel hat also sechs, eine Viereckplatte acht Schneidkanten.

> Werkzeuge mit negativem Spanwinkel ergeben große Schnittkräfte und erfordern steife Werkstücke und starre Maschinen.

Wendeplatten für positive Spanwinkel haben einen Keilwinkel kleiner 90°. Diese Wendeplatten können nur gedreht werden. Sie haben deshalb so viele Schneidkanten wie sie Ecken haben.

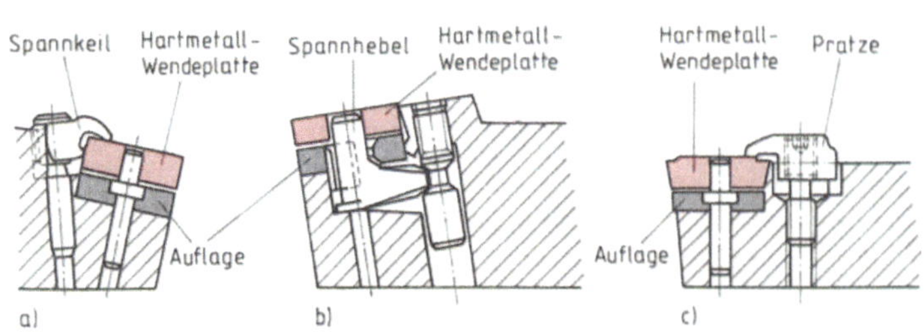


*Bild 6-45 Befestigungsarten für Hartmetall-Wende-Platten*
a) Keil,
b) Hebel,
c) Pratze.

Spezielle Wendeplatten haben beidseitig eingesinterte Spanformstufen. Sie lassen sich drehen und wenden.

Für etwa 80 % aller Dreharbeiten mit Hartmetall-Wendeplatten werden Platten für positive Spanwinkel eingesetzt, da sie sich hervorragend zum Drehen von Werkstückstoffen mit hoher Zähigkeit und zum Drehen von schlanken Werkstücken mit geringer Steifigkeit eignen.

Sind alle Schneidkanten einer Wendeplatte abgenutzt, wird sie weggeworfen und durch eine neue ersetzt. Sie werden daher auch Wegwerfplatten genannt.

**Oxidkeramische Schneidstoffe,** die als Schneidplatten in Klemmhaltern befestigt werden, eignen sich nur zum Drehen von gleichmäßigen, starren Werkstücken. Da diese Schneidstoffe spröde sind, dürfen die Schneiden nur gleichmäßig auf Druck beansprucht werden.

**Winkel und Bezeichnung am Drehmeißel (Bild 6-46)**

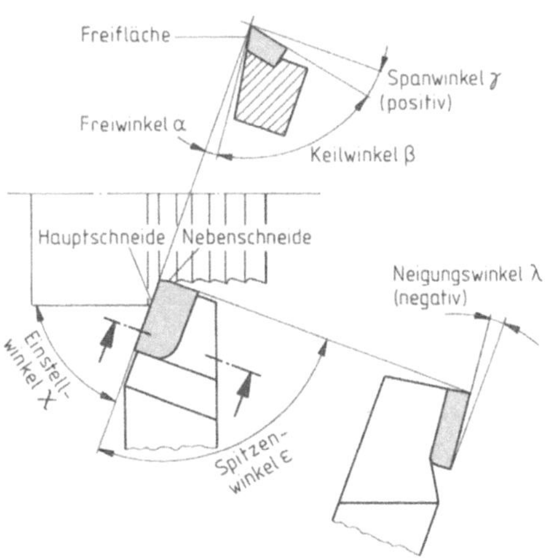


*Bild 6-46 Winkel am Drehmeißel*

**Die Hauptschneide** trennt den Span in der Vorschubrichtung am Werkstück ab.

**Die Nebenschneide** trennt den Span am Umfang des Werkstückes.

**Der Freiwinkel** $\alpha$ soll so groß sein, daß die Freifläche nicht am Werkstück reibt. Lange Standzeit wird erreicht, wenn der Freiwinkel groß gewählt wird. Mit zu großem Freiwinkel wird aber die Schneide geschwächt, da der Keilwinkel kleiner wird.

**Der Spanwinkel** $\gamma$ soll möglichst groß sein, damit der Span leicht abgehoben und über die Spanfläche geleitet wird. Der Schnittdruck wird dadurch verringert. Das ist bei schlanken Werkstücken wichtig. Für schwere Zerspanung mit hartmetallbestückten Drehmeißeln und bei starren Werkstücken kann der Spanwinkel negativ gewählt werden, um die Schneide widerstandsfähig zu halten.

**Der Keilwinkel** $\beta$ ergibt zusammen mit dem Freiwinkel und dem Spanwinkel die Winkelsumme 90°. Er ist also, wenn Frei- und Spanwinkel bekannt sind, ebenfalls definiert.

> Die erforderliche Größe dieser Winkel richtet sich nach dem zu zerspanenden Werkstoff.

Bei Verwendung von Wendeschneidplatten für positive Spanwinkel beträgt dieser +5° bis +6°, der Freiwinkel beträgt dann +6° bis +5°. Bei Verwendung von Wendeschneidplatten für negativen Spanwinkel beträgt dieser −5° bis −6°, der Freiwinkel ebenfalls −5° bis −6°.

> Der Spanwinkel ergibt sich aus der Kombination von Hartmetallplatte und Plattenhalter.

**Der Neigungswinkel** $\lambda$ wird meistens leicht negativ gewählt. Die Schneidenecke steht dadurch etwas zurück und wird geschont, weil die erste Berührung zwischen Werkzeug und Werkstück etwas hinter der Schneidenecke erfolgt. Dies ist besonders bei unterbrochenem Schnitt vorteilhaft.

**Der Einstellwinkel** $\chi$ beeinflußt die Standzeit des Werkzeuges (Bild 6-47a).

Bei gleicher Spanleistung wird bei kleinem Einstellwinkel der Span breiter und dünner. Dadurch sinken die Schneidentemperatur und die mechanische Beanspruchung des Drehwerkzeuges. Die Schnittkraft gegen das Werkstück wird dagegen größer (Bild 6-47b).

> Federnde Werkstücke werden mit einem Einstellwinkel von 75° bis 90° gedreht. Sonst wird der Einstellwinkel mit 45° bis 60° gewählt.

*Tabelle 6-11* Richtwerte für Drehmeißel aus Schnellstahl und hartmetallbestückt

| Zu bearbeitender Werkstückstoff | Drehmeißel aus Schnellstahl Freiwinkel α | Spanwinkel γ | Neigungswinkel λ | Drehmeißel hartmetallbestückt Freiwinkel α | Spanwinkel γ | Neigungswinkel λ |
|---|---|---|---|---|---|---|
| Bau-, Vergütungs-, Einsatzstähle | 8 | 14 | 0 bis − 4 | 6 bis 8 | 12 bis 18 | − 4 |
| Stahlguß | 8 | 18 | 0 bis − 4 | 6 bis 8 | 6 bis 12 | − 4 |
| Grauguß | 8 | 0 bis 6 | 0 bis − 4 | 6 bis 8 | 6 | − 4 |
| Temperguß | 8 | 10 bis 12 | 0 bis − 4 | 6 bis 8 | 6 | − 4 |
| Messing | 8 bis 10 | 18 bis 30 | + 4 | 10 | 12 | 0 bis − 4 |
| Kupfer | 8 bis 10 | 18 bis 30 | + 4 | 10 | 18 bis 20 | 0 bis − 4 |
| Al-Legierungen | 10 | 18 bis 25 | 0 bis − 4 | 8 bis 10 | 6 bis 12 | 0 bis − 4 |
| Duroplaste | 10 | 0 bis 5 | + 4 | 10 | 0 | 0 bis − 4 |
| Thermoplaste | 10 | 0 | + 4 | 10 | 0 | + 4 bis 0 |

*Tabelle 6-12* Höhenlage der Drehmeißel-Schneide

| Höhenlage des Drehmeißel | Einfluß auf Freiwinkel α | Keilwinkel β | Spanwinkel γ | Einfluß auf die Zerspanung |
|---|---|---|---|---|
| 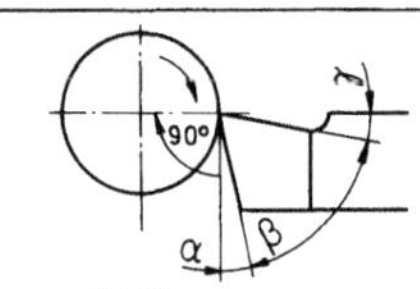  auf Mitte | – | – | – | unbedingt erforderlich zum Kegeldrehen, Gewindeschneiden, Formdrehen, Kopierdrehen |
| 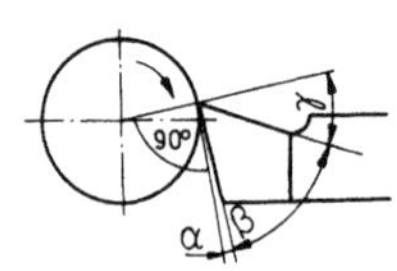  über Mitte | wird kleiner | – | wird größer | mehr Reibung zwischen Drehmeißel und Werkstück, weil kleiner Freiwinkel; Spanabfluß fließender, weil Spanwinkel größer. Es können kräftigere Späne abgehoben werden. Bei Werkstücken über ∅ 50 mm ist es vorteilhaft, beim Schruppen den Drehmeißel 2 % des Werkstück-Durchmessers über Mitte zu stellen, ebenso beim Abstechen |
| 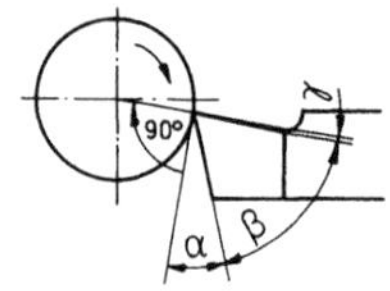  unter Mitte | wird größer | – | wird kleiner | Werkstück will auf den Drehmeißel klettern; es kommt zum Rattern, Vibrieren und zum Bruch des Drehmeißels |

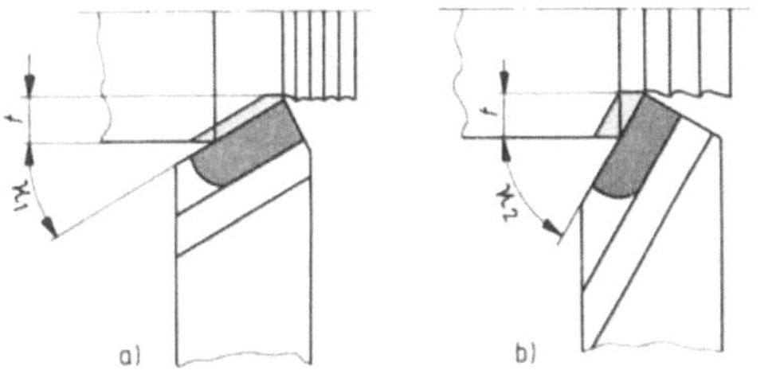


*Bild 6-47 Einfluß des Einstellwinkels χ auf die Zerspanungsbedingungen*

Bei gleichem Spanquerschnitt nehmen mit größer werdendem Einstellwinkel

| zu: | ab: |
|---|---|
| spezifische Schneiden.-belastung | Schnittkraft |
| Oberflächenrauheit | Standzeit |

> Zwischen der gemessenen Schnittkraft und der Standzeit besteht kein Zusammenhang.

**Der Spitzenwinkel** $\epsilon$, der durch die Haupt- und die Nebenschneide gebildet wird, soll zum Schruppen möglichst groß gewählt werden, um die Wärme gut abzuleiten und um der Schneidenspitze genügend Stabilität zu verleihen. Zum Schlichten wird ein kleinerer Spitzwinkel gewählt.

**Der Spitzradius** wird zum Schruppen größer gewählt als zum Schlichten. Er soll zum Schruppen 3 bis 4 mal so groß wie der Vorschub sein. Zum Schlichten wird er 1,5 mal so groß wie der Vorschub gewählt. Zwischen Schrupp- und Schlichtwerkzeugen bestehen also nur geringe Unterschiede.

**Spanformstufen,** auch Spanleitstufen genannt, werden an der Hauptschneide angeschliffen bzw. als Spanabweiser aufgesetzt, um den abfließenden Span in eine bestimmte Richtung zu leiten und um ihm eine bestimmte Form zu geben. Beim Nachschleifen von Drehmeißeln aus Schnellstahl und mit aufgelöteten Hartmetallplatten müssen die Spanformstufen nachgesetzt werden. In Wendeplatten sind sie oft eingesintert (Bild 6-48). Die Größe von Spanformstufen richtet sich hauptsächlich nach dem Vorschub und nach der Schnittiefe.

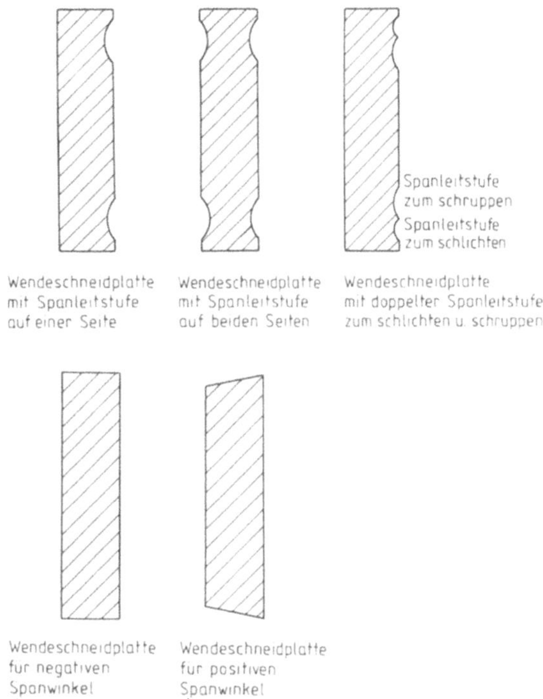


*Bild 6-48 Spanleitstufen in Wendeschneidplatten*

Wendeschneidplatten für positiven und negativen Spanwinkel.

*Tabelle 6-13* Richtlinien für die Spanleitstufe

| Schnitttiefe in mm | Vorschub in mm/U | | |
|---|---|---|---|
| | 0,20 | 0,35 | 0,55 |
| | Spanleitstufe $b \times t$ in mm | | |
| 1 | 1,5 × 0,3 | 2,0 × 0,4 | 3,0 × 0,5 |
| 4 | 2,5 × 0,5 | 3,0 × 0,5 | 4,0 × 0,6 |
| 9 | 3,0 × 0,5 | 4,0 × 0,6 | 4,5 × 0,6 |

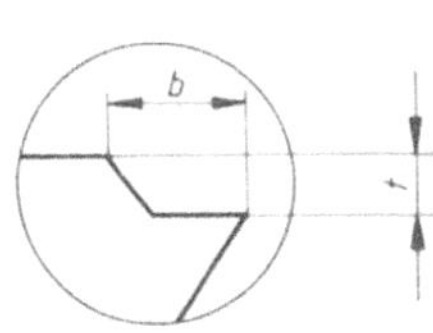


**Als Kühlschmiermittel zum Drehen** werden Emulsionen und Schneidöle verwendet. Drehmeißel aus Schnellstahl sollen immer gekühlt werden. Drehmeißel mit Hartmetallschneiden müssen stark gekühlt werden.

*Tabelle 6-14* Schleifen von Drehmeißeln

| Schleifarbeitsgang | | Schleifscheibe | Kühlung |
|---|---|---|---|
| 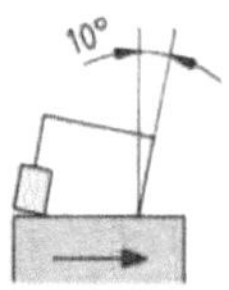 | Vorschleifen des Stahlschaftes unter der Schneidplatte (bei stark abgenutzten Drehmeißeln) | Korundscheibe | Trocken-Schleifen |
| 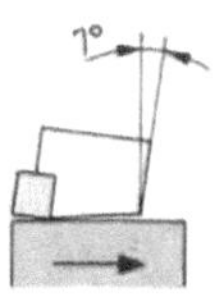 | Vorschleifen der Freifläche der Schneidplatte (bei stark abgenutzten Drehmeißeln | Siliciumkarbid-Scheibe | Trocken-Schleifen |
|  | Feinschleifen der Spanfläche der Schneidplatte | Diamantscheibe | Naß-Schleifen |
| 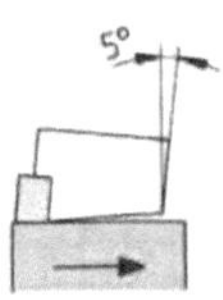 | Feinschleifen der Freifläche der Schneidplatte | Diamantscheibe | Naß-Schleifen |
| 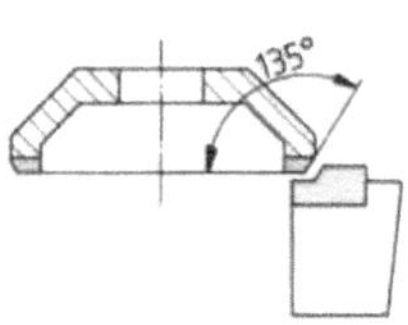 | Schleifen der Spanleitstufe | Diamantscheibe | Naß-Schleifen |
| 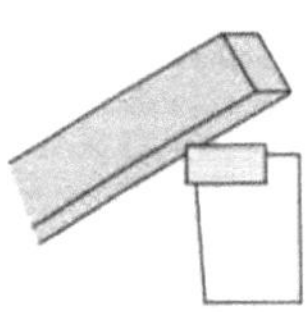 | Abziehen der Schneide | Siliziumkarbid-Abziehstein | Trocken |

Mit Drehwerkzeugen mit großen Platten und großen Schaftquerschnitten kann trocken zerspant werden, wenn am Werkstück, das sich während der Zerspanung erwärmt, keine zu große Maßgenauigkeit verlangt wird. Wird diese verlangt, müssen Schneide und Werkstück stark gekühlt werden.

## Nachschleifen von Drehmeißeln

Beim Naßschleifen muß reichlich Kühlflüssigkeit in gleichmäßigem Strom zugeführt werden. Hartmetallwerkzeuge nie durch Tauchen in eine Flüssigkeit kühlen!

Drehmeißel sollen nicht am Umfang der Schleifscheibe, sondern an deren Seitenflächen nachgeschliffen werden, damit die Freiflächen nicht hohlgeschliffen werden.

Die Schleifscheibe muß gegen die Schneide laufen, damit sich an dieser kein Grat bildet.

Voraussetzung für das richtige Schleifen sind stabile Tische oder Halter an den Schleifmaschinen. Sie müssen mit Hilfe eines Gradmessers im Winkel zur Schleifscheibe einstellbar sein. Arbeitsfolge nach Tabelle 6-14.

Die Werkzeugwinkel müssen nach Lehre geschliffen werden.

Bei Drehmeißeln mit aufgelöteten Hartmetallplatten soll die Schneidkante zum Schruppen unter $-20°$ abgezogen werden. Dadurch wird eine erhebliche Standzeiterhöhung erreicht.

## Werkzeuge zum Schneiden von Gewinden auf Drehmaschinen

Die von geraden Schneiden und Eckenrundungen begrenzten Spanflächen der Werkzeuge entsprechen den genormten Gewindeprofilen (Bild 6-49).

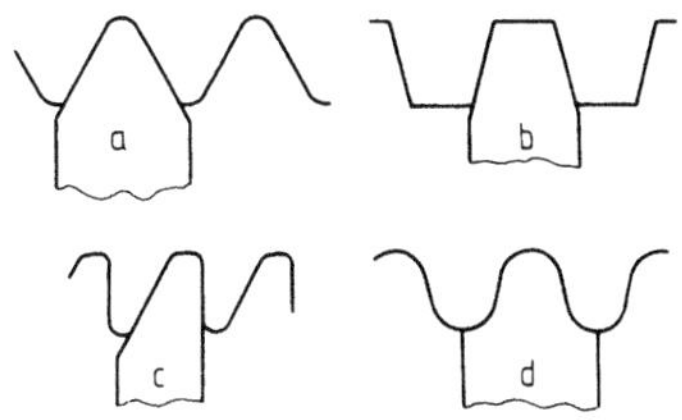


*Bild 6-49 Spanflächen der Gewindedrehmeißel*

a) Spitz-,
b) Trapez-,
c) Säge-,
d) Rundgewindedrehmeißel.

Nach Bild 3-96 ist ein durch die Schraubenachse gelegter Schnitte, der Achsschnitt, der einzig mögliche Schnitt durch eine Schraube, der geradlinige Begrenzungen hat und das genormte Gewindeprofil unverzerrt darstellt.

Werkzeugspanfläche und Achsschnitt der Schraube liegen beim Gewindeschneiden in einer Ebene (Bild 6-50). Abweichungen erfordern korrigierte, d.h. gekrümmte Werkzeugschneiden (siehe hierzu Bilder 4-47 und 4-48).

**Gewindedrehmeißel** für Außen- und Innengewinde (Tabelle 6-10 und Bild 6-52) haben nur einen Schneidkeil. Der Spanwinkel $\gamma$ beträgt 0°, der Freiwinkel etwa 5°. Der Profilteil des Gewindedrehmeißels kann senkrecht zur Werkstückachse stehen, wenn $g$ (Bild 6-52) mindestens 15° beträgt. Für Gewinde mit größeren Steigungswinkeln wird der Profilteil schräggestellt.

*Bild 6-50 Richtige Lage der Werkzeugspanfläche beim Gewindeschneiden*

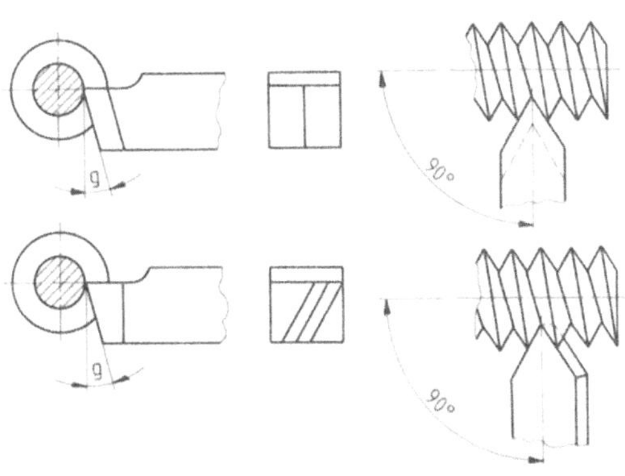


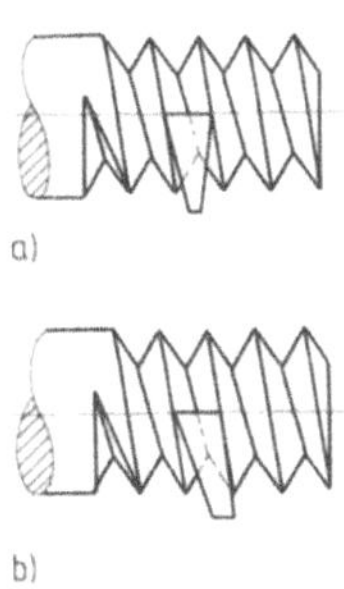


a) Gewindedrehmeißel mit senkrecht stehendem Profilteil,
b) Gewindedrehmeißel mit schräg gestelltem Profilteil für große Gewindesteigung.

**Strehler und Rundstrehler** erlauben schnelleres Schneiden von Gewinden, da gleichzeitig mehrere Gewindegänge bearbeitet werden. Sie werden auch zur Nacharbeit beschädigter oder durch Wärmebehandlung verzogener Gewinde verwendet (Bild 6-51).

*Bild 6-51 Rundgewindesträhler*

**Strehlerbackenköpfe,** sog. Gewindeschneidköpfe, dienen zum Schneiden von Außengewinden (Bild 6-52). Ihre Gewindestrehler können auf den gewünschten Gewindedurchmesser eingestellt werden. Nach Fertigstellung der Gewinde öffnen sich die Gewindeschneidköpfe selbsttätig und können über das geschnittene Gewinde zurückgezogen werden.

*Bild 6-52 Strehlerbackenkopf*

**Das Wirbeln oder Schälen** von Außen- und Innengewinden erfolgt — außer auf Sondermaschinen — mit Wirbelgeräten, die auf Drehmaschinen montiert werden können. Das Werkstück und die Hartmetallschneidkeile des Gerätes drehen sich im Gleichlauf; das Werkstück langsam, die Schneidkette etwa 100 mal schneller als das Werkstück um das Werkstück herum (Bild 6-53).

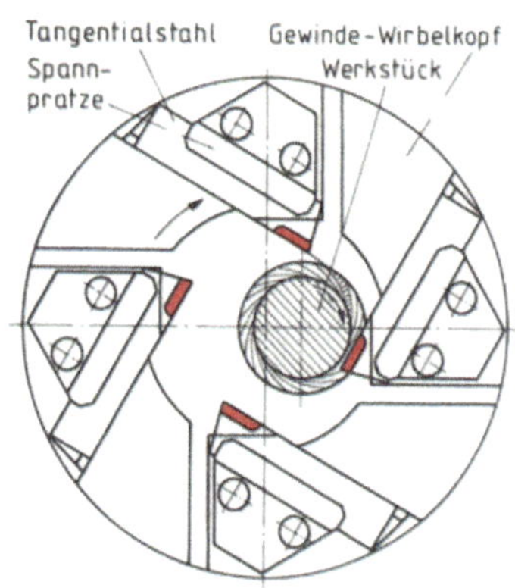


*Bild 6-53 Prinzip des Wirbelns oder Schälens von Gewinden*

Die Schneidkeile des Gerätes bewegen sich auf einem außermittig zum Werkstück gelegenen Kreis. Dabei wird der Span am Außendurchmesser des Werkstückes angeschnitten und am Kerndurchmesser ausgeschnitten. Durch diesen *Tangentialschnitt* = *Schälschnitt* werden lange und dünne Späne und glatte Werkstückoberflächen erzielt.

*Hauptanwendung:* billige Herstellung von langen Gewinden mit hoher Steigungsgenauigkeit.

**Wiederholungsfragen**

1. Welches sind die wichtigsten Drehmeißel und wozu werden sie hauptsächlich verwendet?
2. Welche Schneidstoffe werden hauptsächlich für Drehwerkzeuge verwendet?
3. Welchen Vorteil haben Hartmetall-Wendeplatten?
4. Welche Hauptanwendungsgruppen werden bei Hartmetallplatten unterschieden und für welche Werkstoffe werden sie verwendet?
5. Welchen Einfluß hat der Einstellwinkel auf die Standzeit des Drehmeißels und was bewirkt er auf das Werkstück?
6. Warum werden bei Drehmeißeln Spanformstufen angeschliffen?
7. Was bewirkt die Stellung des Drehmeißels über Mitte?
8. Warum sollen Drehmeißel am Umfang der Schleifscheibe geschliffen werden?
9. Welche Bedeutung hat das Anstellen der Werkzeuge beim Gewindeschneiden?
10. Warum wird für Gewinde mit großem Steigungswinkel der Profilteil des Werkzeuges schräggestellt?

## Drehmaschinen

### Die Gruppe der Drehmaschinen

### Die Spitzendrehmaschine

Kennzeichnende Abmessungen der Spitzendrehmaschine sind Spitzenhöhe, Drehlänge, Spindelbohrung, Spindeldrehzahlen, Vorschübe.

*Bild 6-54 Durch verschiedenartige Anordnung der Baugruppen entstehen zu jeweils einem besonderen Zweck geeignete Drehmaschinen*

a) Leit- und Zugspindeldrehmaschine,
b) Plandrehmaschine,
c) Drehwerk,
d) Revolverdrehmaschine mit Trommel,
e) Revolverdrehmaschine mit Stern
f) Frontdrehmaschine.

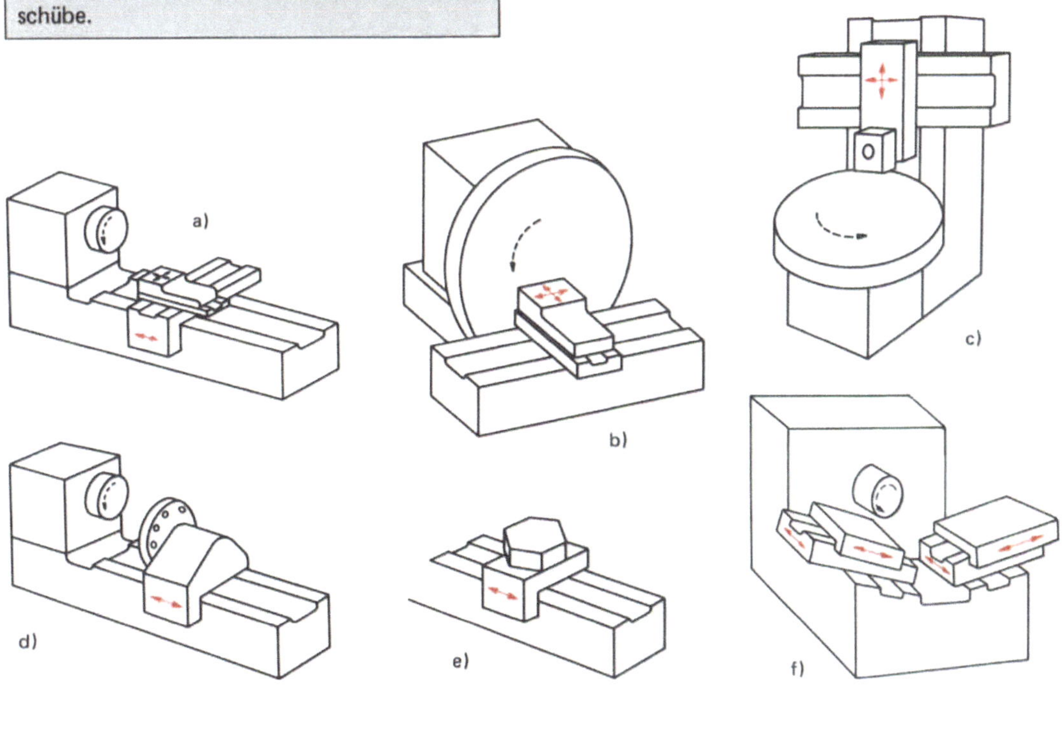

### Die Baugruppen der Spitzendrehmaschine

(Bild 6-56)

Im *Spindelstock* ist die *Arbeitsspindel* mehrfach gelagert. Die in der Wartung nicht so empfindlichen Wälzlager haben in den meisten Fällen die Gleitlager verdrängt.

> Das Hauptgetriebe mit Schieberädern erzeugt die geometrisch gestuften Spindeldrehzahlen.

| | | |
|---|---|---|
| 1400 | | |
| 1120 | | |
| 900 | | |
| 710 | | |
| 560 | | |
| 450 | | |
| 355 | | |
| 280 | | |
| 224 | | |
| 180 | | |
| 140 | | |
| 112 | | |
| 90 | | |
| 71 | 56 × 1,25 ≈ 71 | $28 \cdot 1{,}25^4 = 68{,}36$ |
| 56 | 45 × 1,25 ≈ 56 | $28 \cdot 1{,}25^3 = 54{,}69$ |
| 45 | 35,5 × 1,25 ≈ 45 | $28 \cdot 1{,}25^2 = 43{,}75$ |
| 35,5 | 28 × 1,25 ≈ 35,5 | $28 \cdot 1{,}25 = 35{,}0$ |
| 28 | | Genaue Rechnung |

Die geometrische Stufung einer Drehzahlreihe entsteht, wenn die Drehzahlsteigerung von Stufe zu Stufe um den gleichen Prozentsatz zunimmt.

In diesem Beispiel beträgt die Steigerung jeweils 25 Prozent.

(Stufensprung = 1,25)

Die Rechenwerte werden gerundet auf genormte Drehzahlen (DIN 112).

*Bild 6-55 Geometrisch gestufte Drehzahlreihe einer Drehmaschine*

Ein angeflanschter Elektromotor treibt, häufig über Keilriemen, das Hauptgetriebe und damit die Arbeitsspindel an.

Das *Vorschubgetriebe* erzeugt die Zahl der Vorschübe durch Zahnradübersetzungen oder als stufenloses Getriebe. Es wird über Zahnräder von einer Welle des Hauptgetriebes angetrieben. Als selbständige Getriebeeinheit ist es unterhalb des Spindelstocks am Maschinenbett angebaut.

*Beim Gewindeschneiden* ist eine schlupffreie und winkelgetreue Übersetzung erforderlich, wie sie nur durch genaue Zahnräder erreicht wird.

*Das kombinierte Vorschub- und Steigungsgetriebe* stellt die Übersetzungen für alle benötigten Vorschübe und alle gängigen Steigungen her. Ausgefallene Steigungen werden durch Wechselräder eingestellt.

*Drehrichtungsänderung* wird durch ein Zwischenrad bewirkt (Wendegetriebe). Beim Gewindeschneiden ergibt dies Linksgang und Rechtsgang, beim Drehen Umkehrung der Vorschubrichtung.

Das starre, verwindungssteife **Bett** trägt gehärtete Führungsbahnen. Das **Gestell** trägt Bett und Spindelstock und nimmt besonders bei großen Maschinen Späne und Kühlmittel auf.

> Der Werkzeugschlitten wird bei Dreharbeiten von der Zugspindel angetrieben.

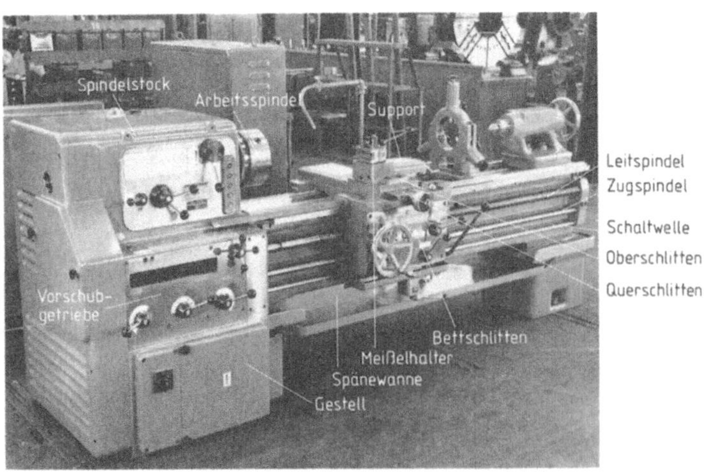


*Bild 6-56 Baugruppen einer Leit- und Zugspindeldrehmaschine*

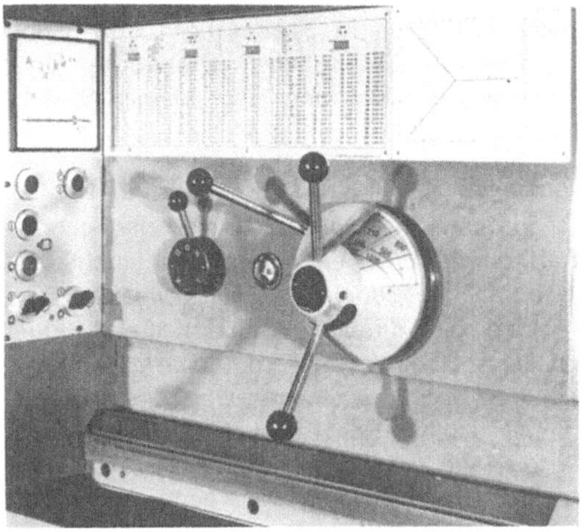

*Bild 6-57 Die feine Abstufung der Steigungen im kombinierten Zugspindel-Leitspindel-Getriebe erübrigt in fast allen Fällen den Gebrauch von Wechselrädern*

In der Frontseite des Werkzeugschlittens, dem **Schloßkasten,** setzt ein Getriebe die Drehbewegung der Zugspindel in die Drehung eines Ritzels um. Dieses Ritzel greift in eine sich über die Länge des Bettes erstreckende Zahnstange ein und bewirkt die Vorschubbewegung.

Beim Gewindeschneiden bewegt die genaue Leitspindel (Trapezgewinde) den Werkzeugschlitten.

Dazu schließt sich die im Schloßkasten gelagerte, geteilte **Schloßmutter** über der Leitspindel.

Fährt der Werkzeugschlitten gegen einen starken Widerstand (Anschlag), so wird die im Schloßkasten schwenkbar gelagerte **Fallschnecke** außer Eingriff gebracht und der Vorschub dadurch ausgeschaltet.

Auf den Führungsbahnen des Werkzeugschlittens gleitet der *Planschlitten*, mit dem Plandreharbeiten ausgeführt werden. Der Antrieb erfolgt über die Zugspindel durch ein Getriebe im Schloßkasten. Der Planschlitten trägt schwenkbar den *Oberschlitten* mit dem Stahlhalter. Mit geschwenktem Oberschlitten werden bei feststehendem Werkzeug- und Planschlitten Kegel gedreht. Der Vorschub des Oberschlittens erfolgt von Hand (Einfluß auf gedrehte Oberfläche).

## Gewindedrehtabelle

| mm | | | | 1" | | | | | MODUL·π | | | | DP | | | |
|---|---|---|---|---|---|---|---|---|---|---|---|---|---|---|---|---|
| 1…3 | 1…3 | 2 | 1 | 1…3 | 1…3 | 2 | 1 | H | 1…3 | 1…3 | 2 | 1 | 1…3 | 1…3 | 2 | 1 |
| 1 | 2 | 2 | 2 | 1 | 2 | 2 | 2 | L | 1 | 2 | 2 | 2 | 1 | 2 | 2 | 2 |
| 1 | 1 | 2 | 2 | 1 | 1 | 2 | 2 | K | 1 | 1 | 2 | 2 | 1 | 1 | 2 | 2 |
| 1 | | | | 2 | | | | A | 1 | | | | 2 | | | |
| 0,2 | 0,5 | 2 | 8 | 80 | 32 | 8 | 2 | 10 | 0,05 | 0,125 | 0,5 | 2 | 320 | 128 | 32 | 8 |
| 0,225 | | 2,25 | 9 | 90 | 36 | 9 | 2 1/4 | 11 | | | | 2,25 | 360 | 144 | 36 | 9 |
| | | | | 95 | 38 | 9 1/2 | 2 3/8 | 12 | | | | | 380 | 152 | 38 | 9 1/2 |
| 0,25 | 0,625 | 2,5 | 10 | 100 | 40 | 10 | 2 1/2 | 13 | | | 0,625 | 2,5 | 400 | 160 | 40 | 10 |
| 0,275 | | 2,75 | 11 | 110 | 44 | 11 | 2 3/4 | 14 | | | | 2,75 | 440 | 176 | 44 | 11 |
| | | | | 115 | 46 | 11 1/2 | 2 7/8 | 15 | | | | | 460 | 184 | 46 | 11 1/2 |
| 0,3 | 0,75 | 3 | 12 | 120 | 48 | 12 | 3 | 16 | 0,075 | | 0,75 | 3 | 480 | 192 | 48 | 12 |
| | | | 13 | 130 | 52 | 13 | 3 1/4 | 17 | | | | 3,25 | 520 | 208 | 52 | 13 |
| | | | | 135 | 54 | 13 1/2 | 3 3/8 | 18 | | | | | 540 | 216 | 54 | 13 1/2 |
| 0,35 | 0,875 | 3,5 | 14 | 140 | 56 | 14 | 3 1/2 | 19 | | | 0,875 | 3,5 | 560 | 224 | 56 | 14 |
| 0,4 | 1 | 4 | 16 | 40 | 16 | 4 | 1 | 20 | 0,1 | 0,25 | 1 | 4 | 160 | 64 | 16 | 4 |
| 0,45 | 1,125 | 4,5 | 18 | 45 | 18 | 4 1/2 | 1 1/8 | 21 | | | 1,125 | 4,5 | 180 | 72 | 18 | 4 1/2 |
| | | | 19 | 47 1/2 | 19 | 4 3/4 | 1 3/16 | 22 | | | | 4,75 | 190 | 76 | 19 | 4 3/4 |
| 0,5 | 1,25 | 5 | 20 | 50 | 20 | 5 | 1 1/4 | 23 | 0,125 | | 1,25 | 5 | 200 | 80 | 20 | 5 |
| 0,55 | 1,375 | 5,5 | 22 | 55 | 22 | 5 1/2 | 1 3/8 | 24 | | | 1,375 | 5,5 | 220 | 88 | 22 | 5 1/2 |
| | | | 23 | 57 1/2 | 23 | 5 3/4 | 1 7/16 | 25 | | | | 5,75 | 230 | 92 | 23 | 5 3/4 |
| 0,6 | 1,5 | 6 | 24 | 60 | 24 | 6 | 1 1/2 | 26 | 0,15 | 0,375 | 1,5 | 6 | 240 | 96 | 24 | 6 |
| | | 6,5 | 26 | 65 | 26 | 6 1/2 | 1 5/8 | 27 | | | | 6,5 | 260 | 104 | 26 | 6 1/2 |
| | | | 27 | 67 1/2 | 27 | 6 3/4 | 1 11/16 | 28 | | | | 6,75 | 270 | 108 | 27 | 6 3/4 |
| 0,7 | 1,75 | 7 | 28 | 70 | 28 | 7 | 1 3/4 | 29 | 0,175 | | 1,75 | 7 | 280 | 112 | 28 | 7 |
| 0,8 | 2 | 8 | 32 | 20 | 8 | 2 | 1/2 | 40 | 0,2 | 0,5 | 2 | 8 | 80 | 32 | 8 | 2 |
| 0,9 | 2,25 | 9 | 36 | 22 1/2 | 9 | 2 1/4 | 9/16 | 41 | | | 2,25 | 9 | 90 | 36 | 9 | 2 1/4 |
| | | | 38 | 23 3/4 | 9 1/2 | 2 3/8 | 19/32 | 42 | | | | 9,5 | 95 | 38 | 9 1/2 | 2 3/8 |
| 1 | 2,5 | 10 | 40 | 25 | 10 | 2 1/2 | 5/8 | 43 | 0,25 | 0,625 | 2,5 | 10 | 100 | 40 | 10 | 2 1/2 |
| 1,1 | 2,75 | 11 | 44 | 27 1/2 | 11 | 2 3/4 | 11/16 | 44 | | | 2,75 | 11 | 110 | 44 | 11 | 2 3/4 |
| | | | 46 | 28 3/4 | 11 1/2 | 2 7/8 | 23/32 | 45 | | | | | 115 | 46 | 11 1/2 | 2 7/8 |
| 1,2 | 3 | 12 | 48 | 30 | 12 | 3 | 3/4 | 46 | 0,3 | 0,75 | 3 | 12 | 120 | 48 | 12 | 3 |
| 1,3 | | 13 | 52 | 32 1/2 | 13 | 3 1/4 | 13/16 | 47 | | | 3,25 | 13 | 130 | 52 | 13 | 3 1/4 |
| | | | 54 | 33 3/4 | 13 1/2 | 3 3/8 | 27/32 | 48 | | | | | 135 | 54 | 13 1/2 | 3 3/8 |
| 1,4 | 3,5 | 14 | 56 | 35 | 14 | 3 1/2 | 7/8 | 49 | 0,35 | 0,875 | 3,5 | 14 | 140 | 56 | 14 | 3 1/2 |
| 1,6 | 4 | 16 | 64 | 10 | 4 | 1 | 1/4 | 80 | 0,4 | 1 | 4 | 16 | 40 | 16 | 4 | 1 |
| 1,8 | 4,5 | 18 | 72 | 11 1/4 | 4 1/2 | 1 1/8 | 9/32 | 81 | 0,45 | 1,125 | 4,5 | 18 | 45 | 18 | 4 1/2 | 1 1/8 |
| | | 19 | 76 | 11 7/8 | 4 3/4 | 1 3/16 | 19/64 | 82 | | | 4,75 | | 47 1/2 | 19 | 4 3/4 | 1 3/16 |
| 2 | 5 | 20 | 80 | 12 1/2 | 5 | 1 1/4 | 5/16 | 83 | 0,5 | 1,25 | 5 | 20 | 50 | 20 | 5 | 1 1/4 |
| 2,2 | 5,5 | 22 | 88 | 13 3/4 | 5 1/2 | 1 3/8 | 11/32 | 84 | 0,55 | 1,375 | 5,5 | 22 | 55 | 22 | 5 1/2 | 1 3/8 |
| | | 23 | 92 | 14 3/8 | 5 3/4 | 1 7/16 | 23/64 | 85 | | | 5,75 | | 57 1/2 | 23 | 5 3/4 | 1 7/16 |
| 2,4 | 6 | 24 | 96 | 15 | 6 | 1 1/2 | 3/8 | 86 | 0,6 | 1,5 | 6 | 24 | 60 | 24 | 6 | 1 1/2 |
| | 6,5 | 26 | 104 | 16 1/4 | 6 1/2 | 1 5/8 | 13/32 | 87 | 0,65 | | 6,5 | | 65 | 26 | 6 1/2 | 1 5/8 |
| | | 27 | 108 | 16 7/8 | 6 3/4 | 1 11/16 | 27/64 | 88 | | | 6,75 | 27 | 67 1/2 | 27 | 6 3/4 | 1 11/16 |
| 2,8 | 7 | 28 | 112 | 17 1/2 | 7 | 1 3/4 | 7/16 | 89 | 0,7 | 1,75 | 7 | | 70 | 28 | 7 | 1 3/4 |

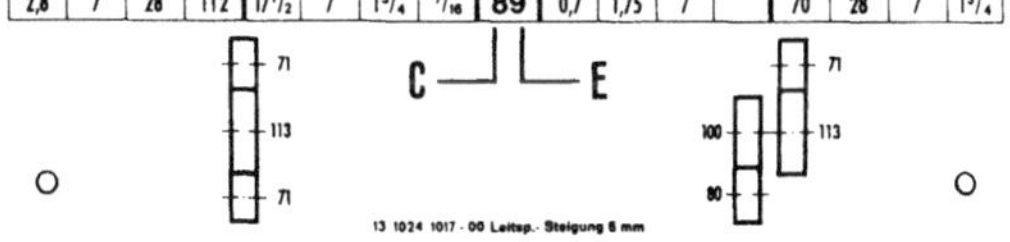


Der *Reitstock* trägt die *Pinole*, die Spitzen oder Werkzeuge aufnehmen kann. Die Pinole ist von Hand verschiebbar (Handrad mit Gewindespindel). Bei schweren oder automatisierten Drehmaschinen hat die Pinole hydraulischen oder elektromechanischen Antrieb.

Der Oberteil des Reitstockes kann senkrecht zur Spindelachse auf seinem Führungsteil verschoben werden. Wenn Pinole und Arbeitsspindel nicht fluchten, entstehen beim Längsdrehen Kegel mit kleinen Kegelwinkeln (Berechnung der Reitstockverstellung nach Tabellenbüchern). Diese Kegel können mit dem Vorschub des Werkzeugschlittens gedreht werden.

**Werkzeugspannung**

Das einfachste Spannmittel für Drehmeißel ist die *Herzklaue*. Wirtschaftlicher sind *Schnellspannhalter, schwenkbare Vierfach-Meißelhalter* oder *Mehrfach-Meißelhalter* (Bild 6-58).

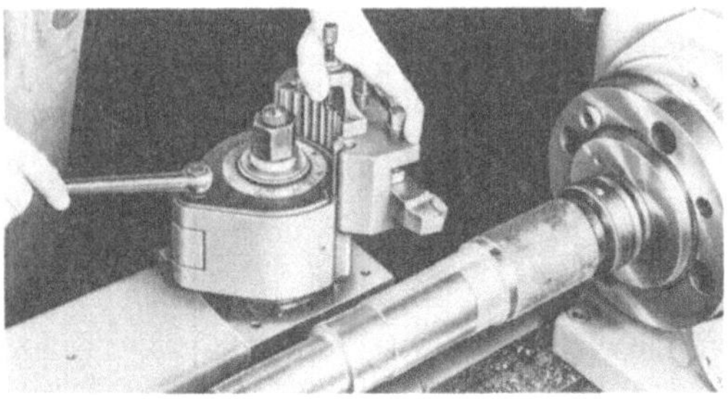

*Bild 6-58 Schnellwechsel-Stahlhalter mit Wechselhaltern, Höheneinstellung, leichter und vielfältiger Verstellung des Anstellwinkels*

**Werkstückspannung**

Das übliche *Backenfutter* mit drei Backen spannt und zentriert gleichzeitig. Mit zwei Backen ist es für Formdrehteile, mit vier, bei manchen Ausführungen einzeln verstellbaren Backen, für unsymmetrische Teile geeignet. Die Futter können von Hand, aber auch elektromotorisch, hydraulisch oder pneumatisch betätigt werden.

*Magnetfutter* spannen dünne, scheibenartige Teile. Bei Arbeiten zwischen Spitzen wird das Werkstück von einem *Mitnehmer* mitgedreht (Drehherz mit Mitnehmerglocke, Stirnmitnehmer (Bild 6-59), Exzenter-Mitnehmer.

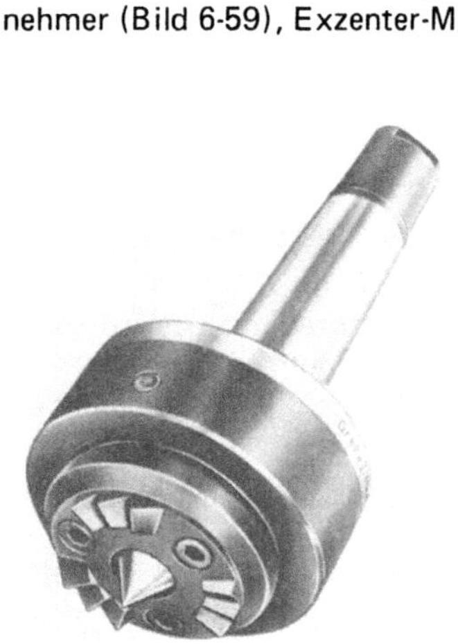

*Bild 6-59 Stirnmitnehmer*

*Spreizdorne* und *Drehdorne* spannen Werkstücke in Bohrungen, *Spannzangen* am Außendurchmesser. Spreizdorne, Drehdorne und Spannzangen haben einen sehr kleinen Spannbereich.

**Zubehör**

Lange, dünne Drehteile biegen unter der Schnittkraft durch. Eine auf dem Werkzeugschlitten feste, mit ihm jedoch *bewegliche Lünette* stützt das Werkstück direkt beim Drehmeißel ab. Eine auf dem Drehbankett *feste Lünette* zentriert das Werkstück an seinem freien Ende. Damit können Dreharbeiten an der Stirnseite eines längeren Werkstückes, bei denen die Pinole hinderlich wäre, oder Innendreharbeiten an langen, rohrähnlichen Werkstücken ausgeführt werden.

*Kegellineale* sind am Drehbankbett befestigt. Sie verschieben den Planschlitten bei einer Längsbewegung des Werkzeugschlittens. Sie sind heute zumeist durch hydraulische *Kopiereinrichtungen* (siehe Kopierdrehmaschine) ersetzt.

*Planscheiben* dienen der Aufspannung unrunder, unsymmetrischer Werkstücke.

**Nachformdrehmaschinen**

**Kopierdrehmaschine**

Die Kopierdrehmaschine entspricht im Aufbau einer Spitzendrehmaschine. Auf dem hinteren Teil des Werkzeugschlittens ist eine *Kopiereinheit* montiert. Die Halterung für *Kopierschablonen* oder Musterstücke ist am Bett befestigt oder freistehend.

**Kopierverfahren**

Ein schwenkbar gelagerter *Taster* gleitet über die Kopierschablone. Kleinste Verschiebungen des Tasters aus seiner Null-Lage heraus öffnen Ventile und geben Ölströme frei. Drucköl strömt zum Arbeitskolben und bewegt die ganze Kopiereinheit auf ihrer Führungsbahn. Die Führungsbahn ist auf dem Planschlitten befestigt. Sie kann geschwenkt werden.

> Taster und Drehmeißel müssen gleiche Form und gleiche Stellung aufweisen, sonst entstehen Kopierfehler (Bild 6-61).

*Kopierschlitten* werden überwiegend hydraulisch verstellt. Die Steuerung der Ölströme erfolgt meist mechanisch.

*Bild 6-60 Spitzendrehmaschine mit Kopiereinrichtung*

#### Halbautomatische Kopierdrehmaschine

Für die Serienfertigung arbeiten auf besonders kräftigem Bett 1 bis 3 Kopiersupporte unabhängig voneinander. Schwenkbare Schablonenhalter erlauben *Mehrschnittautomatik*. Der Arbeitsablauf ist meist *programmgesteuert*.

#### Hinterdrehmaschine

Die Hinterdrehmaschine hat den Aufbau einer Spitzendrehmaschine.

> Zur Erzeugung des hinterdrehten Profils macht der Planschieber während der Drehung des Werkstückes schwingende Bewegungen senkrecht zur Drehachse.

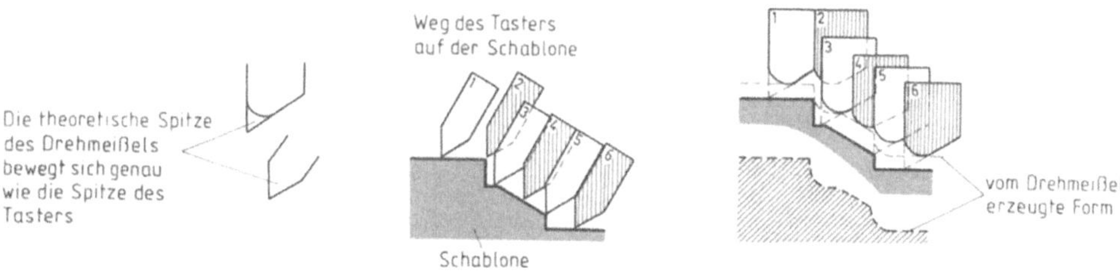


*Bild 6-61 Kopierfehler*

Durch Lage und Form des Drehmeißels entstehen tote Winkel, in deren Bereich nicht kopiert werden kann (Bild 6-62).

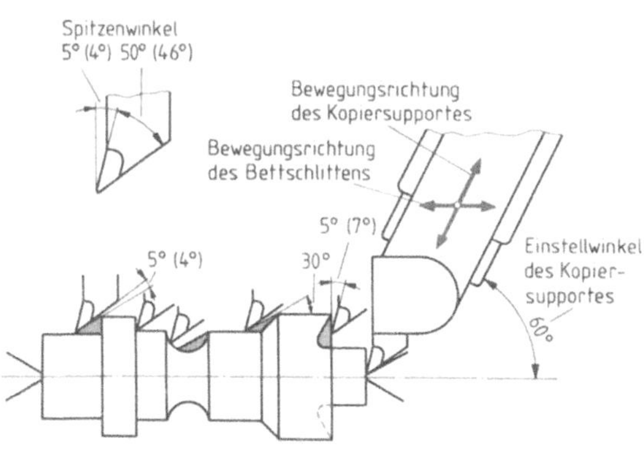


*Bild 6-62 Tote Winkel beim Kopierdrehen*

Der Einstellwinkel des Kopiersupportes beträgt häufig 60°, der Spitzenwinkel des Kopierdrehmeißels meistens 50° (für Einstiche 46°).

Unter diesen Bedingungen können die gekennzeichneten Bereiche nicht kopiert werden.

Der Hub entspricht der Tiefe der Hinterdrehung, die Zahl der Schwingungen der Zähnezahl des Werkstückes.

#### Plandrehmaschine

Auf ihrer senkrechten Planscheibe können große, flache Werkstücke gespannt werden.

Bei solchen Werkstücken überwiegen die Plandreharbeiten. Das Maschinenbett liegt deshalb senkrecht zur Arbeitsspindel.

#### Drehwerk

Das Drehwerk (auch Karusselldrehmaschine) ist für die Bearbeitung großer, sperriger Werkstücke ausgelegt. Die *waagerechte Planscheibe* ist frei zugänglich (Kran). An einem oder zwei Ständern ist der höhenverstellbare Querbalken geführt. Auf den Führungsbahnen des Querbalkens gleitet der Schlitten (auch Querbalkensupport genannt) mit Schieber. Der Schieber trägt häufig einen Revolverkopf zum raschen Werkzeugwechsel. Seitensupporte erlauben Einstiche und kleine Plandreharbeiten.

**Drehautomaten**

Drehautomaten wechseln selbsttätig Werkzeuge und Werkstücke. Der Arbeitsablauf ist durch Kurvenscheiben, Nocken oder elektrische/pneumatische/hydraulische Folgeschaltung gesteuert.

Automatische Maschinen eignen sich wegen ihrer hohen Rüstzeiten nur für größere Serien (Bild 6-63).

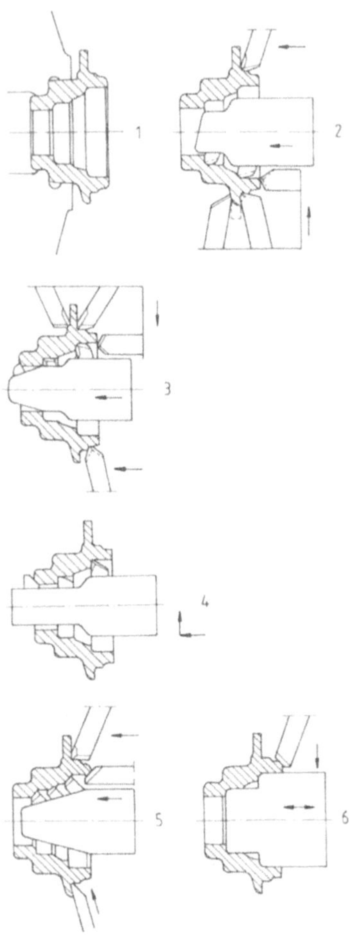


*Bild 6-63 Arbeitsbeispiel für einen 6-Spindelautomaten*

Flansch aus Stahl, Werkstoff Stahl 800 N/mm², Stückzeit 90 s.

Arbeitsgänge:

1 Spannen,
2 Vordrehen innen, außen, plan,
3 Fertigdrehen innen, außen, plan,
4 Einstiche,
5 Kanten brechen, Fasen andrehen,
6 Reiben und Kante brechen.

**Einspindelautomat**

Jeweils ein Werkstück ist in Bearbeitung. Der Werkzeugwechsel erfolgt durch den Revolverkopf, der Vorschub durch Kurvenscheiben oder Hydraulik.

**Mehrspindelautomat**

Vier bis zehn horizontale Arbeitsspindeln, mit Zangen oder Spannfutter bestückt, drehen die Werkstücke. Eine Spindel steht zum Ein- und Auslegen des Werkstückes. Eine weitere Spindel kann zum Wechsel der Bearbeitungsseite des Werkstücks stillgesetzt werden (Bild 6-64).

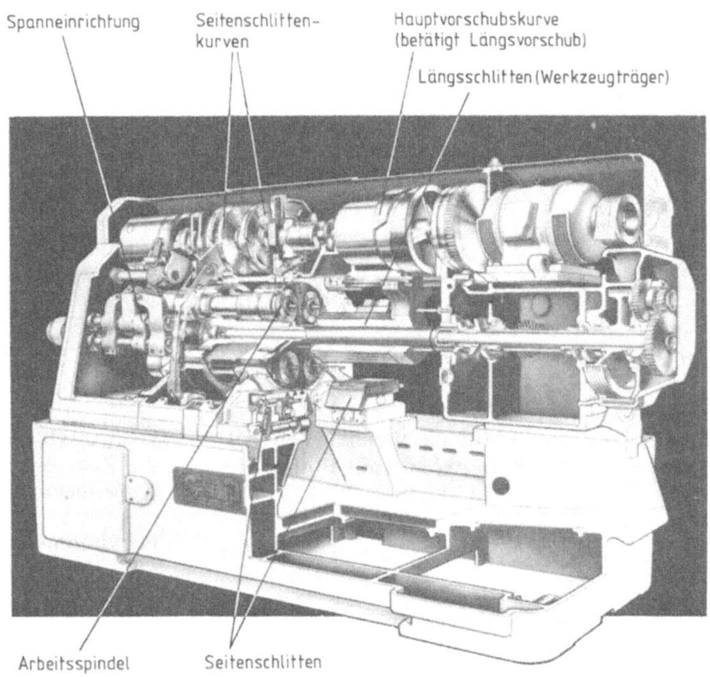


*Bild 6-64 Drehautomat mit vier Spindeln*

**Halbautomat**

Halbautomatische Drehmaschinen verfügen über einen *selbsttätigen Arbeitsablauf*. Dazu gehört das Einstellen der Spindeldrehzahlen und Vorschübe, der Arbeits- und Eilgänge, der Bewegungsrichtungen, der Kühlmittel, der Spanentfernung. Dem Bedienungsmann obliegt das Ein- und Ausspannen der Werkstücke und das Starten des Arbeitsablaufes.

**Frontdrehmaschine**

Kurze Baulänge und zwei gleichzeitig arbeitende Werkzeugschlitten mit Oberschlitten kennzeichnen die *für kurze Drehteile* geeignete Frontdrehmaschine. Stahlhalter oder Revolverköpfe ermöglichen den gleichzeitigen Einsatz mehrerer Drehmeißel. Bei 2-spindliger Ausführung kann ein Werkstück in einer Maschine beidseitig bearbeitet werden.

**Revolverdrehmaschine**

Revolverdrehmaschinen haben Werkzeugträger für mehrere Werkzeuge, die im raschen Wechsel mehrere Bearbeitungsgänge an einem Werkstück ausführen.

Für jede Werkzeugstellung ist ein besonderer Weg-Anschlag zur Einhaltung von Längen- und Abstandsmaßen vorhanden. Moderne Maschinen koppeln mit jeder Werkzeugstellung Drehzahl und Vorschub.

**Trommelrevolverdrehmaschine**

Der Trommelrevolver ist ein scheibenförmiger Werkzeugträger mit 12 bis 18 Bohrungen zur Aufnahme von Werkzeugen. Jeweils eine Bohrung fluchtet mit der Arbeitsspindel (Bild 6-65).

Plandreharbeiten werden durch Drehen der Revolvertrommel ausgeführt.

**Sternrevolverdrehmaschine**

Der Werkzeugträger mit senkrechter Drehachse nimmt strahlenförmig drei bis sechs Werkzeuge auf. Diese Werkzeuganordnung ergibt einen freieren Arbeitsraum als beim Trommelrevolver.

*Bild 6-65 Revolverdrehmaschine (Trommelrevolver)*

Handbediente Revolverdrehmaschine mit automatisiertem Arbeitsablauf. Der Trommelrevolver ist mit sieben Werkzeugen bestückt.

*Bild 6-66 Arbeitsraum des Zweispindel-Drehautomaten mit 2 gesteuerten Schlitten und 4fach Flachtischrevolver, zur Bearbeitung eines Flansches in 2 Aufspannungen*

**Wiederholungsfragen**

1. Welches sind die wichtigsten Abmessungen einer Spitzendrehmaschine?
2. Welches sind die wichtigsten Baugruppen einer Spitzendrehmaschine?
3. Welche Spannmittel gibt es a) für Werkzeuge, b) für Werkstücke?
4. Welches Zubehör gehört zu den Spitzendrehmaschinen?
5. Wodurch sind Kopierdrehmaschinen gekennzeichnet?
6. Was bedeutet toter Winkel beim Kopierverfahren?
7. Wozu dienen Hinterdrehmaschinen?
8. Wozu werden Plandrehmaschinen verwendet?
9. Was ist ein Drehwerk?
10. Welche Arten von Drehautomaten gibt es?
11. Wozu werden Frontdrehmaschinen verwendet?
12. Welches ist das kennzeichnende Merkmal der Revolverdrehmaschine?

## 6.4 Fräsen

### Fräswerkzeuge

Fräsen ist Spanen mit Werkzeugen, die in der Regel mehrere Schneidkeile haben, wobei die Schneidkeile nicht ständig im Eingriff sind.

Das Werkzeug, der Fräser, führt als Schnittbewegung eine Drehbewegung, das Werkstück den Vorschub aus.

Man unterscheidet Umfangs- und Umfangsstirnfräsen.

**Umfangsfräsen,** früher Walzfräsen genannt, ist Fräsen mit Walzenfräsern (Bild 6-67). Diese Fräser haben nur Hauptschneiden, die sich am Umfang des Fräsers befinden, und mit denen nur Werkstücke gefräst werden können, die schmäler sind als der Fräser lang ist.

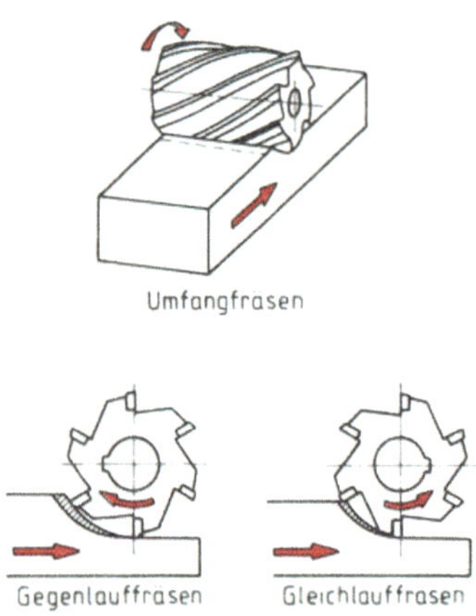


*Bild 6-67 Umfangsfräsen*

Beim Umfangsfräsen (und beim Umfangsstirnfräsen mit Scheibenfräser) unterscheidet man Gegenlauf- und Gleichlauffräsen.

**Beim Gegenlauffräsen** sind die Drehbewegung des Fräsers und die Vorschubbewegung des Werkstückes entgegengesetzt gerichtet. Die Frässchneiden dringen schabend in den Werkstückstoff ein, der Span wird allmählich dicker.

Der schabende Anschnitt führt zu schnellem Abstumpfen der Schneiden!

**Beim Gleichlauffräsen** sind die Drehbewegung des Fräsers und die Vorschubbewegung des Werkstückes gleichgerichtet. Die Fräserschneiden dringen mit der vollen Spandicke in den Werkstückstoff ein, der Span wird allmählich dünner.

Gleichlauffräsen erfordert starre Maschinen mit spielfreiem Vorschubantrieb. Durch Spiel im Vorschubantrieb wird der Fräser zerstört.

Bei beiden Verfahren entstehen *kommaförmige Späne*. Die Auswahl des Verfahrens hängt von der zur Verfügung stehenden Maschine und von dem zu bearbeitenden Werkstück ab. Werkstücke mit einer harten Außenschicht, z.B. bei Guß- und Schmiedestücken, werden vorteilhafter im Gegenlauf gefräst, weil dadurch die harte Außenhaut von unten her abgehoben wird. Dünne Werkstücke werden besser im Gleichlauf gefräst, weil der Fräser dabei das Werkstück auf den Frästisch preßt.

**Umfangsstirnfräsen** ist Spanen mit Fräsern, die am Umfang und an einer oder zwei Stirnflächen Schneiden haben. Die Schneiden am Umfang sind *Hauptschneiden*, die Schneiden an den Stirnflächen *Nebenschneiden* (Bilder 6.69c bis 6.69i). Umfangsstirnfräsen ist auf der einen Fräserseite Gleichlauf-, auf der anderen Gegenlauffräsen (Bild 6-68).

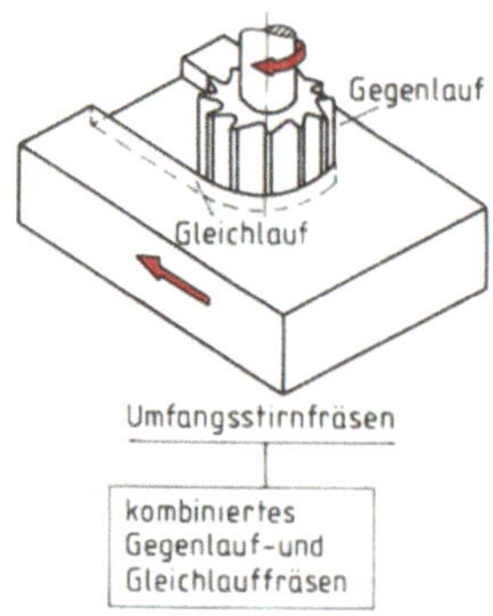


*Bild 6-68*
*Umfangsstirnfräsen*

*Bild 6-69 Die wichtigsten Fräsformen und ihre Hauptanwendung*

a) Walzenfräser (Umfangsfräser),
b) Walzenstirnfräser (Umfangsstirnfräser),
c) Winkelstirnfräser (Umfangsstirnfräser),
d) gefräster Scheibenfräser (Umfangsstirnfräser),
e) Schaftfräser (Umfangsstirnfräser),
g) Langlochfräser (Umfangsstirnfräser),
h) hinterdrehter Scheibenfräser (Umfangsstirnfräser),
i) hinterdrehter/hinterschliffener Formfräser (Umfangsstirnfräser).

a
b
c
d
e
f
g
h
i

Beim Umfangsstirnfräsen sind mehr Schneiden gleichzeitig im Eingriff als beim Umfangsfräsen. Die Schnittkraftschwankungen sind geringer, es entstehen bessere Oberflächen.

Zum Fräsen ebener Flächen werden bevorzugt Umfangsstirnfräser verwendet.

Umfangsstirnfräser mit großem Durchmesser werden *Messerköpfe* genannt (Bild 6-70).

***Bild 6-70** Messerkopf (Umfangsstirnfräser) mit eingesetzten Hartmetall-Wendeplatten*

**Beim Fräsen** mit senkrechter Messerkopfachse **berühren und zerkratzen** die nicht mehr in direktem **Eingriff** befindlichen Nebenschneiden die **fertig gefräste** Werkstückoberfläche.

Um das Zerkratzen der Werkstückoberfläche zu vermeiden und die Werkzeugschneiden zu schonen, arbeiten Messerköpfer mit geringer Neigung ihrer Achse, mit sog. **Sturz** (Bild 6-71)

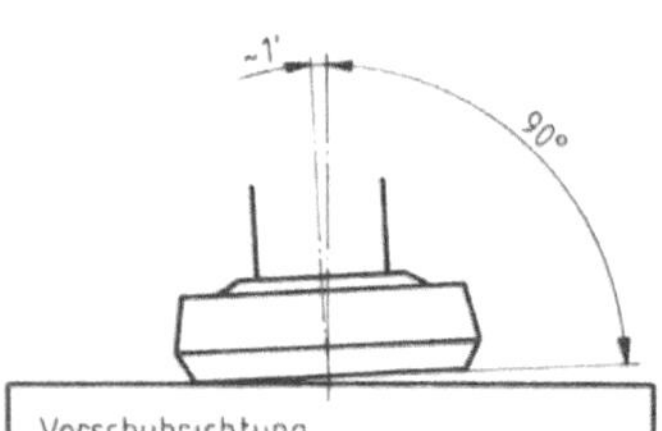


*Bild 6-71 Sturz beim Umfangsstirnfräsen mit Messerköpfen*

Gestürzte Messerköpfe erzeugen glatte aber leicht hohle Werkstückoberflächen.

Die Fräser werden nach ihrer Zahnform eingeteilt in

- **Fräser mit gefrästen Zähnen** (Bilder 6-69a bis 6-69g),
- **Fräser mit hinterdrehten Zähnen** (Bilder 6-69h bis 6-69i),
- **Fräser mit eingesetzten Zähnen** (Bilder 6-70 und 6-72).

*Bei Fräsern mit gefrästen Zähnen* sind die Lücken und die Zähne durch Fräsen hergestellt. Die Schneidkeilgeometrie kann bei diesen Fräsern genau gestaltet werden. Sie werden daher in erster Linie verwendet.

*Fräser mit hinterdrehten oder hinterschliffenen Zähnen* (Bild 6-69i) werden hauptsächlich zum Fräsen bestimmter Formen, z.B. Radien und Zahnflanken, angewendet.

Wegen ihrer ungünstigen Schneidengeometrie, die sich aus der zu frösenden Form ergibt, sollen diese Fräser nur verwendet werden, wenn mit gefrästen Fräsern die Form nicht hergestellt werden kann.

*Kopiergeschliffene Formfräser* haben vorteilhaftere Span- und Neigungswinkel als hinterdrehte bzw. hinterschliffene Formfräser. Sie werden durch Drehen oder Fräsen als nicht genaue Vorform hergestellt. Die genaue Schneidenform entsteht durch Führen der Schleifscheibe bzw. des Fräsers über eine Schablone.

Gefräste und hinterdrehte bzw. hinterschliffene Fräser werden aus Schnellarbeitsstahl hergestellt.

*Fräser mit eingesetzten Zähnen*. Der Fräskörper wird aus Baustahl hergestellt. Als Schneiden werden in den Fräskörpern entweder Hartmetallplatten eingelötet oder hartmetallbestückte Fräsmesser bzw. Fräsmesser aus Schnellarbeitsstahl geklemmt. Bei Messerköpfen, Scheiben und Schaftfräsern werden in vermehrtem Umfang auch Wendeplatten eingesetzt (Bilder 6-70 und 6-72).

Die Herstellung der Wendeplatten ist nur mit einer gewissen Herstelltoleranz möglich. Die unterschiedlichen Höhen und scharfen Ecken dieser Platten ergeben eine geringe Oberflächengüte (Bild 6-73). Bei den mit Wendeplatten bestückten größeren Fräsern wird daher *eine Breitschlichtplatte* eingesetzt (Bild 6-74).

*Bild 6-72 Kreuzverzahnter Scheibenfräser (Umfangsstirnfräser) mit eingesetzten Hartmetall-Wendeplatten*

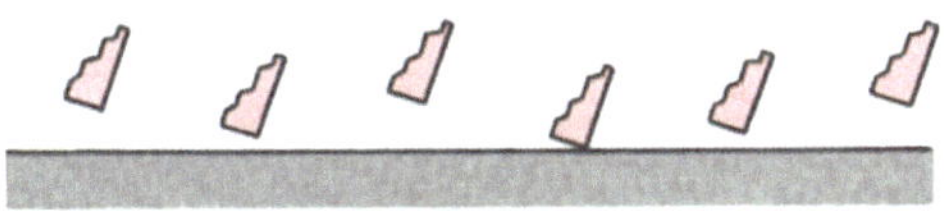

*Bild 6-73 Verschiedene Höhenlage von Hartmetall-Wendeplatten in Messerköpfen*

Diese schneidet auf einer Breite, die größer ist, als der Weg, den der Fräser/Umdrehung zurücklegt, und beseitigt die durch die Wendeplattenungenauigkeit entstandene Oberflächenrauhigkeit.

Modernere Werkzeuge besitzen verstellbare Elemente, mit denen die Schneiden zueinander ausgerichtet werden können.

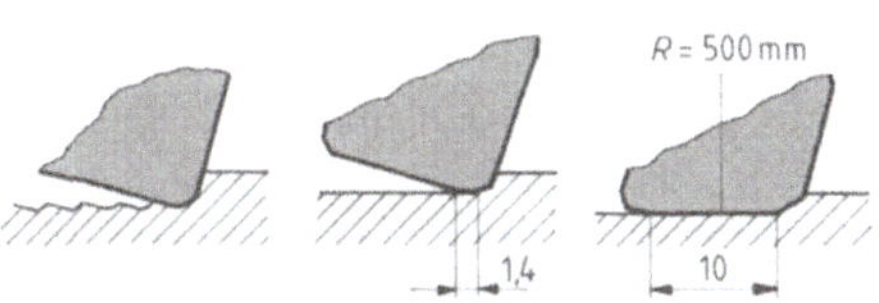


*Bild 6-74 Hartmetall-Wendeplatten zum Fräsen*

a) mit normalem Eckenradius,
b) mit normaler Planfase,
c) Breitschlichtplatte.

Sollen in der Serienfertigung mehrere Flächen oder Nuten miteinander gefräst werden, kombiniert man mehrere Einzelfräser auf einem Frässdorn zu einem *Satzfräser* (Bild 6-75).

*Bild 6-75 Mit Hartmetall-Wendeplatten bestückter Satzfräser*

*Fräser für schwierige Formen* werden oft in mehrere Teilfräser unterteilt und so zusammengefügt, daß die Einzelfräser zusammen das gewünschte Profil ergeben (Bild 6-76). Die Schneiden müssen sich an den Kupplungsstellen überdecken, damit am Werkstück keine Absätze entstehen.

Zum Fräsen von Nuten mit genauer Breite werden auch Scheibenfräser gekuppelt. Durch Verändern der Dicke einer eingelegten Zwischenscheibe kann dabei die durch das Nachschleifen an den Stirnseiten reduzierte Fräserbreite korrigiert werden.

*Bild 6-76 Gekuppelter Fräser*

**Fräser-Sonderformen**

*Wälzfräser* dienen zur Herstellung von Verzahnungen, Keilwellenprofilen, Zahnwellenprofilen und Sonderprofilen (Bilder 3-244 und 3-245).

Wälzfräser sind hinterschliffene Formfräser.

Bei Gewindefräsern unterscheidet man zwischen Fräsern zum Lang- und Fräsern zum Kurzgewindefräsen.

*Kurzgewindefräser* haben hinterdrehte oder hinterschliffene Rillen, deren Abstand genau der Gewindesteigung entspricht. Der Fräser wird während einer Umdrehung des Werkstückes um eine Rille, das heißt um die Steigung des Gewindes, vorgeschoben. Nach etwas mehr als einer Umdrehung des Werkstückes ist das Gewinde fertiggefräst (Bild 6-78). Unter Kurzgewinde versteht man Gewinde mit Längen, die kleiner als die Fräserbreite sind.

**Winkel an den Schneidkeilen der Fräser**

Die erforderlichen Schneidenwinkel richten sich nach dem zu zerspanenden Werkstückstoff. Wie bei den Spiralbohrern unterscheidet man bei den Fräsern die drei Werkzeugtypen N, H und W.

**Der Freiwinkel** $\alpha$ muß so groß sein, daß die Schneide nicht drückt.

Längere Standzeit wird erreicht, wenn der Freiwinkel groß gewählt wird. Durch zu großen Freiwinkel wird jedoch der Keilwinkel $\beta$ zu klein, und die Schneidenkanten brechen aus.

**Der Spanwinkel** $\gamma$ soll möglichst groß sein, damit der Span leicht abgehoben wird und die Schnittkräfte klein gehalten werden.

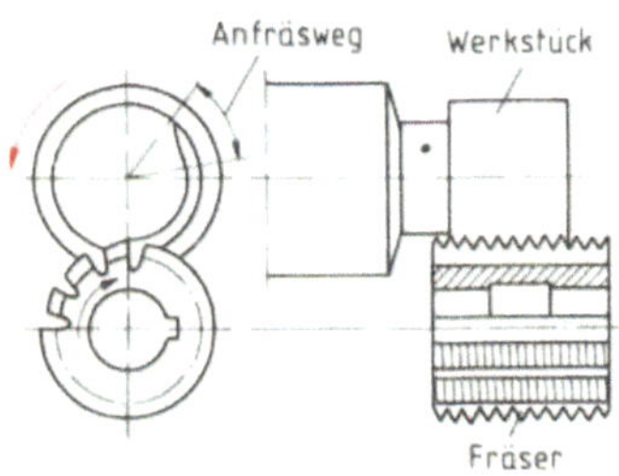


*Bild 6-77 Langgewindefräsen*

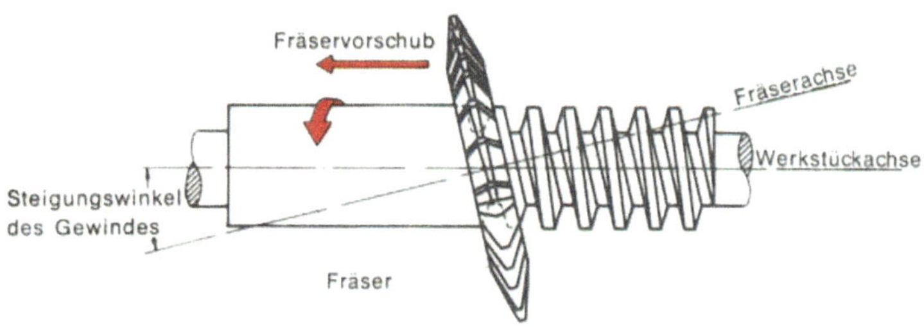


*Bild 6-78 Kurzgewindefräsen*

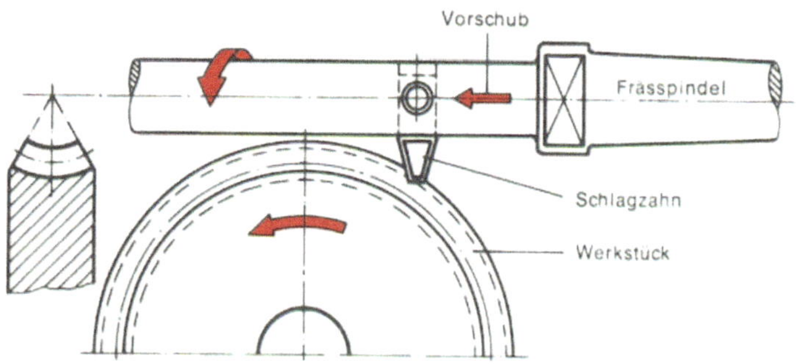


*Bild 6-79*
*Schlagzahnfräsen eines Schneckenrades*

*Fräser für Langgewinde* sind hinterdrehte oder hinterschliffene Formfräser, deren Profil genau dem Gewindeprofil entspricht (Bild 6-77). Der vom Fräser ausgeführte Vorschub/Werkstückumdrehung muß genau der Gewindesteigung entsprechen.

*Schlagzahnfräser* haben nur einen Zahn. Sie werden nur in Einzelfällen angewandt, wenn Flächen mit höchster Oberflächengüte gefräst oder wenn besondere Profile gewälzt werden sollen, für die kein Wälzfräser vorhanden ist (Bild 6-79).

Hinterdrehte und hinterschliffene Formfräser haben kleine Spanwinkel und sollten daher möglichst vermieden und durch Formfräser mit kopiergeschliffenen Schneidkanten ersetzt werden.

Fräser mit eingesetzten Hartmetallschneiden werden mit positivem oder negativem Spanwinkel ausgeführt. Die entsprechende Schneidengeometrie ist durch die Kombination von Schneidplatte und Fräserkörper festgelegt.

*Tabelle 6-15* Anwendung und Schneidwinkel der Fräsertypen NF und NR

| | | Umfangsfräser | Umfangsstirnfräser | | |
|---|---|---|---|---|---|
| | | Walzenfräser | Walzenstirnfräser | Scheibenfräser | Schaftfräser |
| Werkzeugtyp | zu bearbeitender Werkstückstoff | 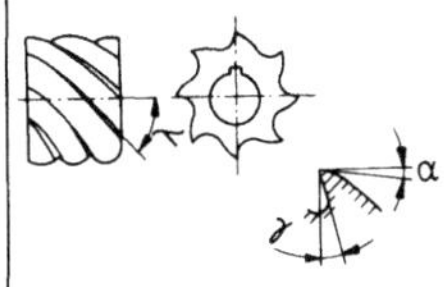 | 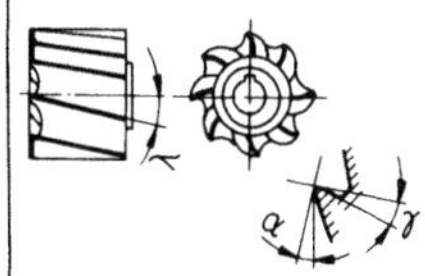 | 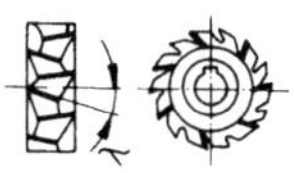 | 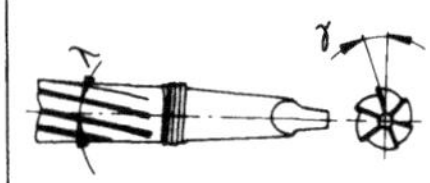 |
| NF | Automatenstahl<br>Allgemeiner Baustahl<br>Einsatzstahl<br>Stahlguß<br>Vergütungsstahl<br>Nitrierstahl<br>Werkzeugstahl<br>Gußeisen<br>Temperguß | 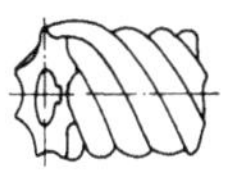 $\alpha = 5 \div 10°$<br>$\gamma = 10 \div 15°$<br>$\lambda = 30 \div 40°$ |  $\alpha = 5 \div 10°$<br>$\gamma = 10 \div 15°$<br>$\lambda = 15°$ |  $\alpha = 5 \div 10°$<br>$\gamma = 10 \div 15°$<br>$\lambda = 15°$ |  $\alpha = 5 \div 10°$<br>$\gamma = 10 \div 15°$<br>$\lambda = 15°$ |
| NR | Aluminium-Knet- und -Gußlegierungen mit Si-Gehalt bis 10 %<br>Aluminium-Gußlegierungen mit Si-Gehalt über 8 %<br>Kupfer<br>Kupferlegierungen<br>Magnesium-Knet- und -Gußlegierungen | 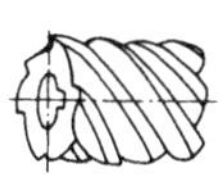 $\alpha = 10 \div 15°$<br>$\gamma = 30 \div 40°$<br>$\lambda = 45°$ |  $\alpha = 10 \div 15°$<br>$\gamma = 30 \div 40°$<br>$\lambda = 40°$ |  $\alpha = 10 \div 15°$<br>$\gamma = 30 \div 40°$<br>$\lambda = 30°$ |  $\alpha = 10 \div 15°$<br>$\gamma = 30 \div 40°$<br>$\lambda = 25°$ |

Zum Gleichlauffräsen mit Fräsern aus Schnellstahl sollen Frei- und Spanwinkel größer als zum Gegenlauffräsen sein.

**Der Keilwinkel** $\beta$ ergibt zusammen mit dem Frei- und dem Spanwinkel die Winkelsumme 90°.

**Durch den Neigungswinkel** $\lambda$ bei drallgenuteten Umfangs- und Umfangsstirnfräsern bzw. bei kreuzverzahnten Umfangsstirnfräsern wird ein ruhigerer Zerspanungsablauf erzielt. Da die Fräserschneide nicht mit ihrer ganzen Länge auf einmal, sondern nach und nach in den Werkstückstoff eindringt, kommt es weniger zum Rattern. Es lassen sich bessere Oberflächen als mit gerade genuteten Fräsern erzielen.

**Die Zähnezahl** ist von dem zu bearbeitenden Werkstückstoff und vom Durchmesser des Fräsers abhängig.

Bei gleichem Fräserdurchmesser wird der Fräser zum Zerspanen von weichen Werkstückstoffen mit weniger Zähnen ausgeführt als zum Zerspanen von harten Werkstückstoffen.

**Die Zahnteilung** wird besonders zum Fräsen von dünnwandigen Werkstücken ungleich gemacht, um Schwingungen und damit das Rattern zu vermeiden.

### Schärfen der Fräser

Zum Schärfen der Fräser werden spezielle Fräser-Schärfmaschinen verwendet, die es erlauben, Fräser und Schleifscheibe in jede gewünschte Position zueinander zu bringen.

**Fräser mit gefrästen Zähnen** werden an den Freiflächen nachgeschliffen, während die Spanflächen meistens nur beim ersten Scharfschleifen geschliffen werden.

Das Schärfen kann mit einer *Topfscheibe* oder mit einer *Flachscheibe* vorgenommen werden. Es ist jedoch besser, mit der Topfscheibe zu schärfen, weil auf diese Weise keine hohle Freifläche entsteht (Bild 6-80).

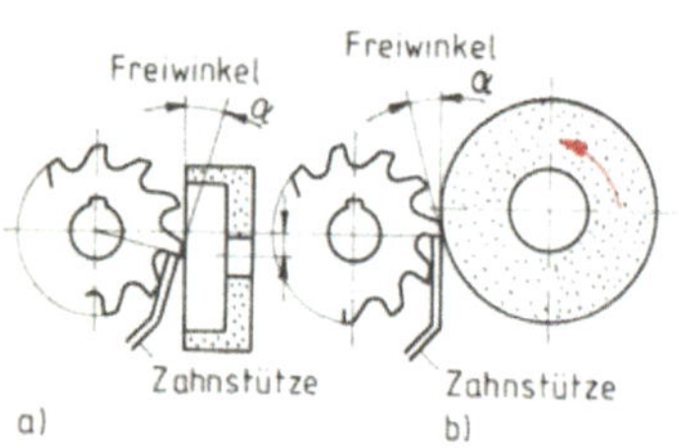


*Bild 6-80 Schärfen von Fräsern mit gefrästen Zähnen*
a) mit Topfscheibe,
b) mit Flachscheibe.

Da eine genaue Zahnteilung am Fräser nicht gewährleistet ist, soll das Teilen zum Schärfen von gefrästen Fräsern nicht über einen Teilapparat erfolgen, weil es zu einem Rundlauffehler der Schneiden führen würde.

Jeder Fräserzahn wird aus diesem Grunde an der Spanfläche auf einer Zahnauflage abgestützt und auf ihr an der Schleifscheibe entlanggeführt. Genauer Rundlauf ist dadurch gewährleistet.

**Hinterdrehte und hinterschliffene Fräser** werden an der Spanfläche nachgeschärft. Es muß dabei darauf geachtet werden, daß der vorhandene Spanwinkel nicht verändert wird, weil sonst Profilverzerrungen auftreten.

**Kopiergeschliffene Formfräser** können sowohl an der Spanfläche nachgeschärft als auch an der Formkontur, der Freifläche, nachkopiert werden. Meistens wird so lange an der Spanfläche nachgeschärft, bis die etwa 3 mm bis 4 mm breite, kopierte Freifläche verbraucht ist. Danach wird die Formkontur neu nachkopiert.

Fräser sollen oft nachgeschärft werden.

Es ist wirtschaftlicher, bei mehrmaligen Nachschliffen jeweils wenig Werkstoff abzuschleifen, als bei wenigen Nachschliffen jeweils viel Werkstoff abschleifen zu müssen.

**Als Kühlschmiermittel** zum Fräsen mit Schnellstahlfräsern wird hauptsächlich *Bohremulsion* verwendet. Grauguß sowie Kunststoffe werden am besten nur mit *Preßluft* gekühlt.

Hartmetallbestückte Fräswerkzeuge brauchen nicht gekühlt werden. Eine Kühlung reduziert sogar in der Regel die Standzeit, weil an den Schneiden durch die starke Erwärmung während des Schneidvorganges und die darauffolgende starke Abkühlung Kammrisse und Ausbrüche entstehen.

**Wiederholungsfragen**

1. Wodurch unterscheiden sich Umfangs- und Umfangsstirnfräsen?
2. Welche Vor- und Nachteile haben Gegenlauf- und Gleichlauffräsen?
3. Welchen Zweck hat das Stürzen der Messerköpfe?
4. Wie werden die Fräser hinsichtlich ihrer Zahnform eingeteilt?
5. Welchen Zweck haben die Breitschlichtplatten in großen Messerköpfen?
6. Wozu dienen hinterdreht/hinterschliffene Fräser?
7. Warum brauchen kleine Messerköpfe keine Breitschlichtplatten?
8. Wozu werden Satzfräser verwendet?
9. Wie werden hinterdrehte Fräser, wie Fräser mit gefrästen Zähnen nachgeschärft?

## Fräsmaschinen

**Waagerecht-Fräsmaschinen, sog. Einfach- oder Konsolfräsmaschinen** (Bild 6-81).

*Bild 6-81 Waagerecht-Fräsmaschine (Konsol-Fräsmaschine)*

*Kennzeichen:* Waagerechte, nicht verstellbare Frässpindel. Der Tisch ist längs-, quer- und höhenverstellbar.

Das Werkstück wird an den Fräser angestellt und führt die Vorschubbewegung aus. Der Vorschub erfolgt durch die Tischspindel und wird nicht von der Frässpindel abgeleitet.

Diese Maschinen werden meist mit selbsttätigem Vorschub, Schnellgang in Längs- und Senkrechtrichtung und kuppelbaren Handrädern für Handfräserarbeiten gebaut.

*Verwendung:* Für einfache Fräsarbeiten an kleineren Werkstücken.

**Universalfräsmaschinen** (Bild 6-82) zeigen den gleichen Aufbau wie Maschinen nach Bild 6-81, jedoch ist der Tisch nicht nur längs-, quer- und höhenverstellbar, sondern auch um seine senkrechte Achse schwenkbar. Damit ist eine universelle Einstellmöglichkeit der zu bearbeitenden Werkstücke gegeben.

Zur Herstellung schraubenförmiger Nuten erhält das Werkstück durch den mit der Tischspindel verbundenen Teilkopf eine Drehbewegung und gleichzeitig einen Vorschub schräg zur Frässpindelachse.

> Die Vielgestaltigkeit der mit Universalfräsmaschinen durchführbaren Fräsarbeiten ist nahezu unbegrenzt.

*Verwendung:* Zur Herstellung von Formstücken und Werkzeugen in der Einzel- und Serienfertigung.

**Senkrecht-Fräsmaschinen** sind für Messerkopfarbeiten geeignete Produktionsmaschinen.

*Kennzeichen:* Senkrechte Frässpindel.

*Verwendung:* Für vorwählbare automatische Arbeitsabläufe (siehe Werkzeugmaschinensteuerung, Abschnitt 5-6).

### Universal-Werkzeugfräsmaschinen

*Kennzeichen:* Ein in Richtung der Waagerechtfrässpindel von Hand oder automatisch verstellbarer Frässpindelbock, der zur Aufnahme verschiedener Zusatzgeräte dient, z.B. Fräskopf, Bohrkopf, Schleifkopf u.a. (Bild 6-83); eingebaute Meßlineale in den drei Hauptrichtungen

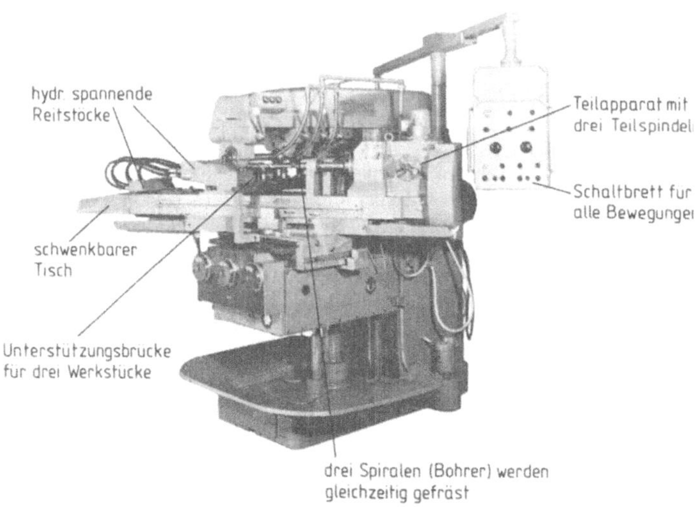


*Bild 6-82 Universalfräsmaschine*

für die Grobeinstellung. Genaumessungen im Koordinatensystem über Endmaße und Meßuhr sind mit Hilfe von Meßuhrhalterungen und verstellbaren Endmaßauflagen möglich. Die Teilgenauigkeit des aufsetzbaren Rundtisches beträgt ± 5 Bogensekunden.

*Bild 6-83 Zusatzgeräte zur Universal-Werkzeugfräsmaschine*

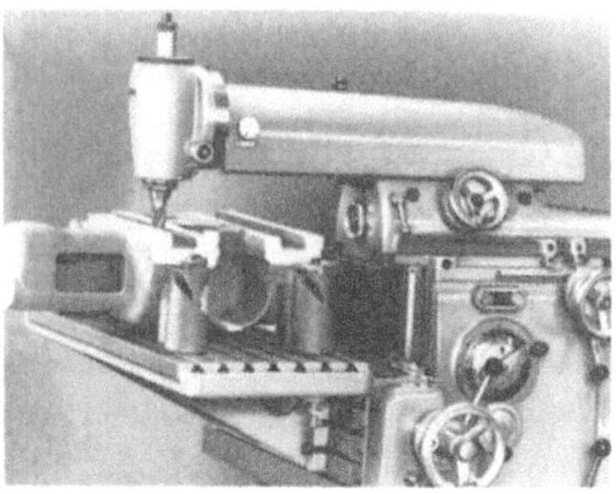

a) Verschiebbarer Senkrechtfräskopf,

b) Winkelfräskopf,

c) schwenkbare Schleifeinrichtung.

Die Universal-Werkzeugfräsmaschine ist eine Vorstufe zur Koordinatenbohrmaschine.

*Verwendung:* Herstellung von Werkzeugen, Vorrichtungen und Lehren.

**Langfräsmaschinen** dienen zur Bearbeitung großer Werkstücke. Sie sind mit schwenkbaren Waagerecht- und Senkrecht-Spindelkästen ausgerüstet. Da der Tisch schwingungsfrei auf dem Bett liegt, sind hohe Spanleistungen möglich.

**Kopierfräsmaschinen** sind zur Herstellung von Formen und Gesenken im Werkzeugbau unentbehrlich. Ein Fühler tastet das Musterstück ab. Die Fühlerbewegungen werden so auf den Fräser übertragen, daß Fühler und Fräser in allen Richtungen gleiche Bewegungen ausführen (s. Werkzeugmaschinensteuerung, Abschnitt 5.6).

*Bild 6-84 Waagerecht-Kopierfräsmaschine*

Diese Maschinen werden vornehmlich zum Kopieren großer Gesenke und Ziehwerkzeuge eingesetzt. Auf dem Bild sieht man das abzutastende Modell über dem fast fertig gefrästen Werkstück, ein Ziehwerkzeug für ein PKW-Seitenteil.

**Die Sonderfräsmaschinen** für verschiedene Zwecke, z.B. Nuten-, Zahnrad-, Kurven- und Gravierfräsmaschinen, kennzeichnen die Vielseitigkeit des Fräsens (Bild 6-85).

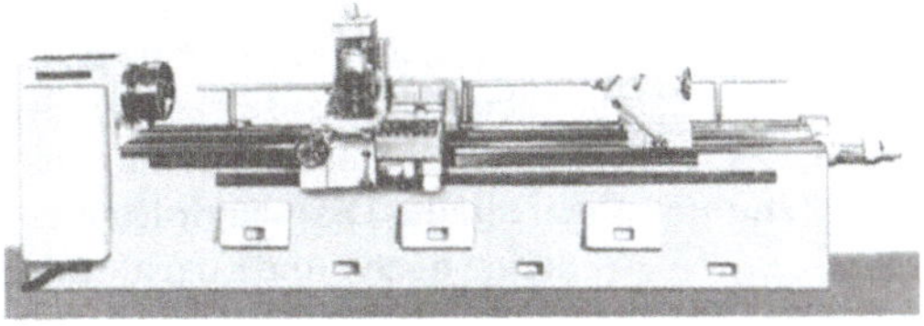

*Bild 6-85*
*Gewinde-Keilwellen- und Wälzfräsmaschine*

**Wiederholungsfragen**

1. Wodurch unterscheiden sich Universal- und einfache Konsolfräsmaschinen?
2. Wozu werden a) Konsol-, b) Universalfräsmaschinen verwendet?
3. Welches sind die Besonderheiten der Werkzeugfräsmaschinen?
4. Wozu werden a) Senkrecht-, b) Langfräsmaschinen verwendet?
5. Für welche Berufe sind Kopierfräsmaschinen unentbehrlich?
6. Warum werden Kopierfräsmaschinen in zunehmendem Umfange in der Serienfertigung verwendet?

## 6.5 Räumen

Durch Räumen werden Werkstückformen in einem Arbeitsgang hergestellt. Das Werkzeug bewegt sich dabei geradlinig durch eine vorhandene Öffnung des Werkstückes oder an seiner Außenfläche entlang.

Man unterscheidet Innen- und Außenräumen

### Räumwerkzeuge

Räumwerkzeuge sind stangenförmige Werkzeuge mit einer Anzahl hintereinanderliegender Schneidkeile, deren Durchmesser oder Höhen allmählich ansteigen.

Man unterscheidet Innen- und Außenräumwerkzeuge.

**Mit Innenräumwerkzeugen** werden Bohrungen oder von solchen ausgehend beliebige Innenprofile geräumt (Bilder 6-86 und 6-88).

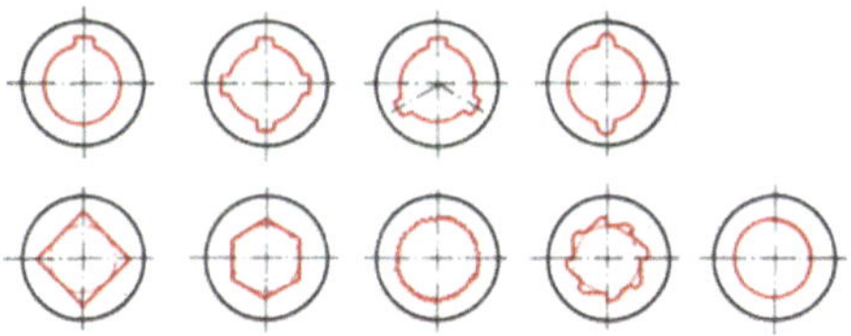

*Bild 6-86 Geräumte Innenprofile*

*Bild 6-87 Geräumte Außenprofile*

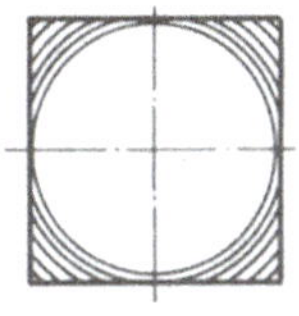

*Bild 6-88*
*Räumen eines quadratischen Profils*

*Das Räumwerkzeug*, auch *Räumnadel* genannt, wird dabei durch die zum Räumen vorgearbeitete Werkstückbohrung gezogen. Das Werkstück wird dazu in der Regel nicht festgespannt.

Sollen mehrere Werkstücke miteinander geräumt werden, müssen diese mit einer Vorrichtung zueinander fixiert und gespannt werden.

Oft werden Bohrung und Profil miteinander geräumt. In diesem Fall wechselt im gezahnten Teil der Räumnadel von einer bestimmten Stelle an ein Rundzahn mit einem Profilzahn ab. Man nennt derartige Räumwerkzeuge *kombinierte Räumnadeln*. Die mitgeräumte Bohrung verläuft genau konzentrisch zum Profil (Bild 6-89).

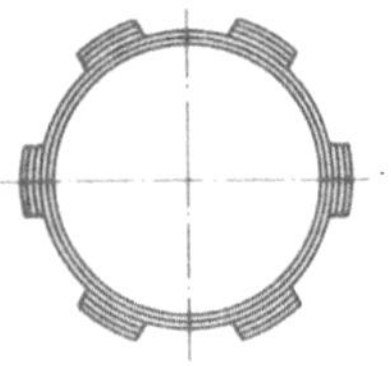

*Bild 6-89*
*Kombinierte geräumte Bohrung mit Vielkeilprofil*

Eine besondere Art des Innenräumens ist das Räumen von *drallgenuteten Innenprofilen.* Das Werkstück wird dabei auf eine drehbare Auflage gespannt und dreht sich während des Räumvorganges dem Drallwinkel entsprechend.

Bei Drallwinkeln ab etwa 10° und wenn hohe Anforderungen an die Profilgenauigkeit gestellt werden muß die Drehung zwangsläufig erfolgen. Sie wird über Führungsnuten im Räumwerkzeug oder besser über eine separate Leitspindel eingeleitet.

**Außenräumwerkzeuge** werden an den zu räumenden Werkstücken, die fest in einer Vorrichtung eingespannt sind, vorbeigeführt. Außenräumwerkzeuge für komplizierte Profile werden in Teilstücken hergestellt, die in Werkzeugaufnahmen befestigt und zueinander fixiert werden.

Der Aufbau einer Räumnadel ist in Bild 6-90 wiedergegeben. Beim gezahnten Teil unterscheidet man zwischen *Schrupp-, Schlicht-* und *Reserveteil.*

*Die Steigung h,* die jeder Zahn gegenüber dem vorhergehenden aufweist, entspricht der Dicke des Spans, der von jedem Zahn nacheinander abgehoben wird (Bild 6-91). Im Schruppteil ist die Steigung größer als im nachfolgenden Schlichtteil. Der Reserveteil besitzt keine Steigung. Seine Zähne haben alle denselben Durchmesser. Es schneidet also theoretisch nur der erste Zahn des Reserveteils. Die nachfolgenden Zähne kommen dann nach und nach zum Schneiden, wenn die vorhergehenden Zähne durch Abnutzung und Nachschleifen kleiner geworden sind.

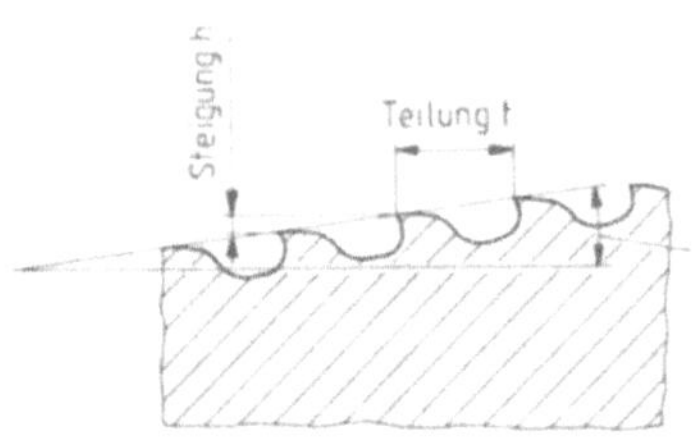


*Bild 6-91 Steigung h an der Räumnadel*

Der Reserveteil erhöht die Standzeit der Räumwerkzeuge.

*Unter der Teilung t* versteht man den Abstand von Zahn zu Zahn. Diese richtet sich hauptsächlich nach dem Volumen des abgehobenen Spans, der über den ganzen Räumungsvorgang in der Spankammer verbleibt.

Bild 6-92 zeigt an einem aufgeschnittenen und nicht zu Ende geräumten Werkstück die fortschreitende Spanbildung von 6 im Eingriff gewesenen Zahnreihen.

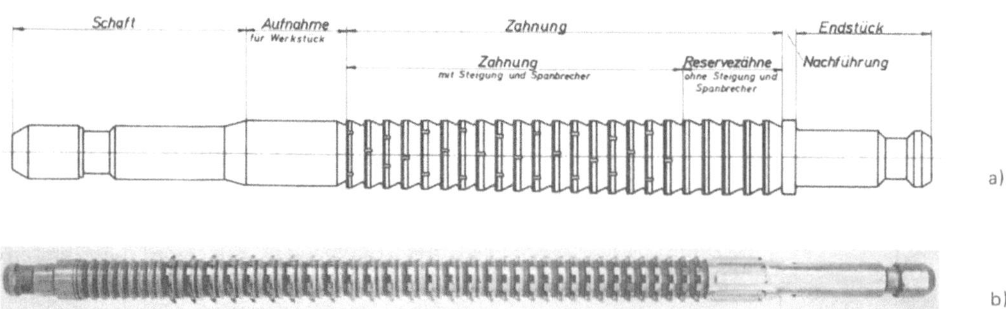


*Bild 6-90 Räumnadeln*
a) Bezeichnungen an Räumnadeln,
b) kombinierte Räumnadel für Vielkeilprofil und Bohrung.

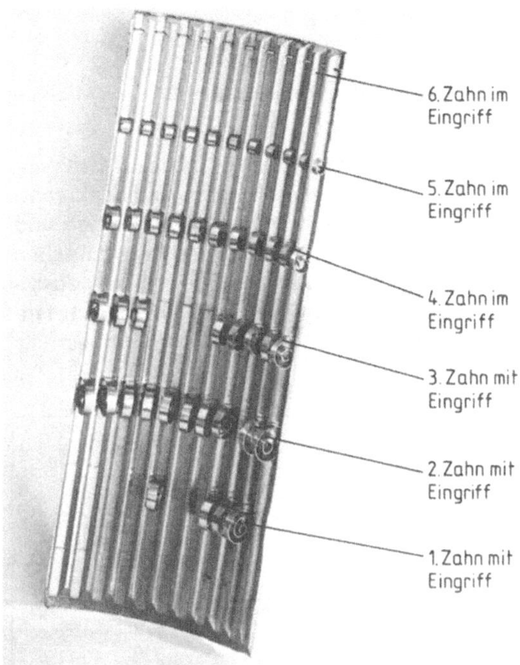


*Bild 6-92 Spanbildung beim Räumen*

Da die Zugkraft mit jedem Zahn, der mehr im Eingriff ist, steigt, muß die Teilung außerdem so ausgelegt sein, daß nur so viele Zähne im Eingriff sind, wie es der schwächere Querschnitt des Räumwerkzeuges erlaubt. Dies ist bei Innenräumwerkzeugen die Einschnürung am Schaft oder der Zahngrunddurchmesser.

**Schneidkeilwinkel der Räumwerkzeuge**

*Der Freiwinkel* $\alpha$ beträgt 2°. Da die Steigung durch Konisch-Schleifen des gezahnten Teiles erreicht wird, haben die Schneidfasen $f$ (Bild 6-93) einen negativen Freiwinkel. Die Fase soll daher 0,2 mm nicht übersteigen, damit der Anstieg über die Fase sich nicht nachteilig auswirkt.

Da die Fasen an den Schneiden des Reserveteils achsparallel sind, können hier die Fasenbreiten bis 0,5 mm betragen.

*Fasen an den Schneiden* von Räumwerkzeugen sollen sichtbar vorhanden sein, damit gewährleistet ist, daß jeder Zahn gleichviel Werkstückstoff abhebt.

*Der Spanwinkel* $\gamma$ richtet sich nach dem zu räumenden Werkstückstoff und beträgt zwischen 10° und 20°.

*Als Werkstoff für Räumnadeln* wird hauptsächlich Schnellarbeitsstahl verwendet. Mit Chrom legierter Werkzeugstahl wird für Teile, die in kleineren Stückzahlen gefertigt werden, ebenfalls verwendet. Hartmetall findet nur in Sonderfällen Anwendung.

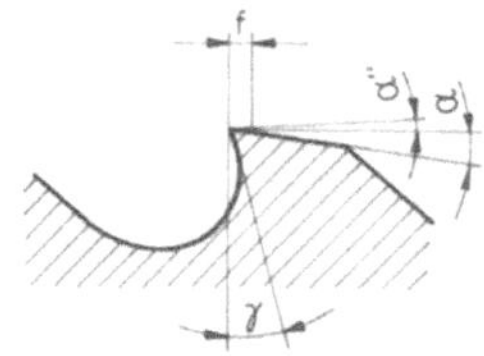


*Bild 6-93*
*Schneidenwinkel und Fase am Räumzahn*

## Kühlschmiermittel zum Räumen

Zur Erzielung hoher Oberflächengüten und Werkzeugstandzeiten müssen Räumwerkzeuge gut gekühlt und geschmiert werden. Hierzu hat man besondere *Räumöle* entwickelt.

*Wasserlösliche Schneidöle,* die ebenfalls verwendet werden, kühlen besser als reine Räumöle. Ihre Schmierwirkung ist jedoch geringer als die der reinen Räumöle.

> Räumwerkzeuge sind sehr teuer. Das Räumen wird daher vorwiegend in der Serienfertigung angewendet.

## Räummaschinen

Wegen der Keilform der Räumwerkzeuge entfällt bei den Räummaschinen die Vorschubbewegung. Ihr Aufbau und ihre Bedienung sind daher einfach (Bilder 6-94 und 6-95).

*Bild 6-94 Senkrecht-Räummaschine*

*Bild 6-95 Waagerecht-Innenräummaschine*

Nach der Werkzeugbewegung unterscheidet man Waagerecht- und Senkrecht-Räummaschinen.

Für Innenräumen werden beide Maschinenarten, für Außenräumen vorwiegend Senkrecht-Räummaschinen verwendet. Die Maschinen sind mit hydraulischem Antrieb und hydraulischen oder elektrohydraulischen Steuerungen ausgestattet. Die Arbeitsgeschwindigkeit kann stufenlos im Bereich von ≈ 1 bis 10 m/min eingestellt werden.

**Wiederholungsfragen**

1. Was versteht man in der Fertigung unter Räumen?
2. Welche Werkstückformen werden durch Räumen hergestellt?
3. Welches sind die Vor- und Nachteile des Räumens?
4. Welche Arten von Räumwerkzeugen gibt es?
5. Aus welchen Teilen sind Räumwerkzeuge aufgebaut und welchen Zweck haben die einzelnen Teile?
6. Was versteht man unter a) Innen-, b) Außenräumen?
7. Wodurch ist ein kombiniertes Räumwerkzeug gekennzeichnet?
8. Wie wird das Räumen durchgeführt?
9. Aus welchem Werkzeugwerkstoff werden Räumnadeln hergestellt?
10. Welche Kühlschmiermittel werden beim Räumen verwendet?
11. Welche Arten von Räummaschinen gibt es?
12. Warum wird das Räumen nur in der Serienfertigung angewendet?

## Spanen mit geometrisch unbestimmter Schneidenform

## 6.6 Schleifen, Honen, Läppen, Polieren

### Schleifen

Schleifen ist das Spanen durch Schleifscheiben mit hoher Schnittgeschwindigkeit zur Verbesserung von Form, Maß und Oberflächengüte ($R_t$ = 0,2 μm bis 2,5 μm) des Werkstückes.

### Schleifmittel

#### Herkömmliche Schleifmittel

**Sandstein** aus Sandsteinfelsen, **Ölsandstein** aus **Quarz** und **Bimstein** aus Lavamasse dienen meist zum Schleifen von Hand, natürliche monokristalline **Diamanten** zum Abrichten von Schleifscheiben.

**Korund,** $Al_2O_3$, wird nach dem Gehalt an $Al_2O_3$ als Edel-, Natur- oder Mischkorund bezeichnet und als Schleifmittel für Eisenwerkstoffe und Werkstoffe mit geringer Härte verwendet.

**Siliziumkarbid,** SiC, ist als SiC-grün und SiC-schwarz im Handel und wird vorwiegend als Schleifmittel für NE-Metalle, Stein, Glas u.a. verwendet. SiC hat in der letzten Zeit an Bedeutung verloren.

Normalkorund Edelkorund Siliciumcarbid

Kurzzeichen der Schleifmittel nach DIN 69 100:

| | |
|---|---|
| Korund | A |
| Siliciumcarbid | C |

Eine genauere Beschreibung des Schleifmittels ist notwenig. Eine einheitliche Regelung wird angestrebt und zu gegebener Zeit in DIN 69 100 ergänzt.

Folgende Kurzzeichen sind noch in Gebrauch (marktüblich):

| | |
|---|---|
| Normalkorund | NK |
| Halbedelkoround | HK |
| Edelkorund | EK |
| Siliciumcarbid, dunkel | SC |
| Siliciumcarbid, grün | SCg |

**Die Körnung.** Die Schleifmittel werden zerkleinert und gesiebt. Nach der Nummer des Siebes, durch das die Schleifkörner hindurchfallen, werden die Korngrößen mit den Zahlen 6 bis 600 bezeichnet.

Grobe Körnung = große Schleifleistung
= rauhe Oberfläche
= Schruppen
Feine Körnung = kleine Schleifleistung
= glatte Oberfläche
= Schlichten

**Hochleistungsschleifmittel**

Hochleistungsschleifmittel sind kubisch kristallines Bornitrid, CBN, und die synthetischen Diamantschleifmittel. Ihre hohe Schleifhärte ergibt sich aus ihrer Struktur, ihren besonderen kubischen Kristallgittern, die bei hohem Druck und hoher Temperatur entstehen. Beide Schleifmittel werden nach dem Hochdruck/Hochtemperatur-Syntheseverfahren in Form von kleinen Kristallen = Schleifkörner hergestellt.

**Kubisch kristallines Bornitrid, CNB,** dient zum Naß- und Trockenschleifen von Stählen und Gußeisen, insbesondere zum Profilschleifen. **Amber Boron Nitrid, ABN,** ist eine kristallklare bernstein-(amber-)farbene Form von kubischem Bornitrid zum Schleifen von Nickel-Chrom- und Titanlegierungen.

**Synthetische Diamantschleifmittel** sog. Industriediamanten, werden zum Naß- und Trockenschleifen von Hartmetall, legierten Stählen, NE-Metallen, Granit, Marmor und Glas verwendet.

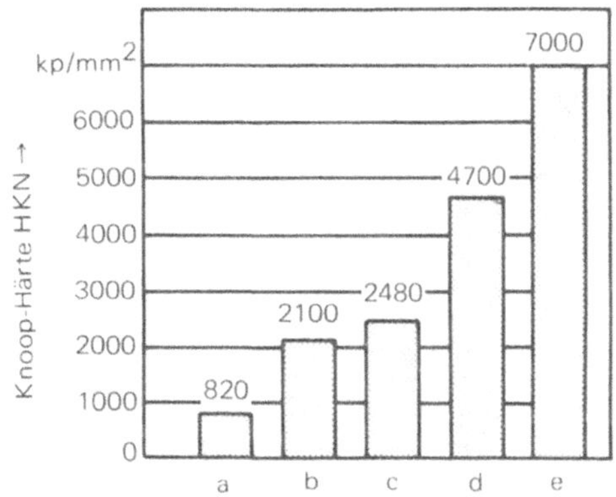


*Bild 6-96 Knoophärten der Schleifmittel*
a Quarz; b Korund $Al_2O_3$; c Siliziumkarbid SiC; d kugisch kristallines Bornitrid CBN; e Diamant

Die Knoophärte entspricht der Vickershärte. Sie wird bei der Härteprüfung dünner Schichten mit einer Pyramide mit unterschiedlichen Seitenlängen angewendet. Die lange Seite des dabei entstehenden rechteckigen Eindruckes kann genau gemessen werden.

**Schleifkörper mit herkömmlichen Schleifmitteln**

Die **Bindung** hält die unregelmäßig angeordneten Schleifkörner in den Schleifkörpern zusammen. Die Mehrzahl der Schleifkörper sind *keramisch gebunden.* Bei dieser Bindung wird die aus *Feldspat, Ton* und *Quarz* bestehende Bindungsmasse mit den Körnern vermischt im Ofen gesintert. Dabei entstehen Hohlräume durch Schwinden der Bindungsmasse; die Schleifkörper werden porös.

*Bindungen mit Magnesit* sind gegen Nässe empfindlich. *Elastische Bindungen mit Kunstharz oder Gummi* sind gegen Stoß unempfindlich.

**Schleifkörpergefüge** nennt man den räumlichen Aufbau der Schleifkörper. Die als Spankammern dienenden Porenräume müssen den auf dem Zerspanungsweg abgeschnittenen Spänen genügend Platz bieten. Die Größe der Porenräume, die Spanzustellung und die Länge des Zerspanungsweges müssen so aufeinander abgestimmt sein, daß die Späne locker in den Porenräumen liegen und durch die auftretende Zentrifugalkraft herausgeschleudert werden. Zu kleine Porenräume werden mit Spänen vollgepreßt, so daß die Schleifkörper blank und stumpf werden. Die Folgen sind ungenaue Bearbeitungsergebnisse, hoher Schleifdruck und Schleifrisse.

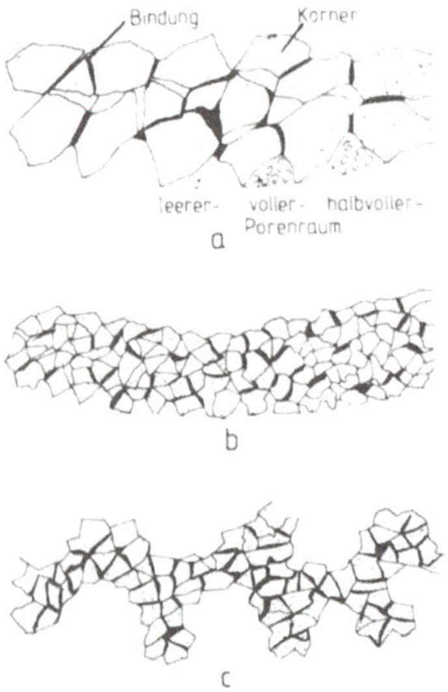


*Bild 6-97 Schleifkörpergefüge*

a) Gefügeaufbau, b) normales,
c) hochporöses Schleifkörpergefüge.

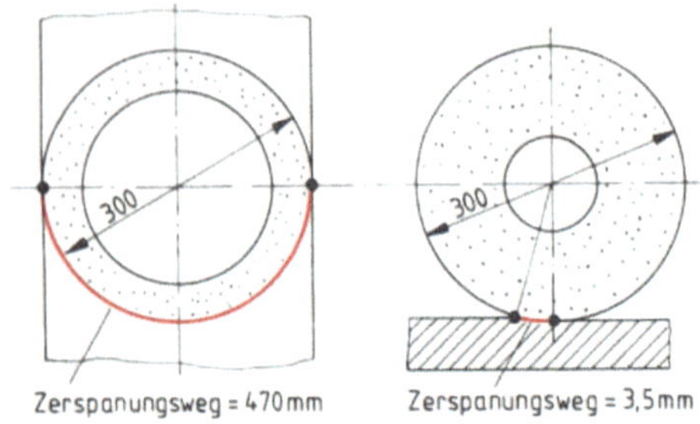


*Bild 6-98 Unterschiedliche Zerspanungswege beim Flachschleifen mit Topf- und Umfangscheibe*

**Härte der Schleifkörper.** Die durch ihre Widerstandsfähigkeit gegen mechanische Kräfte gekennzeichnete Härte der Schleifkörper ergibt sich aus der Korn- und Bindungsfestigkeit. Stumpfgewordene Schleifkörner müssen sich durch den erhöhten Schleifdruck lösen, damit die dahinterliegenden scharfen Körner zum Schnitt kommen.

Bezeichnung eines geraden Schleifkörpers von Außendurchmesser D = 250 mm, Breite B = 25 mm, Bohrung d = 76 mm (nach DIN 69 120), Schleifmittel Normalkorund (NK, Körnung 46, Härte M, Gefüge mittel (4), Bindung keramisch (Ke):
Schleifkörper 250 X 25 X 76 DIN 69120 NK 46 M 4 Ke

*Tabelle 6-16*
Schleifscheibenbezeichnung nach DIN 69 100

B 100 X 6 X 20 DIN 69149 | EK | 80 | Jot | 8 | Ke

| Schleifscheiben-Abmessungen Außen ∅ D X Breite B X Bohrung d DIN 69149 | Bindung |
|---|---|
| Form A D X B X d<br>B<br>BH<br>C<br>D<br>E<br>F<br>G | Keramisch = Ke<br>Kunstharz = Ba<br>Gummi = Gu<br>Silikat = Si<br>Magnesit = Mg<br>Öl = Ol<br>Naturharz = Nh |

| Schleifmittel | Körnung | Härtegrad | Gefüge |
|---|---|---|---|
| Normalkorund = NK | Sehr grob 8 10 12 | Sehr weich E F G | Sehr dicht 0 und 1 |
| Halbedelkorund = HK | Grob 14 16 20 24 | Weich H I Jot K | Dicht 2 und 3 |
| Edelkorund = EK | Mittel 30 36 46 50 60 | Mittel L M N O | Mittel 4 und 5 |
| Korund (schwarz) = KS | Fein 70 80 90 100 120 | Hart P Q R S | Offen 6 und 7 |
| Naturkorund = KO | Sehr fein 150 180 200 220 240 | Sehr hart T U V W | Sehr offen 8 und 9 |
| Siliciumkarbid = SC | Staubfein 280 320 400 500 600 | Äußerst hart X Y Z | |
| Schmirgel = SL | | | |
| Diamant = DT | | | |

Ein Schleifkörper arbeitet zu hart, wenn sich die stumpfen Körner nicht rechtzeitig aus der Bindung herauslösen, so daß der Schleifkörper blank und stumpf wird; er arbeitet zu weich, wenn sich die Körner vorzeitig aus der Bindung lösen. Schleifkörper wirken bei Erhöhung der Schnittgeschwindigkeit härter, bei Erniedrigung der Schnittgeschwindigkeit weicher.

Die Leistung der Schleifkörper ist durch das Zusammenwirken von Körnung, Bindemittel, Porenraum, Länge des Zerspanungsweges und Schnittgeschwindigkeit bestimmt.

Jeder Schleifkörper ist mit einem Etikett (Bild 6-99) versehen. Es enthält Angaben über Maße, Qualität, Körnung, Härte, Bindung und Gefüge der Schleifkörper.

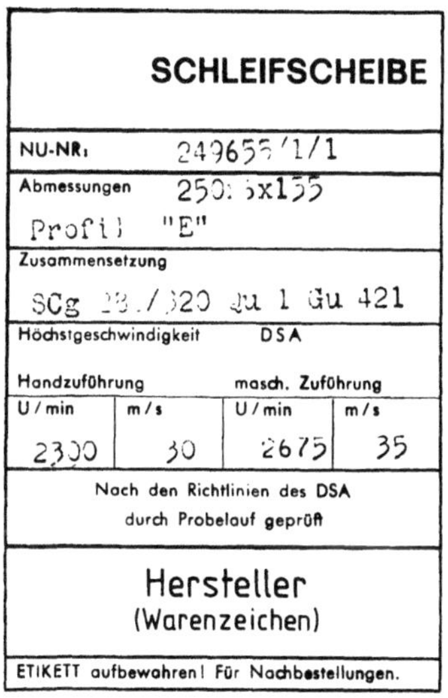


*Bild 6-99 Schleifkörperetikett*

Durch zusätzliche diagonale Farbstreifen auf dem Etikett und auf dem Schleifkörper sind zu kennzeichnen:

*blau* bei Schleifkörpern für . . . . . . . 45 m/s
*gelb* bei Schleifkörpern für . . . . . . . 60 m/s
*rot* bei Schleifkörpern für . . . . . . . 80 m/s
*grün* bei Schleifkörpern für . . . . . . . 100 m/s

Zwei parallel verlaufende Diagonalfarbstreifen, je 5 mm breit, in den nachstehend genannten Farben

*grün/blau* bei Schleifkörpern für . . . . 125 m/s

**Schleifkörper mit Hochleistungsschleifmitteln**

Diese Schleifkörper bestehen aus Al- oder Stahlscheiben, auf die 1... 3 mm dicke CBN- oder Diamant-Schleifbeläge aufgesintert werden.

Die meist metallumhüllten Körner der Schleifbeläge sind in allen nach FEPA (Federation Europeene des Fabricants de Produits abrasifs) festgelegten Korngrößen verfügbar und in Metall-, Kunstharz- oder Keramikbindungen eingebettet.

Die wichtigsten Kennzeichen der Schleifbeläge sind ihre **Diamant-** oder **CBN-Konzentrationszahlen,** die angeben, wieviel Karat Diamant oder CBN in den Schleifbelägen enthalten sind. Dafür wurde folgender Basiswert festgelegt:

Konzentration 100 = 4,4 Karat/cm$^3$ Belagvolumen

▶ **Beispiele:**

Konzentration 25 = 1,1 Karat/cm$^3$
Konzentration 50 = 2,2 Karat/cm$^3$
Konzentration 75 = 3,3 Karat/cm$^3$
Konzentration 150 = 6,6 Karat/cm$^3$
Konzentration 175 = 7,7 Karat/cm$^3$

Von der Konzentration und damit vom Schleifmittelgehalt hängt der Preis der Schleifscheibe ab. Da jedoch die Konzentration entscheidenden Anteil am Schleifverhalten und an der Standzeit einer Scheibe hat, muß die Konzentration stets den geforderten oder gegebenen Bedingungen angepaßt werden. Viele Faktoren wie Scheibentype, Belagbreite, Korngröße, zu schleifender Werkstoff, Abtragsleistung und Maschinendaten sind zu berücksichtigen.

**Geringe bis mittlere Konzentration.** Allgemein bei Kunstharzbindungen, bei feinen und mittleren Körnungen, bei großen Scheiben und breiten Belägen, zur Erzielung großer Abtragsleistungen, damit genügend Spanraum zwischen den Schleifmitteln verbleibt.

**Mittlere und hohe Konzentration.** Allgemein bei Metallbindungen, bei mittleren und groben Körnungen, bei Profilscheiben und kantenfesten Scheiben, bei schmalen Belägen mit geringer Kontaktfläche, bei Scheiben, welche stark bindungsverschleißenden Werkstoffen ausgesetzt sind.

Die Art, Konzentration und Größe der Körner bestimmen neben der zugehörigen Bindungsart die Anwendungsgebiete der Schleifkörper mit Hochleistungsschleifmitteln. Diese Körnungscharakteristika werden von den Herstellern mit Kurzzeichen gekennzeichnet, z.B. **CDA**, Diamantkörnung, für das Schleifen von Hartmetallen; **ABN 360**, Bornitridkörnung mit Nickelummantelung, für das Schleifen von Schnellarbeitsstahl, Ni-, Cr- und Ti-Legierungen und Gußeisen.

**Aufspannen der Schleifscheiben**

Vor dem Aufspannen sind die Schleifscheiben freischwebend einer Klangprobe zu unterziehen; unbeschädigte Schleifscheiben geben beim leichten Anschlagen einen reinen Ton.

Das Festspannen auf der Schleifwelle erfolgt mit sog. Schleifscheibenaufnahmen nach DIN 6375.

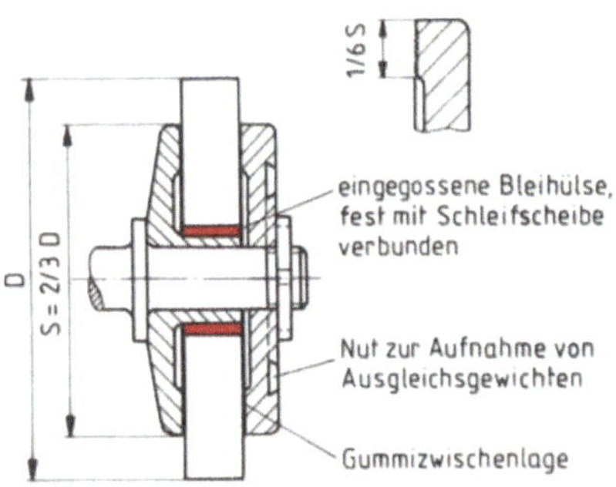


*Bild 6-100 Aufspannen der Schleifscheiben*

Schleifscheibe und Spannflansch müssen ohne Zwang gefügt werden.

**Auswuchten der Schleifscheiben**

Auch nach sorgfältigem Montieren bleibt ein kleines Übergewicht an irgend einer Stelle der Schleifscheibe, eine Unwucht, die durch Auswuchten zu beseitigen ist.

Nicht ausgewuchtete Schleifscheiben können während des Schleifens zerspringen und schwere Unfälle verursachen; sie bringen die Schleifmaschine ins Schwingen und erzeugen unebene Werkstückoberflächen.

Schleifscheiben werden durch Verschieben der Ausgleichsgewichte im Schleifscheibenflansch ausgewuchtet.

Zum Einstellen der Ausgleichsgewichte werden Lage und Größe der Schleifscheibenunwucht auf einer Wuchtwaage (Bild 6-102) bestimmt.

Zuerst werden die Ausgleichsgewichte gleichmäßig verteilt (Bild 6-101a) und der Wiegerahmen in O-Stellung gebracht. Dann wird der Prüfdorn mit der Schleifscheibe auf den Wiegerahmen gelegt. Nach leichtem Drehen der Schleifscheibe pendelt die Stelle ihrer Unwucht an der tiefsten Stelle, also unter dem Zeiger ein. Die Lage der Unwucht wird auf der Schleifscheibe markiert.

Zur Bestimmung der Größe der Unwucht wird der markierte Unwuchtpunkt der Schleifscheibe unter die Zeigerspitze (Bild 6-102), d.h. in eine durch die Drehachse gehende waagerechte Ebene gedreht. Dann wird der Wiegerahmen durch Verschieben des Laufgewichtes (Bild 6-103) ins Gleichgewicht gebracht und die Größe der Unwucht als Drehmoment am Gerät abgelesen.

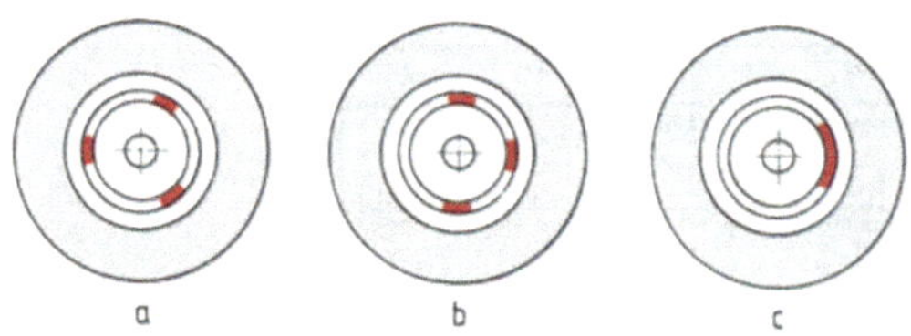


*Bild 6-101 Wirkung der Ausgleichsgewichte*

a) ohne Wirkung,
b) nur ein Gewicht ist wirksam,
c) größtmögliche Wirkung.

*Bild 6-102 Wuchtwaage für Schleifscheiben kleiner und mittlerer Abmessungen*

Für größere Scheiben dynamische Auswuchtmaschinen (wie bei Autoreifen).

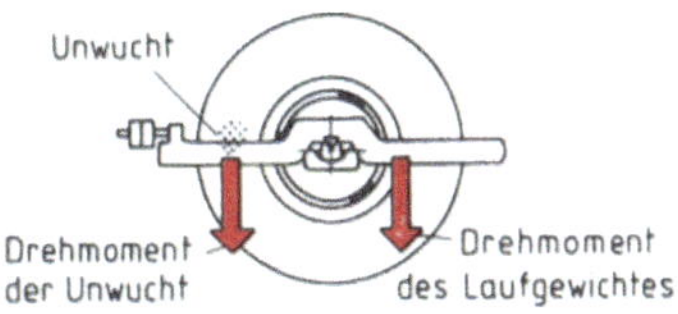


*Bild 6-103 Wiegerahmen im Gleichgewicht*

Drehmoment der Unwucht = Drehmoment des Laufgewichtes.

**Berechnung der Einstellwinkel für die Ausgleichsgewichte**

*M* abgelesene Unwucht,
*G* Gewicht von einem Gegengewicht,
*r* Radius der Ringnutenmitte.

Einstellwinkel bei kleineren Unwuchten (Bild 6-104a):

$$M = G \cdot r - 2 \cdot G \cdot 1; \qquad 1 = r \cdot \cos\alpha;$$

$$M = G \cdot r - 2 \cdot G \cdot r \cdot \cos\alpha; \qquad \cos\alpha = \frac{G \cdot r - M}{2 \cdot G \cdot r}$$

Einstellwinkel bei größeren Unwuchten (Bild 6-104b):

$$M = G \cdot r + 2 \cdot G \cdot 1; \qquad 1 = r \cdot \cos\beta;$$

$$M = G \cdot r + 2 \cdot G \cdot r \cdot \cos\beta;$$

$$\cos\beta = \frac{M - G \cdot r}{2 \cdot G \cdot r}$$

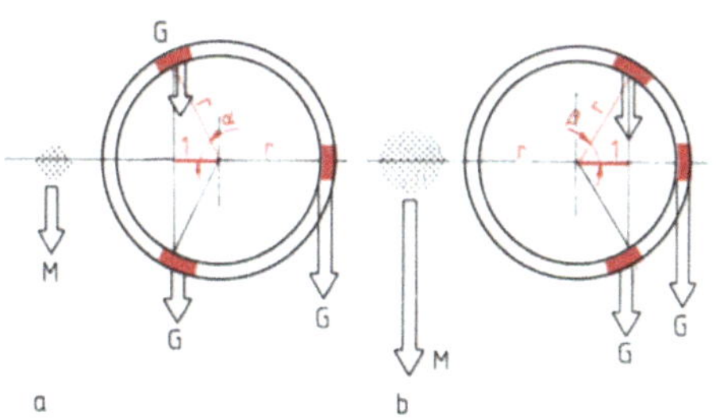


*Bild 6-104 Einstellwinkel für die Ausgleichsgewichte*

**Abrichten**

Schleifscheiben sind nur beschränkt selbstschärfend. Sie werden durch Abrichten, d.h. Bearbeitung umlaufender Scheiben mit Abrichtdiamanten oder anderen Abrichtgeräten (Bild 6-105) schneidfähig und rundlaufend erhalten.

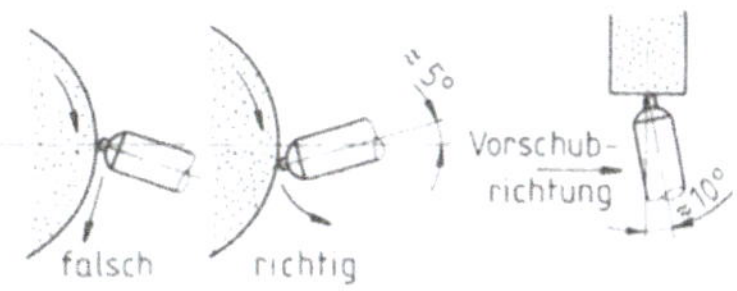


*Bild 6-105 Einstellwinkel des Diamanten beim Planabrichten*

**Schleifverfahren und Schleifmaschinen**

Nach Lage und Form der zu bearbeitenden Fläche am Werkstück unterscheidet man **Rund-** und **Flachschleifen.**

*Bild 6-106 Abschräg- und Planabrichtgerät für Außenschliff*

Das Gerät dient zum Abrichten der Schleifscheiben. Das Oberteil läßt sich seitenvertauscht in seiner Halterung einsetzen, so daß das Abrichten der Schleifscheiben auch auf beiden Seiten möglich ist.

*Bild 6-107 Automatische Universal-Rundschleifmaschine*

**Außenrundschleifen**

Beim Vorschubverfahren (Längsschleifen) (Bild 6-108a) macht der Tisch mit dem sich drehenden Werkstück eine hin- und hergehende Bewegung, die Schleifscheibe führt die Schnitt- und Zustellbewegung aus. Das Verfahren eignet sich für lange Werkstücke, z.B. Wellen.

*Beim Einstechverfahren* nach Bild 6-108b erfolgt eine geringe, nach Bild 6-108c keine hin- und hergehende Bewegung. Dieses Verfahren ist für die Serienfertigung von Werkstücken bis zu 300 mm Länge geeignet.

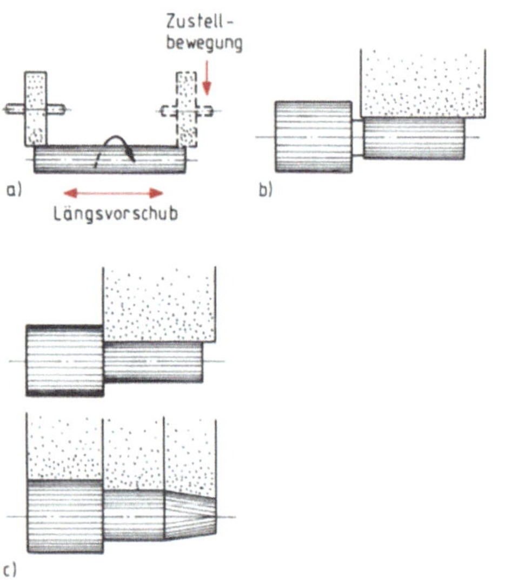


*Bild 6-108 Außenrundschleifen*

a) Vorschubverfahren,
b) Einstechverfahren, 2–3 mm hin- und hergehende Bewegung von Tisch oder Schleifscheibe,
c) Einstechverfahren ohne hin- und hergehende Bewegung.

*Beim Spitzlos-Schleifen* wird das Werkstück nicht zwischen Spitzen, sondern frei zwischen zwei Schleifscheiben und von einer Führungsleiste gehalten. Durch ihre niedrige Drehzahl, 10–70 Umdrehungen/min, bremst die kleine Scheibe die Umlaufgeschwindigkeit des Werkstückes. Dadurch entsteht die spanabhebende Arbeit der mit 1500 bis 2500 Umdrehungen/min umlaufenden großen Schleifscheibe (Bild 6-109a).

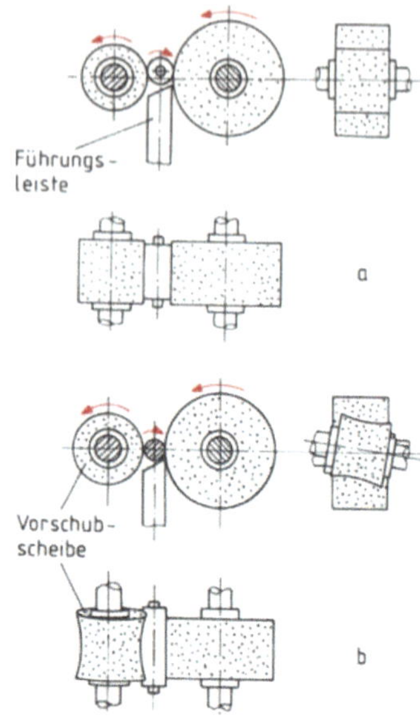


*Bild 6-109 Spitzenlos-Schleifen*

a) Für zylindrische Werkstücke mit Ansätzen,
b) für zylindrische Werkstücke ohne Ansätze. Die schräg gestellte Regulier- oder Vorschubscheibe bewirkt den Vorschub des Werkstückes.

*Vorteile:* Kein Durchbiegen des Werkstückes, keine Aufspannarbeit.

*Anwendung:* Für Genauigkeitsschliff in der Serienfertigung.

**Innenrundschleifen**

*Innenschleifmaschinen* dienen zum Schleifen von Bohrungen in Werkstücken, die beim Schleifen umlaufen können (Bild 6-110). Der Schleifscheibendurchmesser beträgt etwa 4/5 des Bohrungsdurchmessers.

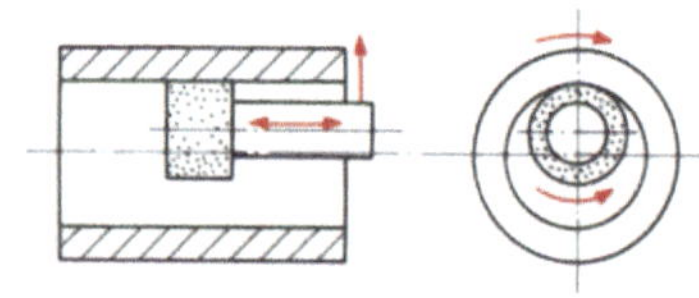

*Bild 6-110 Innenschleifen am umlaufenden Werkstück*

*Innenschleifmaschinen mit Planetenspindel* werden zum Schleifen von Bohrungen in sperrigen Werkstücken verwendet, die keine Drehbewegung ausführen können. Die Schleifscheibe führt alle erforderlichen Bewegungen aus, während das Werkstück still steht (Bild 6-111).

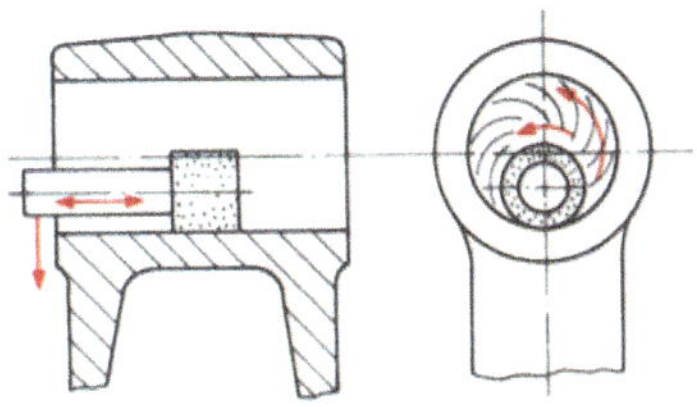

*Bild 6-111 Innenschleifen am stillstehenden Werkstück*

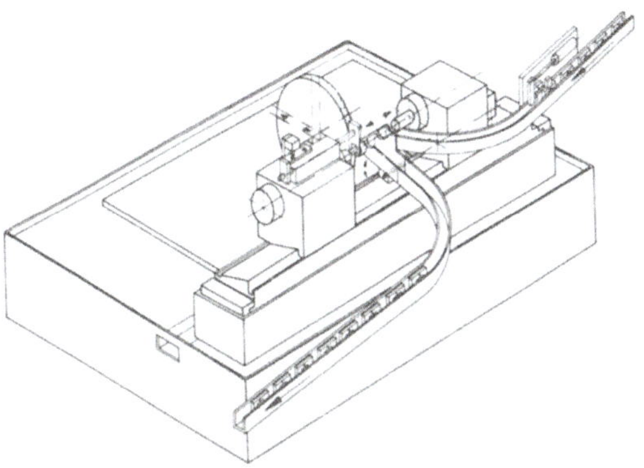

*Bild 6-112 Automatische Werkstück-Zu- und -Abfuhr an einer Schleifmaschine* (schematisch)

**Flachschleifen**

Flachschleifen dient zum Schleifen ebener Flächen durch Stirn- oder Umfangsschliff (Bild 6-113). Hinsichtlich der Schleifzeit ist das Stirnschleifen mit Segmenten oder Topfscheiben dem Umfangsschleifen überlegen (Bild 6-116). Jedoch können durch Stirnschleifen nur ebene Flächen, durch Umfangsschleifen auch abgesetzte Flächen geschliffen werden. Die Oberflächen weisen beim Umfangsschleifen parallele, aussetzende Rillen, beim Stirnschleifen gekurvte Rillen auf, die sich kreuzen können (Bild 6-116).

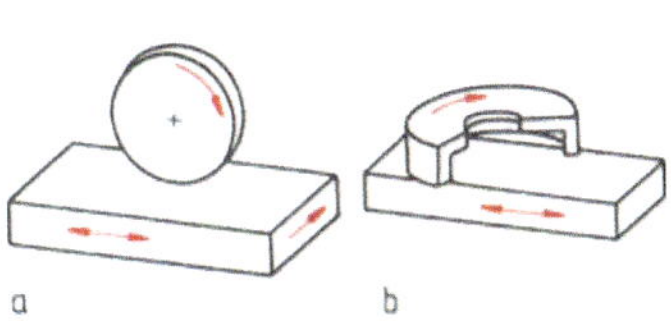


*Bild 6-113 Flachschleifen*

a) Umfangsschleifen,
b) Stirnschleifen.

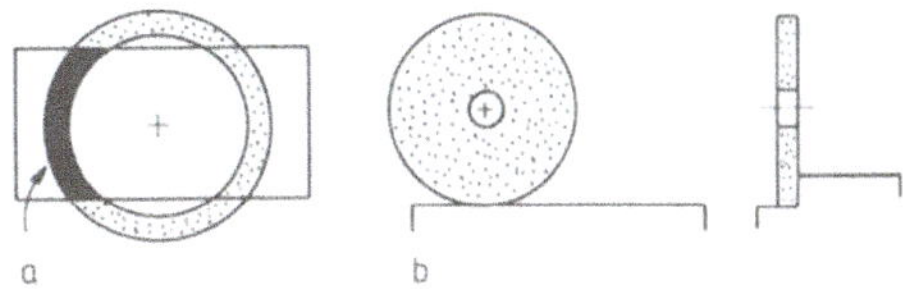


*Bild 6-114 Angriffsflächen beim Stirn- und Umfangsschleifen*

a) Große,
b) kleine Angriffsflächen.

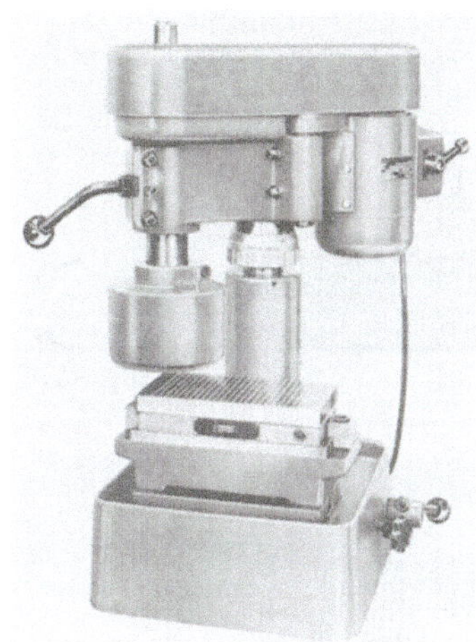

*Bild 6-115 Nach dem Stirnschleifen arbeitende Flächenschleifmaschine mit Magnetspannplatte*

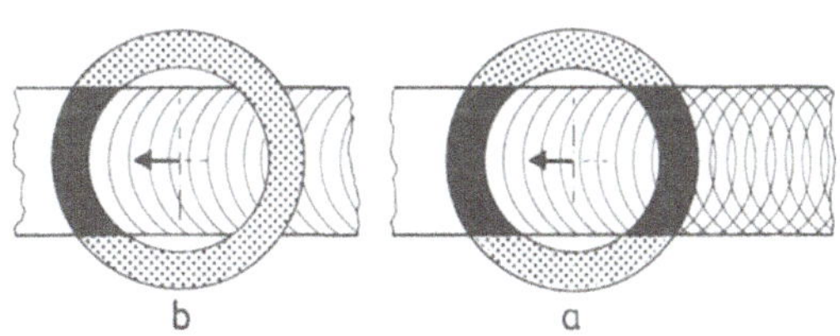


*Bild 6-116 Kreuz- und Strahlenschliff*

a) Kreuzschliff, Schleifspindel steht senkrecht zur Arbeitsfläche, ebene Flächen,
b) Strahlenschliff, Schleifspindel steht etwas schräg zur Arbeitsfläche, geringer Hohlschliff, für das Vorschleifen bevorzugt.

> Umfangs-/Peripherieschleifen für hohe Oberflächengüte. Kreuzschliff für Ebenheit mit geringer Oberflächengüte.

**Feinschleifen**

Feinschleifen (sog. Spiegelschliff mit $R_t$ unter 0,1 $\mu$m) ist Schleifen mit geringer Zerspanleistung, Schleifkorn unter Nr. 500 und gereinigtem Kühlwasser. Es wird angewandt, wenn Oberflächengüte und Toleranzen durch normales Schleifen nicht erreicht werden, z.B. bei Kolben für Einspritzpumpen.

**Gewindeschleifen**

Das Gewindeschleifen dient zur Herstellung von Genauigkeitsgewinden, z.B. bei Gewindebohrern und Meßschrauben und von Gewinden auf harten Werkstücken.

**Arbeitsverfahren**

*Das Längsschleifen mit Einprofilscheibe* wird zur Herstellung von Genauigkeitsgewinden angewendet. Die Schleifscheibe ist dabei um den mittleren Steigungswinkel des Gewindes geneigt (Bild 6-78).

*Beim Längsschleifen mit Mehrrillenscheiben* wird die Schleifarbeit auf mehrere Schleifrippen verteilt. Daher ist dieses Verfahren leistungsfähiger als das Schleifen mit Einprofilscheiben. Für die Herstellung von Gewinden mit sehr kleinen und großen Steigungen ist dieses Verfahren jedoch nicht geeignet.

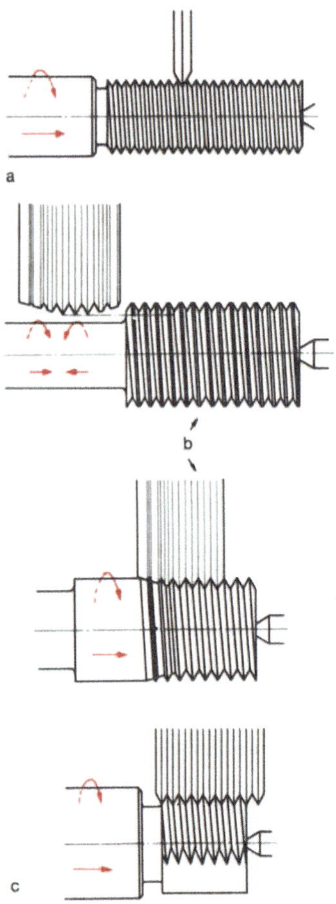


*Bild 6-117*
*Gewinde-Schleifverfahren*
(schematisch)

a) Längsschleifen mit Einprofilscheibe,
b) Längsschleifen mit Mehrrillenscheibe,
c) Einstechschleifen mit Mehrrillenscheibe.

*Bild 6-118*
*Schneckenschleifen mit einprofiliger Schleifscheibe*

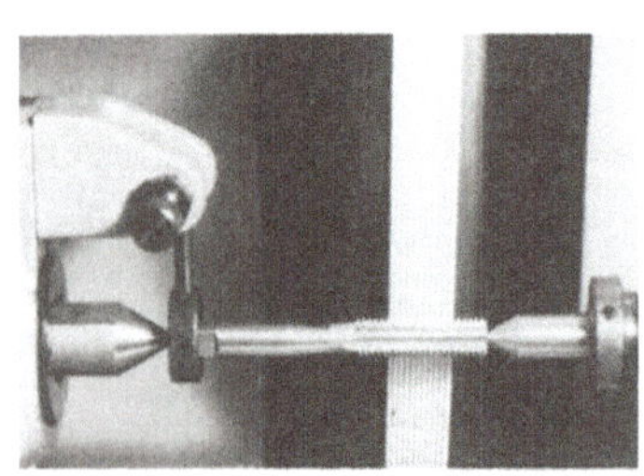

*Bild 6-119*
*Gewinde-Längsschleifen mit Mehrrillenscheibe*

*Das Einstechschleifen mit Mehrrillenscheiben* ist das leistungsfähigste Gewindeschleifverfahren. Das Gewinde ist nach etwas mehr als einer Werkstückumdrehung fertig. Bei höheren Anforderungen an die Genauigkeit wird nach diesem Verfahren vorgeschliffen und mit der Einprofilscheibe nachgeschlichtet.

### Kühlen

Trockenschliff ist Schleifen ohne, Naßschliff ist Schleifen mit Zufuhr von Kühlflüssigkeit.

**Trockenschliff** wird angewendet beim Grob- und Schruppschleifen, Abgraten und Flachschleifen mit Schleifsegmenten.

Beim Trockenschliff muß der gesundheitsschädliche Schleifstaub abgesaugt werden.

Bei Preßluftkühlung wird der Schleifstaub vom Luftstrom abgeführt. Bei längerem Schruppen und Innenschleifen ohne Kühlung können die Schleifscheiben zerspringen.

**Naßschliff** ist überall anzuwenden, wo es angängig ist. Dünnwandige Werkstücke, enge Toleranzen und Werkzeugschleifen erfordern Naßschliff.

Als Kühlflüssigkeit wird meist Wasser mit Soda, Borax und Schmierseife verwendet. Ein für alle vorkommenden Fälle geeignetes Kühlmittel gibt es nicht.

### Regeln zur Unfallverhütung beim Schleifen

Maßgebend ist die Unfallverhütungsvorschrift VBG 7 n 6; Schleifkörper, Schleif- und Poliermaschinen.

Es dürfen nur Schleifkörper verwendet werden, die vorschriftsmäßig gekennzeichnet sind (Hersteller, Bindung, Abmessungen, zul. Umdrehungszahl).

Schleifkörper dürfen nur bis zu der auf dem Etikett angegebenen Höchstumfangsgeschwindigkeit (-drehzahl) betrieben werden.

Schleifmaschinen müssen mit nachstellbaren Schutzhauben aus zähem Werkstoff ausgerüstet sein. Sie dürfen nur den für die Arbeit benötigten Teil des Schleifkörpers freilassen. Die Schutzhauben sind entsprechend der Schleifscheibenabnutzung nachzustellen, so daß der Abstand zwischen Haube und Schleifkörper höchstens 5 mm beträgt.

Bei Schleifböcken müssen nachstellbare Werkstückauflagen vorhanden sein. Der Abstand zwischen Auflage und Schleifkörper darf höchstens 3 mm betragen (Bild 6-120).

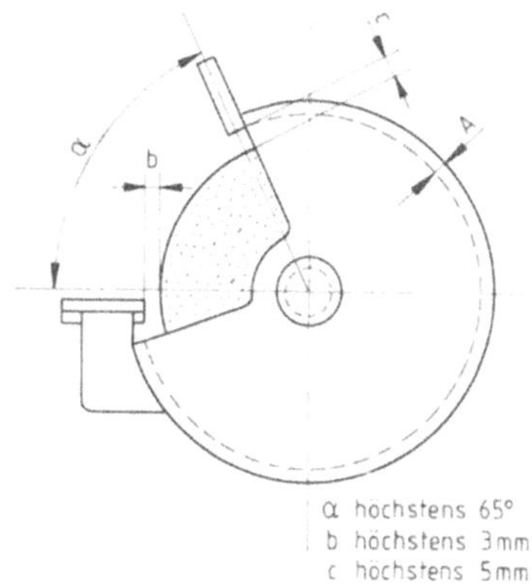


*Bild 6-120 Beispiel einer Schutzhaube für Werkstattschleifmaschinen (Schleifböcke)*

Vor jedem Aufspannen sind die Schleifkörper frei schwebend, an mehreren Stellen, einer Klangprobe zu unterziehen.

Beim Aufspannen müssen sich die Schleifkörper von Hand leicht und ohne Gewalt aufschieben lassen.

Nach jeder neuen Aufspannung ist der Schleifkörper einem Probelauf, von mindestens 5 Minuten Dauer, mit der vollen Betriebsgeschwindigkeit zu unterziehen. Während dem Probelauf ist der Gefahrenbereich abzusperren.

Bei Trockenschliff *müssen* Schutzbrillen getragen werden.

Schleifkörper, die mit Kühlschmierstoff betrieben werden, sind vor dem Abstellen auszuschleudern. Erst den Kühlschmierstoff, dann die Schleifmaschine abschalten!

Bei Innenschleifmaschinen muß der Schleifkörper während des Ein- und Ausspannens des Werkstückes und beim Messen durch eine klapp- oder schwenkbare Schutzvorrichtung gegen Berühren gesichert sein.

### Honen

Honen ist Spanen mit Schleifkörpern, sog. Honsteinen, zur Verbesserung von Maß, Form und Oberfläche vorgearbeiteter Werkstücke.

Vorwiegend werden Honsteine mit Korngrößen von 300 bis 600 und keramischer Bindung verwendet, die von einer Honahle gehalten werden. Der Honahlendurchmesser ist verstellbar. Honwerkzeuge sind *kraft-* oder *formschlüssig*.

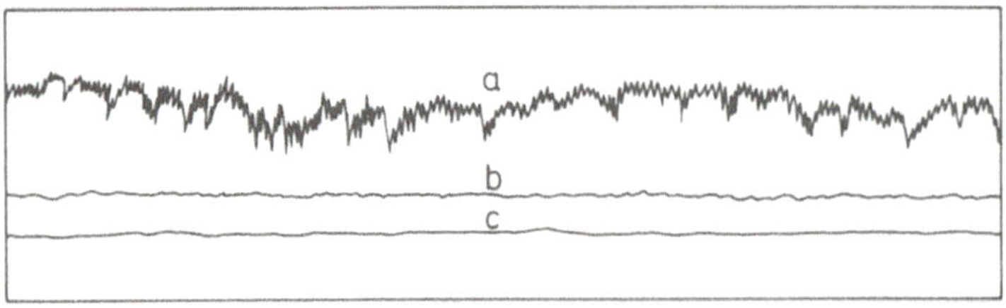


*Bild 6-121*
*Oberflächenrauheit einer gehonten Motorachse*
a) Vor dem Honen,
b) nach dem Vorhonen,
c) nach dem Fertighonen.

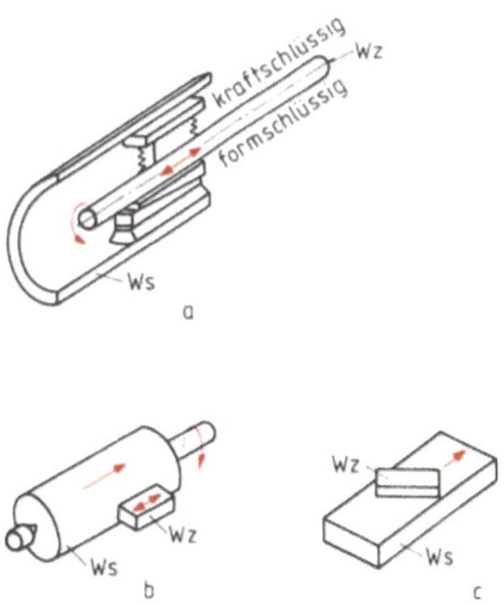


*Bild 6-122 Honverfahren*
a) Lang-(hub)honen, Innenhonen,
b) Kurz-(hub)honen, Ws Werkstück,
c) Flachhonen. Wz Werkzeug.

**Kraftschlüssige Honwerkzeuge** verbessern die Oberflächen der Werkstücke, beseitigen z.B. Vorschubspuren und Rattermarken.

**Formschlüssige Honwerkzeuge** verbessern die Oberfläche und die Form der Werkstücke, beseitigen z.B. Rattermarken und Unrundheit.

**Der Honvorgang** besteht aus einer Drehbewegung und einer hin- und hergehenden Längsbewegung unter reichlicher Bespülung mit Petroleum. Die erzielten Oberflächen weisen parallele, sich kreuzende Rillen auf. Je nach Umkehrweglänge von Werkzeug bzw. Werkstück unterscheidet man:

**Langhubhonen** (bisher Honen, Ziehschleifen).

**Kurzhubhonen** (bisher Feinhonen, Superfinish, Feinziehschleifen, Schwingschleifen).

Je nach Form und Lage der Bearbeitungsstelle am Werkstück und den Möglichkeiten der Maschine unterscheidet man u.a.:

**Innenhonen, Außenhonen, Flachhonen**

Durch Honen wird das Oberflächengebirge der Werkstücke mit geringem Kraftaufwand sanft abgetragen, so daß unbeschädigte Werkstückoberflächen mit hohem Widerstand gegen plastische Verformung entstehen.

Gehonte Werkstückoberflächen sind als Gleitflächen besonders gut geeignet.

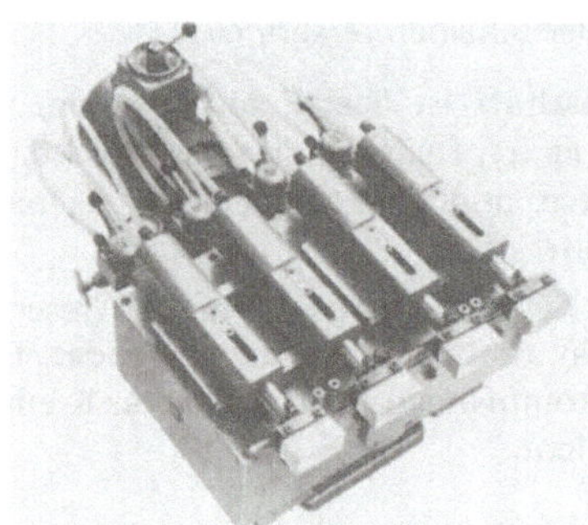

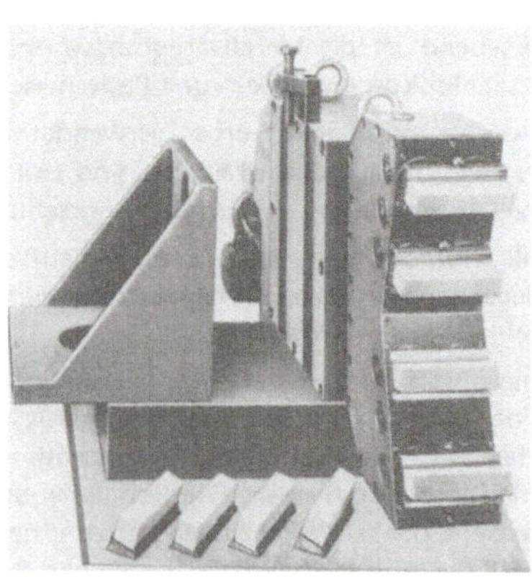

*Bild 6-123 Hon-Anbaugeräte, die z.B. auf den Quersupport einer Drehmaschine aufgesetzt werden können*

**Honwerkzeuge** können auf Dreh- und Bohrmaschinen eingesetzt werden. Bei größeren Stückzahlen werden Honmaschinen verwendet. Nahezu alle Werkstückstoffe können mit Honwerkzeugen bearbeitet werden.

## Läppen

Läppen ist Spanen mit losem, in einer Paste oder Flüssigkeit verteiltem Korn und dient der Verbesserung von Form, Maß, Lage und Oberfläche vorgearbeiteter Werkstücke.

Die Spanabnahme erfolgt durch eine vielfach überlagerte Bewegung zwischen Werkstück und Gegenstück. Als Gegenstücke dienen Läppscheiben oder zylindrische Läpphülsen meist aus Gußeisen.

Man unterscheidet **Formläppen** (Außen-, Innen-, Kugel- und Flachläppen) und **Einläppen.**

**Beim Formläppen** wird die Form des Gegenstückes auf das Werkstück übertragen.

**Beim Einläppen** verbessern sich Gegen- und Werkstück gegenseitig, so daß hohe Formgenauigkeiten erzielt werden.

*Bild 6-124 Läppvorgang*

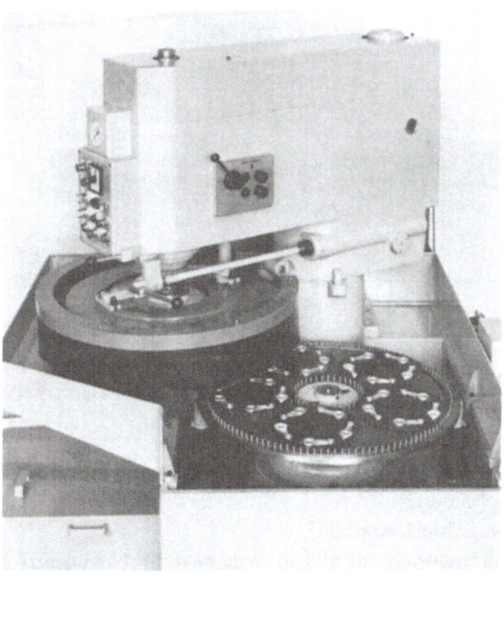

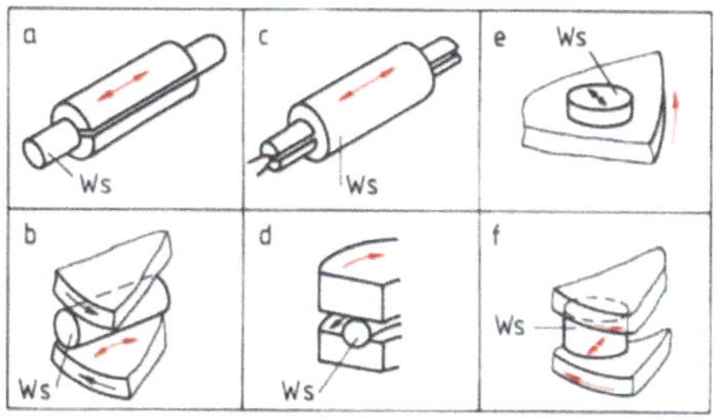


*Bild 6-126 Läppen*

a) Außenrundläppen mit Flächenberührung,
b) Außenrundläppung mit Linienberührung,
c) Innenrundläppen,
d) Kugelläppen,
e) Flachläppen,
f) Planparallelläppen.
Ws = Werkstück.

Durch Läppen werden Oberflächengüten von $R_t = 0{,}1\ \mu m$ erreicht und Maße und Form der Maschinenteile so verbessert, daß das Einlaufen der Maschinenteile entfällt.

**Feinläppen** ist Läppen von sorgfältig vorgearbeiteten Werkstücken mit besonders feinem Korn.

### Läppverfahren, die nur zum Verbessern der Oberflächen vorgearbeiteter Werkstücke dienen

Die wichtigsten Verfahren sind *Strahl-, Tauch-* und *Schwingläppen.* Sie werden mit Wasser-Läppkorn-Gemischen, sog. Läppgemischen, durchgeführt.

**Strahlläppen.** Das Läppgemisch wird mit hoher Geschwindigkeit gegen die Werkstückoberfläche geschleudert. Sobald die Fläche eingeebnet ist, prallt das Läppgemisch wirkungslos ab.

*Anwendung:* bei Werkstücken mit komplizierten Formen, z.B. Gesenken.

*Bild 6-125 Hydraulische Zweischeiben-Läppmaschine*

Die Werkstücke werden in die auf der unteren Scheibe befestigten Läppkäfige eingelegt. Ober- und Unterscheibe drehen sich meist gegenläufig. Die Oberscheibe kann hydraulisch zur Seite gedreht, gehoben und gesenkt werden. Die hydraulische Betätigung der Oberscheibe ermöglicht ein feinfühliges Einstellen des Arbeitsdruckes.

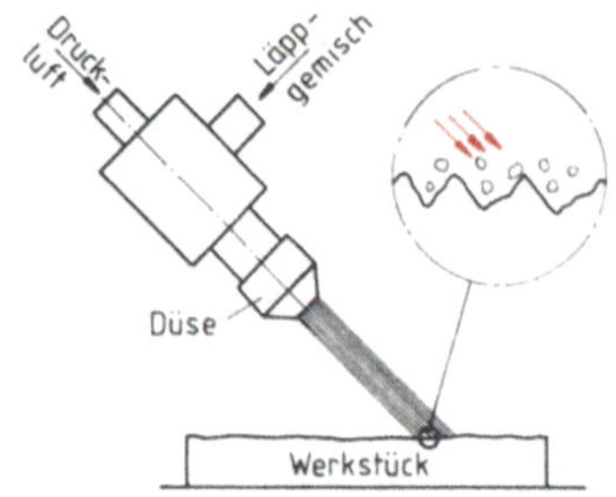


*Bild 6-127*
*Strahlläppen*

*Bild 6-129*
*Schwingläppen*

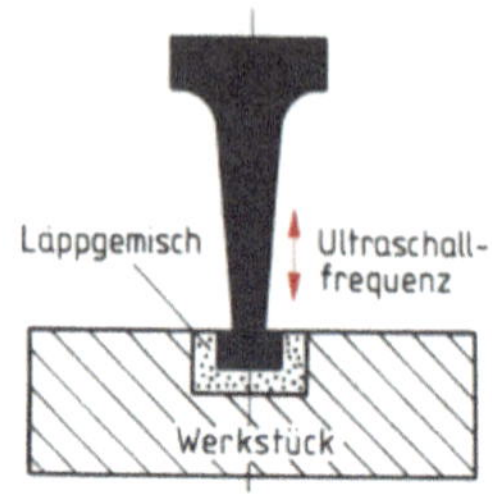


**Tauchläppen.** Durch Drehen der Trommel wird ein Läppgemischstrom erzeugt. Die Werkstücke werden in das strömende Läppgemisch eingetaucht.

*Anwendung:* bei kleinen Werkstücken, z.B. Feingußteilen.

**Schwingläppen,** früher Ultraschall-Verfahren genannt. Die Bewegung zwischen Werkstück und Läppgemisch wird durch Ultraschall erzeugt.

*Anwendung:* bei harten Werkstückstoffen, z.B. Diamant, Hartmetall, Glas.

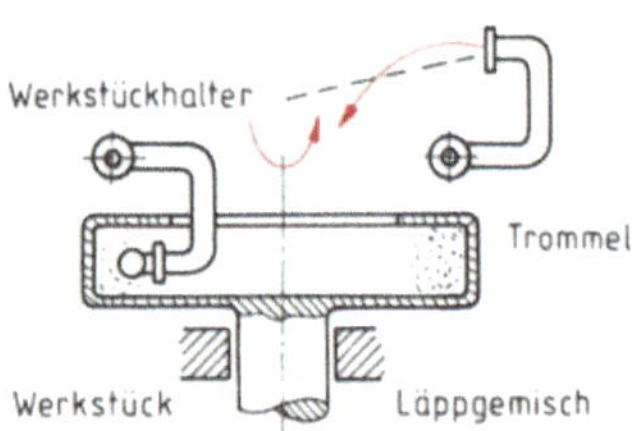


*Bild 6-128*
*Tauchläppen*

**Polieren**

Polieren werden alle Arbeitsverfahren genannt, die zur Erzielung von Hochglanz dienen; eine Verbesserung von Maß und Form der Werkstücke wird dadurch nicht erreicht. Das Polieren einer Fläche kann durch Niederdrücken oder Abschleifen der Unebenheiten geschehen.

Zum Druckpolieren dienen Polierwerkzeuge aus Stahl, Hartholz oder Quarzgestein, die selbst vollkommen glatt sein müssen.

Zum Schleifpolieren verwendet man Diamantstaub, geschlämmten Korund, Eisen-, Chrom- und Aluminiumoxid und Wiener Kalk. Die Schleifmittel werden mit Petroleum oder Öl zu einem dünnen Brei (Schleifpaste) angerührt.

Man unterscheidet: Mattpolitur mit Öl und Schmirgelstaub auf Lederscheiben, Glanzpolitur mit Öl und Polierrot auf Leder- und Filzscheiben, Hochglanzpolitur mit Hochglanzpoliturpaste auf sogenannten Schwabbelscheiben.

**Wiederholungsfragen**

*Herkömmliche Schleifmittel*

1. Welche Schleifmittel gibt es?
2. Woraus ergibt sich die Wirkung der Schleifscheiben?
3. Welche Schleifmittel werden für die Herstellung von Schleifscheiben verwendet?
4. Welcher Zusammenhang besteht zwischen Schleifscheibenkörnung und Oberflächengüte?
5. Worauf bezieht sich die Härteangabe bei Schleifscheiben?
6. Was bedeuten die diagonalen Farbstreifen auf den Schleifscheiben?
7. Warum müssen Schleifscheiben nach dem Aufspannen sorgfältig ausgewuchtet werden?

*Hochleistungsschleifmittel*

1. Welche Hochleistungsschleifmittel gibt es?
2. Wie sind die CBN- und Diamant-Schleifkörper aufgebaut?
3. Was versteht man unter Konzentrationszahlen?
4. Wozu werden die Schleifkörper mit a) CBN-, b) Diamantschleifbelägen verwendet?

*Schleif- und Polierverfahren*

1. Welchen Zweck hat das Schleifen der Werkstücke?
2. Welche Vorteile hat das Spitzlos-Schleifen?
3. Welche Flachschleifverfahren gibt es?
4. Wodurch entstehen a) Kreuz-, b) Strahlenschliff?
5. Wann wird a) Trockenschliff, b) Naßschliff verwendet?
6. Welchen Zweck hat das Honen der Werkstücke?
7. Welche Honverfahren gibt es?
8. Warum muß beim Honen reichlich gespült werden?
9. Wodurch unterscheiden sich Honen, Läppen und Polieren?
10. Welche Läppverfahren dienen a) zur Maß-, Form- und Oberflächenverbesserung der Maschinenteile, b) welche nur zur Oberflächenverbesserung?
11. Wodurch unterscheiden sich Druck- und Schleifpolieren?

# 7 Abtragen

## Elektrisches Abtragen

### Funkenerosionsverfahren

Beim Funkenerosionsverfahren wird durch elektrische Entladungen zwischen Werkstück und Werkzeug Werkstückstoff abgetragen.

Das Werkstück wird *Werkstückelektrode,* das Werkzeug *Werkzeugelektrode* genannt. Über eine transistorgesteuerte elektrische Impulserzeugung werden zwischen den Elektroden Funkenüberschläge erzeugt. Durch die hohe Erwärmung an der Auftreffstelle der Funken wird der Werkstückstoff örtlich abgeschmolzen oder verdampft. Der Elektrodenabstand beträgt dabei etwa 0,05 mm bis 0,5 mm.

*Die Werkzeugelektrode* hat die negative Form der herzustellenden Einsenkung oder des herzustellenden Durchbruches. Als Werkstoff für die Werkzeugelektrode wird vorwiegend Kupfer, Messing und Stahl verwendet.

Werkzeug- und Werkstückelektrode sind während des Arbeitsvorganges von einer elektrisch nicht leitenden Flüssigkeit, einem *Dielektrikum,* z.B. Benzin, Petroleum oder Transformatorenöl, umgeben und umspült.

Aufgabe des Dielektrikums ist es, die abgetragenen Werkstückstoffteilchen wegzutransportieren, die Energie der Funken zu konzentrieren und die Elektroden zu kühlen.

Beim Funkenerodieren wird auch an der Werkzeugelektrode Werkstoff abgetragen. Sie verliert nach einer gewissen Gebrauchsdauer ihre Form und muß laufend überprüft werden. Das Funkenerosionsverfahren wird in erster Linie im Werkzeugbau angewendet, z.B. zum Gravieren von Preß- und Schmiedegesenken und zur Herstellung von genauen Formdurchbrüchen in Schnitt- und Führungsplatten.

Mit dem Funkenerosionsverfahren können alle elektrisch leitenden Werkstückstoffe bearbeitet werden. Ihre Härte spielt dabei keine Rolle.

### Elektrochemisches Abtragen

Elektrochemisches Abtragen erfolgt durch elektrolytische Zerlegung des abzutragenden Werkstückstoffes (Elektrolyse s. Abschnitt 1.1.7).

*Tabelle 7-1*
Elektrochemisches Abtragen

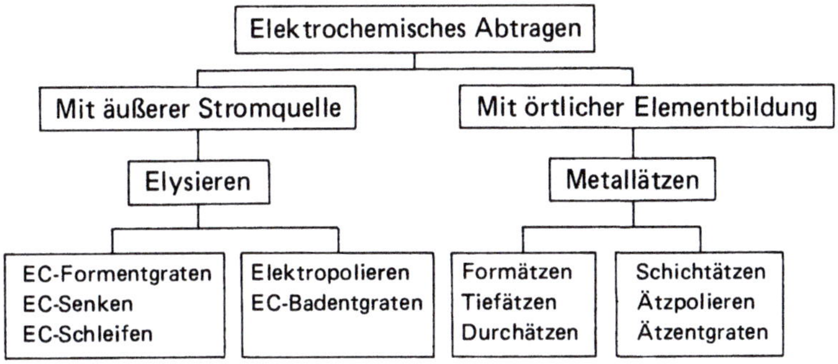


**Elysieren**

Beim Elysieren wird das Werkstück anodisch und das Werkzeug kathodisch an eine äußere Gleichstromquelle angeschlossen. Als Elektrolyt wird eine wäßrige Salzlösung verwendet.

Die positiven Metall-Ionen der Anode (Werkstück) verbinden sich mit den negativen OH-Ionen der wäßrigen Salzlösung.

Es wird also Werkstückstoff abgetragen, dieser scheidet sich aber nicht an der Kathode ab, sondern sinkt im Elektrolyt als unlöslicher Schlamm (Hydroxid) zu Boden.

> Im Gegensatz zum Funkenerosionsverfahren tritt beim Elysieren am Werkzeug (Kathode) kein Verschleiß auf.

Das Elysieren wird in der Serienfertigung hauptsächlich zum Formentgraten schwieriger Teile, zum Formsenken und zum Elysierschleifen eingesetzt.

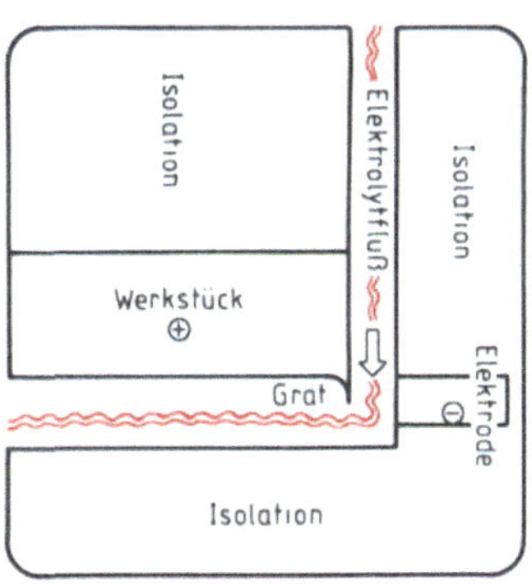


*Bild 7-1 Elektrolytisches Entgraten*

*Beim elektrolytischen Formentgraten* wird das Werkstück in eine isolierte Werkstückaufnahme aus Kunststoff eingelegt, in der die Kathode, das Werkzeug, eingebettet ist. Die Form der Kathode entspricht genau der Kontur des zu entgratenden Werkstückteils. Werkstück und Kathode sind durch einen ungefähr 1 mm breiten Zwischenraum getrennt, durch den der Elektrolyt geführt wird. An allen Stellen, an denen über die Kathode und den Elektrolyten zum Werkstück ein Kontakt besteht, wird dieses entgratet (Bild 7-1).

*Elektrolytisches Senken.* Dieses Verfahren gleicht dem elektrolytischen Entgraten. Die Werkzeugelektrode, die der zu senkenden Formkontur entspricht, folgt dem Abtrag von Werkstückstoff durch einen hydraulischen oder mechanischen Vorschub. Der Abstand zwischen Elektrode und Werkstück bleibt immer gleich (Bilder 7-2 und 7-3).

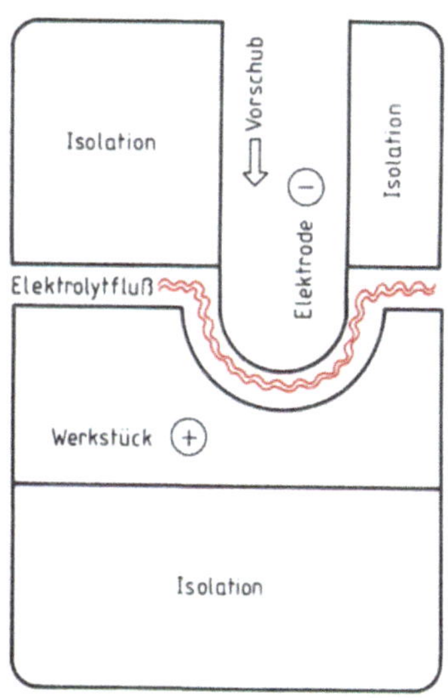


*Bild 7-2 Elektrolytisches Formsenken*

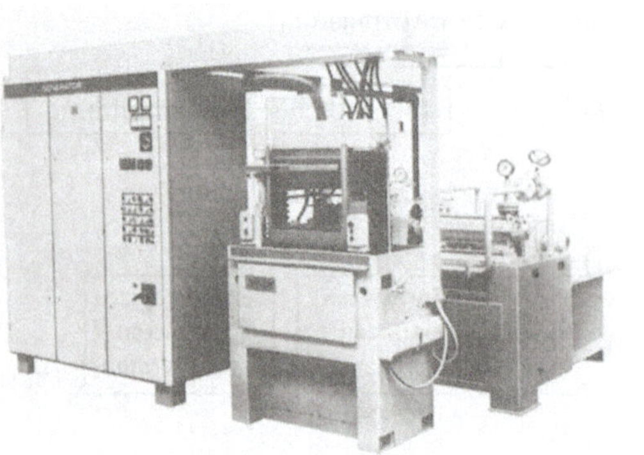

*Bild 7-3 Elektrolytische Senkmaschine*

Mit diesem Verfahren können Nuten, Sacklöcher, Durchbrüche und Außenkonturen mit beliebigem Profil aus dem vollen Material herausgearbeitet werden.

*Das Elysierschleifen* wird vorwiegend zum Schleifen von Hartmetallwerkzeugen verwendet. Es zeichnet sich durch hohe Abtragsleistung aus, ohne daß es zu Schleifrissen kommt.

Beim Elysierschleifen führt die Werkzeugelektrode (Schleifscheibe) eine drehende Hauptbewegung aus.

Entgegen den vorher beschriebenen Elysierverfahren besteht beim Elysierschleifen zwischen den elektrisch nicht leitenden Schleifkörnern, die in elektrisch leitender Bindung eingebettet sind, und dem Werkstück ein Kontakt. Der Raum zwischen Werkzeugbindung und Werkstück ist mit Elektrolytlösung ausgefüllt.

*Das noch neue Elysierhonen* wird wie das Elysierschleifen durchgeführt.

Beim Elysierschleifen und Elysierhonen findet über die elektrisch nicht leitenden Schleif-/Honmittel eine Berührung zwischen Werkstück- und Werkzeugelektrode statt.

*Elektropolieren* und *elektrolytisches Badentgraten* werden angewendet, wenn Feingrate, wie sie beim Stanzen und Schleifen entstehen, entfernt werden müssen, Kanten leicht gerundet und metallische Oberflächen poliert werden sollen.

Damit das Metall möglichst gleichmäßig abgetragen wird, werden die Werkstücke bewegt und der Elektrolyt kräftig umgewälzt (Bild 7-4).

Durch Elysieren können alle elektrisch leitenden Werkstückstoffe unabhängig von ihrer Härte ohne Werkzeugverschleiß bearbeitet werden.

**Metallätzen**

Beim Metallätzen findet der elektrochemische Abtrag von Werkstückstoff durch örtliche Elementbildung mit Hilfe des Elektrolyten zwischen den verschiedenen Legierungselementen des Werkstückstoffes statt.

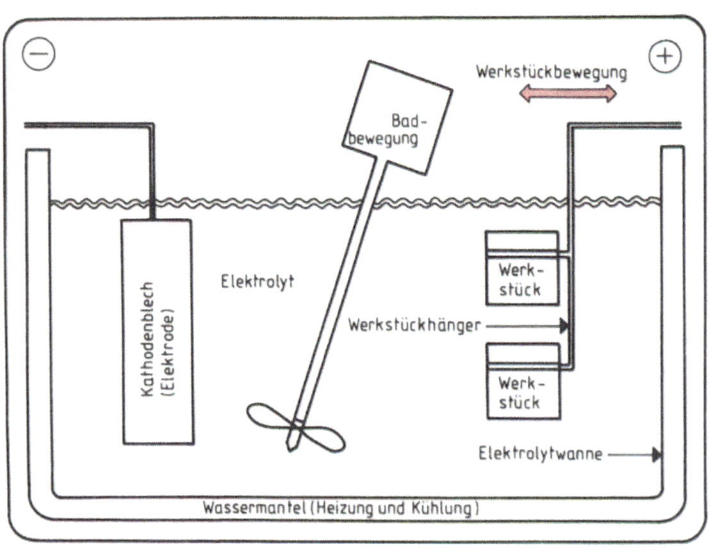


*Bild 7-4*
*Elektrolytisches Badentgraten und Elektropolieren*

Das Metallätzen wird zur Herstellung von Druckstöcken, Klischees und gedruckten Schaltungen für Radio- und Fernsehgeräte angewendet.

Stellen am Werkstück, die nicht geätzt werden sollen, werden vor dem Ätzen mit einer säurebeständigen Schutzschicht abgedeckt. Auf die restliche Fläche wird das Ätzmedium aufgetragen, z.B. Kupferchlorid, Salzsäure, Salpetersäure. Durch örtliche Elementbildung wird an diesen Stellen Werkstückstoff abgetragen. Metalldicken zum Durchätzen sollen 0,8 mm bis 1,0 mm nicht übersteigen. Zum Durchätzen wird das Ätzmedium beidseitig aufgetragen.

**Thermisches Abtragen**

Thermisches Abtragen nennt man das Abtragen von Werkstückstoff durch energiereiche Strahlen.

*Das Abtragen mit Laserstrahlen* ist noch in der Entwicklung. Laserstrahlen sind Lichtstrahlen, die in einem Rubinkristall durch Bündelung verstärkt werden.

Beide Verfahren dienen zur Herstellung feinster Durchbrüche, z.B. in Spinndüsen und Uhrenlagern.

**Wiederholungsfragen**

1. Wodurch wird beim Funkenerosionsverfahren Werkstückstoff abgetragen?
2. Welche Werkstoffe können mit dem Funkenerosionsverfahren bearbeitet werden?
3. Welches sind die Anwendungsgebiete des Funkenerosionsverfahrens?
4. Wodurch erfolgt das elektrochemische Abtragen des Werkstückstoffes?
5. Welche Verfahren des Elysierens gibt es und wozu werden sie angewendet?
6. Wodurch unterscheidet sich das Elysierschleifen von den anderen elektrolytischen Verfahren?
7. Wodurch erfolgt das thermische Abtragen von Werkstückstoff?

# 8 Kraftmaschinen und Kraftanlagen

## 8.1 Kraftmaschinen

Maschinen, denen Energie zugeführt wird und die Arbeit abgeben, werden Kraftmaschinen genannt. Diese Bezeichnung ist nicht korrekt; denn in diesen Maschinen wird nicht Kraft, sondern Arbeit gewonnen. Früher wurden Arbeit und andere Energieformen als Kräfte bezeichnet. Daher spricht man heute auch noch von Kraftstoffen (Benzin), bei deren Verbrennung Energie frei wird, die man zum Antrieb von Fahrzeugen verwendet. Man unterscheidet hydraulische und pneumatische Kraftmaschinen, Wärmekraftmaschinen und Elektromotoren.

### Hydraulische und pneumatische Kraftmaschinen

Die strömenden und unter Druck stehenden flüssigen oder gasförmigen Medien geben ihre Energie an Maschinen ab. Sie wandeln diese Energie in mechanisch nutzbare Arbeit.

### Wärmekraftmaschinen

Wärmekraftmaschinen sind Verbrennungskraftmaschinen und Dampfturbinen.

**In Verbrennungskraftmaschinen** wird durch Verbrennung eines Kraftstoffes Wärme gewonnen und in mechanische Energie umgewandelt. Nach der Art der Umwandlung unterscheidet man:

**Kolbenmotoren.** Die Expansion der Verbrennungsgase bewegt die Kolben der Otto-, Kreiskolben-(Wankel-) und Dieselmotoren.

**Strömungsmaschinen.** Die Verbrennungsgase werden entspannt und erhalten dadurch eine große Geschwindigkeit/kinetische Energie. Die entspannten Verbrennungsgase treiben bei Gasturbinen Schaufelräder an, bei Schubkrafttriebwerken/Raketen treten sie aus einer Düse frei aus und stoßen sich an der Düsenrückwand ab (Bild 1-35 mit umgekehrten Kräften).

**In Dampfturbinen** wird durch die Expansion des an anderer Stelle erzeugten Wasserdampfes technische Arbeit gewonnen.

### Elektromotoren

Elektromotoren, s. Abschnitt 1.3, sind die in der Fertigung und in Haushaltgeräten fast ausschließlich verwendeten Kraftmaschinen.

## 8.2 Kraftanlagen

Alle technischen Verfahren, z.B. zur Herstellung und Bearbeitung von Stoffen, zum Beleuchten, Kühlen, Befördern von Lasten u.a. erfordern elektrische Energie. Diese Nutzenergie wird

*Bild 8-1*
*Montage einer 720-MW-Turbine*

Hoch- und Mitteldruckteil der Turbine wurden bereits im Werk zusammengebaut, die Anschlußstutzen der Rohrleitungen sind mit Abdeckungen gegen Beschädigungen geschützt und die Turbine vor Eindringen von Fremdkörpern gesichert.

Bei den beiden doppelflutigen Niederdruckteilen sind die Läufer eingelegt. Die Abströmungen sind – eine selbstverständliche Forderung zur Arbeitssicherheit – mit Bohlen abgedeckt.

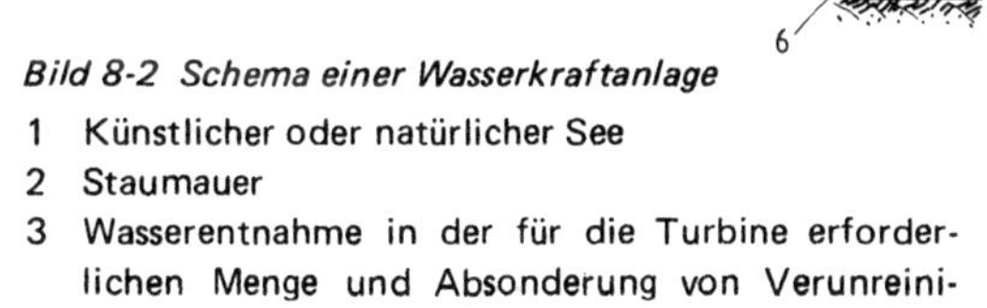


*Bild 8-2 Schema einer Wasserkraftanlage*

1 Künstlicher oder natürlicher See
2 Staumauer
3 Wasserentnahme in der für die Turbine erforderlichen Menge und Absonderung von Verunreinigungen
4 Wasserleitung
5 Wasserschloß zum Abfangen von Druckstößen beim Abstellen der Turbine
6 Wasserturbine, bestehend aus einem mit Schaufeln besetztem Laufrad, Durchmesser 0,3 ... 10 m (Pelton-/Francisturbine), und einem Leitapparat, der das Wasser den Laufradschaufeln zuführt. Bei kleinen Fallhöhen gleicht das Laufrad einer Schiffsschraube (Kaplanturbine). Die Turbinenwelle ist mit einem Elektrogenerator gekoppelt.

von Kraftanlagen durch die Umwandlung von **Wasserkräften, chemischer Bindungsenergie der Brennstoffe** (Verbrennung) und **nuklearer Energie** bereitgestellt. Die Umwandlung der kinetischen Energie des Windes und der zugestrahlten Sonnenenergie in elektrische Energie und die direkte Stromerzeugung durch Thermoelemente, Brennstoffzellen u.a. sind in diesem Zusammenhang von untergeordneter Bedeutung.

**In Wasserkraftanlagen** wird die in strömendem Wasser vorhandene Energie in mechanische Energie umgesetzt, mit der andere Maschinen, z.B. Elektrogeneratoren zur Erzeugung von elektrischer Energie, angetrieben werden können. Das Europäische-Hochspannungs-Verbundnetz wird zu etwa 15 ... 20 % von Wasserkraftwerken gespeist.

**Wärmekraftanlagen** bestehen aus einem *Primärteil* zur Erzeugung von Wasserdampf, und einem *Sekundärteil* zur Umwandlung der Strömungsenergie von Wasserdampf in elektrische Energie (Bild 8-3).

In einer herkömmlichen Wärmekraftanlage wird der zum Antrieb der Dampfturbinen erforderliche Wasserdampf in einer Dampfkesselanlage mit Kohle-, Öl- oder Gasfeuerung erzeugt. In einer Kernkraftanlage tritt an die Stelle der mit fossilen Brennstoffen gefeuerten Dampfkesselanlage ein Dampferzeugungssystem mit einem Reaktor, der die auf Seite 12 beschriebene nukleare Wärmequelle des Kraftwerkes ist.

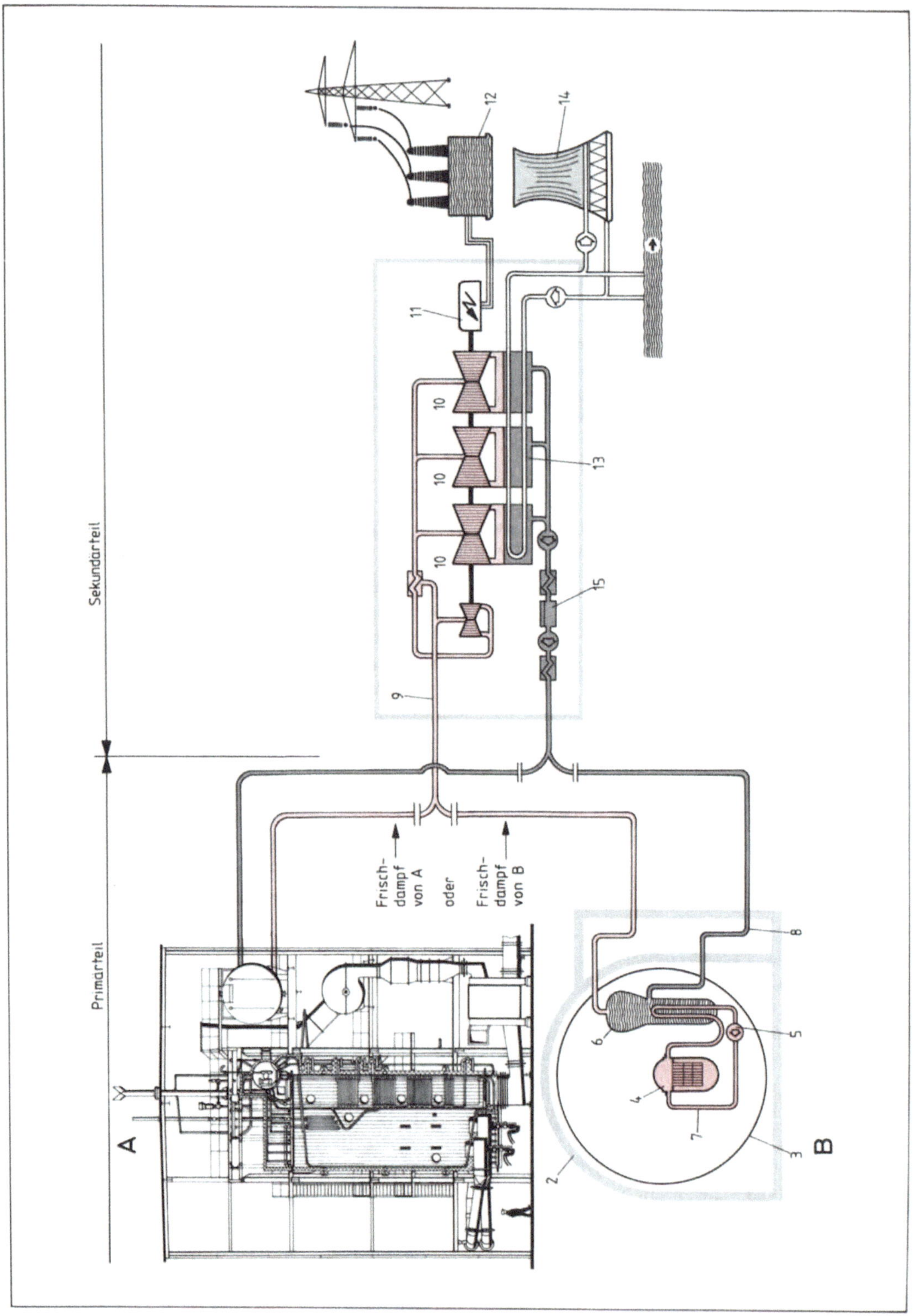
Sekundärteil
Primärteil
Frisch-
dampf
von A
oder
Frisch-
dampf
von B
A
B
1
2
3
4
5
6
7
8
9
10
10
10
11
12
13
14
15

*Bild 8-3 Wärmekraftanlage* (schematisch)

Dampferzeugung: A mit fossilen Brennstoffen, Kohle, Öl oder Gas, B mit einem Kernreaktor.

Der Sekundärteil nach Bild 8-3 ist bei beiden Arten von Wärmekraftanlagen gleich.

1. Mit ölgefeuerter Dampfkessel
2. Betonhülle
3. Sicherheitshülle aus Stahl
4. Kernreaktor
5. Kühlmittelpumpe
6. Dampferzeuger
7. Reaktor-Kühlmittelleitung
8. Speisewasserleitung
9. Frischdampfleitung
10. Turbinen
11. Elektrogenerator
12. Transformator
13. Kondensator
14. Kühlturm mit Kondensator-Kühlkreislauf
15. Speisewasserbehälter mit Hauptspeisewasserpumpe

**Notstromaggregate** (Bild 8-4) stehen in Atomkraftwerken, ebenso wie in Kliniken, auf Flugplätzen und an anderen wichtigen Stellen, zur Verfügung. Im Falle des gleichzeitigen Ausfalls von Kraftwerk und Hochspannungsnetz werden die Dieselmotoren der Notstromaggregate automatisch angeworfen und die damit verbundenen Elektrogeneratoren übernehmen sofort die Versorgung mit elektrischer Energie.

*Bild 8-4 Notstromaggregat* (6400 mm Länge, 22 000 kg Masse) mit:

Drehstromgenerator (2100 kW Nennleistung, 50 Hz Nennfrequenz). 12 Zylinder-V-Dieselmotor mit Abgasturbolader und Ladeluftkühler (Viertaktverfahren mit Direkteinspritzung, 115 ℓ Hubraum, 14 000 Nm Drehmoment, 1500 1/min Drehzahl).

# 9 Arbeitsmaschinen in der Fertigung

In den Arbeitsmaschinen wird die fast immer von Motoren zugeführte mechanische Energie zum Umformen/Spanen und zum Transport der Stoffe/Werkstücke benutzt. Zu den Arbeitsmaschinen gehören Hebezeuge, z.B. Krane, Gabelstabler, sowie Pumpen und Verdichter.

Die wichtigsten Arbeitsmaschinen in der Fertigung sind die bisher besprochenen Werkzeugmaschinen, die vielfach durch Handhabungsmaschinen ergänzt werden.

**Handhabungsmaschinen,** sog. Roboter, bewegen Werkstücke vom Stapel oder aus einem Magazin zur Maschine, von Maschine zu Maschine oder von der Maschine zum Stapel. Sie bringen Arbeitserleichterung, wo bisher Menschen z.B. schwere, ölige und glühende Werkstücke handhaben mußten. In erster Linie haben sie ihren Platz in der Montage und nicht in der Einzelteilfabrikation, wo mit Sondermaschinen große Serien schnell hergestellt werden können.

Verschiedene Industrien gaben in den letzten Jahren arbeits- und lohnintensive Tätigkeiten an Niedriglohnländer ab. Heute können diese Tätigkeiten, insbesondere Montagearbeiten, zurückgeholt und von Robotern durchgeführt werden.

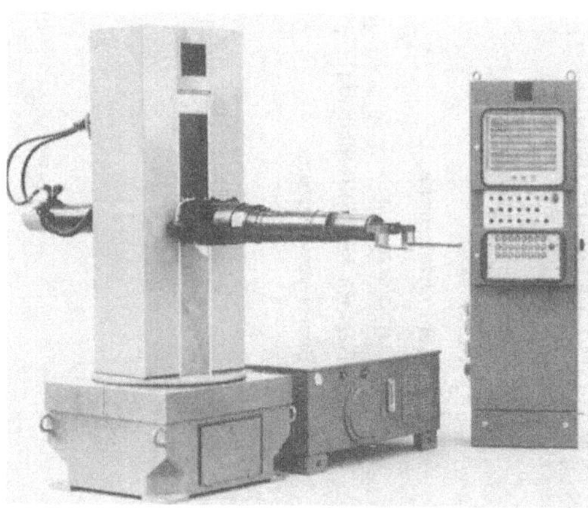

*Bild 9-1 Handhabungsautomat für schwierige Umweltverhältnisse mit Hydraulikeinheit und Steuerungsseinheit*

Alle Funktionen, einschließlich der Wege sind frei programmierbar.

Alle Funktionen, einschließlich der Wege sind frei programmierbar. Hierzu siehe Schweißroboter S. 298.

*Tabelle 9-1* Zubringerfunktionen von Handhabungsmaschinen

| Zubringefunktion | Sinnbild | Beschreibung |
|---|---|---|
| Bunkern |  | Bunkern ist das ungeordnete Speichern von Werkstücken in dafür geeigneten Behältern zur Vorratsbildung vor und nach Wirkstellen |
| Magazinieren |  | Magazinieren ist das Speichern von Werkstücken in einer bestimmten Ordnung. |
| Weitergeben |  | Weitergeben bezeichnet sowohl den geordneten als auch den ungeordneten Fluß des Arbeitsguts. Die Bewegungsursache kann sowohl Schwerkraft als auch erzwungen durch Kraftschluß bzw. Formschluß sein. |
| Abzweigen | 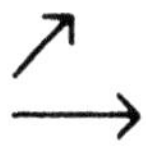 | Abzweigen ist eine Form des Weitergebens. Es bezeichnet ein Absondern von Werkstücken aus einem geordneten bzw. ungeordneten Werkstückstrom, um diesen aufzuteilen oder ein Werkstück auszusortieren. |
| Zusammenführen |  | Zusammenführen ist eine Form des Weitergebens und bezeichnet das Vereinigen von Werkstücken zu einem Werkstückstrom. |
| Ordnen |  | Ordnen bringt Werkstücke aus einer beliebigen Lage in eine bestimmte Lage und Position. |
| Lage prüfen |  | Lage prüfen dient zum Erkennen der Werkstücklage, was ein späteres Ordnen ermöglicht. |
| Wenden, Drehen, Schwenken, Umlenken |  | Wenden, Drehen, Schwenken, Umlenken bringen Werkstücke in eine neue Lage und/oder Richtung. |
| Zuteilen | 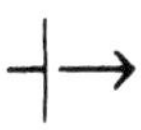 | Zuteilen bezeichnet das gesteuerte Breitstellen einer bestimmten Anzahl bzw. Menge von Arbeitsgut vor einer Wirkstelle. |
| Positionieren |  | Positionieren ist das Herstellen einer genauen Werkstücklage. |
| Spannen | 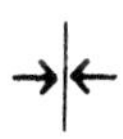 | Spannen ist das Festhalten des Werkstücks in einer bestimmten Lage. |
| Entspannen | 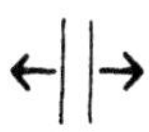 | Entspannen ist das Lösen der Spannung. |
| Ausgeben | 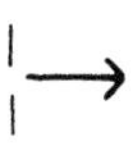 | Ausgeben ist das Entfernen des Werkstücks aus der Wirkstelle. |
| Bearbeiten | 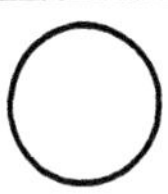 | Wirken in Wirkstellen. |

## Bildquellenverzeichnis

Alusuisse, Zürich, S. 81;
Burkhardt und Weber, Reutlingen, S. 360, 373, 388, 389;
Carl Mahr, Eßlingen, S. 177, 185;
Dornier, Friedrichshafen, S. 134, 135, 150, 263;
Fachverband Pulvermetallurgie, Schwelm, S. 104, 105, 106;
Friedrich Krupp Hüttenwerke, Bochum, S. 75, 87;
Georg Fischer AG, Schweiz, S. 97, 98, 99, 103;
Herion Werke KG, Stuttgart, S. 338, 339, 340, 346;
Keller und Knappig, Augsburg, S. 298;
Messer, Griesheim, Farbtafel-Anhang;
MTU-Friedrichshafen, S. 421, 423;
Noris, Nürnberg, S. 186, 208, 210, 211, 212;
Präsitions-Apparatebau, Vaduz, S. 178;
Sandvik, Schweden, S. 219;
Scharmann, Rheydt, S. 351, 355, 358, 374;
Sip, Genf, S. 375;
Thyssen AG, Duisburg, S. 89;
Zahnradfabrik Friedrichshafen, S. 93, 317, 318, 319, 321, 322, 334.

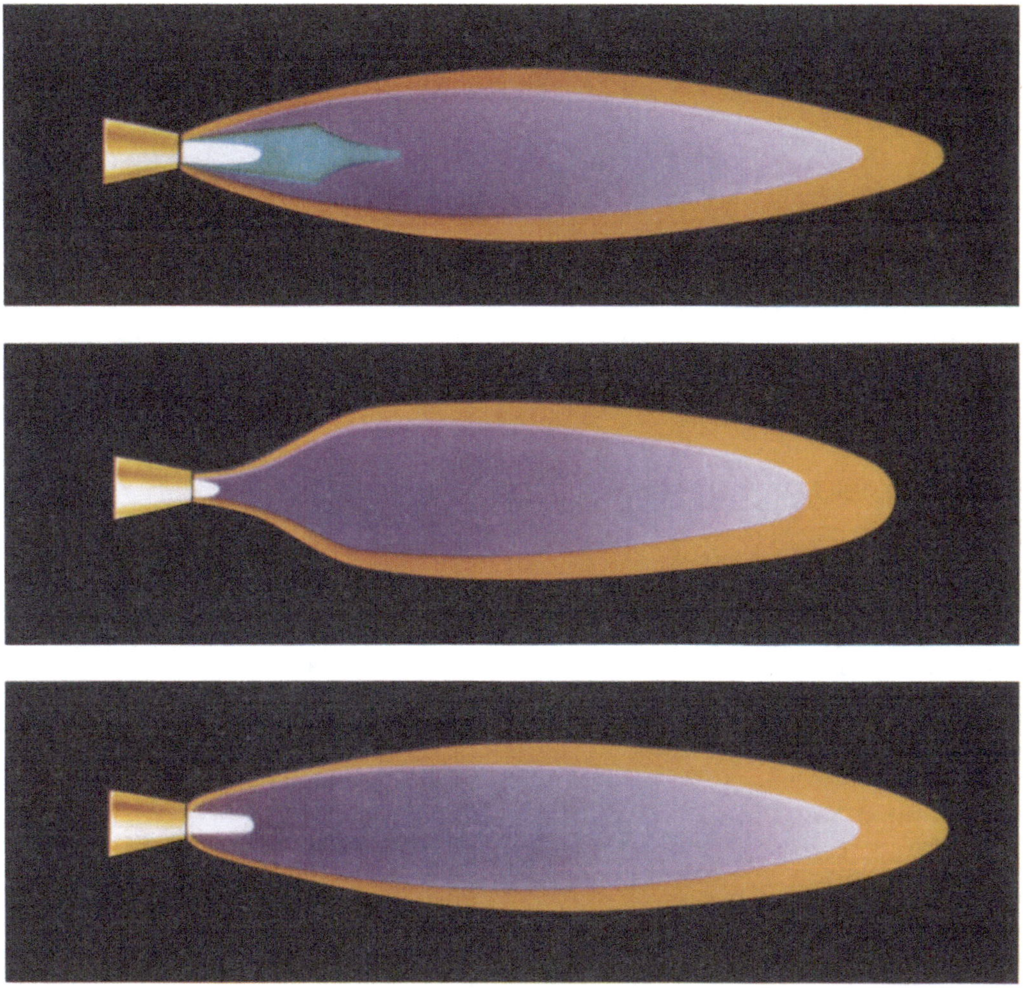

a)

b)

c)

Farbtafel zu S. 273, Abb. 3-266

*Schweißflammeinstellungen*

a) Acetylenüberschuß
b) Sauerstoffüberschuß
c) neutrale Flamme

Die Abbildung der Schweißflammen ist unmaßstäblich und vereinfacht wiedergegeben.

# Sachwortverzeichnis

**Batch number: 10584556**

Printed by Printforce, the Netherlands